幕墙工程施工手册

（第三版）

雍 本 编著

中国计划出版社

图书在版编目（CIP）数据

幕墙工程施工手册 / 雍本编著. -- 3版. -- 北京：
中国计划出版社，2017.1
ISBN 978-7-5182-0554-7

Ⅰ. ①幕… Ⅱ. ①雍… Ⅲ. ①幕墙—工程施工—技术
手册 Ⅳ. ①TU767-62

中国版本图书馆CIP数据核字(2016)第302673号

幕墙工程施工手册

（第三版）

雍本　编著

中国计划出版社出版发行

网址：www.jhpress.com

地址：北京市西城区木樨地北里甲 11 号国宏大厦 C 座 3 层

邮政编码：100038　电话：（010）63906433（发行部）

北京汇瑞嘉合文化发展有限公司印刷

787mm×1092mm　1/16　60.25 印张　1523 千字

2017 年 1 月第 3 版　2017 年 1 月第 1 次印刷

印数 1—7000 册

ISBN 978-7-5182-0554-7

定价：188.00 元

作者简介

　　雍本，陕西省西安市人，毕业于重庆建筑大学，供职于四川省建筑科学研究院，高级工程师，客座教授。

　　喜好博览群书，立志在建筑材料、建筑装饰领域内有所创新、有所建树，集设计、科研、教学、管理于一身，被多所高校聘任，著述颇丰。曾出版《装饰工程施工手册》、《特种混凝土设计与施工》、《建筑装饰幕墙》、《幕墙工程施工手册》、《特种混凝土配合比手册》、《特种混凝土施工手册》等专著，参编《混凝土手册》、《实用建筑装饰.施工手册》、《装饰工程质量控制手册》、《建筑工程设计施工详细图集——装饰工程（3）》等书。个人著作近3000万字，曾获得四川省科技成果二等奖。

　　先后被四川大学、西南交通大学、中央电大、西华大学、长安大学、西安公路交通大学、成都大学、四川省教育学院、四川师范大学、四川农业大学、四川建筑职业技术学院、成都艺术学院等十余所院校相关专业聘任。执教30余年，桃李满天下。

　　凭着对专业的热爱和不断进取的信念，在建筑材料、建筑装饰领域内广为涉猎，成绩斐然。对艺术、对建筑有执着的追求和深厚的造诣。用一颗宽厚仁爱之心，一片师者之情，向青年传播知识。厚德载物。

　　作者为中国建筑装饰协会资深专家（专家号 D09101016），四川省政府首席评标专家（专家号 ZJ51010746）和政府采购专家（专家号 SC0107044），四川省金属结构行业协会高级幕墙专家。

第三版前言

随着时代在前进，科学技术和工业生产蓬勃发展，人民生活水平不断提高，人们愈加注重室内外环境氛围和崇尚艺术，对建筑装饰幕墙队伍的技术素质和工程质量的期待和要求愈来愈高。与此同时，许多有利于建筑装饰幕墙的新理念、新技术、新材料和新工艺被开发出来，并成功用于幕墙设计、制作和安装施工中，解决了长期妨碍幕墙发展的许多疑难问题，从而使建筑幕墙技术在近年来获得了进一步提高，在建筑领域得到了广泛的认可和应用。

建筑装饰幕墙是现代建筑科学、新型建筑材料和先进施工技术的共同结晶，是科学技术发展的必然产物，是现代科学技术的象征和现代建筑发展水平的标志。建筑装饰幕墙在高层建筑、超高层建筑及大跨度民用建筑中得到了普遍地应用。由于建筑幕墙自身的特殊性，导致其设计和施工与主体结构不同，需要具有专业资质的队伍完成设计和施工，而且其工程质量的优劣对于确保建筑物的可靠度和安全性具有十分重要的意义。

从设计的角度来讲，幕墙设计是建筑设计的深化设计或二次设计。与此同时，幕墙设计亦是衔接土建工程和外围护结构施工与装饰的关键中枢，除了要充分理解建筑设计的意图，幕墙设计师还要熟悉幕墙安装施工环节的各个细节，尤其是目前国内幕墙工程大都存在任务重、工期紧的盲目通病，再加上幕墙施工前期的土建或钢结构施工经常留下这样或那样的问题，都需要设计师和幕墙深化设计单位去奋力解决。

根据"时代性、标志性、地方性"的设计构思，在建筑立面和造型设计上，以现代建筑风格为基调，整个造型要求简洁、新颖、充满活力，同时结合精致的细部处理，使得整个立面不失典雅、含蓄，这种设计构思要反映到幕墙设计上。对于综合装饰幕墙，不同收口部位的设计既有独立性，又有连贯性，既要考虑到外部的美观，又要考虑到不同幕墙的安装施工方便、工期合理、施工成本、维护方法及使用功能。面对这样的形势，我国的建筑装饰幕墙行业在经过30余年的茁壮成长和强势发展之后，亟待更上一层楼，需要再次辉煌。为此，第二版《幕墙工程施工手册》已远不能满足读者的需要和适应可持续发展的需求。鉴于此，受中国计划出版社的委托，作者对第二版内容作了大幅度整合、修改和增订，突出了工艺流程和施工过程中的重点、难点，吸纳了许多读者提出的合理化建议和意见，力争使本书成为中国建筑装饰幕墙行业领域内最受欢迎和更具参考价值的工具书。

《幕墙工程施工手册》第三版具有以下鲜明特点：

一、信息量大，涵盖面广。全书篇幅容量均衡，期望能为广大建筑装饰幕墙领域内的工程技术人员提供借鉴和参考，渴望能获得抛砖引玉的效果。

二、内容丰富，新颖翔实，通俗易懂，系统实用。书中除扼要介绍了各种幕墙工程对不同材料的质量要求外，为力求实用，还重点叙述了施工工艺技术要点、难点及施工过程中应注意的事项、质量要求和工程验收标准等，并突出了施工要点、难点。

三、质量技术性能指标可靠。在书中介绍了我国最新的有关规范、规程、标准及其他规定，以便于有关专业工程技术人员适时参考和借鉴。

四、各篇自成体系，各章相对独立。书中成功地吸纳了一些新材料幕墙、新工艺幕墙、新技术幕墙、新结构幕墙等，尽量采用新型幕墙材料和更新换代产品，突出智能、节能和环保理念。另外，内容中增加了部分典型工程实例和经典专业论文，以方便从事建筑装饰幕墙设计和施工的工程技术人员及时参照选用。

总之，这是一部信息量大、涵盖面广、内容丰富、新颖翔实、实用性强的大型专业书籍，具有一定的学术和实用价值。它的再版，将为我国建筑装饰幕墙行业领域内的设计、监理、管理和施工人员及大专院校师生提供有用的信息和专业技能，在专业设计和施工之间架起桥梁，以便于疏通和沟通。相信本书的再版，对我国建筑装饰幕墙行业今后的发展，一定能够做出不容忽视的贡献。

参与本书第三版修订、清样、整理、插图及校正的有：李敏雪、蒋红玉、刘彦辰、徐敏、陈建琼、张帆、林敏、谭玲、肖雪梅、傅志卿、贺凤、王红、王宏、安静、伍筱姗、冯乃光、杨铭、杨理、晋文君、李禄夏、黄婉蓉、邵婉珍、卿根华、官丽萍、支彦、杜洪、陈曦、梁晰、李梅、宋慧、彭文、张复兴、宗光华、米连瀛、张智华、赵蜀南、戴克琪、王大荣、成军、陈华、何雪、王娟、巩建英、王宁英、童锦玲、于宁祥、卢国军、王平、白琳等，他（她）们做了大量工作。与此同时，也得到国内、外从事本专业学科的众多学者、教授、专家的通力协作。他们不吝赐教，为本书添光增色，加大了技术含量，在这里一并致谢。

本书容量颇大，但仍难包罗万象。囿于作者水平所限及资料范围制约，书中疏漏和谬误之处实所难免，诚望广大热心读者雅正。

雍 本
2016 年 5 月于成都

再 版 前 言

建筑装饰具有保护主体、改善功能及美化环境和空间的作用，是一门突现空间艺术效果和环境艺术效果的边缘学科，而建筑装饰幕墙又是施工技术和空间艺术的结合。建筑装饰幕墙作为优化建筑设计的重要手段，以及丰富多彩的立面造型，发展成为世界性引领美化建筑物的新潮流。

我国建筑装饰幕墙发展迅速，技术日新月异，新材料、新工艺、新设备不断涌现，设计规范亦已更新，与建筑装饰幕墙有关的材料标准也已修订，且补充制定了一系列新规范、新规程、新标准。为了早日实现我国建筑装饰幕墙向中国制造的发展目标提供支持和服务，对《幕墙工程施工手册》进行再版修订，已迫在眉睫，力求给装饰界、幕墙界广大工程技术人员提供一册完整反映建筑幕墙最新信息、最新技术的工具书。

创新是本手册再版的指导原则，修订的主要依据是《玻璃幕墙工程技术规范》JCJ 102—2003 和《金属与石材幕墙工程技术规范》JGJ 133—2001，同时亦将已修订和新制定的其他规范、规程、标准融入手册，并对各地出现的标志性建筑幕墙作重点介绍。全书共分五大篇，各篇自成体系。

第二版《幕墙工程施工手册》保持了第一版的基本风貌，通俗易懂，系统实用，突出"全、新、准、实用、节能、智能、环保"几大特点。内容以文字叙述为主，辅以图表说明，文笔简洁，图文并茂。与第一版相比，本版修订力争达到以下几个方面的要求：

（1）实用性。除了扼要介绍各种幕墙的定义、分类、技术特点外，尚重点详尽叙述各种幕墙安装操作技术要点、施工注意事项、质量要求和工程验收标准等。为力求实用，还尽可能地向读者推荐一些已由工程实践所证明的安全技术措施和质量管理办法。

（2）先进性。用先进的理论做指导，以成熟的技术为基础，介绍并分析21世纪新型建筑装饰幕墙，对传统幕墙技术的历史发展过程用新的观点来评述。建筑装饰幕墙在其多年的发展过程中积累了丰富的实践经验，同时现代科学技术的发展亦为建筑装饰幕墙提供了新方向、新思维、新技术。必须以现代科学为发展方向，以技术创新为指导原则，用经工程实践检验证明正确的理论为基础，使建筑装饰幕墙技术与现代科学技术发展与时俱进。

（3）新颖性。重点介绍现代新型建筑装饰幕墙及其新技术、新工艺、新材料、新结构、新设备。全部采用2007年以前颁发的新规范、新规程、新标准，力争做到内容齐全，新颖丰富。并对近年来国内外建筑装饰幕墙基础理论研究的新成果、新进展作系统介绍。如新版中增加了玻璃装饰板幕墙、不锈钢装饰板幕墙、粘贴式石材板幕墙、干挂瓷板幕墙等新型建筑装饰幕墙的安装施工工艺。

（4）系统性。修订时，对建筑装饰幕墙从原材料的选择、幕墙的技术性能、设计计算和生产工艺及工程验收的全过程作系统阐述，即将幕墙选型和造型、结构计算、材料选用、制作、安装所依据的规范、标准及相关知识组成一个系统的知识链，而不是将手册作为一种图片、标准和规范堆积的资料库。同时，将设计计算、工艺标准和技术参数收集、整理成一个完整的系统，尽量做到数据翔实，技术指标可靠。

（5）可操作性。尽量使手册成为一般工程技术人员容易掌握的技术工具书，具有可操作性。在修订时优化设计、施工，指出了每一项设计、计算、施工工艺的最佳切入点及工作先后次序，并通过部分例题和工程实例、投标案例，对各种类型幕墙的设计计算作系统演示，只要掌握了手册介绍的内容即可完整、准确地设计出建筑装饰幕墙。

四川皇家设计装饰工程公司部分人员参与了本书的修订、清样、整理、插图、校正工作，其中有：肖雪梅、刘彦辰、徐敏、张帆、林敏、王娟、贺风、陈建琼、晋文君、杨理、官丽萍、谭玲、李禄夏、傅志卿、安静、王红、王洪、王平、伍筱姗、冯乃光、杨铭、白琳、黄婉蓉、邵碗珍、杜洪、张复兴、宗光华、米连瀛、支彦、张智化、梁晰、赵蜀南、王大荣、戴克琪、成军、何雪、陈华、陈曦、巩建英、宋慧、李梅、王宁英、童锦玲、于宁详、卢国军等。此外，本书还得到国内从事本专业学科的众多学者、教授、专家的通力协作，他们不吝赐教，给本书添颜增色，加大技术含量，在这里一并致谢。

囿于编著者水平及资料范围所限，书中难免有疏漏和谬误之处，恳望广大读者雅正。

雍 本

2007 年 5 月于西安

前　言

（第一版）

在我国，随着改革开放的深化，促进了国民经济迅猛发展，各地的大型建筑、高层建筑及超高层建筑像雨后春笋一样拔地而起。然而，建筑物只有经过各种艺术处理之后，才能取得美化城市艺术、渲染生活环境、展现时代风貌、标榜民族风格的效果。幕墙作为优化建筑设计的重要手段，丰富多彩的立面造型，已成为世界性的新潮流。

建筑幕墙是建筑物外围护墙的一种新形式。幕墙一般不承重，距建筑物有一定距离，形似悬挂在建筑物外墙表面的一层帷幕，又称悬挂墙。幕墙的特点是装饰效果好，通透感强，质量轻，安装施工速度快，是外墙标准化、轻型化、装配化较理想的一种形式。因此，幕墙在现代多层建筑、高层建筑及超高层建筑中得到广泛的应用。

在建筑装饰工程中，常用的幕墙有玻璃幕墙、金属幕墙、石材幕墙、混凝土幕墙和塑料幕墙等。玻璃幕墙一般由结构框架、填衬材料和幕墙玻璃所组成，视其组合形式和构造方式的不同而做成框架系列、框架隐蔽系列以及用玻璃做肋的无框架系列（即全玻璃幕墙）。金属幕墙类似于玻璃幕墙，是由折边金属薄板作为外围护墙面，与窗一起组合而成幕墙，形成色彩绚丽、闪闪发光的金属墙面，有着独特的现代艺术效果。石材板幕墙是一种独立的围护结构体系，它是利用金属挂件将石材饰面板直接悬挂在主体结构上；当主体结构为框架结构时，应先将专门设计独立的金属骨架体系悬挂在主体结构上，然后再通过金属挂件将石材饰面板吊挂在金属骨架上。石材板幕墙又是一个完整的围护结构体系，它应该具有承受重力荷载、风荷载、地震荷载和温度应力的作用，还应能适应主体结构位移的影响，所以必须按照有关设计规范进行强度和刚度计算。同时，也应满足建筑热工、隔声、防水、防火和防腐蚀等功能要求。设计时，石材板幕墙的分格要满足建筑立面造型设计的要求，也应注意石材板的尺寸和厚度，保证石材饰面在各种荷载作用下的强度要求，与此同时，分格尺寸亦应尽量符合建筑模数化、标准化、简单化的原则，从而方便施工。混凝土幕墙是一种装配式彩色混凝土轻板体系，它是利用混凝土的可塑性，得以制作比较复杂的钢模盒，浇筑出有凹凸的甚至带有窗框的混凝土墙板，或者利用反打工艺制做出各种图案花纹的墙板，再利用加工的或预留的挂件将彩色混凝土装饰板挂在建筑物外墙面。

《幕墙工程施工手册》一书是集玻璃幕墙、金属幕墙、石材幕墙及彩色混凝土挂板幕墙于一册的专业性书籍。全书重点阐述了各种建筑幕墙的设计原理、造型构造、结构计算、安装施工技术、主要装饰材料的质量特点以及加工制作工艺等，并同时列举了部分有代表性的工程实例和专业论文。本书是外墙装饰方面一本比较实用的技术参考书。

皇家设计装饰工程公司参与本书的编写，其中张复兴、宗光华、米连瀛、傅志卿、支彦、邵婉珍、杨铭、张帆、贺凤、卢国军、于宁祥、张智化、杜洪、赵蜀南、徐敏、梁晰、王大荣、黄婉蓉、戴克琪、林敏、陈建琼、成军、王红、何雪、晋文军、冯乃光、陈曦、陈华、巩建英、安静、宋慧、李梅、王宁英、白琳、杨理、伍筱珊等为本书清样、整理做了大量工作；全书由江艳、谭玲插图、校对，在此谨表谢意。

幕墙装饰涉猎面广泛，结构计算烦琐，制作安装工艺复杂，成熟资料寥寥，加之时间短促，虽几经斟酌，疏漏与谬误之处在所难免，恳望广大读者惠正。

雍 本

2000 年 3 月于蓉城

目　　录

第一篇　幕　墙　概　论

第二篇　玻　璃　幕　墙

第三篇　金　属　幕　墙

第五篇　混凝土幕墙

第一篇　幕墙概论

第一章　建筑装饰幕墙的定义及特点

第一节　建筑装饰幕墙

一、建筑装饰幕墙的定义

　　幕墙是指悬挂于主体结构外侧的轻质围护墙。这类墙体既要求轻质，又要满足自身强度、刚度、保温、防水、防风砂、防火、隔音、隔热等诸多要求。当前用于幕墙的材料有各种天然石材板、人造石材板（如彩色混凝土、装饰混凝土）、复合材料板（如铝塑板）、金属板以及各种玻璃。幕墙与主体结构的连接多采用可动柔性连接，即通过角钢连接件（角码）或转接件把幕墙悬挂于主体结构外侧，形成悬挂幕墙。

二、建筑装饰幕墙必须具备的条件

　　并不是大面积玻璃就等同于玻璃幕墙，要特别区分玻璃大幕墙和大玻璃幕墙。以玻璃幕墙为例，幕墙必须具备以下条件：

　　（1）幕墙必须由板材、横梁、立柱（或相当的支承构件）组成一个独立的分部结构。

　　（2）玻璃幕墙应在主体结构的外部，并距主体有一定距离，包封主体结构。

　　（3）玻璃幕墙一般应通过连接件或吊钩悬挂在主体结构上（个别情况下支承在主体结构上），相对于主体结构应有一定的位移，幕墙所承受的一切荷载（自身质量荷载、风荷载、地震应力、温度应力等）是通过连接件或吊杆传递给主体结构的。

　　所以固定玻璃窗面积再大，由于不具备上述条件，也不能称之为玻璃幕墙。砂浆黏结的外墙石板装饰，既不是独立的结构，也无法相对于主体结构运动，因此也只能叫外装修而不是石材幕墙。

　　由此可见，幕墙是比较复杂的结构体系，对其设计、施工有严格的要求，承包幕墙工程设计和施工安装的企业，必须有相应的幕墙工程承包专项资质，而且必须按有关规范进行精心设计和施工，负责主体结构设计和施工的单位要认真审查其设计计算书和施工图；监理公司从材料、制作、安装、施工要全过程监督；最后质检部门要会同各方对工程进行严格的竣工验收，只有这样才能确保幕墙工程的质量与安全。

　　幕墙在风荷载作用下或地震应力等作用下损坏的例子是非常多的，因此幕墙的合理设计对于防止灾害发生，减少经济损失，保障生命安全是至关重要的。

第二节　建筑装饰幕墙的技术特点

一、幕墙结构与构造特点

　　建筑装饰幕墙是建筑物的外围护结构的一种，它不同于一般的外墙，并具有以下三个特点：

（1）建筑幕墙是完整的结构体系，直接承受施加于其上的荷载和作用，并通过耐腐蚀、强度高的柔性连接件传递到主体结构上。有框幕墙多数情况下由面板、横梁（次梁）和立柱构成，点支式玻璃幕墙由面板玻璃和支承不锈钢钢结构组成。

（2）建筑幕墙应包封主体结构，不使主体结构外露。

（3）建筑幕墙通常与主体结构采用可动连接，竖向幕墙通常悬挂在主体结构上。当主体结构位移时，幕墙相对于主体结构可以运动。

由于有上述特点，幕墙首先是结构，并具有承载功能；然后是外装，具有造型美观和建筑功能。

幕墙的支承骨架（横梁、立柱、吊钩、支承钢结构等）通常由铝型材和优质钢材组成，有些情况下也用玻璃。面板可以是玻璃、铝板、铝塑板、钢板或石板、混凝土板，但透光部分必定是玻璃板。采光顶有时也会采用聚碳酸酯板（阳光板）等。通常按面板材料将建筑幕墙划分为玻璃幕墙、金属板幕墙、石材板幕墙等，在许多幕墙工程中多种幕墙可混合使用。

二、幕墙设计与施工特点

（一）幕墙设计

建筑装饰幕墙的设计除遵从美学规律外，还应遵从建筑力学、建筑物理、建筑结构等相关规律的要求，力争做到安全、实用、经济、美观。

在建筑幕墙设计中，建筑师应考虑以下因素：

（1）墙立面的线条、色调、构图、玻璃类别、虚实组合和协调，幕墙与建筑整体及环境的协调关系。

（2）幕墙的分格是立面设计的重要内容，除了考虑总立面效果外，必须综合考虑室内空间组合，功能和视觉效果，玻璃幕墙立面的分格宜与室内空间组合相适应，不宜妨碍室内功能和视觉。金属幕墙和干挂石材幕墙的板块以及立面分格亦然。

（3）在确定玻璃板块尺寸时应有效地提高玻璃原片的利用率，同时应考虑钢化、镀膜、夹层等设备的深加工能力，避免使用超规格的板材，徒增建筑成本。在考虑石材板规格、确定厚度时，要先考虑增加的自身质量以及施工的难易程度，重点考虑受力状态，避免使用超规格板材。

（4）设计时，要先考虑到玻璃、石材、金属板的大小尺度要适中，选材应合理，以便于后期维修、更换。

（5）设计中要特别考虑幕墙开启窗的设置，应满足使用功能和立面效果要求，并应启用方便，避免设置在梁、柱、隔墙等位置，幕墙墙面活动部分面积不宜大于墙面面积的15%。开启窗应采用上悬窗，开启角度不宜大于30°，开启后的宽度不宜大于300mm。

（二）幕墙施工

建筑装饰幕墙的施工，从其工作性质讲，应该是安装工种的工作范围，如打眼、划线、钢结构的安装，但其本身又是属于建筑装饰的范围。对绝大部分装饰公司来说，还不能完全胜任，所以建筑装饰幕墙往往必须由训练有素的专业队伍承担，而且施工必须具有相应的资质。

幕墙能够在很短的时间内在建筑的各个领域内得到广泛应用和推广，这是因为它具有其他墙体材料无法比拟的独特功能和特点。

三、幕墙综合技术特点

综述建筑装饰幕墙的上述特点，可以看出它确实是优化建筑造型设计的新材料、新结构、新工艺和新技术。

1. 艺术效果好

建筑装饰幕墙所产生的艺术效果是其他材料不可比拟的。它打破了传统的窗与墙的界限，巧妙地将它们融为一体。它使建筑物从不同角度呈现出不同的色调，随阳光、月光、灯照和周围景物的变化给人以动态的美。这种独特光亮的艺术效果与周围环境的有机融合，避免了高大建筑的厚压感，并能改变室内外环境，使内外景色融为一体。

2. 质量轻

建筑装饰幕墙相对于其他墙体来说质量轻。在相同面积的情况下，玻璃幕墙的质量约为砖墙粉刷的1/12～1/10，是大理石、花岗石饰面板湿贴墙质量的1/15，是混凝土挂板的1/7～1/5。由于建筑物内外墙的质量为建筑物总量的1/5～1/4，使用玻璃幕墙能大大减轻建筑物自身的质量荷载，显著减少地震灾害对建筑物的影响。

3. 安装速度快

由于建筑幕墙主要由型材和各种板材组成，用材规格标准，装配件可以工厂化生产，施工简单，无湿作业，操作工序少，因而安装施工速度快。

4. 更新维修方便

建筑幕墙可改造性强，易于更换。由于它的材料单一、质轻、安装简单，因此幕墙常年使用损坏后改换新立面造型非常方便快捷，维修也简单。

5. 造价低廉

由于建筑幕墙质轻，结构横梁、立柱、饰板、基础费用大大减少；材料单一，可标准工业化生产，加工制作快，工序简单，节省劳动力；此外，常年维护费用小、运输费用少。

6. 温度应力小

玻璃、金属、石材、塑料等以柔性结构方式与框体连接，减少了由温度变化对结构产生的温度应力，并且能吸收且减轻地震力造成的损害。

第三节 建筑装饰幕墙的技术经济效应

与传统的墙体材料相比，建筑装饰幕墙具有以下技术、经济及社会效应。

一、建筑装饰幕墙的技术效应

（1）主要材料是现代工业化产物。玻璃具有光反射能力，通透感强，造型简洁明快；天然石材板花纹品种繁多，色泽鲜艳，石质细腻，装饰效果华丽而高贵。铝板和其他金属板富于现代感，可以产生强烈的建筑艺术效果，具有独特的艺术风韵。

（2）维护和更换幕墙构件和配件都很方便。

（3）幕墙包封主体结构，并与主体结构有一定间隔，减少了主体结构受温度变化的影响，有效地解决了大面积和高层建筑的温度应力问题。

（4）能较好地适应旧建筑立面更新造型的需要，所以常常用加装幕墙来作为旧建筑物改建的重要手段，而且愈来愈多。

二、建筑装饰幕墙的经济效应

（1）墙体自身荷载较小。玻璃和金属板幕墙通常为 $0.3 \sim 0.5 kN/m^2$，石材板幕墙约为 $1.0 kN/m^2$。玻璃和金属板幕墙只相当于砖墙的 $1/12 \sim 1/10$、混凝土预制板墙面的 $1/8 \sim 1/7$，从而降低了主体结构和基础的造价。

（2）幕墙用材规格标准，可工业化生产，施工简单，操作工序少，施工速度快，因而缩短工期，降低成本。

（3）幕墙材料质轻高强，更新维修方便，常年维护费用小，运输费用少。

（4）由于幕墙质轻，其主体结构梁、板、基础费用大大减少；材料单一，可标准化工艺生产，加工制作快，节省劳动力。

目前，建筑幕墙得到广泛应用。建筑装饰幕墙的发展在我国只用了十多年的时间就成为一个大规模的产业，除幕墙材料的生产商和供应商外，仅直接从事幕墙制造安装的厂商已超过千余家，年生产幕墙约 1200 万 m^2，产值已超百亿元，我国目前已是世界上幕墙年产量最高的国家。

由于幕墙采用较新的材料，要求较高的加工设备和设计施工水平，所以要求更严格的技术管理；幕墙造价较高，目前约为 $1000 \sim 3000$ 元$/m^2$；幕墙采用的玻璃、金属板较薄，采用的面板刚度较低，抗震、抗风载位移性能较弱；幕墙能耗较大，长期运行费用高；幕墙设计施工不当时，其反射的光和热对周围环境会产生"光污染"的影响。因此采用建筑幕墙应进行可行性研究，合理使用。

三、建筑装饰幕墙的社会效应

除了为业主带来可观的经济价值，建筑装饰幕墙还为全社会及全人类带来丰厚的社会效应：

（1）为国家节省大量的能源和能耗。

（2）减少二氧化碳（CO_2）和其他有害气体的排放，净化空气，减少雾霾。

（3）可减轻城市热岛效应，提高人居环境舒适度。

（4）能够明显提升建筑附加值，凸显城市形象及社会责任。

（5）美化城市，提高城市环境艺术品位，成就美轮美奂的装饰效果。

第二章 建筑装饰幕墙的发展

第一节 建筑装饰幕墙的发展趋势

由于建筑科技的进步，高层建筑及超高层建筑得到迅速发展，于是建筑装饰幕墙应运而生。同时高层建筑及超高层建筑持续的发展又带动了建筑装饰幕墙的迅速发展。特别是"5.12"汶川大地震后，由于建筑幕墙优异的抗变形性能，各种建筑幕墙的发展又到了一个新的水平。

一、发展幕墙的必要性

建筑装饰具有保护主体、改善功能和美化空间的作用，是建筑工程中的一个不可缺少的重要组成部分。建筑物只有经过各种艺术处理之后，才能取得美化城市空间，渲染生活环境，反映时代风貌，展现民族风格的效果。

建筑装饰幕墙作为优化建筑设计的重要手段，其丰富多彩的立面造型已使其成为世界性的新潮流。建筑装饰幕墙是建筑物外围护结构的一种新形式。在一般情况下，幕墙不承重，相距建筑物有一定距离，形似悬挂在建筑物外墙表面的一层帷幕，因此被称为幕墙。幕墙的优点是装饰效果好，通透感强，质量轻，安装施工速度快，是外墙轻型化、装配化装饰效果理想的一种好形式。因此在现代大型建筑、高层建筑及超高层建筑中得到广泛应用。

近年来，伴随着国民经济及科学技术的进步，在我国各地，高层建筑像雨后春笋般拔地而起。随着高层建筑的不断涌现，也带来了建筑材料、建筑构造、建筑施工、建筑理论等诸多方面的变化。高层建筑的主体结构已多选用钢筋混凝土结构和钢结构。在钢筋混凝土结构中，常见的体系有框架结构、框剪结构、剪力墙结构和筒体结构。A级体系的适用高度见表1-2-1，B级体系的适用高度见表1-2-2。

表1-2-1 A级高度钢筋混凝土高层建筑的最大选用高度（m）

结构体系		非抗震设计	抗震设防烈度				
			6度	7度	8度		9度
					0.20g	0.30g	
框架		70	60	50	40	35	—
框架-剪力墙		150	130	120	100	80	50
剪力墙	全部落地剪力墙墙	150	140	120	100	80	60
	部分框支剪力墙	130	120	100	80	50	不应采用

续表 1 - 2 - 1

结构体系		非抗震设计	抗震设防烈度				
			6 度	7 度	8 度		9 度
					0.20g	0.30g	
筒体	框架核心筒	180	150	130	100	90	70
	筒中筒	200	180	150	120	100	80
板柱 - 剪力墙		110	80	70	55	40	不应采用

注：1. 表中框架不含异形柱框架。
2. 部分框支剪力墙结构指地面以上有部分框支剪力墙结构。
3. 甲类建筑，6、7、8 度时宜按本地区抗震设防烈度提高一度后符合本表的需求，9 度时应专门研究。
4. 框架结构、板柱 - 剪力墙结构以及 9 度抗震设防的表列其他结构，当房屋高度超过本表数值时，结构设计应有可靠依据，并争取有效加强措施。
5. 本表数字引自《高层建筑混凝土结构技术规范》JGJ3—2010。

表 1 - 2 - 2 B 级高度钢筋混凝土高层建筑的最大选用高度（m）

结构体系		非抗震设计	抗震设防烈度			
			6 度	7 度	8 度	
					0.20g	0.30g
框架 - 剪力墙		170	160	190	120	100
剪力墙	全部落地剪力墙墙	180	170	150	130	110
	部分框支剪力墙	150	140	120	100	80
筒体	框架核心筒	220	210	180	140	120
	筒中筒	300	280	230	170	150

注：1. 部分框支剪力墙结构指地面以上有部分框支剪力墙结构。
2. 甲类建筑，6、7 度时宜按本地区抗震设防烈度提高一度后符合本表的需求，8 度时应专门研究。
3. 当房屋高度超过本表数值时，结构设计应有可靠依据，并争取有效加强措施。
4. 本表数字引自《高层建筑混凝土结构技术规范》JGJ 3—2010。

　　高层建筑的墙体结构与多层建筑的墙体结构相比，最根本的区别为功能上的改变。多层建筑的墙体结构不但要承受自身荷载、各种使用荷载等竖向荷载，也要承受风力、地震力等水平荷载，这些荷载通过墙体自身或墙、梁最终通过基础传给地基。而高层建筑由于层数多、结构自身荷载大，若墙体仍然采用传统做法，势必会加大墙体质量而使竖向荷载过大，再加之水平荷载已变为高层建筑的主要荷载（高层建筑主要以抗侧力为主），因此高层建筑的墙体如果只考虑围护和分隔房间的作用，就要选择轻质、高强的材料，采取简单而易行的连接方法，以适应高层建筑发展的需要。建筑装饰幕墙即是比较典型的一例。

二、幕墙发展意义

建筑装饰幕墙是高层建筑墙体改革的重要组成部分，它对高层建筑的发展起了很大的推动作用。幕墙与承重墙或自重墙相比，可以减少结构面积和自身质量，加快施工进度，提高建筑工业化的程度。20 世纪以来，出现了各种不同的幕墙，如玻璃幕墙、金属幕墙、石材幕墙（干挂花岗岩）、混凝土幕墙和塑料幕墙等，但对现代建筑影响最大的还是玻璃幕墙、石材幕墙和金属幕墙。幕墙的广为流行并不是偶然的，反映了社会需求、人类需要、建筑艺术（包括建筑美学观）和建筑技术之间相互促进、相互制约的互补关系。

建筑装饰的发展使建筑物的承重结构与外围护结构完全分开，其外墙不再承受重要荷载。

三、幕墙发展趋势

建筑装饰幕墙早在 200 年前就已在建筑工程上使用，只是由于受当时材质和加工工艺的局限，达不到幕墙对水密性、气密性及抵抗各种物理因素侵袭（风力、撞击、温度收缩等）、热物理因素影响（热辐射、结露等）以及隔音、吸声、防火、抗震等的要求，因而一直得不到很好地发展、推广和应用。自 20 世纪 50 年代以来，由于幕墙材料以及加工工艺的迅速发展，各种类型的材料研制成功，以及各种密封胶的发明及其他隔音、防火填充材料的出现等，很好地解决了幕墙要求的各项指标，从而得以飞速发展，成为当代外墙建筑装饰的新潮流。幕墙不仅广泛用于各种建筑物的外幕墙，还逐渐推广应用于各种功能的房间、通讯机房、电视演播室、航空港、体育馆、博物馆、大酒店、大型商场等的内幕墙。

在我国，根据建筑物立面造型不同，建筑装饰幕墙设计时通常选用玻璃幕墙、金属板幕墙、石材幕墙、混凝土幕墙、塑料幕墙等，其中各种幕墙的组成材料不同，构造方式各异，造型手段丰富多彩。不同的幕墙既可单独使用，又可组合设计。如玻璃幕墙与石材幕墙组合，就会产生一种虚实对比的效果。

建筑幕墙的大规模使用是由于：

（1）建筑科技的发展解决了高层建筑的诸多难题，使高楼大厦可以在现有基础上成倍地提高，高层建筑的大量涌现，为建筑装饰幕墙的应用提供了巨大的市场需求。

（2）建筑施工技术的进步与完善，各种先进施工工艺的推广与成熟，使建筑装饰幕墙在高层、超高层建筑上的运用举重若轻，建筑幕墙的施工没有任何技术屏障。

（3）随着建筑材料，特别是新型建筑材料研发的进步，可以产出建筑上需要的各种金属构件，门类齐全的钢材、铝合金型材、幕墙接驳件等，满足了建筑装饰幕墙的安装需求。

（4）先进的玻璃材料（镀膜玻璃、钢化玻璃、中空玻璃、夹胶玻璃、热弯玻璃等），金属板材［铝单板、铝塑复合板、蜂窝铝板、彩色不锈钢板、金铜板（网）等］，石材板（天然大理石、天然花岗石、洞石、锈石、砂岩、瓷板、人造氟维特板等）及各种彩色混凝土挂板和彩色塑料板，给不同场合建筑装饰幕墙的使用提供了多种多样的选择。

第二节　国外建筑装饰幕墙

一、20 世纪 60 年代前期建筑装饰幕墙

建筑装饰幕墙作为现代建筑的非承重外墙，一般是由在工厂批量生产的并经严格质量检

验的构件所组成。幕墙把建筑物与外界分开，对建筑物的使用寿命起着重要的保证作用：避风、挡雨、防水、避暑、御寒、隔噪声和防污染等。

1851 年，在伦敦举办的工业博览会建造了水晶宫。该建筑为钢结构，其幕墙为工厂预制的模数化玻璃板，它覆盖了 90000m² 的面积，安装工期为 17 周，整个建筑施工用 39 周，设计仅用 8 天。它宣告了现代幕墙时代的开始。

现代建筑大师密斯·凡·德·罗、勒·柯布西耶、格罗皮乌斯和赖特的大作对幕墙在全世界的发展曾做出极大的贡献。现代建筑技术的发展使建筑物的承重结构与其外围护结构完全分开，其外墙不再承受主要荷载，因此外墙可以任意开洞、随意装修。

1931 年建成的美国纽约帝国大厦，高 384m，钢结构，它的外墙以不锈钢和铝型材为骨架，以印第安纳石灰岩、花岗石、不锈钢板和面砖为饰面材料，已具有幕墙的初步特点。该工程耗用了 20 万土石材，730t 铝型材和不锈钢。

第二次世界大战后，随着经济复兴带来资本主义世界的空前繁荣，对城市建设有了更新的要求，而技术的发展又为墙体革新提供了新的条件。

玻璃幕墙是近代科学技术发展的产物，是现代主义高层建筑时代（1950—1980 年）的显著特征。最初具有代表性的"玻璃盒子"是 20 世纪 50 年代初建成的纽约利华大厦和纽约联合国大厦。此后几十年间，玻璃、铝合金型材和钢材被认为是现代高新技术发展在建筑上的标记，被建筑设计师广泛采用。

1953 年设计的宾夕法尼亚阿尔考大楼代表着建筑装饰幕墙发展的另一重要阶段。阿尔考大楼的幕墙完全是铝制的，过去皆为钢制和青铜制的，它是世界上首先采用防雨幕墙围护结构技术的建筑物之一，外墙能通风且能达到压力平衡。随后建造了许多采用不同形状和不同高度幕墙的建筑物。

（一）第一代建筑装饰幕墙

第一代幕墙建筑装饰（1800—1950 年）通常是把幕墙板固定在竖框上，因存在渗雨、隔声和保温效果不佳、膨胀缝老化等问题，使一些国家转而采用传统的预制混凝土结构。然而幕墙的确能够满足新一代高层建筑和超高层建筑所需要的两个重要的要求，即工厂预制构件和降低建筑物自身的总质量荷载，问题的关键是必须进一步去研究并改善其技术性能。

（二）第二代建筑装饰幕墙

当建筑装饰幕墙发展到第二代时（1950—1980 年），出现并采用了一些新材料和先进的技术工艺。

1. 压力平衡系统

采用了压力平衡系统，采用该系统不再需要封闭所有洞口而使内、外墙皮之间空腔的压力平衡，从而消除其压力差。

2. 板式拼装系统

板式拼装系统的关键是板式单元全部由工厂生产制作完成，并经常规质量检验，然后作为受检产品运至现场，因此现场安装简单，只需将板（单元）固定于楼板即可。

3. 楼层间隔水层系统

楼层间隔水层系统：楼层间设有水平排水槽，它将楼层隔开并可将渗进来的水排至外面；有些体系还在楼板下面设置第二个隔水层，以便排除从风机盘管漏出的水。

4. 改进气密性能与水密性能系统

改进气密性能与水密性能系统是由于高性能玻璃（热反射玻璃或高透型镀银低辐射玻璃）的大量应用，从而提高了其保温性能。这阶段也出现了结构玻璃（板）和换气玻璃（板）。

第二代建筑装饰幕墙中带有压力平衡系统的预制板墙体系统已经完全实现了工厂化生产，且已经解决了气密性、水密性问题，其耐久性和工程质量也有了保证。

二、20世纪60年代后期建筑装饰幕墙

20世纪60—70年代，国外采用建筑装饰幕墙迅速增多，尤以玻璃幕墙发展最为迅速。由于当时世界高层建筑的中心集中在北美，世界上最高的建筑几乎都集中在美国，因此美国的建筑装饰幕墙也成为世界的中心。

1971年建成的纽约世界贸易中心双塔楼（高412m，110层，钢结构）采用了铝板——玻璃幕墙。其平面尺寸为64m×64m，柱距1.0m，用铝板包封后成为非常挺拔的密集平行线，在简单的体型下成为非常壮观的形式美。柱间窗宽520mm，采用玻璃幕墙。该工程虽然在2001年9月11日被国际恐怖分子所摧毁，但其外观的壮美将在人类建筑史上留下永恒的印象。目前，该建筑已在原地重建。

继纽约世界贸易中心在40年后打破帝国大厦的高度记录（1931，384m），1974年建成的芝加哥西尔斯大厦（110层，443m）保持世界最高建筑称号达20年之久。

西尔斯大厦采用了古铜色防眩光玻璃，明框采用了黑色铝材，由于幕墙面积巨大，六部擦窗机终年进行清洗、维修工作。

这一时期具有代表性的幕墙工程还有芝加哥的约翰·汉考克大厦（100层，344m高），该工程也采用了古铜色防眩光玻璃和黑色铝材、明框。裙房则采用大理石饰面。

除玻璃幕墙和铝板幕墙广泛应用为，美国也大量采用石材幕墙，许多石材幕墙高度超过了250m，最高的达346m（芝加哥标准石油公司大厦，阿莫柯大厦），强烈地震区中最高的石板幕墙为洛杉矶的第一洲际世界中心大厦（310m高）。

芝加哥标准石油公司大厦，1973年建成，80层，346m高，初建成时采用了意大利卡拉拉大理石板幕墙，石板厚32mm（1.25in）。由于这种石材对温度变化较为敏感，十余年后变为蝶形（被大气腐蚀）；1990—1992年重修，43000块石板全部改为艾锐山花岗石板，厚50mm（2in），费用达8000万美元。

芝加哥Drive大道311号大厦也是最高的石材幕墙之一，高292m。低层裙楼部分用亚马孙黑色和灰色花岗石，配菲帝大理石装饰带。塔楼采用夕阳红火烧面花岗石。透光部分为银色镀膜玻璃，银白色明框。

美国采用花岗石 - 玻璃幕墙的一些建筑物还有明尼阿波利斯市第一银行广场大厦（236.2m）、华盛顿合作塔楼（1988年建成，高224m）、纽约交易广场20号大厦（225.9m）和休斯敦市史密斯大街1600号大厦（223m）。

虽然上述大多数超高层建筑石板幕墙位于美国东部非抗震设计地区，但在美国西部地区也有很高的石板幕墙建筑。美国洛杉矶所在的加利福尼亚州是美国最高的4级抗震设防区（相当于我国8～9度设防），第一洲际世界中心大厦离有名的圣·安得利亚斯断层仅40km，但这座75层、高310.3m的建筑还是采用了花岗石 - 玻璃组合幕墙。

除美国外，北美、欧洲的超高层建筑都广泛采用建筑装饰幕墙。不仅玻璃、铝板、不锈

钢板等被普遍采用，而且较高的石材幕墙工程也不少，如加拿大多伦多市第一加拿大广场塔楼（高289.9m）、德国法兰克福交易会大厦（63层，高257m）。

目前世界上最高的高层建筑几乎都采用了建筑装饰幕墙，前50名摩天大楼建筑装饰幕墙采用的材料见表1-2-3。

表1-2-3 世界上前50名摩天大楼

排名	建筑名称	建设地点	竣工时间	高度（m）	楼层（层）	幕墙功能
1	迪拜大厦	迪拜（阿联酋）	2010	818	162	酒店、公寓
2	苏州中南中心	苏州（中国）		729		
3	印度塔（India Tower）	孟买（印度）		720		多功能
4	平安国际金融中心	深圳（中国）		660		办公
5	武汉绿地中心	武汉（中国）		636		办公
6	上海中心	上海（中国）	2012	632	118	办公、会展
7	麦加皇家钟塔	麦加（沙特）	2012	601	95	酒店
8	高银金融117	天津（中国）	2016	597	117	酒店
9	宝能环球中心	沈阳（中国）	2020	568	113	写字楼、公寓
10	新世贸中心一号楼	纽约（美国）		541		
11	天津CTF摩天大楼	天津（中国）		530		
12	大连绿地中心	大连（中国）		517		多功能
13	迪拜Pentominium	迪拜（阿联酋）		516		酒店、公寓
14	釜山乐天塔楼	釜山（韩国）		510		
15	台北101大楼	台北（中国）	2003	509	101	
16	成都绿地中心	成都（中国）		468	101	多功能
17	佩重纳斯大厦1号楼	吉隆坡（马来西亚）	1996	454	95	多功能
18	佩重纳斯大厦2号楼	吉隆坡（马来西亚）	1996	452	95	多功能
19	纽约帝国大厦	纽约（美国）	1936	448	92	
20	西尔斯大厦	芝加哥（美国）	1974	443	110	办公
21	金茂大厦	上海（中国）	1998	420	88	多功能
22	世界贸易中心1号大厦	纽约（美国）	1972	417	110	办公
23	世界贸易中心2号大厦	纽约（美国）	1973	415	110	办公
24	帝国大厦	纽约（美国）	1931	381	102	办公
25	中环广场大厦	香港（中国）	1992	374	78	办公
26	中国银行大厦	香港（中国）	1989	369	72	办公
27	T/C大厦	高雄（中国）	1997	347	85	多功能
28	阿摩珂大厦	芝加哥（美国）	1973	346	80	办公
29	约翰·汉考克大厦	芝加哥（美国）	1969	344	100	办公

续表 1 – 2 – 3

排名	建筑名称	建设地点	竣工时间	高度（m）	楼层（层）	幕墙功能
30	阿玛尼 1 号	成都（中国）		333	80	多功能
31	地王大厦	深圳（中国）	1996	325	81	办公
32	中天大厦	广州（中国）	1996	322	80	多功能
33	BAIYOKE 大厦	曼谷（泰国）	1997	320	90	办公
34	克莱斯勒大厦	纽约（美国）	1930	319	77	办公
35	国家银行广场大厦	亚特兰大（美国）	1992	312	55	办公
36	第一洲际世界中心	洛杉矶（美国）	1990	310	75	办公
37	得克萨斯商业大厦	休斯敦（美国）	1982	305	75	办公
38	柳京大旅馆	平壤（朝鲜）	1995	300	105	旅馆
39	商业银行总部大厦	法兰克福（德国）	1997	300	53	办公
40	咨询大厦	芝加哥（美国）	1990	298	64	
41	第一洲际银行广场	休斯敦（美国）	1983	296	71	多功能
42	标志大厦	横滨（日本）	1993	296	70	办公、酒店
43	南沃克街 311 大厦	芝加哥（美国）	1990	292	65	
44	皇后大道中大厦	香港（中国）	1997	292	69	酒店
45	第一加拿大大厦	多伦多（加拿大）	1975	290	72	
46	美国国际大厦	纽约（美国）	1932	290	66	
47	自由大厦	费城（美国）	1987	287	61	宾馆
48	哥伦比亚第一海上中心	西雅图（美国）	1985	287	76	
49	华尔街 40 大厦	纽约（美国）	1930	283	70	酒店
50	国民银行广场	达拉斯（美国）	1985	281	72	办公

三、亚太地区的建筑装饰幕墙

从 20 世纪 70 年代开始，亚洲经济迅速起飞，随即沿西太平洋一线，中国（包括港、澳、台地区）、韩国、日本及东南亚诸国形成了世界第二个高层建筑的中心。1995 年以前，世界最高的 20 座建筑中，亚洲仅 2 座；至 1995 年前的排名，世界最高的 20 座建筑亚洲已占 10 座（其中中国内地 3 座，香港特别行政区 2 座，中国台湾 1 座）。高层建筑的发展带动了建筑幕墙的迅速发展。

日本作为亚洲经济发展最早的国家，高层建筑也建造得最早。1968 年东京霞关大厦（36 层）建成，宣布进入"超高层时代"，但由于日本是多地震国家，又缺乏能源，因此早期采用幕墙的不多。进入 20 世纪 80 年代，中、低层建筑开始采用玻璃幕墙和铝板幕墙，进入 20 世纪 90 年代，超高层建筑采用幕墙的渐多。目前，日本最高的建筑物——横滨标志大厦采用的幕墙并不是真正的石材幕墙，而是混凝土花岗石复合板，由于日本地震强烈，日本采用花岗石幕墙时板材的底层为钢筋混凝土板，上层为花岗石面板，主要由钢筋混凝土板承重，花岗石板饰面。这种复合板材在日本许多建筑中都有应用。

韩国首尔世界贸易中心大厦，采用蓝色镀膜热反射玻璃，明框做法，高228m，1998年建成。

在东南亚各国中，新加坡是高层建筑最为集中的城市之一。高层建筑广泛采用玻璃、铝塑板和花岗石幕墙，在高度均为280m的三座建筑中，海外联合银行（OUB）采用铝板幕墙，联合华侨银行（OUB）和共和国联合广场大厦则采用了干挂花岗石幕墙。

20世纪90年代末，世界上最高的两座建筑——马来西亚吉隆坡佩重纳斯大厦（石油大厦、城市中心大厦），高450m，采用了玻璃、铝板和不锈钢组合幕墙。

第三节　中国港台地区建筑装饰幕墙

一、中国香港地区的建筑装饰幕墙

香港特别行政区是世界上高层建筑及建筑装饰幕墙最密集的地区之一。1959年建成的康乐大厦（50层，195m高）采用马赛克饰面，后因不断脱落，在20世纪80年代初全部改换为铝板幕墙。

20世纪70—80年代，香港的办公楼基本上采用玻璃幕墙，以明框居多，这一时期代表性的建筑如中国银行大厦（72层，316m高）。但同一时期，也有一些建筑采用了铝板幕墙，如汇丰银行大厦（1985年建成，50层）。1985年建成的香港交易广场大厦，则采用了玻璃和粉红色花岗石板材。

20世纪90年代建成的奔达中心大厦则采用明框灰色玻璃幕墙，采用建筑雕塑的独特造型。而香港会展中心本馆则用银白色镀膜玻璃巨大墙面，突出了它的体量。

中环大厦目前是香港最高的建筑，它三角形的三个面，均采用彩釉玻璃，以金色彩釉玻璃、银色彩釉玻璃形成巨大的横向、竖向线条和中央大面积墙面，再配彩花玻璃装点其中，达到了极佳的装饰效果。玻璃幕墙的骨架放在墙面之外，形成独特的风格。

香港恒生银行办公楼，由蓝色镀膜玻璃和白色铝板组成的墙面，显现了十分流畅的线条。

在香港特别行政区，在公共建筑中采用幕墙最为成功的是1997年建成的香港会展中心新馆和国际新机场。香港会展中心新馆是在海边填筑后建成，如同海鸥展翅，所以主要立面采用透明的本体绿玻璃、背面采用粉红色花岗石。玻璃幕墙用钢架视其跨度不同，分别采用钢管杆或扁管、圆钢杆件。香港新机场采用了鱼腹式架支承的有框玻璃幕墙，墙面线条简洁，通透性好。屋面则采用复合型金属板。

二、中国台湾地区的建筑装饰幕墙

与香港不同，我国台湾是强烈地震区，因此台湾的建筑装饰幕墙要考虑抗震设计。

在20世纪70—80年代，台湾的高层建筑不多，一般在十多层左右，多为商业及旅馆建筑，建筑外面采用幕墙的很少，多数采用面砖。1988年以前，台湾最高的建筑是台湾电力公司办公楼（30层），采用普通墙面。至1989年，台北国际贸易中心建成（36层，143m高），这时幕墙采用才日渐广泛。

1993 年，高雄市长谷世贸联合国大厦建成（50 层，226m 高），在钢框架上采用了干挂花岗石幕墙。

台湾高雄市东帝士——建台大厦（T. C 大厦）82 层，331m 高，采用玻璃－花岗石组合幕墙。由于顶部设计风压值达 12kPa，所以加强了横梁和立柱的截面，采用了夹胶玻璃防止开裂和掉落，幕墙为单元式设计。干挂花岗岩石材幕墙采用美国多点固定 Trass 系统。该工程在顶部设置了超大型可伸缩擦窗机，可清洗各个立面。

目前，正在施工的台北国际金融中心（101 层，428m 高）也将采用各种建筑幕墙组合。

第四节　中国内地的建筑装饰幕墙

一、用于高层建筑的装饰幕墙

高层建筑的持续发展带动了建筑装饰幕墙的迅速发展。我国内地建筑幕墙起步较晚，1982 年广州出口商品交易会正面上半幅墙面采用了大面积玻璃墙面作为会标的底衬，这可以认为玻璃幕墙的雏形，但由于它局部采用，并不是实质意义上的建筑幕墙。真正严格意义上玻璃幕墙的应用，可从 1984 年北京长城饭店算起。长城饭店采用了银灰色浮法镀膜玻璃，单元式组装明框玻璃，透光部分为中空玻璃，不透光部分单层玻璃加保温层。1985 年，深圳国际贸易中心（50 层，160m 高）建成，采用了铝板和明框玻璃幕墙，裙房有大面积采光顶。

此后，陆续建成广东国际大厦（63 层，199m 高，铝板及茶色玻璃）、京广中心大厦（57 层，208m 高，蓝灰色明框玻璃）、北京国际贸易中心（40 层，144m 高，茶色吸热玻璃，明框）、上海锦江饭店新楼（银灰色，明框）等工程。

20 世纪 80—90 年代，深圳经济特区和上海浦东新区迅速崛起，高层建筑和超高层建筑如雨后春笋般拔地而起，其中大量采用了各种形式的建筑装饰幕墙。

上海浦东金茂大厦（88 层，420m 高），为正方形古塔式建筑，采用玻璃－铝板组合幕墙，经风洞试验，其风压基准值为 4kPa。裙房则采用背栓式连接、胶缝开敞式干挂花岗岩幕墙。

深圳地王大厦（81 层，320m 高）采用绿色镀膜中空玻璃和银色单层铝板墙面，裙房为干挂花岗岩石板幕墙。

深圳赛格大厦（72 层，292m 高）主体采用隐框玻璃幕墙，在顶部、中部和下部三个观览层采用点支式玻璃幕墙，还附有国内最高的观光电梯，采用了热弯夹胶玻璃。

青岛中国银行大厦（58 层，241m 高）塔楼为隐框玻璃幕墙，裙房为干挂花岗岩幕墙墙面。

上海浦东环球金融中心高达 492m，地上 101 层，采用了铝板－玻璃组合幕墙。

除上述比较高的几座建筑外，大量的办公楼和旅馆建筑（如广州广信大厦、广东公安指挥中心和深圳发展银行）都采用铝板－玻璃组合幕墙。

新建的一些高层建筑采用了较为复杂的体型，幕墙更衬托出其艺术魅力。如上海浦东证券大厦，是一个立面有大开洞的钢结构连体建筑，外露的钢构架与透亮的幕墙交相辉映，显示出其独特的风格。

深圳深房大厦，乳白色铝板幕墙加上蓝绿色镀膜玻璃，凸显了其曲线的外形。

重庆中建大厦（195m高），采用悬挑结构，铝板–玻璃组合幕墙很好地发挥了其优化造型的效果。

近年来，干挂花岗石幕墙得到越来越多的应用。目前已建成的国内最高的花岗石幕墙工程——深圳蛇口新时代广场大厦，建筑高度175m，幕墙挂石最高162m，采用30mm厚西班牙粉红麻花岗石。深圳市台风多，基本风压达0.70kPa，顶部风压设计值达101kPa。它经历了1997—1999年11~12级台风袭击而安全无事。深圳公路主枢纽中心，高135m，采用蓝绿色镀膜玻璃，广东惠东红花岗石板，通槽连接，经历了1999年两次11级台风袭击。

在8度地震设防的北京，外交部大楼、世界金融中心、东方广场和中央军委大楼等工程，也采用了干挂花岗石幕墙。

目前，尚待竣工的广州大鹏广场大厦将是国内最高的石材幕墙之一，该工程58层，高215m，采用银灰色镀膜玻璃，福建灰白花岗石板，厚30mm，短槽不锈钢挂板连接，型钢骨架。国内部分已建或在建的高层建筑幕墙情况见表1–2–4。

表1–2–4 我国已建或在建的高层建筑物采用幕墙的情况

排名	建筑物名称	地点	层数	结构高度（m）	主体结构类型	幕 墙
1	苏州中南中心	苏州		729		
2	平安国际金融中心	深圳		660		
3	武汉绿地中心	武汉		636	R + RC	
4	上海中心	上海	118	632		
5	高银金融117	天津	117	597		
6	宝能环球中心	沈阳	113	568		
7	天津CTF摩天大楼	天津		530		
8	大连绿地中心	大连		517		
9	台北101大楼	台北	101	509		
10	成都绿地中心	成都	101	468	R + RC	主楼：钢结构 幕墙：中空玻璃 + 不锈钢
11	金茂大厦	上海	88	420	S + SRC + RC	主楼：铝板–玻璃幕墙，中空玻璃，单元式。 裙房：花岗岩
12	中环广场大厦	香港	78	374		
13	中国银行大厦	香港	72	369		主楼：蓝绿色隐框，铝板。 裙房：花岗岩
14	T/C大厦	高雄	85	347		
15	阿玛尼1号	成都	80	333	RC	

续表 1 - 2 - 4

排名	建筑物名称	地点	层数	结构高度（m）	主体结构类型	幕墙
16	地王大厦	深圳	81	325	S + RC	主楼：铝板蓝绿色中空玻璃，横框竖隐。 裙房：花岗岩
17	中天大厦	广州	80	322		
18	中信大厦	广州	80	322	RC	主楼：蓝灰色中空隐框单元式，窗下墙铝板。 裙房：花岗岩，全玻璃幕墙
19	皇后大道中大厦	香港	69	292		
20	塞格广场大厦	深圳	72	292	S + RC	主楼：银灰横框竖隐玻璃幕墙，夹胶热弯玻璃观光电梯，全玻点支式观光层
21	中国银行大厦	青岛	58	246	RC	主楼：蓝绿色隐框，铝板。 裙房：花岗岩
22	大鹏广场大厦	广州	56	230	S + RC	全部为玻璃幕墙和花岗岩幕墙。50000m²
23	浦东国际金融大厦	上海	56	226	S + RC	银灰色镀膜玻璃，意大利花岗岩。38000m²
24	阿玛尼艺术公寓	成都	68	222	RC	主体：钢筋混凝土结构 幕墙：全玻璃
25	鸿昌大厦	深圳	60	218	RC	玻璃及复合铝板。裙房：花岗岩
26	京广中心大厦	北京	57	208	S	蓝灰镀膜中空玻璃明框。裙房：花岗岩
27	金座大厦	大连	49	206	RC	银灰铝板，绿色中空玻璃隐框。裙房：花岗岩。52000m²
28	森茂大厦	上海	46	203	S + RC	象牙白单层铝板，蓝绿中空玻璃，全单元式
29	奔德大厦	大连	51	202	RC	银灰及蓝绿中空玻璃横框竖隐。80400m²

续表 1 - 2 - 4

排名	建筑物名称	地点	层数	结构高度（m）	主体结构类型	幕　墙
30	国际金融中心	南京	49	202	RC	象牙白单层铝板，深银灰中空玻璃。2000m²
31	远洋大厦	大连	51	201	S + RC	单层铝板，蓝绿中空镀膜玻璃。裙房：花岗岩。48000m²
32	广东国际大厦	广州	63	200	RC	复合铝塑板，茶色玻璃带形窗。裙房：花岗岩

二、用于大跨度公共建筑的装饰幕墙

机场、车站、文化中心、会议展览中心等大跨度公共建筑的屋面和墙面，目前广泛采用金属板和玻璃。屋面结构多为钢网壳、钢网架或钢桁架，杆件可为管材或型材。幕墙墙面可采用框式或点支式，支承钢结构包括钢管、钢桁架、拉杆桁或拉索架。

南京市文化艺术中心，圆形平面，幕墙为点支承式，采用 6mm + 0.76mm + 6mm 夹胶玻璃，部分还是圆锥面热弯，难度很大。支承钢结构为不锈钢拉杆桁架。该工程 2000 年已建成。

南京国际展览中心周边幕墙有部分采用拉杆架、点支承方式；也有一部分采用了钢管鱼腹式桁架、框式幕墙方案，以适应建筑设计师对不同分区的不同要求。该工程已于 2000 年建成。

深圳从 2000 年开始在福田建造新的市中心区，一批规模宏大的公共建筑正在施工或已建成。如 1999 年建成的国际高新技术成果交易会展中心，外墙大部分采用点支式玻璃幕墙，支承钢结构分两类：这些点支式玻璃幕墙经过 1999 年台风吹袭考验和洗礼，无任何破损。深圳市民中心通过长达 400m 的波形屋盖体现深圳大鹏展翅的气概，再用点支式拉索架幕墙构成大的透明室内空间，该工程 2000 年建成。深圳市少年宫建筑用复杂造型的玻璃幕墙构成通向未来的意境，有框幕墙和点支式玻璃幕墙同时采用。深圳文化中心由日本著名建筑师矶崎新设计，其最有特色的幕墙是两侧的"琴弦幕墙"，跨度达 30m 的箱形钢梁跨在屋面和地面之间形成"流水瀑布"式的琴弦。上铺三角形玻璃板块。深圳机场候机楼于 1998 年建成，采用点支式玻璃幕墙，玻璃最大尺寸为 1.8m × 3.2m，15mm 钢化本体绿色玻璃。每片玻璃 6 个支点式连接在上下横梁上，横梁由钢管桁架支承。钢管架最大跨度达 18m，桁架上端用双铰摇臂与屋架相连，下端与地面铰接。

上海浦东国际机场，其幕墙为框式，立柱由双钢管组合截面构成，梁为铝合金型材，明框幕墙位于内、外钢管之间。而浙江宁波机场则全部采用不锈钢拉索点支式幕墙。

新白云机场航站楼是亚洲最大机场之一，仅投入使用第一期工程点支式玻璃幕墙就达 90000m²，幕墙总面积 140000m²，可谓世界之最。

植物园、温室等建筑又是幕墙应用的新领域。1999 年建成的北京植物园大温室曲面复杂，施工难度大。这个工程采用了点支式中空玻璃幕墙。

大连热带雨林馆直径达 100m，由中央球状网壳和周边环状网壳构成，框式支承玻璃板材。

三、四角锥装饰幕墙

国内较早建成的四角锥装饰幕墙有深圳世界之窗的四角锥。四角锥平面尺寸为 15m×15m，由钢管网架支承。1997 年，福州温泉公园大金字塔建成，其底平面尺寸为 40m×40m，幕墙采用 2m×2m 的三角形板块，6mm＋0.76mm＋6mm 灰色夹胶玻璃，支放在屋面钢架网上，总面积近 2000m²。该工程屋面施工只用了一个月时间。

此外，高层建筑顶部常常也设置四角锥装饰幕墙。深圳蛇口新时代广场大厦的屋顶玻璃四角锥装饰幕墙，其底标高 162.8m，顶标高 175.7m，四角锥底平面 24m×24m，采用灰色本色着色夹胶玻璃，三角形板块。

贵阳市人民广场采用的点支承玻璃金字塔，其支承结构为拉索桁架，为提高其刚度，每一个三角形面都加了一道 X 形斜撑。

深圳市民中心博物馆 30m×54m 采光顶 2001 年建成，这是国内首例采用上、下弦拉索平板型、空间杆件系统的高技术工程。由于上、下弦均为拉索，为保证屋面正常工作，索的拉力达 100kN，因而对预应力施工、环向锚固梁的设计都提出了新问题，为此还专门进行了原大试件的加载实验。

四、异形装饰幕墙

建筑装饰幕墙有很强的造型功能，可以满足建筑设计师各种建筑造型要求。目前，国内异形幕墙采用相当广泛。

球形、半球形幕墙是最常见的异形幕墙形式之一。如上海浦东国际会议中心和上海东方明珠电视塔，成都王府井大楼等。

青岛会展中心钟形吊挂玻璃罩，直径达 22m，由环向和母线方向的钢管桁架组成骨架的点支式玻璃幕墙。

五、其他形式幕墙和采光顶

（一）采光顶

近年来，除在多层或高层建筑中广泛采用常规装饰幕墙外，也常在裙房或塔楼屋面上建造采光顶。采光顶的屋面材料多为玻璃（夹胶玻璃、中空玻璃和夹胶 - 中空玻璃）有时也采用聚碳酸酯板（阳光板）。

（二）特殊形式幕墙

此外，特殊形状的幕墙可以围合为各种造型的建筑。如巴黎罗浮宫前的玻璃金字塔，由著名建筑师贝聿铭设计，于 20 世纪 80 年代初冲破重重传统阻力后建成，已成为世界闻名的建筑艺术作品。

玻璃幕墙加上金属板屋顶是目前体育馆、机场、车站、文化中心、会展中心等大跨度公共建筑的现代化象征。如日本大国际机场的主体钢结构，形状类似恐龙造型的拱形立体桁架，上面支承铝板加玻璃采光带的屋面，周边为鱼腹桁架支承的有框玻璃幕墙。

此外，点支式玻璃幕墙、钢构件全玻璃幕墙由于其通透性而得到广泛应用。点支式幕墙的支承结构多为钢结构，并常采用拉杆桁架、拉索桁架等轻巧的结构形式。钢构架全玻璃幕墙的艺术形式有方形、菱形、梅花形、矩形、六边形等形状，钢架扣件为圆形、方形。钢架用钢管、槽钢焊接而成，也可用钢球节点网架或壁式小桁架。全玻璃幕墙由于无金属边框，视野空旷，建筑立面等显得豪华壮观。

采光顶目前在旅馆建筑和办公楼建筑中应用很广泛，采光顶一般应采用夹胶玻璃或夹胶-中空玻璃。大连会展中心幕墙是采光顶工程的实例。

采光顶除了一般平面、斜面状外，也有不少做成球形或拱形的，如北京2008年奥运会许多体育场馆。

第五节　21世纪建筑装饰幕墙发展展望

一、第一代至第三代建筑装饰幕墙

（一）第一代幕墙

1850—1950年的第一代"准幕墙"具有现代幕墙的雏形，它往往习惯于将幕墙板材直接固定在竖框（立柱）上而无横梁过渡。由于材料和工艺的原因，渗水问题未能很好解决，噪声和保温问题也较多。

（二）第二代幕墙

1950—1980年的第二代幕墙已经采用压力平衡手段来解决明框幕墙的渗水问题，并设立了内排水系统和渗水排出孔道。开始大量应用热反射玻璃和低辐射（LOW-E）玻璃，提高了其保温性能。单元式幕墙的开始应用，提高了标准化、工厂化程度，减少了现场作业量。

压力平衡系统是基于一个简单的物理原理，即在压力平衡的条件下，因水比空气重而下落。水渗入建筑物必须有三个条件：有水、有孔和有压差。只要消除其中一个条件，渗漏就不会产生。消除第一个条件是不可能的；消除第二个条件，因受密封材料的寿命与性能的影响，这也是困难的；只有消除第三个条件。"压力平衡"原理常被称作雨幕（Rain Screen）或放开节点（Open Joint）。"压力平衡"的原理可用于所有预制节点，节点可以是金属、水泥、石材。

"压力平衡"原理是简单而有效的：可消除外节点周围的压差，内节点就不会接触到水，这样即使密封处有小缝也不会进水，只有在风天时会少量漏风。采用压力平衡原理（雨幕）使幕墙结构跨入了一个新时代。采用这一概念进行设计，要求相当精确，并要求使用前在实验室进行模拟试验。

（三）第三代幕墙

第三代幕墙（成熟的一代）大约开始于1985年，直至今天。其特点为技术的改进和应用的多样化。第三代幕墙的创新主要表现在：

（1）结构密封材料的应用更为广泛。趋势是向结构幕墙发展，即通过特殊的硅酮胶将玻璃板与框架黏结在一起。正在开发中的新技术是用硅酮胶黏结玻璃板或避光板，并具有高气密性与水密性以及最好的保温、隔噪声和结构性能。

（2）轻质组合板的施工使用硅酮结构胶，提高了板的平整度和保温性能，使其更优于传统的夹心板。

（3）发明工厂预制板式拼装体系，并使用压力平衡系统，确保了水密性，而且不再单纯依赖于硅酮胶密封材料。

（4）不透光但能换气的窗间墙板在冬天具有较高的保温系数；在夏天，由于墙的外侧中间有自然风（换气的立面墙 ventilated façade），并改善了夏天的使用性能。

（5）第三代幕墙由于广泛采用热反射玻璃（镜面玻璃），使其具有独特的可视的外表面。

（6）为提高保温、隔声、防太阳辐射能、调节光的传播、改善色度与美学特征以及遮阳等性能，在玻璃预制方面有许多技术发明。与此同时，根据建筑设计师的要求，幕墙的制造商开发了几种固定的或可活动的遮阳方案，因其为外露式，维修和保洁费用将是昂贵的。

（7）为改善幕墙的保温隔热性能并减少冷桥的影响，采用了几种方法：

①用密封衬垫或塑料等材料遮挡尖角等部位（这是第一步）；

②从内部遮挡尖角部位（支撑结构在外侧）；

③从外部遮挡尖角部位（支撑结构在内侧）；

④采用绝热铝型材；

⑤避免金属结构露明或伸出，从而避免金属的锈蚀。

这最后一项技术改善了隔声效果并将金属的腐蚀减少到最低限度，甚至为零，因为承重结构都在内部。

总之，第三代建筑装饰幕墙时期的特点是完全由工厂制作完成幕墙板，经检验后作为成品运至现场。在这一时期，看到了越来越多的工程采用花岗石、瓷板（亦称微晶玻璃、微晶石材、微晶陶瓷）、多孔陶质玻璃组合板等新材料，以及采用一些新方法，如采用钢索桁架支承玻璃立面结构或玻璃竖框（玻璃肋）结构等。这种方法允许建筑物的内、外完全透明。

二、主动墙——第四代建筑装饰幕墙

当今建筑装饰幕墙的创新技术即是外围护结构（幕墙）的第四代。将第三代的先进技术，诸如工业化的板式拼装体系，气密和水密的压力平衡系统，以及结构构件（结构硅酮胶、复合材料和钢丝绳等）与一系列新的技术概念相结合，为用户、建筑设计师和开发商在舒适度、技术性能、维修和美观等方面提出了更高的标准。有些领先技术已经在示范建筑中得到了应用，有些还正在研究开发之中。

（一）热通道——主动气墙

预制装饰幕墙的外层利用双层玻璃形成温室效应。夏天，将暖风送至顶部并通过空气总管加热建筑用水；冬天，利用室内空间形成的温室效应，并通过一个装置把暖空气送入室内。这样，做到了冬暖夏凉并具有节能的效果。

（二）水流管网热通道——主动水墙

预制幕墙外层利用竖框或横梁的管腔作为水或其他液体的通道。太阳辐射热通过玻璃积蓄在墙体或实心板中，用来加热洗用水或建筑采暖用水。在夏季，这些在幕墙中循环的冷水可为室内空间供冷、制冷。

（三） 热能与储能飞轮

利用上述技术和设备将暖空气或热空气送入楼板的管或槽中；在夏天或好天，可将热能积蓄在保温良好的罐（池）中，以备冬天或冷天之需。

（四） 绿色主动墙或生态主动墙

将植物或花卉植于预制幕墙的双层玻璃之间，并使其与阳光一起作为能量生成装置（光合作用）和湿度平衡装置。

（五） 光伏主动墙

预制幕墙通过墙上太阳能电池产生能量，这些太阳能电池安装在墙体中，实体视窗（solid vision）或天窗用以采集阳光和太阳能，并将其转换为计算机和办公设备所需的电能，也可通过蓄电池储蓄，以备晚上或阴天使用，必要时也可以和市电联网。

（六） 幕墙特殊装置

1. 特种活动遮阳板

此板安装在反射玻璃上，能将多余的太阳辐射热反射出去，或在阴天或冬天将阳光（或辐射热）送入室内。

2. 特制自然通风密封格栅窗

通过易于操作的活动叶片，使外界空气以自然对流的方式进入室内或进入板式幕墙的窗间墙部分。该装置可用在幕墙上代替自然通风的窗户。该项技术已用于巴塞罗那的奥林匹克大厦（Olympic Tower）。

（七） 强制通风主动墙

1. 两个相互隔离的玻璃窗

通过两个相互隔离的玻璃窗形成室内空气循环系统，并可把污浊空气排至室外。排出空气中的能量有可能被回收利用。

空气隔离层可以形成保温层并能使玻璃内表面温度接近室内的温度。这样就可改善保温性能并将辐射热反射出去，因此可不必采用任何周边加热或制冷系统，而且还能使所有周边空间得到最大限度的利用。

2. 紧凑型主动墙（强制性通风和集能系统）

该体系与上述体系一样，但完全独立于中央通风和空调系统；风扇和有关装置均暗装于紧凑的幕墙板系统中。

三、 第四纪幕墙体系

第四纪（Quaternary）是一个意大利语中的拉丁语词，用以描述现代建筑技术的新发明和新哲学的词汇。面向 3000 年，现代建筑设计可以按结构部件的使用寿命分为三个相互独立的系统：

（一） 结构系统

建筑装饰工程中的基础、柱子、楼板、楼梯、屋面等，属长期寿命系统。

（二） 组件系统

建筑设备工程中的幕墙、内幕墙、外围护结构、服务井道、吊顶、设备层等，属中期寿命系统。其中还分为：①长期：支撑结构等；②中期：板与玻璃等；③短期：管道与电缆等。

（三）建筑服务系统

电缆、视听通信、水处理、通风和空调、火灾报警等，属短期寿命系统。

根据这一指导思想，在开始设计时，就考虑建筑材料或装饰材料、水暖材料的不同使用寿命和相应的施工方法，以便在构件损坏时能及时地更换，或当要改变建筑外观造型及装饰风格时，也能轻而易举地进行改造。从长远观点看，这一方法更方便，更灵活，还可延长建筑物的耐久性，即使用寿命。

第三章　建筑装饰幕墙立面造型设计

第一节　建筑装饰幕墙的设计原则

建筑装饰幕墙具有现代建筑的艺术魅力。玻璃幕墙和铝合金金属板（铝单板、铝塑板、铝蜂窝板和铝钢复合双金属板等）幕墙自 20 世纪 60 年代兴起，迅速发展了 60 余年，成为现代主义建筑的一个主要特征，也成为现代化大都市的标志和国家经济发展水平的一个代表。它之所以有如此独特的魅力，受到建筑设计师和业主的欢迎，是有其自身的特点的。建筑设计师在工程设计中如能充分利用这些特点，就能设计出美轮美奂、变化无穷的现代建筑。

一、建筑装饰幕墙的建筑时代特征

（一）古典主义时代建筑

最初，美国芝加哥在 1883 年建成了第一座现代高层建筑——家庭保险公司办公楼，至今已 100 余年。这座 10 层的钢结构框架建筑，仍然采用传统的墙体材料——砖石砌体。此后一段长时间内，不论是钢结构，还是钢筋混凝土结构高层框架结构建筑，其外在表现——外墙几乎全部采用传统材料，广泛使用厚实沉重的混凝土、天然石材和砖砌体。墙面绝大部分为石质墙面，玻璃仅在窗口处使用，其功能主要是采光和通风，其面积不超过墙面面积的 15%。这时候玻璃建筑的艺术功能还未被人们认识和接受。

1931 年，美国建成 102 层的纽约帝国大厦，这座 384m 高的摩天大楼成为当时资本主义世界高度发达的象征。它的外墙几乎全部为实体墙面，是古典主义时期的代表性建筑。同时代的其他摩天大楼，都具有类似的竖向体型和实体墙面处理的建筑。

这一时期一直延续到 20 世纪 50 年代初。在这段时间内，玻璃还没有真正登上建筑艺术的大舞台。

（二）玻璃和金属成为现代主义建筑的象征

进入 20 世纪 50 年代，玻璃和铝合金材料的生产技术已经取得了迅速的发展，从物质上为现代主义高层建筑奠定了基础。二战后资本主义世界经济的迅速恢复和发展，现代科学技术水平的不断提高，强烈要求建筑艺术能体现这种时代的精神，历史的要求解放了设计师的思想，创造出全新的一代建筑。

1950—1952 年，美国纽约建成了全玻璃墙面的利华大厦和联合国大厦，它一扫传统建筑敦厚的实墙体而成为光影兼备、玲珑剔透的虚墙面。以其简单轻巧的几何造型，在蓝天白云衬映下，变幻无穷的色彩，丰富多样的墙面影像带给人是一种全新的感觉。由此而产生的"玻璃方盒子"引领此后 50 余年的一代新潮流。从此，由玻璃和铝板组成的幕墙在这一个时代成为现代建筑的主角。

因而这一时代的建筑设计大师都有其建筑装饰幕墙应用的典型作品，如日本的山崎实的纽约世界贸易中心，美籍华人贝聿铭的香港中国银行大厦，日本丹下健三的东京市政厅大厦等作品，都以建筑幕墙的应用给人们留下深刻的印象。

自20世纪80年代开始在我国实施改革开放政策，"玻璃方盒子"对我国的建筑开始产生了强烈的冲击，引起了建筑设计师对现代建筑的强烈兴趣。在探索中国建筑的现代之路过程中，第一印象自然是完全不同于秦砖汉瓦的建筑装饰幕墙，它以非常快的速度在我国内地扩散开来。1985年全部为玻璃幕墙的长城饭店在北京建成；而玻璃和铝墙板为外墙材料的深圳国际贸易中心，则成为深圳的标志性建筑，特区的象征。深圳国际贸易中心总建筑面积达10万 m^2，主楼面积为6.5 m^2，是我国第一幢达到50层，高度160m的建筑。为充分体现改革开放的面貌以及深圳特区的特色，160m高的主楼与近150m长的四层弧形裙楼，构成垂直体量与水平体量的均衡和高低的强烈对比，互相衬托。主楼顶部的圆形旋转餐厅与裙楼舞厅突出的圆形散状顶盖遥相呼应，取得协调，相映成趣，增添了活跃、强烈的气氛。

整座建筑的造型是在一个横向水平舒展、稳健的裙楼基础上树立起高耸宏伟的主楼，创做出简洁、明快、婉约、统一格调的艺术造型。设计极具特色，具有强烈的艺术感染力。

建筑艺术造型上，一方面要与附近的现代化高层建筑群取得统一协调，反映出20世纪80年代新建筑的共性；另一方面要创造出它独具的特征和格调，如采用宏伟挺拔的方形主楼，竖向通过条突形的茶色玻璃窗，配上银白色铝板墙面，大片横向突出弧形的裙楼玻璃幕墙，打破了一般单调形式玻璃幕墙的做法，加上顶部圆形旋转餐厅和伞形的舞厅顶盖，不仅体现出高雅庄重、新颖大方、清新明朗的装饰效果，且富有现代化时代精神。

1991年，北京建成京广中心大厦，这是20世纪90年代初期全国最高的建筑，57层，208m高，采用钢框架结构。为适应钢结构变形较大的特点，同时为突出显现圆柱面外墙的优美线条，采用了银灰色明框玻璃幕墙，成为北京市最壮观的现代化标志性建筑。

京广中心大厦玻璃幕墙强调了横线条，水平明框粗细逐一相同，富于韵律感。中间两层避难层自然地将208m墙面划分为三个小区域，在大面上形成了一个变化。基座部分则采用粉红色花岗岩石板墙面，与整个玻璃幕墙的轻巧形成对比，加强了建筑物的稳定感。在花岗岩基部墙面上，配上鲜红的水平线条，下部的暖色调与上部银灰幕墙的冷色调又形成明显对比，给人留下深刻的印象。

在20世纪80—90年代，我国北京、上海、西安、广州、重庆、深圳建成了一大批玻璃幕墙建筑和铝合金玻璃幕墙建筑，其中面积较大、较有影响的建筑有：北京京广中心、北京国际贸易中心、西安金花饭店；上海锦江大酒店、静安希尔顿饭店、瑞金大厦、上海国际贸易中心、广州广东国际大厦、广州大都会大厦、广州国际贸易中心、广州中国市长大厦、深圳国际贸易中心、深圳地王大厦、深圳中国银行大厦等。目前，建筑装饰幕墙的热潮在我国内地还在延续，估计将会继续一个相当长的时期。

（三）后现代主义建筑中的建筑装饰幕墙

从20世纪50年代初到80年代中期，是世界主要国家广泛应用幕墙的30年，取得了一个时代的辉煌。但单一的玻璃幕墙和铝合金幕墙过于简单规则的造型，只能使建筑物从整体上来看是时代的特征，而就个体而言，彼此相似、雷同，手法重复使用，缺乏建筑物的个性和建筑设计师的个人特征，使人们逐渐产生新的变革要求，进入20世纪90年代，后现代的建筑开始流行。而这一时期的建筑不再是单一的、全部为玻璃的虚墙面，更多强调虚实结合，变大面积幕墙为分散的玻璃幕墙点、线和块，与铝材、天然石材互相渗透、互相镶嵌、互相结合，形成有虚有实，虚实结合的丰富立面，因而铝板和彩色钢板、石板幕墙、混凝土板幕墙得到了更广泛的应用。

在后现代建筑中，玻璃幕墙仍作为主要的建筑表现手段而应用，但它是以铝材、石材交汇的形式而出现的。有名的后现代建筑的初期代表作品——美国波特兰大厦就典型地体现了这一特点，它在立面上广泛采用了点、线、块的虚墙面，与实墙面交替汇合，形成十分丰富的立面及立面造型。蓝色的玻璃与天空融为一体，淡黄色的中部实墙面代表大地，体现了后现代建筑的象征性特点。

美国休曼那大厦也是后现代建筑的代表，中央竖条的玻璃幕墙形成虚墙面，而两边的实墙面则成为中部的明显对比。

我国内地 20 世纪 80 年代末建成的上海华东电管局大楼、杭州大厦等建筑是后现代建筑的尝试，也采用了玻璃幕墙与实墙面结合的手法，体型多变。目前，在我国内地这一趋势正在蓬勃地发展中。

（四）近代国内装饰幕墙的发展风格

由于世界建筑幕墙的现代主义趋势，1995 年以后，我国建筑幕墙的风格亦向多样化发展。

近年来，幕墙由单一玻璃幕墙向多元组合式幕墙发展，采用铝板、花岗石板与玻璃配合使用。花岗石幕墙建筑高度达 170m 以上，并成功地接受了台风考验。花岗石幕墙因其雍容华贵、美观大方受到建筑设计师的好评。如深圳蛇口新时代广场大厦，挂石高度 162m，采用 30mm 厚西班牙粉红麻花岗岩板；深圳公路总枢纽指挥中心大厦，花岗石挂石高度 132m，采用广东惠东红花岗岩石板。这两座建筑采用绿色玻璃幕墙与之匹配，具有极强的欧洲古典建筑特色。

建筑装饰幕墙性能更进一步完善，建筑手法更丰富、细腻，如高度达 420m 的上海金茂大厦，在立面变化的同时，明框幕墙外面加了不少不锈钢装饰件，顶部有意处理成体型多变的含苞欲放的花瓣。建筑装饰幕墙广泛应用于大跨度公共建筑，如机场、车展大厅、体育馆、文艺中心、展览中心等，因此从传统的有框幕墙发展到大面积点支式玻璃幕墙。2000年建成的江苏南京国际会展中心，其点支式玻璃幕墙面积达 2 万 m^2。深圳市少年宫，地球、宇宙球及全部外墙均采用建筑幕墙，深圳市民中心为长达 450m 的大型公共建筑，屋面由铝板构成大鹏展翅的雄伟气魄，周边均为玻璃幕墙。2000 年建成的南京文化艺术中心为卵形平面圆锥状立面建筑，采用拉杆式点支式玻璃幕墙 8000m^2，点支式玻璃幕墙的通透性使室内外融为一体。上海浦东机场和广州新白云机场是目前国内最大的机场。其中新白云机场仅一期工程（仅完成四条登机指廊和登机主楼）的幕墙面积便达 14 万 m^2，其中点支式玻璃幕墙面积达 10 万 m^2，可以称为世界之最。在国内最早采用点支式玻璃幕墙的机场航站楼为深圳机场。

二、建筑装饰幕墙设计中光和影的效果

光和影是许多艺术的表现手段。光和影构成了电影和电视的基础，也是摄影和绘画的主要表现技巧。建筑艺术也常常借助于光和影的表现手法，但只有采用了金属和玻璃幕墙后，

才更体现光和影的艺术魅力。

（一）光和影的正面效果

建筑装饰幕墙光和影的正面效果主要突出表现为：

（1）建筑立面上的玻璃幕墙反射天空的色彩，因此幕墙的反射光线随每日的早、午、晚、春、夏、秋、冬而不断地改变幕墙的自身颜色。

（2）幕墙反射周围自然景物和其他建筑物的影子，借周围景色而丰富了自身，所以幕墙的效果是与周围的环境情况密不可分的。

幕墙设计中应仔细研究分析上述两个因素，对有利于建筑物自身形象的反射应充分利用；对杂乱无章的外景，应尽力避免映照在幕墙上。也就是说，在布置幕墙时不仅要考虑建筑物本身，而且要考虑建筑物的周围环境。对于有可能产生杂乱无章景物的部位，就不一定使用玻璃幕墙，而改为铝板、花岗石板等石材幕墙面。特别是建筑物的下部，往往采用实墙面，而不将玻璃幕墙做到地面。如香港许多商业办公楼往往塔楼采用热反射玻璃，而下部裙房多采用非反射板材，可以避免映照出狭窄街道上杂乱的影像，从而影响装饰效果。

（二）光和影的负面效果

玻璃幕墙能反射天空强烈的光线，特别是太阳的光线，除了对建筑物本身的艺术效果产生正面的效果外，建筑设计师还应当注意它可能对周围环境产生的负面影响，如光污染。

（1）玻璃幕墙将阳光反射到周围建筑物室内，会使其他建筑中居住、工作的人产生不愉快，甚至不能忍受。当凹墙面反射时，还会使阳光加强、集中，影响更为严重。这时可改用虚实结合的分散玻璃幕墙。

（2）建筑物低层部分设置玻璃幕墙如果光反射到道路上，会妨碍驾驶人员的视线，容易发生交通意外。因此正对道路交通线的墙面，低层部分可改用铝板或花岗石板墙面。

（3）玻璃幕墙可将阳光的热量反射、集中到周边建筑物、人行道或广场上，使行人有灼热感，甚至损坏其他建筑物上的建筑材料，如密封胶缝、沥青材料等。因此设计落地玻璃幕墙时应尽可能避免这种情况的发生，应采用必要的防范措施，如在墙角布置绿化树木遮挡集中的热量，改用反射率低的铝板、石板等。

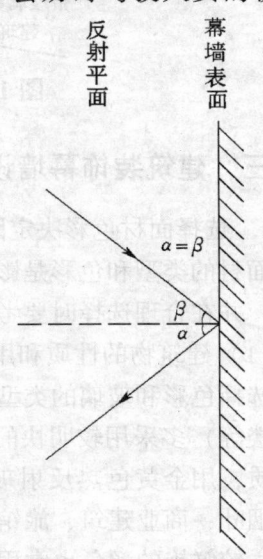

图 1 - 3 - 1　幕墙反射的入射角等于反射角

如图 1 - 3 - 1 所示，阳光照射到垂直玻璃幕墙上，按照入射角等于反射角的原理被反射出来，其基本规律为：

①入射线、法线、反射线位于同一平面；

②入线角 α 等于反射角 β。

由此可以计算出阳光在一日中可能影响的区域，可以决定虚、实墙面的布置方式。

采用了粗糙表面的实墙面，阳光由集中反射而变化漫射（图 1 - 3 - 2），将有助于改善对相邻建筑的干扰。

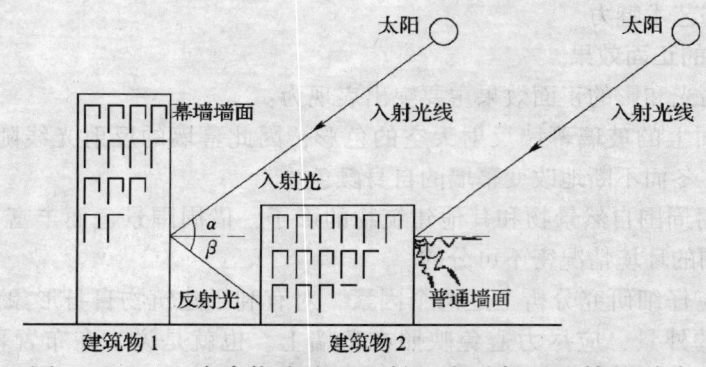

图1-3-2　玻璃幕墙墙面反射阳光对邻近建筑的影响

　　不仅玻璃幕墙本身具有直接反射阳光的问题，而且还会由于幕墙，产生多次连续反射（图1-3-3）。多次反射的入射光源，可以是邻近建筑物的反射光，也可以是湖面、海面的反射光。设计时也要考虑这一因素。

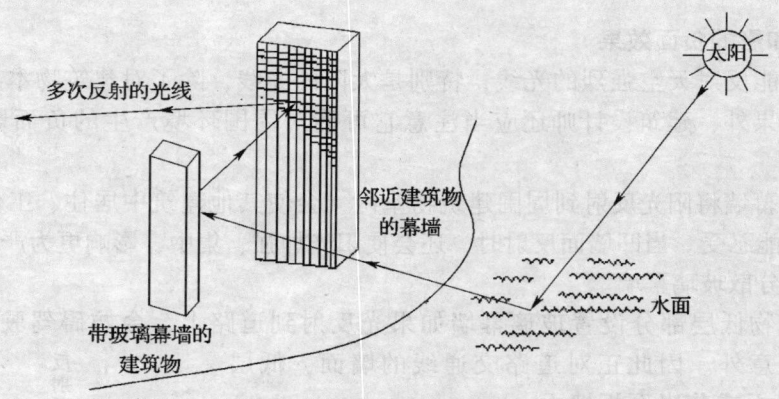

图1-3-3　玻璃幕墙的建筑物产生多次反射

三、建筑装饰幕墙设计中面材的色彩

1. 选择面材色彩决定因素

　　面材的类型和色彩是影响建筑艺术效果的至关重要的因素，建筑设计师在设计时应慎重斟酌，并在合理选择时要考虑以下因素：

　　(1) 建筑物的性质和用途。

　　选择色彩和玻璃的类型要由建筑物的使用性质和用途决定。目前办公建筑（如写字楼、商务楼等）多采用较明快的色调，如蓝灰色、银灰色镀膜玻璃；银行、金融机构由于其营业性质，用金黄色热反射玻璃也较多；有些烟草公司也喜用金色幕墙表达"金丝"之意，象征烟叶；商业建筑、旅馆建筑则有较大范围的选择性，常常多种彩色配合使用，一些较深颜色、较鲜艳的颜色也常用，如宝石蓝、翡翠绿等。近年来，红色热反射玻璃开始应用，并与宝石蓝、翡翠绿搭配使用，用色更为大胆、夸张，收到吸引顾客、诱导买主、引人注目的效果。

　　(2) 建筑物周围的环境。

除在设计时由建筑设计效果图上确定本建筑幕墙的主色彩外，还应注意和周围环境的配合，某大学校园的一座学术大楼采用全部落地宝石蓝玻璃幕墙，却处在树林的深处，无法与环境的颜色明显区分，这种设计没有收到建筑装饰幕墙应有的效果。

（3）业主的要求。

此外，在决定幕墙的色彩时，还要征求业主的意见，色彩的喜好往往带有一定的主观性，所以使用者的要求是应加以考虑的。

（4）投资额——工程造价。

最后，不同种类和色彩面材的价格有很大的差别。吸热玻璃的价格较低，浮法镀膜热反射玻璃的价格较高，因此投资多少也是影响选择的一个重要的因素。有些工程原设计采用金色热反射浮法镀膜玻璃，建筑效果非常强烈，得到各方面好评，后因投资额限制改为普通茶色玻璃，建成后效果差得较远。某些种类石材由于来源少，价格昂贵，选用时尤应注意。

2．面材玻璃色彩合理选择

（1）在选择面材的颜色时，必须根据厂家送来的样品明确定出色号，不能简单规定为"金黄"、"蓝灰"、"宝石蓝"等，因为每一种颜色有深浅、明暗、偏色的不同，只有色号才能明确规定面材的颜色。对于石材，必须指定产地、矿山等。

（2）在决定色号时，应请厂家送来相近几种同色面板。如金黄色浮法镀膜玻璃，应送来偏红（近似24k金）、金黄、偏黄（类似18k金）等不同玻璃，用来比较，样品应尽量尺寸大一些，不宜小于300mm×300mm。几种玻璃应并排在室外摆放，从3m以外观察，取其最满意者，定下色号。可以在不同天气条件下多次反复比较，以确认天空不同颜色、不同亮度时幕墙的效果。对于铝板、石材板，最好能在楼层上做出样板，比较后确定色号。

（3）即使是同一厂家、同一色号的面板，每次生产的颜色都会有一些差别，不同批号生产的玻璃，颜色不会完全一致。所以订货时一定要订足并留有一定的余量，以备损坏后更换，避免重新订货导致颜色不均匀而出现色差。通常备品数量为总量的2%～3%，每种规格的玻璃至少有一块备用品。选择石材板的矿山时，必须矿体供应能有较大富余量，避免全部采空产生色差。

（4）耐候胶的颜色应与玻璃的颜色相配合，全玻璃幕墙则宜采用透明的硅酮结构胶。

四、建筑装饰幕墙的造型功能

装饰幕墙的特点是优化建筑设计，利用玻璃幕墙轻巧、透明、反光和容易适应任意几何形状的特点，配合铝板和石材板，可以按建筑设计师的要求，产生形状特异、非常规的建筑造型，实现预定的建筑装饰效果。所以建筑装饰幕墙是优化现代建筑造型设计的重要手段。

德国慕尼黑玻璃宫大楼（商业建筑，高65m，中筒20m，最大直径85m），这座洋葱头式的奇特建筑充分利用了玻璃板材的适应能力，拼装为一个复杂的球状双曲面造型。幕墙的造型功能在电视塔建筑中得到了更充分地展现。北京中央电视塔（高395m）的宫灯型塔头体现了北京的古都特点，由铝板和玻璃板材构成。上海东方明珠（高465m）的上、下球体，由玻璃和铝板幕墙覆盖而成，体现了"明珠"的造型特点。

加拿大温哥华海岸通讯楼是由中央电梯井支持的悬挂结构，采用玻璃幕墙显现独特的外形。香港中国银行大厦（70层，315m），平面52m×52m，由两条对角线划分为四个三角形，每一个三角形形成一个空间桁架。桁架杆件（2m×2m截面）外露，墙体全部为蓝灰色热反射浮法镀膜玻璃。三角形桁架分别在不同高度上截断，形成"节节向上"的造型，这项工程由著名建筑师贝聿铭设计。香港奔达中心，外形奇特，酷似两座雕塑。它采用了不规则外挑的楼板，银色玻璃幕墙（明框）包封在外挑楼板的边缘，形成凹凸相间的立体形象，产生强烈的雕塑效果。近年来，国内、外高层建筑体型趋于多变，建筑装饰幕墙能很好地适应建筑设计师的要求，体现出现代建筑的风格。

形成角锥体采光顶作为城市公共建筑和标志性建筑，是建筑幕墙的又一造型功能，最典型的是法国巴黎罗浮宫前的金字塔，国内近年也建成了不少这样的建筑，如深圳世界之窗四角锥。

五、建筑装饰玻璃的通透感

许多建筑设计师采用玻璃幕墙是为了产生室内外空间相互交融的通透感，要求最少的遮挡，而无框玻璃幕墙可以实现这一要求。无框玻璃幕墙包括两大类：全玻璃幕墙和点支式玻璃幕墙。

全玻璃幕墙由玻璃面板和玻璃肋组成。高度小于4m的全玻璃幕墙支承在下面的底座嵌槽内，高度大于4m的全玻璃幕墙吊挂在上部悬挂钢结构的吊杆件上。当全玻璃幕墙高度太大时，可以采用金属板驳接的玻璃肋。上海大剧院前厅的驳接玻璃肋全玻璃幕墙，它使大厅与室外人民广场交融为一个空间。

点支式全玻璃幕墙由玻璃面板和支承钢结构通过不锈钢爪连接而成，支承钢结构可以是型钢、钢管、桁架和拉杆、拉索体系。由于钢结构截面很小，幕墙的通透性很好，在蓝天白云的映衬下，玲珑剔透，具有强烈的艺术感染力。

六、建筑装饰幕墙的材料质感

质感即是人们对一种装饰材料的第一感觉。不同的材料其质感是不同的，玻璃的透亮，铝板的轻巧，花岗岩的沉稳厚实，多赋予建筑物不同的风格，建筑设计师要恰当地运用这种质感的信息进行组合、搭配，创造出良好的建筑装饰作品。

采用欧陆式风格的石材幕墙显示出古典性格，显示了威严和庄重；而玻璃幕墙、铝板幕墙则表达了现代感，显示出独特的商业风格。

第二节　建筑装饰幕墙的造型形式

自20世纪60年代以来，随着多层建筑、高层建筑及超高层建筑的迅速发展，幕墙成为优化高层建筑造型设计的重要手段，丰富多彩的立面造型和墙面设计使幕墙建筑发展成为世界性的新潮流。

在建筑装饰幕墙设计时，虚墙面和实墙面的配合形式有以下三种。

一、全部虚设幕墙墙面

整座建筑物全部采用玻璃幕墙，会使人们产生很强烈的印象。尤其在蓝天白云的映衬下，晶莹剔透，宛如"水晶宫"，具有强烈的艺术感染力。最初的玻璃幕墙建筑大多用这种形式。图1-3-4为全部采用玻璃幕墙的建筑，即全部虚墙面的建筑。

图 1 - 3 - 4 全部虚墙面

二、全部实设幕墙墙面

这种形式是指除了窗以外，全部墙面（包括窗间墙和窗下墙）都采用铝合金板、不锈钢板或石材板幕墙，通常以铝合金板幕墙应用最为广泛，尤其银白色铝板能取得良好的建筑装饰效果：早、晚反射阳光呈一片金黄，中午在蓝天白云下则为一片银光，巨大的色彩反差引人注目。图 1 - 3 - 5 为全部采用金属幕墙或石材幕墙的建筑，或金属和石材组合的幕墙，即全部实墙面的建筑。

图 1 - 3 - 5 全部实墙面

三、虚实结合的幕墙墙面

1. 上虚下实水平分段布置

上段楼层采用玻璃幕墙显得轻巧明快，下段楼层采用实墙面显得稳重厚实。这种形式比较常见，如图 1 - 3 - 6 所示。

2. 竖向划分墙面

竖向墙面具有挺拔、向上之感，如图1-3-7所示。

图1-3-6　上虚下实水平分段布置　　　图1-3-7　竖向划分布置

3. 水平带状交替布置

水平带状交替布置是应用最广泛的墙面形式。每层划分为水平带状窗和水平带状窗下墙，窗下墙为铝板、彩色钢板或花岗石材板，立面上呈现明显的水平粗线条。如图1-3-8所示。

4. 自由式随意配合

在墙面上，虚墙和实墙以点、线、块的形式相互穿插、融合、点缀，组合成虚实结合的墙面。这种手法比较自由，立面活泼。如图1-3-9所示。

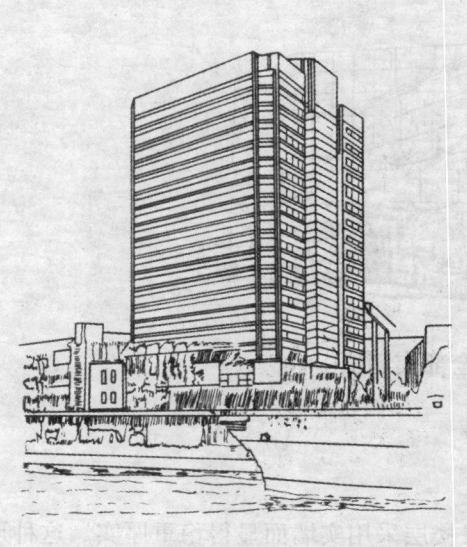

图1-3-8　水平带状交替布置　　　图1-3-9　自由式随意配合

第三节　建筑装饰幕墙的设计要点

一、结构的完整性

幕墙结构的完整性和可塑性，是幕墙设计的首要任务。幕墙的自身重力可使横框构件产生垂直挠曲，全部元件都会沿着风荷载作用方向产生水平挠曲，而挠度的大小决定着幕墙的正常功能和接缝的密封性能，过大的挠度会导致玻璃的破裂，同时框架构件在风荷载的作用下，由于立柱竖框和横梁各自的惯性矩设计不当，从而使挠曲得不到平衡，则使缝隙产生不同的挠度值，从而导致幕墙的渗漏。

二、活动量的考虑

幕墙设计时要考虑构件之间的相对活动和附加于墙和建筑框架之间的相对活动。这种活动不仅是由于风力作用，而且也是由于重力的作用而产生的。由于这些活动而导致了建筑框架变形或移位，因此在设计中不能轻视这些活动量。温度变化产生的膨胀和收缩是产生活动量的重要因素，由于幕墙边框为型钢或铝合金材料，膨胀系数都比较大，故设计幕墙时，必须考虑接缝的活动量。

由此也可以证明，幕墙始终处于"动态"，故设计计算时要特别引起注意。

三、防风雨

幕墙技术的最新发展是采用"等压原理"结构来防止雨水渗漏。简言之，就是要有一个通气孔，使外墙表面与内墙表面之间形成一个空气腔，腔内压力与墙外压力保持相等，而空气腔与室内墙表面密封隔绝，防止空气通过，这种结构大大提高了防风雨渗漏的能力。

四、隔热

幕墙构造的主要特点之一是采用高效隔热措施，嵌入金属框架内的隔热材料是至关重要的，如采用隔热性能良好的中空玻璃或热反射镀膜玻璃作为镶嵌隔热材料的透明部分，不透明部分多数是用低密度、多孔洞、抗压强度很低的保温隔热材料。因此需进行密封处理和在内、外两面施加防护措施：一般由 3 个主要部分构成，即外表面防护层、中间隔热层、内表面防护层。

五、隔声、减噪

幕墙建筑外部的噪声一般是通过幕墙结构的缝隙而传递到室内的，应通过幕墙的精心设计与施工组装处理好幕墙结构之间的缝隙，避免噪声传入。

而建筑幕墙本身容易产生的噪声，如竖向立柱之间、横向横梁之间、立柱与横梁之间的隔断、加垫都是减噪的必要构造措施之一。

幕墙建筑室内噪声可通过幕墙传递到同一建筑物的其他室内，可采用吸声顶棚、吸声地板等措施加以克服。

六、结露

在玻璃幕墙设计中，必须考虑其热工性能，通过热工计算，并采取相应措施，使其不得在内表面产生结露。

七、安装施工

无论是构件式还是单元式玻璃幕墙，设计时都要考虑施工方便。

第四章 建筑装饰幕墙的分类

第一节 概 述

高层建筑的持续发展带动了建筑装饰幕墙的迅速发展，而建筑装饰幕墙又是高层建筑墙体改革的重要组成部分，它又对高层建筑的发展起了很大的推动作用。

一、按面板材料分类

建筑装饰幕墙可以按面板所用的材料分为玻璃幕墙、金属幕墙、石材幕墙、混凝土幕墙和塑料幕墙等。

二、按施工方法分类

建筑装饰幕墙可以按其施工方法分为单元式幕墙、半单元式幕墙和构件式幕墙。

三、按结构形式分类

建筑装饰幕墙更细致的分类还是按幕墙的结构形式进行分类：

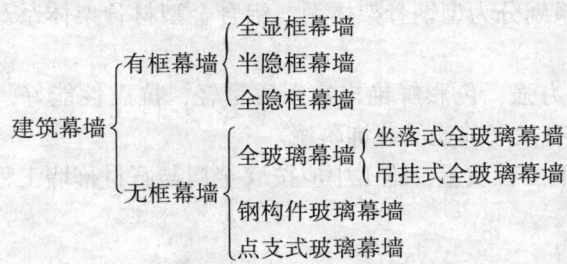

第二节 建筑装饰幕墙的材料分类

在我国，常见的幕墙有玻璃幕墙、金属板幕墙、石材板幕墙、塑料幕墙（有机）和混凝土幕墙等几种类型。

一、玻璃幕墙

玻璃幕墙装饰于建筑物的外表，如同罩在建筑物外的一层薄薄的帷幕，可以说是传统的玻璃窗被无限扩大，以至形成整个外壳的结果。以原来要求采光、保温、防风雨等较为单纯的功能，发展为多功能的装饰品。其主要部分的构造可分为两方面，一是饰面的玻璃，二是固定玻璃的骨架。玻璃与骨架联结，将玻璃的自身荷载及幕墙墙体所受到的风荷载及其他荷载传递给主体结构，使之与主体结构成为一体。

玻璃幕墙分有框玻璃幕墙和无框全玻璃幕墙。有框玻璃幕墙又分型钢框玻璃幕墙和铝合金框玻璃幕墙，而后者又分半隐框（露竖隐横和隐竖露横）和全隐框玻璃幕墙。全隐框玻璃幕墙常用的构造形式有两种：一种是用结构胶将玻璃粘贴在铝合金框架上，再用连接件将铝合金框固定在铝合金骨架上；另一种形式是在玻璃上打孔，再用专用不锈钢连接件（如驳接器）穿过玻璃孔将玻璃与钢骨架连接在一起，这种玻璃幕墙又称点支式玻璃幕墙。无框全玻璃幕墙是指面板和肋玻璃均为玻璃的幕墙，分为底座式全玻璃幕墙和吊挂式全玻璃幕墙。

玻璃幕墙按其结构形式及立面外观情况，可分为金属框架玻璃幕墙、玻璃肋胶接式全玻璃幕墙、点支式连接玻璃幕墙；或又可细分为金属明框玻璃幕墙、隐框式或半隐框式铝合金玻璃幕墙、后置式玻璃肋胶接全玻璃结构幕墙、骑缝式或平齐式玻璃肋胶接全玻璃结构幕墙、驳接式点连接全玻璃幕墙、张力拉索杆结构点支式玻璃幕墙。其中，框架式玻璃幕墙工程按其构件加工和组装方法，又分为元件式（镶嵌槽式、断热型、隐窗型、隐框式）幕墙和单元式玻璃幕墙等。

为了保证玻璃幕墙工程质量，施工中应按《玻璃幕墙工程技术规范》JGJ 102—2003 严格施工。

二、金属幕墙

在我国，目前大型高层建筑外墙装饰多采用玻璃幕墙、干挂石材板及金属板幕墙，且常以其中两种或三种组合形式共同完成装饰及围护功能。其中金属板幕墙与玻璃幕墙从设计原理、安装方式等方面很相似。大体可分为明框幕墙、隐框幕墙及半隐框幕墙（竖隐横明或横隐竖明）。从结构体系划分为型钢骨架体系、铝合金型材骨架体系及无骨架金属板幕墙体系等。

金属幕墙艺术表现力强，色彩鲜艳丰富，质量轻，抗震性能好，加工、安装和维修方便，造价低廉是今后很有发展前途的装饰幕墙。

为了保证金属板幕墙工程质量，施工中应按《金属与石材幕墙工程技术规范》JGJ 133—2001 严格施工。

三、石材幕墙

石材板幕墙是一个独立的围护结构体系，它是利用金属挂件将石材饰面板直接悬挂在主体结构上。当主体结构为框架结构时，应先将专门设计独立的金属骨架体系悬挂在主体结构上，然后通过金属挂件将石材饰面板吊挂在金属骨架上。

石材板幕墙是一个完整的围护结构体系，它应该具有承受重力荷载、风荷载、地震荷载和温度应力的作用，还应能适应主体结构位移的影响，所以必须按照有关规范进行强度计算和刚度验算。另外，还应满足建筑施工及隔声、防水、防火、防腐蚀和抗震等功能要求。

石材板幕墙的分格要满足立面设计的要求，也应注意石板的尺寸和厚度应保证在各种荷载作用下的强度要求，同时分格尺寸应尽量符合建筑模数化，应尽量减少规格尺寸的数量，方便施工。

为了保证石材板幕墙工程质量，施工中应按《金属与石材幕墙工程技术规范》JGJ 133—2001 严格施工。

在我国，目前最流行的是干挂花岗岩幕墙和金属板幕墙。特别是在西安、成都、大连、广州、重庆、深圳等大城市，其繁华街道比比皆是，为本来就美丽的都市增加了一道道亮丽的风景线。

四、混凝土幕墙

混凝土挂板幕墙是一种装配式混凝土墙轻板体系。这种体系利用混凝土的可塑性，用加工制作成的较复杂的钢模盒，浇筑出有凹凸的甚至带有窗框的混凝土墙板，为了加强墙面的质感，也可以在钢模底部衬上刻有各种花纹的橡胶模，用"正打"或"反打"工艺制做出彩色浮雕花纹墙板。特别是依据色彩理论，在幕墙工程中设计和生产加工成彩色混凝土、装饰混凝土、各种鲜艳的彩色石碴混凝土条形挂板，并以此获得较佳装饰效果的幕墙。

五、塑料幕墙（有机）

另外，塑料幕墙作为一种新型轻质外墙装饰，在国外已有一定规模的发展，目前在我国尚处在研制引进阶段。塑料系有机材料，泛指各种聚酯类、树酯类、聚合物、缩合物及竹、木类、有机材料板材制品。

第三节　建筑装饰幕墙的施工分类

一、单元式幕墙

单元式幕墙是在车间内将加工好的各种构件和饰面材料组装成的一层或多层楼高的整体板块，然后运至工地进行整体吊装，与建筑主体结构上预先设置的挂接件精确连接，必要时进行微调即完成幕墙安装。

单元式幕墙的技术特点：

（1）单元板块全部在工厂车间内进行组装完成，组装精度要求高。

（2）安装速度快，施工周期短，便于成品保护。

（3）可与土建主体结构同步加工，有利于缩短整体建筑施工周期。

（4）结构采用逐级减压原理，内设排水系统，防雨水渗漏和防空气渗透性能良好。

（5）板块接缝处全部采用专用耐老化橡胶条密封，使幕墙具有自洁功能，表面受污染程度低。

（6）板板块之间采用插接方式连接，抗震能力强。

二、半单元式幕墙

半单元式幕墙是介于框架式幕墙和单元式幕墙之间的一种幕墙结构。它是指饰面材料与之部分主龙骨构件在工厂内组装完成，在施工现场将组装好的板块安装到与主体结构连接的主受力龙骨上，从而完成幕墙的安装。

半单元式幕墙的技术特点：

（1）板块挂装后不需调整，适合于剪力墙体结构部位。

（2）大部分组装工作在工厂车间内完成，组装精度较高。

（3）安装速度较快，施工周期较短，便于成品保护。

（4）板块可拆卸，便于更换。

（5）利于等压原理实现结构防水（雨水、结露水），防雨水渗透和防空气渗透性能良好。

三、构件式幕墙

构件式幕墙亦称框架式幕墙，它是将在车间内加工完成的构件运到工地，按照施工工艺逐个将构件安装到建筑结构上，最后完成幕墙的安装。构件式幕墙按照处理效果分为全隐式、半隐式和明框式幕墙三种，按照装配方式分为压块式、挂接式两种。

构件式幕墙的技术性能如下：

1. 压块式框架幕墙（亦称元件式框架幕墙）

（1）板块和浮动式连接结构，吸收变位能力强。

（2）定距压紧式压块，保证使每一玻璃板块压紧力均匀，玻璃平面变形小，浮法镀膜玻璃的外观装饰效果良好。

（3）硬性接触处采用弹性连接，幕墙的隔音效果良好。

（4）能够实现建筑上的平面幕墙和曲面幕墙的效果。

（5）拆卸方便，易于更换，便于维护。

2. 挂接式框架幕墙（亦称小单元式框架幕墙）

（1）安装简捷，易于调整。

（2）连接采用浮动式伸缩结构，可适应变形。

（3）适用于平面幕墙形式。

（4）硬性接触处采用弹性连接，幕墙的隔音效果良好。

第四节　建筑装饰幕墙的结构分类

一、带框玻璃幕墙

1. 明框玻璃幕墙

幕墙结构如图 1-4-1 所示，由面板构成的幕墙构件连接在横梁上，横梁连接到立柱上，立柱用连接件悬挂在主体结构上。为在温度变化和主体结构侧移时使立柱有变形的余地，立柱上下由活动接头连接，立柱各段可以相对移动。

如图 1-4-2 所示，明框玻璃幕墙的玻璃板镶嵌在铝框内，成为四边有铝框的幕墙构件。幕墙构件镶嵌在横梁上，形成横梁、立柱均外露而铝框分格明显的立面。

明框玻璃幕墙是最传统的形式，应用最广泛，工作性能可靠。相对于隐框玻璃幕墙，容易满足施工技术水平要求。

如图 1-4-3 所示，明框玻璃幕墙构件的玻璃与铝框之间必须留有空隙，以满足温度变化和主体结构位移所必需的活动空间。空隙用弹性材料（如橡胶条）填充，必要时用硅酮密封胶（简称耐候胶）予以密封。

为防止渗水，明框幕墙应在横梁上设置等压腔，根据压力平衡原理使腔内压力和腔外风压相等，阻止雨水沿密封胶缝隙渗入。

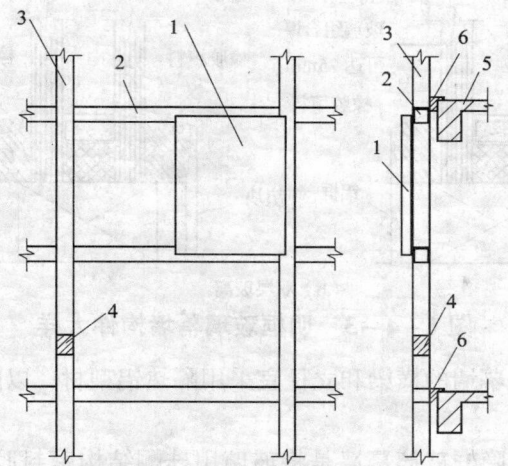

图1-4-1 明框幕墙组成示意图

1—幕墙构件；2—横梁；3—立柱；4—立柱活动接头；5—主体结构；6—立柱悬挂点

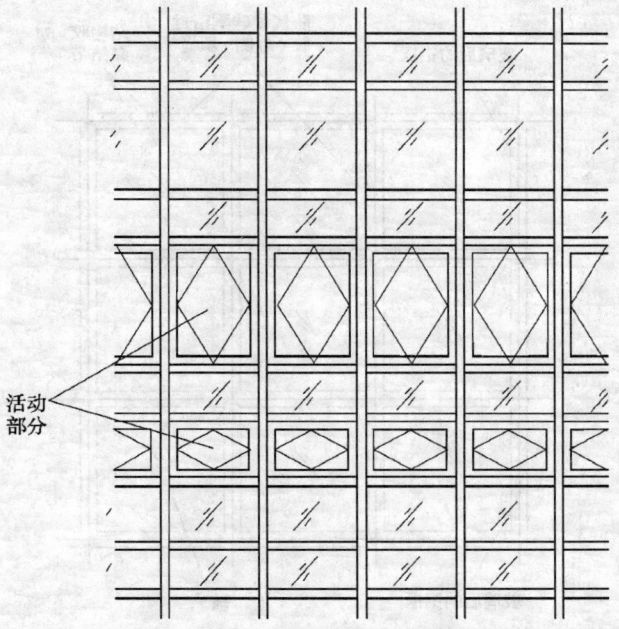

图1-4-2 明框玻璃幕墙

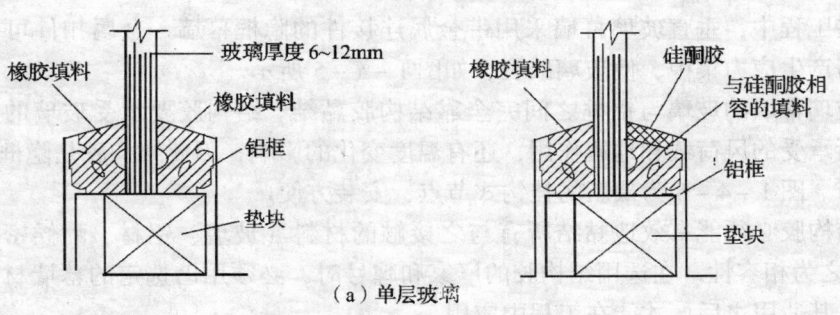

（a）单层玻璃

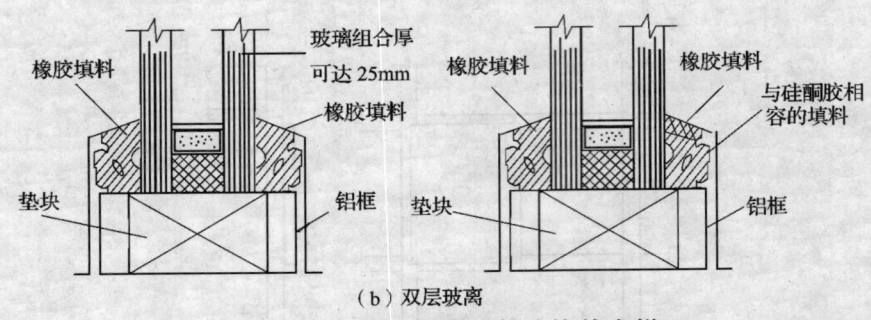

（b）双层玻离

图1-4-3　明框玻璃幕墙构件大样

寒冷地区的明框玻璃幕墙的横梁和立柱宜采用隔热铝型材，以防止"冷桥"产生。

2. 隐框玻璃幕墙

如图1-4-4所示，隐框玻璃幕墙是将玻璃用硅酮结构密封胶（简称结构胶）黏结在铝框上，在大多数情况下，不再加金属连接件。因此铝框全部隐蔽在玻璃后面，形成大面积全玻璃镜面。

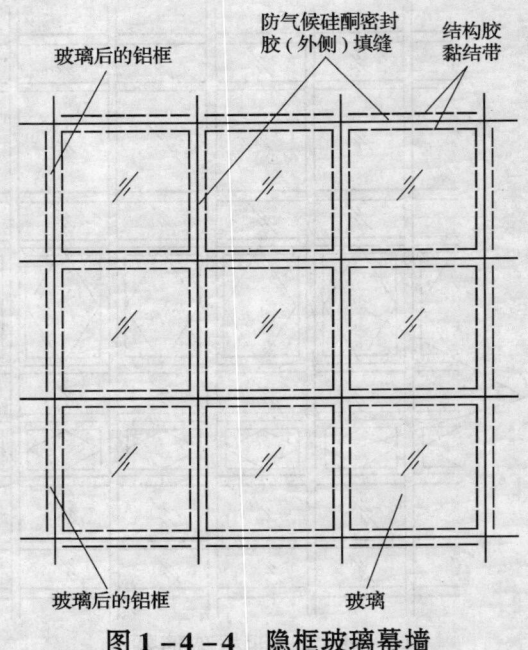

图1-4-4　隐框玻璃幕墙

在某些工程中，垂直玻璃幕墙采用带金属连接件的隐框幕墙。金属扣件可作为安全措施，但容易产生应力集中，使玻璃破裂。如图1-4-5所示。

隐框玻璃幕墙的玻璃与铝框之间完全靠结构胶黏结。结构胶要承受玻璃的自身质量荷载、玻璃所承受的风荷载和地震作用，还有温度变化的影响，因此结构胶是隐框幕墙安全性的关键环节。图1-4-6为最新的挂钩式节点，安装方便。

硅酮结构胶必须能有效地黏结所有与之接触的材料（玻璃、铝材、耐候密封胶、垫块等），这称之为相容性。在选用结构胶的厂家和牌号时，必须用已选定的幕墙材料进行相容试验，确认其适用之后，才能在工程中应用。

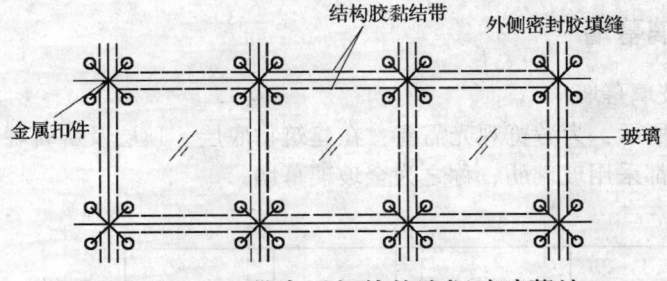

图1-4-5 带金属扣件的隐框玻璃幕墙

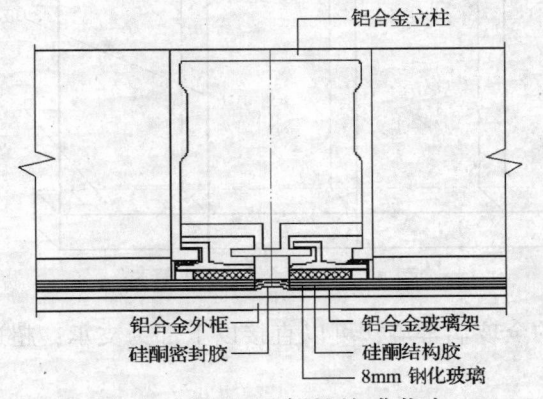

图1-4-6 最新挂钩式节点

3. 半隐框玻璃幕墙

半隐框玻璃幕墙是将玻璃两对边嵌在铝框内，两对边用硅酮结构胶黏结在铝框上，形成半隐框玻璃幕墙。如图1-4-7（b）所示，立柱外露、横梁隐蔽的为竖框横隐幕墙；如图1-4-7（a）所示，横梁外露，立柱隐蔽的称为竖隐横框。

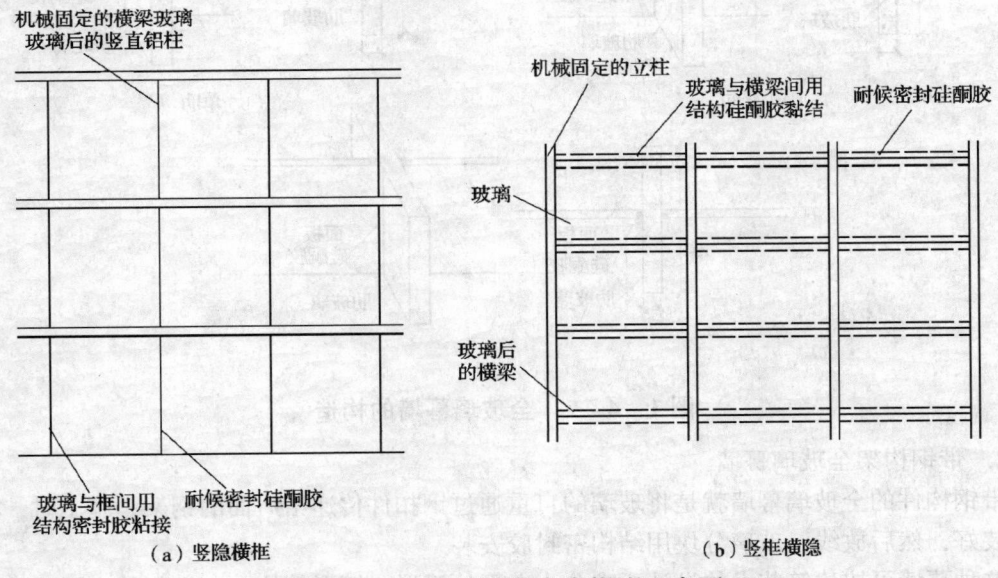

（a）竖隐横框　　　　　　　　　　　（b）竖框横隐

图1-4-7 半隐框玻璃幕墙示意图

二、无框玻璃幕墙

1. 加肋板全玻璃幕墙

如图 1-4-8 所示，为游览观光需要，在建筑物底层、顶层及旋转餐厅的外墙使用玻璃板，而且支承结构都采用玻璃肋，称之为全玻璃幕墙。

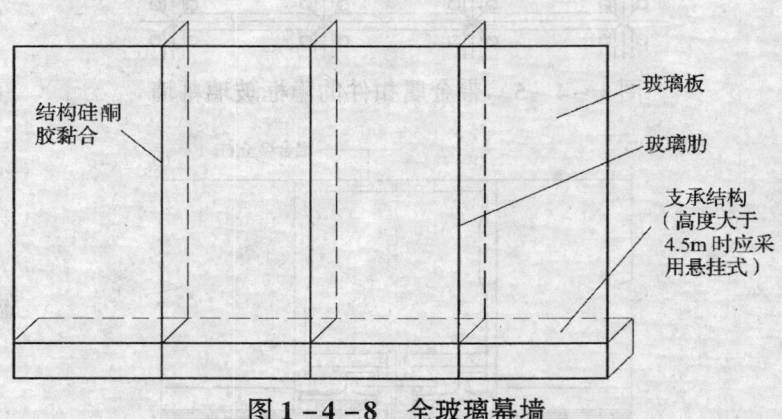

图 1-4-8　全玻璃幕墙

高度不超过 4.5m 的全玻璃幕墙，可以直接以下部为支承；超过 4.5m 的全玻璃幕墙，宜在上部悬挂。

肋玻璃通过结构硅酮胶与面玻璃黏合，其具体构造如图 1-4-9 所示。

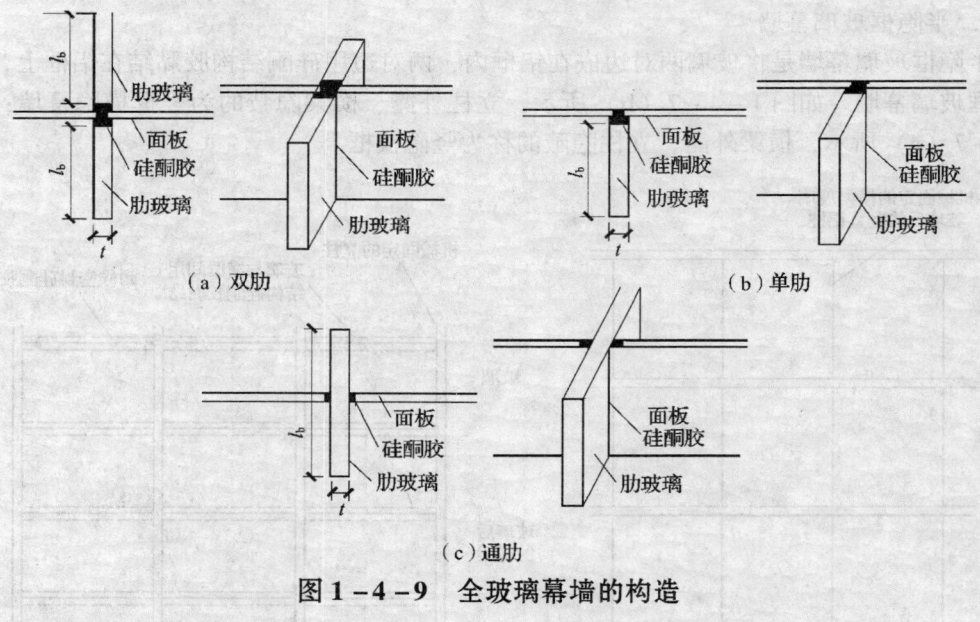

图 1-4-9　全玻璃幕墙的构造

2. 带钢构架全玻璃幕墙

带钢构件的全玻璃幕墙就是将玻璃的自重通过钢扣件传递给后面的钢架。施工时，将钢架安装好，然后放线，玻璃分块用结构密封胶安装。

这种幕墙可按建筑艺术的设计要求分为方形、菱形、矩形等块状，钢扣件为圆形、方形或其他几何形状。玻璃的分格尺寸可按其生产尺寸来设计，使得玻璃用料最高，如图 1 – 4 – 10 所示。

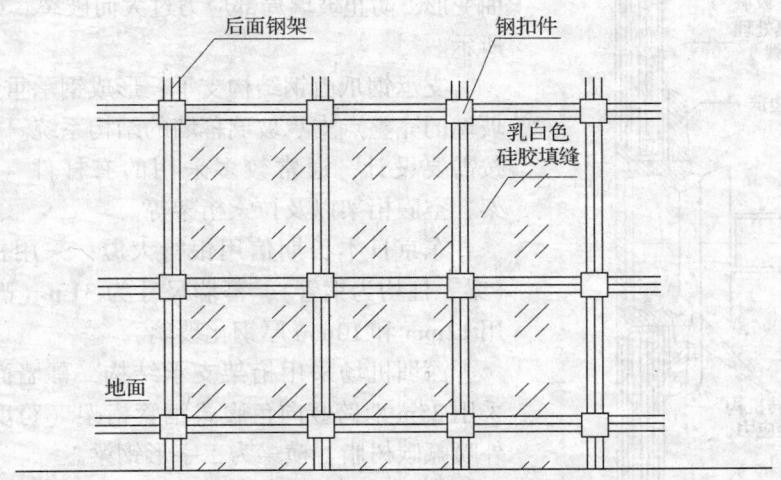

图 1 – 4 – 10　带钢扣件的全玻璃幕墙

根据幕墙高度、受力大小，后钢架可以用无缝钢管制作，或用槽钢焊接而成，也可采用网球节点网架（见图 1 – 4 – 11）。更高的幕墙还可采用壁式小桁架。

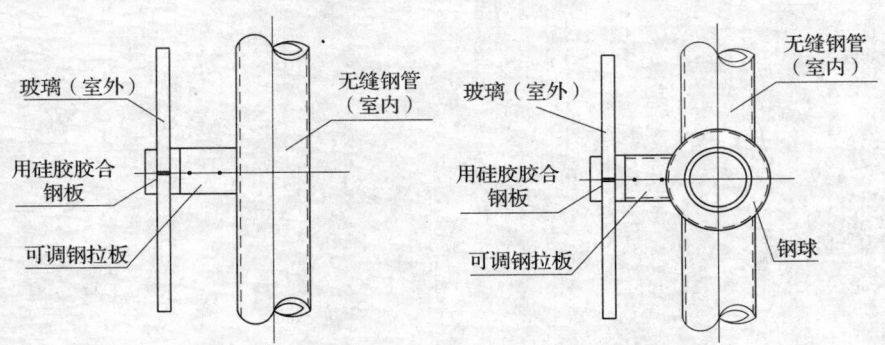

图 1 – 4 – 11　钢构件节点构造

全玻璃幕墙由于无金属边框，视野宽广，建筑立面更显得豪华壮观。

3. 点支式全玻璃幕墙

点支式玻璃幕墙又称为结构玻璃（Structural Glass），每块面玻璃由金属支承点支承，通常为四点支承或六点支承。如图 1 – 4 – 12 所示。

点支式玻璃幕墙玻璃会受到平面内的荷载和作用（如重力荷载、温度变化和平面内地震力）以及平面外的荷载和作用（风、地震等），使玻璃出现面内应力和弯曲应力。

玻璃的连接和支承由钢爪实现，钢爪通常由不

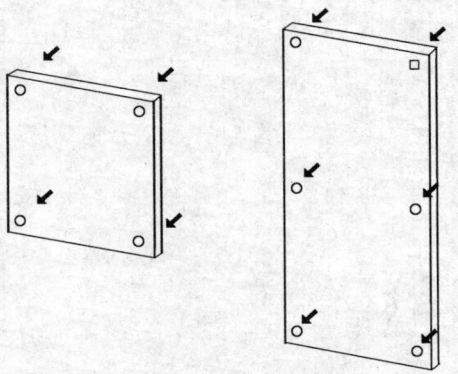

图 1 – 4 – 12　点支承玻璃

锈钢铸造，也可以由铸钢外喷氟碳涂料。爪头通过玻璃上的圆孔与玻璃联结。钢爪可以为双头、四头，分别联结两块或四块玻璃。联结点有些设计成带有球铰支座，适应玻璃板平面外弯曲变形，防止玻璃局部应力过大而破裂。如图 1 – 4 – 13 所示。

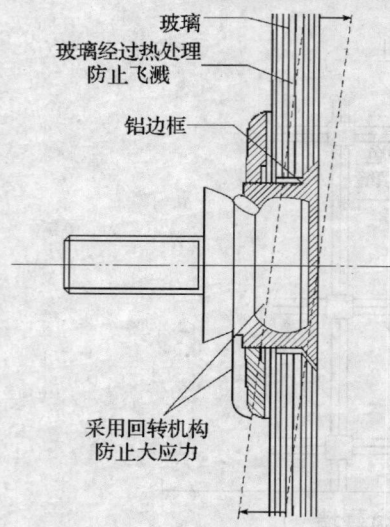

图 1 – 4 – 13　点支承钢爪

支承钢爪由钢结构支承，形成钢承重结构—钢爪—玻璃的完整点支承玻璃幕墙的结构系统。钢结构的形式按需要设计，通常较多采用的有杆件（梁、柱）、桁架、空腹桁架以及拉索桁架等。

东京日本长期信用银行大厦，采用杆件支承系统（梁、柱均为钢管），幕墙尺寸为 31m（高）×27m，采用 12mm 和 10mm 厚钢化玻璃。

深圳机场采用桁架支承结构，幕墙面积 10000m²，采用 25m 双跨竖向鱼腹式钢管桁架（跨度 7m + 18m）。外喷氟碳树脂，横梁为工字形钢梁。

拉索桁架造型轻巧，遮挡少，目前应用很多。采用玻璃肋支承的点支式幕墙也不少，为配合钢爪安装，玻璃肋多采用金属件接驳式。

第五章　建筑装饰幕墙的安全施工与质量管理

第一节　建筑装饰幕墙安全施工与质量管理的必要性

质量与安全是基本建设工程的重中之重。

幕墙是悬挂或支承在主体结构上的外墙，幕墙构件主要起围护作用，不是分担主体结构荷载作用的受力构件。常用的幕墙有钢筋混凝土预制挂板幕墙、玻璃幕墙和金属幕墙，目前国内以铝塑板幕墙和玻璃幕墙为主，也有部分采用石材板幕墙。

幕墙是比较复杂的结构体系，对其设计、施工均有严格的要求，承包幕墙工程设计和施工安装的企业，必须有相应的幕墙工程承包资质，而且必须按规范进行精心设计和施工，负责主体结构设计的单位要认真审查其设计计算书和施工图；监理公司从材料、制作到安装、施工要全过程监督；最后质检部门和安监部门要全力合作，并要会同各方对工程进行严格的竣工验收，只有这样才能确保幕墙工程的质量与安全。

幕墙在风荷载作用下或地震作用下损坏的例子是非常多的，因此幕墙的合理设计对于防止灾害发生、减少经济损失、保障生命安全是至关重要的。

一、地震荷载的影响

由于玻璃、石材是脆性材料，变形能力较小，再加上连接节点设计和施工不当，往往在地震中发生震害。

1. 地震破坏类型

其主要破坏类型是：

(1) 幕墙板与主体结构采用了刚性连接（如焊接等），限制或约束了墙体与主体结构的相对位移，幕墙墙板被迫跟随主体结构变形，造成墙板破坏或脱落。

(2) 由于外幕墙墙板之间间隙过小，幕墙墙板之间挤压碰撞而破坏。

(3) 连接方式不妥，可动连接布置不合理，也会产生变形后幕墙墙板相互挤压和碰撞。

(4) 幕墙板材本身抗风、抗震承载力不足，在水平力作用下破坏。

(5) 连接件设计不当，各部件、焊缝的承载力过低。

2. 防止地震破坏的措施

要防止幕墙在风和地震作用下的破坏，主要从几个方面着手：

(1) 保证幕墙墙板本身有足够的承载力。

(2) 保证连接件有足够的承载力。

(3) 合理布置幕墙墙板，选用合理的支承与连接方式。

二、风荷载的影响

玻璃幕墙的刚度和承载力都较低，在风力和地震作用下常常发生破坏和脱落，因此玻璃幕墙无论抗风设计和抗震设计都是很重要的问题。尤其是近年来玻璃幕墙采用面积越来越大的玻璃,使抗风和抗震的要求更高。广州白天鹅宾馆、北京长富宫中心等都用了一层高(按设计要求)、宽2m以上的连接布置大玻璃幕墙,只有一些玻璃肋条支承,形成大面积的全玻璃幕墙。锦江饭店旋转餐厅的玻璃达1370cm×609cm,厚22mm,而且风压设计值达4.6kN/m²。

三、幕墙工程破坏案例

1. 国外案例工程

国外玻璃幕墙破损的事例常常发生。1971年完工的波士顿约翰·考克大厦(60层)于1972年夏天窗玻璃在大风作用下开始破损,到1973年已有16个窗玻璃破损,49个严重破坏,100个开裂,已对街道行人构成严重威胁,也大大损害了承造商的声誉,结果不得不全部更换所有的10346块玻璃板。将原来厚6~9mm双层中涂层玻璃全部改为厚12.7mm的单层钢化玻璃,费用达700万美元。在美国,已有数十幢高层建筑发生程度不同的玻璃幕墙损坏事件。

所以玻璃幕墙应当进行抗风、抗震和温度应力验算,使其产生的内力不超过幕墙的承载能力,并且不产生过大的变形。

1995年1月17日发生的日本阪神地震中不少建筑物的玻璃幕墙毁坏。如神户三菱银行支店,六层钢结构建筑在地震作用下幕墙骨架全部压屈,玻璃全部粉碎脱落,显示出在强烈地震中幕墙的承受能力较弱。

2. 国内案例工程

国内幕墙出现的较大事故多发生于玻璃的破裂,其原因往往是综合性的,其中又以设计不当和施工错误为主要因素。

1998年北京某一宾馆大堂8m高的全玻璃幕墙吊挂玻璃大部分开裂,其主要原因是:吊架不在一个平面内,玻璃平面外受力;周边装修材料顶紧玻璃,限制了玻璃的位移,后来玻璃全部拆卸更换才保证了正常使用功能。

汕头某海滨度假村的大玻璃幕墙,安装后无台风、无袭击、无地震作用,三次开裂,三次更换,经现场观察分析是柱子的开缝过于狭窄,玻璃两侧嵌入后,在温度作用下无法自由变形,被约束而开裂。此原因不消除,虽更换玻璃也无法防止。后采取措施加以解决。

1998年,海口新建美兰机场大楼3000m²采光顶玻璃50%开裂,裂缝集中于四角锥屋顶的东、西、南三侧,显然是由于海南的强烈日光照射产生过大温度应力,而夹胶玻璃未磨边,边缘缺陷太多,加之玻璃下方橡胶垫块过薄,玻璃无法自由伸长而受到很大的边缘应力。

珠海市某大酒店为海滨五星级旅馆,客房安装有2.1m×2.1m大型观景玻璃窗,1999年初,使用不到半年,400间客房已有超过100间玻璃窗开裂,裂缝形状多样而无规律。其主要原因是采用了6mm非钢化镀膜玻璃+0.76mm胶片+10mm钢化玻璃,这样,外、内玻璃厚度与强度相差悬殊,承载力相差10倍,外侧6mm非钢化玻璃在微小外界作用下非常容易破裂,加之窗台板木装修顶死了玻璃边缘,毫无活动余地,开裂是很容易发生的,因此只有全部予以更换。

北京首都机场新候机楼雨篷,面积2000m²,采用2.4m×2.7m热弯夹胶玻璃,6mm非钢化玻璃+0.76mm灰色胶膜+6mm非钢化玻璃,1999年建成后不少玻璃陆续开裂。其主要原因是非钢化玻璃强度太低，而玻璃分格太大，玻璃运输过程中边缘碰损严重，加之玻璃下边缘橡胶垫片过薄，局部明显受压。

从上述例子可见，对幕墙的安全与质量问题必须充分重视并采用更有效的监管措施。但目前国内的工程往往只有施工企业自己设计，设计单位未进行审核，因此存在一些隐患。实际上，沿海城市已多次发生幕墙玻璃在台风中破坏的现象。一些有名的建筑，其幕墙玻璃也因温度变化而破碎，这种无先兆预告而随时发生的碎裂给周围行人带来了不安全感，而且长期修补比较麻烦。最近，还发生了在八九级风力作用下玻璃幕墙脱落造成人身伤亡的重大事故。

对此，有关安检部门曾多次对幕墙的质量问题和安全问题发过相应的指示，指示中提出：

鉴于近年来，各地特别是沿海城市新建了大批选用建筑幕墙作外围护结构的建筑，对提高建筑品质、丰富城市景观起到了积极的作用。但在部分幕墙工程中也程度不同地存在着一些问题：幕墙设计方责任不清，设计达不到标准或缺乏严格的设计审核；加工制作与施工安装中存在标准不清、材质低劣现象和偷工减料、弄虚作假等行为，从而造成了严重的工程隐患，致使幕墙玻璃开裂、脱落等工程事故时有发生；还有的使用后出现空气渗透、雨水渗漏，风压变形大、保温性能差、光环境污染等方面的缺陷，不同程度地影响了建筑物的使用功能，严重的不得不拆除重建。有的项目大批量使用玻璃幕墙，造成了大量资金浪费。

第二节　保证幕墙安全施工与质量管理的技术措施

为了解决上述存在的问题，确保建筑装饰幕墙的质量与安全，充分发挥其效益，各地有关部门都将采取一系列加强建筑装饰幕墙工程管理的措施。这些措施包括：

一、施工技术管理措施

1. 质量管理措施

（1）要建立、完善建筑幕墙的技术设计、加工制作、施工安装企业资质审查制度。凡从事建筑装饰幕墙的技术设计、加工制作或施工安装的企业，必须经过建设行政主管部门资质审查合格并经当地工商行政管理部门登记注册后方可进入建筑市场。企业内部设置幕墙设计机构的，其设计能力亦应列入企业资质审查内容。凡未取得资质审查合格和登记注册的企业，不得承接与建筑装饰幕墙相关的技术设计、加工制作、施工安装等工作，其相关产品也不得在建筑工程中应用。

凡专门从事加工制作的企业，如单元式幕墙或半单元式幕墙，也必须具有产品质量监督检验行政主管部门颁发的幕墙产品生产许可证。

（2）要适度控制采用幕墙建筑的数量和规模，避免滥用。各省级建设行政主管部门应根据本地区的实际情况和自然条件，制定在本地区适度使用幕墙具体的管理办法。各地城市规划和建设行政主管部门要严格掌握幕墙建设项目的审批，高层、超高层隐框玻璃幕墙建设项目要作为严格控制、审批的重点。

（3）要明确建筑幕墙的设计责任。负责幕墙设计的建筑设计单位与幕墙施工图设计单位协同配合并明确设计负责人。鉴于建筑幕墙设计涉及多环节、多专业的特点，建筑设计单位和施工企业不应单独承担，需协同完成。建筑设计单位在幕墙设计中负责选型，提出设计要求。幕墙施工图设计单位根据建筑设计单位提出的设计要求具体负责幕墙的技术设计，确定幕墙材料、选择制作厂家及施工单位，全面负责制作加工、施工安装工程的质量，它是幕墙设计的专项负责单位。

（4）要强化建筑幕墙加工制作阶段的管理。幕墙施工企业（或加工制作厂家）要有产品企业的标准，完善的产品质量保证体系，配套完善的制作机具和必要的检测手段。幕墙的加工制作必须满足幕墙施工图的设计要求。隐框玻璃幕墙必须在具备生产条件的专门工厂内加工制作。生产厂家要出具幕墙物理耐用年限及保险年限的质量保证书。

（5）要建立严格的质量检测体系。不合格的产品不能出厂。幕墙在施工安装前必须由国家认可的检测机构进行性能检测，凡达不到设计要求的幕墙不得安装使用。

（6）从事建筑幕墙技术设计、加工制作、安装施工的企业，要有完善的产品质量与企业标准，并接受建设行政主管部门的监督。企业要负责对幕墙设计、施工人员的技术培训、指导、监督和管理，并负责岗位考核。各关键工序的技术人员和技工应持有岗位合格证书，保证上岗操作人员具备必要的专业知识和技能，以切实保证建筑装饰幕墙的质量。

（7）按照《建设工程监理规范》GB 50319—2013 的要求，在建设工程中引入监理机制，要实行建筑装饰幕墙工程监理制度，凡采用建筑装饰幕墙的工程必须接受建设行政主管部门的监督管理。开工前要对设计、施工安装单位的资质进行审核，符合本措施规定的方能开工。凡是高层、超高层建筑的隐框玻璃幕墙，必须委托工程监理单位进行监理。由监理工程师全面监理幕墙施工安装质量。工程完工后，要由当地工程质量监督机构组织检测和质量验收评定，达到合格标准要求的，方可交付使用。

（8）建筑装饰幕墙的技术设计、材料选用、加工制作及安装施工的各个环节都要严格执行国家的有关标准、规范，特别是行业标准《玻璃幕墙工程技术规范》JGJ 102—2003 和《金属与石材幕墙工程技术规范》JGJ 133—2001。

2. 安全施工措施

为保证建筑质量与安全，在幕墙的设计、加工安装和监理中，应考虑以下的主要技术措施：

（1）为建筑物外围护结构使用的建筑装饰幕墙，技术设计时不宜在抗震设防烈度大于8度的地区采用。若确实有必要，应组织有关建筑幕墙专家对设计方案进行技术论证。

（2）建筑装饰幕墙金属构件应采用精制铝合金型材，并符合《铝合金建筑型材》GB 5237 的要求；铝合金阳极氧化膜厚度不宜低于 AA15 级；幕墙的主要铝合金型材横截面大小应经计算确定，铝合金立柱型材截面受力部分的壁厚不宜小于 3mm，不应小于 2.5mm；横梁不应小于 2mm；截面有螺纹连接部位厚度不得小于 3mm，也不应小于螺钉的直径。碳素钢材必须经防腐处理。

（3）宜采用 3mm 厚的单层铝板，采用复合铝板应为阻燃材料夹心。

（4）花岗岩板厚度不宜小于 25mm，必须经过实验达到要求后方可采用。

（5）对于可能直接造成人身伤害的玻璃幕墙应采用安全玻璃，否则应采取相应的安全措施。幕墙使用热反射镀膜玻璃时，应采用真空磁控阴极溅射镀膜玻璃；对弧形玻璃幕墙，可考虑采用热喷涂镀膜玻璃。玻璃在安装使用时，应严格检查表面质量及外观几何尺寸偏差，须符合有关标准规定。钢化玻璃表面不得有伤痕。

（6）隐框及半隐框玻璃幕墙的中空玻璃所用的密封胶必须采用结构硅酮密封胶和丁基密封腻子，明框玻璃幕墙的中空玻璃的密封胶可采用聚硫密封胶和丁基密封腻子。结构硅酮密封胶必须有生产厂家出具的黏结性、相容性的实验合格报告，以及物理耐用年限和保险年限的质保书和国家认定的检测部门出具的检测报告。玻璃幕墙所用结构胶、耐候胶在施工安装前应严格检查出厂日期，凡超过使用日期的胶严禁在幕墙工程中使用。

（7）建筑装饰幕墙均应由国家认定的检测机构进行抗风压变形、抗空气渗透、抗雨水渗漏、抗平面内位移变形四项基本性能检测，根据功能要求还可进行其他性能检测。抗风压变形检测时，应采用50年一遇的瞬时风值，在瞬时风压作用下，幕墙主要受力杆件的相对挠度不应超过$L/180$（铝型材）或$L/300$和15mm（钢型材）；7.5m跨度以上钢支承结构挠度不应大于$L/300$；拉索桁架挠度不应大于$L/200$，L为支承点间距离，即跨度。

（8）玻璃幕墙不应承受主体结构的内力。幕墙结构设计应考虑自身质量荷载、风荷载、地震应力和温度应力的最不利组合及组合系数。抗风压设计取用3s阵风的瞬时风压值，采用局部压力增大系数按静荷载计算。抗震设计中，幕墙地震应力系数σ_{max}应乘以动力系数3.0，温度应力系数应按年最大温度变化80℃计算。

（9）幕墙与主体结构之间应采用螺栓与预埋件连接，预埋件应在浇筑混凝土前放入。当采用后加螺栓连接时，膨胀螺栓和化学螺栓均须有出厂检验报告和试验记录，后加螺栓应采用不锈钢材料或镀锌。后加螺栓应做现场拉拔实验，后加螺栓的安全度不宜小于3.0，每个连接点不应小于2个螺栓。

（10）隐框及半隐框玻璃幕墙应按有关规范规定的计算方法计算最大风荷及自身质量荷载作用下结构硅酮密封胶的黏结宽度，且不小于有关标准规定的最小值。

如果设计为单元式或半单元式幕墙，隐框玻璃幕墙必须在有围护的车间内加工，同时按有关规范规定每日进行结构硅酮密封胶的均匀性、凝固时间、固化程度等检测。施工安装时的搬运、安装都必须待所用胶全部固化后方可进行，在胶固化前应选用临时固定措施。

幕墙加工制作时，应保持环境清洁卫生，防止污染，做好和加强成品保护措施。

（11）由于建筑幕墙系高耸建筑，施工环境几乎全部面临高空作业过程。中标后的建筑装饰幕墙施工企业，必须具备由主管部门颁发的产品加工生产许可证和安全施工许可证；项目经理（建造师）必须具备项目负责人安全生产考核合格证书。另外，管理人员中需有1~2名安全员，且持证上岗。

二、提高幕墙施工质量的几点建议

1. 严格资质、证书的管理

幕墙行业市场在一个时期曾出现过混乱状况，有的建筑幕墙无设计就施工，有的无相应资质却在进行幕墙的设计和施工。这种状况造成了幕墙工程质量的失控，并出现了较多的质量问题。为此，住建部下发了《关于确保玻璃幕墙质量与安全的通知》，并要求严格遵照执行玻璃幕墙工程技术规范，使幕墙工程的设计、制作、安装施工有章可循。另外，对幕墙工程中关键工序施工人员，要求严格执行持证上岗制度，没有合格的上岗证，不能上岗施工，以确保施工质量。

2. 保证图纸会审质量

现代建筑具有新时代特征，规模大、标准高、建设速度快。这要求设计人员要不断学习新知识，提高自身综合素质，提高工程设计质量，以确保工程设计质量为核心的指导思想，以设计规范为法律依据作保障，完成科学可行的设计方案。在设计手段上整理现行各种装饰类型并使其系列化、标准化，充分利用计算机辅助设计等先进的设计手段使工程设计质量得到保证。主动协调相关专业、工种，消除专业之间的"漏、缺、错"的通病，完善设计文件，达到国家现行规范的质量标准，减少设计变更，使工程施工顺利进行。

工程设计图纸是工程施工的重要依据，工程设计人员要认真仔细审阅各专业图纸，搞好图纸会审，提高技术质量交底工作，把各种影响工程质量的因素考虑在施工之前。幕墙设计应采取防雨水渗漏性能的措施，玻璃幕墙立柱与横梁的截面形式宜按等压原理设计，在易发生渗漏的部位应设置流向室外的泄水孔，在易产生冷凝水的部位应设置冷凝水排出管道，构件制作时严格按规定要求钻泄水孔，开启部分的密封材料宜采用氯丁橡胶或硅橡柔性制品。

3. 严格施工组织设计

施工组织设计同样是影响施工质量的重要因素之一，搞好施工组织设计，可以使设计、材料、人力等各项环节对建筑工程质量起到宏观控制作用，合理利用人才、物力、资源，层层把关，使建筑工程施工质量达到国家规范标准要求。

搞好施工组织设计可以从项目组织机构、施工人员职责、材料运行程序、工程安装施工检查、验收各个方面保证施工质量，因此施工组织设计是质量管理的主要环节。

必须根据拟建工程规模、结构特点和建设单位的要求，在对原始资料调查分析的基础上，编制出一份能切实指导该工程全部施工活动的施工组织设计，安全管理必须作为一个重要组成部分，其中应包括施工的安全技术措施、动火作业与防火管理措施等。

施工前和施工过程中都必须对施工现场进行认真的勘察，掌握现场的第一手资料。如对工程所在地区的自然条件、气候因素、现场环境和其他与建筑幕墙施工有接口或相关工程施工的进度情况的调查，了解材料和劳动力的供应以及与现场各相关方配合的情况等，为现场的安全管理和编制合理的、切合工程实际的施工组织设计和各类安全技术措施提供依据。

4. 严把材料检查验收关

幕墙材料是保证幕墙质量及安全的物质基础。幕墙材料概括起来有四大类型：骨架材料、板材、密封填缝材料、结构黏结材料。各种材料都要有合格证书和质量保证书，有的材料还应有材料性能检测报告，如铝型材的力学性能检测报告，结构胶的相容性检测报告、幕墙性能检测报告等。没有合格的证书或合格的检测报告，应坚决杜绝使用。

5. 严格执行各工序质量验收制度

（1）板材制作。要重点检查加工厂制作车间的环境条件，要求车间的温度、湿度、通风性、防尘等方面的指标都要达到规范或设计要求；检查玻璃或金属挂板的规格、尺寸及外观质量是否达到规范或设计要求；检查结构胶的生产日期、有效期限，并判断其是否在有效期内使用；检查结构胶的厚度、宽度及打胶质量是否满足规范或设计要求等。

（2）幕墙节点安装。重点在于控制土建结构施工期间幕墙预埋件的埋设质量。监理单位人员应提前督促幕墙的设计、施工单位加强与土建单位的联系与配合，使幕墙预埋件的埋设位置、数量、埋设质量能达到幕墙设计或规范的要求。此外，还得对预埋铁与连接角码的焊接质量、立柱与连接角码的连接质量等进行严格的检查和控制。

（3）立柱、横梁安装。重点检查立柱安装的垂直度、横梁安装的水平度、幕墙分格的规格尺寸等是否满足规范或设计要求，检查和控制横梁与立柱的连接质量与有关措施。

（4）建立质量保证体系。要求施工单位指定专人负责施工安装质量的检查与验收，监理对发现的质量问题要及时会同现场施工人员进行分析研究，找出原因并予以改正。检查验收制度要采取自检、互检及质量管理人员和监理人员最终验收，确保施工质量始终处于受控状态。

（5）认真做好幕墙的防火、防雷。幕墙的设计和施工要严格执行国家颁发的《建筑设计防火规范》GB 50016—2014 及《建筑物防雷设计规范》GB 50057—2010 等规范和标准。做好幕墙建筑的防火、防雷设计和施工安装工作，要求做到防火封堵，防雷导通。

第三节　建筑装饰幕墙工程的质量控制方法

建筑装饰幕墙是现代建筑科学、新型建筑材料和现代建筑施工技术的共同结晶，是科学技术发展的必然产物，是现代科学技术的象征和现代建筑发展水平的标志。建筑幕墙在现代高层建筑、超高层建筑和大跨度民用建筑中得到了广泛的应用。由于建筑幕墙自身的特殊性，导致其设计和施工与主体结构不同，需要有专业资质的队伍完成，其工程施工质量的好坏，对于确保建筑物的可靠度和安全性具有十分重要的意义。

一、建筑装饰幕墙的特点

1. 结构与构造特点

（1）结构特点：建筑幕墙是建筑物外围护结构的一种，从结构工程的角度来看，该墙体自身质量轻，建筑幕墙本身具有完整的结构系统，在本身平面内可承受较大的变形，相对于主体结构有足够的变形能力。建筑幕墙只承受本身所受到的荷载且传给主体结构，不分担也不传递主体结构的荷载作用。

（2）构造特点：建筑装饰幕墙与主体结构采用可动连接，竖向幕墙通常悬挂在主体结构上。当主体结构位移时，幕墙相对于主体结构可以活动。建筑幕墙是一种"动态"结构，所以抗震性能相对较好。

2. 设计与施工特点

（1）设计特点：由于风荷载的存在，建筑幕墙始终处于"动态"。建筑幕墙的设计与施工必须遵从美学规律，设计出美观、大方、坚固、实用的幕墙，还应力争取做到安全经济，符合可持续发展的需求。

（2）施工特点：建筑幕墙的施工不仅属于安装工种，又是属于建筑装饰的范围，专业综合性能很强，所以在建筑幕墙的施工方面必须有专业队伍来承担，且其必须具有相应的施工资质。

二、主要质量问题

1. 幕墙设计方面的问题

（1）主体结构设计与幕墙设计配合。建筑幕墙具有特殊性，需要由专业的具有专项设计资质的幕墙设计单位来完成设计，而作为主体结构的围护结构，在建筑外观、结构性能以及预埋件设置等方面需要符合主体设计的需要。实际工程中，存在由于主体设计单位与幕墙设计单位缺乏相互沟通和紧密配合而导致的设计问题。

（2）幕墙设计单位自身存在的问题。除了主体设计单位与幕墙设计单位配合导致设计问题外，还有可能存在幕墙设计单位自身设计导致的设计问题，如预埋件部分有的工程主体未设预埋件，立柱被设计成受压杆件等。

2. 施工方面存在的问题

（1）预埋件部分。工程主体未设预埋件，只好采用膨胀螺栓、化学锚栓来补救，有的虽有预埋件，但该预埋件的规格、锚筋的焊接及锚固长度等又不能满足规范要求。

（2）立柱、横梁部分。立柱力学计算模型不符合工程实际，立柱和横梁的型材截面特性参数计算有误或套用错误，甚至有些型材的截面形状不符合受力要求，立柱被设计成受压杆件，校核了杆件强度但未校核其刚度，未按最不利分格及最大跨度进行验算。

有些造型特殊的双支、双塔幕墙，结构计算未考虑负压对两边高楼幕墙的影响。

（3）幕墙与主体连接部分。支座与锚板间的焊缝强度不够，连接处只有一个螺栓，角码所受弯矩过大但未加固。

（4）板块固定部分

隐框玻璃幕墙玻璃板块下部未设托条，压板的间距太大或压板本身强度不足。

三、工程质量控制措施

根据对建筑装饰幕墙自身特点可能导致出现的工程质量问题进行分析的基础上，提出以下工程质量控制措施：

（一）严格把控参与单位资质、证书的管理

建筑装饰幕墙工程的设计具有专业性，对参与单位的技术水平要求高。目前我国的建筑市场管理不是很规范，对项目建设流程和参与单位的资质把控不是很严格，导致了一些无资质或者资质不满足工程要求的单位参与了建筑幕墙的设计与施工过程，可能会埋下安全隐患，影响工程质量，因此建设管理部门应严格审查幕墙施工企业的资质，坚决取缔无资质施工、越级施工、挂靠施工，督促施工企业建立健全质保体系，坚持关键工种的持证上岗制度。

（二）加强主体设计单位与幕墙设计单位的协调

建筑幕墙的设计单位与主体设计单位需要加强沟通与协调，避免由于沟通不畅导致的设计问题。双方都应该成立项目设计组，专人负责相关的设计工作。在幕墙设计前，主体设计单位要进行幕墙设计的前期交底，设计过程中，要根据设计进度的要求，举行定期的晤谈和沟通机制，幕墙设计完成后，幕墙设计单位要进行幕墙设计的详细技术交底，并配合主体设计单位完成施工图的审查。

（三）建筑幕墙施工质量控制的措施

1. 施工前控制措施

（1）开工首先落实图纸会审制度，图纸未经会审，坚决不允许施工。

（2）编制幕墙施工的专项施工组织设计，对幕墙工程关键工序施工，制订专项的质量管理实施细则。

（3）推行各施工工序的质量监管制度，严格按《玻璃幕墙工程质量检验标准》JGJ 139—2001、《玻璃幕墙技术规范》JGJ 102—2003 和《金属与石材幕墙工程技术规范》JGJ 133—2001 要求的内容进行专项技术交底。

（4）开工前，设计如果属于超限范围，应由建设主管部门组织对设计方案进行超限审查，如幕墙高度超过50m的，应组织专家根据住建部《危险性较大的分部分项工程安全管理办法》（建质〔2009〕87号）文件对专项施工方案进行专项论证。

2. 施工中控制措施

（1）施工过程中对前一工序应进行交接、交叉工序的检查，减少质量缺陷的发生，保证幕墙工程的质量和进度。

（2）对隐蔽工程，要进行工程实体质量的抽查，对工程技术资料、管理资料、质保资料的核查，对重点部位执行旁站监理制度，保证关键部位的施工质量。

（3）定期举行工程质量管理例会，在会上及时解决与协调施工单位各方存在的问题及提出施工单位需注意的问题。

3. 事后控制措施

（1）已完工程及时进行检查评定，若有缺陷及时处理，同时对已完工程进行复核性检查、成品保护的质量检查。

（2）对于隐蔽工程、分项分部工程质量验收，承包商在自检合格后申请监理人员验收，并进行书面和现场质量检查。

建筑装饰幕墙的工程质量控制是一个系统工程，即从设计、施工到验收全过程的控制，从建筑幕墙本身的特点出发，识别其在设计、施工过程中可能遇到的主要问题，然后有针对性地采取相应的控制措施。

四、加强玻璃幕墙安全防护的规定

为进一步加强玻璃幕墙安全防护工作，保护人民生命和财产安全，根据《中华人民共和国建筑法》、《中华人民共和国安全生产法》和《建设工程质量管理条例》等法律法规的有关规定如下：

1. 充分认识玻璃幕墙安全防护工作的重要性

玻璃幕墙因美观、自身质量轻、通透感强、采光好及标准化、工业化程度高等优点，自20世纪80年代起，在商场、写字楼、酒店、机场、车站等大型和高层建筑的外装饰上得到了广泛应用。近年来，在个别城市偶发的因幕墙玻璃自爆或脱落造成的损物、伤人事件，危害了人民生命财产安全，引发社会关注。造成这些安全危害的原因，除早期玻璃幕墙工程技术缺陷、材料缺陷等因素外，对人员密集、流动性大等特定环境、特定建筑的安全防护工作重视不够，玻璃幕墙维护管理责任落实不到位，也是重要原因。各地、各有关部门要高度重视玻璃幕墙使用、维护、管理等环节，切实加强监督，落实安全防护责任，确保玻璃幕墙质量和使用安全。

2. 进一步强化新建玻璃幕墙安全防护措施

（1）新建玻璃幕墙要综合考虑城市景观、周边环境以及建筑性质和使用功能等因素，按照建筑安全、环保和节能等要求，合理控制玻璃幕墙的类型、形状和面积。鼓励使用轻质节能的外墙装饰材料，从源头上减少玻璃幕墙安全隐患。

（2）新建住宅、党政机关办公楼、医院门诊急诊楼和病房楼、中小学校、托儿所、幼儿园、老年人建筑，不得在二层及以上采用玻璃幕墙。

（3）人员密集、流动性大的商业中心，交通枢纽，公共文化体院设施等场所，临近道路、广场及下部为出入口、人员通道的建筑，严禁采用全隐框玻璃幕墙。以上建筑在二层及以上安装玻璃幕墙的，应在幕墙下方周边区域合理设置绿化带或裙房等缓冲区域，也可采用挑檐、防冲击雨棚等防护措施。

（4）玻璃幕墙宜采用夹层玻璃、均质钢化玻璃或超白玻璃。采用钢化玻璃应符合国家现行标准《建筑门窗幕墙用钢化玻璃》JG/T 455—2014 的规定。

（5）新建玻璃幕墙应依据国家法律法规和标准规范，加强方案设计、施工图设计和施工方案的安全技术论证，并在竣工前进行专项验收。

3. 严格落实既有玻璃幕墙安全维护各方责任

（1）明确既有玻璃幕墙安全维护负责人。要严格按照国家有关法律法规、标准规范的规定，明确玻璃幕墙安全维护责任，落实玻璃幕墙日常维护管理要求。玻璃幕墙安全维护实行业主负责制，建筑物为单一业主所有的，该业主为玻璃幕墙安全维护责任人；建筑物为多个业主共同所有的，各业主要共同协商确定安全维护负责人，牵头负责既有玻璃幕墙的安全维护。

（2）加强玻璃幕墙的维护检查。玻璃幕墙竣工验收 1 年后，施工单位应对幕墙的安全性进行全面检查。安全维护责任人要按规定对既有玻璃幕墙进行专项检查。遭受冰雹、台风、雷击、地震等自然灾害或发生火灾、爆炸等突发事件后，安全维护负责人或其委托的具有相应资质的技术单位，要及时对可能受损建筑的玻璃幕墙进行全面检查，对可能存在安全隐患的部位及时进行维修处理。

（3）及时鉴定玻璃幕墙安全性能。玻璃幕墙达到设计使用年限的，安全维护责任人应当委托具有相应资质的单位对玻璃幕墙进行安全性能鉴定，需要实施改造、加固或拆除的，应当委托具有相应资质的单位负责实施。

（4）严格规范玻璃幕墙维修加固活动。对玻璃幕墙进行结构性维修加固，不得擅自改变玻璃幕墙的结构构件，结构验算及加固方案应符合国家有关标准规范，超出技术标准规定的，应进行安全性技术论证。玻璃幕墙进行结构性维修加固工程完成后，业主、安全维护责任单位或者承担日常维护管理的单位应当组织验收。

4. 切实加强玻璃幕墙安全防护监管工作

（1）各级住房城乡建设主管部门要进一步强化对玻璃幕墙安全防护工作的监督管理，督促各方负责主体认真履行责任和义务。安全监管部门要强化玻璃幕墙安全生产事故查处工作，严格事故责任追究，督促防范措施整改到位。

（2）新建玻璃幕墙要严格把质量关，加强技术人员岗位培训，在规划、设计、施工、验收及维护管理等环节，严格执行相关标准规范，严格履行法定程序，加强监督管理。对造成质量安全事故的，要依法严肃追究相关责任单位和责任人的责任。

（3）对于使用中的既有玻璃幕墙要进行全面性普查，建立既有幕墙信息库，建立健全安全监管机制，进一步加大巡查力度，依法查处违法违规行为。

第二篇　玻璃幕墙

第一章　铝合金玻璃幕墙

第一节　概　　述

随着玻璃工业和科学技术迅速发展，玻璃幕墙已成为高层建筑造型的重要手段。试设想，如果将大面积的玻璃质或玻璃制品装饰于建筑物的外立面，由于材料本身的一些特殊性能，建筑物会因此显得别具一格，光亮、明快、挺拔，较之其他饰面材料，无论在色彩或光泽方面，都会给人一种新奇的感觉。"光亮派"建筑由此应运而生。

一、玻璃幕墙的发展

第二次世界大战以后，由于高层建筑的发展和钢结构的应用，幕墙也随之发展起来。它起源于美国，1937 年 Mies Vander Rohe 以高度工业化为背景，建起了许多高层建筑。20 世纪 70 年代建成的美国密歇根州特洛伊市中心大楼，采用了白色钢板与聚氨酯泡沫复合而成的墙体，板材总厚度只有 51mm，其保温性能远远高于 365mm 厚普通黏土砖墙的保温能力。又如 20 世纪 70 年代建成的香港圣约翰大厦，采用的是 6.35mm 厚的铝板，外表面采用银白色的聚氨酯涂料饰面，墙面外侧采用银白色镜面反射玻璃，总厚度只有 30mm 左右，其保温性能也大大高于普通黏土砖墙体的保温性能。20 世纪 70 年代建成的美国伊利诺伊州的某公司大厦，采用的是一种轻型保温墙板，它选用的是铝合金框格和玻璃纤维增强塑料复合板（玻璃钢）而成的墙体，总厚度为 60mm 左右。这种轻型保温墙板，不但保温效果好，而且可以应用在 1200℃ 的高温下，其耐火极限可达 4h。

玻璃幕墙的广泛应用是在 20 世纪 50 年代，而其早期建筑可以追溯到 1851 年英国伦敦的世界工商业博物展览馆（水晶宫），它是采用钢结构承重、玻璃围护的建筑。1953 年建成的美国联合国总部大厦、1952 年建成的利华公寓和 1958 年建成的西格拉姆大厦都采用了玻璃幕墙，到了 20 世纪 80 年代，玻璃幕墙已成为高层建筑墙体的一股热流而风靡于世。

我国的玻璃幕墙起步较晚，20 世纪 70 年代建造的上海体育馆，首先采用了天蓝色的玻璃幕墙，20 世纪 80 年代是我国玻璃幕墙的大发展时期，如当时建成的西安金花饭店，几个墙面全部采用银白色镜面热反射玻璃，很是好看；1990 年建成的北京京广中心（地上高度 208m，地上 57 层、地下 3 层）采用了灰色镜面反射玻璃，1985 年建成的长城饭店（地上 22 层，82m）采用了灰色镜面反射玻璃，1989 年建成的中国国际贸易中心办公楼（地上 39 层，地下 2 层，地上 3 层）采用了灰色镜线热反射玻璃，以及上海的联谊大厦、深圳的发展大厦和白天鹅宾馆等一大批建筑，均局部或大部采用了玻璃幕墙，使我国的建筑风格和城市面貌焕然一新。

二、玻璃幕墙的含义

幕墙是一种安装在建筑主体结构外侧的围护结构。它就像帷幕一样悬挂在建筑外檐，成为一种新型墙体，同时也成为建筑外檐的漂亮装饰。而玻璃幕墙则主要是应用玻璃这种饰面材料，覆盖建筑物的表面，看上去好像罩在建筑物外表的一层薄帷。特别是应用热反射玻璃（镜面玻璃），将建筑物周围的景物、蓝天、白云等自然现象，不同程度地都映衬到建筑物的表面，从而使建筑物的外表情景交融，层层交错，大有变幻莫测的感觉。近看，景物丰富；远看，又有熠熠生辉、光彩照人的效果，使人思绪无限，联想万千。

三、玻璃幕墙的特点

玻璃幕墙装饰于高层建筑物的外表，从某种角度上理解，也可以说是建筑物外窗的无限扩大，以致将建筑物的外表全部用玻璃包装，由采光、保温、防风雨等较为单纯的功能变为多功能的装饰品。然而更重要的在于反射，而不像普通建筑那样在于光和影。建筑物装上玻璃幕墙，可以使人产生许多联想。有的实业家和商人发现玻璃幕墙新颖动人，其洁净挺拔的外表本身即是一个成功的广告。更有甚者还发现，玻璃幕墙这种高级、考究、现代化的昂贵材料，以及将其安装的先进设备和技术是雄厚经济实力的象征。因而在国外一些比较重要的高层建筑，如宾馆、酒店、商务楼等总是优先考虑采用玻璃幕墙。

用玻璃作高层建筑幕墙，不仅增添了建筑物的美观，减轻建筑物自身质量，而且还可缩短建设工期，提高经济效益，因此，它是高层建筑物较理想的一种外墙构造形式。如北京长城饭店、西安金花饭店、成都新时代广场的玻璃幕墙等，由铝合金框和镜面玻璃组成墙板，再拼装在结构上，形成幕墙，使大楼的外观在一年的不同季节和一天的不同时间，反射出不同的景色，并使建筑物不至显得庞大笨重。

四、玻璃幕墙的应用

在现代建筑中，玻璃墙面的面积超过该外墙投影面积的 50% 时，才叫做玻璃幕墙建筑。若低于此数值时，一般被视为部分墙体采用了玻璃墙面的做法，或称大玻璃窗。

玻璃幕墙在国内外已经获得广泛使用，并被视为是成功而有效的技术。这种情况应归于玻璃工业的发展，为玻璃幕墙的应用提供了物质基础。此外，各种轻质、高强、空腹、薄壁的玻璃幕墙框架材料，各种高性能的填缝材料，以及专业化的幕墙安装施工队伍，都为玻璃幕墙的发展提供了必要的技术条件。

由于玻璃幕墙具有外观漂亮、良好的耐久性、容易组装维修之特点，因而广泛应用于装饰标准较高的写字楼、旅游饭店、星级宾馆、大型商业建筑、夜总会、美术馆、博物馆、展览中心等建筑中。但也应该指出，玻璃幕墙的造价约占土建总造价的 30%～35%，甚至高达50% 以上，因而选用时必须慎重。

玻璃幕墙之所以能在很短的时间内在建筑的各种领域内得到应用和推广，是因为它具有其他结构和构造无法比拟的独特功能和特点。

（1）玻璃技术的发展使得玻璃幕墙构件变得越来越精密，构造亦变得越来越精致，使幕墙建筑越来越成为"工业艺术"。

（2）建筑幕墙的主要功能即是优化建筑物造型的，所以幕墙材料所产生的艺术效果是其他材料不可比拟的。

（3）玻璃幕墙实现了玻璃与金属材料的巧妙结合，两者在结构上优势互补，相辅相成，结构整体性较好，质量轻，相对其墙体来说轻质高强。

（4）使用玻璃幕墙能有效降低建筑造价，并节能、环保。

第二节 铝合金玻璃幕墙构造类型

铝合金玻璃幕墙一般由结构框架、连接固定件、嵌缝密封材料、填衬材料和幕墙玻璃所组成。由于其组合形式和构造方式的不同。而做成框架外露系列、框架隐藏系列等。从施工方法的不同，又分为现场组合的分件式玻璃幕墙和工厂预制后再到现场安装的板块式玻璃幕墙两种。

一、分件式玻璃幕墙构造

分件式玻璃幕墙（图2-1-1）是在施工现场将金属框架、玻璃、填充层和内衬墙以一定顺序进行组装。玻璃幕墙通过金属框架把自身质量荷载和风荷载及其地震荷载、温度应力传递给主体结构，可以通过竖框也可以通过横梁来传递。

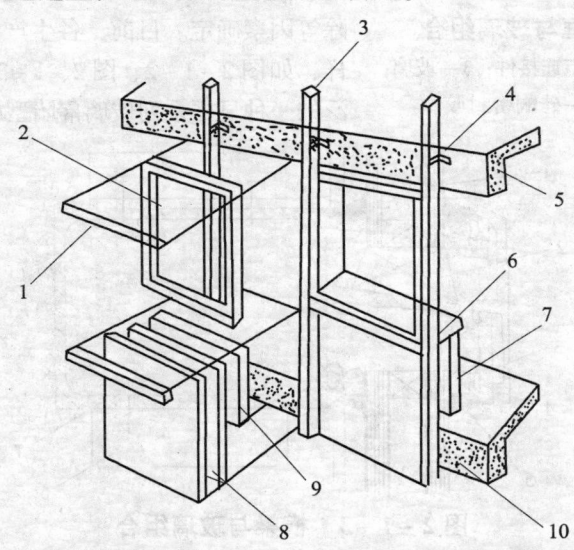

图2-1-1 分件式玻璃幕墙示意图

1—横梁；2—窗框；3—竖框；4—连接件；5—楼板；
6—窗台板；7—衬墙；8—填充层；9—衬板；10—楼板

（一）种类

铝合金玻璃幕墙按其拼装方式可以分为：

1. 竖框式

竖框式玻璃幕墙即竖框主要受力，特点是竖框外露，竖框镶嵌窗框和窗下墙，立面形式为竖线条的装饰效果。

2. 横梁式

横梁式玻璃幕墙即横梁主要受力，横梁外露，窗与窗下墙是水平连续的，立面形式为横线条的装饰效果。

3. 框格式

框格式玻璃幕墙即竖框与横梁全部外露，形成格框状。这种形式应用较为广泛。

目前，主要采用竖框方式，因为横梁的跨度不能太大，否则结构竖框数量要增加。竖框一般支搁在楼板上，布置比较灵活。国内现在大多采用分件式组装，施工速度相对较慢，由于精度较低，施工要求也低一些。

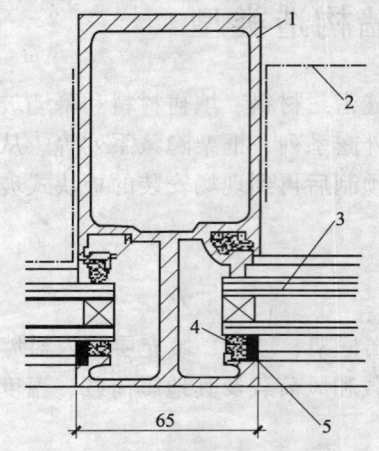

图 2 – 1 – 2　竖框与玻璃组合

1—幕墙竖向件；2—固定连接件；3—玻璃；
4—橡胶压条；5—硅酮密封胶

（二）构造要点

1. 金属框料的断面与连接方式

金属框料有铝合金、铜合金及不锈钢型材。现在大多采用铝合金型材，特点是质轻、易加工、价格便宜。铝型材有实腹和空腹两种，通常采用空腹型材，主要是材质轻、刚度好。竖框和横梁由于使用功能不同，其断面形状也不同，主要根据受力状况、连接方式、玻璃安装固定位置和凝结水及雨水排除等因素确定。目前，各生产厂家的产品系列不太一样，如图 2 – 1 – 2、图 2 – 1 – 3 所示是其中用得最广泛的一种显框系列玻璃幕墙型材和玻璃组合形式。

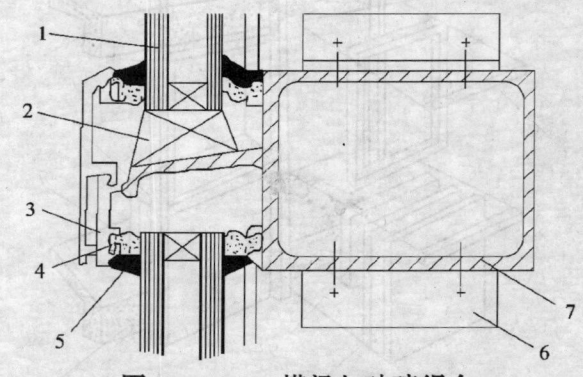

图 2 – 1 – 3　横梁与玻璃组合

1—玻璃；2—橡胶垫块；3—橡胶压条；4—泄水孔；5—硅酮密封胶；6—联结件；7—幕墙横梁

为了便于安装，也可以由两块甚至三块型材组合成一根竖框和一根横梁来构成所需的断面，如图 2 – 1 – 4 所示。

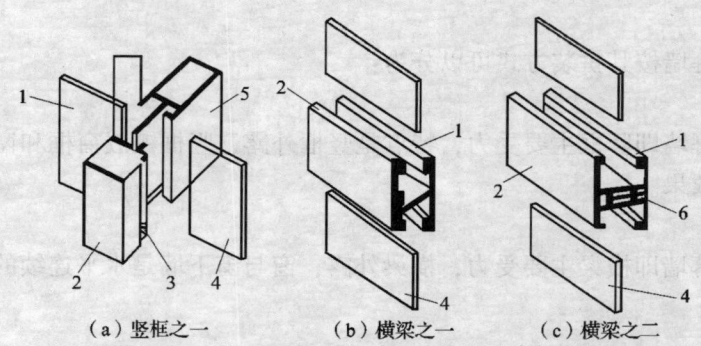

（a）竖框之一　　　（b）横梁之一　　　（c）横梁之二

图 2 – 1 – 4　玻璃幕墙铝框型材断面示例

1—密封条嵌槽；2—外盖板；3—内盖板；4—玻璃；5—竖框；6—横梁

　　竖框通过连接件固定在楼板上，连接件的设计与安装要考虑竖框能在上下、左右、前后三个方向均可调节移动，所以连接件上的所有螺栓孔都设计成椭圆形的长孔。图 2-1-5 是几种不同的连接件示例。连接件可以置于楼板的上表面、侧面和下表面，一般情况是安置于楼板的上表面，由于操作方便，故采用较多。需要强调说明的是：由于要考虑型材的热胀冷缩，每根竖框不得长于建筑的层高，且每根竖框只固定在上层楼板上，上、下层竖框通过一个内衬套管连接，两段竖框还必须留 15～20mm 的伸缩缝，并用硅酮密封胶堵严。而竖框与横梁可通过角铝铸件连接。图 2-1-6 表示出竖框与竖框、竖框与横梁、竖框与楼板的连接关系。

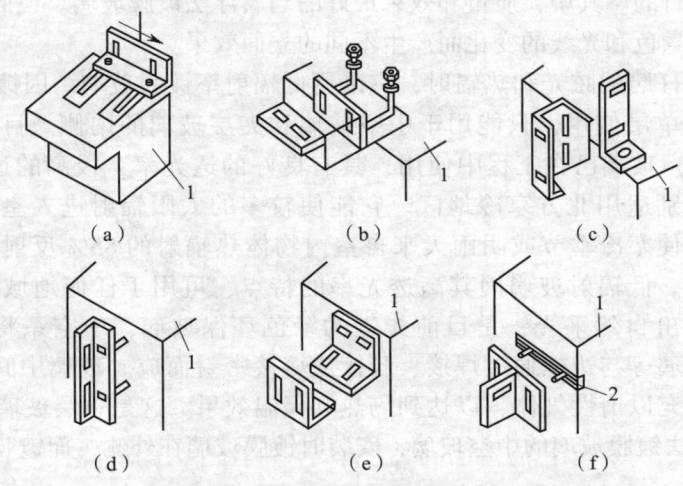

图 2-1-5　玻璃幕墙连接件示例

1—楼板；2—预埋在楼板内的槽形连接件

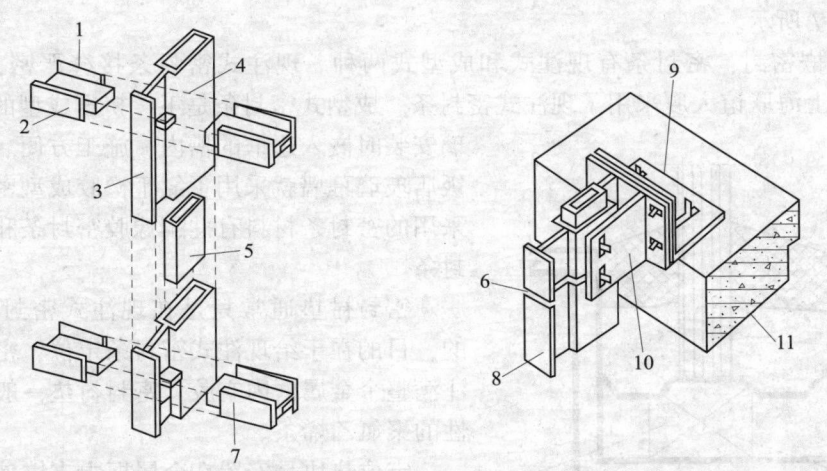

图 2-1-6　幕墙铝框连接构造

1—横梁；2—外盖板；3—竖框；4—角钢铸铝（连接竖框与横梁）；

5—铸铝内衬套管；6—上、下竖框之间留胀缩缝；7—外盖板；

8—竖框；9—角形连接件；10—板凳形连件；11—楼板

2. 玻璃的选择与镶嵌

（1）玻璃选择：玻璃幕墙的玻璃是主要的建筑外围护材料。应选择热工性能良好、抗冲击能力强的特种玻璃，通常有钢化玻璃、半钢化玻璃、吸热玻璃、镜面反射玻璃和中空玻璃等。

吸热玻璃是在生产透明玻璃的过程中，在原料中加入极微量的金属氧化物，便成了带颜色的吸热玻璃。它的特点是能使可见光透过而限制带热量的红外线通过，由于其价格适中，热工效果好，故采用较多。

镜面玻璃是在透明玻璃、钢化玻璃、吸热玻璃的一侧涂上反射膜，通过反射掉太阳光的热辐射而达到隔热目的。其中，质量和效果最好的当属浮法镀膜玻璃。镜面玻璃能映照附近的景物和天空，随景色和光线的变化而产生不同的立面效果。

为了减少玻璃幕墙的眩光和热辐射，宜采用低辐射率镀膜玻璃。因镀膜玻璃的金属镀膜层易氧化，不宜单层使用，只能用于中空玻璃和夹层玻璃的内侧。目前，高透型镀银低辐射（LOW－E）玻璃已在工程中使用，具有良好的透光率，极高的远红外线反射率，节能效果优良，特别适用北方寒冷地区。它能使较多的太阳辐射进入室内，以增加室内的温度，同时又能使寒冷季节或阴雨天来自室内物体热辐射的85%反射回室内，有效降低能耗，节约能源。低辐射玻璃因其高透光率的特点，可用于任何地域的有高通透性外观要求的建筑，突出自然采光，是目前先进的绿色环保玻璃；中空系将两片透明玻璃、钢化玻璃、吸热玻璃等与边框通过焊接、胶接或熔接密封而成。玻璃中间相隔6～12mm，形成干燥空气层或充以惰性气体，以达到隔热和保温效果。这是单层玻璃所不能比拟的特点。如系单面为浮法镀膜玻璃的中空玻璃，安装时镀膜玻璃在外侧，而镀膜面仍放在外侧的内侧面。

玻璃镶嵌在金属框上必须要考虑能保证接缝处的防水密闭、玻璃的热胀冷缩问题。要解决这些问题，通常在玻璃与金属框接触的部位设置密封条、密封衬垫和定位垫块。玻璃安装如图2－1－7所示。

（2）镶嵌密封：密封条有现注式和成型式两种。现注式密封条接缝严密，密封性好，采用较广。上海联谊大厦采用了现注式密封条。成型式密封条是工厂挤压成型的，在幕墙玻璃安装时嵌入边框的槽内，施工方便。北京的长城饭店玻璃幕墙就采用了氯丁橡胶成型密封条。目前采用的密封条材料有硅酮橡胶密封条和聚硫橡胶密封条。

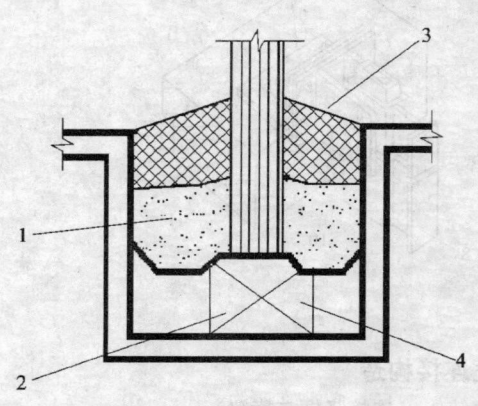

图2－1－7　玻璃安装
1—密封衬垫层；2—定位垫块；
3—密封层；4—空胶

密封衬垫通常只是在现注式密封条注前安置的，目的在于给现注式密封条定位，密封条不至于注满整个金属框内空胶。密封衬垫一般采用富有弹性的聚氯乙烯条。

定位垫块是安置在金属框内支撑玻璃的，使玻璃与金属框间具有一定的间隙，调节玻璃的热胀冷缩，起到缓冲作用，同时垫块两边形成了空胶。空胶可防止挤入缝内的雨水因毛细孔现象进入室内。如图2－1－8所示。

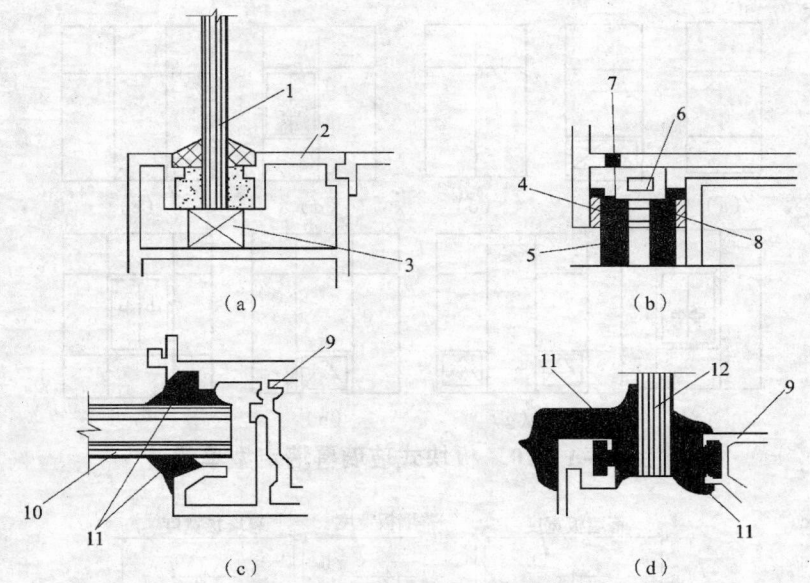

图 2 - 1 - 8 玻璃与铝框的连接实例

1—硅酮胶密封；2—古铜色铝框；3—垫块；4—成形填封料；5—丁烯灰泥密封层；

6—合成橡胶隔离层；7—泄水孔；8—成型密封层；9—铝型材；

10—双层玻璃；11—胶条；12—单层玻璃

3. 立面线型划分

玻璃幕墙的立面线型划分指金属竖框和横梁组成的框格形状和大小的确定。

建筑装饰设计师往往注重建筑的立面造型、尺度、比例及室内装饰效果诸方面因素来划分线型，而实际上，玻璃幕墙的立面线型划分还要考虑由于墙面受到的风荷载大小会直接影响金属的规格和排列间距的选择。窗的形状也是考虑因素之一。通常分件式玻璃幕墙比板块式玻璃幕墙的立面线型划分稍微灵活一些。图 2 - 1 - 9 为分件式玻璃幕墙立面线型划分的几种形式，图 2 - 1 - 10 为板块式玻璃幕墙定型单元，图 2 - 1 - 11 为板块式玻璃墙立面线型划分的几种形式。

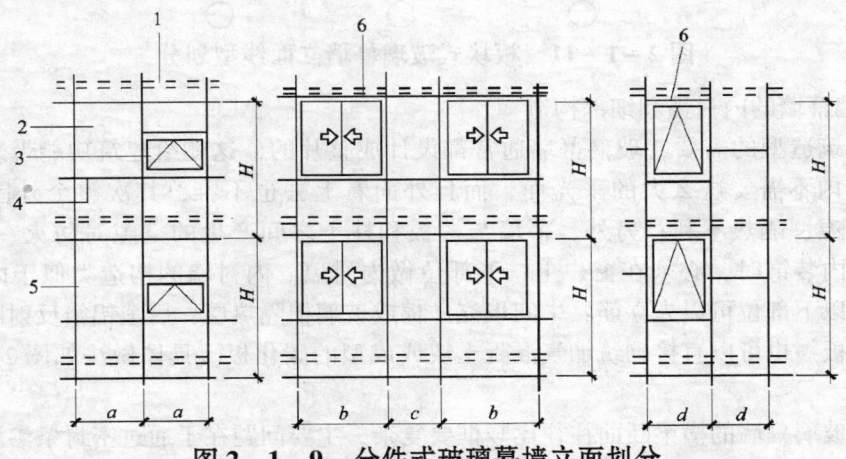

图 2 - 1 - 9 分件式玻璃幕墙立面划分

1—楼板；2—固定玻璃；3—开启窗；4—横梁；5—竖框；6—楼板

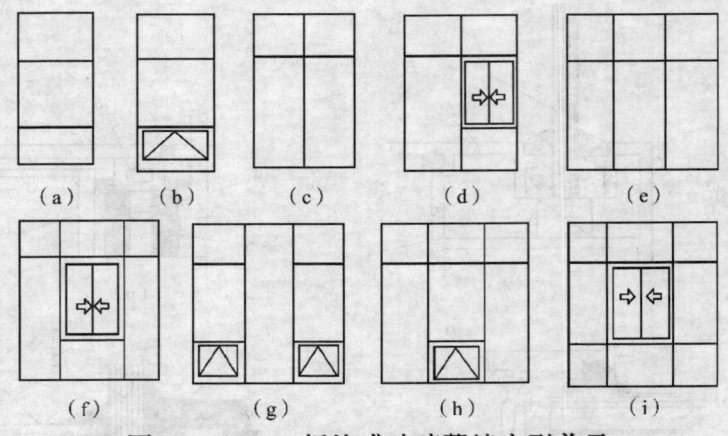

图 2 – 1 – 10　板块式玻璃幕墙定型单元

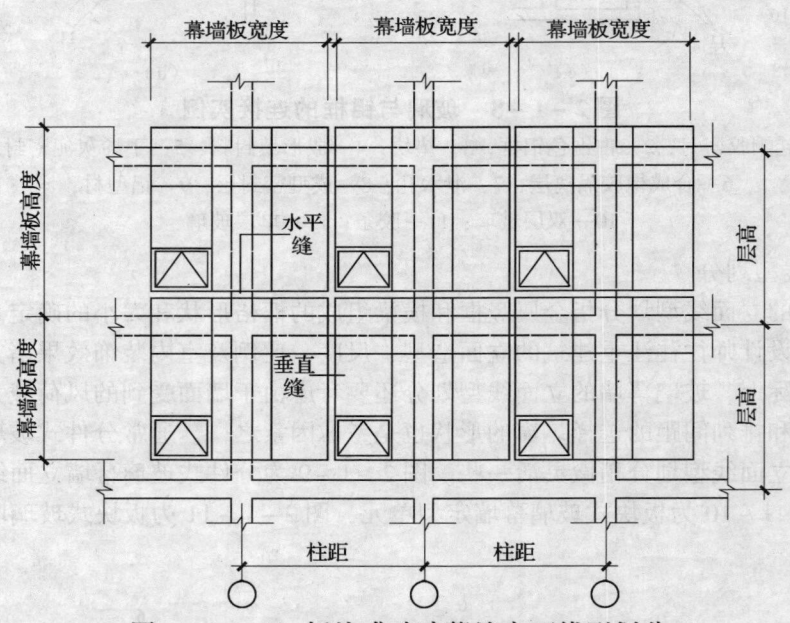

图 2 – 1 – 11　板块式玻璃幕墙立面线型划分

4. 玻璃幕墙的内衬墙和细部构造

由于建筑造型的需要，玻璃幕墙通常都设计成整片的，这就给建筑功能带来一系列问题。首先室内不需要这么大的采光面，而且外面看上去也不雅；其次整个外围护墙全是玻璃，对保温、隔热不利；另外，幕墙与楼板和柱子之间产生的空隙对防火、隔声不利。所以在做室内装饰时，必须在窗户上、下部位做内衬墙。内衬墙的构造类似于内隔墙的做法。窗台板以下部位可以先立筋，中间填充矿棉或玻璃棉隔热层，后覆铝箔反射隔气层，再封纸面石膏板。也可以直接砌筑加气混凝土块或成型的碳化板。具体做法如图 2 – 1 – 12 所示。

分件式玻璃幕墙的横梁断面往往比竖框要复杂，主要问题在于通过密封条渗漏进框的少量雨水必须要及时排除，因此通常将横梁中隔做成向外倾斜，并留有泄水孔和滴水槽口。

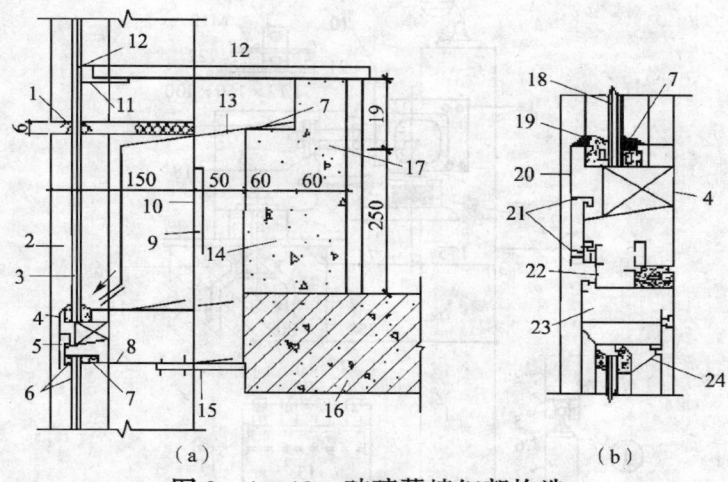

（a）　　　　　　　　　　　　（b）

图 2 - 1 - 12　玻璃幕墙细部构造

1—竖向铝胀缩留缝（硅酮胶嵌缝）；2—竖向铝框；3—玻璃（热处理）；4—横梁；5—滴水孔；
6—氯丁橡胶垫；7—硅酮；8—水平框架；9—连接件；10—角钢；11—氯丁橡胶条；12—窗台板；
13—1mm 厚铝板披水；14—2h 耐火极限绝缘材料；15—双层 1mm 厚铝板；16—楼板；17—内衬墙；
18—玻璃；19—氯丁橡胶；20—外盖板；21—滴水口；22—铝框架；23—铝窗扇；24—铝压条

二、板块式玻璃幕墙构造

（一）单元板块式玻璃幕墙

板块式玻璃幕墙是在工厂将玻璃、铝框、保温隔热材料组装成一块块幕墙定型单元，有平面的（如北京长城饭店、成都香格里拉大酒店、航天科技大厦等），也有折角的（如上海希尔顿大酒店）。每一单元一般由多块玻璃组成，每块单元一般宽度为一个开间，高度为一个层高。图 2 - 1 - 13 为板块式玻璃幕墙示意图。由于高层建筑大多选用空调单机或中央空调来调节室内气候，故定型单元的大多数玻璃是固定的，只有少数窗开启。由于高层建筑上空风大，不宜做平开窗，大多用上悬窗和推拉窗，位置根据室内布置要求确定。由于板块式玻璃幕墙单元是以一个房间的层高和开间作基本尺度，故立面线型划分也比较简单，建筑装饰设计师设计的重点就放在单元线型上了。但要特别注意的是，为了在施工时便于墙板与楼板、墙板与墙板的连接安装，上、下墙板的横缝要高于楼板 200 ~ 300mm，左右两块墙板的垂直缝也宜与框架柱错开。如图 2 - 1 - 13 所示。

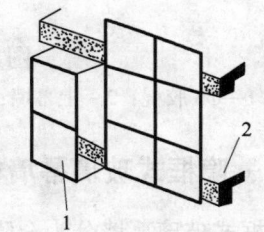

图 2 - 1 - 13　板块式玻璃幕墙

1—玻璃幕墙板；2—楼板层

（二）板块式玻璃幕墙的安装与接缝

为了起到防震和适应结构变形的作用，幕墙板与主体结构的连接应考虑柔性连接。图 2 - 1 - 14 为幕墙板与框架梁的连接，先在幕墙板装上一根镀锌钢管，幕墙板再通过这根钢管与楼板上的角钢连接。为了防止震动，连接处均应垫上防震胶垫，而幕墙板的相连必须留有一定的变形缝隙，空隙用 V 型和 W 型胶条封闭，如图 2 - 1 - 15 所示。

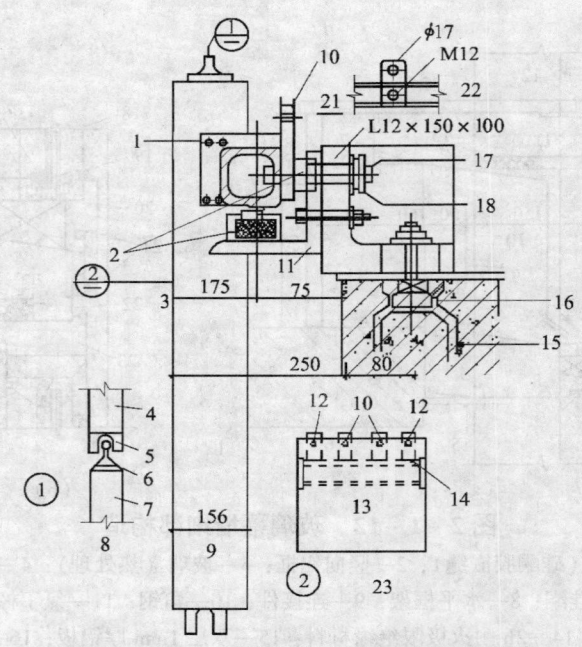

图 2 - 1 - 14　板块式幕墙与结构的连接

1—4×80×80 镀锌钢管；2—防震胶垫；3—幕墙外表面；4—上层；5—凹形；6—凸形；7—下层；

8—上、下幕墙连接示意；9—幕墙厚度；10—固定环；11—牛腿；12—吊装环；13—幕墙；

14—镀锌铁管；15—框架梁；16—预埋 T 形槽钢；17—φ5×8 橡胶垫；

18—M12×60 六角螺钉；19—A 向；20—A 向视图；21—幕墙板立面

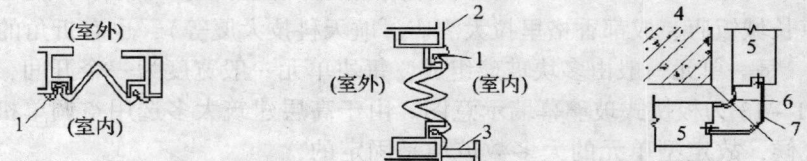

图 2 - 1 - 15　幕墙之间的胶带封闭构造

1—φ6 胶棍；2—上幕墙；3—下幕墙；4—混凝土结构；5—幕墙；6—胶带；7—铝板护角

三、隐框式玻璃幕墙构造

隐框式玻璃幕墙分为全隐框玻璃幕墙和半隐框玻璃幕墙。

全隐框玻璃幕墙由于在建筑物的表面内部显露金属框，而且玻璃上下、左右结合部位尺寸也相当窄小，因而产生全玻璃的艺术感觉，受到目前旅馆和商业建筑的青睐。全隐框玻璃幕墙的发展首先得益于性能良好的结构粘接密封膏的出现，省掉了早期全隐框玻璃幕墙每块玻璃必须在四角开孔加扣钉的做法，避免了玻璃扣件开孔处由于变形应力不同而产生的断裂破坏。如图 2 - 1 - 16 所示。

全隐框玻璃幕墙由于玻璃四周用强力密封结构胶全封闭，所以它是各种玻璃幕墙中最无能量效果的一种，玻璃产生的热胀冷缩变形应力全由密封胶吸收，而且玻璃面所受的水平风力和自身质量荷载也更均匀地传给金属框架和主结构件，安全性得到了极大加强。

半隐框玻璃幕墙利用结构硅硐胶为玻璃相对的两边提供结构的支持力，另两边则用框料和机械性扣件进行固定，如图 2-1-17 所示。这种体系看上去有一个方向的金属线条，不如全隐框玻璃幕墙简洁，立面效果稍差，但安全度比较高。

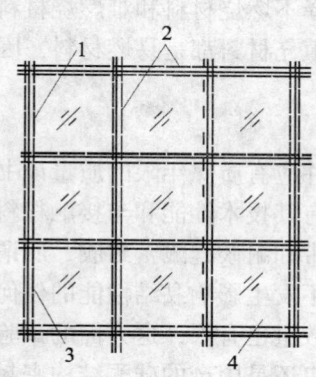

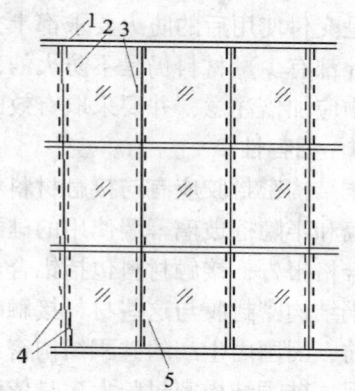

图 2-1-16　全隐框玻璃幕墙立面

1—玻璃层的铝框；2—耐候硅酮密封胶；
3—玻璃后面的铝框；4—玻璃

图 2-1-17　半隐框玻璃幕墙立面

1—机械固定的横根帽；2—玻璃；
3—玻璃后的竖直铝柱；4—（玻璃与框间）
结构密封胶；5—防风雨密封硅酮胶

第三节　铝合金玻璃幕墙组成材料

铝合金玻璃幕墙基本由四种材料组成：骨架、玻璃和封缝填缝材料及结构胶粘材料。要保证玻璃幕墙的强度、刚度和稳定性以及工程质量，则必选按照《玻璃幕墙工程技术规范》JGJ 102—2003 选择优质材料。

一、玻璃幕墙组成材料选材原则

玻璃幕墙材料应符合国家现行产品标准的规定，并应有出厂合格证。玻璃幕墙所使用的材料，概括起来基本上可有四大类型材料，即骨架材料（铝合金型材及钢型材）、玻璃板块、密封填缝材料、结构胶粘材料。这些材料绝大部分国内都能生产，而且大部分都有国家标准或行业标准，但由于生产技术和管理水平的差别，市场上同种类材料的质量由于生产厂家不同，质量差别较大。除了承受自身质量荷载外，还要承受风荷载、地震作用和温度应力变化作用的影响。因此要求幕墙必须安全可靠，要求幕墙使用的材料都应该符合国家或行业标准规定的质量指标，少量暂时还没有国家或行业标准的材料，可按国外先进国家同类产品标准要求。生产企业制定企业标准作为产品质量控制依据。总之，不合格的材料严禁使用，材料出厂时必须具有产品合格证。

（一）耐候性

玻璃幕墙材料应选用耐气候性的材料，并进行表面防腐蚀处理。由于幕墙处于建筑物的外表面，经常受自然环境不利因素的影响，如日晒、雨淋、风沙等不利因素的侵蚀，要求幕墙材料要有足够的耐候性和耐久性，要具备防风雨、防日晒、防盗、防撞击、保温隔热等功能。因此所用金属材料和配件除不锈钢和其他有色金属材料外，钢材应进行表面热浸镀锌处理，铝合金应进行表面阳极氧化处理，以保证幕墙的耐久性和安全性。

（二）防火性

玻璃幕墙材料应采用不燃烧性材料或难燃烧性材料。幕墙无论是在加工制作、安装施工中，还是交付使用后的防火要求都十分重要。因此尽量选择不燃烧材料和难燃烧材料，但目前国内外都有少量材料仍是不防火的，如双面胶带、某些填充材料都是易燃材料，因此在安装施工中应加倍注意，并要采取有效的防火措施。

（三）相容性

硅酮结构密封胶应有与接触材料相容性的试验报告，并应有质保年限的质量证书。隐框玻璃幕墙和半隐框玻璃幕墙使用的硅酮结构密封胶，必须有其技术性能和与接触材料相容性试验的合格报告，接触材料包括铝合金料、玻璃、双面胶带和耐候硅酮密封胶。所谓相容性是指硅酮结构密封胶与这些材料接触时，只起黏结作用，不发生影响黏结性能的任何化学变化。目前，因国内生产的硅酮结构密封胶质量还不稳定，数量也有限，这方面的试验工作也刚刚开展，硅酮结构密封胶大多是依赖美国进口。无论进口还是国产的硅酮结构密封胶，都必须持有国家认定的证书和标牌，并经过国家商检局商检通过，方可使用。硅酮结构密封胶供应商在提供产品的同时必须出具产品质量保险年限的质量证书，安装施工单位在竣工时提交质量保证书，一方面可加强硅酮结构密封胶的生产者和隐框玻璃幕墙制作者、安装施工者的质量意识，以保证产品和安装施工的质量。如在保险期内出现了质量问题，也可据此确定索要赔偿。另一方面，半隐框玻璃幕墙和隐框玻璃幕墙在竣工后前几年，应经常观察和检查，以便及时发现问题。

二、玻璃幕墙组成材料质量要求

（一）骨架材料

1. 铝合金型材

铝合金框架多系经特殊挤压成型的幕墙型材，也可以采用型钢、不锈钢、青铜等材料制作，其截面有空腹式和实腹式两种。框材的规格按受力大小和有关设计要求而定。铝合金框材为主要受力构件时，其截面宽度为 40～70mm，截面高度为 100～210mm，壁厚为 3～5mm；框材为次要受力构件时，其截面宽度为 40～60mm，截面高度为 40～150mm，壁厚为 1～3mm。其他方面应满足以下质量要求：

（1）铝合金等型材有普通级、高精级和超高精级之分，玻璃幕墙采用的铝合金型材应符合现行国家标准《铝合金建筑型材》GB/T 5237 中规定的高精级和《铝及铝合金阳极氧化膜与有机聚合物膜》GB/T 8013—2007 的规定，同时其化学成分应符合《变形铝及铝合金化学成分》GB/T 3190—2008 的规定。

（2）玻璃幕墙采用的铝合金的阳极氧化膜厚度不应低于现行国家标准《铝及铝合金阳极氧化膜与有机聚合物膜》GB/T 8013—2007 中规定的 AA15 级。这主要考虑铝合金阳极氧化膜不仅起装饰作用，而且能防止自然界有害因素对铝合金的腐蚀作用。因此氧化膜厚度不宜太薄，但也不能太厚，太厚一方面会增加铝合金阳极氧化成本，另一方面有可能发生氧化膜与铝合金黏结力降低，使氧化膜层发生空鼓、开裂，甚至脱落等现象。

（3）与玻璃幕墙配套用的铝合金门窗应符合国家标准《铝合金门窗》GB/T 8478—2008 的规定。

国产玻璃幕墙的铝合金型材常用的系列尺寸见表 2 - 1 - 1。

表 2 - 1 - 1　国产玻璃幕墙的框材常用尺寸

名称	竖框断面尺寸 $b \times h$（mm）	特点	应用范围
简易通用型幕墙	框格断面尺寸采用铝合金门窗断面	简易、经济、框格通用性强	幕墙高度不大的部位
100 系列铝合金玻璃幕墙	100×50 单层玻璃	结构构造简单、安装容易、连接支点可以采用固定连接	应用于楼层高≤3m、框格宽≤1.2m、强度≤2kN/m² 的 50m 以下建筑
120 系列铝合金玻璃幕墙	120×50	同 100 系列	同 100 系列
140 系列铝合金玻璃幕墙	140×50	制作容易，安装维修方便	使用于楼层高≤3.6m、框格宽≤1.2m，强度≤2.4kN/m² 的 80m 以下建筑
150 系列铝合金玻璃幕墙	150×50	结构精巧、功能完善、维修方便	应用于楼层高≤3.9m、框格宽≤1.5mm，强度≤3.6kN/m² 的 120m 以下建筑
210 系列铝合金玻璃幕墙	210×50	属于重型、较高标准的全隔热玻璃幕墙，功能全面，但结构构造复杂、造价高，所有外露型材均与室内部分用橡胶垫分隔起来，形成严密的"断冷桥"，造价高	使用于楼层高≤3.0m、框格高≤1.5m，强度≤25kN/m² 的 100m 以下大分格结构的玻璃幕墙

注：1. 本表中 120、210 系列幕墙玻璃可采用单层，也可以采用中空玻璃。

　　2. 根据使用需要，幕墙上可开设各种（上悬、中悬、下悬、平开、推拉等）通风换气窗。

2. 型钢连接件

多采用角钢、槽钢、钢板加工而成。之所以用这些金属材料，主要是易于焊接，加工方便，较之其他金属材料强度高，价格便宜等，因而在玻璃幕墙骨架中应用较多。至于连接件的形状，可因不同部位、不同的幕墙结构而有所不同。

玻璃幕墙采用的钢材应符合下述现行国家标准的规定：①《优质碳素结构钢》GB/T 699；②《碳素结构钢》GB/T 700；③《低合金高强度结构钢》GB/T 1591；④《合金结构钢》GB/T 3077；⑤《碳素结构钢和低合金结构钢热轧薄钢板和钢带》GB 912；⑥《碳素结构钢和低合金结构钢热轧厚钢板和钢带》GB 3274。

3. 不锈钢配件

玻璃幕墙采用的不锈钢钢材应符合下述现行国家标准的规定：①《不锈钢棒》GB/T 1220；②《不锈钢冷加工钢棒》GB/T 4226；③《不锈钢冷轧钢板和钢带》GB/T 3280；④《不锈钢热

轧钢板和钢带》GB/T 4237；⑤《冷顶锻用不锈钢丝》GB/T 4332。

4. 五金件

玻璃幕墙采用的标准五金件应符合下述现行国家标准的规定：①《地弹簧》GB/T 2697；②《铝合金门插销》GB/T 3885；③《平开铝合金窗执手》GB/T 3886；④《铝合金窗撑挡》GB/T 3887；⑤《铝合金窗不锈钢滑撑》GB/T 3888；⑥《铝合金门窗拉手》GB/T 3889；⑦《铝合金窗锁》GB/T 3890；⑧《铝合金门锁》GB/T 3891；⑨《推拉铝合金门窗用滑轮》GB/T 3892；⑩《闭门器》GB/T 2698。

目前，国内幕墙用五金件配件很不齐全，质量差异也较大，标准也不规范，为保证幕墙用五金件的质量，必须采用经设计和监理人员认可的材质优良、功能可靠的五金件，并有出厂合格证。特别是玻璃幕墙采用的非标准五金件，同样必须经设计和监理人员认可，并有出厂合格证。

（二）玻璃

用于玻璃幕墙的单块玻璃一般为 5~6mm 厚。玻璃材料的品种主要采用热反射浮法镀膜玻璃（镜面玻璃），其他如中空玻璃、钢化玻璃、夹层玻璃、夹丝玻璃、吸热玻璃等，也用得比较多。而所有幕墙玻璃均须进行边缘处理。玻璃在裁割时，玻璃的被切割部位会产生很多大小不等的锯齿边缘，从而引起边缘应力分布不均，玻璃在运输、安装过程中以及安装完成后，由于受各种力的影响，容易产生应力集中，导致玻璃易碎；另一方面，半隐框玻璃幕墙的两个玻璃边缘和全隐框玻璃幕墙的四个玻璃边缘都是显露在外表面，如不进行倒棱、倒角处理，还会直接影响幕墙的美观整齐。因此玻璃裁割后必须倒棱、倒角，钢化和半钢化玻璃必须在钢化和半钢化处理前进行倒棱、倒角处理。

1. 热反射浮法镀膜玻璃

（1）当玻璃幕墙采用热反射镀膜玻璃时，应采用真空磁控阴极溅射镀膜玻璃或射线喷涂镀膜玻璃。生产热反射镀膜玻璃的方法有多种，如真空磁控阴极溅射镀膜法、射线喷涂镀膜法、电浮化法、化学凝胶镀膜法等，镀膜方法不同其质量是有差异的。根据国内外幕墙使用热反射浮法镀膜玻璃的情况表明，只有采用真空磁控阴极溅射镀膜玻璃和射线喷涂镀膜玻璃，才能满足玻璃幕墙加工和使用要求。

（2）用于热反射镀膜玻璃的浮法玻璃的外观质量和技术指标，应符合现行国家标准《平板玻璃》GB 11614—2009 中的优等品或一等品规定。

（3）热反射浮法镀膜玻璃尺寸的允许偏差应符合表 2-1-2 的规定。

表 2-1-2　热反射浮法镀膜玻璃尺寸允许偏差

玻璃厚度（mm）	玻璃尺寸及允许偏差（mm）	
	<2000×2000	≥2440×3300
4、5、6	±3	±4
8、10、12	±4	±5

（4）热反射浮法镀膜玻璃的光学性能应符合设计要求。

（5）热反射浮法镀膜玻璃的外观质量应符合表 2-1-3 的规定。

表 2 – 1 – 3　热反射镀膜玻璃外观质量

项　　目		等 级 划 分		
		优等品	一等品	合格品
针眼	直径≤1.2mm	不允许集中	集中的每 1m² 允许 2 处	
	1.2mm < 直径≤1.6mm 每 1m² 允许处数	中部不允许 75mm 边部 3 处	不允许集中	
	1.6mm < 直径≤2.5mm 每 1m² 允许处数	不允许	75mm 边部 4 处; 中部 2 处	75mm 边部 8 处 中部 3 处
	直径 >2.5mm	不允许		
斑点	斑纹	不允许		
	1.6mm < 直径≤5.0mm 每 1m² 允许处数	不允许	4	8
划伤	0.1mm < 宽度≤0.3mm 每 1m² 允许处数	长度≤50mm 4	长度≤100mm 4	不限
	宽度 >0.3mm 每 1m² 允许处数	不允许	宽度 <0.4mm 长度≤100mm 1	宽度 <0.8mm 长度≤100mm 2

注：表中针眼（孔洞）是指直径在 100mm 面积内超过 20 个针眼为集中。

2.中空玻璃

（1）玻璃幕墙采用的中空玻璃应采用双道密封。明框幕墙的中空玻璃的密封胶应用聚硫密封胶和丁烯密封腻子。

（2）玻璃幕墙采用的中空玻璃的干燥剂宜采用专用设备装填。

（3）玻璃幕墙采用的中空玻璃的外观质量和技术性能应符合《中空玻璃》GB/T 11944 规定。

（4）玻璃幕墙采用热反射玻璃时，浮法镀膜玻璃应放在中空层的外侧，而镀膜面仍须放在外侧的内侧。

3.夹层玻璃

（1）玻璃幕墙采用夹层玻璃时，应采用聚乙烯醇缩丁醛配合（PAB）胶片干法加工合成的夹层玻璃。目前，国内外有两种加工夹层玻璃的方法，即干法和湿法，其中间都是使用PAB 胶片。干法生产的夹层玻璃质量稳定可靠，而湿法生产的夹层玻璃也较好，但比较起来不如干法生产的夹层玻璃质量稳定可靠，如作为外围护结构幕墙用的玻璃，特别是作为隐框幕墙的安全玻璃还有不成熟之处。

（2）夹层玻璃属安全玻璃。玻璃幕墙采用的夹层玻璃的外观质量和技术性能应符合《建筑用安全玻璃　第 3 部分：夹层玻璃》GB 15763.3—2009 的规定。

4.夹丝玻璃

（1）玻璃幕墙采用夹丝玻璃时，裁割后对玻璃的边缘应及时进行修理和防腐处理。夹丝玻璃属安全玻璃的范围，玻璃中夹的金属网大部分是低碳钢丝，切割后经丝和纬丝均露在外面，如不及时进行防腐处理，会出现锈蚀，不仅影响美观，而且更重要的是，还影响玻璃与金属丝的黏结强度，由于锈蚀金属丝的体积膨胀，使玻璃内部产生局部应力，严重者会引起玻璃破裂。所以夹丝玻璃裁割后的边缘应及时进行修理和防腐蚀处理。

（2）当夹丝玻璃被用来加工成中空玻璃时，夹丝玻璃应朝室内一侧。

（3）玻璃幕墙采用的夹丝玻璃的外观质量和技术性能应符合《夹丝玻璃》JC 433—91的规定。

5．吸热玻璃

（1）玻璃幕墙采用吸热玻璃时，应考虑吸热玻璃的光学性能。吸热玻璃的光学性能可用阳光透射率表示，应符合表 2－1－4 的规定。

表 2－1－4　吸热玻璃的光学性能

吸热玻璃的颜色	可见光透射率（%）	太阳光透射率（%）	吸热玻璃的颜色	可见光透射率（%）	太阳光透射率（%）
茶色	≥45	≤60	蓝色	≥50	≤70
灰色	≥30	≤60	绿色	≥46	≤65

注：表中的数值均是将二者的透射率换算成 5mm 标准厚的数值。

（2）用吸热玻璃作中空玻璃的原片时不宜将其使用于内层，因为吸热玻璃吸收了阳光中的红外线，自身的温度会升高，用在中空玻璃内侧会成为一个热辐射源，所以一般将其安装在中空玻璃的外侧。

（3）玻璃幕墙采用吸热玻璃的外观质量和技术性能应符合《平板玻璃》GB 11614—2009 的规定。

（三）密封填缝防水材料

密封填缝防水材料，用于玻璃幕墙的玻璃装配及块与块的缝隙处理。一般常由三种材料组成：①填充材料：填充材料主要用于凹槽两侧间隙内的底部，起到填充的作用，以避免玻璃与金属之间的硬性接触，起缓冲作用。其上部多用橡胶密封材料和硅酮系列的防水密封胶覆盖。填充材料目前用得比较多的是聚乙烯泡沫系列，有片状、圆柱条等多种规格，也有用橡胶压条，或将橡胶压条剪断，然后在玻璃两侧挤紧，起到防止玻璃移动的作用。②密封材料：在玻璃装配中，密封材料不仅仅起到密封作用，同时也起到缓冲、黏结的作用，使脆性的玻璃与硬性的金属之间形成柔性缓冲接触。橡胶密封条是目前应用较多的密封、固定材料，亦有人形象地称之为锁条，在玻璃装配中嵌入玻璃两侧，起到一定密封作用。橡胶压条的断面形式很多，其规格主要取决于凹槽的尺寸及形状。选用橡胶压条时，其规格要与凹槽的实际尺寸相符，否则过松过紧都是不妥的。③防水材料：防水密封材料，目前用得较多的是硅酮系列密封胶，有的也用三元乙丙橡胶防水带。

1．橡胶密封条

（1）玻璃幕墙采用的橡胶制品宜优先选用三元乙丙橡胶、氯丁橡胶。密封橡胶条应挤出成形，橡胶块宜模压成形。当前国内明框幕墙玻璃的密封主要采用橡胶密封条，依靠胶条自身的弹性在槽内起密封作用，要求胶条具有耐紫外线、耐老化、永久变形小、耐污染等特性。如果在材质方面控制不严，有的橡胶接口在 1~2 年内就会出现质量问题，如发生老化、膨胀开裂，甚至脱落，使幕墙产生漏水、透气等严重质量问题，甚至玻璃也有脱落的危险，给幕墙带来安全隐患。因此不合格密封胶条绝对不允许在幕墙中使用。

（2）密封橡胶条应符合下述国家现行标准的规定：①《硫化橡胶或热塑性橡胶　密度的测定》GB/T 533—2008；②《硫化橡胶或热塑性橡胶　压入硬度试验方法　第1部分：邵氏硬度计法（邵尔硬度）》GB/T 531.1—2008；③《合成橡胶牌号规范》GB/T 5577—2008；④《硫化橡胶或热塑性橡胶撕裂强度的测定（裤形、直角形和新月形试样）》GB/T 529—2008；⑤《建筑窗用弹性密封胶》JC/T 485—2007；⑥《工业用橡胶板》GB/T 5574—2008。

2. 建筑密封胶

（1）玻璃幕墙采用的硅酮耐候密封胶或聚硫橡胶密封胶应具有耐水、耐溶剂和耐大气老化性，并应有低温弹性、低透气率等特点。其技术性能应符合表2-1-5的规定。建议采用硅酮耐候密封胶，执行标准：《硅酮建筑密封胶 GB/T 14683—2003》。

（2）玻璃幕墙采用的氯丁橡胶密封胶技术性能应符合表2-1-6的规定。

表2-1-5　聚硫橡胶密封胶的技术性能

项目	技术指标	项目	技术指标
密度（g/cm³） A组分 B组分	1.62±0.05 1.50±0.05	邵氏硬度	45~50
		下垂度（20mm槽）（mm）	≤2
		黏结拉伸强度（N/mm²）	0.8~1
黏度（Pa·s） A组分 B组分	350~500 180~300	黏结拉伸断裂伸长率（%）	70~80
		热空气–水循环后定伸黏结性能（定伸110%）	不破坏
		紫外线辐射–水浸后定伸黏结性能（定伸110%）	不破坏
适用期（min）	60~90	低温柔性（-40℃、棒φ10mm）	无裂纹
表干时间（h）	1~1.5	水蒸气渗透性能［g/（m²·d）］	≤15

表2-1-6　氯丁橡胶密封胶的技术性能

项　目	指　标
稠度	不流淌，不塌陷
含固量（%）	75
表干时间（min）	≤15
固化时间（h）	≤12
耐寒性（-40℃）	不龟裂
耐热性（90℃）	不龟裂
低温柔性（-40℃、棒φ10mm）	无裂纹
剪切强度（N/mm²）	0.1N
施工温度（℃）	-5~50℃
施工性	采用人工注胶，机注胶不流淌
有效期（d）	365

（3）目前，国外正在向以硅酮耐候密封胶代替聚硫橡胶密封胶条的方向发展，但因耐候硅酮密封胶价格较昂贵，国内除对施工条件要求高、施工工艺较复杂的半隐框玻璃幕墙和隐框玻璃幕墙使用外，明框玻璃幕墙还很少使用。硅酮耐候密封胶采用中性胶，其技术性能应符合表 2－1－7 的规定，并不得使用过期的硅酮耐候密封胶。

表 2－1－7　石神 996 硅酮耐候密封胶的技术性能

项　　目		指标	检测结果
表干时间（h）		1～1.5	0.8
下垂度（mm）	垂直	≤3	0
	水平	无变形	无变形
挤出性（mL/min）		≥80	204
弹性恢复率（%）		≥80	98
拉伸模量（MPa）	23℃	>0.4	0.9
	－20℃	>0.6	0.9
紫外线辐照后粘接性		无破坏	无破坏
浸水后定伸粘接性		无破坏	无破坏
热失重（%）		≤10	9.7

3．硅酮结构密封胶

（1）玻璃幕墙采用的硅酮结构密封胶，应符合国家标准《建筑用硅酮结构密封胶》GB 16776—2005 的要求，并经国家相关部门批准认可方能使用；其技术性能应符合行业标准《玻璃幕墙工程技术规范》JGJ 102—2003 相应的要求，并在规定的环境条件下施工。

（2）硅酮结构密封胶应采用高模数中性胶；硅酮结构密封胶分单组分和双组分，其技术性能应符合表 2－1－8 的规定。

表 2－1－8　硅酮结构密封胶的技术性能

项　　目	技术指标		项　　目	技术指标	
	中性双组分	中性单组分		中性双组分	中性单组分
有效期（d）	270	270～365	内聚力（母材）（%）	100	
施工温度（℃）	10～30	5～48	剥离强度（与玻璃、铝）（N/mm²）	5.6～8.7	
使用温度（d）	－48～+88		撕裂强度（B 模）（N/mm²）	4700	
操作时间（min）	≤15		抗臭氧及紫外线	不变	
表干时间（h）	≤12		污染和变色	无污染、无变色	
初步固化时间（25℃）（d）	7		耐热性（℃）	150	
完全固化时间（d）	14～21		热烧失量（%）	≤10	
邵氏硬度	35～45		流淌性（mm）	≤2.5	

续表 2 - 1 - 8

项　　目	技术指标		项　　目	技术指标	
	中性双组分	中性单组分		中性双组分	中性单组分
黏结拉伸强度（H 型试件）（N/mm²）	≥0.7		冷变形（蠕变）	不明显	
（哑铃型）延伸率（%）	≥100		外观	无龟裂、无变色	
黏结破坏（H 型试件）	不允许		固化后的变化承受能力（mm）	12.5≤δ≤50	

　　四川新达粘胶科技有限公司研制的石神®999 单组分硅酮结构密封胶技术性能见表 2 - 1 - 9。

表 2 - 1 - 9　国家化学建筑材料测试（建工测试部）中心检验报告

样品名称		石神 999 单组分硅酮结构密封胶		到样日期	2016.01.26
样品编号		HJ - 2016 - J - 54		制样日期	2016.01.25
检测条件		室温：23±2℃　相对湿度：50±5%			2015.03.20
序号		检测项目	技术指标	检测结果	单项评定
1		外观	细腻，均匀膏状物，无结块、凝胶、结皮及不易迅速分散的析出物，黑色	合格	
2	下垂度	垂直放置	≤3	0	合格
		水平放置	不变化	不变化	
3		挤出性（s）	≤10	3	合格
4		表干时间（h）	≤3	1	合格
5		硬度（邵 A）	20~60	41	合格
6	老热化	热失重（%）	≤10	3	合格
		龟裂	无	无	合格
		粉化	无	无	合格
7	拉伸黏结性	23℃ 拉伸黏结强度（MPa）	≥0.60	1.4	合格
		23℃ 黏结破坏面积（%）	≤5	0	
		23℃ 最大拉伸强度时伸长（%）	≥100	272	
		90℃ 拉伸黏结强度（MPa）	≥0.45	1.2	合格
		90℃ 黏结破坏面积（%）	≤5	0	

续表 2 - 1 - 9

样品名称			石神 999 单组分硅酮结构密封胶			到样日期	2016. 01. 26
样品编号			HJ - 2016 - J - 54			制样日期	2016. 01. 25
检测条件			室温：23 ± 2℃　相对湿度：50 ± 5%				2015. 03. 20
序号		检测项目		技术指标	检测结果		单项评定
7	拉伸黏结性	-30℃	拉伸黏结强度（MPa）	≥0.45	1.63		合格
			黏结破坏面积（%）	≤5	0		
		浸水后	拉伸黏结强度（MPa）	≥0.45	1.01		合格
			黏结破坏面积（%）	≤5	0		
		水、紫外线光照后	拉伸黏结强度（MPa）	≥0.45	1.06		合格
			黏结破坏面积（%）	≤5	0		
8	拉伸模量	23℃	伸长率为 10% 时（kPa）	—	27.0		—
			伸长率为 20% 时（kPa）	—	261.0		—
			伸长率为 40% 时（kPa）	—	484		
备注		1. 试验基材：8mm 厚浮法玻璃及 4mm 厚阳极氧化铝板。 2. 基材清洗液：50% 异丙醇（北京化学试剂公司）水溶液					

（3）硅酮结构密封胶的黏结拉伸强度，供应商在这方面提供的技术资料很不统一，有时提供的拉伸强度注明是哑铃型的，有时注明是 H 型的，这两种拉伸强度有着本质的区别。哑铃型拉伸强度只反映一般密封材料的技术性能要求，但对硅酮结构密封胶来说就远远不够了，其本质问题没有反映出来。作为硅酮结构密封胶，除具有优良的密封性能外，更重要的是应与被黏结材料有极优良的黏结拉伸性能。由此可见，哑铃型拉伸强度不能反映这两方面的性能，只有 H 型黏结拉伸强度才能同时说明两方面的性能，才能满足硅酮结构胶的实际需要。因此应采用 H 型黏结拉伸强度作为硅酮结构胶的重要技术指标之一。在做这项试验时，还须注意以下事项：

①在送硅酮结构胶样品检验时，同时还应送与硅酮结构胶相容性试验合格的被黏结材料（如铝合金型材和玻璃等）。

②黏结拉伸试验的破坏，不允许发生在被黏结与黏结材料的交界表面上，一组试验应该 100% 符合要求，如一组试件中有一个试件的破坏发生在交界面上，该试验应重新制备试件，重新进行黏结拉伸试验。如黏结拉伸破坏仍然发生在交界面上，经认真分析，排除试验操作不慎造成失败的因素后，该胶不能用作结构密封胶。

③黏结拉伸破坏必须 100% 发生在硅酮结构胶内部，即内聚力破坏率达 100%，同时黏结拉伸强度和伸长率达到技术指标的要求，这样才可认为黏结拉伸强度试验合格。

④硅酮结构密封胶应在有效期内使用，过期的硅酮结构密封胶不得使用。

⑤硅酮结构密封胶有多种颜色可供选择，但浅色、透明和某些彩色硅酮结构密封胶耐紫外线的技术性能较差，因此只适合在室内使用。在室内有时为了与被黏结材料的颜色协调，选用透明或浅色及彩色硅酮结构密封胶，而室外一般采用黑色硅酮结构密封胶。

（4）硅酮结构密封胶有多个品种可供选择。目前常用的有醋酸型硅酮结构密封胶和中性硅酮结构密封胶，选用时可按基层的材质适当选择。例如，醋酸型硅酮结构密封胶对金属具有一定的腐蚀，所以对未做任何处理的金属面，应慎重使用。另外，对中空玻璃本身的胶粘剂亦有影响，所以中空玻璃密封不宜使用醋酸型硅酮结构密封胶。

（5）硅酮结构密封胶模数的大小，表示对活动缝隙的适应能力。模数越低，对活动缝隙的适应性越好，有利于抗震。模数的大小用高、中、低来表示，一般在产品说明中均有注明。

（6）硅酮结构密封胶在玻璃装配中，常与橡胶密封条配套使用，下层用橡胶条，上部用硅酮结构密封胶密封。玻璃装配密封构造如图 2 – 1 – 18 所示。

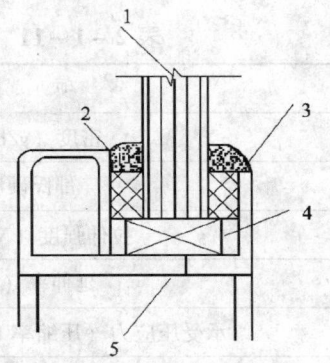

图 2 – 1 – 18　玻璃装配密封构造

1—玻璃；2—硅酮密封；
3—橡胶条填充；4—定位垫片；
5—排水孔 φ5mm

（四）其他材料

1. 低发泡间隔双面胶带

（1）目前国内使用的双面胶带是由两种材料制成的双面胶带，即聚氨基甲酸乙酯（又称聚氨酯）和聚乙烯树脂低发泡间隔双面胶带。要根据幕墙承受的风荷载、高度和玻璃块的大小，同时要结合玻璃、铝合金型材的质量以及注胶厚度来选用双面胶带。选用的双面胶带在注胶过程中，既要能保证硅酮结构密封胶的注胶厚度，又能保证结构硅酮密封胶的固化过程为自由状态，不受任何压力，从而充分保证注胶的质量。

（2）根据玻璃幕墙的风荷载、高度和玻璃的大小，可选用低发泡间隔双面胶带。

①当玻璃幕墙风荷载大于 1.8kN/m² 时，宜选用中等硬度的聚氨基甲酸乙酯低发泡间隔双面胶带，其技术性能应符合表 2 – 1 – 10 的规定。

②当玻璃幕墙风荷载小于或等于 1.8kN/m² 时，宜选用聚乙烯树脂低发泡间隔双面胶带，其技术性能应符合表 2 – 1 – 11 的规定。

2. 聚乙烯填充材料

（1）玻璃幕墙可采用聚乙烯发泡材料作填充材料，其密度不应大于 0.037g/cm³。

（2）聚乙烯发泡填充材料应有优良的稳定性、弹性、透气性、耐酸碱性和耐老化性，其技术性能符合表 2 – 1 – 12 的规定。

表 2 – 1 – 10　聚氨基甲酸乙酯（聚氨酯）低发泡间隔双面胶带的技术性能

项　目	技术指标	项　目	技术指标
密度（g/cm³）	0.5	动态拉伸黏结性（2000h）（N/mm²）	0.007
邵氏硬度	30~35	动态剪切强度（停留 15min）（N/mm²）	0.28
拉伸强度（N/mm²）	0.91	隔热值［W/（m²·K）］	0.55
延伸率（%）	105~125	耐紫外线（300W，250~300mm，200h）	颜色不变
承受压应力（压缩率10%）（N/mm²）	0.18		
动态拉伸黏结性（停留 15min）（N/mm²）	0.39	烤漆耐污染性（70℃，200h）	无

表 2 – 1 – 11　聚乙烯树脂低发泡间隔双面胶带的技术性能

项　目	技术指标
密度（g/cm^3）	0.21
邵氏硬度	40
拉伸强度（N/mm^2）	0.87
延伸率（%）	125
承受压应力（压缩率10%）（N/mm^2）	0.18
剥离强度（N/mm^2）	0.18
剪切强度（N/mm^2）	40
隔热值［W/（m^2·K）］	41
使用温度（℃）	-44 ~ +75
施工温度（℃）	15 ~ 32

表 2 – 1 – 12　聚乙烯树脂发泡填充材料的技术性能

项　目	技术指标		
	10mm	30mm	50mm
拉伸强度（N/mm^2）	0.35	0.43	0.52
延伸率（%）	46.5	52.3	64.3
压缩后变形率（纵向）（%）	4.0	4.1	2.5
压缩后恢复率（纵向）（%）	3.2	3.6	3.5
永久压缩变形率（%）	3.0	3.4	3.4
25%压缩时，纵向变形率（%）	0.75	0.77	1.12
50%压缩时，纵向变形率（%）	1.35	1.44	1.65
75%压缩时，纵向变形率（%）	3.21	3.44	3.70

3. 特殊功能材料

（1）玻璃幕墙宜采用岩棉、矿棉、玻璃棉、防火板等不燃性和难燃性材料作保温或隔热材料，同时应采用铝箔或塑料薄膜包装的复合材料，以保证其防水性和防潮性。

（2）幕墙受多种因素的影响会发生层间位移，而引起摩擦噪声，幕墙的噪声使人们对幕墙产生一种不安全的感觉，干扰人们的正常生活和工作，同时也是影响幕墙质量的大问题，这是因为摩擦会引起幕墙构件的松动甚至使螺丝脱落，还会引起整个幕墙结构和运动不协调，应加设耐热的硬质有机材料垫片，以消除摩擦噪声。垫片的材质要求较严格，既要有一定的柔性，又要有一定的硬度，还应具备耐热性、耐久性和防腐、绝缘之性能。

（3）幕墙立柱与横梁之间的连接处宜加设橡胶垫片，并应安装严密，以保证其防水性。

第四节 铝合金玻璃幕墙施工工艺

一、玻璃幕墙构件加工制作

玻璃幕墙构件的加工制作应严格按设计施工图进行，必要时应对已建建筑主体进行复测，及时调整幕墙的设计并及时修改设计施工图，合理安排组织幕墙构件的加工组装。玻璃幕墙使用的所有材料和附件，都必须有产品合格证和说明书以及执行标准的编号；特别是主要部件，同安全有关的材料和附件，更要严格检查其质量，检查出厂时间、存放有效期，严禁使用不合格和过期材料。加工幕墙构件的设备、机具应能达到幕墙构件加工精度的要求，定期进行检查和计量认证，如设备的加工精度、光洁度、角度、胶体混合比、色调和均匀度等及时进行检查维护；对量具应按计量管理部门的规定，定期进行计量鉴定，以保证加工产品的质量和精确度。幕墙构件加工环境要求清洁、干燥、通风良好，温度也应满足加工的需要，如北方冬季应有暖气，南方夏季温度应控制在 5 ~ 30℃，相对湿度应控制在 35% ~ 75%。隐框玻璃幕墙的结构装配组合件应在车间制作，不得在现场进行。硅酮结构密封胶应打注饱满，不得使用过期的硅酮结构密封胶和耐候硅酮结构密封胶。

（一）铝型材加工制作

1. 铝型材下料

（1）玻璃幕墙结构杆件下料前应进行校直调整，对于碰伤和弯折部位，应选择使用。

（2）玻璃幕墙横梁的允许偏差为 ±0.55mm，竖框的允许偏差为 ±1.0mm，端头斜度的允许偏差为 −15mm。如图 2 − 1 − 19、图 2 − 1 − 20 所示。截料端头不应有加工变形，毛刺不应大于 0.2mm。

图 2 − 1 − 19 直角截料　　　　　　图 2 − 1 − 20 斜角截料

（3）应严格按零件图下料，下料前必须认真看懂，理解零件图中的各项技术指标、尺寸的含义，认真核对型材代号及断面形状，有疑问时，及时向有关设计、监理人员反映。

（4）当第一件零件下料后必须复查长度、角度等尺寸是否与图纸及偏差要求相符，下料过程中也要按比例（一般为 10%）进行抽查。

（5）操作过程中注意保护型材，防止表面擦伤、碰坏；下料后的半成品要合理堆放，注明所用工程名称、零件图号、长度、数量等。

2. 机械加工

（1）玻璃幕墙结构杆件的孔位允许偏差为 ±0.5mm，孔距允许偏差为 ±0.5mm，累计偏差不应大于 ±1.0mm。

（2）铆钉的通孔尺寸偏差应符合现行国家标准《紧固件 铆钉用通孔》GB 152.1—88 的规定。

（3）沉头螺钉的沉孔尺寸偏差应符合现行国家标准《紧固件 沉头螺钉用沉孔》

GB 152.2—2014 的规定。

（4）圆柱头、螺栓的沉孔尺寸偏差应符合现行国家标准《紧固件　圆柱头用沉孔》GB 152.3—88 的规定。

（5）构件铣槽尺寸允许偏差应符合表 2－1－13 的要求，如图 2－1－21 所示。

（6）构件铣豁尺寸允许偏差应符合表 2－1－14 的要求，如图 2－1－22 所示。

（7）构件铣榫尺寸允许偏差应符合表 2－1－15 的要求，如图 2－1－23 所示。

表 2－1－13　铣槽寸允许偏差（mm）

项目	a	b	c
偏差	+0.5 0.0	+0.5 0.0	±0.5

表 2－1－14　铣豁寸允许偏差（mm）

项目	a	b	c
偏差	+0.5 0.0	+0.5 0.0	±0.5

表 2－1－15　铣榫尺寸允许偏差（mm）

项目	a	b	c
偏差	0.0 －0.5	0.0 －0.5	±0.5

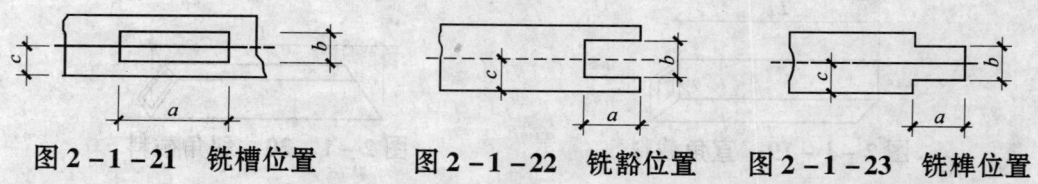

图 2－1－21　铣槽位置　　　图 2－1－22　铣豁位置　　图 2－1－23　铣榫位置

（8）应严格按零件图尺寸加工，开机前必须认真看懂、理解零件图中的各项技术指标、尺寸的含义，认真核对零件代号、断面形状、零件长度、数量，有疑问时及时向有关部门反映。

（9）根据加工零件的各项技术指标、加工精度，合理选用刀具、模具及设备，确保零件加工精度。

（10）根据加工要求准确划线定位，加工出的第一件零件应复查各项技术指标是否与图纸一致，加工过程中也要反复抽查。

（11）加工过程中注意成品保护，防止损伤；加工出的第一件零件要合理堆放，做好标记；对于直接入库的零件，必须进行包装，注明所用工程名称、零件图号、长度、数量等。

3. 铝框装配

（1）玻璃幕墙构件装配尺寸允许偏差应符合表 2－1－16 的规定。

（2）各相邻构件装配间隙及同一平面度的允许偏差应符合表 2－1－17 的规定。

表 2 - 1 - 16 构件装配尺寸允许偏差（mm）

项 目	构件长度	允许偏差
槽口尺寸	≤2000	±2.0
	>2000	±2.5
构件对边尺寸差	≤2000	≤2.0
	>2000	≤3.0
对角线尺寸差	≤2000	≤3.0
	>2000	≤3.5

表 2 - 1 - 17 相邻构件装配间隙及同一平面度的允许偏差（mm）

项 目	允许偏差
装配间隙	≤0.5
同一平面度	≤0.5

（3）根据图纸核实型材的品种、规格、断面及数量与图纸是否相符，并应分类放置相关尺寸的型材，防止混淆。

（4）构件组框应在专用的工作台上进行，工作台表面应平整，并有防止铝型材表面损伤的保护装置。

（5）构件按图纸要求装配好配件，进行组装，构件的连接应牢固，且满足偏差要求；连接螺钉以拧紧牢固为宜，防止滑扣。

（6）各构件连接处的缝隙应进行密封处理；组角时，要求角内胶面应填注少量的硅胶。

（7）在大批量装配同一规格的幕墙构件时，可以在工作台上设置夹具或胎具，保护铝框的精确度和互换性。

（8）装配过程中注意保护铝框，防止损伤；装配后的铝框要合理堆放，防止变形，并做好标记，注明所用工程名称、零件图号、数量等。

（二）玻璃与铝框的装配（明框）

（1）在水平力（风荷载和地震应力）作用下，玻璃幕墙会随主体结构产生侧移，如果玻璃与铝框间没有空隙或空隙留得过小，则铝框会挤压玻璃而使玻璃破碎；此外，考虑到玻璃和铝型材的热胀冷缩现象，玻璃与铝框间也要有一定的空隙。

（2）单层玻璃及中空玻璃与铝框玻璃槽口的装配间隙应符合行业标准《玻璃幕墙工程技术规范》JGJ 102—2003 的规定。

（3）玻璃与铝框装配时，在每块玻璃的下边应设置两个或两个以上的垫块支承玻璃，玻璃不得直接与铝框接触；垫块由橡胶制成，必须耐老化，能保证弹性。

（4）玻璃与铝框间的装配间隙必须用建筑密封材料予以密封，并要求注胶均匀、密实、无气泡；注胶后应立即刮去多余的密封胶，并使密封胶胶缝表面平滑。

（5）当玻璃与铝框间的间隙太深时，应先用聚氯乙烯发泡条填塞后，再注密封胶。

（三）玻璃加工

（1）钢化玻璃、半钢化玻璃和夹丝玻璃都不允许在现场切割，而应按设计尺寸在工厂进行。钢化玻璃、半钢化玻璃的热处理必须在玻璃切割、钻孔、挖槽等加工完毕后进行。

（2）玻璃切割后，边缘不应有明显的缺陷，其质量要求应符合表 2 – 1 – 18 的规定。

表 2 – 1 – 18　玻璃切割边缘的质量要求

缺陷	允许程度	说　明
明显缺陷	不允许	明显缺陷指：麻边、崩边 >5mm、崩角 >5mm
崩块	$b \leqslant 10mm$，$b \leqslant t$ $b_1 \leqslant 10mm$，$b_1 \leqslant t$	崩块范围：长—b 　　　　宽—b_1 　　　　深—d 玻璃厚为 t
切斜	斜度 $\leqslant 14°$	
缺角	$\leqslant 5mm$	

（3）经切割后的玻璃应进行边缘处理（倒棱、倒角、磨边），以防止应力集中而发生破裂。

（4）中空玻璃、弧形玻璃等特殊玻璃应由专业厂家进行加工。

（5）玻璃加工应在专用的工作台上进行，工作台表面应平整，并有保护装置；在加工过程中注意保护，防止玻璃损伤和割伤操作者；加工后的玻璃要合理堆放，并做好标记，注明所用工程名称、尺寸、数量等。

（四）玻璃与铝型材黏结注胶（隐框）

1. 一般要求

（1）应设置专门的注胶间，要求清洁无尘、无火种、通风，并备有必要的设备，使室内温度控制在 5 ~ 10℃，相对湿度控制在 35% ~ 75%。

（2）注胶操作者必须接受专门的业务培训，并经实际操作考核合格，方可持证上岗操作。

（3）严禁使用过期的硅酮结构密封胶；未做相容性试验、蝴蝶试验等相关检验者，严禁使用，只有全部检验参数合格的硅酮结构密封胶方可使用。如图 2 – 1 – 24、图 2 – 1 – 25 所示。

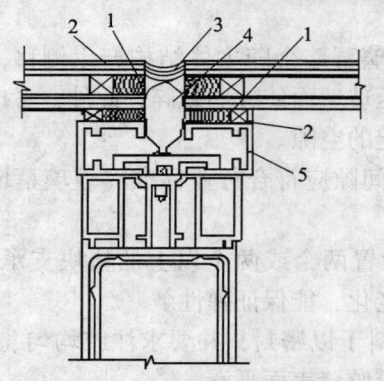

图 2 – 1 – 24　硅酮结构密封胶的使用
1—硅酮结构密封胶；2—垫条；
3—耐候胶；4—泡沫棒；5—铝合金框

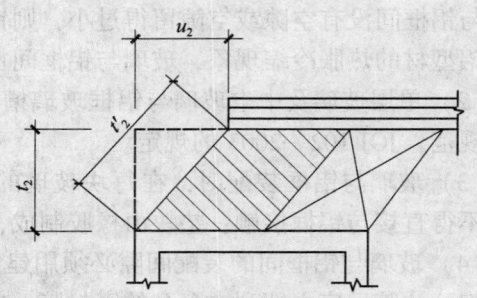

图 2 – 1 – 25　硅酮结构密封胶和
双面胶带的拉伸变形

（4）对注胶处的铝型材表面氧化膜和玻璃镀膜的牢固程度，必须进行一定的检验，如型材氧化镀膜黏结力测试等。

（5）严格按行业标准、国家规范、设计图纸及施工工艺流程的要求，采用清洁剂、清洁用布、保护带等辅助材料。

2．注胶处基材的清洁

（1）清洁是保证隐框玻璃幕墙玻璃与铝型材黏结力的关键工序，也是隐框玻璃幕墙安全性、可靠性的主要技术措施之一。所有与注胶处有关的施工表面都必须清洗，保护清洁、无灰、无污、无油、干燥。

（2）注胶处基材的清洁，对于非油性污染物，通常采用异丙醇溶剂（50% 异丙醇：水 = 1:1）；对于油污染物，通常采用二甲苯溶剂。

（3）清洁用布应采用干净、柔软、不脱毛的白色或原色棉布；清洁时，必须将清洁剂倒在清洁布上，不得将布蘸入盛放清洁剂的容器中，以免造成整个溶剂污染。

（4）清洁时，采用"两次擦"工艺进行清洁，即用带溶剂的布顺一个方向擦拭后，用另一块洁净的干布在溶剂挥发前擦去未挥发的溶剂、松散物、尘埃、油渍和其他脏物，第二块布脏后应立即更换。

（5）清洁后，已清洁的部分决不允许再与手或其他污染源接触，否则要重新清洁，特别是在搬运、移动和粘贴双面胶条时一定注意。同时，清洁后的基材要求必须在 15～30min 内进行注胶，否则要进行第二次清洁。

3．双面胶条的粘贴

（1）双面胶条粘贴施工环境应保持清洁、无灰、无污，粘贴前应按设计要求核对双面胶条的规格、厚度，双面胶条厚度一般比注胶胶缝厚度大 1mm，这是因为玻璃放上后，双面胶条要被压缩 10% 。

（2）按设计图纸确认铝框的尺寸形状无误后，按图纸要求在铝框上正确位置粘贴双面胶条，粘贴时，铝框的位置最好用专用夹具固定。

（3）粘贴双面胶条时，应使胶条保持直线，用力下按胶条紧贴铝框，但手不可触及铝型材的粘胶面；在放上玻璃之前，不要撕掉胶条的隔离纸，以防止胶条另一粘胶面被污染。

（4）按设计图纸确认铝框的尺寸形状与玻璃的尺寸无误后，将玻璃放到胶条上一次成功定位，不得来回移动玻璃，否则胶条上的不干胶沾在玻璃上，将难以保证注胶后结构硅酮密封胶的黏结牢固性，如果万一不干胶粘到已清洁的玻璃面上，应重新清洁。

（5）玻璃与铝框的定位误差应小于 ±1.0mm，放玻璃时，注意玻璃镀膜面的位置是否按设计要求正确放置（在室内面）。

（6）玻璃固定好后，及时将铝框－玻璃组件移至注胶间，并对其形状尺寸进行最后的校正；摆放时应保证玻璃面的平整，不得有玻璃弯曲现象。

4．混胶与检验

（1）常用硅酮结构密封胶有单组分和双组分两种类型；单组分在出厂时已配制完毕，灌装在塑料桶内，可直接使用，多用于小型幕墙工程或工地临时补胶，但由于从出厂到使用中间环节多，有效期相对较短，局限性较大；一般最常用的是双组分，双组分由基剂和固化剂组成，分装在铁桶中，使用时现场再混合。

（2）双组分硅酮结构密封胶在玻璃幕墙制作工厂注胶间内进行混胶，固化剂和基剂的比例必须按有关规定，并一定注意区分是体积比还是质量比。

（3）双组分硅酮结构密封胶应采用专用的双组分硅酮打胶机进行混胶。混胶时，应先按照打胶机的说明清洗打胶机，调整好注胶嘴，然后按规定的混合比例装上双组分密封剂进行充分的混合。

（4）为控制好硅酮结构密封胶的混合情况，在每次混胶过程中应留出蝴蝶试样和胶杯拉断试样，及时检查密封胶的混合情况，并做好当班记录。

（5）蝴蝶试验是将混合好的胶挤在一张白纸上，胶堆直径约20mm，15mm厚，将纸折叠，折叠线通过胶堆中心，然后挤压胶堆至3~4mm厚，摊开白纸，可见堆成8字形蝴蝶状；如果打开纸后发现胶块有白色斑点、白色条纹，则说明硅酮结构密封胶还没有充分混合，不能注胶，一直到颜色均匀、充分混合后才能注胶；在混胶全过程中都要将蝴蝶试样编号记录。

（6）胶杯试验是用来检查双组分密封胶基剂与固化剂的混合比例的；在一小杯中装入3/4深度混合后的胶，插入一根小棒或一根压舌板，每5min抽一次棒，记录每一次抽棒时间，一直到胶被扯断为止，此时间为扯断时间；正常的扯断时间为20~45min，混胶中应调整基剂和固化剂的比例，使扯断时间控制在上述范围内。

5．注胶工艺

（1）注胶前应认真检查、核对硅酮结构密封胶是否过期，所用硅酮结构密封胶牌号是否与设计图纸要求相符合，玻璃、铝框是否与设计图纸一致，铝框、玻璃、双面粘胶条等是否通过相容性试验，注胶施工环境是否符合规定。

（2）隐框玻璃幕墙的硅酮结构密封胶必须用机械注胶，注胶要按顺序进行，以排走注胶空隙内的空气；注胶枪枪嘴应插入适当深度，使密封胶连续、均匀、饱满地注入注胶空隙内，不允许出现气泡；在接合处应调整压力保证该处有足够的密封胶。

（3）在注胶过程中要注意观察硅酮结构密封胶的颜色变化，以判断胶的混合比例的变化，一旦密封胶的混合比例发生变化；应立即停机检修，并应将变化部位的胶体割去，补上合格的硅酮结构密封胶。

（4）注胶后要用刮刀压平、刮去多余的硅酮结构密封胶，并修整其外露表面，使表面平整光滑，缝内无气泡；压平和修整的工作必须在所允许的施工时间内进行，一般约在10~20min内。

（5）对注胶和刮胶过程中可能导致玻璃或铝框污染的部位，应贴纸基粘胶带进行保护；刮胶完成后应立即将纸基粘胶带除去。

（6）对于需要补填硅酮密封胶的部位，应清洁干净并在允许的施工时间内及时补填，补填后仍要刮平、修整。

（7）进行注胶时应及时做好注胶记录，记录应包括如下内容：①注胶日期；②结构胶的型号、大小桶的批号、桶号；③双面胶带规格；④清洗剂规格、产地、领用时间；⑤注胶班组负责人、注胶人、清洗人姓名；⑥工程名称、组件图号、规格、数量。

6．静置与养护工艺

（1）注完胶的玻璃组件应及时移至静置场静置养护，对静置养护场地要求：温度为5~30℃、相对湿度为35%~75%、无油污、无大量灰尘，否则会影响硅酮结构密封胶的固化效果。

（2）双组分硅酮结构密封胶静置 3～5d 后，单组分硅酮结构密封胶静置 7d 后才能运输，所以要准备足够面积的静置场地。

（3）玻璃组件的静置可采用架子或地面叠放，当大批量制作时以叠放为多，叠放时一般应符合下述要求：①玻璃面积小于 2m² 每垛堆放不得超过 12 块；②玻璃面积大于或等于 2m² 每垛堆放不得超过 6 块；③如为中空玻璃则数量减半，特殊情况须另行处理。

（4）叠放时每块必须均匀放置四个等边立方体垫块，垫块可采用泡沫塑料或其他弹性材料，其尺寸偏差不得大于 0.5mm，以免使玻璃不平而压碎。

（5）未完全固化的玻璃组件不能搬运，以免黏结力下降；完全固化后，玻璃组件可装箱运至安装现场，但还需要在安装现场继续放置 10d 左右。使总的养护期达到 14～21d，达到硅酮结构密封胶的黏结强度后方可安装施工。

（6）注胶后的成品玻璃组件应抽样作切胶检验，以进行检验黏结牢固性的剥离试验和判断固化程度的切开试验；切胶检验应在养护 4d 后至耐候硅酮结构密封胶打胶前进行，抽样方法如下：①100 樘以内抽 2 件；②每超过 100 樘加抽 1 件；③每组胶抽查不少于 3 件。

按以上抽样方法抽检，如剥离试验和切开试验有一件不合格，则加倍抽检，如仍有一件不合格，则此批产品视为不合格品，不得出厂安装使用。

（7）注胶后的成品玻璃组件可采用剥离试验硅酮结构密封胶的黏结牢固性；试验时先将玻璃和双面胶条从铝框上拆除，拆除时最好使玻璃和铝框上各粘拉一段密封胶，检验时分别用刀在密封胶中间层切开 50mm，再用手拉住切口的胶条向后撕扯，如果沿胶体中撕开则为合格，反之，如果在玻璃或铝型材表面剥离，而胶体未破坏则说明硅酮结构密封胶黏结力不足或玻璃、铝材镀膜层不合格，成品玻璃组件不合格。

（8）切开试验可与剥离试验同时进行，切开硅酮结构密封胶的同时注意观察切口胶体表面，表面如果闪闪发光，非常平滑，说明尚未固化，反之，表面平整、颜色发暗，则说明已完全固化，即可以搬运安装施工。

二、铝合金玻璃幕墙安装施工

安装幕墙的钢结构、钢筋混凝土结构或砖混结构的主体工程，应符合《砌体工程施工质量验收规范》GB 50203—2011、《混凝土结构工程施工质量验收规范》GB 50204—2015 和《钢结构工程施工质量验收规范》GB 50205—2001 的要求；特别是主体结构的垂直度和外表面平整度及结构的尺寸偏差必须达到要求，否则应采取适当处理措施后方可进行幕墙的安装施工。幕墙构件及零附件的材料品种、规格、色泽和性能应符合设计和质量要求。玻璃幕墙安装时应对进场的构件、附件、玻璃、密封材料和胶垫等按质量要求进行检查和验收，不合格和过期的材料不能使用。

合理安排幕墙的安装施工顺序，制定具体的施工组织设计和进度计划，并采取可靠的安全技术措施和成品保护措施。对幕墙施工环境和分项工程施工顺序应进行认真研究，对幕墙安装会造成严重干扰或污染的分项工程应安排在幕墙安装前安装施工，否则应采取可靠的保护措施才能进行幕墙安装施工。玻璃幕墙的安装施工应单独编制施工组织设计方案。玻璃幕墙的安装施工质量将直接影响玻璃幕墙安装后能否满足玻璃幕墙的建筑物理及其他技术性能要求，同时玻璃幕墙安装是多工种的联合施工，与其他分项工程施工难免会有交叉和衔接的工序，因此为了保证玻璃幕墙安装施工质量，要求安装施工承包单位单独编制玻璃幕墙施工组织设计方案。

（一）施工准备

1. 施工现场准备

（1）施工前，首先要对现场管理和安装人员进行全面的技术和质量交底及安全规范教育，备齐防火和安全器材与设施。

（2）在构件进场搬运、吊装时，需要加强保护，不得碰撞和损坏。构件应放在通风、干燥、不与酸碱类物质接触的地方，并要严防雨水渗入。

（3）构件应按品种、规格、种类和编号堆放在专用架子或垫木上；玻璃构件应稍稍倾斜直立摆放，在室外堆放时，应采取必要的防护措施。

（4）构件安装前均应进行检验与校正。构件应符合设计图纸及相关质量标准的要求，不得有变形、损伤和污染，不合格构件不得上墙安装。玻璃幕墙构件在运输、堆放、吊装过程中有可能会人为地使构件产生变形、损坏等，在安装之前一定要提前对构件进行检验，发现不合格的应及时更换，同时幕墙施工承包商应根据具体情况和以往施工经验，对易损坏和丢失的构件、配件、玻璃、密封材料、胶垫等有一定的更换储备数量；一般构件、配件等为 1%～5%，玻璃在安装过程中的损坏率为总块数的 3%～5%。

（5）构件在现场的辅助加工如钻孔、攻丝、构件偏差的现场修改等，其加工位置、精度、尺寸应符合设计要求。

（6）玻璃幕墙与主体结构连接的预埋件，应在主体结构施工时按设计要求埋设。预埋件的埋设应牢固，位置准确，预埋件的标高偏差不应大于 ±10mm，预埋件位置与设计位置的偏差不应大于 ±20mm。在放置预埋件之前，应按幕墙安装基线校核预埋件的准确位置，预埋件应牢固固定在预定位置上，并将锚固钢筋与主体构件主钢筋用铁丝绑扎牢固或点焊固定，防止预埋件在浇筑混凝土时位置变动。施工时，预埋件锚固钢筋周围的混凝土必须密实振捣，混凝土拆模后，应及时将预埋件钢板表面上的水泥砂浆清除干净。

2. 施工技术准备

（1）熟悉本工程玻璃幕墙的特点，包括骨架设计的特点、玻璃安装的特点及结构构造方面的特点。然后根据其特点，具体研究施工方案。

（2）对照玻璃幕墙的骨架设计，复查主体结构的施工质量。因为主体结构的施工质量如何对骨架的位置影响较大。特别是墙面的垂直度、平整度偏差将影响整个幕墙的水平位置。所以放线前要检查主体结构的施工质量，特别是钢筋混凝土结构，尤其要仔细、严格地复查。另外，对主体结构的预留孔洞及表面的缺陷应做好检查记录，并及时提请有关单位注意。

（3）根据主体结构的施工质量，最后调整主体结构与玻璃幕墙之间的间隔距离，以便确保安装工作顺利进行，基本做到准确无误。

（二）测量放线定位

1. 测量放线

（1）根据幕墙分格大样图和土建单位给出的标高点、进出口线及轴线位置，采用重锤、钢丝线、测量器具及水平仪等测量工具在主体结构上测出幕墙平面、竖框、横梁、分格及转角基准线，并用经纬仪进行调校、复测。

（2）幕墙分格轴线的测量放线应与主体结构测量放线相配合，水平标高要逐层从地面引上，以免误差累积，误差大于规定的允许偏差时，包括垂直偏差值，应经监理、设计人员同意后，适当调整幕墙的轴线，使其符合幕墙的构造需要。

（3）对高层建筑的测量应在风力不大于四级的情况下进行，测量应在每天定时进行。

（4）质量检验人员应及时对测量放线情况进行检查，并将其查验情况填入记录表。

（5）在测量放线的同时，应对预埋件的偏差进行检验，其上下、左右偏差值不应超过±45mm，超差的预埋件必须进行适当的处理后方可进行安装施工，并把处理意见上报监理、业主和公司相关部门。

（6）质量检验人员应对预埋件的偏差情况进行抽样检查，抽检量应为幕墙预埋件总数量的5%以上，且不少于5件，所检测点不合格数≤10%可判为合格。

2. 放线定位

放线是指将骨架的位置弹到主体结构上。这项工作也是为了确保玻璃幕墙位置准确的准备工作。只有准确地将设计要求反映到结构的表面，才能保证设计意图。

（1）放线工作应根据土建单位提供的中心线及标高点进行。因为玻璃幕墙设计一般是以建筑物的轴线为依据的，玻璃幕墙的布置应与轴线取得一定的关系。所以放线应首先弄清楚建筑物的轴线。对于所有的标高控制点均应进行复校。

（2）对于由横、竖杆件组成的幕墙骨架，一般先弹出竖向杆件的位置，然后再确定竖向杆件的锚固点，再将横向杆件弹到竖向杆件上。

（3）放线是玻璃幕墙施工中技术难度较大的一项工作，它除了充分掌握设计要求外，还需具备丰富的工作经验。因为有些细部构造处理，设计图纸有时交代并不十分明确，而是留给操作人员结合现场情况具体处理。特别是安装施工玻璃面积大、层数较多的高层建筑或超高层建筑玻璃幕墙，其放线难度更大一些，精度要求更高一些。

（三）预埋件偏差处理

1. 预埋件尺寸偏差处理原则

（1）预埋件偏差超过45mm时，应及时把信息反馈回有关部门及设计负责人，并书面通知业主、监理及有关各方。

（2）预埋件偏差在45~150mm时，允许加接与预埋件等厚度、同材料的钢板，一端与预埋件焊接，焊接高度≥7mm，焊缝为连续角边焊，焊接质量符合现行国家标准《钢结构工程施工及验收规范》GB 50205—2001；另一端采用2只M12×110mm的建筑锚栓或选择其他可靠的方式固定，建筑锚栓施工后需做抽样力学测试，测试结果应符合设计要求。

（3）预埋件偏差超过300mm或由于其他原因无法现场处理时，应经设计部门、业主、监理等有关方面共同协商提出可行性处理方案并签审后，施工部门按方案施工。

（4）预埋件表面沿垂直方向倾斜误差较大时，应采用厚度合适的钢板垫平后焊牢，严禁用钢筋头等不规则金属件作垫焊或搭接焊。

（5）预埋件表面沿水平方向倾斜误差较大，影响正常安装时，可采用上述（2）的方法修正，钢板的尺寸及建筑锚栓的数量、位置可根据现场实际情况由设计确定。

2. 预埋件偏差尺寸处理措施

（1）预埋件防腐措施必须按国家标准要求执行，必须经手工打磨外露金属光泽后，方可涂防锈漆。如有特殊要求，须按要求处理。

（2）因楼层向内偏移引起支座长度不够，无法正常安排时，可采用加长支座的办法解决，也可以采用在预埋件上焊接钢板或槽钢加垫的方法解决。

采用加长支座时：

①当加长幅度＜100mm时，可采用角钢制作支座，令其端部与预埋件表面焊接，焊缝高度≥7mm，焊缝为连续周边焊，焊接质量符合现行国家标准《钢结构工程施工及验收规范》GB 50205—2001。

②当加长幅度≥100mm时，在采用角钢作支座的同时，应在支座下部加焊三角支撑；支撑的材料可采用不小于∟50mm×50mm×5mm的角钢，一端与支座焊接，焊缝长度≥80mm，焊缝高度≥5mm；另一端与主体结构采用建筑锚栓连接，加强支撑的位置以牢固和不妨碍正常安装为原则。

（四）竖框（立柱）安装施工

根据放线的具体位置进行骨架安装和骨架固定，常采用连接件将骨架与主体结构相连。连接件与主体结构的固定通常有两种方法。在主体结构上预埋铁件，用连接件与主体结构相连。另一种方法即是在主体结构上打孔，用膨胀螺栓通过连接件将骨架与主体结构连接。这种方法要注意保证膨胀螺栓的埋入深度，因为膨胀螺栓的拉拔力大小与埋入的深度有关。这样就要求用冲击钻在混凝土结构上钻孔时，按要求的深度钻孔。当遇到钢筋时，应错开钢筋位置，另择孔点。

连接件通常用型钢加工而成，其形状可因不同的结构类型、不同的骨架形式、不同的安装部位而有所不同。但不论何种形状的连接件，均应固定在结实、坚固的位置上。

待连接件固定后，可以安装骨架。一般先安装竖向杆件，因为竖框（立柱）与主体结构相连。竖框（立柱）就位后，即可安装横梁。

1. 施工准备

（1）应注意骨架（竖梁）本身的处理。如果是钢骨架，要涂刷防锈漆，其遍数应符合设计要求。如果是铝合金骨架，要注意骨架氧化膜的保护，在与混凝土直接接触的部位，应对氧化膜进行防腐处理。

（2）大面积的玻璃幕墙骨架，都存在骨架接长问题，特别是骨架中的竖框（立柱）。对于型钢一类的骨架接长一般比较容易处理。而铝合金骨架由于是空腹薄壁构件，其连接不能简单地对接，而是采用连接件，分别穿进上、下杆件的端部，然后再用螺栓拧紧。

2. 安装施工要点

（1）竖框（立柱）安装的准确性和质量将影响整个玻璃幕墙的安装质量，是幕墙安装施工的关键之一。竖框（立柱）一般根据施工及运输条件，可以是一层楼高为一整根，长度可达到7.5m，接头应有一定空隙。采用套筒连接，可适应和消除建筑挠度变形和温度变形的影响；连接件与预埋件的连接可采用间隔的铰接和刚接构造，铰接仅抗水平力，而刚接除抗水平力外，还应承担垂直力并传给主体结构。

（2）竖框（立柱）安装前应认真核对立柱的规格、尺寸、数量、编号是否与施工图纸相一致；施工人员必须进行有关高空作业的培训，并取得上岗证，方可进入施工现场施工。施工时严格执行国家有关劳动、卫生法规和现行行业标准《建筑施工高处作业安全技术规范》JGJ 80—2016的有关规定，特别要注意在风力超过六级时，不允许进行高空作业。

（3）应将竖框（立柱）先与连接件连接，然后连接件再与主体预埋件连接，并进行调整和固定竖框（立柱），安装标高偏差不应大于 3mm，轴线前后偏差不应大于 2mm，左右偏差不应大于 3mm。同时注意误差不得积累，且开启窗处为正公差。

（4）相邻竖框（立柱）安装标高偏差不应大于 3mm，同层竖框（立柱）的最大标高偏差不应大于 3mm，相邻竖框（立柱）的距离偏差不应大于 2mm；竖框（立柱）安装的允许偏差及检查方法还应符合表 2 – 1 – 19 的规定。

表 2 – 1 – 19　竖框（立柱）安装的允许偏差

项目	尺寸范围	允许偏差	检查方法	项目	尺寸范围	允许范围	检查方法
竖框（立柱）垂直度	高度 ≤30m 时	10	用经纬仪或激光仪	竖框（立柱）外表面平面度	竖框三立柱	<2	用激光仪
	高度 ≤60m 时	15			高度≤30m	≤5	
	高度 ≤90m 时	20			高度 ≤60m 时	≤7	
	高度 >90m 时	25			高度 ≤90m 时	≤9	
竖框（立柱）直线度		3	3m 靠尺、塞尺		高度 >90m 时	<10	

（5）竖框（立柱）与连接件（支座）接触面之间一定要加防腐隔离垫片。

竖框（立柱）按偏差要求初步定位后，应进行自检，对不合格的应进行调校修正；自检合格后，再报质检人员进行抽检，抽验数量应为竖框（立柱）总数量的 5% 以上，且不少于 5 件。抽检合格后才能将连接（支座）正式焊接牢固，焊缝位置及要求按设计图纸，焊缝高度≥7mm，焊接质量应符合现行国家标准《钢结构工程施工及验收规范》GB 50205—2001 和《钢结构焊接规范》GB 50661—2011；焊接好的连接件必须采取可靠的防腐措施。如有特殊要求，须按要求处理。

（6）玻璃幕墙竖框（立柱）安装就位、调整后应及时固定，玻璃幕墙安装的临时螺栓等在构件安装、就位、调整、固定后应及时拆除。

（7）焊工为特殊工种，需经专业安全技术学习和训练，考试合格，获得"特殊工种操作证"后，方可独立工作。

（8）焊接场地必须采取防火、防爆安全措施后，方可进行操作。焊件下方应设置接火斗和安排看火人，操作者操作时戴好防护眼镜和面罩；电焊机接地零线及电焊工作回线必须符合有关安全规定。

（9）竖框（立柱）安装牢固后，必须取掉上、下两竖框（立柱）之间用于定位伸缩缝的标准块，并在伸缩缝处打密封胶。

（五）避雷设施

（1）在安装竖框（立柱）的同时应按设计要求进行防雷体系的可靠连接；均压环应与

主体结构避雷系统相连接，预埋件与均压环通过截面积不小于 $48mm^2$ 的圆钢或扁钢连接。

（2）圆钢或扁钢与预埋件、均压环进行搭接焊接，焊缝长度不小于 75mm；位于均压层的每个竖框与支座之间应用宽度不小于 24mm、厚度不小于 2mm 的铝带条连接，保证其电阻小于 10Ω。

（3）在各均压层上连接导线部位需进行必要的电阻检测，接地电阻应小于 10Ω；对幕墙的防雷体系与主体的防雷体系之间的连接情况也要进行电阻检测，接地电阻值小于 10Ω。检测合格后还需要质检人员进行抽检，抽检数量为 10 处，其中一处必须是对幕墙的防雷体系与主体的防雷体系之间连接的电阻检测值。如有特殊要求，须按要求及时处理。

（4）所有避雷材料均应热镀锌。避雷体系安装完后应及时提交验收，并将检验结果及时做好文字记录。

（六）横梁安装施工

1. 竖框（立柱）与横梁连接方式

（1）横向杆件横梁的安装，宜在竖向杆件竖框（立柱）安装后进行。如果横、竖杆件均是型钢一类的材料，可以采用焊接，也可以采用螺栓或其他方法连接。当采用焊接时，大面积的骨架需焊的部位较多，由于受热不均，可能会引起骨架变形，所以要注意焊接的顺序及操作。当采用螺栓连接时，将横梁用螺栓固定在竖框（立柱）的铁码上。

（2）另外，也有的采用一个特制的穿插件，分别插到横向杆件的两端，将横向杆件担住。此种办法安装简便，固定又牢固。由于横杆件担在穿插件上，横、竖杆件之间有微小的间隙，可是横向杆件又不能产生错动，所以对伸缩和安装都很有利。穿插件用螺栓固定在竖框（立柱）上。

（3）如果横、竖杆件均是铝合金型材，一般多用角铝作为连接件。角铝的一条肢固定横向杆件，另一条肢固定竖向杆件。

骨架安装完毕后应进行全面检查，特别是横、竖杆件的中心线。对于某些通常的竖向杆件，当高度较高时，应用仪器进行中心线校正。对于不太高的幕墙竖向杆件，也可用吊垂线的办法进行检查，这样做是为了保证骨架的安装质量。因为玻璃固定在骨架上，在玻璃尺寸既定的情况下，幕墙骨架尺寸的准确就显得至关重要。

2. 安装施工要求

（1）横梁一般为水平杆件，是分段在竖框（立柱）中嵌入连接，横梁两端与竖框（立柱）连接处应加弹性橡胶垫，弹性橡胶垫应有 20% ~ 35% 的压缩性，以适应和消除横向温度变形的要求。值得说明的是，一些隐框玻璃幕墙的横梁不是分段与竖框（立柱）连接的，而是作为铝框的一部分与玻璃组成一个整体组件后，再与竖框（立柱）连接的。因此这里所说的横梁安装是指明框玻璃幕墙中横梁的安装。

（2）横梁安装必须在土建湿作业完成竖框安装后进行。大楼从上至下安装，同层从下至上安装。当安装完一层高度时，应进行检查、调整、校正、固定，使其符合质量要求。

（3）应按设计要求牢固安装横梁，横梁与竖框（立柱）胶缝处应打密封胶，密封胶应选择与竖框（立柱）、横梁相近的颜色，这才不至于反差太大。

（4）横梁安装的允许偏差及检查方法应符合表 2－1－20 的规定。

表 2 –1 –20　横梁安装的允许偏差

项目	尺寸范围	允许偏差（mm）	检查方法
相邻两横梁间距尺寸	间距≤2m 时	±1.5	用钢卷尺
	间距 >2m 时	±2.0	
分格对角线差	对角线长≤2m 时	3	用钢卷尺或伸缩尺
	对角线长 >2m 时	3.5	
相邻两横梁的水平标高差	—	1	用钢卷尺或水平仪
横梁的水平度	横梁长≤2m 时	2	用水平仪
	横梁长 >2m 时	3	
同高度内主要横梁的高度差	幅宽≤35m 时	≤6	用水平仪
	幅宽 >35m 时	≤7	

（5）横梁安装定位后，应进行自检。对不合格的应及时进行调校修正，自检合格后，再报质检人员进行抽检，抽检量应为横梁总数量的 5% 以上，且不少于 5 件。所有检测点不合格数不超过 10% ，可判为合格。抽检合格后才能进行下道工序。

（6）安装横梁时，应注意如设计中有排水系统，冷凝水排出管及附件应与横梁预留孔连接严密，与内衬板出水孔连接处应设橡胶密封条；其他通气留槽孔及雨水排出口等应按设计施工，不得遗漏。

（七）幕墙组件安装

玻璃的安装可因玻璃幕墙的结构类型不同，而固定玻璃的方法也有所不同。如果是钢结构骨架，因为型钢没有镶嵌玻璃的凹槽，所以多用窗框过渡。先将玻璃安装在铝合金窗框上，再将窗框与骨架连接。此种类型可以是几樘窗框并连在一个网格内，也可用单独窗框独立使用。

铝合金型材的幕墙框架就与其不同，它是在成型的过程中，已经将固定玻璃的凹槽随同整个断面一次挤压成型，所以安装玻璃很方便。将玻璃安装在铝合金型材上，是目前应用最多的也是最普及的方法，而且它不仅构造简单，安装方便，同时也是玻璃幕墙中较经济的一种。但是尽管如此，为确保工程质量，还是应注意以下问题：

1. 选用封缝材料

脆性玻璃与硬性金属之间，应避免直接接触，要用弹性的材料过渡缓冲。通常将这种弹性材料称作封缝材料。

（1）不能将玻璃直接搁置在金属下框上，须先在金属框内衬垫氯丁橡胶一类的弹性材料，以防止玻璃因温度变化时引起的胀缩导致破坏，橡胶垫起到缓冲的作用。

（2）胶垫宽度以不超过玻璃厚度为标准，胶垫长度由玻璃质量决定。单块玻璃质量越大，胶垫的压力也越大。对氯丁橡胶垫，其表面承受压力以不超过 0.1MPa 为宜。胶垫应有一定硬度，松软的泡沫材料是不合适的。胶垫的固定，如图 2 –1 –26 所示。

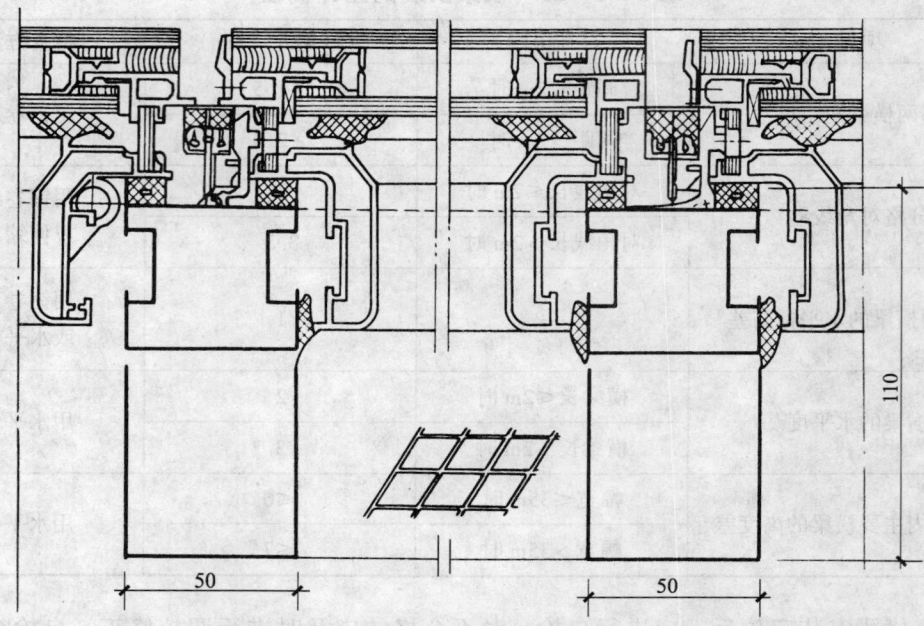

图 2 - 1 - 26 组合式隐框玻璃幕墙节点（大小片式，开启扇）

（3）凹槽两侧的封缝材料，一般由两部分组成。一部分是填缝材料，同时兼有固定的作用。这种填缝材料常用橡胶压条，也可将橡胶压条剪成一小段，然后在玻璃两侧挤紧，起到防止玻璃移动的作用。不过，这种做法在玻璃幕墙中少用，而多用长的橡胶压条。第二部分是在填缝材料的上面，注一道防水密封胶。由于硅酮系列的密封胶耐久性能好，所以目前用得较多。但密封胶要注得均匀、饱满，一般注入深度在 5mm 左右。

2. 明框玻璃幕墙

（1）玻璃安装前应将表面尘土、污染物擦拭干净。热反射玻璃安装时应将镀膜面朝向室内，非镀膜面朝向室外，才能起到单向透视的作用。

（2）幕墙玻璃镶嵌时，对于插入槽口的配合尺寸按《建筑幕墙》GB/T 21086—2007 中的有关规定进行校核。

（3）玻璃与构件不得直接接触，玻璃四周与构件槽口底保持一定空隙，每块玻璃下部必须按设计要求加装一定数量的定位垫块，定位垫块的宽度与槽口应相同，长度不小于100mm；并用橡胶条或密封胶将玻璃与槽口两侧之间进行密封。

（4）玻璃定位后及时在四周镶嵌密封橡胶条或打密封胶，并保持平整。密封橡胶条和密封胶应按规定型号选用。

（5）玻璃安装后应先自检，合格后报质检人员进行抽检，抽检量为总数的 5% 以上，且不少于 5 件；所检测点不合格数≤10%，可判为合格。

3. 隐框玻璃幕墙

玻璃框在安装前应对玻璃及四周的铝框进行必要的清洁，保证嵌缝耐候胶能可靠黏结。安装前玻璃的镀膜面应粘贴保护膜加以保护，交工前再全部揭去。

（1）玻璃的品种、规格与色彩应与设计要求相符，整幅幕墙玻璃的色泽应均匀，玻璃的镀膜面应朝室内方向；若发现玻璃的颜色有较大出入或镀膜脱落等现象，应及时向有关部门反映，得到处理后方可安装。

（2）玻璃框在安装时应注意保护，避免碰撞、损伤或跌落；当玻璃框面积无穷大或自身质量较大时，可采用机械安装，或用真空吸盘提升安装。

（3）隐框玻璃幕墙组装允许偏差及检查方法应符合《建筑幕墙》GB/T 21086—2007 中的有关规定。

（4）用于固定玻璃框的勾块、压块或其他连接件，应严格按设计要求或有关规范执行，严禁少装或不装紧固螺钉。

（5）分格玻璃拼缝应横平竖直，缝宽均匀，并符合设计及偏差要求。每块玻璃框初步定位后，应与相邻玻璃框进行协调，保证拼缝符合要求。对不符合要求的应进行调校修正，自检合格后报质检人员进行抽检，每幅幕墙抽检5%的分格，且不得少于5个分格。允许偏差项目中有80%抽检实测值合格，其余抽检实测值不影响安全和使用，则可判定为合格。抽检合格后方可进行固定和打耐候硅酮密封胶。

隐框玻璃幕墙的常用节点构造如图2-1-27~图2-1-33所示。

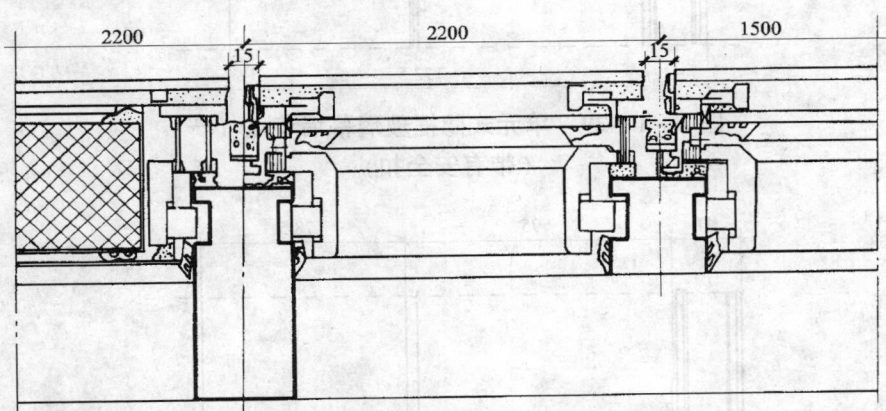

图2-1-27 组合式隐框玻璃幕墙节点（一）
（大小片玻璃的受力状态）

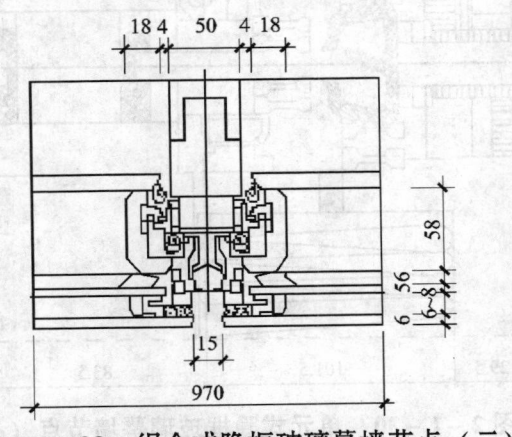

图2-1-28 组合式隐框玻璃幕墙节点（二）
（芯管式）

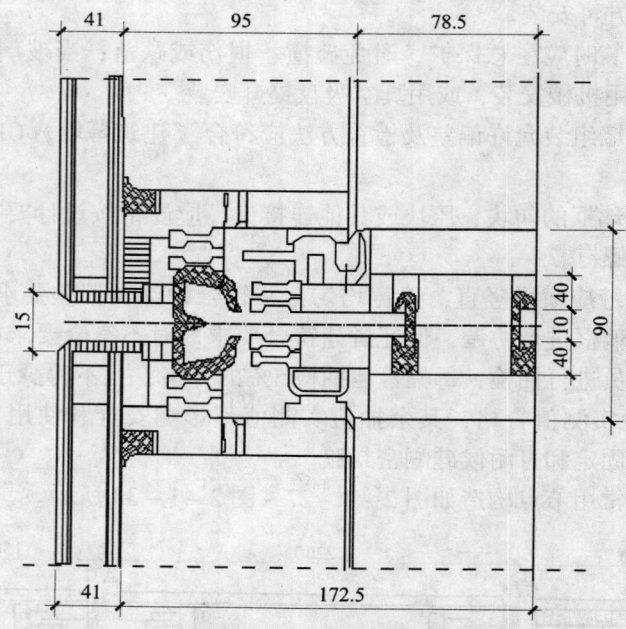

图 2-1-29　单元式隐框玻璃幕墙节点（一）
（带有安全扣）

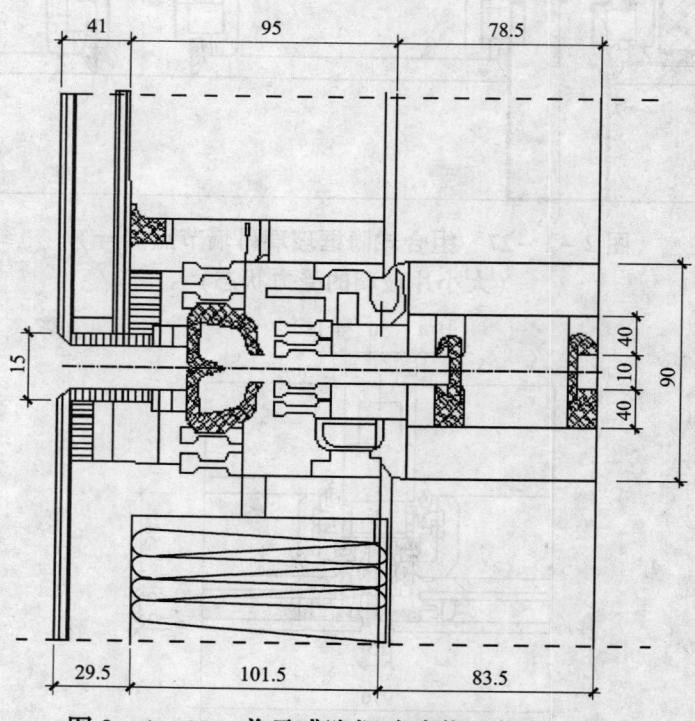

图 2-1-30　单元式隐框玻璃幕墙节点（二）
（加温保层）

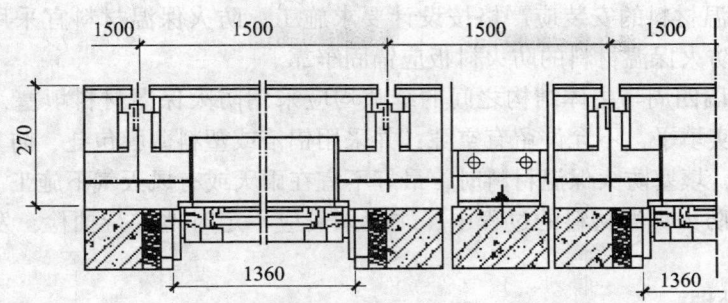

图 2-1-31 半单元式隐框玻璃幕墙节点

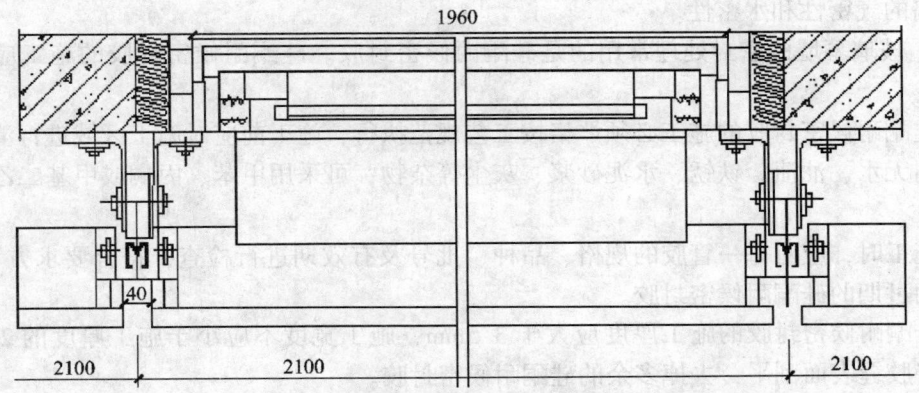

图 2-1-32 隐框玻璃外挂式幕墙节点

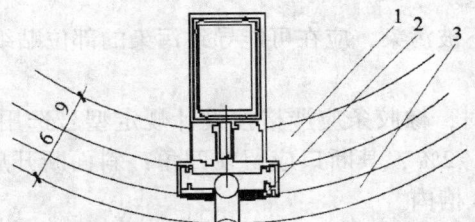

图 2-1-33 全隐框弧形玻璃幕墙节点

(八) 窗扇安装施工

(1) 按照施工组织设计要求,安装窗扇前一定要核对窗扇的规格是否与设计图纸和施工图纸相符,安装时要采取适当的保护措施,防止脱落。

(2) 窗扇在安装前应进行必要的清洁,安装时应注意窗扇与窗框的上下、左右、前后、里外的配合间隙,以保证其密封性。

(3) 窗扇连接件的规格、品种、质量一定要符合设计要求,并应采用不锈钢或轻金属制品,严禁私自减少连接用自攻螺钉等紧固件的数量,并应严格控制自攻螺钉的底孔直径尺寸。

(九) 防火保温措施

(1) 有热工要求的玻璃幕墙,保温部分宜从内向外安装;当采用内衬板时,四周应套装弹性橡胶密封条,内衬板与构件接缝应严密,内衬板就位后应进行密封处理。

（2）防火保温材料的安装应严格按设计要求施工，防火保温材料宜采用整块岩棉、矿棉或玻棉，固定防火保温材料的防火衬板应锚固牢靠。

（3）玻璃幕墙四周与主体结构之间的缝隙均应采用防火保温材料填塞，填装防火保温材料时一定要填实填平，不允许留有空隙；并采用铝箔或塑料薄膜包扎，防止防火保温材料受潮失效。同时，填塞防火保温材料时，最好不宜在雨天或有风天气下施工。

（4）在填装防火保温材料的过程中，质检人员应不定时地进行抽检，发现不合格者返工，杜绝隐患。

（十）密封处理

（1）玻璃或玻璃组件安装完毕后，必须及时用硅酮耐候密封胶嵌缝，予以密封，保证玻璃幕墙的气密性和水密性。

（2）玻璃幕墙的密封处理常用的是硅酮耐候密封胶。硅酮耐候密封胶的施工应符合下述要求：

①硅酮耐候密封胶的施工必须严格按工艺规范执行，施工前应对施工区域进行清洁，应保证缝内无水、油渍、铁锈、水泥砂浆、灰尘等杂物；可采用甲苯、丙酮或甲基二乙酮作清洁剂。

②施工时，应对每一管胶的规格、品种、批号及有效期进行检查，符合要求方可施工，严禁使用过期的硅酮耐候密封胶。

③硅酮耐候密封胶的施工厚度应大于 3.5mm，施工宽度不应小于施工厚度的 2 倍；注胶后应将胶缝表面刮平，去掉多余的硅酮耐候密封胶。

④硅酮耐候密封胶在缝内应形成相对两面黏结，并不得三面黏结，较深的密封槽口底部应采用聚乙烯发泡材料填塞。

⑤为保护玻璃和铝框不被污染，应在可能导致污染的部位贴纸基胶带，填完胶刮平后立即将纸基胶带除去。

（3）采用橡胶条密封时，橡胶条应严格按设计规定型号选用，镶嵌应平整，橡胶条长度宜比边框内槽口长 1.5%~2%，其断口应留在四角；斜面断开后应拼成预定的设计角度，并用胶粘剂粘接牢固后嵌入槽内。

（4）玻璃幕墙内外表面的接缝或其他缝隙应采用与周围物体色泽相近的密封胶连续密封，接缝应平整、光滑，并严密不漏水。

（十一）保护和清洁

（1）施工中的幕墙应采用适当的措施加以保护，防止发生碰撞、污染、变形、变色及排水管堵塞等现象。

（2）施工中，给幕墙及幕墙构件表面装饰造成影响的黏附物要及时清除，恢复其原状及原貌。

（3）玻璃幕墙工程安装完成后，应制定清扫方案，防止幕墙表面污染和发生异常，其清扫工具、吊盘以及清扫方法、时间、程序等应得到专职人员批准。

（4）玻璃幕墙安装完毕后，应从上到下用中性清洁剂对幕墙表面及外露构件进行清洗。清洗玻璃和铝合金件的中性清洁剂，清洗前应进行腐蚀性检验，证明对铝合金和玻璃无腐蚀作用后方能使用。清洁剂有玻璃清洗剂和铝合金清洗剂之分，互有影响，不能错用，清洗时应隔离。清洁剂清洗后应及时用清水冲洗干净。

（十二）　检查与维修

1. 检查工作

（1）玻璃幕墙安装完毕，质量检验人员应进行总检，指出不合格的部位并督促及时整改，出现较大不合格项或无法整改时，应及时向有关部门反映，待设计等部门出具解决方案，并进行技术处理。

（2）对幕墙进行总检的同时应及时记录检验结果，所有检验记录、评定表格等资料应归档保存，以备最终工程交工验收。

（3）总检合格后方可提交监理、业主验收，但最终必须经有关质检部门验收后才算合格。

2. 维修工作

维修过程除严格遵循以上安装施工的有关要求外，还应注意以下几点：

（1）更换隐框幕墙玻璃时，一定要在玻璃四周加装压块，要求每一块框加装三块，并在底部加垫块；压块与玻璃之间应加弹性材料，待结构胶干后应及时去掉压块和垫块，并补上密封胶。

（2）在更换楼层较高的玻璃时，应采用可靠固定的吊篮或清洗机，必须有管理人员现场指挥；高空作业时必须要两人以上进行操作，并设置防止玻璃及工具掉下的防护设施。

（3）不得在四级以上的风力及大雨天更换楼层较高的玻璃，并且不得对幕墙表面及外部构件进行维修。

（4）更换的玻璃、铝型材及其他构件应与原来状态保持一致或相近，修复后的功能及性能不能低于原状态。

（十三）　安装施工安全措施

（1）安装玻璃幕墙采用的施工机具，在使用前应经过严格检验。手电钻、电动螺丝刀、射钉枪等电动工具，应作绝缘电压实验；手持式玻璃吸盘和玻璃安装机，应进行系统的吸附质量（重量）和吸附持续时间试验。

（2）施工人员应配备安全帽、安全带、工具袋等。

（3）在高层建筑玻璃幕墙安装与上部结构施工交叉作业时，结构施工层下方应架设防护网；在离地面 3m 高处，应搭设挑出 6m 的水平安全网。

（4）现场焊接时，应在焊件下方设置接火斗。

三、玻璃幕墙节点构造处理

节点构造是玻璃幕墙设计中的重点，也是安装的一个难点。只有细部处理得完善，才能保证玻璃幕墙的使用功能。玻璃幕墙的节点构造设计得非常细致，这样做一方面是出于安全，以防止构造不妥而发生玻璃脱落，另一方面也利于安装。将构造上所需的连接板、封口及其他配件统统在工厂加工，有的甚至在加工制作单块玻璃的同时，已将配件在工厂一同就位，减少了施工现场的拼装工作量。这样做无论是从质量方面，还是从安装速度方面考虑，都是极其有利的。

（一）　转角部位明处理

1. 内直角转角

转角有多种形式，如图 2－1－34 所示的构造节点，是幕墙竖框（立柱）90°内转角部位的处理。两根竖框（立柱）呈平面布置，外侧用密封胶将竖框之间的 10mm 间隙密封。室内一侧用成型的铝板进行饰面。

图 2-1-35 所示的节点构造，是玻璃幕墙与其他饰面材料在转角部位的处理。玻璃幕墙的最后一根竖框（立柱），与其他饰面材料脱开一小段距离，然后用铝合金板和密封胶将两种不同材料过渡。这种脱开的做法是玻璃幕墙与其他饰面材料相交处常用的处理办法。这样做的目的有二：

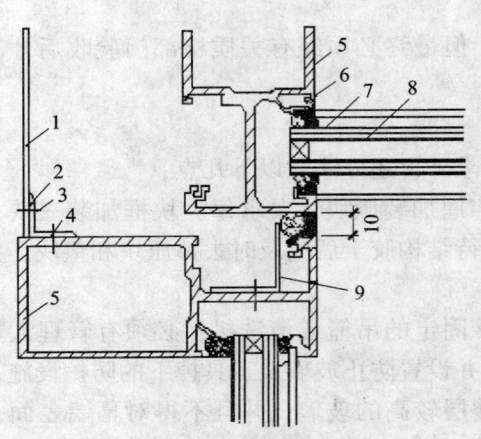
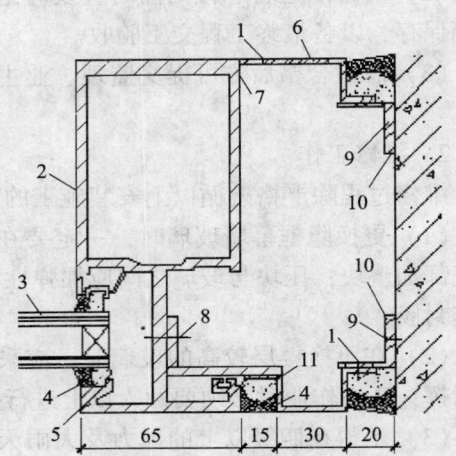

图 2-1-34　玻璃幕墙 90°内转角构造

1—铝板；2—8″不锈钢钢牙螺丝；
3—φ4 铝拉钉；4—铝角 20×20×1.6；
5—铝合金竖框；6—胶条；
7—密封条；8—玻璃；9—铝角 38×38×1.6

图 2-1-35　玻璃幕墙转角部位构造

1—不锈钢螺丝；2—幕墙竖框；3—玻璃；
4—硅酮密封胶；5—橡胶胶条；
6—1.5mm 厚铝板；7—铝角 12×12×2；
8—铝铆钉；9—φ4 射钉；
10—铝角 25×25×2；11—泡沫胶条

（1）可以调整尺寸，因为幕墙的立面设计与原建的墙体尺寸未必完全符合玻璃的模数。有些玻璃并不受尺寸限制，切割下料时随意性很大，但是在立面排块时，总会在尾端留下一点余量。

另外，考虑到施工误差，设计时也应给安装单位留出一定尺寸。这种误差不仅仅是幕墙安装时存在，土建施工时表现得更为严重一些。

（2）考虑到墙体饰面两种不同材料的收缩值不一样，也是结构设计的需要，以此来减少应力差造成的结构破坏，保证有框玻璃幕墙的安全度。

2. 钝角转角

图 2-1-36（a）所示的节点构造，是外墙在钝角情况下的构造处理。在转角部位，分别用竖框（立柱）在两个方向固定，然后再用铝合金板收口。

玻璃幕墙骨架的竖框（立柱）除垂直布置的外，有时还有斜向布置的，这就需要竖框（立柱）做转角处理。图 2-1-36（a）所示的节点构造，是斜向竖框（立柱）与竖向竖框（立柱）相交部位的转角处理。竖框（立柱）是特殊挤压成的铝合金幕墙型材，竖框本身兼有装配玻璃的凹槽。在横梁的选择上，使用特殊断面的横梁，将斜向安装的玻璃与竖向安装的玻璃固定牢固。

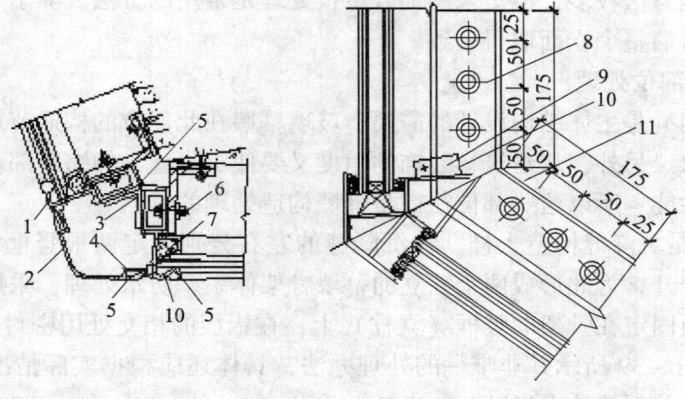

（a）转角处理　　　　　　（b）立柱转角处理

图 2 - 1 - 36　墙面转角钝角部位处理

1—玻璃幕墙竖框；2—1.5mm 厚铝板；3—电焊；4—聚乙烯发泡；

5—硅酮密封胶；6—不锈钢螺栓，直径 10mm；7—橡胶压条；8—M12×110 不锈钢螺栓；

9—铝角 20×20×2，$L=60$；10—ϕ4.2 铝拉钉；11—防水胶（竖框连接部位）

幕墙转角的角度可根据设计图纸上的要求而有所不同，图 2 - 1 - 36（b）所示的横梁断面是 126°转角部位。

如果是型钢一类的骨架，转角处理比较简单一些，两根不同方向的竖框（立柱）焊牢即可。横向杆件一般用水平的两根，分别将铝窗固定。至于内、外面因水平横杆所产生的间距，可按竖框（立柱）或外立面的统一做法处理。

3. 外直角转角

图 2 - 1 - 37 所示节点构造，是玻璃幕墙 90°外转角部位处理。这种情况多出现在建筑物的转角部位、两个不同方向的幕墙垂直相交，用通长的铝合金板过渡。用铝合金板饰面是常用的做法，但是铝合金板的形状可根据建筑物的立面要求而有所不同。图 2 - 1 - 37 采用的是直角处理，也可用曲线铝板将两个方向的幕墙相连。图 2 - 1 - 38 所示的节点构造，虽然也属于直角封板处理，但是在直角的端部将角端切下，然后用两条铝合金板分别固定在幕墙的骨架上。铝合金板的表面处理应与幕墙骨架外露部分相同。如果是铝合金挤压型材，多采用氧化处理。

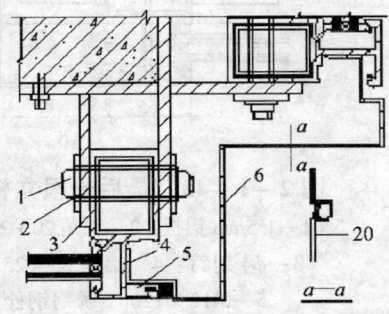

图 2 - 1 - 37　90°外转角构造

1—M16×12 不锈钢螺栓；2—钢垫片；3—钢板；

4—ϕ4.2 铝铆钉；5—铝角 ϕ4.2 铝拉钉；6—1.5 铝板

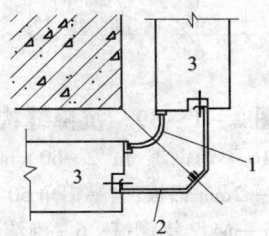

图 2 - 1 - 38　外转角构造

1—胶带；2—铝板转角；

3—幕墙

外转角的处理方法较多，但是采用铝合金板处理是常用的方法。除了它易成型外，更主要的是它易于同幕墙整个立面取得一致。

（二）沉降缝部位处理

沉降缝、伸缩缝是主体结构设计的需要。玻璃幕墙在此部位的构造节点应适应主体结构沉降、伸缩的要求。另外，从建筑物装饰的角度又要使沉降缝、伸缩缝部位美观，并且还要具有良好的防水性能。所以这些部位往往是幕墙构造处理的重点。

图2－1－39是沉降缝构造大样。在沉降缝的左右分别固定两根竖框（立柱），使幕墙的骨架在此部位分开，为此形成两个独立的幕墙骨架体系。防水处理，采用内、外两道防水做法，分别用铝板固定在骨架的竖框（立柱）上，在铝板的相交处用密封胶封闭处理。

当然，图2－1－39所示并非唯一的处理办法，具体还应根据实际情况确定，解决好沉降、伸缩、防水、美观等技术问题。

（三）收口处理工艺

所谓的收口，指幕墙本身一些部位的处理，使之能对幕墙的结构进行遮挡。有时是幕墙在建筑物的洞口处两种材料交接处的衔接处理。例如，建筑物女儿墙的压顶、窗台板、窗下墙等部位，都存在如何收口处理的问题。

1. 最后一根竖框侧面的收口

图2－1－40所示构造大样，是幕墙最后一根竖框的小侧面如何收口的问题。该节点采用1.5mm厚铝合金板，将幕墙骨架全部包住。这样从侧面看，只是一条通长的铝合金板。铝板的色彩应同幕墙骨架竖框外露部分的颜色。考虑到两种不同材料线胀系数的不同，在饰面铝板与竖框及墙的相接处用硅酮密封胶处理。

2. 横梁（水平杆件）与结构相交部位收口

图2－1－41是玻璃幕墙横梁（水平杆件）与结构相交部位的构造节点。如横梁与窗下

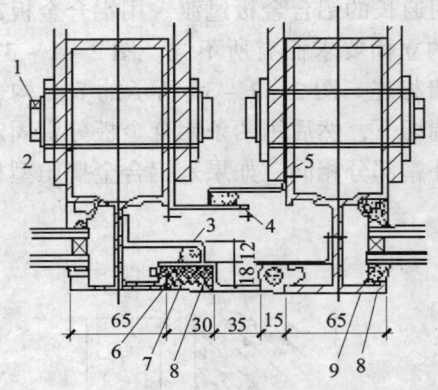

图2－1－39 沉降缝构造大样

1—M16 不锈钢螺母；2—60×60×6 钢垫片；

3—2mm 铝板；4—铝角 50×25×2；

5—φ4.2 铝铆钉；6—泡沫圆胶条；

7—单面胶纸；8—硅酮密封胶；9—胶条

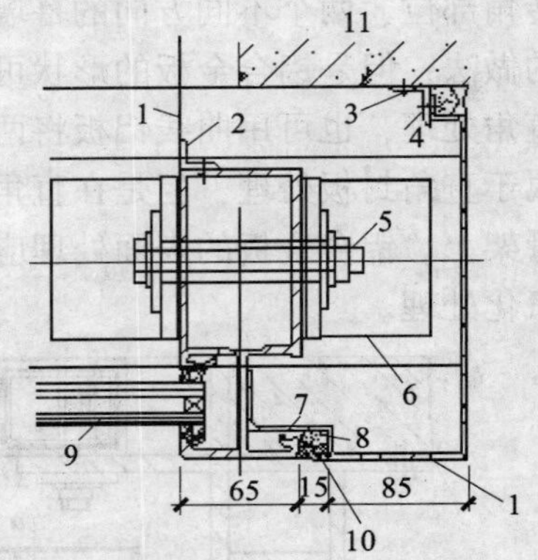

图2－1－40 最后一根立杆处理

1—1.5mm 铝板；2—铝角 20×20×2；

3—φ4 射钉；4—铝角 25×25×2；

5—M12×120 不锈钢钢栓；

6—角钢 89×89×9.5；7—铝角 50×38×2；

8—胶条；9—玻璃；

10—硅酮密封胶；11—混凝土柱

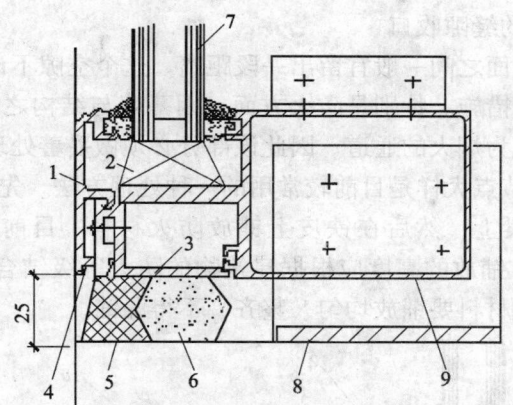

图 2 - 1 - 41　横梁与结构相交部位处理（一）

1—横梁封板；2—橡胶垫块；3—铝合金封板；4—泄水孔；5—硅酮密封

胶；6—圆柱形泡沫塑料条；7—玻璃；8—∟75×75×6角钢连接件；9—幕墙横梁

墙、横梁最下一排与结构的相交均属于此种情况。

　　铝合金横梁宜离开结构一段距离，因为铝合金横梁固定在竖框（立柱）上，离开一定距离便于横梁的布置。上、下横梁与结构之间的间隙一般不用填缝材料，只在外侧注一道防水密封胶。

　　图 2 - 1 - 42 所示节点在横梁与水平结构面的接触处，外侧安上一条铝合金披水板，起封盖与防水的双重作用。

　　3．女儿墙

　　图 2 - 1 - 43 是女儿墙水平部位的压顶与斜面相交处的构造大样。用通长的铝合金板固定在横梁上。这样既解决了幕墙上端收口的问题，同时也解决了女儿墙压顶的收口处理。在横梁与铝合金板相交处，用硅酮密封胶做封闭处理。压顶部位的铝合金用不锈钢螺丝固定在型钢骨架上。

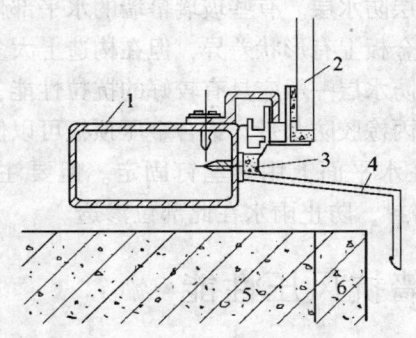

图 2 - 1 - 42　横梁与结构
相交部位处理（二）

1—骨架；2—玻璃外缘；

3—防水密封胶；4—铝合金披水板；

5—窗下墙；6—抹灰

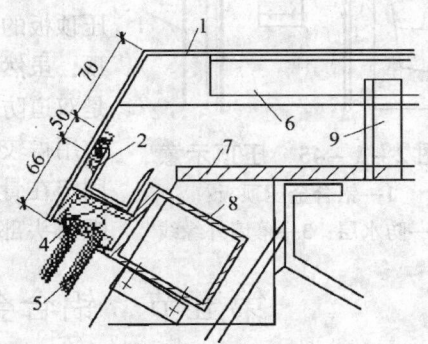

图 2 - 1 - 43　幕墙斜面与
女儿墙压顶收口大样

1—1.5mm 厚铝板；2—1.5mm 厚成形铝板；

3—胶条；4—硅酮密封胶；5—玻璃；

6—角钢骨架；7—预埋铁件；

8—幕墙横梁；9—角钢立柱

4. 幕墙与主体结构的缝隙收口

幕墙与主体结构的墙面之间一般宜留出一段距离。这个空隙不论是从使用还是防火的角度出发，均应采取适当的措施。特别是防火方面，因幕墙与结构之间有空隙，而且还是上、下悬穿，一旦失火，将成为烟火的通道。因此该部分必须做妥善处理。

图 2 – 1 – 44 所示的节点大样是目前较常用的一种处理方法。先用一条 L 形 1.5mm 厚镀锌铁皮固定在幕墙的横梁上，然后在铁皮上铺放防火材料。目前常用的防火材料有矿棉（岩棉）、超细玻璃棉等。铺放的高度应根据建筑物的防火等级结合防火材料的耐火性能等级经过计算后确定。防火材料要铺放均匀、整齐，不得漏铺。

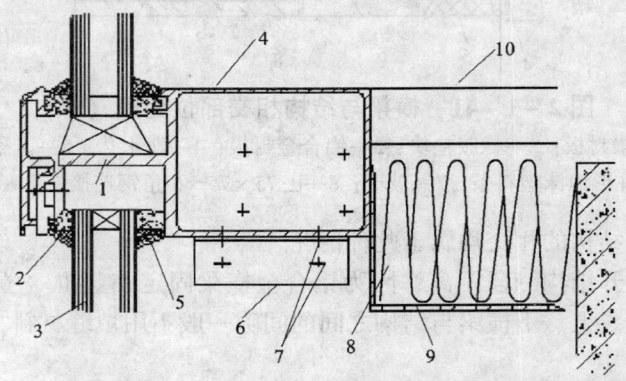

图 2 – 1 – 44　铺放防火材料构造大样

1—橡胶垫块；2—橡胶胶条；3—玻璃；4—铝合金横梁；
5—硅酮密封胶；6—铝角 20 × 20 × 2，$L = 60$；
7—$\phi4$ 铝铆钉；8—防火材料；9—镀锌铁皮 75 × 60 × 2；10—窗台板

5. 幕墙顶部收口

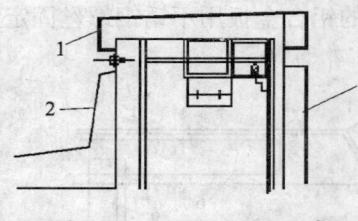

图 2 – 1 – 45　压顶示意

1—铝合金压顶板；
2—防水层；3—幕墙外缘线

图 2 – 1 – 45 是幕墙顶部收口示意图。用一条铝合金板罩在幕墙上端的收口部位。为防止在压顶接口处有渗水现象，在压顶板的下面要加铺一层防水层。有些玻璃幕墙的水平部位压顶，虽然在成型的铝合金板上有形状差异，但在构造上大多数是双道防水线。所用的防水层一般应具有较好的抗拉性能，目前用得较多的是三元乙丙橡胶防水带。铝合金压顶板可以侧向固定在骨架上，也可在水平面上用螺丝钉固定。但要注意，螺钉头部位用密封胶密封，防止雨水在此部位渗透。

第五节　铝合金玻璃幕墙抗风压性能

玻璃最初用于建筑门、窗上，仅仅是用来达到采光的目的。随着玻璃技术的发展及社会的需求，玻璃在建筑上的应用越来越广，所起的作用也越来越大，尤其是采用大面积玻璃幕墙的高层建筑，已逐渐成为近代建筑的发展主流。随着这种大板面尺寸玻璃幕墙的广泛使用，玻璃所处的风压环境比以前更加恶劣，玻璃破损概率也更大，使得玻璃的破裂成为一个显著的问题。破损所产生的严重后果，使得人们必须充分认识和了解玻璃设计的重要性。而玻璃在现代建筑应用方面最主要的两个结构因素，是承受风荷载应力与承受温度负荷应力的能力，每个建筑项目应该对这两个方面进行评判。风荷载作用是所有玻璃幕墙设计时所必须考虑的，通常也是在幕墙玻璃上承受的最主要荷载。

一、作用在建筑玻璃上的风荷载

（一）基本风压

建筑物所处的地理位置不同，它所承受的风荷载大小也不相同。应根据建筑物所在的地点，由《建筑结构荷载规范》GB 50009—2012 中的全国基本风压分布图查取。

基本风压是根据当地气象台历年的气象资料，按 20 年一遇的最大每 10min 平均风压值（10m 高度上）来确定的。

高层建筑及超高层建筑的风荷载是主要荷载，取值应适当加大，以提高设计的安全度，所以宜按 50 年一遇的风压值采用。这与美国、英国建筑标准中所采用的 50 年一遇的最大风力相一致。因此应将规范中的基本风压值乘以一个放大系数。根据风速峰值 II 型分布进行计算，不同平均重现期基本风压与 30 年一遇的基本风压有如下关系：

$$w_{50} = 1.1\, w_{30} \qquad\qquad (2-1-1)$$
$$w_{100} = 1.2\, w_{30} \qquad\qquad (2-1-2)$$

其中 w_{30}、w_{50}、w_{100} 分别表示重型工矿企业 30 年、50 年、100 年的基本风压。

这样，高层及超高层建筑设计所用基本风压 w_0 可按《建筑结构荷载规范》GB 50009—2012 中的数值乘以 1.1 系数取用；对于特别重要的高层建筑可按乘以系数 1.2 取用。

（二）阵风系数

作用在建筑物表面的风力是随时间变动的荷载，具有阵风性质，对于这种脉动性变化的外力，通常可通过下述方法来考虑：

（1）风振系数 βz，它多用在周期较长、振动较大的主体结构设计；

（2）最大瞬时风压，它对于风力大、变形小的玻璃构件较为适合。

《建筑结构荷载规范》GB 50009—2012 中平均时距是以每 10min 为基准，参照《Wind actions on structure》ISO 4354：2009 标准，10min 平均风速转换为 3s 阵风风压应采用变换系数 1.5。

风压与风速的换算关系为：

$$w = (1/600)\, v^2 \qquad\qquad (2-1-3)$$

式中　v——风速（m/s）；

　　　w——风压（kN/m^2）。

所以若风速取 1.5 倍，则 3s 瞬时压与 10min 平均风压相差 2.25 倍。因此阵风风压系数取 2.25 是适宜的。

（三）最小风荷值

国外建筑标准中建筑玻璃的最小风荷载取值多在 0.5~1.0kPa 间，其中澳大利标准《Glass in buildings – Selection and installation》AS1288—2006 规定为 0.5kPa，英国标准《Glazing for buildings – Part3：Code of practice for fire，security and wind loading》BS6262—3—2005 规定为 0.6kPa，日本标准《Recommen dation for loads on buildings》AIJ—2004 规定为 1.0kPa。而我国规定的最小风荷载标准值取 0.75kPa。它表明：当玻璃受到小于 0.75kPa 的风荷载作用时，为安全起见，也应按 0.75kPa 进行计算，这样即可避免设计过薄的玻璃而引起不安全伤害事件。

二、玻璃幕墙的抗风压设计

（一）玻璃强度特征

图 2－1－46 表示应力和拉伸关系曲线。其中，钢材在加荷之后先从直线阶段的弹性变形开始，一直延伸超过弹性极限达到屈服点，然后经过最大应力点到达破坏点。塑料也经过类似钢材的破坏过程。但对于玻璃，当加上超过弹性界限的力后，与钢材不同的是它将立即断裂。

（二）玻璃的破裂特征

（1）破裂时荷载的大小不一，即破坏时的强度是离散的。

（2）由于拉应力在表面上而破坏。

（3）玻璃强度与测试条件如（加载方式、加载速率、持续时间等）有关。

图 2－1－47 是玻璃破坏强度分布情况。

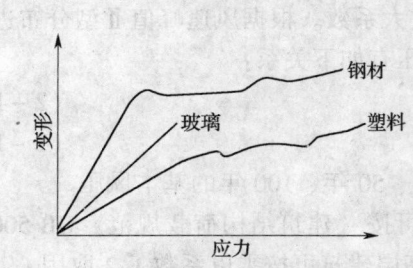

图 2－1－46　材料受力变形曲线　　　　图 2－1－47　玻璃破坏强度分布

玻璃破坏如此分散的原因在于玻璃表面存在无数用肉眼看不见的微小裂纹，在拉应力作用下微裂纹产生应力集中，使裂纹尖端处的应力远远超出平均应力，当达到并超过临界应力时，引发裂纹迅速扩展。最终导致玻璃破损。

为了安全使用玻璃，必须充分考虑玻璃强度的离散性。通常是将几百片玻璃的破坏试验结果进行统计处理，求出平均值和标准偏差，再来推断玻璃的强度。表 2－1－21 给出了玻璃设计时安全因子与失效概率间的关系。

表 2－1－21　安全因子与失效概率的关系

安全因子	1.0	1.5	2.0	2.5	3.0	3.5
失效概率（%）	50	9	1	0.1	0.001	0.003

日本建筑手册曾提出，当设计使用几百片玻璃的大型楼房时，一般考虑取失效概率 0.1%，安全因子 2.5，当在小型建筑上使用几十片玻璃时，取失效概率 1%，安全系数 2.0 可能是适合的。而我国标准中则规定安全系数取值为 2.5。

（三）玻璃抗风压强度

1. 风荷载的确定

（1）作用在建筑玻璃上的风荷载标准值应按下式计算：

$$w_k = \beta_z \mu_s \mu_z \beta w_0 \qquad (2-1-4)$$

式中　w_k——作用在建筑玻璃上的风荷载标准值（kPa）；

　　　β_z——风振系数可取 2.25；

　　　μ_s——风荷载体型系数，应按现行国家标准《建筑结构荷载规范》GB 50009—2012 采用；

μ_z——风压高度变化系数，应按现行国家标准《建筑结构荷载规范》GB 50009—2012 采用；

w_0——基本风压（kPa），应按现行国家标准《建筑结构荷载规范》GB 50009—2012 采用。

（2）按式（2-1-4）计算的风荷载标准值如果小于 0.75kPa，按 0.75kPa 采用。高层建筑玻璃风荷载标准值宜按计算值加大 10%。

2. 抗风压设计

（1）幕墙玻璃抗风压设计应按现行行业标准《玻璃幕墙工程技术规范》JGJ 102—2003 执行。

（2）四对边支承玻璃的最大许用面积可按《玻璃幕墙工程技术规范》JGJ 102—2003 中附录 A 选用，也可按下式计算：

玻璃厚度 $t \leqslant 6mm$ 时，$A_{max} = \dfrac{0.2\alpha t^{1.8}}{w_k}$ （2-1-5）

玻璃厚度 $t > 6mm$ 时，$A_{max} = \dfrac{\alpha(0.2\alpha t^{1.8} + 0.8)}{w_k}$ （2-1-6）

式中　w_k——风荷载标准值（kPa）；

A_{max}——玻璃的最大许用面积（m^2）；

t——玻璃的厚度（mm）；钢化、半钢化、夹丝、压花玻璃按单片玻璃厚度进行计算；夹层玻璃按总厚度进行计算；中空玻璃按两单片玻璃中薄片厚度进行计算；

α——抗风压调整系数，应按表 2-1-22 选用。若夹层玻璃工作温度超过 70℃，调整系数减为 0.6；钢化玻璃的抗风压调整系数经试验确定；组合玻璃的抗风压调整系数是不同类型玻璃抗风压系数的乘积。

表 2-1-22　不同类型玻璃的抗风压调整系数

玻璃种类	平板、浮法玻璃	半钢化玻璃	钢化玻璃	夹层玻璃	中空玻璃	夹丝玻璃	压花玻璃
调整系数 α	1.0	1.6	1.5~3.0	0.8	1.5	0.5	0.6

（3）两对边支撑玻璃的许用跨度应按下式计算：

$$L = \frac{0.42\alpha^{\frac{1}{2}}t}{w_k^{\frac{1}{2}}}$$ （2-1-7）

式中　w_k——风荷载标准值（kPa）；

L——玻璃许用跨度（m）；

T——玻璃的厚度（mm）；

α——抗风压调整系数，按表 2-1-22 采用。

3. 国外玻璃抗风压强度设计

由于玻璃破裂起源于表面裂纹，而裂纹的数量、尺寸、形状不一，且分布无规则，这决定了玻璃断裂强度本质上具有统计性。美国、日本、英国、澳大利亚等国都是在大量玻璃抗风压实验的基础上，采用统计的方法分析得出风压图或强度计算公式，其中日本、澳大利亚标准给出了风压强度计算公式，从本质上说它们是一种半理论半经验解析式。

　　玻璃允许承受的荷载值与下述因素有关，即玻璃的面积、玻璃的厚度、边长比、失效概率或安全因子。下面列出国外普通浮法玻璃抗风压设计图（图 2 - 1 - 48 ~ 图 2 - 1 - 52），以便于相互对照比较。

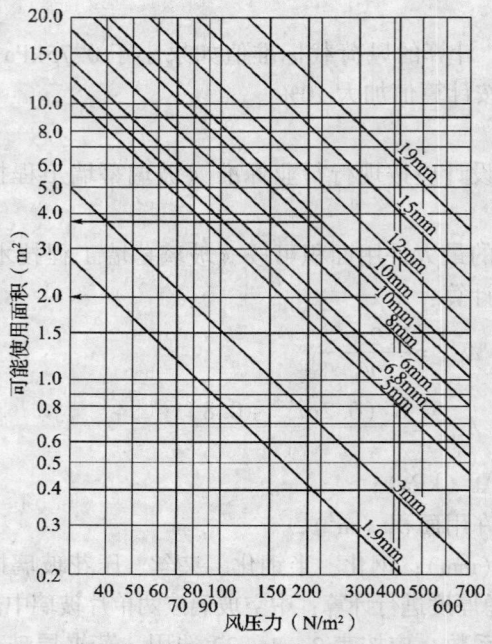

图 2 - 1 - 48　玻璃尺寸选择图（日本标准 JASS17）

注：安全因子：2.50，失效概率：1‰。

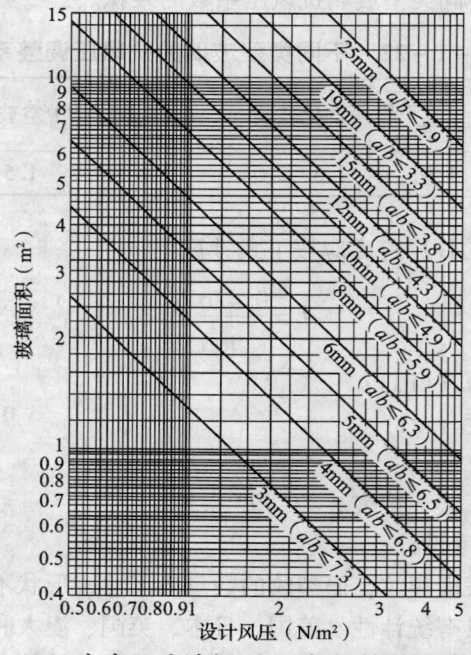

图 2 - 1 - 49　玻璃尺寸选择图（澳大利亚标准 AS1288）

注：安全因子：2.50，失效概率：1‰。

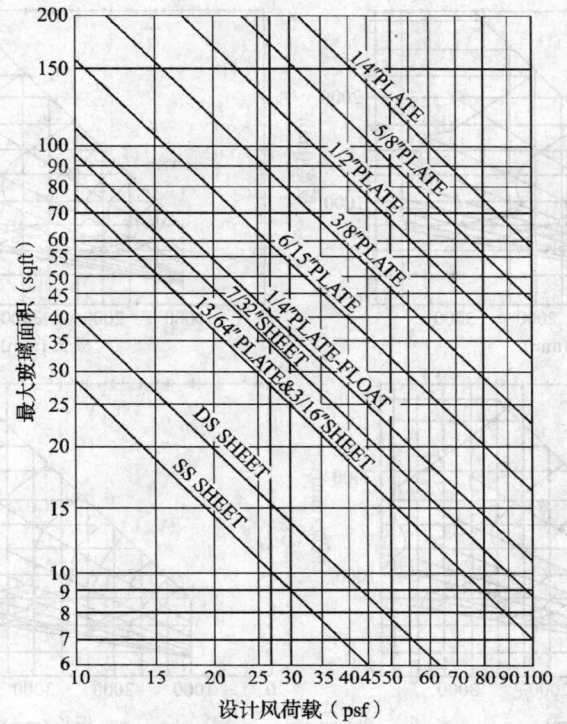

图 2 - 1 - 50 玻璃尺寸选择图（英国标准 BS6262）

注：安全因子：2.50。

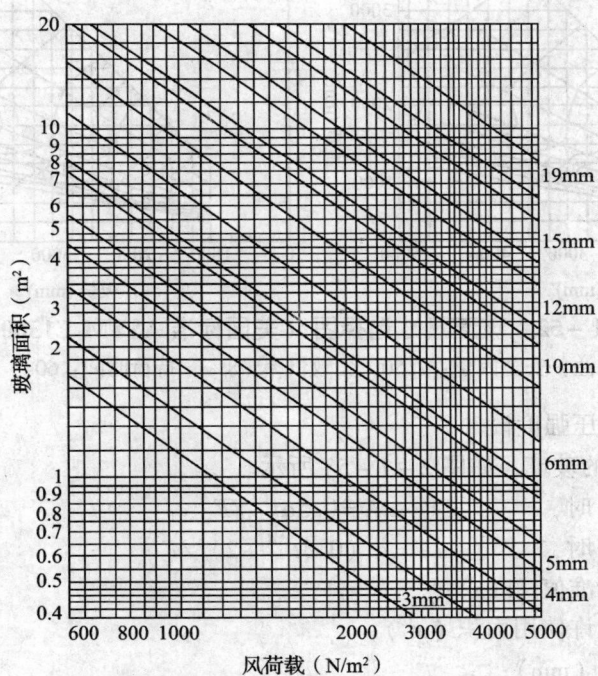

图 2 - 1 - 51 玻璃尺寸选择图（美国标准 SBC）

注：安全因子：2.50，失效概率：8‰，持荷时间：60s。

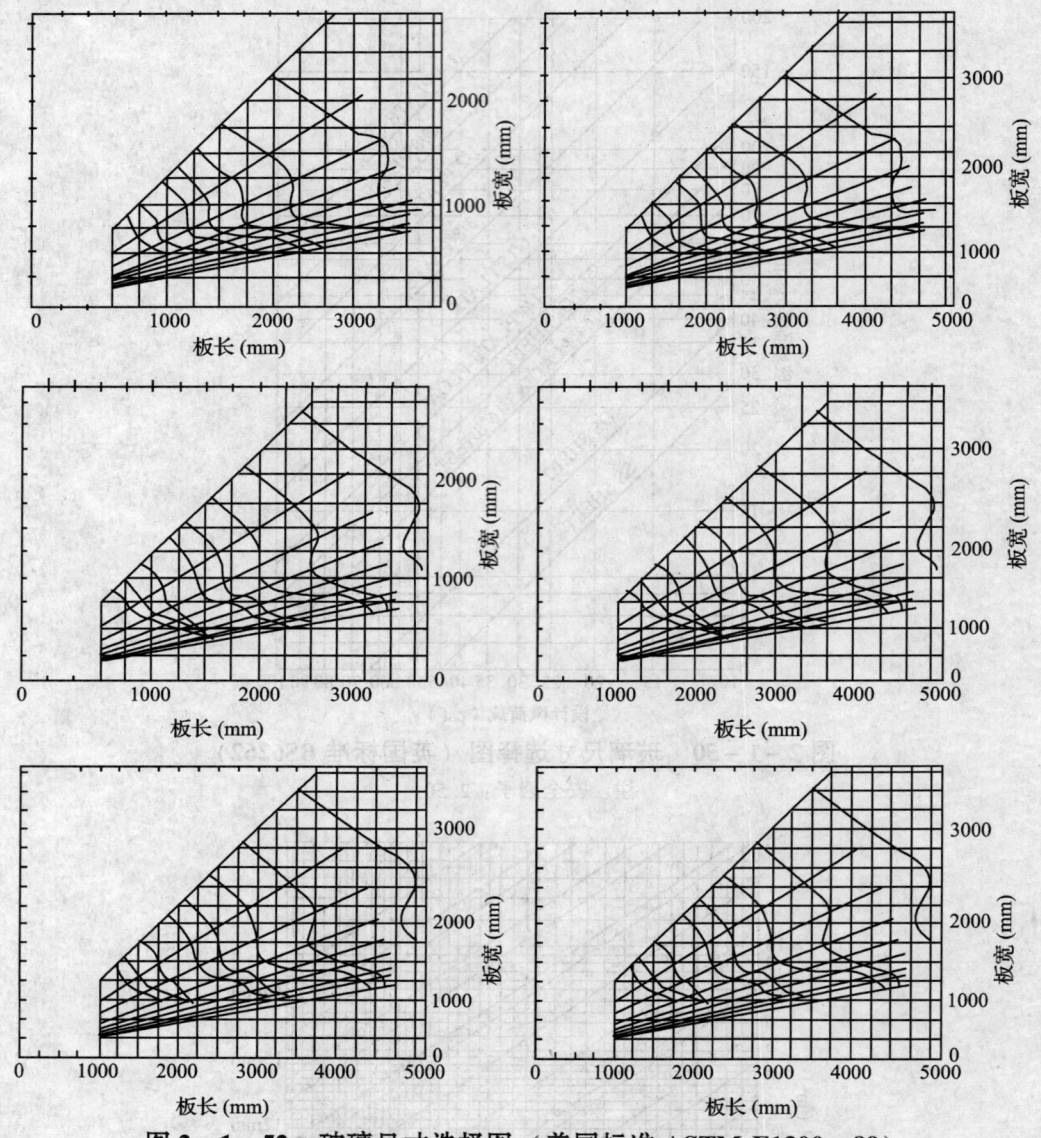

图 2 - 1 - 52　玻璃尺寸选择图（美国标准 ASTM E1300—89）

注：安全因子：2.50，失效概率：8‰，持荷时间：60s。

4. 我国玻璃抗风压强度设计

（1）四对边支承的玻璃，如图 2 - 1 - 53 所示。

玻璃厚度 $t \leqslant 6$mm 时，　　　　　　　　$wA = 0.5\alpha t^{1.8}/F$ 　　　　　　　　　　（2 - 1 - 8）

玻璃厚度 $t > 6$mm 时，　　　　　　　$wA = \alpha\ (0.5t^{1.6} + 2)\ /F$ 　　　　　　　　（2 - 1 - 9）

式中　w——风载荷标准值（kPa）；

　　　A——玻璃的允许使用面积（m²）；

　　　t——玻璃厚度（mm）；

　　　α——抗风压调整系数，见表 2 - 1 - 22；

　　　F——安全因子，一般取 2.50。

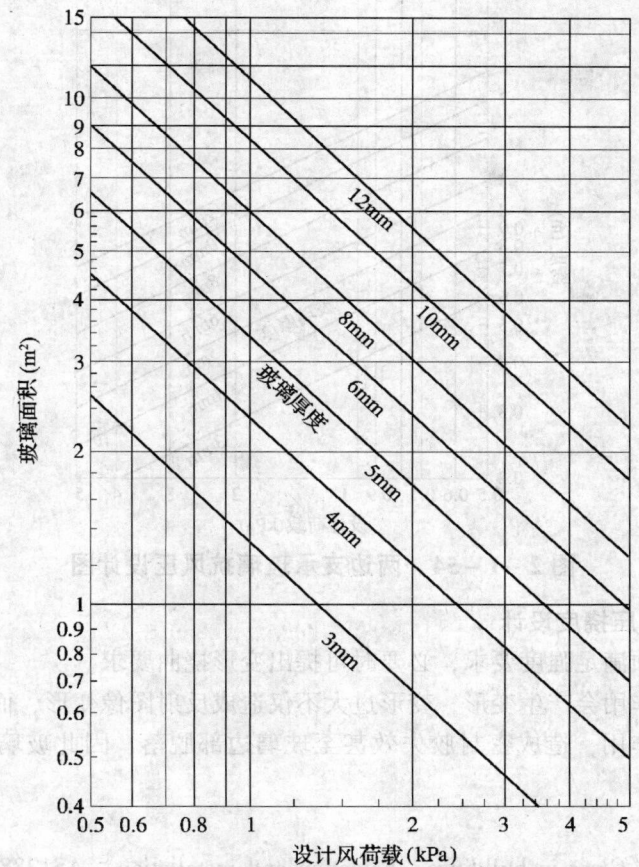

图 2 - 1 - 53　四边支承普通退火玻璃风压设计图

安全因子取 2.5（对应失效概率 1‰）进行设计。即按下述公式计算。

$t \leqslant 6mm$ 时，$\qquad wA = 0.2\alpha t^{1.8}$ (2 - 1 - 10)

$t > 6mm$ 时，$\qquad wA = \alpha\ (0.2t^{1.6} + 0.8)$ (2 - 1 - 11)

特殊情况下，安全因子可按照表 2 - 1 - 21 取大于 2.5 的值。

为了快速简便求得玻璃的厚度或最大允许使用面积，以便提供方案进行计算，特制出玻璃风荷载设计图。而具体施工时，应按公式进行仔细计算。

（2）两对边支承的玻璃，如图 2 - 1 - 54 所示。

$$wL^2 = \alpha t^2 / F \tag{2 - 1 - 12}$$

式中　w——风载荷标准值（kPa）；

　　　L——跨度（m）；

　　　t——玻璃厚度（mm）；

　　　α——抗风压调整系数，见表 2 - 1 - 22；

　　　F——安全因子，一般取 2.5。

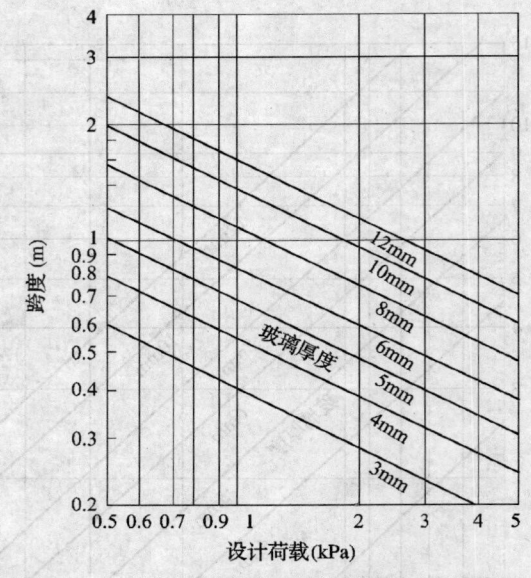

图 2 - 1 - 54　两边支承玻璃抗风压设计图

（四）玻璃抗风压挠度设计

玻璃设计时必须满足强度要求，必要时可提出变形挠曲要求。

玻璃受风荷载作用会产生变形，变形过大不仅造成反射图像变形，而且会对玻璃周边约束结构产生一系列作用，造成密封胶失效甚至玻璃边部脱落，因此玻璃板变形量应有所限制。

1. 挠度限定

澳大利亚标准《Glass in buildings – Selection and installation》 AS1288—2006 中规定：玻璃板面最大挠度不超过跨度的 1/60；玻璃框架支座系统最大位移不超过跨度的 l/180。美国《建筑玻璃耐荷载性测定的标准实施规程》 ASTM E 1300—2000 中规定：框架支座系统最大位移不超过跨度的 1/175。对于玻璃框架，在承受设计风荷载时，通常采用不超过跨度 1/180 进行挠度设计；而对于玻璃板面变形则应按：离人近的活动场合：挠度 $\mu \leqslant L/100$；远离人的活动场合：挠度 $\mu \leqslant L/60$。一般情况下，用挠度不超过跨度的 1/70 来进行设计。

2. 挠度计算

（1）两边支承挠度计算：如图 2 - 1 - 54 所示。两边支承挠度计算公式如下：

$$\mu = \frac{\beta w L^4}{E t^3} \qquad\qquad (2 - 1 - 13)$$

式中　μ——玻璃板中心的挠度（mm）；

$\quad\quad L$——支承边的跨度（mm）；

$\quad\quad t$——玻璃厚度（mm）；

$\quad\quad w$——风荷载标准值（kPa）；

$\quad\quad E$——玻璃的弹性模量 取 $7.0 \times 10^7 \mathrm{kPa}$；

$\quad\quad \beta$——系数，见表 2 - 1 - 23。

表 2 – 1 – 23　系数 β 值

支承边/自由边	0.1	0.3	0.5	0.7	1.0	1.6	2.0	∞
β	0.156	0.158	0.159	0.161	0.163	0.164	0.165	0.165

（2）四对边支承挠度计算：日本旭硝子公司的计算公式，根据线性板理论推导如下：

$$\mu = \frac{\beta w L^4}{E a^3} \qquad (2-1-14)$$

式中　a——玻璃短边边长（mm）；

L——支承边跨度（mm）；

w——风荷载标准值（kPa）；

E——玻璃的弹性模量，取 7.0×10^7 kPa；

β——系数，见表 2 – 1 – 24。

表 2 – 1 – 24　系数 β 值

b/a	1	1.2	1.5	2	3	4	5
β	0.047	0.065	0.069	0.116	0.410	0.147	0.149

注：b 为玻璃长度。

加拿大标准《Structural design of glass for buildings》CAN/CGSB—12.20 – M89 中，根据玻璃的非线性板变形理论，提出了一个经验公式，此公式与实际情况较为吻合。

$$\mu = t \exp (c_1 + c_2 + c_3 X^2) \qquad (2-1-15)$$

且

$$X = \ln \left[10 w \frac{a^2 b^2}{E t^4} \right]$$

式中　a——玻璃短边边长（mm）；

b——玻璃长边边长（mm）；

t——玻璃厚度（mm）；

w——风荷载标准值（kPa）；

E——玻璃的弹性模量，取 7.0×10^7 kPa；

c_1、c_2、c_3——与边长有关的系数，见表 2 – 1 – 25。

表 2 – 1 – 25　系数 c_1、c_2、c_3 值

$R = b/a$	c_1	c_2	c_3
1.0	-2.26	1.58	0.31
1.2	-2.61	1.94	0.23
1.4	-2.90	2.19	0.185
1.6	-3.13	2.33	0.18
1.8	-3.31	2.38	0.22
2.0	-3.44	2.34	0.27
2.5	-3.60	1.96	0.53
3.0	-3.56	1.25	0.88

三、玻璃幕墙抗风压设计举例

（一）工程简述

北京市区，33 层，$H = 100\mathrm{m}$，基本风压 $w_0 = 0.35\mathrm{kN/m^2}$，最大玻璃尺寸 $1.5\mathrm{m} \times 2.1\mathrm{m}$。

（二）荷载计算

1. 理论风荷载值

理论风荷载值：

$$w_k = \beta_D \mu_s \mu_z \omega_0 = 2.25 \times 1.5 \times 1.79 \times 0.35$$
$$= 2.11 \ (\mathrm{kPa})$$

2. 计算风荷载值

特别重要的高层建筑，风力应加大 20%，即乘以系数 1.2：

$$w_k = 1.2 \times 2.11 = 2.53 \ (\mathrm{kPa})$$

（三）玻璃计算

1. 玻璃类型选取

根据用户要求及窗户的功用可选用普通玻璃、钢化玻璃、半钢化玻璃、夹层玻璃、中空玻璃等类型。

（1）钢化玻璃：强度高，在玻璃表面形成一个高的压应力层，破碎时呈颗粒状，所以是安全玻璃。目前因国内各厂家生产的质量参差不齐，一般强度为普通浮法玻璃的 1.5 ~ 3.0 倍（质量尤其好的为 3.0 ~ 5.0 倍），通常取 2.0 进行设计。若取上限，则提供玻璃的厂家应经过风压实验认证，否则必须进行批量风压实验测试。

（2）半钢化玻璃：在发达国家已广泛应用，在国内尚属新型建筑材料。其风压强度是普通浮法玻璃的 1.6 倍，它在强度级别上与钢化玻璃有一定差异，但可克服钢化玻璃的自爆弊病，且在破碎时，裂纹是从受力点开始呈放射状扩展到边缘，绝大部分玻璃以破碎状留在框架上。

（3）夹层玻璃：具有安全性、保安性、隔声、控制阳光照射、防紫外线等特点，典型特征是即使破碎，碎玻璃也会被胶片粘住而留在窗框里不掉落。它适用性广，可用于许多特殊场合。但其强度为浮法玻璃的 80%，亦是一种安全玻璃。

（4）中空玻璃：是一种高效能隔音隔热玻璃。其强度为组成中空的单片玻璃强度的 1.5 倍，随着现代建筑发展，尤其是节省能源的要求，中空玻璃已渐渐为建筑设计师和室内装饰设计师所青睐。

（5）半钢化夹层玻璃：集中了半钢化和夹层玻璃的优势，既克服了钢化玻璃的自爆和普通夹层玻璃热炸裂的弊病，又兼有夹层玻璃安全性的技术性能，其强度为普通浮法玻璃的 1.3 倍，已成为安全性要求较高部位的首选玻璃。

上面列举了几种主要的玻璃类型以供参照。在设计时还应注意：

①高层建筑上必须使用普通浮法镀膜玻璃或以其为原片的加工玻璃，其他建筑（低层建筑）可使用普通平板玻璃。

②承受相同荷载作用时，与断面和厚度相同、类型不同的玻璃的变形量基本相同。

③重大工程中，应预先提供玻璃进行玻璃挠度测试结果，同时还应按照《建筑玻璃均布静载模拟风压试验方法》JC/T 677—97 进行强度及失效概率检测。

2. 验算

（1）选用6mm厚钢化玻璃，四边支承。

①抗风压强度计算：

$$w = \frac{0.5\alpha t^{1.8}}{FA}$$

通常取安全因子 $F = 2.50$ 进行设计：

$$w = 0.5 \times 2.0 \times 6^{1.8} / (2.5 \times 1.5 \times 2.1) = 3.19 \text{（kPa）}$$

$w > w_k$，玻璃的强度（计算）比实际承受荷载高，验算通过。

②挠度计算：

$$\mu = t\exp\ (c_1 + c_2 + c_3 X^2)$$

$$且\ X = \ln\left[10w\ \frac{a^2 b^2}{Et^4}\right]$$

$$X = \ln\ [\ln 2.53\ (1500 \sim 2100)^2 / (7.2 \times 10^7 \times 6^4)] = 1.72$$

$$\mu = 6 \times \exp\ (-2.90 + 2.19 \times 1.72 + 0.185 \times 1.72^2) = 24.5 \text{（mm）}$$

而跨度 $L = 1500\text{mm}$，$\mu/L = 24.5/1500 \approx 1/61 < 1/60$

挠度验算通过。

（2）选用半钢化夹层玻璃，4mm + 0.76mmPVB + 4mm，四边支承。

①抗风压强度计算：

$$w_1 = \alpha\ (0.5\ at^{1.6} + 2.0)\ / \ (FA)$$

$$= 1.3\ (0.5 \times 8.761.6 + 2.0)\ / \ (2.50 \times 2.1 \times 1.5) = 2.98 \text{（kPa）}$$

$w > w_k$，强度验算通过。

②挠度计算：

$$\mu = t\exp\ (c_1 + c_2 X + c_3 X^2)$$

$$且\ X = \ln\ [\ln w_k\ (ab)^2 / \ (Et^4)]$$

$$X = \ln\ [\ln 2.53 \times\ (1500 \times 2100)^2 / \ (7.2 \times 107 \times 8.76^4)] = 1.41$$

$$\mu = 8.76 \times \exp\ (-2.90 + 2.19 \times 1.41 + 0.185 \times 1.41^2) = 15.3 \text{（mm）}$$

$$\mu/L \approx 1/100 < 1/60，挠度验算通过。$$

第六节　玻璃幕墙设计中应注意的几个问题

　　玻璃幕墙的设计是一项细致的工作，它牵涉的知识面比较广，仅具备某一方面的知识是不行的。如骨架的结构设计与计算、机械零件的设计与选择、密封材料的选择与使用、建筑装饰设计等方面在玻璃幕墙设计中都要应用到。因此玻璃幕墙的设计又是一项较复杂的工作，须注意几个方面的问题。

一、玻璃幕墙的结构设计

（一）承受荷载

玻璃幕墙的非承重墙主要承受下述两种荷载：

1. 幕墙自身质量荷载

幕墙自身质量荷载约为 500N/m²，它对墙框的影响主要视支点的位置。

2. 风荷载

风荷载是玻璃幕墙承受的主要荷载，一般不仅做正风力计算，对高层建筑特别是超高层建筑还应做负风力（吸力）计算。后者易被忽视，但却是最危险的。如沿海地区刮台风时，许多玻璃幕墙是被吸离建筑物而不是吹进建筑物。

风荷载的取值视地区、气候条件和建筑物的高度不同而定。我国一般地区 100m 以下的高层建筑承受 1970Pa 的风压，沿海地区为 2600Pa，而台湾地区则可高达 4900Pa。

（二）计算内容

为了保证玻璃幕墙具备足够的安全度，结构计算时必须考虑以下几方面内容：

1. 骨架强度和刚度

玻璃幕墙的骨架是承受风力的主要杆件，选择断面时，应首先进行结构的强度计算，刚度及变形的复核，看其在最大风压下的强度及变形是否符合《玻璃幕墙工程技术规范》JGJ 102—2003 的要求。

2. 各种连接件及紧固件

各种型号和规格的连接件与紧固件，有的受剪，有的则受弯，计算时应根据受力状态分别进行复核，切不可因为是小零件而疏忽大意。因为一个小螺丝的松脱都有可能给使用带来影响，甚至酿成大祸。

3. 玻璃厚度与面积

玻璃主要是对厚度及单块使用面积进行计算。单块面积大，相应的厚度也要增大。但在设计时要用某种厚度玻璃允许使用的最大面积来限制。当然，这种限制还与固定形式、风压大小有关。为了提高玻璃在高层建筑中的安全程度，多选用钢化安全玻璃或半钢化安全玻璃。

二、玻璃幕墙性能参数设计

（一）温度影响

由于玻璃幕墙是外围护结构，室内外温差对型材产生的温度应力是比较大的。实例结果表明，当温差为 50℃时，各种型材的温度应力见表 2 – 1 – 26。

表 2 – 1 – 26　各种型材的温度应力

型材种类	$\Delta T = 1℃$ 时的温度应力（MPa）	$\Delta T = 50℃$ 时的温度应力（MPa）
铝	1.61	80.14
铜	1.81	90.12
钢	2.11	105.45
不锈钢	3.47	171.18
木	0.05	2.51

从表 2 – 1 – 26 中可见，某些型材的温度应力是相当高的，甚至超过风荷载产生的应力值。因此在设计上应采取措施留有余量，允许型材在垂直和水平方向自由胀缩，或是从构造方面采取措施使其温差控制在较小范围内。

（二）建筑功能

保温、隔热、抗震、防止噪声是设计玻璃幕墙建筑时应特别注意的问题。选用优质保温隔热材料，采用吸热玻璃或热反射玻璃等可使 K 值降至与混凝土墙板相近，使热工性能得以保证。采用中空玻璃和加强密闭，有利于玻璃幕墙降低噪声。从表 2 - 1 - 27 所列数据可以看出各方面的效果。

表 2 - 1 - 27　不同玻璃幕墙类型的保温、隔热、防噪特性

幕墙类型	间隔宽度（cm）	K 值 [W/（m² · h）]	降低噪音（dB）
单层玻璃（6mm）	—	5.9	30
普通双层玻璃	1.2	3.0	39 ~ 40
普通双层玻璃加一涂层	1.2	1.9	—
热反射中空玻璃	—	1.6	—
混凝土墙	厚15	3.3	48
砖墙	厚23	2.8	50

另外，考虑到地震的影响，将玻璃幕墙设计成在四个水平方向均能移动，不致造成永久变形或玻璃破裂的情况，起到防震、减震、抗震的作用。

（三）防雨、防风

设计玻璃幕墙时，要注意采用压力均衡原理以防雨、防风，外墙有时承受风力和风力驱动的雨击，无论缝隙多么小，如有压力差，雨水就可能渗过。消除这种现象的根本措施是使两侧没有压力差，在玻璃幕墙外表面之后设一空气室，空气室中的空气压力必须在各个点上一直保持与墙外的压力一样，这种压力均衡通过不密封外表面接缝，有意留下某种缝口的方法来达到。这样，由阵风产生的急剧气流就在气室内变为均衡，防止雨水因毛细管作用渗进幕墙系统。

设计玻璃幕墙时，应注意在墙框的适当位置留出排水孔，以便排除结露水。同时，做静压防水性能检验和动压防水性能检验。

防气渗漏问题，主要是选择优良黏结材料，并规定严格的操作规程，以保证幕墙的气密性。

（四）防止"冷桥"产生

金属和玻璃均是低热阻材料，设计时应在玻璃内侧考虑放置热绝缘材料垫层，防止出现"冷桥"现象。在金属型材中也要考虑放置热绝缘材料以阻止金属与金属的直接接触，避免热流通过玻璃幕墙系统，以减少热量无谓的损失。

三、玻璃幕墙中某些部件设计

（一）活扇的设置

玻璃幕墙中绝大部分是固定玻璃扇，有些甚至全部是固定玻璃扇。之所以这样，主要原因是有空调（一般都考虑设置中央空调），没有必要设置活扇进行自然通风。在这种情况下，固定扇越多，其幕墙的密闭性能也就越好，越有利于空气调节。相反，在高层或超高层建筑中，玻璃幕墙的活扇不仅构造比固定玻璃扇复杂，管理上也增加了不少麻烦。所以玻璃幕墙建筑基本上是封闭式的，即便设有少量的活扇，也是为了紧急情况下的使用，如排烟、排气、出现意外事故等辅助功能。

图 2 - 1 - 55　景窗立面

1. 景窗设置

有些玻璃幕墙，考虑到使用的具体情况，也可设置一部分开启的景窗，如图 2 - 1 - 55 所示。这种开启的景窗，单扇面积不宜太大，应以开启灵活、顺利、方便为前提。开启窗的开启构造要稳妥，常用竖铰链窗、立轴旋转窗和顶轴平开窗，其构造与一般平开窗的相同，由框与扇组成，但在开启的构造上，往往采用比较耐用的竖铰、立轴等处理形式。至于开启的樘数，应视使用要求及幕墙立面面积而具体掌握。

2. 排气窗设置

排气窗一般单扇面积较小，其布置可以在大块的固定扇上面设置一个小的开启扇，如图 2 - 1 - 56 所示。也可以在幕墙的转角或其他单扇较小部位设置一部分排气窗。这种形式的排气窗多采用上悬式，开启角度不宜太大，如若开启角度太大，不仅固定较为困难，而且也给人们在开启时有一种不安全的感觉，特别是高层建筑或超高层建筑中，这方面表现得更为明显一些。上悬窗也是由框和扇两部分组成，其开启构造如图 2 - 1 - 56 所示。

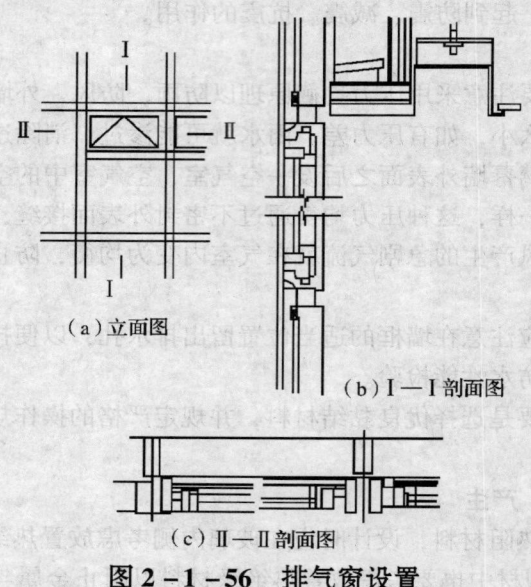

（a）立面图

（b）Ⅰ—Ⅰ剖面图

（c）Ⅱ—Ⅱ剖面图

图 2 - 1 - 56　排气窗设置

排气窗设置多少合适应根据使用的要求及有关规定具体处理。但是开在什么位置，除了考虑使用要求因素外，立面形式及立面的效果也是不可忽视的考虑因素。因为排气窗的面积较小，而玻璃幕墙的单块面积较大，如若开启太多或位置不妥，在立面上会有一种零乱的感觉，破坏了大面积玻璃幕墙的整体，影响了简洁的艺术效果。如果使用没有具体要求，其数量目前最好控制在 10% 左右。

（二）擦窗机设置

建筑物的外墙饰面都存在污染问题。玻璃较之其他饰面材料既平滑又不吸水，即使污染也容易清洗。但是由于玻璃透明，只要稍有污染，就很碍眼，给人一种脏兮兮的感觉。所以玻璃幕墙建筑一般应设置擦窗机。如果擦窗机需要轨道，其轨道应该同骨架一同完成。图 2 - 1 - 57 是高层建筑擦窗机轨道固定构造。

擦窗机轨道可因擦窗机类型不同而有所区别。

（三）防雷系统设置

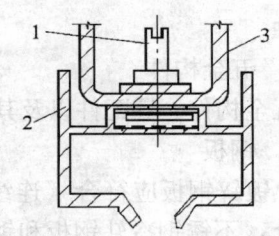

**图2－1－57 擦窗机导
轨固定构造**
1—螺栓；2—外面洗窗导轨；
3—钢管立柱

玻璃幕墙在建筑物立面的应用，使得建筑物外表面围上一层金属骨架，有些玻璃幕墙一直到顶，并且在屋顶部位设有金属压顶板。这些大量的铝合金构件，虽然表面有不导电的阳极氧化膜，但是由于较薄，抵挡不住直击雷或侧击雷的雷击。所以一旦遭到雷击，将会使氧化膜击穿。这是玻璃幕墙要设防雷系统的主要原因。另外，玻璃幕墙一些外露的金属表面、金属配件，如钉帽、拉钉、螺栓等都可能产生接触电压。

至于用型钢一类组装的骨架，因金属件数量大，更易遭雷击。所以设置防雷系统显得非常必要，是安全使用的重要方面。

玻璃幕墙的防雷系统要和整幢建筑物或构筑物的防雷系统连起来。如深圳地区，6层以上的建筑，有的每隔3层设一条均压环。这条均压环是利用梁的主筋，采用焊接的形式，然后再与柱子钢筋连通。玻璃幕墙的骨架与均压环连通，如果是型钢一类的骨架，宜采用焊接焊牢，并符合《钢结构焊接规范》GB 50661—2011中的有关规定，但要注意结合部位的处理。

防雷系统中的构造做法应按《建筑物防雷设计规范》GB 50057—2010执行，其接地电阻也要符合规定。特别是处在雷击区的建筑物和构筑物，尤其应引起重视。

第七节 质量要求及通病防治

一、质量要求

（一）材料

1. 铝合金材料

铝合金型材应符合《铝合金建筑型材》GB 5237的规定，其精度要达到高精级要求。另外，凡与硅酮结构胶相接触的型材其氧化膜层不应低于《铝及铝合金阳极氧化膜与有机聚合物膜 第1部分：阳极氧化膜》GB/T 8013—2007中规定AA15级要求。

2. 玻璃

应根据设计要求的功能分别选用适宜品种与规格，其技术性能应符合现行国家标准或企业标准的有关规定。

3. 密封材料

密封材料应满足《玻璃幕墙工程技术规范》JGJ 102—2003的规定。硅酮结构胶和硅酮耐候胶在使用前必须与所接触部位的所有材料做相容性和黏结力试验，并提供检测报告，必要时应由国家或部级建设主管部门批准或认可的检测机构进行检验。严禁使用不合格产品或使用过期产品。

4. 金属附件

玻璃幕墙所采用的金属附件等金属材料，除不锈钢外，应进行防腐处理，并防止发生接触腐蚀。

5. 五金构件

五金构件、零配件以及其他材料应符合现行国家标准或行业标准的有关规定。

6. 钢板

热镀锌钢板应符合《连续热镀锌薄钢板及钢带》GB/T 2518 的规定，不锈钢冷轧钢板应符合《不锈钢冷轧钢板和钢带》GB/T 3280—2015 的规定。

（二）性能要求及检测方法

1. 风压变形性能

（1）质量标准：按《建筑幕墙》GB/T 21086—2007 第 3.1 节执行。

（2）检测方法：按《建筑幕墙风压变形性能检测方法》GB/T 15227—2007 的规定进行。

2. 水渗漏性能

（1）质量标准：按《建筑幕墙》GB/T 21086—2007 第 3.2 节执行。

（2）检测方法：按《建筑幕墙风压变形性能检测方法》GB/T 15227—2007 的规定进行。

3. 空气渗透性能

（1）质量标准：按《建筑幕墙》GB/T 21086—2007 第 3.3 节执行。

（2）检测方法：按《建筑幕墙风压变形性能检测方法》GB/T 15227—2007 的规定进行。

4. 平面内变形性能

（1）质量标准：按《建筑幕墙》GB/T 21086—2007 执行。

（2）检测方法：按《建筑幕墙平面内变形性能检测方法》GB/T 18250—2010 进行。

5. 保温性能

（1）质量标准：按《建筑幕墙》GB/T 21086—2007 第 3.4 节执行。

（2）检测方法；按《建筑外门窗保温性能分级及其检测方法》GB 8484—2008 的规定进行。

6. 隔声性能

（1）质量标准：按《建筑幕墙》GB/T 21086—2007 第 3.5 节执行。

（2）检测方法：按《建筑外门窗保温性能分级及其检测方法》GB 8484—2008 的规定进行。

7. 耐撞击性能

（1）质量标准：按《建筑幕墙》GB/T 21086—2007 第 4.1.6 条执行。

（2）检测方法：按《建筑幕墙》GB/T 21086—2007 附录 A 的规定进行。

8. 耐火性能要求

玻璃幕墙应按建筑防火设计分区和层间分区等要求采取防火措施，必须符合《建筑设计防火规范》GB 50016—2014 的有关规定。

9. 防雷性能要求

幕墙的防雷设计应符合《建筑物防雷设计规规范》GB 50057—2010 的有关规定。幕墙应形成自身的防雷体系并和主体防雷体系有可靠的连接。

10. 抗震性能要求

幕墙的构造应具有抗震能力，应符合《建筑抗震设计规范》GB 50011—2010 的有关规定，并满足主体结构的抗震要求。

（三）加工制作质量要求和检测方法

玻璃幕墙的构件加工制作质量要求和检测方法见表 2 - 1 - 28。

表 2 - 1 - 28　玻璃幕墙构件加工制作质量要求和检测方法

序号	质 量 要 求	检测方法
1	铝材品种规格符合设计要求	观察测量并核对出厂合格证
2	玻璃品种规格符合设计要求	观察测量并核对出厂合格证
3	结构胶品种规格符合设计要求	观察测量并核对出厂合格证
4	其他构件品种规格符合设计要求	观察测量并核对出厂合格证
5	玻璃构件堆放符合要求、保护胶纸完好	观察检查
6	玻璃、铝板、铝材及其构件、附件表面质量良好，无擦伤、划伤等缺陷	观察检查
7	各处的结构胶注胶密实、表面平整	观察检查
8	主要立柱长度限值偏差：±1.000	钢卷尺测量
9	主要横梁长度限值偏差：±0.5mm	钢卷尺测量
10	主要构件端头斜度限值偏差：-15°	角度尺测量
11	框组件长、宽限值偏差： 当 $L \leqslant 2m$ 时，±2.0mm 当 $L > 2m$ 时，±2.5mm	钢卷尺测量
12	框组件对角线限值偏差： 当长边 $\leqslant 2m$ 时，3.0mm 当长边 $> 2m$ 时，3.5mm	钢卷尺测量
13	框组件平面度限值偏差：3.0mm	用平台和塞规检测
14	框组件组装间隙限值偏差：0.5mm	塞规检测
15	框接缝高低限值偏差：0.5mm	深度尺或卡尺
16	组件周边玻璃与铝框位置限值偏差：1mm	深度尺或卡尺
17	胶缝宽度限值偏差：+1.0mm	卡尺
18	胶缝厚度限值偏差：+0.5mm	卡尺
19	金属板组件长、宽尺寸限值偏差： $\leqslant 2m$ 时，±2.0mm $> 2m$ 时，±2.5mm	钢卷尺测量
20	金属板组件对角线尺寸限值偏差： $\leqslant 2m$ 时，+3.0mm $> 2m$ 时，+1.5mm	钢卷尺测量

续表 2 – 1 – 28

序号	质 量 要 求	检测方法
21	金属板组件平面度限值偏差： 单层板：≤2m 时，3.0mm 　　　　＞2m 时，3.5mm 复合板：≤2m 时，2.0mm 　　　　＞2m 时，3.0mm 蜂窝板：当≤2m 时，1.0mm 　　　　＞2m 时，2.5mm	钢卷尺测量

（四）安装施工质量要求和检测方法

玻璃幕墙构造节点安装施工要求和检测方法见表 2 – 1 – 29。

表 2 – 1 – 29　玻璃幕墙构造节点安装施工要求和检测方法

序号	质 量 要 求	检测方法
1	预埋件及附件形状尺寸符合设计要求和有关规定	观察检测
2	焊条牌号性能符合设计要求和有关规定	观察检查
3	五金件焊缝质量良好，焊缝性能、长度符合要求	观察检查，并核查焊缝试验报告
4	节点防腐处理符合要求	观察检查
5	预埋件标高差：±10mm	利用激光仪或经纬仪检测
6	预埋件进出差：±20mm	利用激光仪或经纬仪检测
7	预埋件左右差：±20mm	利用激光仪或经纬仪检测
8	预埋件垂直方向倾斜：±5mm	利用激光仪或经纬仪检测
9	预埋件水平方向倾斜：±5mm	利用激光仪或经纬仪检测

（五）横梁与立柱安装质量要求和检测方法

玻璃幕墙横梁与立柱安装质量要求和检测方法见表 2 – 1 – 30。

表 2 – 1 – 30　玻璃幕墙横梁与立柱安装质量要求和检测方法

序号	质 量 要 求	检测方法
1	铝材规格、型号符合要求	观察测量并核对出厂合格证
2	连接件规格、型号符合要求	观察测量并核对出厂合格证
3	钢材及钢螺栓防腐处理良好	观察测量并核对出厂合格证
4	立柱与主体结构连接可靠	观察检查，必要时测量扭力
5	横梁与立柱连接可靠	观察检查，必要时测量扭力
6	立柱、芯套装配良好，伸缩缝尺寸符合要求并注密封胶	卡尺测量

续表 2 – 1 – 30

序号	质 量 要 求	检测方法
7	铝材表面保护膜完整	观察检查
8	防蓄均压环确定与预埋件连接	观察检查
9	防腐垫安全妥当	观察检查
10	相邻立柱间距偏差限值：±2.0mm	观察检查
11	相邻横梁间距偏差限值： 当间距≤2m 时，±1.5mm； 当间距>2m 时，±2.0mm	钢卷尺测量
12	分格框对角线偏差限值： 当对角线≤2m 时，3.0mm； 当对角线>2m 时，3.5mm	钢卷尺测量
13	横梁水平偏差限值： 当横梁≤2m 时，2mm； 当横梁>2m 时，3mm	水平仪检测
14	相邻衡量高低偏差限值：1.0mm	钢直和塞尺检测
15	同层横梁最大标高限值： 幅宽≤35m 时，±5mm； 幅宽>35m 时，±7mm	利用激光仪或经纬仪检测
16	立柱直线度偏差限值：3.0mm	3m 靠尺与塞规测量比较
17	立柱标高偏差限值：±3.0mm	利用激光仪或经纬仪检测
18	相邻立柱标高偏差限值：±3.0mm	利用激光仪或经纬仪检测
19	同层立柱最大偏差限值：±5.0mm	利用激光仪或经纬仪检测
20	相邻立柱距离偏差限值：20mm	钢卷尺测量
21	每幅幕墙分格线上的立柱垂直度偏差限值： 当幅高≤30m 时，10mm； 当 30m < 幅高≤60m 时，15mm； 当 60m < 幅高≤90m 时，20mm； 当幅高>90m 时，25mm	利用激光仪或经纬仪检测
22	相邻三立柱平面度偏差限值：2mm	利用激光仪检测
23	每幅幕墙立柱外表面平面度偏差限值： 当幅宽≤20m 时，5mm； 当 20m < 幅高≤40m 时，7mm； 当 40m < 幅高≤60m 时，9mm； 当幅高>60m 时，10mm	利用激光仪或经纬仪检测

（六）幕墙施工质量标准和检测方法

玻璃幕墙施工质量标准和检测方法见表 2 – 1 – 31。

表 2 – 1 – 31　玻璃幕墙施工质量标准和检测方法

序号	质 量 要 求	检 测 方 法
1	玻璃规格、尺寸及质量符合要求	观察测量并核对出厂合格证
2	开启扇五金件型号、规格、质量符合要求	观察测量并核对出厂合格证
3	隔热保温棉规格、质量及处理措施符合要求	观察测量并核对出厂合格证
4	防火棉规格、质量及处理措施符合要求	观察测量并核对出厂合格证
5	耐候胶及填充材料等规格、型号符合要求	观察测量并核对出厂合格证
6	立柱压块完整、坚固良好	观察检查
7	耐候胶缝内的填充材料填塞良好，耐候胶密实、平整	观察检查
8	玻璃、铝材及其他构件表面质量良好，无损伤和污染	观察检查
9	幕墙垂直度偏差限值： 当幕墙高≤30m 时，10mm； 当 30m ＜ 幅高≤60m 时，15mm； 当 60m ＜ 幅高≤90m，20mm； 当幕墙高 ＞90m 时，25mm	利用激光仪或经纬仪检测
10	幕墙平面度偏差限值：3.0mm	用 3m 靠尺和尺规测量
11	竖缝直线度偏差限值：3.0mm	用 3m 靠尺和尺规测量
12	横缝直线度偏差限值：3.0mm	用 3m 靠尺和尺规测量
13	拼缝宽与设计值偏差限值：±2mm	用卡尺检测
14	相邻玻璃与金属板面的接缝高低限值：1.0mm	用深度尺检测

（七）隐蔽验收

（1）由于一些工序在施工完毕后，即被其他工序的施工遮盖，被隐蔽起来，等工程结束验收时无法检查，因此隐蔽工程检查必须在工序施工中随时进行。

（2）按《玻璃幕墙工程技术规范》JGJ 102—2003 的规定，玻璃幕墙安装施工时应对下述项目进行隐蔽验收：①构件与主体结构的连接点的安装；②幕墙四周、幕墙内表面与主体结构的间隙节点的安装；③幕墙伸缩缝、沉降缝、防震缝及墙面转角节点的安装；④幕墙防雷接地节点安装；⑤装饰板块与主受力构件之间采用螺钉连接的结构，在上螺钉后未封胶前的验收。

（3）对需进行隐蔽验收的项目施工完成后，应及时提请监理等有关部门或人员进行验收，合格后方可进行下道工序的施工，不合格的必须及时整改并重新提交验收，直至合格为止。

（4）质检人员和现场管理人员应严格把关，未经验收或验收不合格的隐蔽工程项目绝不能封闭起来，绝不允许进行后序施工。

二、质量通病防治

（一）材料

1. 合格证与试验报告

（1）通病现象：玻璃、型材合格证、检测报告、试验报告资料缺失。

（2）产生原因：①供应商或检测单位未提供足够数量的合格证或资料；②对合格证和检验报告、试验资料归档管理不善。

（3）防治措施：

①明确供应商及检测单位所提供的合格证或检测报告、试验资料的正确性、数量；②加强合格证、检测报告和试验资料的管理及归档工作。

2. 硅酮密封胶采购

（1）通病现象：硅酮结构胶、硅酮耐候胶订货渠道不正规，品质不能得到有效的保证。

（2）产生原因：①硅酮结构胶、硅酮耐候密封胶市场管理不规范；②采购部门采购工作的统筹协调不足；③没有建立合格供应商档案和实施有效的供应商评审工作。

（3）防治措施：①配合政府或职能部门认真做好硅酮结构胶、硅酮耐候密封胶市场的规范管理工作；②做好项目采购的统筹协调工作；③建立合格供应商档案，实施有效的供应商评审管理工作；④供应商应及时提供硅酮结构胶、硅酮耐候密封胶的出厂合格证，并与工程结算付款挂钩；⑤严格按《建筑用硅酮结构密封胶》GB 16776—2005 标准进行货物检验。

3. 硅酮密封胶使用期限

（1）通病现象：硅酮结构胶、硅酮耐候胶过期使用。

（2）产生原因：①硅酮结构胶、硅酮耐候密封胶生产厂家没有在产品上醒目地标明出厂日期或使用期限；②没做好加工和施工过程的自检和专检工作；③质量与生产管理环节脱节；④运输、储存、搬运等过程造成不同批次产品混装。

（3）防治措施：①明确要求结构胶、耐候胶厂家在产品上醒目地标明出厂日期和使用期限；②加强加工和施工过程的自检和专检工作；③加强关键质量的联产计酬管理工作；④加强运输、储存、搬运等过程的品质管理工作。

4. 硅酮结构胶试验

（1）通病现象：未在施工前进行硅酮结构胶相容性试验和黏结强度试验。

（2）产生原因：①员工质量意识薄弱；②工序控制失效。

（3）防治措施：①加强员工质量意识教育，提高本身技术素质；②制定和完善工序控制程度和有关的管制措施；③有效地实施工序管制。

5. 密封胶条

（1）通病现象：密封胶条品质和物理性能差，达不到标准要求。

（2）产生原因：①供应厂商品质量控制失效；②进货检验制度执行不力；③进货检验手段、方法、标准不明确或不完善。

（3）防治措施：①建立和完善合格供应商档案，加强供应商的评审和选择工作；②定期把信息资料反馈至供应商，协助厂商做好品质控制工作；③完善密封胶条的进货检验手段、方法、标准；④供应商应提供产品出厂合格证。

6．五金配件

（1）通病现象：五金配件质量变异大。

（2）产生原因：①五金配件市场不规范，厂家多而杂；②五金配件质量差异大，不稳定；③五金配件尚未形成健全和完善的质量标准、检验方法和测试手段；④进货检验制度不健全，执行不力。

（3）防治措施：①加强五金配件市场的规范管理工作；②建立合格供应商档案，并进行有效的采购评审；③完善五金配件的质量标准、检验方法和手段；④健全进货检验制度并严格有效地执行；⑤五金配件均应附出厂合格证。

（二）支座点安装

1．预埋件

（1）通病现象：预埋钢板位置、标高前后偏差大，支座钢板连接处理不当，影响节点受力和幕墙安全。

（2）产生原因：①设置预埋件时，基准位置不准；②设置预埋件时，控制不严；③设置预埋件时，钢筋捆扎不牢或不当，混凝土模板支护不当，混凝土捣固时发生胀模、偏模；④混凝土捣固后预埋件变位。

（3）防治措施：①按标准线进行复核，找准基准线，标定永久坐标点，以便检查测量时参照使用。②预埋件固定后，按基准标高线、中心线对分格尺寸进行复查，按规定基准位置支设预埋件；③加强钢筋捆扎检查，在浇筑混凝土时，应经常观察及测量预埋件情况，当发生变形时立即停止浇灌，进行调整、排除；④为了防止预埋件的尺寸、位置出现位移或偏差过大，土建施工单位与幕墙安装单位在预埋件放线定位时密切配合，共同控制各自正确尺寸，否则预埋件的质量不符合设计或规范要求，将直接影响安装质量及工程进度。⑤对已产生偏差的预埋件，要制订出合理的施工方案进行处理。

2．预埋件钢板锚固、焊接

（1）通病现象：预埋件钢板锚固中的钢板厚度及锚筋长度、直径不符合规范要求，焊接质量差，不符合规范要求。

（2）产生原因：①设计、加工不符合《玻璃幕墙工程技术规范》JGJ 102—2003 的要求；②焊接不符合《钢结构焊接规范》GB 50661—2011 的要求。

（3）防治措施：

①按《玻璃幕墙工程技术规范》JGJ 102—2003 中有关章节内容执行。其钢材锚板要求为 Q235 钢，锚板厚度应大于锚筋直径的 60%；锚筋采用 HPB 235 级或 HRB 335 级钢筋，不得采用冷加工钢筋，受力锚筋不宜少于 4 根，直径不宜小于 8mm，其长度在任何情况下不得大于 250mm。

②焊接时应执行《钢结构设计规范》GB 50017—2003 和《钢结构焊接规范》GB 50661—2011 的规定，直钢筋与锚板应采用 T 形焊。锚筋直径大于 20mm 时，宜采用压力埋弧焊，手工焊缝不宜小于 6mm 及 $0.5d$ 或 $0.6d$。

3．支座节点三维微调设计

（1）通病现象：支座节点未考虑三维方向微调位置，使安装过程中主梁无法调整，满足不了规范的要求。

（2）产生原因：设计时未考虑此项要求。

（3）防治措施：①在建筑施工中，国家对建筑物偏差有一定要求，在设计中可参照国家有关规范。在一般情况下，其三维微调尺寸可考虑水平调整在 ±20mm 时，进出位置调整在 ±50mm、中心位置偏差 ±30mm 内进行设计，以适应建筑结构在国家标准中允许偏差内变动的要求；②在设计支座时，应充分考虑建筑物允许的最大偏差数据，以满足幕墙的施工要求。因主体变动一般是不大可能的，因此只有通过幕墙设计中的三维调整系统来满足工程的要求。

4. 支座焊接防腐

（1）通病现象：支座各连接点在主梁调整后施焊，破坏了原镀锌防腐，未加处理，不符合设计及规范要求，导致玻璃幕墙留下隐患，影响幕墙的安全使用。

（2）产生原因：①施工中未能做好安全技术交底，施工人员对设计图纸和技术规范未能领会；②未按设计图纸要求施工；③施工中未按国家有关技术规范要求进行施工。

（3）防治措施：①施工前认真做好施工安全技术交底和记录，并且落实到各级施工人员；②所有钢件必须热镀锌处理；③认真落实执行有关技术规范，并且做好隐蔽工程验收和记录，对不合格产品加工复修；④在钢支座焊接质量检查评定符合标准规范后，方可进行涂漆工序，且除锈、涂防锈漆及面漆亦应符合规范要求。

5. 支座节点紧固

（1）通病现象：节点有松动或过紧现象，在外力作用下或温度变化大时产生异常响声。

（2）产生原因：幕墙支座节点调整后未进行焊接，引起支点处螺栓松动；或多点连接支点上螺栓上得太紧。

（3）防治措施：①在幕墙主梁安装调整完毕后，对所有的螺栓必须拧紧，按图纸要求采取不可拆的永久防松，对有关节点进行焊接，避免幕墙在三维方面可调尺寸内松动，其焊接要求按《钢结构焊接规范》GB 50661—2011 规定执行；②大多点支座支点的情况下，副支座型材上必须设长孔，且螺栓应上紧到紧固而铝材又不变化为原则；③主梁芯套与主梁的配合必须为动配合，并符合铝型材高精级尺寸配合要求，不能强行硬敲芯套进入主梁内。

6. 测量放线定位

（1）通病现象：安装后玻璃幕墙与施工图所规定位置尺寸不符，且超差过大。

（2）产生原因：①测量放线时，基准线本身有误差；②测量放线时，未消除尺寸累计误差。

（3）防治措施：①在测量放线时，按制订的放线方案，取好永久坐标点，并认真按施工图规定的轴线位置尺寸，放出基准线并选择适宜位置标定永久坐标点，以备施工过程中随时参照使用；②放线测量时，注意消除累积误差，避免累积误差过大；③在主梁安装调整后，先不要将支点固定，要用测量仪器对调整完后的主梁进行测量检查，在满足国家规范要求后，才能将支点固定。

7. 膨胀螺栓锚钉不做抗拔力检测

（1）通病现象：在幕墙的施工过程中，由于预埋件的偏位或旧建筑物的改造，而采用普通膨胀螺栓的锚固钉座，如不做抗拔力检测，会对安全使用性留下隐患。

（2）产生原因：选用普通膨胀螺栓固定支座是幕墙施工的一个补救措施，特别是旧楼改造工程比较常用。由于对原旧混凝土强度等级不清楚，凭经验行事，不做抗拔力试验，给幕墙工程留下安全隐患。

（3）防治措施：①当施工不得不选用普通膨胀螺栓施工时，要先按实际的位置做抗拔力试验，尤其是旧楼改造。并应尽量选用"喜利得"、台湾"慧鱼"等品牌产品和适宜的品种型号；②在施工中，要求施工人员一定要按设计图纸和厂家要求控制好钻孔直径和深度。

（三）玻璃板块主体制作及注胶

1. 玻璃及铝框

（1）通病现象：下料、加工后的零件几何尺寸出现偏大或偏小，达不到设计规定尺寸要求，超出国家行业标准的尺寸规定。

（2）产生原因：①原材料质量不符合要求；②设备和量具达不到加工精度；③下料、加工前未进行设备和量具校正调整；④下料、加工过程中，各道工序没有做好自检工作。

（3）防治措施：①严格执行原材料质量检验标准，禁用不合格的材料；②必须使用能满足加工精度要求的设备和量具，且要定期进行检查、维护及计量认证；③确保开工前设备和量具校正调整合格，杜绝误差超标；④认真查看设计图纸，按要求下料、加工。每道工序都必须进行自检。

2. 注胶环境条件

（1）通病现象：在不符合条件要求的注胶房间和空间注胶。

（2）产生原因：①注胶房间和空间不符合规定。工作场地不清洁，注胶环境（如温度和湿度）不符合要求；②有关人员未培训上岗，缺乏必要的知识和操作方法。

（3）防治措施：①按规定和标准设置，达到干净平整、无粉尘污染，并备有良好的通风设备；②有关人员必须经专门培训，掌握本职工作的基本知识和操作方法方可上岗；③保持工作场地清洁。

3. 注胶工艺

（1）通病现象：注胶构件表面清洗马虎，或未采用合格的清洁剂彻底擦抹。

（2）产生原因：①不按工艺要求清洁被打胶构件表面；②工作马虎，未认真清洁被打胶构件表面；③使用不合格的清洁剂清洗。

（3）防治措施：①严格执行被打胶构件表面清洁的工艺要求；②加强现场管理，提高工作质量；③采用合格的清洁剂清洗，如二甲苯、乙酮等。

4. 注胶质量

（1）通病现象：不按操作要求注胶，技术差，操作马虎，注胶不密实饱满，有气泡。

（2）产生原因：①没有严格执行注胶操作规定要求；②操作不娴熟，甚至未培训上岗；③在更换碰凹变形的胶桶时，在倒胶过程中乃至注胶过程中混入空气；④注胶机出现故障。

（3）防治措施：①严格注胶操作规定要求；②严禁未培训人员上岗操作，操作应均匀缓慢移动注胶枪嘴；③放净含有气泡的胶后，再进行构件的注胶；④加强注胶机的维护和保养。

5. 胶缝质量

（1）通病现象：胶缝宽度不均匀，缝面不平滑、不清洁，胶缝内部有孔隙。

（2）产生原因：①裁割质量不合格，玻璃边凹凸不平；②双面胶条粘贴不平直；③注胶不饱满；④胶缝修整不平滑，不清洁。

（3）防治措施：①玻璃裁割后必须进行倒棱、倒角处理；②双面胶条粘贴规范，玻璃做倒角处理；③缝口外溢出的胶应用力向缝面压实，并刮平整，清除多余的胶渍。

6. 玻璃在铝框上的位置不正

（1）通病现象：玻璃放置在铝框上的位置不正，产生偏移或歪斜。

（2）产生原因：①玻璃、铝框尺寸与设计尺寸不符；②操作不当引起双面胶条粘贴错位；③组装后铝框变形，玻璃下料不方不正；④装配人员责任心不强，技术不精，装配好的构件未做最后检验和校正。

（3）防治措施：①按图施工，加强施工工序管理；②组装后，应检查校正变形的铝框；③严格执行操作规程，杜绝蛮干的现象和端正工作态度。

7. 固化时间控制

（1）通病现象：注胶后，平置固化时间控制不严格。

（2）产生原因：①固化现场管理混乱，经常挪动在固化保养期内的构件；②急需构件安装，而过早出货。

（3）防治措施：①加强固化现场管理，避免固化保养期内的构件经常挪动；②加强加工、安装的计划管理，确保有足够时间进行固化保养。

8. 注胶记录

（1）通病现象：不按规定填写胶的型号、批号、桶号、注胶时间等文字记录。

（2）产生原因：①胶的原始资料不齐全；②注胶制度不健全，工作马虎不负责。

（3）防治措施：①加强管理，全面、如实地填写胶的型号、批号、桶号、注胶时间等文字记录；②建立硅酮结构胶施工操作规程，完善质量责任制度；③加强培训工作，使操作人员掌握好本岗位知识和操作方法；④发挥专职质量检验的监督检查功能。

9. 板块组件出厂检验控制

（1）通病现象：板块组件尺寸偏差大，玻璃同铝框产生错位，或未进行切框检查胶的剥离测试，板块组件未检查出厂。

（2）产生原因：①加工误差和积累误差偏大；②构件在固化期内经常挪动引起错位；③不按要求检验板块组件；④产品出厂检验控制不严。

（3）防治措施：①按图纸加工，每道工序应进行自检和专检；②构件在固化期内严禁挪动；③按规定要求抽查板块组件时须切框检查胶的剥离测试，测试合格后才能出厂。

（四）竖框、横梁制作安装

1. 型材加工

（1）通病现象：型材加工、制作精度不高。

（2）产生原因：①型材尺寸精度差；②设备落后，精度不高；③定位基准偏差；④划线不准确；⑤员工责任心不强。

（3）防治措施：①加强型材进货检验，不合格型材不验收并要求退货；②做好设备维修、维护和保养等管理工作，加工制作时应调整和校验好设备；③准备好设计基准；④提高划线精度，有条件的可更换先进设备或改良旧有设备；⑤加强管理，提高员工责任心，树立敬业精神。

2. 横梁

（1）通病现象：横梁加工未留出伸缩间隔或间隙过大。

（2）产生原因：①设计时未考虑温差变化和装配误差因素；②加工时存在尺寸误差。

（3）防治措施：①设计时考虑温差变化因素及装配误差，留好伸缩间隙；②严格按图纸加工和检验，不合格品不出厂、不施工。

3. 柔性垫片

（1）通病现象：横梁与竖框接触面未设柔性垫片，温差变化或风力作用下产生噪声。

（2）产生原因：①设计时未考虑此因素；②未严格按设计图纸要求施工。

（3）防治措施：①设计时要考虑温差变化及风力作用可能产生的摩擦噪声，横梁与竖框接触面应设柔性垫片；②加强管理，严格按图施工。

4. 横梁、窗框排水、泄水

（1）通病现象：横梁、窗框排水、泄水做法不当，不符合"等压原理"。有积水或渗漏现象。

（2）产生原因：①设计不当，不符合"等压原理"；②施工时未做密封处理或密封处理不当。

（3）防治措施：①用"等压原理"进行结构设计；②加强施工管理，易渗漏部分做好密封处理；③对易产生冷凝水的部位，应设置冷凝水排水管道；④开启部分设置滴水线及挡水板，并用适当的密封材料进行密封处理。

5. 紧固件锁紧

（1）通病现象：自攻螺钉孔径过大，紧固力不足，易松动。

（2）产生原因：①个别安装人员图省力方便，使用过大的钻头；②紧固力不够。

（3）防治措施：①严格按标准选用钻头；②建议使用电动螺丝刀代替手动螺丝刀紧固螺丝。

（五）玻璃板块组件

1. 对缝不平齐，墙面不平整，超标

（1）通病现象：施工完毕的幕墙，对缝不平齐，幕墙不平整，影响外观效果。

（2）产生原因：①主梁变形量大，超出国家铝型材验收标准；②玻璃切割尺寸超差；③组框生产时，对角线超标；④安装主梁时其垂直度达不到标准要求；⑤组框和主横梁结构及材料选用有问题。

（3）防治措施：①严格控制进料关，特别是主梁的检查应严格按国家标准进行检验，不合格者退货；②加强玻璃裁割尺寸检验和控制，其尺寸如有超差则退货处理；③在注胶生产中，严格控制组框尺寸，特别要检查和控制好对角线尺寸；④主梁安装时，调整好尺寸后再行固定、焊接；⑤组框和主横梁结构件，设计上要认真计算，选料要合适。

2. 勾块（压块）部位

（1）通病现象：选用勾块（压块）固定玻璃组件时，可能产生固定不良或勾块（压块）数量、间距与设计不符。在一定风压下，表面变形，甚至玻璃组件脱落。

（2）产生原因：①设计时考虑不细，在有条件不用压块固定时仍采用了压块式固定方式固定；②施工人员未做好安全技术交底，现场管理不到位；③现场检验、控制不完善；④螺纹底孔直径不合适。

（3）防治措施：①加强设计工作，在有条件的情况下，尽量少采用压块式固定方法固定玻璃组件；②认真做好安全技术交底工作，使施工人员树立质量意识，认真按图施工；③严格"三检"制，在上一工序施工完后，经过质检人员检查合格后，才能进入下一工序；④在攻钻底孔前要按标准要求选配钻头，在有条件的情况下，采用自攻螺丝，既节约时间，又能满足要求。

3. 活动窗的安装

（1）通病现象：活动窗不灵活，缝隙不严密，有漏水、漏气现象。

（2）产生原因：①铰链质量不好；②安装调整不当；③密封胶条材质不好。

（3）防治措施：①选择质量好的铰链；②铰链按要求进行安装及调整，做到开关灵活，密封性能好；③选用图纸中要求的型号胶条，并且按材质要求采购优质胶条。在有条件的情况下，采用弹性好、耐老化的材料胶条；④在开启窗的设计上，要考虑扇上避水结构，如在扇上设有滴水或内排水结构，防止雨水直接进入防水胶条。

4. 隐框下拖块

（1）通病现象：全隐框幕墙或竖明横隐幕墙下口不装或漏装下拖块，其拖块位置固定不牢，或和玻璃接触处未放胶垫块形成硬接触。

（2）产生原因：①设计图纸要求不明确；②施工人员未能完全领会图纸要求；③管理不当。

（3）防治措施：①设计上要认真落实规范的要求，图纸上注明拖块的位置尺寸；②加强对施工人员的安全技术交底，领会图纸，认真落实；③加强管理，严格按图纸施工。

5. 横梁施工

（1）通病现象：横梁支撑块固定不牢，安装时土建湿作业未完成，又未加防护，造成污染，安装玻璃时未清理。

（2）产生原因：①技术交底未做好，现场施工人员对要求不清楚；②现场管理未到位，特别是成品保护意识不强；③未按顺序要求安装横梁，在湿作业未完成前，横梁已就位施工。

（3）防治措施：①认真做好技术交底工作，并落实到现场施工所有人员；②加强现场管理，每完成一层都要对其进行检查、调整、校正、固定，使其符合质量要求；③安装横梁施工一定要在土建湿作业完工后进行，在其施工顺序上，就整栋而言，应从上到下，而每一层安装应从下至上。

6. 玻璃

（1）通病现象：玻璃表面污染，色差过大，钢化玻璃变形量大，影响幕墙整体变形。

（2）产生原因：①玻璃质量不符合要求；②施工过程中，未按要求及时做好清洁工作。

（3）防治措施：①抓好供货环节和避免玻璃的二次污染，注胶施工过程中严禁将剩余胶或含胶物粘在玻璃表面；②在拆架前应做好清洁工作，并用中性清洁剂及时清洗干净。

7. 耐候胶的填塞

（1）通病现象：采用聚乙烯发泡材料填缝时位置深浅不一，耐候胶厚度不符合要求，缝内注胶不密实，胶缝不平直、不光滑，玻璃表面不清洁，有污染。

（2）产生原因：①不按图纸要求施工；②未按施工工艺要求操作；③注胶前未进行清洁工作。

（3）防治措施：①施工人员必须认真按照技术交底要求，并严格按图纸施工；②严格按工艺要求操作，表面注胶应按如下程序进行：填聚乙烯发泡材料→缝内清洁（用二甲苯或天那水）→玻璃表面贴防止污染胶纸→注填耐候胶→压实填充耐候胶并使胶表面平滑光顺→将防污纸胶带撕开；③注意施工中的清洁，在拆架之前用中性清洁剂及时清洁表面。

（六）防火、保温及防雷

1. 防火、保温

（1）通病现象：①防火层拖板位置不在横梁上或与玻璃接触；②同层防火区间隔未做竖向处理；③防火层铺填有空隙，不严实（如用敞棉）；④防火拖板固定不牢；⑤保温材料铺设不规范，未留设空气层。

（2）产生原因：①由于外观设计要求或其他原因，使大玻璃分格跨越两个火区；横梁标高与建筑楼层标高不一致；②同层两防火分区隔墙中心线与幕墙竖框（立柱）分格中心线不重合，竖向处理责任方不明确；③施工不细致，防火层插板和防火棉切割外形与欲填充空间外形相差大；④防火层拖板固定点太少，固定点相隔距离过大。

（3）防治措施：

①设计时按规范要求做防火分区处理，尽量避免一大块玻璃跨越楼层上、下两个防火区。如果因外观分格需要使横梁与楼层结构标高相距较远时，应采用镀锌钢板（厚度 $\delta = 1.3 \sim 2.0 mm$）或特殊铝板（厚度 $\delta \geqslant 2 mm$）以及其他防火装饰材料与横梁连接，形成防火分区。

②同层防火分区间隔处理，应明确施工责任方，应用不燃烧材料（A级）隔开两区间。

③采用符合防火规范要求的材料，控制加工质量。板边沿缝隙应小于 3mm，防火岩棉（矿棉）应填充密实，无缝隙。

④拖板四周应根据被连接件材质不同选用合适的紧固件固定牢，两固定点的间距以 $350 \sim 450 mm$ 为宜。

⑤保温材料与玻璃间留出宽度 $A > 50 mm$ 的空气层，保温材料与室内空间也应采用隔气层隔开。

特别提示：防火设计的出发点在于防火分区的概念，而防火措施的采用从结构上、材料上保证防火区间的建立，以达到阻止火势、烟向其他区间蔓延的目的。

2. 防雷

（1）通病现象：①幕墙防雷措施不完善，幕墙顶部有超出大楼雷闪器保护范围的部分；②均压环与建筑防雷网的连接引下线布置间距过大；③均压环层的幕墙竖框（立柱）间未导通，未设均压环楼层的幕墙竖框（立柱）与固定在设均压环楼层的竖框（立柱）间未连通，位于均压环处竖框（立柱）上的横梁与竖框（立柱）间未连通；④接地电阻值过大，达不到规范要求；⑤均压环及引下线的焊接方法不对。

（2）产生原因：①未按建筑物防雷设计规范要求布置防雷设施；②竖框（立柱）与钢支座之间的防腐垫片及横梁两端的弹性橡胶垫的绝缘作用不当，且使上、下竖框的通过芯套相接连地不畅；③导电材料横截面积不够大，若所用材料未经两面处理且年久锈蚀，会减少对电流的导电面积；④防雷装置用钢材焊接时没采用对面焊的方式，或搭接长度不够。

（3）防治措施：

①幕墙防雷框架的装置，距地30m以上的建筑部分，每隔三层设置一圈均压环，均压环每隔15m（一类防雷幕墙）、18m（二、三类防雷幕墙）和建筑物防雷网接通；30m以下部分每隔3~5m与建筑物防雷系统引下线接通。幕墙顶部女儿墙的盖板（封顶）应置于避雷带保护角之下，或设计成直接受雷击的接闪器，每隔12m（一类）、15m（二类）、18m（三类）与建筑物防雷网连接。

②增加连接可靠性方面，不妨采用旁路导通的方法来连接设均压环层的竖框（立柱）和预埋件钢件，以及未设均压环层的竖框（立柱）和设置均压层的竖框（立柱）；同时设均压层处，竖框上的横梁两端不装弹性橡胶垫。

③防雷装置材料应符合规范。圆钢直径 $d = 12mm$（一类）、$d = 8mm$（二类、三类），扁钢厚度 $\delta \geqslant 4mm$，截面积 $S = 240mm^2$（一类）、$S = 150mm^2$（二类、三类），尽量采用热镀锌件，或刷两道防锈漆。

④防雷装置焊接时，焊缝的搭接长度，圆钢不少于 $6d$，扁钢不少于 $2b$（b 为宽度）。

⑤检测时，冲击电阻应分别达到小于 5Ω（一类）、10Ω（二类、三类）的要求。

特别提示：防雷设计中关键措施是有效接地网络的形成，有两方面的意义，即主体建筑物防雷接地装置和玻璃幕墙中金属框架防雷接地装置的完整性；上述两者连接的可靠性。

（七）封边、封顶处理

1. 封边

（1）通病现象：①封边板直接与水泥砂浆接触，造成金属板面腐蚀；②封边金属板处理不当，密封不好、漏水；③封边构件固定不可靠，有松动。

（2）产生原因：①封边金属板未做防腐处理；②封边金属板与封边金属板的连接采用简单搭接，未做密封防水处理；③封边金属板与外墙材料的结合部位未打胶，或注胶不连续；④封边金属板与墙直接打钉固定，墙体不平，铝板因变形浮出，或固定点间距太大。

（3）防治措施：①参照铝门窗标准，全埋入水泥砂浆层内的铝封边板应涂防腐涂料（如沥青油），外露的做保护涂层处理或粘贴保护胶纸；②封板顶两连接处设置沟槽，注胶密封；③封板与外墙材料间留沟槽或形成倾角，注胶饱满、连续；④对封板固定处墙体应找平安装面，还可用先装胶塞再植入螺钉的方法固定封板。

2. 封顶

（1）通病现象：①封顶处理不严密，造成顶部漏水；②封顶铝板跨度过大，无骨架、有变形、平直度差；③伸出封顶的金属栏杆及避雷带的接口注胶密封处理差，漏水且不美观。

（2）产生原因：①封顶板的接缝处理不当。板上贴有保护胶纸，铝板和密封胶间形成缝隙；②注胶面的脏物或蒸气造成密封不严；③设计不当，偷工减料，女儿墙端顶未全覆盖；④封顶板设计不合理，内部未加筋增加强度和刚度；⑤土建墙体不平，出入大，而封板的连接无相应调整措施；⑥吊篮作业时绳索压迫封顶板导致变形；⑦伸出压顶的栏杆或避雷带竖杆位置不成直线，距离不定；安装压顶的工作作业不细致，开口过大或过小。

（3）防治措施：

①封顶板制成单元件，两两接口处接缝注胶，采用连续封板的，接缝处应加搭连接片留缝注胶密封，外露连接铆钉也应涂胶处理。

②注胶面应清理干净，无水滴。女儿墙顶应用封顶板全部覆盖，如一级封顶不够宽，可采用二级。

③应合理设计封顶板跨度，根据强度要求设计内衬框架；考虑到有些作业会在其上面进行，应做铝材或钢材龙骨。

④铝封板与墙体固定连接处增设可供调节进出位的构件，必要时另做龙骨找平安装面。

⑤与做女儿墙顶栏杆或避雷带的承建商协商好安装顺序，先做竖杆，并尽可能有序安装。封底安装工人，对杆件位置认真测量，准确定位，所加工孔径比钢杆杆径大 5 ~ 10mm。避雷线出线也可从女儿墙后稍低位置引出，绕过封顶板。

特别提示：封边、封顶的效果，犹如一道具有双重意义的休止符，它刻划出幕墙的边界，同时也隔断了外界物质尤其是雨水进入室内的通道。作为完美休止符，它还要处理好和其他结构连接过渡的关系，起到美观装饰作用。

第八节　工 程 验 收

一、一般规定

（1）幕墙工程验收时应检查下述文件和记录：

①幕墙工程的施工图、结构计算书、设计说明及其他设计文件。

②建筑设计单位对幕墙工程设计的确认文件。

③幕墙工程所用各种材料、五金配件、构件及组件的产品合格证书、性能检测报告、进场验收记录和复验报告。

④幕墙工程所用硅酮结构胶的认定证书和抽查合格证明，进口硅酮结构胶的商检证，国家指定检测机构出具的硅酮结构胶相容性和剥离黏结性试验报告。

⑤后置埋件的现场拉拔强度检测报告。

⑥幕墙的抗风压性能、空气渗透性能、雨水渗漏性能及平面变形性能检测报告。

⑦打胶、养护环境的温度、湿度记录；双组分硅酮结构胶的混匀性试验记录及拉断试验记录。

⑧防雷装置测试记录。

⑨隐蔽工程验收记录。

⑩幕墙构件和组件的加工制作记录；幕墙安装施工记录。

（2）幕墙工程应对下述材料及其性能指标进行复验：玻璃幕墙用结构胶的邵氏硬度、标准条件拉伸黏结强度、相容性试验。

（3）幕墙工程应对下述隐蔽工程项目进行验收：①预埋件（或后置埋件）；②构件的连接节点；③变形缝及墙面转角处的构造节点；④幕墙防雷装置；⑤幕墙防火构造。

（4）各分项工程的检验批应按下述规定划分：

①相同设计、材料、工艺和施工条件的幕墙工程每 500～1000m² 应划分为一个检验批，不足 500m² 也应划分为一个检验批。

②同一单位工程的不连续的幕墙工程应单独划分检验批。

③对于异形或有特殊要求的幕墙，检验批的划分应根据幕墙的结构、工艺特点及幕墙工程规模，由监理单位（或建设单位）和施工单位协商确定。

（5）检查数量应符合下述规定：

①每个检验批每 100m² 应至少抽查一处，每处不得小于 10m²。

②对于异形或有特殊要求的幕墙工程，应根据幕墙的结构和工艺特点，由监理单位（或建设单位）和施工单位协商确定。

（6）幕墙及其连接件应具有足够的承载力、刚度和相对于主体结构的位移能力。幕墙构架立柱的连接金属角码与其他连接件应采用螺栓连接，并应有防松动措施。

（7）隐框、半隐框幕墙所采用的结构黏结材料必须是中性硅酮结构密封胶。其性能必须符合《建筑用硅酮结构密封胶》GB 16776—2005 的规定；硅酮结构密封胶必须在有效期内使用。

（8）立柱和横梁等主要受力构件，其截面受力部分的壁厚应经计算确定，且铝合金型材壁厚不应小于 3.0mm，钢型材壁厚不应小于 3.5mm。

（9）隐框、半隐框幕墙构件中板材与金属框的硅酮结构密封胶的黏结宽度，应分别计算风荷载标准值和板材自身质量荷载标准值作用下硅酮结构密封胶的黏结宽度，并取其较大值，且不得小于 7.0mm。

（10）硅酮结构密封胶应打注饱满，并应在温度 15～30℃、相对湿度 50% 以上、洁净的室内进行；不得在现场墙上打注。

（11）幕墙的防火除应符合现行国家标准《建筑设计防火规范》GB 50016—2014 的有关规定外，还应符合下述规定：

①应根据防火材料的耐火极限决定防火层的厚度和宽度，并应在楼板处形成防火带。

②防火层应采取隔离措施。防火层的衬板应采用经防腐处理且厚度不小于 1.5mm 的钢板，不得采用铝板。

③防火层的密封材料应采用防火密封胶。

④防火层与玻璃不应直接接触，一块玻璃不应跨两个防火分区。

（12）主体结构与幕墙连接的各种预埋件，其数量、规格、位置和防腐处理必须符合设计要求。

（13）幕墙的金属框架与主体结构预埋件的连接、立柱与横梁的连接及幕墙面板的安装必须符合设计要求，安装必须牢固。

（14）单元幕墙连接处和吊挂处的铝合金型材的壁厚应通过计算确定，并不得小于 5.0mm。

（15）幕墙的金属框架与主体结构应通过预埋件连接，预埋件应在主体结构混凝土施工时埋入，预埋件的位置应准确。当没有条件采用预埋件连接时，应采用其他可靠的连接措施，并应通过试验确定其承载力。

（16）立柱应采用螺栓与角码连接，螺栓直径应经过计算，并不应小于 10mm。不同金属材料接触时应采用绝缘垫片分隔。

（17）幕墙的抗震缝、伸缩缝、沉降缝等部位的处理应保证缝的使用功能和饰面的完整性。

（18）幕墙工程的设计应满足维护和清洁的要求。

二、质量控制

本质量控制适用于建筑高度不大于 150m、抗震设防烈度不大于 8 度的隐框玻璃幕墙、半隐框玻璃幕墙、明框玻璃幕墙、全玻璃幕墙及点支承玻璃幕墙工程的质量验收。

（一）主控项目

（1）玻璃幕墙工程所使用的各种材料、构件和组件的质量应符合设计要求及国家现行产品标准和工程技术规范的规定。

检验方法：检查材料、构件、组件的产品合格证书、进场验收记录、性能检测报告和材料的复验报告。

（2）玻璃幕墙的造型和立面分格应符合设计要求。

检验方法：观察，尺量检查。

（3）玻璃幕墙使用的玻璃应符合下述规定：

①幕墙应使用安全玻璃，玻璃的品种、规格、颜色、光学性能及安装方向应符合设计要求。

②幕墙玻璃的厚度不应小于 6.0mm。全玻璃幕墙肋玻璃的厚度不应小于 12mm。

③幕墙的中空玻璃应采用双道密封。明框幕墙的中空玻璃应采用聚硫密封胶及丁基密封胶，隐框和半隐框幕墙的中空玻璃应采用硅酮结构密封胶及丁基密封胶，镀膜面应在中空玻璃的第 2 或第 3 面上。

④幕墙的夹层玻璃应采用聚乙烯醇缩丁醛（PVB）胶片干法加工合成的夹层玻璃。点支承玻璃幕墙夹层玻璃的夹层胶片（PVB）厚度不应小于 0.76mm。

⑤钢化玻璃表面不得有损伤，8.0mm 以下的钢化玻璃应进行引爆处理。

⑥所有幕墙玻璃均应进行边缘处理。

检验方法：观察，尺量检查，检查施工记录。

（4）玻璃幕墙与主体结构连接的各种预埋件、连接件、紧固件必须安装牢固，其数量、规格、位置、连接方法和防腐处理应符合设计要求。

检验方法：观察，检查隐蔽工程验收记录和施工记录。

（5）各种连接件、紧固件的螺栓应有防松动措施，焊接连接应符合设计要求和焊接规范的规定。

检验方法：观察，检查隐蔽工程验收记录和施工记录。

（6）隐框或半隐框玻璃幕墙，每块玻璃下端设置两个铝合金或不锈钢托条，其长度不应小于 100mm，厚度不应小于 2mm，托条外端应低于玻璃外表面 2mm。

检验方法：观察，检查施工记录。

（7）明框玻璃幕墙的玻璃安装应符合下述规定：

①玻璃槽口与玻璃的配合尺寸应符合设计要求和技术标准的规定。

②玻璃与构件不得直接接触，玻璃四周与构件凹槽底部应保持一定的空隙，每块玻璃下部应至少放置两块宽度与槽口宽度相同、长度不小于 100mm 的弹性定位垫块；玻璃两边嵌

入量及空隙应符合设计要求。

③玻璃四周橡胶条的材质、型号应符合设计要求，镶嵌应平整，橡胶条长度应比边框内槽长1.5%~2.0%，橡胶条在转角处应斜面断开，并应用胶粘剂粘结牢固后嵌入槽内。

检验方法：观察，检查施工记录。

（8）高度超过4m的全玻璃幕墙应吊挂在主体结构上，吊夹具应符合设计要求，玻璃与玻璃、玻璃与玻璃肋之间的缝隙应采用硅酮结构密封胶填嵌严密。

检验方法：观察，检查隐蔽工程验收记录和施工记录。

（9）点支承玻璃幕墙应采用带方向头的活动不锈钢爪，其钢爪间的中心距离应大于250mm。

检验方法：观察；尺量检查。

（10）玻璃幕墙四周、玻璃幕墙内表面与主体结构之间的连接节点、各种变形缝、墙角的连接节点应符合设计要求和技术标准的规定。

检验方法：观察，检查隐蔽工程验收记录和施工记录。

（11）玻璃幕墙应无渗漏。

检验方法：在易渗漏部位进行淋水检查。

（12）玻璃幕墙结构胶和密封胶的打注应饱满、密实、连续、均匀、无气泡，宽度和厚度应符合设计要求和技术标准的规定。

检验方法：观察，尺量检查，检查施工记录。

（13）玻璃幕墙开启窗的配件应齐全，安装应牢固，安装位置和开启方向、角度应正确；开启应灵活，关闭应严密。

检验方法：观察，手扳检查，开启和关闭检查。

（14）玻璃幕墙的防雷装置必须与主体结构的防雷装置可靠连接。

检查方法：观察，检查隐蔽工程验收记录和施工记录。

（二）一般项目

（1）玻璃幕墙表面应平整、洁净，整幅玻璃的色泽应均匀一致，不得有污染和镀膜损坏。

检验方法：观察。

（2）明框玻璃幕墙的外露框或压条应横平竖直，颜色、规格应符合设计要求，压条安装应牢固。单元式玻璃幕墙的单元拼缝应横平竖直、均匀一致。

检验方法：观察，手扳检查，检查进场验收记录。

（3）玻璃幕墙的密封胶缝应横平竖直、深浅一致、宽窄均匀、光滑顺直。

检验方法：观察，手摸检查。

（4）防火、保温材料填充应饱满、均匀，表面应密实、平整。

检验方法：检查隐蔽工程验收记录。

（5）玻璃幕墙隐蔽节点的遮封装修应牢固、整齐、美观。

检验方法：观察，手扳检查。

三、质量验收

（1）1m² 玻璃的表面质量和检验方法应符合表 2 – 1 – 32 的规定。

表 2 – 1 – 32　1m² 玻璃的表面质量和检验方法

项次	项　目	质量要求	检验方法
1	明显划伤长度 >100mm 的轻微划伤	不允许	观察
2	长度 ≤100mm 的轻微划伤	≤8 条	用钢尺检查
3	擦伤总面积	≤500m²	用钢尺检查

（2）一个分格铝合金型材的表面质量和检验方法应符合表 2 – 1 – 33 的规定。

表 2 – 1 – 33　一个分格铝合金型材的表面质量和检验方法

项次	项　目	质量要求	检验方法
1	明显划伤长度 >100mm 的轻微划伤	不允许	观察
2	长度 ≤100mm 的轻微划伤	≤2 条	用钢尺检查
3	擦伤总面积	≤500m²	用钢尺检查

（3）明框玻璃幕墙安装的允许偏差和检验方法应符合表 2 – 1 – 34 的规定。

表 2 – 1 – 34　明框玻璃幕墙安装的允许偏差和检验方法

项次	项　目		允许偏差（mm）	检验方法
1	幕墙垂直度	幕墙高度≤30m	10	用经纬仪检查
		30m < 幕墙高度≤60m	15	
		60m < 幕墙高度≤90m	20	
		幕墙高度 >90m	25	
2	幕墙水平度	幕墙幅宽≤35m	5	用水平仪检查
		幕墙幅宽 >35m	7	
3	构件直线度		2	用 2m 靠尺和靠尺检查
4	构件水平度	构件长度≤2m	2	用水平仪检查
		构件长度 >2m	3	
5	相邻构件错位		1	用钢直尺检查
6	分格框对角线长度差	对角线长度≤2m	3	用钢尺检查
		对角线长度 >2m	4	

（4）隐框、半隐框玻璃幕墙安装的允许偏差和检验方法应符合表 2 – 1 – 35 的规定。

表 2 – 1 – 35　隐框、半隐框玻璃幕墙安装的允许偏差和检验方法

项次	项　目		允许偏差（mm）	检验方法
1	幕墙垂直度	幕墙高度≤30m	10	用经纬仪检查
		30m＜幕墙高度≤60m	15	
		60m＜幕墙高度≤90m	20	
		幕墙高度＞90m	25	
2	幕墙水平度	层高≤3m	3	用水平仪检查
		层高＞3m	5	
3	幕墙表面平整度		2	用2m靠尺和塞尺检查
4	板材立面垂直度		2	用垂直检测尺检查
5	板材上沿水平度		2	用1m水平尺和钢直尺检查
6	相邻板材板角错位		1	用钢直尺检查
7	阳角方正		2	用直角检测尺检查
8	接缝直线度		3	拉5m线，不足5m拉通线，用钢直尺检查
9	接缝高低差		1	用钢直尺和塞尺检查
10	接缝宽度		1	用钢直尺检查

第九节　铝合金玻璃幕墙工程示例

一、新上海商业城乐凯大厦工程

近年来，铝合金玻璃幕墙已被大量采用，特别是全隐框铝合金玻璃幕墙不仅具备普通铝合金玻璃幕墙的优点，同时也由于它的组合框料都隐蔽在玻璃内侧，外观为大片玻璃，显得气派豪华，雍容华贵，美观大方，富丽堂皇，因而倍受青睐。20 世纪 90 年代，上海市第八建筑工程公司和深圳金粤公司一起研制开发了新型 SJY – 2000 系列单元板块式幕墙，首先在新上海商业城乐凯大厦工程中试用并大获成功。该成果已于 1996 年 4 月由上海市科委主持并通过了专家鉴定。

（一）工程概况

乐凯大厦位于浦东陆家嘴金融贸易区，东西两侧紧靠高楼大厦，南面是商业步行街，北面邻民宅。本工程玻璃幕墙主要集中在主楼立面，分圆弧面和平面两大部分。圆弧面部分：东、南、西三面从标高 41.35m 到 106.00m，北面从标高 63.40m 到 106.00m 止。平面部分在正北面标高 62.40m 以下部分。

从幕墙性质来分：平面部分主要由玻璃幕墙和铝合金板幕墙组成，圆弧面部分为玻璃幕墙，转角为铝合金板幕墙。

（二）SJY – 2000 系列单元板块式幕墙结构

乐凯大厦 SJY – 2000 幕墙结构平面与侧面如图 2 – 1 – 58 所示。

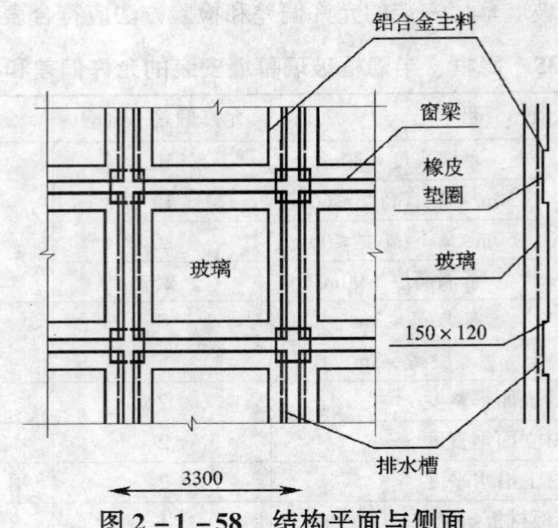

铝合金主料

窗梁

橡皮
垫圈

玻璃

150 × 120

排水槽

玻璃

3300

图 2 - 1 - 58　结构平面与侧面

（三）设计时必须考虑的几个问题

设计人员应充分考虑建筑美观、结构合理、安全可靠，并要满足使用功能和满足符合规范要求，充分体现 SJY - 2000 系列单元板块式幕墙的优越性，以利于方便施工。

1. 风荷载计算

本工程风荷载根据《高层建筑混凝土结构技术规程》JGJ 3—2010 及《玻璃幕墙工程技术规范》JGJ 102—2003 规定的标准值计算及业主要求为依据。

上海地区基本风压值：$w_0 = 0.55 \text{kN/m}^2$；风压高度系数：$H = 85.80 \text{m}$，$\mu_z = 1.89$；风振系数：$\beta = 2$；风荷载体形系数：$\mu_s = 1.5$。则幕墙标准风荷载：

$$w_k = \beta \times \mu_z \times \mu_s \times w_0 \ (1 + 20\%) = 1.5 \times 2 \times 1.89 \times 0.55 \times 1.2 = 3.722 \ (\text{kN/m}^2)$$

正常功能设计风荷载按《建筑结构荷载规范》GB 50009—2012 规定的风荷载标准计算（取 30 年一遇 10min 风速相应取 50 年一遇阵风的安全设计风荷载），但本工程计算时，必须取 50 年一遇阵风的安全设计风荷载。

2. 结构设计计算

按《铝及铝合金加工产品的化学成分》GB/T 3190、《铝合金建筑型材》GB/T 5237、《建筑外门窗气密、水密、抗风压性能及检测方法》GB/T 7106 为设计计算依据。根据本工程实际情况与 SJY - 2000 系列单元板块式幕墙特点，采用三支点双支座结构。三支点结构的设计为超静定系统，为简化计算，取较大一段简支系统计算。

结构材料除了满足强度外，其挠度变形必须小于 $L/180$，否则会引起玻璃破裂和接缝漏水。

3. 玻璃强度计算

按日本国建设省《109》通过的标准计算公式：

$$[P_a] = 30a \ (t + t^2/4) \ /A \geqslant w_k$$

式中　P_a——玻璃允许风荷载；

　　　a——材质系数；

　　　t——玻璃厚度；

A——单片玻璃最大使用面积。

在选用玻璃最大使用面积时必须要注意三点：

①确保在 50 年一遇瞬时风极限功能下安全使用。

②如镀膜面是粘接面，还必须要生产厂家出具 10 年内镀膜不被粘掉的保证书。

③选玻璃厚度 $t \geq 8\text{mm}$ 为宜。这样可以减少映画影像的变形。

4. 抗震设计

根据《建筑抗震设计规范》GB 50011—2001 中"高层建筑水平位移限制"规定与标书要求，框架结构层间弹性位移角限值 $\leq L/180$ 及抗震七级设防要求，计算了地震作用效应所产生的位移量，地震作用效应、玻璃样板与铝合金框主构架间允许位移量，以及地震作用效应胶缝厚度，证明 SJY－2000 系列单元板块式隐框玻璃幕墙具有双重抗震能力。

在计算时必须充分考虑以下三个要求：

（1）当遭受低于本地区设防烈度的多遇地震时，幕墙（包括玻璃）不损坏。

（2）遭受本地区设防烈度地震影响时，幕墙框格体系有轻微破坏，玻璃损坏率少于 10%。

（3）当遭受高于本地区设防烈度的预估罕遇地震影响时，框格体系有中等破坏，但不倒塌，玻璃损坏率不大于 50%。

5. 热移动设计计算

根据《采暖通风与空气调节设计规范》GB 50019—2003 要求，按上海地区冬夏极端温差的实际情况及标书要求做以下设计计算：第一预期变位量和第二玻璃幕墙板温差效应胶缝宽度。通过计算，因季节变化及室内外温差引起热胀冷缩之变位，可由玻璃板块胶缝厚度接口变位保证，达到不增加玻璃压力及不影响框架延伸负担，至于由日温差变化挤压玻璃与边框的产生的温度应力所发生的金属摩擦，由金粤公司独创之幕墙隔热断桥来有效控制，可以满足设计要求和使用功能。

6. 避雷设计考虑

根据《建筑物防雷设计规范》GB 50057—2010 规定来考虑，雷击情况不仅在建筑物顶部有顶雷，有时还有可能出现在建筑物的侧面（侧雷），自标高 30.7m 起，每三层在每幅幕墙立面每隔 10m 设置避雷埋件，形成 10m × 10m 避雷环网。铝合金竖杆外侧的冲击接地电阻小于 10Ω，故满足要求。

（四）SJY－2000 系列单元板块式铝合金玻璃幕墙的主要特性

SJY－2000 系列单元板块式铝合金玻璃幕墙系统是博采国内外众长，经过多年研究开发之优化组合，具有合理的结构构造，高精度的结构板块，高性能的隐排水系统，切实可靠的密封措施，高效率的施工条件，独特的自洁功能，可观的经济效益，故为国际上广泛采用的新技术。其优势简述如下：

（1）SJY－2000 系列单元板块式幕墙系统在施工现场基本不需脚手架或吊篮，每块幕墙可在室内完成安装调试，操作简便，精度高，速度快，无积累误差之忧。

（2）SJY－2000 系列单元板块式幕墙在环境清洁的标准厂房内完成。预制生产，加工组装，每道工序有严格的质量控制程序，能有效保证单元板块结构拼装的精度，从而保证了幕墙的整体精度。

（3）SJY－2000 系列单元板块式幕墙系统具有高效的排水、密封、隔热性能设计，每单元板块与竖框（立柱）料间均设有隔热断桥相隔，从而形成内外两个等压仓区，所有雨水（结露水）在无空气压力影响下通过排水系统迅速向下排泄，幕墙的开启扇均设有三道密封措施，并与内排水系统沟通，同样迅速将雨水排离，既能开启自如，又符合水密性、气密性要求。另一方面，由于独创的隔热断桥不仅具有断水、隔热、密封的性能，并可有效控制铝型材由于热胀冷缩及温差发出的金属摩擦声。由于该系统具有良好的排水、密封性能，相应带来了良好的隔热、隔声性能，有助于优化环境，节约能源。

（4）SJY－2000系列单元板块式幕墙，其玻璃板块在三维空间自由度大，特别适合于高层、超高层建筑的自由摆动及遇地震时，建筑物层间的较大位移。国际权威单位迈阿密结构试验中心测试结果表明：这种结构具有极佳的抗平面变形性能，其水密性、气密性、抗风压、抗地震等诸多性能均达到或超过美国ASTM标准。

（5）SJY－2000系列单元板块式幕墙具有特有的自洁功能，能将日常飞扬滞留在幕墙表面的尘土通过雨水的洗刷而流落到每块幕墙板块与幕墙板块之间的隐排水系统，雨水的冲刷冲走了尘埃，保持了整个建筑本来的完美。板块幕墙凭借其自洁功能，大大减少了幕墙的清洗次数和节约了昂贵的清洗费用，经济效益可观。

（6）SJY－2000系列单元板块式幕墙日常维修方便易行，如遇损坏，维修工只要在室内将损坏的玻璃板块取下，将新板块由室内倾斜一定的角度移到室外，再由室外向室内通过可靠的机械固定在铝合金主料上即可使用，不需在室外对新换上板块周围注入密封胶。因此安装时基本不需吊篮，全部维修程序均在室内进行。

（7）SJY－2000系列单元板块式幕墙的抗风压性能试验、抗地震性能试验、雨水渗漏性能和空气渗透性能试验，全部达到美国ASTM标准要求。

二、厦门海峡交流中心二期工程

单元式幕墙是指由各种幕墙面板与支撑框架在工厂制定完整的幕墙结构基本单元，直接安装在主体结构上的建筑幕墙。作为一种新型、高档的墙体，单元式玻璃幕墙以其新颖的造型、独特的光彩、挺拔的外表，受到业主和建筑设计师的青睐。随着单元式幕墙在建筑行业的有序推广，如何控制其施工质量显得尤为重要，特别是如何在工程中控制单元式幕墙的施工质量更为重要。

（一）工程概况

海峡交流中心二期B地块工程坐落于厦门市思明区会展中心北片区处，建筑高度212.3m。其中2#、3#楼建筑幕墙总面积为91512m²，单元体面积约为87000m²。标准单元板为4100mm×1417mm，最大单元板块规格为5200mm×1417mm，单元块质量为750kg。单元式幕墙的质量控制包括工厂制作加工阶段和现场安装阶段。这里主要介绍现场安装阶段的质量控制。当然，幕墙设计阶段的相关性试验工作也于先前完成。

（二）安装阶段主要控制措施

为保证土建结构符合有关结构施工及验收规范的要求，必须在安装前，在土建提供的基准基础上对建筑结构进行测量，对预埋件的尺寸、位置进行复核。

1. 施工前准备措施

施工前的准备措施主要有：

（1）组织设计人员对现场安装工人进行技术交底，熟悉本工程单元式幕墙的技术结构特点，详细研究施工方案，熟悉质量标准，使工人掌握每个工序的技术要点。

（2）项目经理组织现场人员学习单元块的吊装方案，着重学习掌握吊具的额定荷载，各种单元体质量等重要参数。

（3）编制详细的单向环行轨道安装及使用方案，并在施工过程中严格控制。

2. 施工过程质量控制措施

施工过程中的主要质量控制措施：

（1）测量放线（见图 2 - 1 - 59）。工程质量控制的好坏，起步非常重要，幕墙放线工作控制的精度直接影响到后续板块安装过程中质量控制的难易，针对工程特点必须在每一楼层内放出控制线。

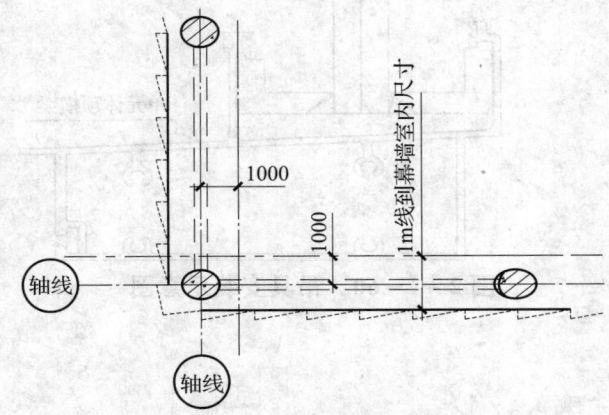

图 2 - 1 - 59　测量与放线

以轴线为基准，向室内引出 1m 线，分布于结构四周。然后以此 1m 线为基准，引出单元式幕墙室内结构面尺寸，从而定位幕墙完成面尺寸，使其误差控制在 1mm 以内。

（2）转接件安装。单元式幕墙转接件比较简单，本工程选用材质为 6063 - 76 铝合金地台码转接件。根据放线结果，放置地台码转接件，用 M16T 型螺栓将转接件与槽式预埋件进行有效连接。本环节主要注意的是铝合金材料与混凝土直接接触部位需进行防腐处理，在地台码与楼板间加垫绝缘胶皮起防腐作用。

（3）单元板块吊装。单元板块吊装根据结构类型，选用环形吊装轨道利用电动葫芦单轨运行进行吊装。为保证吊装作业效率及质量，应采用先进的吊装工艺及熟练的安装工进行操作。根据板块特点，制作如下吊具（如图 2 - 1 - 60 所示）配合吊装。有效地避免了吊装过程中可能导致的型材磨损等质量问题的发生。

板块安装就位后，应用水平仪跟踪检查水平标高，若标高不合格可通过调节转接件内六角螺栓进行调整，如图 2 - 1 - 61 所示。

（4）板块间防水处理。板块安装到位后应及时进行防水处理。本工程防水节点处理选用水槽插芯置于板块顶部水槽内的方式。首先将单元体上横料清理干净，然后将密封胶刮涂均匀，再将已经加工好并预先穿在上横料里的水槽插芯缓慢移动到两件单元体中间，刮胶并再次清理。水槽插芯的长度应不得小于 200mm（转角位置应以胶缝中向两侧的长度均不得小于 100mm），如图 2 - 1 - 62 所示。在水槽安装过程中必须保证型材表面清洁，打胶部位应将杂物清除干净，注胶应饱满美观。

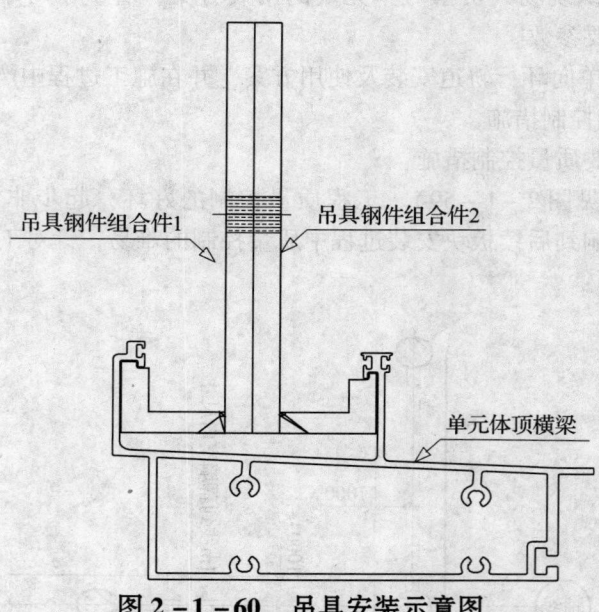

吊具钢件组合件1

吊具钢件组合件2

单元体顶横梁

图 2 - 1 - 60 吊具安装示意图

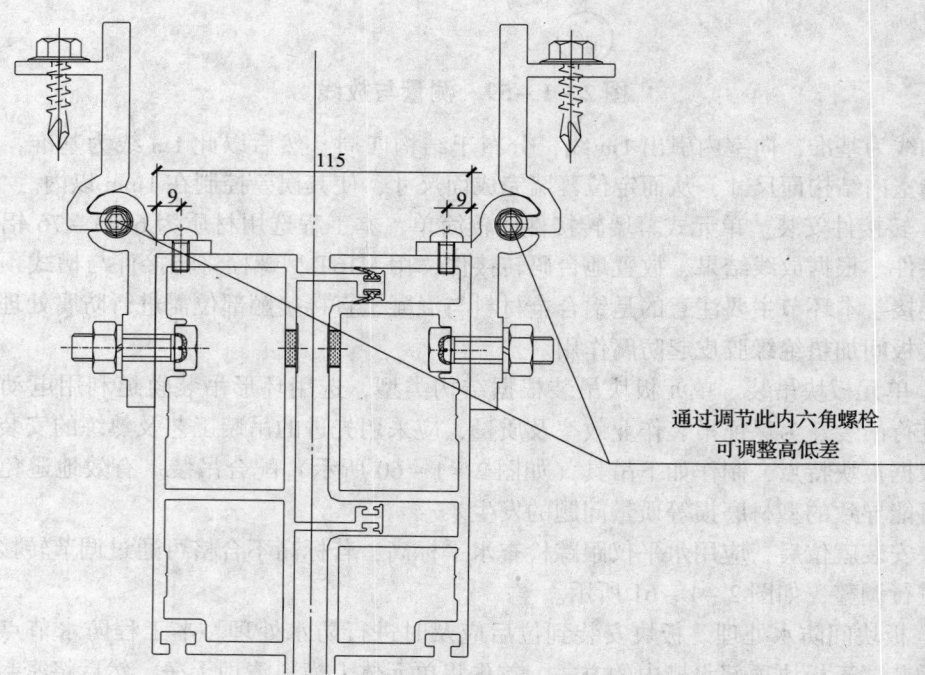

115

9

9

通过调节此内六角螺栓
可调整高低差

图 2 - 1 - 61 单元板块吊装与调整

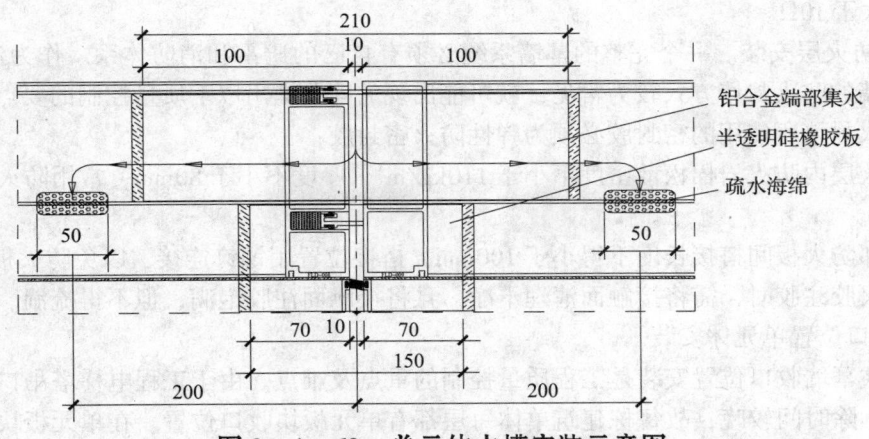

图 2 – 1 – 62　单元体水槽安装示意图

（5）单元板块下支座安装。由于本工程标准层高为 4.1m，且为超高层建筑，在单元式幕墙设计中，每层单元板块均为双支座形式。

如图 2 – 1 – 63 所示，下支座安装过程中，必须保证与单元体接触的转接件与 L 形挂码连接长度不小于其长度的 1/2。

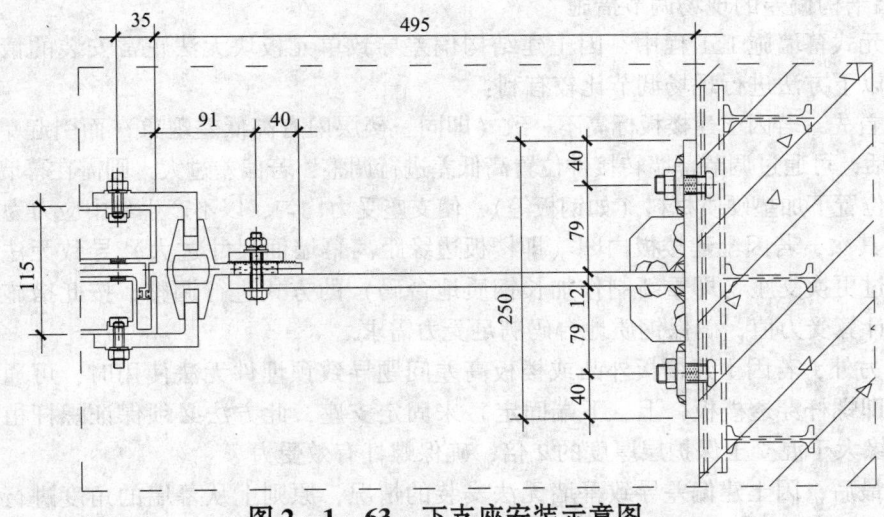

图 2 – 1 – 63　下支座安装示意图

（6）避雷安装。避雷安装过程中应以下面几点作为质量控制要点：

①安装防雷导线前应先除掉接触面上的钝化氧化膜或锈蚀；

②主体结构每两层（小于 9m）设置一圈直径为 12mm 圆钢作为均压环；

③每隔小于 11m 距离，首先把 4mm 镀锌角码焊在均压环引出线上，然后用 25mm × 4mm 弯折铝板把单元幕墙立柱与 4mm 镀锌角钢码可靠连接；

④每隔小于 9m 高度距离对应的每一层间单元幕墙顶，底横料用 25mm×4mm 弯折铝板做上、下、左、右跨接；

⑤将均压环引出线与作为防雷引线的铝合金立柱相连接间距不大于 11m，竖向用 25mm × 4mm 弯折铝板做上下、左右连接，在转角部位必须将立柱设计成引下线，安装完成后，冲击接

地电阻不大于 10Ω。

（7）防火层安装。一个完整的幕墙系统必须有自己的避雷和消防体系。作为消防部分，单元式幕墙的防火封堵方式较为常见，就可能出现的问题提出以下质量控制的要点：

①防火封堵所使用的密封胶必须为弹性防火密封胶；

②防火层内防火岩棉松散密度不小于 $110kg/m^3$，厚度不小于 $80mm$，常用防火岩棉厚度 $100mm$；

③相邻防火板间搭接长度不得小于 $100mm$，搭接位置用铆钉连接，以免防火板面下垂；

④防火胶注胶时，需将接触面清理干净，且将接触面注胶饱满，但不得流淌。

3．收口位置单元体安装

单元式幕墙收口位置安装是工程质量控制的重点及难点。由于工程电梯塔吊口需配合现场施工，拆除时间较晚，故每栋建筑单体每层都有单元板块收口位置。在单元板块收口位置施工前，仔细复核收口部位尺寸，有较大偏差情况及时处理。把控收口位置质量除需按上述标准检测其平面度及垂直度外，重要的一点就是单元板块插接位置的防水处理。本工程防水处理方式采用水槽插芯插接于单元板块上部水槽内，四周采用耐候胶封堵的方式处理。对于收口部位，需先在已安装完成单元板块中间连接位置，在水槽插入到位后，用密封胶将水槽外部封堵，以保证其不从此位置渗水。

4．因结构偏差的现场调节措施

在单元式幕墙施工工程中，因土建结构偏差导致单元板块无法正常安装的情况非常见。采用以下方法进行现场调节比较有利：

（1）首先，若因土建楼板标高不一致（即同一楼层内有高低差现象）而引起单元板块无法安装的话，可通过调节幕墙转接件位置高低差进行调整，若偏差过大，则需在幕墙支座（即地台码）位置下加垫硬质材料（如钢板等），使支座受力均匀，以不产生集中应力为原则。

（2）其次，若因土建楼板内凹（即楼板边缘距离幕墙面尺寸过大）导致无法安装的情况，可通过更换支座（即重新制作加长钢质地台码）的方式进行调整，按此措施进行调整前需仔细计算受力值，确保钢质地台码满足受力需求。

（3）另外，若因土建楼板外凸或楼板高差问题导致预埋件无法使用时，可通过植入穿墙螺栓（即螺杆穿透楼板，上、下端固定）来固定支座，此方法必须保证螺杆植入位置距离结构边缘大于混凝土保护层厚度的 2 倍，确保螺杆有效受力。

（4）最后，因土建偏差导致幕墙无法安装的情况，原则上从幕墙的角度进行调整，确保调整后的连接方式及材料满足受力要求。

5．隐蔽工程验收

幕墙作为建筑外围护结构，其主构架与建筑主体结构的连接系统至关重要。一方面，其自身强度及连接的可靠度决定其支撑连接和稳固的功能，需要抵抗来自任一方向的荷载；另一方面，围护结构的稳定性和安全性，也要求这一连接系统能有效地消除或包容其上持续产生的位移（受外力影响建筑物自身变形产生及金属构件热胀冷缩引起）。故而连接节点必须拧紧、焊接以保证足够强度，并且能保证足够的三维可调的尺寸。同时必须考虑防雷接地、消防及建筑接缝、转角的处理，因此隐蔽工程的验收需在钢件或骨架安装之后、玻璃板块挂装之前进行，发现问题及时解决后方可进入下一道工序。

针对单元式幕墙隐蔽工程的验收工序主要有：预埋件验收、单元板块安装过程中防水胶缝隐蔽验收、避雷专项隐蔽验收、防火隐蔽验收。以上四项涉及单元式幕墙本身所具有的结构、水密性、气密性及防雷、防火等多种性能，是幕墙施工质量管理的重中之重。

（三）成品保护措施

单元式幕墙的成品保护，应从制作、运输、安装工序采取有效保护措施，确保建筑工程整体交付使用时，单元式幕墙结构性能及外观质量的完好与美观。

（1）工厂组装好的单元板块铝型材装饰外露面用保护膜粘贴，以防止其表面污染划伤。

（2）单元式幕墙在一个安装单元层面内安装完成后，应采用塑料编制条布覆盖，以防止上层面的溅水或水泥污物落在安装好的幕墙上，污染腐蚀单元板块各部件。

（3）在已安装单元式幕墙的区域内，如有进行其他分项工程作业时，应设置警示标志和维护屏障，以防止任何可能损伤单元式幕墙的物体磕碰、撞击和污损。

（4）单元式幕墙的维护清洗，应定期（每年不少于 1 次）选择专业清洗公司，采用中性无腐蚀、无污染的清洗剂进行清洗，严禁使用硬物摩擦幕墙表面。

（5）当遇台风、地震、火灾等自然灾害时，用户应及时通知幕墙制作安装厂对单元式幕墙进行全面检查，视损坏程度进行维修加固。

（6）幕墙的保养与维护。凡属高处作业者，必须遵守国家现行标准《建筑施工高处作业安全技术规范》JGJ 80—2016 中的有关规定。

对玻璃幕墙设计、施工的质量进行有效控制是控制建筑幕墙施工质量的主要手段。只要加强对幕墙工程的管理，在各阶段均应做好审查和检验工作，幕墙工程的质量是能够得到保障的，幕墙工程也将为建筑披上漂亮的外衣。

第二章 全玻璃幕墙

　　全玻璃幕墙是指幕墙的支撑框架与幕墙的平面材料均为玻璃，故系无框玻璃幕墙体系。全玻璃幕墙一般使用在高层建筑裙楼层开窗部位、商店的橱窗和大厅的分隔，不宜用于高度过高的场所。当应用的空间宽度、高度都较大时，为了减小大片玻璃的厚度，则利用玻璃作框架体系，将玻璃框架固定在楼层的楼板和顶棚上，用作大片玻璃幕墙的支撑点，以减少单片玻璃的厚度，降低造价。

　　在建筑美学上，大面积的全通透玻璃形成柔顺通透的外围结构，整体通透简洁，集安全性、实用性和艺术性于一体，给人带来视觉舒适、美的共享空间。

第一节 概 述

一、全玻璃幕墙的定义

　　全玻璃幕墙其玻璃本身即是饰面构件，又是承受自身质量荷载及风荷载的承重构件。由于没有骨架，整个玻璃幕墙采用通长的大块玻璃，通透感更强，视线更加开阔，立面效果更为简洁。这类大玻璃的高度一般是接近建筑物的层高，有些甚至更高，其厚度多采用 10~19mm 的玻璃。

　　无骨架玻璃幕墙的构造主要有两种类型，一种是设有肋玻璃的构造，另一种是不设肋玻璃的构造。

二、全玻璃幕墙的特点

　　全玻璃幕墙即无框玻璃幕墙，由于所有材料均为玻璃，它的特点是视野几乎全无阻挡，完全透明，外观豪华壮观，富丽堂皇，给人一种明快、光亮的感觉。

　　全玻璃幕墙是指面板和肋板均为玻璃的幕墙。面板和肋板之间用透明硅酮胶粘接和密封，由于没有边框，整个玻璃幕墙系采用通长的大块玻璃（长达 12m 以上），当玻璃高度小于 4m 时，可以不加玻璃肋；当玻璃高度大于 4m 时，就应用玻璃肋来加强，玻璃肋的厚度一般不小于 12mm。

三、全玻璃幕墙的应用

　　全玻璃幕墙由于无金属边框，视野宽广，外观豪华壮观，广泛用于大型公共建筑物的入口部位、高层旋转餐厅、大型商业跑马廊、大型饭店的天井大廊、大型水族馆等。除用于建筑外墙立面外，玻璃幕墙还应用在一些特殊功能用房中，如大型电子计算机机房、电视制作及发射机房、微波机房等。只有根据不同的使用目的，选择适当的玻璃品种和幕墙的结构形式，才能使安全玻璃幕墙达到既美观又实用的目的。

四、全玻璃幕墙的分类

全玻璃幕墙根据安装构造方式不同，可分为座地式和吊挂式两种幕墙。

（一）座地式全玻璃幕墙

当幕墙的玻璃高度较低（小于5m）时，全玻璃幕墙可采用座地式安装，即幕墙大块面玻璃，肋玻璃上、下均可用镶嵌槽安装，玻璃被固定安装在下部的镶嵌槽内，而在上部的镶嵌槽顶部与玻璃之间需留出一定空间，使玻璃有伸缩变形的余地。

座地式全玻璃幕墙构造简单，造价低廉，主要靠底座承重。其缺点是玻璃在自身质量荷载作用下容易产生弯曲变形，造成视觉上的图像失真。

（二）吊挂式全玻璃幕墙

当应用的层高较高时，幕墙面的大块玻璃与玻璃翼上、下如果被搁置在下部的镶嵌槽中，直立高度高，高厚比较大，平面外刚度很差，易于在自身质量荷载下发生压屈破坏。在这种情况下（玻璃高度大于5m时）的幕墙需采用吊挂式安装，也就是在幕墙上端设置特殊的专用金属夹具，将大块玻璃吊挂起来，构成没有变形的大面积连续玻璃幕墙。玻璃与下部镶嵌槽底之间留有伸缩空间。

一般在下述情况下需要采用吊挂式安装：

玻璃厚度 10mm，幕墙高度 >4m；

玻璃厚度 12mm，幕墙高度 >5m；

玻璃厚度 15mm，幕墙高度 >6m；

玻璃厚度 19mm，幕墙高度 >7m。

用这种方法可以消除由自身质量引起的玻璃挠曲，创造出既美观通透又安全可靠的空间效果。20世纪90年代，在沈阳国税大厦和昆明顺达大厦工程中，单块玻璃高度为12.7m，是目前我国单块长度最长的玻璃幕墙板块。吊挂式玻璃幕墙的宽度分割一般宜介于2~2.4m，单片玻璃的自身质量在1200kg以下。

第二节　全玻璃幕墙的构造

全玻璃幕墙，即无框玻璃幕墙，其含义是指在视线范围内不出现金属框料，形成在某一层范围内幅面比较大的无遮挡的透明面。为了加强玻璃墙面的刚度，往往必须每隔一定的距离用条形玻璃，作为加强肋板，称为肋玻璃。加肋玻璃全玻璃幕墙与不设肋玻璃全玻璃幕墙两者的节点构造与固定方式明显不同。

一、不设肋玻璃全玻璃幕墙

（一）节点构造

对于不设肋（肋玻璃）的全玻璃无框架玻璃幕墙，最普遍的做法是将大块玻璃的两端嵌入金属框内，并用硅酮结构密封胶嵌缝固定，其构造如图2-2-1所示。

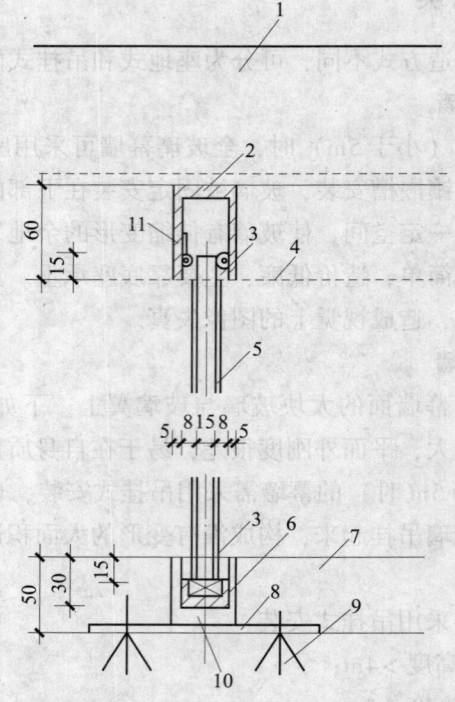

图 2 - 2 - 1 大块玻璃幕墙节点示意图

1—顶部角铁吊架；2—5mm 厚钢顶框；3—硅酮胶嵌缝；4—平顶面；5—15mm 厚玻璃；
6—5mm 厚钢底框；7—地平面；8—6mm 厚铁板；9—M12 胀铆螺栓；10—垫铁；11—氯丁橡胶条

（二）玻璃固定方式

全玻璃幕墙安装玻璃，需将玻璃插入金属镶嵌槽内，定位后采用密封条或密封胶填入玻璃与槽壁间的空隙，将玻璃固定。通常采用的固定方式有三种，其固定形式如图 2 - 2 - 2 所示。

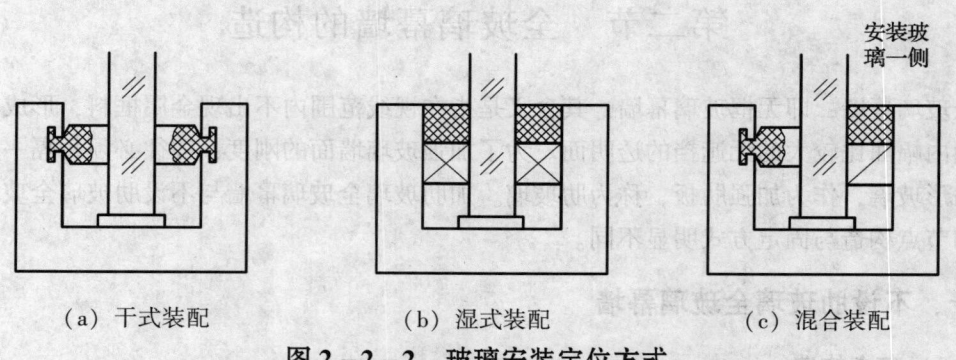

（a）干式装配   （b）湿式装配   （c）混合装配

图 2 - 2 - 2 玻璃安装定位方式

1. 干式装配

在固定玻璃时，采用密封条（如橡胶密封条等）镶嵌固定的安装方式常称为干式装配。如图 2 - 2 - 2 （a）所示。

2. 湿式装配

当玻璃插入镶嵌槽内定位后，采用密封胶（如硅酮密封胶等）注入玻璃与槽壁之间的空隙而将玻璃固定的方式，则称为湿式装配。如图 2 - 2 - 2（b）所示。

3. 混合装配

将干式装配与湿式装配同时结合使用，则称为混合装配。也即是在放入玻璃之前，先在安装方向的另一侧固定密封条，然后放入玻璃，安装方向的另一侧用硅酮密封胶最后固定。如图 2 - 2 - 2（c）所示。

湿式装配的密封性能优于干式装配，且使用硅酮密封胶时，其寿命也长于橡胶密封胶条。

二、加肋玻璃全玻璃幕墙

（一）加肋玻璃的构造

1. 加肋玻璃相交面的构造形式

全玻璃幕墙，除了设有大面积的面部玻璃外，一般还需加设与面部玻璃面垂直的条形肋玻璃，肋玻璃的主要作用是加强面玻璃的刚度，如肋玻璃设在面玻璃的接缝处则可提高抗剪强度，从而可以保证整体玻璃幕墙在风压作用下的稳定性，提高了全玻璃幕墙的刚度。

肋玻璃面的肋方向布置，主要根据建筑物所处的位置、建筑功能及艺术要求而定。面玻璃与肋玻璃相交部位的处理，通常有三种构造形式：

（1）双肋：面玻璃两侧加肋玻璃，适用于中间内墙，如图 2 - 2 - 3（a）所示。

（2）单肋：面玻璃单侧加肋玻璃，适用于外墙侧面，如图 2 - 2 - 3（b）所示。

（3）通肋：肋玻璃整块穿过面玻璃，适用于面幅较大的幕墙，如图 2 - 2 - 3（c）所示。

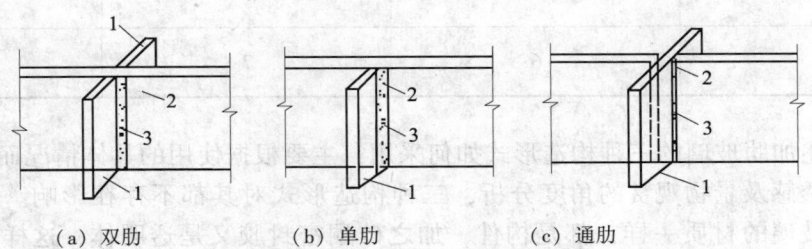

（a）双肋　　　　　（b）单肋　　　　　（c）通肋

图 2 - 2 - 3　加肋玻璃构造形式

1—肋玻璃；2—面玻璃；3—胶密封

2. 加肋玻璃相交面处理形式

加肋全玻璃幕墙的玻璃框体上、下端，用特别的金属件与建筑主体结构连接，而肋玻璃与面玻璃用硅酮结构密封胶连接。连接时，面玻璃与肋玻璃相交部位留出一定间隙，并用硅酮系列密封胶注满。间隙尺寸可视玻璃的厚度而各有区别，具体尺寸如图 2 - 2 - 4 所示。其处理方式常有后置式、骑缝式、平齐式及突出式四种，如图 2 - 2 - 5 所示。近年来，为了使全玻璃幕墙外观更加显现流畅，避免"冷桥"出现，并减少金属型材的温度应力，玻璃上、下端也采用硅酮密封胶密封，已可承受 $9.8kN/m^2$ 的风压，达到了很高的安全性。有关参考数据见表 2 - 2 - 1。

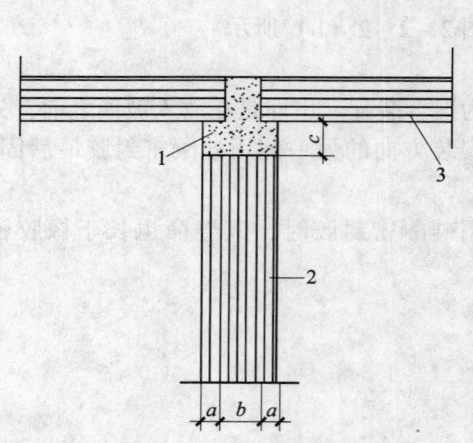

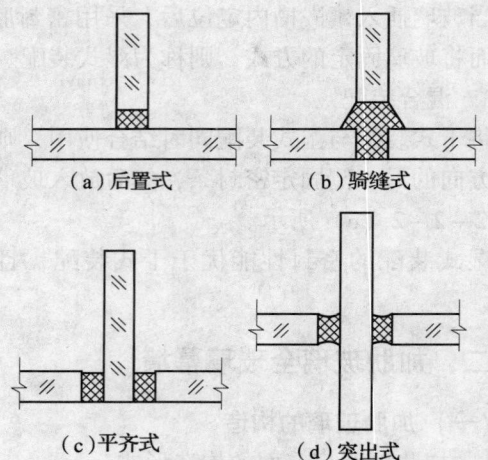

图 2 − 2 − 4　玻璃相交部位处理　　　图 2 − 2 − 5　肋玻璃相交面处理形式

1—密封胶；2—肋玻璃；3—面玻璃

表 2 − 2 − 1　参考数据

肋玻璃厚度（mm）	密封点尺寸宽度（mm）		
	a	b	c
12	4	4	6
15	5	5	6
19	6	7	6

　　至于上述加肋玻璃的三种构造形式如何采用，主要根据使用的具体情况而定。如果从大玻璃的通透感及景物观赏的角度分析，三种构造形式对其都不存在影响。因为肋玻璃的材质同面玻璃的材质一样，都是构件，加之硅酮密封胶又是透明体，这样就更不存在问题。

　　此种类型的全玻璃幕墙所使用的玻璃可以是平板玻璃，但多用钢化玻璃和夹层钢化玻璃。单块面积的大小可根据具体的使用条件决定。由于玻璃幕墙的使用要求，往往单块玻璃的面积较大，否则就失去了这种玻璃幕墙的特点。在玻璃幕墙高度已定的情况下，如何确定玻璃的厚度、单块面积的大小、肋玻璃的宽度及厚度，这些均应经过计算。在强度及刚度方面，应满足在最大风压情况下的使用要求。

　　表 2 − 2 − 2 所列是日本东京 ASAHI 玻璃公司所使用的玻璃厚度选用表，在工程中视上述具体情况而定，这里仅供参考。

表 2 - 2 - 2　吊挂式全玻璃幕墙肋玻璃选择表

面玻璃单块宽度（m）

面玻璃高度(m)	设计风压(kPa)	1.5 面玻璃厚(mm)	1.5 肋玻璃厚(mm)	1.5 肋玻璃宽度 双侧	1.5 肋玻璃宽度 单侧	2.0 面玻璃厚(mm)	2.0 肋玻璃厚(mm)	2.0 肋玻璃宽度 双侧	2.0 肋玻璃宽度 单侧	2.5 面玻璃厚(mm)	2.5 肋玻璃厚(mm)	2.5 肋玻璃宽度 双侧	2.5 肋玻璃宽度 单侧	3.0 面玻璃厚(mm)	3.0 肋玻璃厚(mm)	3.0 肋玻璃宽度 双侧	3.0 肋玻璃宽度 单侧
2.0	0.981	8	12/15	110/100	150/130	8	12/15	120/110	170/150	8	12/15	140/120	190/170	10	12/15	150/130	210/190
2.5	0.981	8	12/15	130/120	180/170	8	12/15	150/140	210/190	10	12/15	170/150	240/210	10	12/15	180/170	260/230
3.0	0.981	8/10	12/15	160/140	220/200	10	12/15	180/160	250/230	10	12/15/19	200/180/160	280/250/230	12	12/15/19	220/200/180	310/280/250
4.0	0.981	(10)	12/15/19	210/190/170	290/260/230	10	12/15/19	240/220/190	340/300/270	12	12/15/19	270/240/210	380/340/300	15	12/15/19	290/260/230	410/370/330
5.0	1.052	(12)	(15)/(19)	240/210	340/300	(12)	(15)/(19)	280/250	390/350	15	15/19	310/280	440/390	15	15/19	340/300	480/420
6.0	1.153	(15)	(15)/(19)	300/270	420/380	(15)	(15)/(19)	350/310	490/440	19	(15)/(19)	390/350	550/490	19	(15)/(19)	420/380	600/530
7.0	1.245	(15)	(15)/(19)	360/320	510/460	(19)	(15)/(19)	420/370	590/530	(19)	(15)/(19)	470/420	660/590	—	—	—	—
8.0	1.332	(15)	(15)/(19)	430/380	610/540	(19)	(15)/(19)	500/440	700/620	—	—	—	—	—	—	—	—
9.0	1.412	(19)	(15)/(19)	500/440	700/620	(19)	(15)/(19)	570/510	810/720	—	—	—	—	—	—	—	—
10.0	1.489	(19)	(15)/(19)	570/500	800/710	—	—	—	—	—	—	—	—	—	—	—	—

注：1. 本表数字适用于第一层楼。

　　2. 数字加括号表示玻璃应吊挂安装固定。

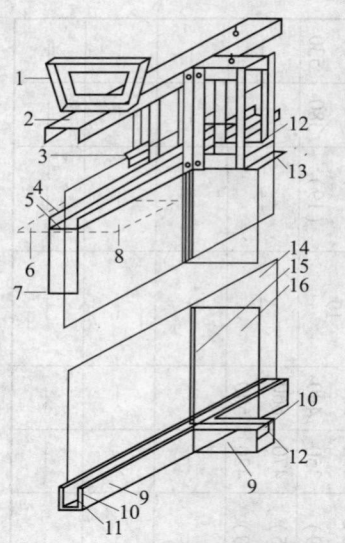

图 2 - 2 - 6　吊挂式全玻璃幕墙构造

1—钢吊架；2—钢横梁；

3—马蹄形钓夹具；4—顶部支撑框；

5—密封胶（硅酮或多硫化物）；

6—室外装饰板；7—内外夹具；

8—天花板；9—底部支座；

10—硅酮嵌缝胶；11—底座；

12—端部用硬度为 90 的氯丁橡胶、
垫块或硬橡胶板固定；

13—玻璃肋端部固定的金属件；

14—玻璃；15—硅酮结构胶；

16—玻璃肋

（二）　加肋玻璃全玻璃幕墙的固定

1. 构造节点

对于加肋玻璃全玻璃无框架玻璃幕墙，当整块玻璃的高度在 5m 以上时，除在玻璃底部设置必要的支承外，还同时需要在玻璃顶部增设吊钩进行悬吊，以减少底部支承力。

吊挂式加肋玻璃全玻璃幕墙的构造如图 2 - 2 - 6 所示。

2. 玻璃固定方式

此种幕墙玻璃的固定方法可采用吊钩悬吊固定、特殊型材固定或采用金属框等形式。面玻璃与肋玻璃相交部位，宜留出一定间隙，用硅酮密封胶注满。

吊挂式加肋玻璃全玻璃幕墙中玻璃的固定，有三种形式，具体如图 2 - 2 - 7 所示。

（1）图 2 - 2 - 7（a）所示的形式，是用上部结构梁上悬吊下来的吊钩将肋玻璃及面玻璃固定。这种方式多用于高度较大的单块玻璃。

（2）图 2 - 2 - 7（b）所示的形式，是用特殊金属型材支架连接在玻璃上部边框料固定玻璃。室内的玻璃隔断多用此种方法。

（3）图 2 - 2 - 7（c）所示的形式，是用金属框固定面玻璃。这种方式多用于 5m 以下的单块玻璃。

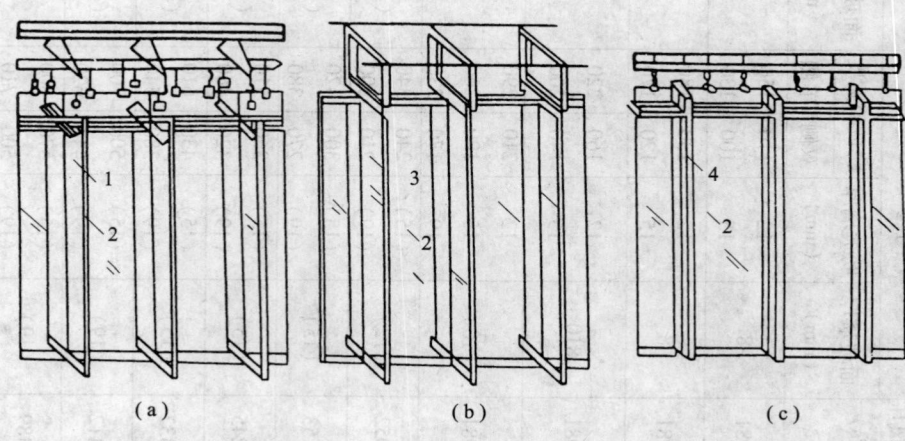

（a）　　　　　　　（b）　　　　　　　（c）

图 2 - 2 - 7　玻璃固定形式

1—肋玻璃；2—面玻璃；3—肋玻璃；4—金属竖框

吊挂式全玻璃幕墙悬吊件如图 2–2–8 所示。在全玻璃幕墙即无框架玻璃幕墙的工程中，多采用吊挂式安装。

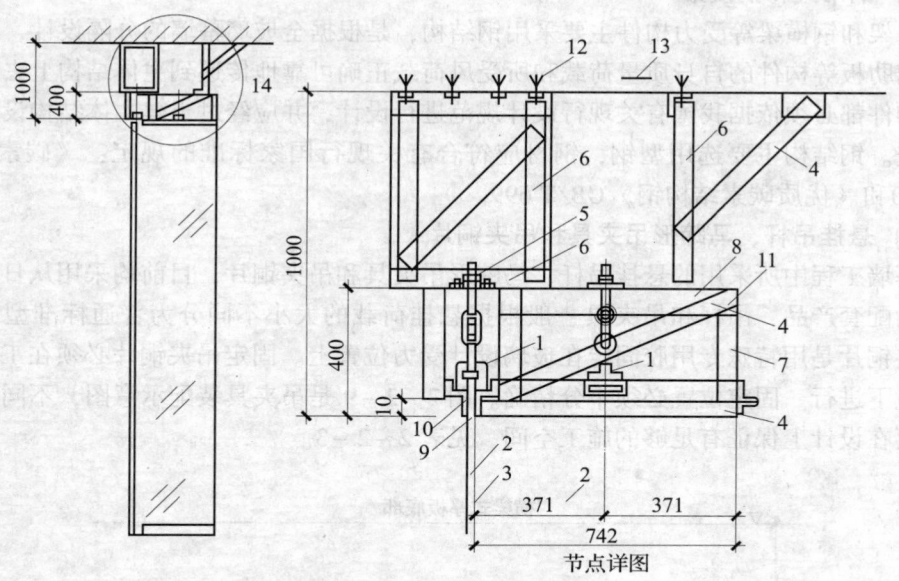

图 2–2–8 吊挂式全玻璃幕墙悬吊架示意图

1—吊码；2—19mm 厚平板玻璃；3—硅酮胶；4—∟ 50mm×50mm×5mm 角钢；
5—M12 螺栓；6—∟ 75mm×75mm×5mm 角钢；7—∟ 65mm×65mm×5mm 角钢；
8—[152mm×76mm 槽钢；9—胶密封；10—橡胶条；
11—M10 螺栓；12—膨胀铆螺栓；13—混凝土结构；14—节点

第三节　机具设备和材料规格

一、吊挂式全玻璃幕墙构成

吊挂式全玻璃幕墙的结构主要由三部分组成。

（一）上部承重吊挂结构

上部承重吊挂结构的主要部件有：①钢吊架；②钢横梁；③悬挂吊杆；④马蹄形吊夹具；⑤吊夹铜片；⑥内外金属夹扣；⑦填充密封材料；⑧耐候硅酮嵌缝密封胶。

（二）中部玻璃结构

中部玻璃结构包括：①玻璃面板；②玻璃肋板；③耐候硅酮结构密封胶。

（三）下部边框结构

下部边框结构（含侧向边框）包括：①金属边框；②氯丁橡胶垫块；③泡沫塑料填充条（棒）；④耐候嵌缝密封胶。

二、施工机械设备

（一）钢吊架和钢横梁

钢吊架和钢横梁等受力构件主要采用钢结构，是根据全玻璃幕墙的分隔设计，将玻璃面板和玻璃肋板等构件的自身质量荷载和所受风荷载正确可靠地传递到主体结构上去。所有玻璃受力构件都必须依据我国有关现行设计规范进行设计，并应经过土建主体结构设计单位的复核审查。钢结构主要选用型钢，钢材应符合有关现行国家标准的规定：《碳素结构钢》GB/T 700和《优质碳素结构钢》GB/T 699。

（二）悬挂吊杆、马蹄形吊夹具和吊夹铜片

在幕墙工程中所采用的悬挂吊杆、马蹄形吊夹具和吊夹铜片，目前均采用从日本专业工厂进口的配套产品，吊杆和吊夹具一般根据悬挂荷载的大小不同分为普通标准型和重型两种。吊夹铜片是用特殊专用胶固定在玻璃设计受力位置上。固定吊夹铜片必须在工厂车间干净的环境下进行。固定位置必须十分精确。图2-2-9是吊夹具装配示意图，不同类型的吊夹具需要在设计上保证有足够的施工空间，见表2-2-3。

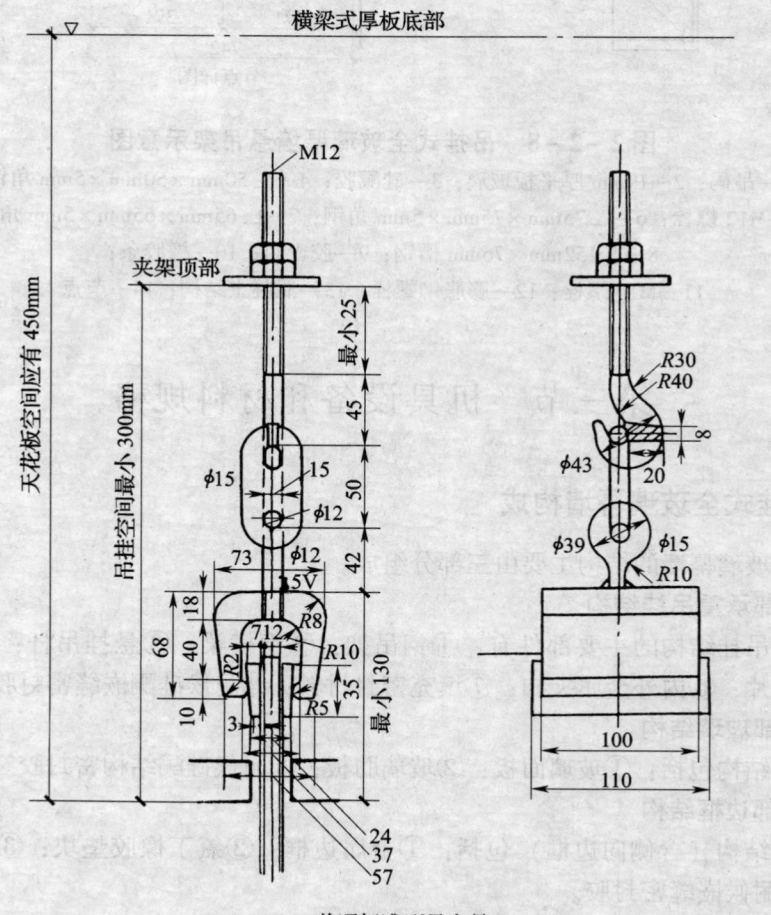

（a）普通标准型吊夹具

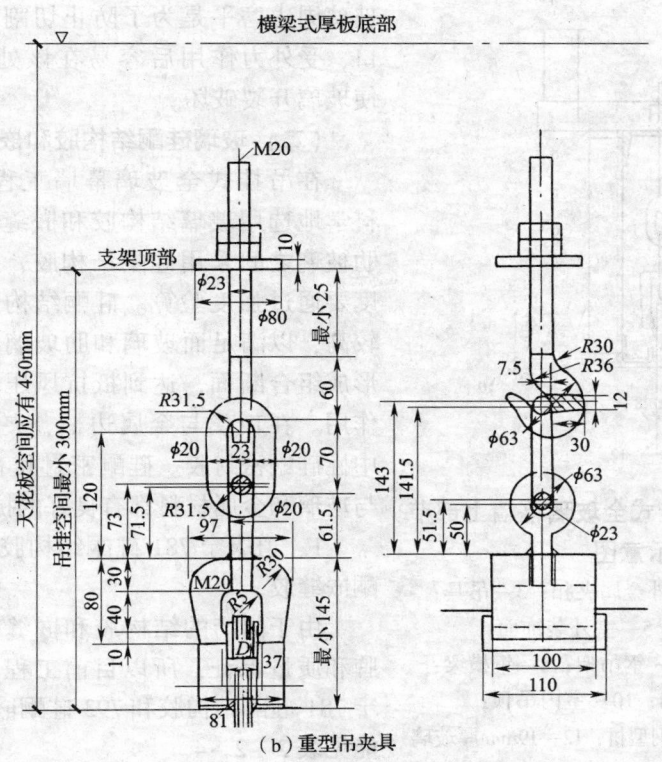

（b）重型吊夹具

图 2 - 2 - 9 吊夹具装配示意图

表 2 - 2 - 3 吊夹具类型选用和所需施工空间高度参考表

承受悬挂玻璃质量（kg）	吊夹具类型	所需施工空间高度（mm）
$Wg < 450$	普通标准类型	>450
$450 \leqslant Wg \leqslant 1200$	重型	>550

（三）内、外金属夹扣

内、外金属夹扣是在玻璃悬挂就位后在玻璃幕墙上部的封边结构。它的作用是将玻璃在上部定位，使面玻璃承受风力荷载后，能均匀地传递到肋玻璃和型钢吊架上，同时也是室内吊顶和室外装饰材料和全玻璃幕墙的交接收口位置。内外金属夹扣通常也用型钢制作，夹扣的长度应与玻璃宽度尺寸相配合。为了便于面玻璃的吊装就位，一般只能先固定好内金属夹扣，待面玻璃被悬挂就位后再用安装螺栓固定好外金属夹扣。

金属夹扣与玻璃接触的部位最好采用不锈钢材料，因为嵌缝胶一般为弱酸性，热镀锌处理的钢材尚不能很好地解决防腐蚀要求。

三、材料规格及技术性能

（一）玻璃

在全玻璃幕墙中主要采用浮法镀膜玻璃、钢化玻璃、夹层钢化玻璃等，玻璃厚度应通过设计和计算来确定，有 15mm、19mm、25mm，较常用的是 19mm。吊挂式全玻璃幕墙上部节点如图 2 - 2 - 10 所示。玻璃所有的边缘均要求磨平，外露的边缘还应该磨光和倒棱角。

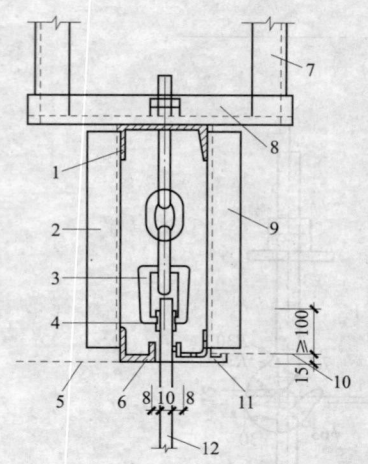

图 2 – 2 –10　吊挂式全玻璃幕墙上部节点示意图

1—安装螺栓；2—外金属夹扣；3—吊具；
4—吊夹钢片；5—室外装饰面；
6—硅酮嵌缝胶；7—钢吊架；8—钢横梁；
9—内金属夹扣；10—室内吊顶；
11—3mm 厚不锈钢槽钢型材；12—19mm 厚玻璃

玻璃周边磨平是为了防止切割玻璃后如有小缺口，受外力作用后容易在该处产生应力集中，使玻璃开裂破坏。

（二）玻璃硅酮结构胶和嵌缝胶

在吊挂式全玻璃幕墙工程中，必须合理、科学地选用玻璃结构胶和嵌缝胶。在面玻璃和肋玻璃之间采用硅酮结构胶，胶缝的宽度和厚度要通过强度验算。硅酮结构胶的抗拉强度比较高，以满足面玻璃和肋玻璃通过硅酮结构胶形成组合断面，达到抵抗风压力等外部荷载的作用。在玻璃与金属边框、夹扣之间，宜采用中性硅酮密封胶。硅酮密封胶有良好的耐候性，与玻璃和金属材料都有良好的抗剥离强度。

1. 道康宁 781 硅酮结构胶和道康宁 793 硅酮嵌缝胶

由于国产的结构胶和嵌缝胶尚无良好的品牌和质量保证，所以目前工程中较多采用道康宁 781 硅酮结构胶和 793 硅酮嵌缝胶。其技术性能见表 2 – 2 – 4。

表 2 – 2 –4　道康宁 781 硅酮结构胶和道康宁 793 硅酮嵌缝胶主要技术性能

胶类	技 术 性 能		指　标
道康宁 781 硅酮结构胶		颜色	半透明
		流垂	无
		表干时间（3mm 厚）（min）	20
		固化类型	醋酸型
	固化后	相对密度（g/cm^3）	1.04
	JISA6768	硬度（邵氏）	23
	JISK6301	极限抗拉强度（N/mm^2）	2.5
	JISK6301	撕裂强度（H 型模）（N/mm^2）	0.4
	JISK6301	玻璃剥离强度（N/mm^2）	0.55
	JISK5755	接口变位承受能力（%）	±25
道康宁 793 硅酮嵌缝胶	ASTM C670	颜色	黑、灰、古铜、瓷白、白、半透明
		表干时间（min）	小于 90
		固化时间（+25℃）（d）	3
		完全黏结（d）	7~14
	ASTM D2202	流垂	0
		施工时间（min）	15

续表 2 - 2 - 4

胶类	技 术 性 能		指 标
道康宁 793 硅酮 嵌缝胶	固化后，在温度 20℃，湿度 50% 情况下施工后 7d		
	ASTM D2240	硬度（邵 A）	30
	ASTM D412	极限抗拉强度（最大伸长情况）（MPa）	1.4
	ASTM D510	污染	无
	ASTM C719	接口变位承受能力（%）	±25
	ASTM D624	撕裂强度（B 形模）（N/m）	3.851

2. 道康宁 995 硅酮结构密封胶

美国道康宁 995 硅酮结构密封胶是一种单组分黏稠膏状制品，可随时使用，在 $-25℃ \sim +50℃$ 的温度范围内黏度保持均匀。该产品通过检测符合中国国家标准《建筑用硅酮结构密封胶》GB 16776—2005，美联邦标准 TT—S—001543A（COM—NBS）及 TT—S00230C 等的规定指标。该结构胶固化后在 $-40℃$ 的低温和 $+150℃$ 的高温范围内仍保持弹性，而不会脆化、龟裂或被撕裂，具有较显著的防水、耐候和抗老化等性能。其主要指标见表 2 - 2 - 5。

表 2 - 2 - 5 道康宁 995 硅酮结构密封胶的主要技术性能

项 目		指 标
供应品：黑色 305mL 胶管包装 562mL 肠状铝箔包装 7.5L 和 17L 桶装	表干时间（h）	1.5
	固化时间（d）	7 ~ 14
	完全凝结时间（d）	14 ~ 21
	垂流（mm）	<2.5
	施工时间（mm）	10 ~ 20
固化后： 在温度 25℃，湿度为 50% 情况下施工后 7d	硬度（邵氏 A）	40
	极限抗拉强度（MPa）	2.3
	延伸率（%）	525
	撕裂强度（B 形模）（N/m）	8553
	剥离强度（N/m）	7007
固化后： 在温度 25℃，湿度为 50% 情况下施工后 21d	25% 抗拉强度（MPa）	0.34
	50% 抗拉强度（MPa）	0.552
	极限抗拉强度（MPa）	0.93
	极限变位承受能力（%）	±0
固化后： 在温度 25℃，湿度为 50% 情况下施工后 21d 情况下按 ASTMG - 53 的 QUV4500h 测试	25% 抗拉强度（MPa）	0.35
	50% 抗拉强度（MPa）	0.54

3. 道康宁791－N硅酮耐候密封胶

道康宁791－N硅酮耐候密封胶为中性固化环保型硅酮密封胶，对大多数建筑材料都不会产生不良反应或腐蚀作用。具有优良的抗紫外线、耐老化性能，适用高位移（可达至原接口尺寸±50%的伸长或压缩能力）。该产品与普通平板玻璃、浮法镀膜玻璃、各种镀膜及阳极氧化铝材、不锈钢、铸铁、天然石材等均具有优良的黏结性能，适用于玻璃幕墙、金属幕墙和石材幕墙的耐候密封、伸缩缝接口以及修补破损的接口密封。施工时须注意如下事项：

（1）用不脱绒的白布和溶剂将施胶部位表面擦拭干净。

（2）当施胶材料表面温度大于50℃时，不宜进行打胶施工。

（3）如经测试确定需要在基材施胶部位采用底漆时，可用道康宁底漆擦涂基面并待干，为防止污染，应事先对相邻部位采取胶带遮盖措施。

（4）切开胶嘴至接口所需尺寸即用打胶枪施打，应注意连续不断。

（5）在密封胶揭批前，及时用修口工具将密封胶压进缝口并揭除遮盖胶带。

（6）道康宁791－N硅酮耐候密封胶的凝结时间约20min，表干时间在3h以内；全部固化约需7～14d，完全黏结为14～21d。

（7）用料预估：见表2－2－6。

表2－2－6 每支（30mL）道康宁791－N硅酮耐候密封胶的施胶长度（m）

深度（mm）	宽度（mm）					
	6	9	12	15	20	25
6	8.3	5.6	4.2	3.3	2.5	2.0
9	不建议	3.7	2.8	2.2	1.7	1.3
12	不建议	不建议	2.1	1.7	1.3	1.0

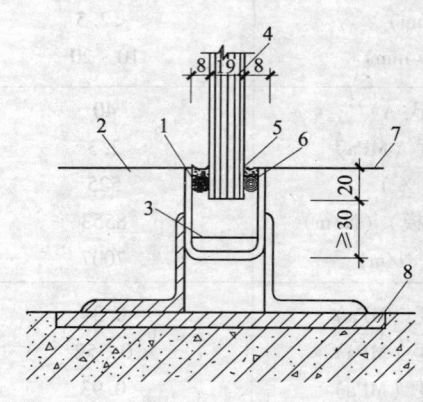

图2－2－11 底框和边框节点示意图

1—3mm厚不锈钢型材；2—外装饰面；
3—氯丁橡胶垫块；4—19mm厚玻璃；
5—硅酮嵌缝胶；6—泡沫塑料圆条；
7—内装饰面；8—预埋件

（三）金属边框

在吊挂式全玻璃幕墙工程中，多采用槽型钢金属边框。目前，埋入地面以下或墙面内的边框多采用镀锌冷弯薄壁槽钢。但有的工程一年后复查，发现镀锌层有剥离现象，根据国外实践经验，最好采用3mm厚不锈钢槽型钢为宜。图2－2－11是底框和边框节点示意图。

四、安装施工机具

（一）电动真空吸盘机

电动真空吸盘机是一种真空装卸装置。它主要由起重悬吊架、电动真空装置、横杆、可拆除伸延臂、吸盘等组成。真空吸盘安装在双弹簧悬挂装置上，以保证吸盘能准确地排列和吸附物件。真空装置要有报警显示和延时功能，不仅能及时发现有吸盘泄漏，且能有足够的时间处置，不致玻璃掉落。可拆除伸延臂是为方便吊不同尺寸的玻璃所用。施工前要根据该工程所用玻璃的尺寸和自身质量，选择好电动吸盘的型号，如图2-2-12所示。

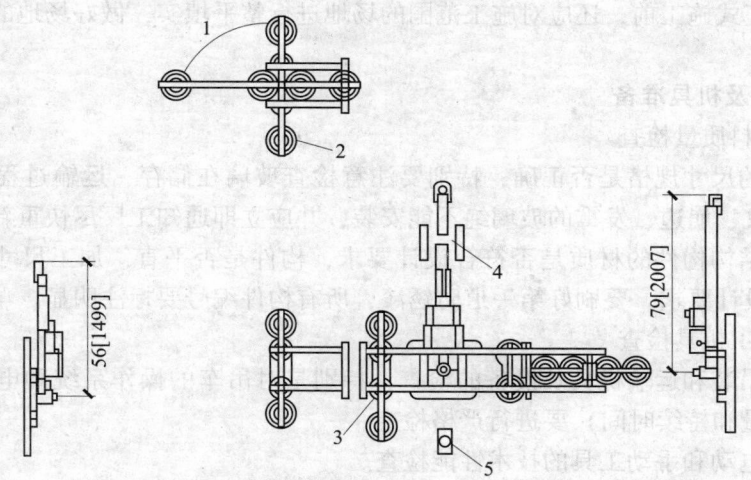

图2-2-12　电动吸盘示意图

1—吸盘旋转及伸延臂；2—可拆除吸盘臂；3—可拆除伸延臂；

4—可拆除升降伸延臂；5—悬垂控制器

施工时，须做电动真空吸盘机吸附质量荷载和持续时间的实验后，才能投入正式施工。

（二）液压起重吊车

液压起重吊车主要根据吊装玻璃的质量和吊装半径尺寸以及吊车行驶位置选择吊车的型号，吊车必须要有液压微动操作功能。

第四节　全玻璃幕墙安装施工

全玻璃幕墙的安装施工是一项多工种联合施工，不仅施工工序复杂，操作也要求十分精细，同时它又与其他分项工程的施工进度计划有密切的关系。为了使全玻璃幕墙的施工安装顺利进行，必须根据工程实际情况，编制好单项工程施工组织设计，并经总承包单位确认。

一、施工准备工作内容

（一）技术准备

1. 技术资料收集

现场土建设计资料收集和土建结构尺寸测量。由于土建施工时可能会有一些变动，实际尺寸不一定都与设计图纸符合。全玻璃幕墙对土建结构相关的尺寸要求较高，所以在设计前必须到现场量测，取得第一手资料数据，然后才能根据业主要求绘制切实可行的幕墙分隔图。对于有大门出入口的部位，还必须与制作自动旋转门、全玻璃门的单位配合，使全玻璃幕墙在门上和门边都有可靠的收口，同时也需满足自动旋转门的安装和维修要求。

2. 设计和施工方案确定

在对玻璃幕墙进行设计分隔时，除要考虑外形的均匀、美观外，还应注意尽量减少玻璃的规格型号。由于各类建筑的室外设计都不尽相同，对有室外大雨篷、行车坡道等项目，更要注意协调好总体施工顺序和进度，防止由于其他室外设施的建设，影响吊车行走和玻璃幕墙的安装。在正式施工前，还应对施工范围的场地进行整平填实，做好场地的清理，保证吊车行走畅通。

（二）材料及机具准备

1．主要材料质量检查

（1）玻璃的尺寸规格是否正确，特别要注意检查玻璃在储存、运输过程中有无受到损伤，发现有裂纹、崩边、发霉的玻璃绝不能安装，并应立即通知工厂尽快重新加工补充。

（2）金属结构构件的材质是否符合设计要求，构件是否平直，加工尺寸、精度、孔洞位置是否满足设计要求。要刷好第一道防锈漆，所有构件编号要标注明显。

2．主要施工机具检查

（1）玻璃吊装和运输机具及设备的检查，特别是对吊车的操作系统和电动吸盘的技术性能（吸附质量和持续时间）要进行严格检查。

（2）各种电动和手动工具的技术性能检查。

（3）预埋件的位置与设计位置偏差不应大于20mm。

3．搭脚手架

由于施工程序中的不同需要，施工中搭建的脚手架需满足不同的要求。

（1）放线和制作承重钢结构支架时，应搭建在幕墙面玻璃的两侧，方便工人在不同位置进行焊接和安装等作业。

（2）安装玻璃幕墙时，应搭建在幕墙的内侧。要便于玻璃吊装斜向伸入时不碰脚手架，又要使站立在脚手架上、下各部位的工人都能很方便地握住手动吸盘，协助吊车使玻璃准确就位。

（3）玻璃安装就位后注胶和清洗阶段，这时需在室外另行搭建一排脚手架，由于全玻璃幕墙连续面积较大，使室外脚手架无法与主体结构拉接，所以要特别注意脚手架的支撑和稳固，可以用地锚、缆绳和用斜撑的支柱拉接。

施工中各操作层高度都要铺放脚手板，顶部要有围栏，脚手板要用铁丝固定。在搭建和拆除脚手架时要格外小心，不能从高处向下抛扔钢管和扣件，防止损坏玻璃。

二、加肋玻璃全玻璃幕墙安装施工

加肋玻璃全玻璃幕墙亦指底座式或嵌槽式加肋玻璃板全玻璃幕墙。

（一）施工工艺流程

加肋玻璃全玻璃幕墙施工工艺流程：玻璃加工组装→玻璃安装→注嵌耐候硅酮密封胶。

（二）安装施工要点

1．玻璃加工组装

（1）高度不大于4m的全玻璃幕墙，应选择底座式加肋玻璃全玻璃幕墙。

（2）玻璃边缘应进行处理，其加工精度应符合设计要求。

（3）玻璃与玻璃、玻璃与玻璃肋的缝隙，应采用硅酮结构密封胶镶嵌严密。

（4）全玻璃幕墙玻璃肋的截面高度尺寸，如图2-2-13所示。根据单肋和双肋的不同以及玻璃肋截面厚度、玻璃强度、玻璃肋间距、幕墙高度、风荷载等设计经计算确定，对其值亦可估算，也可按表2-2-7中的经验数据进行选择。

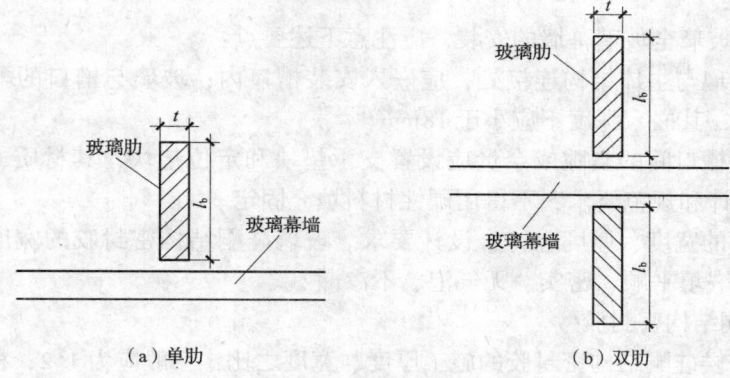

（a）单肋　　　　　　　　　（b）双肋

图 2 – 2 – 13　全玻璃幕墙玻璃肋截面尺寸

t—玻璃肋截面厚度（不应大于 12mm）；l_b—玻璃肋截面高度（参考表 2 – 2 – 7）

表 2 – 2 – 7　浮法玻璃全玻璃幕墙玻璃肋的截面高度选用（mm）

玻璃板宽度（m）	玻璃板高度（M）	2.0	2.5	3.0	4.0	5.0	6.0	7.0	8.0	9.0	10.0
	风荷载标准值（kN/m²）	1.0	1.0	1.0	1.0	1.1	1.2	1.3	1.4	1.4	1.5
1.0	玻璃板厚度	8	8	8	10	(10)	(12)	(15)	(15)	(19)	(19)
	肋截面厚度	12　15	12　15	12　15	12　15　19	(15)(19)	(15)(19)	(15)(19)	(15)(19)	(15)(19)	(15)(19)
	双肋截面高度	110　100	130　120	160　140	210　190　170	240　210	300　270	360　320	430　380	500　440	570　500
	单肋截面高度	150　130	180　170	220　200	290　260　230	340　300	420　380	510　460	610　540	700　620	800　710
2.0	玻璃板厚度	8	8	10	10	(12)	(15)	(19)	(19)	(19)	—
	肋截面厚度	12　15	12　15	12　15	12　15　19	(15)(19)	(15)(19)	(15)(19)	(15)(19)	(15)(19)	—
	双肋截面高度	120　110	150　140	180　160	240　220　190	280　250	350　310	420　370	500　440	570　510	—
	单肋截面高度	170　150	210　190	250　230	340　300　270	390　350	490　440	590　530	700　620	810　720	—
2.5	玻璃板厚度	8	10	10	12	15	19	(19)	—	—	—
	肋截面厚度	12　15	12　15	12　15　19	12　15　19	15　19	15　19	(15)(19)	—	—	—
	双肋截面高度	140　120	170　150	200　180　160	270　240　210	310　280	390　350	470　420	—	—	—
	单肋截面高度	190　170	240　210	280　250　230	380　340　300	440　390	550　490	660　590	—	—	—
3.0	玻璃板厚度	10	10	12	15	15	19	—	—	—	—
	肋截面厚度	12　15	12　15	12　15　19	12　15　19	15　19	(15)(19)	—	—	—	—
	双肋截面高度	150　130	180　170	200　200　180	290　260　230	340　300	420　380	—	—	—	—
	单肋截面高度	210　190	260　230	310　280　250	410　370　330	480　420	600　530	—	—	—	—

注：1. 本表数字适用于第一层楼。

　　2. 数字加括号者表示玻璃应吊挂式安装固定。

2．玻璃安装

底座式加肋玻璃全玻璃幕墙的安装，应注意下述要点：

（1）幕墙玻璃与主体结构连接处，应嵌入安装槽口内；玻璃与槽口的配合尺寸应符合设计和规范要求，其嵌入深度不应小于18mm。

（2）玻璃与槽口间的空隙或余量应设置支承垫块和定位垫块，其材质、规格、数量和位置，应符合设计和规范要求，不得用硬性材料填充固定。

（3）玻璃肋的宽度、厚度应符合设计要求。玻璃硅酮结构密封胶的宽度、厚度应符合设计要求，并应嵌填平顺、密实、无气泡、不渗漏。

3．耐候硅酮结构密封胶

（1）注嵌耐候硅酮结构密封胶的施工厚度与宽度之比，一般应为1∶2，根据密封胶宽度计算（胶缝的宽度与建筑物的层间位移和胶完全固化后的变位承受能力有关），其施工厚度不能小于3.5mm，但应控制在4.5mm以下。注胶太薄时对保证密封质量和防止雨水渗漏不利，同时对铝合金因热胀冷缩产生的拉应力也不利；但若注胶厚度过大，当胶受到应力易被拉断破坏，致使密封和防渗漏失效。

（2）较深的密封槽口底部可用聚乙烯发泡垫杆填塞，以保证耐候硅酮密封胶的设计施工位置。较浅的槽口底部或其他注胶缝隙底部，可先垫入无黏结胶带。应形成耐候硅酮密封胶的两面黏结，不要三面黏结，否则胶在受拉时容易被撕裂而失去密封作用。

三、吊挂式全玻璃幕墙安装施工

（一）施工工艺流程

吊挂式全玻璃幕墙施工工艺流程：放线就位→上部承重钢结构安装→下部和侧边边框安装→玻璃安装就位→注胶密封→表面清洁和验收。

（二）安装施工要点

1．放线定位

放线是玻璃幕墙安装施工中技术难度较大的一项工作，除了要充分掌握设计要求外，还需具备丰富的工作经验，因为有些细部构造处理在设计图纸中并未十分明确交代，而是留给操作人员结合现场情况具体处理，特别是玻璃面积较大、层数较多的高层建筑玻璃幕墙，其放线难度更大一些。

（1）测量放线。

①玻璃幕墙定位轴线的测量放线必须与主体结构的主轴线平行或垂直，以免玻璃幕墙施工和室内外装饰施工发生矛盾，造成阴、阳角不方正和装饰面不平行等缺陷。

②要使用高精度的激光水准仪、经纬仪，配合用标准钢卷尺、吊锤、水平尺等复核。对高度大于7m的全玻璃幕墙，还应反复2次测量核对，以确保幕墙的垂直精度。要求上、下中心线偏差小于1～2mm。

③测量放线应在风力不大于4级的情况下进行，对实际放线与设计图纸之间的误差应进行调整、分配和消化，不能使其积累。通常以利用适当调节缝隙的宽度和边框的定位来解决。如果发现尺寸误差较大，应及时反映，以便采取重新制作一块玻璃或其他方法合理补救解决。

（2）放线定位。吊挂式全玻璃幕墙是直接将玻璃与主体结构固定，应首先将玻璃的位置弹到地面上，然后再根据外缘尺寸确定锚固点。

2．上部承重钢结构安装

（1）注意检查预埋件或锚固钢板的牢固程度，选用的锚栓质量要可靠，锚栓位置不宜靠近钢筋混凝土构件的边缘，钻孔孔径和深度要符合锚栓厂家的技术规定。孔内灰渣要清理和吹干净。

（2）每个构件安装位置和高度都应严格按照放线定位和设计图纸要求进行。最主要的是承重钢横梁的中心线必须与幕墙中心线相一致，并且椭圆螺孔中心要与设计的吊杆螺栓位置一致。

（3）内金属扣夹安装必须通顺平直。要用分段拉通线校核，对焊接造成的偏位要进行调直。外金属扣夹要按编号对号入座试拼装，同样要求平直。内外金属扣夹的间距应均匀一致，尺寸符合设计要求。

（4）所有钢结构焊接完毕后，应进行隐蔽工程质量验收，请监理工程师验收签字，验收合格后再涂刷防锈漆。

3．下部和侧边边框安装

要严格按照放线定位和设计标高施工，所有钢结构表面和焊缝刷防锈漆。将下部边框内的灰土清理干净。在每块玻璃的下部都要放置不少于2块氯丁橡胶垫块，垫块宽度同槽口宽度，长度不应小于100mm。

4．玻璃安装就位

（1）玻璃吊装。大型玻璃的安装是一项十分细致、精确的整体组织施工。施工前要检查每个工位的人员是否到位，各种机具工具是否齐全、正常，安全措施是否可靠。高空作业的工具和零件要有工具包和可靠放置，防止物件坠落伤人或击破玻璃。待一切检查完毕后方可吊装玻璃。

①再一次检查玻璃的质量，尤其要注意玻璃有无裂纹和崩边，吊夹铜片位置是否正确。用干布将玻璃的表面浮灰抹净，用记号笔标注玻璃的中心位置。

②安装电动吸盘机。电动吸盘机定位，左右对称，且略偏玻璃中心上方，使起吊后的玻璃不会左右偏斜，也不会发生转动。

③试起吊。电动吸盘机必须定位后应先将玻璃试起吊，将玻璃吊起20～30mm后，以检查各个吸盘是否都牢固吸附玻璃。

④在玻璃适当位置安装手动吸盘、拉缆绳索和侧边保护胶套。玻璃上的手动吸盘可使在玻璃就位时，在不同高度工位的工人都能用手协助玻璃就位。拉缆绳索是为了玻璃在起吊、旋转、就位时，工人能控制好玻璃的摆动，防止玻璃受风力和吊车转动发生失控。

⑤在要安装玻璃处上、下边框的内侧粘贴低发泡间隔方胶条，胶条的宽度与设计的胶缝宽度相同。粘贴胶条时要留出足够的注胶厚度。

（2）玻璃就位。

①吊车将玻璃移近就位位置后，司机要听从指挥长的命令操纵液压微动操作杆，使玻璃对准位置徐徐靠近。

②上层工人要把握好玻璃，防止玻璃在升降移位时碰撞钢架。待下层各工位工人都能把握住手动吸盘后，可将拼缝一侧的保护胶套摘去。利用吊挂电动吸盘的手动倒链将玻璃徐徐吊高，使玻璃下端超出下部边框少许。此时，下部工人要及时将玻璃轻轻拉入槽口，并用木

板隔挡，防止与相邻玻璃碰撞。另外，要有工人用木板依靠玻璃下端，保证在倒链慢慢下放玻璃时，玻璃能被正确放入到底框槽口内，要避免玻璃下端与金属槽口磕碰。

③玻璃定位。安装好玻璃吊夹具，吊杆螺栓应放置在钢横梁上标注的定位位置。反复调节杆螺栓，使玻璃提升和正确就位。第一块玻璃就位后要检查玻璃侧边的垂直度。以后就位的玻璃只需检查与已就位好的玻璃上、下缝隙是否相等，且符合设计要求。

④安装上部外金属夹扣后，填塞上、下边框外部槽口内的泡沫塑料圆条，使安装好的玻璃临时固定。

5. 注密封胶

（1）所有注胶部位的玻璃和金属表面都要用丙酮、二甲苯、酒精或专用中性清洁剂擦拭干净，不能用湿布和清水擦洗，注胶部位表面必须干燥。

（2）沿胶缝位置粘贴胶带、纸带，防止硅酮胶污染玻璃。

（3）要安排受过训练的专业注胶工施工，注胶时应内、外两面同时进行，注胶要匀速、均厚，不夹气泡。

（4）注胶后用专用工具刮胶，使胶缝呈微凹曲面。

（5）注胶工作不能在风、雨天进行，以防止雨水和风沙侵入胶缝。另外，注胶也不宜在低于5℃的低温条件下进行，温度太低胶液会发生流淌，延缓固化时间，甚至会影响拉伸强度。一般情况下，正确的注胶温度宜在5~35℃的施工为佳。严格遵照产品说明书要求施工。

（6）耐候硅酮嵌缝密封胶的施工厚度应介于3.5~4.5mm之间，太薄的胶缝对保证密封质量和防止雨水渗透不利。

（7）胶缝的宽度通过设计计算确定，最小宽度为6mm，常用宽度为8mm，对受风荷载较大或地震设防要求较高时，可采用10mm或12mm。

（8）结构硅酮密封胶必须在产品有效期内使用，施工验收报告要有产品证明文件和记录。

6. 表面清洁和验收

（1）将玻璃内、外表面清洗干净。

（2）再一次检查胶缝并进行必要的修补。

（3）整理施工记录和验收文件，积累经验和资料。

四、幕墙的保养和维修

目前，全玻璃幕墙的保养和维修尚未得到业主的足够重视。现在全玻璃幕墙使用的材料都有一定的有效期，在正常使用过程中还必须定期观察和维护。所以在验收交工后，使用单位最好能制订幕墙的保养和维修计划，并与有关公司签订合同。

（1）应根据幕墙的积灰涂污程度，确定清洗幕墙的次数和周期，每年至少清洗一次。

（2）清洗幕墙外墙面的机械设备（如清洁机或吊篮），应有安全保护装置，不能擦伤玻璃幕墙墙面。

（3）不得在4级以上风力和大雨天进行维护保养工作。

（4）如发现硅酮密封胶脱落或破损，应及时修补或更换，切不可掉以轻心。

（5）要定期登上吊顶内检查承重钢结构，如有锈蚀应及时除锈补漆。

（6）当发现玻璃有松动时，要及时查找原因，修复或更换。

（7）当发现玻璃出现裂纹时，要及时采取临时加固措施，并应立即安排更换，以免发生重大伤人事故。

（8）当遇飓风、地震、火灾等自然灾害时，灾后对玻璃幕墙进行全面检查。

（9）玻璃幕墙在正常使用情况下，每隔5年要进行一次全面检查，一旦发现问题，应及时进行处理。

第五节　质量要求及通病防治

一、质量要求

全玻璃幕墙施工质量标准和检测方法见表2-2-8。

表2-2-8　全玻璃幕墙施工质量标准和检测方法

序号	质 量 要 求	检 测 方 法
1	玻璃规格、尺寸及质量符合要求	观察测量并核对出厂合格证
2	型钢规格、型号及质量符合要求	观察测量并核对出厂合格证
3	不锈钢型材规格、尺寸及质量符合要求	观察测量并核对出厂合格证
4	硅酮密封胶及填充材料牌号、规格符合要求	观察测量并核对出厂合格证
5	钢吊架、横梁等钢结构安装符合设计要求和有关验收规范	观察检查
	钢横梁水平偏差≤2mm	用拉通线、3m靠尺和基尺测量
	钢横梁纵向偏差≤1.5mm	用拉通线和钢尺测量
	钢横梁中线和底框中线垂直偏差： 当幕墙高≤5m时，1mm； 当5m<幕墙高<12m时，2mm	用激光水平仪、经纬仪检测
6	幕墙垂直偏差限值： 当幕墙高≤5mm时，1.5mm； 当5m<幕墙高<12m时，2～3mm	利用激光水平仪和经纬仪检测
7	幕墙面玻璃和肋玻璃夹角偏差限值±1°	用直角尺和钢尺检测
8	幕墙面玻璃和肋玻璃接缝平整度限值<1mm	用直角尺和钢尺检测
9	拼缝宽度与设计值偏差限值，±2mm	用卡尺检测
10	内、外金属夹扣、底框和其他装饰面的接缝高低限值：±1.0mm	用深度尺检测
11	胶缝不允许气泡和间断，也不能有突包和流淌，要平顺通直	观察检查
12	玻璃表面要清洁，不能有胶缝、油污	观察检查

二、质量通病防治

全玻璃幕墙工程施工质量通病和防治与有框玻璃幕墙部分基本相类同,可参见本篇第一章的有关内容。

三、施工注意事项

全玻璃幕墙由于系无框架幕墙,而且单块玻璃面积也较大、较厚,因此,施工时应特别注意以下几点:

1. 玻璃磨边

玻璃的加工一定要将上、下端磨平,不要因上、下端不外露而忽视了质量要求。因为玻璃在生产和加工过程中,存在有内应力,特别是钢化玻璃和半钢化玻璃。玻璃在吊装中下部要临时落地受力,在玻璃上端有吊夹铜片,局部应力很大。如果边缘不平整,玻璃在使用中复杂的外力和内应力共同作用下容易产生裂纹。

2. 玻璃的包装

由于玻璃尺寸较大,一般每2块装一木包装箱,木包装箱一定要牢固,设计好吊装点。玻璃在包装箱内除四周要用聚苯乙烯泡沫板塞紧外,玻璃和玻璃之间不能简单地用纸张分隔,一定要用双面筋聚苯乙烯泡沫板塞紧。玻璃包装箱在运输、吊装过程中,里面的玻璃不能有移动。尤其要注意贴有吊夹铜片的端面分别放置在两头,要防止它们受外力的冲击而导致玻璃破裂。

3. 内外夹扣设计

吊挂式全玻璃幕墙中,在设计玻璃内、外夹扣和边框时,要密切与其他专业施工配合,要防止在安装好玻璃幕墙后,其他专业施工又在上方焊接或在夹扣上钻孔,因为其他专业施工队不了解玻璃幕墙的特殊构造,只考虑自己专业施工的方便,而焊接火花焊渣飞溅到玻璃上会造成玻璃不可恢复的损害。其他专业施工人员更应注意防止工具物件坠落,以免造成玻璃破裂。

第三章　点支式玻璃幕墙

玻璃幕墙分为明框玻璃幕墙、隐框玻璃幕墙和无框玻璃幕墙（全玻璃幕墙）。其中，明框玻璃幕墙是用铝合金压板和螺栓将玻璃固定在骨架的立柱和横梁上，压板的表面再扣插铝合金装饰板。隐框玻璃幕墙常见的构造形式有两种：一种是用硅酮结构胶将玻璃粘贴在铝合金框上，再用连接件将铝合金框固定在铝合金骨架上；另一种形式则是在玻璃表面一定位置上打孔，再用专用连接件（如接驳器等）穿过玻璃孔将玻璃与不锈钢骨架连接在一起，这种玻璃幕墙又称点支式玻璃幕墙。

因此，点支式玻璃幕墙的构造特点是将玻璃四角一定位置打孔，用不锈钢扑圆盘内、外两边固定在竖向骨架上或以拉杆方式固定（有些用拉绳索方式固定），形成玻璃幕墙。这种玻璃幕墙的性能优点是通透感强、光亮度高、固点连接方式不同而形成一定的装饰性，新颖而别致，赋有现代气息。

第一节　概　述

一、点支式玻璃幕墙的构成

点支式玻璃幕墙（又称驳接式玻璃幕墙）的玻璃面板由支承点支承，通常分四点支承，单块玻璃面积较大的也有六点或八点支承的。钢制支承点通过玻璃上的圆洞与玻璃连结，支承点钢轴与圆孔之间有一空隙并用尼龙套管内衬，支承点头部与玻璃间装有弹性垫片，这些支承垫使玻璃有一定活动余地，而且不与金属直接接触，防止受力后局部应力过大而导致玻璃损坏。有些支承垫的头部有球铰可以转动，更好地适应面玻璃受平面外荷载后的弯曲变形。如图 2 - 3 - 1 所示。

图 2 - 3 - 2 为点支式玻璃幕墙的一个工程实例。该工程面板采用钢化夹胶玻璃，幕墙高度 30m，面板由 H 形钢爪支承。面板尺寸为 2020mm（高）×2033mm（宽），支承结构可为钢管桁架，钢管立杆为 $\phi318.5$mm × 2mm。每一支承单元由 9 块玻璃组成，支承单元尺寸为 6060mm × 6099mm。H 形钢爪主要承受水平风荷载，重力荷载由弹簧吊挂支承点承受（3 块玻璃质量）。玻璃的缝宽 15mm，用硅酮密封胶加以密封。

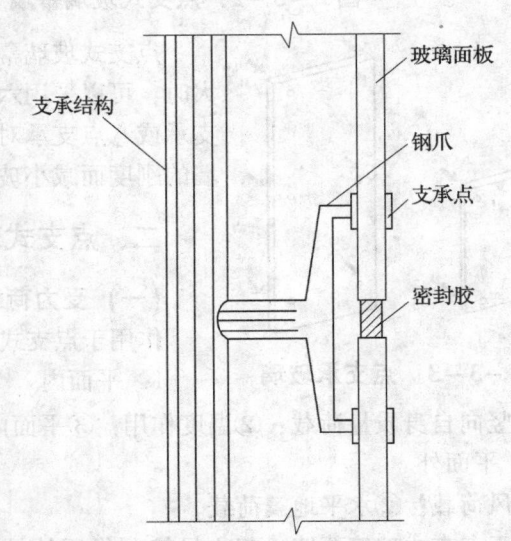

图 2 - 3 - 1　点支式玻璃幕墙的组成（竖向剖面）

玻璃面板

支承结构

钢爪

支承点

密封胶

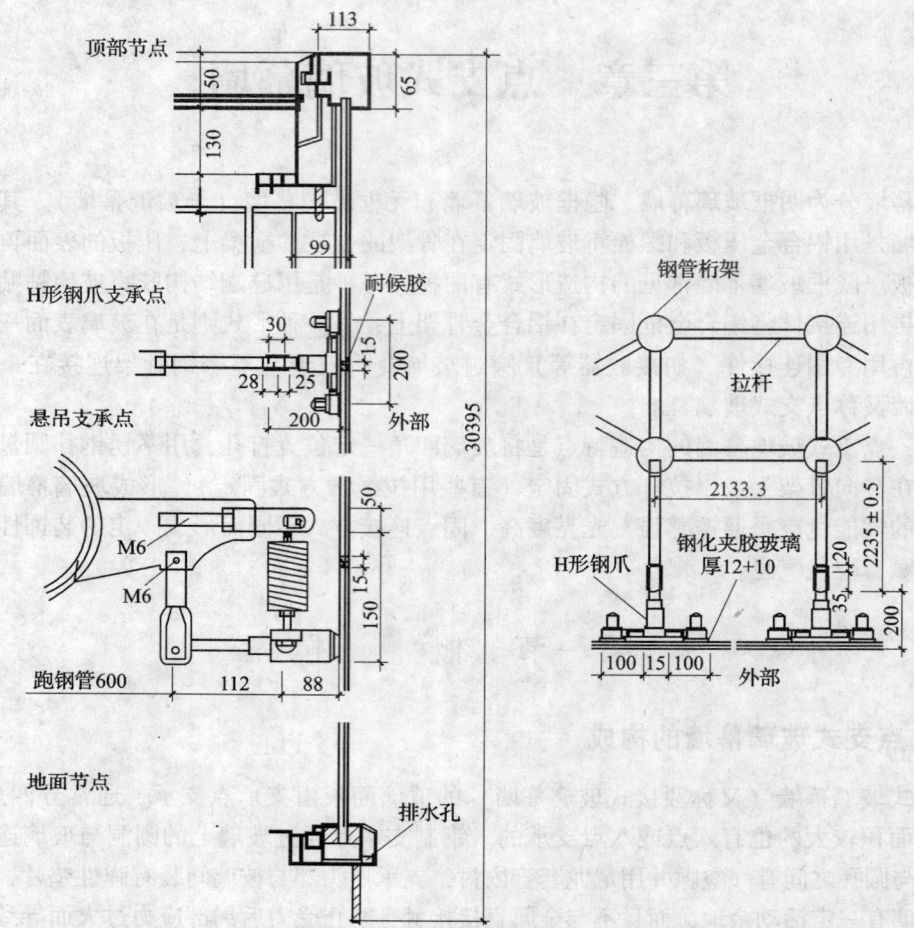

图 2-3-2　点支式玻璃幕墙（日本东京日比谷大厦）

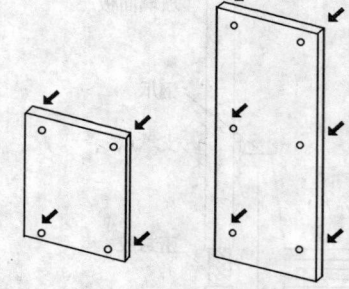

图 2-3-3　点支承玻璃

点支式玻璃幕墙的玻璃通常为四点支承，当玻璃面积太大时，可以采用六点支承（图 2-3-3）或八点支承。六点支承或八点支承对减小板中应力不显著，但可以大大增大幕墙的刚度而减小玻璃板的挠度。

二、点支式玻璃幕墙的受力特点

（一）受力荷载

作用于点支式玻璃幕墙上的荷载和作用主要有：

1. 平面内

①竖向自身质量荷载；②温度作用；③平面内地震作用。

2. 平面外

①风荷载；②水平地震荷载。

对于点支式玻璃幕墙，起主导控制作用的是：平面内为自身质量荷载，平面外为风荷载。

（二）受力状态

玻璃的本身质量可以由钢爪承受，也可以由专门承受自身质量荷载的弹簧悬挂点来承受，或者二者共同作用。

单块面玻璃为多点支承板，板本身在风力作用下受弯曲，而且在支承点处产生的应力集中程度很高，应力值很大。

支承点处玻璃的应力值与支承点的构造有关，也与玻璃孔洞加工工艺有关。圆洞加工精度高，研磨仔细，残留微缺陷（如崩边、V形缺口等）少，则应力集中程度低，应力较均匀；反之，应力集中程度高，容易局部开裂。此外，板弯曲后边缘翘曲，板面转动，如果支承头可以随玻璃转动而转动，则应力集中程度可大大降低。

点支式玻璃幕墙在平面内和平面外的荷载作用下，其受力状态如图2－3－4所示。所有承受的外力，最终是通过支承结构而传递到主体结构上去。

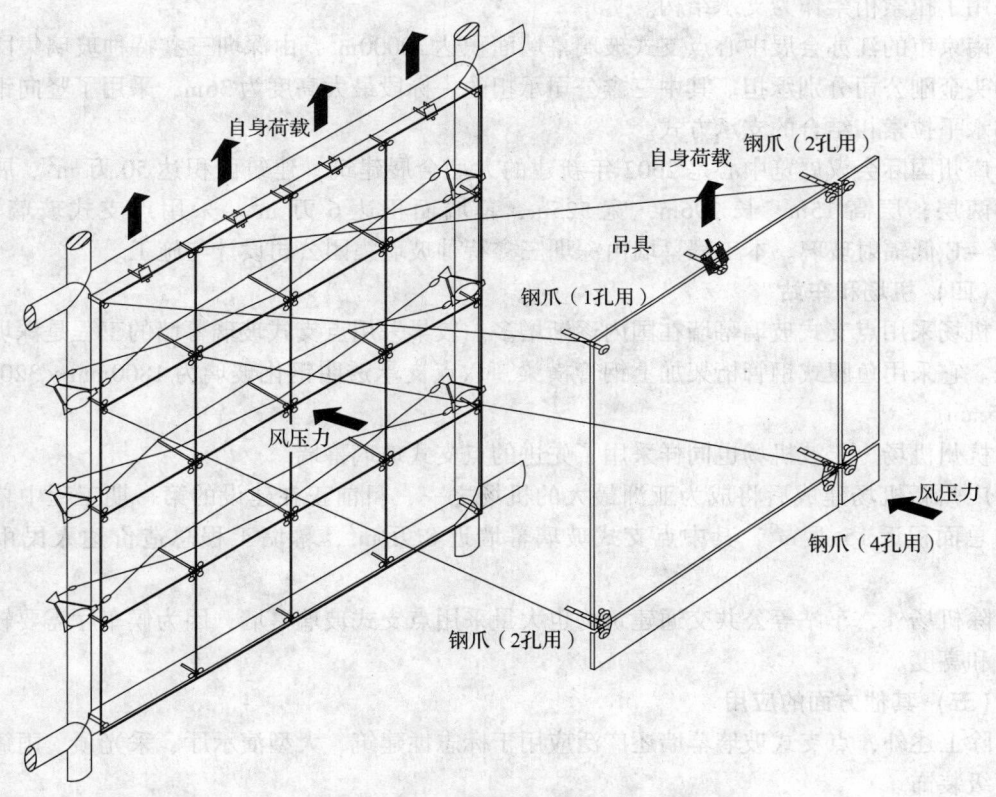

图2－3－4　点支式玻璃幕墙的受力状态

三、点支式玻璃幕墙的应用

（一）写字楼宇和旅馆建筑的大堂、观光层

高层写字楼宇和旅馆建筑的大堂、餐厅、观光层是采用点支式玻璃幕墙最多的部位，目的是强调其通透性好，采光性能佳。

上海信息枢纽中心大厦是国内首先大面积采用拉索支承系统的工程（大堂部分高54m），同时，也是最早将点支式玻璃幕墙用于超过100m高度的工程（标高129m）。

北京远洋大厦（14 层）是全部采用点支式玻璃幕墙的办公楼，每层均用不锈钢作支承结构，浮法透明白钢化玻璃作面板。

（二）体育馆、文艺演出场馆

大型公共建筑采用通透性强的点支式玻璃幕墙可增加其建筑美观性和造型多样性，所以应用很多。深圳市少年宫的圆柱形大厅、主体建筑周边均采用了点支式玻璃幕墙。南京文艺中心点支式玻璃幕墙安装施工技术具有很高的水平。

（三）展览馆、温室及其他公共建筑

国内最早的点支式玻璃幕墙是用于商业展销设施——深圳康佳展销馆（1996 年竣工），此后，由于它的一系列特点便在许多公共建筑中广泛推广应用。

深圳市民中心为一个大型综合性公共建筑工程，包括中央部分两座办公楼、两侧行政用房、博物馆、中段两个大型点支式玻璃幕墙大厅等，长 450m，宽 120m。点支式玻璃幕墙部分采用了拉索桁架作为支承结构。

南京市的江苏会展中心点支式玻璃幕墙面积达 20000m²，由深圳三鑫特种玻璃集团公司和汕头金刚公司分别承担。其中三鑫公司承担的一标段最大高度为 36m，采用了竖向钢管桁架和水平拉索相结合的支承方式。

广州国际会议展览中心是 2002 年新建的大型会展建筑，建筑面积达 50 万 m²。展览大厅共两层，层高 15m，长 296m，宽 525m，幕墙面积达 6 万 m²。采用点支式玻璃幕墙，LOW－E 低辐射玻璃。本工程幕墙由深圳三鑫特种玻璃集团公司设计与施工。

（四）机场和车站

机场采用点支式玻璃幕墙在国内逐渐增多。较早采用点支式玻璃幕墙的工程是深圳机场工程。它采用鱼腹式钢管桁架加上钢管横梁，六点支承透明钢化玻璃为 1800mm×3200mm，厚 15mm。

杭州机场、宁波机场也同样采用了先进的点支式玻璃幕墙。

广州新机场建成后将成为亚洲最大的机场之一，目前正在建设的第一期工程中幕墙工程的总面积近 15 万 m²，其中点支式玻璃幕墙近 8 万 m²，幕墙工程总造价达人民币 5 亿元。

除机场外，车站等公共交通建筑物也大量采用点支式玻璃幕墙，因为候车厅需要较大的空间和亮度。

（五）其他方面的应用

除上述外，点支式玻璃幕墙还广泛应用于标志性建筑、大型演示厅、采光顶、雨篷和其他高级装饰。

第二节　点支式玻璃幕墙的玻璃面板

一、玻璃面板的一般要求

（一）材质

玻璃面板通常为四点支承，一些情况下也会采用六点或八点支承，以减少玻璃面板的挠度。在支承点会出现很大的集中应力，有球铰的钢爪支承头支承下，应力较为趋

于均匀，但也达 40.5MPa，大大超出了浮法镀膜玻璃的许可应力值；无球铰支承时，洞边应力可高达 141.0MPa。所以，面板应采用钢化玻璃、钢化夹层玻璃或钢化中空玻璃较适宜。

（二）机械加工

由于点支承玻璃应力较大，对板边和洞边的状况十分敏感，因此要求板边和洞边应进行倒棱和磨边。倒棱尺寸为 1mm，洞边磨边应达到细磨。

开孔的机械技工精度应在 0.5mm 量级，孔位偏差为 +0.5mm 以内。

孔径偏差应在 +0.5~0mm 范围内，不允许有负公差。图 2-3-5 为法国 Sadev Batiment 公司的加工精度要求。

机械加工包括打孔、倒棱、磨边等工序，这些均应在玻璃钢化前进行。

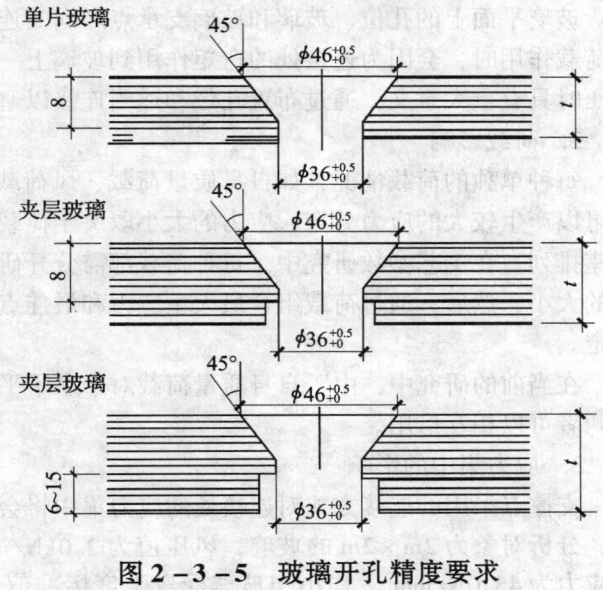

图 2-3-5　玻璃开孔精度要求

（三）面板厚度

采用浮头式支承装置的开孔为圆柱孔，对玻璃厚度无须特殊要求，故点支承玻璃的最小厚度为 6mm。

采用沉头式支承装置要求在玻璃上开锥孔，目前国内采用的最小厚度为 10mm，某些国外厂家规定最小厚度 t_{min} 宜为 8mm。

当为夹层钢化玻璃或中空钢化玻璃时，与沉头接触的一块玻璃，最小厚度也要符合上述规定。

二、玻璃面板的受力特点

（一）大挠度的影响

钢化玻璃的强度很高，是浮法玻璃的 3~5 倍，其抗弯强度标准值可达 150~250N/mm²，而弹性模量却与浮法玻璃相近（7.2×10^5 N/mm²），因而在荷载作用下会产生很大的挠度，处于大挠度工作状态。

深圳三鑫特种玻璃集团公司曾对广州新机场采用的 1.5m×3.0m 的四点支承玻璃进行加载试验，砂箱加满并站上 7 个人以后，玻璃产生了极大的挠度但未破损。

由于玻璃在实际工作状态下，挠度 μ 远大于板厚的一半（$t/2$），因此，玻璃为大挠度弹性薄板，设计中必须考虑大挠度对其的影响。

（二）影响玻璃板中应力的因素

对于这种新兴起的建筑结构形式，无论是德国、美国、英国和法国以及其他一些国家的研究机构，都没有形成一套完整的理论体系，即使在应用范围已经比较广阔的德国，也仅有一些行业标准。目前，各国的有关科研机构都开展了积极的研究，对点支承玻璃受力状态的影响因素进行过不少的探讨工作。

1. 玻璃几何尺寸和参数

市场上已经存在着许多种点支承玻璃类型，按静力特性上讲，在以下两方面存在着差异：玻璃平面上的孔位、玻璃和玻璃支承点之间的连接情况。不同的钻孔位置和连接处在承受荷载作用时，会因为连接处的弯矩作用到玻璃上一个附加应力，特别是在因为温度膨胀受挤压时具有重大意义，通过布置孔位和适当连接以避免这一应力。

2. 荷载影响

每种单独的荷载情况，如自身质量荷载、风荷载、温度应力（热胀冷缩）、地震应力等都可以产生较大的应力分布，应力的大小取决于荷载的大小，通常对每种荷载会有一个最佳支座排列。在工艺参数研究中，每种荷载都需分开研究，使得有关支撑位置的分析不考虑荷载的大小，然后，通过荷载组合最大主应力和最佳点支撑位置由各个荷载所占比例的相对值决定。

在当前的研究中，由于自身质量荷载对于水平平面的玻璃产生的效果和风荷载相似，因此两者可以相互借用。

3. 应力集中的影响

支撑点采用的连接方式对连接处的应力集中将会有很大影响。根据一些研究者的试验表明，分析对象为 $2m \times 2m$ 的玻璃，风压值为 $2.0kN/m^2$，当采用球铰支承头时，玻璃板中最大应力为 $45.0N/mm^2$，均小于玻璃受弯强度标准值 $50.0N/mm^2$。但如果采用固定支承头，则孔洞边缘最大应力高达 $141.0N/mm^2$，远大于其强度标准。当然，相应的球铰支承头的板面应力稍大，因端部的约束减小，所以在目前做法中通常采用球形铰支承，才能获得较理想的效果。

4. 材料的特性

玻璃的弹性模量和温度线膨胀系数有一定的数值，可参考生产厂家的产品说明和提供产品检测报告。

5. 计算最佳位置

为了确定点支承的最佳位置，自身质量荷载、风吸力、风压力、加热冷却等各种荷载工作情况都必须考虑，而且玻璃板还需要考虑矩形、三角形等多种形状，所以也与 a_t/b 和 b_t/b 的关系影响较大。通过测定，风荷载的影响是控制因素，因此，可通过计算所得主应力值调整支承点位置，从而通过变化支承点位置来降低主应力，使之满足强度要求。可定义参数：

$$k = \frac{\sigma_1}{\sigma_{W,min}}$$

式中　σ_1——多种荷载分别作用及其组合所引起的最大主应力（N/mm^2）；

　　$\sigma_{W,min}$——风荷载引起的主应力（N/mm^2），对于自身质量荷载的影响，由试验可知，自身质量荷载应力仅占 8%~14%。

6. 风荷载

对于玻璃幕墙承受的主要荷载作用为风荷载，因此，支承点位置必须加以严格分析，由试验可知，对于正方形玻璃板 b_t 的位置对支承点造成的影响，但对于 a/b 大于 2.0 以上的矩形板，作用不大。所以最佳孔边距离对于正方形和矩形玻璃板面可取：

$$a_t = 0.17a, \quad b_t = 0.17b$$

7. 荷载组合

通过荷载组合可以清楚地看到风压是主要因素，由温度引起的主应力值叠加到风荷载引起的主应力上，这样，主应力将增加 20%。

（三）支承头的形式和垫层材料的影响

清华大学研究了支承头对板中应力的影响。采用了浮头式和沉头式两种夹固形式，对衬垫材料的影响也作了分析研究。

目前的衬垫材料以塑料为主，拉伸模量在 $200 \sim 35000\mathrm{N/mm^2}$ 范围内，泊松比在 $0.38 \sim 0.49$ 之间。国内目前常用垫层厚度为 $1.2 \sim 9\mathrm{mm}$。

采用有限单元法程序 ANSYS 对接触问题进行了线性和非线性分析。

在研究垫层对金属紧固点玻璃板承载力的影响时，为消除玻璃缺陷的随机性、钻孔的随机性对玻璃强度的影响，须采用圆形玻璃板模型。为消除玻璃中的弯曲应力作用，必须采用局部圆形玻璃板模型，玻璃板的直径约为孔直径的 5 倍。用 ANSYS 分析了有垫层的单个浮头紧固件与圆形玻璃板的相互作用模型：紧固件的内轴直径 d 为 20mm、40mm、50mm，紧固件上、下垫板直径为 70mm，垫板厚度 5mm，垫层厚度 $t = 1.2\mathrm{mm}$、2mm、4mm，垫层弹性模量 $E_1 = 2.5\mathrm{GPa}$、5GPa、10GPa，玻璃板外径 $d_2 = 250\mathrm{mm}$，玻璃板厚度 5mm，共计算了 27 组模型，在各组模型中紧固件的端部加上单位集中力。由于各模型的对称性，只需建立 1/4 模型。在玻璃板边缘施加固端约束，在玻璃、垫层及紧固件的剖面上施加对称约束，紧固件、垫层和玻璃板建模使用实体单元。材料性质设定为：紧固件（钢）弹性模量取 $2.06 \times 10^5\mathrm{N/mm^2}$，泊松比 0.3；玻璃板（普通玻璃）弹性模量取 $0.72 \times 10^5\mathrm{N/mm^2}$，泊松比 0.2；垫层（塑料）弹性模量取 $2.5 \times 10^5\mathrm{N/mm^2}$、$5.0 \times 10^5\mathrm{N/mm^2}$、$10.0 \times 10^5\mathrm{N/mm^2}$ 三种模量，泊松比取塑料材料中间值 0.45。紧固件与垫层黏结（glue）。考虑垫层与玻璃板件的接触面，接触单元为 contal74；玻璃板设定为目标面，目标单元为 targel70。在生成接触单元对过程中，考虑接触面上的摩擦应力，玻璃和垫层之间的摩擦系数为 0.4，紧固件对玻璃板没有预紧力作用。

主要分析了三种参数，垫层的厚度、垫层的弹性模量、紧固件内径对模型玻璃孔边应力和承载力的影响。

计算结构显示玻璃板的主应力最大值出现在孔边缘，垫层的 Von Mises 应力最大值则出现在固件垫层胶合的凹角。

计算结果表明，对各种不同的有垫层带金属紧固件模型，金属紧固件的 Von Mises 应力最大值范围在 $21.11 \sim 99.27\mathrm{MPa}$，垫层 Von Mises 应力最大值范围在 $5.51 \sim 24.31\mathrm{MPa}$，玻璃板孔边缘的主应力最大值范围在 $17.95 \sim 31.04\mathrm{MPa}$。紧固件（钢）的屈服强度（设计值）为 215MPa，垫层（塑料）约为 $30 \sim 100\mathrm{MPa}$，两者的屈服强度均远高于计算结构，而玻璃板边缘的破坏强度为 19.5MPa，与玻璃主应力最大值的计算结构极为相近，因此，有垫层的带紧固件玻璃板的承载力是由玻璃板的主应力最大值的计算结构控制的。

表 2-3-1 ~ 表 2-3-3 中分别列出了垫层模量、垫层厚度和紧固件内轴直径变化时，玻璃板主应力最大值的变化情况。

表 2 – 3 – 1 垫层模量变化对玻璃板主应力最大值 σ_{max}（N/mm²）的影响

内轴直径（mm）	垫层厚度（mm）	垫层弹性模量（GPa）			$\dfrac{\sigma_{max},\ E_1 - \sigma_{max},\ E_3}{\sigma_{max},\ E_3} \times 100\%$
		$E_1 = 2.5$	$E_2 = 5$	$E_3 = 10$	
20	1.2	20.39	20.13	20.24	0.7%
	2	21.63	21.90	22.30	−3%
	4	31.04	20.90	21.34	45.5%
40	1.2	19.11	19.87	20.49	−6.7%
	2	18.9	19.92	20.34	−7.3%
	4	18.11	19.14	19.45	−6.9%
50	1.2	23.25	18.17	18.26	27.3%
	2	25.04	20.53	17.95	39.5%
	4	23.81	20.5	17.98	32.4%

表 2 – 3 – 2 垫层厚度变化对玻璃板主应力最大值 σ_{max}（N/mm²）的影响

内轴直径（mm）	垫层弹性模量（GPa）	垫层厚度（mm）			$\dfrac{\sigma_{max},\ t_1 - \sigma_{max},\ t_3}{\sigma_{max},\ t_3} \times 100\%$
		$t_1 = 1.2$	$t_2 = 2$	$t_3 = 4$	
20	2.5	20.39	21.63	31.04	−12.3%
	5	20.13	21.90	20.91	10.8%
	10	20.24	22.30	21.34	10.8%
40	2.5	19.11	18.9	18.11	−13.6%
	5	19.87	19.92	19.14	6.7%
	10	20.49	20.38	19.45	24.2%
50	2.5	23.25	25.04	23.81	30.4%
	5	18.17	20.53	20.5	2%
	10	18.26	17.95	17.98	18.7%

表 2 – 3 – 3 内轴直径变化对玻璃板主应力最大值 σ_{max}（N/mm²）的影响

垫层厚度（mm）	垫层弹性模量（GPa）	内轴直径（mm）			$\dfrac{\sigma_{max},\ d_1 - \sigma_{max},\ d_3}{\sigma_{max},\ d_3} \times 100\%$
		$d_1 = 20$	$d_2 = 40$	$d_3 = 50$	
1.2	2.5	20.39	19.11	23.25	−12.3%
	5	20.13	19.87	18.17	10.8%
	10	20.24	20.49	18.26	10.8%
2	2.5	21.63	18，9	25.04	−13.6%
	5	21.90	19.92	20.53	6.7%
	10	22.30	20.38	17.95	24.2%
4	2.5	31.04	18.11	23.81	30.4%
	5	20.91	19.14	20.5	2%
	10	21.34	19.45	17.98	18.7%

由表 2 – 3 – 1 ~ 表 2 – 3 – 3 中分析，其影响因素如下：

1. 垫层模量的影响

表 2 – 3 – 1 显示，当垫层模量增大时，对 4 个模型，玻璃板中应力最大值会有所增大，但增幅很小（ – 7.3% ~ – 3.0% ），均不超过 – 10% ；而对其他模型，玻璃板中主应力最大值都减小，其中 1 个模型的减幅为 0.7% ，另 5 个模型的减幅都很大（27.3% ~ 45.5% ），均超过 25% 。可以看出，垫层模量对各模型玻璃板主应力最大值影响的总体趋势是：垫层模量增大时，玻璃板主应力最大值减小，从而使玻璃板的承载力增大。因此，应用中应在塑料弹性模量范围内选用弹性模量较大的垫层材料。

2. 垫层厚度的影响

表 2 – 3 – 2 显示，当垫层厚度增大时，对 4 个模型，玻璃板中主应力最大值会有所减小，但减幅很小（1.6% ~ 5.5% ），均不超过 10% ；对另 6 个模型，玻璃板中主应力最大值都增大，其中 3 个模型的增幅在 – 5.2% ~ – 2.4% ，不超过 – 10% ，其他 2 个模型的增幅为 – 11.4% 和 – 34.3% 。以上分析表明，垫层厚度对各模型玻璃板主应力最大值影响很小。考虑到经济性，在应用中应选用较小厚度的垫层，但考虑到制造上的方便，垫层厚度应不小于 1.0mm 。

3. 紧固件内轴直径的影响

表 2 – 3 – 3 显示，当紧固件内轴直径增大时，对 2 个模型，玻璃板中主应力最大值会增大，增幅为 – 12.3% 和 – 13.6% ，稍超过 – 10% ；而对另 7 个模型，玻璃板中主应力最大值都减小，其中 5 个模型的主应力最大值减幅都超过 10% ，最大增幅为 30.4% 。因此，内轴直径对各模型玻璃板主应力最大值影响的总体趋势是：内轴直径增大时，玻璃板主应力最大值减小，从而使玻璃板的承载力增大。

在工程实践中，为节省材料，都希望采用内径较小的金属紧固件。如果紧固件内轴直径为 20mm ，则当垫层厚度为 1.2mm ，垫层模量为 10GPa 时，玻璃板的主应力最大值达到较小值（20.24N/mm²）。因此，当紧固件内轴直径较小时，应选用厚度较小、模量较大的垫层。

试验研究表明，采用较大弹性模量的垫层，有利于提高玻璃板的承载力。垫层厚度对玻璃板的承载力影响很小，考虑到经济性和制造工艺要求，垫层最小厚度可取 1.0mm 。

在工程应用中，为节省金属紧固件材料，都希望采用内径较小的金属紧固件。但根据分析可知，采用内径较小的金属紧固件，对提高玻璃板的承载力是不利的。如果确实需要采用内径较小的紧固件，则应选取弹性模量较大、厚度较小的垫层。

（四）支承垫的边距对板受力的影响

清华大学对孔边距和板厚对了解玻璃板的受力情况进行了有限元分析和试验研究。研究结果指出，影响点支承玻璃板受力的主要因素有：

1. 玻璃板和支承点之间的连接

铰接能合理地释放连接约束，降低连接点的附加应力。

2. 支承点处采用的连接方式

孔边缘应力集中的大小与所开孔的形状有关。在沉头方式连接孔中，在玻璃板厚度方向存在着圆台形的开口，其棱角对孔边缘的应力集中有较大影响。

3．玻璃连接孔的孔径

孔边缘集中应力的大小与所开孔的孔径是有关系的。在沉头方式中，正面受载时，玻璃板由圆台部分承受，其表面的有效支承面积小，应力集中明显。

4．支承点到板边缘的距离

玻璃在荷载作用下将产生大的变形，是平板点支承下的大变形问题。由于玻璃板边缘部分的反翘作用，所以玻璃板中的应力和变形相对减少。

（五）计算分析

1．计算模型

计算模型如图 2-3-6 所示。

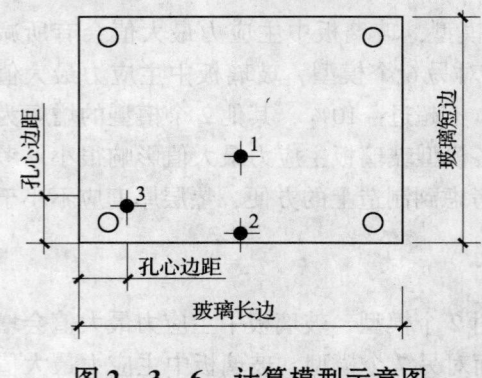

图 2-3-6　计算模型示意图

1—板中心量测点；2—板边缘量测点；
3—孔边缘量测点

模型单元类型为三维实体单元，形状类似正四面体，适合用于不规则网格划分。每个单元定义了 10 个节点，每个节点带 3 个自由度，包括 2 个位移自由度和 1 个转动自由度，具有大变形的特性，所以在有限元计算中选用。网格划分时控制单元边长，在玻璃开孔处缩小控制尺寸，以获得较高的精确度。为方便计算用 1/4 对称的处理方法。

计算模型中的材料可包括玻璃、金属连接件和起缓冲效应的密封垫层。在处理不同材料的接触问题时，考虑材料黏结成整体一起变形，接触面受力后不发生脱离，玻璃、金属连接件和密封垫圈相互形成一个整体，大大降低了有限元计算的工作量。

（1）计算软件。计算软件采用 ANSYS，它是融结构、流体、电场、磁场、声场分析于一体的大型通用有限元分析软件。通过体单元相互黏结来处理玻璃和连接件的接触问题。软件提供了 100 种以上的单元类型，用来模拟工程中的各种结构和材料。在模型计算中主要用到 ANSYS 软件提供的结构静力分析模块，用来求解外荷载引起的位移和应力。

（2）计算参数。在目前国内的点支式玻璃幕墙支承技术中，四点支承形式采用的较为普遍，玻璃厚度有 8mm、10mm、12mm、15mm。玻璃板的尺寸有 1.0m×1.0m～2.5m×2.5m，用得较为普遍的是在 2.0m×2.0m 以内。

简化模型采用较为普遍的正方形和矩形，风压值为 2.0kN/m²，但考虑孔的影响，孔径为 36mm，玻璃的厚度采用普通厚度 6～15mm。材料的基本技术性质见表 2-3-4。

表 2-3-4　材料的基本技术性质

材料种类	弹性模量（N/mm²）	强度（N/mm²）	泊松比
钢化玻璃	0.72×10⁵	84	0.22
金属连接件	2.06×10⁵	49	0.3
密封垫层	0.1×10⁵	0	0

（3）结构计算。在计算中，首先分析支承孔心边距对玻璃板应力和位移的影响，其中包括正方形玻璃板和长方形玻璃板；然后在合理的孔心边距的基础上，分析相应玻璃尺寸（平面尺寸和厚度）在一定荷载作用下的应力和位移。对于其他尺寸或者荷载可以通过弹性叠加来推导出。

①正方形玻璃板应力和位移随孔心边距的变化，如图2-3-7所示。

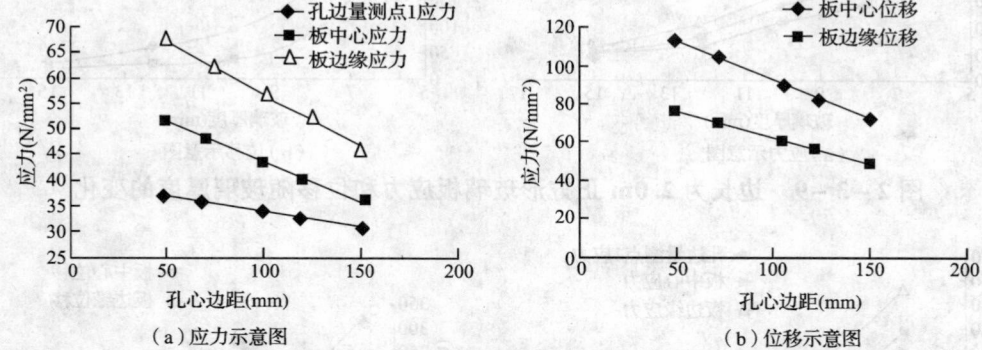

（a）应力示意图　　　　　　　　　　　　（b）位移示意图

图2-3-7　边长为2.0mm正方形玻璃板应力和位移随孔心边距的变化

计算模型共四组，其边长分别为2.0m，1.8m，1.5m，1.2m，玻璃厚度为10mm。

从图2-3-7中同样可以看出，正方形玻璃板随着孔心边距的增大，玻璃板中心和板边中心的应力和位移呈现迅速下降的趋势。

②长方形玻璃板应力和位移随孔心边距的变化，如图2-3-8所示。

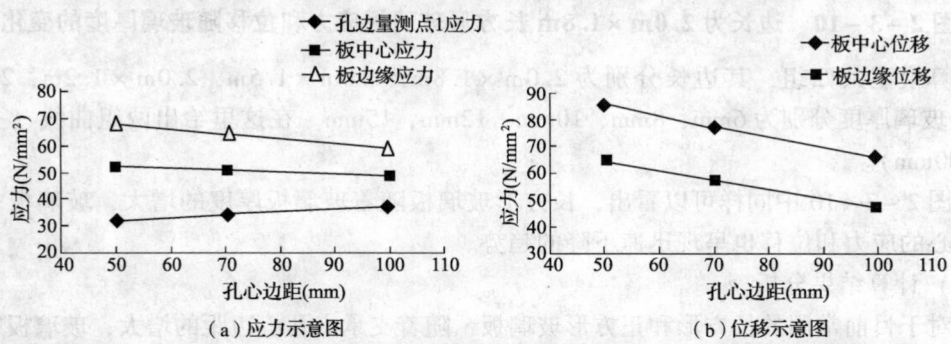

（a）应力示意图　　　　　　　　　　　　（b）位移示意图

图2-3-8　边长为2.0m×1.8m长方形玻璃板应力和位移随孔心边距的变化

计算模型共四组，其边长分别为2.0m×1.8m，2.0m×1.5m，2.0m×1.2m，2.0m×1.0m，玻璃厚度为10mm。

从图2-3-8中同样可以看出，长方形玻璃板随着孔心边距的增大，玻璃板中心和板边中心的应力和位移也呈现迅速下降的趋势。为了控制玻璃板的应力和位移，同时也需要考虑孔心边距对孔边缘集中应力的影响。根据研究发现，比较合理的孔心边距是100mm。所以，这里给出孔心边距100mm时，荷载为2.0kN/mm²时的应力和位移曲线。

③正方形玻璃板应力和位移随玻璃厚度的变化，如图2-3-9所示。

计算模型的边长分别为2.0m，1.8m，1.5m，1.2m，1.0m，玻璃厚度为6mm，8mm，10mm，12mm，15mm。在这里给出两组曲线（孔心边距为100mm）。

④长方形玻璃板应力和位移随玻璃厚度的变化，如图2-3-10所示。

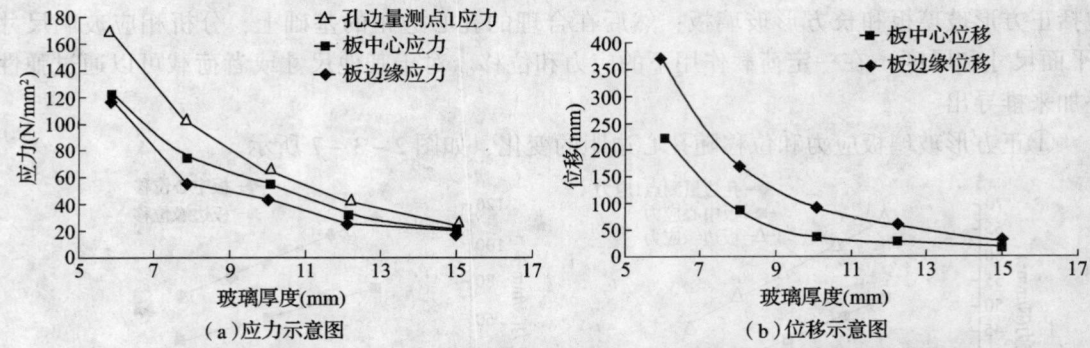

图 2 – 3 – 9　边长为 2.0m 正方形玻璃板应力和位移随玻璃厚度的变化

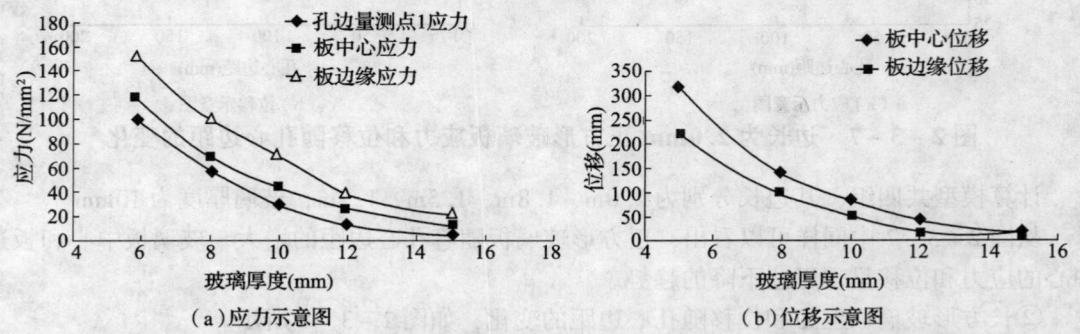

图 2 – 3 – 10　边长为 2.0m × 1.8m 长方形玻璃板应力和位移随玻璃厚度的变化

计算模型共四组，其边长分别为 2.0m × 1.8m，2.0m × 1.5m，2.0m × 1.2m，2.0m × 1.0m，玻璃厚度分别为 6mm，8mm，10mm，12mm，15mm。在这里给出两组曲线（孔心边距为 100mm）。

从图 2 – 3 – 10 中同样可以看出，长方形玻璃板随着玻璃板厚度的增大，玻璃板中心和板边中心的应力和位移也呈现迅速下降的趋势。

（4）计算结果分析。

①对于目前常用的长方形和正方形玻璃板，随着支承点孔心边距的增大，玻璃板中心和玻璃板边中心的应力和位移减小。这主要是因为孔心边距的不断增大，外围玻璃板受力的反翘作用使得玻璃板中心和玻璃板边缘处的应力和位移得到控制。

②对每一组模型，玻璃板的尺寸相同时，当孔心边距超过 100mm，这种应力减缓的趋势变得较为平缓。玻璃板中的最大应力基本满足规范中钢化玻璃的强度极限要求。

③当玻璃板尺寸和玻璃孔心边距相同时，玻璃厚度的增大也使得玻璃板中心和边缘中心处的应力和位移不断减小。通常情况下，8mm，10mm 和 12mm 的厚度就能基本满足受力要求。

2．试验研究

（1）试验模型。试验前四组玻璃试件及其连接构件为北京植物园展览馆温室应用的原型玻璃。将试件按 b_1 – 1、b_1 – 2，b_1 – 3、b_1 – 4 编号。试件尺寸见表 2 – 3 – 5。荷载为均布荷载，考虑孔的影响，孔径为 36mm，玻璃的厚度为 12mm。

表 2 – 3 – 5　试件的外形尺寸

试件编号	长度（mm）	宽度（mm）
$b_1 - 1$	1350	1230
$b_1 - 2$	1265	890
$b_1 - 3$	1260	890
$b_1 - 4$	1265	900

（2）试验过程。

①加载方案：由于在玻璃幕墙结构中，风荷载为控制因素，所以考虑均布荷载类型。在试验室中采用砂袋来近似模拟，由于在有限元计算中发现玻璃板的承载能力较强，完全靠砂袋无法满足破坏的需要，所以在砂袋达到一定高度后，采用铅块或者千斤顶按照45°扩散规律来加载。

为此，特地设计了如下的试验加载装置，适合进行各种形状和各种厚度（单层、双层）玻璃试件的试验，分别为连接件受压和连接件受拉两种类型，如图 2 – 3 – 11 和图 2 – 3 – 12 所示。

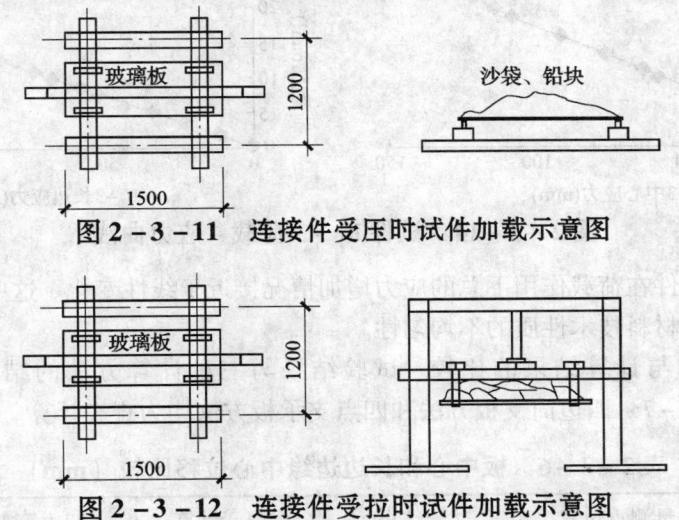

图 2 – 3 – 11　连接件受压时试件加载示意图

图 2 – 3 – 12　连接件受拉时试件加载示意图

②试验测量内容：在这次点支承玻璃板承载能力试验中，主要测试以下几个方面的内容：玻璃板中心处应力与位移，玻璃板长边边缘中心处应力与位移，玻璃孔边缘四个关键点的应力。

③试验现象：在试件 $b_1 – 1$ 试验中，玻璃板正面受载。随着荷载的逐渐增加，各个量测点的应变值近似呈现出线性增加，并且量测的位移也随荷载增加呈现出线性递增的趋势。在荷载加到 12.0kN/m² 时，玻璃板的位移已经达到 19mm，单块玻璃板仍然没有破坏；荷载达到 13.0kN/m² 时，试件开始破坏。

沉头连接件受拉时则相反，圆台的玻璃孔边缘的有效支承面积小，孔边缘的应力集中会相对严重一点。以 $b_1 – 3$ 为例，在荷载加到 10.0kN/m² 时，玻璃板的中心位移已经达到

17mm，边缘中心位移达到 18mm，但玻璃板仍然没有破坏；荷载加到 16.15kN/m² 时，试件开始破坏。其他试件加载也出现类似的大变形结果。

④荷载 - 位移曲线：试验绘制出四个试件的荷载 - 位移曲线。在这里给出典型连接件受拉的 b_1 -3 曲线，如图 2 - 3 -13 所示。

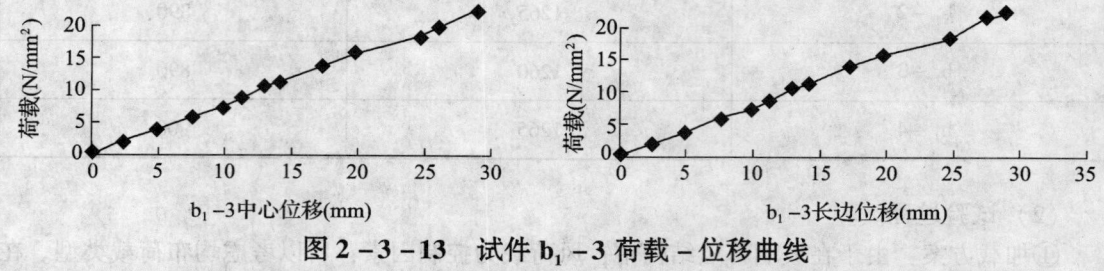

图 2 - 3 -13   试件 b_1 -3 荷载 - 位移曲线

可以看出，试件在荷载作用下总的变化情况接近于线性变化，说明玻璃这种材料在荷载作用下仍然属于线弹性材料。而且变形已经远大于玻璃板的厚度，属于大变形问题。

⑤荷载 - 应力曲线：试验绘制出四个试件的荷载 - 应力曲线。在这里给出典型连接件受拉的 b_1 -3 曲线，如图 2 - 3 -14 所示。

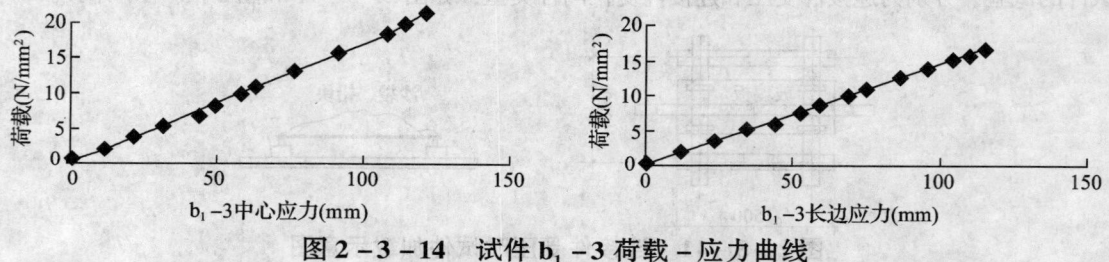

图 2 - 3 -14   试件 b_1 -3 荷载 - 应力曲线

可以看出，试件在荷载作用下总的应力增加情况接近于线性变化。这些试件其破坏强度不同，说明了玻璃材料技术性质的不均匀性。

（3）试验结构与计算结果的比较。试验结果与三种计算方法的结构计算比较见表 2 -3 -6 和表 2 -3 -7。四边简支板方法和四点支承板方法均为查表计算。

表 2 - 3 -6   板中心和长边边缘中心位移比较 （mm）

试件号	量测点位置	试验结果	有限元计算	四边简支	四点支承
试件 b_1 -1	玻璃板中心	19.0	22.7	52.9	23.4
	长边边缘中心	17.7	20.3	0	20.6
试件 b_1 -2	玻璃板中心	31.7	33.5	52.9	35.1
	长边边缘中心	33.2	34.1	0	30.8
试件 b_1 -3	玻璃板中心	29.2	27.3	65.7	29.0
	长边边缘中心	30.6	28.8	0	25.5
试件 b_1 -4	玻璃板中心	32.0	34.4	82.1	36.2
	长边边缘中心	34.5	35.2	0	31.9

表 2 – 3 – 7　板中心和长边边缘中心应力比较（N/mm²）

试件号	量测点位置	试验结果	有限元计算	四边简支	四点支承
试件 b_1 – 1	玻璃板中心	74.3	73.2	60.5	89.3
	长边边缘中心	50.1	83.1	0	98.7
试件 b_1 – 2	玻璃板中心	113.9	114.5	66.8	117.8
	长边边缘中心	112.0	126.0	0	130.4
试件 b_1 – 3	玻璃板中心	105.8	102.2	55.3	96.0
	长边边缘中心	108.1	115.1	0	107.8
试件 b_1 – 4	玻璃板中心	117.8	127.0	69.1	121.8
	长边边缘中心	134.1	140.0	0	134.6

由表可见，有限元方法计算较为接近于试验结果。用四点支承板方法计算，可以在工程设计中采用。四边简支板的边界条件不同，计算结果差异很大，不宜在工程设计中套用。

孔边缘应力见表 2 – 3 – 8。由表可见，孔边缘应力与板中最大应力相比，并没有太大超出，相反还略低于板中的大面应力。

表 2 – 3 – 8　玻璃板孔边缘应力比较（N/mm²）

	量测点位置	试验结果	有限元理论计算	相对误差（%）
试件 b_1 – 1	孔边缘 1 号位	40	35	14.3
	孔边缘 2 号位	39	44	11.4
	孔边缘 3 号位	34	33.5	14.9
	孔边缘 4 号位	33	43	23.2

从结构比较可以看出：在有限元计算中发现，玻璃板的控制应力在孔边缘处，孔边缘集中应力由于应变片不正的有限性，不能布置在理论计算最大位置处，所以在孔边缘靠近应力最大位置处布置，从数据结果可以看出，应力的偏差在 15% 左右。

由于玻璃的破坏实际上总是从产品表面的微型裂纹处开始的，因而玻璃孔边缘的应力是起决定作用的。在实际工程中，尽量采用设计合理的金属连接件，减低孔边缘的集中应力，从而提高玻璃板整体受力能力。

三、点支承玻璃板的计算

（一）应力与挠度计算方法

多点支承板的应力和挠度，可按下述方法计算。

1. 在风力和地震作用下的计算

（1）应力计算。单块玻璃板在垂直幕墙平面的风荷载和地震力作用下，如图 2 – 3 – 15 所示，玻璃板中最大应力按下式计算：

①最大应力标准值：按下式计算：

$$\sigma_{wk} = \frac{6m \cdot \dot{w}_k \cdot a^4}{t^2}\eta \qquad (2 – 3 – 1)$$

$$\sigma_{Ek} = \frac{6m \cdot q_{Ek} \cdot a^4}{t^2}\eta \qquad (2-3-2)$$

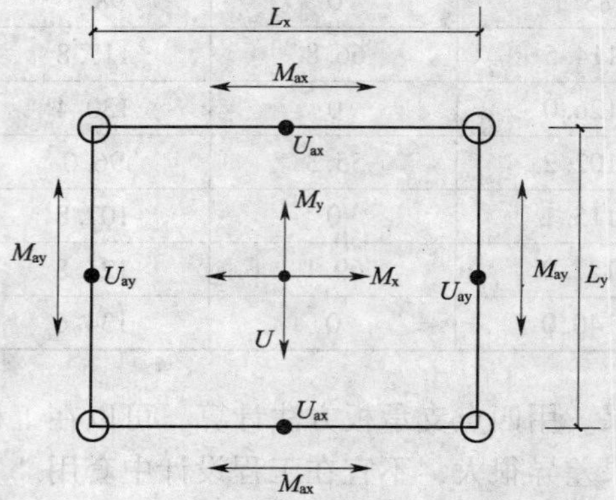

图 2 – 3 –15 四点支承玻璃板的内力

式中 σ_{Ek}、σ_{wk}——分别为垂直于玻璃幕墙平面风荷载或地震力作用下，玻璃的最大应力标准值（N/mm^2）；

$\dot{w}_k$、q_{Ek}——分别为垂直于玻璃平面的风荷载或地震力标准值（N/mm^2）；

a——四点支承玻璃板时取较大的一边支承点距离；六点支承玻璃板时取两个支承点一侧的支承点距离（mm）；

t——玻璃的厚度（mm）；

m——弯矩系数，按表 2 – 3 – 9 采用；

η——考虑大挠度影响的折减系数，可按参数 θ 的数值由表 2 – 3 – 10 查取。

表 2 – 3 – 9　四点支承玻璃板的弯矩系数 m

b/a	0.00		0.20	0.30	0.40	0.50	0.55	0.60
m	0.125		0.126	0.127	0.129	0.130	0.132	0.134
b/a	0.65	0.70	0.75	0.80	0.85	0.90	0.95	1.00
m	0.136	0.138	—	0.140	0.142	0.145	0.151	0.154

注：b 为支承点的较小边长。

表 2 – 3 – 10　折减系数 η

θ	≤5	10	20	40	60	80	100
η	1.00	0.96	0.92	0.84	0.78	0.73	0.68
θ	120	130	200	250	300	350	≥400
η	0.65	0.61	0.57	0.54	0.52	0.51	0.50

表 2 – 3 – 10 中，θ 按下式计算：

$$\theta = \frac{\dot{w}_k a^4}{Et^4} \quad 或 \quad \theta = \frac{(\dot{w}_k + 0.6q_{Ek})a^4}{Et^4} \qquad (2-3-3)$$

②应力设计值：应力标准值应按荷载和作用效应的组合方法进行组合，得到应力的设计值。通常可考虑如下控制性的组合：

$$\sigma = 1.4\sigma_{wk} + 0.6 \times 1.3\sigma_{Ek} + 1.2\sigma_{Gk} \qquad (2-3-4)$$

在实际进行设计时，由于地震作用产生应力的标准值和由于自身质量荷载产生的应力标准值 σ_{Gk} 远小于 σ_{wk}，所以有时也可以不考虑。取：

$$\sigma = 1.4\sigma_{wk} \qquad (2-3-5)$$

③应力值：控制玻璃中应力设计值，不应大于材料强度设计值 f_g：

$$\sigma \leqslant f_g \qquad (2-3-6)$$

式中 f_g——玻璃大面强度设计值（N/mm²）。

（2）挠度计算。

①单块玻璃的刚度：单块玻璃的刚度 D 可按下式计算：

$$D = \frac{Et^3}{12(1-\nu^2)} \qquad (2-3-7)$$

式中 D——玻璃的刚度（N·mm）；

E——玻璃的弹性模量（N/mm²）；

t——玻璃的厚度（mm）；

ν——泊松比，玻璃 $\nu = 2$。

②单块玻璃的挠度 u：在风力作用下，单块玻璃的最大挠度 u 可按下式计算：

$$u = \frac{\mu w_k a^3}{D} \eta \qquad (2-3-8)$$

式中 u——玻璃在风荷载作用下的挠度（mm）；

D——玻璃的刚度（N·mm），可按式（2-3-7）计算；

a——玻璃的边长。四点支承时取较大边的支承点距离（mm），六点支承时取两点支承边的支承点距离（mm）；

w_k——风荷载标准值（N/mm²）；

μ——挠度系数，可由边长比从表 2-3-15～表 2-3-24 中查取；

η——考虑大挠度影响的折减系数，可按表 2-3-10 采用。

③挠度限值：在风荷载作用下，玻璃的最大挠度不宜大于玻璃沿周边支承点较大距离的 1/60。

（3）夹层玻璃计算。夹层玻璃可按下述规定进行计算。

①作用于夹层玻璃上的风荷载和地震作用应力按下式分配到两片玻璃上：

$$w_{k1} = w_k \frac{t_1^3}{t_1^2 + t_2^2}, \qquad w_{k2} = w_k \frac{t_2^3}{t_1^2 + t_2^2} \qquad (2-3-9)$$

$$q_{Ek1} = q_{Ek} \frac{t_1^3}{t_1^2 + t_2^2}, \qquad q_{Ek2} = q_{Ek} \frac{t_2^3}{t_1^2 + t_2^2} \qquad (2-3-10)$$

式中 w_k、w_{k1}、w_{k2}——分别为作用于夹层玻璃上的风荷载标准值、分配到第一块玻璃和第二块玻璃的风荷载标准值（N/mm²）；

q_{Ek}、q_{Ek1}、q_{Ek2}——分别为作用于夹层玻璃上的地震作用标准值，分配到第一块玻璃和第二块玻璃上的地震作用标准值（N/mm²）；

t_1、t_2——分别为第一块玻璃和第二块玻璃的厚度（mm）。

②两块玻璃可各自按本章式（2-3-1）～式（2-3-6）分别进行单块玻璃的应力计算。

③夹层玻璃的挠度可按本章式（2-3-7）、式（2-3-8）进行计算，但在计算刚度 D 时，应采用等效厚度 t_e，t_e 可按下式计算：

$$t_e = (t_1^3 + t_2^3)^{1/3} \qquad (2-3-11)$$

式中 t_1、t_2——分别为两片玻璃的厚度（mm）。

（4）中空玻璃计算。中空玻璃可按下述规定进行计算。

①作用于中空玻璃上的风荷载和地震作用按下式分配到两片玻璃上：

$$w_{k1} = 1.1w_k \frac{t_1^3}{t_1^3 + t_2^3}, \qquad w_{k2} = 1.0w_k \frac{t_2^3}{t_1^3 + t_2^3} \qquad (2-3-12)$$

$$q_{Ek1} = 1.1q_{Ek} \frac{t_1^3}{t_1^3 + t_2^3}, \qquad q_{Ek2} = 1.0q_{Ek} \frac{t_2^3}{t_1^3 + t_2^3} \qquad (2-3-13)$$

②两张玻璃可各自按本章式（2-3-1）～式（2-3-6），分别进行单张玻璃的应力计算。

③中空玻璃的挠度可按式（2-3-7）和式（2-3-8）进行计算，但计算刚度 D 时，应采用等效厚度 t_1、t_2，可按式（2-3-14）计算。

$$t_e = 0.95(t_1^3 + t_2^3)^{1/3} \qquad (2-3-14)$$

式中　t_1、t_2——分别为两片玻璃的厚度（mm）。

2. 温差应力计算

玻璃中央于边缘温度差产生的温差应力可按下述规定计算。

（1）温差应力标准值 σ_{t2k}。温差应力标准值 σ_{t2k} 可按下式计算：

$$\sigma_{t2k} = 0.74E\alpha\mu_1\mu_2\mu_3\mu_4(T_C - T_s) \qquad (2-3-15)$$

式中　σ_{t2k}——温差应力标准值（N/mm²）；

E——玻璃的弹性模量（N/mm²），可取为 0.72×10^5 N/mm²；

α——玻璃的线膨胀系数，可取为 1.0×10^{-5} mm/℃；

μ_1——阴影系数，可按表 2-3-11 采用，无阴影时取 $\mu_1 = 1.0$；

μ_2——窗帘系数，可按表 2-3-12 采用；

μ_3——玻璃面积系数，可按表 2-3-13 采用；

μ_4——嵌缝材料系数，可按表 2-3-14 采用；

T_C、T_s——玻璃中央和边缘的温度（℃）。

表 2-3-11　阴影系数 μ_1

阴影方向	单侧	邻边	对边
阴影系数 μ_1	1.3	1.6	1.7

表 2-3-12　窗帘系数 μ_2

窗帘种类	薄窗帘		百叶窗	
窗帘与玻璃间距	≤100mm	>100mm	≤100mm	>100mm
窗帘系数	1.3	1.1	1.5	1.3

表 2-3-13　玻璃面积系数 μ_3

镶嵌玻璃的边缘材料		嵌缝材料系数	
		玻璃幕墙	金属幕墙
弹性镶嵌缝材料	非泡沫嵌缝条	0.55	0.65
	泡沫嵌缝条	0.40	0.50
气密性嵌缝条		0.38	0.48

注：嵌缝条如果采用深色材料，考虑吸热，可按上述数值的 0.9 采用。

表 2 - 3 - 14 嵌缝材料与系数 μ_4

镶嵌玻璃的边缘材料		嵌缝材料与系数 μ_4	
		玻璃幕墙	金属幕墙
弹性镶嵌缝材料	非泡沫嵌缝条	0.55	0.65
	泡沫嵌缝条	0.40	0.50
气密性嵌缝条		0.38	0.48

注: 嵌缝条如果采用深色材料, 考虑吸热, 可按上述表中数值乘 0.90 系数采用。

（2）限制条件。温差应力 σ_{t2} 应满足以下要求:

$$\sigma_{t2} = 1.2\sigma_{t2k} \leqslant f_g \qquad (2-3-16)$$

式中 σ_{t2}——温差应力设计值（N/mm^2）;

f_g——玻璃的小面边缘强度设计值（N/mm^2）。

（二）板的应力和挠度系数

1. 不考虑四周外挑的四点支承板

四点支承板在角点支承时, 弯矩系数 m 见表 2 - 3 - 9, 挠度系数 μ 见表 2 - 3 - 15。采用的计算公式为式（2 - 3 - 1）、式（2 - 3 - 2）和式（2 - 3 - 8）。

表 2 - 3 - 15 四点支承玻璃板的挠度系数

b/a	0.00	0.20	0.30	0.40	0.50	0.55	0.60	0.65
μ	0.01302	0.01317	0.01335	0.01367	0.01417	0.01451	0.01496	0.01555
b/a	0.70	0.75	0.80	0.85	0.90	0.95	1.00	—
μ	0.01630	0.01725	0.01842	0.01984	0.02157	0.02363	0.02603	—

注: b 为支承点之间的较小边长。

2. 考虑玻璃外挑的四点和六点支承板

四点支承和六点支承的玻璃板如图 2 - 3 - 16 所示。

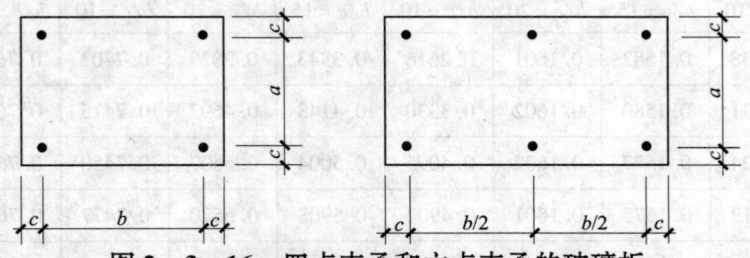

图 2 - 3 - 16 四点支承和六点支承的玻璃板

（1）应力计算。应力计算公式:

$$\left.\begin{array}{l} \sigma_1 = \dfrac{m_1 q a^2}{t^2} \cdot \eta \\[3mm] \sigma_2 = \dfrac{m_2 q a^2}{t^2} \cdot \eta \\[3mm] \sigma_3 = \dfrac{m_3 q b^2}{t^2} \cdot \eta \end{array}\right\} \qquad (2-3-17)$$

式中 σ_1——六点支承玻璃面板支承点处最大正应力设计值；

σ_2——六点支承玻璃面板跨中处最大正应力设计值；

σ_3——四点支承玻璃面板跨中处最大正应力设计值；

m_1、m_2、m_3——应力系数，由表 2-3-16 和表 2-3-17 查得；

q——均布荷载设计值；

a——六点支承板短边尺寸；

b——四点支承板长边尺寸；

η——考虑大挠度影响的折减系数，按表 2-3-10 取用。

（2）挠度计算。六点支承板和四点支承板的挠度计算公式：

$$\left.\begin{array}{l} f_1 = \dfrac{\mu_1 \cdot q_k \cdot a^4}{Et^3} \cdot \eta \\[3mm] f_2 = \dfrac{\mu_2 \cdot q_k \cdot b^4}{Et^3} \cdot \eta \end{array}\right\} \qquad (2-3-18)$$

式中 f_1——六点支承玻璃面板挠度值；

f_2——四点支承玻璃面板挠度值；

μ_1、μ_2——挠度系数，由表 2-3-16 和表 2-3-17 查得；

q_k——荷载标准值；

a——六点支承板短边尺寸；

b——点支承板长边尺寸；

η——考虑大挠度影响的折减系数，按表 2-3-10 取用。

（3）应力和挠度系数。

六点支承板的应力系数和挠度系数见表 2-3-16。

表 2-3-16 六点支承板的应力系数和挠度系数

b/a	μ_1			m_1			m_2		
	$b/c=10$	$b/c=15$	$b/c=20$	$b/c=10$	$b/c=15$	$b/c=20$	$b/c=10$	$b/c=15$	$b/c=20$
1.0	0.1538	0.1582	0.1601	0.2616	0.3343	0.3829	0.7402	0.7610	0.7688
1.1	0.1531	0.1580	0.1602	0.3330	0.4148	0.4692	0.7415	0.7637	0.7717
1.2	0.1524	0.1577	0.1602	0.4095	0.5004	0.5607	0.7450	0.7665	0.7747
1.3	0.1513	0.1572	0.1601	0.4907	0.5908	0.6570	0.7477	0.7697	0.7781
1.4	0.1533	0.1594	0.1622	0.5764	0.6856	0.7579	0.7509	0.7733	0.7818
1.5	0.1575	0.1637	0.1671	0.6664	0.7848	0.8631	0.7544	0.7772	0.7860
1.6	0.1629	0.1698	0.1732	0.7605	0.8881	0.9725	0.7583	0.7817	0.7907
1.7	0.1693	0.1769	0.1806	0.8585	0.9955	1.0859	0.7638	0.7865	0.7959
1.8	0.1773	0.1855	0.1895	0.9605	1.1067	1.2032	0.7750	0.7980	0.8077
1.9	0.1868	0.1956	0.1999	1.0663	1.2218	1.3245	0.7868	0.8112	0.8218

续表 2 – 3 – 16

b/a	μ_t			m_1			m_2		
	b/c = 10	b/c = 15	b/c = 20	b/c = 10	b/c = 15	b/c = 20	b/c = 10	b/c = 15	b/c = 20
2.0	0.1980	0.2074	0.2123	1.1760	1.3408	1.4495	0.7992	0.8252	0.8366
2.1	0.2112	0.2214	0.2267	1.2894	1.4635	1.5784	0.8121	0.8397	0.8521
2.2	0.2266	0.2374	0.2431	1.4065	1.5900	1.7710	0.8254	0.8549	0.8682
2.3	0.2442	0.2559	0.2621	1.5274	1.7202	1.8473	0.8392	0.8705	0.8849
2.4	0.2646	0.2771	0.2838	1.6521	1.8541	1.9874	0.8533	0.8866	0.9198
2.5	0.2875	0.3009	0.3801	1.7804	1.9918	2.1312	0.8678	0.9032	0.9201
2.6	0.3138	0.3282	0.3360	1.9125	2.1332	2.2787	0.8826	0.9201	0.9379
2.7	0.3434	0.3587	0.3670	2.0483	2.2782	2.4298	0.9221	0.9516	0.9653
2.8	0.3762	0.3927	0.4016	2.1877	2.4270	2.5847	0.9801	1.0085	1.0221
2.9	0.4134	0.4309	0.4404	2.3309	2.5795	2.7433	1.0417	1.0697	1.0825
3.0	0.4542	0.4728	0.4829	2.4779	2.7357	2.9056	1.1378	1.1317	1.1445

四点支承板的应力系数和挠度系数见表 2 – 3 – 17。

表 2 – 3 – 17　四点支承板的应力系数和挠度系数

a/b	μ_2			m_3		
	b/c = 10	b/c = 15	b/c = 20	b/c = 10	b/c = 15	b/c = 20
1.00	0.2547	0.2668	0.2730	0.8194	0.8719	0.8719
0.95	0.2302	0.2414	0.2472	0.8087	0.8430	0.8580
0.90	0.2102	0.2206	0.2259	0.7984	0.8307	0.8447
0.85	0.1934	0.2030	0.2079	0.7886	0.8190	0.8320
0.80	0.1801	0.1890	0.1935	0.7719	0.8089	0.8199
0.75	0.1693	0.1776	0.1816	0.7703	0.7974	0.8085
0.70	0.1611	0.1688	0.1724	0.7620	0.7876	0.7979
0.65	0.1549	0.1619	0.1653	0.7543	0.7786	0.7881
0.60	0.1534	0.1570	0.1601	0.7473	0.7703	0.7792
0.55	0.1523	0.1567	0.1593	0.7410	0.7629	0.7712
0.50	0.1521	0.1565	0.1588	0.7355	0.7564	0.7641

3. 法国 AVIS 技术委员会推荐的方法

(1) 符号和单位。采用的符号和单位：

a、b——支承点间距离（m）；

t——玻璃厚度（mm）；

t_{eq}——玻璃等效厚度（mm）；

t_1、t_2——夹层玻璃，中空玻璃中单片玻璃厚度（mm）；

E——弹性模量，玻璃 $E = 7.2 \times 10^{10} \mathrm{Pa}$；

q_k——荷载标准值（Pa）；

q——荷载设计值（Pa）；

ν——泊松比，玻璃 $\nu = 0.22$；

μ——挠度系数；

m——应力系数；

γ——曲率半径系数；

u_a——a 边上点最大挠度（mm）；

u_b——b 边上最大挠度（mm）；

U_c——中点最大挠度（mm）；

σ_a——a 边上最大应力（MPa）；

σ_b——b 边上最大应力（MPa）；

σ_c——板中点最大应力（MPa）；

M——弯矩（N·m/m）；

R——支承线上弯曲半径（m）；

D——板的刚度（N·m）。

（2）支承条件。板的支承条件（见图 2-3-17）：

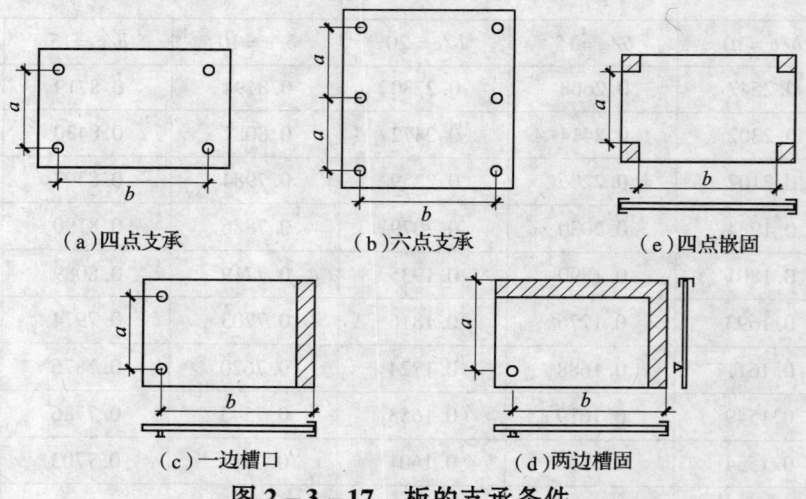

　（a）四点支承　　　　（b）六点支承　　　　（e）四点嵌固

　　（c）一边槽口　　　　　　（d）两边槽固

图 2-3-17　板的支承条件

①四点支承、二点加一边支承、一点加两边支承；

②六点支承；

③四角嵌固。

（3）适用条件。适用条件如下：

①支点可以有一定范围内的转动；

②外挑长度不大于支承点间距的 10%；

③夹层玻璃的等效厚度按下式计算：

$$t_{eq} = \left[t_1{}^3 + t_2{}^3 + 0.2(t_1 + t_2)^3 \right]^{1/3}$$

$(2-3-19)$

式中　t_{eq}——夹层玻璃等效厚度（mm），见表2-3-18；

　　　t_1、t_2——单块玻璃的厚度（mm）。

表 2-3-18　夹层玻璃的等效厚度（mm）

单块厚度 t_1	6	8	8	10	10	12	12	12
单块厚度 t_2	6	6	8	8	10	10	10	12
等效厚度 t	9.2	10.8	12.2	13.9	15.3	15.7	16.9	18.4

（4）应力和挠度计算公式。点支面板的应力和挠度计算公式见表2-3-19。

表 2-3-19　玻璃面板的应力和挠度

项　目	单层玻璃	夹层玻璃
挠度	$f = \mu q_k a^5 / t^3$	$f = \mu q_k a^4 / t_{eg}^3$
应力 σ	$\sigma = mqa^2 / t^2$	$\sigma_1 = \dfrac{mqa^2}{t_{eq}^2} \left[1 - (t_1 - t_2)^2 / 15 t_1^2 \right]$ $\sigma_2 = \dfrac{mqa^2}{t_{eq}^2} \left[1 - (t_1 - t_2)^2 / 15 t_2^2 \right]$ 当 $t_1 = t_2$ 时：$\sigma_1 = \sigma_2 = mqa^2 / t^2$
转角 θ	$\theta_1 = \arctan (4u_a / a)$，$\theta_2 = \arctan (4u_b / b)$	

注：1. 系数 μ、m 由表2-3-20～表2-3-23查取。

　　2. k 为等级厚度（mm），q_k 为荷载标准值（Pa），q 为荷载设计值（Pa），a 为板的支承长边（m）。

　　3. 中空玻璃按等效厚度为 t_{eq} 的单层板计算。

（5）计算系数表。各种支承状态的计算系数参考表2-3-20～表2-3-24。

表 2-3-20　四点支承的玻璃面板应力系数与挠度系数

b/a	挠度系数 μ			应力系数 m		
	a 边中点 μ_a	b 边中点 μ_b	板中 μ_c	a 边中点 m_a	b 边中点 m_b	板中 m_c
0.10	2.172	0.014	2.175	0.754	0.072	0.750
0.20	2.178	0.042	2.182	0.758	0.144	0.750
0.30	2.188	0.063	2.194	0.764	0.222	0.750
0.40	2.201	0.167	2.213	0.771	0.300	0.750
0.50	2.221	0.286	2.268	0.780	0.393	0.751
0.55	2.253	0.396	2.363	0.793	0.438	0.755
0.60	2.300	0.507	2.458	0.807	0.486	0.759
0.65	2.347	0.650	2.569	0.821	0.536	0.764
0.70	2.394	0.825	2.713	0.837	0.587	0.768
0.75	2.458	1.047	2.903	0.855	0.641	0.773

续表 2 - 3 - 20

b/a	挠度系数 μ			应力系数 m		
	a 边中点 μ_a	b 边中点 μ_b	板中 μ_c	a 边中点 m_a	b 边中点 m_b	板中 m_c
0.80	2.522	1.300	3.125	0.875	0.699	0.777
0.85	2.585	1.601	3.394	0.896	0.759	0.780
0.90	2.649	1.935	3.696	0.919	0.824	0.780
0.95	2.713	2.332	4.044	0.941	0.890	0.781
1.00	2.775	2.775	4.472	0.962	0.962	0.782

表 2 - 3 - 21　六点支承时玻璃面板应力与挠度系数

b/a	挠度系数 μ			支承点上最大应力 m_max	支承点上最大曲率半径 γ
	a 边中点 μ_a	b 边中点 μ_b	最大挠度 μ_max		
0.3	0.938	0.063	0.938	0.990	38.2
0.4	0.980	0.188	0.980	1.140	33.2
0.5	1.020	0.313	1.063	1.290	29.3
0.6	1.063	0.563	1.188	1.470	25.7
0.7	1.125	0.875	1.438	1.635	23.1
0.8	1.188	1.313	1.813	1.815	20.3
0.9	1.250	1.938	2.313	1.980	19.1
1.0	1.313	2.688	3.063	2.160	17.5
1.1	1.375	3.750	4.063	2.325	16.3
1.2	1.438	5.125	5.313	2.505	15.5
1.3	1.438	6.813	6.938	2.670	14.2
1.4	1.438	8.875	9.063	2.835	13.3
1.5	1.438	11.438	11.688	3.000	12.6

注：1. 两跨距离 a 相同。

2. 曲率半径 $R = \gamma \cdot \dfrac{t_{eq}^3}{q_k a^2}$，$\dfrac{1}{R} = \dfrac{M_k}{D}$，$D = \dfrac{E t_{eq}^3}{12\ (1 - v^2)}$，$M_k = m_{max} \cdot \dfrac{1}{6} q_k a^2$，$\sigma = M_{max} \cdot q \cdot \dfrac{a^{-2}}{t^2}$。

3. q_k 为荷载标准值，q 为荷载设计值。

表 2 - 3 - 22　一边点支一边由有槽的玻璃面板应力系数和挠度系数

b/a	挠度系数			应力系数		
	a 边中点 μ_a	b 边中点 μ_b	最大挠度 μ_max	a 边中点 m_a	b 边中点 m_b	板中 m_b
0.5	0.904	0.159	0.571	0.310	0.231	0.203
0.6	1.185	0.331	0.845	0.402	0.326	0.285
0.7	1.452	0.708	1.181	0.493	0.433	0.381
0.8	1.614	0.995	1.634	0.585	0.554	0.492
0.9	1.685	1.569	2.267	0.673	0.689	0.617

续表 2 - 3 - 22

b/a	挠度系数			应力系数		
	a 边中点 μ_a	b 边中点 μ_b	最大挠度 μ_{max}	a 边中点 m_a	b 边中点 m_b	板中 m_b
1.0	2.220	2.363	3.061	0.768	0.836	0.759
1.1	2.448	3.395	4.104	0.845	0.996	0.917
1.2	2.682	4.716	5.453	0.923	1.191	1.090
1.3	2.907	6.406	7.129	1.000	1.357	1.278
1.4	3.127	8.548	9.189	1.078	1.558	1.478
1.5	3.382	11.189	11.76	1.157	1.773	1.694
1.6	3.657	14.35	14.87	1.236	2.004	1.925
1.7	3.900	18.12	18.62	1.315	2.251	2.470
1.8	4.136	22.66	23.18	1.393	2.508	2.430
1.9	4.404	28.01	29.54	1.473	2.780	2.704
2.0	4.560	34.25	34.78	1.544	3.068	2.996

表 2 - 3 - 23 有一个点支承和两个边支承的玻璃芯板应力系数和挠度系数

b/a	挠度系数			应力系数		
	a 边中点 μ_a	b 边中点 μ_b	最大挠度 μ_{max}	a 边中点 m_a	b 边中点 m_b	板中 m_b
0.5	0.159	0.888	0.539	0.308	0.229	0.195
0.6	0.317	1.142	0.745	0.397	0.314	0.252
0.7	0.555	1.364	0.983	0.478	0.403	0.306
0.8	0.904	1.570	1.285	0.551	0.497	0.355
0.9	1.348	1.754	1.602	0.617	0.588	0.401
1.0	1.903	1.903	1.967	0.677	0.677	0.444
1.1	2.049	2.588	2.366	0.722	0.753	0.482
1.2	2.154	3.370	2.868	0.758	0.829	0.515
1.3	2.234	4.348	3.384	0.790	0.894	0.546
1.4	2.292	5.367	3.912	0.815	0.958	0.575
1.5	2.320	6.524	4.467	0.838	1.018	0.602
1.6	2.374	7.835	5.075	0.858	1.072	0.629
1.7	2.415	9.254	6.014	0.876	1.122	0.653
1.8	2.454	10.728	6.873	0.891	1.165	0.676
1.9	2.497	12.475	7.573	0.903	1.202	0.696
2.0	2.538	14.211	6.628	0.914	1.231	0.725

表 2 - 3 - 24　玻璃面板应力和挠度系数

b/a	挠度系数			支承点上最大应力	支承点上最大曲率半径 γ
	a 边中点 μ_a	b 边中点 μ_b	最大挠度 μ_{max}		
0.1	0.500	0.000	0.500	0.105	3603
0.2	0.625	0.000	0.625	0.150	2522
0.3	0.700	0.000	0.700	0.195	1940
0.4	0.780	0.000	0.780	0.240	1576
0.5	0.875	0.013	0.875	0.270	1401
0.6	0.938	0.081	1.000	0.315	1201
0.7	1.000	0.188	1.125	0.375	1009
0.8	1.040	0.438	1.375	0.435	870
0.9	1.080	0.750	1.625	0.510	742
1.0	1.125	1.125	2.000	0.585	647

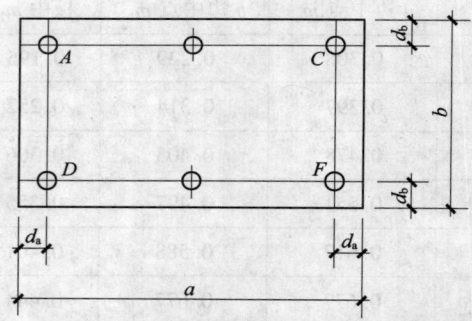

图 2 - 3 - 18　点支式玻璃幕墙结构中六点支承玻璃

（三）采用弹性中支座可降低板中应力

在点支式玻璃幕墙结构设计中，六点支承玻璃（见图 2 - 3 - 18）常常遭到装饰设计师的回避，因为其支承条件对玻璃的受力不利，尤其是在中间 B、E 两支承点处会出现很大的负弯矩，从而产生很大的应力。然而在许多工程中，由于建筑立面造型效果的要求，不得不采用六点支承玻璃，例如，在沈阳会馆点支式玻璃幕墙工程的设计中，就大量采用了六点支承玻璃，为此，可以应用有限元分析技术改进其支承设计。

沈阳会馆工程中，用于计算玻璃的条件是：中空玻璃（10 + 12a + 10，折算厚度 t = 12mm）。其平面尺寸为：$a \times b = 3.0\text{m} \times 2.16\text{m}$；玻璃上有 6 个圆孔，直径 d = 40mm，圆心距离玻璃边为 $d_a = d_b = 120\text{mm}$；风荷载标准值 = $500 \times 1.5 \times 2.25 \times 0.78 = 1316.25\text{Pa}$，风荷载设计实施值 $q_k = 1.4q_k = 1842.75\text{Pa}$。

应用有限元软件 Super SAP 进行分析计算。依次实施三个基本步骤：前处理（SD2 模块和 DECODER 模块）—静力分析（SSAPOH 模块）—届处理（SVIEW 模块）。其中，前处理过程中对支承条件的考虑是：因为设计铰支承头而释放转动约束，考虑玻璃的自身质量荷载由上面的两支承钢爪承担，并且注意到钢爪设计中考虑了吸收幕墙（由温度作用引起的）平面变形的能力，所以位移边界条件约束在圆心位置。A 孔约束为 k，C 孔约束为 T_{yz}，B、D、E、F 孔约束均为 T_z。

计算结果：挠度最大值为 $u_{max}=23.42\mathrm{mm}$；应力最大值为 $\sigma_{max}=59.42\mathrm{MPa}$，位于中间两圆孔边缘。

有限元分析的结果表明，中间两支承点（B、E）使玻璃板产生的负弯矩占主导地位，那么，如果将 B、E 两支承点在 z 轴方向的刚性支承改为弹性支承，就应该会使负弯矩所产生的应力降低，从而避免增加玻璃的厚度，获得很好的经济效益。

仍然利用上述的有限元模型，只需把 B、E 两支承点改成边界单元（Boundary Element），代入一系列弹性模量分别计算，选出一个较为满意的结果，使得设计玻璃的厚度不增加。而且应力 $\sigma_{max}=45.91\mathrm{MPa}$，挠度 $u_{max}=29.01\mathrm{mm}<35\mathrm{mm}$，相对挠度 $u_{max}/a<1/100$，都能满足要求，此时，弹性支承发生最大变形量为 $e=7.23\mathrm{mm}$。据此，选出一个适当的弹性系数来设计弹性支承中的弹簧，并且进行整个钢爪支承体系的优化设计。改进后的弹性支承体系能够吸收正风压和负风压作用到玻璃上的能量。

第三节　点支式玻璃幕墙的支承装置

点支式玻璃幕墙已广泛用于现代建筑物高大空间的全玻璃幕墙，由于通透感好，装饰性强，且其安全性更高，故可取代玻璃肋胶接式全玻璃幕墙。为确保工程质量，国家建设部门发布了建筑工业行业标准《点支式玻璃幕墙工程技术规程》CECS127：2001，并已于 2001 年 11 月 1 日正式实施。

一、支承装置

点支式玻璃幕墙的玻璃面板通过支承头、支承臂和承压杆，将荷载传递到支承结构上，通常将支承装置称为钢爪。

最早的支承装置采用不锈钢板夹持或直接用螺栓连接在横梁上，由于有明显的嵌固作用，玻璃较为容易开裂。现在也有一部分工程采用内、外夹板式连接支承装置，它最大的优点是无须在玻璃面板上开孔，中心螺栓直接从胶缝中穿过，由内、外夹板将玻璃夹紧。

多数工程都采用穿孔式的支承头，为适应玻璃受弯后变形支承垫产生转动，支承头加上了球铰，球铰允许支承头产生 10° 以内的转动，以防止玻璃开裂。如图 2-3-19 所示。

支承装置由许多零部件组合而成。爪件本身由可铸造不锈钢工艺精密铸造后，配上支承头的各个零件，组成完整的钢爪组件。

二、支承头的形式

(一) 浮头式支承头

浮头式支承头的金属外板凸出在玻璃平面外（一般厚 5~6mm），玻璃无须开锥形孔，对玻璃厚度无特殊要求。如图 2-3-20~图 2-3-22 所示。

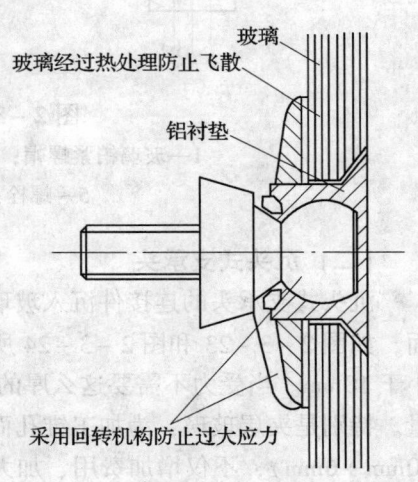

图 2-3-19　支承头剖面图

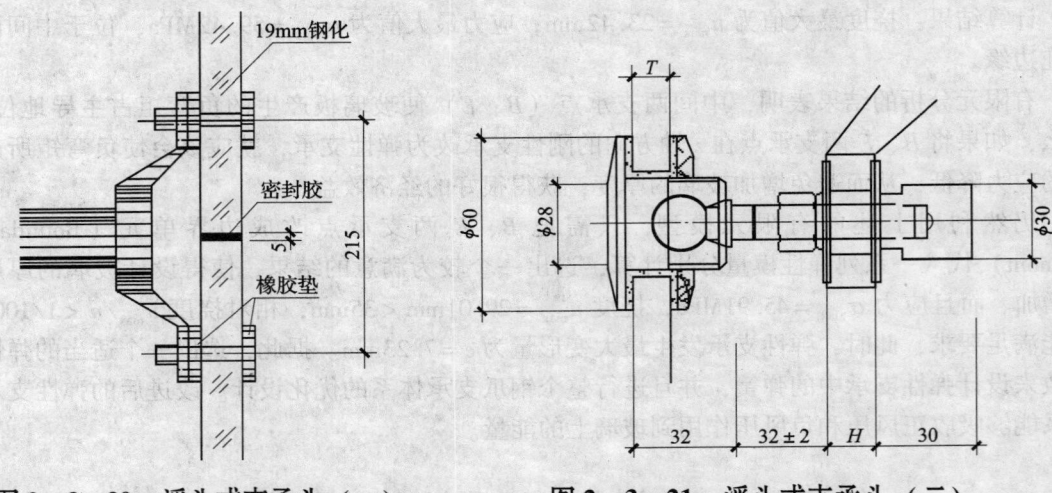

图 2 - 3 - 20　浮头式支承头（一）　　　**图 2 - 3 - 21　浮头式支承头（二）**

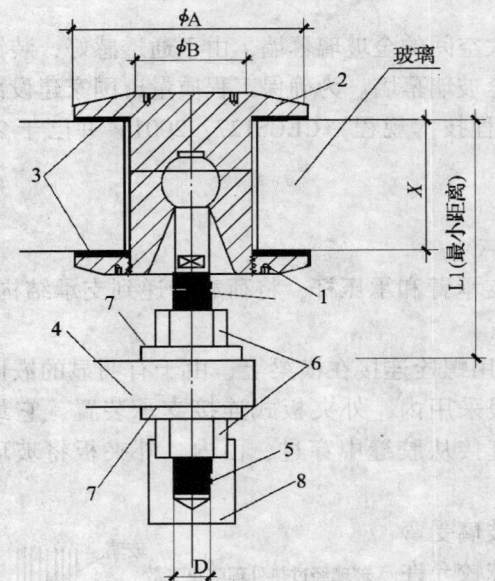

型　　　号	A	B	D	L1
P - 12 - 60	60	35	M12	65
PT - 14 - 60	60	35	M14	65
PT - 14 - 70	70	40	M14	65
PT - 14 - 80	80	50	M14	65
PT - 16 - 60	60	35	M16	65
PT - 16 - 70	70	40	M16	65
PT - 16 - 80	80	50	M16	65
PT - 18 - 70	70	40	M18	70
PT - 18 - 80	80	50	M18	70

图 2 - 3 - 22　浮头式支承头（三）

1—玻璃销紧螺帽；2—支承头本体；3—尼龙垫片；4—固定臂；
5—螺栓；6—螺帽；7—垫块；8—后盖帽

（二）沉头式支承头

沉头式支承头的连接件沉入玻璃表面之内，表面平整、美观，也不容易积灰污染玻璃表面，如图 2 - 3 - 23 和图 2 - 3 - 24 所示。但玻璃要开锥形孔洞，加工复杂，而且玻璃厚度不小于 10mm。当受力不需要这么厚的玻璃时，不仅增加了造价，而且加大了玻璃幕墙本身质量。特别是夹层玻璃，为加工锥孔而增加外玻璃厚度（如本来 6mm + 6mm 已足够，要变为 10mm + 6mm），不仅增加费用、加大本身质量荷载，而且因两块玻璃厚度相差太大而容易开裂。

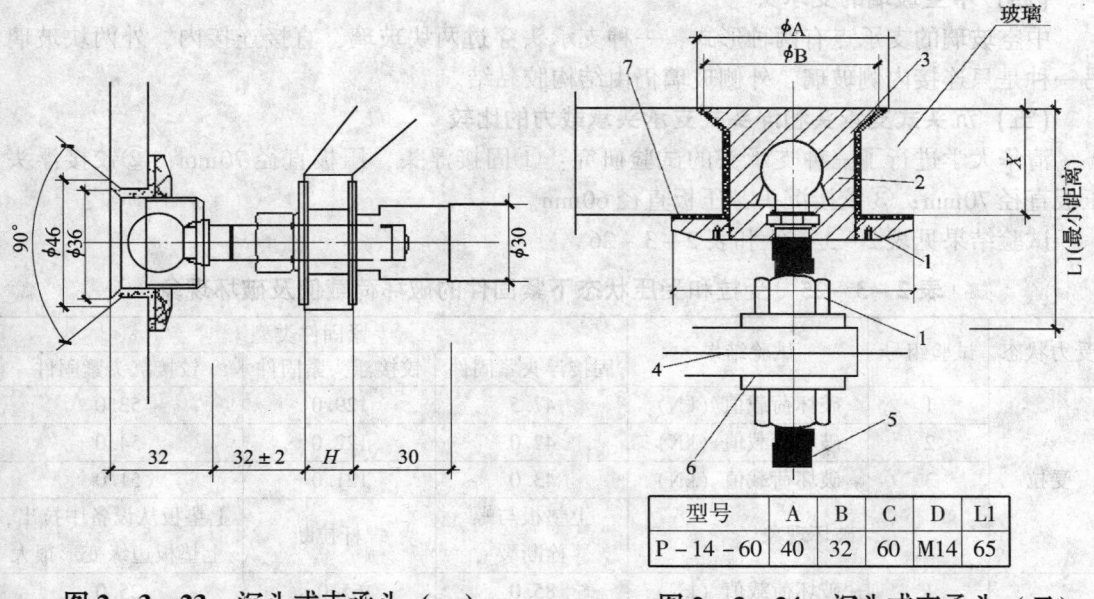

图 2 – 3 – 23 沉头式支承头（一）　　图 2 – 3 – 24 沉头式支承头（二）

型号	A	B	C	D	L1
P – 14 – 60	40	32	60	M14	65

1—螺帽；2—支承头本体；3—尼龙垫；
4—固定臂；5—螺栓；6—垫板；7—尼龙垫片

（三）背栓式支承头

背栓式支承头是由德国 Fischer 公司首先采用并在欧洲普遍推广，它在 10～12mm 厚的玻璃后面开锥形孔，锚入背栓予以固定，如图 2 – 3 – 25 所示。

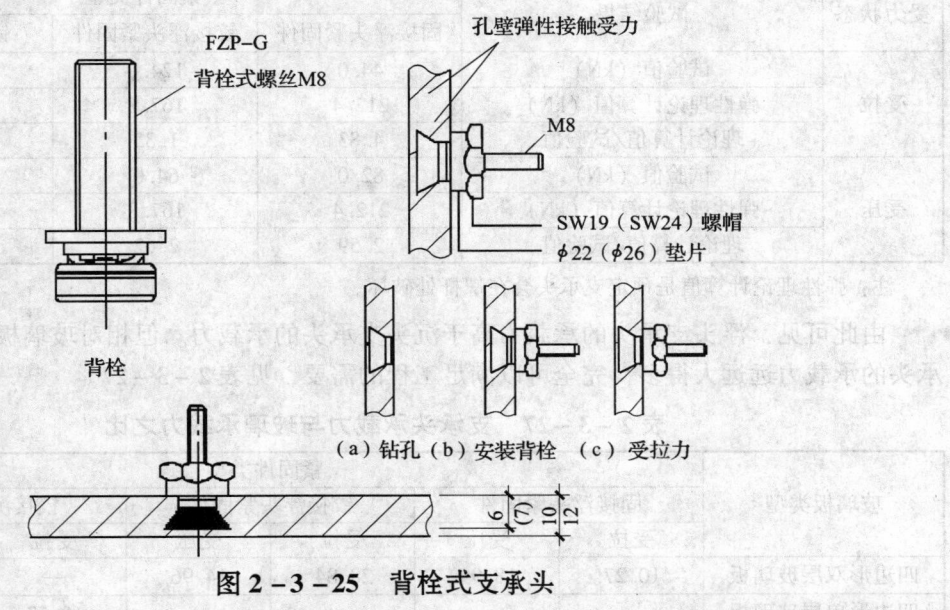

（a）钻孔（b）安装背栓　（c）受拉力

图 2 – 3 – 25 背栓式支承头

背栓通过专用的钢爪连接到支承结构上，背栓不露在玻璃表面上，玻璃平整面美观。但开孔要求有专用的钻床和钻头，要采用专门的背栓，以确保其受力安全可靠。

（四）中空玻璃的支承头

中空玻璃的支承点有两种形式，一种支承头穿过两块玻璃，直接连接内、外两块玻璃；另一种是只连接内侧玻璃，外侧玻璃仍由结构胶黏结。

（五）沉头式支承头和浮头式支承头承载力的比较

清华大学进行了三种支承头的试验研究：①固接浮头，压板直径 70mm；②铰接浮头，压板直径 70mm；③铰接沉头，压板直径 60mm。

试验结果见表 2 - 3 - 25 和表 2 - 3 - 26。

表 2 - 3 - 25　受拉和受压状态下紧固件的破坏荷载值及破坏现象

受力状态	试验组号	试验结果	紧固件类型		
			固接浮头紧固件	铰接浮头紧固件	铰接沉头紧固件
受拉	1	破坏荷载值（kN）	47.5	129.0	53.0
	2	破坏荷载值（kN）	42.0	122.0	54.0
	3	破坏荷载值（kN）	43.0	121.0	51.0
		破坏现象	上垫板与螺栓断裂	螺杆拉断	上垫板从设备中拉出，上垫板边缘变形很大
受压	1	破坏荷载值（kN）	85.0	65.0	25.0
	2	破坏荷载值（kN）	80.0	63.0	27.0
	3	破坏荷载值（kN）	80.0	65.0	25.0
		破坏现象	下垫板变形很大，丝扣屈服	下垫板变形很大，丝扣屈服	上垫板中部填塞圆柱被顶出

表 2 - 3 - 26　破坏荷载的实验值和弹性理论设计值

受力状态	试验结果	紧固件类型		
		固接浮头紧固件	铰接浮头紧固件	铰接沉头固件
受拉	试验值（kN）	44.0	124.0	53.0
	弹性理论计算值（kN）	212.4	167.8	65.5
	理论计算值/试验值	4.83	1.35	1.24
受压	试验值（kN）	82.0	64.0	26.0
	弹性理论计算值（kN）	212.4	167.8	65.5
	理论计算值/试验值	2.59	2.62	2.52

注：弹性理论计算值是预定支承头会在螺杆处破坏。

由此可见，浮头支承头的承载力高于沉头支承头的承载力。但相对玻璃板的承载力，支承头的承载力远远大得多，完全可以满足工程的需要，见表 2 - 3 - 27。

表 2 - 3 - 27　支承头承载力与玻璃承载力之比

玻璃板类型	紧固件类型					
	固接浮头紧固件		铰接浮头紧固件		铰接沉头紧固件	
	受拉	受压	受拉	受压	受拉	受压
四边形双层玻璃板	10.27	18.99	28.84	14.96	—	—
四边形单层玻璃板	—	—	—	—	10.53	5.13

注：1. 双层玻璃板由浮头紧固件固定，单层玻璃板由沉头紧固件固定。

2. 采用玻璃破坏荷载与支承头破坏荷载的比值。

（六）支承头的组成和构造

支承头通常由前后压板、中心轴（轴杆）以及衬套、衬垫、紧固螺帽组成。除衬套采用铝材或尼龙材料、衬垫采用尼龙材料外，其余均采用不锈钢件。

三、钢爪的形式

（一）各种钢爪的承载能力

钢爪形式多种多样，常见的有 X 形、V 形、H 形和 I 形等多种形式。

清华大学曾对 X 形、H 形和 I 形钢爪承载力进行了对比试验。钢爪材料为 1Cr18Ni9 不锈钢铸造，抗拉强度为 810MPa，屈服强度为 507MPa，弹性模量为 $3.01 \times 10^5 \text{N/mm}^2$，钢爪外伸长度为 125mm。

从试验得到各试件肢的内、外端位移差值见表 2 - 3 - 28。

表 2 - 3 - 28　钢爪试件肢内外端位移差 $\Delta \mu$

钢爪形式	X 形	H 形	I 形
钢爪肢内外端位移差 $\Delta \mu$（mm）	（荷载为 10kN 时）1.0 ~ 2.5	（荷载为 6kN 时）1.7 ~ 2.0	（荷载为 10kN 时）1.0 ~ 2.2
$\Delta \mu / 1$	1/354 ~ 1/142	1/147 ~ 1/125	1/114 ~ 1/250

但上述位移均非肉眼可觉察，产生的位移基本上不起控制作用。

各支承件试件肢端屈服荷载见表 2 - 3 - 29。

表 2 - 3 - 29　支承件试件肢端屈服荷载

支承件类型	X 形	H 形中间肢（I 形）	H 形边肢
试验值（kN）	10	10	6
弹性理论计算值（kN）	12.3	22.5	15.3
理论计算值/试验值	1.23	2.25	2.55

由此可见，X 形爪件相对于 H 形爪件有较高的承载力，但总的来说，相对于玻璃的承载能力，爪件的安全储备都较大，见表 2 - 3 - 30。

表 2 - 3 - 30　爪件承载力与玻璃承载力的比值

玻璃	支承件类型		
	X 形支承件	H 形支承件	I 形支承件
8mm + 8mm 夹层玻璃	2.33	1.40	2.33
12mm 钢化单层玻璃	2.00	1.20	2.40

（二）X 形钢爪

X 形钢爪是点支式玻璃幕墙中应用最广泛的一种形式。

（三）H 形钢爪

H 形钢爪有四个连接点，可连接四块面玻璃，当只设两个支承头时，则成为 I 形钢爪。

（四）用于背栓式点支式玻璃幕墙的钢爪

德国慧鱼（Fischer）公司开发的背栓式点支式玻璃幕墙，采用专用的星形钢爪，它具有水平和竖向调节功能，并可吸收温度变形。

四、支承装置的一般规定

我国行业标准《点支式玻璃幕墙支承装置》JG 138—2010，其中的一些有关条文摘录如下。

（一）技术要求

1. 材料

（1）碳素结构钢的机械性能应符合《碳素结构钢》GB/T 700 的要求。

（2）优质碳素结构钢的机械性能应符合《优质碳素结构钢》GB 699 要求。

（3）低合金结构钢的机械性能应符合《低合金高强度结构钢》GB/T 1591 的要求。

（4）不锈钢的机械性能应符合《不锈钢棒》GB/T 1220 的要求。

（5）不锈钢耐酸铸件的机械性能应符合《一般用途耐蚀钢铸件》GB/T 2100 的要求。

（6）与玻璃接触的材料硬度应为邵氏 A 度 100 – 90。

2. 外观要求

（1）铸件表面要求光滑、棱角清晰、无毛刺。

（2）表面无砂眼、渣眼、缩孔，不允许有裂纹、冷隔、缩松等严重缺陷。

（3）铸件表面中 30cm² 范围内允许有直径小于 2.5mm、深度小于 0.5mm、数量不多于 2 个的气孔。

（4）外观表面应无锈斑及明显机械损伤。

（5）不锈钢表面应喷丸抛光，采用明光或亚光。

（6）铸造碳素钢和其他钢材表面按《涂装前钢材表面锈蚀等级和除锈等级》GB/T 8923 中的 Sa2 $\frac{1}{2}$ 级除锈后，进行防腐涂装。

（7）铸件还应满足《铸件　尺寸公差与机械加工重量》GB/T 6414 及《铸件质量评定方法》JB/T 7528 中关于合格品的要求。

3. 加工要求

（1）加工表面粗糙度应在 $\sqrt[32]{}$ 以上。

（2）螺纹配合应采用 7H/6h。

4. 支承装置的性能

（1）连接件的螺杆能承受的径向集中荷载应符合表 2 – 3 – 31 的规定。

表 2 – 3 – 31　连接件螺杆的径向集中荷载

螺杆规格	臂长（mm）		
	$L \geqslant 30$	$30 < L \leqslant 50$	$L > 50$
M6	≥0.90	≥0.71	≥0.53
M8	≥1.29	≥1.01	≥0.75
M10	≥1.84	≥1.43	≥1.07

续表 2 - 3 - 31

螺杆规格	臂长（mm）		
	$L \geqslant 30$	$30 < L \leqslant 50$	$L > 50$
M12	$\geqslant 2.63$	$\geqslant 2.05$	$\geqslant 1.53$
M14	$\geqslant 3.42$	$\geqslant 3.43$	$\geqslant 1.81$
M16	$\geqslant 4.88$	$\geqslant 3.48$	$\geqslant 2.69$
M18	$\geqslant 6.98$	$\geqslant 4.97$	$\geqslant 3.67$

（2）爪件变形限在弹性范围内，其承受荷载应满足表 2 - 3 - 32 规定。

表 2 - 3 - 32　爪件弯曲荷载

级　别	Ⅰ级	Ⅱ级	Ⅲ级
单爪荷载	$\geqslant 8.00$	$\geqslant 4.00$	$\geqslant 3.00$

（3）活动连接螺杆绕中心线的活动锥角宜 $\leqslant 10°$。

（4）可调爪件的调节范围应小于 12mm。

（5）支承装置的调整性能应符合表 2 - 3 - 33 的规定。

表 2 - 3 - 33　支承装置调整量 s

级　别	A	B
三维方向	$-15 \leqslant s \leqslant 15$	$-10 \leqslant s \leqslant 10$

5. 构件与配件的质量要求

构件与配件的机械性能应满足《紧固件机械性能　螺栓、螺钉和螺柱》GB/T 3098.1、《紧固件机械性能　螺母　粗牙螺纹》GB/T 3098.2 及《紧固件机械性能　不锈钢螺栓、螺钉和螺栓》GB/T 3098.6 紧固件机械性能的要求。

6. 尺寸允许偏差

支承装置爪件主要尺寸允许偏差应满足表 2 - 3 - 34 规定。其余尺寸偏差满足《铸件尺寸公差与机械加工余量》GB/T 6414 的规定。

表 2 - 3 - 34　爪件尺寸允许偏差

序号	项　　目	允　许　偏　差	
		孔距 $\leqslant 224$	孔距 > 224
1	爪孔相对中心孔位置偏差	± 1.0	± 1.5
2	爪孔直径偏差	± 0.5	± 0.6
3	两爪孔中心距偏差	± 1.0	± 1.5
4	爪孔平面度	2.0	2.5

（二）试验方法

1. 外观质量检验

玻璃幕墙支承装置在光线充足的地方用目测的方法测定，外观表面应无明显缺陷，零、部件齐全，装配牢固，收缩自如。

2. 调整性能

用透明直尺进行检查，试验结果应符合调整性能的有关规定。

3. 力学性能试验

（1）拉伸试验。点支式全玻璃幕墙支承装置拉伸试验按《金属材料　室温拉伸试验方法》GB/T 228 的规定进行试验。

（2）弯曲试验。点支式全玻璃幕墙支承装置弯曲试验按《金属材料　弯曲试验方法》GB/T 232 的规定进行试验。

（三）检验规则

检验分出厂检验与型式检验，出厂检验由制造厂质量检验部门进行，型式检验可由国家质量技术监督机构进行。

1. 出厂检验（逐批检验）

（1）抽样方案。抽样方案按《计数抽样检验程序　第 1 部分：按接收质量限（AQL）检索的逐批检验抽样计划》GB 2828.1 中正常一次性抽样方案的规定进行，检查水平取 S - 3。

（2）判定水准 AQL。判定水准 AQL 取 1%，也可由供需双方商定。

2. 周期检验

（1）抽样方案。抽样方案周期检验按《周期检验计数抽样程序及表（适用于对过程稳定性的检验)》GB/T 2829 中正常一次性抽样方案的规定进行，检查水平取 S - 3。

（2）判定水准。判定水准取 II 级。

3. 型式检验

型式检验按本标准的检验方法进行，有下述情况之一时需进行型式检验。

（1）新产品或老产品转厂生产的试制定型鉴定（包括技术转让）。

（2）正常生产后，当结构工艺、原材料有重大改变时。

（3）长期停产后，恢复生产时。

（4）正常生产时每二年与三年检测一次。

（5）国家质量监督检测机构提出进行型式检验的要求。

（6）出厂检验结果与上次型式检验结果有较大差别时。

（7）客户或合同要求时。

4. 判定规则

产品的型式检验必须全部符合规定的要求，如有任何一项不合格，应重新进行复验；如仍不合格时，则判该产品为不合格产品。

由于支承装置（钢爪）用材严格，加工技术要求精良，因此一般玻璃幕墙厂商宜直接选购商品钢爪。

第四节　点支式玻璃幕墙的支承结构

一、玻璃肋

点支式玻璃幕墙的支承结构有多种形式。

（一）简述

玻璃肋支承的点支式玻璃幕墙广泛应用于公共建筑的大堂、观光层和餐厅层，其结构构件如图 2 - 3 - 26 所示。

（二）一般要求

由于驳接玻璃肋的高度越来越高，玻璃肋作为偏心受拉、偏心受压构件，在平面外就产生了一个横向弯曲、整体失稳的问题。如四川成都沙湾的国际会展中心，大厅玻璃肋高度 15m，肋极有可能出现平面外失稳，因此宜增加拉结措施。

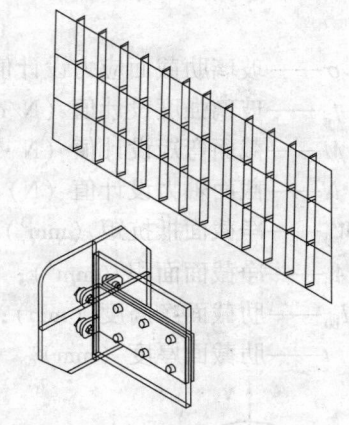

玻璃肋由不锈钢板通过螺栓连接，受力较复杂，应采用钢化玻璃或钢化夹层玻璃，钢化夹层玻璃厚度不宜小于 8mm + 8mm，夹胶厚度不小于 0.76mm，即 8mm + 0.76mmPVB + 8mm 的钢化夹层玻璃。

图 2 - 3 - 26　驳接玻璃肋支承的点支式玻璃幕墙

（三）玻璃肋计算

1. 玻璃肋的内力

玻璃肋可视为上、下简支垂直放置的梁，但同时还受到幕墙的自身质量荷载作用。

（1）玻璃肋的轴向力。玻璃肋的轴向力 N 由玻璃幕墙的自身质量荷载产生，包括面板质量和肋的质量。轴力的性质由幕墙的支承条件决定。当为上端悬挂时，轴力为拉力。高度超过 5m 的幕墙应采用悬挂方式。

轴向力设计值 N 取为 $1.2N_k$，N_k 为玻璃肋轴向力标准值。

（2）玻璃肋的弯矩。点支式玻璃幕墙结构中肋玻璃的弯矩按以下组合。

由风力产生的弯矩标准：
$$M_{Wk} = \frac{w_k b h^2}{8}$$

由地震产生的弯矩标准值：
$$M_{Ek} = \frac{q_{Ek} b h^2}{8}$$

由面板偏心产生的自身质量荷载弯矩标准值：
$$M_{Gk} = \frac{l_b \cdot N_0}{2}$$

式中　w_k、q_{Ek}——风荷载和地震作用标准值（N/mm²）；

　　　N_0——在肋跨中处幕墙面板产生的轴力标准值（N）；

　　　b——肋间距（mm）；

　　　h——肋跨度（mm）；

　　　l_b——肋截面高度（mm）。

肋在跨中处弯矩设计值为：

$$M = 1.2M_{Gk} + 1.4M_{wk} + 0.6 \times 1.3M_{Ek} \qquad (2 - 3 - 20)$$

2. 玻璃肋的截面设计

点支式玻璃幕墙结构中玻璃肋的截面应力应满足以下条件：

$$\sigma = \frac{M}{W_0} + \frac{N}{A_0} \le f_g \qquad (2 - 3 - 21)$$

$$W_0 = \frac{1}{6}l_{b0}^2 t \qquad\qquad (2-3-22)$$

式中　σ——玻璃肋截面应力设计值（N/mm^2）；

　　　f_g——玻璃强度设计值（N/mm^2），取边缘强度；

　　　M——截面弯矩设计值（N·mm）；

　　　N——截面轴力设计值（N）；

　　　W_0——净截面抵抗矩（mm^3）；

　　　A_0——净截面面积（mm^2）；

　　　l_{b0}——肋截面净高度（mm）；

　　　t——肋截面厚度（mm）。

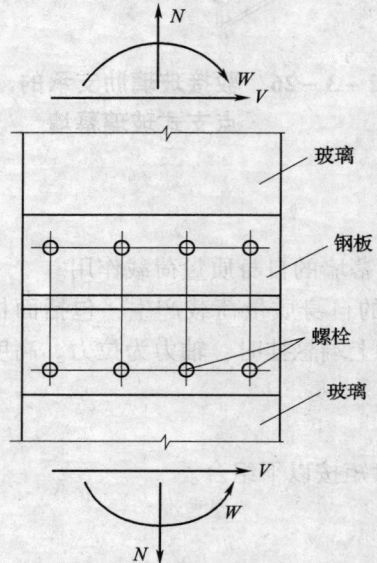

图 2 - 3 - 27　连接处的受力状态

3. 玻璃肋的连接设计

（1）连接处的受力。玻璃肋通常用厚度不小于 3mm 的不锈钢板，通过普通不锈钢螺栓连接，这些螺栓要承受玻璃受弯、受拉（压）和受剪产生的应力，如图 2 - 3 - 27 所示。

（2）螺栓强度计算。当作用在螺栓连接中的剪力较小时，作用力主要由构件间的摩擦力传递；外力超过摩擦力后，构件间即出现相对滑动，螺栓开始接触孔壁，于是，螺柱对构件的挤压力与构件间的摩擦力共同传递外力 [见图 2 - 3 - 28（a）]，直至破坏。破坏的情况主要有两种可能：一种是螺栓杆被剪断 [见图 2 - 3 - 28（b）]，另一种是孔壁被压坏 [见图 2 - 3 - 28（c）]。此外，还可能由于螺栓孔端距太小而钢板端部被剪坏 [见图 2 - 3 - 28（d）]，或构件本身由于开孔后的截面削弱过多而破坏 [见图 2 - 3 - 28（e）]。

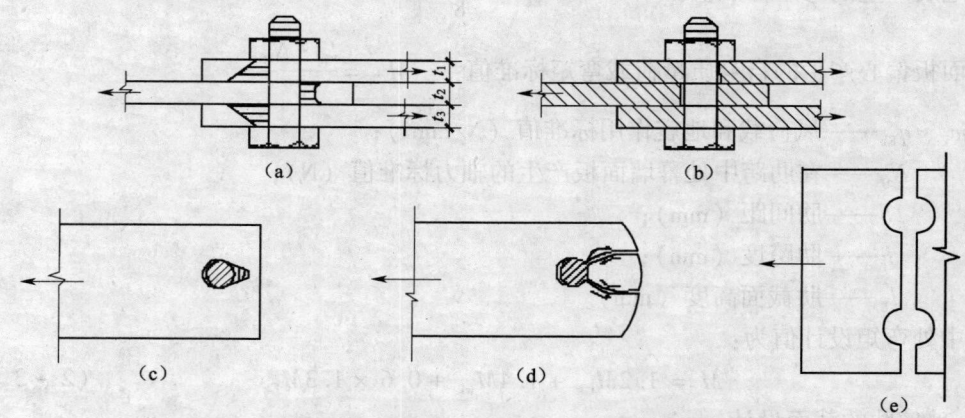

图 2 - 3 - 28　剪力螺栓连接的受力和破坏情况

如果螺栓的直径较小，钢板的厚度相对较大，则连接由子螺栓杆的剪断而破坏，如图 2 - 3 - 28（b）所示。一个螺栓的受剪承载力设计值为：

$$N_v^b = n_v \cdot \frac{\pi d^2}{4} \cdot f_v^b \qquad (2-3-23)$$

式中　n_v——受剪面数目；

　　　d——螺栓直径，当剪切面在螺纹处时，则为螺纹处的有效直径（mm）；

　　　f_v^b——螺栓连接的抗剪强度设计值（N/mm²），见表2-3-35。

　　如果钢板的厚度较薄而螺栓的直径相对较大时，则孔壁受挤压应力较大，连接将由于螺栓杆前面的钢板在挤压作用下发生塑性流动而破坏，如图2-3-28（e）所示。孔壁受压时，压应力沿孔壁周界不均匀分布，而在计算时则假定压应力取有效直径均匀分布。

　　一个螺栓的承压承载力设计值为：

$$N_c^b = d \sum (t \cdot f_c^b) \qquad (2-3-24)$$

　　螺栓在螺纹处的有效面积可按下式计算：

$$A_c = \pi d_e^2/4 \qquad (2-3-25)$$

式中　p——螺距（mm）；

　　　d——螺栓杆的直径（mm），在有螺栓处取有效直径值；

　　　d_e——在螺纹处的等效直径，$d_e = d - (13/24)^{1/3}P$；

　　　$\sum t$——在同一受力方向的承压构件的较小总厚度，在图中则取 t_2 和 $(t_2 + t_3)$ 中的较小值；

　　　f_c^b——螺栓连接的承压强度设计值，见表2-3-35。

表2-3-35　螺栓连接的强度设计值（N/mm²）

螺栓和构件		构件钢材		普 通 螺 栓						锚栓	承压型高强螺栓	
				C 级螺栓			A 级、B 级螺栓					
名称	钢号或性能等级	组别	厚度（mm）	抗拉 f_t^b	抗剪 f_v^b	承压 f_c^b	抗拉 f_t^b	抗剪（Ⅰ类孔）f_v^b	承压（Ⅰ类孔）f_c^b	抗拉 f_t^b	抗剪 f_v^b	承压 f_c^b
普通螺栓	3 号钢	—		170	130	—	170	170	—	—	—	—
锚栓	3 号钢			—	—	—	—	—	—	140	—	—
	16Mn 钢			—	—	—	—	—	—	180	—	—
承压型高强度螺栓	88 级			—	—	—	—	—	—	—	250	—
	10.9 级			—	—	—	—	—	—	—	310	—
构件	3 号钢	第1~3组		—	—	305	—	—	400	—	—	465
	16Mn 钢 16Mn 钢	—	≤16	—	—	420	—	—	550	—	—	640
			17~25	—	—	400	—	—	530	—	—	615
			26~36	—	—	385	—	—	510	—	—	590
	15MnV 钢 15MnVq 钢		≤16	—	—	435	—	—	570	—	—	665
			17~25	—	—	420	—	—	550	—	—	640
			26~36	—	—	400	—	—	530	—	—	615

注：孔壁质量属于下述情况者为Ⅰ类孔：

　1. 在装配好的构件上按设计孔径钻成的孔。

　2. 在单个零件和构件上按设计孔径分别用钻模钻成的孔。

　3. 在单个零件上先钻孔或冲成较小的孔径，然后在装配好的构件上再扩钻至设计孔径的孔。

（3）连接在轴心力 N 作用下的计算。当外力通过螺栓群中心时，假定被连接的肋玻璃板是一钢体，因此作用力平均分配于每个螺栓，连接所需的螺栓数 n 可按下式计算：

$$n \geq N/N_{min}^b \qquad (2-3-26)$$

式中　N_{min}^b——是按式（2-3-23）和式（2-3-24）计算所得的螺栓承载力设计值中的较小值。

当螺栓群长度 l_1［见图 2-3-29（a）］较大时，作用力不能平均分配于每个螺栓，为了防止端部螺栓首先破坏的可能，故在螺栓群的长度 $l_1 > 15d_0$ 时，应将 N_{min}^b 乘以折减系数 β：

$$\beta = 1.1 - \frac{l_1}{150d_0} \qquad (2-3-27)$$

当 l_1 大于 $60d_0$ 时，折减系数为 0.7。

式中　d_0——螺栓孔直径（mm）。

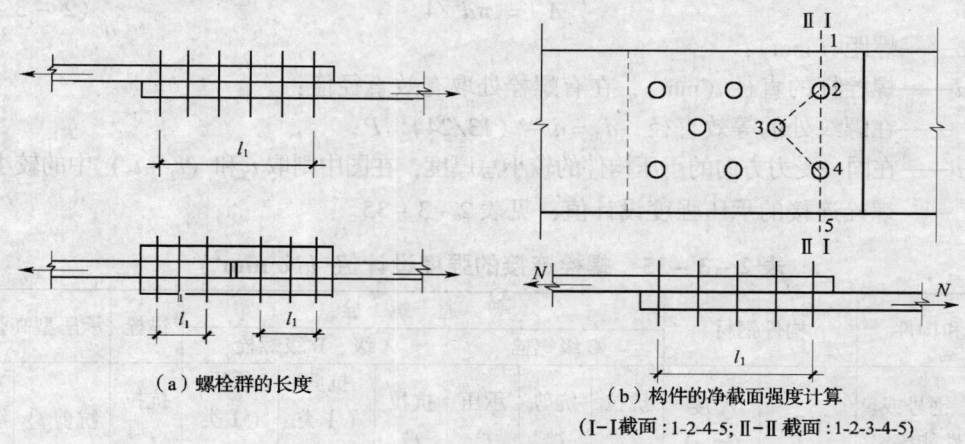

（a）螺栓群的长度　　　　　　　　（b）构件的净截面强度计算
（Ⅰ-Ⅰ截面：1-2-4-5；Ⅱ-Ⅱ截面：1-2-3-4-5）

图 2-3-29　螺栓群的计算图形

由于螺栓孔削弱了构件的截面，因此在螺栓排列好以后，还需验算构件的净截面强度，如图 2-3-29（b）所示。

$$\sigma = \frac{N}{A_n} \leq f \qquad (2-3-28)$$

式中　A_n——构件的净截面面积（mm²），在图 2-3-29 中取截面Ⅰ-Ⅰ和截面Ⅱ-Ⅱ中的较小值；

　　　　f——钢材的抗拉强度设计值（N/mm²）。

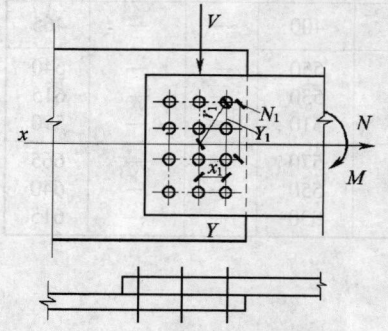

图 2-3-30　螺栓连接的计算

（4）连接在轴心力 N、V 及弯矩 M 共同作用下的计算。在轴心力 N 和 V 作用下，各个螺栓所承受的内力可认为是相等的，即每个螺栓所受的力分别为 $N_1^N = N/n$ 和 $N_1^V = V/n$。

如图 2-3-30 所示，在弯矩 M 作用下仍假定钢板为一刚体，被连接的构件之间将绕螺栓群中心产生相对转动而使螺栓受剪。螺栓所受剪力（或钢板受到的反作用力）的大小与它到螺栓群中心的距离 r 成正比，并且与 r 的方向垂直，即：

$$N_1^M/r_1 = N_2^M/r_2 = \cdots = N_n^M/r_n$$

$$N_2^M = N_1^M(r_2/r_1), \cdots, N_n^M = N_1^M(r_n/r_1)$$

钢板的平衡条件：

$$M = N_1^M \cdot r_1 + N_2^M \cdot r_2 + \cdots + N_n^M \cdot r_n$$
$$= (N_1^M / r_1)(r_1^2 + r_2^2 + \cdots + r_n^2)$$
$$= (N_1^M / r_1) \cdot \sum r_i^2$$

离螺栓群中心 O 最远的一个螺栓受力最大，其值为：

$$N_1^M = \frac{M \cdot r_1}{\sum r_1^2} = \frac{M \cdot r_1}{\sum x_1^2 + \sum y_1^2}$$

其 x 方向和 y 方向的分力分别为：

$$\left.\begin{array}{l} N_{1x}^M = \dfrac{M \cdot y_1}{\sum r_i^2} = \dfrac{M \cdot y_1}{\sum x_i^2 + \sum y_i^2} \\[4mm] N_{1y}^M = \dfrac{M \cdot x_1}{\sum r_i^2} = \dfrac{M \cdot x_1}{\sum x_i^2 + \sum y_i^2} \end{array}\right\} \qquad (2-3-29)$$

其中 x_i 和 y_i 分别为各螺栓的横坐标和纵坐标（坐标轴原点通过螺栓群体中心 0），$\sum x_i^2$ 和 $\sum y_i^2$ 应把所有的螺栓都计算进去。

如果螺栓群排列得比较狭长（$y_i > 3x_i$）时，极坐标 r 与纵坐标 y 相差很小，可近似地取所有的 $x = 0$，则式（2-3-29）可写成：

$$\left.\begin{array}{l} N_{1x}^M = N_1^M = \dfrac{M \cdot y_1}{\sum y_i^2} \\[4mm] N_{1y}^M = 0 \end{array}\right\} \qquad (2-3-30)$$

在 N、V 及 M 共同作用下，受力最大的螺栓所受的内力值不应超过单个螺栓的承载力设计值，因而验算公式为：

$$N_{1max} = \sqrt{(N_1^N + N_{1x}^M)^2 + (N_1^V + N_{1v}^M)^2}$$
$$= \sqrt{\left(\frac{N}{n} + \frac{M \cdot y_1}{\sum x_i^2 + \sum y^2}\right)^2 + \left(\frac{V}{n} + \frac{M \cdot x_1}{\sum x_i^2 + \sum y^2}\right)^2} \leqslant N_{min}^b \qquad (2-3-31)$$

当 $y_1 > 3x_1$ 时，式（2-3-30）可简化为：

$$N_{1max} = \sqrt{\left(\frac{N}{n} + \frac{M_{y1}}{\sum y_i^2}\right)^2 + \left(\frac{V}{n}\right)^2} \leqslant N_{min}^b \qquad (2-3-32)$$

N_{1max} 即为螺栓所受到的最大剪力，r_{min}^b 为按式（2-3-24）和式（2-3-25）计算螺栓承载力的较小值。

二、单根构件支承

（一）简述

由钢管或型钢单根构件作为点支式玻璃幕墙的支承结构，多用于高度 8m 以下的外墙幕墙装饰工程中，也有个别工程在较高立柱中采用。

单根杆件以圆管为多，也有一些工程采用方钢管。采用工字钢的较少，因其美观性稍差，影响装饰效果。

（二）设计要求

1. 材质

单根杆件常用 Q235 碳素结构钢和 Q345 低合金结构钢，此时需做表面喷涂防锈处理。一些工程直接采用不锈钢管。

型材和管材壁厚不宜小于 3.5mm。当锈蚀严重时，选材时可考虑预留锈蚀壁厚。

2. 构造要求

高度 6m 以下的单根杆件，上、下端可直接焊接在预埋钢板上；6m 以上的杆件，两端宜设支座。

单根杆件的长细比 λ 不应大于 150。λ 可按下式计算：

$$\lambda = L/i$$

$$i = \sqrt{\frac{I}{A}} \qquad\qquad (2-3-33)$$

式中　λ——长细比；

　　　L——杆件长度（mm）；

　　　i——截面回转半径（mm）；

　　　I——截面惯性矩（mm^4）；

　　　A——截面面积（mm^2）。

3. 结构要求

（1）单根杆件为偏心受压杆件，可按《钢结构设计规范》GB 50017—2003 进行截面设计。

（2）在风荷载作用下，单根杆件的挠度不应大于跨度的 1/300。

三、桁架和空腹桁架支承

（一）简述

由弦杆、竖直腹杆组成具有三角形网格的杆件系统为桁架。取消腹杆后，则成为空腹桁架。

在结构上，桁架可视为节点铰接，杆件均为轴向受力的拉压杆件，杆件不承受弯矩，空腹桁架可视为刚接杆件系统，杆件承受弯矩，为偏心拉压杆件。

桁架和空腹桁架均为杆件系统，它们通常由圆钢管和方钢管焊接而成，某些空间桁架或网架可能采用螺栓连接的球节点。

作为刚性的支承系统，它能跨越很大的高度，国内一些会展中心和机场的幕墙桁架高度已高达 36m，所以桁架和空腹桁架除了单独使用外，还作为拉杆系统和拉索系统的支承结构，它们把幕墙面划分为较小的单元，在单元内布置拉杆、拉索等柔性支承系统。

由于幕墙钢结构是外露的，所以安装、施工时桁架必须精细加工，经得起仔细观赏。通常不采用节点板，直接用管件相贯的管接头连接，相贯线应采用三维加工机床仔细切割，焊缝必须均匀、平滑、美观。不锈钢管桁架外面不加涂刷，钢管全部直接外露，节点尤应仔细磨光。

（二）桁架

不论平面桁架、空间桁架还是网架，基本构成要素是三角形杆件单元，因此，它多数情况下是静定结构，可以采用平衡条件进行内力计算，其杆件为轴心拉压构件，不承受弯矩。

1. 平行弦平面桁架

平行弦平面桁架是桁架的最基本形式，有时端节间的竖杆和斜杆可以取消。

2．拱形（鱼腹式）平面桁架

与平行桁架相比，拱形（鱼腹式）桁架应用更广泛，因为其外形活泼、生动、造型更为美观。

桁架可以竖向布置，也可以沿水平方向布置。

3．空间桁架

由平面桁架拼合、外伸可以组成空间桁架。也有采用四边形桁架。在幕墙转角处常常采用空间桁架来增大其抗扭刚度。

一些复杂形状的点支式玻璃幕墙，其本身就要求构成空间骨架体系。

4．网架

用于竖向幕墙的网架支承系统。由于美观效果的要求，常常采用铝网架或不锈钢网架。南京江苏会展中心为一个竖向圆柱形幕墙，其中网架为铝管、铝球，球节点栓接。

（三）空腹桁架

空腹桁架不带斜杆，比较通透美观，空腹桁架为支承结构的点支式玻璃幕墙，工程更受到建筑设计师和业主的欢迎。

（四）横接的上、下端支承点

1．下端支承

横接下端一般铰支在主体结构上，使其在垂直于幕墙方向有一定的转动自由度。国内最早建成的深圳康佳展览馆桁架下端采用单铰支承，上弦杆端部通过 20mm 厚的钢板与钢销轴连接。

此后，桁架和空腹桁架下端，主体采用铰支承。

2．上端支承

高度较小而上端主体接头位移量不大时，可采用最简单的单铰支承。

一般情况下多用单铰单摇臂连接，由于摇臂可以上、下移动，适应主体结构的竖向位移和桁架的温度变形。

3．铰支承的承载力计算

铰支承的圆柱形轴的承载应力按下式计算：

$$\sigma = \frac{2R}{dl} \leq f_{g} \qquad\qquad (2-3-34)$$

式中　R——支座反力（N）；

d——枢轴直径（mm）；

l——枢轴纵向接触面长度（mm）；

f_{g}——枢轴承压强度设计值（N/mm^2）。

（五）桁架和空腹桁架设计

在设计桁架和空腹桁架时，要求在风力标准值作用下挠度不应大于其跨度的 1/300。

四、拉杆和拉索支承系统

（一）简述

与单根构件和桁架体系不同，在拉杆和拉索支承系统中都包含有只能承受拉力，而不承受压力和弯矩的柔性构件——拉杆和拉索。柔性支承系统通常有拉杆系统，拉索系统和自平衡系统。

1. 结构特点

（1）双向成稳定承载体系。拉杆与拉索支承单向承受拉力，而风荷载是正、反两个方向作用的，因此在布置结构时，必须注意在正、反两个方向都形成稳定的承载体系。

（2）在主要受力结构的正交方向布置稳定杆或稳定索。拉杆桁架和拉索桁架在平面外的正交方向是刚度很弱的，因此沿正交方向必须布置稳定索，以保持两向都能安全工作。

当主要的拉杆桁架和拉索桁架水平布置时，为平衡玻璃的自身质量荷载，也需要设置竖向的平衡杆或平衡索。

（3）在幕墙转角部位采取抗扭结构措施。幕墙转角部位，往往成正交的两组拉杆（拉索）相交汇，形成一个扭转力矩，而角部风荷载方向多变也会产生一个扭转的外力，因此，转角处承重构件应有足够的抗扭能力。

①一种方式是采用刚度很大的刚性支承结构，如三角形桁架、方形桁架，甚至采用钢管柱，它们自身有较大的抗扭刚度可以抵抗扭转。

②另一种方式是利用拉杆和拉索本身的拉力来抵抗扭转力矩。拉杆和拉索在顺时针和逆时针方向成对出现，形成力偶，抵抗外力产生的扭转力矩。

（4）施加预应力。由于拉杆和拉索本身是柔性的。要承受外荷载必须事先绷紧形成几乎不变的结构，因而必须施加预应力，因为施加预应力的目的是使其形成稳定的结构形状，所以预应力力度较低。

2. 材料

（1）一般要求。拉杆和拉索通常采用不锈钢。拉索宜采用直径 1.0mm 以上的钢丝拧成的钢绞线，尽量不采用钢丝绳。钢绞线宜采用不锈钢丝拧成的绞线，当拉力较大而截面受限制时，可以采用高强钢绞线再加上有效的防锈措施，也可以采用铝包高强钢绞线。

应特别注意：连接件、压杆通常采用不锈钢材料。

（2）不锈钢棒。不锈钢棒应符合国家标准《不锈钢棒》GB/T 1220 的规定，其强度性能见表 2-3-36 和表 2-3-37。

表 2-3-36 奥氏体不锈钢棒的性能

序号	牌号	屈服强度 $\sigma_{0.2}$（N/mm²）	抗拉强度 σ_k（N/mm²）	伸长率 δ（%）
1	1Cr17lMn6Ni5N	≥275	≥520	≥40
2	LCr18Mn8Ni5N	≥275	≥520	≥40
3	1Cr17Ni7	≥206	≥520	≥40
4	1Cr18Ni9	≥206	≥520	≥40
5	Y1Cr18Ni9	≥206	≥520	≥40
6	Y1CrNi9Se	≥206	≥520	≥40
7	0Cr19Ni9	≥206	≥520	≥40
8	00Cr19Ni11	≥177	≥481	≥40
9	0Cr19Ni19N	≥275	≥549	≥35

续表 2 – 3 – 36

序号	牌号	屈服强度 $\sigma_{0.2}$（N/mm²）	抗拉强度 σ_k（N/mm²）	伸长率 δ（%）
10	0Cr19Ni10NbN	≥343	≥686	≥35
11	00Cr18Ni10N	≥245	≥549	≥40
12	1Cr18Ni12	≥177	≥481	≥40
13	0Cr18Ni13	≥206	≥520	≥40
14	0Gr25Ni2	≥206	≥520	≥40
15	0Gr17Ni14Mo2Ti	≥206	≥520	≥40
16	0Gr18Ni12Mo2Ti	≥216	≥539	≥40
17	0Gr17Ni14Mo2	≥177	≥481	≥40
18	0Gr17Ni12Mo2N	≥275	≥549	≥35
19	00Gr17Ni13Mo2N	≥245	≥549	≥40
20	0Gr18Ni12Mo2Cu2	≥206	≥520	≥40
21	00Gr18Ni14Mo2Cu2	≥177	≥481	≥40
22	0Gr19Ni13Mo3	≥206	≥520	≥40
23	00Gr19Ni13Mo3	≥177	≥481	≥40
24	0Gr18Ni16Mo5	≥177	≥481	≥40
25	1Cr18Ni9Ti	≥206	≥529	≥40
26	0Cr18Ni11Ti	≥206	≥520	≥40
27	0Cr18Ni11Nb	≥206	≥520	≥40
28	0Cr18Ni9Cu3	≥177	≥481	≥40
29	0Cr18Ni13Si4	≥206	≥520	≥40

　　不锈钢棒材的总安全系数，当取标准值时，可采用1.5，即除考虑荷载和作用安全系数（分项系数）$K_1 = 1.4$ 外，材料安全系数 $K_2 = 1.807$，此时的材料强度设计值见表 2 – 3 – 38 和表 2 – 3 – 39，作为压杆设计时，可采用此强度设计值。

　　不锈钢拉杆直径较小，端部刻有螺纹，对安全性建议采用较高的数值。目前，国内的工程经验是取拉杆的总安全度为 $K = 2.0$，相应其强度设计值可按表 2 – 3 – 37 中的强度值除以 $K_2 = 1.428$ 的系数后采用。

表 2 – 3 – 37 　经固溶处理的奥氏体 – 铁素体钢棒的性能

序号	牌号	屈服强度（N/mm²）	抗拉强度（N/mm²）	伸长率 δ（%）
1	0Cr26Ni5Mo2	≥392	—	≥18
2	1Cr18Ni11AcTi	≥441	—	≥25
3	00Cr18Ni5Mo3Si2	≥392	—	≥20

表 2 - 3 - 38　不锈钢棒强度设计值经固溶处理的奥氏体型钢棒

序号	牌号	f_{gz}（N/mm²）	F_V（N/mm²）	E（N/mm²）	线膨胀系数 α（1/℃）	泊松比 ν
1	1Cr17Mn6Ni5N	253	167			
2	1Cr18Mn8Ni5N	253	167			
3	1Cr17Ni	190	110			
4	1Cr18Ni9	190	110			
5	Y1Cr18Ni9	190	110			
6	Y1CrNi9Se	190	110			
7	0Cr19Ni9	190	110			
8	0Cr19Nill	163	94			
9	0Cr19Ni19N	253	147			
10	0Cr19Ni10NbN	316	183			
11	00Cr18Nli10N	225	131			
12	1Cr18Ni12	163	94			
13	0Cr23Ni13	190	110			
14	0Gr25Ni2	190	110			
15	0Cr17Ni12Mo2Ti	190	110	2.06×10^5	1.8×10^{-5}	0.30
16	0Cr18Ni12Mo2Ti	199	115			
17	0Cr17Ni14Mo2	163	94			
18	0Cr17Ni12Mo2N	253	147			
19	00Cr17Ni13Mo2N	225	131			
20	0Cr18Ni12Mo2Cu2	190	110			
21	00Cr18Ni14Mo2Cu2	163	94			
22	0Cr19Ni13Mo3	190	440			
23	00Cr19Ni13Mo3	163	94			
24	0Cr18Nli16Mo5	163	94			
25	1Cr18Ni9Ti	190	110			
26	0Cr18Ni11Ti	190	110			
27	0Cr18Ni11Nb	190	110			
28	0Cr18Ni9Cu3	193	94			
29	0Cr18Ni13Si4	190	110			

表 2 - 3 - 39　经固溶处理的奥氏体 - 铁素体钢棒的物理力学性能

序号	牌号	f_{gz}（N/mm²）	F_V（N/mm²）	E（N/mm²）	线膨胀系数 α（1/℃）	泊松比 ν
1	0Cr26Ni5Mo2	361	209			
2	1Cr18Ni11AcTi	406	235	2.06×10^5	1.8×10^{-5}	0.30
3	00Cr18Ni5Mo3Si2	361	209			

（3）不锈钢铰线。钢绞线由直径大于
0.8mm 的钢丝铰合而成，经模拔后使截面空隙
更小。绞线常为 7 股，但有时亦会用 19 股、37
股。如图 2 - 3 - 31 所示。

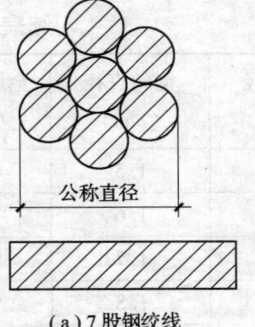 

（a）7 股钢绞线　　（b）横拔钢绞线截面

图 2 - 3 - 31　钢绞线截面

不锈钢绞线应符合国家标准《不锈钢丝绳》
GB 9944 的规定。钢绞线的总安全度 K 可取为
2.5。

当采用商品钢绞线时，由于原产国家、进
货渠道不同，其抗拉承载力也会有差异，可以根
据生产厂家提供的抗拉承载力标准值（即钢绞
线破断拉力），除以 $W_2 = 1.784$ 的系数后，作为抗拉承载力设计值。表 2 - 3 - 40 为深圳南铝
提供的钢绞线力学性能。

不锈钢绞线的热膨胀系数 α 取为 $10^{-5}/℃$，泊松比 v 取为 0.3。

表 2 - 3 - 40　不锈钢丝绳金属断面积与力学性能（深圳南铝）

结构	钢绳直径 （mm）	钢丝直径 （mm）	金属断面积 （mm²）	钢丝强度 （N/mm²）	最小破断拉力 （kN）	弹性模量 （10⁵MPa）
1×19	5.0	1.0	14.92	1420	19.26	1.30～1.50
	5.5	1.1	18.05		23.06	
	6.0	1.2	21.48		27.45	
	6.5	1.3	25.21		32.21	
	7.0	1.4	29.23		37.35	
	7.5	1.5	33.56		42.88	
	8.0	1.6	38.18		48.79	
	8.5	1.7	43.10		55.08	
	9.0	1.8	48.32		61.75	
	10.0	2.0	59.66		76.24	
	11.0	2.2	72.19		92.25	
	12.0	2.4	85.91		109.79	
	13.0	2.6	100.83		19.8.86	
	14.0	2.8	116.93		149.43	
	15.0	3.0	134.24		171.55	
	16.0	3.2	152.73		195.18	
1×37	8.4	1.2	41.82	1420	50.47	1.25～1.45
	9.1	1.3	49.09		59.25	
	9.8	1.4	56.93		68.71	

续表 2 – 3 – 40

结构	钢绳直径（mm）	钢丝直径（mm）	金属断面积（mm²）	钢丝强度（N/mm²）	最小破断拉力（kN）	弹性模量（10⁵MPa）
1×37	10.5	1.5	65.35	1420	78.87	1.25 ~ 1.45
	11.0	1.6	74.36		89.75	
	12.0	1.7	83.94		101.31	
	12.5	1.8	94.11		113.59	
	14.0	2.0	116.18		140.22	
	15.5	2.2	140.18		169.68	
	17.0	2.4	167.30		210.93	
	18.0	2.6	196.34		236.98	
	19.5	2.8	227.71		274.84	
	21.0	3.0	261.41		315.52	

（4）高强钢绞线。高强钢绞线应符合国家标准《预应力混凝土用钢绞线》GB/T 5224 的要求，其力学强度见表 2 – 3 – 41。

表 2 – 3 – 41　七股高强钢丝钢绞线的力学强度

公称直径 d（mm）	强度标准值 f_{ptk}（N/mm²）	抗拉强度设计值 f_{py}（N/mm²）	抗压强度设计值 f_{Pk}（N/mm²）
9.5	1860	1260	360
11.1	1860	1260	
12.7	1860	1260	
15.2	1860、1820、1720	1260、1240、1170	

高强钢绞线的弹性模量可取为 $E = 1.8 \times 10^5 \text{N/mm}^2$。

美国标准 ASTM 的钢绞线技术性能见表 2 – 3 – 42。

表 2 – 3 – 42　预应力混凝土用钢绞线（ASTM A416 – 90A 标准）

等级	绞线公称直径		直径公差		心线与轴线之线径差		绞距	公称截面积		公称质量	
	in	mm	in	mm	in	mm		Sq·in	mm²	1bs/(1000·f_t)	kg/100mm
250 级	1/4	6.35	0.016	±0.41	0.001	0.0254	(12~16) D	0.036	23.82	122	182
	5/16	7.94			0.0015	0.0381		0.058	37.42	197	294
	3/8	9.53			0.002	0.0508		0.080	51.61	272	405
	7/16	11.11			0.0025	0.0635		0.108	69.68	367	548
	1/2	12.70			0.003	0.0762		0.144	92.90	490	730
	0.600	15.42			0.004	0.1016		0.216	139.25	737	1094

续表 2-3-42

等级	绞线公称直径		直径公差		心线与轴线之线径差		绞距	公称截面积		公称质量	
	in	mm	in	mm	in	mm		Sq·in	mm²	1bs/(1000·f_t)	kg/100mm
270级	3/8	9.53	+0.026 -0.006	-1"0.66 -0.006	0.002	0.0508	(12~16) D	0.085	54.84	290	432
	7/16	11.11			0.0025	0.0635		0.115	74.19	390	582
	1/2	12.70			0.003	0.762		0.153	98.71	520	775
	0.600	15.24			0.004	0.1016		0.217	140.00	740	1102

等级	绞线公称直径		最小抗拉荷重			1% 伸长率最小降幅荷重				绞线最小伸长率		
						一般松弛		低松弛		标距		伸长率
	in	mm	lbg	kg	kN	1bs	kg	1bs	kg	m	mm	%
250级 1725N	1/4	6.35	9.000	4.082	40.0	7.650	3.470	8.100	3.746	24	610	35
	5/16	7.94	4.500	6.577	61.5	12.300	5.579	13.050	5.919			
	3/8	9.53	0.000	9.072	89.0	17.000	7.711	18.000	8.165			
	7/16	11.11	7.000	12.247	120.1	23.000	10.423	24.300	11.022			
	1/2	12.70	6.000	16.329	160.1	30.600	13.880	32.400	14.696			
	0.600	15.24	4.000	24.974	240.2	45.900	20.820	48.600	22.045			
270级 1860N	3/8	9.53	3.000	10.433	102.3	19.550	8.868	20.700	9.389	24	610	35
	7/16	1.111	1.000	14.061	137.9	26.350	11.952	27.900	12.655			
	1/2	12.70	41.300	18.733	183.7	35.100	15.921	37.190	16.860			
	0.600	15.24	8.600	26.580	260.7	49.800	22.589	52.740	23.922			

注：ASTM A416-90A 指美国材料与试验协会标准《预应力混凝土用无镀层七股钢绞线》。

松弛率见表 2-3-43。

表 2-3-43 松弛率

初荷重	1000h 最大松弛率（%）	
	一般松弛	低松弛
70% 之抗拉荷重	5	2.5
80% 之抗拉荷重	8.5	3.5

表 2-3-44 和表 2-3-45 为鞍钢集团钢绳厂的镀锌钢绞线规格，表 2-3-46、表 2-3-47 和表 2-3-48 为新华金属制品厂生产的铝包钢绞线规格和材性。

表 2-3-44 镀锌钢绞线规格

结构	镀锌钢绞线直径（mm）	公称抗拉强度（MPa）	交货状态
1×3	6.2 6.4 6.5 8.6	1370 1470 1570	镀锌
1×7 (6+1)	3.0 3.6 4.2 4.8 5.4 6.0 6.9 7.8 8.7 9.6 10.5 11.4 12.0		
1×19 (12+6+1)	8.0 9.0 10.0 11.5 13.0 14.5 16.0 17.5 20.0		

表 2 – 3 – 45　镀锌钢绞线性能

结构	线径 (mm)	绞线直径 (mm)	金属面积 (mm²)	强度级别 普通强度		高强度		特高强度	参考质量 (kg/100mm)
				最小破断拉力总和 (kN)					
1×7	1.80	5.40	17.80		23.80		25.80	28.80	14.00
	1.92	5.77	20.40		27.30		29.60	33.00	16.00
	2.00	6.00	21.90		29.30		31.80	35.50	17.30
	2.05	6.15	23.00	1340	30.80	1450	33.40	1620　37.30	18.20
	2.10	6.30	24.20		32.40		35.10	39.20	19.10
	2.15	6.45	25.40		34.00		36.80	41.10	20.00
	2.24	6.72	27.50		36.80		39.90	44.50	21.70
	2.30	6.90	29.00		38.00		40.90	46.10	22.90
	2.40	7.20	31.60		41.40		44.60	50.20	25.00
	2.50	7.50	34.30		44.90		48.40	54.50	27.10
	2.60	7.80	37.10	1310	48.60	1410	52.30	1590　59.00	29.30
	2.70	8.10	40.00		52.40		56.40	63.60	31.60
	2.80	8.40	43.00		56.30		60.60	68.40	34.00
	2.90	8.70	46.20		60.50		65.10	73.50	36.00
	3.00	9.00	49.40		64.70		69.70	78.50	39.00
	3.10	9.30	52.80		68.10		74.40	81.80	41.70
	3.20	9.60	56.20		72.50		79.20	87.10	44.40
	3.30	9.90	59.80	1290	77.10	1410	84.30	1550　92.70	47.20
	3.40	10.20	63.50		81.90		89.50	98.40	50.10
	3.50	10.50	67.30		86.80		94.90	104.30	53.10
1×19	1.60	8.00	38.10		51.00		55.20	61.70	30.20
	1.70	8.50	43.10		57.70		62.50	69.80	34.10
	1.80	9.00	48.30	1340	64.70	1450	70.00	1620　78.20	38.20
	1.90	9.50	53.80		72.10		78.00	87.20	42.60
	2.00	10.00	59.20		79.30		85.80	95.90	47.20
	2.20	11.00	72.10		96.60		104.50	116.80	57.10
	2.30	11.50	78.90		103.40		111.20	125.50	62.40
	2.40	12.00	85.90		112.50		121.10	136.60	68.00
	2.50	12.50	93.20		122.10		131.40	148.20	73.80
	2.60	13.00	100.80	1310	132.00	1410	142.10	1590　160.30	79.80
	2.70	13.50	108.70		142.40		153.30	172.80	86.00
	2.80	14.00	116.90		153.10		164.80	185.90	92.50
	2.90	14.50	125.40		164.30		176.80	199.40	99.30
	3.00	15.00	134.20		175.80		189.20	213.40	106.20

表2-3-46 铝包钢绞线的结构和近似性能

标称面积（mm²）	结构根数/直径（Nos/mm）	计算截面积（mm²）			外径（mm）	直流电阻不大于（20℃）（Ω/1000mm）	计算拉断力（kN）	计算质量（kg/1000mm）
		铝	钢	总计				
16	3/2.60	3.98	11.95	15.93	5.60	5.3659	20.28	105.8
25	3/3.50	6.22	18.67	24.89	7.00	3.482	31.68	165.3
35	7/2.50	8.59	25.77	34.36	7.50	2.4927	41.44	228.7
45	7/2.90	11.56	34.68	46.24	8.70	1.852	55.77	307.8
50	7/3.0	12.37	37.11	49.48	9.00	1.7310	59.67	329.3
55	7/3.20	14.08	4222	56.30	9.60	1.5213	67.90	314.70
65	7/3.50	16.84	50.51	67.35	10.50	1.2747	76.98	448.3
70	7/3.60	17.81	53.44	71.25	10.80	1.2021	81.44	474.2
80	7/3.80	19.85	59.54	79.39	11.40	1.0788	89131	528.4
95	7/4.16	23.97	71.35	95.14	12.48	0.9002	101.04	633.2
100	19/2.60	25.22	75.66	100.88	13.00	0.8524	121.66	674.1
120	19/2.85	30.30	90.91	121.21	14.25	0.7094	146.18	810.0
150	19/3.15	37.20	111.05	148.07	15.75	0.5807	178.57	989.4
185	19/3.50	45.70	137.10	182.80	17.50	0.4704	208.94	1221.5
210	19/3.75	52.46	157.39	209.85	18.75	0.4098	236.08	1402.3
240	19/4.00	59.69	179.07	238.76	20.00	0.3601	260.01	1595.5
300	37/3.20	74.39	223.18	297.57	22.40	0.2907	358.87	2000.2
380	37/3.60	94.16	282.46	376.62	25.20	0.2297	430.48	2531.6
420	37/3.80	104.91	314.71	419.62	26.60	0.2061	472.07	2820.6
465	37/4.00	116.24	348.72	464.96	28.00	0.1860	493.79	3125.4
510	37/4.20	128.15	384.46	512.61	29.40	0.1687	544.39	3445.7

表2-3-47 铝包钢绞线特性

级别	形式	标称直径（mm）		抗拉强度最小值（MPa）	1%伸长时的应力最小值（MPa）
LB14		>2.25	≤3.00	1590	1440
		>3.00	≤3.50	1550	1380
		>3.50	≤4.75	1520	1340
		>4.75	≤5.50	1500	1270

续表 2 - 3 - 47

级别	形式	标称直径（mm）		抗拉强度 最小值（MPa）	1% 伸长时的应力 最小值（MPa）
LB20	A	>1.50	≤3.25	j340	1200
		>3.25	≤3.45	1310	1180
		>3.45	≤3.65	1270	1140
		>3.65	≤3.945	1250	1100
		>3.95	≤4.10	1210	1100
		>4.10	≤4.40	1180	1070
		>4.40	≤4.60	1100	1030
		>4.60	≤4.75	1100	1000
		>4.75	≤5.50	1070	1000
	B	>1.50	≤5.50	1320	1100
LB23	—	>2.50	≤5.00	1220	980
LB27	—	>2.50	≤5.00	1080	800
LB30	—	>2.50	≤5.00	880	650
LB35	—	>2.80	≤5.00	810	590
L1340	—	>2.80	≤5.00	680	500

注：延伸率断时不小于 1.5% 或按断后不小于 1.0%，标距 250mm。

物理常数的经验值见表 2 - 3 - 48。

表 2 - 3 - 48 物理常数的经验值（供参考）

级别	LB14	LB20		LB23	LB27	LB30	LB35	LB40
形式	—	A	B					
最终弹性模量 （经验值）（GPa）	170	162	155	149	140	132	122	109
线膨胀系数 （K^{-1}）×10^{-6}	120	13.0	12.6	12.9	13.4	13.8	14.5	15.5
电阻湿度系数 （a）（K^{-1}）	0.0034	0.0036	0.0036	0.0036	0.0036	0.0038	0.0039	0.0040

注：LB20A 是常用规格。

（5）钢丝绳。拉索尽量不采用钢丝绳，因钢丝绳钢丝较细，根数多，受力不均匀，容易个别钢丝首先拉断，而且钢丝绳孔隙率大，拉紧过程中变形大，等效弹性模量低。

如果必须采用钢丝绳，应选用钢丝直径较大的型号。

钢丝绳应符合国家标准《不锈钢丝绳》GB 9944 的要求。钢丝绳抗拉承载力标准值 N_{ptk} 见表 2 - 3 - 49。

表 2 – 3 – 49　不锈钢丝绳抗拉承载力标准值 N_{ptk}

钢丝绳结构	钢丝绳公称直径（mm）	钢丝直径（mm）	钢丝绳截面面积（mm²）	抗拉破断承载力（N）	钢丝公称抗拉强度（N/mm²）
$6 \times 7 + 1WS$	3	0.34	4.99	6370	1430
	3.5	0.4	6.21	7644	1240
	4.0	0.45	7.86	9506	1220
	5.0	0.56	12.13	14700	1220
	6.0	0.66	16.91	18620	1120
$6 \times 19 + 1WS$	2.5	0.15	2135	4410	1890
	3.0	0.20	4.13	6370	1530
	4.5	0.28	8.26	12250	1500
	5.0	0.33	11.47	16600	1460
	6.0	0.40	16.86	23520	1410
	8.0	0.54	30.73	40050	1320
	9.0	0.60	37.94	46060	1220
	10.0	0.66	45.91	54880	1210
	12.0	0.78	64.12	73500	1160
	14.0	0.90	85.37	98200	1160
	15.0	0.98	101.22	116400	1160
	16.0	1.04	114.00	128800	1140
	18.0	1.20	151.77	169900	1130
	20.0	1.30	177.06	198300	1130
	22.0	1.40	206.58	231400	1130
	25.0	1.60	269.82	302000	1130
	28.0	1.80	314.49	383470	1130
	31.0	2.00	421.59	482200	1130
	34.0	2.20	510.13	571350	1130
	37.0	2.40	607.69	679900	1130
	40.0	2.60	712.49	798000	1130

　　不锈钢丝绳取破折拉力 N_{ptk}（不是屈服强度 $\sigma_{0.2}$ 对应的拉力）为强度标准值 δ，得出它比按屈服强度 $\delta_{0.2}$ 求得的屈服拉力大得多，因此总安全系数 K 取为 3.0。相应材料分项系数为 $K_2 = 2.143$，钢丝绳抗拉承载力设计值见表 2 – 3 – 50。

表 2 – 3 – 50   钢丝绳公称抗拉承载力设计值

钢丝绳结构	钢丝绳公称直径（mm）	抗拉承载力设计值（N）
6 × 7 + IWS	3	2972
	3.5	3567
	4.0	4436
	5.0	6860
	6.0	8689
6 × 19 + 1WS	2.5	2058
	3.0	2972
	4.5	5760
	5.0	7746
	6.0	10975
	8.0	18689
	9.0	21493
	10.0	25609
	12.0	34298

国外进口钢丝绳应根据厂家提供的整绳破断拉力 N_{ptk}，除以材料分项安全系数 $K_2 = 2.143$ 后作为绳的拉力设计值。

深圳南铝厂的不锈钢丝绳公称截面面积和力学性能见表 2 – 3 – 51。

表 2 – 3 – 51   不锈钢丝绳公称截面面积和力学性能（深圳南铝）

结构	钢丝绳直径（mm）	钢丝直径（mm²）	金属截面面积（mm²）	钢丝强度（N/mm²）	最小破断拉力（kN）	弹性模量（10⁵N/mm²）
6 × 7 + 1WS	9.0	1.0	38.47		46.63	
	9.9	1.1	46.54		56.17	
	11.0	1.2	55.39		66.85	
	12.0	1.3	65.01		78.46	
	13.0	1.4	75.39		90.90	
	13.5	1.5	86.55		104.46	
	14.5	1.6	98.47	1420	118.85	1.20 ~ 1.40
	15.5	1.7	111.16		134.17	
	16.5	1.8	124.63		150.42	
	18.0	2.0	153.86		185.70	
	20.0	2.2	186.17		224.70	
	22.0	2.4	221.56		267.42	

续表 2 - 3 - 51

结构	钢丝绳直径（mm）	钢丝直径（mm²）	金属截面面积（mm²）	钢丝强度（N/mm²）	最小破断拉力（kN）	弹性模量（10⁵N/mm²）
6×19+1WS	12.0	0.8	66.82	1420	80.65	1.10~1.30
	13.5	0.9	84.57		102.07	
	15.0	1.0	104.41		126.02	
	16.5	1.1	126.33		152.48	
	18.0	1.2	150.34		181.46	
	19.5	1.3	176.44		212.96	
	21.0	1.4	204.63		246.98	
	22.5	1.5	234.91		283.53	
	24.0	1.6	267.28		322.60	
18×17+FC	15.0	1.0	98.96	1420	119.44	1.00~1.30
	16.5	1.1	119.74		114.52	
	18.0	1.2	142.50		171.99	
	19.5	1.3	167.24		201.85	
	21.0	1.4	193.96		234.10	
	22.5	1.5	222.66		268.75	
	24.0	1.6	253.34		305.78	
18×19+FC	20.0	0.8	171.90	1420	207.48	1.00~1.20
	22.5	0.9	217.57		262.60	
	25.0	1.0	268.68		324.20	
	27.5	1.1	325.01		392.28	
	30	1.2	386.79		466.85	

（二）拉杆系统

1. 构成

拉杆通常采用直径为 20~40mm 的不锈钢棒，钢棒端部有螺纹，通过螺纹端杆与节点相连接。转角处拉杆可以形成立体的架构，以提高其抵抗扭转的能力。

2. 零部件

除拉杆为不锈钢杆件外，其他零部件亦采用的不锈钢制造，常用不锈钢型号为 1Cr18Ni9。

（三）拉索系统

1. 系统构成

拉索系统通常由正、反两个方向张紧的钢绞线组成，以承受两个方向的风力。系统可以沿水平方向布置，也可以沿竖直方向布置，在正交方向都要考虑布置稳定索、平衡索。

钢索的端部用端螺丝杆固定于节点，中间连续多跨转折经过。所以要有专用附件，附件由不锈钢制造。

2．材料

拉索体系的撑杆、零部件均由不锈钢制造，通常采用不锈钢型号为 1Cr18Ni9 的奥氏体制造。

钢索通常可采用不锈钢绞线和高强钢绞线。必要时可采用铝包钢绞线，这种钢绞线为高强钢绞线用于钢丝的芯材，钢丝外包 0.2mm 厚的铝，起保护、防锈作用，较好地解决了高强度和高耐腐蚀性的问题。深圳市市民中心采光顶棚平行弦屋架的上、下弦均采用这种材料，效果良好。

拉索不宜用钢丝绳，钢丝绳直径过小时，受力不均匀而且变形较大。

（四）自平衡系统

拉索和拉杆都要施加预应力，此预应力通过端部锚圈锚在主体结构上，使主体结构受拉。而自平衡系统由中央受压杆和两侧的拉索（拉杆）组成，拉索（拉杆）的拉力由中央受压杆平衡，无须加到主体结构上，因此各种结构均可在地面组装后再运到主体结构内安装，十分方便，也消除了主体结构的附加拉力。

自平衡体系及其配件已有商品供应。

五、网架和网壳

网架和网壳是屋面结构和采光顶的常用形式，也可以作为点支式玻璃幕墙和采光顶的支承钢结构。构成网架和网壳的主要部件是钢管和节点。

网架和网壳结构本身已有大量专著介绍，此处不再作叙述。构成网架和网壳的主要部件是钢管，通常多用球支点。

杆件采用无缝钢管，材质可为碳素钢或不锈钢。

第五节　点支式玻璃幕墙安装施工

点支式玻璃幕墙已较广泛地用于众多现代建筑物高大空间的全玻璃幕墙，由于造型美观，装饰性强，且其安全性更高，故可取代玻璃肋胶接式全玻璃幕墙，即嵌槽式全玻璃幕墙和吊挂式全玻璃幕墙。

一、施工准备与测量

（一）施工准备

（1）杆件应按品种和规格堆放在特制的架子或垫木上，在户外堆放必须进行覆盖，且应有严密的保护措施。

（2）杆件安装前应进行检验与校正，均应达到平直、规方，不得有变形和刮痕。

（3）对玻璃幕墙构件进行钻孔、装配接头芯管、安装连接附件等辅助加工时，其加工位置、尺寸应准确。如用钢化玻璃或半钢化玻璃，应先进行专业加工，再进行钢化工艺。

（4）玻璃幕墙与主体结构连接的预埋件，应在主体结构施工时按设计要求预埋。预埋件的埋设应牢固，位置准确。埋件的标高偏差不应大于 ±10mm，埋件位置与设计位置的偏差不应大于 ±20mm。

（5）幕墙杆件在搬运、吊装时不得碰撞和损坏，不合格的杆件不得安装。

（二）施工测量

（1）幕墙分格轴线的测量，应与主体结构轴线的测量相配合，其误差应及时调整，不得出现积累误差。

（2）对高层建筑的测量，应在风力不大于 4 级的条件下进行，每天应定时对点支式玻璃幕墙的垂直度及支承结构进行校核。

二、安装施工

点支式玻璃幕墙应遵循《点支式玻璃幕墙工程技术规程》CECS 127—2001 安装施工。

（一）玻璃安装

点支式玻璃幕墙的玻璃安装，应特别注意下述施工要点：

（1）幕墙玻璃与主体结构连接处应嵌入安装槽口内；玻璃与槽口的配合尺寸应符合设计和规范要求，其嵌入深度不应小于 18mm。

（2）玻璃与槽口间的空隙应设置支承垫块和定位垫块，其材质、规格、数量和位置，应符合设计和规范要求，不得用硬性材料填充固定。

（3）玻璃的宽度、厚度应符合设计要求。玻璃结构密封胶的宽度、厚度应符合设计要求，并应嵌填平顺、密实、无气泡、不渗漏。

（4）单片玻璃高度大于 5m 时，应使用支承方式使玻璃悬挂（隐框），也可采用吊夹式悬挂玻璃（无框）。

（5）点支式玻璃幕墙应采用钢化玻璃、半钢化玻璃、夹层钢化玻璃和中空钢化玻璃，不得使用普通平板玻璃、浮法镀膜玻璃。玻璃开孔的中心位置距离边缘的尺寸应符合设计要求，不得小于 100mm。

（6）点支式玻璃幕墙支承装置安装的标高偏差不应大于 3mm，其中心线的水平偏差不应大于 3mm。相邻两支承装置中心线间距偏差不应大于 2mm，支承装置与玻璃连接件的结合面水平偏差应在调节范围内，且不应大于 1mm。

（二）耐候硅酮密封胶施工

1. 硅酮结构胶和硅酮密封胶

（1）道康宁 955 硅酮结构密封胶（详见 145 页全玻璃幕墙第三节内容）。

（2）道康宁 791 – N 硅酮耐候密封胶。

道康宁 791 – N 硅酮耐候密封胶为中性固化环保型硅酮密封胶，对大多数建筑材料都不会产生不良反应或腐蚀作用。具有优良的抗紫外线、耐老化性能，适应高位移（可达至原接口尺寸 50% 的伸长或压缩能力）。该产品与普通平板玻璃、浮法镀膜玻璃，各种镀、涂膜及阳极氧化铝型材、不锈钢、铸铁、天然石材等均具有优良的黏结性能，适用于玻璃幕墙、金属板幕墙和石材幕墙的耐候密封、伸缩缝接口以及修补破损的接口密封。

（3）四川新达粘胶科技有限公司研制的石神® 760 点支式玻璃幕墙专用胶技术性能见表 2 – 3 – 52。

表 2-3-52　国家合成树脂质量监督检验中心检验报告

序号	项　　目		标准规定	检测结果	单项评定
1	外观		细腻、均匀高状物，不应有气泡，结皮和凝胶	符合标准规定	合格
2	下垂度（mm）	垂直	≤3	0	合格
		水平	不变形	不变形	合格
3	表干时间（h）		≤3	0.4	合格
4	挤出性（mL/min）		≥80	351.9	合格
5	拉伸模量（MPa）	+23℃	>0.4 或 >0.6	0.8	合格
		-20℃		—	
6	定伸黏结性		无破坏	无破坏	合格

样品名称：石神® 760 点支式玻璃幕墙专用胶

2. 硅酮密封胶施工

（1）耐候硅酮密封胶的施工厚度与宽度之比一般应为 1:2，根据密封胶宽度计算（胶缝的宽度同建筑物的层间位移和胶完全固化后的变位承受能力有关），其施工厚度不能小于 3.5mm，但应控制在 4.5mm 以下。注胶太薄时对保证密封质量和防止雨水渗漏不利，同时，对铝合金因热胀冷缩产生的拉应力也不利；但若注胶厚度过大，当胶受到拉应力时易被拉断破坏，致使密封和防渗漏失效。

（2）较深的密封槽口底部，可用聚乙烯发泡垫填塞，以保证耐候硅酮密封胶的设计施工位置。较浅的槽口底部或其他胶缝底部，可先垫入无黏结胶带。应形成耐候硅酮密封胶的两面黏结，不要三面黏结，否则胶在受拉时容易被撕裂而失去密封作用。

（3）为了保证幕墙工程的质量，施工时应特别注意如下事项：

①用不脱绒的白布和溶剂将施胶部位表面擦拭干净。

②当施胶材料表面温度大于 50℃ 时，不宜进行打胶施工。

③如经测试确定需要在基材施胶部位采用底漆时，可用道康宁底漆擦涂基面并待干。为防止污染，应事先对相邻部位采取胶带遮盖措施。

④切开胶嘴至接口所需尺寸后，即用打胶枪施打，应注意连续不断。

⑤在密封胶结皮前，及时用修口工具将密封胶压进缝口并揭除遮盖胶带。

⑥道康宁 791-N 硅酮耐候密封胶的工作时间约 20min，表干时间在 3h 以内；全部固化约需 7~14d，完全黏结为 14~21d。

⑦硅酮密封剂施工用料预估见表 2-2-6。

三、幕墙保护与施工安全

(一) 幕墙保护与清洗

（1）点支式玻璃幕墙杆件、玻璃和密封胶等，应采用保护措施，不得使其发生碰撞变形、变色和使管道堵塞等现象。

（2）施工中给幕墙及杆件表面造成影响的黏附物应及时清理干净，避免凝固后再清除时划伤幕墙构件表面的装饰层，影响表面装饰效果。

（3）幕墙交工前应从上到下进行清洗，所用清洁剂有玻璃清洗剂和不锈钢、铝合金清洗剂之分，不能错用，清洗幕墙时应将二者隔离。清洁材料应先做相容性检验，证明对金属型材和玻璃无腐蚀作用后方能使用。

（二）幕墙保养与维修

（1）点支式玻璃幕墙工程验收交工后，使用单位应及时制订幕墙的保养、维修计划和制度。

（2）点支式玻璃幕墙的保养，应根据幕墙表面板灰污染程度确定清洗幕墙的次数与周期，每年至少清洗一次。清洗幕墙的机械设备（擦窗机和吊篮等）应操作灵活方便，防止擦伤幕墙表面。

（3）点支式玻璃幕墙的检查与维修应按下述要求进行：

①发现螺丝松动应拧紧或焊接牢固，发现连接件、支撑件锈蚀应及时除锈补漆。

②发现玻璃松动、破损，应及时修复或更换。

③发现密封胶和密封条脱落或损坏，应及时修补或更换。

④发现幕墙构件及连接件、支撑件损坏，或连接件、支撑件与主体结构的锚固松动或脱落，应及时更换或采取措施加固修复。

⑤定期检查幕墙排水系统，当发现堵塞应及时疏通。

⑥当五金件有脱落、损坏或功能障碍时，应进行更换和修复。

⑦当遇台风、地震、火灾等自然灾害时，灾后应对幕墙进行全面检查，视损坏程度进行维修加固。

（4）点支式玻璃幕墙在正常使用时，每隔5年应进行一次全面检查，对玻璃、密封胶、结构硅酮密封胶等，应在其不利的位置进行检查。

（5）点支式玻璃幕墙的检查、保养和维修，必须是在天气、设备及高空作业等条件具备并确保安全的前提下进行。

（三）幕墙施工安全措施

（1）安装点支式玻璃幕墙采用的施工机具，在使用前应经过严格检验。手电钻、电动螺丝刀、射钉枪等电动工具，应做绝缘电压检验；手持式玻璃真空吸盘和玻璃真空吸盘安装机，应进行吸附质量荷载和吸附持续时间检验。

（2）施工人员应配备安全帽、安全带、工具袋等。

（3）在高层玻璃幕墙与上部结构施工交叉作业时，结构施工层下方应架设防护网：在离地面3m高处，应搭设挑出6m的水平网。

（4）现场焊接时，应在焊接下方设置接火斗。

第六节　质量通病、原因及防治

一、单梁（桁架）点支式玻璃幕墙

单梁（桁架）点支式玻璃幕墙工程常见的质量通病、原因分析及防治措施如下：

1. 幕墙立柱分格位置不准

原因分析：主要是前期定位放线时操作不认真，基本功不扎实。

防治措施：复查前期放线工作，应认真按工艺要求施工。

2. 立柱（桁架）安装不垂直

原因分析：主要是安装过程中，对立柱（桁架）未进行认真的垂直定位。

防治措施：对立柱（桁架）进行认真的垂直定位，应用经纬仪检查调整。

3. 玻璃表面不平整

原因分析：支承爪件安装调整过程中没有准确定位或玻璃安装时点支承装置调整不正确。

防治措施：对支承爪件准确定位或重新调整不正确的支承装置。

4. 玻璃表面裂缝、渗水

原因分析：玻璃选择不当。

防治措施：不能选用普通浮法玻璃，应选用安全玻璃。且中空玻璃两层玻璃之间采用硅酮结构胶黏结，不能采用聚硫橡胶黏结。

二、张拉索杆点支式玻璃幕墙

张拉索杆点支式玻璃幕墙工程常见质量通病、原因分析及防治措施如下：

1. 幕墙拉杆（拉索）分格位置不准

原因分析：主要是前期放线定位时操作不认真，基本功不过硬。

防治措施：重新校正放线定位，认真按操作工艺施工。

2. 拉杆安装不垂直

原因分析：主要是安装过程中没有对拉杆顶底钢件进行认真垂直定位。

防治措施：应用经纬仪检查调整。

3. 玻璃表面不平整

原因分析：在支承爪件安装调整过程中没有认真垂直定位或玻璃安装时点支承装置调整不正确。

防治措施：认真做好垂直定位或重新调整点支承装置。

第七节　工 程 验 收

一、质量控制

（一）单梁（桁架）点支式玻璃幕墙

1. 主控项目

（1）幕墙材料的材质、品种、规格必须符合设计要求和标准规定要求。

检验方法：观察、测试、检查产品合格证及材质报告。

（2）加工安装尺寸必须正确，安装必须牢固无松动。

检验方法：用钢卷尺、卡尺及经纬仪测量。

2．一般项目

（1）钢立柱或钢架应保证颜色一致，表面应光滑且无明显划痕和污迹，外观要美观。

①不锈钢立柱应保证无明显划伤，焊接时应对变色处进行抛光处理。

②碳素钢立柱应对表面进行耐候防腐处理。

检验方法：目测观察检查。

（2）立柱竖直、中间无变形。

检验方法：用钢卷尺、线坠子及经纬仪测量。

（3）玻璃表面应平整，且玻璃颜色应基本均匀，无明显色差。

检验方法：目测观察检查。

（4）胶缝应横平竖直、缝宽均匀，注胶平整光滑。

检验方法：用钢卷尺、钢板尺、经纬仪和目测检查。

（5）质量保证资料应有以下文件：

①玻璃幕墙设计文件。

②各种材料、五金件、非金属件合格证以及主材的材质单。

③硅酮结构胶、硅酮耐候密封胶的相容性试验报告等检测报告，幕墙组件出厂质量合格证书，"三性检验"报告。

④施工安装自检记录。

⑤隐蔽工程验收记录。

（二）张拉索杆式点支式玻璃幕墙

1．主控项目

（1）幕墙材料的材质、品种、规格必须符合设计要求和标准规定要求。

检验方法：观察、测试、检查产品合格证书及材质报告。

（2）加工安装尺寸必须正确，安装必须牢固无松动。

检验方法：用钢卷尺、卡尺及经纬仪测量。

2．一般项目

（1）拉杆（拉索）表面应光滑，无明显划伤和污迹，外观要美观。

检验方法：目测观察检查。

（2）拉杆（拉索）应竖直。

检验方法：用钢卷尺、线坠及经纬仪测量。

（3）玻璃表面要平整，且玻璃颜色应基本均匀，无明显色差。

检验方法：目测观察检查。

（4）胶缝应横平竖直、缝宽均匀，注胶平整光滑。

检验方法：用钢卷尺、钢板及经纬仪和目测检查。

（5）质量保证资料。

①玻璃幕墙设计文件。

②各种材料、五金件、非金属件合格证以及主材的材质单。

③硅酮结构胶、硅酮耐候密封胶的相容性试验报告等检测报告。

④幕墙组件出厂质量合格证书。

⑤施工安装自检记录。

⑥隐蔽工程验收记录。

二、质量验收

玻璃肋点支式玻璃幕墙的质量要求如下：

（一）支承结构安装

玻璃支承结构安装允许偏差见表2－3－53。

表2－3－53　玻璃支承结构安装允许偏差

项次	项目		允许偏差（mm）	检验方法
1	相邻两竖向构件间距		±2.5	用尺量检查
2	竖向构件垂直度		L/1000 或≤5	用经纬仪或吊线坠检查
3	相邻三竖向构件外表面平面度		5	拉通线用尺量检查
4	相邻两爪座水平高低差		－3～＋1	用水平仪和钢直尺以构件顶端为测量面进行测量
5	相邻两爪座水平间距		1.5	用钢卷尺在构件顶部测量
6	爪座水平度		2	用水平尺检查
7	同层高度内爪座高低差	幕墙面宽≤35m	5	拉通线用尺量检查
		幕墙面宽＞35m	7	
8	相邻两爪座垂直间距		±2	用尺量检查
9	单个爪座对角线差		4	用尺量检查
10	端面平面度		6	用3m靠尺、塞尺测量

（二）点支式幕墙安装

点支式幕墙安装质量允许偏差见表2－3－54。

表2－3－54　点支式幕墙安装质量允许偏差

项次	项目	允许偏差（mm）	检查方法
1	横缝直线度	≤3	用3m靠尺，钢板尺测量
2	幕墙平面度	≤3	用3m靠尺，钢板尺测量
3	幕墙垂直度	$h \leqslant 3m$ 时，≤10	用经纬仪和激光经纬仪测量
		$30m < h \leqslant 50m$ 时，≤15	
4	竖缝直线度	≤3	用3m靠尺，钢板尺测量
5	拼缝宽度（与设计值比）	≤2	用长尺或钢直尺测量
6	相邻玻璃面板拼缝高低差	≤1	用深度尺测量

注：h—幕墙高度。

第八节　点支式玻璃幕墙工程实例

一、单根构件点支式玻璃幕墙

（一）北京远洋大厦

本装饰工程点支式玻璃幕墙部分系广东珠海晶艺玻璃工程公司设计和安装施工。

1．工程概况

北京远洋大厦位于北京市西长安街，占地 17535m²，建筑面积 106800m²，地上 17 层，正面各楼层采用点支式透明玻璃幕墙。

2．幕墙设计

（1）设计条件。北京地区基本风压为 $w_0 = 0.35 \text{kN/m}^2$，C 类场地粗糙度，8 度抗震设防，要求幕墙平面内能承受 1/300 的变形量。幕墙表面年温差按 80℃ 考虑。

（2）采用材料。为保证办公时充分透明的效果，采用不锈钢锯管支承点支式玻璃幕墙。

①玻璃。进口面玻璃，国产背玻璃，夹层中空。其规格：（6mm 钢化 + 6mm 钢化）+12mm 空气层 +8mm 钢化。

②钢爪。国产，I 形不锈钢，可转动。

③钢管。国产不锈钢管，工艺磨光，钢管直径 ϕ102mm，厚 6mm。

3．幕墙立面处理

按业主和建筑设计师的要求，每层大体上划分为三块玻璃，以避免遮挡视线，增加通透感。

4．局部平剖面和立面

北京远洋大厦的局部平剖面和立面如图 2 - 3 - 32 所示。

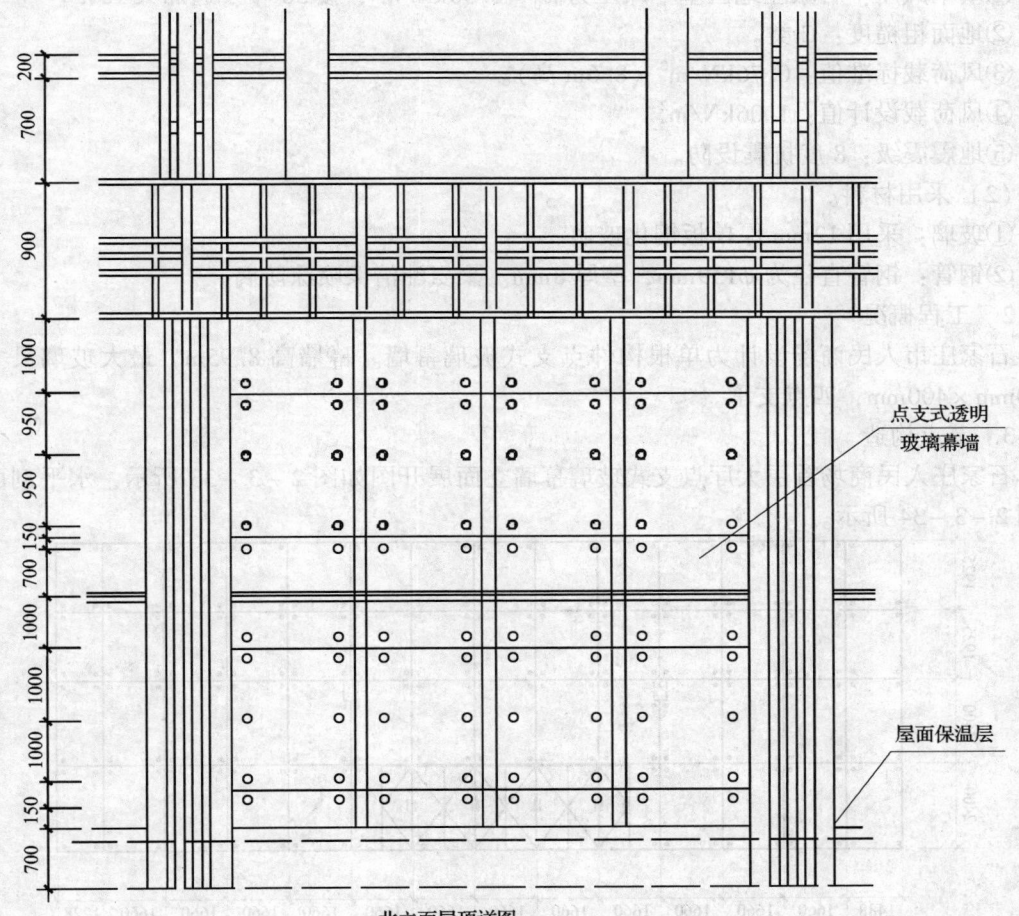

北立面屋顶详图

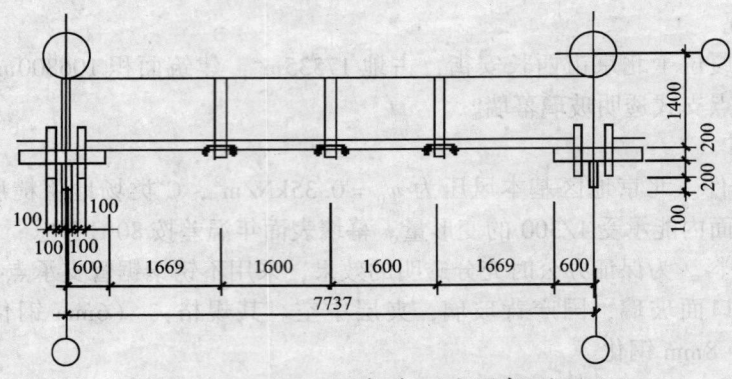

图 2 – 3 – 32　局部立面和局部平面

(二) 石家庄市人民商场

本工程点支式玻璃幕墙由石家庄四站铝合金装饰工程处独自进行设计、施工。

1. 设计条件

(1) 设计参数。

①基本风压：石家庄地区基本风压为 $w_0 = 0.30 \text{kN/m}^2$，按 50 年一遇加大 10%。

②地面粗糙度：C 类。

③风荷载标准值：0.76kN/m^2（8.6m 高）。

④风荷载设计值：1.06kN/m^2。

⑤地震震级：8 度抗震设防。

(2) 采用材料。

①玻璃：采用 12mm 厚单板钢化玻璃。

②钢管：钢管直径为 $\phi 159\text{mm}$，壁厚 8mm。聚氨酯清漆喷涂防腐。

2. 工程概况

石家庄市人民商场设计为单根构件点支式玻璃幕墙。幕墙高 8.95m，最大玻璃尺寸为 1660mm × 400mm，四点支承。

3. 节点构造

石家庄人民商场首层大厅点支式玻璃幕墙立面展开图如图 2 – 3 – 33 所示，水平剖面图如图 2 – 3 – 34 所示。

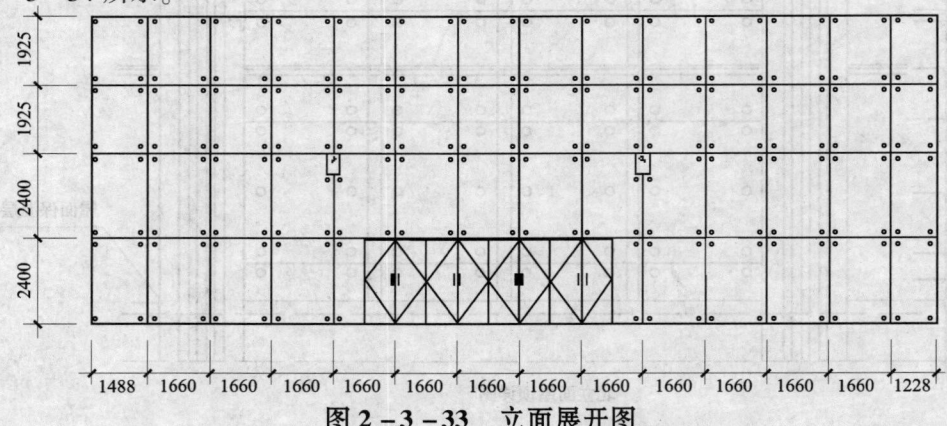

图 2 – 3 – 33　立面展开图

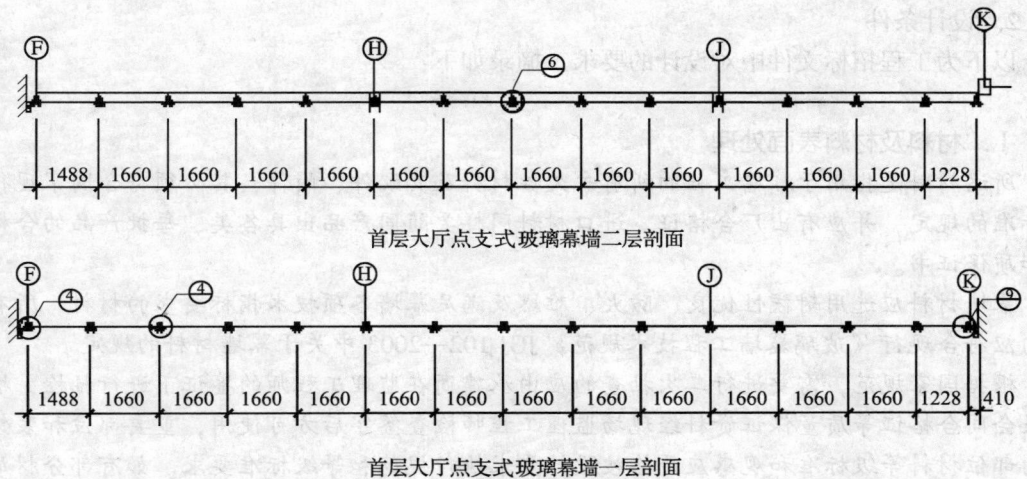

首层大厅点支式玻璃幕墙二层剖面

首层大厅点支式玻璃幕墙一层剖面

图 2 - 3 - 34 水平剖面图

二、桁架和空腹桁架点支式玻璃幕墙

(一) 深圳康佳集团展览馆

本工程由广东珠海晶艺玻璃工程公司设计和施工，1996 年竣工后即投入使用。

1. 工程概况

深圳康佳集团展览馆平面为椭圆形，幕墙外包尺寸约为 34.8m×23.8m。点支式玻璃幕墙玻璃尺寸为 1613mm×2700mm。本工程是国内最早建造的点支式玻璃幕墙，因此结构布置尽可能简单，沿椭圆周边每隔 1.6m 设置一片空腹桁架，直接支承面板玻璃。

2. 结构系统

沿椭圆周边布置的空腹桁架采用鱼腹式，室内侧成弓形，并采用双腹杆使其更为美观。弦杆为 φ127mm×5mm 及 φ102mm×5mm，腹杆 φ80mm×5mm，直接焊接。在工厂喷涂防腐漆，然后运输到现场安装。

为保证高度达 12.2m 的桁架的侧向稳定，在标高为 5.3m 及 10.7m 两处设置水平支承桁架，并在入口大门上方设置局部支承桁架。

桁架上、下支承点均为铰支。

3. 节点构造

本工程采用 19mm 厚单板钢化玻璃，X 形钢爪。

建成后的深圳康佳展览馆通透明亮，富于现代气息。

(二) 深圳机场航站楼

本工程点支式玻璃幕墙设计与施工均由珠海晶艺玻璃工程公司承担，1998 年工程建成，并即投入使用。

1. 工程概况

深圳机场航站楼位于深圳市宝安区黄田海滨。建筑面积 72000m²，由航站楼主楼、连廊及指廊组成。航站楼总高约 25m，下层 7m，上层 18m。主要立面采用点支式玻璃幕墙，下层用单杆支承，上层用鱼腹式钢管桁架支承，幕墙总面积为 18000m²。

2. 设计条件

以下为工程招标文件中对设计的要求，摘录如下：

I. 材料及材料表面处理

所述材料是指用于幕墙工程的所有永久性材料及其配件、附件，其必须符合国家现行产品标准的规定，并应有出厂合格证。进口材料同样要随同产品出具各类、每批产品的合格证书和质保证书。

幕墙材料应选用耐候性优良、防火、难燃及满足幕墙各项技术指标要求的材料，所有材料均应符合现行《玻璃幕墙工程技术规范》JGJ 102—2003 中关于幕墙材料的规定。

根据国家规范，需要进行二次抽查的应由承建商在监理工程师的鉴证下进行抽检，检验结果会同合格证等质量保证资料经现场监理工程师检查签字后方可使用，重要部位和装饰性强的部位材料等级标准和观感应严格按设计要求执行规范和等级标准要求。如有部分材质及色差影响质感及外观，可认定该部位整体未达到要求。监理工程师可裁决令其返工或整改。

（1）钢骨架材料。按结构计算选定，并做好防腐蚀涂层，其颜色由厂家提供样板最后选定。

（2）铝合金型材。铝合金型材采用国内产品，牌号为 LD31·RCS。

①所有样品要附有完整的包括表面处理程序的检验报告和一切资料。

②在镀铝合金面层前，材料原材要经过苛性碱洗蚀处理，原材料表面处理深度不小于 20μm。

③氧化膜面层厚度不小于 20μm，质量不小于 4.4mg/m²。

④铝合金型材要符合《铝合金建筑型材》GB/T 5237 的要求。

（3）玻璃。

①玻璃品种：玻璃采用国外一流产品，可参考选用下述厂家或同等的产品：

美国：皮尔金顿；

比利时：GLAVBEL；

法国：SAINT – GOBAIN；

美国：INTERPAN LOFVIRACON。

12mm 厚以上的大玻璃宜采用日本 ASAHI（旭硝子）、日本 NSG（板硝子）或同等产品。

②玻璃材质和颜色：采用透明的本体绿安全玻璃，其结构组成由承包人设计，夹层玻璃的胶片用美国 MONSANTO（蒙山度）产品。

③承包人应随同投标书提供必要的玻璃性能指标，供业主选定。

④所有玻璃均由制造厂商在工厂按规格切割，保证切边整齐，并进行边缘处理。出厂前厂商应对玻璃表面及边缘的尺寸，平整度及颜色的一致性，擦伤、刻痕等小缺陷进行全面的检查，任何不合要求的产品业主有权拒收。

（4）铝板。采用进口铝板。复台铝板可选择德国 ALUCOBOND、美国 Reynobond 或日本 Mitsubishi 产品；单层铝板可选择德国 AIUCO、新加坡 ROTOL 或同等产品。

（5）不锈钢。采用日本产品质量较好。

（6）密封料。所有建筑密封胶（耐候胶）和结构密封胶（结构胶）均采用四川新达粘胶科技有限公司生产的石神Ⓡ760 硅酮胶。

密封衬垫材料采用泡沫塑料小圆棒，衬垫材料要与密封胶相容。

（7）压条材料。压条材料选用与上述硅酮密封胶相同的材料。

（8）钢连接件。一切支承钢结构的连接件及焊缝均需涂上无机富锌漆，幕墙的连接件应采用不锈钢。

Ⅱ. 投标方案

本次招标投标人应根据提供的幕墙立面构造基本形式、分格尺寸及预埋件布置，结合自身技术特点和优势，设计投标方案，并进行报价。

招标图纸结构施工图中所示钢结构的截面及节点仅供设计参考，投标人可自行设计。

投标人的投标方案要求技术先进，能突出现代公共交通建筑的鲜明个性，加工制作、安装、维修均安全可靠、简易便捷，且造价及维护费用合理。

Ⅲ. 投标人文件

投标人应在投标文件中提供幕墙设计计算书，各类节点大样图，钢支承结构上、下支座大样图，设计说明及有关技术资料。

Ⅳ. 气候环境

深圳机场航站楼位于深圳宝安区黄田村（机场基点坐标为北纬22°38′26.3″，东经113°48′33″）。

（1）室外环境。

①气温：−5 ~ +50℃。

②最大相对湿度：$RH = 85\%$。

③海洋性气候：盐雾腐蚀。

④临海边，空旷地。

（2）室内环境。

①室内温度：−5℃（冬季）~ 26℃（夏季）。

②相对湿度：冬季≤65%，夏季≥70%。

（3）风荷载。

①基本风压：深圳地区基本风压 $w_0 = 0.7\text{kN}/\text{m}^2$。

②体形系数：$\mu_s = \pm 1.5$。

③阵风系数：$\beta_z = 2.25$。

④地面粗糙度：A 类。

（4）雨水。深圳地区多阵雨、暴雨，其暴雨强度：

$$q = \frac{949.06(1 + 0.597\lg T_e)}{(t + 1.9)^{0.458}}[\text{L}/(\text{s} \cdot \text{hm}^2)]$$

设计重现期：$T_e = 5$ 年。

降雨历时：$t = 5\text{min}$。

（5）抗震要求。本工程设计按设防烈度 7 度计算，构造措施按 8 度设防考虑。

V. 设计要求

（1）屋面结构变形。本工程屋面为轻型圆管三角形屋架，屋架本身在受到荷载、温度、风压等因素作用下，将产生上下、左右及平面外的三维变形，其变形值在前、后两侧（即 A

轴和 H 轴）一般在 ±40mm 左右，即在两端山墙及在屋架檩条上，所以玻璃幕墙的设计，必须与其相适应，消除变形影响，保证幕墙及玻璃本身不致产生不良的塑性变形及损坏，保证玻璃幕墙承受的风荷载能可靠地传递至屋脊钢结构。同时，要保证幕墙与屋脊的变形不致影响二者相接位置处的气密性。

在前、后两侧（即 A 轴和 H 轴）屋架穿越玻璃幕墙伸至墙外，此处亦必须适应其屋架变形并进行处理，保证幕墙玻璃不受损坏。

（2）幕墙支承结构。本工程点支式玻璃幕墙支承结构在前、后两侧标高 7.20m 以上（即 A 轴和 H 轴），采用鱼腹式骨架结构，间距为 6.40m；在山墙两侧（即①和⑮轴线），采用工字钢、方管或其他结构形式竖框（立柱），间距为 3.00m。

（3）玻璃幕墙物理性能等级。点支式玻璃幕墙的物理性能等级应依据《建筑幕墙物理性能分级》GB/T 15225，按航站楼所在地区的地理气候条件、建筑物高度体型和环境以及建筑物的重要性等进行合理选定。

（4）不透水性。以 4L/（min·m²）的淋水梁在 15min 内没有水渗入为标准。

（5）空气渗透性。在静压盖 0.01kN/m² 的作用下，气渗量不超过 0.01m³/（h·m²）为标准。

（6）温度变形。幕墙应充分考虑到由于温度变化所带来的温度变形，协调好幕墙骨架钢结构和玻璃框架中铝框的温度变形。

（7）风压变形。点支式玻璃幕墙主要受力杆件的相对挠度值不应大于 $L/180$。

（8）耐撞击性。点支式玻璃幕墙其玻璃应具有足够的承受耐撞击性能。

（9）隔声性。航空港室外飞机起降时，噪声很大，要求玻璃幕墙有良好的隔声性能。

（10）防火性。点支式玻璃幕墙应按建筑设计防火分区和层间分隔等要求采取防火措施，设计应符合《建筑设计防火规范》GB 50016—2014 的有关规定。

幕墙与结构楼板间缝隙用防火材料填充，防火层必须满足 12h 的耐火极限。防火材料要牢固地固定在楼板标高处的 1.5mm 厚镀锌金属托板上，金属托板应涂防火漆，使得在受热或遇火燃烧变形时，仍能保持原位。

（11）防雷性能。幕墙的防雷设计应符合《建筑物防雷设计规范》GB 50057—2010 的有关规定，幕墙应形成自身的防雷体系并和主体结构的防雷体系有可靠的连接，其接地电阻不大于 10Ω。

（12）抗震性能。幕墙的构造应具有抗震性能，符合《建筑抗震设计规范》GB 50011—2010 的有关规定，并须满足主体结构的抗震要求。

Ⅵ. 构造

（1）总则。

①所提供的图纸是点支式玻璃幕墙为满足构造要求设计的基本依据，如承包人为满足规范要求，要局部修改时，需取得设计方同意。

②能隐蔽在中间的螺栓必须尽量隐蔽，外露螺栓位置须在投标图中标出，同时要用非磁性不锈钢埋头形式，平整地放在合适的位置。

③由于温度、结构、风力或恒载等引起的幕墙体系组成部分的轻微变形，不应引起玻璃的挤压和其他组成部分出现应力的增加。

④冷凝水、渗水必须有效地、畅顺地排除到体系外面，保证构件内不至于受积水侵蚀。

（2）锚固系统。

①幕墙支承结构体系，应用连接件固定在结构楼板、柱或屋架的檩条上，所有钢连接件应涂上由承包人供应的无机富锌漆，埋设在混凝土中的螺栓和角钢已由业主负责埋设完毕，幕墙承包人有责任复核埋设螺栓、角钢及建筑物框架的实际位置和尺寸，如出现设计变更，幕墙承包人有责任与业主、设计方协调解决。

②所有钢锚固件和钢连接件要具有不小于 2h 的耐火极限。

③竖框和横梁断面尺寸和形式应设计成满足本技术要求所提出的一切风压及承受玻璃质量。

④所有加强杆件要完全隐蔽，如用钢制件则要镀上两层无机富锌漆保护，焊缝需做同样处理。

⑤标高 5.4 ~ 7.2m 周边采用不锈钢支承玻璃。

⑥安装在点支式玻璃幕墙上的进、排风口百叶窗应采用彩铝。

⑦检验和观察：检验按照国家标准《建筑幕墙风压变形性能检测方法》GB/T 15227、《建筑幕墙雨水渗漏性能检测方法》GB/T 15228 和《建筑幕墙空气渗透性能检测方法》GB/T 15226 进行，检验单元至少包含 4 个区格含主要节点构造。

风压检验：将所要求的正、负风压力通过幕墙在外表面增加压力和减少压力的方式作用在检验单元上，静压每次施加 $\pm 1.0 \text{kN/m}^2$ 直至达到 $\pm 6.0 \text{kN/m}^2$ 的最大风压为止。动压每次施加 $\pm 1.0 \text{kN/m}^2$ 直至达到 $\pm 6.0 \text{kN/m}^2$ 的最大风压为止。动压按正弦曲线变化，脉动率为 2:1，一次循环时间为 2min。在上述的压力作用下，除密封材料外，没有任何损坏和严重的塑性变形。在风压为 4.25kN/m^2 时，主要结构构件的变形不大于 $L/180$。

水密性试验：在上述静压检验的条件下，用水淋在检验单元上，在压力持续 15min 后，按每 0.5kN/m^2 的递增值，直到最后达到 2.0kN/m^2 的最大值。淋水量每 1mm 为 4L/m^2。

观察：在幕墙内表面观察可开窗部分及渗排水系统。

3. 支承结构

航站楼二层高 18m 的点支式玻璃幕墙采用钢管桁架，室内侧采用弓形弦杆，三角形分布腹杆。

桁架间距为 6.4m，设置纵向钢管梁作为平面外支承和安装玻璃。纵梁间距 1.5m，玻璃为 15mm 厚本体绿钢化玻璃，尺寸为 1800 ~ 3200mm。

钢爪为 I 形，六点支承。钢爪直接连接在纵向钢管梁上。

桁架下端为铰支在楼面上，上端由双摇臂三向可动机构支承。

（三）中国国际高新技术成果交易会展览中心

1. 工程概况

本工程点支式玻璃幕墙由深圳三鑫特种玻璃集团公司设计、施工，工程于 1999 年竣工，并即投入使用。

中国国际高新技术成果交易会展览中心（高交会），建筑面积 7000m²，点支式玻璃幕墙面积 6000m²，单层高度分别为 26m、18m 和 15m，由钢管桁架支承。

2. 一号馆 26m 高桁架

一号馆高达 26m，由三角形平行弦空间桁架支承，钢管桁架端节间弦杆取消，上、下端支承力铰接。

支承桁架纵向布置钢管支承梁，梁上用 X 形及工字形钢爪六点支承面板玻璃。

3. 二号馆15m、18m桁架

15m和18m桁架采用平行弦空腹桁架，端节间弦和全部斜腹杆取消。双腹杆使桁架更美观，沿正交方向布置拉索桁架，形成空间受力体系。

（四）某展览中心接待大厅

本工程幕墙部分由深圳三鑫特种玻璃集团公司设计。

1. 工程概况

本幕墙工程位于展览中心二、三层，标高+8.7m~+20.2m，总高11.5m，其中钢结构支承高度11.2m，下层高6.4m，用弓形空腹桁架；上层高4.8m，用单根钢管支承。支承钢结构的竖向布置水平钢方管梁，支承点支钢化夹层玻璃。

2. 幕墙布置和划分

考虑到玻璃规格及安装施工的难易程度，幕墙基本划分单元设计为1.6m×2.0m。部分划分和布置如图2-3-35~图2-3-39所示。

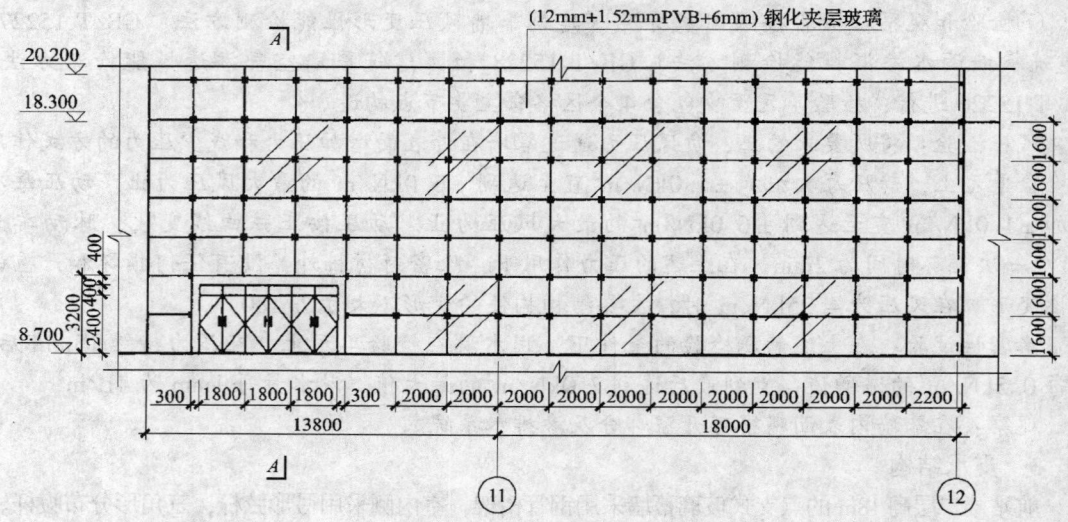

接待大厅二层西立面玻璃分格图

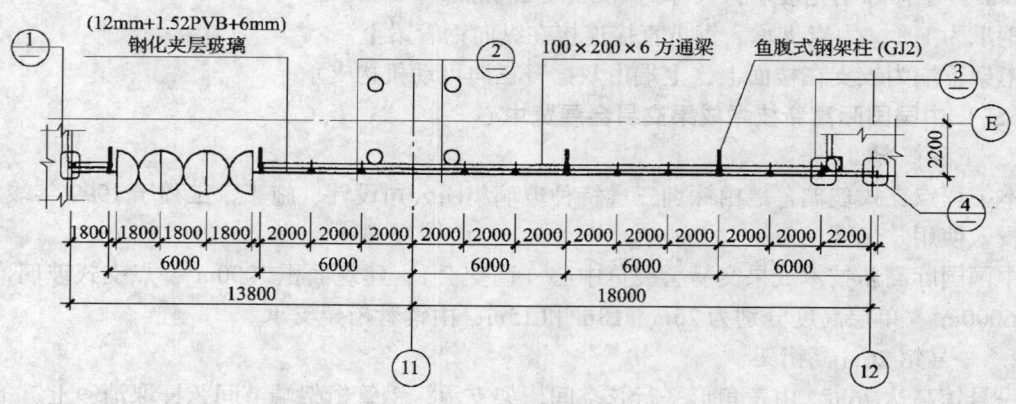

接待大厅二层西立面平面布置图

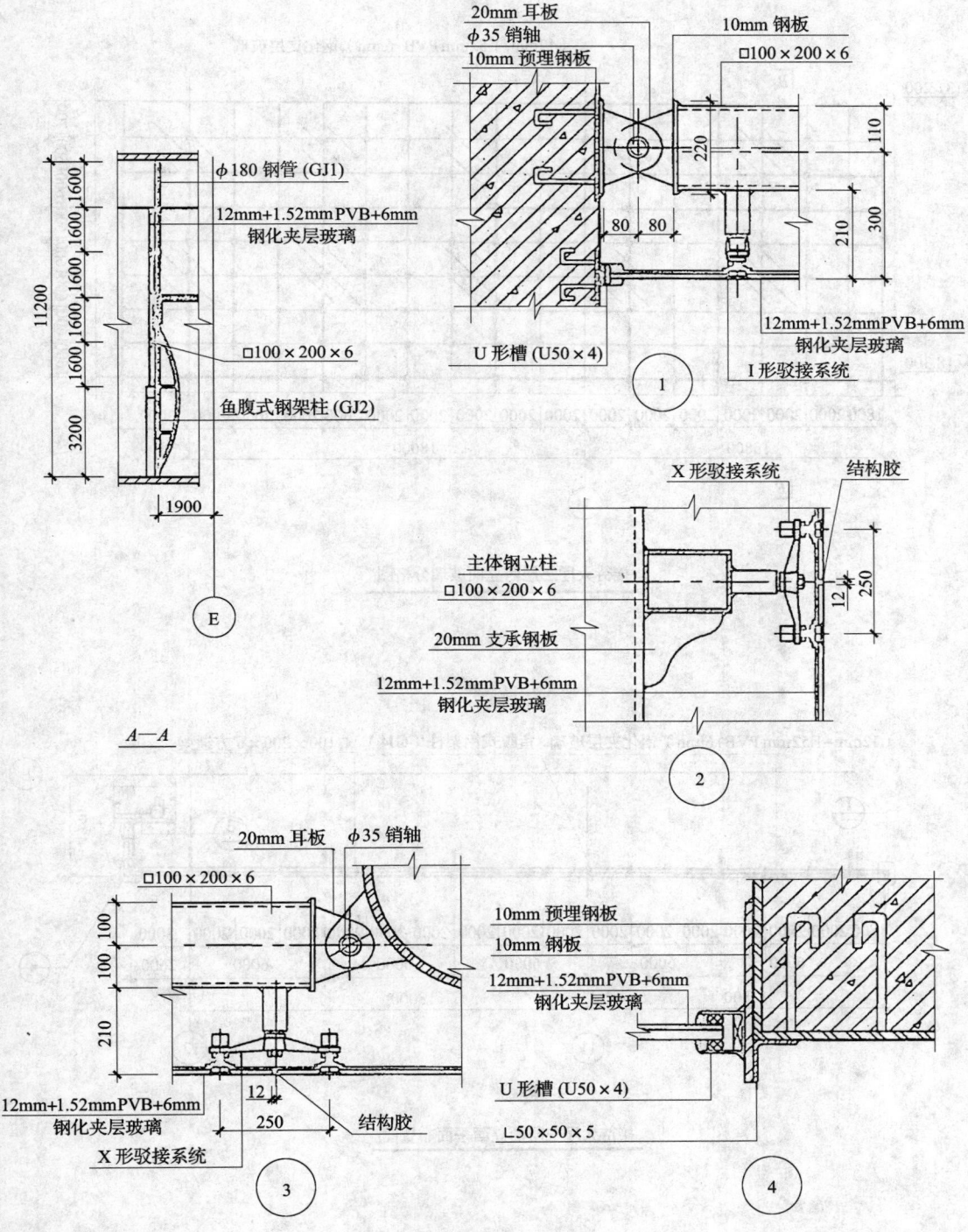

图 2 - 3 - 35 幕墙布置（一）

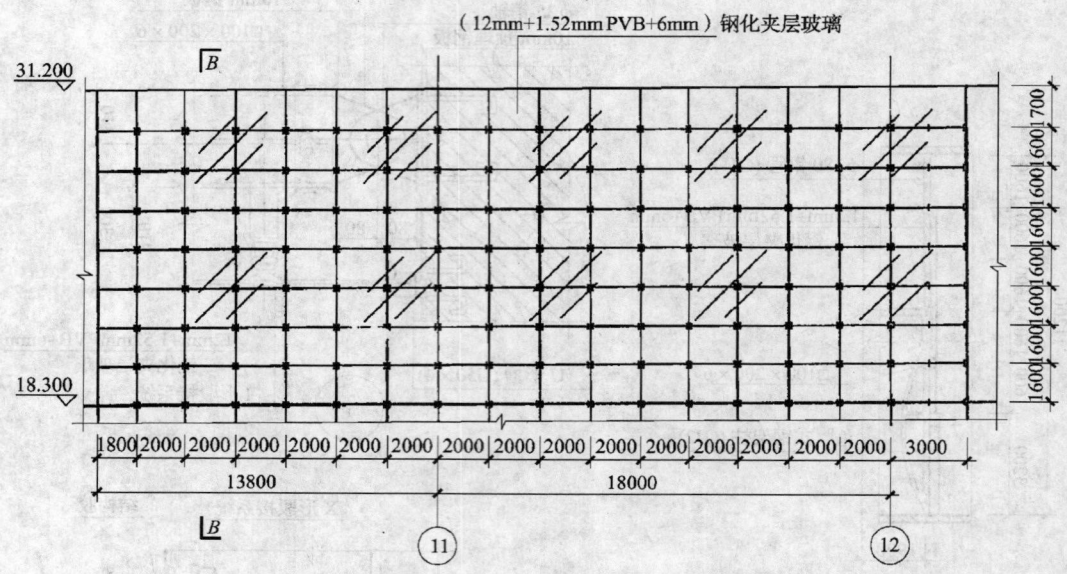

接待大厅三层西立面玻璃分格图

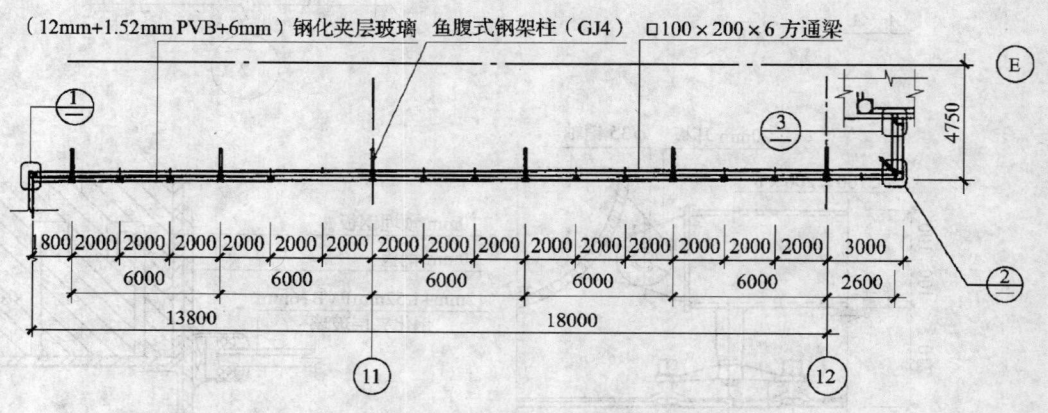

接待大厅三层西立面平面布置图

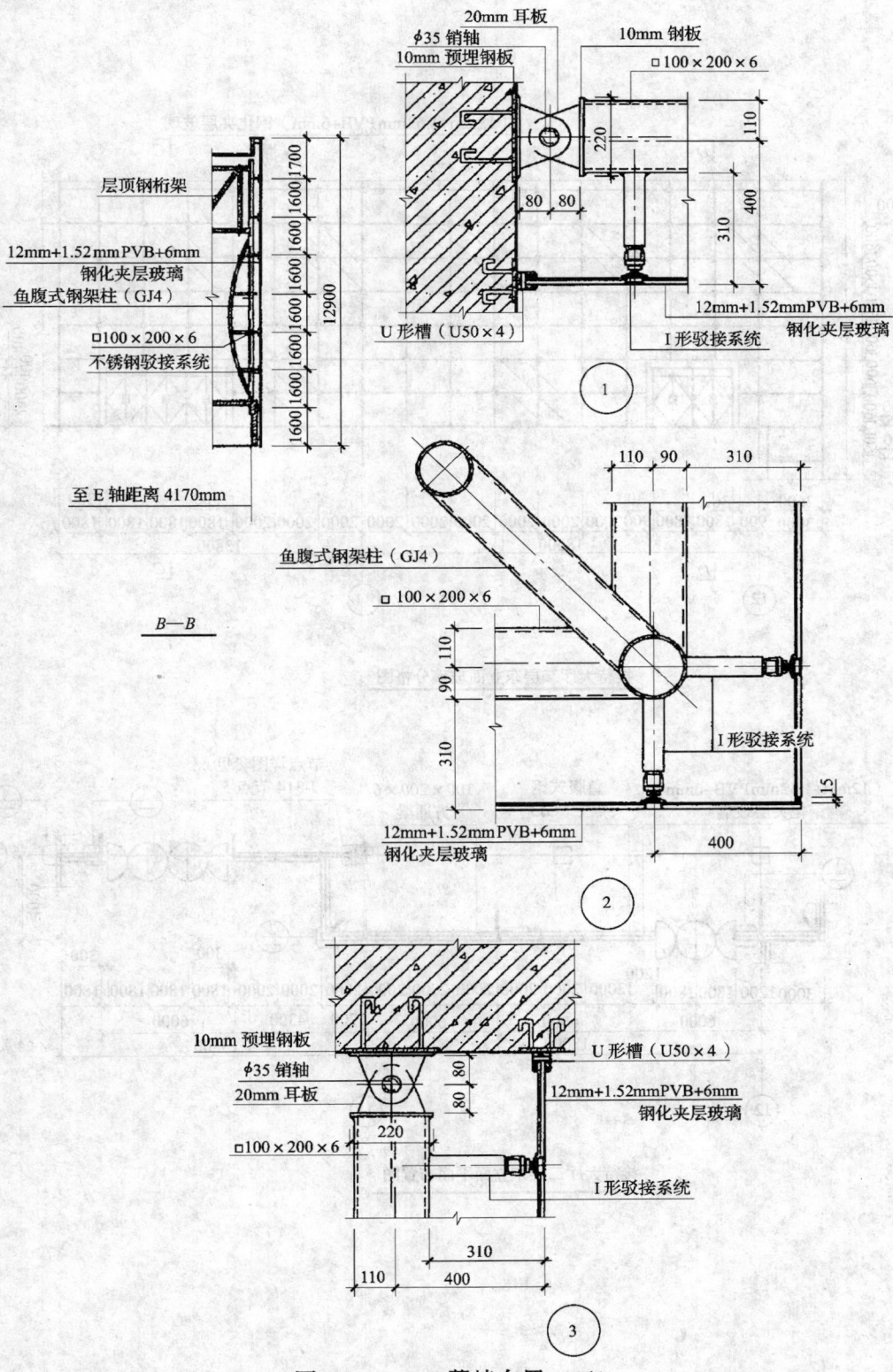

图 2 - 3 - 36　幕墙布置（二）

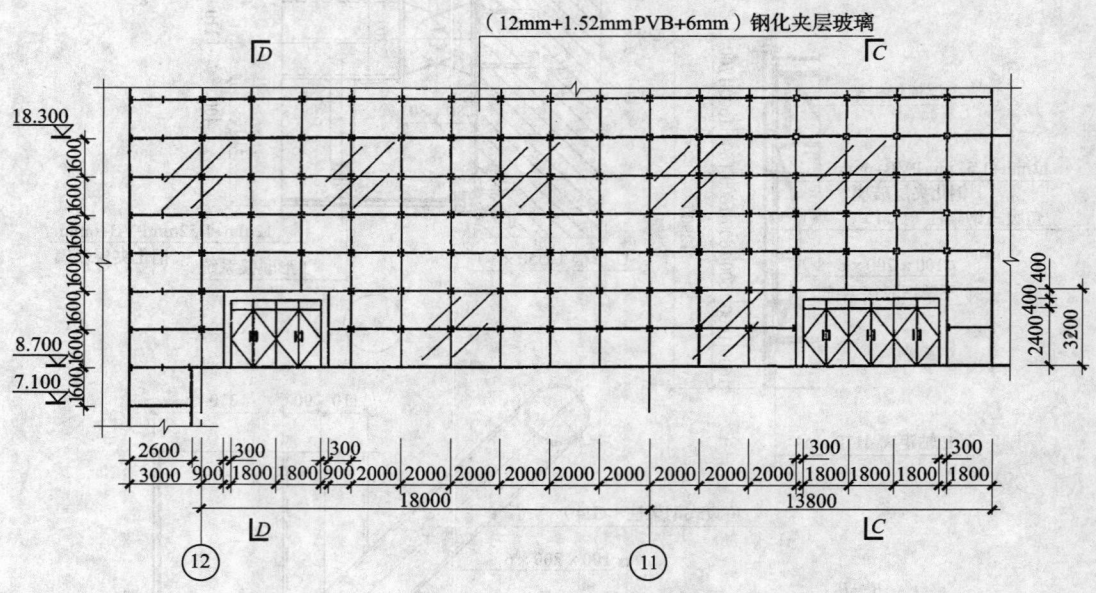

接待大厅二层东立面玻璃分格图

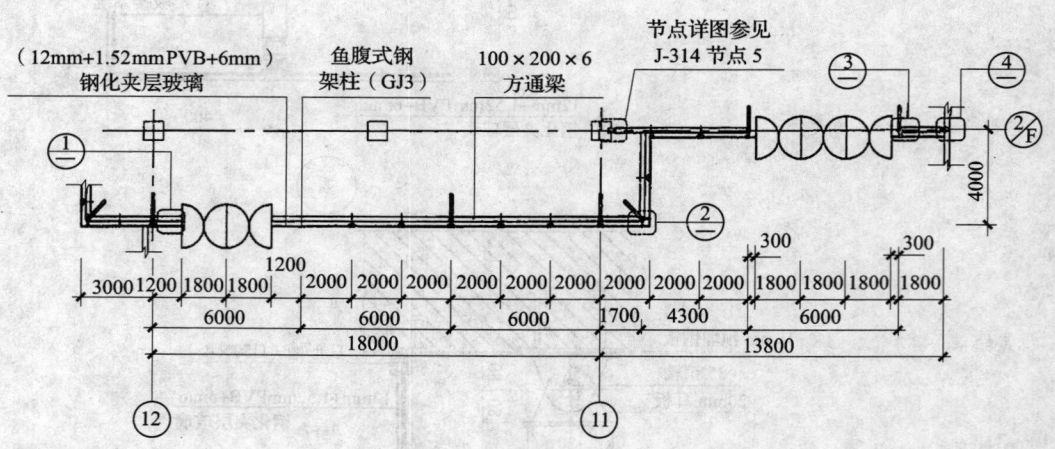

接待大厅二层东立面平面布置图

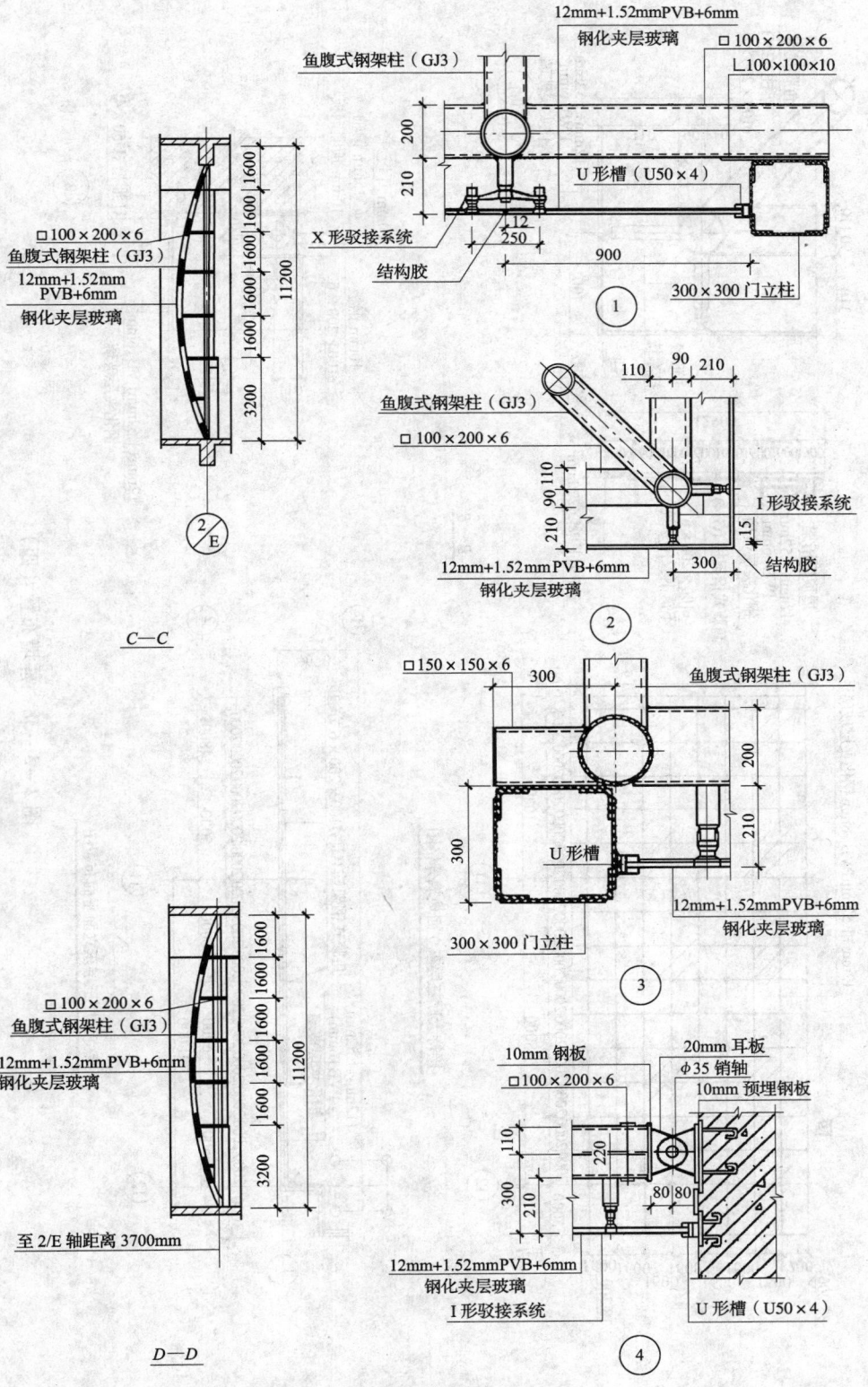

图 2 - 3 - 37　幕墙布置（三）

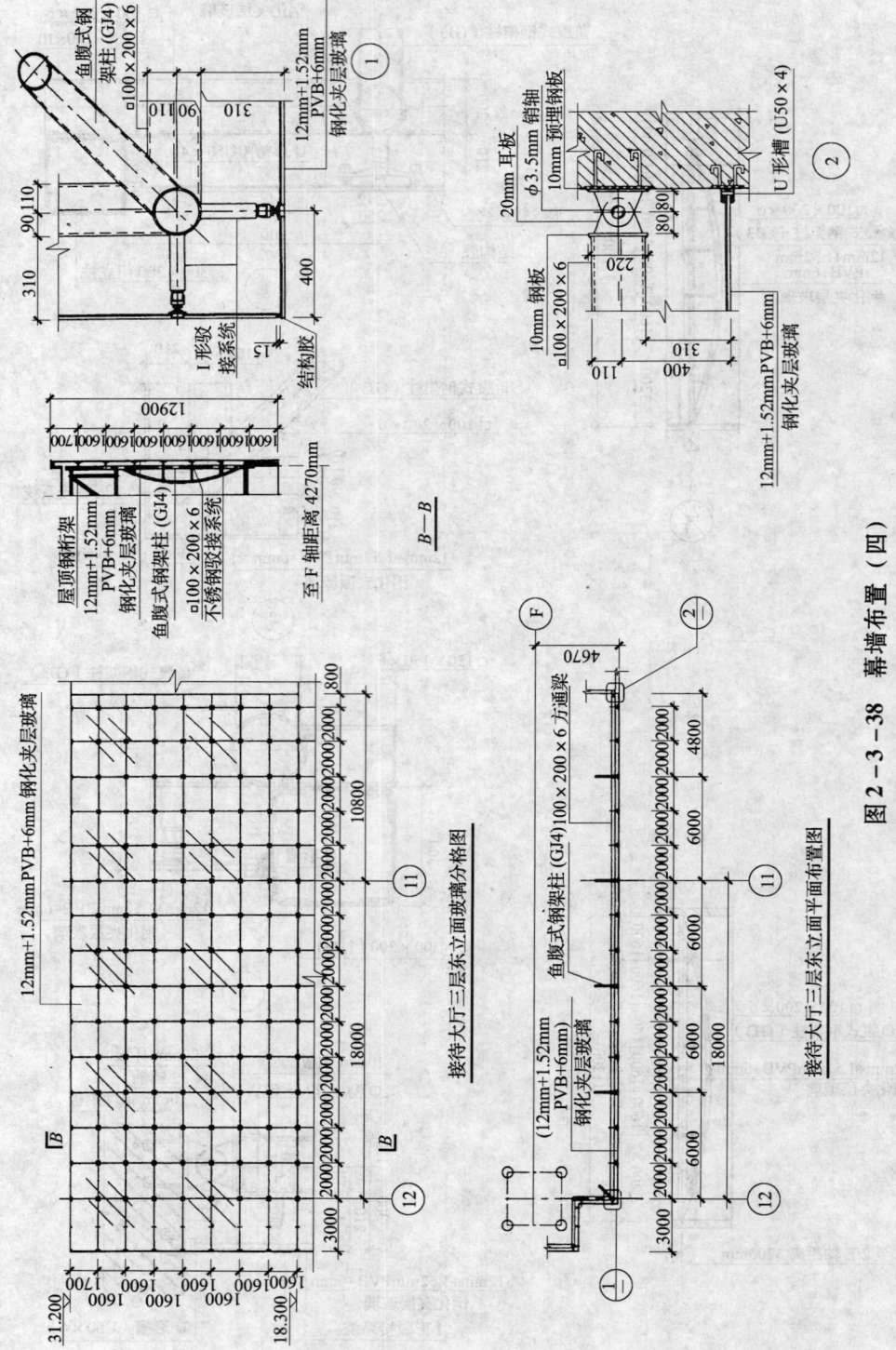

图 2－3－38　幕墙布置（四）

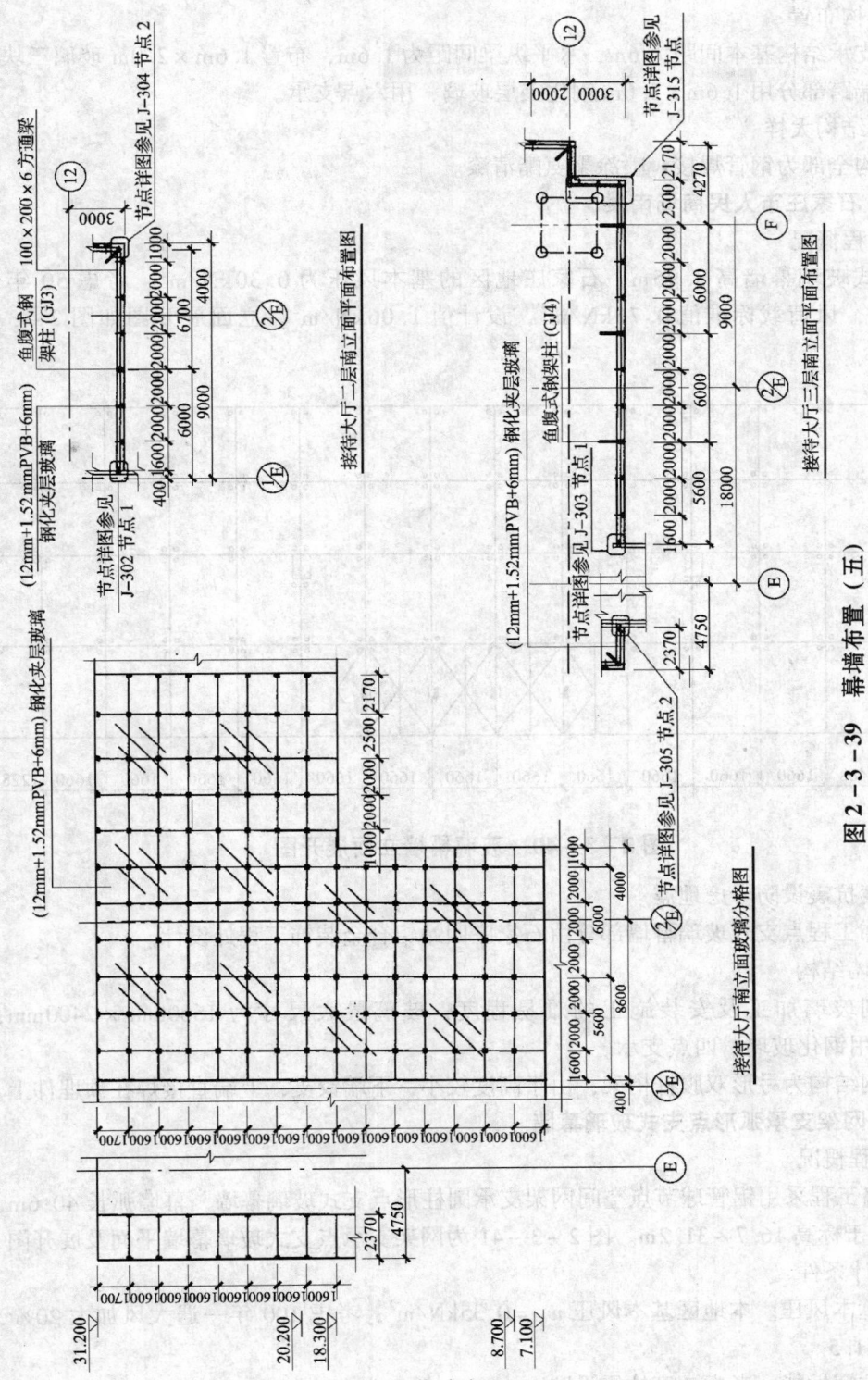

图 2－3－39 幕墙布置（五）

3. 结构布置

竖向支承结构基本间距为 6m，水平纵梁间距为 1.6m，布置 1.6m×2.0m 玻璃三块，四点支承；端跨部分用 1.6m×3.0m 钢化夹层玻璃，用六点支承。

4. 钢结构大样

钢结构全部为钢管焊接，喷涂聚氨酯清漆。

（五）石家庄市人民商场南楼

1. 工程概况

点支式玻璃幕墙高 8.95m，石家庄地区的基本风压为 0.30kN/m²，考虑 50 年一遇加大 10%，风荷载标准值 0.76kN/m²，设计值 1.06kN/m²。立面展开图如图 2-3-40 所示。

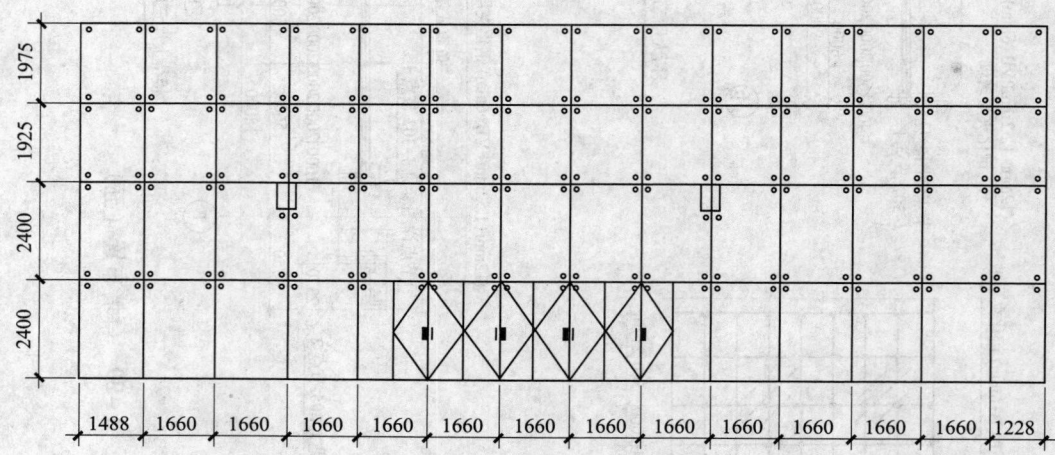

图 2 - 3 - 40 玻璃幕墙立面展开图

按 8 度抗震设防考虑地震。

本装饰工程点支式玻璃幕墙部分由石家庄四站铝合金装饰工程处设计。

2. 幕墙结构

考虑到玻璃加工及安装施工的难易程度，玻璃最大尺寸为 1660mm×2400mm，厚 12mm，采用钢化玻璃，四点支承。

支承钢结构为弓形双腹杆桁架，由于高度较小，下端铰支，上端直接焊在预埋件上。

（六）网架支承弧形点支式玻璃幕墙

1. 工程概况

本幕墙工程采用铝管球节点空间网架支承圆柱形点支式玻璃幕墙，幕墙弧长 40.6m，高 14.5m，位于标高 16.7～31.2m。图 2-3-41 为网架支承点支式玻璃幕墙平面及展开图。

2. 设计条件

（1）基本风压。本地区基本风压 $w_0 = 0.35kN/m^2$，考虑 100 年一遇大风加大 20%，体型系数 $\mu_s = 1.5$。

（2）抗震性能。考虑 7 度抗震设防。

（3）地面粗糙度。地面考虑 B 类粗糙度。

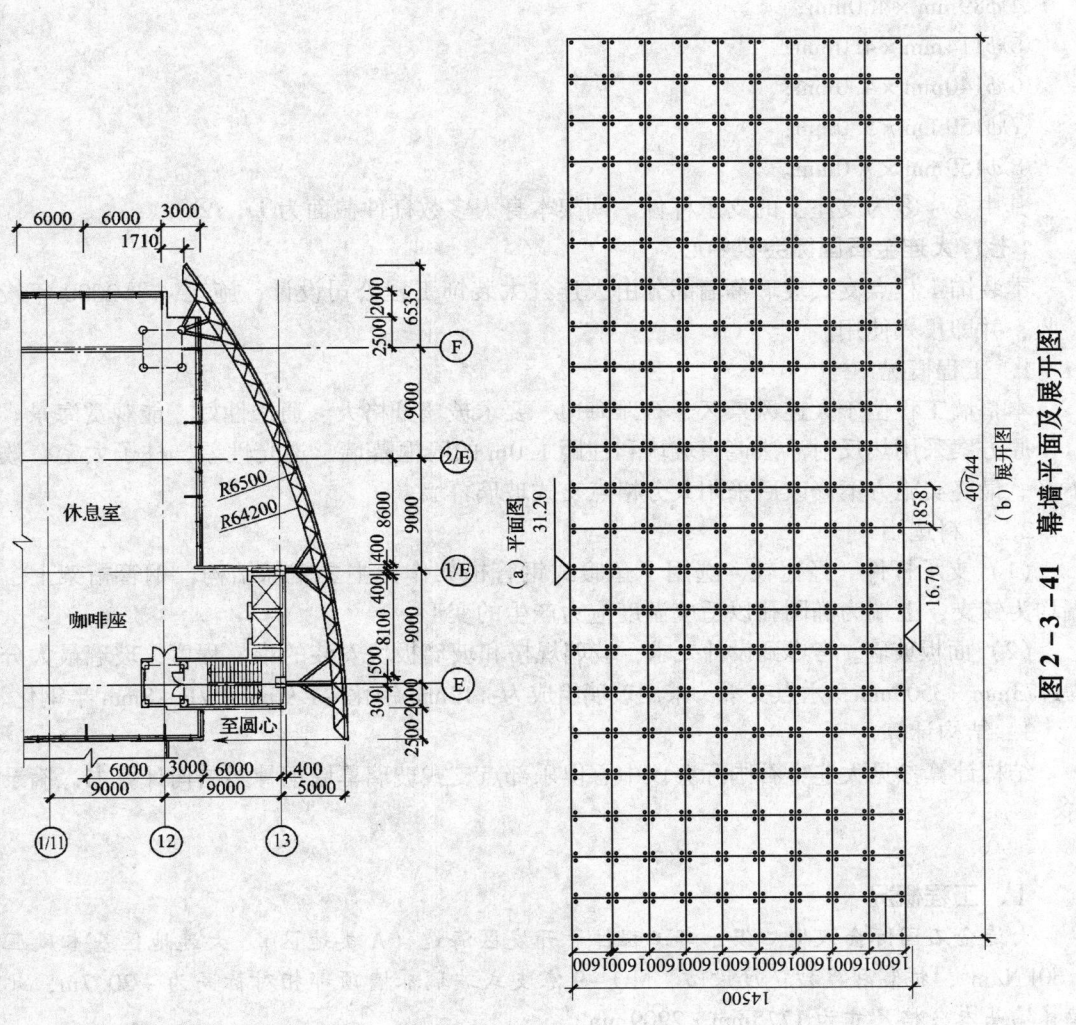

图 2 - 3 - 41 幕墙平面及展开图

3．结构计算

（1）由此计算在31.2m高度，风荷载标准值2.01kN/m²，设计值为2.82kN/m²。

（2）网架杆件截面尺寸为：

①ϕ48mm×3.50mm；

②ϕ60mm×3.50mm；

③ϕ75mm×3.50mm；

④ϕ89mm×4.0mm；

⑤ϕ114mm×4.0mm；

⑥ϕ140mm×4.0mm；

⑦ϕ159mm×5.0mm；

⑧ϕ159mm×7.0mm。

其中⑤～⑧为支座上的支承杆件。网架本身大多数杆件截面为①、②。

（七）大连金石国际会议中心

本装饰工程点支式玻璃幕墙部分由大连红太装饰工程公司设计、施工，于2000年竣工验收，并即投入使用。

1．工程概况

本幕墙工程位于大连风景区金石滩海边，要求玻璃分格大、通透性好，能观赏海景。

原方案采用热反射浮法镀膜玻璃和柱距1.0m的隐框幕墙，透光性差，柱子太密，效果不好。最终实施方案修改后采用大分格点支式玻璃幕墙。

2．材料选用

（1）支承杆件。经比较，选用了鱼腹式钢管桁架作为主要支承结构，钢管桁架上、下端均为铰支，上端为椭圆孔以适应温度应力产生的变形。

（2）面板玻璃。考虑到设计要求，玻璃规格和玻璃板块安装的难易程度，玻璃最大分格为1773mm×3500mm，六点支承，采用玻璃组成为：12mm钢化+1.90mmPVB+8mm半钢化。

3．结构计算

结构计算参见大连金石国际会议中心俱乐部点支式玻璃幕墙钢骨架结构计算书，摘录如下：

Ⅰ．工程概况

大连金石国际会议中心俱乐部工程位于开发区海边（A类地区）。大连地区基本风压为0.60kN/m²，抗震烈度按7度设防，MQ-9点支式玻璃幕墙顶部相对标高为+20.7m，此玻璃幕墙基本分格尺寸为1775mm×2909mm。

Ⅱ．玻璃幕墙承受荷载计算

（1）风荷载标准值计算：

$$w_k = \beta_z \mu_s \mu_z w_0$$
$$= 2.25 \times 1.5 \times 1.379 \times (20.7/10)^{0.24} \times 0.60 \times 1.1$$
$$= 3.66 \ (kN/m^2)$$

式中

β_z——阵风风压系数，取值为 2.25；

μ_s——风荷载的体型系数，取值为 1.5；

μ_z——风压高度变化系数（$H/10$）$^{0.24}$；

w_0——大连地区基本风压，取 0.60kN/m^2。

按 50 年一遇风荷载增大系数为 1.1。

（2）玻璃及骨架自身质量荷载。玻璃及骨架自身重量荷载估计为 0.6kN/m^2。

（3）垂直于玻璃幕墙的水平地震作用荷载。垂直于玻璃幕墙的水平地震作用荷载估计为 0.14kN/m^2。

（4）荷载组合。

$S = 1.4 \times 3.66 + 0.6 \times 1.4 \times 0.14 = 5.2$（$\text{kN/m}^2$）

Ⅲ. 玻璃板块的强度验算

（1）玻璃板块强度计算。本玻璃板块为六点支承板块玻璃孔中与玻璃边缘距离为 180mm。

$b = 1775 - 375 = 1400$（mm）

$a = （2909 - 250）/2 = 1330$（mm）

$a/b = 1330/1400 = 0.95$

$M = 0.1515 \times 5.2 \times 1.4^2 = 1.54$（N·m）

$1.54 \times 10^6 / 37500 = 41.06 < 41.3$（N/mm^2）

（2）玻璃截面抵抗矩。

$1000 \times 15^2 / 6 = 37500$（mm^2）

（3）玻璃的挠度计算。

$B_c = 0.72 \times 105 \times 15^3 / [12 \times （1 - 0.2^2）]$

$= 21093750$（N·mm）

$u = 0.01683 \times 3.8 \times 10^{-3} \times 1400^4 / 1093750$

$= 11.65\text{mm} < 1400/100 = 14\text{mm} < 30\text{mm}$

玻璃挠度满足要求。

Ⅳ. 钢结构强度计算

（1）两块玻璃板中竖框（立柱）强度计算。

$5.2 \times 1.8 \times 2.84 = 26.52$（kN）

$26.5/6 \times 2 = 8.86$（kN）

自身重量荷载：$1.8 \times 2.9 \times 25.6 \times 0.015 = 2$（kN）

钢管自身重量荷载：$0.034\text{kN/m} \times 2.9 = 0.1\text{kN}$

重力荷载：$1.2 \times 2.1 = 2.52$（kN）

$M = 1.4 \times 8.86 \times 2.9 = 6.42$（kN·m）

选用 $\phi108 \times 10\text{mm}$ 钢管，$I = 373.45\text{cm}^4$，$w = 69.16\text{mm}^3$

钢管的强度满足要求。

钢管的挠度计算：

$$u = Pl^3/48EI$$
$$= 8.86 \times 1000 \times 2900^3/\ (48 \times 2.1 \times 10^5 \times 373.45 \times 10^4)$$
$$= 5.74\ (\text{mm})$$

挠度满足要求。

钢管横梁的强度验算：

$$M = Pl/4 = 27 \times 3.6/4 = 24.3\ (\text{kN} \cdot \text{m})$$

自身重量荷载：

$$2.9 \times 3.6 \times 25.6 \times 0.015 = 4.01\ (\text{kN})$$
$$24.17 \times 2.9 = 70\ (\text{kg})$$
$$38.97 \times 3.6 = 140\ (\text{kg})$$
$$P = 6.11\text{kN}$$

自身质量荷载设计值：

$$P = 6.11 \times 1.2 = 7.33\ (\text{kN})$$
$$M = Pl/4$$
$$= 7.33 \times 3.6/4 = 6.6\ (\text{kN} \cdot \text{m})$$

选用 $168 \times 10\text{mm}$ 圆钢管。

强度验算：

$$30.9 \times 10^6/185.13 \times 10^3 = 166.9\text{N/mm}^2 < 210\text{N/mm}^2$$

强度满足要求。

挠度的验算：

$$u = Pl^3/EI$$
$$= 20.52 \times 3600^4/\ (48 \times 2.1 \times 100 \times 1555.13 \times 10^4)$$
$$= 20.74\ (\text{mm})$$
$$u = 5ql^4/384EI$$
$$= 5 \times 2.5 \times 3600^4/\ (384 \times 2.1 \times 10^5 \times 1555.13 \times 10^4)$$
$$= 1.67\ (\text{mm})$$
$$20.67 + 1.67 = 22.41\text{mm} < 30\text{mm}$$
$$R_A = P/2 = 27.05/2 = 13.53\ (\text{kN})$$
$$R_A = ql/2 = 3 \times 3.6/2 = 5.4\ (\text{kN})$$

满足挠度要求。

（2）鱼腹式桁架的内力计算。

① 节点平衡方程：

$$\begin{cases} 85.31 - 14.26 - N_{12} \cdot \sin 18.62 = 0\ (Y\ 方向) \\ N_{12} - N_{12} \cdot \cos 20.71 = 0\ (X\ 方向) \end{cases}$$

$$\begin{cases} N_{12} = 222.03\text{kN} \\ N_{13} = 210.4\text{kN} \end{cases}$$

② 节点平衡方程：

$$\begin{cases} -N_{21}\cos 71.38 + N_{24} \cdot \sin 13.3 - N_{23} \cdot \cos 37.3 = 0\ (Y\ 方向) \\ N_{21} \cdot \sin 71.38 - N_{24} \cdot \cos 13.3 - N_{23} \cdot \sin 37.39 = 0\ (X\ 方向) \end{cases}$$

$$\begin{cases} -222.03 \times 0.32 + 0.23 \cdot N_{24} - 0.79 \cdot N_{23} = 0 \\ 210.4 - 0.97 \cdot N_{24} - 0.61 \cdot N_{23} = 0 \\ N_{24} = (71.05 + 0.79 \cdot N_{23}) / 0.23 \end{cases}$$

$$\begin{cases} 210.4 - (71.05 + 0.79 \cdot N_{23}/0.23) \times 0.97 - 0.61 \cdot N_{23} = 0 \\ 48.39 - 68.92 - 0.77N_{23} - 0.14N_{23} = 0 \end{cases}$$

$$\begin{cases} N_{23} = 22.56\text{kN} \\ N_{24} = 386\text{kN} \end{cases}$$

③节点平衡方程：

$$\begin{cases} N_{32} \cdot \cos37.39 - N_{34} \cdot \cos47.16 + 14.26 = 0 \ (Y\text{方向}) \\ N_{32} \cdot \sin37.39 - N_{34} \cdot \sin47.16 + N_{35} - N_{31} = 0 \ (Y\text{方向}) \end{cases}$$

$$\begin{cases} N_{35} = 162\text{kN} \\ N_{34} = 47.34\text{kN} \end{cases}$$

④节点平衡方程：

$$\begin{cases} -N_{42} \cdot \sin13.34 + N_{43} \cdot \cos47.16 + N_{45} \cdot \cos47.16 + N_{46} \cdot \sin7.64 = 0 \ (Y\text{方向}) \\ N_{42} \cdot \sin13.34 - N_{43} \cdot \cos47.16 + N_{45} \cdot \cos47.16 - N_{46} \cdot \sin7.64 = 0 \ (X\text{方向}) \end{cases}$$

$$\begin{cases} -89 + 0.68 \times 47.34 + 0.68N_{45} - 0.13N_{45} = 0 \\ 375.58 - 34 + 0.73N_{45} + 0.99N_{46} = 0 \end{cases}$$

$$\begin{cases} N_{45} = (0.13N_{46} + 71.18) / 0.68 \\ 356.37 + (0.13N_{45} + 71.18) / 0.68 \times 0.73 + N_{46} \times 0.99 = 0 \end{cases}$$

$$\begin{cases} N_{46} = 471\text{kN} \\ N_{45} = 6.51\text{kN} \end{cases}$$

⑤节点平衡方程：

$$\begin{cases} -N_{54} \cdot \sin42.84 - N_{56} \cdot \sin48.14 - 37.56 = 0 \ (Y\text{方向}) \\ -N_{53} + N_{57} \cdot \cos48.86 = 0 \ (X\text{方向}) \end{cases}$$

$$\begin{cases} N_{56} = 56.37\text{kN} \\ N_{57} = 19.61\text{kN} \end{cases}$$

⑥节点平衡方程：

$$\begin{cases} -N_{64} \cdot \sin7.64 - N_{65} \cdot \cos41.86 + N_{67} \cdot \cos41.99 + N_{68} \cdot \sin0.85 = 0 \ (Y\text{方向}) \\ N_{64} \cdot \cos7.64 + N_{65} \cdot \sin41.86 + N_{67} \cdot \sin41.99 - N_{68} \cdot \sin0.85 = 0 \ (X\text{方向}) \end{cases}$$

$$\begin{cases} N_{68} = 452\text{kN} \\ N_{63} = 147\text{kN} \end{cases}$$

（3）杆件强度验算。

杆件68的强度验算：

杆件的回转半径 $i = (1555.13/49.64)^{1/2} = 5.6$ （mm）

$\lambda = 300/5.6 = 54$

查得稳定系数为0.838

强度验算：

$452 \times 1000/ (0.838 \times 4964) = 108.65 \text{kN/mm}^2 < 210 \text{kN/mm}^2$

满足强度要求。

杆件 67 的强度验算：

回转半径为 $i = (121.69/18.85)^{1/2} = 2.67$ （mm）

$\lambda = 150/2.67 = 56$

查得稳定系数为：0.828。

强度验算：

$147000/(1885 \times 0.828) = 94.18 \text{kN/mm}^2 < 210 \text{mm}^2$

V. 玻璃板块的强度验算（俱乐部夹层玻璃）

（1）玻璃板块强度计算。本玻璃板块为六点支承板块驳式构件与玻璃边缘距离为180mm。

$b = 1773 - 250 = 1523$

$a = (3447 - 375)/2 = 1536$

$b/a = 1523/1536 = 0.99$

$M = 0.1547 \times 5.2 \times 1.536^2$

$\quad = 1.89$ （N·m）

$1.89 \times 10^6/37500 = 50.45 \text{mm}^2 < 58.8 \text{mm}^2$

（2）玻璃的挠度计算。

$B = 0.72 \times 10^5 \times 15^3/[12 \times (1 - 0.22)] = 21093750$ （N·mm）

$u = 0.01720 \times 3.640 \times 10^{-3} \times 1536^4/21093750$

$\quad = 16.52 \text{mm} < 1773/100 = 17.73 \text{mm} < 30 \text{mm}$

玻璃挠度满足要求。

VI. 下底座螺栓的强度

（1）$\phi 60 \text{mm}$ 螺栓强度验算。

$F = 2 \times 3.14 \times 29^2 \times 130 = 687 \text{kN} > 140 \text{kN}$

螺栓的强度满足要求。

（2）底座的抗挤压强度。

$140000/(3.14 \times 30 \times 4) = 62 \text{N/mm}^2 < 210 \text{N/mm}^2$

支座底部 24mm 厚钢板抗挤压强度满足要求。

三、拉杆系统点支式玻璃幕墙

（一）南京文艺中心

本装饰工程点支式玻璃幕墙部分由深圳三鑫特种玻璃集团公司设计、施工，于 2000 年竣工验收，并随即投入使用。

1. 工程概况

南京文化艺术中心平面为椭圆形，建筑面积 28625m²，地上 6 层，总高约 40m。

玻璃幕墙工程采用拉杆支承点支式玻璃幕墙。

玻璃幕墙总面积 2429m²，顶部标高 +31.65m，底部标高 +10.80m。

2. 材料选用

（1）面板玻璃。玻璃采用法国圣戈班集团公司的超白透明 15mm 厚钢化玻璃，东立面和北立面的轴①和轴④部分为热弯钢化玻璃，其余为平板钢化玻璃，顶、底封口玻璃采用 12mm 钢化玻璃 +1.52mmPVB +6mm 半钢化玻璃。

（2）支承结构。其承重结构是由水平、垂直全不锈钢连接杆构成的支承结构体系，每片玻璃由四点支承。

每层楼玻璃分格成 3 块，四层共 12 块，竖向 12 块的曲率半径尺寸均不同，主要分格尺寸为 2127.8mm ×1681.4mm，最大玻璃尺寸为 2127.8mm ×2185.8mm。

3. 幕墙体系

（1）玻璃面板。由于立面为曲面锥形，使得每一层玻璃的尺寸均不相同，增加了热弯钢化加工的难度。南京文化艺术中心北面幕墙玻璃分格，沿竖向分为 12 层，每层玻璃的弧线宽度由 2146.4mm 向上渐减至 1731.7mm。面板采用 15mm 透明超白玻璃进行钢化、热弯。

本玻璃幕墙工程的技术要求高，设计、加工、施工难度大，尤以热弯钢化玻璃部分最为特殊。根据设计要求，每一层玻璃的弯曲弧度及尺寸皆不同，玻璃的加工及安装技术工艺较为复杂。

（2）支承系统。南京文化艺术中心的点支式玻璃幕墙采用了双向拉杆式支承系统。

①拉杆结构系统。本设计方案的幕墙受力结构体系是由不锈钢连接杆和拉杆组成。所有荷载通过竖向拉杆最后传递给固定在层间预埋件上的固定式连接杆。层间分格为 3 块玻璃，玻璃通过连接杆上的驳接爪的边拉头固定。水平拉杆主要起支承平衡作用。

②固定式连接杆。固定式连接杆是整个结构体系的主受力构件，焊接在预埋件上。为同时满足受力、美观的要求，设计成空心牛腿形，选用不锈钢材料（1Cr18Ni9Ti）铸造而成。为保证良好的焊接性能，预埋件选用不锈钢制作，虽然成本略有增加，但技术性能提高很多。

③支承装置。支承装置由 X 形钢爪和支承头组成。主要作用是通过连接螺栓和 X 形钢爪将玻璃与承重结构相连。支承头中的特殊装置——转轴和垫圈使玻璃在风力作用下可以自由弯曲，因而使整个幕墙具有较柔顺的表面。X 形钢爪的孔形设计考虑了承重结构件不锈钢金属与玻璃膨胀系数不一致、玻璃孔位与支撑点的偏差的补偿。所有承重系统结构件均采用不锈钢（1Cr18Ni9Ti）制作。

（3）幕墙技术性能。

①风压变形性能。幕墙受力杆件、面层材料、连接件在 100 年一遇的风压（大于 5000Pa）作用下达到规范 I 级要求以上。

②雨水渗漏性能。玻璃幕墙在 4L/(min·m²) 的淋水梁喷水 10min，同时在加压的条件下，幕墙在 2500Pa 的风压下不会产生渗漏，即达到规范 I 级要求。

③空气渗透性能。在静压差为 10Pa 时，幕墙的空气渗漏量不大于 0.01/(m³·h)，即达到规范 I 级要求。

④抗震性能。本设计抗震设防烈度 7 度，当发生层间位移时，保证幕墙玻璃不受损坏，变形弥补由柔性拉杆支承系统完成。

⑤温差变形。以最大年温差 100℃进行考虑，变形弥补由驳接系统完成。伸缩胶缝宽 12mm。

⑥防水性能。幕墙顶、底部收口采用 U 形槽，并以硅酮耐候密封胶密封，以防止雨水渗入。

⑦防雷性能。按《建筑物防雷设计规范》GB 50057—2010 的有关规定要求，在设计中通过幕墙钢结构预埋件和建筑物主体结构避雷网相连，可靠接地，接地电阻≤4Ω。

⑧防火性能。由上海建筑设计研究院在建筑主体设计中统一考虑，设计应符合《建筑设计防火规范》GB 50016—2014 的规定，在幕墙周边或楼板底下设有喷淋式或水幕式防火喷头。

4．幕墙结构

幕墙沿圆周分为 12 圈，所以在水平方向布置了 12 道拉杆桁架；在竖直方向，则布置多榀竖向拉杆桁架，拉杆桁架固定在主体结构每层外撬的钢牛腿上。两个主交方向的拉杆，形成空间拉杆系统。

（1）水平方向结构布置。支承结构水平方向布置，在楼层中部是玻璃幕墙，无主体结构。因此，水平拉杆沿内、外两圈布置，形成独立的拉杆桁架体系；在楼层顶部和下部有钢筋混凝土墙面部位，可以利用墙面预埋件连接拉杆桁架，即可以取消内圈杆件。

①楼层中部水平拉杆布置，在一般部位为平行弦拉杆，在端部与预埋件连接。

②楼层上部和下部水平拉杆布置，它可以利用预埋件而取消内圈弦杆。

（2）竖直方向结构布置。竖向拉杆布置，每一楼层分为 3 块玻璃，避免视线遮挡。因此，竖向拉杆分层布置，为三节间鱼腹式。每层拉杆分别固定在楼面外伸钢牛腿上。

（3）预埋件。本工程采用钢板预埋件。预埋件钢板为 Q235 热镀锌钢板，板厚为 12mm、16mm。锚筋分别为 φ12、φ14 螺纹钢筋，长度为 320mm、362mm。部分锚筋带端部锚板。

（二）某展览中心端山墙

1．工程概况

某展览中心端山墙高 42.3m，分为两层：下层高度 8.7m，上层高度为 12.3～33.6m。全部采用点支式玻璃幕墙，下层为双向拉杆系统。展览中心点支式玻璃幕墙工程由深圳三鑫特种玻璃集团公司设计。

2．一层幕墙

一层幕墙净高为 6.95m，以上为吊顶，为双向拉索系统。玻璃分格，最大为 1594mm × 2138mm，采用四点支承。

一层点支式玻璃幕墙采用 X 形和 I 形钢爪。

3．二层幕墙

二层幕墙高度自 12m 渐变为 33m，以竖向布置的平行弦钢管桁架为双向承力系统，在竖向桁架之间布置跨度为 6.25m 的水平拉杆。

（三）西班牙马德里索菲亚公主近代美术馆回旋塔

西班牙马德里索菲亚公主近代美术馆由 lan Ritchie 建筑事务所设计，于 1990 年建成。

近代美术馆回旋塔的点支式玻璃幕墙由一个可动的机构支承。竖向有两根拉杆，两根拉杆之间有一个杠杆式连接撑杆，连接撑杆端部为点支的支承头。因此在热膨胀时，这一机构可以消除温度应力变化的影响。它对上、下运动的温度应力变形有良好的效果，但对水平方向的温度变形并未考虑。而且，如果能考虑地震时前、后水平运动的影响，采取必要的构造措施，效果会更理想。

四、拉索系统点支式玻璃幕墙

(一)南京国际展览中心

本工程点支式玻璃幕墙面积共 20000m²，其中一标段为东侧幕墙，南、北山墙幕墙共 12000m²，由深圳三鑫特种玻璃集团公司设计、施工；二标段为西侧幕墙，防火墙共 8000m²，由汕头金刚玻璃幕墙公司设计、施工。工程已于 2000 年竣工验收，并随即投入使用。

此处仅介绍一标段的设计与施工。

1. 工程概况

南京国际展览中心位于南京市区东北部，东接紫金山，遥靠玄武湖，是集展览、交易、会议功能为一体的南京市政府大型会议中心。该馆长 250m，宽约 159m，高 46m，总建筑面积 89000m²，共有 6 个展厅，2068 个标准（3m×3m）展位，一层 3 个展厅，高度 6～8m，二层 3 个展厅构成宽 75m、长 45m 的无柱大空间。屋盖为大跨度弧形钢桁架支承的金属板屋面。一层、二层及其夹层配有观众服务区域、洽谈室、新闻中心等设施，三层有 3000m² 的多功能厅、商务用房和贵宾厅及大、小餐厅。

2. 幕墙结构

（1）结构选型和布置。由于建筑功能和建筑艺术要求，整个展览中心四周墙面均要求采用点支式玻璃幕墙，不锈钢拉索桁架支承的玻璃幕墙面积达 12000m²。

· 东立面玻璃幕墙长 252.4m，沿高度分为两块，下层为 -2.0～+6.95m，上层为 +8.7～+18.30m。鱼腹式钢管桁架间距为 6.75m，竖向桁架间水平布置间距为 1.6m 的拉索桁架，玻璃分格为 2250mm×1600mm。

北立面二层凸出部分为拉索桁架点支式玻璃幕墙，面积为 31.5m×12.7m，玻璃分格为 2083mm×1600mm 及 2250mm×1600mm，采用水平拉索桁架支承。南北面二层为大面积点支式玻璃幕墙，长约 79.0m，底标高为 8.7m，顶标高自东向西由 20.275m 弧形上升至 42.500m。每隔 6.25m 设置一榀竖向钢管桁架，中间再布置一道水平拉索桁架，玻璃划分大约为 2083mm×1600mm。

幕墙角部交汇处设方形空间桁架，并用加强杆固定其位置，减少扭转的影响。考虑到楼面与楼面会有竖向位移，为防止主体结构竖向位移对竖向桁架和竖向拉索桁架产生附加内力，因而，在上端均采用三角传力架和活动铰支座，下端则采用铰支座。

（2）材料选用。本玻璃幕墙工程形式新颖，建筑功能和建筑艺术要求高，因此，在材料选用上予以特别考虑，确保幕墙性能达到设计要求。

①面板。面板采用 12mm+1.52mmPVB+6mm 钢化夹层玻璃。沉头支承头的锥形孔要求面板玻璃至少厚 10mm。玻璃紫外线阻隔率 99.9%，可见光透光度 88%，阳光透光率 74%。

②钢管。钢管桁架采用 Q235 钢管，直接对接式钢管接头。钢管桁架外侧喷涂聚氨酯清漆。

③拉索。拉索全部采用不锈钢，材质为 1Cr18Ni9。钢索选用施工前作了较多的考虑，采用不锈钢索强度低于高强钢索，但不腐蚀，无须表面喷涂，美观而且长期维护方便。不锈钢索一开始选用钢丝绳，由于每根钢丝直径只有 0.2mm，根数极多，绞结之后空隙率高，拉伸时明显伸长，直径变细，等效弹性模量低至（0.8～1.0）×10⁵N/mm²，而且钢丝受力不均匀，容易断丝，技术性能不能满足拉索桁架的受力要求。后选用由 14mm 的 19 股钢绞线，钢丝直径为 2.5mm，伸长率低，等效弹性模量可达 1.20×10⁵N/mm²，桁架变形小，容易满足要求。

④I 形和 X 形支承钢爪。不锈钢支承钢爪由深圳三鑫特种玻璃集团公司贵航飞机制造厂生产，由铸钢件经精密加工、装配而成，支承头带有转动球铰且适应玻璃受力后的变形。

（3）结构设计。点支式玻璃幕墙，特别是拉索桁架点支式玻璃幕墙目前尚无专门的国家标准，因此设计中参照《点支式玻璃幕墙工程技术规程》CECS 127：2001 和《玻璃幕墙工程技术规范》JGJ 102—2003 的有关规定。

①荷载和地震作用。

南京地区基本风压 $w_0 = 0.35 \text{kN}/\text{m}^2$，考虑 100 年一遇最大风压，设计时取 $w_b = 0.42 \text{kN}/\text{m}^2$，雪荷载 0.4kPa。地震 7 度设防。

东、西立面最大风压标准值为 1.96kPa，南、北立面最大风压标准值为 2.21kPa。

②主要构件计算方法。

玻璃：按四点支承板计算其最大弯曲应力。

空腹桁架：外荷载作为集中力施加节点，采用截面法计算杆件内力。

普通桁架：外荷载作为集中力施加节点，按铰接桁架计算。

拉索桁架：考虑几何非线性，受拉杆件采用计算机软件计算。

③预应力值考虑。拉索桁架采用的钢索是柔性的，必须施加预应力张紧才有支承能力。检验和分析表明，拉索的预应力合力对外荷载的抵抗起的作用不大，一般不超过 5%，而 95% 的作用是由于拉索伸长后产生拉力的合力来平衡。初始预应力主要是将拉索拉直，有一个初始刚度，保持桁架的正确形状，以承受外荷载，因此，初始预应力值不必过大，一般可取为拉索破断拉力的 15% ～20%。

本工程采用 $\phi14\text{mm}$ 的 19 股钢绞线，破断拉力 140kN，有效预应力选定为 17kN，由于钢拉索施加预应力时会有锚头滑动、温度变化、曲线张拉摩擦和钢丝应力松弛产生的预应力损失，所以实际张拉的预应力应高于有效预应力的数值。

3. 拉索桁架检验

拉索桁架是本工程的关键性结构，过去积累的经验很少，因此，在施工前进行了实体构件的检验，以确定结构设计的可靠性。本次检验时取 24m 长的水平拉索桁架。钢管桁架间距 6m，拉索桁架节间距离为 2m，矢高为 0.5m。

拉索由 19 股 2.8mm 不锈钢钢丝组成，$\sigma_b = 1470 \text{MPa}$，截面积 $A = 117 \text{mm}^2$，极限拉力为 $N = 0.86 \sigma_b A = 147.9 \text{kN}$，检验弹性模量 $E = 1.18 \times 10^5/\text{mm}^2$。钢索预应力 $N_0 = 17 \text{kN}$，为极限拉力的 12%。

（1）检验装置。

①拉索结构检验台座和拉索桁架的布置。基本上是按照现场工程的实际情况配置的，工程中拉索桁架的跨度为 6250mm，检验拉索桁架的跨度为 6000mm，共四个连续跨，基本尺度与工程实际接近。本次检验，选取下层拉索桁架中的中间一个跨度，模拟风荷载，在拉索桁架的两个节点上，用水平放置的千斤顶进行加载检验，千斤顶的反通过钢梁传给厂房的钢柱。

②拉索桁架的结构配置。检验桁架的节点构造、断面尺寸等都按工程的实际情况决定。主要用料及构造：

主索：$\phi14\text{mm}$（1×19）不锈钢索，钢丝直径 $\phi2.8\text{mm}$，拉断强度 $\sigma_b = 1470 \text{MPa}$；整绳断面积 $A = 117 \text{mm}^2$，整绳破断拉力 $N_p = 1470 \times 117 \times 0.86 = 147.9 \times 10^3 \text{N}$。

索头：可调式不锈钢压头。

悬空杆：$\phi65mm \times 5$ 的 $\phi235$ 钢。

悬空杆索节点：用 $2\phi16mm$ 内六角圆柱形螺钉及压块将拉索夹紧。

柱上固定节点：用 $2\phi16mm$ 内六角圆柱形螺钉及压块将拉索夹紧。

（2）加载情况及测试数据。水平加载按南京地区的风荷载和《玻璃幕墙工程技术规范》JGJ 102—2003 中第 5.2 条的要求进行。节点风荷载的标准值 $w_k = 5.57kN$。

本次按分级加载，每级 $25\% w_k$，分四次逐级加载至 $w_k = 5.57kN$，分别读取数据后，再加载至节点风荷载的设计值 $w_p = 1.4w_k = 7.8kN$。后来，由于加载千斤顶油压表读数分格太小、无法分辨的原因，只好改为一次加载至 $w = 10kN$，读取数据后，荷载回零，再继续加载至 $w = 15kN$，使拉索桁架进入破坏状态，部分拉索段退出工作，节点变形突然增大，超出仪表量程而无法测读，检验工作中止。

加载或卸载时有关节点位移，拉索段的内力见表 2 - 3 - 55 及表 2 - 3 - 56。

表 2 - 3 - 55 节点位移观测表

测点位置		第一次加载位移值（mm）	第二次加载位移值（mm）		第三次加载位移值（mm）	
			加载位移	卸载位移	$P = 10kN$	$P = -15kN$
b	b_1	位移太小、未读出	4.52	3.8	4.17	仪表失散
	b_2	—	4.31	4.66	4.94	
	平均	—	4.4	4.23	4.55	
C	C_1	—	5.19	5.74	7.75	
	C_2	—	5.1	5.85	6.22	
	平均	—	5.15	5.8	6.98	
d		—	0	0	0	
a		—	0	0	0	

表 2 - 3 - 56 拉索段内力观测表

测点位置	仪器灵敏系数 K	仪器读数				拉索段应变 ε（$\times 10^{-5}$）				拉索段内力 N（kN）
		1	2	3	平均值	1	2	3	平均值	
e	9.2974	17	23	32	24	158	214	298	223	5.840 3.078
f	8.5863	38	21	39	33	326	180	335	283	3.907
g	9.3090	59	54	70	61	549	503	651	568	7.184
h	9.0850	−42	−42	−38	−41	−382	−382	−345	−373	−5.149
I	9.2272	−38	−17	−29	−28	−351	−157	−268	−258	−3.57
J	9.1938	−77	−59	−54	−63	−708	−542	−496	−581	−8.021

注：1. 上述 3 次读数为 3 次加载时的读数，每次加载值为 $P = 10kN$。卸载时的读数一般未予整理，仅对测点 e 在卸载时的读数作了整理并以 * 表示。

2. 索段应变 ε = 仪器读数×仪器灵敏系数 K。

3. 索段内力 N = 索段应交 ξ×索弹性模量 E×索断面积 $A = \xi EA$。

4. 测试仪器：250mm 杠杆式电子应变仪器。

（3）测试数据分析。

①为了便于对测试数据进行分析，按二层拉索桁架在检验台座上的实际支承条件，采用空间杆系结构模型，用 SAP84 软件进行了计算分析，分析结果见表 2 - 3 - 57 及表 2 - 3 - 58。

表 2 - 3 - 57　计算机分析杆件的内力表（kN）

杆件号	$P_k = 10$			$P_k = 15$		
	杆件内力	预拉力	综合内力	杆件内力	预拉力	综合内力
21	- 0. 068	17	16. 932	- 0. 102	17	16. 898
22	- 0. 068	17	16. 932	- 0. 102	17	16. 898
23	0. 213	—	—	—	—	—
24	- 13. 318	17	3. 682	- 19. 977	17	- 2. 977
25	13. 605	17	30. 605	20. 408	17	37. 408
26	0. 267	31. 6	31. 867	0. 401	31. 6	32. 001
27	- 12. 318	17	3. 682	- 19. 977	17	- 2. 977
28	13. 605	17	30. 605	20. 408	17	37. 408
29	0. 213	—	—	—	—	—
30	- 0. 067	17	16. 933	- 0. 101	17	16. 900
31	- 0. 067	17	16. 933	- 0. 101	17	16. 900

表 2 - 3 - 58　计算机分析节点位移（m）

节点号	节 点 位 移		节点转角
	$U(x)$	$U(y)$	$B(z)$
24	- 0. 23710D - 04	0. 88813D - 04	0. 95511D - 05
25	- 0. 71648D - 04	- 0. 14381D - 05	- 0. 19279D - 04
26	0. 00000D - 00	0. 00000D + 00	- 0. 19275D - 04
27	- 0. 11159D - 04	- 0. 59408D - 02	- 0. 20746D - 02
28	0. 11309D - 04	- 0. 59412D - 02	0. 20746D - 02
29	0. 71948D - 04	- 0. 14364D - 05	0. 19531D - 04
30	0. 00000D + 00	0. 00000D + 00	0. 19527D - 04
31	0. 24012D - 04	0. 89189D - 04	- 0. 10234D - 04

②实测内力、位移与理论值的比较，见表2－3－59。

表2－3－59 实测内力、位移与理论值比较表

测点	拉索力比较（kN）			位移比较（mm）		
	实测值	理论值	实测/理论	实测值	理论值	实测/理论
a	—	—	—	0	0	1
b	—	—	—	4.39	5.9	0.744
c	—	—	—	5.98	5.9	1.001
d	—	—	—	0	0	1
k	—	—	—	0	0	1
e	5.84	13.605	0.43	—	—	—
h	－ 5.149	－ 13.318	0.39	—	—	—
f	3.907 － 3.57 ~ 0 － 3.37	－ 0.276	－ 1.26	—	—	—
l						
g	7.84	13.605	0.58	—	—	—
j	－ 8.201	13.318	0.602	—	—	—

注：1. 实测位移取值：将同一测点上两只千分表读数和3次加载、卸载时的读数做平均优化处理后所取的平均值。

2. 实测拉索力取值：将同测点，3次加载时读到的拉索力值，做平均优化处理后所取得的平均值。

③测试数据的分析。

a. 实测位移比理论值小一些，这是结构检验中的正常现象。

b. 拉索段可实测内力值比理论值普遍偏小，偏低值达一倍左右，这是检验中的不正常现象。其原因是仪器在拉索段上的夹紧可靠度低，电气接地性能差等。

c. 荷载作用下，拉索单元拉压内力分布与理论分析完全一致。

d. 荷载作用下，e、g点内力与h、j点相比，拉压对比性较好，拉压内力的绝对值比较接近，这现象符合理论分析。

e. 荷载作用下，e、h点内力与g、i点相比，明显偏小，这可能是由于相邻跨拉索的张紧程度不同造成的。

④拉索结构进入破坏阶段前、后的情况。

a. 当千斤顶加载至 $W=10$ kN，并二次反复卸载至0时，结构工作均正常，节点变形和内力变化稳定，说明拉索结构在弹性变形的范围内工作，这时千斤顶加载值已达到设计风荷载标准值1.8倍，而节点变位只有4.39～5.98mm，仅为跨度的1/1366～1/1003，远小于《玻璃幕墙工程技术规范》JGJ 102—2003 中第5.5.5条对普通玻璃幕墙横梁的变形（$L/180 = 33.3$mm），并不大于20mm的要求。

b. 千斤顶加载至 $w = 10$kN 前，拉索段在各节点处夹紧状态正常，未发现拉索有可见的滑移情况。

c. 当千斤顶加载达 $w = 15$kN 时，b、c 节点变形突然增大，超出仪器的量程而无法观测，af、dg 拉索段由原来的受拉状态转变为受压状态，拉索段下垂，应变仪退出工作，但千斤顶尚能维持 15kN 的荷载，油压表尚能读数。拉索段在各节点处的夹紧状态异常，发生了可见的明显滑移。

d. 千斤顶加载达 $w = 15$kN 时，拉索中最大拉力为 37.408kN，最大拉应力为 320MPa，与钢拉索破断拉力相比较，其安全系数 $147.9/37.408 = 3.95 > 2.5$，说明钢拉索继续工作的潜力还很大，拉索桁架的退出工作，完全是由于拉索节点夹紧度不足造成的。这一点应引起设计与施工方面的重视。

⑤检验结论。

a. 本次检验的拉索桁架，其承载能力和节点变形完全满足设计要求和《玻璃幕墙工程技术规范》GJG 102—2003 的有关规定。

b. 拉索桁架在水平荷载作用下，实测变位值与理论值接近，实测内力值与理论值计算的走向相一致，拉索桁架的理论计算模型可以指导工程设计。

c. 拉索节点的构造和夹紧程度是控制拉索桁架正常工作的关键，应引起设计与施工方面的重视。

d. 在超出荷载设计值的情况下，$P = 10$kN 时的挠度为跨度的 1/1000，完全满足拉索桁架挠度不大于 $L/300$ 的要求；且最大轴向拉力 $N_{max} = 7$kN，远小于钢拉索极限拉力 147.9kN。所以，完全符合设计要求。

4. 东立面拉索幕墙

东立面两层，层高分别为 10.7m 和 9.8m，均采用竖向布置鱼腹式钢管桁架，间距 6.75m，竖向桁架之间布置水平拉索，跨度 6.75m，间距 1.60m。

二层幕墙屋架下弦层高 9.8m，但幕墙延伸至屋面，实际高度为 12m。

5. 南北立面幕墙

南、北立面为山墙，幕墙高度（二层）12～36m。竖向布置平行弦钢管桁架，间距 6.25m，最大跨度 36m，为保证桁架平面外稳定性，在 12m 和 24m 高度上，布置了两道正交（水平）布置的稳定桁架。在竖向桁架之间，布置双 Y 形的水平拉索。桁架下端铰支，上端为摇臂铰支座。

双 Y 形拉索桁架有较大的刚度，在相同水平力作用下，其挠度小于枣核形、鱼腹形的布置。

（二）深圳市民中心

深圳市民中心装饰工程点支式玻璃幕墙部分由深圳三鑫特种玻璃集团公司设计、施工。

1. 工程概况

本工程是一项综合的超大型公共工程，占地 9.1 万 m^2，总建筑面积为 209540m^2。建筑物总长度 435m，中区最大宽度为 145m。总高度 81.7m，工程的中区有一个圆形和一个方形高层办公楼，其裙楼部分为点支式玻璃幕墙所围成。

幕墙设计条件：深圳地区基本风压 w_0 考虑为 0.70kN/m^2，地震设防烈度为 7 度。

2. 幕墙总体设计

(1) 外形。每一座裙楼的底部平面为 65m×76.51m，高为 15m，三面竖直，第四面倾斜。幕墙沿竖向划分为九层，玻璃尺寸网格为 1666mm×2250mm（竖直面）和 1944mm×2250mm（倾斜面）。

(2) 结构布置。沿竖向，每 9m 布置一榀刚性的钢管桁架，在钢管桁架之间布置间距为 2250m 的竖向拉索桁架，沿水平方向布置间距为 1.666m 的水平拉索体系。为加强整体结构的刚度，顶部布置一圈钢管水平桁架。

3. 钢管桁架

桁架抽去斜杆，形成鱼腹式空腹桁架。桁架上、下端均为铰支承。

4. 竖向拉索桁架

竖向拉索桁架和斜放竖向拉索桁架，其弦杆为拉索，交叉斜腹杆为拉杆，上、下端为铰支座。

5. 水平拉索系统

水平拉索系统基本跨度 9m，四节间鱼腹式，鱼腹式拉索在转角桁架处形成两对力偶，可以平衡外来正反方向的扭矩，维持角部的稳定，提高角部的抗扭性能。

6. 玻璃的支承钢爪

本工程采用 12mm 钢化 +1.52mmPVB 胶片 +8mm 钢化的夹层玻璃，由 X 形沉头钢爪支承，在某些部位采用 I 形钢爪。

7. 拉索和撑杆组合

拉索连续跨越四跨，在撑杆处转角。

8. 拉索端部固定

拉索端部由压接锚具固定并与主体结构连接。

(三) 宁波栎社机场

宁波栎社机场工程点支式玻璃幕墙由深圳三鑫特种玻璃集团公司设计、施工，工程于 2001 年竣工验收并投入使用。

1. 工程概况

宁波新机场建筑面积 43500m²，航站楼高 27m，分上、下两层，底层为钢筋混凝土框架结构，二层为大跨度空间钢桁架屋盖。

一层采用玻璃肋支承全玻璃幕墙，二层采用钢桁架及拉索支承的点支式玻璃幕墙，幕墙面积 21080m²。

二层点支式玻璃幕墙高约 11.0m，拉索和桁架跨度为 11.4m。

2. 幕墙设计

(1) 结构设计。在设计中，主要由水平拉索承受风荷载作用，竖向拉索承受玻璃及结构自身质量荷载，为了增强整个幕墙的立面通透性，拉索系因幕墙抗风柱落在了标高 +9.900m 混凝土柱头上，幕墙抗风柱上端采用双向活动铰支座与主体钢屋架相连，以抵抗主体钢屋架上、下、左、右变形对玻璃幕墙的影响，同时，在玻璃幕墙顶部下设有特别节点处理机构和采用了玻璃—风琴板—铝板与屋面接口的新颖设计理念和方法，风琴板可以上、下伸缩，以满足主体结构与幕墙结构在各种荷载下的作用，在四个拐角处，设置了四个三角形空间钢构架，以满足水平拉索系的张拉力。

（2）建筑功能。在建筑功能上，玻璃配置为尽量满足各方面不同的需求而采用了墙厚的设计原则，宁波栎社机场二层航站楼玻璃配置采用 12mm 钢化 + 1.52mmPVB + 12mm 钢化夹层玻璃，隔声性能 8TC 值达 41dB，阻隔紫外线辐射 99.9%，可见光透光率 88%，阳光透光率 74%，遮光系数 0.89。

（3）建筑美学。在建筑美学上，大面积的全通透玻璃通过轻巧纤细的拉索网体系用各种驳接件将玻璃连接在一起，形成柔顺、通透的外围结构，整体通透、简洁，集安全性、实用性和艺术性于一体，给人们带来亲切、舒适、优美的机场共享空间。

（四）江苏电信综合楼

1. 工程概况

江苏电信综合楼工程位于南京市中央路，东临玄武湖，环境优美、交通便利。本工程为通信网络技术业务综合楼，采用具有高科技含量的拉索结构点支式玻璃幕墙，更能突出整个建筑物的科技性、现代性和标志性。主楼室内设计十个空中生态花园，体型为流畅高耸的椭圆柱体，建成后必将成为南京市一栋标志性建筑物，成为全市一处亮丽的风景线。该工程由深圳三鑫特种玻璃集团公司安装施工。

该工程 36 层，幕墙高度为 150m，其平面为椭圆形。椭圆形的尖端部分隔 3 个楼层才与楼板拉结，这三层的空间成为空中花园。所以，共有 10 个空中花园和一个顶部观光层。端部的幕墙采用拉索点支式玻璃幕墙。

2. 拉索点支式玻璃幕墙布置

每一个空中花园单元高度为 11 ~ 13m。主体结构作为幕墙系统的支承结构，即上、下弧形钢筋混凝土大环梁，四根钢筋混凝土柱。因此，拉索桁架就固定在上、下主体结构弧形大梁上，在有钢管混凝土柱的地方，撑杆直接连接在柱上，利用柱作竖向支承结构。

由于幕墙高度较大，所以在 2/3 高度上布置一道水平钢管桁架作竖向拉索桁架的侧向支撑。

高度为 150.75m 的拉索玻璃幕墙，每个幕墙单元的玻璃划分尺寸为 2120mm × 1714mm 及 2120mm × 1733mm，采用 10mm 钢化 + 3.04mmPVB 夹胶 + 10mm 钢化（下层）和 12mm 钢化 + 3.04mmPVB 夹胶 + 12mm 钢化的夹层玻璃。

3. 设计基本参数和主导构思

（1）设计依据。

①幕墙工程招标文件、答疑纪要及补充文件。

②玻璃幕墙工程技术条件图。

③风洞测压检验研究报告。

（2）设计参数。

①南京地区基本风压为 $0.35kN/m^2$。

②地面粗糙度：B 类。

③建筑物重要系数：1.1。

④地震基本设防烈度：7 度（近震）。

⑤幕墙设计使用年限为 50 年以上。

（3）设计主要指导思想。空中生态花园是整个建筑物中最具特色的部分，也是体现其标志性的精髓，因此，设计时对此部分体系及拉索布置形式进行了反反复复的论证，最终确定了竖向双鱼腹式拉索桁架的方案。根据此前拉索工程的经验判断，拉索桁架在高空风荷载动态作用下，平面外稳定性较差，而且容易产生共振现象。针对此问题，设计人员专门委托某高校应用某软件对一个空中花园结构单元进行了空间模拟分析，结构表明事前的判断是正确的，增加水平钢管桁架是必要的。

4．主要幕墙材料

（1）玻璃。空中生态花园部分：玻璃采用 10mm + 3.04mm PVB + 10mm 超白热弯钢化夹胶玻璃和 12mm + 3.04mmPVB + 12mm 超白热弯钢化夹胶玻璃；玻璃原片为法国进口"圣戈班"超白玻璃，胶膜为"杜邦"公司产品。

裙楼幕墙部分：在保证使用功能的前提下，为降低幕墙造价，全部采用单片钢化玻璃，其中面玻璃采用 12mm 钢化玻璃，肋玻璃采用 15mm 钢化玻璃。原片均为上海耀华皮尔金顿公司产优质浮法透明玻璃，质量符合国家标准《浮法玻璃》GB 11614 的要求。

进行玻璃的深加工和均质（引爆）处理，加工后的成品玻璃质量达到业主提出的要求，并符合国家标准《钢化玻璃》GB 9963 及《夹层玻璃》GB 9962。

（2）密封胶。采用德国原产"威凯"硅酮结构密封胶和硅酮耐候密封胶，ELASTOSIL 系列，中性、单组分。具有各项技术性能检验检测报告及批文，并符合国家标准规定的各项技术指标要求。

（3）钢材。主要用于制作钢管桁架、预埋件、防雷接地材料及连接系统等，材质用 Q235 – BF，符合国家标准《碳素结构钢》GB/T 700、《碳素结构钢和低合金结构钢冷轧薄钢板及钢带》GB/T 11253、《碳素结构钢和低合金结构钢热轧薄钢板及钢带》GB/T 912 的要求。不锈钢材质为 1Cr18Ni9，主要用于三角形桁架中的拉杆部分。钢材焊接条选用优质低氢焊条 E4303、E5011 和不锈钢焊条。

（4）驳接系统。由承建商加工基地负责批量生产，并做到品质保证；全部为精制不锈钢机加工件，材质为 1Cr18Ni9。

（5）其余小五金件。尽可能采用不锈钢件。当用碳素钢件时，均要进行热镀锌处理。

（6）拉索。采用经冷拔处理的不锈钢丝加工而成的钢绞线，成分为 1Cr18Ni9，奥氏体，规格有：ϕ10mm、ϕ12mm、ϕ14mm、ϕ16mm、ϕ18mm 等五种，符合国家标准《不锈钢丝》GB/T 4240 和《不锈钢丝绳》GB 9944，国产加工。

（7）铝板。采用德国 ALCLN 或荷兰亨特公司生产的 10mm 厚蜂巢板，表面氟碳喷涂处理，膜厚不小于 45μm。

（8）铝型材。采用广东南海兴发 LD31 级优质铝型材产品，表面进行氟碳喷涂处理（三道）。

5．幕墙的技术性能指标

根据招标书的要求，本次幕墙的设计性能应达到以下要求。

（1）风压变形性。Ⅱ级，按《建筑幕墙风压变形性能检测方法》GB/T 15227 规定的方法测定。

（2）雨水渗透性。Ⅰ级，按《建筑幕墙雨水渗漏性能检测方法》GB/T 15228 规定的方法测定。

（3）空气渗透性。Ⅰ级，按《建筑幕墙空气渗透性能检测方法》GB/T 15226 规定的方法测定。

6. 防雷、防火、防腐及清洗

三防一清洗是任何玻璃幕墙面临的重大课题，必须认真对待，妥善采取技术措施加以解决。

（1）防雷。本工程玻璃幕墙高度达 150m，属高耸建筑，防雷工作要尤为重视，应加强主体建筑避雷网的设置，增加接地点，保证接地电阻在 5Ω 以内。点支式玻璃幕墙的钢拉索支承结构也将形成自身的防雷体系，并与主体避雷网连成一体，达到良好的接地效果。

防雷接地用材料，一定要用带钢。认真除锈后，经热镀锌处理，方可使用。连接点除焊接外，还要增加螺栓连接。

建筑物的防雷设计等级达二类标准。

（2）防火。本工程是一项通信工程，而且又是高层建筑，人流密集，是消防的重点工程，防火等级为一级。

玻璃自身缺乏对火的抵抗能力，因此在幕墙的上部要加装喷淋设备，以达到火警时降低玻璃表面温度、延长耐火时限的目的。

另外，在每个空中生态花园的层间处，设置了 150mm 厚的防火岩棉，并用 1.5mm 厚镀锌钢板包覆放置，以起到防火隔断的作用。

有关防火门的设计，在施工图设计时，与主体设计单位共同采取措施，统一解决，并达到了南京市消防部门的相关规范要求，并取得认同。

（3）防腐。幕墙中大量的拉索结构、驳接件都是采用的不锈钢材料，腐蚀的问题不严重，只需要定期清洗，保持光洁的表面就可以了。

但少量钢结构（碳素钢）的锈蚀和防腐问题仍不容忽视。采取的措施是：严格把好材料关，一定要用新材料，并认真喷砂除锈，达 Sa2（1/2）级，同时刷环氧富锌底漆两遍，再喷氟碳面漆两遍。

（4）清洗。本工程属于高层建筑，幕墙高度很高，清洗工作的难度较大，可以使用清洁机器人，也可采用清洗机。

7. 幕墙支承结构

设计钢支承结构时，风荷载取风洞检验的平均最大、最小风压，考虑 50 年一遇乘以增大系数 1.1，风动力系数取 $B = 1.0$。

五、自平衡系统点支式玻璃幕墙

以前，国内尚未有建成的自平衡体系支承的点支式玻璃幕墙，但目前已交付使用的亚洲最大的广州新机场将成为世界上采用自平衡体系规模最大的工程。国外亦有一些工程实例，但规模都不大。

（一）国外工程实例

1. 法国 Rennes 市管理中心与社会中心

本工程幕墙采用张拉钢结构支承。于 1990 年建成，投入使用良好。

（1）工程概况。工程分为管理中心（2 层）和社会中心（3 层），建筑面积 6300m²。

（2）构造设计。立面采用玻璃，玻璃在室内侧，钢结构平面距玻璃 2m。

竖向支承钢结构（开孔薄壁钢梁）轴线离开玻璃面 2m，便于形成建筑物的完整立面并设置遮阳帘。遮阳帘是由主体结构伸出悬臂支承。

大厅采用单层钢化玻璃，办公室用中空钢化玻璃，所有幕墙都由屋面桁架悬挂。在建筑物正立面上，玻璃在立面划分为 12m 宽、8m 高的分区。由上面吊挂边长为 2m 的四块玻璃。玻璃通过铸造钢爪支承。

支承钢结构为：①高度为 8m 的开孔薄腹钢柱；②顶部连系梁；③三列水平放置的自平衡点支式体系。

（3）玻璃大屏幕。玻璃大屏幕也是由远离屏幕平面达 2m 的钢结构支承。不过此处自平衡体系高 12m，竖向不止。竖框（立柱）顶上有连系梁。水平方向还布置三道自平衡点支式体系。

反 V 形的拉索保持所有水平放置的自平衡点支式体系能稳定工作，也避免了水平结构的摇动和回转，保持其水平位置。支承结构通过细的撑杆支承大玻璃面板。

2．法国巴黎西特罗恩公园温室建筑

由法国 RFB 公司设计、施工，采用 1560mm × 2100mm 的钢化玻璃，玻璃厚度 12mm。采用 X 形不锈钢爪。自平衡体系支承水平布置，跨度 12.5m，钢索为不锈钢绞线。

3．英国伦敦格茨路德办公大厦

伦敦格茨路德办公大厦，其水平方向主要支承结构为平行弦桁架，弦杆为刚性钢管，腹杆为柔性交叉拉杆。当腹杆施加预应力拉紧时，预拉力由弦杆钢管受压而自平衡。

4．日本长崎海洋博物馆

玻璃幕墙采用竖向自平衡点支式幕墙体系，设计新颖，独具一格。

（二）广州机场

1．工程概况

广州机场为亚洲最大的机场，它由南北两座航站楼、中央商业中心、弧形的连接楼和 10 座登机指廊组成，可同时停靠超过 100 架客机。

机场分三期建设，首期工程包括一座航站楼、四座登机指廊的相应部分，建筑面积 30 万 m²。

首期工程由七个部分构成：主楼、东连接楼、西连接楼、东 1 指廊、东 2 指廊、西 1 指廊、西 2 指廊。围护结构采用点支式玻璃幕墙和有框幕墙，以点支式全玻璃幕墙为主。

航站主楼地上 3 层、地下 2 层，城市快速通道可以直通地下各层，方便乘客出入港。主楼最大高度为 41m。

2．幕墙设计要求

（1）工程规模。幕墙总面积约为 13 万 m²，其中点支式全玻璃幕墙面积约为 9 万 m²，有框幕墙（铝板幕墙、百叶窗、固定窗等）约为 4 万 m²。

点支式全玻璃幕墙单层最大高度为 33.7m。

（2）设计条件。

①地点：广州市花都，北纬 20°8′，东经 113°。

②气温：0 ~ 40℃。

③最热月的相对湿度平均值：83%。

④年平均降雨量：1800mm。

⑤暴雨量：200mm/h。

⑥基本风压：广州地区为 0.45kN/m²，考虑 100 年一遇的重要性系数 1.2。

⑦场地粗糙度：B 类。

⑧抗震要求：基本设防烈度 6 度；抗震措施考虑设防烈度 7 度；建筑物防震分类乙类。

（3）幕墙功能要求。

①风压变形性能：Ⅲ级。

②雨水渗漏性能：Ⅱ级。

③空气渗透性能：Ⅱ级。

④保温性能：Ⅲ级，$K = 2.0 \text{W/(m}^2 \cdot \text{K)}$。

⑤隔声性能：Ⅲ级，$R_\text{w} \geq 30 \text{dB}$。

⑥耐撞击性能：Ⅲ级，$F \geq 210 \text{N} \cdot \text{m/s}$。

⑦平面内变形性能：Ⅱ级，$\gamma \geq 1/150$。

（4）幕墙设计主导思想。幕墙体系和主体结构有显著的相互作用并向主体结构传递较大的荷载。幕墙自身的结构体系用来支撑玻璃且有较长的跨度。幕墙结构体系由垂直和水平的网状桁架组成。垂直桁架长 28m，而典型的水平桁架跨长 12m 或 9m。一般而言，业主要求用尽可能细小的幕墙结构和与主体屋盖结构简化的相互影响，以保持简洁美观的屋盖结构和通透明亮的幕墙。为达到以上两个目的，要求幕墙结构具有以下特点：

①幕墙桁架为预应力自平衡体系。预应力不应传递到主体结构上，在风荷载作用下，桁架应始终保持预应力的存在及自身平衡。

②水平桁架支撑垂直桁架，然后所有水平力通过结构由垂直桁架传递到主体结构上。所有质量悬挂在幕墙上方的桁架上，该桁架由垂直桁架支撑。因此，垂直桁架基本上只传递水平力到屋盖结构，而不会增加原屋盖的垂直荷载。

③所有幕墙结构体系应尽可能统一格局，并有相同或呼应的建筑语言。一般而言，上面描述了幕墙结构设计的总体概念，这个概念在跨度最高的主航站楼最为重要，然而这个概念并不全部适合其他建筑物。例如，由于连接主楼弯曲的几何形状，幕墙可以悬挂在屋盖结构上，相似的指廊幕墙也可以悬挂于屋盖结构上。

因此，本工程幕墙设计要点：

①总体要求采用尽可能细小的幕墙结构构件，与主体屋盖结构的连接尽量简化，以保持简单、美观的屋盖结构和通透、明亮的幕墙。

②要求主楼、连接楼、指廊的幕墙设计以大片玻璃及通透效果为主，结合适当的封闭系统，以维持其密闭性。

③在南方地区，阳光辐射是造成制冷耗能的主要因素，除采用中空或夹层 Low-E 玻璃和高透性镀银低辐射 Low-E 玻璃外，采用彩釉、印花和遮阳装置减少能量辐射进入室内是重要的节能措施。

3. 风荷载

本工程为组合体型，外形复杂，因此风荷载在建筑物各部位的分布应由风洞检验确定。

（1）检验简述。风洞检验在广东省建筑科学研究院进行，检验段长 10m，宽 3m，高 2m，最高风速 18m/s。地面粗糙度按 B 类设定，边界厚度 1.2m，风速沿高度变化指数 a 取 0.16，近地湍流度 $e = 20\%$。

模型用有机玻璃制作，比例 1/500。

（2）检验结果及分析。检验测点名称见表 2-3-60。

表 2 - 3 - 60　检验测点名称

部　位	标高（m）	测点层号名称
主楼东侧	10.0	MA
	20.0	MB
	28.0	MC
东连接楼和东1、2指廊	11.0	NA
	16.8	CD
	16.8	CU
主楼两侧	10.0	MD
	20.0	ME
	28.0	MF
西连接楼和西1、2指廊	11.0	NC
	16.8	CE
	16.8	CN
东边屋面		RA、RB、TC、TD、TE
西边屋面		RC、TF、TH、TG

①东边外墙表面的风压分布。总的来说，各风向角下，东边各部分幕墙迎风面分布为大面积正压，侧、背风面分布为负压，接近四边形体型的风压分布规律。

主航站楼的幕墙部分由于有屋面的遮盖，南、北方向正面迎风时（风向角为 -45°~ +5°及风向角 -135°~ +35°），迎风面正风压和背风面负风压都不大，最大正风压不超过 0.60，最大负风压不超过 -0.45；迎风时正压分布为中间大，端部小，这与屋面悬挑部分的宽度以及两边连廊与主航站楼形成的大凹槽兜风有关；东边正面迎风时（风向角为 75°~ 105°），由于连廊、指廊的阻挡作用，迎风面正压较小，侧、背风面分布为不大的均匀负风压，值得注意的是，主航站楼与连廊之间的通道形成的小凹槽兜风效应也明显，有 0.8 左右的较大正压出现。其他风向下，主航站楼处于背风面，分布为较小的均匀负压。附近的酒店对来流有一定的阻挡作用，对应风向角下的迎风面正压更小。

东边连廊和指廊幕墙在南、北方向迎风时，也受到大凹槽兜风的影响，迎风面有较大正压出现，最大为 0.84，出现在风向角为 120°时 CD 层的 2 点，相对的峰值风压为 1.92kPa，也是本次检验的最大正风压。个别风向角下靠来流的拐角处一些部位稍大的负压出现，如风向角为 180°时，CD 层的 7 点，负压为 -1.03kPa，相对的峰值风压为 1.69kPa。

②东边屋面外表面的风压分布。屋面外表面亦称上表面。大多数情况下屋面上表面分布为负压，符合一般屋面风压分布规律。

风向角从 -60°到 0°及 0°到 60°时，主航站楼屋面北边长度方向迎风，气流首先在迎风的边缘附近发生较剧烈的分离，有较大负压产生，等压线在此分布较密。接着气流在屋面与天窗交接的凹处附着，凹处分布有一定区域的较弱正压，凹处到南边边缘其他区域风压为小负压，等压线稀疏均匀。当气流越过顶部天窗的迎风边缘时，再次发生更强烈的分离，更大的负压在此产生，等压线分布密集且变化剧烈。风向角为0°时，边缘负压在 −1.4kPa 左右，最大达 −1.54kPa，对应的峰值风压为 3.08kPa，出现在 RA 层的 71 点，是本次检验的最大负风压。最后气流附着到南边的背风面。此区域分布为均匀的小负压，等压线亦稀疏均匀。这些风向角下，连廊为宽度方向迎风，迎风边缘有稍大的负压产生。其余为均匀小负压；指廊为长度方向迎风，迎风边缘负压较大。

风向角从 75°到 105°时，东边屋面处于尾流区域，除略有迎风的地方有稍大的负压外，大部分区域为均匀的小负压，主航站楼屋面的风压等压线分布极为稀疏均匀。风向角为 90°时，主航站楼屋面的风压仅为 −2kPa 左右。

风向角为 120°时，主航站楼屋面南边边缘及连廊、指廊的迎风边缘开始较大负压出现，一些低凹的迎风区也会有较小的正压出现，这种趋势随风向角由 120°向 180°变化时越来越明显。这些风向角下主航站楼屋面的风分布压与 0°到 60°时类似，风向角为 180°时，边缘负压也在 −1.4kPa，最大达 −1.51kPa，对应的峰值风压为 2.01kPa，出现在 RB 层的 65 点，是本次检验的最大负风压。

风向角从 −105°到 −75°时，主航站楼屋面的风压分布基本与 75°到 105°类似，不同的是，迎风的宽度方向边缘有较大负压出现，此时，连廊的长度方向迎风，迎风边缘有大负压出现。

③西边屋面下表面的风压分布。屋面下表面主要指主航站楼及连廊悬挑部分的小表面。其风压分布与幕墙部分类似，三种工况下风压分布变化很小。

④西边外墙及屋面内表面的风压分布。在门窗全关闭的情况下，各部分内表面的风压都很小且分布均匀，其值大多在 −0.25~0.25kPa 范围内，在主航站楼内偏小，指廊和连廊内略大。在第二种工况下，南边迎风时，主航站楼内压增大，其他风向内压分布变化很小。在第三种工况下，北边迎风时，主航站楼内压增大，其他风向内压分布变化很小。

⑤建筑结构及围护构件的风荷载。根据测得的风压系数平均值和建筑物的外形尺寸，采用 30 年一遇 10min 平均风速所对应的平均风压，考虑内、外表面风压的共同作用效果，可计算出建筑物各部分所受的静态风荷载。因本建筑物为薄而轻的结构，对风的动态性尤为敏感，在使用数据时应考虑风的动态性和建筑结构特性的影响，选择合适的风振系数。

根据风洞检验数据，可确定建筑物外窗的抗动态风压性能指标。给出了建筑物表面某局部的风压峰值，可直接用于外围护构件的抗风计算。

（3）检验结论。通过上述分析说明，本检验可得到下面的结论：

①分析风压系数平均值的平面分布及等压线分布能较全面地了解航站楼的气流分布情况。

②总的来说，在各风向角下，东边各部分幕墙迎风面分布为大面积正压，侧面、背风面分布为负压，接近四边形体型的风压分布规律。

因屋面悬挑部分的遮盖，主航站楼幕墙部分迎风面正压和背风压都不大，但主航站楼与连廊的通道形成的小凹槽迎风时兜风效应明显，有 0.8kPa 左右的较大正压出现。东边连廊和指廊幕墙在南、北方向迎风时，也受到大凹槽兜风的影响，迎风面有较大正压出现，最大为 0.84kPa，对应的峰值风压为 0.92kPa，也是本次检验的最大正风压。附近的酒店对来流有一定的阻挡作用，对应风向角下的迎风面正压有所减小。

③大多数情况下屋面上表面分别为负压。各弧形屋面宽度方向迎风时，屋面风压分布为微弱的正、负压，主航站楼屋面风压等压线分布极为稀疏均匀。各弧形屋面长度方向迎风时，气流在迎风和次迎风的边缘附近发生较剧烈的分离，有较大负压产生，主航站楼屋面风

压等压线在此分布密集。主航站楼屋面上气流在屋面与天窗交接的凹处附着时，凹处分布有一定区域的较弱的正压，气流越过顶部天窗的迎风边缘时，发生更强烈的分离，产生更大的负压。风向角为 0° 和 −180° 时，边缘负压在 −1.4kPa 左右，最大达 −1.54kPa，对应的峰值风压为 3.08kPa，是本次检验的最大负风压。

④屋面下表面的风压分布与幕墙部分类似，三种工况下风压分布变化很小。在门窗全关闭的情况下，各部分内表面的风压很小且分布均匀，其值大多在 −0.25 ~ 0.25kPa 范围内，在主航站楼内偏小，指廊和连廊内略大。其他工况下，主航站楼对应区域的内压有所增大，值得注意。

4. 主楼幕墙

主楼主体支柱柱距为 18m，V 形，轴线网为 9m。平面设有两道伸缩缝，相应幕墙在伸缩缝处应加以处理。

主楼幕墙向外倾斜，为保证安全，应采用夹层钢化玻璃或中空夹层钢化玻璃，夹层钢化玻璃朝下。经过多种结构布置方案反复比较，最后方案采用：竖向支承结构为钢管平行弦桁架，间距 9m；水平支承结构为自平衡体系，跨度为 9m，间距为 1.5m；玻璃分块为 1.5m × 3.0m，四点支承。竖向支承钢管桁架跨度最大为 30m，矢高 1.5m，下端铰支，上端双铰摆臂支承，桁架之间布置两道吊索。自平衡体系水平布置，间距 1.5m，跨度 9m。

5. 连接楼幕墙

连接楼连接主楼和指廊，高度不大，面对进口一侧（陆侧）采用竖放自平衡体系；面对停机坪一侧（空侧）幕墙为曲面，采用钢管拱。

在空侧顶部设置了自动排烟百叶窗。

6. 指廊幕墙

东 1、2 指廊和西 1、2 指廊最大幕墙高度为 12m，均采用竖向布置自平衡点支式体系，间距为 3m。

第四章 双层通风玻璃幕墙

第一节 概　　述

珍贵的能源是人类赖以生存和发展的基础，保护人们生存的地球环境是关系到人类生死存亡的迫切任务，因此节约能源和保护环境已成为当前人类寻求可持续良性发展的主题之一。环境保护要求节能，节能促进环境保护。近四十年来，"开放与交流、舒适与自然、环保与节能"逐渐成为新世纪国际建筑的三大原则，建筑节能、智能成为世界性潮流。作为现代建筑的象征，建筑幕墙得到了越来越广泛的应用，但是包括幕墙、门窗在内的建筑外围护结构综合能耗占建筑能耗的 75% 以上，现代广泛使用的单层玻璃幕墙虽然逐渐采用浮法镀膜玻璃、中空玻璃、断桥型材等其他节能材料，在热工性能方面比过去的门窗有所改善，但仍然存在能耗较大的问题。最近几年发展的双层通风玻璃幕墙以其科学的结构、完善的功能、先进的设计理念，充分利用太阳能、自然通风换气，降低空调能耗，减少风雨及恶劣气候的影响，营造舒适温馨的生活和工作环境，越来越受到建筑设计师和投资者的青睐。

近年来，玻璃幕墙已成为一项封修技术解决方案，越来越多的建筑设计师将这项技术应用在商务建筑上。在供暖和制冷时，传统高性能玻璃窗无法满足室内舒适度和节能的大部分要求，因此更高效的玻璃幕墙便得到了发展。这些新型玻璃幕墙的目的在于降低夏天的制冷和减少冬天的热损耗来改善节能效果，改善热舒适度和改善隔音效果，并且使日光效果达到最佳状态。

通透主动式幕墙受到了很大的关注。在幕墙的两层玻璃之间有一个自然或机械通风的气孔，为幕墙提供一个动力特性，而且还可通过改变通风方式和调整安装在通风层内遮阳装置的位置，适应室内外的荷载，满足不同使用者的需求。

作为暖通空调系统的排气口，该系统由机械通风的通透幕墙与 HVAC 系统（具有供暖、通风和空气调节的中央空调系统）相结合而形成。温度、热流量和空气流速在循环通风玻璃幕墙内受到连续的监控。

这项技术据称可以持续发展，提高室内舒适状况，减少能量损耗，但是这些问题却没有经过明确的评定、证明和量化。

由于封修组件与 HVAC 系统相互作用，因此循环通风式幕墙具有复杂的特性，且其内部热流动力现象也难以确定。

目前，不仅缺少可用于设计、分析幕墙、优化幕墙设计与 HVAC 系统的工具，甚至主动式幕墙的实验数据也十分匮乏且不完整。

第二节 双层通风玻璃幕墙

一、双层通风玻璃幕墙的定义

(一) 定义

双层通风玻璃幕墙是一种新型节能和智能玻璃幕墙，又称热通风玻璃幕墙或呼吸式玻璃幕墙。

（二）构造

不同于传统的单层玻璃幕墙。它由内、外两道玻璃幕墙组成：外幕墙一般采用明框幕墙，常开有活动窗或检修门，以便检修维护和清洁保养；外幕墙可以采用点支式玻璃幕墙，亦可采用有框玻璃幕墙。

内、外幕墙之间形成一个相对封闭的空间，空气可以通过下部的进风口道进入此空间，又从上部排风口道离开此空间。这个空间称为热通道，热量可以在此空间自由流动或循环流动。

由于双层通风玻璃幕墙从下部进风，又从上部排出，冷空气首先进入热通道，流动后又从热通道排出，神似具有呼吸作用，故又称热通道玻璃幕墙或呼吸式玻璃幕墙。

二、双层通风玻璃幕墙的特点

（一）双层通风玻璃幕墙节能特点

双层通风玻璃幕墙是一种新型节能幕墙，是幕墙技术的新发展。它不同于传统的单层玻璃幕墙。它的基本特征是双层通风玻璃幕墙内的空气流动和交换，这种双层通风玻璃幕墙对提高幕墙的保温、隔热、隔声功能起到很大的作用。

在这一通道内空气处于流动状态，热空气可以在这一通道流动，经出风口排出，减少太阳辐射热，节约能源。双层玻璃及中间空气层能阻隔室外噪声、过滤阳光避免直接照射，无眩光困扰，实现自然光照明，增加室内舒适感；冬季将进、出风口封闭可起到保温作用。

随着人们对于能源的需求与节约的认识逐渐加强，建设节约型社会的要求逐渐高涨，节约创造价值概念的形成，作为新型幕墙的双层通风玻璃幕墙由于巨大的节能潜力而必将在我国得到广泛的应用。

（二）双层通风玻璃幕墙其他优、缺点

1. 优点

（1）智能性控制。双层通风玻璃幕墙可随着使用者对室内环境的不同要求，如温度、光线、新鲜空气等都可以随意进行调整，真正体现人性化的设计理念。

（2）降低幕墙内表面温度与室内计算温度之间的温差，创建适宜的室内热环境，提高室内工作环境的舒适度。如果玻璃内表面温度与室内温差较大，即使室内温度达到规定的标准值，冬季玻璃内表面温度偏低，人们仍感觉寒冷，夏季玻璃内表面温度偏高，人们仍感觉炎热。双层通风玻璃幕墙通过热通道内空气的流动，可以将玻璃内表面温度与室内温度之间的温差控制在很小的范围内，一般不超过6℃。

（3）无论多么恶劣的自然环境，都可以实现自然通风，保持室内空气新鲜。

（4）双层通风玻璃幕墙最大的优势就是节约能源，它比单层玻璃幕墙采暖节能40%～50%，制冷节能40%～60%。

（5）提高隔声性能。特别是城市中心日益增高的交通噪声，普通玻璃幕墙采取多种有效措施，隔声性能最多只能达到30dB左右，达到国标3级，而双层通风玻璃幕墙很容易达到38～40dB以上，超过国标1级。

2. 缺点

（1）技术较复杂。由于是双层体系，涉及结构、材料、密封，热工、遮阳、机械、控

制等多种学科，构造复杂，技术含量高，施工难度大。

（2）造价较高。由于是双层通风玻璃幕墙体系，比传统幕墙增加一层幕墙体系，并增加遮阳体系、排风体系等，因此成本较高。

（3）损失居住面积。由于建筑面积以外墙皮进行计算，建筑面积要损失 2.5% ~3.5%。

（三）双层通风玻璃幕墙技术经济效益

1. 经济效益

采用双层通风玻璃幕墙的直接经济效益是节能。据有关测试资料介绍，与传统的单层玻璃幕墙相比，其能耗在采暖时节省 40% ~50%，在制冷时节省 40% ~60%。因此双层通风玻璃幕墙是一种新型节能幕墙。

2. 技术功能

由于采用了双层通风玻璃幕墙，它的技术功能是多方面的，主要表现在遮阳及保温、隔热。其隔声的效果也十分显著，因此大大改善了室内的学习、工作和居住环境条件。

三、双层通风玻璃幕墙的分类

（一）按开口位置分类

根据双层通风玻璃幕墙开口位置在室内或室外的不同，可以分为开敞式外循环双层通风玻璃幕墙和封闭式内循环双层通风玻璃幕墙两种。

1. 封闭式内循环双层通风玻璃幕墙

封闭式内循环双层通风玻璃幕墙是从热通道内侧下方从室内吸入空气，在热通道内上升至顶部排风口，从吊顶内的风管排出，这一循环在室内进行，外幕墙完全封闭。如图2-4-1（a）所示。

由于进风是室内空气，所以热通道的温度基本上与室内相同，这样就大大减少了取暖或制冷的电力消耗，节约了能源。这种形式的通风玻璃幕墙多用于北方地区以取暖为主的建筑物中。

2. 开敞式外循环双层通风玻璃幕墙

与封闭式内通风玻璃幕墙相反，开敞式外循环双层通风玻璃幕墙的内层玻璃幕墙是封闭的，采用中空玻璃；外层幕墙采用单层玻璃，下部设有进风口和上部设有排风口，利用室外来的新风和向室外排气，室外空气从底部进气口进入热通道，经过热通道带走夏季太阳辐射产生的热量，从上部排风口排出，减少太阳辐射热的影响，节约能源；冬季关闭上、下风口，形成封闭温室，在太阳辐射下温度升高达到保温节能效果。如图2-4-1（b）所示。

其特点是它无须专用机械设备，完全靠自然通风，维护和运行费用低；内、外幕墙之间热通道宽常为 300 ~600mm；为提高节能效果，通道内应设电动百叶或电动卷帘。

（二）按幕墙结构分类

双层通风玻璃幕墙由于是双层体系，在目前幕墙结构形式多样化的今天，两层幕墙可以根据建筑效果的需要形成多种组合，为了最大限度地突出通风玻璃幕墙的通风、节能、智能、环保的特点，一般采用以下几种方式：

1. 箱体式

内、外层结构一体式，即内、外层幕墙做成一体或一个单元。构成通风层的内、外两层幕墙共用一根竖骨料，外层可做成明框、隐框、点支等形式，内层则做成可开启窗或固定

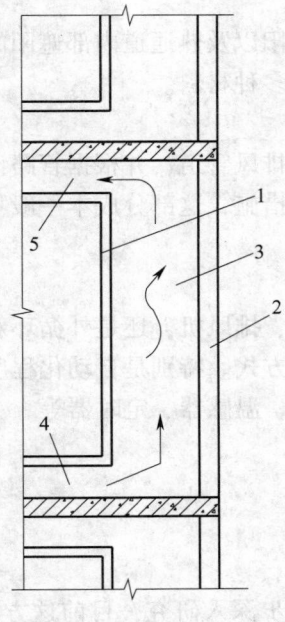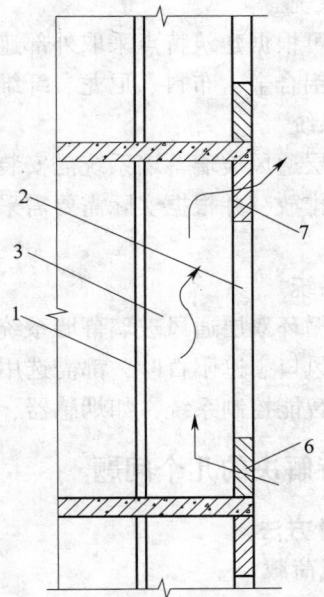

（a）封闭式内通风玻璃幕墙　　　　　（b）开敞式外通风玻璃幕墙

图 2 - 4 - 1　双层通风玻璃幕墙

1—内幕墙；2—外幕墙；3—热通道；4—进风道；

5—排风道；6—进风口；7—排风口

窗。将两层幕墙一体地做成单元式，犹如一个个玻璃箱子，因此称为"箱体式"。

2. 分体式

内、外层结构分体式，即内、外两层幕墙各成体系，为形成通气层通过其他方式进行隔断。由于此种形式的两层幕墙分别独立，外层结构可选用明框、隐框或点式玻璃幕墙结构，而内层结构可选用各种幕墙形式或推拉窗、平开窗等形式。

四、双层通风玻璃幕墙的选用

（一）气候条件

选用双层通风玻璃幕墙首先应考虑建筑物所在地的气候条件。由于外循环双层通风玻璃幕墙是靠太阳的辐射热引起的烟囱效应和温室效应才能起到节能的作用，并且热通道内之风直接与室外大气相同，所以空气污染严重、风沙较大、阴雨天气较多的地区不适合选用外循环双层通风玻璃幕墙。

（二）周围环境

选用双层通风玻璃幕墙构造体系应考虑建筑物的外形特征以及周围环境。由于箱体式双层通风玻璃幕墙在工厂进行全部组装，到施工现场只是简单的吊装，现场占地面积小，安装速度快，特别适合于造型简单、形式统一的高层建筑及超高层建筑。

（三）配套系统

选用双层通风玻璃幕墙构造体系应着重考虑辅助配套系统。双层通风玻璃幕墙的具体结构可根据建筑的特点进行多种变化。

1．遮阳系统

遮阳系统可根据建筑特点采取外部遮阳、室内遮阳以及热通道内部遮阳的方式。遮阳材质也可以选用铝合金、布料、尼龙、纤维、膜结构等多种材料。

2．排风系统

内循环双层通风玻璃幕墙系统需安装抽风装置和排风管道，并根据管路设计方案采用集中排放或分散排放，并根据实际需要需采取管道保温措施，这部分成本一般不包括在幕墙造价范围之内。

3．控制系统

不论是内循环双层通风玻璃幕墙系统的遮阳百叶、排风机，还是外循环双层通风玻璃幕墙系统的进出风口、遮阳百叶，都需选用合适的控制方式。特别是自动化程度较高的楼宇还应选择相应的智能控制系统，如烟感器、风雨感应器、温感器、定时器等。

五、有待解决的几个问题

（一）设计方法

1．幕墙风荷载

双层通风玻璃幕墙设计采用的风荷载有待于进一步深入研究，目前这方面的资料不多，显然外玻璃幕墙的风荷载应当与普通玻璃幕墙相近，可以按普通玻璃幕墙取值。但内玻璃幕墙如何取值，尚未见可靠的依据资料。

内玻璃幕墙在使用状态下的风荷载很小，如果仅考虑室内相对静止空气压力，取风压系数约为 0.2，远远小于外幕墙的 1.5～2.0。但考虑到施工过程中玻璃幕墙未封闭，内玻璃幕墙承受的风压值可能较大，所以建议风荷载可取外玻璃幕墙的 50% 为宜。

2．热通道热工计算

这个问题直接影响到所设计的双层通风玻璃幕墙是否有效地减低能耗，目前尚未见到系统的设计方法和工程资料，有待进一步地深入研究有关参数和工程实践。

（二）工程造价

双层通风玻璃幕墙由两道一般玻璃幕墙组成，还要加上检查、清洗通道、进风口和排风口设施，如果采用内循环系统，还要附加机械通风设备、风道等费用，造价远高于普通玻璃幕墙，业主必然会考虑增加的投资能否由节省的电费中回收，以及回收周期的问题。依据目前国内的条件来看，作为出租和出售的房地产投资项目采用双层通风玻璃幕墙的工程不会很多，而政府投资项目或自用公共建筑工程的项目中均有可能采用。从建筑节能政策方面考虑，以后极有可能要大力推广应用这些新型节能、智能玻璃幕墙。

（三）占用建筑面积问题

由于建筑面积是从外墙皮起计算的，双层通风玻璃幕墙将会增加建筑面积 2.5%～5%。如果建筑物是开发项目，必定增加投资成本而转化为租金或售价的提高，最终由用户来承受，而租户或购房者未必会因长远的节省电费而承受眼前相对高的费用，开发商从销售受影响的角度不一定会接受双层通风玻璃幕墙。

因此欧洲等国在 20 世纪 90 年代期间是双层通风玻璃幕墙建造最多的时期，现在有一些工程改为部分采用双层通风玻璃幕墙而其余部分采用普通玻璃幕墙，有一些工程则采用其他的节能方法。如 1999 年建成的德国法兰克福美茵塔楼（55 层，200m），原设计方案采用双层通风玻璃幕墙，后经方案比较，转而采用带有水平推窗的单层玻璃幕墙加内通风管排风的方案。

六、双层通风玻璃幕墙材料

双层通风玻璃幕墙系统主要组成材料建议选用原则如下：

（一）中空玻璃的选用

双层通风玻璃常用中空玻璃见表2－4－1。

表2－4－1 常用中空玻璃

玻璃品种	基片颜色	反射颜色	用途	可见光（%）			太阳能（%）	
				投射比	反射比		投射比	反射比
					室外	室内		
CEB14－50S＋12A＋6C	透明	无色	遮阳型	46	18	11	30	26
CEB14－60S＋12A＋7C	透明	无色	遮阳型	55	15	11	35	23
6CED12S＋12A＋6C	透明	无色	遮阳型	63	11	12	35	30
6CED13S＋12A＋7C	透明	无色	遮阳型	53	16	13	29	34

玻璃品种	U值 [W/（m²·K）]				遮阳系数	相对增热（W/m²）	备注
	冬季夜间		冬季白天				
	空气	氩气	空气	氩气			
CEB14－50S＋12A＋6C	1.81	1.51	1.95	1.61	0.41	275	单银Low－E中空玻璃
CEB14－60S＋12A＋7C	1.80	1.50	1.93	1.59	0.47	315	
6CED12S＋12A＋6C	1.69	1.37	1.75	1.38	0.46	303	双银Low－E中空玻璃
6CED13S＋12A＋7C	1.69	1.37	1.75	1.38	0.38	253	

上表为深圳南玻公司提供的玻璃产品，从表2－4－1中可以看出，不同的Low－E中空玻璃性能也不同，特别是在中空层中充填惰性气体，不仅可以降低中空玻璃的U值，提高中空玻璃的隔热保温性能，节约能源，还可以提高中空玻璃的隔声性能，玻璃幕墙采用中空玻璃一般可降低噪音30dB左右。如果在中空玻璃之间充入惰性气体，还可在原有基础上再降低5dB左右。双银Low－E中空玻璃比单银Low－E中空玻璃具有更低的表面发射率，具有更优越的隔热保温性能，相对单银Low－E中空玻璃而言，可进一步降低15%～20%的能耗，在遮阳系数相同的情况下，可见光的透过率比单银Low－E中空玻璃提高10%。双银Low－E中空玻璃突出玻璃对太阳热辐射的遮蔽效果，将玻璃的高透光性和太阳辐射热的低透过性巧妙地结合在一起。

（二）铝合金遮阳百叶的选用

1. 铝合金遮阳百叶的性能参数

不同颜色电动遮阳百叶的热工性能见表2－4－2。

表 2 – 4 – 2　不同颜色电动遮阳百叶的热工性能

百叶颜色	太阳能 波长：300 ~ 2500nm		太阳光 波长：360 ~ 780nm	
	反射比	吸收比	反射比	吸收比
斯巴达褐色	0.079	0.922	0.078	0.923
浓咖啡色	0.092	0.908	0.075	0.926
罗宾汉实木色	0.156	0.844	0.074	0.926
磨光青铜色	0.235	0.765	0.231	0.769
深蓝色	0.266	0.734	0.077	0.923
花瓶蓝	0.280	0.721	0.110	0.890
铁锈色	0.293	0.707	0.111	0.889
斗牛士红	0.334	0.666	0.084	0.916
高卓色	0.347	0.653	0.337	0.663
军蓝色	0.383	0.617	0.264	0.736
玛瑙灰	0.394	0.606	0.447	0.553
女士蓝	0.405	0.595	0.213	0.787
银灰色	0.486	0.514	0.488	0.512
油灰色	0.503	0.497	0.551	0.449
浅灰色	0.528	0.472	0.593	0.407
金色	0.542	0.458	0.482	0.518
法国丝绸色	0.552	0.448	0.566	0.434
珍珠白	0.659	0.341	0.725	0.275
乳白色	0.755	0.245	0.823	0.178
交通白	0.762	0.238	0.858	0.142
纯白色	0.762	0.238	0.863	0.137

2．不同开启角度的太阳能透过率

铝合金遮阳活动百叶不同开启角度的太阳能透过率见表 2 – 4 – 3。

表 2 – 4 – 3　活动百叶太阳能透射率

颜色	照射	水平倾斜角	太阳能透射率
纯白	正常	45°	0.417
		64° 临界角	0.167
		72° 关闭	0.111

续表 2 - 4 - 3

颜色	照射	水平倾斜角	太阳能透射率
银灰	正常	45°	0.389
		64° 临界角	0.139
		72° 关闭	0.111
斯巴达褐色	正常	45°	0.361
		64° 临界角	0.139
		72° 关闭	0.139

3．选择铝合金百叶的几点建议

（1）铝合金百叶颜色：选择铝合金百叶应主要考虑建筑效果的需要，在满足建筑效果的前提下，考虑双层通风玻璃幕墙的热工性能。对双层通风玻璃幕墙热工性能影响最大的是铝合金百叶的颜色，一般来讲，颜色较深的百叶对双层通风玻璃幕墙的热工性能有不利影响。最常用的百叶颜色为银灰色和白色。白色比银灰色更节约能耗，白色百叶颜色较银灰色浅，吸附灰尘后看上去比较明显。

（2）铝合金百叶规格选择：铝合金百叶宽度主要是根据双层通风玻璃幕墙热通道的宽度和视觉的需要，宽度系列一般有 16、25、35、50、60、80、89、100、120mm，最常用的一般有 35、50、80mm。

第三节　封闭式内循环双层通风玻璃幕墙

一、封闭式内循环双层通风玻璃幕墙构造

(一) 幕墙构造

如图 2 - 4 - 1 （a）所示，封闭式内循环双层通风玻璃幕墙的外幕墙是密闭的，常采用中空玻璃以减少外界温度变化对室内的影响。如果采用明框玻璃幕墙，应采用一种新型的隔热铝型材。

内幕墙通常为单层玻璃有框玻璃幕墙或单层玻璃门、窗。开门、窗是为了便于清洗、检修和保养外幕墙。

内、外幕墙的热通道宽度常为 150～300mm。但也有一些工程为了清洗、检修和保养方便，其宽度达 500～600mm，这是考虑到要有一定的工作面，使工人可在其内行走、操作。

为了提高节能效果，可以在通道内设置电动百叶窗或电动卷帘，以便在夏季起遮阳的作用，减少太阳辐射热产生的通道温升，提高制冷效果。

最佳的措施是选择外侧为热反射玻璃的中空玻璃作为幕墙玻璃，这样可以使极大的太阳辐射热进行反射，不断进入热通道，便于控制热通道的温度。

（二）工程应用

英国伦敦劳氏大厦 1979 年设计，1986 年建成，由理查德·罗杰斯事务所设计。其外侧是中空玻璃幕墙，内侧为单层玻璃幕墙，在两个幕墙之间有一个 75mm 宽的热通道，幕墙为单元式，通道有一层高，通道之间互不连通，被处理过的空气通过设在架空地板内的风道进入热通道，再从另一端排走，这样可以带走通道内 50% 的热量，通道内的空气又是循环的，可以对循环空气温度进行调控，调节内侧玻璃幕墙外表面的温度。

二、封闭式内循环双层通风玻璃幕墙优点

（一）主要优点

（1）利用建筑的正常排风在热通道内形成缓冲，降低玻璃幕墙的传热系数，在夏季降低遮阳系数，最小可达到 0.2 左右，大幅度减少室外太阳热辐射传入室内；冬季可以降低玻璃幕墙的 U 值，最小达到 0.8 左右，降低室内热量向室外传递，从而节约空调能耗。

（2）采用智能性遮阳百叶，充分利用太阳能，并减少其不利影响。可根据室内人们工作、生活的需要，随时控制室内光线的强弱和进入室内热量的多少，并可和感应装置连接，实现智能控制。

（3）与外循环双层玻璃幕墙相比，内循环玻璃幕墙的维护清洁比较容易。外层玻璃幕墙是一层密封体系，仅在内层玻璃幕墙上开设检测口，维护清洁比较容易。

（4）内循环双层玻璃幕墙可以根据实际需要进行全年全天候工作，不受室外环境的限制，特别是在空气污染的地区和刮风下雨气候条件恶劣时，并不影响室内环境的舒适度。

（二）几个关键技术

（1）保证内循环通风的形成。双层内循环幕墙只有在热通道内的空气真正地流动起来，才能实现所有的功能，达到设计的物理性能。一般将内、外两层玻璃幕墙设计成密封体系，在内层玻璃下部设置进风口，在上部设置排风口，将室内的空气通过进风口、热通道、排风口，再经过顶棚内的排气管道与安装在每层的抽风机相连。室内新风由中央空调系统提供，这样就形成空气的循环管路。

（2）选择热通道内空气流动的速度。风速不仅决定了排风机的型号，决定了双层内循环玻璃幕墙的工作状况，还应和中央空调系统送风量相匹配。选择玻璃内表面与室内空气间的允许温差应根据房间的功能、要求达到的舒适性以及双层内循环幕墙的工作工况来确定。

（3）降低玻璃幕墙骨架的"冷桥"传热量。铝合金型材传热系数很高，约180W/（m^2·K）。即使将玻璃的传热系数降低到2W/（m^2·K）以下，在玻璃幕墙的龙骨连接处仍将形成热量的传递通道，增加能量的损耗。应根据幕墙的结构，对铝合金骨架采取隔热措施以隔断热量的传递。隔热方式常用三种方式：①拉栓断热式；②穿条断热式；③注胶断热式。三种方式都可将铝合金型材的传热系数降低到 3.5 W/（m^2·K）以下。

（4）提高外层玻璃幕墙的密封性能，不仅可以降低室内外热量的传递，更有利于热通道内空气循环的形成。

（5）降低铝合金遮阳百叶的发射率，提高反射率。根据建筑设计的需要选择合适的铝合金遮阳百叶可有效降低太阳能向室内的辐射，从而节约能量。

（6）选择铝合金遮阳百叶的控制方式，铝合金遮阳百叶有多种控制方式。有手动、电动、智能控制、单幅控制、多幅控制、整面幕墙控制和整幢建筑控制等，可根据实际需要选

用铝合金遮阳百叶的控制方式。

（7）选择合适的夏季遮阳系数 S_e 值和冬季传热数 U 值。其实双层内循环幕墙要实现节能、达到室内舒适性的要求都是一个整体的配套设计，只有选择合理的整体设计，才可以达到总体要求。

三、封闭式内循环双层通风玻璃幕墙热工性能实例

（一）热工性能测试实例

某工程封闭式内循环双层通风玻璃幕墙热工测试结果如下：

（1）热通道宽度为 200mm 时，内层玻璃内表面与室内空气温差与热通道内空气流速关系见表 2-4-4。

表 2-4-4　风速与温差

风速（m/s）	0.01	0.03	0.04	0.05	0.06	0.08	0.1
温差（℃）	9.1	8.3	7.97	7.68	7.42	6.96	6.57

（2）热通道宽度为 200mm 时，综合传热系数 U 值与热通道内空气流速关系见表 2-4-5。

表 2-4-5　风速与 U 值

风速（m/s）	0.01	0.03	0.04	0.05	0.06	0.08	0.1
U 值	1.02	0.857	0.799	0.751	0.709	0.64	0.586

（3）热通道宽度为 200mm 时，综合遮阳系数 S_e 值与热通道内空气流速关系见表 2-4-6。

表 2-4-6　风速与 S_e 值

风速（m/s）	0.01	0.03	0.04	0.05	0.06	0.08	0.1
S_e	0.184	0.174	0.17	0.166	0.163	0.157	0.152

（4）热通道宽度为 200mm 时，通过单位面积幕墙进入室内热量与热通道内空气流速关系见表 2-4-7。

表 2-4-7　风速与 Q 值

风速（m/s）	0.01	0.03	0.04	0.05	0.06	0.08	0.1
Q（W/m²）	13.68	12.75	12.38	12.05	11.75	11.24	10.81

（5）热通道空气流速为 0.05m/s 时，内层玻璃内表面与室内空气温差与热通道宽度关系见表 2-4-8。

表 2-4-8　热通道宽度与温度

热通道宽度（mm）	150	200	250
温差（℃）	6.1	7.68	7.35

（6）热通道空气流速为 0.05m/s 时，综合传热系数 U 值与热通道宽度关系见表 2 - 4 - 9。

表 2 - 4 - 9　热通道宽度与 U 值

热通道宽度（mm）	150	200	250
U 值	0.81	0.751	0.699

（7）热通道空气流速为 0.05m/s 时，综合遮阳系数 S_e 与热通道宽度关系见表 2 - 4 - 10。

表 2 - 4 - 10　热通道宽度与 S_e 值

热通道宽度（mm）	150	200	250
综合遮阳系数 S_e	0.171	0.166	0.161

（8）热通道空气流速为 0.05m/s 时，通过单位面积幕墙进入室内热量与热通道宽度关系见表 2 - 4 - 11。

表 2 - 4 - 11　热通道宽度与 Q 值

热通道宽度（mm）	150	200	250
Q（W/m²）	12.47	12.05	11.68

（二）排风量计算

根据经验，封闭式内循环双层通风玻璃幕墙热通道内空气流速一般控制在 0.01 ~ 0.05m/s 之间，主要是根据室内环境舒适度的要求、建筑中央空调系统设备配置以及暖通设计的情况来确定。

中央空调系统不仅为室内提供能量，还为室内输送新鲜空气和排出不新鲜空气，中央空调系统为室内输送新鲜空气量约占整个通风量的 15%，封闭式内循环双层通风玻璃幕墙热通道排出的空气正是中央空调系统需排出的空气。为了维持房间的正压，封闭式内循环双层通风玻璃幕墙热通道排出的空气量应保持在中央空调系统需排出的空气量的 80% 才合适。

第四节　开敞式外循环双层通风玻璃幕墙

一、开敞式外循环双层通风玻璃幕墙构造

（一）幕墙构造

开敞式外循环双层通风玻璃幕墙构造如图 2 - 4 - 2 所示。

开敞式外循环双层通风玻璃幕墙和"封闭式内通风体系"的热通道幕墙恰恰相反，其外层是由单片玻璃及非绝（隔）热杆件组成的敞开结构，内层由绝热杆件和中空玻璃组成。两层玻璃幕墙之间的热通道一般装有可自动调控的百叶窗帘或垂帘。在热通道的上、下两端有排风和进风装置。其原理如图 2 - 4 - 2 所示（该图为德国法兰克福某大厦的幕墙设计）。由图2 - 4 - 2可见，冬天，内、外两层玻璃幕墙中间的热通道由于阳光的照射，温度升高，

像一个温室，这样等于提高了内侧幕墙外表面的温度，减少了建筑物采暖的运行费用；夏天，内、外两层玻璃幕墙中间热通道的温度很高，这时可打开热通道上、下两端的排气、进风口装置，在热通道内由于热烟囱效应产生自下而上的气流。从下进气口进入的气流，通过热通道从上出气口排出，这种自下而上的气流运动带走了通道内的热量，这样可以降低内侧幕墙的外表面温度，减少空调制冷负荷，节约了能源，降低了能耗。通过对通道上、下两端排气、进气装置的调控，在通道内形成负压，利用内侧幕墙两边的压差和开启扇，可以在建筑物内形成气流。目前，利用热通道幕墙进行自然通风的有两种形式：一种是建筑物全部自然通风，都是热通道幕墙承担；另一种是建筑物的部分自然通风，由热通道玻璃幕墙承担。

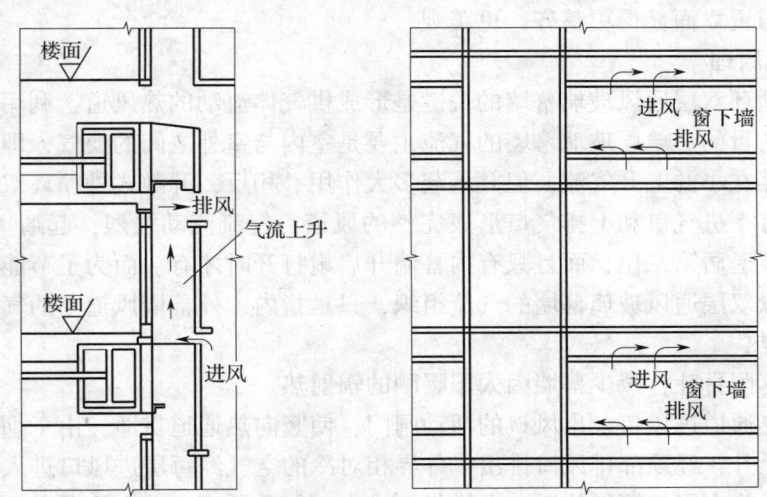

图 2 - 4 - 2 开敞式外循环双层通风玻璃幕墙（法兰克福某商业大厦）

"开敞式外通风体系"热通道玻璃幕墙除具有"封闭式内通风体系"热通道玻璃幕墙在遮阳、隔音等方面的优点之外，在舒适、节能等方面更为突出，提供了高层和超高层建筑物自然通风的可能，从而最大限度地满足使用者在生理和心理方面的需求。通过与暖通系统连接，以及对强制性空气循环系统的省略，减少了能耗，降低了运行费用。由于以上这些优点，使其成为当今世界上所采用的最先进的幕墙体系之一，现代的"节能和智能玻璃幕墙"大多采用这种体系。

（二）气流组织方式

开敞式外循环双层通风玻璃幕墙的风口是可以开启和关闭的。夏天可以打开风口，产生强烈的进风和排风，形成通风玻璃幕墙带走太阳辐射热，降低内玻璃幕墙外表面温度，从而减少能耗循环；冬天可以关闭风口，形成"温室效应"，降低取暖能耗。

1. 气流组织方式一

这种方式其水平方向以一个幕墙柱间为单元，在竖直方向以每一层为一单元，每个单元单独组织通风，从楼板面进风，直上顶棚下出风口排风，直上直下，气流简捷明快。但直上直出的直流风，气流过于强烈。

2. 气流组织方式二

这种方式还是以一个幕墙柱间为一个单元，一个柱间负责进风，每层一个单元，层与层之间不通；另一柱间则全高打通，成为排气竖井，排风并不直接排出室外，而是排向竖井。

3. 气流组织方式三

为避免直上直出的直接式排风，采取各层间隔错开布置进风口和排风口，使气流向临近的排风口排出，形成交错的气流。

4. 气流组织方式四

这种方式是打破一层一个通风单元的布置方式，从各层进风口进来的进风，全部汇集至顶层顶部总排风口排出，借助于风道的巨大压差可以形成强烈的通风气流。

5. 气流组织方式五

有时，可以从底层下部总进风口进风，再在顶层顶部总排风口排出，各层不再设单独的进风口，这样布置立面显得更整齐、更美观。

（三）节能原理

开敞式外循环双层通风玻璃幕墙的关键是形成供气体流动的热风道，利用通风、气体流动来达到节能的目的。单层玻璃幕墙的气流主要是室内与室外之间的换气，即使在有百叶窗时，百叶后面存在小的上升气流，但并不起多大作用。相反，开敞式外循环双层玻璃幕墙大部分封闭，只有下进气口和上排气口形成完整的风道，气流流动强烈，起通风作用。这时，室内外气体交换退居第二位，而且只有内幕墙开启扇打开时才有。而为了节能，内幕墙通常是封闭的，所以双层通风玻璃幕墙的气流组织，只是指内、外幕墙风道中的气流组织。

1. 夏季隔热

（1）放下遮阳百叶，减少幕墙因太阳曝晒的辐射热。

（2）打开热通道进风口、出风口的活动闸门，使竖向热通道贯通，由于烟囱效应，热通道内热的空气上升，经顶部排风口排出，外界相对冷的空气经每层进风口进入热通道，并汇聚到热通道，吸收太阳的辐射热后，由排气口排出。如此循环，带走热通道内的热量，降低内侧幕墙表面温度。

2. 冬季保温

（1）收拢遮阳百叶，利用阳光照射，使双层通风玻璃幕墙间空气增热。

（2）关闭热通道的进风口、排风口的活动闸门，由于没有空气流动，热通道内空气吸收太阳辐射热后，热空气聚积在热通道内，温室效应起作用，双层通风玻璃幕墙内侧表面温度得以提高，因而达到保温节能的效果。

3. 春秋季节通风

（1）打开外层幕墙的进风口、排风口的活动百叶，空气在幕墙中间整体流通。

（2）打开内侧幕墙的开启扇，由于正负风场的作用，就可直接获得"穿堂风"。

二、开敞式外循环双层通风玻璃幕墙通风道设计

开敞式外循环双层通风玻璃幕墙按通风方式可分为三类：整面式、通道式、箱式。

（一）整面式外循环通风玻璃幕墙

如图2-4-3所示，空气在幕墙中间整体流通。

1. 优点

主要优点是热量传送损失少，外部隔音效果好，而且安装简便，不影响外观效果。

2. 缺点

主要缺点是声音会在各层之间反射，下一楼层所换出的空气可能进入上一楼层。夏季高

层炎热, 不能开窗进行通风, 失火时烟火会在中间弥漫, 防火问题很难解决, 因而应用并不广泛。

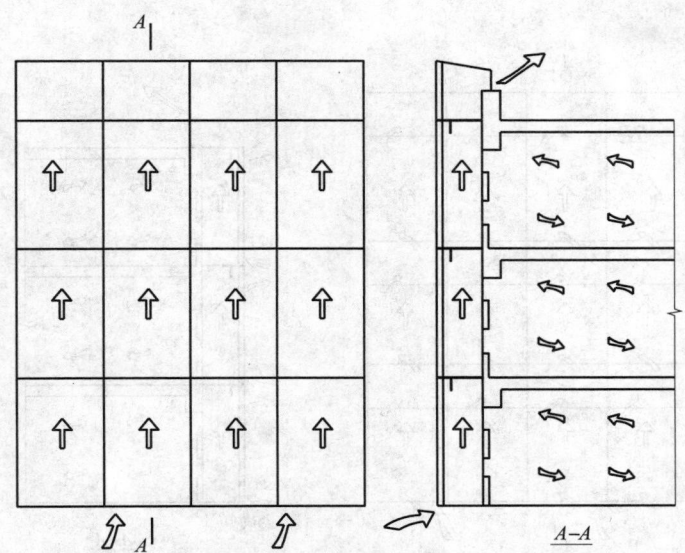

图 2 – 4 – 3 整面式外循环通风玻璃幕墙通风原理简图

(二) 通道式外循环通风玻璃幕墙

如图 2 – 4 – 4 所示, 窗户和通风道相互交错, 窗户的进气口向外, 出气口在两侧后普通通道通风, 从而实现窗户的通风。

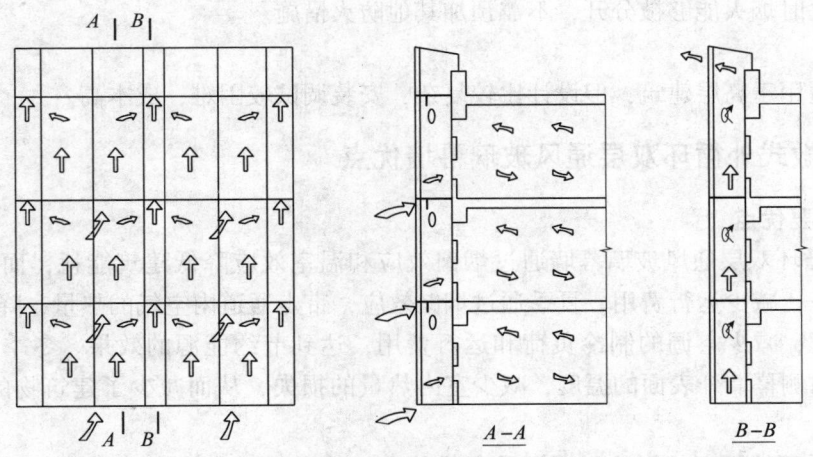

图 2 – 4 – 4 通道式外循环通风玻璃幕墙通风原理简图

1. 优点

优点是热量传送损失少, 不影响外观效果, 外部隔音效果好。

2. 缺点

通风道、通风口需根据实际情况设计及试验, 设计不当易产生夏季过热、冬季过冷现象。起火时, 烟火会顺着通道弥漫到各个楼层, 因此必须预加排烟、防火措施。

（三）箱式外循环通风玻璃幕墙

如图 2 - 4 - 5 所示，各层均有通风装置，每个层间都有水平隔板，每个窗户都有竖直隔板。

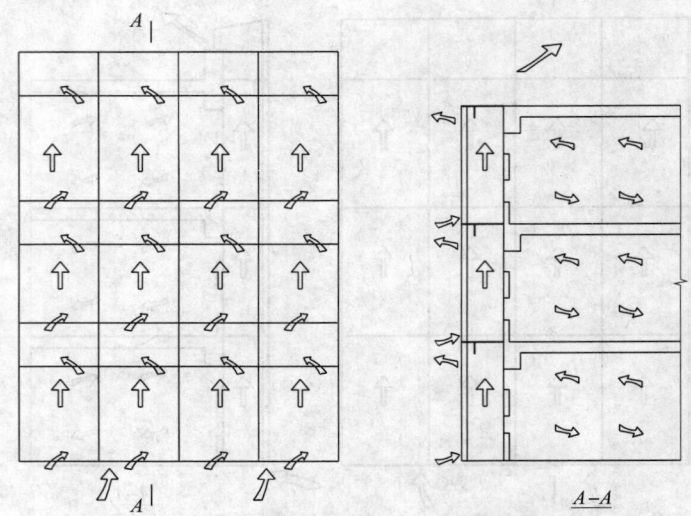

图 2 - 4 - 5　箱式外循环通风玻璃幕墙通风原理简图

1. 优点

（1）能够减少热量损失，不影响外观，隔音效果好，不存在声音在各层间反射的问题。

（2）进、出风口可上下或交错排列，下层上来的过滤物相对减少。由于有水平、垂直隔断板，起火时烟火能够被分开，不需预加其他防火措施。

2. 缺点

一般可适用于高层建筑，但设计比较复杂，安装调试较困难，成本高。

三、开敞式外循环双层通风玻璃幕墙优点

（一）主要优点

（1）外循环双层通风玻璃幕墙通过烟囱效应和温室效应降低建筑能耗，而不需要其他辅助机械设备，减少运行费用。夏季通过烟囱效应，带走通道内空气的热量，降低内侧幕墙的内表面温度，减少空调的制冷负荷和运行费用，达到节约能源的效果。冬季通过温室效应，提高了内侧幕墙外表面的温度，减少室内热量的损失，从而减少了建筑物的采暖费用，节省了能源。

（2）不受环境因素的影响。根据需要改善室内空气质量：通过调整进出风口的开启角度，开启内层幕墙上的开启扇，引入新鲜空气，改善空气质量。

（3）通过在进风口设置防虫网和空气过滤网，可以清洁室外空气，保证室内空气不受室外大气污染的影响。

（4）通过调节热通道内的铝合金百叶的高度和角度，改善室内光环境和热环境。

（5）外循环双层通风玻璃幕墙相对于内循环双层通风玻璃幕墙，热通道的维护、清洁比较麻烦，较适合于空气质量较好的地区。

（二）几个关键设计技术

1. 热通道参数设计

（1）进、出风口面积比应控制在一定比例之间，以利于控制进、出口空气流动速度，降低噪声。

（2）满足幕墙内层玻璃内表面温度与室内空气温差变化的要求，提高室内环境的舒适度。

（3）综合考虑室内外空间建筑设计的需要，选择合理的幕墙体系。

（4）计算进、出风口风压、空气流速的大小，以控制噪声和空气流动的阻力。

（5）考虑维修、检查的需要，"热通道"宽度最好有能满足一个正常人进入的空间。

2. 防尘与清洗设计

结构的防尘是相对防尘，特别是我国北方大部分地区春秋季节风沙天气较多，尤其可吸入颗粒物和昆虫非常严重，因此在进行外循环玻璃幕墙结构设计时应充分考虑防尘与清洗形式以适合我国的实际情况，在进、出风口采用电动调节百叶装置，以控制进、出风口风速的大小，并且在通风装置中设置空气过滤装置，根据不同地理环境和室外空气污染程度的不同，以及对空气过滤功能要求的不同，可以选择具有清除空气异味的活性炭、防尘空气过滤棉，玻璃纤维过滤板等过滤材料，都必须从结构上考虑从室内对过滤网的拆换和清洗的需要。

3. 遮阳设计

开敞式双层外循环玻璃幕墙必须考虑设计安装遮阳装置，在夏季以降低太阳辐射热进入室内，节约空调能耗。由于遮阳百叶材质和颜色的不同，遮阳百叶的遮阳效果也不同，常选择发射率较低、反射率较高的遮阳百叶。

4. 控制系统

外循环双层通风玻璃幕墙的控制系统主要由于进出风口的开启、关闭，遮阳系统的调整，以及热通道内铝合金遮阳百叶的升降和角度的调整，可以采取电动或手动操作，也可采取单动或联动控制系统。智能化的楼宇控制系统也可采用高智能的感光控制系统，全面实现全自动控制。

四、开敞式外循环双层通风玻璃幕墙热工性能实例

某工程开敞式外循环双层通风玻璃幕墙热工测试结果如下：

（1）热通道宽度为650mm、高度3500mm时，E立面6：00—18：00内层玻璃内表面与室内空气温差关系见表2-4-12：

表2-4-12 6：00—18：00温差

时刻	6：00	7：00	8：00	9：00	10：00	11：00	12：00	13：00	14：00	15：00	16：00	17：00	18：00
温差（℃）	2.40	3.35	3.87	4.10	3.99	3.69	3.16	3.27	3.28	3.19	2.94	2.71	2.24

（2）热通道宽度为650mm、高度3500mm时，夏季白天由于幕墙传热引起的单位建筑面积能耗见表2-4-13：

表 2 - 4 - 13　6：00—18：00 能耗

时刻	6：00	7：00	8：00	9：00	10：00	11：00	12：00	13：00	14：00	15：00	16：00	17：00	18：00
能耗（W/m²）	6.17	8.13	9.30	10.15	10.39	10.20	9.68	10	10.28	10.15	9.43	8.52	6.72

（3）热通道宽度为 650mm、高度 3500mm 时，夏季白天双层通风玻璃幕墙出风口实际空气流速见表 2 - 4 - 14：

表 2 - 4 - 14　6：00—18：00 流速

时刻	6：00	7：00	8：00	9：00	10：00	11：00	12：00	13：00	14：00	15：00	16：00	17：00	18：00
流速（m/s）	0.67	0.85	0.91	0.91	0.85	0.73	0.52	0.51	0.49	0.46	0.40	0.31	0

（4）热通道宽度为 650mm、高度 3500mm 时，外循环双层通风玻璃幕墙传热系数：

①夏季白天外循环双层通风玻璃幕墙传热系数为 1.1 W/（m²·K）；

②夏季白天外循环双层通风玻璃幕墙遮阳系数为 0.16；

③冬季夜间外循环双层通风玻璃幕墙传热系数为 1.3 W/（m²·K）。

第五节　双层通风玻璃幕墙设计

一、设计一般规定

（1）双层通风玻璃幕墙的结构形式应按建筑性质、等级、使用功能、地理环境和气候条件等因素确定，并与空调系统相协调。

（2）双层通风玻璃幕墙热工设计应符合《公共节能设计标准》GB 50189—2015 及《民用建筑热工设计规范》GB 50176—2016 的规定。

①双层通风玻璃幕墙宜采用外通风双层通风玻璃幕墙。

②外通风双层通风玻璃幕墙的内层幕墙应采用中空玻璃。内通风双层玻璃幕墙的外层幕墙应采用中空玻璃。板块构造形式须经热工计算确定。

③内通风双层玻璃幕墙的外层幕墙应采用有隔热构造措施的型材，外通风双层玻璃幕墙的内层幕墙也应采用有隔热构造措施的型材。

（3）双层通风玻璃幕墙的隔声设计应符合《建筑隔声评价标准》GB/T 50121—2005 的规定。双层幕墙隔声量 $R_{\text{w,D}}$ 按下式计算：

$$R_{\text{w,D}} = 10\lg\ (M_{外} - M_{内})\ + 11.5 + R_{空} + \Delta R_{外} + \Delta R_{内}$$

式中　$M_{外}$——外层幕墙面密度（kg/m²）；

　　　$M_{内}$——内层幕墙面密度（kg/m²）；

　　　$R_{空}$——空气间层隔声量，取 5dB；

　　　$\Delta R_{外}$——外层幕墙附加隔声量，按表 2 - 4 - 15 采用；

　　　$\Delta R_{内}$——外层幕墙附加隔声量，按表 2 - 4 - 15 采用。

表 2 – 4 – 15　材料附加隔音量

材料		厚度（mm）/附加隔声量（dB）			
夹层玻璃	夹层 PVC 厚度（mm）	0.38	0.76	1.14	1.52
	附加隔声量（dB）	4	5.5	6	7
中空玻璃	中空气层厚度（mm）	6	9	12	16
	附加隔声量（dB）	1	2	2.5	3

双层幕墙的隔声量计算，主要是参考了《民用建筑隔声设计规范》GB 50118—2010 和《建筑隔声评价标准》GB/T 50121—2005 等规范，根据双层通风玻璃幕墙系统的隔声机理，在单层幕墙隔声设计的基础上，演化出双层通风玻璃幕墙系统隔声量计算理论公式。上述公式中的 $M_内$、$M_外$ 表示内、外幕墙单位面积的单位质量的倍数，在公式计算中是一个无量纲数值。

空气隔声指数是将测得的构件隔声量频率特性曲线，与国家标准《建筑隔声评价标准》GB/T 50121—2005 规定的空气隔声参考曲线按规定的方法相比较而得出的单值评价量。双层通风玻璃幕墙的隔声构件主要由外层幕墙、空气间层、内层幕墙组成，其中空气间层起着缓冲的弹性作用，但也能引起两层构件的共振，因此双层通风玻璃幕墙的隔声量并非三层构件隔声量的叠加。因空气间层而增加的隔声量，在一定范围内与空气间层厚度成正比。通常，双层通风玻璃幕墙比同样质量的单层幕墙可增加隔声量5dB（分贝）左右。

（4）双层通风玻璃幕墙防火设计应符合《建筑设计防火规范》50016—2014 的规定。

①整体式双层通风玻璃幕墙建筑高度不应大于50m，内、外层幕墙间距不小于2.0m。每层应该设置不燃烧体防火挑檐，宽度不小于0.5m，耐火极限不低于1.0h。当内、外层幕墙间距小于2.0m 或每层未设置防火挑檐时，其建筑高度不应大于24m。

②除整体式双层通风玻璃幕墙外，双层通风玻璃幕墙宜在每层设置耐火极限不低于1.0h 的不燃烧体水平分隔。确需每隔2 至3 层设置不燃烧体水平分隔时，应在无水平防火分隔的楼层设置宽度不小于0.5m、耐火极限不低于1.0h 的不燃烧体防火挑檐。

③竖井式双层通风玻璃幕墙的竖井壁应为不燃烧体，其耐火极限应不低于1.0h，竖井壁上层开口部位应设丙级及以上防火门或防火阀（可开启百叶），并与自动报警系统联动。

④消防登高场地不宜设置在双层通风玻璃幕墙立面的一侧。确需设置时，在建筑高度100m 范围内，外层幕墙应设置应急击碎玻璃，应急击碎玻璃的设置应满足以下要求：整体式、廊道式双层通风玻璃幕墙应在每层设置应急击碎玻璃不少于2 块，间距不大于20m；箱体式、竖井式双层通风玻璃幕墙应在每个分隔单元的每层设置应急击碎玻璃不少于1 块；在应急击碎玻璃位置设置连廊，内层幕墙设置可双向开启门。

⑤双层通风玻璃幕墙建筑应设置机械排烟系统，并符合《建筑防排烟技术规程》DGJ 08—88—2006 的相关规定。下列部位可不设排烟系统：建筑部位无可燃物防烟分区的中庭、大堂；建筑面积小于100m² 的房间，其相邻走道或回廊设有排烟设施；机电设备用房。

⑥内、外层幕墙间距大于2.0m 的整体式双层通风玻璃幕墙建筑，应设置自动喷淋灭火系统。

⑦内、外层幕墙间距大于2.0m 的整体式双层通风玻璃幕墙，应由顶部和两侧的敞开部位自然排烟。

⑧用作双层通风玻璃幕墙强制通风的管道系统，应符合现行防火设计规范的相关规定。

⑨进风口与出风口之间的水平距离宜大于 0.5m。进风口之间水平距离小于 0.5m 时，应采取隔离措施。

（5）双层通风玻璃幕墙防雷设计应符合以下规定：

①幕墙建筑应按建筑物的防雷分类采取直击雷、侧击雷、雷电感应以及等电位连接措施。建筑主体设计应明确主体建筑的防雷分类。幕墙建筑的防雷系统设计由幕墙设计与主体设计共同完成。

②除第一类防雷建筑物外，采用金属框架支撑的幕墙宜利用其金属本体作为接闪器，并应与主体结构的防雷体系可靠连接。

③采用隐框非金属面板的幕墙或隐框玻璃幕墙采光顶棚，以及置于屋顶的光伏幕墙组件等，均应按相应的建筑物防雷分类，采取防护措施。

④幕墙的防雷设计除应符合本规定外，尚应符合《建筑物防雷设计规范》GB 50057—2010 和《民用建筑电气设计规范》JGJ 16—2008 的有关规定。

⑤幕墙高度超过 200m 或幕墙构造复杂、有特殊要求时，宜在设计初期进行雷击风险评估。

⑥建筑幕墙在工程竣工验收前应通过防雷验收，交付使用后按有关规定进行防雷检测。

⑦幕墙建筑应按防雷分类设置屋面接闪器、立面接闪带、等电位连接环和防雷接地引下线（见表 2−4−16）的要求。幕墙金属框架可按 100m² 划分网格，网格角点与防雷系统连接，形成电气贯通。如图 2−4−6 所示。

表 2−4−16 幕墙建筑防雷系统常见节点间距（m）

建筑物 防雷分区	屋面接闪器 网格尺寸（≤）	立面30m及 以上水平接闪带 垂直间距（≤）	等电位 连接环垂直 间距 D_h（≤）		接地线水平 间距 D_w（≤）
第一类	5×5 6×4	6	12	12	建筑每层或角 柱与每隔1柱
第二类	10×10 12×8	—	3层	18	角柱与每隔1柱
第三类	20×20 24×16	—	3层	25	角柱与每隔2柱

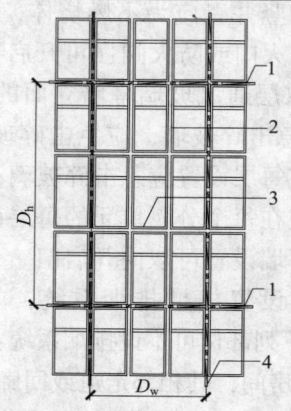

图 2−4−6 幕墙建筑防雷系统立面局部示意图

1—环向防雷接地钢筋（等电位连接环）；2—立柱；3—横梁；

4—竖向防雷接地钢筋（防雷接地引下线）

⑧构件式幕墙建筑防雷构造：

a. 隔热断桥内外侧的金属型材应连接成电气通路。

b. 幕墙横（横梁）、竖（立柱）构件的连接，相互间的接触面积不应小于 $50mm^2$，形成良好导雷贯通。

c. 幕墙立柱套芯上、下，幕墙与建筑物主体结构之间，应按导体连接材料截面的规定连接或跨接。

d. 构件连接处有绝缘层材料覆盖的部位，应采取措施形成有效的防雷电气通路。

e. 金属幕墙的外露金属面板或金属部件应与支撑结构有好的电气贯通，支撑结构应与主体结构防雷体系连通。

f. 利用自身金属材料作为防雷接闪器的幕墙，其压顶板宜选用厚度不小于 3mm 的铝合金单板，截面积不应小于 $7050mm^2$。

⑨单元式幕墙防雷构造：

a. 有隔热构造的幕墙型材应对其、内外侧金属材料采用金属导体连接，每一单元板的连接不少于一处，宜采用等电位金属材料连接成良好的电气通路。

b. 幕墙单元板块插口拼装连接和与主体结构连接处应按有关规范规定形成防雷电气通路。对幕墙横、竖两方向单元板块之间橡胶联缝连接处，应采用等电位金属材料跨接，形成良好的电气通路。

⑩幕墙选用的防雷连接材料截面积应符合表 2 – 4 – 17 的规定。

表 2 – 4 – 17　防雷连接材料截面积 （mm^2）

防雷连接材料	截面积 （≥）
铜质材料	16
铝质材料	25
钢质材料	50
不锈钢材料	50

⑪钢质连接件（包括钢质绞线）连接的焊缝处应做表面防腐蚀处理。

⑫不同材质金属之间的连接应采取不影响电气通路的防电偶腐蚀措施。不等电位金属之间应防止接触性腐蚀。

⑬幕墙建筑防雷接地电阻值应符合表 2 – 4 – 18 的规定。

表 2 – 4 – 18　防雷接地电阻 （Ω）

接地方式	电阻值 （≥）
共用接地	1.0
独立接地每根引下线的冲击电阻	10.0

（6）双层通风玻璃幕墙风荷载标准值，尚应符合以下风荷载分配原则：

①内通风双层通风玻璃幕墙的外层幕墙应承受全部风荷载值，内层幕墙应承受不小于 $1.0kN/m^2$ 风荷载值及外力冲击荷载值。

②外通风双层通风玻璃幕墙的外层幕墙应承受全部风荷载值，内层幕墙承受风荷载值可按表 2-4-19 取用，且不应小于 1.0 kN/m²。

表 2-4-19 外通风双层通风玻璃幕墙的内层幕墙风荷载标准值百分比

V/A_{en}（m）	0~20	20~50	50~100	100~200	200~300	300~650	>650
百分比 ξ（%）	100	90	80	70	60	55	50

注：中间值按线性插值法取值。

如按整体做防水性能检测时 ξ 取 1.0。

表中 V 为空气间层的体积，A_{en} 为有效通风面积。

③风荷载的分配原则如图 2-4-7 所示。

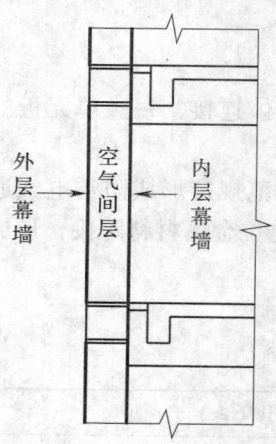

图 2-4-7 双层幕墙
示意图

风荷载的分配原则：双层通风玻璃幕墙是由外层玻璃幕墙与内层玻璃幕墙构成的幕墙类型之一。两层幕墙之间的空气间层，以自然通风或机械通风方式引导空气有序流通，有效地调节和提高了幕墙的各种功能，满足对室内舒适环境的要求。

根据加拿大国家研究协会（National Research Council Canada）所做的试验和承压分配所得外通风双层通风玻璃幕墙的内层幕墙承受风荷载所占比例的图表，并经查阅国内外相关资料得知，内层幕墙承压分配比例与腔体体积、有效通风面积比存在一定的关系。在规范中定义的有效面积即为进风口或出风口的有效通风面积。由于内层幕墙承受风荷载所占比例比较复杂，所以也可按照双层通风玻璃幕墙的结构形式，采用风洞试验测得数据进行分析判断，合理选用。

④结构复杂的双层通风玻璃幕墙或难以按表 2-4-8 确定内、外层幕墙承受的风荷载时，可通过风洞试验做专项技术分析论证。

（7）双层通风玻璃幕墙性能检测应符合有关规范及《建筑幕墙气密、水密、抗风压性能检测方法》GB/T 15227—2007 的规定。

幕墙样品安装于测试箱体。应使样品倾角与实际工程一致。样品与箱体之间应密封处理，按照如下顺序检测：

实验室检测：

①气密性检测；

②水密性检测（稳定加压、波动加压）

③动态水密性检测（选做）；

④抗风压性能检测（最大试验压力为风荷载标准值 w_K）；

⑤重复气密性检测；

⑥重复水密性检测；

⑦平面内变形性能检测（1 倍的主体结构弹性层间位移角控制值）；

⑧重复气密性检测；

⑨重复水密性检测；

⑩热循环（选做）；

⑪热循环试验后，应重复气密性检测和水密性检测；

⑫抗风压性能检测（最大试验压力为1.4倍风荷载标准值w_K）；

⑬平面内变形性能检测（3倍的主体结构弹性层间位移角控制值）；

⑭热工性能检测（选做）；

⑮耐撞击性能检测（选做）；

⑯抗震性能振动台检测（选做）。

现场检测：

⑰用于幕墙槽式埋件、后置埋件的锚栓和面板的背栓，应现场检测抗拉拔、抗剪切性能，检测方法按《建筑锚栓抗拉拔、抗剪性能试验方法》DG/TJ 08—2003—2000的规定。不同类型、不同规格和用于不同结构和构件的锚栓，背栓，检测数量均应不少于3个。

⑱幕墙施工过程中，应由施工单位会同工程监理选取典型部位进行现场淋水试验，试验方法应按《建筑幕墙》GB/T 21086—2007附录D的规定。工程监理对现场淋水试验进行记录。

⑲单元式幕墙在板块安装过程中宜进行盛水试验。

⑳对热工性能有较高要求的建筑幕墙，可现场检测热工性能，检测方法按《建筑幕墙》GB/T 21086—2007附录E的规定。也可在实验室热工性能检测，或按《建筑门窗玻璃幕墙热工计算规程》JGJ/T 151—2008模拟计算。

㉑光伏双层玻璃幕墙系统按国家现行标准进行电气性能检测。

（8）双层通风玻璃幕墙设计应优先选择自然通风方式，进风口和出风口宜采用自动控制，且应不发生共振和哨鸣。

（9）双层通风玻璃幕墙的进风口与出风口不宜设置在同一立面同一垂直位置的上下方，水平距离不宜小于500mm，必要时在相邻板块间采取隔断措施。

（10）双层通风玻璃幕墙遮阳系统设计应结合地理气候条件、双层通风玻璃幕墙类型、面板的热工性能指标及空气间层的通风换气能力等因素。

（11）双层通风玻璃幕墙遮阳装置应能自动调控。内通风遮阳系统宜采用内置式百叶帘装置，外通风遮阳装置宜采用专用室外百叶。

（12）遮阳系统位于空气间层的百叶片宜偏近外层幕墙。开启状态时，遮阳百叶片边缘与外层玻璃内表面的距离不应小于30mm，且不妨碍内层幕墙开启扇的启闭。

（13）内、外均不设通风口的双层通风玻璃幕墙，可按内通风双层通风玻璃幕墙的规定进行构造设计及防水设计。

二、构造设计

（一）内通风双层通风玻璃幕墙

（1）幕墙构造类型为构件式幕墙或单元式幕墙。

（2）外层玻璃宜选用中空玻璃或夹层中空玻璃、夹胶玻璃。

（3）幕墙空气间层厚度不应小于120mm。

（4）机械通风宜采用电控系统，系统接口应密闭。

（二）外通风双层通风玻璃幕墙

（1）外层幕墙可采用框支承幕墙、单元式幕墙或点支式幕墙，内层幕墙构造类型可采用框支承幕墙或单元式幕墙。

（2）外层幕墙宜采用夹层玻璃，内层玻璃宜采用中空玻璃。

（3）幕墙空气间层厚度不应小于150mm。

（4）进风口和出风口处宜设置防虫网和空气过滤器。由电动或手动调控装置控制空气间层的通风量。

另外，双层通风玻璃幕墙腔体内的构件应易于清洗、维修和保养。

三、通风量计算

主要是针对外通风双层玻璃幕墙系统及其通风方式计算，亦适用与内通风双层玻璃幕墙的通风量计算。

（1）内通风双层通风玻璃幕墙和外通风双层通风玻璃幕墙的通风方式应与建筑自然通风、空调系统同步设计，满足室内舒适度要求。

（2）外通风双层通风玻璃幕墙应通过数值法或有限元方法计算进风口和出风口的空气流动速度 $v_{进}$、$v_{排}$ 后，按公式计算进出风量 $\Delta V_{进}$、$\Delta V_{排}$ 及新风换气时间 t_0。

（3）双层通风玻璃幕墙空气间层的单位时间进、出风量与新风换气时间计算：

①单位时间进、出风量 $\Delta V_{进}$、$\Delta V_{排}$ 计算公式：

$$\Delta V_{进} = v_{进} \cdot A_{进} \tag{2-4-1}$$

$$\Delta V_{出} = v_{出} \cdot A_{出} \tag{2-4-2}$$

式中　$\Delta V_{进}$——进风口单位时间进风量（m^3/s）；

$\quad v_{进}$——进风口空气流动速度（m^3/s）；

$\quad A_{进}$——进风口有效面积（m^3/s）；

$\quad \Delta V_{出}$——进风口单位时间进风量（m^3/s）；

$\quad V_{出}$——进风口空气流动速度（m^3/s）；

$\quad A_{出}$——进风口有效面积（m^3/s）；

②新风换气时间 t_0。计算公式：

$$t_0 = \frac{V_{新风}}{\Delta V_{进}} \tag{2-4-3}$$

式中　$V_{新风}$——室内所需新风量（m^3/s）；

$\quad \Delta V_{进}$——单位时间进风量（m^3/s）。

四、热工设计

双层通风玻璃幕墙系统的热工计算应考虑其正常运作与使用过程中的动态效应。动态效应主要是指内层幕墙与外层幕墙系统之间空气流动的特性。由空气流动形成通风换气和烟囱效应等，实现了双层通风玻璃幕墙系统的功能。按照动态设计理论的热工计算，有利于节能效果评估。

系统的节能评价指标主要由双层通风玻璃幕墙系统的热工性能决定。衡量双层通风玻璃幕墙系统热工性能时，应与单层玻璃幕墙热工性能进行权衡与比较，主要考虑一下两方面内容与单层玻璃幕墙相比，通过遮阳系数 S_c 的评定，双层通风玻璃幕墙太阳能总透射率相对较小；与单层玻璃幕墙相比，通过传热系数 U 值的评定，双层通风玻璃幕墙传热系数相对较小。

（1）双层通风玻璃幕墙传热系数应按非通风换气状态、弱通风换气状态或强通风换气状态计算取值。

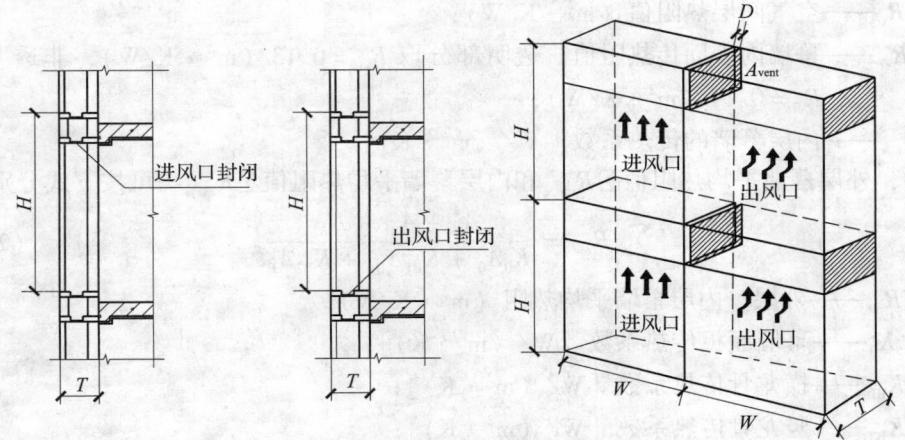

图 2 – 4 – 8　双层通风玻璃幕墙空气间层换气示意图

H—双层通风玻璃幕墙单元高度（mm）；W—双层通风玻璃幕墙单元宽度（mm）；

T—双层通风玻璃幕墙单元厚度（mm）；D—挡板水平间距（mm）；

A_{vent}——双层通风玻璃幕墙单元有效通风面积（mm²）

（2）非通风换气状态：

①外层幕墙设置进、出风口（或开启扇）时，空气间层的热阻值按非通风换气空气间层的热阻计算方法取值（见表 2 – 4 – 20），其通风口面积比应在以下范围内：

a. 空气间层垂直方向，进、出通风口面积比（A_{vent}/H）小于 500mm²/m；

b. 空气间层水平方向，进、出通风口面积比（A_{vent}/H）小于 500mm²/m；

表 2 – 4 – 20　非通风换气间层热阻值 R_S [m² · （k/W）]

空气间层厚度（mm）	空气流动方向		
	向上	水平	向下
100	0.16	0.18	0.23
300～500	0.16	0.18	0.23
>1000	0.16	0.18	0.23

注：气流方向与水平面成 ±30° 以内，空气间层的热阻值 R_S 按空气流动水平方向取值。

②双层通风玻璃幕墙传热系数 $K_{CW,D}$ 计算公式为：

$$K_{CW,D} = \cfrac{1}{\cfrac{1}{K_{cw,e}} - R_{se} + R_s - R_{si} + \cfrac{1}{K_{cw,i}}} \qquad (2-4-4)$$

$$K_{cw,e} = \cfrac{1}{R_{si} + \sum R_{cw,e} + R_{se}} \qquad (2-4-5)$$

$$K_{cw,i} = \frac{1}{R_{si} + \sum R_{cw,i} + R_{se}} \qquad (2-4-6)$$

式中　$K_{cw,e}$——外层幕墙的传热系数 [W/ (m² · K)]；

　　　R_{se}——幕墙外表面的传热阻值，取 $R_{se} = 0.04$ （m² · K/W）；

　　　R_s——空气间层热阻值（m² · K/W）；

　　　R_{si}——幕墙内表面传热阻值，透明部分取 $R_{si} = 0.13$ （m² · K/W），非透明部分取
　　　　　　　$R_{si} = 0.11$ （m² · K/W）；

　　　$K_{cw,i}$——内层幕墙的传热系数 [W/ (m² · K)]。

其中，外层幕墙平均热阻值 $\sum R_{cw,e}$ 和内层幕墙平均热阻值 $\sum R_{cw,i}$ 均可按下式分别计算：

$$\sum R_{cw} = \frac{A_0 + A_{B1} + A_{B2}}{K_0 A_0 + K_{B1} A_{B1} + K_{B2} A_{B2}} \qquad (2-4-7)$$

式中　$\sum R_{cw}$——外层、内层幕墙平均热阻（m² · K/W）；

　　　K_0——幕墙面板传热系数 [W/ (m² · K)]；

　　　K_{B1}——横龙骨传热系数 [W/ (m² · K)]；

　　　K_{B2}——竖龙骨传热系数 [W/ (m² · K)]；

　　　A_0——幕墙面板面积（m²）；

　　　A_{B1}——幕墙单元中横龙骨投影面积（m²）；

　　　A_{B2}——幕墙单元中竖龙骨投影面积（m²）。

（3）弱通风换气状态：

①外层幕墙设置进、出风口（或开启时）空气间层的热阻值按弱通风换气间层的热阻计算方法取值，其通风面积比应在以下范围内：

a. 空气间层垂直方向，进、出风口面积比（A_{vent}/H）小于 500～1500mm²/m；

b. 空气间层水平方向，进、出风口面积比（A_{vent}/H）小于 500～1500mm²/m。

②空气间层的热阻值 R_s 按表 2-4-20 取值的 1/2 采用。

③双层通风玻璃幕墙传热系数 $K_{CW,D}$ 计算公式：

$$K_{CW,D} = \frac{1}{\dfrac{1}{K_{cw,e}} - R_{se} + R_s - R_{si} + \dfrac{1}{K_{cw,i}}} \qquad (2-4-8)$$

（4）强通风换气状态：

①外层幕墙设置进、出风口（或开启时），空气间层的热阻值按强通风换气间层的热阻计算方法取值，其通风面积比应在以下范围内：

a. 空位间层垂直方向，进、出风口面积比（A_{vent}/H）小于 500～1500mm²/m；

b. 空气间层水平方向，进、出风口面积比（A_{vent}/H）小于 500～1500mm²/m。

②外通风双层通风玻璃幕墙传热系数 $K_{CW,D}$ 计算公式为：

$$K_{CW,D} = \frac{1}{\dfrac{1}{K_{CW,D}} - R_{se} - R_{ss}} \qquad (2-4-9)$$

式中　R_{ss}——外表面与空气间层总热阻值，取 0.13 （m² · K/W）。

③内通风双层通风玻璃幕墙传热系数 $K_{CW,D}$ 计算公式为：

$$K_{CW,D} = \cfrac{1}{\cfrac{1}{K_{CW,D}} - R_{se} + R_{ss}} \qquad (2-4-10)$$

式中　R_{ss}——内表面与空气间层总热阻值，取 0.13（$m^2 \cdot K/W$）。

（5）内通风换气热工计算：

内通风双层通风玻璃幕墙传热系数 $K_{CW,D}$ 按式（2-4-10）计算。

（6）双层通风玻璃幕墙传热阻按下式计算：

$$R_{0.min} = \cfrac{(t_i - t_e) \, n}{[\Delta t]} R_i \qquad (2-4-11)$$

式中　$R_{0.min}$——双层通风玻璃幕墙传热阻（$m^2 \cdot K/W$）；

$\quad\quad t_i$——冬季室内计算温度（℃）；

$\quad\quad t_e$——冬季室外计算温度（℃）；

$\quad\quad n$——温差修正系数，按现行国家标准《民用建筑热工设计规范》GB 50176 的规定采用；

$\quad\quad [\Delta t]$——室内空气与围护结构内表面温差（K）；

$\quad\quad R_i$——内表面换热阻。

（7）遮阳系数按下式计算：

$$SC = SC_1 \cdot SC_2 \cdot SD_H \cdot SD_V \cdot SD \qquad (2-4-12)$$

$$SD_H = a_b PF^2 + b_n PF + 1 \qquad (2-4-13)$$

$$SD_V = a_v PF^2 + b_v PF + 1 \qquad (2-4-14)$$

$$PF = \cfrac{A}{B} \qquad (2-4-15)$$

式中　$\quad\quad SC$——总遮阳系数；

$\quad\quad SC_1$——外层幕墙遮阳系数；

$\quad\quad SC_2$——内层幕墙遮阳系数；

$\quad\quad SD_H$——水平遮阳板夏季外遮阳系数；

$\quad\quad SD_V$——垂直遮阳板夏季外遮阳系数；

$\quad\quad SD$——百叶完全闭合时遮阳系数；

$\quad\quad PF$——遮阳板外挑系数，当计算值 $PE > 1$ 时，取 $PF = 1$；

$\quad\quad A$——遮阳板外挑长度，按《公共建筑节能设计标准》GB 50189—2015 的规定采用；

$\quad\quad B$——遮阳板根部到幕墙透明部分对边的距离，按《公共建筑节能设计标准》GB 50189—2015 的规定采用。

a_b、b_n、a_v、b_v——计算系数，按《公共建筑节能设计标准》GB 50189—2015 的规定采用。

（8）防水要求：

①双层通风玻璃幕墙的外层幕墙采用单元式构造时，其防水设计应符合有关规范的规定。

②内通风双层通风玻璃幕墙水密性能应符合有关规范规定。

③外通风双层通风玻璃幕墙水密性能：

a. 双层通风玻璃幕墙水密性设计按照下式计算取值，且固定部分不小于 $1000N/m^2$：

$$P = 1000 a_w u_z u_s w_0 \qquad (2-4-16)$$

式中　P——水密性设计值（N/m^2）；

　　　a_w——外通风双层通风玻璃幕墙风荷载标准值系数，外层幕墙取值为 $1-\xi$；

　　　u_z——风压高度变化系数；

　　　u_s——风荷载体型系数，取 1.2；

　　　w_0——基本风压，按《建筑结构荷载规范》GB 50009—2012 的有关规定采用。上海
　　　　　地区取 0.55（kN/m^2）、成都地区取 0.30（kN/m^2）；

b. 可开启部分防水性能等级与固定部分同级。

五、防火设计

（一）一般规定

（1）双层通风玻璃幕墙的内、外层之间留有使空气流通的空腔，一旦火灾发生，此空腔的烟囱效应加速火灾蔓延；由于双层通风玻璃幕墙给灭火救援行动带来诸多不利因素，给消防人员破拆强攻救援增加了难度，因此有必要对双层通风玻璃幕墙的设计做出规定。

整体式双层通风玻璃幕墙（见图 2-4-9）没有横向和竖向的防火分隔，一旦发生火灾，极易因烟囱效应导致火势迅速蔓延，为此对设置整体式双层通风玻璃幕墙的建筑高度以及内外层幕墙之间的间距做出了规定。设置整体式双层通风玻璃幕墙的建筑高度限制在 50m 以下，内、外层幕墙间距大于 2.00m 时须设置防火挑檐，直接阻碍火灾热烟气向上层蹿升，火灾时的烟囱效应相对减弱，延缓火灾扩展。在日本，整体式双层通风玻璃幕墙建筑的内、外层幕墙间，每层设置防火挑檐。

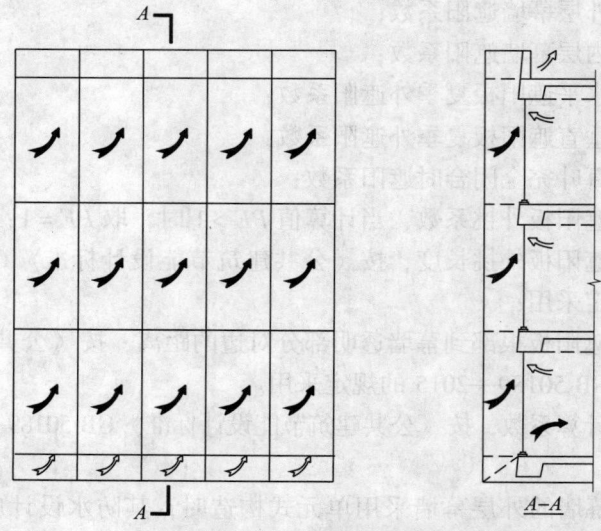

图 2-4-9　整体式双层通风玻璃幕墙示意图

（2）除整体式双层通风玻璃幕墙外，其他类型双层通风玻璃幕墙建筑的每层内、外层幕墙间需采取防火分隔措施，在火灾情况下有效阻止热烟气蔓延。若不能每层采取防火分隔措施，至少每隔 2 至 3 层设置防火分隔。不设防火分隔的层面应设置不燃烧体防火挑檐，满足建筑设计和建筑防火的共同需求。

（3）竖井式双层通风玻璃幕墙（见图 2 - 4 - 12）本身就如同烟囱井道形式。针对这个烟囱井道必须采取相应的防火措施，否则热烟气会由这个井道长驱直入，迅速蔓延到其他楼层或防火分区。

（4）为了便于消防人员从室外通过灭火救援窗进入着火建筑灭火，并及时救援受困人员，在与外层应急击碎玻璃相对应的位置，内层幕墙应设置内、外均可开启的门，内、外层幕墙之间设置方便人员通行的连廊。

双层通风玻璃幕墙的防火分隔形式如图 2 - 4 - 10、图 2 - 4 - 11 所示。

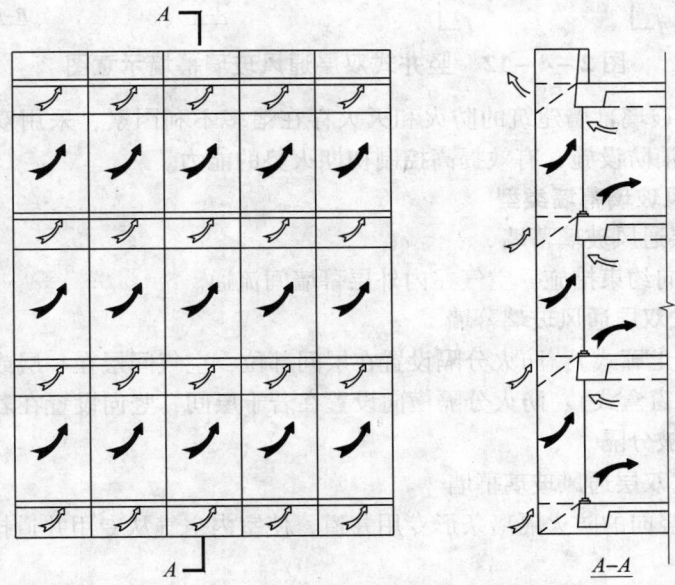

图 2 - 4 - 10　廊道式双层通风玻璃幕墙示意图

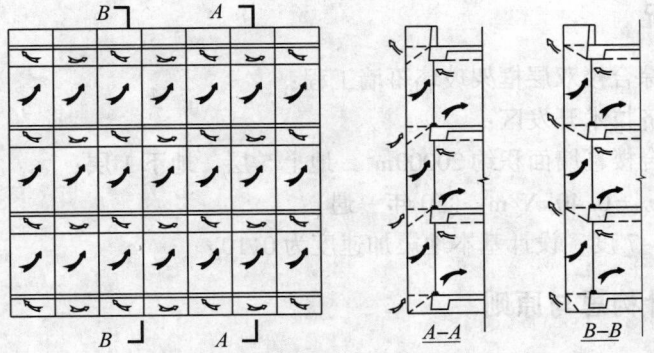

图 2 - 4 - 11　箱体式双层通风玻璃幕墙示意图

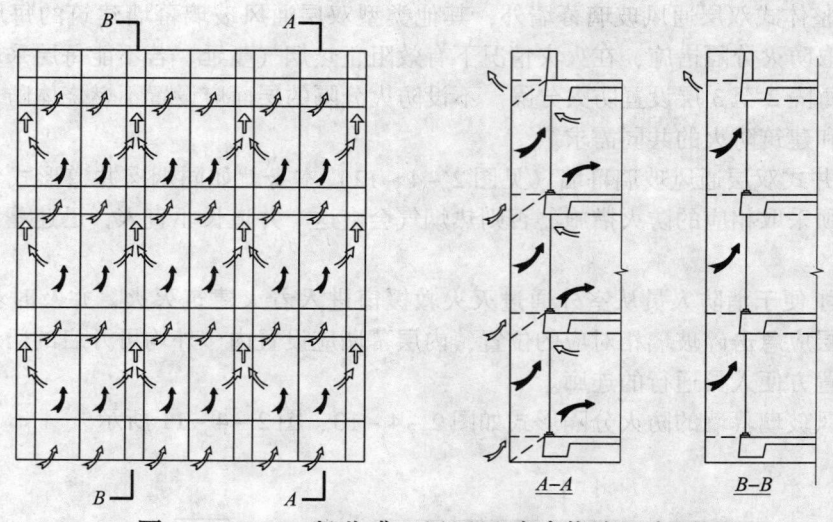

图 2 – 4 – 12　竖井式双层通风玻璃幕墙示意图

（5）双层通风玻璃幕墙建筑的防火和灭火存在诸多不利因素，采用双层通风玻璃幕墙的建筑应完善室内消防设施，有效提高控制初期火势的能力。

（二）双层通风玻璃幕墙类型

1．整体式双层通风玻璃幕墙

没有横向和竖向约束措施，空气在内外层幕墙间流通。

2．横向约束式双层通风玻璃幕墙

（1）廊道式（走廊式）：防火分隔设置在层间部位，空气间层在一层或若干层内。

（2）箱体式（窗盒式）：防火分隔横向设置在若干层间，竖向设置在若干段内，空气间层在横向和竖向均被分隔。

3．竖向约束式双层通风玻璃幕墙

竖井式：通过竖向的防火隔离条形专用井道，使室内空气从专用井道排出。

第六节　双层通风玻璃幕墙工程实例

一、工程概况

工程名称：某综合楼双层框架玻璃幕墙工程；

工程地点：经济技术开发区；

工程规模：综合楼幕墙面积约 20000m²，地上 5 层，地下 1 层；

基本风压值：$w_0 = 0.40kN/m^2$（50 年一遇）；

地震设防烈度：7 度，设计基本地震加速度为 0.10g。

二、幕墙设计构思与原则

（一）设计构思

建筑设计理念是把综合楼建成一个能适应外来发展的节能型、智能型地标建筑，使综合楼成为某集团的中心建筑。智能型建筑有如下特点：

（1）提供人性化办公节能环境及优雅的周围环境，让工作成为一种享受；

（2）具有高性能的节能设施与生态化。人性化的办公环境。自然采光，有效组织自然气流；

（3）具有智能化的办公环境；

（4）设施先进。功能配置完整。

幕墙设计构想力求与建筑立面设计思路及结构特征相吻合，并通过幕墙深化设计加以完善。幕墙外观效果应富有时代气息，简约而不简单，大气而不奢华，符合现代审美品位，并与当地的自然景观、绿地、树木乃至天空形成了一个珠联璧合的整体。

（二）设计原则

本工程为框架双层通风玻璃幕墙系统，采用框架式结构。在确定了上述设计思路的前提下，达到"安全、实用、经济、美观"的效果，为实现以上要求，幕墙设计遵循如下四条设计原则：

1．安全可靠原则

本工程安全可靠性将是首要考虑的因素。所提供的幕墙设计均充分考虑了风荷载，雪荷载、温度应力、地震作用等对幕墙的影响，具有良好的应变能力。在玻璃选择中，充分考虑玻璃的强度和安全性，采用了钢化安全玻璃。具体采取如下措施：

（1）隔热铝型材的设计耐久性保证25年以上；

（2）要求加减震防冲击吸收能量材料，如加设隔离垫片，不同位移位置设计抗震缝，采用定距离压紧方式，保证板块的伸缩变位能力；

（3）抗震计算要求按7度设防，并遵循"小震不坏，中震可修，大震不倒"的原则。

2．造型美观原则

在幕墙的美观性上，从外立面效果上进行了有针对性的创意和艺术上的深层加工，力图以简洁明快、线条顺畅、分格清晰、造型独特等方面来体现这座具有时代风格的形象建筑。同时也考虑内视效果的展示，在设计中保证室内外露部分的一致性，使室内感到规整、协调、精致，内外交融是其自然要求。因此幕墙已经具备很高的可供观赏性。不仅要求造型美观，而且能展示出其美观的要素。为充分体现该建筑综合性的建筑特点，体现出建筑立面的节奏感和韵律感，并为了更好地协调这种建筑的节奏和韵律，幕墙设计时立面尽可能使各种线条整齐，从而使幕墙立面更统一。提供的幕墙系统是成熟的工艺，框架式幕墙通过先进的设备加工而成，所有的接头、拼缝、外露螺栓、不锈钢件等均具备工艺观赏性，充分展现机械美感。

3．结构稳定、先进性及合理性原则

结构稳定不仅是机构安全的基本要求，也是公众对结构美观的一种认同。失稳的结构难以表现其美感，更没有安全感可言；但过于保守的设计则又显得笨拙，与整个建筑风格不能相融合。针对本工程南北立面双层通风玻璃幕墙系统，采用框架式结构，实现结构防水，密封机理可靠，不完全依靠人为的操作水平和认真程度来保证密封质量，因而气密性能、水密性能更加可靠。尽量采用开放式结构，使得接缝的灰尘吸附蓄积量少，减轻了对幕墙外表面的污染，从而减少幕墙的清洗频率。

4. 可拆卸更换、维修方便原则

由于人流繁多，或者是局部功能改变，幕墙拆卸更换或维修将在所难免。因此如何保证幕墙结构在使用过程中可拆卸更换和维修也将是一个重要课题，设计时不仅要考虑到板块的可更换性，而且在更换维修时将不能影响幕墙的正常使用。本工程幕墙结构设计选用框架双层玻璃幕墙系统，板块浮动式连接，保证了板块的可更换性。

5. 节能环保原则

本工程所选系统为高性能幕墙体系，在材料选择及构造设计上进行节能考虑。根据国家规范《公用建筑节能设计标准》GB 50189 的规定，南京地区属于夏热冬冷地区，其外围护结构传热系数及遮阳系数应满足设计标准的要求。

（1）玻璃幕墙在春季、秋季、夜间可以打开自然通新风。室内开启扇设计成平开形式，进行维护和清洗时打开，平时处于关闭状态。

（2）双热通道防噪声及防空气哨声的指标较严格，在设计中满足噪声进入室内损失外层玻璃不低于 $\Delta B_1 = 32\mathrm{dB}$，内层玻璃不低于 $\Delta B_2 = 20 \sim 25\mathrm{dB}$。

（3）幕墙环保设计是城市建设的组成部分，外墙玻璃幕墙力求在满足对城市无光污染、节能、高效安全的基础上，赋予这座建筑晶莹剔透、挺拔高耸的性格。

本工程幕墙采用玻璃、铝板等材料，没有高反射材料。双层玻璃幕墙外层采用 Low – E 中空钢化玻璃，内层采用普通透明玻璃，可见光综合反射率小于 15%，透光率 45% 左右，既提高了建筑物室内的自然采光性，也解决了室外光污染的问题，可以从总体上限制反射作用。外装饰是工程的重要组成部分，在材料使用和构造上力求营造一个"绿色氛围"。最大限度地减少了对环境有影响的硅酮结构胶和密封胶的用量，各种清洗剂及防锈漆等存放、运输严格按程序管理，定点存贮，完工后彻底清除。

6. 装饰材料高性价比原则

要充分考虑幕墙的经济性、效益性，提高幕墙的性价比。保证资金投向合理，在确保满足国家规范的基础上，合理地使用材料至关重要。采用 Low – E 中空玻璃，既能保证其隔声、隔热、保温、防结露性能，又能保证外观效果的一致性。因此选用最实用、经济的材料规格，既满足了幕墙各项要求，又提高了材料的利用率，从而大大整体提高了材料的性价比。

三、框架双层玻璃幕墙系统设计

（一）幕墙系统构造设计

（1）基本结构形式为内层框架式单片钢化玻璃幕墙，内、外层玻璃间距 600mm，外层竖向明横隐框架式 Low – E 中空玻璃幕墙。幕墙框材系列为外层竖、横龙骨为 60 系列铝合金型材，内层横、竖龙骨为 60 系列铝合金型材，材质为 6063 – T6，室外外露铝合金型材外露表面氟碳喷涂处理，室内外露铝合金型材粉末喷涂处理，其余型材外表面阳极氧化处理。

（2）幕墙面板形式为：内层幕墙 8mm 单片钢化玻璃，分格尺寸为 1400mm × 2620mm；外层幕墙 8Low – E + 12A + 6mm 中空钢化玻璃，分格尺寸为 1400mm × 1358mm，层间 8mm 单片钢化镀膜玻璃 + 1.2mm 厚钢板粉末喷涂 + 50mm 保温岩棉。

（3）幕墙外观形式为：内层幕墙明框形式横竖宽度 60mm，突出玻璃面 10mm；外层幕墙：竖明横隐，竖向扣板宽度 60mm，突出玻璃面 172mm。幕墙所在位置——综合楼立面如图 2 – 4 – 13 所示。

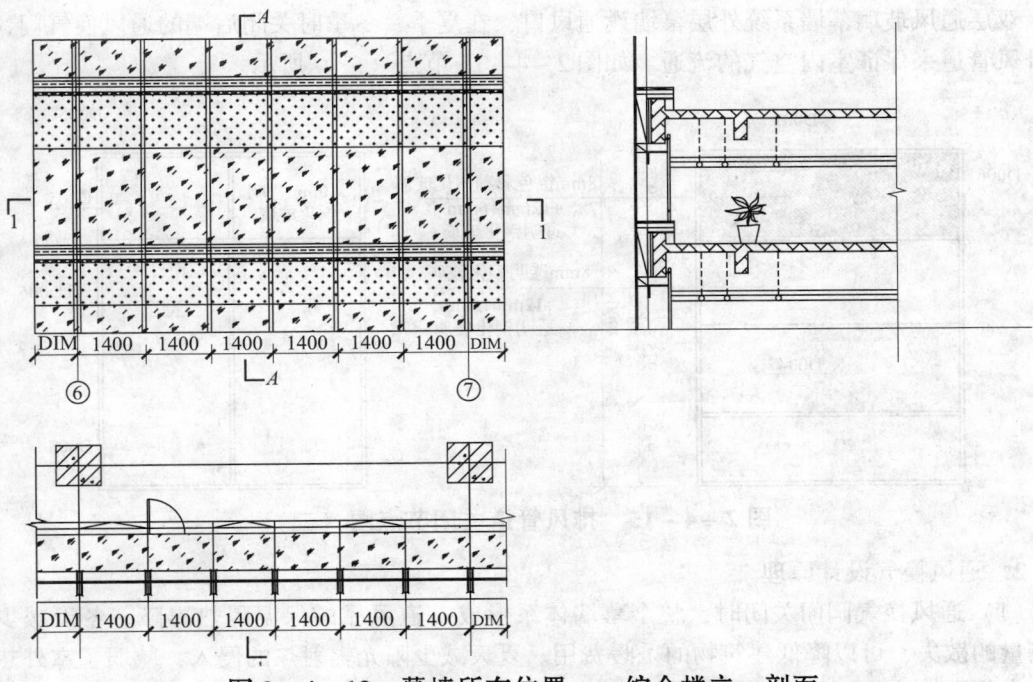

图 2 - 4 - 13 幕墙所在位置——综合楼立、剖面

(二) 双层通风玻璃幕墙系统配套设计

1. 外层通风口设计

双层通风玻璃幕墙系统外层幕墙设通风口，在春季、秋季时开启后端的通风换气门可以自然通新风。如图 2 - 4 - 14 节点（一）所示。

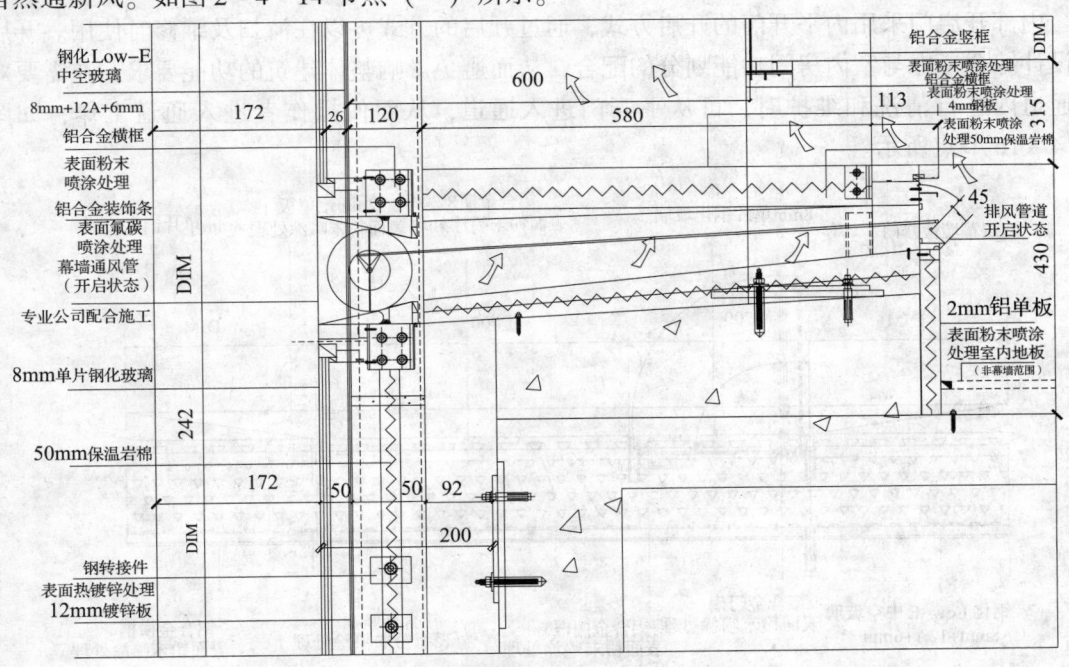

图 2 - 4 - 14 排风管道开启节点图（一）

　　双层通风玻璃幕墙系统外层幕墙设通风口，在夏季、冬季时关闭后端的通风换气门，通过排风管道来保证室内空气的流通。如图 2 - 4 - 15 节点（二）所示。

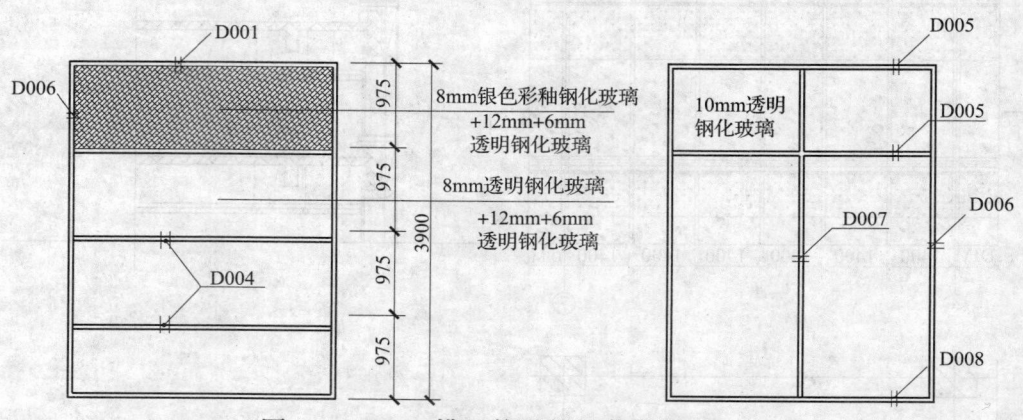

图 2 - 4 - 15　排风管道关闭节点图（二）

　　2. 通风换气设计原理

　　（1）通风换气阀门关闭时，整个幕墙体系形成一道可靠的保温隔热屏障。冬天减少室内热量的散失，可以降低建筑物的采暖费用。夏天减少阳光辐射热的侵入，减弱了室外热量对室内的影响，从而减少空调负荷。

　　（2）室内需要吸入新风时，开启通风换气阀门，流通的冷空气通过通风口自然进入室内，完成室内外空气的热交换，带动室内空气的流动，满足室内通风换气的需要，保证了室内空气的新鲜度和清洁度，而且不需要设置专门的机械抽风装置。

　　3. 内部开启门设计

　　内部开启门采用内平开门的开启方式，通过开启的方式可以在清扫及维修时使用。开启门设计综合考虑与室内房间功能划分的配合，从而避免影响整体建筑的功能要求。在需要对热通道内进行清洗和维护时，可从平开门进入通道，从而使操作者进入通道工作，如图 2 - 4 - 16 节点所示。

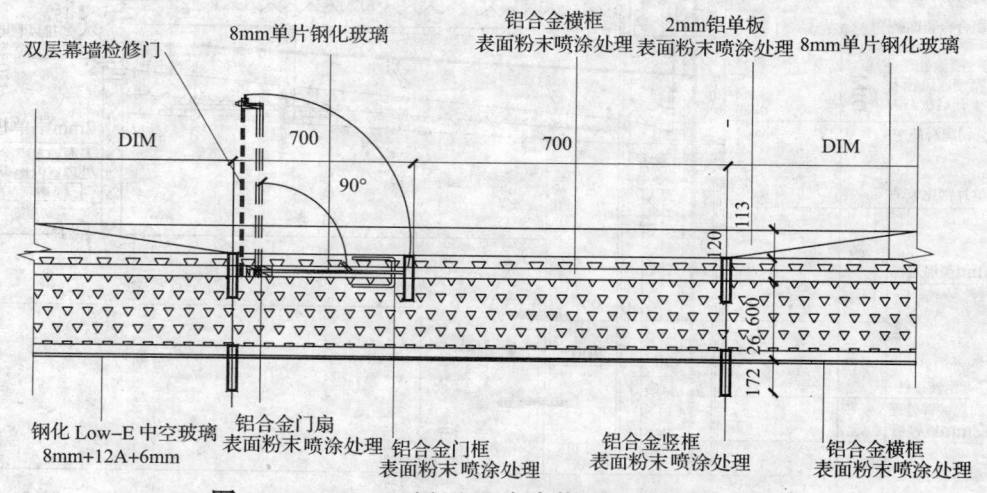

图 2 - 4 - 16　双层通风玻璃幕墙检修口节点图

四、双层通风玻璃幕墙的优越性能

（1）双层通风玻璃幕墙所具有的优异装饰性、功能性、经济性和适应性，切合了市场大环境下人们对双层通风玻璃幕墙的需求，对提高幕墙的保温、隔热、隔声以及通风换气功能等起到很大的作用。

（2）采用双层通风玻璃幕墙的最直接效果是节能，与单层幕墙相比，它可节能5%~20%，采用双层通风玻璃幕墙隔声效果也十分显著，可大为改善室内使用条件。

（3）夏热地区的夏季，能有效阻止（减少）太阳辐射进入室内，减少内层玻璃外表面温度，从而降低通过内层玻璃进入室内的热量，采用适当的内层幕墙气密性，减少渗透到室内的热空气量，同时要求渗透的空气温度尽量降低，提高室内环境质量，降低空调能耗。

（4）严寒（寒冷）地区的冬季充分利用太阳辐射热，使尽可能多的太阳辐射热进入室内，同时太阳辐射热加温热通道温度，使内层玻璃外表面温度高于室外温度，减少室内温度通过玻璃向外传热，甚至到热通道温度高于室内温度时向室外传热，提高室内环境质量，减少空调（采暖）费用。

（5）温和地区的春秋季（夜晚、雨天）能保持通风，使热通道空气新鲜洁净，与室内空气流通，改善室内环境质量。

（6）做到建筑立面效果的协调和幕墙功能、性能的匹配，充分尊重建筑设计理念，保证双层通风玻璃幕墙获得理想的节能、采光、通风、噪声控制和必要的维修空间，及塑造人体舒适度高的工作环境，是设计师共同的追求。

第七节　内循环双层通风玻璃幕墙工程实例

一、工程概况及特点

（一）工程概况

某地金融商务区超高层建筑由裙楼和塔楼两部分组成；其中塔楼309.6m，71层；裙楼高27m，5层。总建筑面积210000m²。

（二）节能特点

其中南、北两立面采用内呼吸式双层通风玻璃幕墙，选用中空Low-E玻璃，电动遮阳百叶等一系列节能材料、设备，幕墙的节能效果突出并且具有提高室内的热舒适性，隔声性强，自然采光效果好等特点。

二、内循环双层通风玻璃幕墙构造

内循环双层通风玻璃幕墙的排风系统由进风口、空腔、排风口和管道风机组成。当机械通风设备工作时，双层通风玻璃幕墙空腔内形成负压，将室内的空气通过底部的进风口导入双层玻璃幕墙的空腔内，空气在双层玻璃幕墙空腔内形成自下而上的空气有序流动，最后通过机械设备抽进排风管道，如图2-4-17所示。

该项目内循环通风玻璃幕墙构造如图2-4-19所示。通风玻璃幕墙构造的设计为：

（1）外层幕墙：8mmLow-E+12A+6mm中空玻璃、8mm银色彩釉+12A+6mm中空玻璃铝合金单元式幕墙，如图2-4-18所示。

（2）内层幕墙：（设有通风百叶）：10mm 透明玻璃铝合金单元式幕墙，如图 2 - 4 - 19 所示。

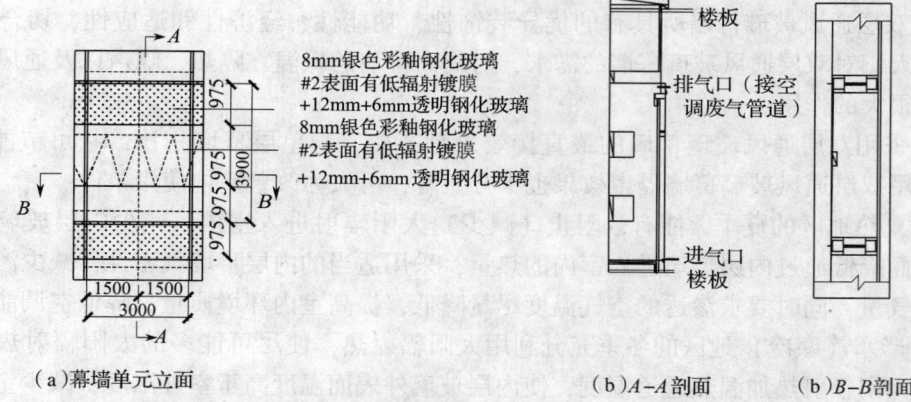

（a）幕墙单元立面　　　　　　　　　　　　　　（b）A—A剖面　　　（b）B—B剖面

图 2 - 4 - 17　内循环双层通风玻璃幕墙构造示意图

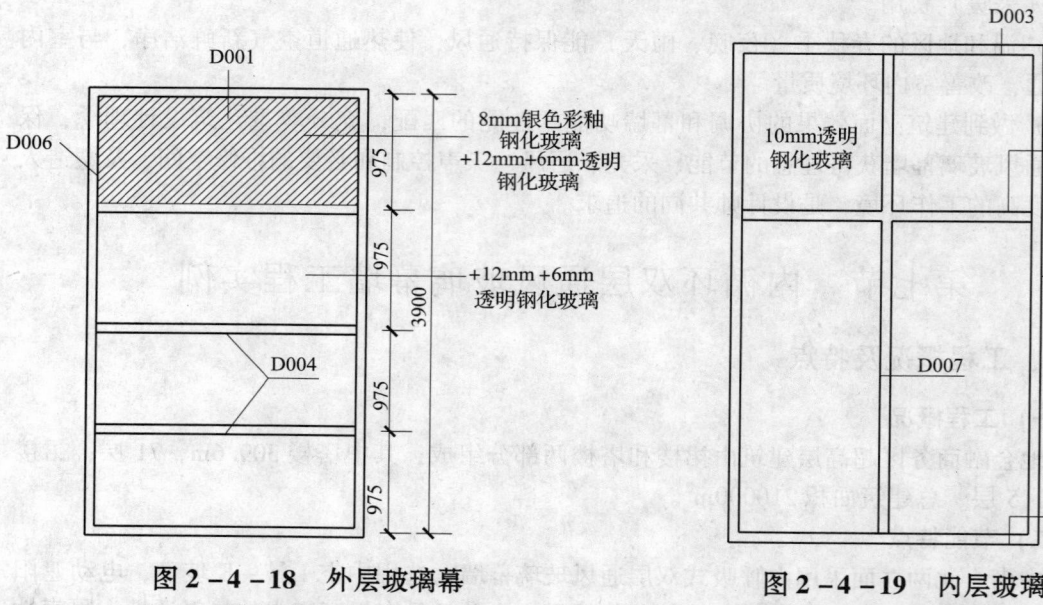

**图 2 - 4 - 18　外层玻璃幕
墙构造示意图**

**图 2 - 4 - 19　内层玻璃幕墙
构造示意图**

三、内循环双层通风玻璃幕墙热工性能模拟

内循环双层玻璃幕墙通道热气流流动属流动力学及传热传质学问题，包含质量的传递、动量及能（热）量的交换等诸多因素，极其复杂。国内外的研究多半停留在实验阶段，理论计算要精确求解流体动力学和传热方程十分困难，边界条件复杂。但是双层通风玻璃幕墙的热工计算不但是双层通风玻璃幕墙节能设计的重要环节，更是设计方案在实际应用中效果检验的重要依据。因此本工程立足于结合热工性能计算分析和 CFD 模拟计算进行内循环式双层通风玻璃幕墙（内置遮阳百叶）的热工性能进行系统研究，并将研究成果用于某大型实际工程，指导实际双层通风玻璃幕墙工程热工设计。

1. 幕墙传热系数计算原理

整幅幕墙的传热系数的计算公式为：

$$U = \sum A_i U_i / A \tag{2-4-17}$$

式中　A_i——单元 i 的面积；

　　　A——整幅双层通风玻璃幕墙的面积；

　　　U_i——单元 i 的传热系数；

　　　U——整幅幕墙的传热系数。

幕墙单元的传热系数的计算公式为：

$$U = \sum A_{cg} U_{cg} + \sum A_f U_f + \sum A_{eg} U_{eg} + \sum A_P U_P / A_i \tag{2-4-18}$$

式中　A_{cg}——计算单元中心区域玻璃面积；

　　　A_f——框的投影面积；

　　　A_{eg}——玻璃单元边缘面积；

　　　A_P——面板的面积；

　　　U_{cg}——玻璃中心区域的传热系数；

　　　U_f——框的传热系数；

　　　U_{eg}——玻璃边缘区域的传热系数；

　　　U_P——面板的传热系数。

2. 计算边界条件

工程所在地为南方某地，只考虑建筑夏季空调负荷，只对夏季计算条件进行内循环双层通风玻璃幕墙的热工性能研究。根据《民用建筑热工设计规范》GB 50176，确定夏季计算条件为：

室外气温：36.5℃，室内温度：26℃，室外表面换热系数：$h_{out} = 19W/ (m^2 \cdot K)$；室内表面换热系数：$h_{in} = 8W/ (m^2 \cdot K)$；室内平均辐射温度 $T_{rm,in} = T_{in}$；室外平均辐射温度 $T_{rm} = T_{in}$；太阳辐射照度 $I_S = 500W/m^2$（传热系数计算时取 $I_S = 0W/m^2$）。

3. 材料相关物理参数设置

模拟计算之前，应先分别确定幕墙玻璃、铝型材、遮阳百叶、胶条等其他配件的物理性能参数。根据各种玻璃的测试光谱数据和玻璃光学热工计算模块得到玻璃的热工性能参数，见表 2-4-21。

表 2-4-21　玻璃热工性能参数

玻璃类型	太阳能		遮阳系数 SC	可见光 投射比 T_V	U 值 （W/m² · K）
	投射比	反射比			
8mmLow - E（第二面镀膜） +12A +6mm 透明光化玻璃	0.25	0.39	0.34	0.53	1.74
8mm 银色彩釉（第二面镀膜） +12A +6mm 透明光化玻璃	0	0.20	0	0	1.74
10mm 透明光化玻璃	0.78	0.07	0.95	0.88	5.69

铝合金型材表面处理采用氟碳喷涂，型材表面发射率取0.9。铝质遮阳百叶宽度50mm，长度按幕墙分格宽度，百叶全开时水平间距50mm，铝合金百叶厚度1.5mm，表面银色油漆，太阳吸收系数取0.35。幕墙其他构配件的热工性能参数选取参考《建筑门窗玻璃幕墙热工计算规程》JGJ/T 151—2008 的相关标准。

4. 内、外层幕墙传热系数模拟计算结果

全部节点模拟计算结果见2-4-22。对内、外层幕墙热工性能进行模拟计算，计算结果见表2-4-23。

表2-4-22 内、外层幕墙各节点模拟计算结果

节点编号	框传热 U_w [W/ (m^2·K)]	框宽度（mm）	线传热系数 φ
D001	6.58	194	0.149
D002	3.83	110	0.162
D004	3.55	110	0.171
D006	7.56	115	0.135
D003	3.66	58	0.121
D005	4.21	32	0.113
D006	6.42	53	0.125

表2-4-23 内、外层幕墙热工性能计算结果

类型	传热系数 [W/ (m^2·K)]	遮阳系数 SC	可见光投射比 τ_V
外层幕墙	2.75	0.30	0.45
内层幕墙	6.11	0.89	0.82

根据外层，内层玻璃幕墙的计算结果及南方地区夏季计算条件，按照《建筑门窗玻璃幕墙热工计算规程》JGJ/T 151—2008 的相关计算方法，内循环双层通风玻璃幕墙封闭状态下，遮阳百叶全开、全闭、向室内倾斜45°状态下的计算结果见表2-4-24。

表2-4-24 夏季封闭空腔光学热工计算结果

类型	传热系数 [W/ (m^2·K)]	遮阳系统 SC	可见光投射比 τ_V
遮阳百叶全开	1.19	0.28	0.25
遮阳百叶向室内倾斜45°	1.15	0.20	0.18
遮阳百叶全闭	1.08	0.09	0

四、内循环双层通风玻璃幕墙 CFD 模拟

双层通风玻璃幕墙进风口尺寸为3000mm×50mm，排风口尺寸为3000mm×100mm，进口风速为0.25m/s时，采用前述计算边界条件，以幕墙内表面温度不大于28°作为评价标准，采用美国 ANSYS Inc, 公司的 Fluent6.3 模拟计算软件，对夏季百叶不同工况下双层通风玻璃幕墙通风空腔内流场、温度场进行模拟计算。

1. 百叶全闭状态流场、温度场模拟结果

全闭状态下双层通风玻璃幕墙通风空腔内的内层幕墙侧玻璃室内表面垂直温度分布如图 2 - 4 - 20 所示。

CFD 模拟分析可知，由于遮阳铝百叶全部闭合，使得通风空腔内靠近内层幕墙的空气很难流动，速度几乎为零。在幕墙铝合金框和百叶部位，由于流道横截面减小，使得速度增加为 0.3m/s，出风口风速约为 0.1m/s。内层幕墙外侧空气速度接近为零，使得热量通过空气导热传入室内，内层幕墙室内表面温度均匀，平均为 26.2℃，局部区域由于内铝合金框的热传导，使表面温度最高为 27.8℃。

2. 百叶全开状态流场、温度场模拟结果

全开状态下双层通风玻璃幕墙通风空腔内的内层幕墙侧玻璃室内表面垂直温度分布如图 2 - 4 - 21 所示。由于没有遮阳铝百叶的影响，空腔内空气流速相对百叶全闭状态更加均匀，靠近内层幕墙内侧的空气流速约为 0.1m/s。由于空气流动的影响，通风空腔内空气的温度从下至上依次增加。在遮阳铝百叶全开的状态下，太阳辐射热可通过外层玻璃直接投射到内层玻璃幕墙表面，同时由于空气的对流传热，使得内层玻璃幕墙的室内表面温度由下至上增加，平均温度约为 27℃。

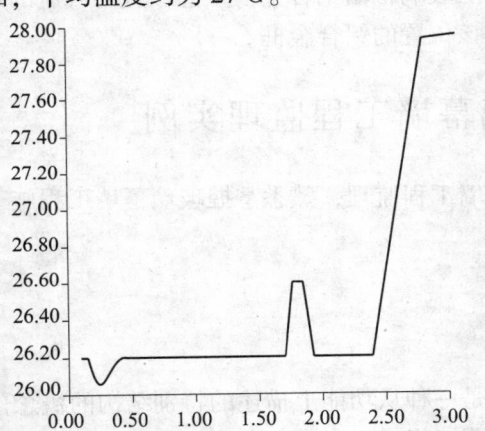

图 2 - 4 - 20　内层幕墙侧玻璃室内
表面垂直温度分布

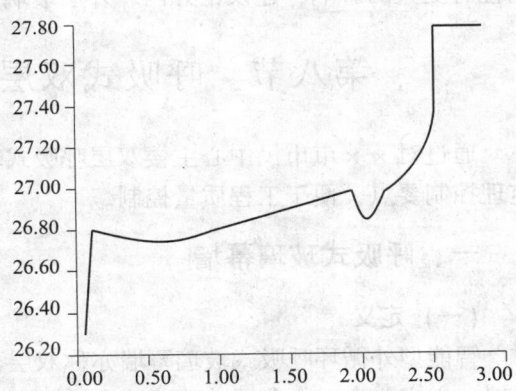

图 2 - 4 - 21　内层幕墙侧玻璃室内
表面垂直温度分布

3. 百叶向室内倾斜 45°状态流场、温度场模拟结果

百叶向室内倾斜 45°状态下，内层幕墙侧玻璃室内表面垂直温度分布如图 2 - 4 - 22 所示。由于遮阳百叶的导流影响，靠近内层幕墙的空气流速约为 0.12m/s。由于空气流动的影响，空气的温度从下至上依次增加。由于遮阳百叶的遮挡作用内层玻璃幕室内表面侧温度分布均匀，平均值约为 26.6℃，局部地区由于内铝合金框的热传导，使表面温度最高为 27.9℃。

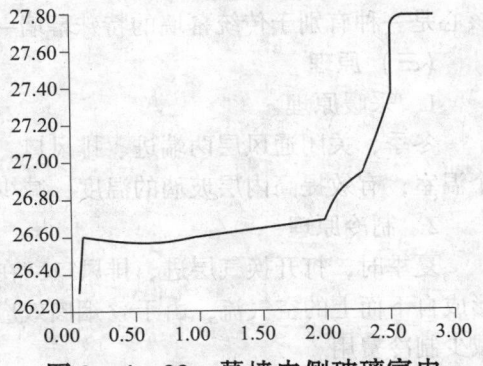

图 2 - 4 - 22　幕墙内侧玻璃室内
表面垂直温度分布

五、结束语

通过对某超高层建筑的内循环式双层通风玻璃幕墙进行热工性能的模拟计算研究，分别对封闭及通风状态下的内、外层幕墙传热系数、遮阳系数以及可见光投射比等参数及对典型工程工况下内置遮阳百叶的遮阳效果进行了 CFD 模拟计算，得出以下主要结论：

（1）夏季空腔封闭状态下铝合金百叶全闭、全开、向室内倾斜 45°三种典型使用情况时，其传热系数小于 1.2W/（m²·K），遮阳系数均小于 0.3。

（2）夏季铝合金百叶全闭、全开、向室内倾斜 45°三种典型状态的内层玻璃室内表面温度均小于 28℃，不会在夏季对人体造成烘烤感，满足室内舒适性要求。以百叶全闭状态，室内最为舒适，但此时影响室内采光。综合考虑遮阳和采光，以遮阳百叶向室内倾斜 45°状态效果为最佳。

（3）排风机的风量取 135m³/h，进口风速为 0.25m/s 的情况下，可以满足双层通风玻璃幕墙热工、舒适感的要求。

（4）由于本项目外层玻璃幕墙铝合金框尺寸较大，空气在腔内易造成紊流，对通风空腔速度的均匀性有一定的影响。特别是在外层与内层玻璃幕墙铝合金框重叠位置对气流的均匀性有更大的影响，建议错开内、外层玻璃幕墙在该位置的铝合金框。

第八节　呼吸式双层玻璃幕墙工程监理实例

通过对××市市民中心主楼双层呼吸式玻璃幕墙工程监理，熟悉掌握玻璃幕墙工程施工监理控制要点，便于工程质量控制。

一、呼吸式玻璃幕墙

（一）定义

智能型外循环呼吸式玻璃幕墙亦称双层幕墙，是一种从功能上描述的特别结构的概念性幕墙，它主要由一个单层玻璃幕墙和一个中空玻璃幕墙组成。

（二）组成

它一般情况下主要有以下几个部分组成：玻璃幕墙系统、通风系统、遮阳系统。其技术核心是一种有别于传统幕墙的特殊幕墙——热通道幕墙。

（三）原理

1. 采暖原理

冬季，关闭通风层两端进、排风口，换气层中的空气在阳光的照射下温度升高，形成一个温室，有效提高内层玻璃的温度，减少建筑物的采暖费用。

2. 制冷原理

夏季时，打开换气层进、排风口，在阳光的照射下，换气层空气温度升高，自然上浮，形成自下而上的空气流，由于"烟囱效应"带走通道内的热量，降低内层玻璃表面的温度，减少制冷费用。

3. 通风原理

另外，通过对进、排风口的控制以及对内层幕墙结构的设计，达到由通风层向室内输送新鲜空气的目的，从而优化建筑通风质量，达到节能减排的效果。

（四） 技术经济效益

采用双层呼吸幕墙的最直接效果是节能，通过热工计算，通风幕墙与普通幕墙相比节约能耗30%。呼吸式双层玻璃幕墙作为生态环保幕墙之一在国际上被广泛应用于工程中。我国从20世纪90年代中期起，先后颁布了一系列有关动态（玻璃）幕墙质量和安全的规范和标准，由于双层玻璃幕墙结构的特殊性，涉及的材料种类多、技术要求高，既要有正确的设计计算、规范的工艺流程，又要求配套的加工设备及高素质的施工队伍和认真负责的专业监理人员。

二、工程概况

（一） 概况

本工程位于××市××新城××路东南侧，由市民中心建设指挥部投资新建，由上海同济大学建筑设计研究院设计，幕墙由深圳市金粤幕墙公司深化设计施工。

（二） 工程规模

市民中心总建筑面积达446881m²，由六座26层弧形主楼、六座R楼、4座"L"形裙房和1座会议中心组成的建筑群体。R楼（钢结构）将六栋主楼在空中连为一体。本监理公司负责监理的是其中三标段工程，幕墙施工单位为沈阳远大铝业工程有限公司施工，包括D、E两座地上26层主楼的办公楼及R5、R6座连廊。D、E座地上总建筑面积约74810cm，屋顶标高109.6m。外墙围护结构，外环为智能型外循环呼吸式幕墙，内环为铝合金金属幕墙内倒窗，山墙为25mm厚的蜂窝金属铝板幕墙。

（三） 幕墙形式

幕墙形式分为三个部分：

（1）外弧立面外皮循环呼吸式通风幕墙系统，该系统是外层横隐竖明的单元式幕墙，与水平装饰面的夹角为80°，玻璃采用8+2SGP+6+12A+6mm厚半钢化Low-E中空夹胶玻璃，立面分格最大为1469mm×3700mm，施工时整体吊装，采用铝合金作为主要的受力体系结构形式，内层内倒平开断热系统，检修过道铺400~500mm宽钢格栅，内、外层幕墙通过铸铝挂件与外层竖框（立柱）的上部进行连接，下部则通过钢格栅与内、外层下横框（横梁）进行连接，从而实现内外层板块的刚性连接。

（2）内弧立面内皮内倒窗及铝合金系统，由内倒窗及4mm铝单板组成。

（3）侧立面开放式25mm厚蜂窝铝板幕墙系统及双层通风玻璃幕墙，立面分格最大为1487mm×2800mm，采用镀锌钢材作为主要的受力体系结构形式。

R楼分为两层：分别是二十三层和二十四层，此二层与主楼相应的层相连接。

三、幕墙工程监理

（一） 施工前期监理要点

（1）监理单位应参加幕墙工程施工合同的谈判、合同起草、修改、审查。

（2）对施工单位单元板块加工基地进行考察，要有相应的铝型材加工、玻璃合片的设备、机具，并满足精度要求；所有的量具要能达到测量相适应的精度，在计量认证的有效期内使用。生产厂家应配合业主、监理机构质检人员的定期、不定期检查。

（3）管理体系的审查。审查施工单位项目管理机构的质量管理体系、技术管理体系和质量保证体系是否能够满足工程施工要求。

（4）对施工组织设计进行审查。重点审查单元板块厂内加工及施工现场安装方案、施工器具和施工顺序，尤其是关键工序的工程质量控制和保证措施。主要包括安装工序、单元板块厂内制作加工和现场的安装、幕墙钢结构的安装、立柱与横梁的安装及位置调整、焊缝防锈措施、板材安装、防火棉安装、防雷系统安装、注耐候密封胶的顺序、成品保护、安全保证体系，应急预案，R 廊脚手架搭拆和吊篮施工等专项方案及施工总进度计划等。

（5）编制监理细则。根据工程验收规范和实际要求，结合工程专业特点，编制符合监理规划要求及具有可操作性的监理实施细则。

（6）图纸会审与设计交底。重点审查设计图纸是否符合国家强制性条文规定和技术规范要求，设计是否满足安全、合理、技术先进的原则；施工是否方便、合理、节约。同时设计单位对重点部位的设计意图、技术要求、难点及质量保证措施要求应向施工单位和监理单位清楚交底。

（二）材料监理要点

审查进场原材料。所有材料均应符合国家有关材料质量的标准和有关规定，严格按照材料质量标准进行采购和验收。为保证工程质量，幕墙材料应该符合设计要求及国家现行产品标准。材料质量的检验方法主要有书面检查、外观检验、抽样复检三种方法。

（1）玻璃选用优质品牌产品，所有玻璃均为安全玻璃，且符合《建筑用安全玻璃 第 2 部分：钢化玻璃》GB 15763.2—2005 的质量要求。

（2）铝合金型材应符合《铝合金建筑型材》GB 5237—2008 中规定的高精级，隔热型材用的铝合金型材，应符合 GB 5237.2～5237.5—2008 的相应规定。其化学成分符合现行国家标准《变形铝及铝合金化学成分》GB/T 3190—2008。其隔热材料应符合《铝合金建筑型材 第 6 部分：隔热型材》GB 5237.6—2012 的规定。不可见光铝合金型材表面采用粉末喷涂处理，可见光铝合金型材表面采用氟碳喷涂烤漆，三涂二烤，干膜平均厚度 ≥40μm，最小局部膜厚度 ≥34μm，均符合《铝合金建筑型材》GB 5237—2008 中规定的高精度要求和工程技术规范的规定。足够的耐候性和耐久性，要求玻璃幕墙所使用的阳极氧化膜厚度不应低于《铝及铝合金阳极氧化膜与有机聚合物膜》GB/T 8013—2007 中规定的 AA15 级，其指标为：最小平均膜厚 15μm，最小局部膜厚 12μm。经过阳极处理的铝合金型材表面颜色基本均匀，不允许有腐蚀斑点、电焊伤、黑斑、氧化膜脱落等缺陷。

（3）玻璃幕墙所用结构胶在使用前必须对幕墙工程选用的铝合金型材、玻璃等与硅酮结构密封胶接触的材料做相容性试验和黏结剥离性试验，试验合格后方能投入使用。

（4）铝单板符合国家标准《一般工业用铝及铝合金极、带材》GB/T 3380—2012 要求，铝板表面采用氟碳喷涂烤漆，（三涂二烤），氟碳树脂含量不低于 75%，涂层厚度大于 40μm。

（5）密封垫采用模成型高密度三元乙丙制品，密封胶条采用三元乙丙制品，符合现行国家标准《工业用橡胶板》GB/T 5574—2008 的有关规定。

（6）不锈钢紧固件：除特殊要求外，性能等级为 A2－50；镀锌钢紧固件：除特殊要求外，性能等级为 4.8 级。

（7）其他材料及上述材料详细要求应符合图纸及国家技术规范。

（8）所有建筑材料在采购前应先送样品（附材料产品合格证和质量保证书），样品经监理方、业主方及设计方确认与招标要求一致后封存，并经业主书面签证确认，大批量供应时应与样品一致，并经相关部门检验合格后方可使用。

（三）施工阶段监理要点

幕墙施工监理主要包括：测量放线、埋件处理、转接件安装、龙骨安装、层间封修、避雷安装、框架幕墙龙骨安装、饰面安装及注胶监理验收，单元幕墙施工监理主要包括：测量放线、埋件处理、转接件安装、单元板块吊装监理验收。施工阶段的监理是保证整个玻璃幕墙工程质量能否达到预期效果的关键阶段。幕墙施工阶段的监理要点是采取巡查、抽检控测，上道工序不合格不得进入下道工序施工的原则。重点抓住单元板块制作与安装、钢龙骨的制作与安装、后置埋件和转接件的安装、耐候胶密封打胶等。

（1）单元板块加工制作监控要求：单元板块加工制作应在专业生产车间内进行，加工设备和量具必须定期进行检查和计量认证，满足加工精度要求。玻璃加工合片应在专业厂家生产车间内完成。幕墙构件加工车间要求清洁、干燥、通风良好，温度也应满足加工制作的需要，夏季应有降温措施。对于结构硅酮密封胶的施工车间除要求清洁无尘外，室内温度应控制在 15~30℃ 之间，相对湿度应在 50% 以上，并应有足够的加工成品养护空间。监理检查验收书面资料和观感质量及实测实量检查。书面资料主要检查出厂合格证和单元板块组装质量检查表等。观感质量主要检查螺钉的数量、防虫网的牢固美观、两端连接处封胶密封、泌水孔开孔、密封胶条固定、综合观感（色泽均匀、接缝拼角顺直、整体洁净）。实测实量项目包括铝合金主材表面质量、每平方米玻璃表面质量、外框质量。铝合金主要测量壁厚（≥3mm）、接缝高低差（≤0.5mm）、接缝间隙（≤0.5mm）、框面划伤（≤4 处总长≤150mm），玻璃表面质量主要测量划伤（≤±1.5mm）、对角线长度（≤±3.5mm）、组件平面图（≤1.5mm）。监理工程师应驻厂监理。

（2）现场安装监理重点是埋件安装质量，转接件安装质量，铁件除锈防腐处理（现场焊接或高强螺栓紧固后，应及时进行防锈处理），框架安装质量，饰面安装质量。与铝合金接触的螺栓及金属配件应采用不锈钢制品。

（3）测量放线、埋件处理、转接件安装、通风系统组件等应符合设计和规范要求。

（4）外层单元幕墙位置的单臂吊机的部位。施工现场为外循环呼吸式通风幕墙，外层单元幕墙面距主体结构面约 400~500mm，在通风系统组件安装完毕后，可以利用其进行单元幕墙的吊装，为保证施工进度，单元幕墙板块要从楼体内吊出，因此部分施工要注意其通风组件的成品保护。由于此部分结构复杂，施工难度大，因此是本工程监理重点。

（5）为保证幕墙与主体结构连接牢固可靠，幕墙与主体结构连接的预埋件应按设计要求与主体结构施工同时施工埋设。当预埋件漏放，预埋件偏离设计位置或设计变更，采用后置埋件（膨胀螺栓或化学螺栓）时应符合设计要求并应进行现场拉拔试验，达到设计要求强度，验收合格才能使用。

（6）耐候密封胶：在胶使用前，必须检查耐候密封胶的有效期是否过期（超出有效期限严禁使用）、品牌和颜色是否与合同及招标文件相符。打胶中控制胶的厚度和胶的宽度，并在气候允许条件下施工。一般施胶温度 5~35℃ 下进行。

（7）测量放线应与主体结构测量放线相配合。水平标高要逐层从地面引上，以免造成误差的累积。由于建筑物随气温变化产生侧移，所以测量应在每天定时进行，测量时风力一般不应大于 3 级。

（8）施工单位按要求对工序进行自检验收，隐蔽工程验收在自检合格基础上，并具有自检记录和相关资料后，用书面及时报送监理部，经验收合格后方可进行后续工序施工。

（9）检查幕墙的防火除应符合现行国家标准《建筑设计防火规范》GB 50016 的有关规定外，还应符合下列规定：应在楼板处形成防火带；防火层应采取隔离措施；防火层的衬板应采用经防火处理且厚度不小于 1.5mm 的钢板；不得采用铝板；防火层的密封材料应采用防火密封胶；防火层与玻璃不应直接接触，一块玻璃不应跨两个防火分区。

（10）玻璃安装施工应对下列项目进行隐蔽验收：构件与主体结构连接点的安装；幕墙四周，幕墙内表面与主体结构间隙的安装；幕墙防雷接地节点的安装；层间防火材料安装；其他按玻璃验收规范规定须进行隐蔽验收的项目。

（四）验收阶段监理要点

幕墙施工单位在完成合同约定的工作内容，并自检合格，经总包、监理复查同意，并在相关部门共同参加下完成实体功能检测，达到设计和规范要求，可申请工程验收。业主按国家和行业现行规范标准、地方规定、工程验收程序组织验收。

工程验收时应检查下列文件和施工记录：①设计竣工图及材料代用等文件；②幕墙工程所使用的各种材料、五金配件、构件及组件的产品合格证书、性能检测报告、进场验收记录和复验报告等；③幕墙工程所使用的硅酮结构胶的认定证书和抽样合格证明，进口硅酮结构胶的商检证，国家制定检测机构出具的硅酮结构胶相容性和剥离粘接性试验报告；④幕墙的抗风压性能、空气渗透性能、雨水渗透性能及平面变形性能检测报告；⑤打胶，养护环境的温度、湿度记录，双组分硅酮结构胶的混匀性试验记录及拉断试验记录；⑥后置埋件拉拔试验；⑦保温材料的导热系数、密度；⑧幕墙玻璃的可见光投射比、传热系数、遮阳系数、中空玻璃露点；⑨断热型材的抗拉强度、抗剪强度；⑩防雷装置测试验收记录；⑪隐蔽工程验收记录；⑫现场淋水检查记录；⑬工艺评定记录；⑭施工安装自检记录、分项及检验批认可记录；⑮其他相关资料。

幕墙作为围护结构首先要承受自身重力、风力、地震和温度的作用，其安全与质量是首要因素，而且还要满足建筑艺术和使用功能的要求，因此幕墙材料、制作、施工都要严格技术要求。×××市民中心幕墙工程具有独特的风格和特殊性，各个阶段监理的质量控制主要以事前控制和事中控制为主，作为本专业的监理人员，必须全面详细地熟悉本工程各类型幕墙的整个施工工艺流程，抓住关键环节，开工前确定质量控制目标和检验标准，监督施工单位严格遵守和执法，最终达到预期质量控制目标。

第五章 光伏玻璃幕墙

第一节 概 述

太阳能光伏发电技术，由于其具有模块化、安静、环保等优点，可以满足将来人们对可持续能源的需求，因此受到各国的重视。对于幕墙设计师和施工人员来讲，更关注的是太阳能光伏技术在幕墙工程上的应用细节。

一、清洁能源的目标

众所周知，能源是人类社会得以生存和发展的基础，但地球上的能源并不是取之不尽、用之不竭的，能源危机的阴影一直笼罩着人们。传统的能源生产是以无限消耗地球上的自然资源，同时，有的是以污染人类生存环境为代价的。找到一种既不无限消耗地球资源，又不会污染人类环境且用之不竭的能源，即它是可持续发展和可持续利用的能源一直是人类追求的目标。所以如何把太阳能无污染地转换成可利用能源，就成为能源界及各个行业发展的目标。

建筑行业是与人们生活息息相关的。随着科学的进步，建筑材料和环保节能行业的科研人员在研制环保节能型建材的同时，开始思考更为先进的能源生产型建材。为此，在确定建筑材料的研究和发展方向时，科研工作者需考虑他们研制的建筑材料在满足其建材基本要求的同时，还能够生产维持建筑物运转所需要的宝贵能源，此类建材才应该是建筑材料的发展方向——能源生产型建材。

建筑装饰幕墙作为建筑物的外围护结构长期处于太阳的辐射之中。但迄今为止，建筑幕墙技术所考虑的问题仍局限于冬天最大限度地利用太阳的热能，而夏天则千方百计进行遮阳以降低制冷的能耗。但究竟如何利用太阳能，还未被广泛应用于实际工程中。展望未来，21世纪是绿色环保的世纪，如何充分利用光电技术，推广应用光伏玻璃幕墙，仍是努力的一个目标。

二、我国利用太阳能的国策

1995年11月，原国家计委、国家科委、国家经贸委制定并颁发了《1996—2010年中国新能源和再生能源发展纲要》。《纲要》把太阳能发电技术的开发利用作为新能源发展的重点之一。发展高效率、低成本多晶硅太阳能技术，攻关与引进相结合，建成一条年生产能力为兆瓦级的生产线；提高单晶硅太阳能电池组件的效率，降低生产成本，发挥现有生产能力，满足市场需要。

1996年电力部提出了"1996—2020年太阳能发电发展规划设想"。

1999年4月，中国"光明工程"第一期行动计划出台。计划到2010年，利用风力发电和太阳能发电技术解决2300万边远地区人口的用电问题。同时，还将解决地处边远地区的边防哨所、微波通信站、公路道班、输油管线维护站、铁路信号站的基本供电问题。

2001年7月，北京申办2008年奥运会成功，"绿色奥运"是我们申办的重要口号之一。

在奥运场馆和设施中利用太阳能作为电力供应是绿色奥运的一个重要标志。奥运会的30多个新建和改建的场馆中，大量采用玻璃幕墙和采光顶，其中将有相当数量的光伏玻璃幕墙。

光伏玻璃幕墙是前卫性的建筑产品，需要国家经济政策的扶持、支撑、引导才能苗壮成长。从长远利益出发，太阳能是人类的最终能源，而且也是最干净的能源，它不会带来任何副产品或污染物。同时由于世界人口膨胀、能源危机、环境恶化，都将步入以太阳能为主导地位的发展阶段。

三、光伏建筑一体化发展现状

（一）国外发展现状

太阳能电池分为单晶体、多晶体、无定型晶体等3种类型。除发电这项主要功能外，光伏玻璃幕墙单元还具有隔热、隔声、安全、装饰、和谐环境等功效。

利用太阳能发电的优势是很明显的，太阳能电池发电不会排出 CO_2 或产生对温室效应有害的气体，也无噪声，是一种可持续发展的干净能源，与环境有着很好的相容性。某些研究资料显示，建筑物外表面具有成为未来干净能源的巨大潜力。太阳能发电技术可帮助解决建筑业的各种挑战。

国际能源机构组织了15个国家的光电专家开展了代号为"Task16"太阳能发电项目的研究，其目标是经过5年努力，使太阳能发电与建筑结合最佳化。其他许多国家也都在大力研究开发并取得了不少发展和进步。

1. 美国

1979年，美国太阳能联合设计公司（SDA）在能源部的支持下，第一个研制了面积为 $0.9m \times 1.8m$ 的大面积光电组件，建造了户用屋顶光电检验系统，并于1980年在MIT建造了有名的"Carlisle House"。屋顶装有7.5Wp光电组件，除了供电外，还提供热水和制冷。1984年，能源部资助乔治城大学在商业建筑上建造了300kWp屋顶光电系统，此后，各州纷纷建立户用或商业屋顶光电系统。

1993年6月，美国能源部和国家可再生能源实验室等签订了5年合同，实施"PV：BONUS"项目，耗资2500万美元发展与建筑相结合的光电产品。具体产品包括Solarex公司的建筑玻璃幕墙光电器件和ECD公司的大型屋顶光电组件等。

为了促进美国光伏产业快速发展，为了节省能源，减少温室气体排放量，加快推广应用太阳能的步伐，美国时任总统克林顿1997年6月26日在联合国环境与发展特别会议上宣布美国将实施"百万太阳能屋顶"计划，提出空前宏伟的目标：到2010年要在全国范围的住宅、商业建筑、学校和联邦政府办公楼屋顶上安装一百万套太阳能系统，包括光伏幕墙系统和太阳能集热器，可以供电和供应热水。届时，安装的光电组件总量将达到3025MWp（1996年全球光电组件产量只有90MWp），由此产生的电力相当于3~5个燃煤火力发电厂，完成后每年可减少 CO_2 排放量351万吨（相当于现在85万辆汽车的尾气排放量）。1997年，美国开始新建5个太阳能电池生产厂，1998年至少新建6个。为此，1998年财政年度美国政府的光电研究经费增加30%。目前，美国已有18个州通过立法大力推进太阳能的利用。

2. 日本

在过去近50年中，日本对光电与建筑相结合表现了很大的热情，政府资助一些大学和公司进行开发研究。如三洋电气公司推出了几种非晶硅电池与建筑材料相结合的产品。

在20世纪80年代后期，日本新能源与能源产业技术综合开发机构（NEDO）资助建造了100套2kWp户用联网光电系统作为检验和示范，1991年又建造了100套2kWp光电系统。

1994年1月，通产省（MITI）公布"朝日"七年计划，即1994年推广户用联网光电系统700户、1995年1500户、1996年2000户，至2000年达到16.2万户。总容量为4年中补助逐渐降到零。1997年，通产省又公布执行"七万"屋顶计划，为此1997年财政年度投入了11.1亿日元补贴，安装了37MWp屋顶光电系统。从1998年4月起到1999年3月财政年度，政府投资增加13%。

3. 德国

1990年首先开始实施"1000屋顶计划"，在私人住宅屋顶上推广容量为1～5kWp的户用联网光电系统，至1994年已安装完成2500套，总容量超过4MWp，政府为此项补贴超过1亿马克。

1993年，巴伐利亚环境署大楼安装了非晶硅组件做建筑材料的光电系统，包括朝南的窗户，总容量为53.4kWp。

目前世界上最大的太阳能屋顶光电系统安装在新慕尼黑贸易展览中心，该系统由7812块西门子单晶硅组件组成方阵，每块功率130Wp，总容量超过1MWp，所发电力与20kV电网相连，每年能发电100万kW·h，足够340户德国家庭使用。

4. 印度

印度近年来大力推广应用太阳能，已取得了很大成绩。全国已有40万套光电系统用于多种应用领域，据称，已成为继美国之后的第二大单晶硅太阳能电池生产国。并且政府正在组织一些研究和生产机构开展光电电器元件与建筑相结合的研究开发。1997年12月18日，印度政府公布到2002年要在全国范围内推广150万套太阳能屋顶，规划雄心勃勃。

5. 其他国家

还有许多国家在大力推广屋顶光电系统和研制与建筑相结合的光电器件。如意大利今年开始执行"全国太阳能屋顶计划"，第一阶段拨款19亿里拉，在大、中学校和公共建筑屋顶上安装20套太阳能设备，同时政府为私人安装给予补助。整个计划总投入为5500亿里拉（折合3亿美元），到2002年安装光电组件总容量将达到50MWp。澳大利亚政府为成功举办2000奥运会，由BP太阳能公司在运动员村安装总共665套、每套1kWp的屋顶光电系统，使悉尼运动员村成为世界上最大的居民光电小区。国际能源组织（IEA）于1991年和1997年相继两次启动建筑光电集成计划，计划的实施对建筑光电集成起了重要的开拓和推动作用，专家预测，未来光电产业发展的年增长率在20%～30%，按照指数增长核能。第二届世界太阳能光电会议主席Jurgen Schmidt说：作为全球一种能源，太阳能发电在下世纪前半期将超过核电，是2030年还是2050年的最后几年超过，只是个时间问题，视不同的国家的国力而异。

太阳能发电产业在20世纪90年代平均以15%的年增长率发展，1997年、1998年两年增长率高达30%～40%。多年来，太阳能发电产业一直是世界增长速度最快和最稳定的领域之一。预测今后10年太阳能发电组件的生产将以20%～30%甚至更高的递增速度发展。快速发展的屋顶计划、各种减免税政策、补贴政策以及逐渐成熟的绿色电力价格为太阳能发电市场的发展提供了坚实的基础。市场将逐步由边远地区和农村的补充能源向社会的替代能源过渡。预测下世纪中叶，太阳能发电将成为人类的基础能源之一。

（二）国内发展现状

我国太阳能发电技术经过近 50 年的努力，已具有一定的水平和基础。到 2012 年底，已建成 84 个初具规模的太阳能电池专业生产厂家，太阳能发电组件的能力为 525MW。其中单晶硅电池 305MW，非单晶硅电池 220MW。

我国光电产品的主要产品是单晶硅和非单晶硅电池，多晶硅电池只有少量的中试产品。单晶硅电池主要是直径 100mm 的圆片，产品组件的转换率为 11%～13%，由 36 片电池串联成的组件功率为 37W 左右。个别工厂可以生产 100mm×100mm 的准方片单晶硅电池，但受到现有设备条件的限制和在成本上的考虑，未进行正式生产。目前，只有北京有色金属研究总院有一条中试线生产准方片单晶硅光电产品。非单晶硅光电产品组件的最大面积为 305mm×915mm，转换率为 5%～6%，功率为 11～12W，为单晶硅电池。多晶硅光电产品组件中试产品转换率为 10%～11%。

1998 年我国太阳能电池的产量为 2.3MW，其中单晶硅电池组件为 1.8MW。非晶硅太阳能电池组件为 0.5MW。1998 年从国外进口单晶硅太阳能电池及组件约 300kW。1998 年我国单晶硅太阳能售价为 5.00～6.00 元/kW。2008 年单晶硅太阳能售价 3.85～4.12 元/kW，2014 年单晶硅太阳能售价为 2.84～3.65 元/ kW。可以看出，与国外相比，无论是在太阳能电池组件，还是太阳能发电系统，在研究开发水平、产业化规模、商业化程度上均有很大的差距。

随着改革开放的深入进行，太阳能电池生产线的引入，太阳能电池价格下降，产量飞快提高，应用领域不断开辟，市场大为拓展，已经拓展到通信、交通、石油、气象、国防、农村电气化以及民用等国民经济的各类不同领域，太阳能发电用量每年以 20% 以上的速度递增。到 2014 年底，中国太阳能电池的累计用量已达到 713.2MW。

第二节　光伏玻璃幕墙分类

目前，国内最大的敦煌光伏电站正在加紧建设，发电能力 10MW；世界最大的内蒙古自治区鄂尔多斯光伏电站预计 2019 年全部建成，总功率达 2000MW，光伏板总面积将超过 2000 万 m^2。这些电站光电板陈列建在地面上，除发电外没有建筑功能，不属于光伏建筑的范围。

除了这种专用光伏电站外，光伏技术应用的另一条途径是量大面广，相对分散的一体化光伏建筑。光伏建筑的发电部分与建筑是有机的整体，也是建筑的组成部分，通常要求同时设计，同时施工。

近年来，光伏发电技术已经开始在建筑工程中得到了应用，不少项目采用了光伏玻璃幕墙和光伏玻璃采光顶。目前我国光伏基础产业正急速发展，加之国家出台了一系列鼓励采用光伏技术的政策规定，幕墙行业在工程中采用光伏产品的积极性不断高涨，业主也大力支持，一个光伏发电技术应用的新高潮正在形成。

从光伏板陈列与建筑物的关系来区分，光伏玻璃幕墙可以分为分离式和合一式两种。目前国内两种方式都有应用。

最近，也有一些建筑同时采用两种方式而成为混合式光伏玻璃幕墙。

一、分离式光伏建筑幕墙

（一）分离式光伏建筑概念

分离式光伏建筑中，光伏板陈列靠近主体建筑或在屋顶上设置，虽然它是整个建筑的有机组成部分，但它有自身的支承结构体系，光伏板仅仅作为产能装置，不作为建筑的围护结构，建筑物还要另设建筑幕墙、门窗、屋面采光顶或者建筑本身不需要围护结构。

（二）分离式光伏建筑特点

1. 优点

采用这种体系设计和施工都比较简单方便，避免了幕墙和采光顶的建筑功能受到干扰。设计光伏板系统时只需考虑光电系统本身的要求，不用兼顾作为建筑幕墙和采光顶所必需的光学、热工、防水、密封等种种复杂的要求，可以合理选择朝向，最大限度地发挥其发电功能，达到最佳的光电转换效果。光伏系统容易维护，修理，更换，不用担心影响建筑幕墙和采光顶受到影响；而建筑幕墙和采光顶破损时只要更换普通板块，与光伏系统无关，不会影响房屋的供电。加之光伏板与各个建筑本身关系不紧密，可以规格化，成批流水线生产，成本较低。

2. 缺点

其缺点是造价较高，分离的光伏陈列有时还要占用额外的建筑面积。

（三）分离式光伏建筑工程实例

江苏皇明太阳能公司在其办公楼的顶部和正面设置了独立的弧形光伏板陈列，尽显"太阳"这一个主题。作为建筑物顶部的建筑部件——围栏和架空地面，它们的主要功能是发电，不作为围护结构，但它们是建筑物不可分割的部分，是光伏一体化建筑。

北京净雅大酒店的光伏 – 多媒体幕墙是产能 – 节能幕墙应用的一个典型。酒店整个正面都由光伏板材遮盖，白天发出的电能储存在电池内，晚上对多媒体幕墙的 LED 光源供电。这一幅幕墙面积达 2200m^2，由 2300 块光伏板组成。竖向布置的钢架单独支承面板，离开主体建筑。面板无须密封，所以可以按照建筑设计要求成叠瓦状布置，开敞式板缝。

除大陆外，我国台湾省也建造了一些分离式光伏建筑，如台湾电力公司的开放式展览馆，四周无墙，屋面是独立的发电采光顶。

最近举行的台湾省高雄世界运动会会场采用了光伏屋顶，共使用了 8800 块光伏板，输出功率 1.0MW。

二、合一式光伏建筑幕墙

（一）合一式光伏建筑概念

合一式光伏建筑与分离式设置不同，光伏板本身就兼作围护结构的面板。

（二）合一式光伏建筑特点

1. 优点

由于只有一层面板，一套支承结构，施工简化，材料节省，也提高了建筑面积的使用率。

2. 缺点

但这样一来，玻璃夹层板就要具有两重功能：一方面作为幕墙板和采光顶板件，要具有透光、遮阳、防水、密封、隔音和热工性能；另一方面，作为光伏板，要满足超白、小变形和电工方面的要求。有时候这两方面的要求互相矛盾，就会产生设计或施工的困难。如当保温要求采用中空玻璃采光顶时，从安全方面考虑，内侧（下侧）玻璃应为夹层夹胶玻璃，单片钢化玻璃放在外侧（上侧）；而作为光伏板，夹有光电池的夹层夹胶玻璃应放在外侧、上方。这样一来只得采用双夹胶中空玻璃来同时满足两者的要求，幕墙本身的造价要增加。而且如果要更换损坏的幕墙、采光顶板块，就会牵涉电路上的一些问题，比较麻烦。此外，光电板的遮挡、美观等问题要与建筑设计方面协调，光伏板的布置和朝向不能随意选取，无法发挥最大的光电转换效果。由于和具体的建筑外观设计联系在一起，光伏板型号、规格很多，难以批量生产，生产成本高，周期长。

（三）合一式光伏建筑工程实例

现在合一式光伏建筑在国内应用迅速增长，幕墙厂家也在大力推广这种形式。最早的工程如深圳方大幕墙公司办公楼，光伏板同时为采光顶面板。最近汕头金刚光伏公司办公楼也是这种形式，采用光伏采光顶面板。

北京南站屋面有 3500m² 的光伏板，输出功率 300kW。国家体育馆屋面有 2500m² 光伏板采光顶，输出功率 200kW。2010 年上海世界博览会主题馆的屋面使用了 30000m² 的光伏面板，输出功率达 2.57MW，年发电量为 250kW·h，这是目前世界最大面积的光伏屋面单体建筑。

威海市市民文化中心采用非晶硅薄膜光电池，面积 6030m²，输出功率 275kW。

无锡尚德公司的光伏斜墙面积达 7600m²，发电功率为 1MW，年发电量为 76 万 kW·h。这是目前国内已建面积最大单个太阳能发电板陈列。光伏板斜墙安装在办公楼前面，由水平、竖向和斜向组合钢管构件支承。这些构件与主体结构相连接，水平荷载要传递到主体结构上，主体结构外墙另做玻璃幕墙封闭。

最近完工的火车站也广泛采用合一式光伏建筑采光顶。如呼和浩特车站，光伏板 1000m²，输出为 85kW。如青岛火车站光伏采光顶屋面，光伏板 2000m²，功率 103kW。

不仅大型公共建筑，光伏幕墙现在也广泛应用于许多办公和旅馆建筑。如保定硅谷锦江光伏工程，其光电池直接夹入窗玻璃板内。

在工程应用过程中，我国的合一式光伏建筑又有了自己的创新，如长沙中建大厦（高度 99.4m）的光伏电池是安装在玻璃百叶上，把发电与遮阳功能有机地结合在一起，很有创意。光伏玻璃总面积 2000m²，年发电量 22 万 kW·h。玻璃百叶前玻 6mm 超白，后玻 6mm 镀膜，总厚度 36mm。百叶 45°斜放，间隔 20mm。

（四）合一式光伏建筑发展趋势

如图 2-5-1 所示，广州电视塔将光伏幕墙设置到了全世界最高的创纪录高度 460m，在最高的第五段幕墙顶部标高为 450m 至 460m 的区段，布置了 1078m² 的光伏板，共四组 360 块，总功率为 18kW。由于是环形布置，只有三分之一的光伏板受到阳光照射，加之外围柱子遮挡，同一时刻直接受阳光照射的光伏板并不多。好在本工程采用非晶硅薄膜电池，

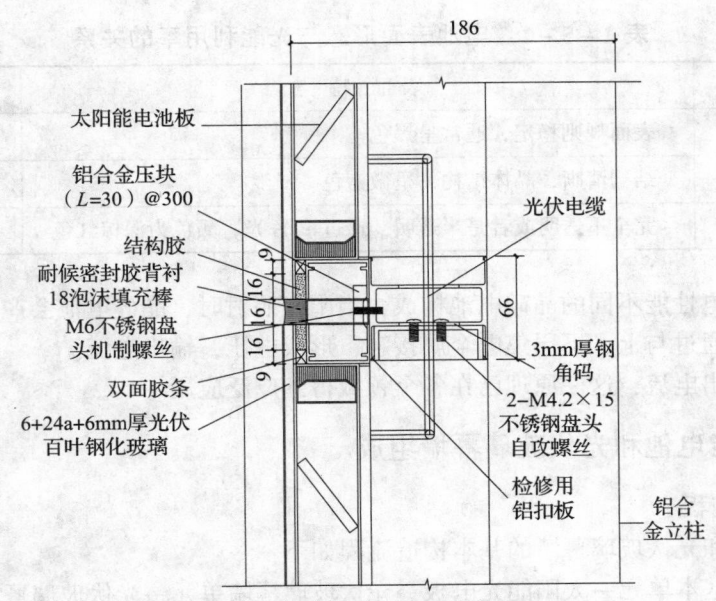

186

太阳能电池板

铝合金压块
（L=30）@300

结构胶
耐候密封胶背衬
18泡沫填充棒
M6不锈钢盘
头机制螺丝
双面胶条
6+24a+6mm厚光伏
百叶钢化玻璃

光伏电缆

3mm厚钢
角码
2-M4.2×15
不锈钢盘头
自攻螺丝

检修用
铝扣板

铝合
金立柱

图 2 – 5 – 1　光电池装在玻璃百叶中

弱光下也有一定的电力输出。虽然总功率不算大，但是通过这个工程的实践，为特殊、超高、极端气候条件下工作的光伏玻璃幕墙创造了新的经验。

双层通风玻璃幕墙也可以在外层布置光伏板件，形成双层玻璃光伏幕墙。如上海越洋大厦，双层玻璃幕墙的外层采用了 $173m^2$ 的光伏板，输出功率 20kW。

我国的光伏建筑刚刚起步，有着广阔的发展前景。对于各种形式的光伏建筑系统，还有一个深化认识、不断探索的过程。将在工程实践中不断总结经验，创造符合我国国情的光伏玻璃幕墙设计与施工的成套技术，为绿色节能建筑环保做出贡献。

第三节　光伏玻璃幕墙原理及系统组成

一、光伏玻璃幕墙基本原理

（一）光电原理

1893 年，法国物理学家 A·E·贝克威尔观察到，光照使浸入电解液的锌电板产生了电流，将锌板换成带铜的氧化物的半导体效果更明显，这种光电现象在摄影领域得到了广泛的应用。

1954 年，一个美国研究小组发现，从石英 SiO_2 中提取出来的不溶于水、不与酸起反应的硅板，在光的照射下，产生了电流，并且硅越纯，其电流作用越强。于是利用此原理，制成了光电板。光电板首先被用在宇宙航行上。

（二）光电板结构

光电板的最小单元是硅晶电池，根据其表面结构不同，硅晶电池分为单晶硅电池、多晶硅电池及非晶硅电池，并且因其表面形态不同导致其光能利用率也有很大的差别。见表 2 – 5 – 1。

表 2 – 5 – 1　电池表面形态与光能利用率的关系

电池种类	表　面　特　点	利用率（%）
单晶硅电池	表面规则稳定，通常呈黑色	14 ~ 16
多晶硅电池	结构清晰，晶体结构，呈微蓝色	12 ~ 14
非晶硅电池	完全不透明或者是半透明，透过12%光，颜色为深棕红色	4 ~ 5

光电板由导电性能不同的晶硅电池构成，当阳光照射时，晶硅电池会产生带电粒子，在层间形成电场，通过与上、下层集电金属接触，形成电压，输出电流。

光电效应发出电流，这一原理已在各个领域得到广泛应用。

二、太阳能电池和光伏玻璃幕墙组成

（一）构造流程

太阳能电池和光伏玻璃幕墙的基本构造流程如下：

太阳能电池基本单元→太阳能光电板→光伏玻璃幕墙单元→光伏玻璃幕墙。

（二）构造组成

1. 太阳能电池基本单元

太阳能电池基本单元的硅光电池，由单晶硅片、多硅晶片和无定形硅晶片构成。

2. 太阳能光电板

多个太阳能电池通过导线连接，组成太阳能光电板，可以使每个阳光电池的微弱电流集中，形成有实际使用价值的较强电流。

3. 光伏玻璃幕墙单元

将足够大面积的太阳能光电板封装在两片透明玻璃之内，并将引线引出，就形成光伏玻璃幕墙单元。

4. 光伏玻璃幕墙

将若干光伏玻璃幕墙单元组装到幕墙框架或支承钢结构上，形成整幅的光伏玻璃幕墙，它包含了无数个阳光电池基本单元，能聚集到足够大的、有使用价值的电流。

三、光伏玻璃幕墙系统

实际有用的光伏玻璃幕墙系统由各种太阳能板（如屋面太阳能板、玻璃幕墙太阳能板、窗下墙太阳能板等）在阳光照射下产生直流电，汇集成足够大的电流，直流电无法适应现有的办公和家庭用电设备，也无法与市电兼容，长途输电费用又贵，所以必须通过变流器转换为交流电。

光电目前产生的电流无法贮存，当夜晚和阴雨天无法直接利用光伏玻璃幕墙的电力时，还要由市电供电，因此光伏玻璃幕墙不可能单独作为供电电源，只能作为市电的补充和调峰，起削峰填谷、平衡负荷的作用。

当然，在边远地区、边防哨所架设市电供电线路成本太高，或无市电可用时，光伏玻璃幕墙的供电会成为唯一的大电流电源，也就不存在与市电联网。所以除了光电板外，幕墙系统中还包括集电器、变压器等电力设备。

四、光电池和光电板的生产工艺

(一) 生产工艺流程

太阳能光伏电池的生产工艺流程：

硅片制备→单 (多) 晶硅片制成太阳能电池→太阳能电池封装成太阳能电池组。

(二) 生产组装步骤

太阳能光伏电池的生产组装标准工艺可分为以下几个步骤：

1. 硅片制备

制造单晶硅太阳能光伏电池在工业中常采用如图 2 - 5 - 2 所示的直拉工艺。在坩埚中将半导体级多晶硅熔融，同时加入微量的器件所需要的掺杂剂，对太阳能光伏电池来说，通常用硼 (P型掺杂剂) 在温度可以精细控制的情况下用籽晶从熔融硅中拉出大圆柱形的单晶硅，在实际的工业生产中为了降低成本，目前主要是使用半导体工业所产生的次品硅 (单晶或多晶硅头料) 作为投炉料，但所得硅锭的纯度也需要达到一定水平标准才能获得良好效率的电池。一般这种供太阳能光伏电池用的次品硅料占半导体工业所生产硅料的 10%。

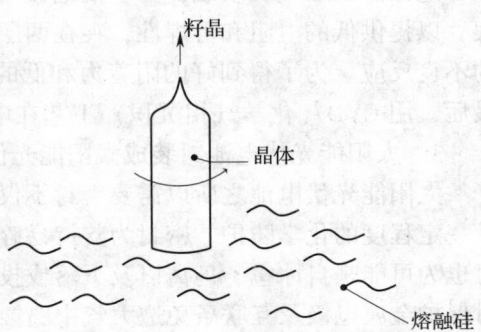

图 2 - 5 - 2 生产大圆柱单晶硅的
直拉工艺示意图

制造多晶硅太阳能电池一般是采用铸锭方法制成的，包括了定向凝固法和浇铸法。定向凝固法是将硅料放在坩埚中加以熔融，然后将坩埚从热场逐渐下降或从坩埚底部向上移动而形成晶锭。浇铸法是将熔化后的硅液从坩埚中倒入另一模具中形成晶锭。

太阳能光伏电池仅需 $100\mu m$ 左右的厚度就足以吸收阳光中波长合适的大部分成分，因此单晶硅应切成尽可能薄的硅片。目前采用多线切割技术将大晶体切成 $300 \sim 500\mu m$ 的硅片，电阻率为 $0.5 \sim 5.0\Omega \cdot cm$。

2. 单 (多) 晶硅片制成太阳能光伏电池

硅片腐蚀 (为了消除切片过程中产生的损伤) 并清洗之后，用高温杂质扩散工艺有控制地向硅片中掺入另外的杂质。将硼加到直拉工艺的熔料中，生产出 P 型硅片，为了制造太阳能光伏电池，必须掺入 n 型杂质，以形成 P - n 结。磷是常用的 n 型杂质。掺磷工艺如图 2 - 5 - 3 所示，载气通过液态磷酰氯，混入少量的氧后通过摊放有硅片的加热

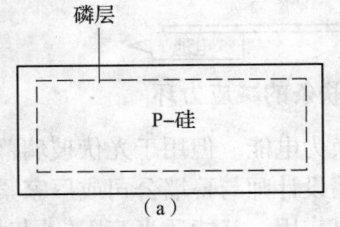

(a)

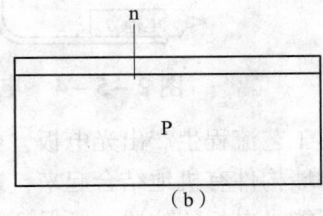

(b)

图 2 - 5 - 3 磷杂质分布

炉管，这样硅片表面就生产含磷的氧化层。在常规的炉温下（800～900℃）磷从氧化层扩散到硅中，约 20min 之后，靠近硅片表面的区域，磷杂质超过硼杂质，从而得到如图 2－5－3（a）所示的一层薄的、重掺杂的 n 型区。在往后的工序中，再除去氧化层和电池侧面及背面的结，得到如图 2－5－3（b）的结构。

然后做出附于 n 型区和 P 型区表面的金属电极，采用蒸发工艺来做此电极。将待沉积的金属在真空室中加热到足够高的温度，使其熔融并蒸发，结果冷凝在真空室中以直线的方式达到较冷部分（其中包括太阳能光伏电池）。背电极通常覆盖整个背表面，而上电极采用丝网印刷法制造出栅线电极。

电池由三层金属组成，为了使电极与硅有较好的附着力，底层采用薄的金属钛，上层是银，以提供低的电阻和可焊性，夹在两层之间的是钯层，它可以防止潮湿气氛下钛和银之间的不良反应。为了得到好的附着力和低的接触电阻，沉积之后，电极在 500～600℃下烧结。最后，用 CVD（化学气相沉积）工艺在电池上表面沉积一层薄的减反射（AR）膜。

3. 太阳能光伏电池封装成太阳能光伏电池组件

太阳能光伏电池之所以需要密封不仅仅是为了提供机械上的防护，而是为了提供电绝缘及一定程度的化学防护。密封为支持易碎的电池及易弯曲的互联条之间提供了机械刚性，同时也为可能来自冰雹、鸟禽以及下落或投掷到组合件上的物体引起的机械损伤提供保护，密封保护金属电极及互联条免遭大气中腐蚀性元素的腐蚀。最后，密封也为电池组合件产生的电压提供电绝缘。密封耐久性决定了组合件的工作寿命，一般太阳能光伏电组合件的寿命超过 20 年。系统密封设计的其他特性还包括：紫外线（UV）稳定性，在高、低极限温度及热冲击下电池不致因应力而破裂；能抗御尘暴所引起的擦伤、自净能力以及低成本。

目前，太阳能板的封装采用双面低碳钢化玻璃、乙烯－醋酸乙烯酯（EVA）夹层，黏结剂采用硅树脂。太阳能光伏电池组合件叠层，最外两层为钢化玻璃，中间两层为 EVA，最里层为硅电池片。叠层安装好后，对叠层组件进行装框，以提高组件的强度。太阳能电池板组件之间的连接采用互联条，为了备用常采用复合互联条，这种互联条增加了组件互联失效（由于腐蚀或疲劳）以及电损坏的承受能力。考虑到温度膨胀系数以及氯盐负荷不同，使互联条产生周期性的应力，电池互联条通常需要如图 2－5－4 所示的减应力环。

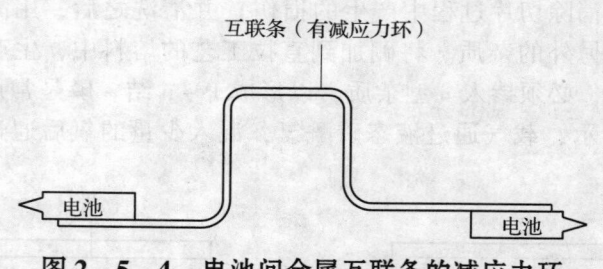

图 2－5－4　电池间金属互联条的减应力环

经过上述工艺流程生产出光电板，可将光能转换为电能。但用于光伏玻璃幕墙，这些太阳能板要与幕墙构件有机地结合起来，这就要求幕墙设计师与幕墙公司或厂家紧密合作，恰当地布置太阳能光电板的位置。既保证充分发挥光电作用，又能适当遮阳，同时又显示大方美观。

第四节　光伏玻璃幕墙设计

一、光伏玻璃幕墙设计基本要求

(一) 一般规定

(1) 光伏玻璃幕墙的电气及控制系统应作为建筑电气工程设计的一部分。

(2) 光伏玻璃幕墙的结构设计和构造及物理性能指标应符合有关规范的要求。

(3) 设计方案应综合考虑地理环境、建筑功能、气候及太阳能源等因素，确定建筑的布局、朝向、间距、群体组合和空间环境，满足光伏系统技术和安装要求。

(4) 光伏组件或方阵的选型和设计应与建筑结合，在综合考虑发电效率、发电量、电气和结构安全、美观使用的前提下，合理选用构件型或建材型光伏组件，并与建筑模数相协调，应不妨碍安装部位的建筑功能。

(5) 设计时应预留光伏系统输配电和控制电缆线、管线的布置空间，统筹安排，安全、隐蔽、集中布置，满足维护、保养的要求。

(6) 应用光伏系统的建筑单体或建筑群体，主要朝向以南向为宜。不应在阴影部位安装光伏系统。

(7) 立面设计应充分考虑电池组件的规格模数。

(8) 施工安装应符合《民用建筑太阳能光伏系统应用技术规范》JGJ 203—2010 的规定。

(二) 系统设计

(1) 用于光伏玻璃幕墙组件的外片玻璃应为超白玻璃、自洁净玻璃或低反射玻璃，厚度不应小于 4mm，应磨边处理，磨轮数不小于 180 目。

(2) 透明组件夹层胶片宜采用 PVB (聚乙烯醇缩丁醛)，胶片厚度不应小于 0.76mm；不得采用 EVA 胶片。

(3) 为了防止热斑效应，应避免装饰线条在太阳能电池上产生阴影。突出光伏组件玻璃面的装饰线条不宜大于 20mm，防止在光伏组件上产生阴影。

(4) 规定组件与墙体之间的距离是为了防止光伏组件背后的温度过高，影响发电效率。对晶硅电池、环境温度不可高于 80℃。用于实体墙或层间梁部位的光伏组件可采用夹层光伏组件，玻璃内侧与实体墙或保温层的间距不应小于 50mm。

(5) 光伏玻璃幕墙组件宜架空安装，架空高度不小于 300mm。

(6) 上海地区光伏组件安装的最佳倾角为南向 22°，不同地区最佳倾角有所不同。

(7) 立柱和横梁应有供电气系统管线布置的可拆卸构造，光伏玻璃组件的接线盒宜隐蔽。

(8) 光伏组件可采用单晶硅、多晶硅及薄膜电池。立面宜采用薄膜电池组件或间隔布置的晶硅组件。

(9) 在风荷载标准值作用下，光伏组件的挠度不宜大于短边的 1/120。

(10) 光伏系统应防止漏电。

幕墙光伏系统的防雷连接、安装规定 (见图 2 - 5 - 5)：①应采取防直击雷和侧击雷的措施；②幕墙光伏系统宜采用共用接地方式；③光伏控制器的信号设备端口应安装信号电涌保护器；④并网逆变器的电源端口应安装电源电涌保护器。

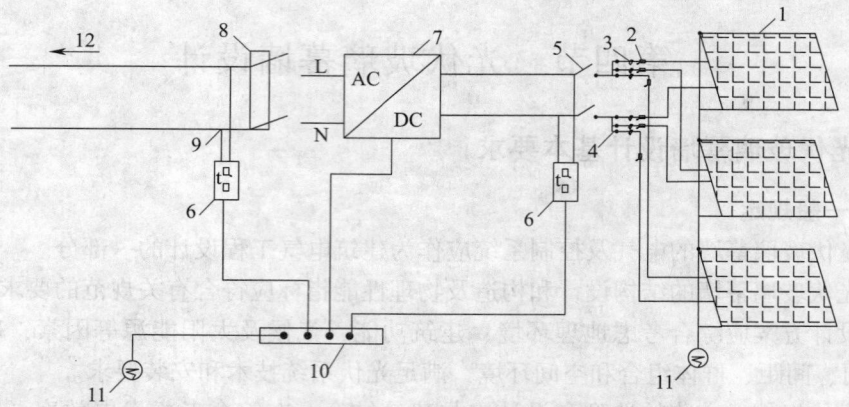

图 2 - 5 - 5   光伏系统防雷连接示意图

1—光伏组件；2—信号避雷器；3—光伏控制器；4—汇流端子；5—直流断路器；

6—电源避雷器；7—逆变器；8—断路器；9—熔断器；

10—等电位接地排；11—接地端；12—用电设备

二、光伏玻璃幕墙设计

（一）光伏玻璃幕墙设计程序

光伏玻璃幕墙设计的一般程序如图 2 - 5 - 6 所示。

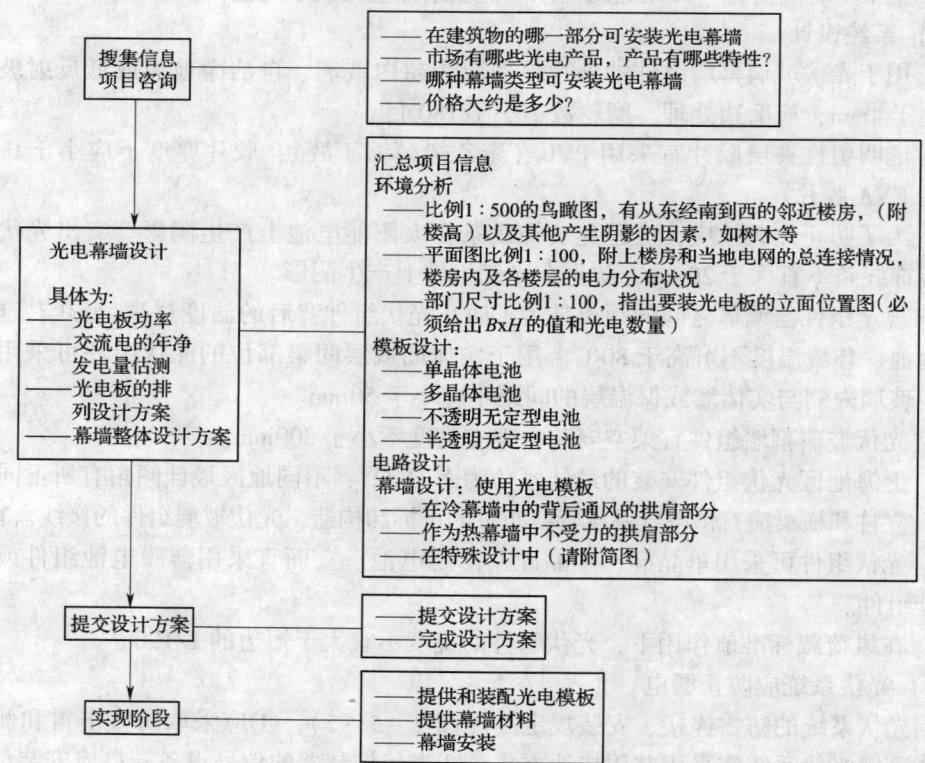

图 2 - 5 - 6   光伏玻璃幕墙设计程序

（二）幕墙模块的效率计算及设计

1. 单晶体幕墙

一个单晶体电池在光照为 $1000W/m^2$ 时最大功率为 $140W/m^2$，电压约为 $0.48V$，直流电流为 $2.9A$。单晶体电池的功率约为 14%，也就是说，光能的 14% 可被转换成电能。

2. 多晶体幕墙

多晶体模板的特点是电池中闪烁的蓝色，当光照为 $1000W/m^2$，其功率为 $125W/m^2$，电压为 $0.46V$，直流电流为 $20.7A$，多晶体模板的功率约为 12%。

3. 无定型晶体幕墙

无定型晶体幕墙不透明，表面呈棕色，不透光。采用无定型模板制造的不透明无定型光伏玻璃幕墙，当光照为 $1000W/m^2$ 时，最大功率是 $50W/m^2$。一个基本模块（600mm × 1000mm）可提供的电压约为 $63V$，直流电流为 $0.43A$，不透明无定型太阳能电池的功率约为 5%。

半透明的不定型模板的表面呈棕色，在光照为 $1000W/m^2$ 时，它的最大功率是 $40W/m^2$。一个基本模块（600mm ×1000mm）可提供的电压约为 $63V$，直流电流为 $0.37A$，半透明无定型晶体电池的功率约为 4%。

为保证光电板的功能、透光性和隔热性，光电板应放置于中空玻璃内。光伏玻璃幕墙的边框型材不可凸出过高，这样就不会在光电板上投下很大的阴影。否则遮盖会导致整个光电板的效率降低，因按串联方式连接的光电板的总电量是由接受光照最少的模板电池决定的，选择合适的周边型材可减少能量损失。

（三）幕墙整体设计的一致性

在幕墙设计中，整体考虑光电板的安装。优先考虑的幕墙形式是冷幕墙。

在阳光的照射下，光电模板的温度越低，它的工作能力越强。前面的幕墙和后面的通风玻璃幕墙出于能量的考虑多采用暖幕墙。幕墙的冷区，即拱肩和女儿墙以及出于其他原因封闭起来的幕墙，如果是向南的（在东南和西南的）且没有影子，就可以安装光电板。

出于同样的考虑，光电板还可作为固定的遮阳板或遮阳顶棚之类的遮阳材料，既可获得光照，又能散热，这是绝妙的组合。

光电模板根据其物理力学特性不同有数十种颜色和表面形状，可根据建筑物设计风格及幕墙的具体设计而进行选择。

三、光伏玻璃幕墙结构系统设计要点

（一）结构设计的一般原则

1. 光伏面板结构分类

光伏面板的结构可按下列方式分为两类：

（1）分离式光伏面板：指具有发电功能，不作为围护结构的面板；建筑需要围护功能时须另设密封的采光顶或幕墙。这种面板要设单独的支架，支架连接在主体结构上。

因此这种光伏建筑是一体化设计，两层皮。

（2）合一式光伏面板：既具有发电功能，同时又是采光顶或幕墙的面板。又称为建材式光伏面板。由于发电和建筑功能合一，因此建筑外皮只需一套面板，一套支承。

因此这种光伏建筑是一体化设计，一层皮。

合一式光伏结构系统与普通玻璃幕墙和采光顶大体相同，可以套用玻璃幕墙和采光顶的设计方法；分离式光伏结构系统在普通玻璃幕墙和采光顶的外侧另外附加了一个单独的结构，工作性质又不同于一般的幕墙和采光顶，必须进行专门的设计。

2．结构系统设计

（1）一般规定：

①光伏结构系统应进行结构设计，应具有规定的承载能力、刚度、稳定性和变形能力。

②结构设计使用年限不应小于25年。预埋件属于难以更换的部件，其结构设计使用年限宜按50年考虑。

③大跨度支承钢结构的结构设计使用年限应与主体结构相同。

（2）结构系统设计目标：

①在正常使用状态下应具有良好的工作性能。

②抗震设计的光伏结构系统，在多遇地震作用下应能正常使用；在设防强烈地震作用下经修理后应仍可使用；在罕遇地震作用下支承骨架不应倒塌或坠落。

2008年汶川大地震和2010年玉树大地震及2012年芦山大地震表明，玻璃幕墙在强烈地震中完全可以达到只要主体结构不倒，幕墙就不会破损的设计目标。

③非抗震设计的光伏结构系统，应计算重力荷载和风荷载的效应，必要时可以计入温度作用的效应。

④抗震设计的光伏结构系统，应计算重力荷载、风荷载和地震作用的效应，必要时可计入温度作用的效应。

⑤光伏结构可按弹性方法分别计算施工阶段和正常使用阶段的作用效应，并进行作用效应的组合。

⑥光伏结构系统的构件和连接应按各效应组合中最不利组合进行设计。

⑦光伏结构构件和连接的承重力设计值不应小于荷载和作用效应的设计值。按荷载与作用标准值计算的挠度值不宜超过挠度的允许值。

（二）考虑荷载和作用

1．考虑荷载

（1）光伏结构系统应分别不同情况，考虑下列重力荷载：①面板和支承结构自身质量荷载；②检修荷载；③雪荷载。

（2）光伏结构系统的风荷载应按国家标准《建筑结构荷载规范》GB 50009—2012采用。设计时应分别考虑：

①分离式光伏面板的风荷载应计入迎风面风荷载和背风面风荷载；

②支架的风荷载应计入面板传来的风荷载和支架直接承受的风荷载；

③合一式面板系统应分别计入采光顶和幕墙的风荷载，按相应规范采用。

2．考虑作用

（1）分离式光伏结构系统应考虑突出屋面小结构的地震力放大作用。必要时可将其作为独立的质点，连同主体结构一起进行地震反应分析。

屋面上的分离式光伏系统结构具有一定的自身质量和刚度，相当于一个小楼层，但是其自身质量和刚度又远小于主体结构的自身质量和刚度。放在屋面上的地震反应要比放在地面上要强烈得多，称之为鞭梢效应。放在屋面上，地震力比放在地面上放大可达3~5倍，取决于它与主体结构的质量比和刚度比。

地震反应计算可按国家标准《建筑抗震设计规范》GB50011—2010 的规定进行。

（2）合一式光伏结构面板和支承结构的地震力计算与一般玻璃幕墙相同，可按照行业标准《玻璃幕墙工程技术规范》JGJ 102—2003 的规定进行。

（3）分离式光伏结构的支架暴露于室外，应考虑温度作用的影响。必要时可进行钢支架的温度应力计算。

（4）光伏结构系统的荷载组合可按照行业标准《玻璃幕墙工程技术规范》JGJ 102—2003 的规定进行。

①光伏采光顶和斜墙的重力荷载会产生平面外方向的作用分力，它与风荷载和地震力的作用相叠加，计算时应注意。

②重力荷载起控制作用的组合，地震作用的组合值系数应取为 0.5。

（三）幕墙系统设计

1. 面板设计

（1）面板的玻璃应能承受施加于面板的荷载、地震作用和温度作用。其厚度除应由计算确定外，尚应满足最小厚度的要求。

（2）分离式面板夹胶玻璃中的单片玻璃，厚度不应小于 4mm。

（3）用作采光顶和幕墙的合一式面板，夹胶玻璃中的单片玻璃厚度不应小于 5mm；幕墙中空玻璃的内侧采用单片玻璃时，厚度不应小于 6mm。

（4）有光伏电池的夹胶玻璃，外片宜采用超白玻璃。夹胶玻璃的内外片，厚度相差不宜大于 3mm。

（5）无中空层的单片夹胶玻璃，不宜采用 Low－E 镀膜；有中空层的夹胶中空玻璃，Low－E 镀膜应朝向中空层（中空玻璃外层的内侧面）。

（6）合一式面板应采用 PVB 夹胶膜；分离式面板可采用 PVB 夹胶膜，也可采用 EVA 夹胶膜。非晶硅电池的夹胶玻璃宜采用 PVB 夹胶膜。

（7）采光顶采用中空玻璃时，室内侧也应采用夹胶玻璃；斜玻璃幕墙采用中空玻璃时，朝地面一侧宜采用夹胶玻璃。

屋面光伏采光顶节点如图 2－5－7 所示。斜墙玻璃幕墙节点如图 2－5－8 所示。

（8）由荷载及作用标准值产生的面板挠度，边支承面板不宜大于短边的 1/60，点支承面板不宜大于沿较大边长支承点间距的 1/60。

2. 支承结构设计

（1）支承结构设计应遵照《钢结构设计规范》GB 50017—2003 和《铝合金结构设计规范》GB 50429—2007 的规定进行。

（2）分离式面板的钢支架构件的截面厚度不应小于 3.0mm，其钢种、牌号和质量等级应符合现行国家标准和行业标准的规定。钢材之间进行焊接时，应符合现行国家标准和行业标准的规定。

（3）分离式面板的钢支架应采取有效的防腐措施。当采用热浸锌防腐处理时，镀膜厚度不宜小于 80μm。采用氟碳喷涂时涂膜厚度不宜小于 40μm。采用防锈漆或其他防腐涂料时应遵照相应的技术规定。

腐蚀严重地区的钢支架，必要时可预留截面的腐蚀厚度。另外，圆钢、方管等闭口钢型

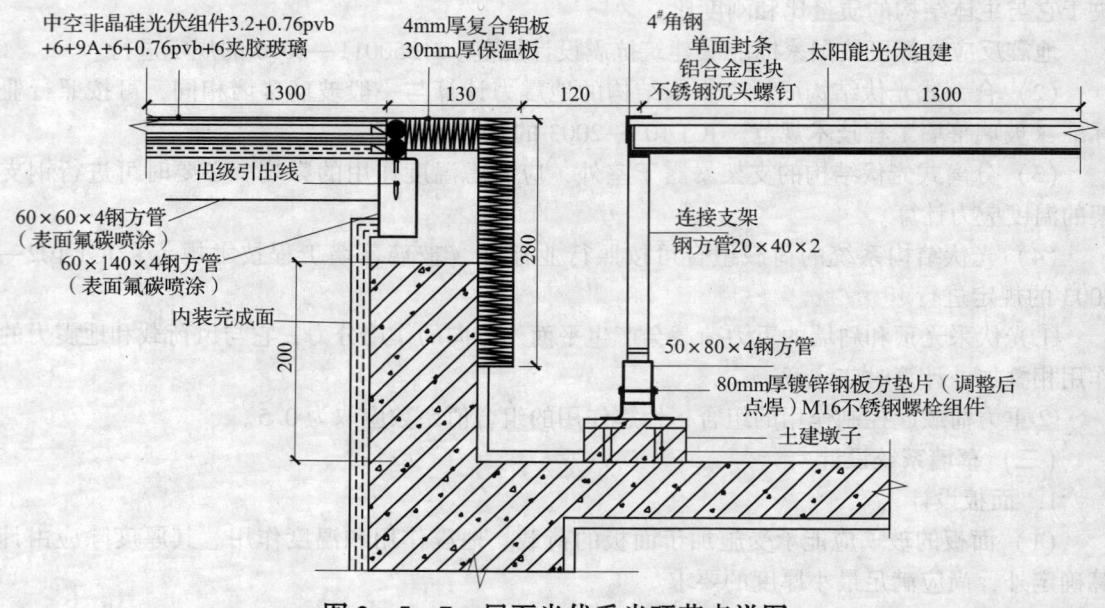

图 2-5-7 屋面光伏采光顶节点详图

注：光伏采光顶室内侧采用夹胶玻璃。

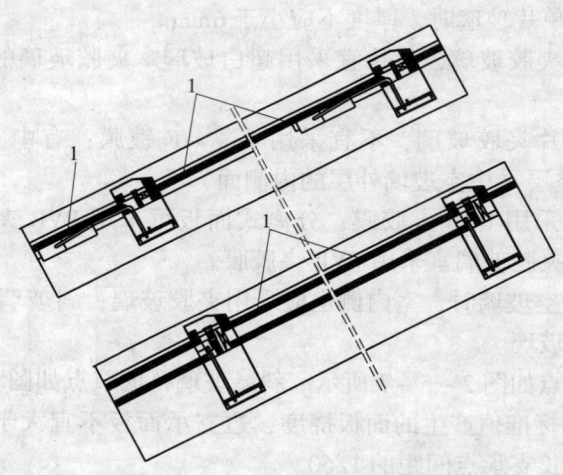

图 2-5-8 斜墙玻璃点详图

注：斜墙可采用单块夹胶光伏玻璃，1 表示如有中空玻璃，室内侧也应采用夹胶玻璃。

材，其内侧表面难以进行防腐处理，也可以留出腐蚀厚度。在通常条件下，钢材截面的腐蚀速度大概不超过每年 0.02mm。这样一来，钢型材截面厚度额外增加 1.0mm，就可留出单面腐蚀 50 年或双面腐蚀 25 年的余量。

（4）在风荷载标准值作用下，分离式面板支架的顶点水平位移不宜大于其高度的 1/150。

（5）合一式面板的支承结构设计，应按《玻璃幕墙工程技术规范》JGJ 102-2003 的规定进行。

3. 连接设计

（1）分离式面板的钢支架连接采用焊接时，钢材的材质应采用 Q235 或 Q345B 钢。焊缝应按国家标准《钢结构设计规范》GB 50017—2003 进行设计。焊接应符合国家标准《钢结构焊接规范》GB/T 50661—2011 的规定。

（2）分离式面板的钢支架连接采用螺栓连接时，应按照国家标准《钢结构设计规范》GB 50017—2003 进行设计，连接处的螺栓不应少于 2 个。碳素钢螺栓应符合国家标准的要求，并应进行防腐处理；不锈钢螺栓的材质不应低于 S316。

（3）分离式面板的钢支架与主体结构的连接应能承受光伏系统结构传来的内力设计值。

（4）分离式面板的钢支架与主体钢结构相连接时，钢支架与主体钢结构连接所用的连接件宜在钢结构厂加工构件时一并制作。必须在现场进行焊接时，应取得钢结构承建商的同意。

（5）分离式面板的钢支架与主体混凝土结构应通过预埋件连接。预埋件应在主体结构混凝土施工时埋入，预埋件的位置应准确。预埋件应按国家标准《混凝土结构设计规范》GB 50010—2010 进行设计。

（6）钢支架与主体混凝土结构采用后加锚栓连接时，应符合下列规定：

①产品有出厂合格证；

②碳素钢锚栓应经过防腐处理；不锈钢锚栓的材质不低于 S304；

③应通过现场拉拔试验确定承载力标准值；确定其承载力设计值时，材料分项系数不应小于 2.15；

④每个连接点锚栓不应小于 2 个，锚栓直径不应小于 10mm；

⑤采用化学锚栓时，不宜在锚板上进行连续的、受力的焊缝连接。

（7）合一式面板支承结构的连接设计应按行业标准《玻璃幕墙工程技术规范》JGJ 102—2003 进行。

（四）双层外通风光伏幕墙设计

（1）双层外通风光伏幕墙的外幕墙应为光伏夹胶玻璃组件，内幕墙应为符合节能、密封和隔声要求的幕墙和门窗系统。内幕墙有采光要求时为双层玻璃幕墙；内幕墙无须采光时，可采用铝板等金属材料。内、外幕墙之间的热通道宽度无通行要求时不宜小于 300mm，有通行要求时宽度不宜小于 600mm。热通道的高度宜为多个层高。层数不多时热通道可贯穿建筑全高。

较宽和较高的热通道有利于自然通风，带走光伏玻璃背后的热量，提高光伏系统的转换效率。

（2）外幕墙可设置进风口和排风口。进风口和排风口的位置应避免产生排风直接进入附近进风口的气流短路现象。建议可采用交错排列方式。

南玻大厦的双层外通风光伏幕墙外幕墙采用开缝光伏组件，内幕墙为胶缝铝板幕墙。开缝可以实现自然通风，代替了进风口和排风口。

（3）热通道的宽度较小时，可采用同一根立柱同时支承内、外两道幕墙；热通道的宽度较大时，可分别设置两道支承结构。

河北省保定电谷锦江大酒店的光伏双层幕墙外幕墙在透光部分设置了夹胶光伏电池组件，其余非光伏部分采用中空玻璃。内幕墙透光部分为中空玻璃，非透光部分采用铝板幕墙。内外幕墙之间的热通道宽为 340mm，采用单根组合式加宽铝立柱一并支承。外幕墙光伏组件如图 2 - 5 - 9 所示，双层幕墙的进风口和出风口如图 2 - 5 - 10 所示。

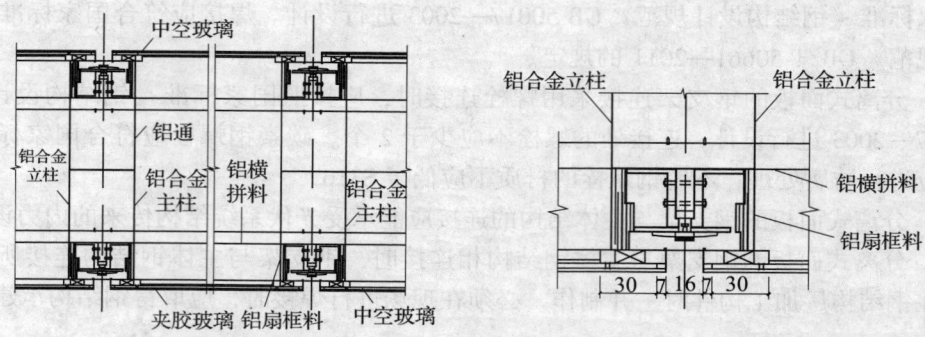

图 2 – 5 – 9 河北保定锦江酒店外幕墙光伏组件
注：内幕墙透光部分中空玻璃，非透光部分铝板幕墙。

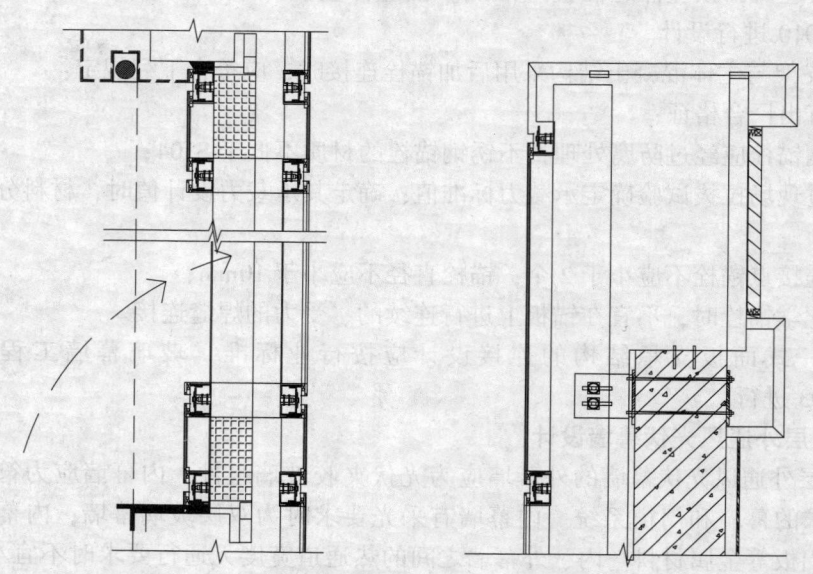

图 2 – 5 – 10 双层幕墙的进风口（左）和排风口（右）

（4）内外幕墙可分别按行业标准《玻璃幕墙工程技术规范》JGJ 102 – 2003 进行设计。外幕墙按承受全部荷载计算，内幕墙承受的风荷载不小于全部风荷载的 60% 。内、外幕墙按各自的重力计算其地震作用。

第五节 光伏玻璃幕墙安装施工

一、光伏玻璃幕墙安装施工

（一）光伏玻璃幕墙的安装方向

太阳直射光中蕴藏的能量较大，所以光伏玻璃幕墙通常只安装在楼房中受阳光照射时间长的那些部位，但并不意味着只有直射光才能够被光电板吸收，故在既能接受直射光也能接受漫射光的表面安装光伏玻璃幕墙效果最好。

通常光伏玻璃幕墙应面向南，在东南和西南之间，在一定条件下也可面向东和面向西。

有顶棚的玻璃幕墙结构还必须考虑幕墙倾斜的角度和太阳的季节性运行，计算及建议如图 2 – 5 – 11 所示。从 0°（水平）到 90°（竖直）的倾角决定了它的有效面积，倾角应根据光照强度和方向而定。在德国该倾角最理想的为 30°，而在中国因纬度而不同，南方地区倾角还可以更小一点。

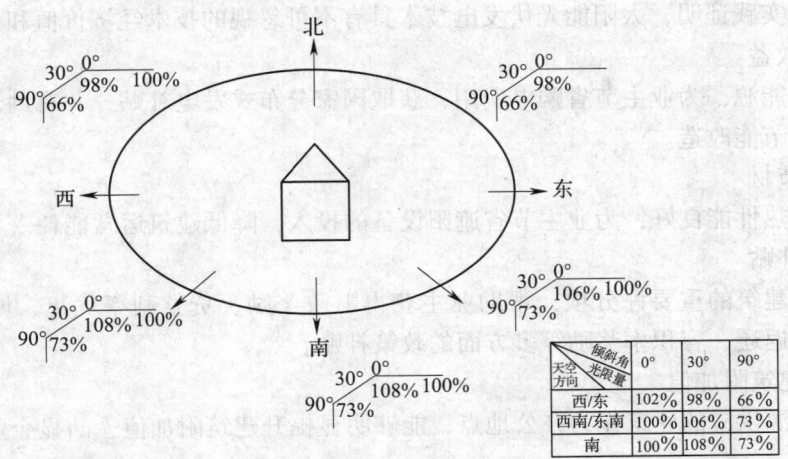

天空方向	倾斜角	0°	30°	90°
西/东	光限量	102%	98%	66%
西南/东南		100%	106%	73%
南		100%	108%	73%

图 2 – 5 – 11　光伏玻璃幕墙安装方向和角度对效率的影响

安装遮阳板和顶棚应考虑到其通过雨水的玻璃幕墙自洁作用，因此其倾角角度不应低于 20°，而垂直的幕墙则无须考虑附加清洁设施。

所有的光电模板都不应处于阴影中，对于部分处于阴影中的幕墙来说，受光照最少的部位决定着整个相连系统的效率。

（二）光伏玻璃幕墙的安装部位

光电板可安装在现成的建筑物的竖直墙面上，如女儿墙、墙楣等部分，或在倾斜的屋顶上，如采光天窗等。

另外，光电板还可以作为遮阳板。太阳能遮阳板可以使光电板更好地接受阳光照射，阻挡热量进入，更好地调节室内温度。最简单的方法是将遮光材料作为建筑物的外壳使用，晶体幕墙板和半透明玻璃幕墙板还可以使部分光线进入。光电板安置在安全玻璃中，这种遮阳装置散热好，可使光电板的利用率最高。

（三）光伏幕墙安装施工注意事项

光伏玻璃幕墙安装施工时，应严格遵守操作规程，并注意如下事项：

（1）施工安装人员应穿绝缘鞋，戴低压绝缘手套，使用绝缘工具。

（2）施工场所应有清晰、醒目、易懂的电气安全标识。

（3）不得在雨雪或 5 级及以上大风天气进行安装施工作业。

（4）安装光伏系统时，现场上空的架空电线应有隔离措施。

（5）安装光伏组件时，在太阳能电池板受光面应铺遮光板，以防止电击危险。

（6）光伏系统完成或部分完成连接后，如发生组件破裂，应及时设置限制接近的警示牌，并由专业人员处置。

（7）接通电路后不得局部遮挡光伏组件，否则会产生热斑效应，因此不得局部遮挡光伏组件。

（8）光伏组件上应标注电警示标识。

二、光伏玻璃幕墙技术经济效益

（一）经济价值

大量工程实践证明，太阳能光伏发电技术具有不可忽视的技术经济价值和社会效益。

1. 发电效益

提供清洁能源，为业主节省购电费用，获取国家分布式发电补贴，并有助于离网或者自取暖业主进行节能改造。

2. 节能节材

遮阳、隔热性能良好，为业主节省遮阳设备的投入，降低建筑运营能耗。

3. 政策补贴

作为绿色建筑的重要评分项，帮助业主获得财政奖励、贷款利率优惠、城市配套费返还、墙材基金返还、容积率奖励等多方面的政策补贴。

4. 提升建筑附加值

将清洁能源供应的建筑作为办公地点，能够明显提升建筑附加值，凸显企业形象及社会责任。

（二）社会效益

除了为业主带来可观的经济价值，光伏玻璃幕墙还给全社会及全人类带来丰厚的社会效益：

（1）为国家节省大量火力发电能耗，减少二氧化碳和其他有害气体的排放，净化空气、减少雾霾。

（2）同时可减轻城市"热岛"效应，提高人居环境舒适度。

第六章　其他特殊形式的玻璃幕墙

第一节　玻璃锥体建筑

一、简述

世界上最古老的锥体建筑要算古埃及的金字塔，但它是由实体的石材堆积砌筑而成，而现代的锥体建筑则由金属支承结构和玻璃面板构成，形状大多数为四角锥，也有采用多边形锥体或圆锥体的。其主要功能是作为城市或建筑物的标志，其内部空间可作为出入口，展览和演出之用。

最古典的四角玻璃锥体建筑是法国巴黎罗浮宫前的金字塔，它是由世界著名建筑师贝聿铭设计，其已成为 20 世纪 80 年代巴黎最著名的标志性建筑之一。该标志性建筑作为地下广场的上盖和出入口，采用钢管桁架加拉索支承。

我国内地最早建成的四角玻璃锥体建筑是深圳世界之窗，底部尺寸为 15m×15m，球节点钢管网架支承，夹层玻璃，三角形分块。北京西单文化广场圆锥采用圆钢管作径向和环向支承，在其间张拉钢索支承钢爪，面板为点支承玻璃。

玻璃四角锥体建筑还可以作为建筑的一部分，与普通建筑物相互交融，相互辉映。

二、工程实例

（一）福州温泉公园金字塔

1. 工程概况

本工程位于福州温泉公园内，公园为一欧式风格设计，金字塔位于公园中央，作为一个标志性建筑物。金字塔平面尺寸 40m×40m，连同 3.5m 高的钢筋混凝土框架底座，总高 26.35m。玻璃总面积为 2700m²，是目前国内最大的四角锥体金字塔建筑。如图 2-6-1 和图 2-6-2 所示。

金字塔由四角锥体钢管螺栓球节点网架支承，网格边长约 2.0m×2.0m，在球节点上焊有连接钢板，安装三角形隐框玻璃板材，板材为等腰三角形，腰长约为 2m。

2. 幕墙材料

（1）铝型材。选用广东亚洲铝材厂定型产品，截面尺寸 100mm×44mm，材质 6063-T5。

（2）玻璃。采用 6mm+0.38mmPVB+6mm 夹层玻璃，外层 6mm 银灰镀膜玻璃，内层 6mm 透明浮法玻璃，夹胶层 0.38mmPVB 胶片，夹胶工艺在南玻集团所属胜他公司进行。由于玻璃为三角形，出材率仅 65%。

（3）结构胶。由于工期紧迫，选用了加速固化的 GE4400AC 快固化结构胶。

（4）耐候胶。采用常规 GE2000 硅酮耐候密封胶。

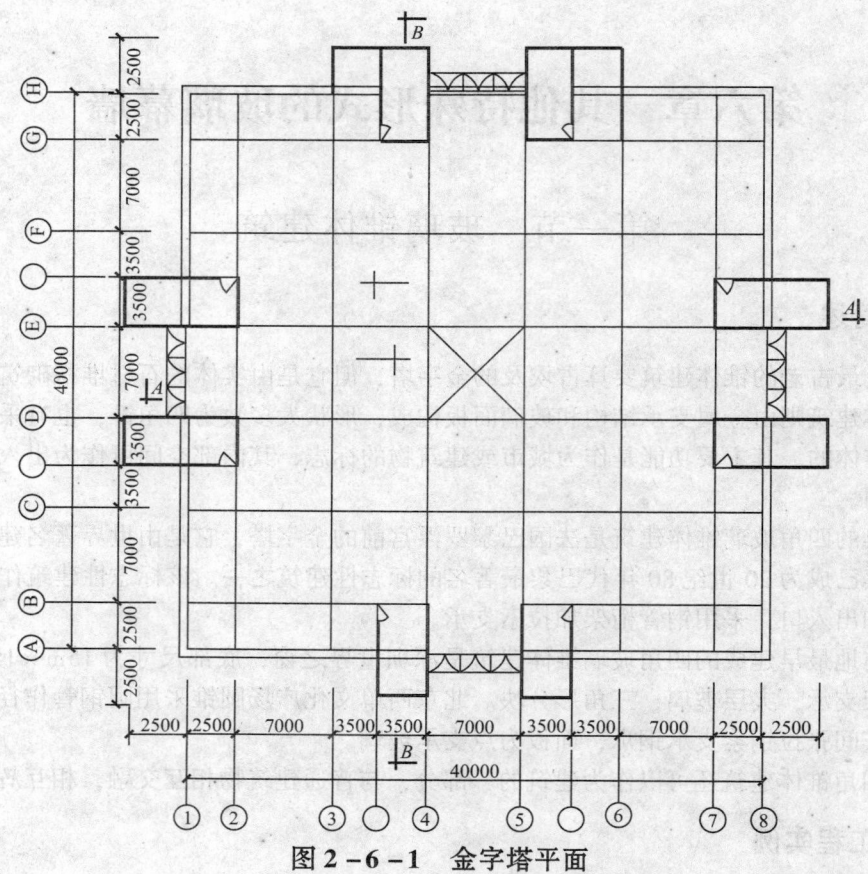

图 2-6-1 金字塔平面

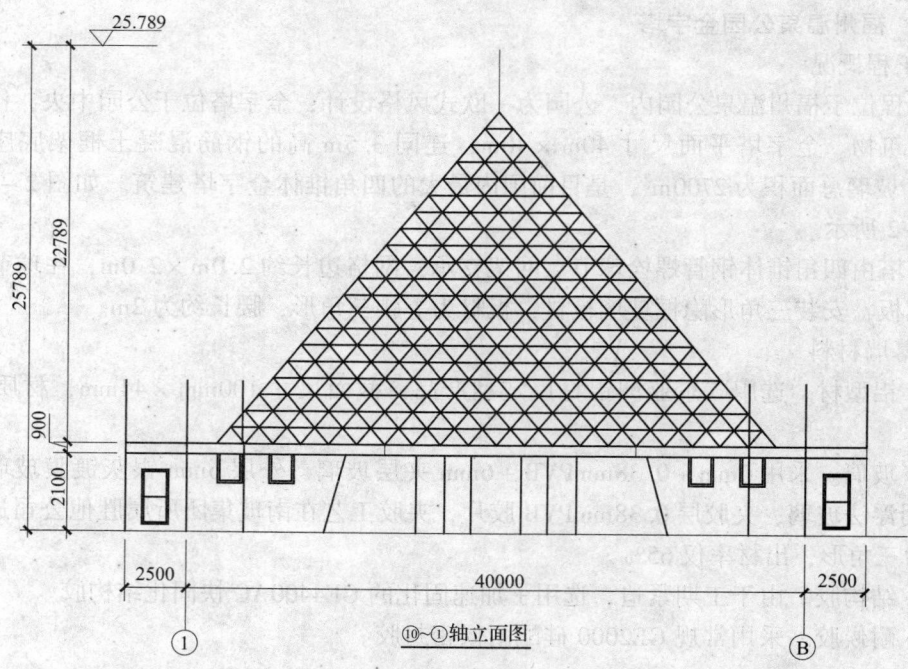

⑩~①轴立面图

图 2-6-2 金字塔立面

3. 结构计算

结构计算按《玻璃幕墙工程技术规范》JGJ 102—2003 进行。

4. 节点设计

为简化构造，采用了较大截面的铝型材（100mm×44mm），直接与玻璃板黏结，兼作副框和横梁，边框用螺栓直接连接到钢架节点的圆盘形连接板上。

（二）贵阳人民广场金字塔

1. 工程概况

贵阳人民广场金字塔两座，是地下购物城的主要出入口和采光塔，主要受力体系为拉杆式点支式玻璃幕墙，拉杆取向呈菱形网状布置，固定到四个角棱的钢管桁架上，为减少金字塔斜面的挠度，在斜面中部另布置了X形的钢管桁架，如图2-6-3和图2-6-4所示。

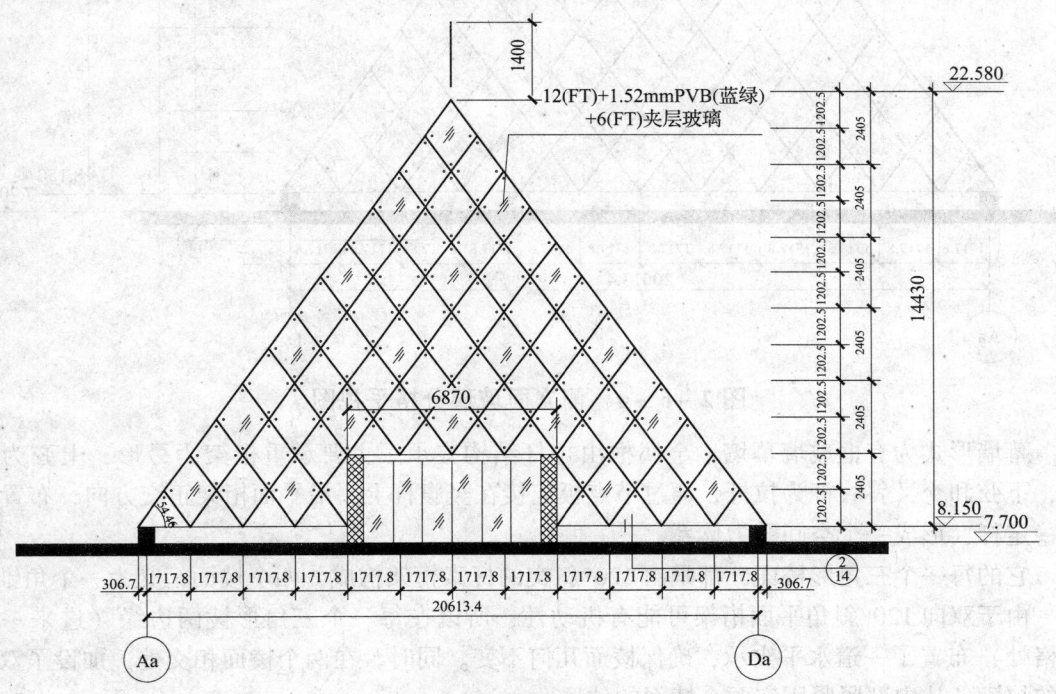

图2-6-3 正立面玻璃分格平视图

2. 玻璃划分

四个斜面均采用四点支承菱形玻璃，菱形玻璃采用 12mm 钢化 + 1.52mm PVB 夹胶 + 6mm 钢化的钢化夹层玻璃。

3. 钢结构

四道棱线布置主要钢桁架，构成四角锥主体骨架，为减少斜面的挠度，在斜面内布置 X 形钢管桁架。在上述主要桁架之间，布置正方形网格的拉杆系统。

（三）巴黎罗浮宫前金字塔

巴黎罗浮宫前金字塔是由世界著名建筑师贝聿铭设计，并于 1988 年建成。它是罗浮宫前地下广场的顶盖，也是出入口，平面尺寸为 35m×35m，高度 26.3m。立面玻璃采用菱形网格划分。

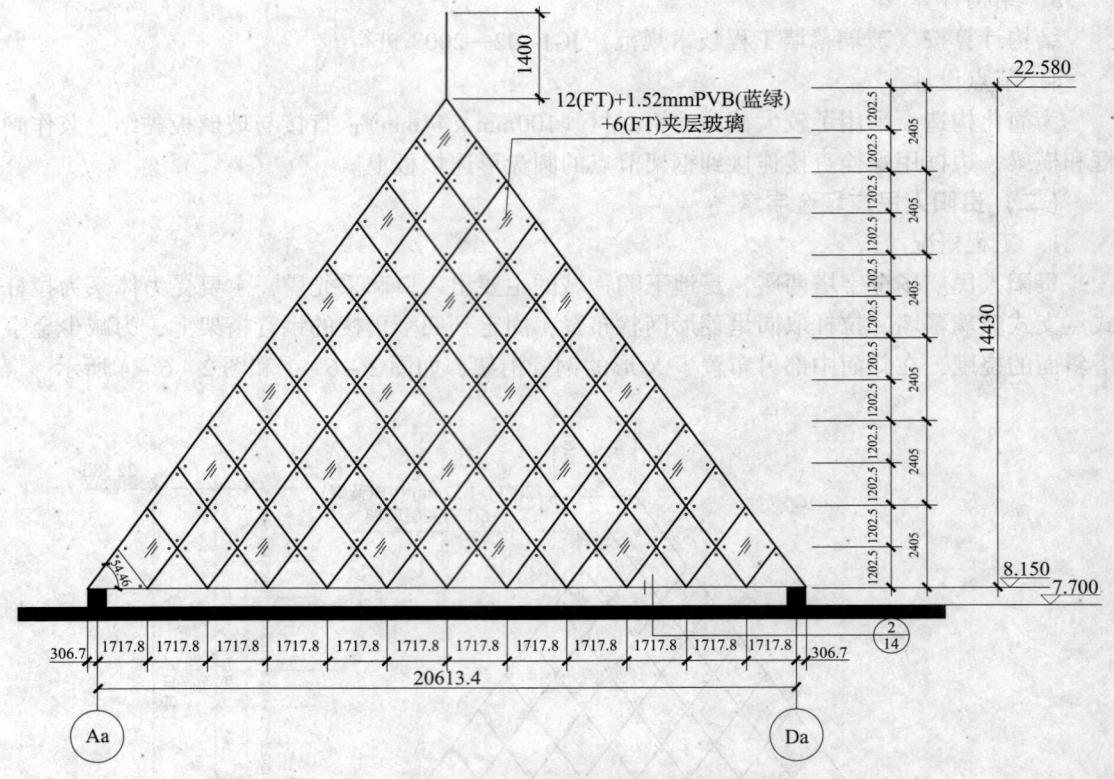

图 2-6-4 侧立面玻璃分格平视图

幕墙形式为有框玻璃幕墙，金属框由拉杆结构支承。主要承重桁架为弓形，上弦为钢管，下弦和交叉斜腹杆为拉杆，通过节点板连接在竖腹杆上，沿平面桁架正交方向，布置交叉稳定杆，形成一个空间受力体系。

它的每一个三角形棱面，都是由120°斜交的杆索桁架构成，四个棱面汇交为一个角锥。

由于双向120°斜角平面桁架可能有机动性，所以在每一个三角形棱两边缘（进来一个区格处）布置了一道水平支承，确保棱面几何不变。同时，在两个棱面相交处，加设了双Y形的拉索，从内部紧紧固定两个棱面的位置。

拉索桁架上弦各钢管汇交节点采用管节点，直接相贯，拉杆和拉索相交的节点，则设置L形的节点板，用螺栓拼接为立体连接件。

第二节 屋顶上的附属建筑

一、四角锥顶楼

（一）简述

为了艺术造型，目前许多高层建筑顶部楼层做成玻璃四角锥体建筑的很多，四角锥体建筑多为钢结构或钢筋混凝土结构；一般用玻璃采光顶，也有用金属板的不采光屋顶。如图 2-6-5~图 2-6-7 所示。

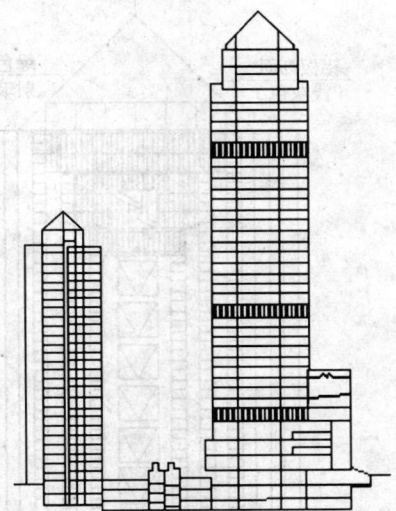

图 2 – 6 – 5　交通银行海南分行（38 层，148m）

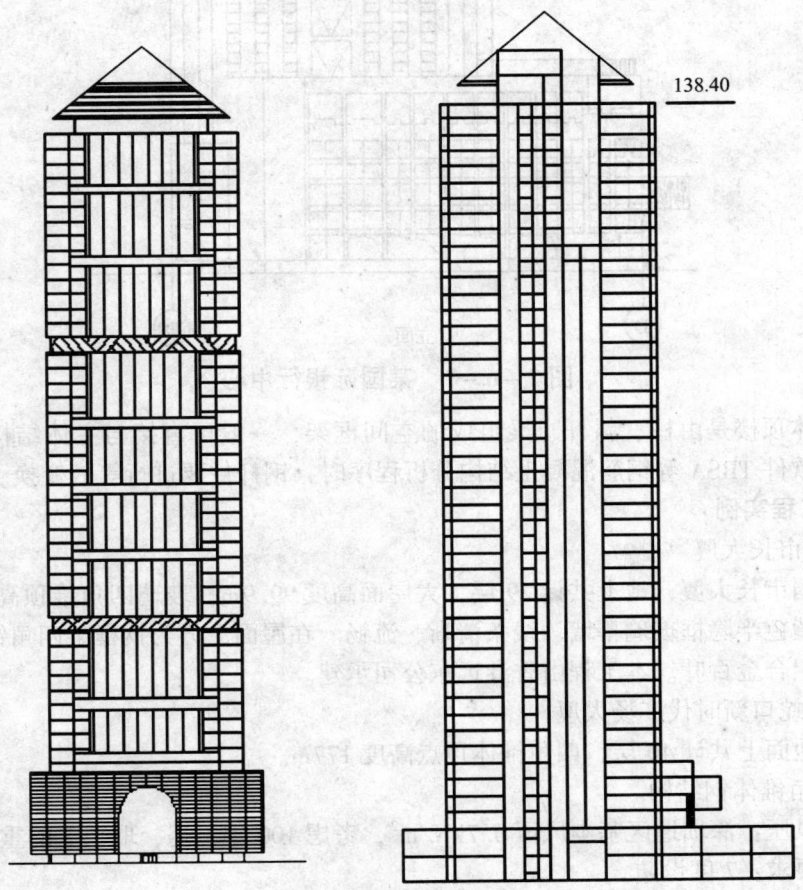

图 2 – 6 – 6　海口拔萃广场

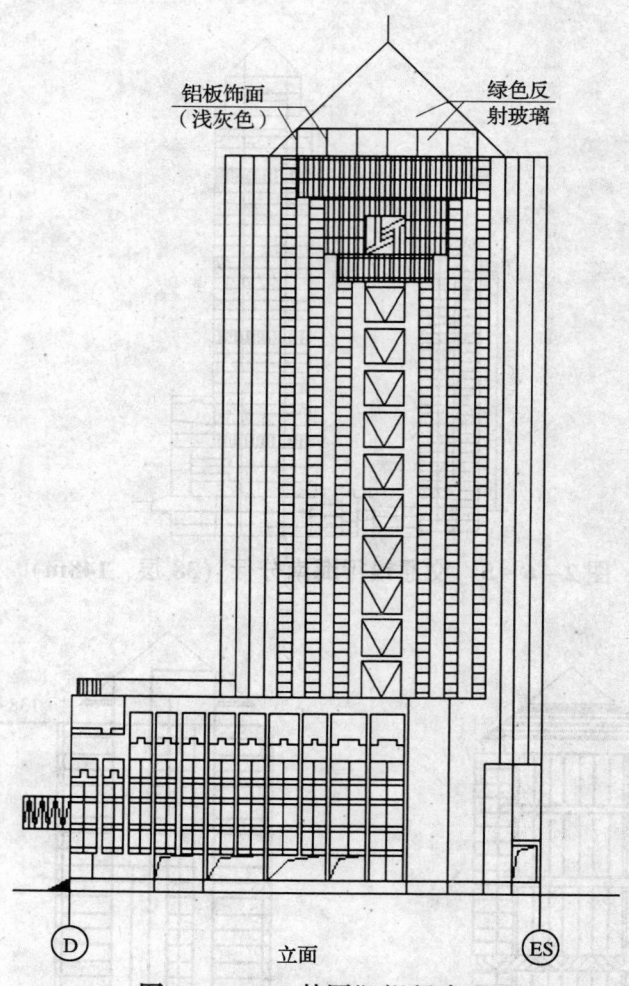

铝板饰面
（浅灰色）

绿色反
射玻璃

D　　　　　立面　　　　　ES

图 2 - 6 - 7　某国际银行中心

四角锥体顶楼是由柱、斜杆、梁组成的空间框架，一般可直接与主体结构一道参加计算。当采用软件 TRSA 等钢筋混凝土结构分析程序时，钢杆件要进行等效变换。

（二）工程实例

1. 中国市长大厦

广州中国市长大厦，地上共计 29 层，大屋面高度 99.9m，玻璃四角锥顶高 116.6m。立面全部为金黄色半隐框玻璃幕墙，线条清晰、流畅。在屋面上方为钢框架四角锥体，四角锥体全部采用铝合金百叶。本工程由香港远东公司承建。

2. 深圳蛇口新时代广场大厦

本工程地面上共计 40 层，四角锥体顶点高度 177m。

（1）四角锥体钢结构。

①基本风压：深圳地区基本风压 0.7kN/m²，考虑 100 年一遇，取 1.2 的重要性系数。

②抗震要求：7 度设防。

③主要结构采用钢结构箱形构件，四角锥体由圆柱支承，钢构件表面均涂防锈漆，包覆防火材料后，外层装饰铝板。图 2 - 6 - 8 所示为四角锥立面图。

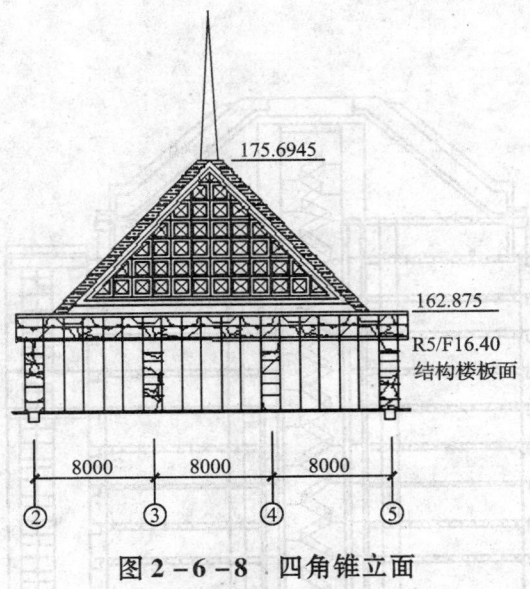

图 2 - 6 - 8　四角锥立面

（2）特殊构造措施。南方日照辐射强烈，为减少室内夏季制冷能耗，采用了密排不锈钢管遮阳装置。

本工程平面尺寸为 24m×24m，因此在台风暴雨下，能有组织地迅速排水是应考虑的重要问题。其措施是在所有的钢结构中，均留有排水沟槽排除渗漏的雨水。其方法是顺结构柱，组织雨水顺排水沟排除。

二、其他形式的屋顶附属建筑

（一）北京国际企业大厦

其他各种形式的附属顶部建筑，主要由建筑功能来决定。北京国际企业大厦工程地上 18 层，结构顶高 76m，顶部设四角锥台钢 - 混凝土混合结构覆面。斜梁不仅突出了屋面线条，而且为屋面钢桁架提供了支座，并保证屋面有足够的刚度。钢桁架外挂百叶铝板。图 2 - 6 - 9 为北京国际企业大厦剖面图。

（二）浙江省建行办公营业楼

本工程屋顶标高为 95.3m，标准层平面尺寸为 31.2m×31.2m，采用全现浇钢筋混凝土框 - 筒结构。业主要求在顶部建造高 10.5m 的空间结构作为多功能厅，并覆盖冷却塔，四周设置大型标志灯箱广告牌，选用网格尺寸为 2.6m×2.6m、高度 2.0m、水平部分高度 2.5m 的螺栓球正放四角锥网架。由于在钢筋混凝土塔楼顶部设大空间结构，结构刚度存在突变，对结构抗震不利，因此，屋顶水塔侧壁部分到网架下弦，增设 4 只下弦支座，使大跨度网架结构与钢筋混凝土筒体共同工作，以利抗风、抗震。

该工程按 7 度抗震设防，经抗风、抗震设计，以风荷载组合为控制荷载，计算最大组合水平力在中间支座节点达 141.0kN，周边水平支座反力在 90.0kN 左右。本网架设计用钢量为 27.6kg/m²。该层最大层间位移为 14mm，满足《高层建筑混凝土结构技术规程》JGJ 3—2002 要求，最大竖框（立柱）位移为 18mm，满足网架结构变形的要求。水平力设计采取主要是"抗"风的措施，所以支座均采用带法向侧支的橡胶支座形式。

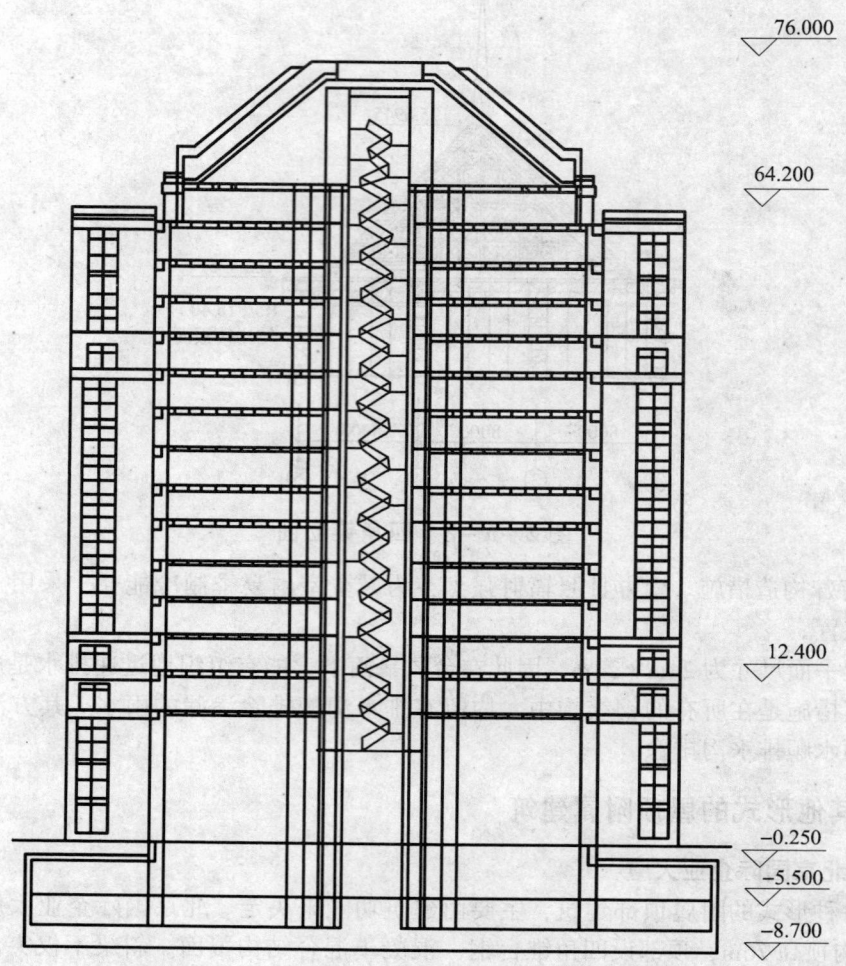

$\triangledown$ 76.000

$\triangledown$ 64.200

$\triangledown$ 12.400

—0.250
$\triangledown$ —5.500

$\triangledown$ —8.700

图 2 – 6 – 9　北京国际企业大厦剖面图

（三）上海复兴大厦

本工程地面以上 44 层，高 159m，7 度设防，Ⅳ 类场地，基本风压 0.6kN/m²。建筑物顶部造型变化较大。标准层平面如图 2 – 6 – 10 所示，经过结构转换后，顶部钢结构平面如图 2 – 6 – 11 所示，中央 5 根工字钢柱截面高度 1200mm，翼缘宽度 300mm。为保持刚度的连续性，部分剪力墙延伸至顶部楼层，墙厚 300mm。框架 4 根角柱在顶部变换为直径 600mm 的钢管混凝土柱。梁为双槽形工形截面（［ ］40、Ⅰ36 型钢）。斜撑为双槽形（［ ］18 及Ⅰ25a 型钢）。外立面抗风柱为Ⅰ18a，间距 2200mm、2800mm，最外面为铝合金墙板。

通过中间纵向框架的梁、柱及支撑设置如图 2 – 6 – 12 所示。顶部三层为建筑装饰，采用了弦杆为∟125 × 125 × 12 组成的空间桁架，空间桁架截面尺寸为 1200mm × 800mm。外部纵向框架的梁、柱及支撑设置如图 2 – 6 – 12 所示，钢梁及钢斜撑与抗震墙的连接采用墙上预埋件与钢构件焊接形式。

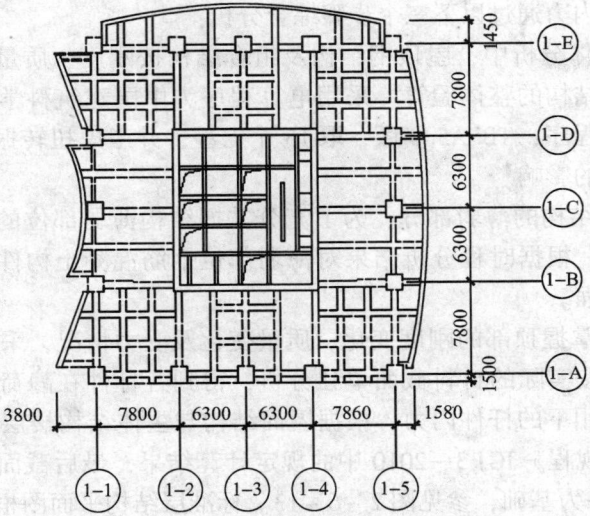

图 2 – 6 – 10 标准层结构平面图

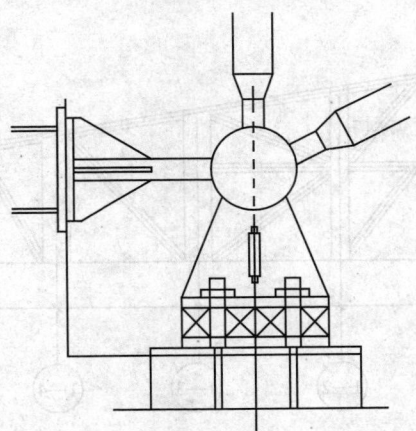

图 2 – 6 – 11 屋顶钢结构平面图

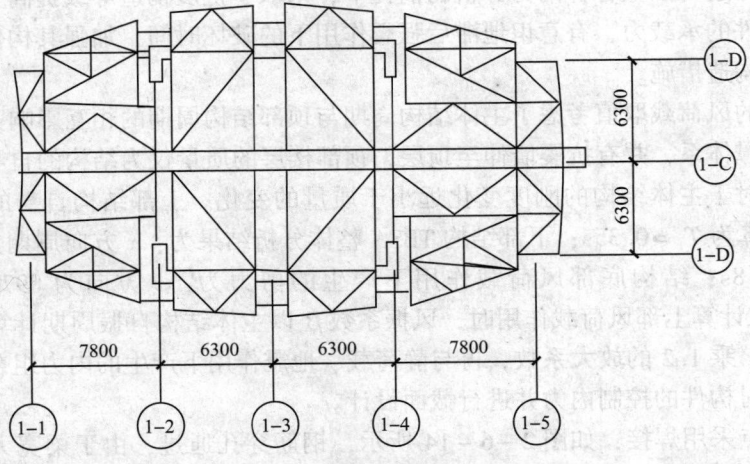

图 2 – 6 – 12 顶部剖面（GKJ2 框架）

屋顶组合结构的内力通过以下三个步骤综合分析：

（1）在结构的整体分析中，屋顶钢结构及组合结构按刚度、质量等效的原则，等效为钢筋混凝土结构参加结构的整体验算，采用电算程序为中国建筑科学研究院的《多层及高层建筑结构空间分析程序》TBSA5.0 版，取 15 个振型，并考虑扭转振型，从振型图上可体现顶部结构受高振型的影响。

（2）由于顶部为结构的薄弱部分，为了充分掌握结构薄弱部位的受力情况，采用时程分析进行了补充计算。根据时程分析结果对薄弱部位钢筋混凝土构件的配筋及钢结构的截面、节点进行调整加强。

（3）为了进一步掌握顶部的刚度变化、质量变化及受力情况，采用 SAP84 程序对屋顶钢–混凝土组合结构按实际的材料截面单独分析，得到各杆件在静荷载、风作用（考虑风振的影响）及地震作用下的杆件内力，根据屋面结构与主体结构楼层的刚度比值按《高层建筑混凝土结构技术规程》JGJ 3—2010 中的规定计算结果，最后截面设计内力的依据为以 THSA 整体计算的结果为基础，参见图 2 – 6 – 13。标准层结构平面图根据时程分析结果（取三种波形的平均值）及 SAP84 调整后结果进行截面调整。

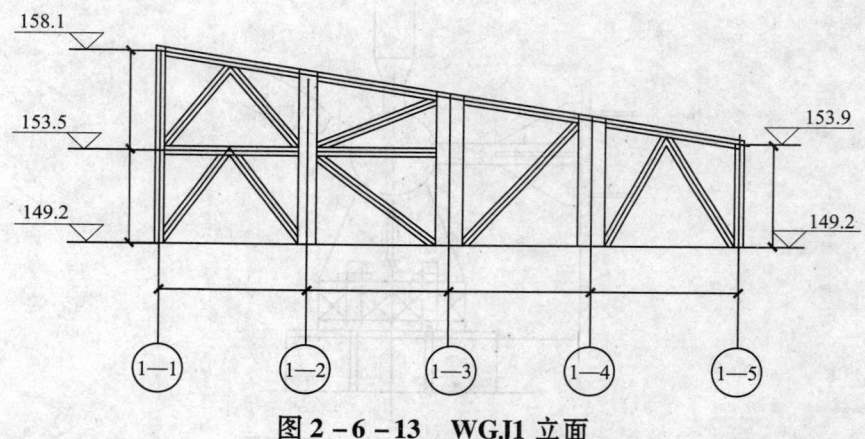

图 2 – 6 – 13　WGJ1 立面

顶部结构在进行以上各种内力分析的前提下，采取了抗震构造等级提高一级，提高重要部位和重要构件的承载力，有意识地滞后强震作用下的破坏时间，加强其构件及节点的延性及耗能能力等构造措施。

顶部结构的风荷载取值考虑了主体结构周期与顶部结构周期的相互影响，由于顶部钢框架均设置了支撑体系，并有抗震墙伸至顶层，顶部楼层的质量仅为结构的自身质量荷载，这样上部结构相对于主体结构的刚度变化远小于质量的变化。上部结构自身的周期较短：经 SPA84 程序计算为 $T_1 = 0.35\,\mathrm{s}$；下部结构 TBSA 整体分析结果为：x 方向周期为 3.402s，y 方向周期为 3.318s；结构底部风荷载作用下产生的剪力为：x 方向为 8970.7kN、y 方向 10042.1kN。在计算上部风荷载作用时，风振系数 β_z 以主体结构自振周期计算，考虑顶部结构周期的影响，乘 1.2 的放大系数，再与静荷载、地震作用下产生的内力组合，即得出考虑顶部风振影响时构件的控制内力并进行截面设计。

梁、柱节点采用焊接，如图 2 – 6 – 14 所示，钢筋穿孔通过，由于梁宽大于柱宽，需要穿孔通过的钢筋不多，如图 2 – 6 – 15 所示。

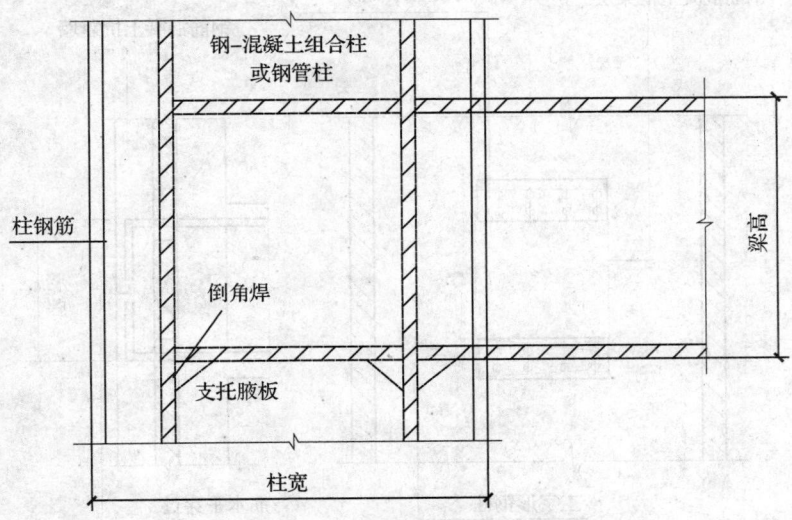

图 2 - 6 - 14　梁、柱节点大样

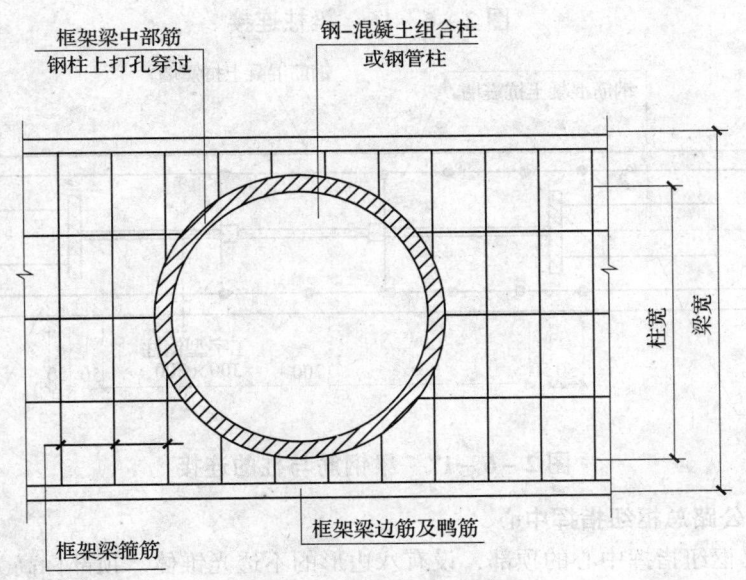

图 2 - 6 - 15　梁钢筋通过柱

直接伸到屋顶的钢筋混凝土框架柱：由于与钢筋混凝土框架梁、型钢梁与钢斜撑的连接节点较多，连接形式较复杂，框架柱采用了外包钢管柱的截面，钢管柱的截面直径为 $\phi600mm$，通过钢管对混凝土的三向约束，提高了框架柱的强度、承载力及延性，并使与钢梁及钢斜撑的连接中不需预埋很多的预埋件就可直接焊接，使节点受力合理，施工方便。钢管柱与混凝土框架梁的连接节点，如图 2 - 6 - 16 和图 2 - 6 - 17 所示。框架梁仍采用扁宽梁截面，梁中间钢筋在钢管上打孔穿过，边部钢筋及箍筋在钢管的边缘通过，保证了钢筋混凝土框架梁的主筋在支座是贯通的。为加强钢管与混凝土的黏结，在钢管内侧对穿 $\phi14@300$ 的拉筋。

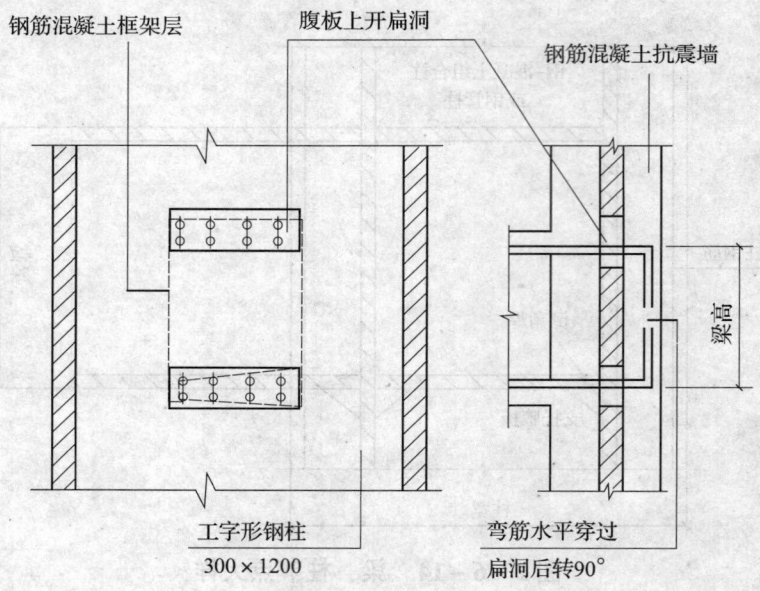

图 2-6-16 梁柱连接

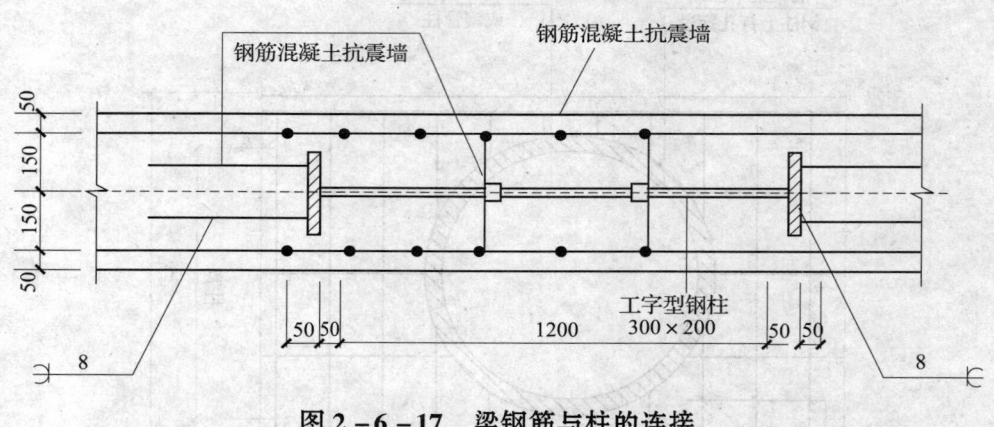

图 2-6-17 梁钢筋与柱的连接

（四）深圳公路总枢纽指挥中心

深圳公路总枢纽指挥中心的顶部，设有八边形的不透光锥体。顶部标高为130.6m。

由于设计的基本风压为$0.7kN/m^2$，顶部风力很大，选择了现浇钢筋混凝土角锥壳体作为主要结构，外包单层铝板，铝板厚度3mm，氟碳喷涂面层，三涂，厚$45\mu m$。

该工程由深圳西林公司承建。

第三节 采光玻璃顶棚

一、采光玻璃顶棚的支承钢结构

（一）梁体系

梁系（包括主、次梁体系和交叉梁体系）是采光玻璃顶棚的常用支承结构，因为它受力明确，计算方便，加工制造和施工安装简单，大量应用于中、小跨度的采光玻璃顶棚中，有时也作为其他支承结构（拱、桁架等）的二级结构使用。

香港中国银行大厦顶层采用斜坡采光玻璃顶棚，主要支承结构是交叉梁系，采用夹层玻璃，并水平密排不锈钢管作遮阳设施。

（二）拱和组合拱

拱是弯曲杆件，可以跨越较大距离。由于单根压杆受长径比不超过 $L/d_0 = 150$ 的限制，当跨度大时可采用各种组合拱。

1. 单根实体杆件拱

单根实体杆件常采用工字钢、方钢管和圆钢管，一般亦可采用无节点板的管接头，外部涂装聚氨酯清漆。

2. 组合拱

由若干拱在平面上组合，形成平顶或波形顶。

3. 穹顶

若干个拱在空间上组合，便形成多边形或圆形的穹顶。

（三）平面桁架和空间桁架

1. 平面桁架

平面桁架为支撑系统，三角形截面桁架双坡布置，受力类似三铰拱，在桁架之间布置二级承重结构——主次梁体系。有些设计方案考虑拱形桁架一半在室外，一半在室内。

2. 空间桁架

直接以桁架为支撑系统，桁架本身在空间（X、Y、Z 三向）传递荷载。

（四）网架和网壳

格构式采光玻璃顶应用最为广泛，它能产生各种几何造型，用钢量省，施工方便。平面结构通常称为网架，曲面称为网壳。

1. 平板型网架

平板型网架基准面为平面，上、下弦平行，通常为双层布置，包括上弦杆、下弦杆和腹杆。网架可以水平放置或倾斜放置。

2. 网壳

网壳为双层网壳或单层网壳，形式可以有柱壳、球壳、扭壳和回转壳。

（五）组合式采光玻璃顶

由若干个平面或曲面组合而成，具有较复杂表面形状的采光顶应用十分广泛。在实际工程中，还常常用较小型的锥体组合成一大片采光顶。这种采光顶常采用交叉梁承重。有时，也可由单坡或双坡层面连续布置，组成大面积采光顶。

（六）拉索和拉杆采光顶

拉索和拉杆系统是柔性体系，必须施加预应力才能形成稳定的形状，承受外荷载并保持在风力作用下的稳定工作状态，其设计可参照拉索幕墙和拉杆幕墙进行。

拉索式采光顶通常沿双向或多向布置张紧的钢索，在钢索上固定钢爪来点支承玻璃板材。拉索式采光顶还可以组合成更为复杂的形式。

二、单锥体和多锥体采光顶工程实例

(一) 北京富国广场

本工程由香港金龙公司承建。

富国广场采光顶立面和平面如图 2 - 6 - 18 和图 2 - 6 - 19 所示。采光顶棚为方形平面，42.8m×42.78m；中央直径19.5m圆形部分为圆锥形采光顶，采光顶为锥形，锥高为2.1m，矢高比 h/D 为 0.108。梁沿圆锥母线和环线布置，成径向梁与环向梁组成的梁系，径向梁为主梁。梁采用方钢管焊接。玻璃为 6mm + d12mm + 6mm 钢化中空玻璃。

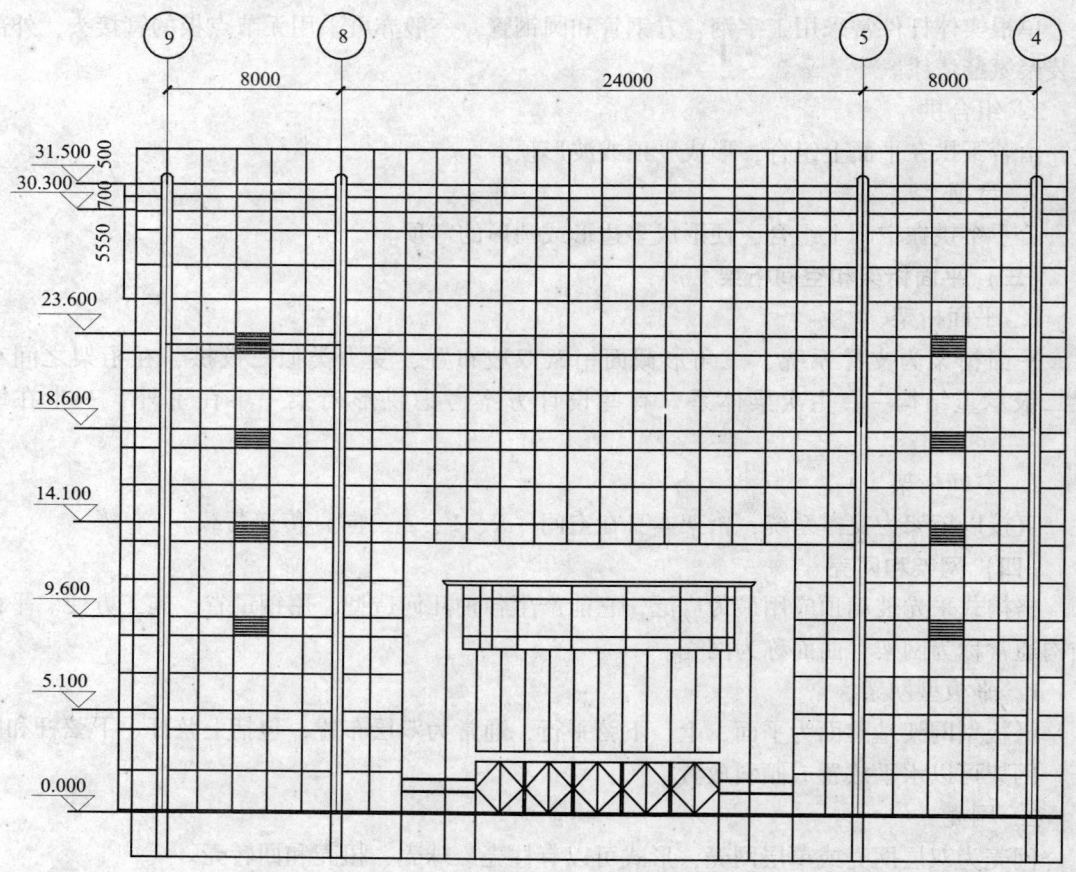

图 2 - 6 - 18　北京富国广场采光棚正立面

(二) 广东建银大厦

本工程由香港力基公司设计、施工。

广东建银大厦高 200m，在 45 层处设一个多锥体组合采光顶，标高为 150.73m。承重体系为主、次梁系统。主梁为 254mm×254mm H 型钢，次梁为 152mm×152mm H 型钢。所有钢材均经热镀锌工艺处理。

(三) 中国银行总行大厦

北京中国银行总行大厦中厅平面 55.2m×55.2m，采用锥型玻璃采光顶。其立面和首层平面如图 2 - 6 - 20 所示。

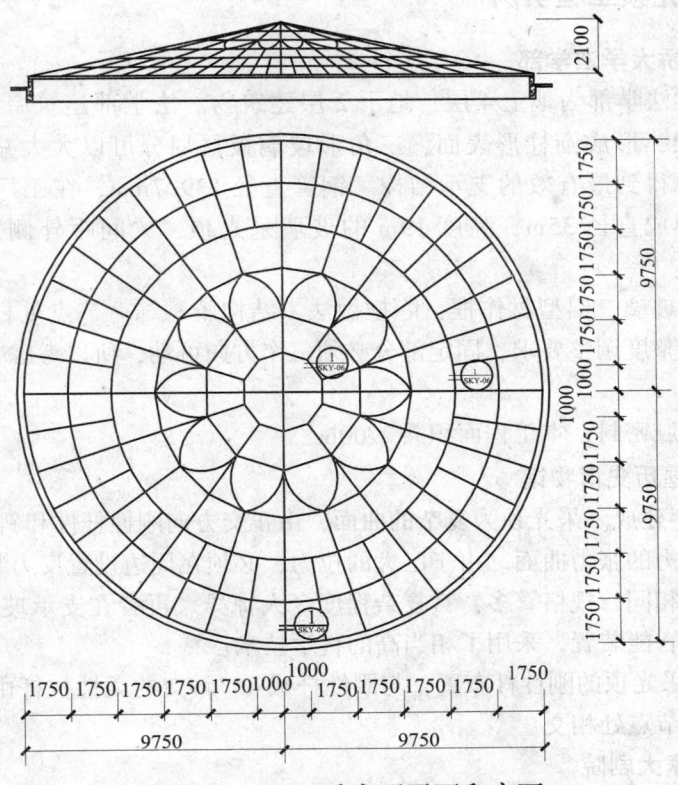

图 2 - 6 - 19　采光顶平面和立面

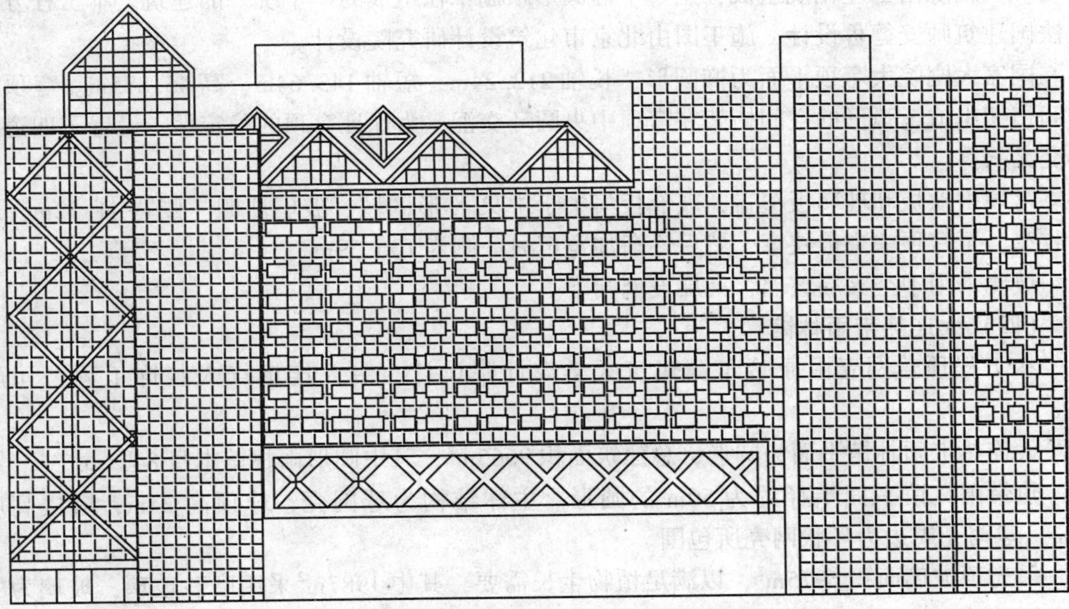

图 2 - 6 - 20　中国银行总行大厦立面

三、曲面采光顶工程实例

(一) 英国剑桥大学法学部

英国剑桥大学法学部为地上 4 层，地下 2 层建筑物。法学部建筑屋面为玻璃采光顶，三向布置钢管网架，形成圆柱形表面，三角形玻璃板材划分可以大大减少板材类型，而三向布置钢构件可得到最有效的支承结构。钢管直径 139.7mm，在工厂下料后到现场用螺栓组装，最后形成直径 35m，高度 19m 的玻璃采光顶，梁间距外侧为 3.9m，内侧为 7.8m。

玻璃采用中空玻璃，铝型材作框，隐框做法，结构胶黏结。节点处杆件沿六个方向外伸，为满足屋面平整度调整要求，固定部分必须三个方向可动，所以考虑节点时设置可以滑动的铰。

板缝采用耐候胶密封，本工程面积共 2700m²。

(二) 德国汉堡历史博物馆

本工程 1990 年建成。采光顶为复杂的曲面，由正交方向刚性杆件和斜交方向拉杆组成，构成只承受面轴向力的张力曲面。由于巨大的拉力，必须在周边设置反力装置。

玻璃的尺寸不相同，规格繁多，其复杂程度令人惊异。再者在支承玻璃的刚性杆件中，放入了电热式融雪智能装置，采用了相当高的科学技术。

L 形平面圆筒采光顶的刚性杆布置，与刚性杆成 45° 斜交的柔性拉杆由 2 根 φ6mm 圆钢组成，与刚性杆在节点处相交。

(三) 北京国家大剧院

国家大剧院位于北京长安街南侧，人民大会堂西侧，从长安街后推 80m，前面为水池、广场。大剧院由三座剧院组成，用一个椭圆形顶棚罩住组成为一个统一的建筑。本工程方案由法国建筑师安德鲁设计，施工图由北京市建筑设计研究院设计。

国家大剧院大穹顶平面为椭圆形，长轴 212.24m，短轴 143.64m，高 45.875m。穹顶由空间桁架组成，弧形的空间桁架在穹顶中央圆环交汇，为保证穹顶的稳定性，设置了四道 X 形交叉斜撑。

穹顶由钛板和玻璃板覆盖，玻璃板集中于中央 X 形区域，玻璃顶棚一侧宽 41.52m，逐渐收窄，至穹顶中央最狭窄，然后逐渐加宽至另一侧为 106.59m。

玻璃采用中空夹层玻璃，夹层玻璃朝下。

(四) 大连热带雨林馆

本工程顶盖网壳由原哈尔滨建筑大学设计院设计，由大连市红太装饰工程公司施工。

大连热带雨林馆平面为圆形，总建筑面积 9665m²，其中圆形雨林馆本身 8411m²。

热带雨林馆平面半径约为 50m 的圆形。主体结构为球网壳，球顶高 24m，塔楼高度 31m。球网壳周边为环状网壳所包围。

采光顶玻璃面积 6975m²，以满足植物生长需要，其中 1987m² 采用磨砂玻璃，玻璃为中空夹层玻璃，夹层玻璃朝下，组成为：8mm 半钢化玻璃 + d12mm 空气层 + 5mmLOW-E + 0.76mmPVB 胶片 + 5mm 透明钢化玻璃，中空玻璃采用了基胶和硅酮结构胶双道密封。

四、采用拉索系统的采光顶工程实例

(一) 深圳市民中心采光顶

本工程由深圳三鑫集团公司设计、施工，于 2001 年 8 月建成。

深圳市民中心采光顶是目前国内最大的平行弦拉索式网架，覆盖面积为 30m × 54m，除竖向腹杆为刚性杆外，其余上、下弦为钢绞线拉索，交叉斜腹杆均为钢拉杆。采光顶上弦由 X 形钢爪四点支承玻璃板，由于采用了沉头式支承头，表面平整光洁。屋面玻璃为彩釉印花钢化夹胶玻璃，玻璃组成为 10mm 彩釉钢化 + 1.52mmPVB + 6mm 透明钢化。上、下弦拉索对应，双向正交布置；斜腹杆沿上、下弦平面交叉布置，形成正交的平面拉索桁架。双向正交桁架组成了空间网架。实际工程为 45°斜放，桁架间距 1414mm，组成 2m × 2m 正方形网格。

上、下弦拉索选用新华金属制品股份有限公司生产的铝包钢绞线，其标准规格为 JLB 20A − 400，外径 $\phi25.9mm$，结构为 $1 × 37/3.7$，金属断面积 $A = 397.83mm^2$，理论破断拉力 $Np = 447.56kN$，实测破断拉力为 $\phi24$、$\phi20$ 的不锈钢拉杆，材质为 0Cr18Ni9，金相组织为奥氏体，$\sigma_T = 205MPa$，$\sigma_p = 520MPa$，弹性模量 $E = 2 × 10^5 MPa$。竖腹杆为 $\phi45 × 6$ 钢管，材质为 Q235，其力学性能与不锈钢管基本一致。

钢索端头采用带螺杆的可调式冷挤压锚头，由河北巨力集团生产，并提供质量保证。钢索的下料、预张拉处理和锚头的压制均在河北巨力集团的工厂进行，确定下料长度时应考虑钢索在张拉状态下的弹性伸长。鉴于大直径单股钢绞线冷挤压锚头在工程中的重要性，又是国内首次实践，尚没有行业标准遵循，所以在索桁架设计、施工前，将冷挤压锚头列为检验研究，钢索与腹杆连接的节点是索桁架设计中的重要环节，弦杆和腹杆通过节点实现力的传递，并形成整体的桁架结构。钢索在节点中是连续、贯通的，腹杆则是分段的杆件。其中钢索和斜腹杆只能承受拉力，竖腹杆则能受压也能受拉。桁架承受荷载前必须施加预拉力，先在桁架内建立一种自平衡的应力状态，形成一定的几何形状。索桁架的节点构造，必须同时满足上述预张拉阶段和承受外荷阶段杆件间传力的需要，根据上述传力要求确定的节点构造。其中斜腹杆的预张拉是通过其两端的正反螺纹，用扭矩扳手施加扭矩的办法实现的。斜腹杆拧紧后建立的预拉力与竖腹杆中的压力形成内部自平衡的应力状态，端部腹杆的拉力直接传给支座。桁架承受荷载阶段，腹杆沿钢索方向存在一个分力，使节点与钢索间产生滑移的趋向，为确保节点不沿钢索滑移，用四个夹紧螺栓将节点牢固地夹紧在钢索上，并通过压块与钢索之间的摩阻力实现腹杆与弦杆之间的传力。上述节点的传力原理中，压块与钢索之间的摩阻力是由四个夹紧螺栓的拧紧力提供的，因此在索桁架安装过程中，节点上四个夹紧螺栓的拧紧扭矩必须确保。工人应用扭矩扳手按设定的扭矩值进行仔细地操作。

(二) 深圳市少年宫

深圳市少年宫位于深圳市福田新市中心区。其造型新颖、外墙和采光顶由玻璃构成，采光顶包括三个，均由深圳三鑫特种玻璃集团设计与施工。

1. 屋顶南面采光天窗

为平面型采光顶，平面尺寸为 29.45m × 8.525m，采用短向鱼腹式拉杆，四点支承玻璃。钢拉杆直径 $\phi20mm$、$\phi24mm$。玻璃为 12mm 钢化 + 1.52mmPVB + 6mm 钢化，最大分块为 1968mm × 2275mm。

2. 后花园采光天窗

后花园采光天窗平面呈椭圆形，为拉杆支撑，点支夹层玻璃，拉杆直径 $\phi20mm$、$\phi24mm$。玻璃为 12mm + 1.52mmPVB + 8mm 钢化。

3. 空中花园屋顶

空中花园屋顶平面大约为 13m × 17m，采用钢管桁架支承。玻璃最大分格为 2100mm × 1933mm；正面和侧面亦采用点支承玻璃。

（三）大连百年商城

1999 年于大连繁华市区兴建的百年商城是大型综合性商场，建筑面积达 6 万 m^2。其最具特点的是在西部设有长 80m、宽 20m 左右、高 36m 的弧形大堂，立面顶面及侧面均为玻璃幕墙。

通常玻璃幕墙均依附在稳定的结构体系上，幕墙仅起围护结构作用。此幕墙立面呈弧形，屋顶及一侧面也为玻璃幕墙，另一侧为结构的变形缝，仅屋面后侧同混凝土构件相连，幕墙结构不但发挥围护体系作用，而且还是承重结构，即幕墙骨架应能够承担屋面上的荷载、风荷载、自身质量荷载及地震荷载，还应满足结构稳定性及变形的要求。

玻璃弧形大堂建筑要求体现通透、宽敞、美观的效果，结构体系和杆件形式除满足受力要求外，还要符合建筑美观的要求，力争做到受力与美的统一，结构体系同建筑功能的和谐。

结构正立面由刚架、中横梁、上横梁组成的五跨弧形框架，支柱及梁均由钢管焊接成空中立体桁架，支柱下端做成向外弧形收脚，以减少柱所占空间。幕墙横向由支柱同屋面桁架组成厂形钢架，由于支柱较高，受风荷载影响大，用加大断面势必影响美观。为减小杆件断面，增加结构空间整体稳定，在钢架柱的上方加一斜压杆，斜压杆的上端支承在屋面以下的钢筋混凝土框架上，这样，大斜压杆不仅给幕墙横向增设了一个支点，还使幕墙沿纵向设置了一道稳定的支撑体系。

大斜压杆长 20m 左右，下端同 $\phi200$ 支柱钢管相连，上端同混凝土柱及梁相连，下端作用在 20.750m 标高位置上，斜压杆承担风荷产生的巨大压力，在整个结构中发挥着至关重要的作用。其下又为大堂上空，要求外形美观新颖，经多方比较，采用梭形预应力组合杆件成为自平衡体系。它不但受力合理，用钢量少，而且外形美观、视觉好，同两端连接节点处理方便、简捷，整体顺畅。

钢结构轴心或偏心受压构件承载力计算，应按下述公式：

$$\sigma = \frac{N}{\rho A} \leqslant f \text{ 或} \frac{N}{\varphi_x A} + \frac{\beta_{max} \cdot M_x}{\gamma_x W_{1x}[1-(0.8N/N_{Ey})]} \leqslant f$$

从公式可以看出，构件承载能力主要同杆件的面积 A，受压稳定系数 φ_x，φ_x 值的大小及杆件截面抵抗矩有关，而主要取决于 φ_x 值的大小。通常 φ_x 值加大，就得使杆件长细比变小，外形不美观，钢材耗量又会增加。采用预应力组合梭形构件，较好地解决了这个矛盾，它充分发挥钢材抗拉、抗压的能力。大斜压杆为自平衡体系，中间设一个主压管，四周由高强拉杆张拉，整体成梭形，此种结构 φ_x 值迅速增大，承载力提高，对大跨度轴心受压件具有很好的稳定受力性能。

自平衡体系各次施加预应力时，不同杆件各次施加预应力的内力见表2-6-1。

表2-6-1 各次施加预应力时杆件内力

杆件名称	断面（mm）	各次施加预应力时杆件内力（kN）		
		第一次	第二次	第三次
1（中心压杆）	$\phi 219 \times 10$	+300	+400	-600
2（拉杆）	$\phi 54 \times 6$	+75	+100	+150
3（拉杆）	$\phi 25$	+30	+40	+60

预应力压杆在使用中，在外力及自身质量荷载作用下，构件中原有应力值在改变，主压杆压应力增加，同时压缩变形增大，使得四周拉杆应力值下降。由于克服因构件自身质量荷载产生的弯矩，使得构件内应力进一步改变，上侧的两个拉杆预应力下降，下侧的拉杆应力增加。为维持整个组合构件正常工作，施加的预应力同杆件断面及中心主压杆承担外荷能力的，必须具备下述关系：

（1）在外荷载及自身质量荷载作用下，拉杆预应力在减少，但在任何情况下，减少后的剩余值必须大于1.0kN左右。即主压杆四周的拉杆永远处于受拉状态。

（2）在受拉状态时，主杆中的压力为预应力与外荷载产生的内力两者之和，总应力应小于稳定计算的允许值。

（3）外侧拉杆最大拉力应等于施加的预应力加上因自身质量荷载作用产生的拉力，二者之和应小于构件的允许拉力值。

构件的制作及施加预应力按操作方法要求的施工顺序进行。

五、其他形式采光顶

（一）德国柏林索尼中心

柏林索尼中心是一组高层建筑群，它们围合成一个圆形的内院，直径约100m，在这个内院的上空，建造了一座特殊的采光顶。

采光顶如同水平放置的车轮，中心为一支巨大的"钢轴"，四周为圆形钢管立体桁架的"轮圈"与钢轴之间绷紧了上、下两层径向拉索。放射形配置的钢索施加预应力后，具有良好的刚度，承托起整个采光顶屋面。

中心钢轴下部是逐渐向上扩大的钢管，下排钢索通过节点板联结于其下端；到上部则散开为花篮状，造型十分美观。花篮的开口即为内环，上排拉索固定在受拉的内钢环上。

屋面为玻璃与受拉膜间隔布置，玻璃的宽度由中心向边缘递增，支承点也由四点递增到边缘的十点。

周边钢管桁架为三角形截面，一个平面朝下，部分区段支承在屋顶主体结构上，具有很大的刚度和稳定性，可以充分承受两层拉索的巨大径向拉力。

（二）慕尼黑机场大采光玻璃顶

慕尼黑机场大采光玻璃顶由三角形组合管柱支承。组合钢管柱上、下端均铰支。

采光顶结构系统是：屋面板→纵横梁→纵向变跨度鱼腹式屋面桁架→钢拱。荷载最后由巨大的钢拱传递到组合钢管柱上。

菱形区格覆盖张力薄膜，半透明，黄褐色；三角形区格为玻璃，直接看到蓝天白云，两者对比极为鲜明。整个屋盖的图案、色彩极其美观。

最外端一跨为悬挑屋盖，由屋盖上方的立体桁架支承端部桁架，然后布置屋盖承重结构。由于悬挑桁架隐藏在屋盖上方，屋盖结构显得十分轻巧。

（三）慕尼黑机场凯宾斯基饭店大堂采光玻璃顶

凯宾斯基饭店两座客房楼之间为宽阔的大堂。大堂采光玻璃顶的构思大体上与机场大采光玻璃顶类似。

屋面承重系统为：板材→交叉网格梁→斜交钢板拱→放在屋顶的边缘结构交叉拱，交叉拱采用钢板拱，并用单拉杆予以加强。斜交钢板拱同样形成菱形区格和三角形区格。三角形区格铺彩釉玻璃板。

第四节　异形玻璃幕墙

造型各异的异形玻璃幕墙多是因建筑功能和建筑艺术的需要而设。由于其形状复杂，设计、施工和安装都比较困难，所以，安装施工时即要求更高的技术水平。

一、球形和半球形玻璃穹顶

球形和半球形玻璃穹顶的主要承重钢结构可采用拱梁体系、桁架体系或空间桁架。目前玻璃板以明框和隐框支承居多，常用四边形板；铝板多采用双曲面板。

异形铝板球形的型式之一是多棱铝板球体。其板件做成三角形锥体形，整个球体表面成多棱状。

二、电视塔玻璃塔头

电视塔玻璃塔头为多层建筑，多采用回转体结构，外包铝板或玻璃，由于都处于标高很高的位置，风力和地震力都较大，国内有许多这样的电视塔，如上海东方明珠电视塔、西安电视塔、四川电视塔。

上海东方明珠电视塔上、下球和太空舱均为球形，采用玻璃和金属铝板。

三、玻璃曲面和玻璃多棱面

深圳文化中心，其外部装饰性幕墙宛如琴弦，又似瀑布，隐含高山流水的音乐之声。主要支承钢梁，上支点为屋面，下支点为地面，形成一个曲面，三角形板件连接在竖向斜梁上。

新建的东京公园塔楼顶部，由多个棱面组成顶部多面体玻璃幕墙，煞是好看。

四、玻璃回转面

回转面由平面曲线绕轴旋转 360°而成，因为环向则为母线。

钟形玻璃幕墙由母线竖向桁架和各层圆环形水平桁架构成，顶部布置径向和环向梁。玻璃采用四边形，水平分层布置。

第五节　通道玻璃上盖和雨篷

一、通道玻璃上盖

通道玻璃上盖覆盖人行天桥、走廊、扶梯等，遮风挡雨兼用于采光，多数情况下采用玻璃，也有采用铝板和聚碳酸酯阳光板作为面板。玻璃面板的支承方式有周边框支，也可以采用四点或六点支承。

通道玻璃上盖玻璃宜采用夹层玻璃。上盖支承钢结构常用钢架或拱。

二、玻璃雨篷

玻璃雨篷常采用夹层玻璃，玻璃周边支承采用点支承。支承钢结构的常用类型有：悬臂梁、交叉梁、拱、桁架、网架、悬吊钢索以及复合结构体系。

当跨度不大时，采用悬挑钢梁的玻璃雨篷很多，必要时还可以加上吊索。

网架、网壳也是支承玻璃雨篷的常用结构形式。可以有悬挑式平板型网架和钢筋混凝土网状筒拱等。

三、设计要点

（一）荷载

1. 恒荷载

恒荷载主要由玻璃（或铝板）、边框、支承结构自身质量荷载组成。

2. 活荷载

主要考虑检修荷载，玻璃按 $1.5kN/m^2$ 的集中荷载考虑，主要支承结构可按 $1.0kN/m^2$ 均布荷载考虑。

雪荷载按荷载规范的规定取用。

3. 风荷载

应考虑 -2.0 的向上风载体型系数。

4. 地震力

当跨度较大时，考虑竖向地震作用，其作用力相当于其自身质量荷载的百分比为：
7 度：5%；8 度：10%；9 度：20%。

（二）玻璃

按其支承情况，分别按四边简支板和四点（六点）支承板计算。

（三）拱和钢架的内力设计图表

参考拱和钢梁的内力设计图，计算出内力设计用表。

第六节　观光电梯井

一、简述

（一）观光玻璃电梯井

在多层、高层建筑和公共建筑中，常设置玻璃观光电梯，其客厢和电梯井均采用玻璃，以方便乘客观览周围景色。

观光玻璃电梯井的玻璃墙面常用圆弧面，以半圆形最常用，也有采用多边平面的。玻璃由水平放置的弧梁或多边形折线梁承托。

观光玻璃电梯适用于建筑物的内庭和共享空间中。

（二）电梯井的玻璃

1. 形状

多数情况下，玻璃电梯井采用圆弧平面，因此玻璃多数采用热弯的弧形玻璃。

目前，大多数厂家能加工的热弯玻璃的规格为：

最大尺寸：2200mm～3500mm；

最小弯曲半径：500mm；

玻璃厚度：6～10mm（钢化）；

　　　　　6～10mm（半钢化）。

也有一部分玻璃电梯井采用多边形的截面，这时可采用平面玻璃。

2. 材质

用于玻璃电梯井的玻璃宜采用夹层玻璃或钢化夹层玻璃，以保证电梯井的安全，因为玻璃电梯井往往直接外露，承受外面的风力和地震力较大，而且由于电梯轿厢的上、下运动，电梯井还受"活塞效应"影响而产生内部气压变化。当电梯井高度较小时，也可以用钢化玻璃。

3. 支承

多数采用四边或两边支承，也有一些工程采用点支承玻璃。

（三）托梁

1. 弧梁

由于玻璃电梯井多采用圆弧面，相应采用两端固定的钢弧梁。一般不采用截面较大的钢筋混凝土梁以减少遮挡。

2. 折线梁

当电梯井采用多边平面时，相应采用折线托梁，折线形托梁也多采用钢结构。

3. 悬臂托梁

通常托梁采用两端固定形式，轿厢上、下运动时，梁不断在眼前闪过，对视线形成较大干扰，所以有时采用两端向中间悬臂的托梁，中间一段无梁遮挡，大大改善了观景的效果和功能。

（四）竖框（立柱）

为了减少横向托梁的遮挡，当观光梯的高度不大时，可以采用竖框（立柱）支承玻璃，取消横梁。

二、玻璃电梯井的设计

(一) 荷载和作用力

1. 作用在井筒平面内的荷载和作用力

(1) 自身质量荷载。当以横梁作为托梁支承时，自身质量荷载落在空间曲梁或空间折梁上。自身质量荷载按材料实际截面尺寸计算。

(2) 温度作用。竖向温度作用是主要的作用，通常通过胶缝逐层吸收，不至于影响到钢构架，但采用竖框（立柱）支承时要考虑竖向温度变化的影响。水平温度作用应在曲梁和折梁的内力计算中考虑，温度变化可按80℃温差考虑。

(3) 竖向地震力。曲梁或折梁所承受的竖向地震力作用，可按其承受的自身质量荷载的百分比考虑，见表2-6-2。

表2-6-2 地震设防烈度与自身质量荷载的参考关系

设防烈度	7	8	9
竖向地震力为自身质量荷载的（%）	5	10	20

2. 作用在井筒面垂直方向的荷载和作用力

(1) 风力。

风荷载对计算筒幕墙影响较大，但体型系数宜按风洞检验结果采用。当缺乏检验数据时，计算玻璃时的体型系数4，可取为1.5~2.0；计算钢结构时可取为1.2~1.5。

(2) 地震作用。按幕墙的地震作用计算。

(3) 井内空气压力波动。轿厢上、下运行时，相当于活塞在汽缸中上、下运动，井内空气交替压缩和膨胀，对井筒玻璃和金属结构产生附加的荷载，这一数据目前尚未有确切的理论值和实测值。为了设计的安全，建议在风荷载计算时，风压体型系数附加±0.2~±0.3，其符号与风压作用方向相同。

(二) 玻璃的计算

1. 支承方式

玻璃电梯井的玻璃支承方式如图2-6-21所示。

不论是弧面玻璃还是平面玻璃，其边界条件可归纳为：

(1) 简支边：由金属框（立柱、托梁）或竖厢玻璃肋支承的边。

(2) 自由边：仅由密封胶密封的边缘。

(3) 点支承：由钢爪支承的玻璃。

2. 平板玻璃的计算

平板玻璃在外荷载作用下，应力计算与幕墙板计算相同，分别参阅有框玻璃幕墙设计和点支式玻璃幕墙设计。

3. 弧面玻璃的计算

弧面玻璃的工作性质是薄壳，严格的应力计算应按弹性力学中圆柱壳的分析理论进行，但这对于一般工程设计太过于复杂。所以作为工程上的近似分析方法，可以按以下要点考虑：

(1) 上、下支承。可取单位宽度的板带，按上、下简支梁进行计算。

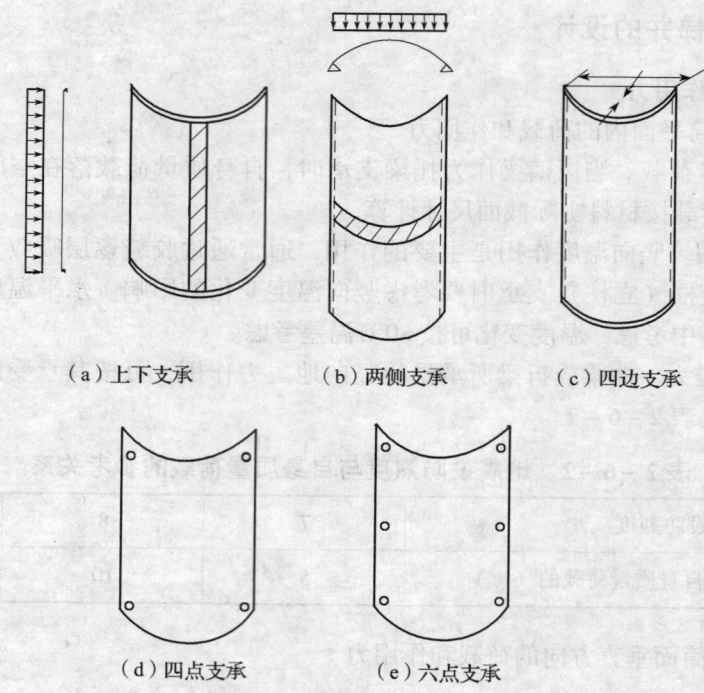

（a）上下支承　　　（b）两侧支承　　　（c）四边支承

（d）四点支承　　　　　　（e）六点支承

图 2-6-21　电梯井玻璃支承方式

（2）左、右支承。可取单位宽度的水平板带，按左、右支承的两铰拱进行计算。

（3）其他支承情况。只有当其矢高 h 与其跨度 L 之比较小时，才能近似地按平板进行计算。通常认为 h/L 小于 0.2 时，可以近似按平板分析。其他的情况（h/L 大于 0.2），只能由薄壳理论求其解析，或用有限单元软件进行数值分析。

（三）托梁的计算原则

1. 幕墙平面内作用力的计算

在幕墙平面内的力作用下，托梁为空间曲面或空间折梁，承受有弯矩、扭矩和剪力。圆弧梁的计算公式和图表请参阅有关规范。

2. 在地震作用和风荷载作用下的计算

（1）两端支承托梁。在水平力作用下，两端支承托梁的受力状态为圆弧拱或者为折线钢架。一般可按两端固定的无铰拱或钢架设计，为安全起见，可按双铰拱和双铰钢架校核。两种计算模式取其较大的内力。

（2）悬臂梁。水平力作用平面与曲梁和折梁轴线所在平面一致，可按平面悬臂曲梁或折梁计算，由平衡条件可直接求其内力。

（四）竖框（立柱）的计算原则

竖框（立柱）可按其支承条件，按单跨梁和多跨梁计算其弯矩 M_0，自身质量荷载产生的内力为轴向力 N_0，立柱为偏心受压或偏心受拉构件。

（五）空间曲架计算

曲梁不同于一般的直线形梁。在梁横截面的竖向对称平面作用有竖向外荷载时，普通直梁的内力只有弯矩 M 和剪力 V，但曲梁除存在弯矩 M 和剪力 V 外，还将产生扭矩 T_0。

第七章　新型节能和智能玻璃幕墙

第一节　概　　述

一、能源状况

目前，全世界范围内都面临着三大不可循环能源短缺的问题，如何利用水利水电、生物能源、太阳能以及风力电源等新型能源来解决这一问题，成了全世界科学家目前深思熟虑正在研究的课题，而由于这些能源的成本高、我国能源消耗量又大，受到了严峻的考验。

困扰着我国能源发展的问题主要包括能源存储量和利用率过低、能源资源分布不均匀、对煤炭的依赖性过高等。从目前的能源消耗比例可以看出，我国建筑设计标准当中所规定的节能水平较低，建筑总能源消耗已经占到了全国能源消耗量的 45% 左右，并且随着城市建设的持续进行，每年在建筑领域所消耗的能源仍然会不断增加，所以有必要采取一定的措施解决建筑行业能源消耗过大的问题。

二、节能要求

建筑物一般在制冷、采暖、通风以及照明等方面会产生较大的能源消耗，所以节能型建筑幕墙在设计的过程中一定要具备节能、防止污染、自然通风以及屏蔽噪声等功能。其中节能型幕墙的自然采光功能相对于人工照明系统来说，更有利于改善人们的工作环境，可以有效调节光线的强度、颜色等。因此在设计节能建筑幕墙时可以采取下述几种方式，以便于更好地提高幕墙所具有的采光功能：

（1）首先在选择材料时要尽可能地选择先进的玻璃材料。

（2）然后对幕墙的采光面积进行合理的设计。

（3）最后可以采用窗格系统或者可调节遮阳系统。

此外，节能型幕墙在设计过程中应该注重自然通风，有效消除微生物污染源，有利于提高室内环境的空气质量，人们能够呼吸到更多的清新空气。而由于幕墙在整个建筑物中属于外围护体系，所以在设置通风时一定要选择没有污染源的位置，并且要对新风口的大小做出合理的判断，以便于其能够满足新风量的要求。自然通风需要在热压和风压的基础上进行运作，所以为了提高幕墙所具有的通风性能，需要对开启窗户进行合理设置，也可以采取热通道幕墙的方式。

第二节　节能玻璃幕墙技术设计

一、选择先进的节能玻璃

由于玻璃具有良好的光学性能以及热工性能，所以可以在建筑工程施工中选择节能玻璃。目前，已经得到广泛应用的玻璃类型主要包括中空玻璃、吸热玻璃、低辐射玻璃等。其中中空玻璃由于内部设置有空气层，所以其中的气体不会产生对流，可以说是一个封闭的空间，再加上空气具有的导热系数非常低，只有玻璃导热系数的 3.7% 左右，因此其具有极好的隔热性能，在节能方面效果显著。而在建筑幕墙的设计中，通过采用规格为 6mm + 9A + 6mm 的中空玻璃能够降低温差传热负荷。与此同时，如果所在地域不同，则对中空玻璃所具有的性能要求也会存在一定的差别。如果是临街建筑，就要求中空玻璃具有良好的隔音性能；如果在气候较为寒冷的地区，则保温性能就显得更加重要了。

二、对隔热幕墙的节点进行合理设计

隔热幕墙在实现节能目的的过程中，需要采取隔热断桥铝型材和中空玻璃，其中隔热断桥铝型材则主要利用隔热条把一个连续的隔热区域当中所包括的铝合金型材有效地划分成两个部分来实现隔热，图 2 - 7 - 1 所示为隔热断桥铝型材平面结构图。与此同时，在对隔热幕墙进行设计的过程中，铝合金框所占的面积相对于玻璃面积要小很多。另外，还需要对中空玻璃的具体应用情况进行考虑。而选择规格大小为 6mm + 9A + 6mm、传热系数 K 为 3.27W/ $(m^2 \cdot K)$ 的中空玻璃，能够在一定程度上减少能量的消耗，如果设计过程中中空玻璃内充入一定量的惰性气体，K 值甚至会达到 1.3W/ $(m^2 \cdot K)$。

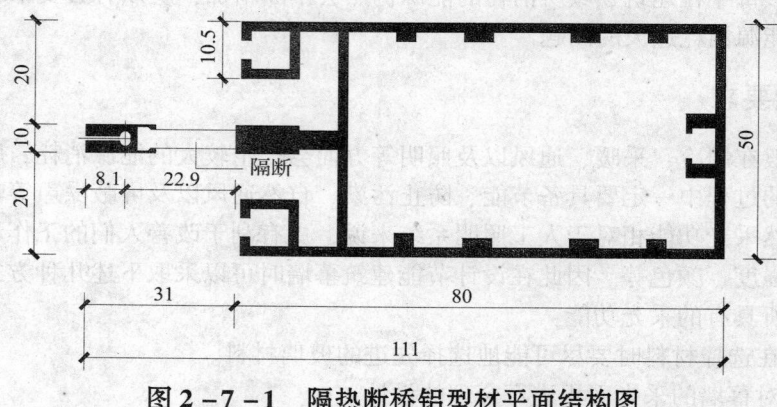

图 2 - 7 - 1　隔热断桥铝型材平面结构图

三、玻璃幕墙气密性合理设计

建筑玻璃幕墙所具有的节能效果同时也会受到玻璃幕墙的气密性影响，通常我们会在幕墙玻璃、型材以及玻璃之间通过利用密封材料进行严格的密封，以此来提高玻璃幕墙具有的气密性。通常情况下，所使用的密封材料主要包括橡胶密封条以及硅酮耐候密封胶等，其中橡胶密封条的主要特点包括耐老化、耐紫外线以及耐变形等，所以会在型材和建筑幕墙之间应用较为广泛，二者之间能够形成波浪形，可以有效地避免发生空气渗透现象。此外，硅酮耐候密封胶对污染、紫外线照射等具有良好的耐受性，而且耐候性以及耐水性良好，所以在建筑幕墙玻璃间的密封嵌缝过程中应用较多，可以取得良好的密封效果。

四、玻璃幕墙热工性能合理设计

在对玻璃幕墙的热工进行设计的过程中可以选择热通道双层玻璃幕墙，这种玻璃幕墙可以减少夏季建筑制冷空调的能源消耗，降低热量，避免冬季建筑采暖供热系统产生较大的能源消耗和热损失。通常热通道玻璃幕墙包括两种：一种是敞开式外循环双层通风玻璃幕墙，另外一种则为封闭式内循环双层通风玻璃幕墙。图2-7-2所示为热通道双层玻璃幕墙平面结构示意图。

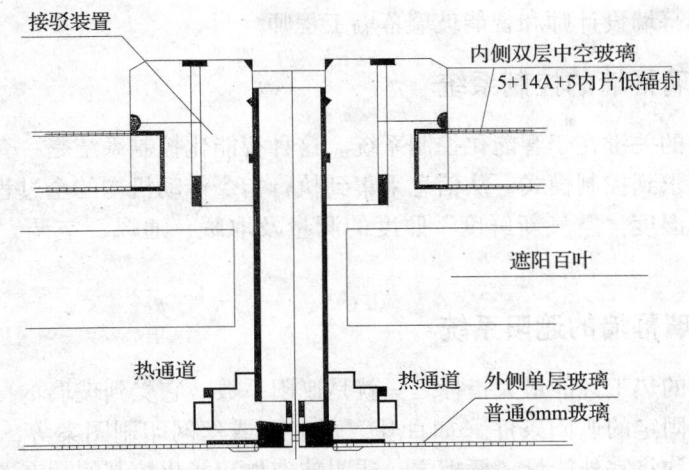

接驳装置

内侧双层中空玻璃
5+14A+5内片低辐射

遮阳百叶

热通道　　热通道　外侧单层玻璃
普通6mm玻璃

图2-7-2　热通道玻璃幕墙平面结构图

在对玻璃幕墙的热工进行设计的过程中，一定要充分了解它的传热方式，掌握其热工性能参数。通常情况下，玻璃幕墙的传播途径主要包括以下三种：①玻璃与铝合金金属框格之间的传热；②室内环境及空气和建筑物玻璃幕墙内表面之间的换热；③室外环境及空气和建筑物玻璃幕墙外表面之间的换热等。

对于节能型建筑玻璃幕墙来说，在设计的过程中都会选择具有较好导热性能的中空玻璃，同时采用尼龙66等结构塑料的铝框，使其能够形成断桥，以此来降低热传导、提高热阻。

第三节　智能玻璃幕墙系统组成

一、智能玻璃幕墙的概念

智能玻璃幕墙是指幕墙和自动监测系统、自动控制系统相结合，根据外界条件的变化（如光、热、烟等条件变化），自动调节幕墙的一些功能部件，实现遮光、进风、排风、室内温度、火灾排烟等建筑功能的相应改变，以适应外界条件。

智能玻璃幕墙从广义上说，它包括以下几个部分：热通道幕墙、通风系统、遮阳系统、空调系统、环境监测系统、智能化控制系统等。智能玻璃幕墙尚处在发展的初期，科技含量高，首期投资比较大，但它在建筑节能和环境舒适等方面显示了巨大的潜力，因而在西方发达国家应用得越来越多。传统的玻璃幕墙能耗比较大，对外界环境的适应性较差。智能玻璃幕墙与建筑物内的空调、通风、遮阳、灯光、数字控制系统紧密相连，它可以根据外界自然条件变化自动调节，高效地利用能源。据英国工程师对某个已建成的智能玻璃幕墙进行测算，采用智能玻璃幕墙的能耗只相当于传统建筑能耗的30%。智能玻璃幕墙在设计构思、内容组成上，不仅有玻璃支承结构，还包括建筑物内的部分环境控制系统和建筑服务系统，许多过去放置在地板内或吊顶内的设备已成为智能玻璃幕墙的一部分。它往往和智能建筑一起设计、一起施工。由于其构造特殊，科技含量高，传统的幕墙设计师和幕墙工程师在智能玻璃幕墙的设计和施工中将难以胜任。国外一些高技术的建筑事务所，已经诞生了一个新的专业——智能玻璃幕墙设计师和智能玻璃幕墙工程师。

二、智能玻璃幕墙的控制系统

智能玻璃幕墙的关键在于智能化控制系统。这种智能化控制系统是一套较为复杂的系统工程，是从功能要求到控制模式，从信息采集到执行指令传动机构的全过程的控制系统。它涉及气候、温度、湿度，空气新鲜度、照度的测量及取暖、通风、空调、遮阳等多方面因素。

三、智能玻璃幕墙的遮阳系统

影响玻璃幕墙的热工性能最大指标之一就是遮阳系数。它受到玻璃本身的特性控制，比如采用镀膜玻璃，固定的遮阳条件（如百叶、垂帘）或丝网印刷图案等，这种遮阳方式不论春、夏、秋、冬均将室外能量一概拒之。透明玻璃加智能化控制的动态遮阳体系，是合理解决节能和有效利用日光的理想途径。其中之一，就是法拉利（Ferrari）公司的帘幕系统，其电动机构是世界著名的遮阳机构制造商索菲（SOMFY）公司制造。技术性能稳定、体积小，帘幕全部收回时，完全隐藏在幕墙的卷帘框架内，感觉不到它的存在，卷帘框架又是智能玻璃幕墙一个很好的装饰品。该机构具有自动平衡功能，特别适用于幕墙的大面积整体联动遮阳。这种功能保证了同一水平线上的每个帘幕每次收回时的自动对齐，每次下落时各帘幕之间的整齐联动。法国法拉利的纱帘是一种高技术产品，由织物经过特殊处理，耐候、能避免积灰、色泽高雅，预应力的纱帘饰面适用于各种形式幕墙（包括下垂面幕墙）的遮阳，纱帘内、外层反射系数不同，可以实现智能化自动翻转，光线透射率最高可达20%～30%，即使帘幕完全下落，也不会完全遮挡视线，透过微孔仍然可以朦胧地感受室外的景色，是当前智能玻璃幕墙采用得较多的遮阳体系。

第四节　其他新型玻璃幕墙

任何一种玻璃幕墙和新型幕墙均主要是由骨架、玻璃和连接件三部分组成的，其中玻璃是新型幕墙决定节能和智能最关键的材料和原理。

一、幕墙自洁玻璃

幕墙清洗很困难，尤其是玻璃，不容易保持清洁、透明。目前国外已开始在玻璃上涂覆特殊的涂层，达到自行清洁的功能。这些涂层材料的颗粒大小到纳米（$1nm = 10^{-9}m$）的程度，因而其表面性质已产生巨大的变化。所以也称之为纳米材料玻璃，或纳米玻璃。

二、幕墙自动变性玻璃

美国研制人员用溶胶剂制成的幕墙玻璃和窗玻璃，能随温度的变化而自动从透明变为半透明或不透明。溶胶是一种含油成分的聚合物和水的混合物，为胶状半流体。其变化反应相当灵敏，当温度低时溶胶内的油质成分会把水分子冻成一层外壳，保卫在像面条似的聚合物周围，这时溶胶是透明的，能透过90%的阳光。当温度高时，冰冻状态的水分子被溶化，聚合物纤维就像沸水中的面条一样，翻滚绞成乱麻似的一团。这时溶胶从清澈透明的状态变为不透明的白色，可阻挡90%的阳光透过。能自动调光的窗玻璃就是将溶胶夹在两层玻璃之间制成的，具有自动调光和调节室内温度的作用。

新加坡开发出一种能排除热气的"智能玻璃窗"，夏天可减少制冷费用。"智能玻璃窗"是个多层电极化窗口，在两层玻璃之间加入两层薄薄的氧化钨和氧化钒电解液，以及一条接到窗檐内的普通电池电线。当电池通电后，玻璃的化学成分产生电脉冲，使玻璃随阳光强弱改变颜色。阳光强时，玻璃呈蓝色，95%的阳光被反射出去；阳光弱时玻璃无色，变成透明状态，所有光线可进入室内。

三、幕墙变色玻璃

变色玻璃是一种能随外部条件的变化而改变自身颜色的玻璃，可用于建筑装饰幕墙和各种特殊要求的门窗玻璃。

根据玻璃变色的条件和机理不同，变色玻璃可分为光致变色玻璃和电致变色玻璃两类。

（一）光致变色玻璃

光致变色玻璃是在玻璃的组成原料中加入卤化银或者在玻璃与有机夹层中加入了铝和钨的感光化合物而制成的。当外界的光线照射在玻璃的表面上时，玻璃体内分离出卤化银的微小晶体后产生色素，随着光线的照射强度增大，卤化银晶体的析出物增多，玻璃的颜色也就加深。当光线停止照射时，卤化银又发生还原，玻璃又逐渐恢复原来的颜色。

光致变色玻璃受太阳或其他光线照射时，颜色随着光线的增强而逐渐变暗，一般在温度升高时（如在阳光照射下）呈乳白色；温度降低时，又重新透明，变色温度的精确度能达到±1℃；当照射停止时又恢复原来颜色。光致变色玻璃的应用从眼镜片开始，后向交通、医学、摄影、通信和建筑领域发展。

（二）电致变色玻璃

电致变色玻璃是指在电场或电流的作用下，玻璃对光的透射率和反射率能够产生可逆变化的一种玻璃。电致变色机理的"双注理论"认为：变色是材料中的离子和电子的注入或抽出而产生的。这种玻璃是由普通玻璃及沉积于玻璃表面的数层薄膜材料组成的，其中有的薄膜作为电极膜，用于提供或储存玻璃变色所需的离子；有的薄膜作为离子导体层，用以传导变色过程中的离子。在外电场的作用下，侵电致变色层中的离子产生注入或滤出，从而使玻璃发生漂白和着色的变化过程。

变色玻璃能够自动控制进入室内的太阳辐射能，从而降低能耗，改善室内的自然采光条件，具有防窥视、防眩光的作用。可用于高档写字楼、别墅、宾馆等建筑物的门窗和隔断玻璃。

四、幕墙电热玻璃

电热玻璃是由两块浇铸玻璃型料热压制成，两块玻璃之间铺设极细的电热丝，电热丝用肉眼几乎看不见，吸光量在1%～5%。用在幕墙工程中，这种玻璃面上不会发生水分凝结、蒙上水汽和冰花等现象，可减少损失和采暖费用的消耗。

这些玻璃应用在许多高级轿车的挡风玻璃上，寒冷的冬季不会结露，避免因影响司机视线而造成操作失误，导致发生交通安全事故。

第五节　节能和智能玻璃幕墙发展趋势

一、单元组合式建筑幕墙

单元组合式建筑幕墙作为一种新型的幕墙结构体系，主要是建立在现代高层及超高层建筑以框剪、框筒、筒筒、核心筒为代表的结构体系的基础上，将新型围护结构理论和施工工艺有机地结合在一起。其基本构件单元主要为各个单元板块组件，将其直接支撑到主体结构上，共同构成具有一定面积的幕墙结构体系；然后将相邻的基本单元组件的立柱与横梁分别相互插接在一起，共同构成组合式网络梁系；另外，在组合式梁柱的插接位置上主要采用了具有一定弹性的密封元件进行封闭，从而有效形成补偿效应。在这当中要注意基本板块单元尺寸一定要大于普通固定网络梁式幕墙采用的分格尺寸。

除此之外，还需要在工厂加工预制基本单元组件所需要的饰面材料，在施工现场完成板块单元的组合吊装、安装工作。单元组合式幕墙能够在一定程度上提高建筑幕墙的工厂化程度，节约围护结构的整个施工工期；另外，在基本单元的周边通过采用弹性插接组合，进一步提高了幕墙结构所具有的温度以及震动补偿效果，增强了抗冲击能力，消除了由于温差过大而产生的结构位移噪声；除此之外，幕墙基本单元组件都是在工厂内部完成加工和组装的，这就改善了制品表面的质量保护效果，同时节约了工期。

二、点支式全玻璃幕墙

通常也把点支式全玻璃幕墙称为驳接全玻璃幕墙。在全玻璃幕墙的发展过程中，点支式全玻璃幕墙作为一个新的分支，大大改善了过去才用的玻璃肋接全玻璃幕墙以及悬吊式全玻璃幕墙单调的平面造型，充分展现出了现代玻璃支撑结构所具有的旋律美，真正建立起了围护结构体系的新理念。点支式全玻璃幕墙作为一种全景式幕墙，能够让建筑物的内部空间和外部空间相互融合起来，二者之间是通透的，使得环境和空间和谐统一。它可以将玻璃、点驳接以及支撑系统所具有的空间造型魅力充分展现出来，让景观效果更加轻盈新颖。另外，点支式全玻璃幕墙主要构成部分包括玻璃、点驳接件以及支撑结构体系等，其中玻璃可以采用单片玻璃、中空玻璃以及钢化中空玻璃；点驳接件则可以按照玻璃结构的造型选择合适的形式，通常都会选择铸钢件，并采用电镀的方式将其喷涂到表面以上以便于起到防腐的效果；支撑结构一般会选择钢结构以及玻璃肋体系。

总而言之，只有对建筑节能进行合理的规划设计，才能够从根本上节约能源，提高能源的利用率，缓解我国在经济发展过程中存在的能源问题。只有这样才能够充分体现科学发展观，提高国民的幸福水平。

第八章　玻璃装饰板幕墙

第一节　概　述

近代装饰玻璃的兴起，给建筑师们开拓了许多新的领域，并给装饰设计师们提供了更广阔的选择空间。有的玻璃坚逾砖石，亮如金银；有的玻璃五颜六色，变幻莫测；有的如珍珠玻璃、宝石玻璃等，更是雍容华贵、富丽堂皇。其品种之多，前所未有。这些玻璃，有的可用于墙面，有的可用于顶棚，有的可用于装饰部位，有的甚至还可用于楼、地面等。尤其是那些舞台玻璃，用于舞台及卡拉 OK 厅等，其艺术效果之大，更是难以想象。

玻璃装饰是建筑装饰工程的重要组成部分。玻璃的性能、规格、品种的多样化，满足了建筑装饰的不同需求，特别是玻璃的二次加工，给建筑装饰又增加了更大的设计空间。目前常用的各种玻璃装饰板幕墙，均达到了理想的装饰效果。

过去玻璃在建筑装饰工程中，原只作为一种采光、防尘的手段，而在现代建筑装饰工程中，除要满足以上要求外，在光线控制、噪音控制、温度控制和装饰功能等方面提出了更高的要求。

现代装饰市场，各种工艺玻璃层出不穷，为装饰设计师及使用者提供了更多的选择空间。玻璃装饰板幕墙常用的玻璃有各种玻璃装饰板和镜面玻璃板。各种玻璃装饰板主要用于室内外体量较大的幕墙材料，其基片多为安全玻璃；而镜面玻璃板主要用于室内外体量较小的幕墙材料，特别多用于室内、门面部分，其基片多为浮法镀膜玻璃。

第二节　玻璃装饰板幕墙

在现代装饰工程中，玻璃装饰板幕墙被广泛采用。装饰玻璃板种类繁多，性能各异，功能突出，色彩绚丽。

一、玻璃装饰板

玻璃装饰板品种繁多，常用的艺术玻璃有镭射玻璃装饰板、微晶玻璃装饰板、幻影玻璃装饰板、彩金玻璃装饰板、珍珠玻璃装饰板、宝石玻璃装饰板、浮雕玻璃装饰板以及彩釉钢化玻璃装饰板等。

在玻璃装饰板幕墙中，常用的有镭射玻璃装饰板、微晶玻璃装饰板、幻影玻璃装饰板、彩釉钢化玻璃装饰板等。至于其他玻璃装饰板则多数大量用于内墙装饰及外墙局部造型装饰。

（一）镭射玻璃装饰板

镭射玻璃是"镭射光学玻璃"、"光栅玻璃"、"激光玻璃"、"镭射光栅二次反射玻璃"、"压铸全息光栅彩色玻璃"、"全息光栅树脂夹层玻璃"、"彩虹光栅玻璃"、"透明光栅玻璃"、"镭射工艺美术玻璃"等系列玻璃产品的总称。是近年来出现的一种激光技术与艺术相结合的新型高档装饰材料。镭射玻璃的出现，引起了国内外装饰界的极大关注，得到建筑师、装饰设计师和用户的高度评价。

镭射玻璃装饰板又名激光玻璃装饰板、全息光栅或几何光栅玻璃装饰板，系当代激光技术与建材技术相结合的一种高科技产品。我国北京五洲大酒店、深圳阳光酒店、上海外贸大厦及广州越秀公园、珠海酒店等，都不同程度地采用了这种玻璃装饰幕墙。

1. 特点

镭射玻璃装饰板系以浮法玻璃或钢化玻璃为基片，以全息光栅或几何光栅材料为效果材料通过特种工艺合成加工而成。其图案具有三维空间的立体感觉，玻璃背面的全息光栅或几何光栅，在光源的照射下，产生物理衍射的七彩光，从不同角度可以看到不同的图案和色彩。对同一感光点或感光面，随光源入射角或观察角的变化，会出现不同的色彩变化和"动感"，给人以新奇独特的视觉感受，使被装饰物显得高雅富丽、梦幻迷人。镭射玻璃的基本花型，在光源的照射下，可产生彩虹、钻石般的质感。在漫射光条件下，红、黑、蓝、白基本图案产品，可以呈现名贵石材如晚霞红、黑珍珠、孔雀蓝、汉白玉般的高贵、典雅质感。因此，镭射玻璃给人的美感交替变换，这种装饰效果是其他材料所无法比拟的。

镭射玻璃装饰板具有耐高温、低温、抗腐蚀、抗老化性能，其抗冲击性能、耐磨性能、硬度指标均优于天然大理石与花岗石。

镭射玻璃使被装饰物显得富丽华贵、雍容高雅，给人以美妙、神奇的感觉。

2. 分类

（1）按结构分类。从结构层上分为单层镭射玻璃装饰板和夹层镭射玻璃装饰板两种。

（2）按材质分类。从材质上分为基片单层浮法镭射玻璃装饰板、单层钢化镭射玻璃装饰板、表层钢化底层浮法镭射玻璃板、表底层钢化镭射玻璃板及表底层浮法镭射玻璃装饰板五种。

（3）按透明度分类。从透明度不同分为反射不透明镭射玻璃装饰板、半反射半透明镭射玻璃装饰板及全透明镭射玻璃装饰板三种。

（4）按花型分类。从花型上分为根雕或树枝镭射玻璃装饰板、水波纹镭射玻璃装饰板、星空镭射玻璃装饰板、叶状镭射玻璃装饰板、彩方镭射玻璃装饰板、风火轮镭射玻璃装饰板、大理石纹镭射玻璃装饰板、花岗石纹镭射玻璃装饰板及文字、图形、山水、人物结合的镭射玻璃装饰板等。

（5）按几何形状分类。从几何形状不同分为正方形镭射玻璃装饰板、圆形镭射玻璃装饰板、矩形镭射玻璃装饰板、曲面镭射玻璃装饰板、椭圆形镭射玻璃装饰板及扇形镭射玻璃装饰板等多种。

（6）按颜色分类。按颜色不同分为红、蓝、黑、黄、绿、茶、白等多种色彩镭射玻璃装饰板，其中以白色居多。

3. 技术性能

镭射玻璃装饰板因光栅层在基片下面，故具有长期保持光栅效果的优异性能，并保持玻璃制品的一切性能。镭射玻璃装饰板因厂家产品不同而性能各异，但基本物理性能见表2-8-1。

表 2 - 8 - 1　镭射玻璃装饰板基本物理性能

物理性能	性能指标（h）
耐水性（25℃水中浸泡）	100
耐酸性（15%的 HCl 溶液浸泡）	50
耐碱性（15%的 NaOH 溶液中浸泡）	50
耐油性（50 号机油中浸泡）	50
耐热性（105℃热水中浸泡）	30
耐冻性（-60℃、+25℃水中循环浸泡）	15

4．适用范围

镭射玻璃装饰板不仅可用作幕墙，而且适用于各种商业、旅馆、文化、娱乐及其他高级建筑，如宾馆，酒店、餐厅、舞厅内、外墙面，楼、地面，吧台，隔断，柱廊，顶棚，电梯门，灯饰，屏风，装饰壁画，高级喷水池和家具等的装饰。

5．选用注意事项

（1）镭射玻璃装饰板最重要的特点是具有光栅效果，但光栅效果是随着环境条件的变化而变化的。同一块镭射玻璃放在甲处，可能色彩万千，但放在乙处，也可能色彩全无。因此，镭射玻璃装饰板幕墙设计时必须根据其环境条件来科学地选择装饰位置。

（2）普通镭射玻璃装饰板的太阳光直接反射比，国家标准为大于4%，而各厂家的产品由于工艺、选材的不同，其直接反射比也不尽相同，最高的可达25%左右。

（3）太阳光直接反射比随着视角和光线入射角的变化而变化。在一般条件下，镭射玻璃装饰板幕墙，设计时应该将板布置在与视线位于同一水平面或低于视线之处，这样效果最佳。当仰视角在 45°以内时，效果则逐渐减弱。如果幕墙装饰处在 4.0m 以上，则室外10.0m 以外效果很差。因此，设计时应充分考虑幕墙装饰位置的高度以及光照、朝向及远离视觉效果等因素。

墙面、柱面、门面等室外装饰，以一层（底层）装饰效果较好，二层以上最好不宜采用。

（二）微晶玻璃装饰板

微晶玻璃装饰板是当代世界上高级建筑新型室内外装饰材料之一。

1．特点

微晶玻璃装饰板表面光滑如镜，色泽均匀一致，光泽柔和莹润，并具有耐磨、耐风化、耐高温、耐腐蚀及良好的电绝缘和抗电击穿等性能，其各项物理、化学及力学性能指标均优于天然石材。

2．分类

微晶玻璃装饰板有白、灰、黑、绿、黄、红等色，并按形状不同有平面板、曲面板两类。

3．技术性能

微晶玻璃装饰板的技术性能见表 2 - 8 - 2。

表 2 - 8 - 2　　（凯思通牌）微晶玻璃装饰板技术性能

技　术　性　能		性能指标
机械性能	莫氏硬度	6.5
	抗压强度（MPa）	248.7
	抗折强度（MPa）	47.5
	抗冲击强度（kg·cm/kg）	4.1
物理性能	光泽度	90~110
	表观密度（kg/m³）	2700
	吸水率（%）	0
化学性能	（3%的 HCl）耐酸率质量损失（%）	0.03
	（3%的 NaOH）耐碱率质量损失（%）	0.01

4．适用范围

微晶玻璃装饰板主要用作玻璃幕墙。用于玻璃幕墙者，须采用板背涂有 PVA 树脂的产品。另外，亦多用于各类高档建筑如宾馆、饭店、金融、地铁、会堂、商场、候机楼、车站、大厦、办公楼、科技馆、博物馆、展览馆等室内外墙面，柱面，地面等。

5．选用注意事项

（1）微晶玻璃装饰板用于内幕墙或内墙面装饰，须磨边、倒角；用于外墙面或外幕墙装饰，须打孔及背面涂 PVA 树脂。打孔及背涂均需另外加价。

①打孔：孔径≤6mm，3 元/孔；

②背涂 PVA 树脂，40 元/m²。

（2）设计要求的特殊异型规格微晶玻璃装饰板，应与厂家订购。对特殊规格尺寸的板材，须另加切割加工费。

①平面板：10 元/m；

②曲面板：10 元/m。

（3）凡彩色微晶玻璃装饰板，价格面议。

（三）幻影玻璃装饰板

幻影玻璃装饰板是一种具有闪光及镭射反光性能的玻璃装饰板，其基片为浮法玻璃或钢化玻璃。现在有幻影玻璃装饰板、幻影玻璃壁画、幻影玻璃地砖、幻影玻璃软片、幻影玻璃吧台等多种产品。

1．特点

幻影玻璃装饰板有金、银、红、紫、绿、宝石蓝及七彩珍珠等色，各种色彩的幻影玻璃装饰板可单独使用，亦可相互搭配组合。该玻璃装饰板在阳光、灯光、烛光的照射下，均产生一种奇妙的闪光效果，使人仿佛处于迷幻般的环境中，产生无限联想，产生美的享受。幻影玻璃装饰板具有镭射玻璃的豪华迷幻，又具有天然大理石的高雅娴静，这是迄今其他装饰材料所无可比拟的。特别是幻影玻璃画，能制造出具有奇妙、闪光效果的精美、高雅的画（镭射玻璃虽美，但无法作画），且图画优美，栩栩如生、豪华富贵。

2. 分类

（1）按结构分类。幻影玻璃装饰板按结构不同分为单层幻影玻璃装饰板和夹层幻影玻璃装饰板两种。

（2）按加工性能分类。幻影玻璃装饰板按加工性能不同分硬质幻影玻璃装饰板和软质幻影玻璃装饰板两种。前者适用于平面装饰，而后者适用于曲面装饰。

3. 适用范围

幻影玻璃装饰板不仅可用于建筑玻璃幕墙，亦可用于建筑顶棚或楼、地面的装饰。另外，3mm厚钢化玻璃基片适用建筑墙面装饰，5mm厚钢化玻璃基片适用于建筑幕墙面及楼、地面装饰，8mm厚钢化玻璃基片适用于舞厅、戏台地面装饰，8mm+0.76mmPVB+5mm厚夹层钢化玻璃基片适用于舞厅架空地面及大型装饰幕墙，亦可在玻璃下装灯。

（四）彩釉钢化玻璃装饰板

彩釉钢化玻璃装饰板，系以釉料通过钢丝网（或辊筒）印刷在玻璃表面，经烘干，钢化处理，将釉料永久性烧结于玻璃表面上加工而成。它是一种既不透光又不透视的新型玻璃板材。

1. 特点

彩釉钢化玻璃装饰板具有反射和不透光两大功能，板材有各种颜色和各种图案，且具有永不褪色等特点。

2. 分类

（1）按色彩分类。彩釉钢化玻璃装饰板按色彩分为S系列、M系列、G系列和非标准系列。

①S系列：单色、多色、透明及不透明。

②M系列：金色釉料。

③G系列：仿花岗石、大理石图案。

④非标准系列：任何花色均可按设计要求加工。

（2）按图案分类。彩釉钢化玻璃装饰板按图案分为圆点系列、色条系列、碎点系列、色带系列和仿花岗石大理石系列等五种。

①圆点系列：各种底色，各色圆点。

②色条系列：各种底色，各色条纹，横条、斜条、竖条、宽条、窄条，一应俱全。

③碎点系列：各种底色，各色碎点。

④色带系列：各种底色，各色色带。

⑤仿花岗石、大理石系列：各种名贵花岗石板、大理石板，花色俱全，外观逼真。

非以上标准图案者，均可根据需求加工。以上各种花色图案的彩釉钢化玻璃装饰板在幕墙装饰工程中均可以单独使用，亦可互相搭配使用。

3. 规格尺寸

彩釉钢化玻璃装饰板的厚度有4mm、5mm、6mm、8mm、10mm、12mm、15mm、19mm等多种，规格最小者为300mm×500mm，最大者为2100mm×3300mm等，吊挂式玻璃幕墙工程所用者最大规格可在2000mm×10000mm左右。

4. 适用范围

彩釉钢化玻璃装饰板既是安全玻璃，同时又是艺术装饰玻璃。不仅适用于建筑室内外墙面装饰及玻璃幕墙，而且还适用于顶棚、楼地面、造型面及楼梯栏板、走廊拦河、隔断等工程中。

（五）铁甲箔膜安全玻璃装饰板

铁甲箔膜安全装饰板（AMS），系以一种惊人的、崭新的安全隔热箔膜，经特殊工艺复合于玻璃表面之上加工而成。

1．特点

AMS 不但能透光、隔热，而且坚韧逾钢，即使受到强大外力撞击，玻璃本身可能部分碎裂，但 AMS 仍然完好如初，平滑如线，绝不会有碎片脱落，更无玻璃碎屑产生。

2．技术性能

铁甲箔膜安全玻璃装饰板（AMS）的技术性能见表 2－8－3。

表 2－8－3　铁甲箔膜安全玻璃装饰板技术性能

技术性能	性能特征
防盗性能	具有超强韧度，即使玻璃被砸被撞，板材亦不会破碎，盗贼难以入内，同时可延长自救时间
防撞性能	较普通玻璃耐撞力增强 400%
防弹性能	12mm 厚 AMS 玻璃，遭遇 38 式手枪距离 10m 射击，不会贯穿
防台风性能	可承受风速 250 海里/h 之超强烈台风
防地震性能	可承受 8 级以上地震
防火性能	可耐 250℃高温而不破坏
隔热防辐射	可隔掉 79% 的太阳辐射热，吸收 98% 的紫外线。因此，非但隔热性能优良，而且还可以保护珍贵文物、书籍、文档、家具、地毯等免受紫外线照射而褪色
防酸抗碱性能	可抗强酸、强碱

3．适用范围

AMS 有各种颜色，是一种最安全的防弹装饰玻璃，广泛适用于银行、珠宝商店、百货大楼、超市、动物园、博物馆、图书馆、展览馆、保密室、珍物存储室、文物保管库、特殊办公室、贵宾卧室等建筑部位的外墙、幕墙、门窗、顶棚、屏风等。

（六）其他玻璃装饰板

水晶玻璃装饰板、珍珠玻璃装饰板、彩金玻璃装饰板、彩雕玻璃装饰板和宝石玻璃装饰板均系当代建筑内墙高档新型装饰材料，千姿百态，各有特点。

1．水晶玻璃装饰板

水晶玻璃装饰板系以 8mm 厚钢化浮法玻璃基片加工而成。这种板材图案新颖别致，光滑坚固，耐蚀耐磨，在变换灯光的映照下，可呈现出高度的艺术效果。这种玻璃装饰板分浮雕彩镜水晶玻璃装饰板和彩雕水晶玻璃装饰板两种。

2．珍珠玻璃装饰板

珍珠玻璃装饰板质地坚硬，耐磨，耐碱，反射率、折射率高，具有珍珠光泽的外观，在灯光、阳光照耀下，美丽动人。珍珠玻璃装饰板适用于各种商场、柜台、台面、幕墙、楼梯栏板、柱壁等。

3. 彩金玻璃装饰板

彩金玻璃装饰板是当代最新的一种装饰材料，表面光彩夺目，金光闪闪，质地坚硬，耐磨、耐酸碱及各类溶剂。适用于幕墙、内墙面、水晶舞台、顶棚、壁画、水族箱壁、广告招牌、照明设计等处的装饰。

4. 彩雕玻璃装饰板

彩雕玻璃装饰板亦称彩绘玻璃装饰板，色彩迷人，立体感强，夜间在灯光照耀下，光辉灿烂，艺术效果更佳。适用于幕墙、隔断、壁画、栏杆、屏风、灯箱、招牌广告等。

5. 宝石玻璃装饰板

宝石玻璃装饰板质地坚硬，耐磨，耐酸碱及各类溶剂。同时，静电少，表面晶莹剔透，色彩绚丽，有如宝石般的光芒。适用幕墙、隔断、顶棚、照明设计等装饰。

二、玻璃装饰板幕墙安装施工

玻璃装饰板幕墙的安装施工方法有两种：龙骨贴墙法和离墙吊挂法。

（一）铝合金龙骨贴墙法

1. 基本构造

铝合金龙骨贴墙法系将铝合金龙骨直接粘贴于建筑墙体上，再将玻璃装饰板与龙骨粘牢。此法主要用于外墙玻璃装饰板幕墙，其构造如图2-8-1和图2-8-2所示。该安装方法施工简便、快捷，造价经济可行。

2. 施工工艺

铝合金龙骨贴墙法施工工艺流程：墙体表面处理→抹砂浆找平层→安装贴墙龙骨→玻璃装饰板试拼、编号→调胶→涂胶→玻璃装饰板就位粘贴→加胶补强→清理嵌缝。

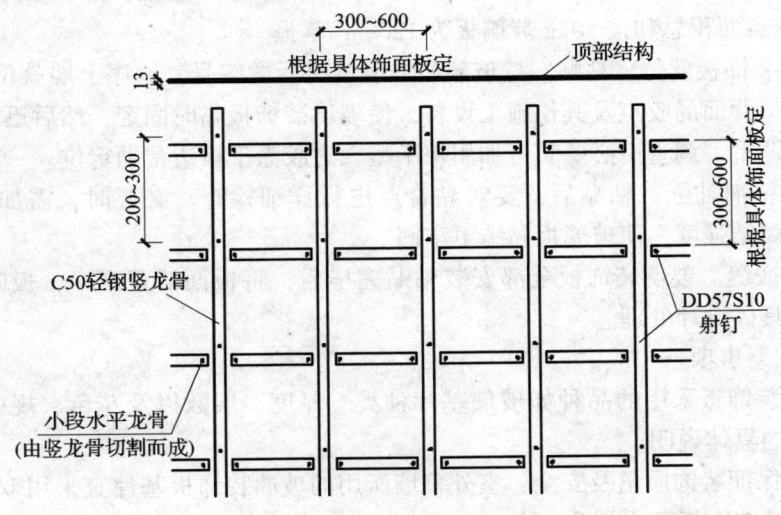

图2-8-1　龙骨贴墙做法布置、锚固示意图

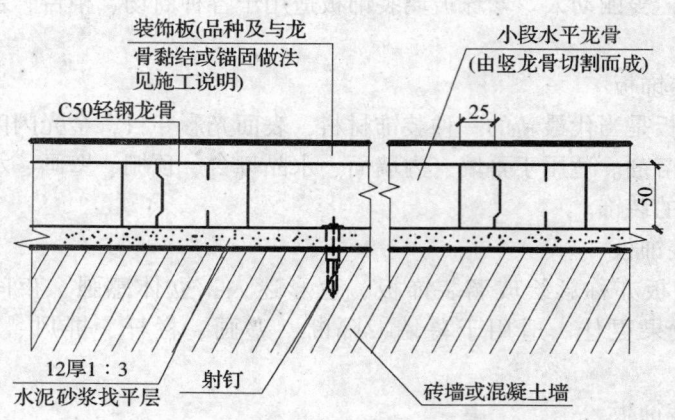

图 2 - 8 - 2　龙骨贴墙做法示意图

3. 施工要点

（1）墙体表面处理。要求墙面平整、干净、干燥，施工时墙体表面的灰尘、污垢、油渍等清除干净，并洒水湿润。

（2）抹砂浆找平层。砖墙表面抹 12mm 厚 1:3 水泥砂浆找平层，必须保证十分平整。

（3）安装贴墙龙骨。用射钉将铝合金龙骨与墙体固定。射钉间距一般为 200～300mm，小段水平龙骨与竖龙骨之间应留 25mm 缝隙，竖龙骨顶端与顶层结构之间（如地面等）均应留 13mm 缝隙，作通风之用。全部铝合金龙骨安装完毕后，须进行抄平、修整。

（4）玻璃装饰板试拼、编号。按具体设计规格、花色、几何图形等翻制施工大样图，排列编号，翻样试拼，校正尺寸，四角套方。

（5）调胶粘剂。调制胶粘剂的原则是随调随用。在施工过程中，超过有效时间的胶粘剂不得继续使用。

（6）涂胶粘剂。在玻璃装饰板背面沿竖向及横向龙骨位置，点涂胶粘剂。胶点厚 3～4mm，各胶点面积总和按 50kg 玻璃板为 120cm² 掌握。

（7）玻璃装饰板就位、粘贴。按玻璃装饰板试拼后的编号，顺序上墙就位，进行粘贴。利用玻璃装饰板背面的胶点及其他施工设备，使玻璃装饰板临时固定，然后迅速将玻璃板与相邻各板进行调平、调直。必要时可加用快干型大力胶涂于板边帮助定位。

（8）加胶粘剂补强。粘贴后，要对黏合点进行详细检查。必要时，需加胶粘剂补强，进一步提高其黏结强度，使玻璃板黏结更牢固。

（9）清理嵌缝。玻璃装饰板全部安装粘贴完毕后，将板面清理干净，板间是否留缝及留缝宽度应按具体设计处理。

4. 施工注意事项

（1）玻璃装饰板采用的品种如玻璃基片种类、厚度、层数以及花色、规格、透明度等均须在施工图内具体说明。

（2）为了保证装饰质量及安全，室外幕墙所用的玻璃装饰板基片宜采用双层钢化玻璃，特别是镭射玻璃装饰板更应如此。

（3）如所用的玻璃装饰板并非方形板或矩形板，则龙骨的布置应另出施工详图，安装施工时应照具体设计的龙骨布置详图进行施工。

（二）木龙骨或轻钢龙骨贴墙法

内墙玻璃板装饰板幕墙除可用轻钢龙骨外，亦可用木龙骨或轻钢龙骨。

1．基本结构构造

木龙骨或轻钢龙骨玻璃装饰板幕墙的基本结构构造参照图2－8－1和图2－8－2。

2．安装方法

室内玻璃装饰板幕墙除了用铝合金龙骨外，亦可用木龙骨和轻钢龙骨。木龙骨或型钢龙骨粘贴玻璃装饰板常有两种方法。

（1）龙骨加底板粘贴法。木龙骨或型钢龙骨安装好后，先在龙骨上钉一层5～9mm厚胶合板，再将玻璃装饰板用胶粘剂粘贴于胶合板上。这种方法主要适用于内墙装饰。

（2）龙骨无底板粘贴法。木龙骨或型钢龙骨安装好后，将玻璃装饰板用胶粘剂直接粘贴于木龙骨或型钢龙骨上。这种方法主要适用于外墙面装饰。

3．施工要点

（1）墙体在钉龙骨之前，须涂5～10mm防潮层一道，并均匀找平，至少三遍成活，以兼做找平层。

（2）木龙骨应用30mm×50mm的龙骨，正面刨光，满涂防腐剂一道，防火涂料三道。

（3）木龙骨与墙的连接，可以预埋防腐木砖，亦可用射钉固定，主要适用于内墙面装饰。型钢龙骨只能用膨胀螺栓或射钉固定，主要适用于外墙面装饰。

（4）玻璃装饰板与龙骨的固定，除采用胶粘剂粘贴之外，其与木龙骨的固定还可用玻璃钉锚固法，与型钢龙骨的固定用自攻螺钉加玻璃钉锚固或采用紧固件镶钉做法。

（三）离墙吊挂法

离墙吊挂法适用于具体设计中必须将玻璃装饰板离墙吊挂之外，还适用于如墙面突出部分、突出的腰线部分、突出的造型面部分、墙内须加保温层部分等。

1．基本结构构造

玻璃装饰板幕墙离墙吊挂法结构构造如图2－8－3所示。

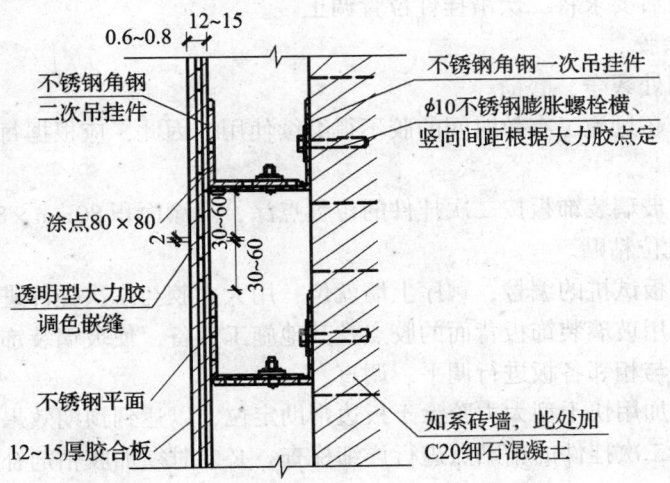

图2－8－3　离墙吊挂法结构构造示意图

2．施工工艺流程

玻璃装饰板幕墙离墙吊挂法施工工艺流程：墙体表面处理→墙体钻孔安装膨胀螺栓→玻璃装饰板与胶合板基层粘贴复合→装饰板试拼、编号→安装不锈钢挂件→调胶、涂胶→装饰板就位粘贴→清理嵌缝。

3．施工要点

（1）墙体表面处理。要求主体结构墙体表面一定要平整，有孔洞之处要填塞，凹凸不平之处要填平。其他处理方法同前。

（2）墙体钻孔安装膨胀螺栓。

①按照设计图纸进行放线，找出连接点，在墙体上钻孔打洞，安装膨胀螺栓。如系砖墙，连接点固定处必须加设 C20 细石混凝土块。

②膨胀螺栓的横、竖向间距应根据大力胶的间距来定。

（3）玻璃装饰板与胶合板基层粘贴复合。

①玻璃装饰板在上墙安装以前，须先与 12～15mm 厚胶合板基层粘贴。

②粘贴前，胶合板满涂防火涂料三遍、防腐涂料一遍，且有些玻璃装饰板（如镭射玻璃装饰板等）必须选用背面带有铝箔层者。

③将胶合板正面与大力胶黏结，接触之处预先打磨干净，将所有浮松物以及所有不利于黏结的杂物清除净尽。玻璃装饰板背面涂胶处，只需将浮松物及不利于黏结的杂物清除，不得打磨，亦不得将铝箔损坏。

④由于玻璃装饰板品种繁多，其基片的种类、结构层数不同，则其单位面积的质量也不相同，因此，涂胶厚度、用量要按面积来控制。通常，按照工程经验选用 $120cm^2/50kg$ 玻璃装饰板（即每 50kg 的玻璃板必须涂够 $120cm^2$ 面积胶粘剂）。

（4）装饰板试拼、编号。复合好的玻璃装饰板按弹线位置试拼、编号，不合适就位的装饰板进行调整更换。

（5）安装不锈钢挂件。如图 2－8－4 和图 2－8－5 所示，将不锈钢一次吊挂件及二次吊挂件安装就绪，并借助吊挂件的调整孔将一次吊挂件调直（垂直），上下、左右位置调准。按墙板高低前后要求将二次吊挂件位置调正。

（6）调胶、涂胶。

①将上胶粘剂处磨净、磨糙。

②随调随用，超过施工有效时间的胶不得继续使用。因此，应根据每次涂胶面积来确定调胶量。

③将复合好的玻璃装饰板按二次挂件的位置点涂，点涂面积 $80mm \times 80mm$。

（7）装饰板就位粘贴。

①按玻璃装饰板试拼的编号，顺序上墙就位，用大力胶与二次挂件进行粘贴。

②粘贴时，利用玻璃装饰板背面的胶点及其他施工设备，使玻璃装饰板临时固定，然后迅速将玻璃装饰板与相邻各板进行调平、调直。

③必要时，可加用快干型大力胶涂于板边帮助定位，以达到预期效果。

④粘贴后，对二次挂件的粘贴点进行详细检查，必要时须加胶粘剂补强。

（8）清理嵌缝。

①玻璃装饰板全部吊挂安装粘贴后，将板面清理干净，板间是否留缝及留缝宽度应根据

设计要求。

②如留缝，则用透明型大力胶调色嵌缝或擦缝。

同时应注意，上述安装施工方法亦可以改为先将 12～15mm 厚胶合板用大力胶粘贴于不锈钢二次吊挂件上（施工同上），然后再将玻璃装饰板用大力胶贴于胶合板上（施工同上）。这两种方法各有优缺点，安装施工时可按具体情况分别采用。

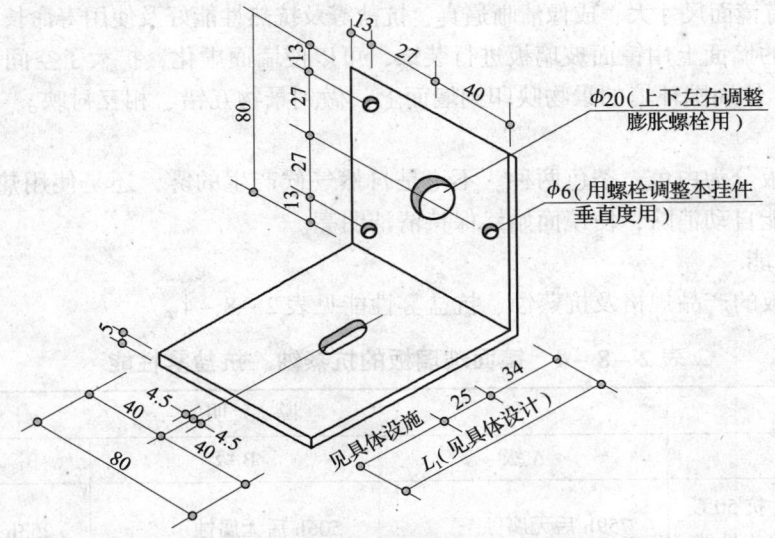

图 2 - 8 - 4　离墙吊挂做法一次吊挂件示意图

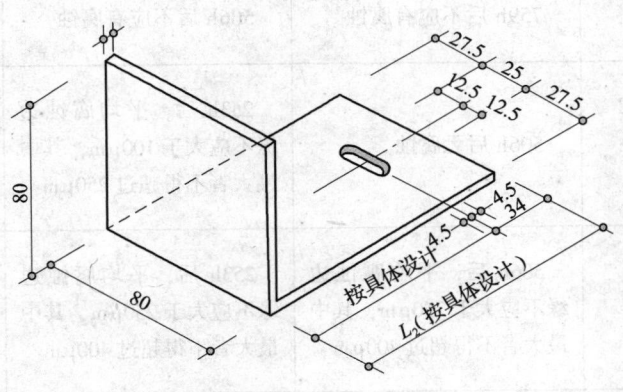

图 2 - 8 - 5　离墙吊挂做法二次吊挂件示意图

第三节　镜面玻璃板幕墙

在现代装饰工程中，镜面玻璃板幕墙被广泛采用。镜面玻璃板种类繁多，性能各异，功能突出，色彩绚丽。

一、镜面玻璃板

镜面玻璃板幕墙所用的镜面玻璃板种类繁多，性能突出。常用的有镜面玻璃板（浮法镀膜热反射玻璃）、无线遥控聚光有声、动感画面玻璃板、多方位无限幻影玻璃板等。

（一）镜面玻璃板

1. 特点

镜面玻璃板幕墙所用的镜面玻璃板，在构造上、材质上与一般玻璃均有所不同。它是以高级浮法平板玻璃，经镀银、镀铜、镀漆等特殊工艺加工而成，与一般镀银玻璃镜、真空镀铝玻璃镜相比，具有镜面尺寸大、成像清晰逼真、抗盐雾及抗热性能好及使用寿命长等特点。

在建筑物的墙面上用镜面玻璃板进行装饰，可以使墙面虚化，扩大了空间，使空间产生"动态"感觉，使周围环境的景物映印到墙面上，做到景物互错、相互衬映。

2. 分类

镜面玻璃板分为白色、茶色两种。不论是自然气候产生的雾，还是使用热水产生的雾，镜面玻璃板均能自动消除，使镜面始终保持清洁明亮。

3. 技术性能

镜面玻璃板的产品规格及抗蒸蚀、抗盐雾性能见表 2-8-4。

表 2-8-4　镜面玻璃板的抗蒸蚀、抗盐雾性能

项目		说　明		
等级		A 级	B 级	C 级
镜面玻璃板的反射表面	抗 50℃ 蒸汽性能	759h 后无腐蚀	506h 后无腐蚀	253h 后无腐蚀
	抗盐雾性能	759h 后不应有腐蚀	506h 后不应有腐蚀	253h 后不应有腐蚀
镜面玻璃板的边缘	抗 50℃ 蒸汽性能	506h 后无腐蚀	253h 后，平均腐蚀边缘不应大于 100μm，其中最大者不得超过 250μm	253h 后，平均腐蚀边缘不应大于 1150μm，其中最大者不得超过 400μm
	抗盐雾性能	506h 后，平均腐蚀边缘不应大于 250μm，其中最大者不得超过 400μm	253h 后，平均腐蚀边缘不应大于 250μm，其中最大者不得超过 400μm	253h 后，平均腐蚀边缘不应大于 400μm，其中最大者不得超过 600μm
产品规格（mm）		厚度：2~12 最大尺寸：2200×3300	厚度：2~12 最大尺寸：2200×3300	厚度：2~12 最大尺寸：2200×3300

（二）无线遥控聚光有声、动感画面玻璃板

无线遥控聚光有声、动感画面玻璃板系利用声、光、电、化原理的有机结合，将优秀的画面如风景、人物、鸟、兽、虫、鱼、花、草、树、木、建筑透视图等镜面玻璃以特殊技术处理后加工而成。

1. 特点

无线遥控聚光有声、动感画面玻璃板在不通电时，是一块豪华镜面或各种优美动人的画

面，通电后是各种各样的动态画面，如瀑布飞泻、溪水潺潺、云海翻动、水中鱼游，流水声、鸟鸣声、音乐声等，栩栩如生，俨如处身于真实的大自然中，给人以一种特殊美的感受。

2. 适用范围

无线遥控聚光有声、动感画面玻璃板适用于组合式大型动态装饰玻璃幕墙，更适用于宾馆、饭店、舞厅、酒吧、客厅、商场、超市及各种文化、娱乐建筑等。

3. 产品规格

产品规格不定，可根据设计、用户具体要求及画面组合大小制作。其价格可根据订货内容面议。

（三）多方位无限幻影玻璃板

多方位无限幻影玻璃板，系运用几何原理通过光的折射，使玻璃产生一种奇异的空间景观。

1. 特点

多方位无限幻影玻璃板在不通电时，是一面普通镜子（壁镜或其他装饰镜），通电后镜子中间即出现一个无底光洞，镜中原装之实物如人像、佛像、纪念照片、名人字画、各种陶瓷人物造型、工艺造型等，均可折射成无数个立体图案，使人如同看到了一个神奇景观的魔幻世界，给人一种兴奋、刺激、迷梦式美的享受。

2. 适用范围

多方位无限幻影玻璃板适用于组合式大型动态装饰玻璃幕墙，更适用于宾馆、饭店、舞厅、酒吧、车站、候机大厅、超市、广告制作及各种文化娱乐建筑等。

3. 产品规格

产品规格随意，可根据设计要求和具体安装或装饰部位决定。价格面议。

（四）浮雕镜面玻璃板

浮雕镜面玻璃板是以镜面玻璃板经浮雕工艺加工而成。

1. 特点

浮雕镜面玻璃板具有光泽性高、立体感强、色彩艳丽等特点。浮雕玻璃大型壁饰及壁画具有大手笔法，色彩夺目，可以营造出金碧辉煌、气势宏伟的强烈效果。

2. 适用范围

这种镜面玻璃板最适合装饰幕墙或内、外墙面、柱面装饰，亦可用于吊顶、广告招牌、高井柜台，大型壁饰及壁画，最适用于宾馆、饭店、候机大厅、大楼大厅、会议室、机场、超市、广场等建筑物。

二、镜面玻璃板幕墙安装施工

镜面玻璃板幕墙主要适用中、小型室内外装饰幕墙，其装饰效果洁净明亮、别具一格。

（一）施工工艺流程

镜面玻璃板幕墙安装施工工艺流程：墙面清理、修整→做防潮层→安装防腐、防火木龙骨→安装阻燃型衬板→安装镜面玻璃板→清理嵌缝→封边、收口。

（二）施工要点

1. 墙面平整、修理

（1）墙面应处理平整、干净、干燥。

（2）无论是混凝土墙面还是砖墙砌体，墙面必须平整，有孔、洞处要用水泥砂浆仔细补实填平。

（3）另外，同时要求墙面一定干燥，过于潮湿的墙面要待干燥后方能开始施工。

2．做防潮层

（1）墙面抹灰后在抹灰面上铺贴油毡，亦可将油毡夹于木衬板和玻璃之间，以防止潮气使木衬板受潮变形或镀金、镀银层脱落，从而导致镜面失去光泽。

（2）墙体表面涂防潮层一道，非清水墙者防水层厚4～5mm，至少三遍成活。清水墙者厚6～12mm，兼作找平层用，至少三遍到五遍成活。

3．安装防腐、防火木龙骨

（1）用30mm×40mm、40mm×40mm或50mm×50mm木龙骨，正面刨光，背面刨通长防翘凹槽一道。满涂氟化钠（NaF）防腐剂一道，防火涂料三道。安装小块镜面玻璃板多按中距450mm双向布置，安装大块镜面玻璃板可以单向，用射钉与墙体钉牢，钉头须射入木龙骨表面0.5～1.0mm，钉眼用油性腻子腻平。

（2）木龙骨安装要求横平竖直，必须切实钉牢，不得有松动、不实、不牢之处。龙骨与墙面之间有缝隙之处，须以防腐木片（或木楔）垫平塞实。

4．安装阻燃型衬板

（1）用15mm厚经防火处理的木板或5mm厚阻燃型胶合板作衬板，用小铁钉与木方钉接，钉前钉帽要砸扁，入板表面内0.5～1.0mm，钉后钉眼要用油性腻子腻平。

（2）衬板的尺寸为木方竖向距的倍数，这样可以减少剪裁工序，提高施工速度。要求衬板表面无翘曲、起皮现象，表面平整、清洁，板与板之间缝隙应放在竖向木龙骨处。

5．镜面玻璃板裁割

（1）在镜面玻璃板幕墙工程中，安装一定尺寸单块镜面玻璃板时，要在大片镜面玻璃板上裁割下一部分，裁割时要在台面上或平整地面上进行，上铺地毯或胶合板、木工板作为衬垫。

（2）首先，将大片镜面玻璃板放置于台案或地面上，按图纸上设计要求量好尺寸，以靠尺板做依托，用玻璃刀一次从头划到尾，将镜面玻璃板切割线处移到台案边缘，一端用靠尺板按住，以手持另一端，用力均匀迅速向下扳。

6．安装镜面玻璃板

在镜面玻璃板幕墙工程中安装镜面玻璃板时，常用紧固件镶钉法和胶粘剂粘贴法。

（1）紧固件镶钉法。紧固件镶钉法施工工艺流程：弹线→安装镜面玻璃板→修整表面→封边收口。

①弹线：根据具体设计图纸，在衬板上将镜面玻璃板位置及镜面玻璃板分块一一弹出。

②安装镜面玻璃板：按具体设计图用紧固件及装饰压条等将镜面玻璃板直接固定于衬板上。

钉距和采用何种紧固件、何种装饰压条以及镜面玻璃板的厚度、尺寸等，均按具体工程和具体设计办理。

紧固件一般有螺钉固定、玻璃钉固定、嵌钉固定、托压固定等。如图2－8－6～图2－8－9所示。

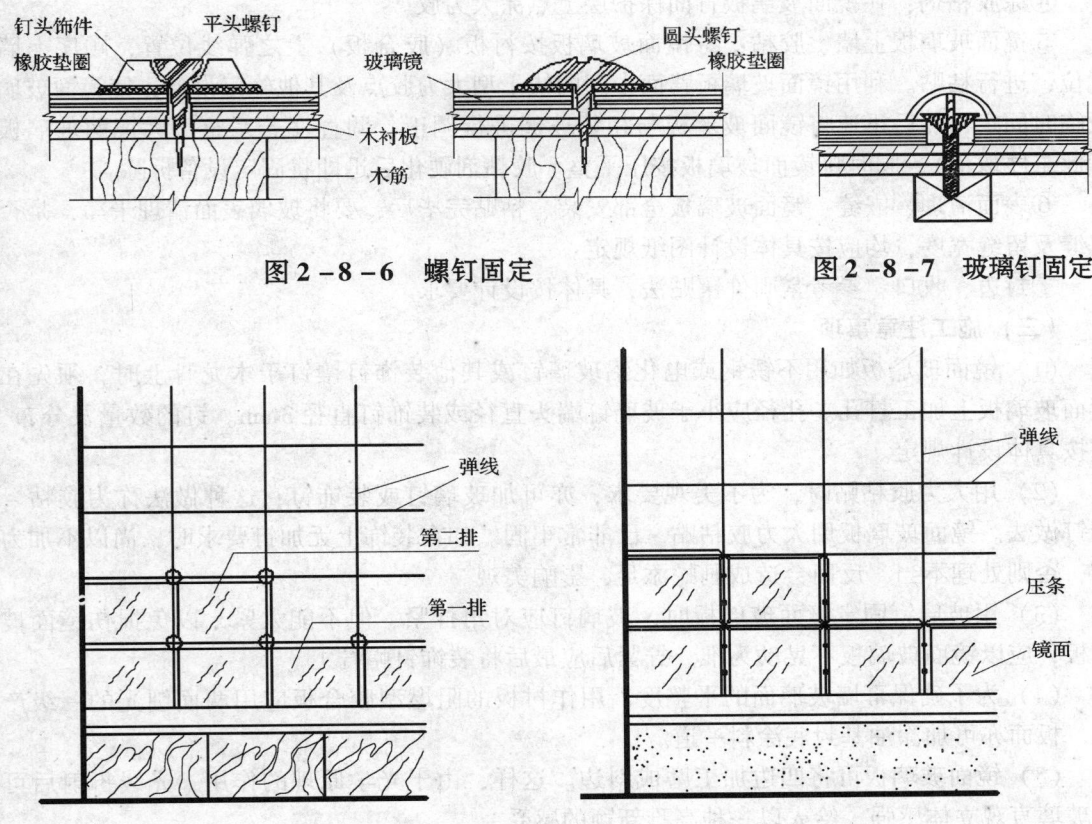

图 2 - 8 - 6　螺钉固定　　　　　图 2 - 8 - 7　玻璃钉固定

图 2 - 8 - 8　嵌钉固定　　　　　图 2 - 8 - 9　托压固定

③修整表面：整个镜面玻璃板幕墙安装完毕后，应严格检查装饰质量。如发现不牢、不平、松动、倾斜、压条不直及平整度、垂直度、方正度偏差不符合质量要求之处，均应彻底修正。

④封边收口：整个镜面玻璃板幕墙装饰的封边、收口及采用何种封边压条、收口饰条等，均按具体设计办理。

（2）胶粘剂粘贴法。胶粘剂粘贴法施工工艺流程：弹线→做镜面玻璃板保护层→打磨、磨糙→涂胶粘剂→镜面玻璃板上墙、胶粘→表面清理、嵌缝→封边、收口。

①弹线：同紧固件镶钉法。

②做镜面玻璃板保护层：将镜面玻璃板背面清扫干净，所有尘土、砂粒、杂屑等应清除净尽。在背面满涂白乳胶一道，满堂粘贴一层薄牛皮纸保护层，并用塑料薄板（片）将牛皮纸刮贴平整。或在准备点胶处，刷一道混合胶液，粘贴铝箔保护层，周边铝箔宽 150mm，与四边等长。其余部分铝箔均为 150mm 见方。

③打磨、磨糙：凡衬板（胶合板）表面与大力胶点黏结之处，均需预先打磨净，并将浮松物、垃圾、杂屑及所有不利于黏结之物清除净尽，以利黏结。过于光滑之处，须磨糙。镜面玻璃板背面保护层上点涂胶处，亦应清理干净，不得有任何不利于黏结之杂物、浮尘、杂屑、砂粒等物存在，但绝对不得打磨。

④涂胶粘剂：在镜面玻璃板背面保护层上点涂大力胶。

⑤镜面玻璃板上墙、胶粘：将镜面玻璃板按衬板（胶合板）上之弹线位置，顺序上墙就位，进行粘贴。利用镜面玻璃板背面中间的快干型大力胶点及其他施工设备，使镜面玻璃板临时固定，然后迅速将镜面玻璃板与相邻玻璃进行调正、调直（若系整块大镜面玻璃板者此工序取消），同时将镜面玻璃板按压平整。胶粘剂硬化后迅即将固定设备拆除。

⑥表面清理、嵌缝：镜面玻璃板全部安装、粘贴完毕后，要将玻璃表面清理干净，是否留缝及留缝宽度，均应按具体设计图纸规定。

⑦封边、收口：参考紧固件镶贴法，具体按设计要求。

（三）施工注意事项

（1）镜面玻璃板如用不锈钢或电化铝玻璃钉或其他装饰钉镶钉于木龙骨上时，须先在镜面玻璃板上加工打孔。孔径应小于玻璃钉端头直径或装饰钉直径 3mm。钉的数量及分布，应按具体设计规定。

（2）用大力胶粘贴时，为了美观要求，亦可加玻璃钉或装饰钉，这种做法称为胶粘 – 镶钉做法。镜面玻璃板用大力胶粘贴，已非常牢固。如在装饰上无加钉要求时，尚以不加为宜，否则处理不当，反而会造成画蛇添足，影响美观。

（3）用玻璃钉固定镜面玻璃板时，玻璃钉应对角拧紧，但不能太紧，以免损伤镜面玻璃板，应以镜面玻璃板不晃动为准。拧紧后应最后将装饰钉帽拧上。

（4）为了确保幕墙玻璃面的平整度，用作衬板的阻燃型胶合板应用两面刨光的一级产品。板面亦可加涂油基封底涂料一道。

（5）镜面玻璃板可将四边加工磨成斜边。这样，由于光学原理的作用，光线折射后可使玻璃直观立体感强，给人以一种高雅新颖的感受。

第四节　质量标准及检验方法

一、主控项目

（1）玻璃装饰板幕墙工程的检查数量应符合下列规定：

每个检验批应至少抽查 20%，并不得少于 50m²；不足 50m² 时应全部抽查。

（2）玻璃装饰板幕墙所用材料的品种、规格、性能、图案和颜色应符合设计要求。其中大面积特别是室外玻璃装饰板幕墙应使用安全玻璃；中、小面积室内镜面玻璃板幕墙应使用浮法镀膜玻璃。

检验方法：观察，检查产品合格证书、进场验收记录和性能检测报告。

（3）玻璃装饰板幕墙的安装方法应符合设计要求。

检验方法：观察。

（4）玻璃装饰板幕墙安装必须牢固。特别是镜面玻璃板幕墙之玻璃衬板（胶合板）安装应正确。

检验方法：观察，手推检查，检查隐蔽工程验收记录。

（5）镜面玻璃板幕墙之镜面玻璃板背面满贴薄牛皮纸保护层或在点胶处粘贴铝箔保护层时，应严格按要求精心施工。

检验方法：观察，检查隐蔽工程验收记录。

二、一般项目

（1）玻璃装饰板幕墙表面应色泽一致，平整清净、清晰美观。

检验方法：观察。

（2）玻璃装饰板幕墙之玻璃装饰板及镜面玻璃板接缝应横平竖直，玻璃装饰板应无裂痕、缺损或划痕。

检验方法：观察。

（3）玻璃装饰板嵌缝应密实平整、均匀顺直、深浅一致。

检验方法：观察。

（4）玻璃装饰板幕墙安装的允许偏差和检验方法应符合表2-8-5的规定。

表2-8-5 玻璃装饰板幕墙安装允许偏差和检验方法

项次	检验项目	允许偏差（mm）		检 验 方 法
		玻璃装饰板	镜面玻璃板	
1	立面垂直度	2	1	用2m垂直检测尺检查
2	表面平整度	—	0.5	用2m靠尺和楔形塞尺检查
3	阴、阳角方正	2	1	用直尺检测尺检查
4	接缝直线度	2	1	拉5m线，不足5m拉通线，用钢直尺检查
5	接缝高低差	2	1	用钢直尺和楔形塞尺检查
6	接缝宽度	1	0.5	用钢直尺检查

第三篇　金属幕墙

第一章　金属板幕墙

在现代建筑装饰中，金属制品得到广泛使用，亦深受欢迎。如柱子外包镜面不锈钢板或铜合金板，楼梯扶手采用不锈钢管或铜管等。因其安装简便，耐久性好，装饰效果理想，所以在一些考究的公共建筑中用得较多。另外，金属饰面的质感"雍容华贵"，简捷而挺拔，具有独特的艺术风格。

金属板幕墙类似于单元式玻璃幕墙，它是由工厂定制的折边金属薄板作为外围护墙面，与窗一起组合成幕墙，形成闪闪发光的金属墙面，有其独特的现代艺术感和华丽感。

第一节　简　述

金属板幕墙是第二次世界大战后就已经发展起来的一种建筑装饰。由于战后铝材生产过剩，它被大量地转向运用在建筑上，铝合金幕墙才得以广泛地应用。同时，以铬镍钢板经过加工处理的板材，如彩色压型钢板、搪瓷板、镀锌板、彩色不锈钢板等也相继出现，金铜板作为华贵的装饰板材也适量用在建筑上。

金属板幕墙是作为高层建筑的幕墙开始在建筑中扮演角色的，仅在国外，单层建筑、多层建筑中金属墙板的应用屡见不鲜，在我国也逐渐推广，并已用于各地许多高层建筑和超高层建筑中。

一、金属板幕墙的特点

随着玻璃幕墙的发展，金属板幕墙也逐渐发展起来，由于各种金属板材独特的性能，它对建筑物外装饰的发展必将会起到很大的推动作用。

与玻璃幕墙相比，金属板幕墙主要具有以下几个特点：强度高，质量轻，板面平整无暇，优良的成形性能，加工容易，质量精度高，生产周期短，施工精度要求高，因而，必须有完备的加工和施工工具和经过培训的有经验的工人才能完成操作。

二、幕墙金属板的种类

（一）按材料分类

幕墙金属板按材料可分为单一材料板材和复合材料板材两种。

1. 单一材料板

单一材料板为一种质地的材料，如钢板、铝板、金铜板（网）、不锈钢板等。

2. 复合材料板

复合材料板是由两种或两种以上质地的材料组成，如铝合金板、铝塑板、搪瓷板、烤漆板、镀锌板、彩色塑料膜板、彩色涂层钢板、金属夹心板等。

（二）按板面形状分类

幕墙金属板按板面可分为光面平板、纹面平板、压型板、波纹板、立体盒板等，如

图 3 - 1 - 1 所示。蜂巢结构铝合金幕墙板如图 3 - 1 - 2 所示。

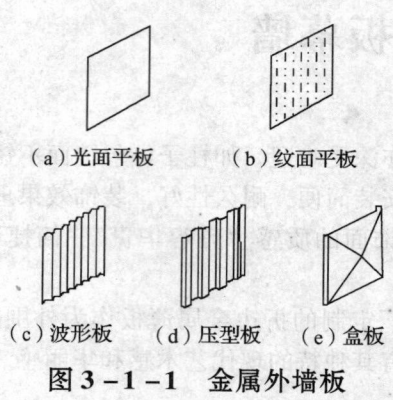

（a）光面平板　　（b）纹面平板

（c）波形板　　（d）压型板　　（e）盒板

图 3 - 1 - 1　金属外墙板

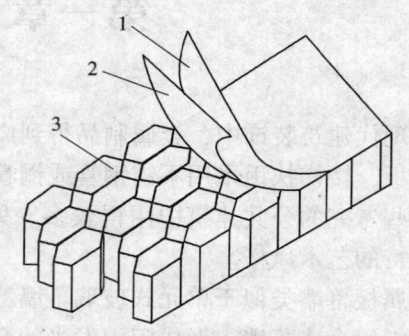

图 3 - 1 - 2　蜂巢结构铝合金幕墙板

1—铅合金薄板；2—树脂胶粘剂；3—蜂巢芯

三、金属板幕墙的技术要求

中华人民共和国行业标准《金属与石材幕墙工程技术规范》JGJ 133—2001 中规定了民用建筑的金属板幕墙的工程设计、构件制作、安装施工及其工程竣工验收。

该规范所定义的金属板幕墙工程，系指建筑高度≤150m 的民用建筑金属幕墙工程。金属板材的材质均匀，轻质高强，延展性好，加工连接方便，故金属板幕墙的适用范围较石材幕墙有所放宽。应对其工程设计、制作和安装施工的全过程实行质量监控，金属板幕墙工程制作和安装施工企业均应制定内部质量控制标准。

金属板幕墙工程材料可概括为骨架材料、板材、密封填缝材料及结构黏结材料四大类型，由于生产厂家不同及其产品质量或有差别，故应首先确定工程材料必须符合国家或行业标准规定的质量指标。对于少量暂时尚无国家或行业标准的材料，可按国外先进国家同类产品标准的要求参考套用。

金属板幕墙工程所用的材料应符合国家现行产品标准的规定并应有出厂合格证；材料的物理力学及耐候性能，应符合设计要求。硅酮结构密封胶和硅酮耐候密封胶，必须有与所接触材料的相容性检验报告；所用橡胶条应有成分化验报告和保质年限证书；金属板幕墙工程所用的低发泡间隔双面胶带，应符合我国现行的行业标准《玻璃幕墙工程技术规范》JGJ 102—2003 的有关规定。

第二节　金属板幕墙的结构构造

一、金属板幕墙骨架体系

（一）型钢骨架体系

这种骨架结构强度高，造价低，锚固间距大。一般用于低层建筑，或者是简易或精确度要求不高的金属板幕墙。需要提出的是，型钢框架虽涂刷防锈漆也不能长期保证钢材不生锈，一旦生锈，则钢、铝接触处的电化学腐蚀速度会大大加快。所以从长远考虑，铝板幕墙不宜采用型钢骨架，最好采用铝型材骨架。

（二）铝型材骨架体系

铝型材骨架，一般分为立柱（竖向杆件）和横挡（横向杆件），用于金属板幕墙的铝型材断面尺寸有多种规格，根据使用部位进行选择。常见的断面高度有 115mm、130mm、160mm 和 180mm 等，铝型材的厚度不宜小于 3mm。幕墙的立柱与主体结构间，采用连接件进行固定，连接件有二条肢（角钢或钢板制成角钢形状），一条肢与结构固定，另一条肢与立柱固定，金属板幕墙使用的铝合金型材应符合国家标准《铝合金型材》GB/T 5237中规定的高精级和《铝及铝合金阳极氧化、阳极氧化膜的总规范》GB/T 8013 的规定。

二、金属板幕墙构造体系

金属板幕墙有两种体系，一种是幕墙附在钢筋混凝土墙体上的附着型金属板幕墙；另一种是自成骨架体系的构架型金属板幕墙。

（一）附着型金属板幕墙

附着型金属板幕墙的特点是幕墙体系纯粹是作为外墙饰面而依附在钢筋混凝土墙体上，如图 3 - 1 - 3 所示。混凝土墙面基层用螺帽紧锁螺栓来连接 L 形角钢，再根据金属板的尺寸，将轻钢型材焊接在 L 形角钢上。而金属板则如图 3 - 1 - 4 所示，在板与板之间用 [形压条将板固定在轻钢型材上，最后在压条上再用防水填缝橡胶填充，如图 3 - 1 - 5 所示。

窗框与窗内木质窗头板也是工厂加工后在现场装配的，外窗框与金属板之间的缝隙也必须用防水密封胶填充。如图 3 - 1 - 6 所示。

女儿墙处的做法是一段段有间隙固定方钢补强件，最后再用金属板覆盖。

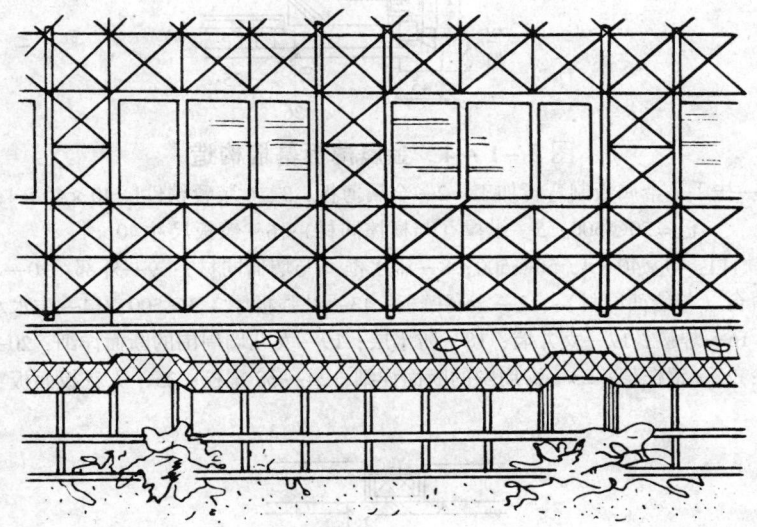

图 3 - 1 - 3 附着型金属薄板幕墙

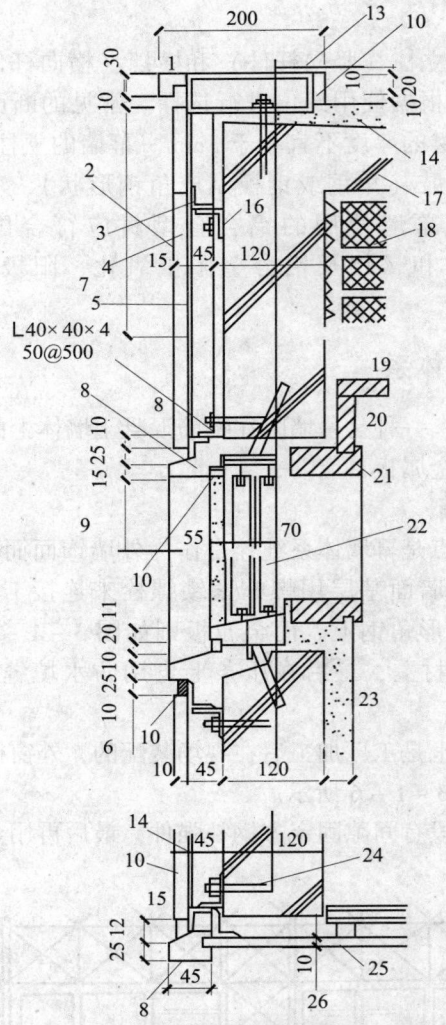

图3-1-4　金属薄板幕墙构造

1—扶手；金属板制弯折加工；2—金属薄板；3、4装置铁件∟40×40×4，
∟=50@500；5—纵撑（与横撑同材）；6—镶板尺寸40×4；
7—装置铁件∟40×40×4，50@500；8—滴水框（与墙面同材）；9—外部；10—填缝剂；
11—滴水窗台（与墙面同材）；12—金属镶板；13—补强板厚7.3@500；14—防水水泥砂浆；
15—锚栓；16—焊接；17—女儿墙；18—防水层；19—女儿墙周围的断面详细；20—窗帘箱；
21—窗头板；22—铝框架；23—窗周围的断面详细；24—φ8螺栓；25—天花板面板；26—壁中

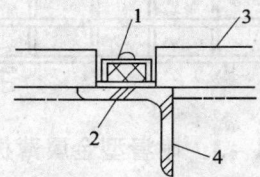

图3-1-5　横撑与镶板的组合

1—E形勾缝条；2—金属镶板；3—填缝剂或防水剂料；4—横撑或纵撑

（二）构架型金属板幕墙

构架型金属薄板幕墙（见图3-1-7）基本上类似于隐框式玻璃幕墙的构造特点，它是用抗风受力骨架固定在楼板梁或结构柱上，然后再将轻钢型材固定在受力骨架上，如图3-1-8所示。板的固定方式同附着型金属板幕墙一样。

对于女儿墙、窗台、窗楣等细部的做法，要比附着型金属板幕墙的做法简单，只要将补强件直接焊在受力型钢骨架上即可包金属板。如图3-1-6所示。

从美观的角度来看，目前金属板幕墙的窗户做横线条带型窗为多，而且窗框与金属壁面最好水平，墙体的转角做直角和圆弧形的式样目前都比较流行。

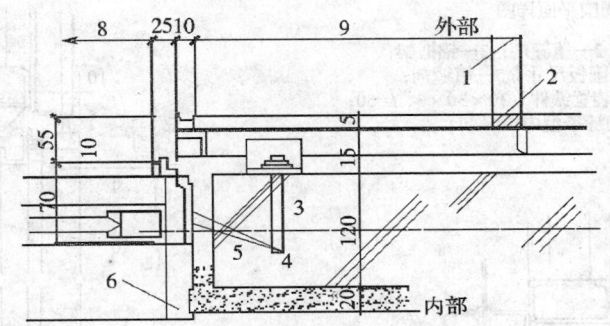

图3-1-6　窗周围平面详细构造

1—分配勾缝宽；2—勾缝条；3—锚栓φ9；4—插筋；5—焊接；
6—窗头板；7—铝框架；8—框内侧宽；9—镶板尺寸

图3-1-7　构架型金属薄板幕墙透视图

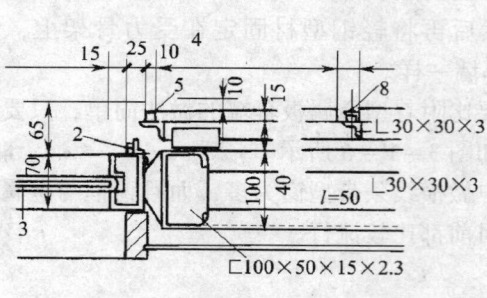

（a）窗周围平面详图

1—框内侧宽；2—填缝剂；3—铝框架；
4—（外部）镶板尺寸；5—填缝剂；
6—（内部）；7—装置铁件∟30×30×3, l=50;
8—勾缝条型内填缝剂

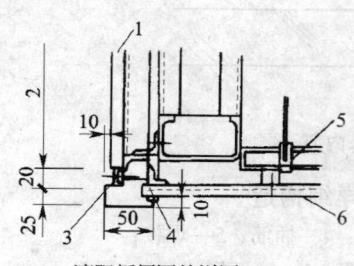

（遮阳板周围的详图）

（b）主要部位纵断面详图

1—金属镶板；2—镶板尺寸；
3—勾缝条填缝剂；4—焊缝；
5—轻质铝背底层；6—天花板铝面板

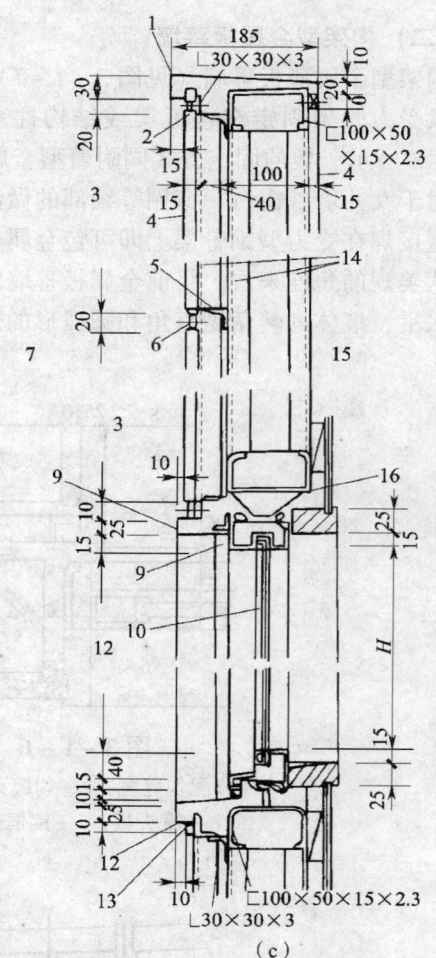

（c）

1—扶手：金属板弯曲折加工；2—勾缝条填缝剂；
3—镶板尺寸；4—金属镶板；5—横撑；
6—勾缝条填缝剂；7—外部；
8—滴水窗台（与壁面同材）；
9—填缝剂；10—铝框架；11—框内侧高；
12—滴水框（与壁面同材）；13—填缝剂；
14—横撑（女儿墙周围的详细）；15—内部；
16—框锚板

图 3 - 1 - 8 构架型金属板幕墙节点详图

第三节 常用材料规格及技术性能

目前，从金属薄板材料的选用来看，有平板和凹凸、花纹、浮雕板两种。金属板的材质基本是铝合金板，比较高级的建筑也有用不锈钢板的，铝合金幕墙板材的厚度一般在 1.5～2.0mm左右，建筑铝箔塑料薄膜作为隔气层衬在室内的一侧。内墙面另外再做装修。

一、铝合金板

铝金属板幕墙是金属板幕墙中用量最多、最普及的一种高档外墙装饰。铝合金装饰板,又称铝合金型板。它是选用纯铝 L_5（1100）、铝合金 LF_2（3003）为原料，经辊压冷加工成各种波纹形的金属板材。

用铝合金板装饰建筑物墙面是一种高档建筑装饰，装饰效果别具一格，目前在设计中被广泛采用。究其原因，主要是较之不锈钢、铜合金的价格便宜，易于加工成型，表面经阳极氧化或喷漆处理可以获得不同色彩的氧化膜或漆膜。这道膜不仅保护铝材不受侵蚀，增加耐久性，同时也为美化装饰效果提供了更多的选择余地。

（一）特点

铝及铝合金板是最常用的金属板材，它具有质量轻（仅为钢材质量的 1/3），易于加工（可切割、钻孔），强度高，刚度好，经久耐用（露天可用 20 年不需检修），便于运输和施工，表面光亮，可反射太阳光及防火、防潮、耐腐蚀的特点。此外，铝合金装饰板还有一个独特的优点，即可采用化学的方法、阳极氧化的方法或喷漆处理的方法获得所需要的各种漂亮的颜色。

（二）分类

1. 按结构特征分类

幕墙工程中常用的铝合金板，从板材构造特征上分为：单层铝板、复合铝板、蜂巢铝板等数种。常用铝合金板规格及技术性能见表 3 - 1 - 1。为了提高板材刚度，其面板可以压成各种不同形状的波纹形或加肋处理。

表 3 - 1 - 1　常用铝合金板规格及技术性能

板材类型	构造特点及性能	常用规格	技术指标
单层铝板	表面采用阳极氧化膜或氟碳树脂喷涂，多为纯铝板或铝合金板。为隔声保温，常在其后面加矿棉、岩棉或其他发泡材料	厚度 3 ~ 4mm	弹性模量 E：0.7×10^5 MPa 抗弯强度：84.2MPa 抗剪强度：48.9MPa 线膨胀系数：2.3×10^{-5}/℃
复合铝塑板	内、外两层 0.5mm 厚铝板中间夹 2 ~ 5mmPVC 或其他化学材料，表面滚涂氟碳树脂，喷涂罩面漆。其颜色均匀，表面平整，加工制作方便	厚度 3 ~ 6mm	弹性模量 E：0.7×10^5 MPa 抗弯强度：≥15MPa 抗剪强度：≥9MPa 延伸率：≥10% 线膨胀系数：24×10^{-5}/℃ ~ 28×10^{-4}/℃
蜂巢板	两块厚 0.8 ~ 1.2mm 及 1.2 ~ 1.8mm 铝板夹在不同材料制成的蜂巢状芯材两面制成，芯材有铝箔芯材、混合纸芯材等。表面涂树脂类金属聚合物着色涂料，强度较高，保温、隔声性能较好	总厚度：10 ~ 25mm。蜂巢形状有：波形、正六角形、扁六角形、长方形、十字形等	弹性模量 E：4×10^4 MPa 抗弯强度：10MPa 抗剪强度：1.5MPa 线膨胀系数：22×10^{-5}/℃ ~ 23.5×10^{-5}/℃

（1）单层幕墙铝板。在国外多用纯铝板制成，板厚为 3~4mm，而在我国多采用 LF$_{21}$（3003）合金铝板，铝板厚度为 2.5mm。虽然厚度比纯铝板减薄，但板面强度仍大于纯铝板强度，并且板的自身质量减轻。

①单层铝板在制作过程中，按设计要求四边折弯成直角，在弯角的四周边一般不开槽，直接弯转90°，如果在厚2.5mm板的四周边开槽，则减薄了铝板的弯角厚度，影响牢固度。因此，在使用铝板时应选用半硬状态的铝板，以防止弯折弯角时出现铝板裂纹。

单层铝板在弯成90°以后，被弯的四个邻边均应把它们焊在一起或注硅酮耐候密封胶密实连续缝，否则当铝板的耐候密封胶缝低于铝板表面强度时，雨水会从缝隙渗入，造成幕墙漏水。

②为了加强铝板面强度，在铝板背面，必须安装加强筋，加强筋一般用同样的合金铝带或角铝制成，铝带宽度一般用同样的合金铝带或角铝制成，铝带宽度一般为 10~25mm，厚度一般为 2~2.5mm。加强筋和铝板间的连接见铝复合板的加工工艺。加上加强筋后，可使较大块的铝板仍能保持足够的刚度和平整性，铝板在外界正负压力的情况下，不会凹陷和鼓出，影响美观。同时，能使单层铝板容易折弯加工成各种复杂形状，适应如今变化无穷的外墙装饰的立面造型需要，因而，它的出现使铝板幕墙在加工成形和安装构造成型面都丰富了许多。

许多大面积的单层铝板由于刚度不足，往往在其背面加肋增强。铝板与肋的连接一般可采用三种方法：一是在铝板背面用接触焊接上螺栓，再与肋固定连接；二是用 ZE2000 胶粘剂将肋粘于铝板背面；三是采用3M强力双面胶带粘贴。

从上述三种方法来看，第二种的效果较好。无论是何种金属幕墙板都必须经过结构计算，强度、刚度必须满足荷载要求。

③单层铝板的表面处理不能用阳极氧化，由于每批铝板材质成分、氧化槽液均有差异，氧化后铝板表面色差较大，用于幕墙整体效果极差，所以一般采用静电喷涂，静电喷涂分为粉末喷涂和氟碳喷涂。

粉末喷涂原料为聚氨酯、环氧树脂等原料配以高性能颜料，可得到几十种不同颜色。粉末喷涂层厚度一般为 20~30μm，用该粉末涂料喷涂的铝板表面，耐碰撞，耐摩擦，在 50kg 重物撞击下，铝板不变形，且喷涂层无裂纹，唯一缺点是在长期阳光中的紫外线照射下会逐渐褪色，甚至于变色。

氟碳喷涂是用氟碳聚合物树脂做金属罩面漆，一般为三涂或四涂。常用牌号为 KYNAR500。漆在铝板表面厚度为 40~60μm。经得起腐蚀，能抗酸雨和各种空气污染物，不怕强烈紫外线照射，耐极热极冷性能好，可以长期保持颜色均匀，唯一不足之处是漆层硬度、耐碰撞性、耐摩擦性能比粉末喷涂差。

由于单层铝板具有上述特点，国外正规建筑的铝板幕墙绝大部分采用单层铝板（详细内容参考本篇第二章），尤其在高层建筑和超高层建筑上，它的使用寿命超过 50 年，与一般钢筋混凝土结构建筑物的周期基本相同。

（2）铝合金复合板。铝合金复合板也称复合铝塑板，是以铝合金板（或纯铝板）为面层，以聚乙烯（PE）、聚氯乙烯（PVC）或其他热塑性材料为芯层复合而成，是目前我国金属板幕墙中用得最多的一种幕墙金属板。它主要具有以下几个特点：

①经久耐用，表面涂层华丽美观。这种复合板的表面涂有氟化碳涂料（KYNAR500），

具有光亮度好，附着力强、耐冷热、耐腐蚀、耐衰变、耐紫外线照射和不褪色等特点。

②色彩多样性。这种板可根据客户要求，提供各种所需颜色。

③板体强度高、质量轻。由于这种板是由薄铝板和热塑性塑料复合而成，所以质量轻，而且抗弯、抗挠曲等技术性能都较好，可以保持其平整度长久不变，并有效地消除凹陷和波折。

④容易加工成形。这种板材可以准确无误地完成建筑设计要求的各种弧形、反弧形、圆弧形拐角、小半径圆角等，使建筑物的外观更加精美。

⑤安装方便。可用传统的方法进行安装，即开槽、反折、铆钉、螺丝紧固，并可用结构胶加固，室内预制与室外安装可同步进行，从而提高工效，缩短工期。

⑥防火性能好。这种复合板的面板及芯层材料都为难燃性物质，防火性能较好，另外，加工生产时也将薄铝板通过连续生产设备黏合在耐火芯材上，形成良好的防火型板材。

因为具有以上几个特点，使得这种铝合金复合板成为近几年来金属板幕墙所采用的主要幕墙饰面板。

但是需要提出的问题是：铝合金复合板的加工非常严格，难度也比较大，铝合金复合板在折弯时，要在板的四周开槽，切去一面铝板和大部分芯层，只留下 0.5mm 左右厚度的单层铝板和薄薄的芯层，况且现在大部分施工队伍在开槽刨沟时，芯层一点不留，只留下外层铝板，再把 0.5mm 厚的铝板弯成 90°。如用手工开槽很难不划伤铝板，0.5mm 厚铝板再划一刀能留下 0.4mm 或 0.3mm 的厚度，用这个弯角来承重整块铝板的质量，尤其是纯铝板，其强度很低。现在不少地方可以看到铝合金复合板转角开裂，下雨进水后加速铝板与塑料芯层脱层，为了保证开槽深度不划伤铝合金复合板的外面板，必须采用数控开槽机，而不是采用普通的木工工具开槽。

铝合金复合板的主要尺寸、规格如下：厚度 3 ~ 8mm、宽度 1000 ~ 1600mm、长度 1000 ~ 8000mm。金属板幕墙所采用的铝合金复合板的厚度通常为 4mm 左右，其中每张复合铝板的面铝板的厚度为 0.5mm，芯层厚度为 3mm。本章主要介绍的铝复合板（铝塑板）为饰面的金属板幕墙的施工工艺。

（3）蜂巢铝合金复合板。蜂巢铝合金复合板简称蜂巢铝板，是在两块铝板中间加不同材料制成的各种蜂窝形状夹层，两层铝板各有不同，用于墙外侧铝板一般略厚，这是为了抵抗风压，一般为 1.0 ~ 1.5mm，内侧板厚 0.8 ~ 1mm，蜂巢板总厚度为 10 ~ 25mm，中间蜂巢夹层材料是：铝箔巢芯、玻璃钢巢芯，混合纸巢芯等。蜂巢形状一般有：波纹条形、正六角形、长方形、十字形、双曲度形等。夹芯材料要经特殊处理，否则其强度低，寿命短。

蜂巢铝板以夹铝箔芯为好，铝板背面不用加加强筋，其强度和刚度也可达到所需要的要求。在使用时要根据不同建筑、不同地区、幕墙的高低和风压的大小进行设计计算，并选用铝板厚薄和蜂巢的厚度。铝板表面一般用氟碳喷涂或粉末喷涂，喷涂膜厚为 40 ~ 60μm。

蜂巢铝板的外层铝单板要比内层铝单板四周宽出蜂巢厚度，四周向内弯 90°角，全面覆盖蜂巢胶合或焊接，防止雨水流入蜂巢，免使巢芯受到破坏并造成幕墙漏水。这种板的缺点是不易再加工、再利用。

（4）铝合金花纹板。铝合金花纹板是用防锈铝合金等坯料，由特制的花纹轧辊机制而成。该板筋高度适中，不易磨损，防滑性好，耐腐蚀、易冲洗，通过表面加工处理后可以得到不同的颜色，已广泛用于现代建筑物的墙面装饰及楼梯、栏板等。

西南铝加工厂生产的铝合金花纹板，其图案有针状、菱形、五条筋扁豆形等。

（5）铝质浅花纹板。铝质浅花纹板花饰精巧，色泽鲜艳，图案美观，除具有普通铝板的优点外，刚度提高20%，抗划伤、擦伤能力较强，对白光的反射率达75%～90%，热反射率达85%～95%，是我国特有的金属建筑装饰材料。

西南铝加工厂生产的铝质浅花纹板有小橘皮、小豆点、小菱形、月季花等图案，花纹筋高度0.05～0.70mm，形似浮雕。

（6）铝及铝合金波纹板。铝及铝合金波纹板既有良好的装饰效果，又有很强的反射阳光射线的能力，其耐久性可达20余年，适用于建筑物的墙面和屋面装饰。铝及铝合金波纹板板型如图3-1-9所示。

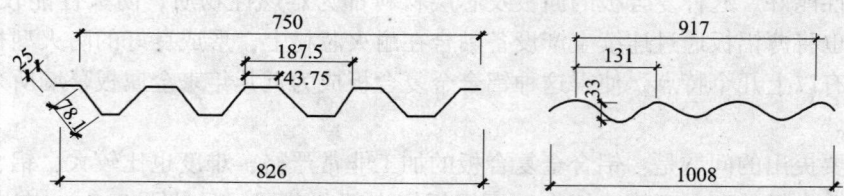

图3-1-9 铝及铝合金波纹板板型

（7）铝及铝合金压型板。铝及铝合金压型板具有质量轻、外形美观、耐腐蚀、耐久、容易安装、工效高等优点，也可通过表面处理得到各种色彩。主要用于建筑物的外墙和屋面等，该板也可作复合外墙板，适用于工业与民用建筑的非承重墙外挂板、幕墙板。铝及铝合金压型板的板型如图3-1-10所示。

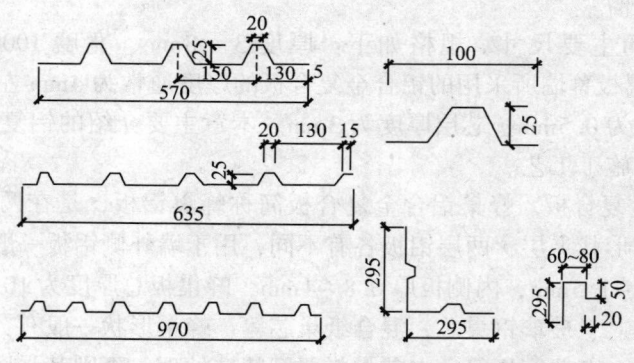

图3-1-10 铝及铝合金压型板板型

2. 按表面处理方法分类

按铝板的表面处理方法，可分为阳极氧化着色、静电粉末喷涂和氟碳喷涂等三种。

（1）阳极-氧化着色。

阳极-氧化表面处理的铝板存在着颜色深浅不一、效果较差的缺点，不宜采用。

（2）静电粉末喷涂。粉末喷涂是以聚氨酯、聚酯树脂、环氧树脂等原料配以高保色性颜料制成的，有几十种不同颜色。它耐碰撞、耐摩擦、耐酸碱腐蚀，但怕紫外线长期照射，几年后易产生阴、阳面颜色的差异。因而长期使用效果也不佳。

（3）氟碳喷涂。氟碳喷涂是以氟碳聚合物树脂为基料的金属罩面漆，氟碳化学键是已知化学键中最稳固的结构，具有极强的耐候性、耐大气污染性及抗紫外线照射性等，色彩丰富，具有极强的装饰性和表现力，是目前最为理性的铝板表面处理方法。

3. 按幕墙功能分类

按幕墙的功能分类，铝板幕墙可分为纯外装饰型、建筑外装饰及外围护型和全功能型等三种。

（1）纯外装饰型。纯外装饰型铝板幕墙通常是指那些低层建筑或裙楼建筑物，其本身已有自身坚固耐久的外墙（如钢筋混凝土剪力墙体和砖砌体墙），仅从装饰角度考虑，在这些墙体的外面再安装上富有装饰效果的铝板幕墙。

（2）建筑外装饰及外围护型。建筑外装饰及外围护型的铝板幕墙在我国目前是采用最多的一种类型。它通常是在建筑物本身已有砖墙或其他类型墙体的建筑，在其外面安装铝板幕墙，铝板幕墙既对建筑物起到外装饰作用，又对建筑物自身起到外围护的作用，这一类型的铝板幕墙本身要具有较好的耐候密封系统和抗风压、水密性、气密性，并应具有排冷凝水系统的设计和装置，同时对避雷、防火、抗震等有特定的技术要求。

（3）全功能型。设计时，全功能型铝板幕墙通常是在框架结构或钢结构建筑物上的各楼层非透光部分考虑，并与玻璃幕墙相间配合采用。建筑物结构本身没有墙体，全靠幕墙系统本身，因此，这类幕墙除了起装饰作用外还应具备建筑墙体的各项技术性能，它的设计与安装都应与玻璃幕墙协调一致，统一进行。

（三）物理力学性能

铝合金装饰板的主要物理力学性能见表 3 – 1 – 2。

表 3 –1 –2　铝合金装饰板的主要物理力学性能

名称	抗拉强度 σ_b（MPa）	伸长率 δ（%）	弹性模量（$\times 10^4$MPa）	线膨胀系数（$\times 10^{-3}$MPa）
纯铝 Y	≥140.0	≥3.0	7.0	2.4
合金 LF_{21}Y	≥190.0	≥3.0	7.0	2.32

（四）应用现状

铝合金板适用于旅馆、饭店、商场等建筑的墙面幕墙板和屋面装饰。它用于墙面装饰，主要有以下几种应用情况。

1. 同玻璃幕墙或大玻璃窗配套使用

玻璃幕墙的单方工程造价，远远高于铝合金幕墙，所以在建筑立面造型采用大面积玻璃幕墙的同时，有时也需在适当部位选用铝合金板装饰于立面，如深圳国际贸易中心大厦，在四周的转角部位用银灰色的铝合金板装饰，同银灰色镜面玻璃幕墙在色彩上取得一致，形成大面积的虚、实对比。至于玻璃幕墙的伸缩缝、水平部位的压顶处理，也都采用铝合金板。在一些易碰撞或断面比较复杂的部位，往往利用铝合金板材质轻、不怕碰撞、易于弯曲成型等特点，使墙面得以顺利过渡。

大面积的通长玻璃窗，在窗下墙部位用铝合金板装饰，不仅在色彩上可以做到同玻璃的色彩相近，同时也可在光泽度方面与玻璃相差不多，这样可使建筑物立面效果一致。因此，在此部位也用得较多。

2. 用于商业建筑

在商业建筑中，入口处的门脸、柱面、广告招牌的衬底等部位，用铝合金板装饰，也是目前常用的一种饰面做法，铝合金板多使用古铜色氧化膜的板条，其材料本身就夺人眼目，再加上醒目的标志，更能体现建筑物的风格，诱惑顾客光临。铝合金板用于内墙幕墙装饰，装饰效果好，施工简便，同其他类型的饰面材料相比，在某些方面更能满足功能及艺术上的要求。如大型公共建筑的墙裙，要求饰面材料具有良好的耐磨性及抗污染性，同时也要易于安放吸声材料及满足防火的要求。在这些要求中，铝合金板均能较好地满足，而且耐磨、易清理，如果表面穿孔内放吸声材料，可以满足吸声的要求。有些室内装饰材料，虽然也能做到这一点，但是防火要求往往达不到。如目前常用的木质装饰板材，其装饰效果虽然也很好，可是由于木材的可燃性，如果不采取特殊处理（如涂饰防火涂料等），应用会受到一定限制。

铝合金板的应用是多方面的，除了上述提到的几个方面外，还可用于老建筑的外墙改造，外包柱面等。总之，作为一种饰面材料有其本身的特点，但也不能说用铝合金板取代所有的饰面材料，因为不同的材质有不同的风格，其装饰效果也各有千秋。

二、彩色涂层钢板

为提高普通钢板的防腐性能和具有特殊的表面，近年来我国发展了各种彩色涂层钢板。钢板的涂层大致可分为有机涂层、无机涂层和复合涂层三类。其中以有机涂层钢板发展最快。

（一）定义

彩色有机涂层钢板也叫塑料复合钢板，是在原板 BYI - 2 钢板上覆以 0.2 ~ 0.4mm 软质或半硬质聚氯乙烯塑料薄膜或其他树脂，分单面覆层和双面覆层两种。有机涂层可以配置成各种不同的色彩和花纹，故通常称为彩色涂层钢板。彩色涂层钢板的原板通常为热轧钢板和镀锌钢板，常用的有机涂层为聚氯乙烯，此外尚有聚丙烯酸酯、环氧树脂、醇酸树脂等，涂层与钢板的结合有薄膜层压法和涂料涂覆法。

（二）特点

彩色涂层钢板具有绝缘、耐磨、耐酸碱、耐油及醇的侵蚀等特点，并且加工性能好，即具有可切断、弯曲、钻孔、铆接、卷边等优点。

（三）技术性能

彩色涂层钢板的技术性能见表 3 - 1 - 3。

表 3 - 1 - 3 彩色涂层钢板的技术性能

技术性能	说　明
耐腐蚀及耐水性能	可以耐酸、碱、油、醇类的侵蚀。但对有机溶剂耐腐蚀性差，耐水性好。线胀系数：$1.2 \times 10^{-5}/℃$
绝缘、耐磨性能	良好
剥离强度及涤冲性能	塑料与钢板间的剥离强度≥0.2MPa。当杯突检验深度不小于 6.5mm 时，覆合层不发生剥离，当冷弯 180°时，覆合层不分离开裂；弹性模量 $E = 2.10 \times 10^5 MPa$
加工性能	具有普碳钢板所具有的弯曲、深冲、钻孔、铆接、胶合卷边等加工性能，因此，用途极为广泛。加工温度以 20 ~ 40℃ 最好，常用规格 0.35 ~ 2.0mm
使用温度	在 10 ~ 60℃ 可以长期使用，短期可耐 120℃

三、彩色压型钢复合板

彩色压型钢复合板的基板为热轧钢板和镀锌钢板，在生产中敷以各种防腐耐蚀涂层与彩色烤漆，是一种轻质高效围护结构材料。

（一）定义

彩色压型钢复合板是以波形彩色压型钢板为面板，轻质保温材料为芯层，经复合而成的轻质、保温墙板。

（二）特点

彩色压型钢复合板具有质量轻、保温性好、加工简单、施工方便、色彩鲜艳、耐久性强、立面美观、施工速度快等优点，由于所使用的压型钢板已敷有各种防腐耐蚀涂层，因而还具有耐久、抗腐蚀性能。

（三）规格类型

彩色压型钢复合板的尺寸，可根据压型板的长度、宽度以及保温要求和选用保温材料制作不同长度、宽度、厚度的复合板。

如图 3 - 1 - 11 所示，复合板的接缝构造基本有两种：一种是在墙板的垂直方向设置企口边，这种墙板看不到接缝，整体性好；一种是不设企口边，按保温材料分，可选用聚苯乙烯泡沫或者矿棉板、玻棉板、聚氨酯泡沫塑料制成的不同芯材的复合板。

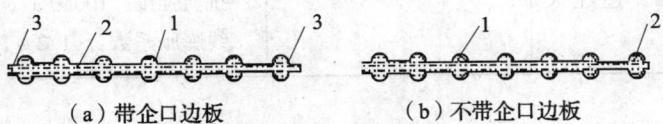

（a）带企口边板　　　　　　（b）不带企口边板

图 3 - 1 - 11　彩色压型钢复合板的接缝构造
1—压型钢板；2—保温材料；3—企口边

四、彩色不锈钢板

不锈钢板分为普通不锈钢板、彩色不锈钢板、镜面不锈钢板和浮雕不锈钢板。而彩色不锈钢是在普通不锈钢板上进行技术和艺术加工，使其成为各种色彩绚丽的不锈钢板。在我国，该板已在江苏镇江首次建线生产。采用彩色不锈钢板装饰墙面，不仅坚固耐用，美观新颖，而且具有强烈的时代气息。

（一）特点

彩色不锈钢板具有抗腐蚀性能和良好的机械性能等特点。其颜色有蓝、灰、紫、红、青、金黄、橙及茶色等。色泽随光照角度不同会产生变幻的色调效果。彩色涂层能耐200℃的温度，耐盐雾腐蚀性能超过一般不锈钢，弯曲90°时彩色层不会损坏（分层、裂纹），并且彩色层经久耐用不褪色。

（二）表面装饰加工

彩色不锈钢板的各种表面装饰加工见表 3 - 1 - 4。

（三）技术性能

彩色不锈钢板的规格及技术性能见表 3 - 1 - 5。

表 3－1－4　彩色不锈钢板的各种表面装饰加工

表面装饰加工符号	摘　　要
NO$_2$D	冷轧后，热处理，施加酸洗或者按酸洗处理后的表面装饰加工品。另外，包括用消光压辊最后经冷轧的加工品
ND$_2$B	冷轧后，施加酸洗或者酸洗处理后，为得到适当光泽程度的冷轧表面装饰加工品
NO$_1$	用 JIS R6001（研磨料的粒度）的 100～120 号进行研磨的表面装饰加工品
NO$_4$	用 JIS R6001（研磨料的粒度）的 150～180 号进行研磨的表面装饰加工品
BA	冷轧后，施加光亮热处理的饰品
HL	用适当粒度的研磨料产生连续抛光纹的研磨装饰加工品

表 3－1－5　彩色不锈钢板的规格及技术性能

板材类型	构造特点及性能	常用规格	技术指标
不锈钢板	具有优异耐蚀性；优越的成型，不仅光亮夺目，还经久耐用	厚度：0.75～3.0mm	弹性模量 E：2.1×10^5 抗弯强度：≥180MPa 抗剪强度：100MPa 线膨胀系数：$(1.2～1.8)\times10^{-5}$℃

五、预埋件及连接件

（一）预埋件

预埋件通常用钢板或型钢加工制成，在土建施工时即埋入墙体，这种预埋件称之前置埋件。有的工程设计时未全面考虑埋件，金属板幕墙施工时，重新制作，称为后置埋件。埋件是金属板幕墙与主体结构连接的承接件，由于起着承载荷载的作用，所以预期必须结实牢固，埋点合理准确，安全可靠。

（二）连接件

连接件用来连接主体结构与幕墙骨架，多用角钢、槽钢、方钢及钢板制成。由于连接件起着将幕墙自身质量荷载和风荷载等传递给主体结构的作用，并将所有荷载转变为集中荷载，故要求锚固可靠，位置准确。

六、附属材料

（一）填充材料

金属板幕墙多采用聚乙烯发泡材料作为填充材料，要求其质轻、保温，故其密度不应大于 0.037g/cm^2。

（二）保温、防火、防水材料

金属板幕墙宜采用岩棉、矿棉、玻璃棉、防火板等不燃性（A 级）或难燃性（B$_1$ 级）材料作隔热保温材料。同时应采用铝箔或塑料薄膜包装的复合材料作为防水和防潮材料。

（三）密封胶

金属板幕墙宜采用中性硅酮耐候密封胶和结构硅酮密封胶。

1. 硅酮耐候密封胶

硅酮耐候密封胶是橡胶密封条的替代产品，在金属板幕墙中应用时间不长，使用时应选用中性胶，其技术性能应符合表2-1-7中的规定。施工中，不得使用过期变质的硅酮耐候密封胶。

2. 结构硅酮密封胶

结构硅酮密封胶应采用高模数中性胶，密封胶分单组分和双组分，其性能应符合表2-1-8和表2-1-9中的有关规定，结构硅酮密封胶应在有效期内使用。

（四）双面胶带

当金属板幕墙的风荷载大于 $1.8kN/m^2$ 时，宜选用中等硬度的聚氨基甲酸酯低发泡间隔双层胶带。当金属板幕墙的风荷载小于或等于 $1.8kN/m^2$ 时，宜选用聚乙烯低发泡间隔双面胶带。

第四节　金属板幕墙安装施工

金属板幕墙安装施工是一项细活，工程质量要求高，技术难度、精度要求也较大，所以在施工前应认真查阅图纸，领会设计意图，并应详细进行技术交底，使操作者能够主动地做好每一道工序，甚至一些细小的节点也应认真执行。金属板的安装固定方法较多，建筑物的立面也不尽一样，所以讨论金属板幕墙施工时，只能就一些工程中的基本程序及注意事项加以探讨。

一、施工准备

（一）确定施工工艺流程

编制单项工程施工组织设计，确定金属板幕墙加工和安装的施工工艺流程，如图3-1-12所示。

（二）施工准备及作业条件

1. 施工准备

（1）金属板幕墙一般用于高层建筑裙楼四周以及局部店面，用以围护墙体，施工前应按设计要求准确提出所需材料的规格及各种配件的数量，以便于加工定做。

（2）施工前，对照金属板幕墙的骨架设计，复检主体结构的工程质量。因为主体工程结构质量的好坏对幕墙骨架的排列位置影响较大，特别是墙面垂直度、平整度的偏差，将会影响整个幕墙的水平位置。此外，对主体结构的预留孔洞及表面的缺陷应做好检查记录，及时提醒有关方面注意，并加以解决。

（3）详细核查施工图纸和现场实测尺寸，以确保设计加工的完善，同时认真与结构设计图纸及其他专业设计图纸进行核对，以及时发现其不相符部位，尽早采取有效措施并加以修正。

2. 作业条件

（1）现场要单独设置库房，防止进场装饰材料受到损伤。构件进入库房后应按品种规格堆放在特种架子或垫木上，在室外堆放时，要采取保护措施。构件安装前均应进行检验和校正，构件应平直、规方，不得有变形和刮痕。不合格的构件不得安装。

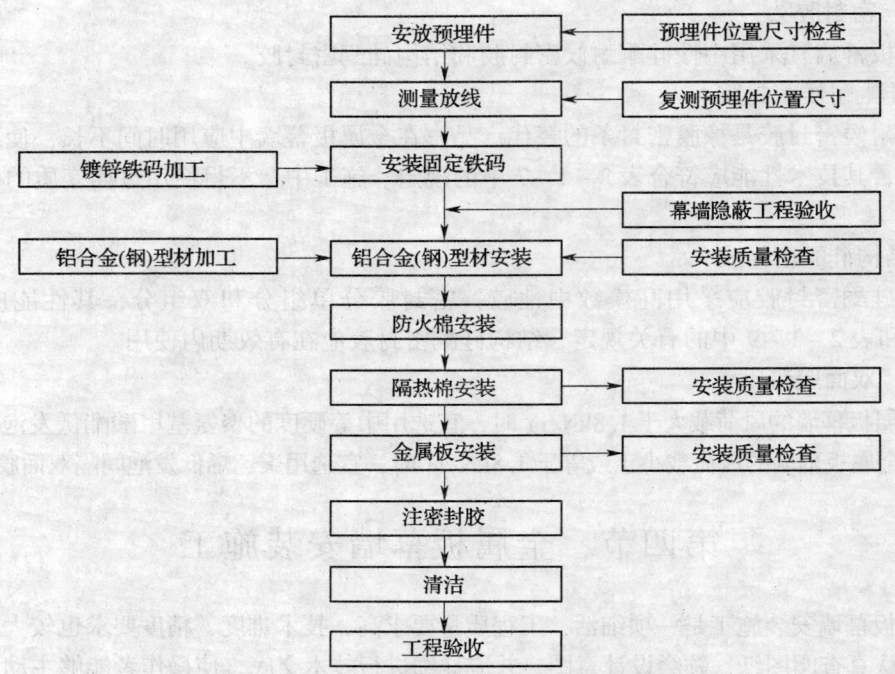

图 3 – 1 – 12　金属板幕墙安装施工工艺流程图

（2）金属板幕墙一般都依靠脚手架进行安装施工。根据幕墙骨架设计图纸规定的高度和宽度，搭设施工双排脚手架。如果利用建筑物结构施工时的脚手架，则应进行检查修整，须符合高空作业安全规程的要求。在大风、低温及下雨等气候条件下，不得进行施工。

（3）安装施工前要安装吊篮，并将金属板及配件用塔吊、外用电梯等垂直运输设备运至各施工面层上。

3．测量放线

（1）由土建单位提供基准线（ +0.500m 线）及轴线控制点。

（2）将所有预埋件打出，并复测其位置尺寸。

（3）根据基准线在底层确定墙的水平宽度和出入尺寸。

（4）经纬仪向上引数条垂线，以确定幕墙转角部位和立面尺寸。

（5）根据轴线和中线确定一立面的中线。

（6）测量放线时应控制分配误差，不使误差积累。

（7）测量放线时在风力不大于 4 级情况下进行。放线后应及时校核，以保证幕墙垂直度及在柱位置的正确性。

二、幕墙型材加工和安装

（一）幕墙型材骨架加工

1．一般规定

金属板幕墙在制作前应对建筑设计施工图进行核对，最好是参考竣工图，并对已建建筑物进行复测，按实测结果调整幕墙，经设计单位同意后，方可加工组装。金属板幕墙所采用的材料、零配件应符合前面所介绍的规定，并应有出厂合格证。加工幕墙构件所采用的设备、机具应能达到幕墙构件加工精度的要求，其量具应定期进行计量鉴定，不得使用过期的材料。

2. 加工过程

（1）检查所有加工的物件。

（2）将检查合格后的铝材包好，保护胶纸。

（3）根据施工图按工程进度加工，加工后须除去尖角和毛刺。

（4）按施工图要求，将所需配件安装于铝（钢）型材上。

（5）检查加工符合图纸要求后，将铝（钢）型材编号分类包装放置。

3. 加工技术要求

（1）各种型材下料长度尺寸允许偏差为 ±1mm，横梁的允许偏差为 ±0.5mm，竖框的允许偏差为 ±1.0mm，端头斜度的允许偏差为 -15mm。

（2）各加工面须去毛刺、飞边，截料端头不应有加工变形，毛刺不应大于 0.2mm。

（3）螺栓孔应由钻孔和扩孔两道工序完成。

（4）螺孔尺寸要求：孔位允许偏差 ±0.5mm，孔距允许偏差 ±0.5mm，累积偏差不应大于 ±1.0mm。

（5）彩色钢板型材应在专业工厂加工，并在型材成型、切割、打孔后，依次进行烘干，静电喷涂有机物涂层，高温烤漆等表面处理。此种型材不允许在现场二次加工。

4. 加工质量要求

（1）金属板幕墙结构杆件截料之前应进行校正调整。构件的连接要牢固，各构件连接处的缝隙应进行密封处理。金属板幕墙与建筑主体结构连接的固定支座材料宜选用铝合金、不锈钢和表面热镀锌处理的碳素结构钢，并应具备调整范围，其调整尺寸不应小于 40mm。

（2）非金属材料的加工和使用应符合下述要求：幕墙所使用的垫块、垫条的材质应符合《建筑橡胶密封胶垫预成型实芯硫化的结构密封垫用材料》GB 10711 的规定。

（3）金属板幕墙施工中，对所需注胶部位及其他支撑物的清洁工作应按下述步骤进行：

①把溶剂倒在一块干净布上，用该布将黏结物表面的尘埃、油渍、霉霜和其他赃物清除，然后用第二块干净布将两面擦干。

②清洗后的构件，1h 内进行密封，当再污染时，应重新清洗。

③清洗一个构件或一段槽口，应更换清洁的干布。

④清洁中使用溶剂时应符合下述要求：不应将擦布放在溶剂里，应更换清洁的干布；使用贮存溶剂，应用干净的容器；使用溶剂的场所严禁烟火或其他明火；遵守所用溶剂标签上的注意事项。

（二）幕墙型材骨架安装

1. 预埋件制作安装

（1）金属板幕墙的竖框（立柱）与混凝土结构宜通过预埋件连接，预埋件应在主体结构混凝土施工时埋入。当土建工程施工时，金属板幕墙的施工单位应派出专业技术人员和施工人员进驻施工现场，与土建施工单位配合，严格按照预埋件施工图安放预埋件，通过放线确定预埋件的位置，其允许位置尺寸偏差为 ±20mm，标高偏差为 ±10mm。然后进行埋件施工。

（2）预埋件通常是由锚固板和对称配置的直锚固筋组成，如图 3-1-13 所示。受力预埋件的锚固板宜采用 HPB235 级或 HRB335 级钢筋，并不得采用冷加工（冷拉或冷拔）钢

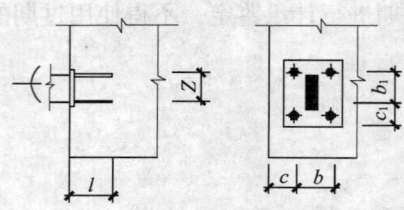

图 3 - 1 - 13　由锚板和直锚筋组成的预埋件

筋，预埋件的受力直锚筋不宜少于 4 根，直径不宜小于 8mm。受剪预埋件的直锚筋可用 2 根，预埋件的锚盘应放在外排主筋的内侧，锚板应与混凝土墙平行且埋件的外面不应凸出墙的外表面，直锚筋与锚板应采用 T 形焊，锚筋直径不大于 20mm 时，宜采用压力埋弧焊。手工焊缝高度不宜小于 ±6mm 及 0.5d（HPB235 级钢筋）或 0.6d（HRB335 级钢筋），充分利用锚筋的受拉强度时，锚固长度应符合表 3 - 1 - 6 要求。锚筋的最小锚固长度在任何情况下不应小于 250mm，锚筋按构造配置，未充分利用其受拉强度时，锚固长度可适当减小，但不应小于 180mm。光圆钢筋端部应做弯钩。

表 3 - 1 - 6　锚固钢筋的锚固长度 L_a（mm）

钢 筋 类 型	混凝土强度等级	
	C25	≥C30
HPB235 级钢	30d	25d
HRB335 级钢	40d	35d

注：1. 当螺纹钢筋 $d = 25mm$，L_a 可以减少 5d。

2. 锚固长度不应小于 250mm。

（3）锚固板的厚度应大于锚盘直径的 0.6 倍，受拉和受弯预埋件的锚板的厚度尚应大于 b/8（b 为锚筋间距）。锚筋中心至锚板距离不应小于 2d（d 为锚筋直径）及 20mm。对于受拉和受弯预埋件，其钢筋间距和锚筋至构件边缘的距离均不应小于 3d 及 45mm。对于受剪预埋件，其锚筋的间距 b_1 及 b 不应大于 300mm。其中 b_1 不应小于 6d 及 70mm，锚筋至构件边缘的距离 c_1 不应小于 6d 及 70mm，b、c 均不应小于 3d 及 45mm。

（4）当主体结构为混凝土结构时，如果没有条件采取预埋件时，应采用其他可靠的连接措施，并应通过检验决定其承载力，这种情况下通常采用膨胀螺栓。膨胀螺栓是后置连接件，工作可靠性较差，只是在不得已时采取的辅助、补救措施，不作为连接的常规手段。旧建筑改造后加金属板幕墙，不得已采用膨胀螺栓时，必须确保安全，留有充分余地，有些旧建筑改造，按计算只需一个膨胀螺栓已够。实际应设置 2~4 个螺栓，这样安全度大一些。

（5）无论是新建筑还是旧建筑，当主体结构为实心砖墙时，不允许采用膨胀螺栓来固定后置埋板，必须用钢筋穿透墙体，将钢筋的两端分别焊接到墙内和墙外两块钢板上做成夹墙板的形式，然后再将外墙板用膨胀螺栓固定到墙体上，钢筋与钢板的焊接要符合《钢结构设计规范》GB 50017—2003 和《钢结构焊接规范》GB 50661—2011。当主体结构为轻体墙时，如空心砖、加气混凝土块时，不但不能采用膨胀螺栓固定后置埋件，也不能简单地采用夹墙板形式，要根据实际情况采取其他加固措施，一定要稳妥，做到万无一失。

2. 铁码安装与防锈处理

（1）铁码安装及其技术要求：金属板幕墙工程中，安装铁码施工时应严格要求。

①铁码须按照设计图加工，表面处理按国家标准的有关规定进行热浸镀锌。

②根据图纸认真检查并调整，按规定放线。

③将铁码焊接固定于预埋件上。

④待幕墙校准之后，将组建铝码用螺栓固定在铁码上。

⑤焊接时，应采用对称焊，以控制因焊接产生的变形。

⑥焊缝中不得有夹渣和气孔。

⑦敲掉焊渣后，对焊缝涂防锈漆进行处理。

（2）防锈处理技术要求：防锈处理施工时，应认真、仔细、严密进行。

①不能于潮湿、多雾及阳光直接曝晒的条件下涂漆，表面尚未完全干燥或蒙尘表面不能立即涂漆。

②涂第二层漆以后的涂漆时，应确定较早前的涂层已经固化，其表面须经砂纸打磨光滑。

③涂漆应表面均匀，但勿于角部及接口处涂漆过量。

④在涂漆未完全干透时，不应在涂漆处进行其他工种施工，应做好成品保护工作。

3. 定位放线

放线是将骨架的位置弹线到主体结构上，以保证骨架安装的准确性。这项工作是金属板幕墙安装的准备工作，只有准确地将设计图纸的要求反映到结构的表面上，才能保证设计意图，所以放线前，现场施工技术员必须与设计员相互沟通，会审并研究好设计图纸。

技术人员应重点注意以下几个问题：

（1）对照金属板幕墙的框架设计，检查主体结构质量，特别是墙面的垂直度、平整度的偏差。另外，对主体结构的预留孔洞及表面缺陷应做好检查记录，及时与有关单位协商解决。主体结构与金属板幕墙之间一般要留出一定尺寸的空隙，一方面因为主体结构施工时，现场浇注混凝土存在一定误差，为了解决安装金属板幕墙精度尺寸允许偏差很小的情况，让幕墙骨架距离主体结构一段距离，以有利于骨架的偏差调整，保证安装施工工作的顺利进行；另一方面金属板幕墙与主体结构间需加设保温层和防火隔离带，因此留出一定的空间。脱开的距离大小，应通过连接件进行调整。

（2）放线工作是根据土建图纸提供的中心线及标高进行的。因为金属板幕墙的设计一般是以建筑物的轴线为依据的，幕墙骨架的布置应与轴线取得一定的关系。所以放线应首先弄清楚建筑物的轴线，对于标高控制点，应进行复核。

（3）熟悉本工程金属板幕墙的特点。其中包括骨架的设计和安装施工特点。

对由横梁及竖框（主柱）组成的幕墙，一般先弹出竖框的位置线，然后确定竖框的锚固点。横梁固定在竖框上，与主体结构不直接发生关系，待竖框通长布置完毕，横梁的位置线再弹到竖框上。

放线的具体做法是：根据建筑物的轴线，在适当位置用经纬仪测定一根竖框基准线，再弹出一根纵向通长线来，在基准线位置，从底层到顶层，逐层在主体结构上弹出此竖框骨架的锚固点。弹出一根竖框的锚固点，再按水平通线以纵向基准线做起点，量出每根竖框的间隔点，通过仪器和尺量，就能依次在主体结构上弹出各层楼所有的锚固点的十字中心线，即与竖框铁件的连接位置。

在确定竖框锚固点时，应充分考虑土建结构施工时，所预埋的锚固铁件应恰在纵、横线的交叉点上，如果个别预埋铁件不在弹线的位置上，亦应弹好锚固点的位置，以便设置后补埋件，如果预埋铁件埋置在各层楼板上，仍应将纵、横相交的锚固点位置线弹到楼板的预埋铁件上。

　　放线是金属板幕墙施工中技术难度较大的一项工作，除了充分掌握设计要求外，还要具备丰富的施工经验。因为有些细部构造处理在设计图纸中并没有明确交代，而是留给现场技术人员结合现场情况具体处理，特别是面积较大、层数较多的高层建筑及超高层建筑的金属板幕墙，其放线的难度更大一些。

　　4．型材骨架安装

　　（1）铝合金（钢）型材骨架安装技术要求：

　　①检查放线是否正确，并用经纬仪对横梁、竖框进行贯通，尤其是对建筑转角、变形缝、沉降缝等部位进行详细测量放线。

　　②用不锈钢螺栓把竖框固定在铁码上。在竖框与铁码的接触面上放上1mm厚绝缘层，以防止金属电解腐蚀，校正竖框尺寸后拧紧螺栓。

　　③通过角铝将横档固定在竖框上，安装好后用硅酮密封胶嵌缝横档间的接缝。

　　④检查竖框和横档的安装尺寸，其允许偏差见表3-1-7。

　　⑤将螺栓、垫片焊接固定于铁码上，以防止竖框发生位置偏移。

　　⑥所有不同金属面上应涂上保护层或加上绝缘垫片，以防电解腐蚀。

　　⑦根据技术要求验收铝合金（型钢）框架的安装。验收合格后再进行下一步工序。

表3-1-7　竖框与横档允许偏差

项次	项　目	允许偏差	检查方法
1	幕墙垂直度 幕墙高度>30m、<60m 幕墙高度>60m、<90m 幕墙高度>90m	15mm 20mm 25mm	激光仪或经纬仪
2	竖直构件线度	1mm	3m靠尺、塞尺
3	横向构件水平度 <2000mm >2000mm	2mm 3mm	水平仪
4	同高度相邻两根横向构件高度差	1mm	钢板尺、塞尺
5	分格框对角线差 对角线长<2000mm 对角线长>2000mm	3mm 3.5mm	3m钢卷尺
6	拼缝宽度（与设计值比）	2mm	卡尺

　　注：1. 1~4项按抽样根数检查，5~6项按抽样分格数检查。

　　　　2. 垂直于地面的幕墙，竖向构件垂直度包括幕墙内及平面外的检查。

　　　　3. 竖向构件的直线度包括幕墙平面内及平面外的检查。

　　　　4. 在风力小于4级时测量检查。

（2）铝合金型材安装施工要点。金属板幕墙骨架的安装，依据放线的具体位置进行，安装工作一般是从底层开始，然后逐渐向上推移进行。

①安装前，首先要清理预埋铁件。由于在实际施工中，结构上所预埋的铁板，有的位置偏差较大，有的钢板被混凝土淹没，有的甚至漏设，影响连接铁件的安装。因此，测量放线前，应逐个检查预埋件的位置。并把铁件上的水泥灰渣剔除，所有锚固点中，不能满足锚固要求的位置，应该把混凝土剔平，以便增设埋件。

②清理作业完成后，开始安装连接件。金属板幕墙所有骨架外立面，要求同在一个垂直平整的立面上。因此，施工时所有连接件与主体结构铁板焊接或膨胀螺栓锚固后，其外伸端面也必须处在同一个垂直平整度的立面上才能得到保证。其具体做法：

a. 以一个平整立面为单元，从单元的顶层两侧竖框锚固点附近定出主体结构与竖框的适当间距，上、下各设一根悬挑铁桩，用线锤吊垂线，找出同一立面的垂直平整度，调整合格后，各拴一根铁丝绷紧，定出立面单元两侧，各设置悬挑铁桩，并在铁桩上按垂直线找出各楼层垂直平整点，如图 3 - 1 - 14 所示。

b. 各层设置铁桩时，应在同一水平线上。然后，在各楼层两侧悬挑铁桩所刻垂直点上，拴铁丝绷紧，按线焊接或锚定各条竖框的连接铁件，使其外伸端面做到垂直平整，连接件与埋板焊接时要符合操作规程，对于电焊所采用的焊条型号，焊缝的高度及长度，均应符合设计要求，并应做好检查记录。

c. 现场焊接或螺栓紧固的构件固定后，应及时进行防锈处理。

③连接件固定好后，开始安装竖框，竖框安装的准确程度和质量，将影响整个金属板幕墙的安装质量，因此，竖框的安装是金属板幕墙安装施工的关键工序之一。金属板幕墙的平面轴线与建筑物外平面轴线距离的允许偏差应控制在 2mm 以内，特别是建筑物平面呈弧形、圆形和四周封闭的金属板幕墙，其内、外轴线的距离将影响到幕墙的周长，应认真对待。

a. 竖框与连接件要用螺栓连接，螺栓要采用不锈钢件，同时要保证足够长度，螺母紧固后，螺栓要长出螺母 3mm 以上。螺母与连接件之间要加设足够厚度的不锈钢或镀锌垫片和弹簧垫圈。垫片的强度和尺寸一定要满足设计要求。垫片的宽度要大于连接件螺栓孔竖向直径的 1/2。连接件的竖向孔径要小于螺母直径。连接件上的螺栓孔都应是长孔，以利于竖框的前后调整。竖框调整后，将螺母拧紧，垫片与连接件间要加设尼龙衬垫隔离，防止电位差腐蚀。尼龙垫片的面积不能小于连接件与竖框接触的面积。第一层竖框安装完毕后，再进行上一层竖框的安装。

b. 一般情况下，都以建筑物的一层高为一根竖框。金属板幕墙随着温度的变化，材料在不停伸缩。由于铝板、铝塑复合板等材料的热胀冷缩系数不同，这些伸缩如被抑制，材料内部发生很大应力，轻则会使整幅幕墙窸窣作响，重则会导致幕墙膨胀变形，因此，框与框及板与板之间都要留有伸缩缝。伸缩缝处采用特制插件进行连接，即套筒连接法，可适应和消除建筑挠度变形及温度变形的影响。插件的长度要保证塞入竖框每端 200mm 以上，插件与竖框间用自攻螺丝或铆钉紧固。伸缩缝的尺寸要视设计而定，待竖框调整完毕后，伸缩缝中要用耐老化的硅酮密封胶进行密封，以防潮气及雨水等腐蚀铝合金的断面及内部。图 3 - 1 - 15 所示是竖框伸缩缝处节点。

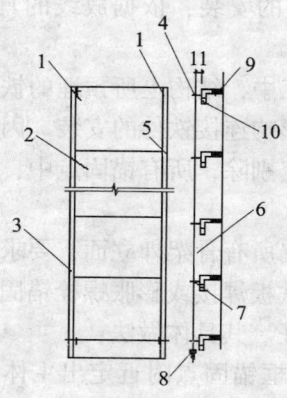

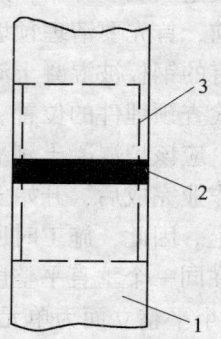

图 3－1－14 单元找平挂线示意图

1—锚固点；2—立面单元；3—垂直平整基准线；
4—悬挑铁桩；5—基准线；6—吊线；7—铁桩；
8—线锤；9—主体楼板；10—梁；11—间距

图 3－1－15 竖框伸缩缝处节点

1—竖框；2—插件；
3—伸缩缝（用硅酮密封胶密封）

c. 在竖框的安装过程中，应随时检查竖框的中心线。较高的幕墙宜采用经纬仪测定，低层幕墙可随时用线锤检查，如有偏差，应立即纠正。竖框的尺寸准确与否，将直接关系到幕墙的质量。竖框安装的标高偏差不应大于3mm。轴线前后偏差不应大于2mm，左右偏差不应大于5mm；相邻两根竖框安装的标高偏差不应大于3mm。同层竖框的最大标高偏差不应大于5mm，相邻两根竖框的距离偏差不应大于2mm。竖框调整固定后，就可以进行横梁的安装。

④要根据弹线所确定位置安装横梁。安装横梁最重要的是要保证横梁与竖框的外表面处于同一立面上。

a. 横梁与竖框间通常采用角码进行连接，角码一般用角钢或镀锌铁件制成。角码的一肢固定在横梁上，另一肢固定在竖框上，固定件及角码的强度应满足设计要求。

b. 横梁与竖框间也应设有伸缩缝，待横梁固定后，用硅酮密封胶将伸缩缝密封。

c. 应特别注意，用电钻在铝型材框架上钻孔时，钻头的直径要稍小于自攻螺丝的直径，以保证自攻螺丝连接的牢固性。

d. 横梁安装时，相邻两根横梁的水平标高偏差不应大于1mm。同层标高偏差，当一幅幕墙的宽度大于35m时，不应大于7mm。

e. 横梁安装则应自下而上进行。当安装完一层高度时，应进行检查、调整、校正，并使其符合质量标准。

5. 保温防潮层安装

如果在金属板幕墙的设计中，既有保温层又有防潮层，那么应先在墙体上安装防潮层，然后再在防潮层上安装保温层。如果设计中只有保温层，则将保温层直接安装到墙体上。大多数金属板幕墙的设计通常只有保温层而不设置防潮层。

（1）隔热材料通常使用阻燃型聚苯乙烯、隔热棉等材料。其特点是质量轻，在墙体上安装方法也很简单，隔热材料尺寸根据实墙位（不见光位）铝合金框架的内空尺寸现场裁割。

（2）将截好的隔热材料用金属丝固定于铝角上，铝角在铝型材加工时已安装在竖框或横档上。在重要建筑中，应用1.5mm厚镀锌薄钢板或不锈钢板、特殊铅板将保温材料封闭，作为一个构件安装在骨架上。

（3）将带有底盘的钉用建筑胶黏结到墙体上，钉与钉的距离应保证在400mm左右，板接缝处应保证有钉，板边缘的钉间距也不应大于400mm。保温板与金属板幕墙构件间的接缝要严密。

6．防火棉安装

（1）应采用耐火极限为A级的优质防火棉，要达到有关部门的设计要求。

（2）防火棉用1.5mm厚镀锌钢板固定，应使防火棉连续地密封于楼板与金属板之间的空位上，形成一道防火带，厚度不得小于100mm，中间不得有空隙。

7．防雷保护措施

（1）幕墙设计时，应考虑正片幕墙框架具有有效的电传导性。并可按设计要求提供足够的防雷保护接合端。

（2）大厦防雷系统及防雷接地措施一般由其他单位有关专业负责，分包要提供足够的幕墙防雷保护接合端，以与防雷系统直接连接。一般要求防雷系统直接接地，不应与供电系统合用接地地线。

三、幕墙金属板施工安装

如前所述，金属板幕墙常用金属板品种很多，但用得最多的、效果最好的在我国当属复合铝塑板、铝合金蜂巢板及单层铝板等。

（一）复合铝塑板的加工

复合铝塑板的加工应在清洁的专门车间中进行，加工的工序为复合铝塑板裁切，刨沟和固定。板材储存时应以10°内倾斜放置，底板需用厚木板垫完，才不致产生弯曲现象。搬运时需两人取放，将板面朝上，切勿推拉，以防擦伤，板材上切勿放置重物或人为践踏，以防产生弯曲变形或凹陷的现象，如果手工裁切，在裁切前先将工作台清洁干净，以免板材受损。

1．复合铝塑板裁切

复合铝塑板加工的第一道工序是板材的裁切。板材的裁切可用剪床、电锯、圆盘锯、手提电锯等工具按照设计要求加工出所需尺寸。

2．复合铝塑板刨沟

（1）复合铝塑板的刨沟有两种机具：一种是带有床位的数控刨沟机，一种是手提电动刨沟机。

①数控刨沟机带有机床，将需刨沟的板材放到机床上，调好刨刀的距离，就可以准确无误地刨沟。

②当使用手动刨沟机时，要使用平整的工作台，操作人员要熟练掌握工具的使用技巧。通常情况下要尽量少采用手动刨沟机，因为复合铝塑板的刨沟工艺精确度要求很高，手工操作不小心就会穿透复合铝塑板的塑性材料层，损伤面层铝板，这是复合铝塑板加工所不允许的。

（2）刨沟机上带有不同的刨刀，通过更换刨刀，可在复合铝塑板上刨出不同形状的沟。

图 3-1-16、图 3-1-17、图 3-1-18 是厚度为 4mm（0.5mm 铝板 +3mm 塑性材料 +0.5mm 铝板）的复合铝塑板常见的刨沟形状。

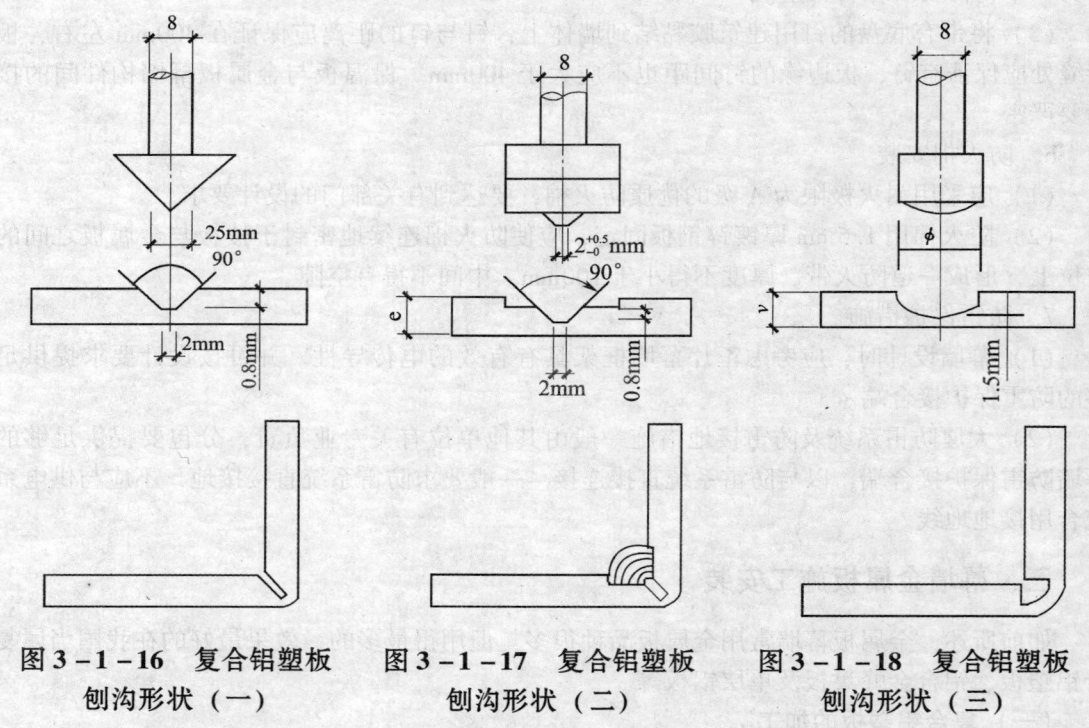

图 3-1-16　复合铝塑板　　图 3-1-17　复合铝塑板　　图 3-1-18　复合铝塑板
　　刨沟形状（一）　　　　　　刨沟形状（二）　　　　　　刨沟形状（三）

①复合铝塑板的刨沟深度应根据不同板的厚度而定，一般情况下塑性材料层保留的厚度应在 1/4 左右。

②不能将塑性材料层全部刨开，以防止面层铝板的内表面长期裸露而受到腐蚀，而且如果只剩下外表一层铝板，弯折后，弯折处板材强度降低，导致板材使用寿命缩短。

（3）板材被刨沟以后，再设计对边角进行裁剪，就可将板弯折成所需的形状。

①板材在刨沟处进行弯折时，要将碎屑清理干净。

②弯折时切勿多次反复弯折和急速弯折，防止铝板受到破损，强度降低。

③弯折后，板材匝角对接处要用硅酮密封胶进行密封。

④对有毛刺的边部可用锉刀修边，修边时，切勿损伤铝板表面。

⑤需要钻孔时，可用电钻、线锯等在铝塑板上做出各种圆形、曲线形等多种孔径。

3. 复合铝塑板与副框及加强筋的固定

（1）复合铝塑板与副框及加强筋固定时，待板材边缘弯折以后，就要同副框固定成形，同时根据板材的性质及具体分格尺寸的要求，要在板材背面适当的位置设置加强筋，通常采用铝合金方管作为加强筋。加强筋的数量要根据设计而定：

①一般情况下，当板材的长度小于 1.0m 时可设置 1 根加强筋；

②当板材长度小于 2m 时可设置 2 根加强筋；

③当板材的长度大于 2m 时，应按设计要求增加加强筋的数量。

（2）副框与板材的侧面可用抽芯铝铆钉紧固，加强筋与板材间要用硅酮耐候结构胶黏结牢固。

（3）副框通常有两种形状，如图3－1－19所示。复合铝塑板与副框的组合如图3－1－20～图3－1－25所示（以第二种副框为例）。组装后，应将每块板的对角接缝处用密封胶密封，防止渗水。

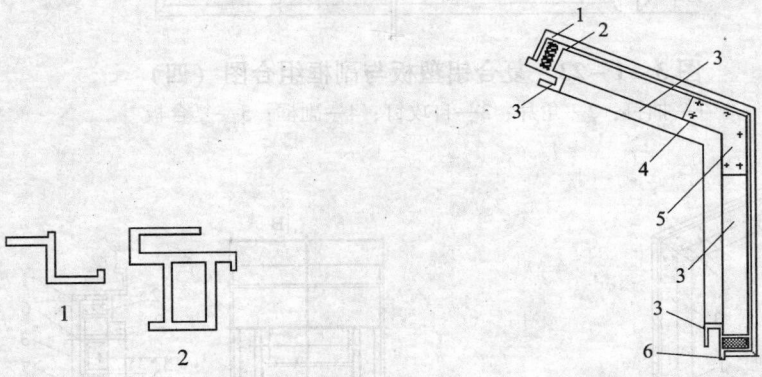

图3－1－19　副框形状　　　图3－1－20　复合铝塑板与副框组合图（一）

1—自攻螺钉；2—角片；3—副框；
4—自攻钉；5—角板；6—抽钉

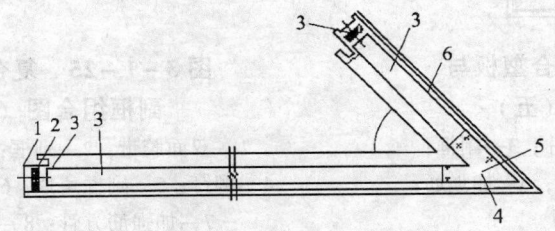

图3－1－21　复合铝塑板与副框组合图（二）

1—自攻钉；2—角片；3—副框；
4—自攻螺钉；5—角板；6—复合铝板

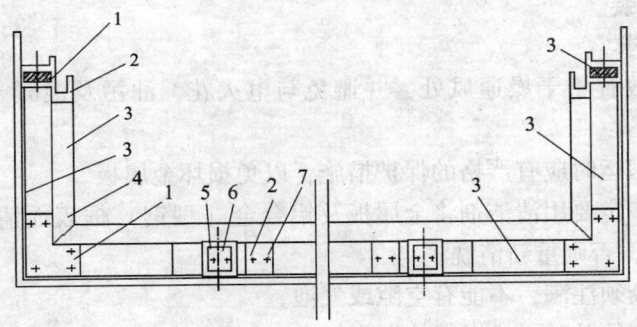

图3－1－22　复合铝塑板与副框组合图（三）

1—自攻螺钉；2—角片；3—副框；4—复合铝板；
5—角板双面胶带；6—加筋板；7—自攻钉

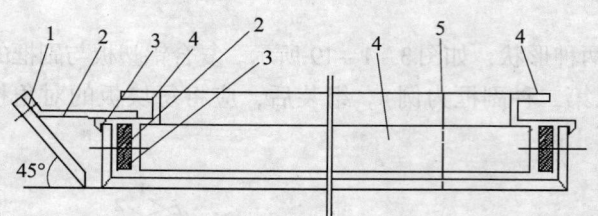

图 3 – 1 – 23 复合铝塑板与副框组合图（四）

1—抽钉；2—角片；3—自攻钉；4—副框；5—复合板

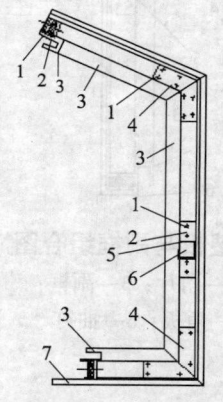

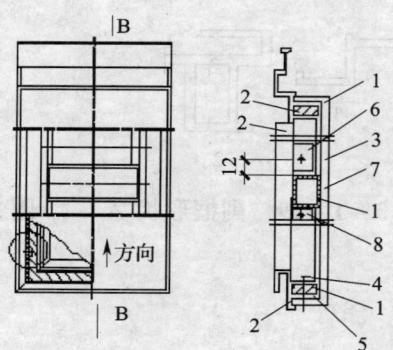

**图 3 – 1 – 24 复合塑板与
副框组合图（五）**

1—自攻螺钉；2—角片；3—副框；
4—角板；5—双面胶带；6—加强筋；
7—复合板

**图 3 – 1 – 25 复合塑板与
副框组合图（六）**

1—双面胶带；2—副框；3—铝塑板；
4—铆钉；5—副框角片；6—加强筋角片；
7—加强筋方管；8—自攻螺钉

（4）复合铝塑板组框中采用双面胶带，只适合于较低建筑的金属板幕墙。对于高层建筑，副框及加强筋与复合铝塑板正面接触处必须采用硅酮耐候结构胶黏结，而不能采用双面胶带。

（二）金属板安装

1. 安装技术要求

（1）金属板须放置于干燥通风处，并避免与电火花、油污及混凝土等腐蚀物质接触，以防止板表面受损。

（2）金属板件搬运时应有严格的保护措施，以免损坏金属板。

（3）注胶前，一定要用清洁剂将金属板及铝合金（型钢）框表面清洁干净，清洁后的材料须在1h内封闭，否则重新清洗。

（4）硅酮密封胶须注满，不能有空隙或气泡。

（5）清洁用擦布须及时更换以保持干净。

（6）应遵守标签上说明使用的溶剂，且在使用溶剂场所严禁烟火。

（7）注胶之前，应将密封条或防风雨胶条安放于金属板与铝合金（或型钢）型材之间。

（8）根据硅酮密封胶的使用说明，注胶宽度与注胶深度之最合适尺寸比率为2（宽度）：1（深度）。

（9）注硅酮密封胶时，应用胶纸保护胶缝两侧的材料，使之不受污染，做到成品保护。

（10）金属板安装完毕，在易受污染部位用胶纸贴盖或用塑料薄膜覆盖保护；易被划碰的部位，应设安全护栏保护。

（11）清洁中所使用的清洁剂应对金属板、密封胶及铝合金（或型钢）型材无任何腐蚀作用。

2. 安装施工要点

（1）复合铝塑板。复合铝塑板与副框组合完毕后，开始在主体上进行安装。

①金属板幕墙的主体框架（铝框）通常有两种形状，如图 3 - 1 - 26 所示。其中第一种副框与第一种主框、第二种主框都可搭配使用，但第二种副框只能与第二种主框配合使用。

②板间接缝宽度按设计而定，安装板前要在竖框上拉出两根通线，定好板间接缝的位置，按线的位置安装板材。拉线时要使用弹性小的线，以保证板缝整齐。

③副框与主框接触处应加设一层胶垫，不允许刚性连接。如果采用第一种主框是将胶条安装在两边的凹槽内，如果采用方管做主框，则应将胶条黏结到主框上。当采用第二种主框，在安装时就将压片及螺栓安装到主框上，螺栓的螺母端在主框中间的凹槽里。将压片上的螺栓紧固即可，压片的个数及间距要根据设计而定。

④板材定位以后，将压片的两脚插到板上副框的凹槽里。

⑤当第二种副框与方管配合使用时，复合铝塑板定位以后，用自攻螺丝将压片固定到主框上。当采用第一种副框时，主框必然是方管，副框与副框间采用搭接互压的方式，用自攻螺丝将副框固定到主框上。

⑥复合铝塑板在主框上的安装如图 3 - 1 - 27、图 3 - 1 - 28、图 3 - 1 - 29 所示。

⑦金属板与板之间的缝隙一般为 0 ~ 10mm，用硅酮密封胶或橡胶条等弹性材料封堵。在垂直接缝内放置衬垫棒。

（2）铝合金蜂巢板。如图 3 - 1 - 30 所示的断面加工成蜂巢胶状的铝合金蜂巢板，铝合金蜂巢板不仅具有良好的装饰效果，而且还具有保温、隔热、隔音、吸声等功能。

①图 3 - 1 - 30 的铝合金蜂巢板，用于某些高层建筑的窗下墙部位，虽然该种板也用螺栓固定，但是在具体构造上与铝合金板条有很大差别，这种幕墙板是用图 3 - 1 - 31 所示的连接件将铝合金蜂巢板与骨架连成整体。

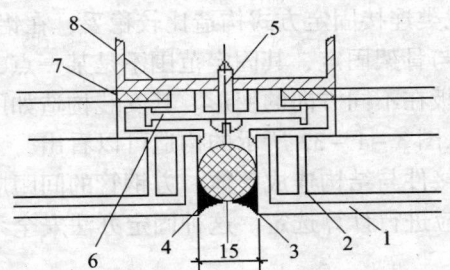

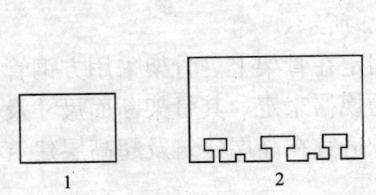

图 3 - 1 - 26　主框形状　　　图 3 - 1 - 27　复合铝塑板在主框上的安装（一）

1—铝塑板；2—副框；3—密封胶；4—泡沫胶条；

5—自攻螺钉；6—压片；7—胶垫；8—主框

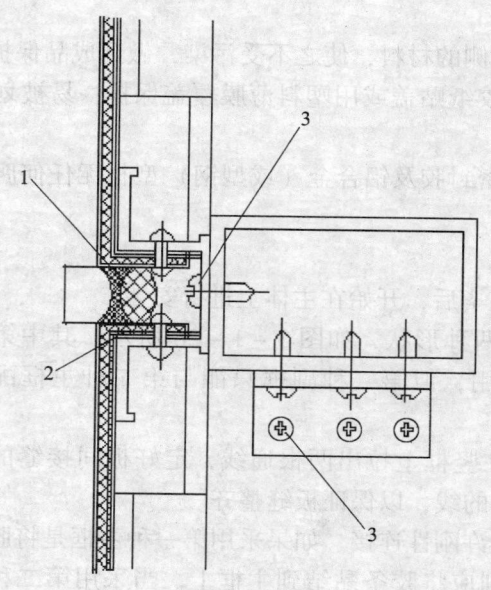

图 3 - 1 - 28 复合铝塑板在主框上的安装（二）

1—泡沫条 φ18；2—密封胶；
3—自攻螺钉 5×16

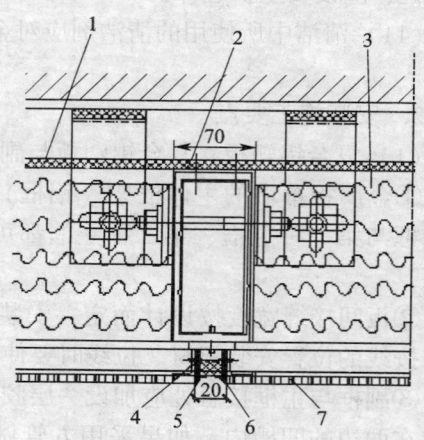

图 3 - 1 - 29 复合铝塑板在主框上的安装（三）

1—防潮板；2—自攻螺钉；3—保温聚苯板；
4—自攻螺钉 φ5×30；5—泡沫条；
6—密封胶；7—复合铝板

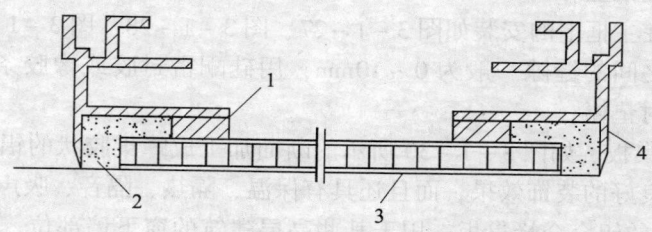

图 3 - 1 - 30 铝合金蜂巢板（一）

1—蜂巢状泡沫塑料填充，周边用胶密封；2—密封胶（俗称结构胶）；3—复合铝合金蜂巢板；4—板框

a. 此类连接固定方式构造比较稳妥，在铝合金蜂巢板的四周，均用如图 3 - 1 - 31 所示的连接件与骨架固定，其固定范围不是某一点，而是板的四周，这种周边固定方法，可以有效地约束板在不同方向的变形。其安装构造如图 3 - 1 - 32 所示。

b. 从图 3 - 1 - 32 所示的构造可以看出，幕墙板是固定在骨架上。骨架采用方钢管，通过角钢连接件与结构连成整体，方钢管的间距应根据板的规格来定。其骨架断面尺寸及连接板的尺寸应进行计算选定。这种固定办法安全系数大，较适宜在高层建筑及超高层建筑中采用。

②图 3 - 1 - 32 所示的铝合金板，也是用于幕墙的铝合金蜂巢板，此种板的特点是固定与连接在铝合金蜂巢制造过程中，同板一起完成，周边用如图 3 - 1 - 33 所示的封边框进行封堵，同时也是固定板的连接件。

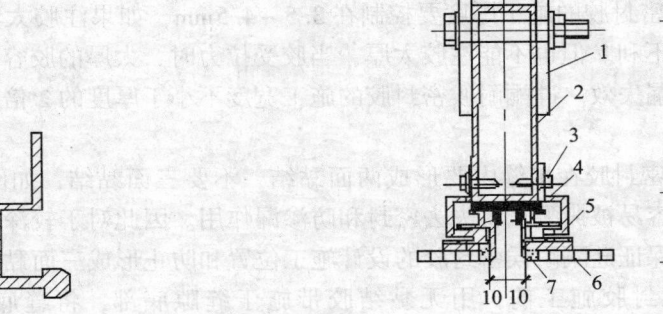

图 3−1−31 连接件断面

图 3−1−32 安装构造图

1—角钢连接件；2—钢管骨架；3—螺栓加垫圈；
4—聚乙烯发泡填充；5—固定钢板件；6—蜂
窝状泡沫塑料填充，周边用胶密封；
7—密封胶；8—复合铝合金外墙板

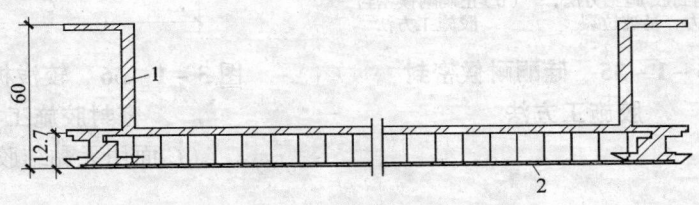

图 3−1−33 铝合金蜂巢板（二）

1—铝合金板封边框周边布置；2—铝合金板

a. 安装时，两块板之间留有 20mm 的间隙，用一条挤压成型的橡胶带进行密封处理。

b. 两块板用同一块 5mm 的铝合金板压住连接件的两端，然后用自攻螺钉拧紧。螺钉的间距为 300mm 左右。其固定如图 3−1−34 所示。

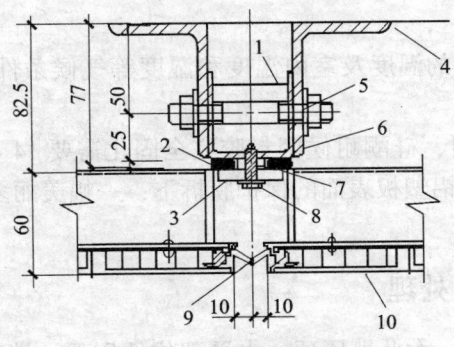

图 3−1−34 固定节点大样

1—焊接钢板；2—聚氯乙烯泡沫填充；3—45×45×5 铝板；4—结构边线；
5—φ12×80 镀锌贯穿螺栓，加垫圈；6—∟75×50×5 不等肢角钢，长 50；
7—φ15×3 铝管；8—螺丝带垫圈；9—橡胶带；10—蜂窝铝合金外墙板

3．注胶封闭

金属板固定以后，板间接缝及其他需要密封的部位采用硅酮耐候密封胶进行密封，注胶时，需将该部位基材表面用清洁剂清洗干净后，再注入密封胶。

（1）硅酮耐候密封胶的施工厚度要控制在 3.5～4.5mm，如果注胶太薄，对保证密封质量及防止雨水渗漏不利。但也不能注胶太厚，当胶受拉力时，太厚的胶容易被拉断，导致密封受到破坏，防渗漏失效。硅酮耐候密封胶的施工宽度不小于厚度的 2 倍或根据实际接缝宽度而定。

（2）硅酮耐候密封胶在接缝内要形成两面黏结，不要三面黏结，如图 3－1－35 所示。否则胶在受拉时，容易被撕裂，将失去密封和防渗漏作用。因此对于较深的板缝要采用聚乙烯泡沫条填塞，以保证硅酮耐候密封胶的设计施工位置和防止形成三面黏结。对于较浅的板缝，在硅酮耐候密封胶施工前，用无黏结胶带施于缝隙底部，将缝底与胶分开，如图 3－1－36所示。

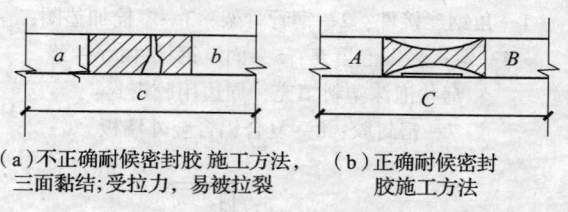

（a）不正确耐候密封胶 施工方法，
三面黏结；受拉力，易被拉裂
（b）正确耐候密封
胶施工方法

**图 3－1－35　硅酮耐候密封
胶施工方法**

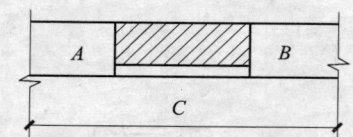

**图 3－1－36　较浅板缝硅酮耐候
密封胶施工方法**

（C 面用无黏结胶带分开）

（3）注胶前，要将需注胶的部位用丙酮、甲苯等溶剂清理干净，使用清洁剂时应准备两块干净抹布，先用第一块抹布蘸溶剂轻抹，将污物溶融，再用第二块抹布用力拭去污物和被溶物。

（4）注胶工人一定要熟练掌握注胶技巧。注胶时，应从一面向另一面单向注胶，不能两面同时注胶。垂直注胶时，应自下而上注。注胶后，在胶固化以前，要将节点胶层压平，不能有气泡和孔洞，以影响胶和基材的黏结，注胶要连续，胶缝应均匀饱满，不能断断续续。

（5）注胶时，周围环境的温度及室内温度和湿度等气候条件要符合硅酮耐候胶的施工条件，方可进行施工。

（6）一般在 20℃左右时，硅酮耐候密封胶完全固化需要 14～21d 的时间，待硅酮耐候密封胶完全固化后，将复合铝塑板表面的保护膜拆下，一幅美丽多彩的金属板幕墙就会出现在你的面前。

四、节点构造和收口处理

金属幕墙节点构造设计，女儿墙压顶、水平部位的压顶、端部的收口，伸缩缝的处理、两种不同材料交接部位的处理等不仅对结构安全与使用功能有着较大的影响，而且关系到建筑物的立面造型和装饰效果。因此各设计、施工单位及生产厂商应注重节点的构造设计，并相应开发出与之配套的骨架材料和收口部件。现将金属板幕墙国内常见的节点构造和收口处理列举如下。

（一）金属幕墙板

对于不同的金属幕墙板，其节点处理略有不同，图3－1－37～图3－1－39表示几种不同板材的节点构造。通常在节点的接缝部位易出现上、下边不齐或板面不平整等问题，故应先将一侧板安装，螺栓不拧紧，用横、竖控制线确定另一侧板安装位置，待两侧板均达到要求后，再依次拧紧螺栓，打硅酮密封耐候胶。

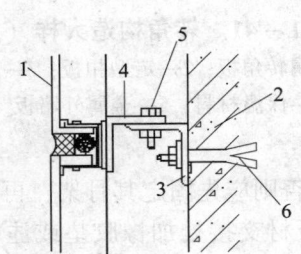

图3－1－37 单板或铝
塑板节点构造

1—单板或铝塑板；2—承重柱（或墙）；
3—角支撑；4—直角型铝材横梁；
5—调整螺栓；6—锚固螺栓

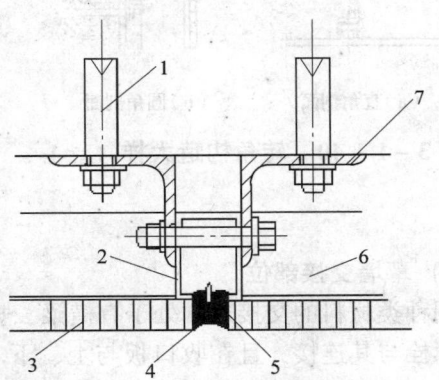

图3－1－38 铝合金蜂巢
板节点构造（一）

1—锚固螺栓；2—竖框；3—铝合金蜂巢板；
4—自攻螺钉；5—密封胶（板厚时须加
泡沫塑料填充）；6—横梁

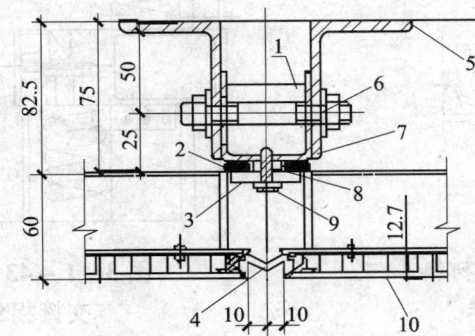

图3－1－39 铝合金蜂巢板节点构造（二）

1—焊接钢板 $44\times50\times3$；2—聚氯乙烯泡沫填充；3—$45mm\times45mm\times5mm$ 铝板；
4—橡胶带；5—结构边线；6—$\phi12\times80$ 镀锌贯穿螺栓加垫圈；7—L$75\times50\times5$ 不等肢角钢；
8—$\phi15mm\times3mm$ 铝管；9—螺钉带垫圈；10—蜂巢铝合金外墙板

（二）幕墙转角部位

幕墙转角部位的处理通常是用一条直角铝合金板（型钢、不锈钢），与金属外墙板直接用螺栓连接，或角位竖框固定。如图3－1－40和图3－1－41所示。

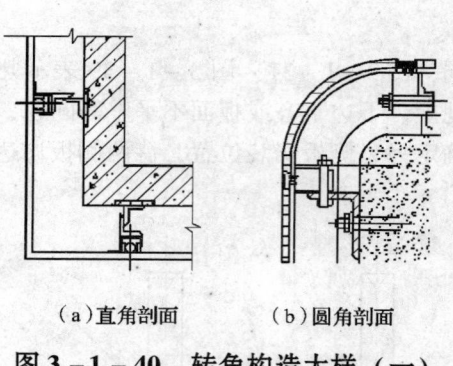

（a）直角剖面　　（b）圆角剖面

图 3－1－40　转角构造大样（一）

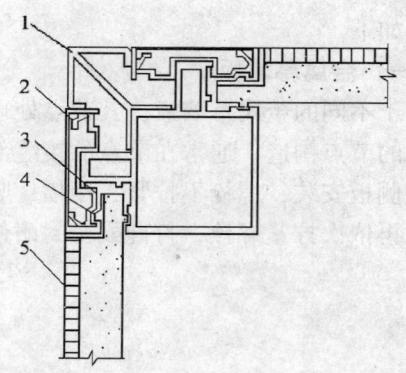

图 3－1－41　转角构造大样（二）

1—定型金属转角板；2—定型扣板；3—连接件；

4—保温材料；5—金属外墙板

（三）幕墙交接部位

　　不同种类材料的交接通常处于有横梁、竖框的部位，否则应先固定其骨架，再将定型收口板用螺栓与其连接，且在收口板与上、下（或左右）板材交接处加橡胶垫或注硅酮密封耐候胶。如图 3－1－42 和图 3－1－43 所示。

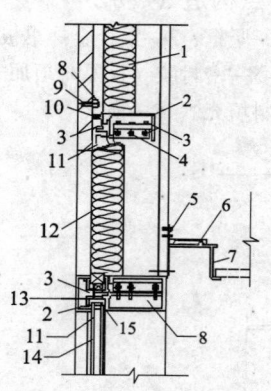

图 3－1－42　不同材料
交接处构造大样

1—定型保温板；2—横料；3—螺栓；

4—码件；5—空心铆钉；6—定型铝角；

7—铝扣板；8—石材板；9—固定件；

10—铝码；11—密封胶；12—金属外墙板；

13—铝扣件；14—幕墙玻璃；15—胶压条

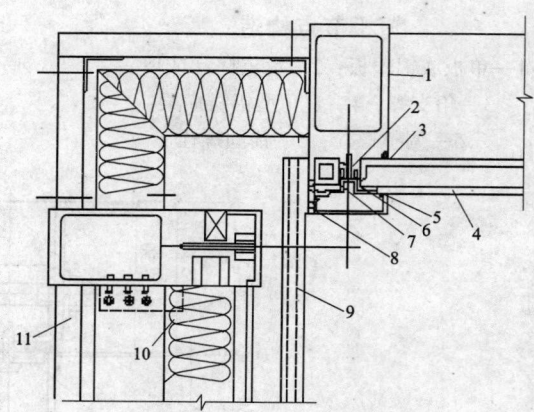

图 3－1－43　不同材料
交接拐角构造

1—竖料；2—垫块；3—橡胶垫条；4—金属板；

5—定型扣板；6—螺栓；7—金属压盖；

8—密封胶；9—外挂石材；10—保温板；

11—内墙石膏板

（四）幕墙女儿墙上部及窗台

　　幕墙墙面边缘部位收口，是用金属板或形板将墙板端部及龙骨部分封盖，使之能阻挡风雨浸透。水平盖板的固定，一般先将骨架固定在基层上，然后再用螺栓将盖板与骨架牢固连接，并适当留缝，打密封胶。如图 3－1－44 和图 3－1－45 所示。

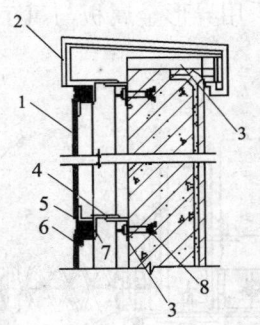 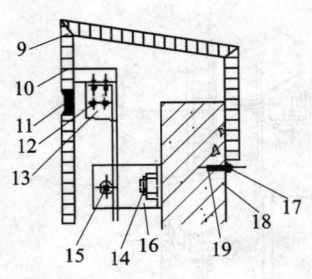

图 3 – 1 – 44　幕墙顶部构造图

1—铝合金板；2—顶部定型铝盖板；3—角钢支撑；4—角铝；5—密封材料；

6—支撑材料；7—圆头螺钉；8—预埋锚固件或螺栓；9—紧固铝角；10—蜂巢板；

11—密封胶；12—自攻螺钉；13—连接角铝；14—拉爆螺钉；15—螺栓；16—角钢；

17—木螺钉；18—垫板；19—膨胀螺栓

（五）幕墙墙面边缘

幕墙墙面边缘部位收口，是金属板或其他形板将墙板端部及龙骨部分封盖，如图 3 – 1 – 46 所示。

（六）幕墙墙面下端

幕墙墙面下端收口处理，通常用一条特制挡水板，将下端封住，同时将板与墙缝隙盖住，防止雨水渗入室内。如图 3 – 1 – 47 所示。

（七）幕墙变形缝处理

幕墙变形缝的处理，其原则应首先满足建筑物伸缩、沉降的需要，同时亦应达到装饰效果，另外该部位又是防水的薄弱环节，其构造点应周密考虑，现在有专业厂商生产该种产

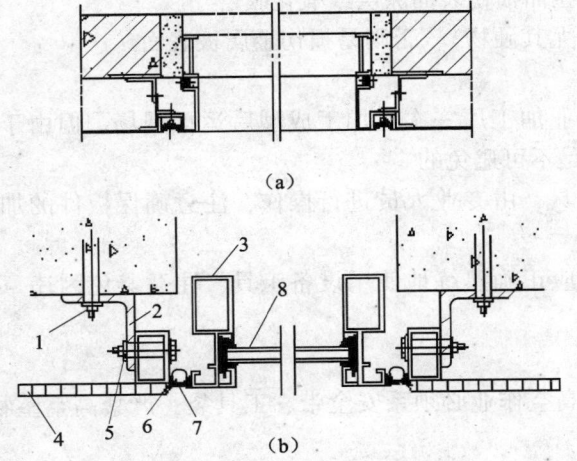

图 3 – 1 – 45　铝板窗口节点

1—建筑锚栓；2—角钢；3—钢合金窗板；

4—金属蜂巢板；5—角钢；6—攻螺钉；

7—嵌缝胶；8—玻璃

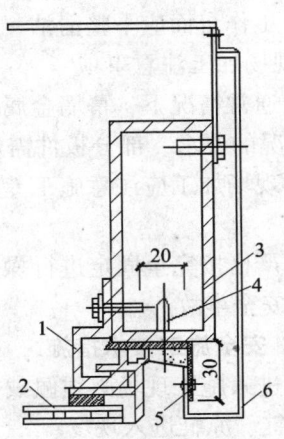

图 3 – 1 – 46　边缘部位的收口处理

1—连接件；2—外墙板；3—型钢竖框；

4—螺钉加 $\phi6$ 垫圈中距 500mm；

5—$\phi4$mm 铝铆钉中距 300mm；

6—1.5mm 成型铝板

品，既保证其使用功能，又能满足装饰要求，通常采用异形金属板与氯丁橡胶带体系，如图3－1－48所示。

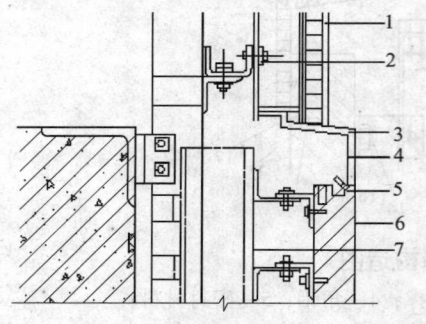

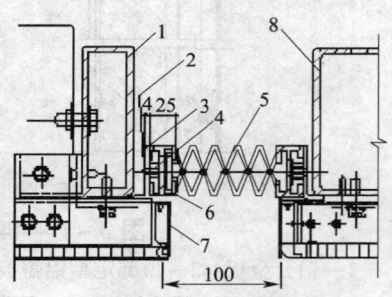

图 3－1－47　金属板幕墙底部构造

1—外墙金属板；2—连接件；3—竖框；
4—定型扣板；5—密封胶；
6—石材收口板；7—型钢骨架

图 3－1－48　伸缩缝、沉降缝处理示意

1—方管构架 152mm×50.8mm×4.6mm；
2—φ6mm×20mm 螺钉；3—成型钢夹；
4—φ15mm 铝管材；5—氯丁橡胶伸缩缝；
6—聚乙烯泡沫填充，外边用胶密封；7—横压成型
1.5mm 厚铝板；8—150mm×75mm×6mm 镀锌铁件

五、施工技术与安全生产

（一）施工注意事项

1. 储运注意事项

（1）金属板（铝合金板和不锈钢板）应倾斜立放，倾角大于 10°，地面上垫厚木质衬板，板材上勿置重物或践踏。

（2）搬运时要两人抬起，避免由于扒拉而损伤表面涂层或氧化膜。

（3）工作台面应平整清洁，无杂物（尤其硬物），否则易损伤金属板表面。

2. 现场加工注意事项

（1）通常情况下，幕墙金属板均由专业加工厂一次性加工成型后运抵现场。但由于工厂实际情况的要求，部分板件需现场加工是不可避免的。

（2）现场加工应注意施工专业设备工具，由专业人员进行操作，注意确保板件的加工质量。

（3）严格按完全固定进行操作，工人应正确熟练地使用设备工具，注意避免因违章操作而造成安全事故。

（二）安全施工技术措施

（1）进入施工现场必须佩戴安全帽，高空作业必须系安全带、工具袋，严禁高空坠物。严禁穿拖鞋、凉鞋进入现场。

（2）在外架施工时，禁止上、下攀爬，必须由通道上下，具体参照脚手架施工方案措施执行。

（3）幕墙安装施工作业面下方，禁止人员通行和施工，必要时要设专人站岗指挥或围栏阻止进行。

（4）电焊铁码部位时，要设"接料"包，将电焊火花接住，防止火灾。

（5）电动机须安装漏电保护器，手持电动工具操作人员需戴绝缘手套。

（6）在高层建筑幕墙安装与上部结构施工交叉作业时，结构施工层下方必须架设挑出3m以上防护装置，建筑在地面上3m左右，应设挑出6m水平安全网，如果架设竖向安全平网有困难，可采取其他有效方法，保证安全施工。

（7）坚持开好"班前会"，研究当日安全工作要点，引起大家重视。

（8）加强各级领导和专职安全员跟踪到位的安全监护，发现违章立即制止，杜绝事故的发生。

（9）六级以上的大风、大雾、大雪天气严禁高空作业。

（10）职工进场必须搞好安全教育，并做好记录，各工序开工前，工长及安全员做好书面安全技术交底工作。

（11）安装幕墙用的施工机具在使用前必须进行严格检查。吊篮须做荷载检验和各种安全保护装置的运转检验，手电钻、电动改锥、焊钉枪等电动工具需做绝缘电压检验。

（12）应注意防止密封材料在使用时产生溶剂中毒，且要保管好溶剂，以免发生火灾。

六、金属板幕墙特殊部位的处理

（一）防雷系统

金属板幕墙的防雷设计应符合现行国家标准《建筑物防雷设计规范》GB 50057—2010的有关规定。金属板幕墙应形成自身的防雷体系，并应与主体结构的防雷体系可靠连接。

具体的做法是：防侧雷时，金属板幕墙的横向每隔10m左右在立柱的腹板内设镀锌扁铁，与主体结构防雷系统相连。外测电阻不能大于10Ω。如金属板幕墙延伸到建筑物顶部，还应考虑顶部防雷。

（二）防火系统

防火性能是衡量幕墙功能优良与否的一个重要指标，高耐火度的结构件和结构设计是保证建筑在强烈的火灾荷载作用下不受严重损坏的关键。

金属板幕墙与主体结构的墙体间有一间隙，这一间隙的存在，当发生火灾时，很容易产生对流，使得热烟上串到顶层，造成火灾蔓延的现象。因此在设计施工中要中断这一间隙。

具体做法是：在每一层窗台外侧的间隙中，将L形镀锌钢板固定到幕墙的框体上，在其上设置不少于二层的防火棉，防火棉的具体厚度（厚度100mm）与层数应根据防火等级而定，每层防火棉的接缝应错开，并与四周接触严密，面层要求采用1.2mm以上厚度的镀锌钢板封闭。注胶要均匀、饱满，不能留有气泡和间隙。

（三）金属板幕墙的上部封修

金属板幕墙的顶部是雨水易渗漏及风荷载较大的部位。因此，上部封修质量的好坏，是整个金属板幕墙工程质量及技术性能好坏的关键部位之一。

在金属板幕墙埋件的安装施工过程中，如果没有预埋件，则顶端埋件不应采用膨胀螺栓固定埋板，而应穿透墙体，做成夹墙板形式，或采用其他比较可靠的固定方式。两块夹墙钢板通过钢筋相连，钢筋及钢板的强度应符合设计要求。钢筋应竖直，其一端与外板焊接（要围弯成90°，直角搭接焊并符合国家焊接规范），在钢筋的另一端上套丝，使其穿过内板上的孔，再用螺母将其紧固，紧固后，将螺母与钢筋间焊死。连接筋及焊缝均应做防锈处理。

对封修边的横向板间接缝及其他接缝处，注胶时，一定要认真仔细，保证注胶质量。图3－1－49为金属板幕墙上部封修的节点图。

（四）金属板幕墙的下部封修

金属板幕墙的下部封修也很重要，这里是雨水及潮气等易侵入部位，如果封修不严密，时间长久后，会使幕墙受到腐蚀，从而缩短幕墙的使用寿命，图3－1－50是金属板幕墙下部封修的节点图，金属板幕墙的下端在安装时，框架及金属板不能直接接触地面，更不能直接插入泥土中。

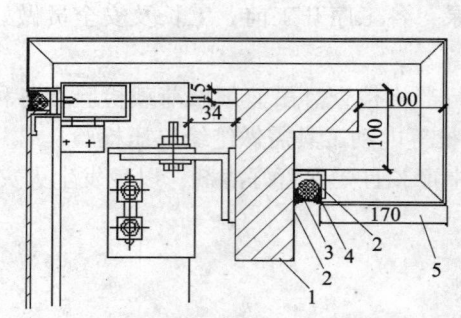 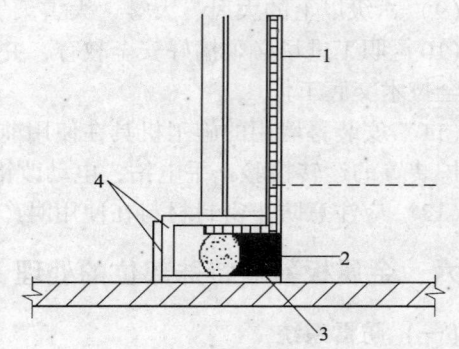

图3－1－49 金属板幕墙上部封修节点
1—女儿墙；2—角码；3—密封胶；
4—泡沫条；5—复合板

图3－1－50 金属板幕墙下部封修节点图
1—复合铝塑板；2—硅酮密封胶；
3—泡沫条；4—角码

（五）金属板幕墙的内、外转角

金属板幕墙的内转角通常在转角处立一根竖框即可，将两块复合铝塑板在此对接。而不应在板的内侧刨沟，将板向外弯折，内转角的节点如图3－1－51所示。

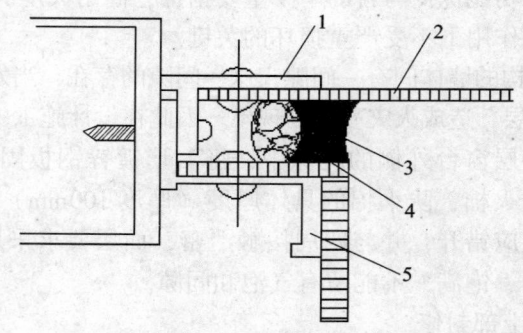

图3－1－51 金属板幕墙内转角节点
1—自攻螺钉；2—复合铝塑板；3—泡沫条；4—硅酮密封胶；5—副框

金属板幕墙的外转角比较简单，在转角两侧分别立两根竖框，在复合铝塑板内侧刨沟，向内弯折，两端分别固定到竖框上即可。

（六）复合铝塑板圆弧及圆柱施工

在复合铝塑板幕墙的施工中，可能会设计有圆弧和圆柱，圆弧的施工较简单，如果是较小直径的圆弧，可通过刨沟的宽度和深度来调节圆弧的大小，对于较大直径的圆弧可用三轴式弯曲机，将其直接弯曲成弧形即可。

下面简单介绍一下铝塑板的圆柱施工：

（1）使用一般木工用美工刀，将铝塑板的背面以 40 ~ 80mm 间距，切割至铝片的深度，并于产品两侧（板正面）用电动刨沟机（平口型刀刃）刨预留间距表面 1.5mm 左右厚度，以利于施工时接合。

（2）再用尖嘴锚将铝片一片片撕下，背面铝片撕下后，产品会徐徐弯曲。

（3）将复合铝塑板的背面及圆柱衬板（通常是胶合板，衬板的制作参考不锈钢包柱施工）刷涂万能胶黏结牢固。

（4）接头处可先用气钉枪打 U 形钉子钉接头沟缝处，以利于固定，然后用硅酮耐候密封胶填平沟缝，即可达到简便的弯曲效果。

（七）复合铝塑板与幕墙框架的其他连接方式

复合铝塑板在加工组装时，其副框还可以采取其他形式，不同形式的副框配以不同形式的压片与主框进行连接，图 3 - 1 - 52 ~ 图 3 - 1 - 57 是几种其他形式的副框与主框连接的节点图。

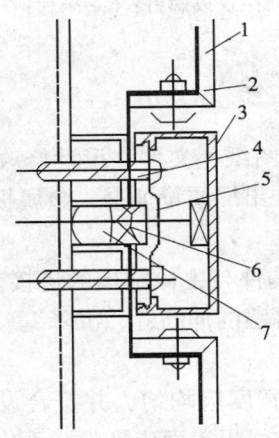

图 3 - 1 - 52　复合铝塑板组框图（一）

1—铝塑板；2—副框；3—嵌条；4—自攻螺钉；
5—压片；6—密封胶；7—泡沫条

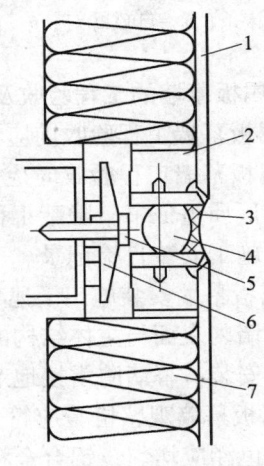

图 3 - 1 - 53　复合铝塑板组框图（二）

1—铝塑板；2—副框；3—密封胶；4—泡沫条；
5—自攻螺钉；6—压片；7—保温板

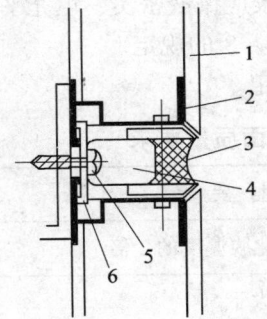

图 3 - 1 - 54　复合铝塑板组框图（三）

1—铝塑板；2—副框；3—密封胶；
4—泡沫条；5—自攻螺钉；6—压片

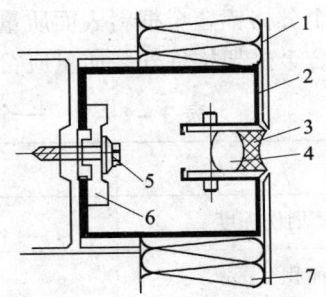

图 3 - 1 - 55　复合铝塑板组框图（四）

1—铝塑板；2—副框；3—密封胶；4—泡沫条；
5—自攻螺钉；6—压片；7—保温板

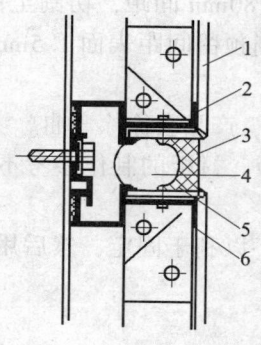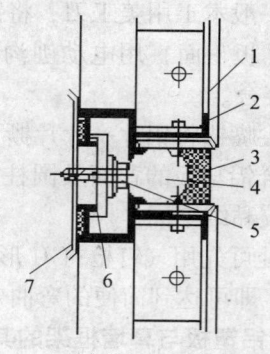

图 3 – 1 – 56　复合铝塑板组框图（五）　图 3 – 1 – 57　复合铝塑板组框图（六）

1—铝塑板；2—副框；3—密封胶；　　　　1—铝塑板；2—副框；3—密封胶；

4—泡沫条；5—自攻螺钉；6—副框　　　　4—泡沫条；5—自攻螺钉；6—压片；7—保温板

（八）金属板幕墙的工程验收及质量标准

（1）金属板幕墙工程验收前应将其表面擦洗干净。

（2）金属板幕墙工程验收时应提交下述资料：设计图纸、文件、设计修改和材料代用文件，材料出厂质量证书，隐蔽工程验收文件，预制构件出厂质量证书，金属板幕墙物理性能检验报告，施工安装自检记录。

（3）金属板幕墙安装施工下述项目进行隐蔽验收：构件与主体结构的连接节点的安装；幕墙四周、幕墙内表面与主体结构的间隙节点的安装，幕墙的伸缩缝、沉降缝、防震缝及墙面转角节点的安装；幕墙防雷接地节点的安装。

（4）金属板幕墙观感检验应符合下述要求：板间隙宽度应均匀，并符合设计要求；整幅幕墙饰面板色泽应均匀；铝合金料不应有脱膜现象；饰面板表面应平整，不应有变形、波纹或局部压砸等缺陷；幕墙的上、下边及侧边封口、沉降缝、伸缩缝、防震缝的处理及防雷体系符合设计要求；幕墙隐蔽节点的遮封装修应整齐美观；幕墙不得渗漏。

（5）金属板幕墙工程抽样检验应符合下述要求：铝合金板料及饰面表面不应有铝屑、毛刺、油斑和其他污垢；饰面板安装牢固，橡胶条和密封胶应镶嵌密实、填充平整。

（6）一个分格铝合金框料表面质量要求应符合表 3 – 1 – 8 的规定。

（7）铝合金框架构件安装质量应符合表 3 – 1 – 9 的规定。

表 3 – 1 – 8　一个分格铝合金框料表面质量要求

项　　　目	质　量　要　求
擦伤，划伤深度	不大于氧化膜厚度的 2 倍
擦伤总面积（mm²）	不大于 500
划伤总长度（mm）	不大于 150
擦伤和划伤处数	不大于 4

表 3 – 1 – 9　铝合金构件安装质量

序号	项　目		允许偏差（mm）	检查方法
1	幕墙垂直度	幕墙高度不大于30m	10	激光仪或经纬仪
		幕墙高度不小于30m，不大于60m	15	
		幕墙高度不小于60m，不大于90m	20	
		幕墙高度不小于90m	25	
2	竖向构件直线度		3	3m靠尺、塞尺
3	横向构件水平度：不大于2000		2	水平仪
	大于2000		3	
4	同高度相邻两根横向构件高度差		1	钢板尺、塞尺
5	幕墙横向构件水平度	幅宽不大于35m	5	水平仪
		幅宽大于35m	7	
6	分格框对角线差	对角线长不大于2m	3	3m钢卷尺
		对角线长大于2m	3.5	

注：1. 第1～5项按抽样根数检查，第6项按抽样分格数检查。
　　2. 垂直于地面的幕墙，竖向构件垂直度包括幕墙平面内及平面外的检查。
　　3. 竖向直线度包括幕墙平面内及平面外的检查。
　　4. 在风力小于4级时测量检查。

（九）金属幕墙的安全施工及保养与维修

1. 安全施工

脚手架搭设应牢固可靠，安全可行、拆卸方便。并同时要求：

（1）施工机具在使用前，应进行严格检验，手电钻、电锤、焊钉枪等电动工具应做绝缘电压检验。

（2）手持吸盘和吸盘安装机，应进行吸附质量和吸附持续时间检验。

（3）施工人员应配备安全帽、安全带、工具袋等。

（4）在高层幕墙安装与上部结构施工交叉作业时，结构施工层下方应架设防护网，在离地面3m高处，应搭设挑出幕墙6m的水平安全网，现场焊接时，在焊接下方应设防火斗。

2. 金属板幕墙的保养与维修

应根据幕墙面积灰污染程度来确定清洗幕墙的次数与周期，清洗外墙面的机械设备，应操作灵活方便，以免擦伤幕墙墙面。

幕墙的检查与维修应按下述要求进行：

（1）当发现螺栓松动应拧紧或焊牢，当发生焊接件锈蚀应除锈补漆，当发现密封胶和密封条脱落或损坏，应及时修补与更换。

（2）当发现幕墙构件及连接件损坏或连接件与主体结构的锚固松动或脱落，应及时更换或采取措施加固修复。

（3）定期检查幕墙排水系统，当发现堵塞应及时疏通，当遇台风、地震、火灾等自然灾害时，灾后应对幕墙进行全面检查，并视损坏程度进行幕墙维修加固。

（4）不得在 4 级以上风力及大雨天进行幕墙外侧检查、保养及维修工作，检查、清洗、保养维修时所采用的机具设备必须牢固，操作方便，安全可靠。

（5）在金属板幕墙的保养和维修工作中，凡属高处作业者，必须遵守国家现行标准《建筑施工高处作业安全技术规范》JGJ 80—2016 的有关规定。

第五节　质量要求及通病防治

一、质量要求

（一）金属板加工和安装允许偏差

1. 加工允许偏差

金属板幕墙的板材加工精度允许偏差应符合表 3 - 1 - 10 的规定。

表 3 - 1 - 10　金属板加工精度允许偏差（mm）

序号	项　　　目		允许偏差
1	边长	≤2000	2.0
		>2000	2.5
2	对边尺寸允许差	≤2000	2.5
		>2000	3.0
3	对角线长度差	≤2000	2.5
		>2000	3.0
4	折弯高度差		1.0
5	平面度		2/1000
6	孔距中心距		1.5

2. 加工质量要求

（1）金属板表面平整、洁净、规格和颜色一致。

（2）板面与骨架的固定必须牢固，不得松动。

（3）接缝应宽窄一致、嵌填密实。

（4）安装金属板用的铁制锚固件和连接件应做防锈处理。

（二）金属板幕墙组件制作偏差

金属板幕墙组件制作尺寸偏差应符合表 3 - 1 - 11 的要求。

表 3 - 1 - 11　金属板幕墙制作尺寸允许偏差（mm）

序号	项　　　目		允许偏差
1	金属框长、宽尺寸		±1
2	组件长宽尺寸		±1.5
3	金属框内侧及组件对角线差	≤2000	≤2.5
		>2000	≤3.5

续表 3 – 1 – 11

序号	项 目	允许偏差
4	金属框接缝高低差	≤0.5
5	金属框组装间隙	≤0.5
6	胶缝宽度	+1.0
7	胶缝厚度	+0.5
8	框格与镶板定位轴线偏差	≤1.0
9	框格边与镶板边实际距离与设计偏差	≤1.5
10	金属框平面度	≤1.0

（三）构件式金属板幕墙允许偏差

构件式金属板幕墙横梁、竖框安装允许偏差，应符合表 3 – 1 – 12 的要求。

表 3 – 1 – 12　构件式金属板幕墙允许偏差

序号	项 目		允许偏差（mm）
1	相邻两竖框间距尺寸（固定端处）		≤2.0
2	相邻两横梁间距尺寸（mm）	≤2000	≤1.5
		>2000	≤2.0
3	框格分格对角线长度差（mm）	≤2000	≤3.0
		>2000	≤3.5
4	竖框垂直度	$H \leqslant 30m$	≤10
		$30m < H \leqslant 60m$	≤15
		$60m < H \leqslant 90m$	≤20
		$H > 90m$	≤25
5	竖框外表面同一平面内位置差	相邻立梃	≤2
		$B \leqslant 20m$	≤4
		$20m < B \leqslant 40m$	≤5
		$40m < B \leqslant 60m$	≤6
		$60m < B \leqslant 80m$	≤10
		$B > 80m$	≤15
6	同一标高面内横梁高度差	相邻两横梁	≤1
		$B \leqslant 35m$	≤5
		$B > 35m$	≤7
7	弧形幕墙竖框外表面与设计定位位置差		≤2

注：表中 H 为幕墙总高度，B 为幕墙总宽度。

（四）单元式幕墙允许偏差

单元式金属板幕墙安装允许偏差按表3－1－13的要求。

表3－1－13　单元式金属板幕墙安装允许偏差

序号	项　目		允许偏差（mm）
1	相邻两组件间距		≤2.0
2	组件直边垂直度（固定量一侧）	一个组件	≤2.0
		$H \leqslant 30\text{m}$	≤10.0
		$30\text{m} < H \leqslant 60\text{m}$	≤15.0
		$60\text{m} < H \leqslant 90\text{m}$	≤20.0
		$H > 90\text{m}$	≤25.0
3	组件水平高度差	相邻两组件	≤2.0
		$B \leqslant 35\text{m}$	≤5.0
		$B > 35\text{m}$	≤7.0
4	组件外表面平面度	相邻两组件	≤2.0
		$B \leqslant 20\text{m}$	≤4.0
		$20\text{m} < B \leqslant 40\text{m}$	≤6.0
		$40\text{m} < B \leqslant 60\text{m}$	≤8.0
		$60\text{m} < B \leqslant 80\text{m}$	≤10.0
		$B > 80\text{m}$	≤12.0

注：H 为幕墙总高度，B 为幕墙总宽度。

二、质量通病防治

金属板幕墙涉及工种较多，工艺复杂，施工难度大，故也比较容易出现质量问题。通常常见质量通病表现在以下几个方面：

1. 板面不平整，接缝不平齐

产生原因：①连接码件固定不牢，产生偏移；②码件安装不平直；③金属板本身不平整。

防治措施：确保连接件的固定，应在码件固定时放通线定位，且在安装板前严格检查金属板的质量。

2. 密封胶开裂，产生气体渗透或雨水渗漏

产生原因：①注胶部位不洁净；②胶缝深度过大，造成三面黏结；③胶在未完全黏结前受到灰尘沾染或其他污浊损伤。

防治措施：①充分清洁板材间隙（尤其是黏结面），并加以干燥；②在较深的胶缝中充填聚氯乙烯发泡材料（小圆棒），使胶形成两面粘贴，保证其嵌缝深度；③注胶后认真养护，直至完全硬化。

3．预埋件位置不准，致使横、竖料很难与其固定连接

产生原因：①预埋件安放时偏离安装基准线；②预埋件与模板、钢筋的连接不牢，使其在浇筑混凝土时位置变动。

防治措施：①预埋件放置前，认真校核安装基准线，确定其准确位置；②采取适当方法将预埋件板、钢筋牢固连接（如绑扎、焊接等）。

补救措施：若结构施工完毕后已出现较大的预埋件偏差或个别漏放，则需及时进行补救。其方法为：

①预埋件面向内凹入超出允许偏差范围，采用加长铁码补救。

②预埋件面向外凸出超出允许偏差范围，采用缩短铁码或剔去原预埋件，改用膨胀螺栓将铁码紧固于混凝土结构上。

③预埋件向上或向下偏移超出允许偏差范围，则修改竖框连接孔或采用膨胀螺栓调整连接位置。

④预埋件漏放，采用膨胀螺栓连接或剔出混凝土后重新埋设。

以上修补方法须经设计部门认可签证后方可实施。

4．胶缝不平滑充实，胶线不平直

产生原因：打胶时，挤胶用力不匀，胶枪角度不正确，刮胶时不连续。

防治措施：连续均匀挤胶，保证正确的角度，将胶注满后用专用工具将其刮平，表面应平整光滑无皱纹。

5．成品变形、变色、受污染

产生原因：金属板安装完毕后，未及时保护，使其发生碰撞变形、变色、污染、排水管堵塞等现象。

防治措施：①施工过程中要及时清除板面及构件表面的黏附物；②安装完毕后立即从上向下清扫，并在易受污染破坏的部位贴保护胶纸或覆盖塑料薄膜，易受磕碰的部位设护栏。

第六节　工程验收

一、一般规定

（1）幕墙工程验收时应检查下述文件和记录：

①幕墙工程的施工图、结构计算书、设计说明及其他设计文件。

②建筑设计单位对幕墙工程设计的确认文件。

③幕墙工程所用各种材料、五金配件、构件及组件的产品合格证书、性能检测报告、进场验收记录和复验报告。

④幕墙工程所用硅酮结构胶的认定证书和抽查合格证明；进口硅酮结构胶的商检证；国家指定检测机构出具的硅酮结构胶相容性和剥离黏结性检验报告。

⑤后置埋件的现场拉拔强度检测报告。

⑥幕墙的抗风压性能、空气渗透性能、雨水渗漏性能及平面变形性能检测报告。

⑦打胶、养护环境的温度、湿度记录；双组分硅酮结构胶的混匀性检验记录及拉断检验记录。

⑧防雷装置测试记录。

⑨隐蔽工程验收记录。

⑩幕墙构件和组件的加工制作记录，幕墙安装施工记录。

（2）幕墙工程应对铝塑复合板的剥离强度进行复验。

（3）幕墙工程应对下述隐蔽工程项目进行验收：

①预埋件（或后置埋件）。

②构件的连接节点。

③变形缝及墙面转角处的构造节点。

④幕墙防雷装置。

⑤幕墙防火构造。

（4）各分项工程的检验批应按下述规定划分：

①相同设计、材料、工艺和施工条件的幕墙工程每 500～1000m² 应划分为一个检验批，不足 500m² 也应划分为一个检验批。

②同一单位工程的不连续的幕墙工程应单独划分检验批。

③对于异型或有特殊要求的幕墙，检验批的划分应根据幕墙的结构、工艺特点及幕墙工程规模，由监理单位（或建设单位）和施工单位协商确定。

（5）检查数量应符合下述规定：

①每个检验批每 100m² 应至少抽查 1 处，每处不得小于 10m²。

②对于异型或有特殊要求的幕墙工程，应根据幕墙的结构和工艺特点，由监理单位（或建设单位）和施工单位协商确定。

（6）幕墙及其连接件应具有足够的承载力、刚度和相对于主体结构的位移能力。幕墙构架立柱的连接金属角码与其他连接件应采用螺栓连接，并应有防松动措施。

（7）隐框、半隐框幕墙所采用的结构黏结材料必须是中性硅酮结构密封胶。其性能必须符合《建筑用硅酮结构密封胶》GB 16776—2005 的规定，硅酮结构密封胶必须在有效期内使用。

（8）立柱和横梁等主要受力构件，其截面受力部分的壁厚应经计算确定，且铝合金型材壁厚不应小于 3.0mm，钢型材壁厚不应小于 3.5mm。

（9）隐框、半隐框幕墙构件中板材与金属框的硅酮结构密封胶的黏结宽度，应分别计算风荷载标准值和板材自身质量荷载标准值作用下硅酮结构密封胶的黏结宽度，并取其较大值，且不得小于 7.0mm。

（10）硅酮结构密封胶应打注饱满，并应在温度 15～30℃、相对湿度 50% 以上、洁净的室内进行；不得在现场墙上打注。

（11）幕墙的防火除应符合现行国家标准《建筑设计防火规范》GB 50016—2014 的有关规定外，还应符合下述规定：

①应根据防火材料的耐火极限决定防火层的厚度和宽度，并应在楼板处形成防火带。

②防火层应采取隔离措施。防火层的衬板应采用经防腐处理且厚度不小于 1.5mm 的镀锌钢板，不得采用铝板。

③防火层的密封材料应采用防火密封胶。

④防火层与玻璃不应直接接触，一块玻璃不应跨两个防火分区。

（12）主体结构与幕墙连接的各种预埋件，其数量、规格、位置和防腐处理必须符合设计要求。

（13）幕墙的金属框架与主体结构预埋件的连接、立柱与横梁的连接及幕墙面板的安装必须符合设计要求，安装必须牢固。

（14）单元式幕墙连接处和吊挂处的铝合金型材的壁厚应通过计算确定，并不得小于5.0mm。

（15）幕墙的金属框架与主体结构应通过预埋件连接，预埋件应在主体结构混凝土施工时埋入，预埋件的位置应准确。当没有条件采用预埋件连接时，应采用其他可靠的连接措施，并应通过检验确定其承载力。

（16）立柱应采用螺栓与角码连接，螺栓直径应经过计算，并不应小于10mm。不同金属材料接触时应采用绝缘垫片分隔。

（17）幕墙的抗震缝、伸缩缝、沉降缝等部位的处理应保证缝的使用功能和饰面的完整性。

（18）幕墙工程的设计应满足维护和清洁的要求。

二、质量控制

本质量控制适用于建筑高度不大于150m的金属幕墙工程的质量验收。

（一）主控项目

（1）金属幕墙工程所使用的各种材料和配件，应符合设计要求及国家现行产品标准和工程技术规范的规定。

检验方法：检查产品合格证书、性能检测报告、材料进场验收记录和复验报告。

（2）金属幕墙的造型和立面分格应符合设计要求。

检验方法：观察，尺量检查。

（3）金属面板的品种、规格、颜色、光泽及安装方向应符合设计要求。

检验方法：观察，检查进场验收记录。

（4）金属幕墙主体结构上的预埋件、后置埋件的数量、位置及后置埋件的拉拔力必须符合设计要求。

检验方法：检查拉拔力检测报告和隐蔽工程验收记录。

（5）金属幕墙的金属框架立柱和主体结构预埋件的连接、立柱与横梁的连接、金属面板的安装必须符合设计要求，安装必须牢固。

检验方法：手扳检查，检查隐蔽工程验收记录。

（6）金属幕墙的防火、保温、防潮材料的设置应符合设计要求，并应密实、均匀、厚度一致。

检验方法：检查隐蔽工程验收记录。

（7）金属框架及连接件的防腐处理应符合设计要求。

检验方法：检查隐蔽工程验收记录和施工记录。

（8）金属幕墙的防雷装置必须与主体结构的防雷装置可靠连接。

检验方法：检查隐蔽工程验收记录。

（9）各种变形缝、墙角的连接节点应符合设计要求和技术标准的规定。

检验方法：观察，检查隐蔽工程验收记录。

（10）金属幕墙的板缝注胶应饱满、密实、连续、均匀、无气泡，宽度和厚度应符合设计要求和技术标准的规定。

检验方法：观察，尺量检查，检查施工记录。

（11）金属幕墙应无渗漏。

检验方法：在易渗漏部位进行淋水检查。

（二）一般项目

（1）金属板表面应平整、洁净、色泽一致。

检验方法：观察。

（2）金属幕墙的压条应平直、洁净、接口严密、安装牢固。

检验方法：观察，手扳检查。

（3）金属幕墙的密封胶缝应横平竖直、深浅一致、宽窄均匀、光滑顺直。

检验方法：观察。

（4）金属幕墙上的滴水线、流水坡向应正确、顺直。

检验方法：观察，用水平尺检查。

三、质量验收

（1）1m² 金属板的表面质量和检验方法应符合表 3 - 1 - 14 的规定。

表 3 - 1 - 14　　1m² 金属板的表面质量和检验方法

项次	项　　目	质量要求	检验方法
1	明显划伤和长度 100mm 的轻微划伤	不允许	观察
2	长度 100mm 的轻微划伤	8 条	用钢尺检查
3	擦伤总面积	500mm²	用钢尺检查

（2）金属幕墙安装的允许偏差和检验方法应符合表 3 - 1 - 15 的规定。

表 3 - 1 - 15　　金属幕墙安装的允许偏差和检验方法

序号	项　　目		允许偏差（mm）	检验方法
1	幕墙垂直度	幕墙高度≤30m	10	用经纬仪检查
		30m＜幕墙高度≤60m	15	
		60m＜幕墙高度≤90m	20	
		幕墙高度＞90m	25	
2	幕墙水平度	层高≤3m	3	用水平仪检查
		层高＞3m	5	
3	幕墙表面平整度		2	用 2m 靠尺和楔形塞尺检查
4	板材立面垂直度		3	用垂直检测尺检查
5	板材上沿水平度		2	用 1m 水平尺和钢直尺

续表 3 -1 -15

序号	项　目	允许偏差（mm）	检验方法
6	相邻板材板角	1	用钢直尺检查
7	阳角方正	2	用直角检测尺检查
8	接缝直线度	3	拉5m线，不足5m拉通线，用钢直尺检查
9	接缝高低差	1	用钢直尺和楔形塞尺检查
10	接缝宽度	1	用钢直尺检查

第七节　金属板幕墙工程实例

一、工程实例

（一）北京文豪大酒店工程概况

北京文豪大酒店主楼三层以下及裙房东街侧外墙面，原设计大理石板幕墙饰面，后改为铝合金板幕墙饰面。工程量为740m²，板材从国外进口。铝合金单板厚2mm，内贴10mm厚纸面石膏板，表面经着色处理，板长随窗间墙分段，宽1150mm，四周有宽20mm的边框，窗间墙板有窗台弯头包封，板缝宽10mm，嵌硅酮密封胶作为防水处理，与墙面及门、窗交接处也做硅酮密封胶胶封处理。平、立面位置如图3-1-58所示，铝合金板构造如图3-1-59所示，板、龙骨、墙体连接如图3-1-60所示。

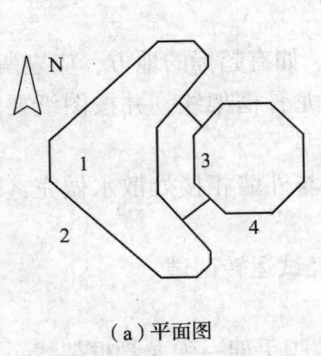

（a）平面图

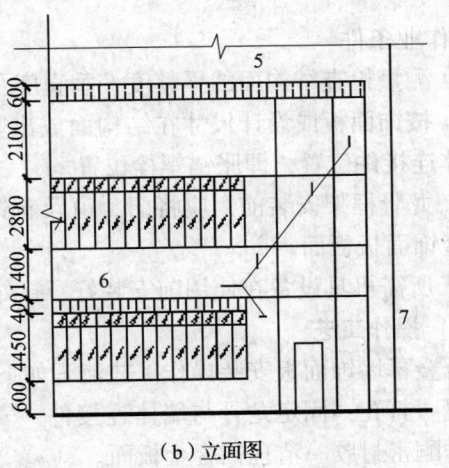

（b）立面图

图 3 -1 -58　铝合金幕墙位置示意图
1—主楼；2—平面；3—多功能厅；4—铝板饰面；
5—琉璃花饰线；6—铝板饰面；7—立面（局部）

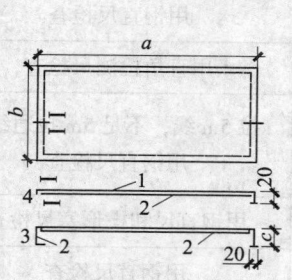

图 3-1-59　铝合金
板构造图

1—铝饰面板；2—纸面石膏板；
3—窗台板；4—墙面板

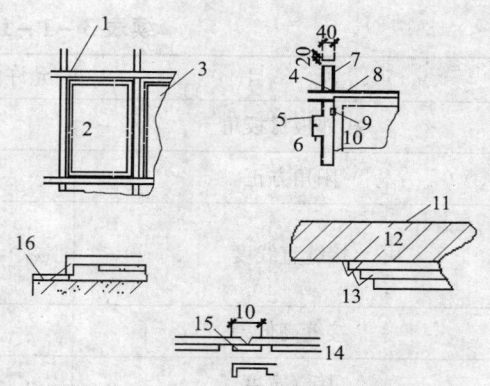

图 3-1-60　板、龙骨、墙体构造示意图

1—槽钢龙骨；2—外墙局部立面；3—铝饰面板；4—焊接；
5—φ8 胀锚螺栓；6—∟45×45×5 镀锌角钢；7—2 厚钢摆板；
8—压制龙骨；9—板连接件；10—饰面板；11—墙体；
12—φ18 胀锚螺栓；13—板连接件与龙骨 φ6；
14—螺栓固定与板拉锚固定；15—硅胶嵌缝；16—抹灰面

（二）施工准备

1. 材料

根据设计图纸要求，备齐各种型号铝合金饰面板、龙骨、连接件用镀锌角钢、胀锚螺栓、硅酮胶和不锈钢螺栓等。

2. 机具

小型角钢切割机、电钻、电动冲击钻及必配的合金钻头、活动扳手和掌尺板、墨斗和线坠等手工工具。

3. 作业条件

（1）测量检查结构面的平整度、垂直度及轴线位置。如有超标的地方，应剔凿清理。

（2）按饰面板或设计尺寸在结构面放出竖向及水平龙骨框架线，并按图纸要求放出龙骨与墙体连接件位置，即胀锚螺栓位置。

（3）龙骨框架安装前，应将门、窗及花饰线和地面与外墙相接处散水做完，以避免污染铝合金饰面板板面。

（4）所需机具设备在使用前安装好，接好电源，并经试运转调试。

（三）操作工艺

铝合金幕墙饰面板安装操作工艺流程如下：搭设安装脚手架→弹龙骨框架线→标出胀锚螺栓位置→打孔→固定龙骨与墙体连接件→安装龙骨（边安装边校正）→安装铝合金饰面板→嵌硅酮密封胶→清理铝合金板面。

施工过程中要特别注意龙骨面的垂直度和平整度，否则铝合金饰面板面将随龙骨面挠曲而达不到安装质量。其次，安装饰面板要轻拿轻放，避免碰撞，以免留下刻痕而影响饰面质量。安装要按顺序进行，以保证门、窗洞口方正垂直和板缝宽度一致，横平竖直，线条清晰。

（四）质量要求

（1）铝合金饰面板安装后应平整牢固，不得有松动、缺少连接螺栓现象。

（2）铝合金饰面板与骨架连接螺栓，按设计要求使用不锈钢螺栓，不得用普通钢制螺栓代替，以防铝合金饰面板电位差而造成电腐蚀。

（3）铝合金饰面板与门、窗洞口迎面应成直角，窗台和上口应带坡，以利水流向。

（4）铝合金饰面板的板缝之间封口硅酮胶应嵌满，深浅一致。

（5）铝合金幕墙饰面板安装质量允许偏差见表3－1－16。

表3－1－16　铝合金幕墙板面安装质量允许偏差

序号	项　目	允许偏差（mm）	检 验 方 法
1	表面平整	2	用2m靠尺和楔形塞尺检查
2	立面垂直	3	用2m靠尺检查
3	阳角方正	2	用20cm方尺检查
4	接缝平直	3	用5m线检查
5	接缝高低差	1	用直尺和楔形塞尺检查
6	上口平直	3	用5m线拉线检查
7	缝宽	1	尺量检查

（五）成品保护及注意事项

1．成品保护

（1）铝合金饰面板安装完毕，对阳角应加保护，板面应贴纸或塑料薄膜，以防污染。女儿墙玻璃花饰线宜先施工，以避免污染表面。

（2）拆脚手架或搬动高凳时，不得碰撞板面。安装完毕，不允许有钢铁金属屑留在板缝或板面上，以免引起电化学腐蚀。

2．注意事项

（1）操作场址必须清理干净。

（2）铝合金饰面板运输道路必须平坦，并注意不要碰撞成品。

（3）铝合金饰面板应随用随运，而且把铝合金饰面板竖向放在架子上，以防下滑伤人或损坏板面。

（4）使用电动冲击钻、手枪电钻和砂轮等电动工具时，必须有电工值班。

（5）开始作业前，应由安全检查人员检查架子是否可靠，护身栏、挡脚板是否齐全。如发现问题，应及时通知架子工修理。

（6）脚手架上堆放材料、工具要平稳，不允许超过规定荷载。作业时严禁向下扔杂物。

二、金属板幕墙防雷的必要性

（一）雷电与建筑物的关系

雷电是大气层中一种自然的放电现象，凡是空气中导电微粒较多的、地面有高耸物体的、地面和地下的电阻率较小的地带都易落雷。因为雷电流总是选取最易导电的途径。

由于建筑物改变了地面电场强度的分布，地面上建筑物性质和形状对雷电的发生和发展也有影响。而建筑物本身的电场强度的分布也是不均匀的，在建筑物的顶尖及边缘棱角处感应电荷最多，电场强度最大，附近气体离子增多，最易击穿放电，往往构成了雷电发展的条件，雷电下行先导自然被吸引向这些地方。

雷电流是一种强度极大、作用时间极短的瞬变过程。闪电成灾分两种：一种是直击雷，另一种是间接雷。直击雷击中建筑物时，通常会产生电效应、热效应和机械力；间接雷击更常见，有时比直击雷危害大得多。雷雨云中的电荷使地面金属物感应出大量异性电荷。雷雨云时，感生的电荷来不及立刻消失，它会产生几万伏的高压电，会对周围放电而出现感应雷的雷击现象。

（二）铝合金幕墙防雷的必要性

高层或超高层建筑以及它的铝合金幕墙，使地表的电场分布发生了严重的畸变，其电场强度比一般建筑物大得多，容易构成雷电发生条件，加上离放电云层近，易遭雷击。通常年雷击次数和当地年均雷暴日成正比，和建筑物高度的平方成正比。根据美国学者统计得出的经验公式，年平均雷击次数 N 可以用下面公式算出：

$$N = 0.015 \ (IKZ) \ 10^{-4} K_1 K_2 H^2$$

式中　IKZ——年均雷暴日。如北京的 IKZ 为 36.8；上海 IKZ 为 32.3；广州 IKZ 为 90，其余
　　　　　　城市的 IKZ 可查年均雷暴日分布图及相关气象资料；

　　　　K_1——落雷不均系数，对发电厂 $K_1 = 8 \sim 12$；一般易受雷击的建筑物 $K_1 = 1.5 \sim 2.0$；

　　　　K_2——建筑材料影响系数。金属材料 $K_2 = 1.5$，非金属材料 $K_2 = 0.15$；

　　　　H——建筑物高度（m）。

由公式可以看出，楼层愈高，受雷击的雷暴日愈大。同一高度幕墙，用金属材料比非金属材料雷暴日大 10 倍。

铝合金幕墙围护高层或超高层建筑后，建筑物原防雷装置由于铝合金幕墙的屏蔽效应，不能直接起到接闪和防雷作用，闪电对建筑物的雷击往往变成闪电对金属幕墙的雷击。高层金属幕墙超过 50m，超高层金属幕墙超过 100m，如果强大的雷电流全程通过幕墙构件时，由于持续时间极短，只有几十微秒，则每米的电位差可达万伏以上。高达 100m 的幕墙，在通过雷电流时可达百万伏的电位差，将会和周围的金属物体产生反击放电和电磁感应。

玻璃的防雷设计应符合国家标准《建筑防雷设计规范》GB 50057—2010 的有关规定。铝合金板幕墙要形成自身的防雷体系，整个幕墙系统应形成连贯的电气通路，互相之间的连接不要与非金属材料隔离，以免阻碍强大雷电流的通行。

（三）不同类型幕墙的防雷

铝板幕墙因用料不同分为复合铝塑板幕墙、蜂巢铝板幕墙和铝单板幕墙。有时也与铝合金玻璃幕墙配合使用。因其所用材料不同，对防雷的要求也不同。

1. 复合铝塑板幕墙

复合铝塑板幕墙是用两层 0.5mm 厚的铝薄板与聚乙烯加压黏合而成，聚乙烯是不良导体，两层铝薄板处于绝缘状态。虽在铝塑复合板制作时内层加铝合金副框，铆钉和复合铝塑板折弯的四边固定接通，由于铆接面太小，更重要的是 0.5mm 铝薄板太薄，复合铝塑板幕墙在遇雷电时，闪电电流会击穿 0.5mm 铝薄板，使建筑物遭到雷击。

2. 蜂巢铝板幕墙

蜂巢铝板幕墙的构造是用两块厚 0.8~1.2mm 及 1.2~1.8mm 的铝板，夹住不同材料制成的蜂巢状中间芯层而制成的。中间蜂巢芯材因材质不同，其导电能力不同。考虑到幕墙的安全性，对高层建筑的蜂巢铝板幕墙以采用铝箔芯蜂巢材质略好。因为铝箔蜂巢也是用胶粘在两片铝板中间，胶不是导体，制作安装虽把铝板封孔焊接，但外层铝板不能太薄，否则在遇雷电时亦会把薄板击穿。

3. 单层铝板幕墙

国外建筑的铝板幕墙绝大部分采用单层铝板，尤其在高层建筑上，它的使用寿命超过 50 年，单层铝板表面为氟碳喷涂，按设计要求制作好，安装准确方便，直接挂接在竖框横梁组成的幕墙铝合金框架上。

单层铝板幕墙的防雷，只要铝板和竖框、横梁组成的幕墙和建筑物接地线或防雷网接通。单层铝板幕墙在雷电情况下，可以作为优良导体把雷闪的巨大能量通过建筑物接地线或防雷网系统迅速输送到地下，使其起到保护幕墙和建筑物免遭雷击的作用，保证幕墙及建筑物的安全。

幕墙的防雷是较深的研究课题，上面仅介绍一般防雷常识和大家研讨。国内近年确实在高层建筑上用了不少的复合铝塑板。尤其是空旷地区唯一的一幢超过百米的复合铝塑板幕墙，周围没有高层建筑的掩护，较易遭受雷击，这好像空旷的田野上一棵树木易遭受雷击一样。希望已建好的高层复合铝塑板幕墙根据具体情况采取必要的防雷措施，以防万一。建议今后国内设计部门在幕墙设计使用中注意复合铝塑板幕墙的防雷问题，以保证我国金属幕墙向安全正常的方向发展。

三、金属铝板幕墙的最佳材料

建筑装饰铝制品在先进国家已有几十年历史，我国在 20 世纪 80 年代才起步，随着改革开放的深入和发展，我国建筑铝制品行业发展之快已超过任何一个国家。金属铝板幕墙所用铝板可分为：单层铝板、复合铝塑板和蜂巢铝板。现简单介绍如下：

(一) 单层铝板

国外一直选用单层铝板。单层铝板一般是用纯铝压制成板，铝板厚度为 3mm，为了加强铝板背面的刚性，必须安装加强筋。我国为了减轻铝板质量，增加铝板强度，采用铝合金板，常选用防锈铝（LF21）作幕墙铝板，铝板厚度由原来 3mm 减少为 2.5mm，该合金强度比纯铝板高出 1 倍左右。铝板表面采用氟碳聚合物喷涂作金属的罩面漆，这种罩面漆经得起各种腐蚀，如能抵抗酸雨、各种空气污染物、不怕强烈的紫外线照射，耐极热极冷性能良好，不会在漆面积聚污垢。由于上述良好性能，可以长期保持颜色均匀，表面光滑不褪色，不会因长期太阳照射产生阴、阳差异，使用寿命长。

(二) 复合铝塑板

近两年来，国外出现复合铝塑板，这种复合铝塑板的特点是颜色均匀鲜艳，铝塑板表面平整，制作方便。但这种复合铝塑板存在着致命的弱点，中间夹层含有毒成分，在燃烧或达到高温时释放毒气，用在内、外墙面均很危险，对人体威胁太大。铝塑板和 PVC 夹层是用胶结压合，复合铝塑板由于铝板很薄，在局部受热时，中间膨胀，使铝板向外鼓包。现在国内进口的复合铝塑板很多，有日本产、德国产、美国产、中国台湾产、韩国产等，质量差异很大，价格高低悬殊，有的根本不能做大面积外墙板，国内盲目使用者大有人在。

　　复合铝塑板安装方法看起来很简单，但并不牢固，主要是在安装前，先把复合铝塑板一面0.5mm铝板及夹胶层沿四周边缘切掉一定宽度，四边只留有0.5mm铝板，再把0.5mm铝板弯成90°。在0.5mm铝板上钻孔用螺钉钉牢或挂在框架上。在切割背面铝板和胶层时，刀片不可能不划伤留下的铝板，本来只有0.5mm厚，刀刃再划去一道0.1～0.2mm，在90°铝板直角处，经由0.4mm或0.3mm厚铝板承重整块复合板，这个直角是复合铝塑板安装的最薄弱环节。因此耐久性差，再加上0.5mm铝板又是纯铝，强度又低，在高层建筑中危险性较大，应慎重使用。

　　（三）蜂巢复合铝板

　　蜂巢复合铝板在飞机上应用多年，现在应用到建筑上，主要用于建筑幕墙。蜂巢复合铝板是用两块厚为0.8～1.2mm及1.2～1.8mm铝板夹有不同材料制成蜂巢形状的中间夹层，中间蜂巢夹层材料是：铝箔巢芯、玻璃钢巢芯、混合纸巢芯。蜂巢夹层复合板总厚度10～25mm。复合板太厚，成本较高，质量大，加工成型困难，蜂巢复合铝板在安装四周密封不好，易于产生漏水现象，板面平整度差。

　　以上铝板幕墙用材相比较，综合优点来看，直接单层铝板材料为最好。可得到多种颜色的喷涂表面，强度好，成本低，寿命长，若不和钢铁直接接触，铝板挂在墙上，50年不会脱落和腐蚀，能和建筑物寿命相匹配。

　　复合铝塑板作铝板幕墙，缺点大于优点，最主要的是有毒隐患，如发生火灾，虽火烧不死，也会中毒气窒息，这是建筑的禁忌。强度差、寿命短，比不上单层铝板，工程中尽量慎重使用。

　　蜂巢复合铝板适应现代建筑的需要，尤其是对铝板厚度加以计算进行改进后。现在把航空蜂巢复合铝板没进行什么改进就用于建筑显然不恰当，质量差，造价高，密封性能差等，都要从建筑角度改进才能有发展前途。

　　综上所述，推荐用单层铝板作铝板幕墙工程首选材料。

第二章 单层铝板幕墙

幕墙作为一种新颖的建筑外围护结构形式的墙体，具有丰富多变的外装饰效果，在我国建筑行业可持续发展的今天，已越来越多地被建筑设计师和业主所采用。单层铝板幕墙作为诸多幕墙形式中的一种，最近几年才在国内开始应用，它的出现，更加丰富了幕墙的艺术表现力，完善了幕墙的功能。它的装饰质量佳、抗震性能好、加工方便、安装快捷、色彩丰富、装饰表现力强、清洁维护方便等优点被广泛应用于各类建筑物。正确地认识、了解并合理地使用单层铝板幕墙，才能做到满足功能、确保质量、达到风格独具、装饰美观的艺术效果，更加美化城市建筑。

第一节 简　　述

一、单层铝板幕墙的发展

采用氟碳树脂作表面处理的单层铝板幕墙，在国外起始于 20 世纪 70 年代，已有 30 余年的历史。在美国，澳大利亚，中东和东南亚地区的新加坡、马来西亚、泰国以及日本、韩国、中国香港和中国台湾等地，均得到广泛应用。如香港汇丰银行的总行大厦其采用面积达 50 万 m² 的单层铝板幕墙，能应付香港炎热而潮湿的气候，历久常新，成为具有现代气息的单层铝板幕墙的典范。

在 20 世纪 90 年代初期，氟碳树脂喷涂单层铝板生产线就已在我国广东省出现，现在国内已经有广东、西安、上海、成都、天津、山东、北京等生产厂家近 100 余家，年总产量 1500 多万 m²。生产工艺及技术设备都已进入成熟期，并先后在国内外的上百个大型建筑工程中得到成功应用，受到业主及室内装饰建筑设计师的一致好评。

到目前为止，我国已建成的高层建筑和超高层建筑已采用了单层铝板幕墙的工程有：81 层的深圳地王商业大厦，80 层的广州中天广场大厦，63 层的广州国际大厦，50 层的深圳国际贸易中心，46 层的上海新锦江大厦，43 层的深圳发展中心大厦，还有许多在建的高层建筑和超高层建筑都准备采用单层铝板幕墙。因而，其应用前景是广阔的，是不可估量的。

氟碳树脂喷涂单层铝板除了作幕墙装饰板外，还可以在幕墙框、门窗框、柱体、天花板、拦河栏板、装饰窗栅及室内装饰等展示其独特的魅力。

由此可见，氟碳树脂喷涂单层铝板幕墙能够满足业主对高层次建筑物高标准、高质量外装饰的需求。近几年来，已从沿海地区发展到内地，并为内地建筑业人士所接受，随着中国经济发展战略西移，西北、西南地区经济的飞速发展，大量高档建筑如雨后春笋拔地而起，氟碳树脂喷涂单层铝板幕墙将有更广阔的前景。

氟碳树脂喷涂单层铝板幕墙，被誉为 21 世纪幕墙装饰行业发展的新潮流。

二、单层铝板幕墙的特点

单层铝板幕墙之所以能在众多的外墙装饰材料中脱颖而出，这在于它自身无与伦比的特点，继而弥补了花岗石、玻璃、复合铝塑板以及复合蜂巢板等许多幕墙装饰制料的种种不足，适应了各种现代建筑设计的需求和需要。

（一）耐候性强

单层铝板表面喷涂的是含 KYNAR – 500 达 70% 的氟碳聚合物树脂，经过这种氟碳喷涂的铝板表面，能够达到目前国际上建筑业公认的美国 AAMA605.2.92 质量标准。其表现在抗酸雨、抗腐蚀、抗紫外线能力极强，保证涂层 20 余年不褪色、不龟裂、不脱落、不变色。

（二）装饰性好

单层铝板多为亚光，表面光泽、高雅气派，色彩丰富，表现力强，电脑调色、任意配制，为建筑设计和创意提供了先决条件。单层铝板色质均匀，无色差，克服了天然装饰石材的明显不足，可加工性强。方、圆、柱、角均可按图加工制作，能充分体现设计师和业主的意念和构想，使建筑完全表现出个性。

（三）安全性高

防锈合金铝板轻质，每平方米质量约 81.3kg（厚度为 3mm）；有较高强度，其抗拉强度达 200N/mm²；铝板延伸度高，相对延伸率大于 10%，能承受高度弯折而不破裂。单层铝板幕墙结构设计，采用不锈钢螺栓连接，如铝板不与钢铁直接接触，50 年不会脱落和腐蚀，与建筑物寿命相匹配。单层铝板幕墙遇火不燃，符合城市高层建筑消防要求，又是一种非常理想的防火材料。

（四）安装简捷

由于单层铝板幕墙是工厂化生产，到施工现场已是成品，不需二次加工，只需按图组合安装，一般不易积污尘，定期维护只需使用普通清洁剂擦洗、水冲即可。

三、单层铝板幕墙的应用现状

如前所述，复合铝塑板有质量轻、安装方便、便于加工、适用范围广泛等显著优点，在几年内还有防水、抗静电、不褪色、易保养等特点，目前在内地特别是西北、西南地区尚有一定市场。但是它也面临许多难以弥补的缺点：其一，因弯折 90° 加工需将内层挖切，仅以表层 0.5mm 铝板受力导致强度较差，形成薄弱环节，不宜用于高层建筑。其二，耐热性及耐燃性均较差。如遇高温或火灾，夹层的聚乙烯燃烧，放出有害气体而危害人体。其三，铝板和聚乙烯夹层是用胶结压合，复合强度不高，铝板剥离强度仅为 1.2N/mm。其四，铝板很薄，中间夹层受热膨胀，其线膨胀系数比传统材料高 3~4 倍，热翘曲时小于 1.8mm，使用几年后易起泡、起层等许多不足，因此，这种材料在许多国家和地区被限制使用。国内沿海及经济发达地区使用量也日益减少，其影响力开始涉及内地。

复合蜂巢铝板强度高，隔热性好，不需另加保温隔热材料，使用寿命较长，但是因复合蜂巢铝板太厚，质量大，加工成型困难，且成本较高，加之在安装时四周若密封不好，易产生漏水现象等许多缺点，大大限制了复合蜂巢铝板的广泛应用。目前国内用得较少，市场疲软。

单层铝板幕墙弥补了复合铝塑板和复合蜂巢铝板的绝大多数缺陷，以其安全性高、耐久性好、色彩丰富、安装简便、装饰表现力强、价格适中等众多特点，从一上市就受到业主和室内装饰建筑设计师的青睐，应用日益扩大。

第二节 幕墙单层铝板

一、幕墙单层铝板的定义

幕墙单层铝板是金属板幕墙主导材料之一。它是用优质合金防锈铝板 LF21 （3003） 为板基，在工厂经过钣金加工，表面化学处理，氟碳聚合物树脂喷涂、烘烤、固化等工艺制作而成。它弥补了花岗石、玻璃、复合铝塑板及复合蜂巢铝板等诸多幕墙材料的种种不足，是当今世界上非常流行而理想的高档外墙装饰材料。

二、幕墙单层铝板的特点

幕墙单层铝板表面采用氟碳聚合物喷涂，作金属的罩面漆，这种罩面漆经得起各种腐蚀，如能抵抗酸雨，各种空气污染物，不怕强烈紫外线照射，耐极热极冷性能良好，不会在漆面积累污垢。由于上述良好的技术性能，可以长期保持颜色均匀，表面光滑不褪色，不会因长期太阳照射产生阴、阳差异，使用寿命长。

三、单层铝板产品规格及技术性能

（一）规格尺寸

1. 厚度

单层铝板厚度 2 ~4mm，设计时，根据建筑物的高度及结构形式等综合选用合适厚度，一般钢筋混凝土框架外墙结构，最好选用2.5 ~3.0mm。

2. 宽度

在我国，一般厂家可供货的最大宽度为1600mm，但是也可按设计要求规格特殊加工。

3. 长度

在我国，一般厂家可供货的最大长度为6000mm，但是，也可按业主和施工单位的要求特殊加工。

表3 -2 -1 表示为了使铝板保证达到最佳平直度而可参考的铝板厚度。

表3 -2 -1 最佳平直度的铝板厚度

铝板宽度（mm）	最少厚度（mm）
当板宽 <500	2.0
当板宽 500 ~900	2.5
当板宽 >900	3.0

建筑幕墙设计中的异形幅面及构件可按图进行加工，能够完全满足需要，充分体现室内装饰建筑设计师的意图和构想。

（二）技术性能

LF21 （3003） 单层铝板的主要物理力学性能指标见表3 -2 -2。

表 3 – 2 – 2　LF21 单层铝板的主要物理力学性能指标

性　　能	数　　值
密度（g/cm³）	2.73
导热系数［W/（m·k）］	159
抗拉强度（MPa）	147 ~ 219
抗剪强度（MPa）	95
伸长率（%）	6 ~ 10
热胀系数（1/℃）	23.2×10^{-6}
弹性模量（MPa）	7.1×10^{4}

四、单层铝板的涂装生产

单层铝板幕墙具有如此超强卓越的功能，关键在于表面涂层材料的高品质喷涂工艺及高新技术设备。

（一）表面涂装材料的特点

1. 高档建筑装饰材料

氟碳聚合物涂料是当今世界上最为高档的建筑装饰涂料。

氟碳聚合物涂料是以聚偏二氟乙烯树脂（PVDF）为基材，配以金属微粒（铝粉）为色料制成的，这种涂料含 KYNAR – 500 或 HYLAR – 500 基料 70% 以上，分子式为［CF₂ = CH₂］ₙ，分子结构中氟碳键的电负性达 105kJ/mol，是目前发现的最为稳固的分子结构，具有超强的惰性，这种涂料以前用于航天工业，随后应用于建筑装饰行业，用 KYNAR – 500 树脂配制的氟碳涂料漆能抵抗各种空气污染物和酸雨的腐蚀，不怕紫外线的照射，耐急热、急冷性能好，较低的污垢附着力，抗风化、防冲刷、抗腐蚀能力极强。因此，如此卓越的涂料性能如同单层铝板幕墙披上一层美丽而高雅的外装，为高档建筑增光添彩，不愧是当今世界公认的一流金属罩面防护漆。

2. 高新技术设备

先进新型的喷涂设备是氟碳聚合物树脂喷涂优异技术性能的有力保障。由氟碳聚合物树脂的特性决定了喷涂设备具有出色的雾化效果，以保证涂层的均匀性，具有金属光泽，颜色鲜艳，有很强的立体感，高压静电旋杯喷枪是利用涂料经过高速旋转的雾化器来达到最佳的雾化效果，并且油漆微粒经过高压静电充电，相互的带同性电荷而相互排斥，使雾化效果更加均匀。

在各种氟碳聚合物树脂喷涂设备中，美国诺信公司的高压静电旋杯喷枪 RA – 12 具有独特的优势：

（1）超高的上漆率。在使用中可调节喷枪与工件的距离小至 50mm，保证有效地使用涂料，减少浪费。

（2）极佳的雾化效果。高达 4000 转/min 的转速，保证涂层的均匀性，使外观颜色更加鲜明。

（3）喷涂复杂工件渗透性高。喷枪与工件之间的灵活调节，雾化效果与喷幅的调节控制，使 RA－12 旋杯喷枪有效地克服"死角"喷涂的困难，全面保证喷涂质量。

（4）安全性好。它是同类产品中唯一获 FM 机构合格证的产品，使用绝对安全可靠。

（5）换电性能快捷。控制系统完善，这是达到高质量涂层的重要保证。

（二）生产工艺流程

1. 生产工艺流程

单层铝板的生产工艺流程如图 3－2－1 所示。

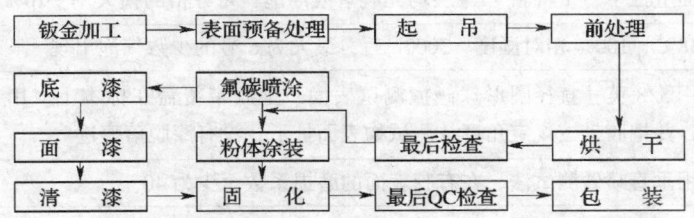

图 3 –2 –1　单层铝板的生产工艺流程

2. 生产工序过程

单层铝板的生产分为五个工序过程：

（1）钣金加工。按设计要求运用数控机械加工设备对铝板进行剪切、折弯、滚、氩氟焊、螺柱焊，表面打磨等加工。

（2）表面预处理。将成型的铝板，进行清洗和化学处理，以产生转化膜，增加涂层与金属表面结合力和防氧化能力，有利于延长漆膜的使用年限。

（3）氟碳喷涂。这是单层铝板生产的关键工序，一般采用多层喷涂方式，有二层喷涂和三层喷涂等，而国内以三层喷涂为主，即底漆、面漆，清漆。其质量控制严格按美国 AA-MA605.2.90 标准执行。

①底漆涂层：底漆涂层的作用在于提高涂层抗渗透能力，增强对底材的保护，稳定金属表面，加强面漆与金属表层的附着力，而且可以保证面漆涂层颜色的均匀性，涂层厚度 5～10mm。

②面漆涂层：面漆涂层是涂层中最厚的一层，也是最关键的一层，其作用在于提供所需的装饰颜色，使外观达到设计要求，并且保护金属表面不受外界环境大气、酸雨、污染的侵蚀，防治紫外线穿透，大大增强抗老化能力，涂层厚度为 25～30mm。

③清漆涂层：清漆涂层的作用在于更有效地增加涂层抗外界侵蚀能力，保护面漆涂层，增强面漆色彩的金属光泽，外观颜色更加鲜艳，光彩夺目。涂层厚度为 1～15μm。

（4）烘干固化。将经喷涂的幕墙铝板送到恒温在 230～250℃ 的烘干房（道），再经 15～20min 烘干固化。

（5）检验包装。这是产品出厂前的最后工序，包括漆膜测试，百格附着力破坏色测试，色差目测，表面斑点检查等，最后将合格产品逐件包扎装箱。

（三）氟碳涂装质量检测标准

美国建筑协会 AAMA605.2.90 氟碳涂装质量检测标准见表 3 – 2 – 3。

表 3 – 2 – 3　氟碳涂装质量检测标准

测试项目	测试要求及标准
最小涂膜厚度	用 ASTM D1400 测得底漆 10～15μm，面漆不少于20μm，透明漆不少于10μm
稳定度	用 ASTM D3363 检测，无色差
硬度	使用 Berol Eagle Turquois 铝笔达到 F 级
光泽表面	用 ASTM0523 测60°光泽值：高＞80，中20～79，低＜19
表面附着力	在 1/6 英寸方格（横纵各几条）上用 Permale199 胶带覆盖划线表面并按规定角度从测试面上扯下，干（湿）涂层均无脱落或浮泡，每方格的损失率＜10%
温度抵抗力	38℃、100% 相对湿度、3000h 后，最大为 6 号的少数气泡出现
冲击抵抗力	用 5/8 英寸直径圆形球碰撞测试表面，把胶带覆盖在标本上。用一定压力除去空气泡，并把胶带按规定角度从测试物表面扯下，没有漆脱落痕迹
磨损抵抗力	用垂直喷砂测试法，在有胶表面的磨损系数至少为40
酸性抵抗力（耐酸性）	10 滴 10% HCl 滴于表面，无气泡，用肉眼观察表面不变
砂浆抵抗力（耐碱性）	75g 石灰和225g 干砂一起过 10 号筛，加水 100g，混合成团放于铝板表面，100% 相对湿度、38℃下曝晒24h，无表面附着力损失，肉眼看不出异样变化
硝酸抵抗力（耐酸性）	将铝板置于 70% ACS 试液硝酸瓶口 30min，用清水洗样，经 1h 后观察，颜色变化不超过 5%
洗涤剂抵抗力	浸泡于3%、38℃清洁剂中72h 后观察，无附着力损失，无浮泡，用肉眼看不出表面的明显变化
盐溶液抵抗力（耐盐性）	5% 的 38℃盐水 3000h 后，最大面积 1/16（英寸）² 表面脱落
耐候性测试	曝晒面在美国佛罗里达州南纬 27°、北纬 45°，面向南方保留 5 年，最多有5% 颜色变化
白垩抵抗力	上述同样地点保留时间，白垩不超过第 8 等级
腐蚀抵抗力	上述同样地点保留时间，表面损失不超过 10%

五、单层铝板与复合铝塑板的区别

（一）常用幕墙板材比较

近年来常用的幕墙材料，经过工程的运用，业内人士不断地发现有许多缺陷和隐患有待改进弥补。如干挂花岗石幕墙，高成本成型加工，自身质量大，有色差，安装困难，基层龙骨防腐处理要求高，很容易造成锈蚀隐患。玻璃幕墙不仅有光污染，而且安装制作要求高，往往存在硅酮耐候结构胶和镀膜玻璃的质量隐患等，为了弥补诸多幕墙材料的种种不足，近年来，铝板幕墙从众多幕墙材料中脱颖而出，成为幕墙装饰行业的一枝奇葩。

（二）幕墙铝板板材比较

铝板幕墙又分为单层铝板、复合铝塑板、复合蜂巢铝板三种，尽管它们表面都采用氟碳罩面漆，具有极强的耐候性，而且质轻，以铝合金型材为基层龙骨，采用不锈钢螺栓连接紧固，不可能发生脱落，安全性高。但是三种幕墙板在材料、结构、加工工艺、使用寿命等方面有着很大区别，尤其是单层铝板幕墙与复合铝塑板幕墙。

单层铝板与复合铝塑板的比较见表 3－2－4。

表 3－2－4　单层铝板与复合铝塑板比较

技术性能	幕墙板材种类	
	单层幕墙铝板	复合铝塑板
材料	2～4mm 厚的 AA 1100 铝 AA3003 铝合金板	3～4mm 三层结构，包括两个 0.5mm 铝片夹 PVC 或 PE 芯层
表面处理	铝板表面三道喷涂 PVDF，膜厚 >40μm；喷涂是在产品成型后喷上	复合铝塑板表面一次滚涂上 25μm 左右的 PVDF 氟碳聚合物，滚涂是在产品成型前涂上，涂层有方向性，且折角处的涂层易被拉展
颜色	无限的颜色选择，不受数量限制	有限的颜色选择，其他颜色要数量大才供应
机械特性	抗拉强度：$130N/m^2$ 伸长率：5%～10% 折弯强度：$84.2N/mm^2$ 弹性模量：$7.0\times10^4\ N/mm^2$	抗拉强度：$38～61N/mm^2$ 伸长率：12%～17% 折弯强度：$34N/mm^2$ 弹性模量：$(2.6136～4.9050)\times10^4\ N/mm^2$
物理特性	质量：$67.4～108N/m^2$ 隔热性能：$0.01m^2\cdot K/W$	质量：$44.8～72.2N/m^2$ 隔热性能：$0.01m^2\cdot K/W$
防火特性	单层铝板不燃烧	复合铝塑板黏结层芯层在燃烧时放出有毒性气体（铝塑复合板在某些情况下禁止使用）
避雷特性	单层铝板是完全导体，接地性能好	夹层 PVC 是绝缘体，表层铝板接地性能差
加力筋	加力筋是以烧焊于铝板上的螺丝来锁紧的，每根螺栓受拉力 >1500N	加力筋是以双面胶纸或硅胶来黏附在铝片上，受拉力弱
设计弹性	因为铝板可以烧焊，所以设计建筑物的款式也较多，不受三维变形限制	只能保证二维变形加工，某些复杂设计常用单层铝板来完成，或者拼装
损伤处理	单层铝板可以比较容易地修补和新喷上 PVDF 氟碳聚合物涂层，这样节省开支和时间	复合铝塑板不可以修补和重新喷涂
物料再用	单层铝板几十年后拆下来，仍有残值。大约 100 元/m^2	复合铝塑板的夹层是不可以再用的，几乎没有残值
质量保证年限	表面涂层保证 10 年不龟裂，不脱落，实际寿命大于 20 年，铝板不与钢铁直接接触，寿命在 30 年以上	表层 5～7 年，夹层 5～7 年后会出现鼓包、起层，平整度发生变化，寿命 10 年左右

从表 3-2-4 比较中不难看出，由于单层幕墙铝板是钣金成型后氟碳喷涂加工，其表面涂层不会像复合铝塑板那样在折弯加工处涂层被拉展，造成涂层易拉伤甚至剥脱。另外，复合铝塑板受结构限制，折边成型时，必须背面切口开槽，在折角处因厚度只有 0.5mm 而形成墙板薄弱环节，其强度大大降低，并且切口还受到加工条件的限制（应有专用开口机），很容易损坏板材导致废料，从而增加用料成本。单层铝板则是按分割设计，在工厂一次性加工成成品，现场只需组合安装，既省工快捷（成品质量问题，厂家有保证），又无材料报废，故实际的工程造价不一定高于复合铝塑板。

单层铝板还有较强的可塑性和可焊接性，无论方、圆、柱、角等各种设计均可加工成型，使建筑物轮廓线条完整、流畅，不会因拼接而造成断面，能充分体现室内装饰建筑设计师的意念与构思，表现出建筑的独特个性，这也是优越于其他幕墙饰材（包括预涂层板材）的重要特性。预涂层板材是先滚涂罩面漆再加工成形，不能焊接，且颜色选择与复合铝塑板一样有限制。

综上所述，单层铝板幕墙具有耐候性强、装饰性好、可加工性强、安全性优、安装简捷且维护方便等特点，适应设计要求和施工要求，是当今世界流行的非常理想的高档外墙装饰材料，应大力推广应用。

第三节　单层铝板幕墙安装施工

单层铝板幕墙安装施工是一项细活，工程质量要求高，技术难度也比较大，所以在安装施工前应认真查阅熟悉图纸，领会设计意图，并应详细进行技术交底，使操作者能够主动地做好每一道工序，甚至一些细小的节点也应认真执行。单层铝板幕墙的安装固定方法较多，建筑物的立面也不尽一样，所以讨论单层铝板幕墙安装施工，只能就一些工程中的基本工序、施工要点及注意事项加以探讨。

一、料具准备

（一）施工材料

单层铝板幕墙主要由单层铝板和骨架组成，骨架的横梁、竖框（立柱）通过连接件与主体结构固定，形成牢固的幕墙体系。

1. 单层铝合金板材

可选用现已生产的各种定型产品，也可根据设计要求与铝合金型材生产厂家协商定做，如图 3-2-2 和图 3-2-3 所示。但是要注意的是板的断面设计，要同板的固定一同考虑，采用什么办法固定，如何隐蔽钉头及保证立面造型、立面效果等。这些问题应该是在设计板的断面时得到圆满解决，否则就失去单层铝板的优越性。

2. 承重骨架

单层铝板要同承重骨架与结构构件（梁、柱）或围护构件（砖、混凝土墙体）连接。承重骨架由横梁、竖框拼成，材质为铝合金型材或型钢，常用的有各种规格的角钢、槽钢、V 形轻金属墙筋等。因角钢和槽钢较便宜，强度高，结构刚度大，安装方便，在工程中采用较多，但必须经过防锈处理。对于高档建筑幕墙一般最好采用铝合金型材。

3．金属附件

常用的金属附件有连接构件、铁钉和木螺钉、镀锌自攻螺钉、螺栓等。

（二）施工工具

1．小型机具

常用机具有型材切割机、电锤、电钻、风动拉铆枪、射钉枪等。

2．一般工具

常用工具有锤子、扳手、螺丝刀等。

二、单层铝板的固定

单层铝板的固定，其办法可谓多种多样，不同的断面，不同的部位，固定办法可能不同。但是如果从固定原理上分类，常用的固定办法主要有两大类型：一种是将板条或方板用螺钉拧到型钢骨架上，另一种是用特制的龙骨，将板条卡在特制的龙骨上，将板条卡在特制龙骨上的办法仅用于室内，板的类型一般是较薄的板条。用螺钉固定板条，其耐久性能好，所以多用于室外墙面。

（一）板条或方板用螺钉拧到型钢上

（1）如图3－2－2和图3－2－3所示的单层铝板条，是宽122mm、厚1mm、长6.0m的板条，表面是古铜色氧化膜。此种断面是目前常用的一种，它的固定如图3－2－4所示。

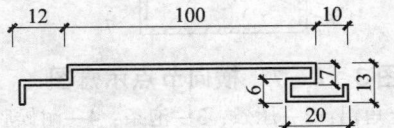

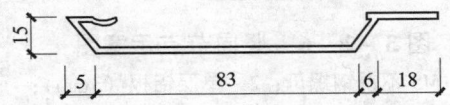

图3－2－2　单层铝板条断面（一）　　图3－2－3　单层铝板条断面（二）

本类连接固定方式，如果是型钢一类的材料焊接成的骨架，可先用电钻在拧螺钉的位置钻一个孔，孔径应根据螺丝的规格决定，再将单层铝板条用自攻螺丝拧牢。此种类型的板条，多用在建筑物首层的入口处及招牌衬底等显眼部位。

骨架可用角钢或槽钢焊成。骨架同墙面基层，多用膨胀螺栓连接，也可预先在基层上设预埋铁件。但两者相比，现场用膨胀螺栓比较多，因为比较灵活。骨架除了考虑同基层固定牢固外，还要考虑如何适应板的固定。如果面积比较大，宜采用横梁、竖框（立柱）件焊接成骨架，使固定板条的构件垂直于板条布置，其间距宜在500mm左右。所以，要求板条固定的螺钉间距与龙骨的间距同步。

图3－2－2所示的板条，固定的特点是螺钉钉头不外露，板条的一端用螺钉固定，另一根板条的另一端伸入一部分，恰好将螺钉盖住，如图3－2－4所示。在立面的效果方面，由于板条的6mm宽的间隙，所以形成一条条竖向凹进去的线角，丰富了建筑物的立面造型，打破了单调的感觉，其立面如图3－2－5所示。

（2）如果工程设计采用铝合金方形框材（方铝）为骨架，其单层铝板幕墙的构造如图3－2－6～图3－2－8所示，它是目前较为流行的一种固定方式。

（3）如图3－2－9所示的单层铝板，是某一建筑物的柱子外包。这种板的固定，考虑到室内柱子高度不大，受风荷载影响小等客观条件，在固定方法上进行简化，在板的上、下各留两排孔，然后与骨架上焊牢的钢销钉相配。安装时，只要将板穿到销钉上即可，此种办法简便、牢固，加工、安装都比较省事。上、下板之间内放聚乙烯泡沫，然后再在外面注胶。

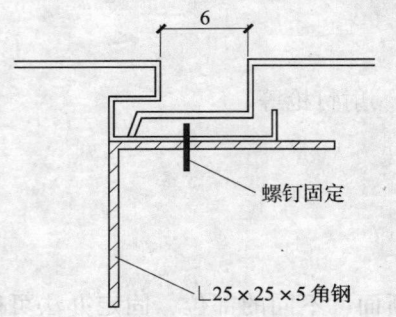

图 3－2－4　板条固定示意

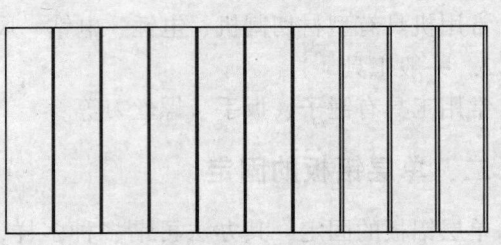

图 3－2－5　单层铝板条外墙立面

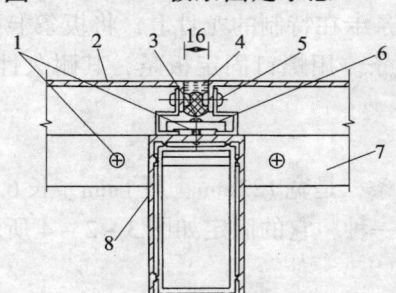

图 3－2－6　竖向节点示意图

1—M5 不锈钢螺母；2—单层铝板（3mm）；

3—泡条；4—耐候胶；5—固定角铝；

6—压条（SK－1454）；7—横框（SK－1455）；

8—竖框（SK－1451）

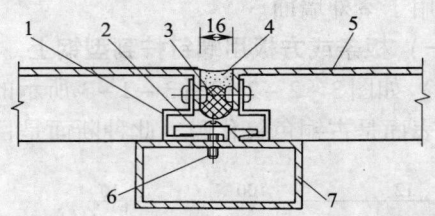

图 3－2－7　横向节点示意图

1—固定角铝；2—压条；3—泡条；4—耐候胶；

5—单层铝板（3mm）；6—M5 不锈钢螺钉；

7—横框（SK1455）

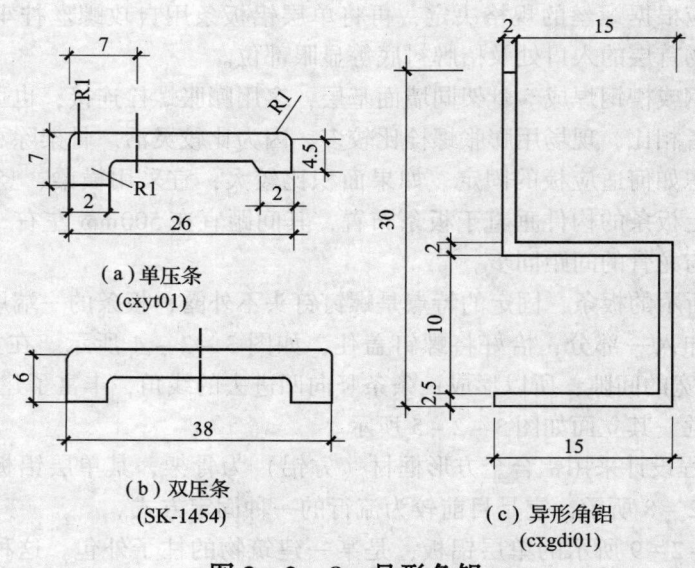

（a）单压条
(cxyt01)

（b）双压条
(SK-1454)

（c）异形角铝
(cxgdi01)

图 3－2－8　异形角铝

（二）将板条卡在特制的龙骨上

图3-2-9所示的单层铝板同上述介绍的几种板条的固定方法截然不同，该种板条卡在图3-2-10所示的龙骨上，龙骨与基层的固定牢固。龙骨由镀锌钢板冲压而成，安装板条时，将板条卡在龙骨的顶面，此种方法简便可靠，拆换方便。

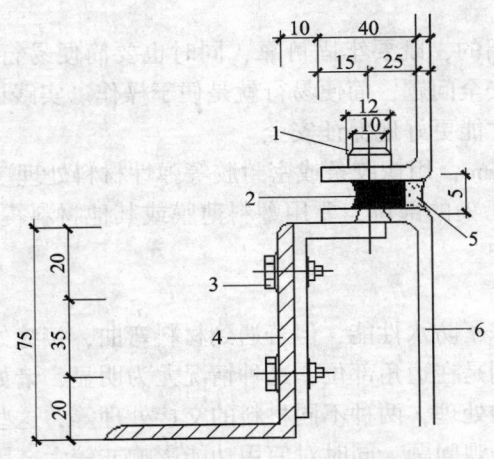

图3-2-9　单层铝板固定示意图

1—φ12 钢销焊到骨架上；2—聚乙烯泡沫填完；

3—φ6 螺栓加垫圈；4—角钢架；

5—密封胶；6—3 厚成型铝板

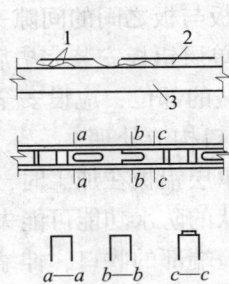

图3-2-10　一种龙骨示意图

1—板条卡在此处；2—板条；

3—0.8 厚镀锌钢板

三、单层铝板幕墙安装施工

（一）施工工艺流程

单层铝板幕墙安装施工工艺流程：放线→固定骨架的连接件→固定骨架→安装单层铝板→收口构造处理。

（二）施工操作方法

1. 放线

固定骨架，首先要将骨架的位置弹到基层上，只有放线，才能保证骨架施工的准确性。骨架固定在主体结构上，放线前要检查主体结构的质量，如果主体结构垂直度与平整度误差较大，势必会影响骨架的垂直与平整。放线最好一次完成，如有差错，可随时进行调整。

2. 固定骨架的连接件

骨架的横梁、竖框杆件是通过连接件与主体结构固定，而连接件与主体结构之间可以与主体结构的预埋件焊牢，也可以在主体结构的墙上打膨胀螺栓。因后一种方法比较灵活，尺寸误差小，容易保证质量的准确性，故而较多采用。

连接件施工主要是保证牢固可靠，如焊缝的长度、高度、膨胀螺栓的埋入深度等方法，都应严格把关，对于关键部位，如大门入口的上部膨胀螺栓，最好做拉拔检验，看其是否符合设计要求。型钢一类的连接件，其表面应镀锌，焊缝处应刷防锈漆，以防止连接件日久锈蚀。

3．固定骨架

骨架应预先进行防腐处理。安装骨架位置要准确，结合要牢固。安装后，检查中心线、表面标高等，对多层或高层建筑外墙，为了保证板的安装精度，宜用经纬仪对横梁、竖框杆件进行贯通，变形缝、沉降缝、变截面处等应妥善处理，使其满足使用要求。

4．安装单层铝板

单层铝板的安装固定正如前面已经介绍的，既要牢固可靠，同时也要简便易行，当然，应该牢固第一，在任何情况下，都不发生安全问题；简便易行就是便于操作。实践证明，只有便于操作的构造，才是最合理的构造，才能更好地保证安全。

（1）板与板之间的间隙一般为 10～20mm，用橡胶条或密封胶等弹性材料处理。

（2）单层铝板安装完毕后，在易于被污染的部位，要用塑料薄膜或其他材料覆盖保护，易被划、碰的部位，应设安全栏杆栏板保护。

5．收口构造处理

虽然单层铝板在加工时，其形状已考虑了防水性能，但若遇到材料弯曲，接缝处高低不平，其形状的防水功能可能失去作用，特别是在边角部位，这种情况尤为明显，诸如水平部位的压顶，端部的收口，伸缩缝、沉降缝的处理，两种不同材料的交接处理等，这些部位往往是饰面施工的重点，因为它不仅关系到美观问题，同时对使用功能影响亦较大。因此，一般要对特制的单层铝成型板进行妥善处理。

（1）转角处收口处理。图3－2－11是目前在转角部位常用的处理手法。图3－2－12是图3－2－11（e）所示的一种具体构造处理，该种类型的转角处构造比较简单，用一条1.5mm 厚的直角形单层铝板与幕墙外墙板用螺栓连接。如若破损，更换也比较容易。直角形单层铝板表面的颜色宜同幕墙外墙板。

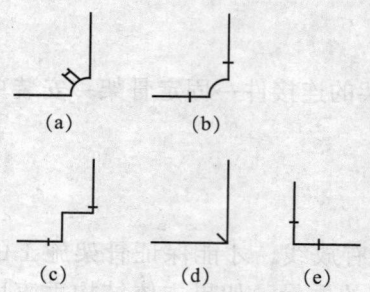

图3－2－11　转角部位处理

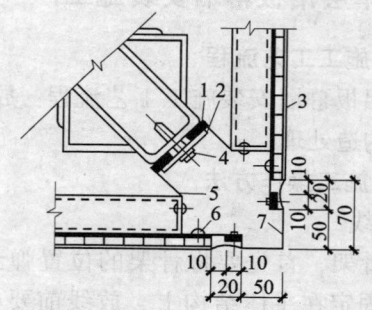

图3－2－12　转角部位节点大样

1—聚乙烯泡沫；2—45×45×5 钢板；

3—铝合金外墙板；4—螺钉；5—1.5mm 厚铝板；

6—φ4 空心铆钉；7—1.5mm 厚铝板

（2）窗台、女儿墙上部收口处理。

窗台、女儿墙的上部，均属于水平部位的压顶处理，即用单层铝板盖住压顶（图3－2－13），使之能阻挡风雨浸透。水平盖板的固定，一般先在基层上焊上钢骨架，然后用螺栓将盖板固定在骨架上，板的接长部位宜留 5mm 左右的间隙，并用硅酮密封胶密封。

（3）墙面边缘部位收口处理。图3－2－14 所示的节点大样是墙面边缘部位的收口处理，是用单层铝成型板将幕墙板端部及龙骨部位封住。

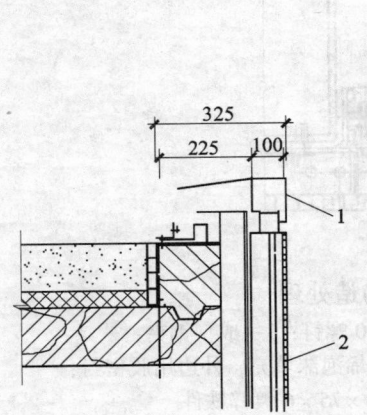

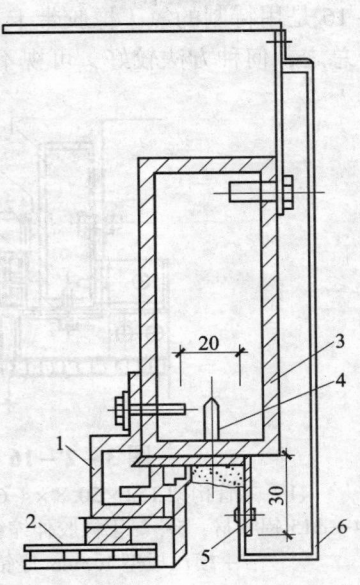

图 3 – 2 – 13　水平部位
的盖板构造大样

1—2mm 厚铝板；2—外墙板

图 3 – 2 – 14　边缘部位收口处理

1—连接件；2—外墙板；3—型钢竖框；

4—螺钉加 φ6 垫圈，中距 500mm；

5—φ4 铝铆钉中距 300mm；6—1.5mm 成型铝板

（4）墙面下端收口处理。图 3 – 2 – 15 所示的节点大样，是单层铝板幕墙墙面下端的收口处理，用一条特制的披水板，将板的下端封住，同时将板与墙之间的间隙盖住，防止雨水渗入室内。

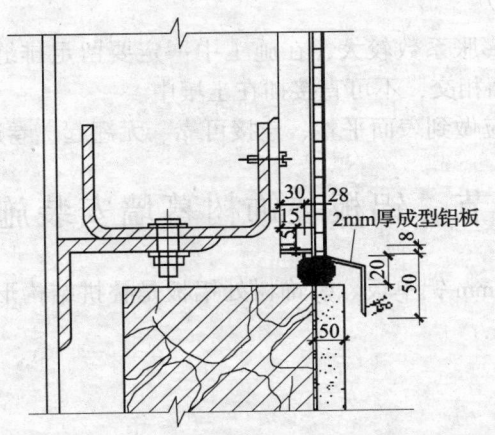

2mm厚成型铝板

图 3 – 2 – 15　单层铝板墙下端收口处理

（5）伸缩缝、沉降缝的处理。首先是要适应建筑物伸缩、沉降的需要，同时也应考虑装饰效果。在满足功能的同时，使之更加美观，另外，此部位也是防水的薄弱环节，其构造节点应周密考虑。在伸缩缝或沉降缝内，用氯丁橡胶带起到连接、密封的作用，像橡胶带这样一类的制品，是伸缩缝、沉降缝的常用材料，最关键的是如何将橡胶带固定的问题。

图 3 – 2 – 16 是用特制的氯丁橡胶带卡在凹槽内，拆装也比较方便，也有的用压板，并用螺丝顶紧。总之，何种方法较好，可视不同材料具体处理，不能一概而论。

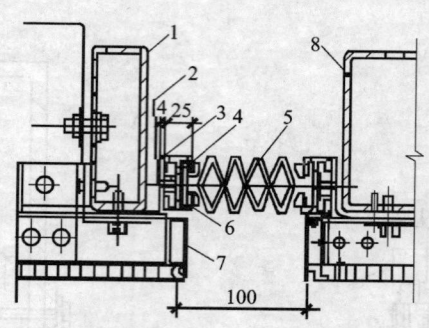

图 3 – 2 – 16　沉降缝构造处理
1—方管构架 152×50.8×4.6；2—φ6×20 螺钉；3—成型钢夹；
4—φ15 铝管材；5—氯丁橡胶伸缩缝；6—氯乙烯泡沫填充，外边用胶密封；
7—模压成型 1.5mm 厚铝板；8—150×75×6 镀锌铁件

（三）施工注意事项

（1）施工前应检查选用的单层铝板及型材是否符合设计要求，规格是否齐全，表面有无划痕，有无弯曲现象。选用的材料最好一次进货，可保证规格型号统一，色彩一致。

（2）单层铝板的支撑骨架应进行防腐（木龙骨）、防锈（型钢龙臂）处理，当单层铝合金板或型材与未养护好的混凝土接触时，最好涂一层沥青玛瑞脂或铺一层油毡隔声、防潮。浸有减缓火焰蔓延药剂和经防腐处理的木墙筋（木龙骨）与铝材连接，也应采用同样做法。

（3）连接件及骨架的位置，最好与单层铝板规格尺寸一致，以减少施工现场材料切割工序。

（4）单层铝板材的线膨胀系数较大，在施工中一定要留足排缝，墙角处铝型材应与板块、地面或水泥砂浆类抹面相交，不可直接插在土壤中。

（5）施工的墙体表面应做到表面平整、连接可靠、无翘起、卷边等现象。

第四节　铝板装饰树幕墙安装施工

铝板装饰树幕墙采用 3mm 铝单板。装饰树处铝板是叠拼结构形式，铝板的安装施工工艺同大面积铝板幕墙。

一、施工工艺流程

铝板装饰树幕墙安装施工工艺流程：预埋件检查→转接件安装→钢龙骨安装→铝单板安装→铝单板打胶。

二、安装施工要点

（一）预埋件检查

（1）铝单板装饰树幕墙在未安装之前，由放线组人员将铝板装饰树幕墙的分格线全部弹在主体结构预埋件上。如图 3 - 2 - 17 所示。检查埋设的预埋件是否符合设计要求，若偏差较大，要求设计做出修正方案，并签发设计更改单。

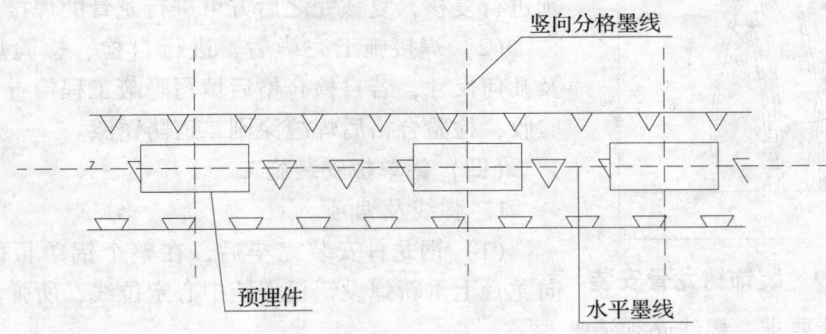

图 3 - 2 - 17　测量分格线

（2）如果再需要时，补后置埋件化学锚栓或膨胀螺栓。

（二）转接件安装

（1）依据放线组所布置的钢丝线，结合施工图进行转接件安装（见图 3 - 2 - 18）。

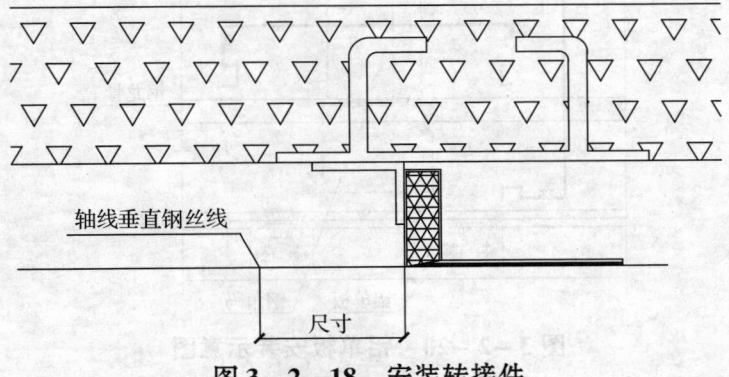

图 3 - 2 - 18　安装转接件

（2）先将单个转接件依据尺寸线点焊在预埋件上，然后检查位置尺寸和垂直度。

（3）位置尺寸和垂直度检查校正准确后，再将所有转接件全部满焊在预埋件上或后置埋件上。

（三）钢龙骨安装

1. 龙骨测量放线

（1）在安装施工之前，首先对钢龙骨进行直线度检查，检查方法采用拉通线法，若不符合要求，经校正后再上墙。

（2）整个墙面竖龙骨的安装尺寸误差要在外控制线尺寸范围内消化，误差数不得向外延伸，以防形成过大的累计误差。由于装饰树位置的龙骨为树状造型，放线施工难度大，在焊接龙骨之前要做好详细地测量放线。

（3）根据现场实际情况，在装饰树位置的中间拉一根竖向的中线。

（4）然后控制好标高，将各个连接点标出，先定位好大的"树枝"；然后再将小"树枝"分成块来进行放线。

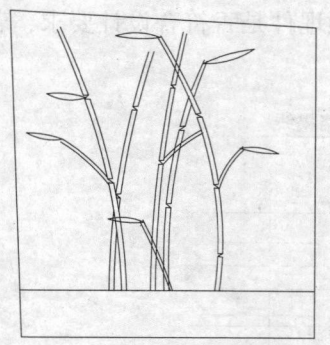

图 3 - 2 - 19 装饰树龙骨安装

2. 龙骨安装施工

（1）如图 3 - 2 - 19 所示，每一部分定位完毕后，必须进行复核，复核完之后方可进行龙骨的焊接。

（2）焊接施工完毕后，进行自检、检验焊缝质量以及几何尺寸，若自检合格后填写隐蔽工程检查单，报监理验收，检验合格后焊缝涂刷二道防锈漆。

（四）铝单板安装施工

1. 弹线及编号

（1）钢龙骨安装完毕后，在整个铝单板面横向、竖向龙骨上重新弹设铝板安装中心定位线，所弹墨线几何尺寸应符合设计要求，墨线必须清晰。

（2）弹好线后进行编号。

2. 安装铝单板（见图 3 - 2 - 20）

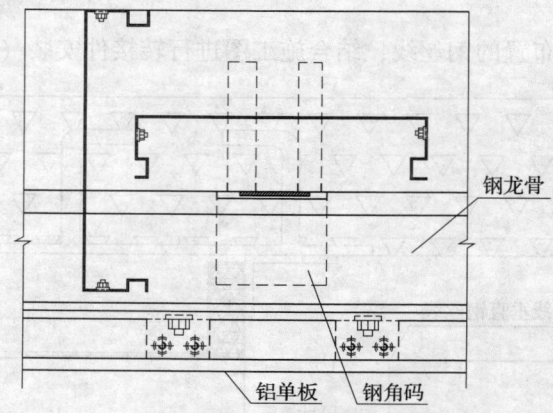

图 3 - 2 - 20 铝单板安装示意图

（1）依据编号图的位置进行铝板安装。安装铝板要拉横向和竖向控制线，因为整个钢架总有一些不平整，铝板支承点处需进行调整垫平。

（2）铝板在搬运、吊装过程中，应竖直立起搬运，不宜将铝板饰面上、下平面搬运。这样可避免 3mm 铝板在搬运过程中产生挠曲变形。

（3）铝板安装过程中，依据设计规定螺钉的数量进行安装，不得有少装现象。

（4）安装过程中，不但要考虑平整度，而且要考虑分格缝的大、小及各项指标，控制在误差范围内。

（五）铝板装饰树幕墙施胶

1. 准备工作

（1）铝板安装完毕后，清理板缝，打底漆防止耐候硅酮密封胶与铝板黏结不牢。

（2）然后进行聚乙烯泡沫条的填塞工作，泡沫条填塞深浅度要一致，不得出现高低不平现象。

（3）泡沫条填塞后，进行美纹纸的粘贴，美纹纸的粘贴应横平竖直，不得有扭曲现象。

2. 注胶施工

（1）施胶环境温度应控制在 15～30℃条件下施工，密封胶不但起密封作用，同时也起热胀冷缩、缓冲、黏结作用。

（2）打胶施工过程中，注胶应连续饱满，刮胶应均匀平滑，不得有跳刀现象。

第五节　质量要求及通病防治

一、质量要求

（一）质量要求

（1）单层铝板的品种，质量、颜色、花型，线条应符合设计要求，并应有产品合格证。

（2）幕墙墙体骨架如采用型钢龙骨时，其规格、形状应符合设计要求，并应进行除腐、防锈处理。

（3）单层铝板安装，当设计无要求时，宜采用抽芯铝铆钉，中间必须垫橡胶圈。抽芯铝铆钉间距以控制在 100～150mm 为宜。

（4）安装突出墙面的窗台、窗套凸线等部门的单层铝板时，裁板尺寸应准确，边角整齐光滑，搭接尺寸应方向正确。

（5）板材安装时，其接缝应符合设计要求，不得有透缝现象，并做到表面平整、垂直，线条通顺清晰。

（6）阴、阳角宜采用预制角的单层铝板装饰板安装，角板与大面积搭接方向应与主导风向一致，严禁逆向安装。

（7）当主体结构外墙内侧骨架安装完毕后，应及时浇筑混凝土导墙，其高度、厚度及混凝土强度等级应符合设计要求。若设计无要求时，可按踢脚做法处理。

（8）保温材料的品种、堆积密度应符合设计要求，并应堵塞饱满，不留空隙。

（二）允许偏差

（1）立面垂直，用 2m 托线板检查，室内允许偏差 2mm，室外允许偏差 3mm；

（2）表面应平整，用 2m 靠尺和楔形塞尺检查，允许偏差 3mm；

（3）阳角方正，用 200mm 方尺检查，允许偏差 3mm；

（4）接缝平直，拉 5m 线检查，不足 5m 拉通线检查，允许偏差 0.5mm。

（5）墙裙上口平直，拉 5m 线检查，不足 5m 拉通线检查，允许偏差 2mm。

（6）接缝高低，用直尺和楔形塞尺检查，允许偏差 1mm。

二、质量通病防治

单层铝板幕墙的质量通病防治参考本篇第一章"金属板幕墙的质量通病防治"。

第三章 不锈钢装饰板幕墙

第一节 概 述

一、不锈钢装饰工程特点

在现代建筑装饰中，金属装饰板受到广泛应用，如成都博物馆的金铜板（网）幕墙，上海世博会卢森堡馆的耐候钢板幕墙、铝合金板幕墙，柱体外包不锈钢板或铜皮，别墅楼梯扶手选用不锈钢管或铜管等，究其原因，主要是金属装饰板易于成型，可以根据设计要求随意变换断面形式，进而容易满足造型方面的要求。其次，金属装饰板表面易于处理，表面处理的技术因材质不同而有所区别，如铝合金板的氧化处理，不锈钢板的镜面抛光、浮雕等加工处理，都具有良好的装饰效果。再次，金属装饰板能满足消防方面的要求，所具有的耐磨、耐用、耐腐蚀等一系列优点，这些都是其他类型的装饰材料望尘莫及的，其中尤以不锈钢板档次最高，技术性能最为优越，装饰效果最好，使用最方便，亦最受用户青睐。

二、不锈钢在装饰工程中的应用

目前，我国不锈钢消费结构中，用于建筑装饰和公共工程的比例已达 30% 以上，而且仍保持快速增长趋势。尤其是不锈钢装饰板幕墙已成为公共建筑舒适与自然的发展趋势。它是一种高度综合性、技术性、艺术性和社会经济性很强的建筑类型。充分体现了建筑的形式美学、结构美学。它最充分显示金属材料的结构魅力，并可按照不同建筑空间形态，在建筑设计师手中演变成独特的幕墙，把建筑三维空间带入新的发展领域。

如果不锈钢装饰板钢种选择合理，表面加工满足设计要求，维护适当，则不锈钢将永久保持幕墙结构的完整性。同时不锈钢装饰板所具有的优异工艺性能、可加工性等都能满足建筑设计加工要求。金属材料在建筑应用中，建筑美学和所用材料的技术性能要求必须与工程预算相平衡，而不锈钢装饰板在建筑幕墙结构中所具备的实用性、适用性使建筑设计师在进行成本效益分析或材料价值分析有了一个科学依据。

三、不锈钢幕墙工程的发展

最早在建筑上大量使用不锈钢是当时（20 世纪 30 年代）世界上最高的大楼（319m）、一座具有历史意义的里程碑式的建筑物——纽约克莱斯勒（Chrysler）大厦，采用不锈钢装饰使得大厦成为永久景观特征。

不锈钢装饰板幕墙的早期使用则是 1948 年，安装于纽约的 Schencetady 通用电气透平制造厂办公大楼表面。以后的几十年，不锈钢装饰板在建筑中的应用日益成熟。马来西亚吉隆坡双塔即是国际知名的不锈钢建筑之一。目前，我国不锈钢在建筑幕墙应用日益广泛，其中不乏经典之作，如上海大剧院。当不锈钢被用作正面装饰材料或被用作玻璃和其他材料的连接配件时，它所具有的独特结构美学是其他材料不能替代的。

以各种不锈钢装饰板为饰面的金属幕墙的应用也已比较普遍，如深圳平安金融中心不锈钢装饰板幕墙工程，它具有艺术表现力强、色彩丰富、质量轻、抗震好、安装和维修方便等优点，为越来越多的建筑幕墙所采用。

第二节　不锈钢装饰板

不锈钢装饰板是建筑装饰中的高档装饰材料，主要用于幕墙的造型，内墙的点缀，顶棚、柱面的装饰及其他电梯箱、车厢、船舱等部位的包装。由于不锈钢板易于成型，能满足造型方面的要求，同时具有防火、耐磨、耐腐蚀等一系列优点，因而，在现代装饰幕墙工程中，不锈钢板独特的金属质感、丰富多变的色彩变幻与浮雕图案、美轮美奂的立面造型、雍容华贵的光泽度极其赏心悦目的外表而获得广泛的应用。

一、不锈钢基本特征

（一）定义

不锈钢是极其耐用的建筑装饰材料之一。不锈钢通常指含铬大于 12% 以上的一类高合金钢，它能借助于空气中的氧形成富铬钝态覆膜，从而保持钢的耐蚀性。

"不锈"的含义说明它在大气环境中以及某些腐蚀性介质中具有耐蚀性，即不锈钢对遭受周围环境侵蚀的抵抗能力。

（二）不锈钢"不锈"机理

不锈钢的"不锈"性是由于它具有活化—钝化转变的特征。根据氧化膜理论，处于钝化状态的金属其表面被一层很薄（通常以埃单位计）而致密的氧化膜所覆盖。这层膜成为金属与其周围介质环境之间的壁垒而阻滞了金属的溶解（腐蚀）速度。实际上不锈钢在应用中环境介质的变化以及表面状态的变化都能影响其耐蚀性，也即"不锈"性。这就是不锈钢为什么在 304、316 基础上演变成众多不同级别的钢种，组成不同体系的不锈钢的一个基本原因，目的就是为了提高、稳定不锈钢的自钝化能力，提高钢的耐蚀性。

在一定的条件下，不锈钢也会发生腐蚀——"生锈"，同时无论是从事设计、制造、应用、科研、生产的人员，对于为特定目的而选用的材料应具备有什么样性能，在认识上都有一个过程。事实上在各应用领域中，不锈钢发生腐蚀的事例是屡见不鲜的。因此不锈钢的"不锈"并非绝对的，其应用中随机影响因素是十分复杂的，对此必须有一个正确的认识。如果不锈钢钢种和最终表面状态选择正确、设计合理、维护得当，则不锈钢的外观和性能实际上将在建筑物的整个寿命期内始终保持不变，其寿命甚至可超过 100 年。

（三）不锈钢基本类型

不锈钢基本类型可分为铁系、铬系，此类又可形成马氏体、铁素体或奥氏体不锈钢。

1. 马氏体不锈钢

马氏体不锈钢典型钢种含有 12% ～14% 铬，0.1% ～0.4% 碳。如美国 UNSS41000、UNSS42000 等即为常用牌号，类似我国 1Cr13 – 4Cr13。由于含碳量高、渗透性好，经过热处理可获得高强度、高硬度，具有磁性。马氏体不锈钢的耐蚀性较差，一般用于耐蚀性要求不高，而对强度、硬度有较高要求的场合，但不能用作焊接部件，在建筑领域主要可用作紧固件等。

2. 铁素体不锈钢

铁素体不锈钢一般含 16% ~ 18% 以上的铬，有些牌号添加了适量的钼而不含镍。其典型钢种我国标称为 0Cr17，美国标称为 UNSS43000，主要以薄板或管材形式广泛应用于建筑物内部装饰材料。此类钢用于弱腐蚀环境，其耐腐蚀性能随铬或钼的增加而提高。如添加了钼的 UNSS43000，耐蚀性比较 S43000 有很大的提高。

3. 奥氏体不锈钢

奥氏体不锈钢是指含铬 18% 以上、含镍量 8% 以上或添加其他合金元素的一类钢。在建筑领域广泛应用的典型钢种，我国标称 0Cr18Ni9，即美国 UNSS30400。铸造钢号我国标称奥氏体不锈钢的耐蚀性、力学性能、工艺性能等综合性能优异，其适用性、实用性范围广泛。奥氏体不锈钢的工艺性能使其几乎能成型无数种用于幕墙构件的复杂精铸件及加工件。

另外，在国际建筑界，双相不锈钢也越来越多被应用。双相不锈钢是指具有铁素体、奥氏体双相组织。它综合了许多铁素体不锈钢和奥氏体不锈钢的有益性能。由于双相不锈钢的铬、镍含量较高，因此具有极好的抗点蚀和缝隙腐蚀、均匀腐蚀能力。同时，双相不锈钢的屈服强度高于奥氏体型不锈钢一倍以上，这也是建筑设计师青睐双相不锈钢的设计特性的重要原因。而一种称之沉淀硬化型的高强度不锈钢在建筑结构中是不常用的。

二、不锈钢幕墙材料特征

国内外建筑常用 304 型或 316 型不锈钢制造不锈钢装饰板幕墙面板，在各类不锈钢中，以铬、镍为主要合金元素的奥氏体型不锈钢，属耐蚀性和综合性能最好，也是应用最广泛、最普及的一类，它被广泛应用于幕墙及其他建筑，它能使幕墙永久地保持工程设计的完整性。只要钢种选择正确、加工适当、保养合适，不锈钢装饰板幕墙一般不会发生全面腐蚀或磨损。

(一) 不锈钢中合金元素的作用

"铬" 是不锈钢主要合金元素之一。保证钢的钝化能力，并增大钢的钝态转变，是使钢具有高耐蚀性的基本元素。铬的钝化系数是 0.74，而铁的钝化系数则为 0.18，但钢中的碳易与铬结合形成碳化物析出而减少了钢中固溶体有效铬含量，而引起不锈钢产生局部腐蚀，如点蚀。同时，应注意铬是属于形成和稳定铁素体，缩小奥氏体区域的元素。这就是使属于亚稳态奥氏体型的 304 型不锈钢，残留高温铁素体而在宏观上显有少部分磁性的一个重要组织结构因素。铁素体为磁性，奥氏体为无磁。

"碳" 是一种较强的扩大奥氏体区域和稳定奥氏体组织的元素。其效能是镍的 30 倍。碳易与铬形成碳化铬，碳量越高，形成碳化物所需铬也越多，这样使钢中固溶体中的含铬量也就相应减少而降低了钢的耐蚀性。这也是根据不同用途要求对不同钢号的含碳量有一个控制范围的限制条件之一。

"钼" 是 316 型不锈钢中含有钼。钼是一种铁素体形成元素，其钝化系数为 0.49，与铬共同作用可增加不锈钢的钝化能力。特别是能提高不锈钢在含镍离子介质中的抗点蚀能力，所以含钼的铬 – 镍不锈钢在海洋环境及其介质中应用较多。但钼可以促进不锈钢中 δ 相或 X 相等金属间相的形成，使钢的脆性增加，加工性能变坏。这也是合理控制不锈钢钼含量的关键之一。

"硅" 是铁素体形成元素，以提高不锈钢在氧化性介质中的耐蚀性。在不锈钢制品生产中对提高钢水的抗氧化性能及改善钢水流动性有很好的作用，并使制品的质量能得到提高。

"锰"是扩大奥氏体区域和稳定奥氏体组织的元素，效果相当镍的 1/2。但锰对不锈钢的耐蚀性是有影响的，这也是如 304 型、316 型不锈钢在针对不同用途产品时需要控制的合金元素之一。

"硫"、"磷"则是钢中的有害元素，对钢的力学性能、耐蚀性能产生不利影响。除非特殊需要，如为改善切削性能而提高硫外，一般冶炼时将硫、磷有害杂质控制在最低限度。

（二）不锈钢牌号表示方法

不锈钢的牌号很多，表示方法各国不同。除了标准钢号外，还有一些非标准的钢种以及改进型钢种。牌号不同，其特性用途各异，这是应当注意的。一般国际上通用的不锈钢标准为美国 ASTM，欧盟的 EN 等各相关标准。在 ASTM 中，不锈钢主要分为 3 大类：

1. 200 系列

主要为铬 – 锰 – 镍 – 氮不锈钢。

2. 300 系列

主要为铬 – 镍、铬 – 镍 – 钼等不锈钢。

3. 400 系列

主要为高碳低铬或低碳高铬的马氏体、铁素体型不锈钢。其他类型的特种不锈钢也有特殊的表示方法。

我国不锈钢牌号表示原则是以化学元素符号和阿拉伯数字相结合的方法表示。元素符号后面的数字表示该元素在钢中的平均含量，以百分之几表示。首位数字表示钢中碳含量的级别。如 0Cr18Ni9 表示碳含量小于 0.08%，如 1CrxNix 则表示碳含量大于 0.08% 至 0.16%，如 2CrxNix 则表示平均含碳量大于 0.2 以此为推。而 00CrxNix 则表示碳含量小于 0.03%，为超低碳类型不锈钢。应当注意的是，同一牌号的不锈钢在各国标准中并非等同，是有差异的，选用时必须指明标准代号或编号。特别是同一牌号的不锈钢在不同产品如棒、板、管、线材、铸件等也会有不同的差异。另外，在我国通用的不锈钢牌号前冠以两个拼音字母"ZG"即表示不锈钢"铸钢"。建筑幕墙常用不锈钢成分及其力学性能见表 3 – 3 – 1 和表 3 – 3 – 2。

表 3 – 3 – 1　建筑幕墙常用不锈钢型材基础成分、力学性能（一）

钢号	相应牌号	化学成分（%）								力学性能				标准
		C≤	Mn≤	Si≤	P≤	S≤	Cr	Ni	Mo	$R_{p0.2}$ (MPa)	R_m (MPa)	A (%)	Z (%)	
0Cr18Ni9	304	0.07	2.0	1.0	0.035	0.030	17 ~ 19	8 ~ 11		205	520	40	60	《不锈钢棒》GB/T 1220—2007
00Cr19Ni10	304L	0.03	2.0	1.0	0.035	0.030	18 ~ 20	8 ~ 12		177	480	40	60	
0Cr17Ni12Mo2	316	0.08	2.0	1.0	0.035	0.030	16 ~ 18.5	10 ~ 14	2 ~ 3	205	520	40	60	
00Cr17Ni14Mo2	316L	0.03	2.0	1.0	0.035	0.030	16 ~ 18.0	12 ~ 15	2 ~ 3	177	480	40	60	

续表 3-3-1

钢号	相应牌号	化学成分（%）								力学性能				标准
		C≤	Mn≤	Si≤	P≤	S≤	Cr	Ni	Mo	$R_{p0.2}$ (MPa)	R_m (MPa)	A (%)	Z (%)	
304	UNS 30400	0.08	2.0	1.0	0.045	0.03	18~20	8~10.5		205	515	40	50	《Standard specification for stainless steel bans and shapes》 SATM-A276—2006
304L	UNS 30403	0.03	2.0	1.0	0.045	0.030	18~20	8~12		170	485	40	50	
316	UNS 31600	0.08	2.0	1.0	0.045	0.030	16~18	10~14	2~3	205	515	40	50	
316L	UNS 31603	0.03	2.0	1.0	0.045	0.030	16~18	10~14	2~3	170	485	40	50	

表 3-3-2 建筑幕墙常用不锈钢型材基础成分、力学性能（二）

钢号	相应牌号	化学成分（%）								力学性能				标准
		C≤	Mn≤	Si≤	P≤	S≤	Cr	Ni	Mo	$R_{p0.2}$ (MPa)	R_m (MPa)	A (%)	Z (%)	
ZG07Cr19Ni9	304	0.07	1.5	1.5	0.040	0.030	18~21	8~11		180	440	30	60	《一般用途耐蚀钢铸件》 GB/T 2100—2002
ZG03Cr18Ni10	304L	0.03	1.5	1.5	0.040	0.030	17~19	9~12		180	440	30	80	
ZG07Cr19Ni11Mo2	316	0.07	1.5	1.5	0.040	0.030	17~20	9~12	2~2.5	180	440	30	60	
ZG03Cr19Ni11Mo2	316L	0.03	1.5	1.5	0.040	0.030	17~20	9~12	2~2.5	180	440	30	80	
CF-8	304	0.08	1.5	2.0	0.040	0.040	18~21	8~11		205	485	35		《Standard specification for castings, iron-chromium, iron-chromium-nickel, corrosion resistant, for general application》 ASTM A743-13a
CF-3	304L	0.03	1.5	2.0	0.040	0.040	17~21	8~12		205	485	35		
CF-8M	316	0.08	1.5	2.0	0.040	0.040	18~21	9~12	2~3	205	485	30		
CF-3M	316L	0.03	1.5	1.5	0.040	0.040	17~21	9~13	2~3	205	485	30		

（三）不锈钢耐蚀性

耐蚀性：包括不锈性和耐酸、碱、盐等腐蚀介质性能，以及高温下抗氧化等性能。

一般而言，钢的耐蚀性是指抵抗介质（环境）腐蚀破坏的能力。耐蚀性是相对的，有条件的。常说不锈钢的不锈性、耐蚀性指相对于生锈和不耐蚀性而言，是指在一定条件下（介质或环境）。截至目前，还没有任何腐蚀环境中均具有不锈性、耐蚀性的不锈钢。国际标准化组织将腐蚀环境分为六大类，其中海洋环境（包括沿海岸大气环境）是最具代表性的复杂腐蚀环境之一。它涵盖了现代金属腐蚀的全部因素。而 304 型、316 型是一种适用面广泛的常用不锈钢。不锈钢在使用过程中对环境影响因素较为敏感以及钢在生产加工过程中不能完全避免的冶金影响因素等，都能诱发不锈钢的局部腐蚀。这也是 304 型、316 型不锈钢的一个应用特征。

在建筑领域应用的不锈钢，发生的点状锈蚀多在耐一般腐蚀性能很好的腐蚀环境中。由于建筑领域中应用的不锈钢多处在一个敞开环境中，环境因素对不锈钢的应用极其敏感。如大气中相对湿度的影响，引起金属腐蚀的临界相对湿度为 75%，即很快能在钢表面形成一层水膜，它直接关系到金属表面水膜的形成及保持时间，由于凝结露水能集结在粒状物质上并溶解气体污染物，对金属有破坏作用。另外，有较大影响的是某些杂质离子影响，如 SO_2、CO_2、Cl，尘埃等。SO_2 在潮湿条件下，与水化合成相应无机酸，直接诱发影响腐蚀过程。尤其是在上海或沿海地区，工业较为发达地区，所谓"酸雨"对大气的污染是十分明显的，也常常是其引起不锈钢制品及其配件表面锈点的主要因素。同时沿海地区海洋性气候下，水气中 Cl 的作用也有较大催化过程，主要是积聚在金属表面的一些盐粒和盐雾。而盐的沉积常与海洋气候环境、距海面高度、远近及金属暴露时间长短有关。靠近海洋或其他氯化物污染源、悬浮物等因露水的凝结吸附对不锈钢的腐蚀极为重要。这是不锈钢大气腐蚀的主导基础。从材料科学角度考虑，几乎所有金属都有发生腐蚀的自然趋势，即都有发生腐蚀变化的内因，差别仅在于强、弱程度不同。例如在同一环境体系，不锈钢和碳素钢的使用效果截然不同。如果再考虑一些不可避免的冶金因素，如钢中析出相、组织的均匀性、表面物理状态不均匀、钢的表面膜不完整性等，就不难理解不锈钢在使用过程出现的一些锈点的成因了。在特定的材料环境体系中，决定材料点状锈点发生的影响因素之一是表面加工状态的粗糙度。尤其在大气腐蚀环境有极显著影响。如表面粗糙，会增加水汽及腐蚀性物质的吸附量，水与腐蚀性物质的吸附将促进材料的腐蚀。一般来说，材料表面质量越均匀、越光滑，越有利耐蚀性的稳定。

304 型适合大多数内部应用或腐蚀环境较弱的外部结构。如果表面加工达到较高的技术要求，则同样能获得理想的使用效果。

316 型则适用于海洋环境气候条件下，包括未进行完全控制污染或局部条件加剧污染的区域。但 316 型不锈钢配件若不注意表面平整及经常性清洗，在海雾中也会发生锈蚀。

我国对不锈钢配件的表面加工状态已达到了较高的水平，在应用中发生点状锈蚀的概率降至最低，同时也可提供适用特定环境中应用的材料表面加工状态。

（四）不锈钢的磁性

在以钢的显微组织为区分的不锈钢中，铁素体型不锈钢（如 0Cr17）为铁磁性的，马氏体型及双相不锈钢也均具有铁磁性。而奥氏体型不锈钢一般意义上讲是无磁的。但针对 304 型、316 型奥氏体不锈钢，由于其显微组织处于亚稳定状态，不同产品的生产加工方式及钢的成分在标准范围内上、下限的波动等，有时会显现较弱的磁性，这是因为钢的显微组织中存在一定量的铁素体，铁素体含量可以通过成分平衡来予以控制。钢中铬、钼、硅可以促进铁素体（磁性）的形成，碳、镍、锰、氮则有利于奥氏体（非磁性）的形成。如即使超低碳的316L（CF-3M）铸钢，除非含镍量超过12%，否则不能完全没有磁性。而同一牌号的此类钢的锻、轧板产品，则对含镍量、含硅量的要求进行控制，既改善了钢的锻造、轧制性能，同时也可以从显微组织的控制清除磁性至最低限度。简言之，钢的磁性性能取决于显微结构，而对钢的其他性能并不能产生直接影响。除非特殊要求无磁不锈钢，则对这种钢的合金成分控制，尤其是镍含量是相当高的，目的是使钢在高温至室温完全是奥氏体组织。然而价格也是昂贵的。

三、常用不锈钢装饰板生产

不锈钢是一种特殊用途的钢材，用于装饰工程中的不锈钢，主要是支承构、配件及板材，它不仅可以直接作为装饰构件，安装于建筑装饰工程中的各个部位，而且亦可以用其加工成五颜六色的装饰板材，使比较贵重的金属板材得以充分利用。

（一）不锈钢装饰板生产工艺

不锈钢是指在碳素钢中掺加了铬或锰、镍、钼、硅、铁等元素的合金钢。它除了具有普通钢材的技术性质外，尚具有较好的抗腐蚀性。因为在不锈钢合金中，铬能与环境空气中的氧首先化合，生成一层与钢基体牢固结合的致密的氧化膜层，使合金钢不再受到氧的锈蚀作用，从而达到保护钢材的作用。

装饰工程中所用的不锈钢板，是借助于不锈钢表面特征来达到装饰目的的，如表面的平滑性及光泽性，足够的强度及良好的耐大气腐蚀性能等。

（二）不锈钢装饰板常用规格

不锈钢装饰板幕墙装饰工程中常用的1Cr17Ni8、1Cr17Ni9、1Cr18Ni7Ti等几种不锈钢，其中不锈钢前面的数字表示平均含碳量的千分之几，当含碳量小于0.03%或0.08%时，钢号前分别冠以"00"或"0"。合金元素的含量仍然以百分数表示，具体数字一般在元素符号的后面。

不锈钢可加工生产成板材、型钢和管材，其中板材主要作为幕墙的饰面材料。常用不锈钢装饰板的规格：长度为1000~3000mm，宽度为500~1200mm，厚度为0.35~2.0mm。可按设计要求加工。

四、不锈钢装饰板分类

不锈钢装饰板根据表面的光泽程度、丰富的色彩、反光率大小等分为亚光不锈钢装饰板、镜面不锈钢装饰板、彩色不锈钢装饰板和浮雕不锈钢装饰板。

（一）亚光不锈钢装饰板

不锈钢装饰板表面反光率在50%以下者称为亚光板，其光线柔和，不刺眼，在室内幕墙或柱面装饰中有一定很柔和、稳定的装饰效果和艺术效果。

亚光不锈钢装饰板根据反光率不同，又分为多种级别。通常使用的不锈钢板，其反光率为24%~28%，最低的反光率为8%，比墙面壁纸、墙布反光率略高一点。

（二）镜面不锈钢装饰板

经高度研磨不锈钢薄板表面，使其表面研磨细腻、光滑柔和、光亮如镜，其反射率、变形率均与高级镜面相似，并与玻璃镜面有不同的装饰效果。

1．特点

镜面不锈钢装饰板表面平滑光亮，光线反射率可达 95% 以上，表面可形成特殊的映像光影。它耐火、耐潮、耐腐蚀、易清洁、不易变形和破碎，安装施工方便。但是要注意防止在施工过程中硬物、尖物容易划伤其表面。

2．规格

常用镜面不锈钢装饰板的规格有：2440mm × 1220mm × 0.8mm，2440mm × 1200mm × 1.0mm，2440mm × 1220mm × 1.2mm，2440mm × 1220mm × 1.5mm 等。

（三）彩色不锈钢装饰板

彩色不锈钢装饰板是以化学镀膜的方法在普通不锈钢板上进行技术和艺术加工，成为各种色彩绚丽的不锈钢薄板。常用的颜色有蓝、灰、紫、红、青、绿、金黄、茶色等多种色彩。

1．特点

彩色不锈钢装饰板属于镜面板，具有多种绚丽的色彩和很高的光泽度，色泽随光照角度的改变而产生变幻的色调。彩色面层能在 200℃ 温度作用下或弯曲 180° 时无变化，色层不剥离，色彩经久不褪，其耐盐雾腐蚀性能亦超过一般不锈钢板，耐磨性能和耐刻划性能相当于箔层镀金的性能。

2．规格

彩色不锈钢装饰板的规格通常有：长×宽为 400mm ×400mm、500mm ×500mm、600mm ×600mm、1200mm × 600mm、1000mm × 500mm、2000mm × 1000mm 等，厚度为 0.2mm、0.3mm、0.4mm、0.5mm、0.6mm、0.7mm、0.8mm 等，或按设计需要尺寸进行加工。

（四）浮雕不锈钢装饰板

浮雕不锈钢装饰板表面不仅具有金属光泽，而且还具有富于立体感的浮雕纹路装饰。它是经辊压、特研特磨、腐蚀和雕刻而成。一般腐蚀、雕刻深度为 0.15～0.5mm，故分为深浮雕花纹和浅浮雕花纹板。钢板在腐蚀、雕刻加工前，必须先经过正常研磨和抛光，比较费工费时，所以价格也比较高。

1．特点

由于不锈钢装饰板的高反射性及金属质地的强烈时代感，与周围环境中的各种色彩、景物交相辉映，对空间效应起到了强化、点缀和烘托的作用，有时给人一种空间无限的感觉。

2．规格

浮雕不锈钢装饰板的常用规格与镜面不锈钢装饰板和彩色不锈钢装饰板相同，如特殊规格，可根据设计要求加工。

第三节　不锈钢装饰板幕墙安装施工

不锈钢装饰板是近年来较流行的一种装饰形式，它已经从高档宾馆、大型百货商场、银行、证券公司、营业厅等高档场所装饰，走向了中、小型商店、娱乐场所的普通装饰中，从以前的柱面、橱窗、边框的装饰走向了建筑幕墙装饰及更为细部的装饰，如玻璃幕墙、石材幕墙的分割、大型灯箱的边框装饰等。

一、基本结构构造

不锈钢装饰板按表面效果可分为光面和镜面两种，可加工成 0.35～2.0mm 不同厚度的板材。根据不锈钢板和装饰部位，其幕墙的安装方法可分为有龙骨有底板式和有龙骨无底板式两种：一般厚度小于或等于 1.2mm 的面板多采用有龙骨底板式，厚度大于 1.2mm 的面板多采用有龙骨无底板式。前者多用于室内幕墙、柱体，或防潮、防水较好的位置（如无雨水淋到的门面）的装饰，其龙骨多用木龙骨、角钢焊接组合龙骨或轻钢龙骨；而后者多用于室外幕墙、柱体的装饰，龙骨多用角钢焊接组合龙骨或轻钢龙骨。

（一）室内幕墙

在室内，设计时不锈钢装饰板幕墙多采用厚度 ≤1.2mm 的面板及有龙骨有底板的结构形式，龙骨多采用木龙骨、轻钢龙骨或用角钢组合焊接的龙骨。

室内不锈钢装饰板幕墙结构构造如图 3-3-1 所示。

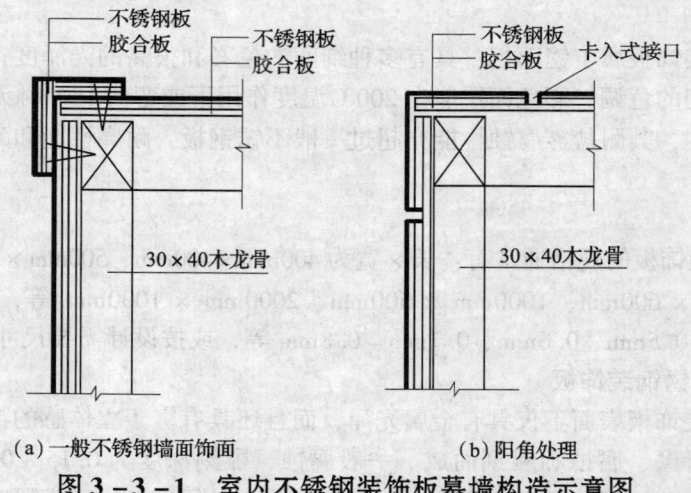

（a）一般不锈钢墙面饰面　　　　　　　（b）阳角处理

图 3-3-1　室内不锈钢装饰板幕墙构造示意图

（二）室外幕墙

在室外，设计时不锈钢装饰板幕墙多采用厚度 >1.2mm 的面板及有龙骨无底板的结构形式，龙骨多采用轻钢龙骨或用角钢焊接组合的龙骨。

室外不锈钢装饰板幕墙结构构造如图 3-3-2 所示。

二、安装施工技术

（一）施工准备

（1）施工之前做好科学规划，熟悉图样，编制单位工程施工组织设计，做好施工方案、施工部署，确定施工工艺流程和工、料、机安排等。

（2）详细核查施工图样和现场实际尺寸，领会设计意图，做好技术交底，使操作者明确每道工序的装配方法和质量要求。

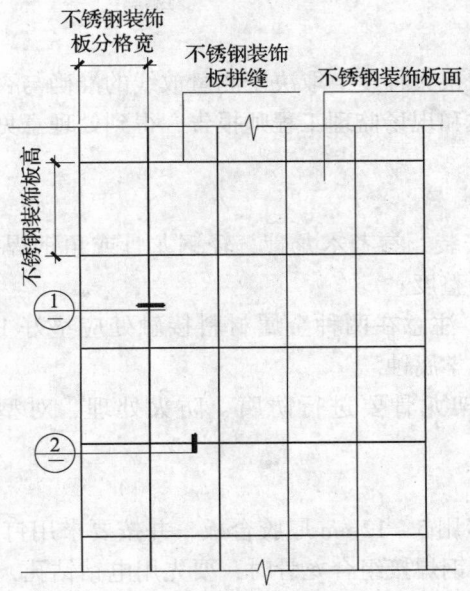

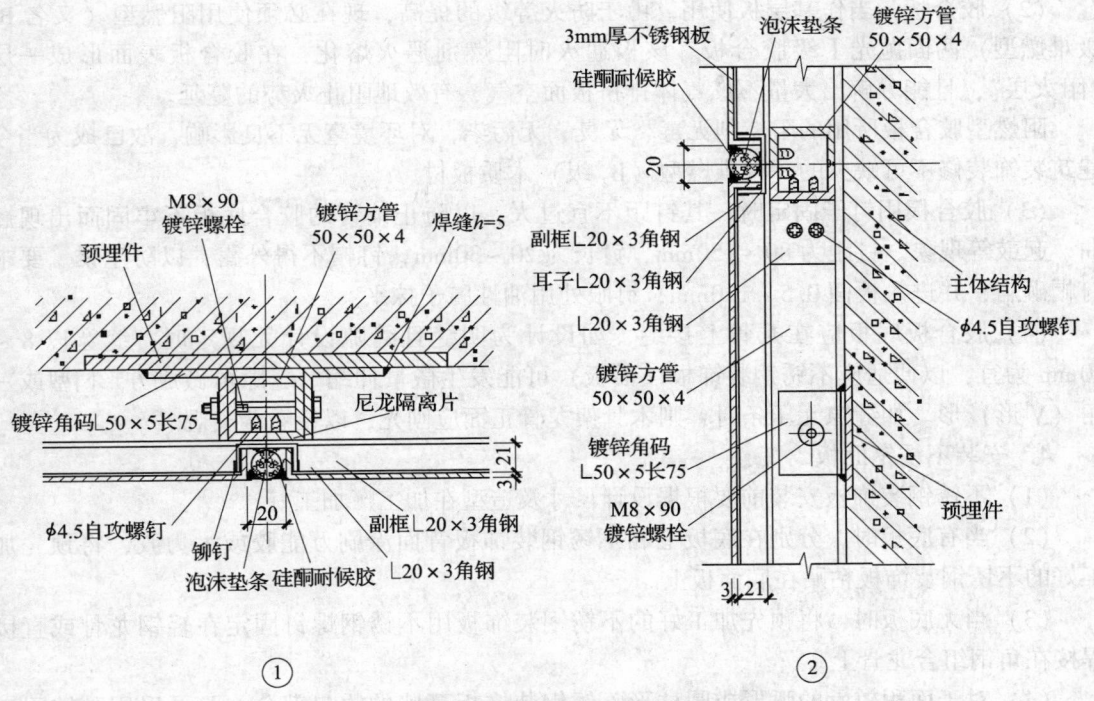

图 3 - 3 - 2　室外不锈钢装饰板幕墙构造示意图

（3）检查预埋件的位置和尺寸数量是否准确。

（二）施工工艺流程

不锈钢装饰板幕墙安装施工工艺流程归纳为：测量放线——→结构骨架安装——→安装封底板——→安装不锈钢面板——→收边或嵌缝——→幕墙表面清理。

（三）施工要点

1. 测量放线

幕墙的安装施工质量在很大程度上取决于测量放线的准确与否，如轴网和结构标高与图样有出入时，应及时向业主和现场监理工程师报告，得到处理意见，进行调整，并由设计单位做出设计变更通知。

2. 结构骨架安装

（1）基层结构骨架的安装，参考木龙骨、轻钢龙骨或角钢焊接组合龙骨的安装施工工艺，并重复检查垂直度和平整度。

（2）除了不锈钢材料，注意在两种金属材料接触处应垫好1.0mm厚尼龙或橡胶隔离片，以防止接触处产生电化学腐蚀。

（3）另外，对于木骨架龙骨要进行防腐、防火处理，对型钢骨架龙骨要进行防锈处理。

3. 安装封底板

（1）底板钉封，一般多用5~12mm厚胶合板，并按要求用钉固定在木骨架龙骨上。但当骨架龙骨为轻钢龙骨或角钢焊接组合龙骨时，要先用电钻钻孔，再用自攻螺钉将底板固定在龙骨上，并且螺钉帽不能高出底板表面。

（2）胶合板常当作基层板使用。由于防火等级的提高，现在必须使用阻燃型（又名 B_2 级难燃型）两面抛光Ⅰ级胶合板。该板遇火时阻燃剂遇火熔化，在胶合板表面形成一层"阻火层"，且能分解出大量不燃气体排挤板面空气，有效地阻止火势的蔓延。

阻燃型胶合板所用的阻燃剂无毒、无臭、无污染，对环境毫无不良影响，故已成为当今建筑装饰装修不可缺少的一种难燃型（B_2 级）木质板材。

（3）胶合板用钉子固定时，其钉距不宜过大，以防止铺钉的胶合底板不牢固而出现翘曲、起鼓等现象。钉距为80~150mm，钉长为20~30mm，钉帽不得外露，以防生锈。要求钉帽砸扁，并进入板面0.5~1.0mm，钉眼处用油性腻子抹平。

（4）胶合板底板应在龙骨上接缝，如设计为明缝且缝隙设计无规定时，缝宽以8~10mm为宜，以便适应不锈钢装饰板（面板）可能发生微量伸缩。缝隙可做成方形冂型或三角（Ⅴ形）形。如缝隙无压条时，则木骨架龙骨正面应刨光，以便看缝美观。

4. 安装不锈钢面板

（1）不锈钢装饰板安装前要根据设计尺寸及造型在加工厂加工好。

（2）当有底板时，分别在底板上和不锈钢装饰板背面涂刷万能胶或大力胶，将预先加工好的不锈钢装饰板粘贴在底面板上。

（3）当无底板时，将预先加工好的不锈钢装饰板用不锈钢螺钉固定在轻钢龙骨或直接焊接在角钢组合龙骨上。

（4）对于面积较大的弧形或圆柱形不锈钢装饰板幕墙的收口部分，除了采用黏结固定外，亦可采用不锈钢卡槽或嵌压槽固定的方式来固定不锈钢装饰板。如图3-3-1所示。

5. 收边或嵌缝

（1）为保证幕墙具有足够的、符合设计要求的防渗能力，要做好收边、嵌缝处理。同时，在不锈钢装饰板之间接口处或阴、阳角处采用填嵌密封膏、压不锈钢嵌槽条、卡槽条等方法进行收口收边装饰处理。

（2）如嵌硅酮密封膏，在胶缝两侧粘贴胶带保护纸，以免嵌缝胶迹污染不锈钢装饰板面。

（3）施工中要注意不能有漏胶污染墙面，如不锈钢装饰板幕墙墙面上沾有胶液应立即除去，并用中性清洁剂即时擦净余胶。

6. 幕墙表面清理

在不锈钢装饰板幕墙安装施工过程中，应注意成品保护和防止杆件污染。如系彩色镜面不锈钢装饰板和浮雕不锈钢装饰板，待密封胶完全固化后方可撕去板面的保护膜，撕时的用力方向最好与板面平行。

（四）施工注意事项

（1）不锈钢装饰板通常由专业工厂加工成型，但因实际工程的需要，部分面板由施工现场加工是不可避免的。现场加工应使用专业设备和工具，由专业操作人员进行加工，以确保板件加工质量和操作安全。

（2）各种电动工具使用前必须进行性能和绝缘检查，吊篮须做负荷、各种保护装置和运转试验。

（3）严格控制不锈钢装饰板的质量，材质和加工尺寸都必须合格。不锈钢装饰板不得重压，以免发生变形。同时在运输、堆放、安装过程中不得划伤，以避免影响装饰效果。

（4）由于各种不锈钢装饰板表面均有防腐及保护膜层，应注意胶粘剂、硅酮密封胶与涂层黏结的相容性问题，事先做好相容性试验，并为业主和现场监理工程师提供合格成品试验报告，保证胶结和密封的施工质量和耐久性。

（5）测量放线要精确，各专业施工要组织统一放线、统一测量，避免各专业施工因测量和放线误差产生施工矛盾。

（6）预埋件的设计和放置要合理，其数量、尺寸、位置要准确。

（7）加工和安装时，应特别注意各种不锈钢板表面的压延纹理方向，通常成品保护膜上印有安装方向的标记，否则会出现纹理不顺、色差等现象，影响安装效果和安装质量。

（8）固定不锈钢装饰板的不锈钢槽条、卡条、压板、螺钉等，其规格、间距一定要符合规范和设计要求，并要拧紧不松动。

（9）不锈钢装饰板的四角如未经焊接处理，须用硅酮密封胶嵌填，以保证密封、防渗漏效果。

（五）施工安全措施

（1）应符合《建筑施工高处作业安全技术规范》JGJ 80—91 的规定，还应遵守施工组织设计规定的各项要求。

（2）安装不锈钢装饰板幕墙的施工机具和吊篮在使用前应进行严格检查，待符合规定后方可使用。

（3）安装施工人员应佩戴安全帽、安全带、工具袋等。

（4）幕墙工程上、下部交叉作业时，结构施工层下方应采取可靠的安全防护措施。

（5）现场焊接时，在焊件下方应设接火斗。

（6）脚手板上的废弃物应及时清理，不得在窗台、栏杆上放置施工工具。

第四节　质量标准及检验方法

一、质量要求

（1）不锈钢装饰板幕墙角钢组合龙骨施焊后，其表面应进行防锈处理，如涂刷防锈涂料等。木骨架龙骨安装后，应进行防腐、防虫、防火处理，如刷五氯粉、防火涂料等。

（2）不锈钢装饰板幕墙的横、竖向板材的组装允许偏差应符合表 3 - 3 - 3 的规定。

表 3 - 3 - 3　不锈钢装饰板幕墙横、竖向板材组装允许偏差

检验项目	尺寸范围	允许偏差（mm）	检验方法
两块相邻竖向板材间距尺寸（固定端头）	—	±2.0	钢卷尺检查
两块相邻不锈钢装饰板	—	±1.5	靠尺检查
两块横向板材的间距尺寸	间距≤2.0m 时 间距＞2.0m 时	±1.5 ±2.0	钢卷尺检查
分格对角线	对角线长≤2.0m 时 对角线长＞2.0m 时	≤3.0 ≤3.5	钢卷尺或伸缩尺检查
相邻两块横向板的水平标高差	—	≤2.0	水平仪或水平尺检查
横向板材水平度	构件长度≤2.0m 时 构件长度＞2.0m 时	≤2.0 ≤3.0	钢直尺或水平仪检查
竖向板材直线度	—	2.5	2m 靠尺、钢直尺检查

（3）不锈钢装饰板幕墙安装允许偏差应符合表 3 - 3 - 4 的规定。

表 3 - 3 - 4　不锈钢装饰板幕墙安装允许偏差

检验项目		允许偏差（mm）	检验方法
竖缝和幕墙墙面的垂直度	幕墙高度 H≤30m	≤10	经纬仪或激光经纬仪检查
	幕墙高度 30m＜H≤60m	≤15	
	幕墙高度 60m＜H≤90m	≤20	
	幕墙高度 H＞90m	≤25	
幕墙平整度		≤2.5	2m 靠尺、钢直尺检查
竖缝直线度		≤2.5	2m 靠尺、钢直尺检查
横缝直线度		≤2.5	2m 靠尺、钢直尺检查
缝宽度（与设计值比较）		±2.0	卡尺检查
两相邻板之间接缝高低差		≤1.0	深度尺检查

二、质量标准及检验方法

(一) 主控项目

(1) 不锈钢装饰板幕墙所使用的各种材料和配件,应符合设计要求及国家现行产品标准和工程技术规范的规定。

检验方法:检查产品合格证书、性能检测报告,材料进场验收记录和复验报告。

(2) 不锈钢装饰板幕墙的造型和立面分格应符合设计要求。

检验方法:观察,尺量检查。

(3) 不锈钢装饰板的品种、规格、颜色、光泽及安装方向应符合设计要求。

检验方法:观察,检查进场验收记录。

(4) 不锈钢装饰板幕墙主体结构墙面上的预埋件、后置埋件的数量、位置及后置埋件的拉拔力必须符合设计要求。

检验方法:检查拉拔力检测报告和隐蔽工程验收记录。

(5) 不锈钢装饰板幕墙的木龙骨框架或金属龙骨框架与主体结构预埋件的连接或与后置埋件的连接、不锈钢装饰板的安装必须符合设计要求,安装必须牢固。

检验方法:手扳检查,检查隐蔽工程验收记录。

(6) 不锈钢装饰板幕墙的防火、保温、防潮材料的设置应符合设计要求,并应均匀、密实、厚度一致。

检验方法:检查隐蔽工程验收记录。

(7) 金属框架龙骨及连接件的防锈处理,木框架龙骨的防腐、防虫、防火处理应符合设计要求。

检验方法:检查隐蔽工程验收记录和施工验收记录。

(8) 不锈钢装饰板幕墙的防雷装置必须与主体结构的防雷装置可靠连接。

检验方法:检查隐蔽工程验收记录。

(9) 幕墙中的变形缝、墙角的连接点应符合设计要求和技术标准的规定。

检验方法:观察,检查隐蔽工程验收记录。

(10) 不锈钢装饰板幕墙的板缝注胶应饱满、密实、连续、均匀、无气泡,宽度和厚度应符合设计要求和技术标准的规定。

检验方法:观察,尺量检查,检查施工记录。

(11) 不锈钢装饰板幕墙应无渗漏。

检验方法:在易渗漏部位进行淋水检查。

(二) 一般项目

(1) 不锈钢装饰板表面应平整、洁净、色泽一致。

检验方法:观察。

(2) 不锈钢装饰板幕墙的不锈钢卡槽条和嵌槽条应平直、洁净、接口严密、安装牢固。

检验方法:观察,手扳检查。

(3) 不锈钢装饰板幕墙的密封胶缝应横平竖直、深浅一致、宽窄均匀、光滑顺直。

检验方法:观察。

(4) 不锈钢装饰板幕墙上的滴水线、流水坡向应正确、顺直。

检验方法：观察，用水平尺检查。

（5）1m² 不锈钢装饰板的表面质量和检验方法应符合表 3-3-5 的规定。

表 3-3-5　1m² 不锈钢装饰板的表面质量和检验方法

序号	检验项目	质量要求	检验方法
1	明显划伤和长度 > 100mm 的轻微划伤	不允许	观察
2	长度 ≤ 100mm 的轻微划伤	≤ 8 条	用钢尺检查
3	擦伤总面积	≤ 500m²	用钢尺检查

（6）不锈钢装饰板幕墙安装的允许偏差和检验方法应符合表 3-3-6 的规定。

表 3-3-6　不锈钢装饰板幕墙安装的允许偏差和检验方法

序号	检验项目		允许偏差（mm）	检验方法
1	幕墙垂直度	幕墙高度 $H ≤ 30m$	10	用经纬仪或红外线经纬仪检查
		幕墙高度 $30m < H ≤ 60m$	15	
		幕墙高度 $60m < H ≤ 90m$	20	
		幕墙高度 $H > 90m$	25	
2	幕墙水平度	层高 ≤ 3.0m	3	用水平仪检查
		层高 > 3.0m	5	
3	幕墙表面平整度		2	用 2m 靠尺和楔形尺检查
4	板材立面垂直度		3	用垂直检测尺检查
5	板材上沿水平度		2	用 1m 水平尺和钢直尺检查
6	相邻板材板角错位		1	用钢直尺检查
7	阳角方正		2	用直角检测尺检查
8	接缝直线度		3	拉 5m 线，不足 5m 拉通线，用钢直尺检查
9	接缝高低差		1	用钢直尺和楔形塞尺检查
10	接缝宽度		1	用钢直尺检查

第五节　不锈钢装饰板幕墙质量控制

金属材料是建筑领域的物质基础，它包括了各类钢铁材料、有色金属材料等，如此众多的材料通过各类生产加工，变成建筑领域以万计的不同结构件、装饰件、功能件等。这就要求必须考虑其在整个建筑中的不同使用条件，合理选用材料进行加工。如何科学地选择材料，并进行性能评定、质量监控、标准执行等构成建筑领域重要的技术之一。对于建筑中大多数结构件，材料将承受使用条件下各种载荷的考验，并必须确保材料性能稳定、可靠。同时，针对某些结构件在使用过程中因表面状态改变或遭破坏而失效，还应充分考虑材料的耐用性、持久性，即材料的耐蚀性、耐磨损性能等，这就是现代建筑在某些结构中大量采用不锈钢的技术基础。

一、概述

某金融中心工程地标性超高层建筑为 118 层，建筑高度 588m 的办公大楼，外装饰设计选用单元式和半单元式不锈钢装饰板幕墙。不锈钢装饰板作为幕墙面板能为建筑设计师立面表达提供理想选择。随着大气污染的加重，特别是随着我国城市化进程的推进，具有高耐腐蚀性、高强度、低维护特性的不锈钢面板材料在建筑幕墙领域的应用越来越受到重视和推广。通过采用不锈钢装饰板，利用其特有的"坚硬"和"纯净"感，可以使建筑立面显示出特殊质感并能长期保持，为建筑增添高档次和现代感，同时能降低维护和更换成本。

经过 80 多年的实践、奥氏体不锈钢 06Cr19Ni10（SUS 304）和 06Cr17Ni12Mo2（SUS 316）已经得到充分的认可，而 SUS 316 的耐腐蚀性更胜一筹。成本方面，不锈钢装饰板的性价比正在提高之中，特别是随着国内专业制造商工艺水平提高，市场价格处于下降趋势。加工方面，不锈钢装饰板加工、组装和安装涉及不锈钢材料特有的加工硬化、应力残余等需要认真对待的技术问题，甚至涉及特殊制作工艺。不锈钢装饰板反射率高，对板面非平整度敏感，随着不锈钢装饰板大面积使用于建筑立面，对其平整度提出更高要求，将追求采用更薄、更平整的幕墙。

本工程采用的是 2mm 厚 316 材质的布纹不锈钢装饰板，幕墙面积超过 $170000m^2$，整个建筑风格明显体现了不锈钢装饰板所独有的强烈质感和现代气息。

二、幕墙质量保证措施

（一）不锈钢装饰板品种及特性

1. 品种

（1）不锈钢装饰板大致可分为平面钢板和凹凸钢板。而平面钢板又分为三类：①板面反光率在 90% 以上者，为镜面钢板；②板面反射率 70%～90% 者，为有光钢板；③反射率小于 50% 为亚光钢板。

凹凸钢板也分为浮雕板、浅浮雕花纹板和网纹板等。平面钢板通常是经研磨、抛光工序而制成的。凹凸钢板通常是在正常的研磨与抛光之后，再经辊压、腐蚀、雕刻等加工，最后经特殊研磨而制成的。

（2）幕墙常用不锈钢装饰板按构造划分，一般有三大类：单板（盒型、扣接型和切板）、复合板和蜂窝板。表 3–3–7 中对这三类不锈钢装饰板性能的优缺点进行了对比。

表 3–3–7 常用不锈钢装饰板性能对比

项目	不锈钢单板	不锈钢复合板	不锈钢蜂窝板
优点	强度高、韧性大，金属质感选择多，耐腐蚀性强	加工简易、平整度较高	平整度高，具有很好的隔声、保温性能
缺点	平整度（弓形）控制难度大：①切板，适合于低层低风压工程；②盒板，适用面广，需无应力组装安装	折弯处强度低，适用于制作低风压区域小分格幕墙	寿命短，表面波筋大，电击强度低

2. 特性

（1）不锈钢复合板：在保留了不锈钢材料良好的装饰效果和经久耐用的特性基础上，克服了不锈钢金属板加工难、加工平整度差的缺点，具有良好的隔声、隔热效果，可方便进行剪切、弯弧、刨槽折边、钻孔等加工。使用不锈钢复合板还要考虑几个因素：不锈钢的耐蚀性、强度、韧性和物理性能、加工成形功能等。

另外，由于不锈钢复合板是两种或两种以上材料的复合材料，使用时要考虑其热胀冷缩时产生的温度应力，可能会出现应力收缩、裂纹、界面复合破坏等问题，以确保温度应力产生弯曲时材料的完整性，不会导致开裂。不锈钢 316 的线膨胀系数：当温度 0~100℃时为 $1.73 \times 10^{-5}/℃$，约为碳素钢的 1.5 倍，略小于铝合金。而聚乙烯芯板的膨胀系数：当温度为 0~100℃时约为 $1.50 \times 10^{-4}/℃$。

（2）不锈钢蜂窝板：表面采用拉丝不锈钢装饰板或者镜面不锈钢装饰板等，背板采用镀锌钢板，芯材采用铝蜂窝芯，经过专用胶粘剂复合而成。不锈钢蜂窝板的主要特点：

①轻便、安装负荷低；单块面积大，平整度极高、不易变形，安全系数大；具有很好的隔音、保温性能。

②成本低，质量好，比 2mm 不锈钢单板价格低，但是平整度与 3mm 不锈钢单板接近。

③不锈钢蜂窝板具有很强的耐蚀性。

④分格较大，表面平整度高，且兼顾保温性能。

（3）不锈钢单板：由于本身强度高，可用于高层超高层建筑；韧性大，可做折弯或弧弯加工，可实现较多建筑外观造型效果；耐腐蚀性强，后期维护方便，成本低。鉴于诸多的性能优势，深受建筑设计师的青睐。不锈钢单板幕墙外观金属质感强，使用广泛；不锈钢面板弧弯处理效果佳；韧性大，易于弯弧加工，这是不锈钢复合板和不锈钢蜂窝板不容易实现的。另外，不锈钢单板幕墙一般采用开缝加背衬板的防水方式，这是因为不锈钢装饰板表面有一层油膜，施涂密封胶之前，必须先对不锈钢装饰板表面清除油污处理，然后再涂专用底漆，否则难以保证耐候密封胶与不锈钢的黏结性能。

不锈钢单板作为金属构件除了能够适应切割、刨槽、折弯等加工处理外，还可以焊接，焊接加工使不锈钢装饰板能够实现更多的造型。而一般焊接变形的控制主要有减少焊缝数量和间断焊接、采用逆向回焊法施焊、刚性固定焊接、反变形技术、合理安排焊接顺序、采用热处理去除焊后收缩力、减少焊剂时间以及冷却法等。

对于薄板失稳变形的控制是采取控制工艺参数、反变形法和控制温度场等措施。在生产实践中，反变形法是最常用的方法之一，其具体做法是：预先在焊接变形的相反方向人为地施加一定的变形量，以此与焊接变形相抵消，使焊接结构达到技术要求。通过完全刚性约束和反变形法，可以实现 1.5mm 厚不锈钢板激光焊接的最大弯曲挠度能控制在小于 0.16mm。

（二）保证不锈钢板表面平整度的措施

由于不锈钢装饰板材（特别是单板）韧性大，因此通过采用合理的安装构造及加工组装工艺来消除内部不均匀的残余应力，是应对不锈钢装饰板材料固有的对光的反射率高、对表面不平整的敏感度高的关键措施。

由于镜面不锈钢装饰板的反射率高的特点的影响，不锈钢装饰板对表面不平整度的灵敏度很高，板自身变形（0.1%以内）和外力的作用下及轻微的挠度变形，特别是温度梯度的变化都会对外观视觉效果产生较大影响。因此不锈钢装饰板的安装构造和面板的强度及挠度控制成为不锈钢装饰板幕墙设计的重要考虑因素，尤其当单板厚度过薄、横向分格过大时，应格外引起注意。

1. 不锈钢装饰板幕墙挂件设计

考虑到不锈钢装饰板幕墙的强度、刚度和稳定性，有效保证整体结构的安全性，设计时需通过结构计算，采用在不锈钢面板、竖框等部位增加挂点的方案。如图 3－3－3 所示。

2. 不锈钢装饰板支撑体系设计

（1）不锈钢面板附着的支撑体系必须是稳固的、平整的，且为了保证不锈钢面板易于更换和安装，设计成小单元形式的挂板结构体系或扣接

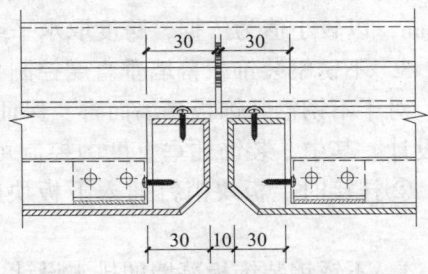

图 3－3－3　不锈钢面板增加挂点

的形式，通过型材咬合或不锈钢装饰板材直接扣接的方式来实现与整体框架的连接与固定。

（2）幕墙用不锈钢单板常用的支撑体系分为切板结构、扣接结构和盒型结构。

①切板结构外观突出了板材的棱角，但不锈钢板材柔韧性大，适用于低层建筑或低风压区域。

②扣接结构适合于薄型不锈钢单板，平整度要求不高，对质感和肌理感建筑效果要求强烈时采用。

③盒型结构突出板框支撑体系的稳固性，适用于高层建筑，抵抗风压能力强。另外，还能体现不锈钢装饰板独特的建筑效果，因此被广泛采用。

图 3－3－4 为某金融中心工程系统横剖节点，2mm 厚布纹不锈钢装饰板材，材质为奥氏体 SUS 316 不锈钢，分格多为 500mm×500mm，面板通过自攻钉固定在铝合金副框上，然后通过铝合金副框又与单元竖框咬合组装，共同形成不锈钢单元系统。面板支撑体系计算按大变形理论进行分析，考虑到风荷载对板面交变影响，横向铝合金方管加强筋只是对副框进行补强，与不锈钢装饰板材之间预留一定的间隙，不发生直接接触，整个不锈钢面板像张拉膜一样紧绷在铝合金框组成的框架上。

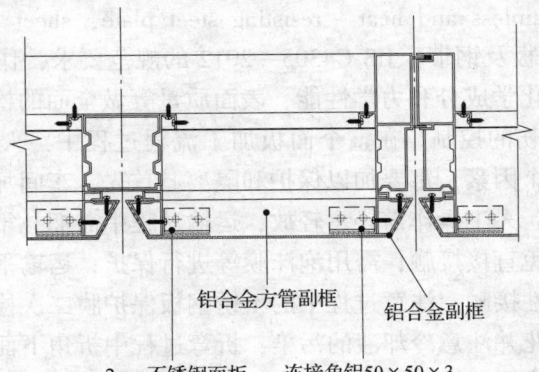

铝合金方管副框　　铝合金副框

2mm不锈钢面板　　连接角铝50×50×3

图 3－3－4　不锈钢单元幕墙节点示意

在确立面板支撑体系之前，首先要对不锈钢面板的强度和挠度进行计算。根据《不锈钢棒》GB/T 1220—2007 表 6 采用 S31608，屈服强度标准值 $\delta_{0.2}$ 为 205MPa；根据《玻璃幕

墙工程技术规范》JGJ 102—2003 中第 5.2.4 条规定：不锈钢的抗拉、抗压强度设计值 f_s 应用按其屈服强度标准值 $\delta_{0.2}$ 除以 1.15 采用，其抗剪强度设计值可按其抗拉强度设计值的 58% 采用。因此不锈钢板的抗弯强度设计值为 205/1.15 = 178.3（MPa），抗剪强度设计值为 178.3 × 0.58 = 103.4（MPa）。根据金属面板的挠度位移量不得超过跨距的 1/90 或者 19mm，以较小值为依据，跨度取水平或垂直支撑构件中的跨度最小值。

3. 不锈钢装饰板幕墙垂直度控制

对于不锈钢装饰板幕墙而言，保证其垂直度是实现装饰效果的措施之一，同时应兼顾限位设计。其中，装饰柱垂直度的控制可采用如下方案实现：①不锈钢销钉固定于单元上板块；②挂接时上板块销钉插入下板块销钉孔中，同时装饰柱的限位设计可通过铝角片实现。

4. 不锈钢装饰板幕墙的排水设计

对于不锈钢装饰板幕墙，可采用逐层排水的设计方案，避免幕墙底部大量积水，以达到有效防止雨水渗漏的目的。

5. 不锈钢装饰板幕墙防雷接闪考虑

不锈钢装饰幕墙框架与不锈钢装饰板柱形成网格状混合避雷接闪器，幕墙框架与钢制幕墙支撑结构采用金属机械连接。为保证良好的避雷效果，金属机械连接前需除掉接触面上的钝化氧化膜或锈蚀。

6. 不锈钢面板加工、组装工艺控制

不锈钢装饰板的加工，可以通过犀牛软件建模、拆板，进行图形化的交底；即一块板一个图形交给厂家，厂家直接展开，下料生产。图形交底后展开下料。

为保证面板的平整度，有必要对不锈钢装饰板加工环节进行相应技术标准的控制。不锈钢面板整体加工流程，一般经过开料→刨槽→折弯→组框→安装这几道工序，而每一道工序的加工和过程都要严格加以控制，避免面板的磕碰、划伤，尽量减少面板的弯曲和残余应力产生。

（1）材料的检验和验收。为保证不锈钢板原材料的质量要求，可以按照国标《不锈钢冷轧钢板和钢带》GB/T 3280—2015 并结合美标《Standard specification for general requirements for flat – rolled stainless and heat – resisting steel plate, sheet and strip》ASTM A480/A480M 和《冷轧不锈钢板及钢带》JIS G4305—2012 的规范要求，作为不锈钢板原材料最初依据和参考。对面板的化学成分和力学性能、表面质量等做全面的检测和验收。

（2）面板磕碰、划伤的控制。在整个面板加工流程过程中，人、设备、物料等与不锈钢板可能发生接触的几个因素，都要加以保护和隔离。首先，车间加工无粉尘，工人加工需戴手套，设备做到清洁；人工操作需轻拿轻放，运输过程中需捆扎牢固，避免晃动摩擦；板与板堆放、板与设备避免直接接触，需用泡沫膜等进行保护；运输平台或托架支撑表面要有柔性材料保护，避免硬性接触；注意过程中的不锈钢板保护膜二次检查和更换处理；刨槽过程中，及时清理金属刨花并注意冷却液的污染；折弯过程中折角下面需垫硅橡胶板，避免板硬接触；加工完成后，成型不锈钢板下面垫木方，均匀布置且木方高度尺寸一致；在框架组装过程中，零件和工具不得与面板接触。在对面板进行敲击时，需要加垫木方和使用橡胶锤，避免直接撞击。

（3）减少面板的弯曲和残余应力的产生。不锈钢力学强度高，韧性高，按行业标准其材料特性：抗拉、抗压强度设计值 f_{s2}^t 应按其屈服强度标准值 $\sigma_{0.2}$ 除以系数 1.15 采用，其抗碱强度设计值 f_{s2}^v 可按其抗拉强度设计值的 58% 采用，也可按表 3－3－8 采用。

表 3－3－8　不锈钢板的强度设计值（N/mm²）

统一数字标号	牌号	$\sigma_{0.2}$	抗拉强度 f_{s2}^t	抗剪强度 f_{s2}^v	端面承压强度 f_{s2}^G	备注	
						旧牌号	美标
S30408	06Cr19Ni10	205	178	104	246	0Cr18Ni9	304
S31608	06Cr17Ni12Mo2	205	178	104	246	0Cr17Ni12Mo2	316

首先，搬运过程中避免面板的大幅下挠和弯曲，出板后要有专门的平台或托架支撑。在刨槽过程中，增加简易平台，避免板大幅悬垂。不锈钢板折边过程中要注意合理的折边顺序，其目的使折弯过程中产生的应力尽量释放。

采用电动吸盘吊装，吸盘间隔适中，吊运过程中半板下挠不明显，并且板的存放应有专门平台和衬垫；不合理的搬运方式造成板明显弯曲，有残余应力产生，是加工过程中不允许的。

由于不锈钢的黏附性和熔着性强，刨槽过程中，切屑容易黏附在刀具上，为了避免加工硬化和减少刀具前切屑的堆积，切削奥氏体不锈钢时，应使用比碳素钢较大的进刀量以及较慢的切削速度。图 3－3－5 所示在刨槽折弯应力集中位置，为避免应力集中形成包爆边开裂，特意在该位置开圆孔，使残余应力得以释放，折弯后保证了外观平整效果。

在不锈钢装饰板与铝合金副框组合过程中，也要注意对板间接应力的施加造成板变形的影响。图 3－3－6 示意为了片面保证 W 和 W_1 尺寸，造成了板平面的内凹和外凸现象。因此在组框过程中，尽量保证对板应力的零施加。在加强筋的下料尺寸设计上，要考虑其长度 L 应小于 W_1 尺寸，首先是为了保证从尺寸上留有间隙，加强筋在安装时不会对两侧的铝合金框造成顶压的状态。同时，加强筋两端的连接角片也要进行顺序安装，先装一端，在面板上确定位置后再安装另一端。自攻钉的固定也要按照先副框后加强筋的顺序，目的就是要使不锈钢板在松弛的状态下实现无应力组装。

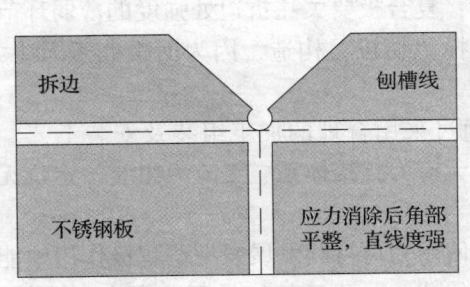

图 3－3－5　不锈钢装饰板角部折弯
处集中应力的消除措施

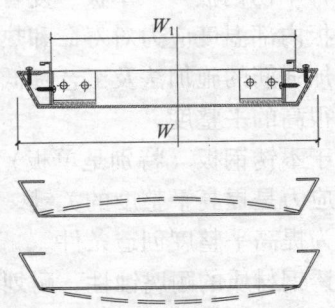

图 3－3－6　不锈钢板合框
过程中的无应力组装

（4）加工过程中的尺寸公差要求：不锈钢装饰板组合后整体平整度要求在 1.5m 内不得超过 1.5mm 或 0.1%。折边棱角直线度≤0.5mm/m，全长≤3mm。

具体加工公差要求为：激光切割后长宽方向允许偏差为 ±1.5mm；刨槽深度误差为 ±0.1mm，切边与刨槽中心线需要重合度≤0.05mm，角度偏差为 −0.05°。

三、不锈钢板表面处理及保养

（一）表面处理

1．表面处理方式

不锈钢板表面处理方式大致分为五类：轧制表面加工、机械表面加工、化学表面加工、网纹表面加工及彩色表面加工。形成的产品常有镜面、拉丝、网纹、蚀刻、电解着色、涂层着色等。随着不锈钢用途的多样化、高级化，并不断向装饰性和艺术性方向发展，不锈钢彩色氧化由于具有较高的装饰功能，因而得到日益广泛的应用。

2．表面处理功能

经过前处理→丝网印刷→图纹蚀刻→除墨→后处理化学着色等工艺，不锈钢着色不仅赋予不锈钢制品各种颜色，增加产品的花色品种，所得图纹清晰、立体感强、装饰性能好，而且还提高了产品的耐磨性和耐腐蚀性。

不锈钢表面处理的多样性为建筑外观的亮丽和耐用提高了更多选择，也为幕墙设计向高度更高、环境更复杂领域探索和发展提出了要求。

（二）不锈钢装饰板的维护保养

虽然不锈钢装饰板耐腐蚀，但不等于说不锈钢就不会腐蚀，如果不锈钢板使用和维护不当，或者使用环境太恶劣，就会发生局部氧化腐蚀现象。不锈钢的腐蚀主要有三种形式：化学腐蚀、电化学腐蚀、应力腐蚀。由于不锈钢表面钝化膜之中耐腐蚀能力弱的部位因自激反应而形成点蚀反应，生成小孔，再加上有氯离子接近，形成很强的腐蚀性溶液，加速了腐蚀反应的速度。还有不锈钢内部的晶间腐蚀开裂，所有这些对不锈钢板表面的钝化膜都发生破坏作用。因此对不锈钢板表面必须进行定期的清洁保养，以保持其华丽的表面及延长使用寿命。

综上所述，不锈钢装饰板幕墙以其高强度、高刚度、高耐候、长寿命、低维护成本和建筑现代质感，随着其性价比的提升，应用在建筑幕墙领域中的比例处于上升趋势。

三种不锈钢板——单板、复合板和蜂窝板各具特色，为丰富立面造型提供选择。蜂窝板要关注板内部温度应力对寿命和热弯曲的影响；复合板要关注折边处强度的薄弱环节；单板要关注加强筋的施加法及工艺；低层建筑可选择"切板"构造，因为面板处于无应力状态，能获得很高的平整度。

由于不锈钢板（特别是单板）韧性强，通过采用合理的加工组装及安装工艺，消除不均残余应力是提高平整度的关键。如采用型材无应力挂接体系、无应力组装、定位无应力安装工艺为提高平整度创造条件。

不锈钢材质的耐腐蚀性、耐划性和可循环使用为可持续发展发挥了积极作用地能降低立面污染，提高材料使用寿命和降低更换率，节约成本。不锈钢维护要注意表面钝化膜保护，使用过程中要尽量避免局部氧化腐蚀，需要有计划地定期进行清洁保养。

种种有利因素预示着不锈钢材料在未来建筑幕墙使用上将大有作为，可以期待平整度更高、更加亮丽的不锈钢板幕墙建筑屹立于城市建筑中。

第四章　金铜板（网）幕墙

第一节　金铜板（网）幕墙建筑设计

本章以成都博物馆为实例来讲述金铜板（网）幕墙设计与施工（本书作者被成都市政府聘为本工程技术总监）。

一、工程概况

1．建筑位置

成都博物馆位于锦城市中心标志性文化景观——天府广场西侧。它是展示成都文化、体现成都和谐、包容城市特色的重要场所，是国内领先、世界一流的文化建筑。它将成都5000多年的璀璨文明画卷般展示给世人，从而搭建起成都与世界之间文化交流的桥梁。

2．建筑规模

成都博物馆与国家故宫博物院、陕西省历史博物馆一样，为世界级大型博物馆。它总建筑面积64104.44m²，其中地上37598.86m²，地下26505.58m²；建筑层数：地上5层（含附设夹层），地下部分2~4层（附设夹层）。建筑主体高度：东侧檐口距地面建筑高度39.0m，建筑最高点为46.88m。为一般高层建筑。

二、外立面设计构思

（一）构思来源

成都博物馆外立面设计——金铜与玻璃的选择，其构思来源于古蜀文明的"金"和"玉"。设计理念从古蜀文明的代表三星堆文明和金沙文明中获得灵感，通过金铜、玻璃的材质，色彩和质感隐喻"古蜀宝器"的寓意。金铜可以将时间与历史凝固在表面颜色与肌理之中；在光线的作用下，铜材呈现出丰富的色彩与光影效果。玻璃则可以反映多样的色彩、质感和透明度，敏感、细腻地反映出周边环境的变化。

金铜板（网）幕墙具有保护主体、改善功能和美化空间的作用，是本工程的一个重要组成部分。博物馆主体立面只有在经过各种艺术处理之后，才能获得美化城市、渲染生活环境、展现时代风范、标榜民族风格的效果。

（二）建筑风格

成都博物馆的整体造型概念，来源于成都区域复杂丰富的地形地势和古蜀文明对西水的崇拜。建筑整体造型体现出连续折叠、简洁有力的特点，犹如一座连绵起伏的冰山，形象地表现出成都区域的空间形态、生态的多样性。

三、外立面色彩与材质

（一）外立面材质与构造

成都博物馆周边建筑外表面颜色多为白色或浅褐色，以石材、面砖和玻璃为主要材料。成都博物馆根据建筑方位、视觉和功能需求的不同，金铜板、铜网幕墙分为 3 种类型：盒体金铜板幕墙、拉索式铜网幕墙、直立锁边铜板幕墙。金铜板、铜网的生产检验、加工应符合欧洲标准《Textile – glass – reinforced plastics – Prepregs, moulding compounds and laminates – Determination of the textile – glass and mineral – filler content – Calcination methods》ISO 1172：1996 的规定。

面向天府广场的建筑东立面外侧用 1.0mm 厚穿孔拉伸金铜网，（板块的基本尺寸约为 920mm×3500mm，穿孔率 40%）；铜网的支撑结构采用简洁、轻盈的竖向不锈钢拉索。拉索固定在层间的箱形梁，箱形梁与主体钢结构网格相连。东立面内侧采用框架或透明玻璃幕墙，创造通透的视觉效果，以加强建筑室内空间与广场视觉的联系与交流。

建筑的西、南、北立面采用盒体金铜板幕墙系统（系统的构造层次由外向里为：金铜板 750mm×3900mm 压型不锈钢板、铝合金附框及挂接型材、铝合金接缝槽、龙骨），面板采用 0.7mm 厚金铜板与 1.0mm 厚穿孔拉伸金铜网，形成统一的表面肌理。板块采用挂接方式安装，施工工艺成熟简单，表面平整度比较好。

建筑屋面采用直立锁边金铜板幕墙（构造层次由外向里为：0.5mm 厚、宽度约 430mm 金铜板通风降噪丝网，防水卷材，镀锌钢板找平层，镀锌压型钢板衬板，型钢龙骨）。施工工艺成熟、安装简便。

墙面与屋面幕墙系统内侧为主体建筑的防水保温层，可以保证建筑的是使用安全。盒体金铜板系统内结构防水系统，通过特有的构造解决防水问题，内部设置导水槽，将大部分雨水从面板外侧排走。铜板之间以开缝处理，并设有排气通道，利于空气的流通。直立锁边铜板屋面也为结构性防水系统，大部分雨水从面板外侧排至天沟。

（二）幕墙外立面材质与色彩

成都博物馆幕墙外立面所用铜质面材（板、网）均为金铜，即铜合金（$Cu\ A_{15}\ Zn_5\ Sn\ I\ Fe_{0.5}$），其颜色编号为 01152.5Y7.5/8。

金铜板（网）幕墙立面面材颜色见表 3 – 4 – 1。

表 3 – 4 – 1　金铜板（网）幕墙立面材质色彩

材　质	颜　色	颜色标号/颜色编码
金铜板	金色（新安装时）	01152.5Y7.5/8
金铜网	金色（新安装时）	01152.5Y7.5/8
玻璃幕墙框架/次结构	深灰色	09528.8B06.5/1

第二节　盒体金铜板（网）幕墙安装施工

一、盒体金铜板（网）幕墙施工范围

盒体金铜板（网）幕墙位于建筑物的西立面、南立面、北立面 3 个立面以及屋顶部分区域，本部分幕墙包含盒体金铜板、轻质隔墙两种系统。

二、盒体金铜板（网）幕墙系统组成

（一）盒体金铜板幕墙材料单元组成

盒体金铜板每个立面都划分成一系列折面，每个折面又由宽度均分的盒体金铜板面单元组成。

幕墙龙骨采用镀锌方钢管，盒体金铜板幕墙采用开缝式处理。盒体金铜板通过铝合金转接件与镀锌方钢管连接。

（二）构造层次

金铜网幕墙的内侧为轻质隔墙，轻质隔墙外侧面板为无石棉纤维水泥板，内侧面板为 2 层防水石膏板，支撑骨架采用镀锌钢龙骨，与钢板支撑龙骨相互独立。两侧面板中间为 50mm 保温岩棉，面板拼接缝处打硅铜建筑密封胶，确保防水性能。

（三）单元盒体挂接

盒体金铜板（网）幕墙单个板块采用挂接方式安装，使单个盒体板块处于活动状态，避免由于温度等内应力造成面板鼓包。盒体金铜板采用开缝式处理，幕墙系统要板面平整，接缝均匀，连接安全可靠。

盒体金铜板通过铝合金挂件与方钢管龙骨连接，由于盒体金铜板幕墙为结构性防水系统，需要通过系统特有的构造解决防水问题。盒体板应有反边、搭接等构造。同时内部设置导水槽，将大部分雨水从面板外侧排走；设计没有使用硅酮胶，避免污染板面；幕墙系统设有排气通道，以利于空气的交换。凸起造型侧面为金铜网幕墙构造。

三、盒体金铜板（网）幕墙结构构造

盒体金铜板（网）幕墙外部效果呈波浪翘曲形，外观新颖别致。

盒体金铜板（网）幕墙分格如图 3 - 4 - 1 所示。

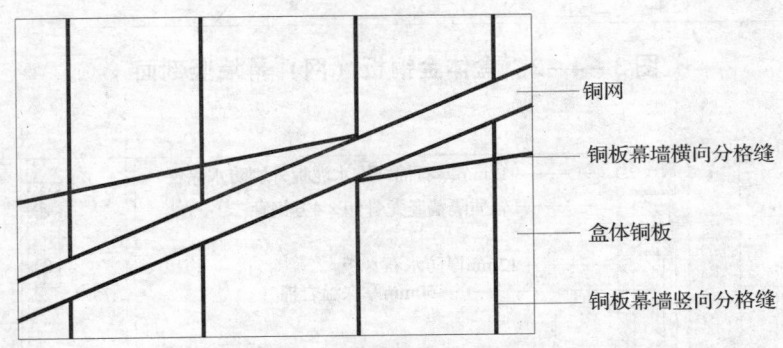

铜网
铜板幕墙横向分格缝
盒体铜板
铜板幕墙竖向分格缝

图 3 - 4 - 1 盒体金铜板（网）幕墙分格

盒体金铜板（网）幕墙竖剖面如图 3 - 4 - 2 所示。

盒体金铜板（网）幕墙横剖面如图 3 - 4 - 3 所示。

盒体金铜板（网）幕墙挂件节点如图 3 - 4 - 4 所示。

盒体金铜板幕墙挂接系统三维调整量是 ±12mm。钢桁架的加工和安装偏差的累计偏差 ±10mm。

四、盒体金铜板（网）幕墙安装施工

盒体金铜板（网）幕墙位于建筑物的南、西、北 3 个立面，主体结构相对比较规整，均采用吊篮安装施工。吊装方式采用在主体钢结构顶部外网格上架设吊篮支架，用卷扬机起吊构配件及面材。钢桁架的安装顺序为从下而上；盒体金铜板（网）安装采用挂式结构，顺序为从上而下。

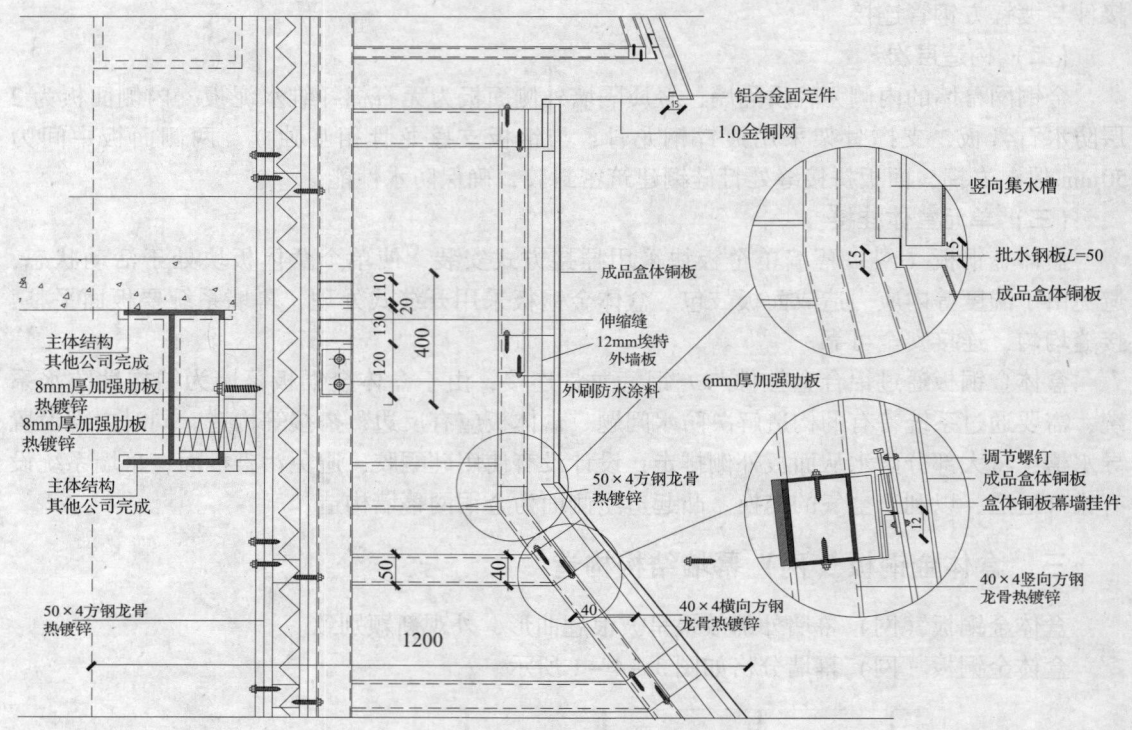

图 3 - 4 - 2 盒体金铜板（网）幕墙竖剖面

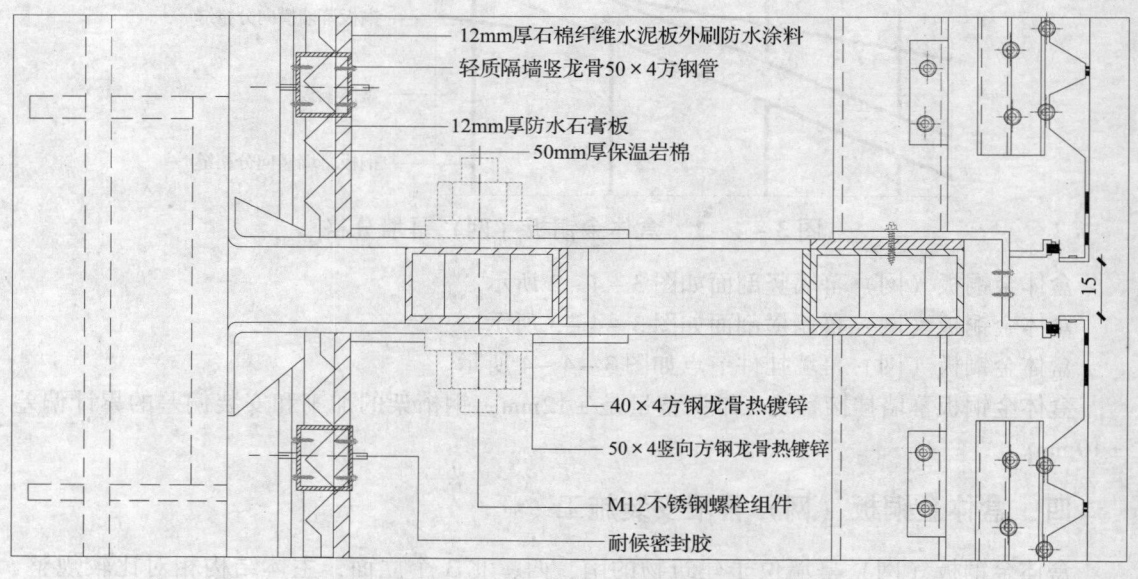

图 3 - 4 - 3 盒体金铜板（网）幕墙横剖面

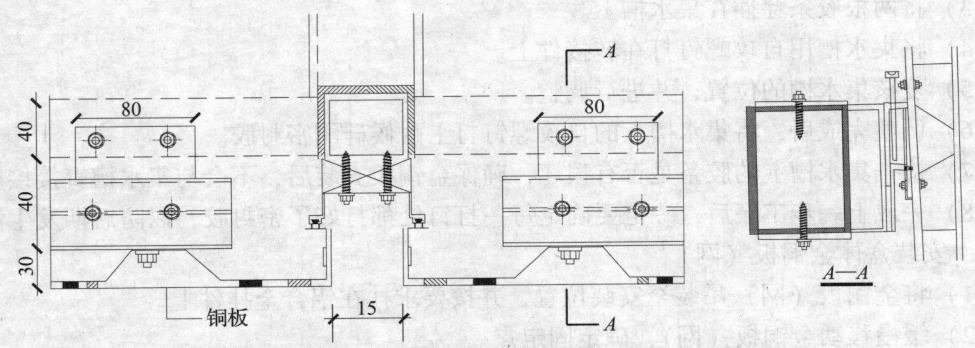

图 3 - 4 - 4　盒体金铜板（网）幕墙挂件节点

（一）施工工艺流程

盒体金铜板（网）幕墙安装施工工艺流程：施工交底→定位放线→盒体金铜板（网）备料→铝合金挂件安装→安装集水槽→安装盒体金铜板（网）→铜板（网）表面清理。

（二）安装施工要点

1．施工交底

编制专项施工方案，并由建设单位组织有关资深幕墙专家进行专项安全和施工组织方案评审。与此同时，对操作人员进行岗前培训和安全技术交底。

2．定位放线：

盒体金铜板（网）安装定位放线。

（1）复查基准点和水准点。

（2）用全站仪核对原施工完成的钢桁架位置，并进行偏差测量，确定金铜板面板的标准点。

（3）确定点位后，由普工用直径为 10mm 的钢筋点焊在确定的点位上。

（4）点焊完成后，再由技术人员用全站仪进行复测，以确保其精确性。

（5）在此深化设计基础上，进行三维建模。这是一个复杂而又关键的工序，对保证幕墙安装施工精准度至关重要。

3．盒体金铜板（网）备料

（1）根据相应编号图找出相应的材料。

（2）对材料进行检查，以避免因规格、质量等错误引起材料来回运转的现象，同时也可避免原材料的损耗及损坏。

（3）将备用材料运到施工现场相应的施工位置。

4．铝合金挂件安装

（1）根据定位点确定铝合金挂件位置。

（2）将铝合金挂件就位，再次进行复核。

（3）进行调整，直至位置正确、准确、精确之后，打上自攻螺钉将铝合金挂件固定。

（4）清理掉多余的废料。

5．安装集水槽

（1）根据图纸确定连接钢桁架与集水槽的转接件的位置。

（2）用自攻螺钉将转接件固定在钢桁架上。

（3）将两根胶条穿插在集水槽上。

（4）将集水槽用自攻螺钉打在转接件上。

（5）复核集水槽的位置，并进行调整。

（6）调整完成后，将集水槽上的自攻螺钉打上耐候硅酮密封胶。

（7）检查集水槽上的胶条是否有损坏，确保金铜板安装后，不会与集水槽直接接触。

（8）完成上一步工序后，一定要确定每一打钉处都打好了密封胶，以防后期发生渗漏。

6. 安装盒体金铜板（网）

（1）将金铜板（网）吊装至安装位置，并按要求挂在铝合金挂件上。

（2）缓慢移动金铜板（网），确定固定点。

（3）在铝合金挂件与金铜板连接处打上自攻螺钉。

（4）盒体金铜板（网）初装完成后就对板块进行调整，各处尺寸都要达到设计要求。

（5）对调整后的金铜板（网）面板再进行复测。

（6）拆除点焊在桁架上的钢筋，再对点焊处做防腐处理。

7. 金铜板（网）表面处理

确定金铜板（网）安装位置准确无误后，对金铜板（网）进行清理，操作人员要求手带白手套，撕去表面的保护膜。

五、盒体金铜板（网）幕墙质量控制

（一）金铜板（网）加工质量控制

1. 外观质量

金铜板（网）外观表面质量检查应符合表 3 - 4 - 2 的要求

表 3 - 4 - 2 1m² 金铜板（网）面板表面质量

项　　目	质 量 要 求
0.1 ~ 0.3mm 宽划伤	长度小于 100mm，不多余 4 条
擦伤	不大于 300mm²

注：露出金属基体的为划伤，未露出金属基体的为擦伤。

2. 加工质量控制

金铜板（网）加工尺寸允许偏差应符合《金属与石材幕墙工程技术规范》JGJ 133—2001，并参考表 3 - 4 - 3 的要求。

表 3 - 4 - 3 金铜板（网）加工尺寸允许偏差（mm）

项　　目		技 术 要 求
边长	$L \leqslant 2000$	±2.0
	$2000 < L$	±2.5
金铜板厚度		±0.02（适用铜板）
对边尺寸	$L \leqslant 2000$	≤2.5
	$2000 < L$	≤3.0

续表 3 - 4 -3

项　　目			技 术 要 求	
对角线长度	$L \leq 2000$		2.5	
	$2000 < L$		3.0	
边缘平整度	$L \leq 1000$	$0 < W \leq 800$	0.3	
		$800 < W \leq 1200$	0.2	
	$1000 \leq L \leq 5000$	$0 < W \leq 800$	2	
		$800 < W \leq 1200$	1	
折弯高度			≤ 1.0	
平面度			$\leq 0.5\%$	
孔的中心距			± 1.5	

注：1. 金铜板（网）的平整度实测分为平放和立放两种状态实施；

　　2. "孔的中心距"指金铜板边框连接安装孔的制作公差；

　　3. 表中 L 为板（网）长度，W 为板（网）宽度。

（二）金铜板（网）安装质量控制

从盒体金铜板（网）幕墙的成品保护方面考虑，盒体金铜板的安装总是遵循自下而上的原则。由于盒体金铜板（网）系统采用挂式结构，将与自上而下的安装原则发生冲突，对此在安装时将采用总体遵循自上而下、同一楼层（高度方向上由 2 块金铜板组成）内利用金铜板翘起部位做安装转换，局部采用自下而上的安装顺序。这样既解决了安装问题，又兼顾了成品保护。

（1）金铜板（网）上墙前，须仔细检查板（网）的表面质量和尺寸，金铜板（网）的出厂保护膜应完好无损，透过保护膜仔细观察与触摸，不允许有表面划痕、凹坑等表面质量缺陷。金铜板（网）外形几何尺寸应满足设计和供货合同的要求，对不符合要求的金铜板（网）成品做退货处理，不得安装上墙。

（2）金铜板（网）从现场的堆场到安装就位的过程中，都应置于专用保护装置内，防止金铜板（网）的转运和吊装过程中发生划痕、碰伤。

（3）金铜板（网）吊装就位后，应小心将金铜板（网）从专用保护装置内取出，并通过铝型材挂件与钢桁架可靠挂接，同时采用全站仪按设计给定的坐标点进行坐标点核查，待满足设计要求后，对金铜板（网）进行锁定，确保其不发生位移。

（4）整个安装施工过程中，为了保护金铜板（网）的表面质量和光泽度，严禁脏手触摸，要求带洁净的白手套操作安装施工。

第三节　拉索式金铜网幕墙安装施工

一、拉索式金铜网幕墙施工范围

为了观赏天府广场的美景和夜景，幕墙设计师考虑通透或很强的拉索式金铜网幕墙位于建筑物的东立面，其内层为隐框玻璃幕墙。

二、拉索式金铜网幕墙系统组成

拉索式金铜网幕墙系统采用不锈钢拉索，通过不锈钢夹具与箱形梁连接。外层面材为1.0mm 厚拉伸金铜网。用不锈钢驳接件将金铜网固定在拉索上。

金铜网尺寸见表 3 – 4 – 4。金铜网构造如图 3 – 4 – 3 所示。

表 3 – 4 – 4　金铜网尺寸表（mm）（穿空隙率 40%）

网板厚度	拉伸后网板空间厚度	网板宽度	网板长度	网目高度	网目宽度	肋宽
1.0	3.0 ~ 3.5	900 ~ 920	300 ~ 350	8.0	16.0	2.5

三、拉索式金铜网幕墙结构构造

拉索式金铜网幕墙竖剖节点如图 3 – 4 – 5 所示。
拉索式金铜网幕墙横剖节点如图 3 – 4 – 6 所示。
拉索式金铜网幕墙节点构造如图 3 – 4 – 7 所示。

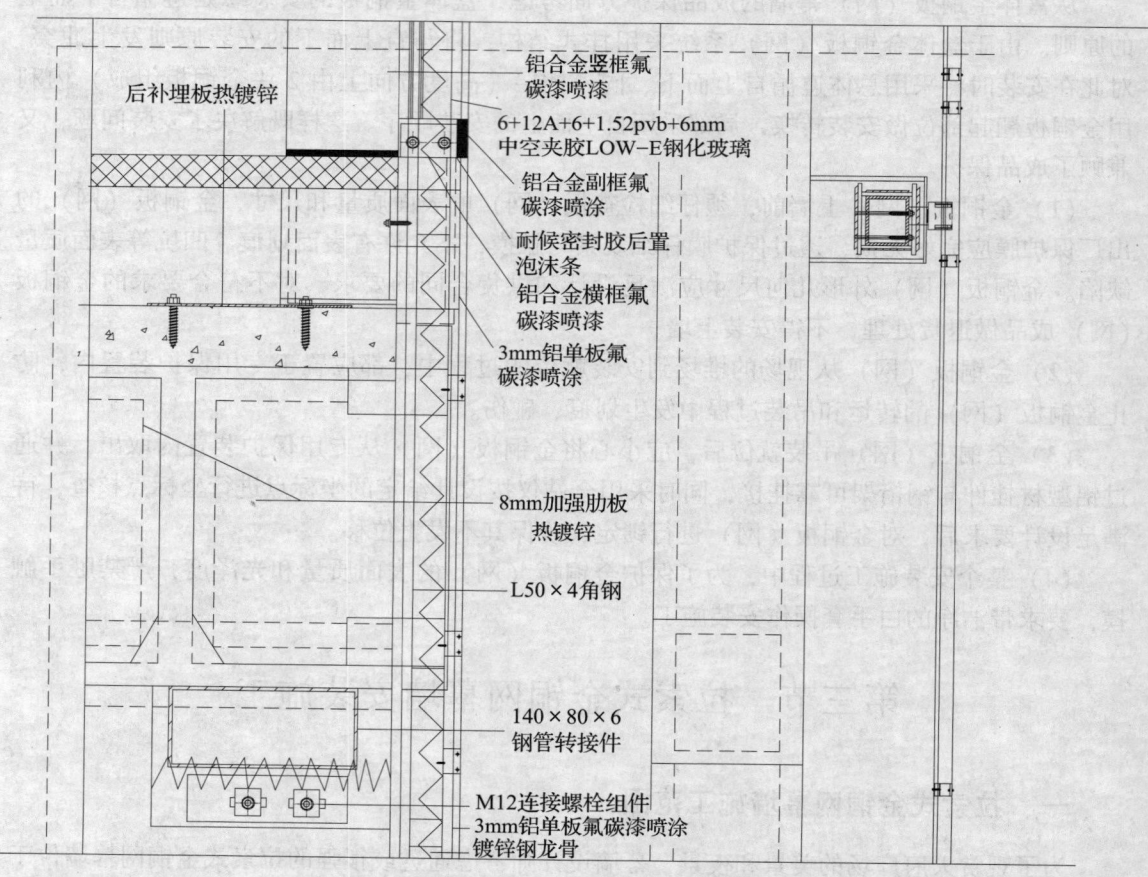

图 3 – 4 – 5　拉索式金铜网幕墙竖剖节点

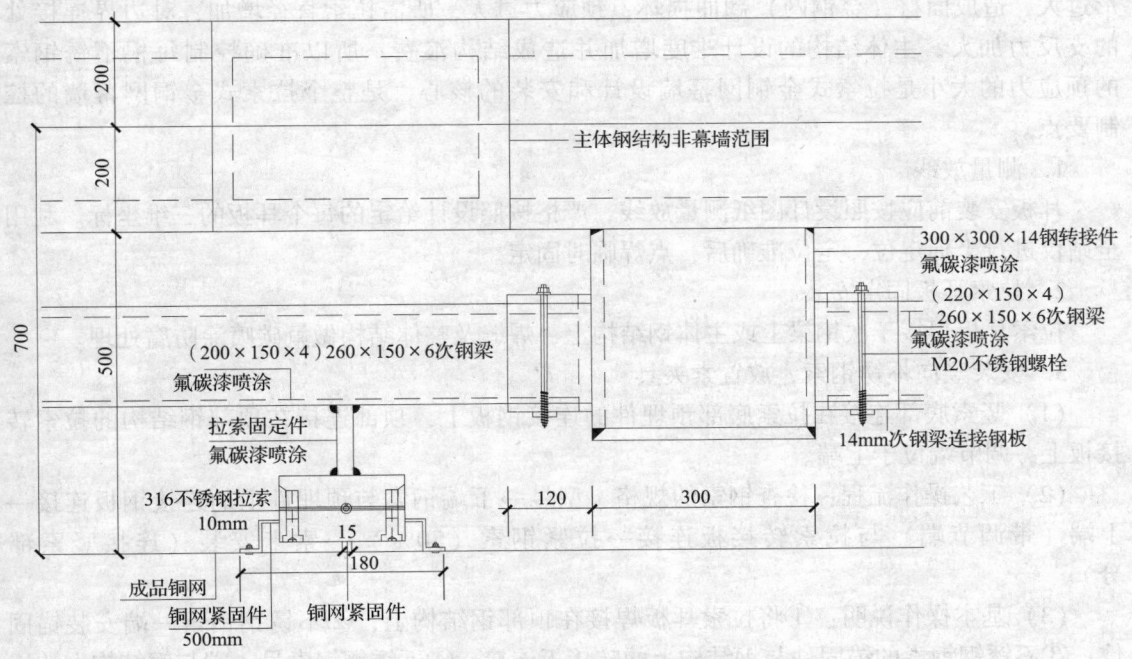

图 3 - 4 - 6　拉索式金铜网幕墙横剖节点

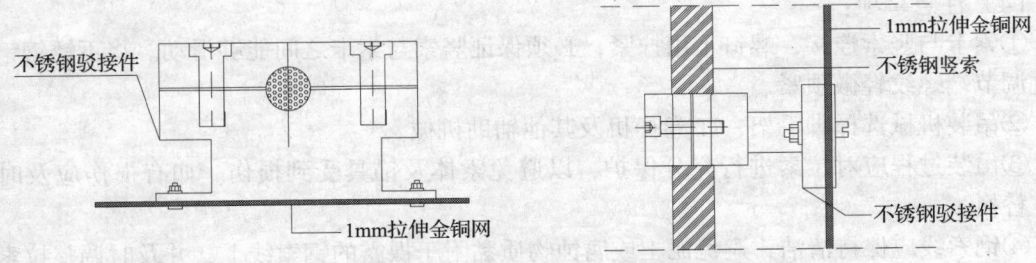

图 3 - 4 - 7　拉索式金铜网幕墙节点

四、拉索式金铜网幕墙安装施工

拉索式金铜网幕墙位于博物馆建筑物的东立面，主体建筑造型复杂多变，结构在高度方向进出变化很大，故东墙面拉索式金铜网幕墙采用脚手架施工。

（一）施工工艺流程

本工程的拉索式金铜网幕墙主要采用只有竖向索的单索结构支撑体系，是一种新型拉索结构体系。索不同于刚性构件，不能承受压力、弯矩与扭矩。

拉索式金铜网幕墙安装施工工艺流程：测量放线→拉索耳板固定安装→安装竖向不锈钢索、放置索夹具→索网张拉力分析→第一次张拉钢索（50%）→第二次张拉钢索（75%）→第三次张拉钢索→蠕变→紧固索夹具→索网找形分析→安装金铜网→金铜网清理。

（二）安装施工要点

预应力的大、小决定了幕墙体系是否具有足够的刚度，预应力过小，刚度不够。幕墙变形过大,造成面材(金铜网)翘曲损坏;预应力过大,所需拉索直径增加,对边界连接处的支反力加大,主体结构的设计难度增加并造成结构浪费。所以准确控制每根不锈钢索的预应力的大小是拉索式金铜网幕墙设计和安装的核心,是整个拉索式金铜网幕墙的控制要点。

1. 测量放线

耳板安装前应按照设计图纸测量放线,严格按照设计给定的每个耳板的三维坐标。利用全站仪进行坐标定位,定位准确后,点焊临时固定。

2. 拉索耳板固定安装

拉索耳板焊接于次钢梁上或主体钢结构上,焊缝及整体结构做氟碳喷涂防腐处理。

3. 安装竖向不锈钢索,放置索夹具

(1)竖索底部连接在拉索底部预埋件的连接钢板上,顶部连接在顶部钢结构的拉索转接板上,调节端位于上端。

(2)工艺操作流程:检查钢索的规格、型号→下端钢索与预埋件上的连接钢板连接→上端(带调节端)与拉索转接板连接→拉紧钢索(50%)→索卡安装(连接竖索部分)。

(3)基本操作说明:①将拉索耳板焊接在顶部钢结构上;②不锈钢钢索一端安装锚固件;③不锈钢钢索的锚固件与钢结构上的转接板连接;④不锈钢钢索另一端与钢结构上的连接板连接。

(4)注意事项:

①索卡与竖索连接,螺钉不用拧紧,必须保证竖索与索卡之间能够滑动。将不锈钢钢索通过调节端螺纹轻微预紧。

②吊装机械选择脚手架,IT卷扬机及其他辅助机械。

③吊装过程应对拉索进行充分保护,以避免索体及锚具受到损伤。如有损伤应及时修补、替换。

④钢索线应保持清洁,避免泥土或腐蚀物质黏附于裸露的钢索线上,并及时调整拉索在悬空中的位置。

⑤安装过程中,严格检查每根拉索的扭转和连接情况,防止拉索与节点扭转变形连接。

4. 不锈钢索网张拉力分析

竖索或横索分别布置在两个平面、轴线距离45mm,竖索在外层,横索处在内层。索网布置图保证分区段、分层次的张拉施工方法,须根据索网布置图考虑拉索张紧器的配置。

5. 第一次张拉钢索(50%)

为避免角部结构在钢索张拉时产生单向位移,导致先张拉的拉索张力发生变化(造成应力损失),应采用以下顺序张拉索网,从而在最低情况下减少不同面索力的相互影响。

本工程的张拉顺序:先张拉竖索→再张拉横索。拉索安装完毕后要对拉索进行张拉,使拉索在预应力的作用下始终保持直线状态,在受到荷载的时候才能不变形或小变形。

（1）安装程序：

①在施工过程中，直接采用"拉索张紧器"进行调节，可方便地实现拉索的预张力施加。

②"拉索张紧器"是针对点支式玻璃幕墙结构的不锈钢拉索施加预应力而研发出来的一套手动工具。利用该工具可以轻松、方便地对不锈钢拉索施加预应力。

（2）操作方法：

①在向下摇动千斤顶摇杆的同时，沿调节端收缩方向转动拉索调节套，重复上述动作，即可轻松地缩短调节端，达到施加预紧的目的。

②预应力施加完毕后，按顺序拆除"拉索张紧器"，并拧紧拉索调节套两端的锁紧螺母。

（3）注意事项：

①准备投入运行之前，应通过具有测量资格的计量单位进行配套标定，并试运行，使设备处于良好状态。

②张拉过程中，对每级张拉都应进行张拉力和伸长值进行控制，并监控钢梁控制点变形，及时对拉索张力过程进行调整，以确保其满足设计要求。

③张拉完毕后，应再次测试拉索的应力值和各拉索内力及控制节点位移，对拉索进行调整。待各项指标均满足设计要求后，按照有关规定对锚具进行永久性保护。

④张拉到设计值或相关要求，经检查确认无误后，方可进行下一步工作，保证连接件连接可靠，如有角度或尺寸偏差，应采取必要的调整措施。

⑤张拉过程必须平移，逐级进行，严禁超载作业。

⑥在实施张拉过程中，应对张拉索进行应力变形检测，如出现异常现象，应立即停止张拉，待明确原因、采取相应措施予以调整后，方可继续张拉。

6. 第二次张拉钢索（75%）

（1）第二次拉索（75%），具体操作同第一次。

（2）挂重：

①采用铁砂、河砂或混凝土灌浆的模式制作配重砂袋。

②配重砂袋与每一束金铜网自身质量完全相同。

③砂袋要具有防潮措施，避免吸水导致质量偏差。

④采取脚手架配合卷扬机将砂袋与竖索通过卡扣可靠连接，其连接位置严格按照图纸要求。

⑤卡扣和竖索及砂袋与竖索之间必须做好保护，避免划伤竖索，采取措施防止砂袋受风摆动。

⑥必须保证横索与竖索之间滑移，即在配重砂袋的影响下，横索仍能准确张拉。

⑦测量挂重后的预起拱横索是否达到水平，必要时必须做出调整。

7. 第三次张拉钢索（105%）

①在挂上配重砂袋后索桁架有一定变形，必须通过二次张拉使其达到要求设置。

②具体操作工法参考第一次张拉。

③检查竖索张力值及标识点位置，有必要则调整部分横索或竖索。

④保证内、外两侧的横索分别在两个平面内，保证外侧的竖索在同一平面内。

⑤在所有检查和调整结束后，将索卡与横索、竖索连接点的螺钉最后拧紧。

8. 蠕变

待建设单位、总包单位和工程监理单位对钢索网安装工程质量确认后，停止工作 2 ~ 5d，待钢索网进一步蠕变。具体时间可根据蠕变现场情况而定。

9. 紧固索夹具

①再次施工应对钢索的张力和变形进行检查，有必要则进行调整。

②测量竖索上钢索夹具的位置，并做出标识，标识误差必须在 ±3mm 公差范围内。

③将索卡与竖索及横索最后固定。

10. 索网找形分析

①索网是简型的柔性结构，索网的结构是由索力和荷载控制的，不同的索力和荷载下有不同的形状。因此在索结构分析之前，必须进行索网找形。

②由于本工程为平面索网，不存在三维空间找形，只需在平面内找形，按照不同目标分两步找形，即重力找形，索力找形。

11. 金铜网板块安装及配重卸载

金铜网板块是由生产厂车间加工，然后在工地上安装。由于工地上不宜长期贮存金铜网，故在安装前要制定详细的安装计划，列出详细的金铜网供应计划，这样才能保证安装顺利进行及方便车间安排生产。

金铜网板块安装施工工艺操作流程：施工准备→检查金铜网板块→将金铜网板块按顺序堆放→初步安装→调整→固定→验收。

（2）金铜网板块安装施工基本操作说明：

（1）施工准备：安装前应结合现场实际情况对安装队伍进行安全技术教育，检查施工中所用脚手架、施工工具是否完善可靠；安装工具采用脚手架配合卷扬机施工；左右下部定位槽要清理干净，并按图纸要求放好橡胶垫块及相交密封胶条。

（2）金铜网安装：①先卸载沙袋；②将金铜网夹具在安装前装在金铜网上；③按现场条件利用卷扬机和机动、手动吸盘结合将金铜网运送至安装位置；④将金铜网上的铜网夹具装入单索或钢结构上，调整位置；⑤金铜网安装遵循从上往下、从中间到两边的顺序。

（3）金铜网调整与固定：①按图纸要求及有关标准对金铜网进行调整，保证金铜网的垂直度偏差≤1.5mm；②金铜网之间接缝处不平整度≤1.0mm；③横、竖胶缝的宽度、水平度、垂直度都达到图纸及标准要求；④调整固定完毕后安装队伍自检，项目经理复检。

12. 金铜网清理

确定金铜网板块安装位置无误后，对金铜网进行清理，撕去表面的保护膜。

五、拉索式金铜网幕墙安装施工质量控制

（一）幕墙构造组成及要求

1. 构造组成

拉索式金铜网幕墙构造组成：

（1）拉索式金铜网幕墙——外层金铜网的固定。两层间安装 300mm×200mm×12mm 箱形梁，箱形梁表面深灰色氟碳喷涂。

（2）采用直径为 12mm 的不锈钢拉索通过不锈钢夹具与箱形梁连接。

（3）外层面材为 1.0mm 厚拉伸金铜网，用不锈钢驳接件将金铜网固定在拉索上。

2. 系统组成要求

该系统要求金铜网大面的平整度、接缝处理美观。另外，拉索本身对主体钢结构的附加反力必须在允许范围内。拉索金铜网幕墙在要求通透性比较高的幕墙位置处采用隐框玻璃幕墙，使幕墙通透性能更好；不锈钢钢索作为受力构件，具有更好的力学性能和耐久性能；拉索式金铜网幕墙通过施加的预应力产生抵抗平面外荷载的刚度。

（二）质量控制标准

1. 支承结构安装技术要求

拉索式金铜网幕墙支承结构安装技术要求见表 3－4－5。

表 3－4－5　支承结构安装技术要求

序号	项 目 名 称	允许偏差（mm）
1	相邻两竖向构件间距	±2.5
2	垂向构件垂直度	$L/1000$ 或 ≤5
3	相邻两竖向构件外表面平整度	5
4	相邻两爪座水平间距	－3～+1
5	相邻两爪座水平高低差	1.5
6	爪座水平度	2
7	同层高度内爪座高低差（幕墙高度≤35m）	5
8	相邻两爪座垂直间距	±2
9	单个分格爪座对角线	4
10	爪座端面平面度	6

注：L 为跨度，单位为 mm。

2. 拉索式金铜网幕墙安装质量要求

拉索式金铜网幕墙安装质量要求见表 3－4－6。

表 3－4－6　拉索式金铜网幕墙安装质量要求

项 目 名 称		允许偏差（mm）	检查方法
幕墙垂直度	幕墙高度≤30m	10	经纬仪
	幕墙高度＞30m	15	
幕墙平整度		3	3m 靠尺、钢板尺
竖缝直线度		3	
横缝直线度		3	
拼接宽度（与设计值比）		2	卡尺

另外，为了保证工程质量，工厂车间加工以及现场安装的各个环节必须按此标准执行。其他若有未尽事宜，请参考有关规范、标准执行。

（三）质量控制要点

1. 拉索耳板安装质量控制

不锈钢拉索通过耳板与钢次梁或主体钢结构进行固定，耳板的位置精度决定不锈钢拉索的位置，也就确定了金铜网面板的竖向及进出位置，所以耳板的精确安装关系到最终饰面的外观质量和平整度，必须严格控制。

（1）测量放线：耳板安装前应按照设计图纸，严格按照设计给定的每个耳板的三维坐标利用全站仪进行坐标定位，定位准确后，点焊固定。

（2）焊接固定：整面所有耳板依照设计给定坐标点焊完成后，再次利用全站仪进行全面核查，确保所有耳板的位置准确后，对耳板进行最终的满焊。

2. 拉索安装施工质量控制

只有施加了预应力的拉索，才能为索网幕墙系统提供强度和刚度以支承幕墙。预应力的大小决定了幕墙体系是否具有足够的强度和刚度，所以准确控制每根竖索的预应力大小是拉索式金铜网幕墙设计和安装施工达到的核心，必须加以严格控制。

在拉索张拉施工时，应严格按照设计计算给定的张拉力，每根不锈钢拉索分别控制。

（1）拉索安装就位：检查核对拉索规格、型号无误后，将拉索上端、下端（带调节端）通过螺栓与耳板相连，拉索安装过程中，应对拉索进行充分保护，避免索体及锚具受到损伤，如有损伤应及时修补。安装过程中严格检查每根拉索的扭转和连接情况，防止拉索与节点扭转变形连接。

（2）拉索预应力调节：本工程拉索的张拉将采用拉索专用张拉器进行张拉，同时以拉索测力仪测定钢索的之张力。拉索的张拉将分 3 次完成。

①初始张拉。张拉至设计值的 50%。张拉时需要两人操作，一人压手动泵，一人用扳手旋转调整。一定要保证手动泵操作与扳手操作同步。手动泵操作和操作套旋转相互协调的情况下，利用扳手可轻松拧动调节螺杆，如不易拧动，是因为操作不同步引起的，此时不能强行操作，适当调整操作节奏后再继续。重复上述动作，即可轻松地缩短调节端，达到施加预应力的目的。张拉完毕之后按顺序拆下仪器并拧紧螺帽。张拉过程中要以拉索测力仪测定钢索的张力，对索的张力和变形进行监控，逐步调整，最终满足设计要求。

②第二次张拉。张拉至设计值的 75%，具体要求同初始张拉。

③第三次张拉。张拉至设计值的 105%，具体要求同初始张拉。

（3）张拉注意事项：

①拉索测力仪准备投入运行之前，应具有测量资格的计量单位进行配套标定，并试运行，使设备处于良好状态。

②张拉过程中的每级张拉都应进行张拉力和伸长量控制。并监控钢梁控制点变形，及时对拉索张拉过程进行调整，以确保其满足设计要求。

③张拉完毕后，应再次测试拉索的应力值和各根拉索的内力及控制节点位移，对拉索进行调整，各项指标均满足设计要求后，按照有关规定对锚具进行耐久性保护。

④张拉到设计值或相关要求后，经检查确认无误后，方可进行下一步工作，保证连接件连接可靠，如有角度或尺寸偏差应采取必要的调整措施。

⑤张拉过程必须平移，逐级进行，严禁超载作业。

⑥在实施张拉过程中，应对张拉索进行应力变形检测，如出现异常现象，应立即停止张

拉，待明确原因采取相应措施后，予以调整后方可继续张拉。

3．金铜网面板安装质量控制

金铜网面板安装施工顺序遵循自上而下的原则。

（1）金铜网面材安装上墙前，须仔细检查金铜网的表面质量和尺寸。不允许有表面划痕、凹坑等表面质量缺陷。金铜网外形几何尺寸应满足设计和供货合同的要求，对不符合要求的金铜网成品做退货处理，不得安装上墙。

（2）金铜网从现场的堆场到安装就位的过程中，都应置于专用保护装置内，防止金铜网在转运和吊装过程中发生撕破、碰伤。金铜网面板吊装就位后，应小心将金铜网从专用保护装置内取出，用不锈钢驳接件将金铜网固定在拉索上。金铜网安装完成后，饰面应平整，分格缝横平竖直。

第四节　直立锁边金铜板幕墙安装施工

一、直立锁边金铜板幕墙施工范围

直立锁边金铜板幕墙系统位于成都博物馆工程的屋面工程。

二、直立锁边金铜板幕墙系统组成

直立锁边金铜板幕墙系统采用矮立边的直立锁边体系。0.5mm 厚金铜板下部衬以 0.8mm 厚镀锌钢板、0.6mm 厚 V125 – 35 – 750 镀锌压型钢板、型钢龙骨（固定于屋面混支墩上）。

凸起造型侧面为无立边铜板，背部衬镀锌钢板。

外部效果成波浪翘曲形，外观新颖、大方美观。

三、直立锁边金铜板幕墙结构构造

直立锁边金铜板幕墙铜板起翘点位图如图 3 – 4 – 8 所示。

直立锁边金铜板幕墙屋面节点如图 3 – 4 – 9 所示。

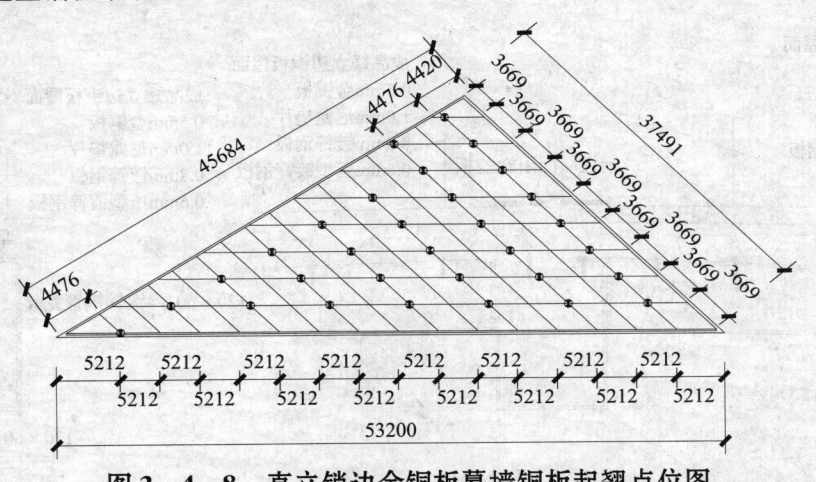

图 3 – 4 – 8　直立锁边金铜板幕墙铜板起翘点位图

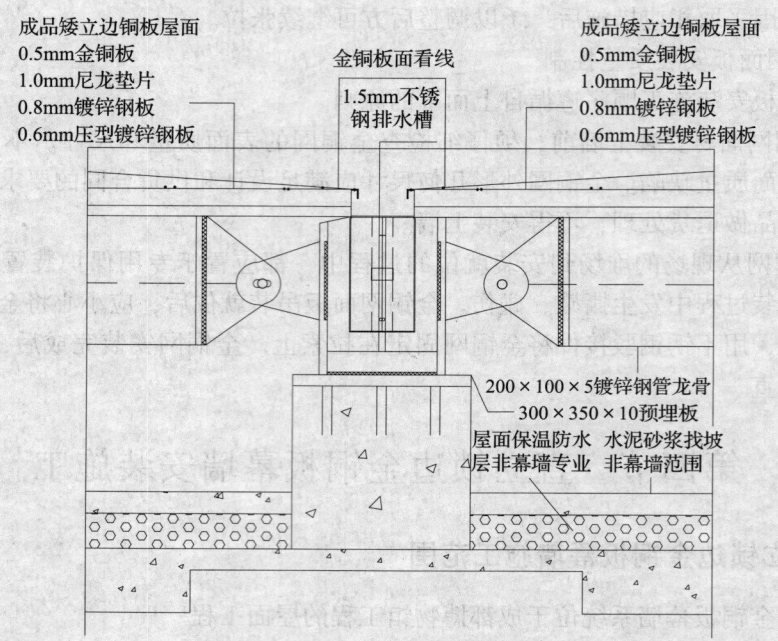

成品矮立边铜板屋面
0.5mm金铜板
1.0mm尼龙垫片
0.8mm镀锌钢板
0.6mm压型镀锌钢板

金铜板面看线
1.5mm不锈钢排水槽

成品矮立边铜板屋面
0.5mm金铜板
1.0mm尼龙垫片
0.8mm镀锌钢板
0.6mm压型镀锌钢板

200×100×5镀锌钢管龙骨
300×350×10预埋板
屋面保温防水层非幕墙专业 水泥砂浆找坡 非幕墙范围

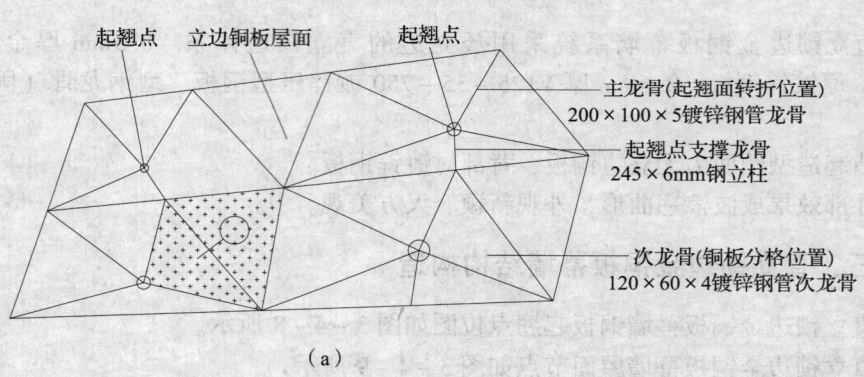

起翘点 立边铜板屋面 起翘点

主龙骨(起翘面转折位置)
200×100×5镀锌钢管龙骨
起翘点支撑龙骨
245×6mm钢立柱

次龙骨(铜板分格位置)
120×60×4镀锌钢管次龙骨

（a）

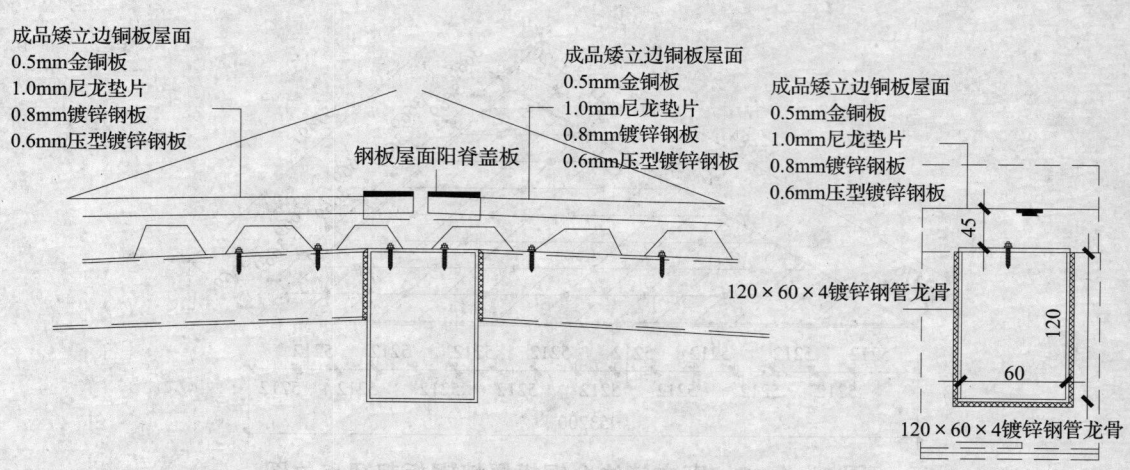

成品矮立边铜板屋面
0.5mm金铜板
1.0mm尼龙垫片
0.8mm镀锌钢板
0.6mm压型镀锌钢板

钢板屋面阳脊盖板

成品矮立边铜板屋面
0.5mm金铜板
1.0mm尼龙垫片
0.8mm镀锌钢板
0.6mm压型镀锌钢板

成品矮立边铜板屋面
0.5mm金铜板
1.0mm尼龙垫片
0.8mm镀锌钢板
0.6mm压型镀锌钢板

45

120×60×4镀锌钢管龙骨

120
60

120×60×4镀锌钢管龙骨

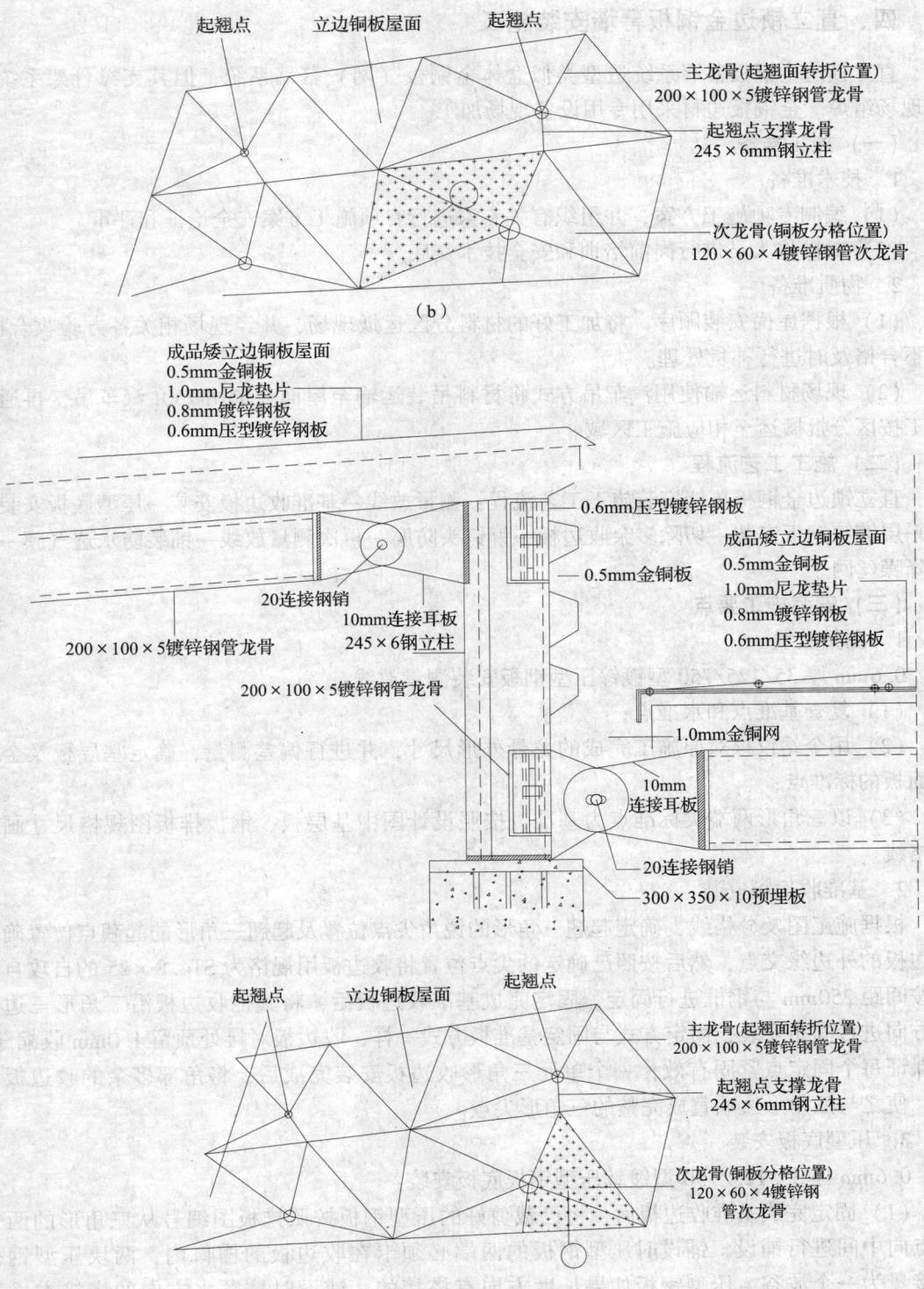

图3－4－9 直立锁边金铜板幕墙屋面节点

四、直立锁边金铜板幕墙安装施工

直立锁边金铜板幕墙系统造型类似盒体金铜板（网）幕墙系统，但其支撑骨架系统采用现场组焊。金铜板边材采用专用设备现场加工。

（一）施工准备

1. 技术准备

（1）编制专项施工方案，并组织有关专家进行专项施工方案安全论证和评审。

（2）对操作人员进行岗前培训和安全技术交底。

2. 物质准备

（1）根据屋面安装顺序，将加工好的材料分区运抵现场，并经现场相关各方验收合格，如不合格及时进行补货处理。

（2）现场材料运输使用汽车吊方式将材料吊装运输至屋面。选用 150t 汽车吊，再通过人工按区分批搬运至相应施工区域。

（二）施工工艺流程

直立锁边金铜板幕墙安装施工工艺流程：测量放线→基准收边板安装→压型底板安装→找平层镀锌钢板安装→切除多余收边板→铆钉头防腐→再次测量放线→铺装防水透气膜→铺装降噪丝网。

（三）安装施工要点

1. 测量放线

0.6mm 厚 35/125/750 型镀锌压型钢板安装测量放线：

（1）复查基准点和水准点；

（2）用全站仪核对原施工完成的龙骨外形尺寸，并进行偏差测量，确定基层板及金铜板面板的标准点；

（3）以三角形两端尖标准点为基准，按照设计图中基层板、钢板排板图规格尺寸画出分格线。

2. 基准收边板安装

根据施工图及分格线，确定起翘三角形的锐角尖点位置及起翘三角形的起翘点位置确定收边板的外边缘交点，然后按照已确定的尖点位置将收边板用规格为 ST4.8×25 的自攻自钻钉按间距 250mm 与钢框进行固定，固定完成基准收边板后，将其他收边板沿三角形三边直线方向进行满布安装，固定方式与固定基准板方式一样，收边板对接处预留 1.0mm 收缩缝，并保证每个固定点紧固有效，一个单元三角形收边板安装完成后，将角部多余的收边板切除，使之与三角形边顺直成完整的三角形尖点。

3. 压型底板安装

0.6mm 厚 35/125/750 型镀锌压型钢板底板安装：

（1）固定完成基准收边板后，将已裁剪好的压型钢板按照排板图编号从三角形的两个尖点向中间进行铺设，铺设时压型钢板的两端必须卡在收边板的槽口内，两块压型钢板搭接量为一个波谷，压型钢板如果长度方向有搭接的，铺设时按顺水方向的搭接方式进行。

（2）铺设好压型钢板后用规格为 ST4.8×25 的自攻自钻钉按 125mm 间距将压型钢板及收

边板与钢框或钢架角钢进行固定，固定点为每波谷1枚，不得漏打或松动。如图3-4-10所示。

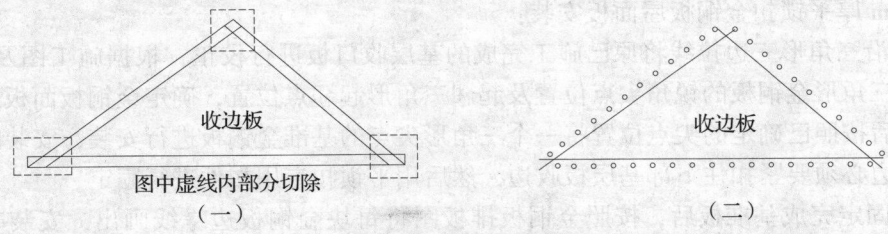

收边板　　　　　　　　　　收边板

图中虚线内部分切除
（一）　　　　　　　　　　（二）

图3-4-10　压型钢板与收边板的固定

4．找平层镀锌钢板安装

0.8mm厚镀锌钢板找平层安装：

（1）固定完成镀锌压型钢板底板后，将压型钢板的波峰中心位置用记号笔在收边板上引线记点。

（2）记点完成后按照找平板编号图将找平板自三角形锐角尖端向中间进行铺设，按顺水方向搭接方式与边缘部位的收口板叠合在一起，板边缘两端沿直线方向平齐，上、下不能错装，两块找平板之间的搭接量不低于50mm。

（3）按编号将找平层铺设完成后，按上一步在收口板的记点，将对应两点拉通线在找平板上弹墨线；

（4）弹墨线后，按照墨线进行钻孔固定。钻孔采用 φ5.2mm 麻花钻头，钻孔时必须按沿墨线方向进行钻孔，钻孔位置在下部的压型钢板的波峰上。严格按照钻一个孔用规格为 KS×10mm 的拉铆钉固定一个位置的原则进行，钻孔间距按 250mm×250mm 的梅花状均布。为节约拉铆钉用量和收口板强度，找平板边缘与收口板边缘必须进行铆接固定。铆接间距不大于250mm，板边缘距铆接点不大于50mm。

（5）铆接完成后，检查铆钉芯断口端头，如有突出铆钉头面的必须清除，以免后续安装金铜面板时扎穿铜板，并同时清除废料及铆钉芯等物品。

（6）用油漆涂刷：蘸取油漆，将铆钉头做防腐涂刷。如图3-4-11所示。

5．再次测量放线

（1）再次复查基准点和水准点。

（2）用全站仪核对上一步施工完成的基层板外轮廓尺寸，并进行偏差测量，确定金铜板面板的标准点。

（3）以三角形两端尖点标准点为基准，按照设计图中金铜板排板图规格尺寸画出分格线。

6．铺装防水透气膜

（1）沿三角长边方向满铺一层防水透气膜；

（2）用剪刀沿收口板边沿剪掉超出基层收口板边缘的防水透气膜。

7．铺装降噪丝网

6mm厚通风降噪丝网安装；

（1）沿三角形长边方向满铺一层通风降噪丝网；

（2）用剪刀沿收口板边沿剪掉超出基层收口板边缘的丝网。

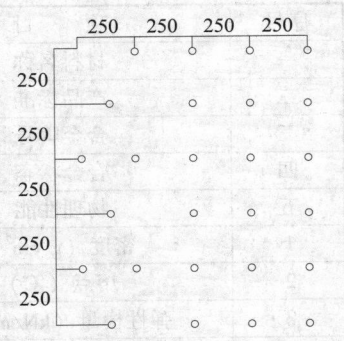

图3-4-11　铆钉头防腐涂刷

8. 安装平锁扣金铜板屋面板

0.5mm 厚平锁扣金铜板屋面板安装：

（1）沿三角形三边拉线将原已施工完成的基层收口板进行校正，根据施工图及分格线，确定起翘三角形金铜板的锐角尖点位置及起翘三角形起翘点位置，确定金铜板面板的外边缘交点，然后按照已确定的尖点位置将一个三角形尖点的基准金铜板进行安装，安装时注意金铜板的折边必须要紧扣住下部基层板收边，然后用平锁扣专用扣件进行固定。

（2）固定完成基准板后，按照金铜板排板图将每块金铜板边缘线画出，安装时严格按照排板图进行。两块金铜板折边必须相互扣紧，与长边方向的基层收边板也必须扣紧，固定方式与基准板固定方式相同。依此类推，直至安装至三角形短边方向。

（3）一个三角形的区块内沿长边方向的金铜板安装完成后，短边方向的金铜板安装时均需修剪及收边，修剪时根据屋面基层板边缘向外偏移 30mm 为修剪线，画出面板的修剪线并按线修剪。

（4）修剪完成后，先用一次收边器进行预折边处理，然后用二次收边器进行收边，收边后达到金铜板与基层收边紧扣。

（5）安装完成一个三角形区块后，检查锁边有无质量缺陷。如有问题，立即进行修正。

9. 屋面清理

屋面金铜板进行清理：撕去表面的保护膜，所有施工部位在安装施工面板时，除了操作人员手带白手套精心施工外，还要将所安装完成的成品用棉被进行保护后，再上人进行操作。

五、直立锁边金铜板幕墙施工质量控制

（一）屋面幕墙系统构成

屋面直立锁边金铜板幕墙系统采用矮立边的直立锁边体系，0.7mm 厚金铜板下部为 0.8mm 厚镀锌钢板，0.6mm 厚 V125 - 35 - 750 镀锌压型钢板、型钢骨架，骨架固定于屋面钢筋混凝土支墩上，但不得破坏屋面防水。凸起造型侧面为无立边原铜板，铜板背部衬镀锌钢板加强。

（二）金铜板加工制作质量控制标准

（1）金铜板参考《Textile - glass - reinforced plastics - Prepregs, moulding compounds and laminates - Determination of the textile - glass and mineral - filler content - Calcination methods》ISO 1172：1996，对板材的技术性能要求见表 3 - 4 - 7。

表 3 - 4 - 7　金铜板（网）幕墙用金铜板技术参数

序号	项　目	技 术 参 数		
一	材料名称	原铜	黄铜	金铜
二	产品标准	EN1172	EN1172	EN1172
三	合金牌号	CU - DHP	CUZn15	CUAI5Zn5SnI Fe0.5
四	合金状态	R240	R300	R450
五	物理性能			
1	密度（g/cm^2）	8.93	8.75	8.18
2	熔点（℃）	1083	1000	950
3	弹性模量（kN/mm^2）	132	122	113
4	线膨胀系数［mm/（m·K）］	0.017	0.0185	0.017

续表 3 – 4 – 7

序号	项　　目	技　术　参　数		
5	硬度（HV）	50 ~ 70	55 ~ 85	100 ~ 130
六	机械性能			
1	抗拉强度 R_m（MPa）	225 ~ 285	260 ~ 310	450 ~ 560
2	屈服强度 $R_{p0.2}$（MPa）	180 ~ 235	（Max）170	220 ~ 300
3	延伸率 A10（MPa）	8	36	40

（2）建筑用金铜板在加工误差和存储等方面有着很高的要求。成都博物馆工程参考欧洲标准 NIN EN1172，对金铜板的生产加工允许误差见表 3 – 4 – 8。

表 3 – 4 – 8　金铜板（网）幕墙铜板生产加工允许误差

序号	项　　目		公差（mm）	
1	厚度 T（mm）		± 0.02	
2	宽度 W（mm）		0 < W ≤ +12	
3	长度 L（mm）		0 < L ≤ +10	
4	边缘平整度	板宽 W	0 < W ≤ 800	800 < W ≤ 1200
		1m 以内	0.3	0.2
		5m 以内	2	1
5	板面平整度	按 1m 板长计	2	

（3）金铜板（网）幕墙组件允许偏差见表 3 – 4 – 9。

表 3 – 4 – 9　金铜板（网）幕墙组件允许偏差（mm）

序号	项目	尺寸范围	允许偏差（≤）	检查方法
1	长度尺寸	≤2000	± 2.0	钢尺或钢卷尺
		>2000	± 2.5	
2	对边尺寸	≤2000	≤ 2.5	
		>2000	≤ 3.0	
3	对角线尺寸	≤2000	≤ 2.5	
		>2000	≤ 3.0	
4	折弯高度		≤ 1.0	

（4）金铜板（网）幕墙平面度允许偏差见表 3 – 4 – 10。

表 3 – 4 – 10　金铜板（网）幕墙平面度允许偏差

序号	板材厚度	（长边）允许偏差	检查方法
1	≥2mm	≤ 0.2%	钢卷尺、基尺
2	<2mm	≤ 0.5%	

（三）安装施工质量控制要点

直立锁边金铜板幕墙系统外部效果呈波浪状、翘曲形，面板直接固定在骨架系统上，因此支撑骨架系统的安装质量直接决定了最终的外立面效果。骨架系统是直立锁边金铜板幕墙的主要质量控制点，应严格重点控制。其中 200mm×100mm×5mm 镀锌钢管主龙骨通过转接件、埋件与土建钢筋混凝土支墩相连，120mm×60mm×4mm 镀锌钢管次龙骨与主龙骨现场焊接，构成幕墙系统的支撑龙骨体系。

1. 埋件、转接件安装

严格按照设计图纸给定的定位点，先补打后部平板埋件，然后将转接件与埋板进行点焊定位。

后置埋件如采用化学锚栓时，不宜在锚板上进行连续的、受力的焊缝连接，并要采取高温防护措施。

2. 主龙骨安装

（1）测量放线：主龙骨安装前，需根据设计给出的控制坐标点用钢线确定主龙骨的位置，绷好钢线。主要使用全站仪、激光垂准仪、电子经纬仪、水准仪、钢尺等测量工具。

（2）主龙骨与连接件焊接：按照已经放好的钢线，将主龙骨对应编号与连接件进行点焊固定。点焊完成后，用全站仪复核经过三维建模设计给定的控制坐标点坐标，满足要求后，进行最终的满焊固定。满焊时，应合理安排焊接计划，先点焊或分布式断续焊，然后对称依序满焊，避免局部集中施焊，防止个别杆件出现局部严重过热现象（冷却时将出现较大变形，甚至将焊缝拉裂），最大限度减少现场焊接热量平衡导致的结构变形。

3. 次龙骨安装

（1）测量放线：次龙骨安装前，需根据设计图纸给出的控制坐标点，用钢线确定主龙骨的位置，绷好钢线。主要使用全站仪、激光垂准仪、电子经纬仪、水准仪、钢尺等测量工具。

（2）次龙骨与主龙骨的焊接：按照已经放好的钢线，将次龙骨按对应编号与主龙骨进行点焊固定。点焊完成后，用全站仪复核设计图纸给定的控制坐标点坐标，满足要求后，进行最终的满焊固定。

4. 龙骨系统的二次防腐

（1）现场进行的焊接部位，由于电焊破坏了原有的镀锌层或其他防腐层，故要进行二次防腐处理。

（2）二次防腐处理时，不能单独考虑焊缝的位置，同时要考虑整个结构，检查每个钢结构的位置，进行全面防腐处理。

（3）处理时，先刷 2 道防锈涂料，再刷 1 道银粉涂料；或先刷 2 道防锈涂料，后刷 1 道防火涂料，再刷 1 道银粉涂料。涂刷时，要求全部均匀覆盖到位，不漏刷，不留防腐漏洞。

5. 金铜板面材安装

（1）金铜板面材质量应满足金铜板加工控制质量标准和供货合同的要求，两者要求不一致时，应以最严格者执行，具体由金铜板供货商或加工厂家实施。应严格按照要求对到场金铜板进行现场复检，对不符合要求的金铜板成品做退货处理。

（2）金铜板从现场堆场到安装就位的整个过程中，都应置于专用保护装置内，防止金铜板在转运和吊装过程中发生划破、碰伤。

（3）金铜板安装就位后，应手带白手套小心地将金铜板从专用保护装置内取出，并通过安装角码等与骨架系统可靠连接，同时采用全站仪按设计图纸给定的控制坐标点进行坐标点核查，满足设计要求后，对金铜板进行现场直角锁边，确保其不发生位移。

第五章　双金属幕墙

遵循以"减低能耗、绿色环保"与"降低工程成本、节约有色金属资源"等理念的指导原则，为建筑装饰幕墙领域提供新型幕墙面板材料，双金属幕墙应运而生。

第一节　概　　述

一、金属复合板的定义

双金属幕墙系由金属复合板和金属骨架共同组成。

而双金属幕墙所用的金属复合板材又是以优质的镀锌钢、铝等金属板、带为基板，与0.1~1.0mm 左右的紫铜、黄铜、不锈钢等面板复合而成。

二、金属复合板的特点

金属复合板具有良好的刚性、强度和可加工性，可以冷弯成型，同时具备良好的性价比和抗电化学腐蚀性能，可以替代纯不锈钢、铜等优质金属材料。

三、金属复合板的应用

由于金属复合板具有独特和不可取代的技术性能和优良的技术性能指标、豪华丰富的装饰效果和明细的性价比，已广泛应用于建筑幕墙、建筑装饰、门窗型材等行业，也可用于地铁工程、电梯轿厢、电器外壳、家具制作等行业，可以完全保留不锈钢、金铜板等金属材料的华丽、高档的外观效果，大量替代传统的有色金属材料，节约有限的不锈钢、铜等稀缺金属资源，从而大幅度降低材料和生产制造成本。金属复合板特别适合用于对金属材料有较高刚性和强度要求的行业，同时也可以全新的改进加工工艺和幕墙的安装施工工艺提升双金属幕墙的竞争力。

第二节　双金属幕墙常用的金属复合板

一、铝－钢金属复合板（外幕墙）

（一）生产加工工艺

铝－钢金属复合板采用预辊涂彩铝与优质镀锌钢板，以层压复合工艺生产加工而成。是现今内、外墙铝塑板及铝单板的首选材料。

（二）技术性能特点

铝－钢金属复合板外观效果优于铝塑板，与铝单板相当，但其造价远低于铝单板。双金属幕墙外幕墙板系列采用优质氟碳漆，具有超强的耐候性、耐污染性和自洁性，可保证使用寿命20 年。

（三）外幕墙氟碳产品规格

铝－钢金属复合板外幕墙板氟碳漆产品规格见表3－5－1。

表3－5－1　铝－钢金属复合板外幕墙板氟碳漆产品规格

长度×宽度（mm）	面　板		基　板	
	牌号	供选厚度（mm）	牌号	供选厚度（mm）
620×1240 1240×2480	1060 1100	0.25	DC51D	0.75
	3003	0.40		1.00

（四）产品技术性能指标

铝－钢金属复合板外幕墙氟碳漆产品技术性能指标见表3－5－2。

表3－5－2　产品技术性能指标

指标　规格	剥离强度（N/mm）	弯曲强度（MPa）	剪切强度（MPa）	耐沸水性—	耐温差性—	面密度（kg/m²）
0.25/0.75 彩铝－镀锌钢（mm）	≥7.8	≥300	≥220	无变化	无变化	5.22＋0.26
0.4/1.0 彩铝－镀锌钢（mm）	≥7.8	≥350	≥224	无变化	无变化	8.88＋0.45

二、铝－钢金属复合板（内幕墙）

（一）技术性能特点

铝－钢金属复合板外观效果优于铝塑板，与铝单板相当，但其造价远低于铝单板。双金属幕墙内幕墙板系列有氟碳漆、环氧清漆和聚酯漆供自行选择。

（二）内幕墙聚酯产品规格

铝－钢金属复合板内幕墙聚酯产品规格见表3－5－3。

表3－5－3　铝－钢金属复合板内幕墙板聚酯漆产品规格

长度×宽度（mm）	面　板		基　板	
	牌号	供选厚度（mm）	牌号	供选厚度（mm）
620×1240 1240×2480	1060 1100	0.25	DC51D	0.75
	3003	0.40		1.00

（三）产品技术性能指标

铝－钢金属复合板内幕墙板聚酯漆产品技术性能指标见表3－5－4。

表3－5－4　产品技术性能指标

指标　规格	剥离强度（N/mm）	弯曲强度（MPa）	剪切强度（MPa）	耐沸水性—	耐温差性—	面密度（kg/m²）
0.25/0.75 彩铝－镀锌钢（mm）	≥7.8	≥300	≥220	无变化	无变化	5.22＋0.26
0.4/1.0 彩铝－镀锌钢（mm）	≥7.8	≥350	≥224	无变化	无变化	8.88＋0.45

三、不锈钢 – 铝金属复合板

（一）技术技术性能特点

不锈钢 – 铝金属复合幕墙板的板材刚性好，强度高，板面平整度高，可加工性能优越。比纯不锈钢板有明显的成本优势。

（二）应用范围

不锈钢 – 铝金属复合板广泛应用于建筑幕墙、吊顶天棚、电梯门、轿厢等建筑装饰行业或作为工业用材。

（三）产品规格

不锈钢 – 铝金属复合板的产品规格见表 3 – 5 – 5。

表 3 – 5 – 5　不锈钢 – 铝金属复合板（卷）产品规格

产品描述	宽度（mm）	面板		基板	
		牌号	供选厚度（mm）	牌号	供选厚度（mm）
不锈钢铝金属复合卷材	600（净边） 610（毛边）	Sus304 Sus430 Sus201	0.10	1060 1050	0.75
包装：简包			0.12		1.00
内卷径：5.8mm			0.20		1.20
表面：本色、发纹、拉丝、磨砂			0.30		1.50

（四）产品技术性能指标

不锈钢 – 铝金属复合板的产品技术性能指标见表 3 – 5 – 6。

表 3 – 5 – 6　产品技术性能指标

指标 规格	剥离强度 （N/mm）	弯曲强度 （MPa）	剪切强度 （MPa）	耐沸水性 —	耐温差性 —	面密度 （kg/m²）
0.1/0.75 不锈钢 – 铝（mm）	≥7.8	≥150	≥61	无变化	无变化	2.90 ± 0.15
0.2/1.0 不锈钢 – 铝（mm）	≥7.8	≥200	≥98	无变化	无变化	4.35 ± 0.22
0.35/1.5 不锈钢 – 铝（mm）	≥7.8	≥225	≥101	无变化	无变化	7.25 ± 0.36

四、不锈钢 – 镀锌钢金属复合板

（一）技术技术性能特点

不锈钢 – 镀锌钢金属复合板的板面平整度好，可加工性能优越，成本低。

（二）应用范围

不锈钢 – 镀锌钢金属复合板广泛应用于建筑幕墙、门窗型材、电梯门、轿厢等建筑装饰行业或用于工业用材。

（三）产品规格

不锈钢 – 镀锌钢金属复合板的产品规格见表 3 – 5 – 7。

表 3 –5 –7　不锈钢 –镀锌钢金属复合板产品规格

产品描述	宽度（mm）	面板		基板	
		牌号	供选厚度（mm）	牌号	供选厚度（mm）
不锈钢镀锌钢金属复合卷材	600（净边）610（毛边）	Sus304 Sus430 Sus201	0.10	DC51D	0.4
					0.6
包装：简包			0.12		0.80
					1.00
内卷径：508mm			0.20		1.20
					1.40
表面：本色、发纹、拉丝、磨砂			0.30		1.80

（四）产品技术性能指标

不锈钢 –镀锌钢金属复合板的产品技术性能指标见表 3 – 5 – 8。

表 3 –5 –8　产品技术性能指标

规格 ＼ 指标	剥离强度（N/mm）	弯曲强度（MPa）	剪切强度（MPa）	耐沸水性—	耐温差性—	面密度（kg/m²）
0.1/0.6 不锈钢 – 镀锌钢（mm）	≥7.8	≥300	≥200	无变化	无变化	4.64 ± 0.4
0.1/0.8 不锈钢 – 镀锌钢（mm）	≥7.8	≥350	≥260	无变化	无变化	7.10 ± 0.35
0.15/1.0 不锈钢 – 镀锌钢（mm）	≥7.8	≥380	≥280	无变化	无变化	9.00 ± 0.45
0.15/1.3 不锈钢 – 镀锌钢（mm）	≥7.8	≥420	≥330	无变化	无变化	11.4 ± 0.57
0.2/1.7 不锈钢 – 镀锌钢（mm）	≥7.8	≥500	≥350	无变化	无变化	15.0 ± 0.75

五、紫铜 –铝金属复合板

（一）技术技术性能特点

紫铜 –铝金属复合板刚性、强度高，表面平整度好，易于加工、装饰效果高档，成本优势明显。

（二）应用范围

紫铜 –铝金属复合板广泛应用于建筑幕墙、金属屋顶、门窗型材、橱柜制造等建筑装饰行业或用于工业用材。

（三）产品规格

紫铜 –铝金属复合板（卷）的产品规格见表 3 – 5 – 9。

表 3 –5 –9　紫铜 –铝金属复合板（卷）产品规格

产品描述	宽度（mm）	面板		基板	
		牌号	供选厚度（mm）	牌号	供选厚度（mm）
紫铜 –铝金属复合卷材	600（净边）610（毛边）	T2	0.15	1060 1050	0.6
包装：简包			0.20		0.75
内卷径：508mm			0.25		1.00
表面：本色			0.30		1.20

（四）产品技术性能指标

紫铜－铝金属复合板的产品技术性能指标见表3－5－10。

表3－5－10　产品技术性能指标

指标 规格	剥离强度 （N/mm）	弯曲强度 （MPa）	剪切强度 （MPa）	耐沸水性 —	耐温差性 —	面密度 （kg/m²）
0.15/0.75 紫铜－铝（mm）	≥7.8	≥300	≥50	无变化	无变化	3.4±0.18
0.2/0.8 紫铜－铝（mm）	≥7.8	≥150	≥55	无变化	无变化	3.9±0.2

六、紫铜－不锈钢金属复合板

（一）技术性能特点

紫铜－不锈钢金属复合板的板材兼有良好的刚性、强度和耐腐蚀性能，表面平整度好，装饰效果高档，成本优势明显。

（二）应用范围

紫铜－不锈钢金属复合板广泛应用于建筑幕墙金属屋顶、门窗型材、橱柜制造等建筑装饰行业或用于工业用材。

（三）产品规格

紫铜－不锈钢金属复合板（卷）的产品规格见表3－5－11。

表3－5－11　紫铜－不锈钢金属复合板（卷）产品规格

产品描述	宽度（mm）	面板		基板	
		牌号	供选厚度（mm）	牌号	供选厚度（mm）
紫铜－不锈钢金属复合卷材			0.15		0.6
包装：简包	600（净边）	T2	0.20	SUS304	0.75
内卷径：508mm	610（毛边）		0.25		0.80
表面：本色			0.30		1.00

（四）产品技术性能指标

紫铜－不锈钢金属复合板（卷）的产品技术性能指标见表3－5－12。

表3－5－12　产品技术性能指标

指标 规格	剥离强度 （N/mm）	弯曲强度 （MPa）	剪切强度 （MPa）	耐沸水性	耐温差性	面密度 （kg/m²）
0.15/0.75 紫铜－不锈钢（mm）	≥7.8	≥300	≥220	无变化	无变化	6.55±0.33
0.2/0.8 紫铜－不锈钢（mm）	≥7.8	≥330	≥240	无变化	无变化	8.10±0.41

七、紫铜－镀锌钢金属复合板

（一）技术性能特点

紫铜－镀锌钢金属复合板的板材性能强度高，表面平整度好，装饰效果高档，成本优势明显。

（二）应用范围

紫铜－镀锌钢金属复合板广泛应用于建筑幕墙、金属屋顶、门窗型材、橱柜制造等建筑装饰行业或用于工业用材。

（三）产品规格

紫铜－镀锌钢金属复合板（卷）的产品规格见表 3－5－13。

表 3－5－13　紫铜－镀锌钢金属复合板（卷）产品规格

产品描述	宽度（mm）	面板		基板	
		牌号	供选厚度（mm）	牌号	供选厚度（mm）
紫铜－镀锌钢金属复合卷材			0.15		0.6
					0.75
包装：简包	600（净边）610（毛边）	T2	0.20	DC51D	0.80
					1.00
内卷径：508mm			0.25		1.20
表面：本色			0.30		1.50

（四）产品技术性能指标

紫铜－镀锌钢金属复合板的产品技术性能指标见表 3－5－14。

表 3－5－14　产品技术性能指标

指标／规格	剥离强度（N/mm）	弯曲强度（MPa）	剪切强度（MPa）	耐沸水性—	耐温差性—	面密度（kg/m²）
0.15/0.75 紫铜－镀锌钢板（mm）	≥7.8	≥310	≥230	无变化	无变化	6.5±0.33
0.2/0.8 紫铜－镀锌钢板（mm）	≥7.8	≥350	≥260	无变化	无变化	8.10±0.41

八、黄铜－铝金属复合板

（一）技术性能特点

黄铜－铝金属复合板的板材刚性强度高，表面平整度好，易于加工、装饰效果高档，成本优势明显。

（二）应用范围

黄铜－铝金属复合板广泛应用于建筑幕墙、金属屋顶、门窗型材、橱柜制造等建筑装饰行业或用于工业用材。

（三）产品规格

黄铜－铝金属复合板（卷）的产品规格见表 3－5－15。

表 3 – 5 – 15　黄铜 – 铝金属复合板（卷）产品规格

产品描述	宽度（mm）	面板		基板	
		牌号	供选厚度（mm）	牌号	供选厚度（mm）
黄铜 – 铝金属复合卷材	600（净边）610（毛边）	H62 H65	0.15	1060 1050	0.6
包装：简包			0.20		0.75
内卷径：508mm			0.25		1.00
表面：本色			0.30		1.20

（四）产品技术性能指标

黄铜 – 铝金属复合板的产品技术性能指标见表 3 – 5 – 16。

表 3 – 5 – 16　产品技术性能指标

指标 规格	剥离强度（N/mm）	弯曲强度（MPa）	剪切强度（MPa）	耐沸水性—	耐温差性—	面密度（kg/m²）
0.15/0.75 黄铜 – 铝（mm）	≥7.8	≥130	≥50	无变化	无变化	3.4 ± 0.18
0.2/0.8 黄铜 – 铝（mm）	≥7.8	≥150	≥55	无变化	无变化	3.9 ± 0.2

第三节　铝双金属幕墙板

一、铝双金属幕墙板规格

双金属幕墙板由正面 0.25 ~ 0.4mm 铝单板作为装饰面层，背面 0.75 ~ 1.5mm 镀锌钢板作为基板结构层，中间采用特殊的高分子胶膜层经高温高压黏结而成。

这种板材按规定叫铝 – 镀锌钢复合金属板，目前幕墙工程中用得较多，故通常称为铝双金属幕墙板。

（一）常用厚度规格

双金属幕墙板常用厚度规格有 1.0mm，1.3mm，1.8mm，2.0mm 等，也可以按照具体工程设计要求来组合各种金属层的用量及总厚度要求。

（二）标准幅宽和长度

铝双金属幕墙板的标准幅宽为 600mm、1200mm、1600mm，标准长度为 3000mm，最长可达 8000mm。

（三）板自身质量

双金属幕墙板自身质量：1.0mm 厚的单位质量是 6.66kg/m²，1.3mm 厚的单位质量是 8.65kg/m²，1.8mm 厚的单位质量是 12.63kg/m²，2.0mm 厚的单位质量是 13.04kg/m²。

而 4mm 铝塑板单位质量是 5.6kg/m²，2.5mm 铝单板单位质量是 6.88kg/m²，3.0mm 铝单板单位质量是 8.26kg/m²，6mm 厚玻璃单位质量是 15.67kg/m²，可做参考。

二、铝双金属幕墙复合板力学性能

（一）强度和刚度

1. 强度

双金属幕墙板强度值为 321N/mm²。

2. 刚度

6.6 双金属幕墙板刚度值：

$$D = Et^3/12\ (1 - v^2)$$
$$= 2.1 \times 10^5 \times 1.8^3/12\ (1 - 0.3^2)$$
$$= 1.1215\ (\mathrm{N \cdot mm})$$

（二）风荷载–弯曲变形的关系

不同板型尺寸的铝双金属幕墙复合板的风荷载–弯曲变形的关系见表3–5–17。

表 3–5–17　风荷载–弯曲变形的关系

板宽：1000mm				板宽：1250mm				板宽：1500mm			
固定点间距（mm）	风荷载（Pa）	最大允许板块长度（mm）	板块中心弯曲变形值（mm）	固定点间距（mm）	风荷载（Pa）	最大允许板块长度（mm）	板块中心弯曲变形值（mm）	固定点间距（mm）	风荷载（Pa）	最大允许板块长度（mm）	板块中心弯曲变形值（mm）
500	500	8000	26	500	500	3800	35	500	500	3400	43
	600	8000	32		600	3300	38		600	3000	42
	700	8000	37		700	3000	38		700	2700	41
	800	3700	37		800	2800	37		800	2300	36
	900	3300	35		900	2500	36		900	2000	32
	1000	3000	34		1000	2300	35		1000	1800	30
	1100	2700	33		1100	2000	31		1100	1600	28
	1200	2400	31		1200	1800	28		1200	1500	27
	1400	2100	30		1400	1500	25		1400	1250	25
	1600	1700	25		1600	1300	23		1600	1100	24
	1800	1400	22		1800	1100	21		1800	1000	22
	2000	1200	20	400	2000	1000	20		2000	900	22
	2200	1100	18		2200	900	19		2200	800	21
	2400	1000	17		2400	800	18		2400	750	20
	2600	900	16	300	2600	750	18	400	2600	700	19
400	2800	800	15		2800	700	17		2800	650	18
	3000	750	15		3000	680	16	300	3000	600	15

三、铝双金属幕墙复合板生产加工

（一）生产质量控制

铝双金属幕墙复合板生产过程中进行定时的质量控制，检查的项目包括：尺寸、平整度、粘结强度等。

（二）板材加工

板材根据项目的设计要求做边部弯折处理，先将背面铝单板及大部分的塑料开掉，然后弯折成型，应使用生产厂家推荐的专用设备。从事工厂加工的加工商应具备相应资质，也可以在工地现场由具备资质的加工商做加工。

第四节　新型系统幕墙——双金属幕墙

一、双金属幕墙系统组成

（一）主要组成部件

加工成型的双金属幕墙板块与幕墙龙骨框架相连，板块与板块接缝可处理成密封式或开敞式，形成 15mm 左右的间距（缝宽）。

（二）组成部分要求

1. 金属骨架

双金属幕墙板块背后的金属骨架，可以选择钢龙骨体系或铝合金龙骨体系。金属骨架的选择应按照设计要求使用，应满足荷载要求强度及设计规范要求，并满足针对结构施工误差及板块尺寸误差进行调整、结构及幕墙系统变形位移及长期耐气候腐蚀的要求。

2. 金属转接件

金属转接件：连接建筑主体结构墙体与金属骨架的金属构件。可调整结构施工误差及金属龙骨的平整度。

3. 保温隔热层

根据热工设计要求，确定是否设置保温隔热层，如果加装保温层应留出相应的构造空间，保温隔热层应紧贴建筑结构墙体铺设。

二、双金属幕墙技术性能要求

1. 抗风压性能

应按《建筑结构荷载规范》GB 50009—2012 的规定方法计算确定。

2. 水密性能

开敞式设计可不做要求，但在接缝处需要进行挡水及幕墙背后导水通道设计，密封式设计按《金属与石材幕墙工程技术规范》JGJ 133—2001 的规定设计。

3. 气密性能

开敞式设计可不做要求，密封式设计按《金属与石材幕墙工程技术规范》JGJ 133—2001 的规定设计。

4. 防雷性能

双金属幕墙的防雷设计应符合《建筑物防雷设计规范》GB 50057—2010 的要求，金属支撑骨架应与建筑物主体避雷系统可靠连接。

5. 防腐性能

选用金属骨架材料时，双金属幕墙板块加工后应做好防腐工艺处理，需要考虑室外环境中的雨水和潮湿气体、积存物质的溶化和挥发所造成的腐蚀性环境对幕墙系统的影响。

6. 防噪声

双金属幕墙板块与金属龙骨之间，插接式金属龙骨与龙骨之间应考虑室外环境中风流动及金属结构热变形应力。

7．保温隔热性能

双金属幕墙的保温隔热性能的优劣，取决于其选择的保温材料和安装施工工艺。

应选用的材料吸湿率＜5％，吸水性能指标由供需双方协商确定，常用的有玻璃棉、矿岩棉或其他材料。安装方法应符合相关规范要求。

第五节　双金属幕墙设计

一、双金属幕墙设计要求

（1）根据具体情况设置变形缝（原则上与建筑主体的伸缩缝一致），且与建筑上的伸缩缝构造相匹配。

（2）幕墙安装应考虑减震措施。

（3）幕墙正常变形不应对连接点或固定点造成任何损坏。

（4）保温材料应保证黏结牢固，并考虑在潮湿状态下的质量变化。

二、双金属幕墙节点构造

双金属幕墙节点构造应遵循设计要求，并参考铝单板及铝塑板幕墙的构造做法进行二次深化设计和第三次优化设计。

（一）立面展示图

双金属幕墙立面展示如图 3－5－1 所示。

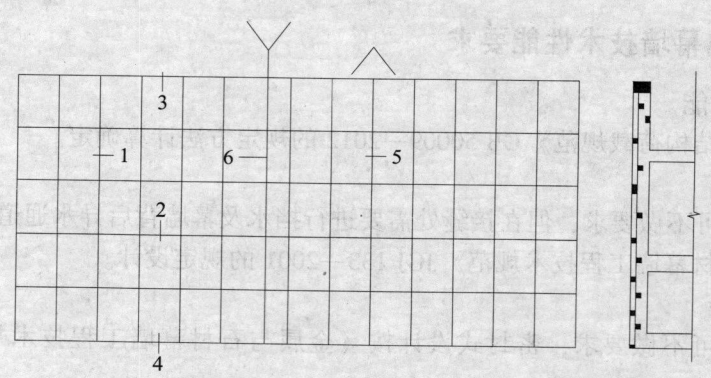

图 3－5－1　幕墙立面展开示意图

注：1～6 为胶缝位置。

（二）幕墙索引图

双金属幕墙索引图如图 3－5－2 所示。

三、双金属幕墙结构构造

（一）双金属幕墙结构构造图

1．结构构造图（一）

双金属幕墙结构构造如图 3－5－3 所示。

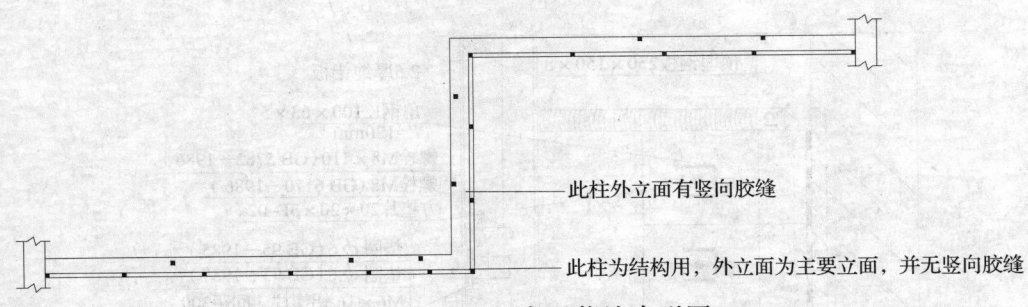

此柱外立面有竖向胶缝

此柱为结构用，外立面为主要立面，并无竖向胶缝

图 3 – 5 – 2 双金属幕墙索引图

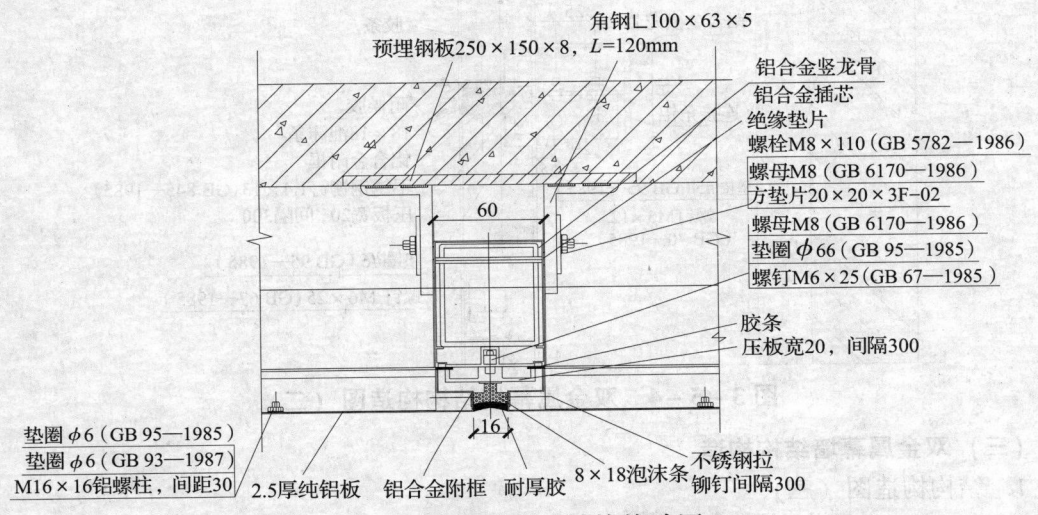

图 3 – 5 – 3 双金属幕墙结构构造图（一）

2．安装设计说明

（1）铝合金单板用不锈钢拉铆钉与铝合金附框连接在一起，安装铝单板的外压板通过不锈钢螺栓、螺母及竖龙骨（立柱）的挤压通槽固定。

（2）铝单板幕墙的密封，室内为橡胶密封条，室外为聚乙烯发泡棒及耐候密封胶。

（3）横龙骨（横梁）两端与竖龙骨（立柱）间应留有 1.5mm 间隙，以满足变形需要。

（4）铝单板内侧应设置加强筋，加强筋间距不大于 500mm。

（二）双金属幕墙结构构造图

1．结构构造图（二）

双金属幕墙结构构造如图 3 – 5 – 4 所示。

2．安装设计说明

（1）幕墙立柱宜采用上端悬挂在主体结构上，下端为自由端；上、下立柱之间应留有不小于 15mm 的间隙，并用硅酮密封胶密封，幕墙连接芯柱的长度不得小于 250mm，芯柱与立柱应紧密接触。

（2）不同金属材质接触时，应衬垫绝缘材料，以防止电化学反应锈蚀。

（3）幕墙调整完毕后，对所有连接钢件进行焊接，连续焊缝高度 6mm。

（4）所有焊口焊接后，应将焊渣清理干净，并涂两道红丹防锈涂料，再涂两道富锌漆防腐。

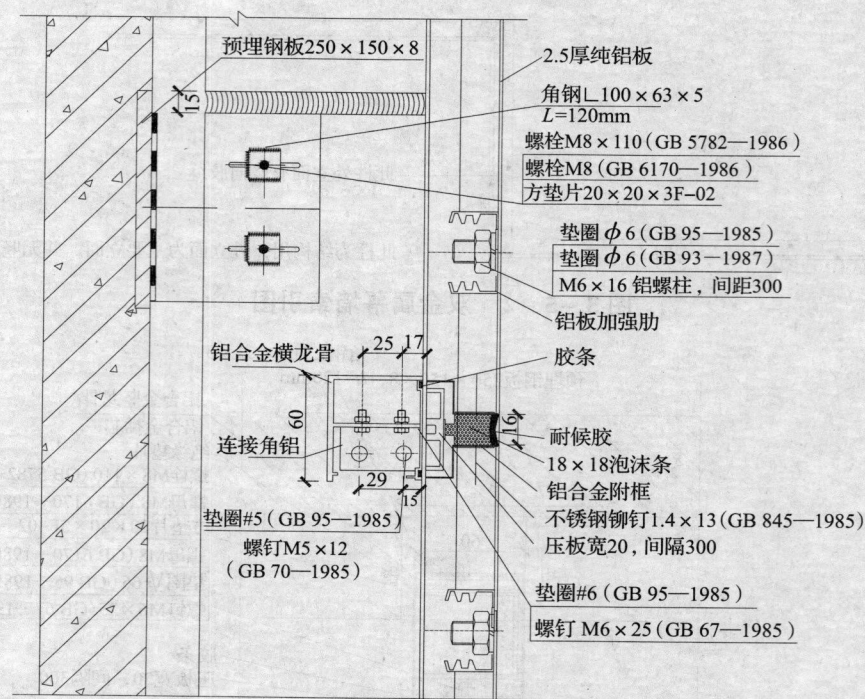

图 3 – 5 – 4　双金属幕墙结构构造图（二）

（三）双金属幕墙结构构造

1. 结构构造图（三）

双金属幕墙结构构造如图 3 – 5 – 5 所示。

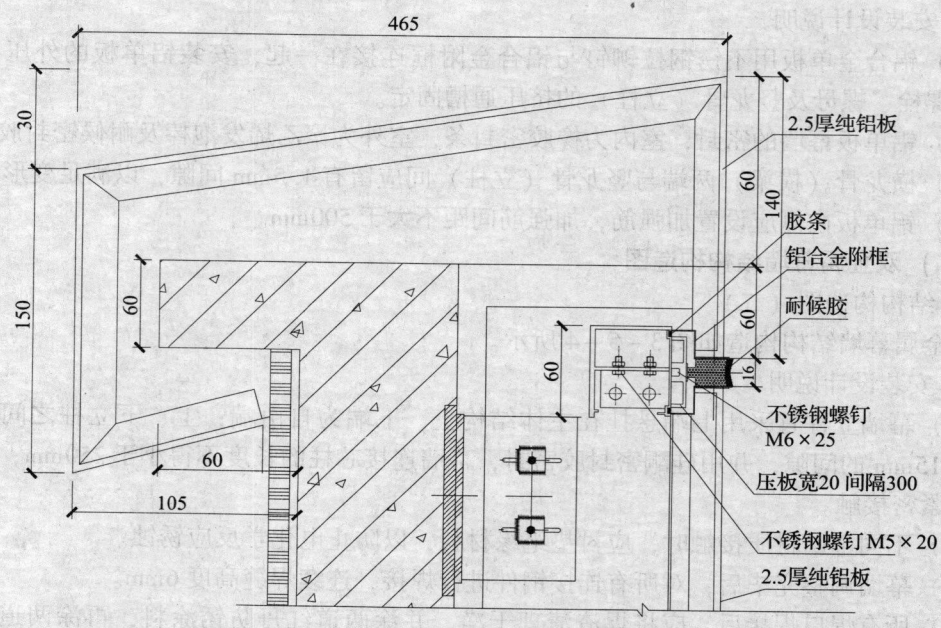

图 3 – 5 – 5　双金属幕墙结构构造图（三）

2．安装设计说明

（1）幕墙立柱宜采用上端悬挂在主体结构上，下端为自由端；上、下立柱之间应留有不小于15mm的间隙，并用硅酮密封胶密封，幕墙连接芯柱的长度不得小于250mm，芯柱与立柱应紧密接触。

（2）不同金属材质接触时，应衬垫绝缘材料，以防止电化学反应锈蚀。

（3）幕墙调整完毕后，对所有连接钢件进行焊接，连续焊缝高度6mm。

（4）所有焊口焊接后，应将焊渣清理干净，并涂两道红丹防锈涂料，再涂两道富锌涂料防腐。

（5）铝单板顶部收口应设置为内排水，内外均设滴水。

（四）双金属幕墙结构构造

1．结构构造图（四）

双金属幕墙结构构造如图3－5－6所示。

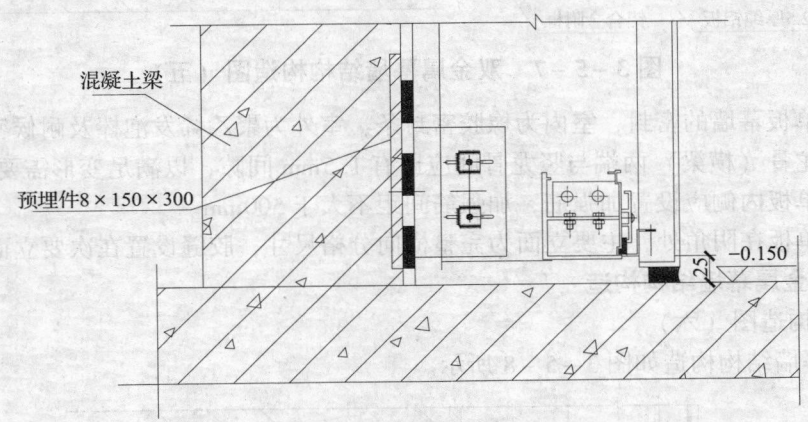

图3－5－6 双金属幕墙结构构造图（四）

2．安装设计说明

（1）幕墙立柱宜采用上端悬挂在主体结构上，下端为自由端；上、下立柱之间应留有不小于15mm的间隙，并用硅酮密封胶密封，幕墙连接芯柱的长度不得小于250mm，芯柱与立柱应紧密接触。

（2）不同金属材质接触时，应衬垫绝缘材料，以防止电化学反应锈蚀。

（3）幕墙调整完毕后，对所有连接钢件进行焊接，连续焊缝高度6mm。

（4）所有焊口焊接后，应将焊渣清理干净，并涂两道红丹防锈涂料，再涂两道富锌涂料防腐。

（5）铝单板下端收口时应注意，铝单板应固定在主体结构上，并与散水间用耐候密封胶密封。

（五）双金属幕墙结构构造

1．结构构造图（五）

双金属幕墙结构构造如图3－5－7所示。

2．安装设计说明

（1）铝单板用不锈钢拉铆钉与铝合金附框连接在一起，安装铝单板的外压板通过不锈钢螺栓、螺母及竖龙骨（立柱）的挤压通槽固定。

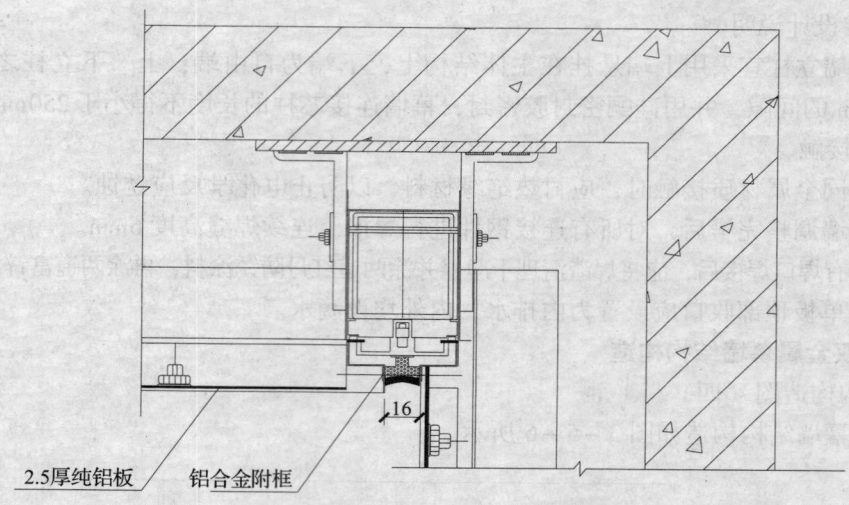

2.5厚纯铝板　　铝合金附框

图 3 – 5 – 7　双金属幕墙结构构造图（五）

（2）铝单板幕墙的密封，室内为橡胶密封条，室外为聚乙烯发泡棒及耐候密封胶。

（3）横龙骨（横梁）两端与竖龙骨间应留有 1.5mm 间隙，以满足变形需要。

（4）铝单板内侧应设置加强筋，加强筋间距不大于 500mm。

（5）铝单板在阴角处，主要立面为完整横向分格尺寸，胶缝设置在次要立面为宜。

（六）双金属幕墙结构构造

1. 结构构造图（六）

双金属幕墙结构构造如图 3 – 5 – 8 所示。

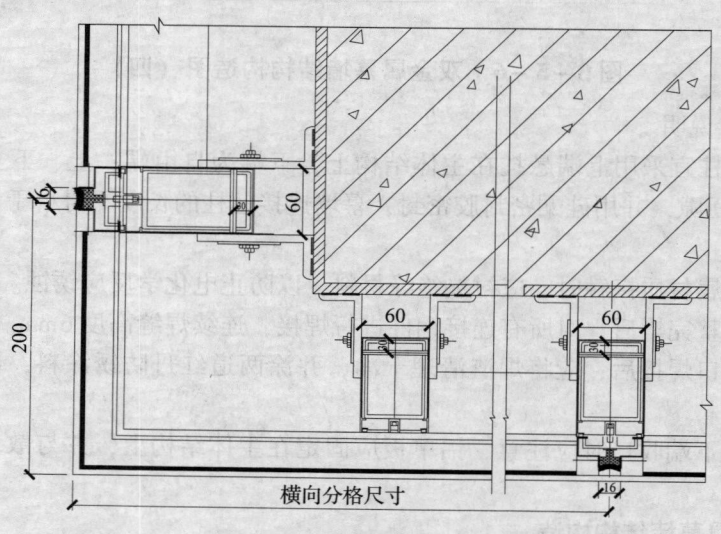

横向分格尺寸

图 3 – 5 – 8　双金属幕墙结构构造图（六）

2. 安装设计说明

（1）铝单板用不锈钢拉铆钉与铝合金附框连接在一起，安装铝单板的外压板通过不锈
螺母及竖龙骨的挤压通槽固定。

幕墙的密封，室内为橡胶密封条，室外为聚乙烯发泡棒及耐候密封胶。

（3）横龙骨两端与竖龙骨间应留有1.5mm间隙，以满足变形需要。

（4）铝单板内侧应设置加强筋，加强筋间距不大于500mm。

（5）铝单板在横向拐角处，主要立面为完整横向分格尺寸，次要立面200～400mm为宜，即便于铝单板的加工与安装，又基本满足立面效果。

第六节　双金属幕墙安装施工

一、双金属幕墙安装施工

（一）安装施工说明

框架式双金属幕墙广泛应用于非抗震设计和抗震设防烈度为7度抗震设计的民用建筑，它增加了建筑外立面的色彩与质感，同时可以设计出其他材料难以实现的外立面造型，减小建筑物外墙自身质量，使整个建筑物的总体质量大大降低，使得在同样地基条件和地质条件下，建筑物可以建设得更高，更具建筑美感。框架式铝双金属幕墙加工方便简单，安装不需要大型的设备，且适用于各种复杂的建筑物外形。

（二）安装施工工艺流程

双金属幕墙安装施工工艺流程：预埋件加工→预埋件安放→施工放线→预埋件剔凿清理→安装各楼层连接钢件→安装竖向龙骨→安装横向龙骨→龙骨精调整→钢件连接位置满焊→钢连接件防腐→防雷施工→安装防火钢板→铺设防火岩棉→安装保温岩棉→安装幕墙面板→安装压板及扣装饰盖→打密封胶→面板清洗→成品保护→竣工验收。

（三）施工要点及施工安装步骤

（1）安装之前对建筑主体结构的施工条件进行全面的检查，确认其完全符合有关规范及设计要求。

（2）考虑骨架系统伸缩变形是在正常的环境温度下施工，当在极端环境温度下施工时应适当加大固定点位移量及接缝宽度，以满足过大的伸缩变形要求，并与专业厂家咨询。

（3）双金属幕墙块的加工及组装应尽量在工厂内完成，以保证加工质量，应保护好表面漆层，不得出现严重划伤或撞击等损坏。

（4）与结构墙体连接的固定转接件应符合设计规范，确保牢固，竖向间距应按照设计要求，一般小于1.5m；

（5）幕墙骨架中主龙骨与固定转接件的连接固定点应遵循顶端紧固，而其他固定点允许至少留10mm的滑动空间的原则，竖向龙骨（立柱）连接处至少留10mm的膨胀间隙。

（6）横向龙骨（横梁）与竖向龙骨（立柱）的固定应牢固并留有温度伸缩的间隙。

（7）双金属幕墙应按照不同幕墙系统的设计要求进行施工，应保证牢固度，并按照设计要求控制板块间的接缝尺寸。

（8）安装时应注意表面漆膜的保护，在规定的时间内撕揭保护膜，保证同一墙面的颜色方向保持一致。

二、安装质量要求及检验

（一）主要竖向构件

竖向主要构件安装质量见表3-5-18。

表 3 – 5 – 18　竖向主要构件安装质量

	项　目		允许偏差（mm）	检查方法
1	构件整体垂直度	幕墙高度（m）		用经纬仪测量垂直于地面的幕墙，垂直度应包括平面内和平面外两个方向
		$h \leqslant 30$	$\leqslant 10$	
		$30 < h \leqslant 60$	$\leqslant 15$	
		$60 < h \leqslant 90$	$\leqslant 20$	
		$h > 90$	$\leqslant 25$	
2	竖向构件直线度		$\leqslant 2.0$	用 2m 靠尺和塞尺
3	相邻两竖向构件标高偏差		$\leqslant 3$	用水平仪和钢直尺测量
4	同层构件标高偏差		$\leqslant 5$	用水平仪和钢直尺以构件顶端为测量面进行测量
5	相邻两竖向构件间距偏差		$\leqslant 2$	用钢卷尺在构件顶部测量
6	构件外表面平面度	相邻三构件	$\leqslant 2$	用钢直尺和尼龙线或激光全站仪测量
		$b \leqslant 20$	$\leqslant 5$	
		$200 < b \leqslant 40$	$\leqslant 7$	
		$40 < b \leqslant 60$	$\leqslant 9$	
		$b > 60$	$\leqslant 10$	

（二）主要横向构件

横向主要构件安装质量检验见表 3 – 5 – 19。

表 3 – 5 – 19　横向主要构件安装质量检验

	项　目		允许偏差（mm）	检验方法
1	单个横向构件水平度	$L \leqslant 2\text{m}$	$\leqslant 2$	用水平尺测量
		$L > 2\text{m}$	$\leqslant 3$	
2	相邻两横向构件间距差	$S \leqslant 2\text{m}$	$\leqslant 1.5$	用钢卷尺测量
		$S > 2\text{m}$	$\leqslant 2$	
3	相邻两横向构件端部标高差		$\leqslant 1$	用水平仪、钢直尺测量
4	幕墙横向构件高度差	$b \leqslant 2\text{m}$	$\leqslant 5$	用水平仪测量
		$b > 2\text{m}$	$\leqslant 7$	

（三）分格框对角线

幕墙分格框对角线偏差检验见表 3 – 5 – 20。

表 3 – 5 – 20　幕墙分格框对角线偏差检验

项　目		允许偏差（mm）	检验方法
分格框对角线差	$L_d \leqslant 2\text{m}$	$\leqslant 3$	用对角尺或钢卷尺测量
	$L_d > 2\text{m}$	$\leqslant 3.5$	

注：L_d 对角线长度。

（四）双金属幕墙板拼缝

幕墙板的拼缝质量检验见表 3 – 5 – 21。

表 3 – 5 – 21　铝单板幕墙的拼缝质量检验

	项　目	检验指标	检验方法
1	拼缝外观	横平竖直，缝宽均匀	观察检查
2	密封胶施工质量	符合规范要求，填充密实、均匀、光滑、无气泡	查质保资料、观察检查
3	拼缝整体垂直度	$h \leqslant 30$ 时，$\leqslant 10mm$	用经纬仪或激光全站仪测量
		$30m < h \leqslant 60m$ 时，$\leqslant 15mm$	
		$60m < h \leqslant 90m$ 时，$\leqslant 20mm$	
		$h > 90m$ 时，$\leqslant 25mm$	
4	拼缝直线度	$h \leqslant 2.5mm$	用2m靠尺测量
5	缝宽度差（与设计值比）	$h \leqslant 2mm$	用卡尺测量
6	相邻面板接缝高低差	$h \leqslant 1mm$	用深度尺测量

注：h 为幕墙高度。

第六章　耐候钢板幕墙

钢板幕墙在我国是新鲜事物，国内尚未建立相应的标准和规范。应用中要搞清楚钢板耐候性的实质，同时纠正其耐腐蚀性的误区。

第一节　概　　述

在钢结构上采用耐候钢（起源于北美的考顿钢 Corten steel）最早用于火车车厢、集装箱、桥梁、后逐渐用于烟囱、潜水艇，它具有长寿耐久、节能、环保等可持续发展的特点，"绿色"观念和国家发展的政策导向。

耐候钢板可作为幕墙材料使用的主要功能，是其耐候性强，同时成本相对不高。虽说耐候钢板幕墙在中国还处于刚刚起步阶段，但已在逐渐开始应用。耐候钢比同级别强度的钢材目前在价格上约贵 600~800 元/t 左右，这比钢结构的一般性涂装价格要贵，但比采用环氧富锌漆略便宜。这在初期的成本上虽无优势，但从整个钢结构的寿命期来算，是十分耐久、经济的。因它免去了昂贵的修复和长期维护的涂装费用。

耐候钢在建筑结构上的使用，由于防腐的特殊要求会受到一些结构节点和外表颜色要求的限制，使它在应用上有一定的局限性。但在幕墙上应用就好得多，因为它是悬挂在主体结构上、不承担主体结构的荷载与作用。除了颜色还不能改变外，它的加工制作与安装的技术工艺性都比其他幕墙优越很多。

耐候钢板幕墙在我国的应用还不多，而且目前暂时还没有耐候钢板幕墙的规范与要求。为推广其在幕墙上的应用，还必须在设计与施工方面做进一步地探索。

第二节　耐候钢板耐腐蚀机理

一、自然界大气腐蚀的形成

（一）大气腐蚀分类

在自然界大气腐蚀可分为三类：

1. 干的大气腐蚀

由于没有水的作用，与金属产生反应的主要是大气中的氧气，直接与金属发生氧化反应。由于在常温下，氧化速度很慢，产生的也是肉眼看不见的氧化膜。因此这类腐蚀可以忽略不计。

2. 潮的大气腐蚀

指金属在空气相对湿度小于 100% 情况下发生的腐蚀。因金属表面通过毛细孔作用、吸附作用或化学凝聚作用生成一层肉眼看不见的水膜，水膜虽很薄，但由于金属表面的污物和吸附有害物质，使其具备电解质水溶液的性质，产生的也属电化学腐蚀。

3．湿的大气腐蚀

指空气相对湿度在接近 100%，或有水直接接触到金属表面，并能较长时间残留在金属表面，特别是缝隙和凹槽中，成为典型的电化学腐蚀。由于产生的是局部腐蚀，危害最大。

（二）局部腐蚀和均匀腐蚀

在大气中，由于地球的引力水和污物都有重力作用，太阳光只能照在金属、构件的上表面，风和空气的流通都作用在构件的上表面敞开部位，加上构件自身结构和表面的各异性都将腐蚀表现为不均匀性。虽全面腐蚀是绝对的，但对于腐蚀不均匀性严重的，也就是局部腐蚀严重的，就可略称为是局部腐蚀了。

根据有关资料对各类腐蚀失效事故的统计，全面腐蚀的约占 17.8%，而局部腐蚀约占 82.2%。

钢结构构件由于承重和结构连接的特性，在大自然中不可能产生的全部都是均匀腐蚀。暴露在外部、上部的结构与下部隐蔽的结构，其腐蚀程度总是不同的。结构设计者的任务就是对均匀腐蚀和局部腐蚀全面考虑，分别采取措施。对均匀腐蚀只要在满足结构力学与稳定前提下增加一定的腐蚀容量即可，而对局部腐蚀则要根据具体情况进行具体分析，专门对其进行防腐蚀方面的设计。

二、钢板幕墙结构腐蚀形式

钢板幕墙结构在进行结构设计时，要设防的主要几种局部腐蚀形式如下：

（一）缝隙腐蚀

指金属与金属表面间存在狭窄小缝隙，并有腐蚀介质存在时而发生局部腐蚀的形态。

缝隙腐蚀最敏感的缝宽为 0.05 ~ 0.1mm。大于这个宽度就趋向于典型的溶液中腐蚀了。

在钢结构中，由于构件间接触面本身的不平直，和装配时的误差，造成缝隙往往不规则，一个连接节点的缝隙宽度也是不规则的，往往是既有缝隙腐蚀的敏感宽度，又有宽度很大的缝隙。若是螺栓或铆接接头，其接合面还可事先涂抹耐候密封胶，如是焊接接头则事先不能涂抹耐候密封胶，这样焊后必须对四周的缝隙再进行密封。而钢结构的型材接合面之间连接一般是不加工的，装配后缝隙小于 0.05mm 是很难的。为此必须在焊后进行密封。与耐候钢板连接的配件端边也应做适当处理，以利于密封胶进行密封。如图 3 - 6 - 1 中 A、B、C 三种结构。

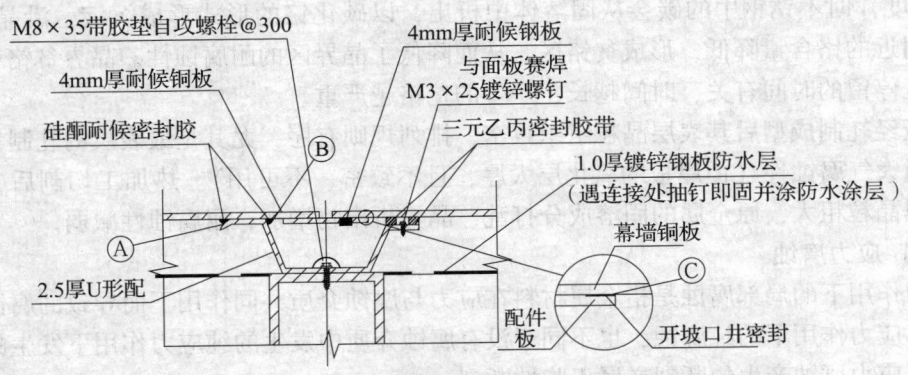

图 3 - 6 - 1 耐候钢板幕墙连接节点密封示意图

A—板端折边与耐候成楔角；B—折弯处弯曲加大；C—端边打磨成楔角

（二）角窝腐蚀

在钢结构中还有大量的缝隙较大，大于 0.1mm 以上，以及坑角、凹槽、凹陷严重的部位。当被雨水或结露水浸入后，由于水的表面张力作用，往往会吸附在角窝处，使其长时间的滞留，且不容易蒸发和被雨水冲刷掉，成为电化学反应的强烈区域，其腐蚀速度远大于其他表面发生腐蚀的速度。导致该小区域的腐蚀以高的速度向纵深发展，最终造成构件局部严重减薄或形成腐蚀坑。在结构设计上要尽量避免或减少，对这类结构缺陷的出现也要采取措施，如涂填密封胶、加涂保护膜等。

（三）电蚀

腐蚀介质通过金属表面的小缺陷、表面保护膜的破损点而腐蚀，先出现腐蚀小孔，逐渐向孔的纵深发展，形成小孔状腐蚀坑。孔的直径虽不大，但深度远大于直径，而且进一步可发展为腐蚀穿孔破坏，是一种破坏性极大的局部腐蚀。

作为耐候钢板的幕墙，在外表面不容易发生点蚀，但在幕墙内面腔舱的构件多有表面有涂（镀）层的，以及表面有钝化膜的，当保护膜有破损点就易发生点蚀。甚至是奥氏体不锈钢如受到一定高温后，其表层出现铁素体时，也会发生点蚀。

（四）电偶腐蚀

电偶腐蚀是当两种金属在腐蚀介质中相互接触时，电位较负的金属比它单独处于腐蚀介质中时的腐蚀速度增大的腐蚀现象。而电位较正阴极性金属腐蚀速度反而减小。

电偶腐蚀的程度与金属材料的电位差值有关，差值越大，腐蚀越重；且阴、阳面积之比（接触面上电位较正的金属面积与电位较负的金属面积之比）越大，则电偶腐蚀越严重。

在钢结构和钢板幕墙工程中，不同金属材料的组合是不可避免的。如强度级别高的与强度级别低的材料的组合使用，其连接用的焊缝、螺丝钉、铆钉与结构金属之间，带镀层的金属与无镀层金属之间，镀层金属与基体金属之间都有可能发生电偶腐蚀。

在进行结构设计时，有时选用材料与防电偶腐蚀是矛盾的，此时则要综合比较后再做出用材决定。当结构容易产生电偶腐蚀时，最直接有效的办法是在不同金属之间进行绝缘。

（五）晶间腐蚀

当采用不锈钢板作露天结构时，如幕墙天沟，在焊接的热作用下，如在 500 ~ 700℃（敏感温度）时不锈钢中的碳会从固溶体中析出，以碳化铬的形式形成沉淀，沿晶界析出，使晶界附近的铬含量降低，形成贫铬区。从而降低了晶界区的耐腐蚀性。晶界贫铬程度与敏感温度区停留的时间有关，时间越长，产生的贫铬越严重。

钢板经轧制成型后其表层晶粒组织致密，排列规则有序，尤其是最表层的轧制氧化层有极好的耐大气腐蚀性（但厚板的氧化层太厚，且不致密，不可用）。热加工切割后，切割边缘的金属晶粒粗大，原金属的固溶成分打乱，晶界析出物增加，耐腐蚀性减弱。

（六）应力腐蚀

应力作用下的局部腐蚀是指金属材料在应力与腐蚀介质共同作用下而导致的腐蚀。它不同于没有应力作用下的纯腐蚀，也不同于没有腐蚀介质中发生的纯应力作用下发生的各种断裂行为。应力腐蚀产生的断裂亦属于脆性断裂。

严格地讲，没有应力存在的材料或构件是不存在的，从微观应力到宏观应力，有的以宏观应力为主，有的以微观应力为主，只是表现出的程度不同而已。而且最有害的是局部应力集中；而腐蚀也是无处不在，只是在不同环境下其特点和程度的不同而已。从这个意义上讲，断裂力学研究的断裂机理单从力学观点来解释是欠缺的，应加上环境腐蚀的影响，这是外因。实际上氢脆断裂已经是典型的应力腐蚀断裂。

应力集中处是裂纹形核的温床，特别是晶粒间、原子间的微观应力。当该区处在敏感腐蚀性介质中时，表面的一层自然钝化膜最容易遭到腐蚀或机械性破坏而产生裂纹源。

三、耐候钢板耐腐蚀机理

对耐候钢板幕墙进行设计，首先必须纠正对耐候钢板耐候性能上的认识误区。即人们往往认为其耐腐蚀性比普通钢要好。其实使用耐候钢板是利用其比较好的在暴露的大气环境中的耐腐蚀性，而并非指在其他环境（介质）中的耐腐蚀性。

耐候钢板的抗腐蚀机理可以认为是普通低碳钢，钢材表面在潮的大气腐蚀下产生的腐蚀产物（均匀的一层复合锈膜）经风吹和阳光照晒等综合作用后，会形成具有一定保护作用的 $50 \sim 100 \mu m$ 厚的致密且与基体金属粘附性好的氧化锈膜层。它能在一定程度上抵制氧和水等向钢体的进一步被腐蚀，该膜虽也会被大气（空气、水和污物）溶解和腐蚀，但同时又会不断地重新生成，从而减缓了钢在自然环境下的腐蚀速度。当在钢中加入适当比例的 Cu、P、Cr、Ni 及稀土等合金元素后（耐候钢），则可进一步改变保护性锈层的结构，促进钢表层生成保护性较强的锈层 [非晶态基氧化铁 $FeOx (OH) 3 - 2$ 或 $\alpha - FeOOH$]。如 CortenA（10CuPCrNi）耐候钢，美国对其进行了长达 15 年的大气曝晒实验，腐蚀率只有普通低碳钢的 5% 。

如果钢材是在较湿的环境腐蚀下，作用时间过长，它产生的腐蚀产物就已不是均匀的复合锈膜了，它的耐腐蚀性的优势就不大了。所以它一定是要直接作用在日晒雨淋、风吹雨打、水能流走的环境下才具抗腐蚀性能。

因此对钢结构构件在其使用环境下的结构尺寸、形状与表面特性的设计极为重要。我国研究金属腐蚀与防护的机构与专家已做了许多金属在大气中的曝晒试验，得出了第一手的金属年腐蚀率数据。但试验的试板通常只代表金属的材质，它不能代表构件，不同的构件有不同的尺寸形状和表面特性，放在大气中做试验，在不同的形状与表面其腐蚀程度是大不相同的，而真正需要的是局部腐蚀严重的年腐蚀率。

例如印度有一根铁柱，经历了 1600 多年仍然光亮如新，专家们对它进行了许多研究，认为铁柱的成分并没有多少特别之处，主要原因是当地空气非常干燥，终年湿度都很小，而且空气洁净。又如有的城市楼房窗台外用冲切后的废钢板条料（4mm 厚）焊成的晒物架，裸用了 10 多年，其上表面竟然十分完好，表面呈深褐色，看不到腐蚀，只是下表面有芝麻粒大的锈点凸起，厚度方向轮廓仍很清晰，只有在焊点周围的表面有较重的锈蚀，但也没有明显的深度。其年腐率已远远小于低碳钢的年腐蚀率。钢材如在风吹不到、阳光晒不到、积水滞留的凹槽内产生的局部腐蚀，其腐蚀速度则可能是年腐蚀率的几倍，甚至是几十倍。

所以事实上真正暴露在日晒雨淋的部分则是腐蚀程度最小的，而太阳晒不到、雨水淋不到、风吹不到、容易滞留积水的部位则可能是腐蚀最严重的。

钢铁在潮湿大气条件下的腐蚀实质上就是金属在电解质溶液中的腐蚀，都是属于电化学腐蚀。大气污染的结果是在被污染区域形成了以金属为阳极的腐蚀电池。

第三节　耐候钢板幕墙设计

耐候钢板幕墙结构设计要以防止或减少局部腐蚀为主，而且要明确钢板幕墙结构设计主要考虑哪种或同时承受哪几种局部腐蚀形式。

一、耐候钢板幕墙设计要求

耐候钢板幕墙结构设计除遵循抗震、抗风、防雨、防霉、防火等原则外，还应特别考虑如下几个方面。

（一）环境条件

设计必须根据工程所在地的环境和结构主体所处的位置及对幕墙的要求来进行幕墙钢板结构的防腐蚀设计。

（二）板厚的确定

一是要满足钢板自身结构强度和幕墙对刚度的要求。二是要对可能出现的最严重的局部腐蚀来确定腐蚀余量。

理论上要对均匀腐蚀和局部腐蚀全面考虑，但局部腐蚀的危害性总是大于均匀腐蚀。所谓的材料在使用环境（腐蚀介质条件）下的标准年腐蚀率，即腐蚀深度指标，通常是指在阳光下直接曝晒、风吹和雨淋直接作用下的腐蚀，这是耐候钢板最好的保护性锈膜层生成的环境，所以其腐蚀率应是最小的。所以按使用年限计算腐蚀厚度，再乘以安全系数，得出腐蚀余量的方法来确定板厚是不可取的。

（三）加工方法

选材除环境对材质耐腐蚀性的要求外，还要考虑板材的加工。

（1）一般如焊接处较多，焊接量较大的可选用一般耐大气腐蚀钢，如 Q 355NH［2］。

（2）焊接量较少的可选用高耐大气腐蚀钢，如 Q355GNH。

（3）但由于做幕墙的钢板一般都较薄，焊接性的好坏在制作时影响很小，所以通常要以幕墙板组件的结构复杂程度来考虑：结构复杂，造成局部腐蚀的倾向较大的，就选用高耐大气腐蚀钢；而结构较简单的，造成局部腐蚀的倾向较小的，则可用一般耐大气腐蚀钢。

（四）密封防线

耐候钢板幕墙拟设三道密封防线：

1. 尘密线

第一道为尘密线。如在图 3 - 6 - 1 中的 4mm 的封口板条，它又是单元幕墙之间的连接插板条，不单挡尘，还要挡垃圾和虫鼠，尘密线要设多处防尘通气口。既要防尘，又要保证内、外通气，保证内、外等压，防尘和通气是矛盾的，应按当地的环境和结构特点来决定矛盾的主要方面和次要方面。通气的目的主要是尽量使内、外等湿度。在气候环境好的地区，也可不设这道尘密线，连接插板条即可改为插板块。这样内、外等湿度也就没问题了。

2. 水密线

第二道是水密线。如图 3 - 6 - 1 中的 2.5mm 厚 U 形配件，三元乙丙密封胶条和硅酮耐候密封胶组成。主要起流水和防水作用。通道的结构应尽可能简单，外表面平滑、均匀，结构连接时应减少间隙，防止缝隙腐蚀，防止闭塞的凹陷结构。便于雨水流动、流净，便于槽内窝水处的滞留水较快蒸发，使腐蚀电池难以形成或少形成，或者虽能形成，但腐蚀阻力很大，腐蚀速度很慢。

3. 气密线

第三道防线是气密线。主体结构外的幕墙骨架外围的一层密封，如图 3－6－1 中 1.0mm 厚镀锌钢板层，防止任何水和水汽通过该线进入室内，所以是气密的。在结构上要在下部有泄水处，在拐角和盲区有通气处。当水密线封口部有少量漏水流入该腔舱时可顺利排除到室外。通气处保证了内、外等气压，没有压差，水就不易通过水密线进入腔舱内。但为尽快蒸发空腔内的各处水分，及时降低空腔内的湿度，必须提高通气处的数量与通气量，使气密线外的腔舱与室外等湿度的目的是为了当室外天晴湿度降低时腔舱内的湿度也能及时降低，较快地蒸发掉残留的水和水汽。

要求等压是容易的，但要做到等湿度是难的。进入空腔内中的水与湿气是进易出难。为了让面板内部的水分较快地蒸发，能有和室外一样的湿度来蒸发腔内的水和潮湿之气。保持空腔与室外等湿度是降低内部腐蚀的非常重要之举。要保证等湿度，就要保证腔内外有一定的通气性与流动性。这是钢板幕墙设计的难点。这些都要在结构设计中加以妥善解决。对于防线内封闭性较强的结构，当结构上实在不能实现通风等湿度时，一方面要加强水密线的密封性，另一方面就要采取内腔表面涂（镀）防腐层或采用不锈钢板来增加其抗腐性，应与确定板厚同时考虑。

（五）拆卸安装和维修方便

钢板幕墙结构的设计要方便墙板的检查、维护和更换某些部件的实际需要。拆卸和安装，方便维修和对滞留腐蚀介质与沉积物腐蚀的清除，要求构件不发生腐蚀是不可能或不经济的，腐蚀控制的最终目标并不是把构件的腐蚀降低到零，而是使产品的腐蚀破坏保持在一个合理的、可以接受的水平。

（六）幕墙钢板精度

钢板幕墙组件的设计精度（尺寸和形位要求）应远高于一般钢结构的配合要求，要在密封胶条和密封胶涂抹后能保证可靠密封的精度，又要有墙板间进行互相配合的配合精度。这是第一、二道密封防线成功的关键。

在《金属与石材幕墙工程技术规范》JGJ 133—2001 中对耐候钢板幕墙还未列入，但其中相关条款及相关的精神和原则仍实用于耐候钢板幕墙的设计。在主体结构与幕墙板之间的金属结构，按《钢结构设计规范》GB 50017—2003 进行结构设计，按《工业建筑防腐蚀设计规范》GB 50046—2008 进行防腐蚀设计。

二、耐候钢板幕墙结构构造设计

（一）设计原则

（1）耐候钢板幕墙的结构构造设计要求定位准确，特别是相交的四块幕墙板之间的"十"字连接，所以要尽量避免，多采用错缝连接。

（2）设计与施工必须精准，才能保证密封可靠。

（3）结构构造设计采用三维坐标定位，可以精确定位任何复杂和不规则结构。

（二）部分重要节点构造图实例

1. 开启式活动阳台

如图 3 - 6 - 2 所示，在钢板幕墙上设置的开启式活动阳台。开启后成阳台，关闭后成幕墙，与周围幕墙成一体。同步电机控制旋转，开启和关闭灵活，是玻璃幕墙、石材幕墙难以实现的。

2. 屋面天沟、树篱

如图 3 - 6 - 3 所示为屋面暗天沟结构和侧墙的种植箱结构。

如图 3 - 6 - 4 所示屋面明天沟，其直接接触大气的面板都采用的是耐候钢板，天沟纵向无坡度。这就要求设计与施工的精准，才能保证下雨后的雨水最低程度的滞留。

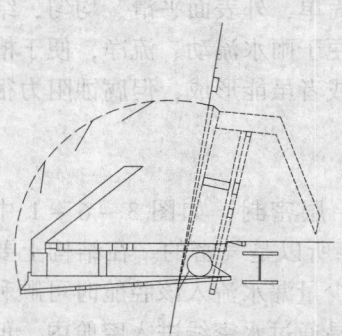

图 3 - 6 - 2 开启式活动阳台截面图示

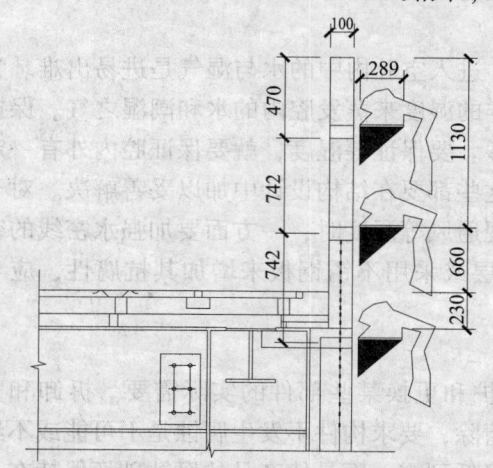

图 3 - 6 - 3 围合屋面天沟（暗）、树篱图示

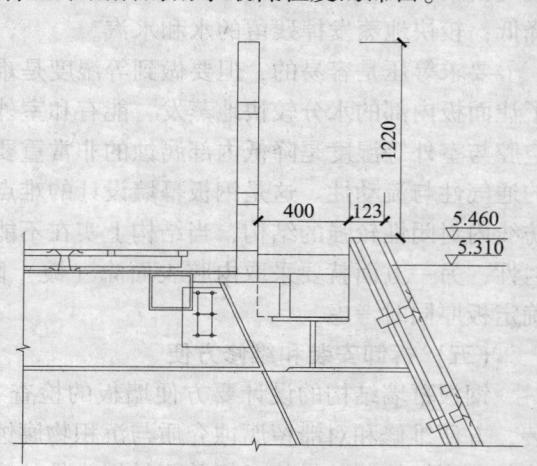

图 3 - 6 - 4 钢板天沟（明）图示

3. 屋面花坛斜坡

屋面花坛斜坡构造节点如图 3 - 6 - 5 所示。

屋面坡口节点构造如图 3 - 6 - 6 所示。

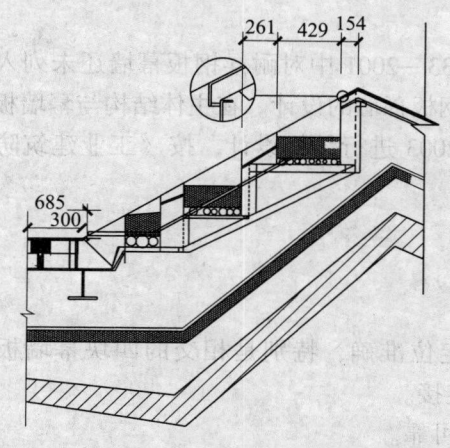

图 3 - 6 - 5 屋顶花坛斜坡节点图示

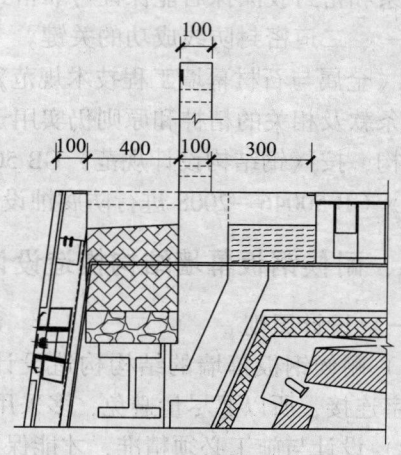

图 3 - 6 - 6 破口剖面节点图示

4. 烟囱

如果设计有烟囱，则烟囱构造节点如图3-6-7所示。

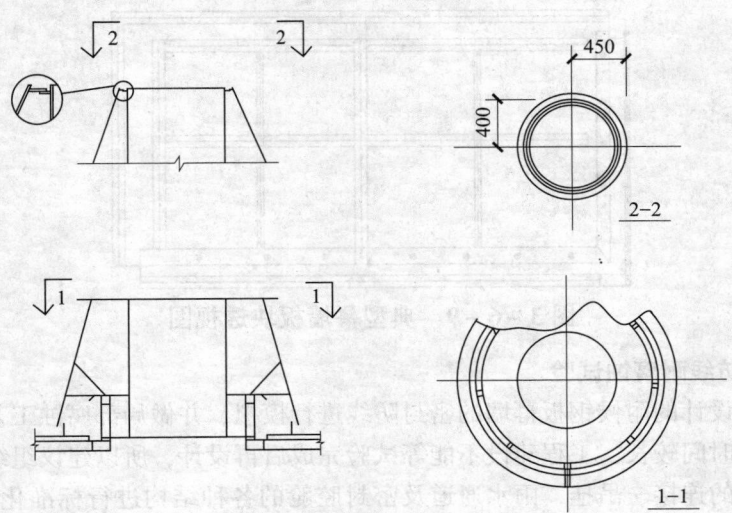

图3-6-7　烟囱详图

从以上部分图示可以表明耐候钢板作为幕墙在应用方面已达到了无所不为的程度。它解决了钢板幕墙大小分格一致，不能在上面打钉、电焊、不能漏水等要求。

5. 钢板幕墙阴、阳角墙面

耐候钢板幕墙阴、阳角墙面构造节点如图3-6-8所示。

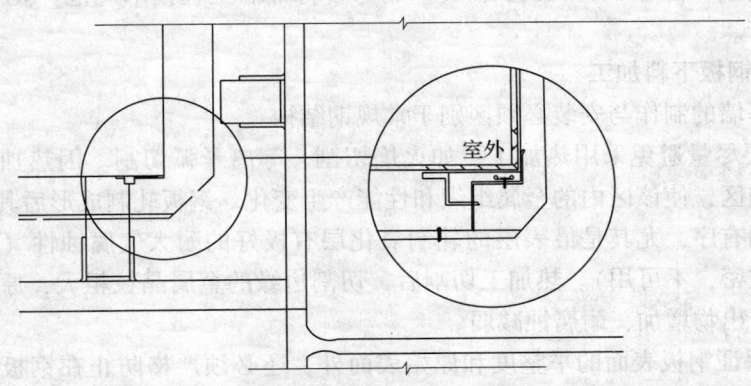

图3-6-8　耐候钢板幕墙阴、阳角墙面节点（仅用于墙面）

第四节　耐候钢板幕墙安装施工

一、钢板幕墙典型板块耐腐蚀试验

（一）典型板块设计

图3-6-9为耐候钢板幕墙的典型板块的三维图。耐候钢板选用4mm厚，除边角的不完整面板外，全部墙面板的大小分格相同，参考尺寸约为1500mm×2000mm，墙板内侧加焊

加筋板，上人的墙板加焊加筋小方管。加筋板（管）与面板的焊接要严格控制焊缝尺寸，防止板面变形。

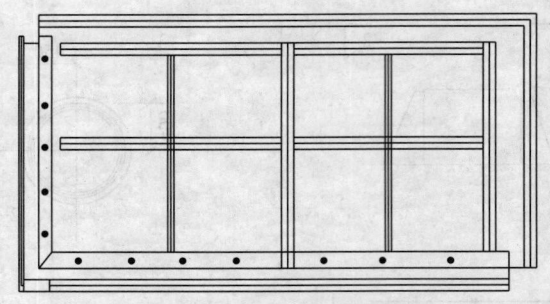

图 3 – 6 – 9 典型幕墙板块透视图

（二）密封防线耐腐蚀试验

建议对初次设计的耐候钢板幕墙的密封防线进行模拟，并做局部腐蚀工艺评定。由于耐腐蚀试验的过程时间较长，工程建设不能等试验完成后再设计，所以建议组织有关部门对耐候钢板幕墙典型的连接、吊挂、雨水通道及密封腔舱的各种结构进行标准化、系统化设计，对各类典型结构进行模拟耐蚀试验，从而得到局部腐蚀的相关数据，作为技术规范供设计部门进行幕墙工程设计时参照使用。

二、耐候钢板幕墙安装施工

耐候钢板幕墙的安装施工除严格按图纸要求进行外，对图纸中没列出的要求还要参照《钢结构设计规范》GB 50017—2003 和《金属与石材幕墙工程技术规范》JGJ 133—2001 中的有关规定进行。

（一）耐候钢板下料加工

耐候钢板幕墙的制作与安装必须区别于常规钢结构：

（1）下料要尽量避免采用热加工，如火焰切割、等离子弧切割。因热加工不可避免产生加工的热影响区，使该区内的金属组织和性能产生变化。钢板轧制成形后其表层晶粒组织致密，排列规则有序，尤其是最表层的轧制氧化层有极好的耐大气腐蚀性（但厚板的氧化层太厚，且不致密，不可用）。热加工切割后，切割边缘的金属晶粒粗大，原金属的固溶成分打乱，晶界析出物增加，耐腐蚀减弱。

（2）除要保证钢板表面的平整度和原始表面外，还必须严格防止在钢板表面上进行电弧打火、划擦、焊接地线的搭接和机械敲击，避免破坏钢板表面的整体耐蚀性。过电、过火点面积虽小，但它会形成局部腐蚀，危害很大。

（3）钢板幕墙的幕墙板及各配件的下料制作不但精度要求严于一般钢结构，而且安装时装配的精度也要求十分严格，尽量减少制作和安装误差产生的间隙，防止产生缝隙腐蚀和影响密封性。

（二）耐候钢板幕墙安装焊接

（1）焊接时宜用强行规范进行，即焊接速度要快，冷却时间要短。必要时应采用强制性外冷，尽量减少高温停用时间，减少热影响区的面积。

（2）焊前必须在焊缝两侧涂抹防飞溅剂，焊后必须仔细清理。飞溅可形成沉积物腐蚀。

控制焊接过程中产生的焊瘤或咬边，避免产生水和污物的滞留环境。

（3）不锈钢防止产生晶间腐蚀，焊接材料要尽量接近母材成分。镀锌配件要避免进行热加工，对个别的小范围的焊割，加工完后必须仔细清理打磨后再涂以锌粉漆保持加工处的防腐水平。

（4）耐候钢板幕墙安装焊接一定要满足《钢结构焊接规范》GB 50661—2011 的要求。

总之，耐候钢板幕墙安装施工一定要满足施工图纸和《钢结构工程施工质量验收规范》GB 50205—2001 的要求。钢板幕墙的优势还在逐步被人们所认识，但更重要的是对耐候钢板幕墙在我国的应用环境必须要有清晰的认识，而环境的好坏对于耐候钢板幕墙有着最直接的利害关系，大气中的污染物是直接影响腐蚀的速度，在欧洲有的国家里，皮鞋穿一个星期仍是光亮如初，而在我国许多城市，小轿车在室外停 3～5d，上面的灰尘厚得足以掩盖车身的颜色。工业大气中的尘粒每月每平方公里的降尘量可大于100t。碳化物、金属氧化物、硫酸盐、氧化物等尘粒和二氧化硫等腐蚀性气体与水共同作用时，形成酸雨，腐蚀会大大加剧。所以当环境污染严重到一定程度后，采用耐候钢作钢结构和幕墙都将受到质疑，甚至限制。

因此对耐候钢板幕墙的应用必须保持实事求是的科学态度，要因地制宜，综合考虑后再决定，使耐候钢幕墙的应用得以正常发展。

第四篇　石材幕墙

第一章　干挂花岗岩幕墙

从高耸建筑物外墙的特征来看，石材幕墙是一种独立的围护结构系统，它是利用金属挂件将石材饰面板直接悬挂在主体结构上。当主体结构为框架结构时，应先专门设计独立的金属骨架体系挂在主体结构上，然后通过金属挂件将石材饰面板吊挂在金属骨架上。石材幕墙是一个完整的围护结构体系，它应该具有承受自身质量荷载、风荷载、地震荷载和温度应力的作用，还应能适应主体结构位移的影响，所以必须按照《金属与石材幕墙工程技术规范》JGJ 133—2001 进行强度计算和刚度验算，另外还应满足建筑热工、隔声、防水、防火和防腐蚀等技术功能要求。石材幕墙的分格要满足建筑立面造型设计的要求，也应注意石材的尺寸和厚度，以保证板在各种荷载作用下的强度要求，同时，分格尺寸也应尽量符合建筑模数化，尽量减少规格尺寸的数量，从而方便施工。

在高级建筑装饰幕墙工程中，档次最高的而且用得最多的当属干挂花岗岩幕墙。

第一节　概　　述

在我国，石材幕墙近期发展速度较快，但一般多用于低层建筑。天然石材系非匀质材料，其特点呈各向异性，多孔、吸水率强、易粉化、风化、有水纹裂隙，密度大，抗火性差。用石材作幕墙板是为了得到天然石材的质感及表面的花纹与色泽效果，把天然荒石切小切薄，在背面再敷贴以铝合金蜂巢板，制成石材复合蜂巢板，使整个墙体本身的质量大大减轻，同时亦节约石材资源。石材蜂巢板不仅强度与天然石材一样，更重要的是板薄体轻，其抗弯强度有明显提高。检验表明，把石材蜂巢板压弯，除去荷载后即可还原，形状如初。

一、干挂花岗岩幕墙的发展

干挂花岗岩幕墙大约起始于 20 世纪 60 年代后期，80 年代开始进入中国，经过 20 余年实践和发展，在材料和构造方面均优于湿法镶贴和湿挂石材板墙面。

湿贴法和湿挂法使用水泥砂浆把石材与墙体黏结，由于它需要逐层浇筑并有一定的技术间隙时间，工效较低；下雨天湿砂浆能透过石材板缝析出"白碱"而污染板面；另外，由于水泥、砂浆、混凝土与石材的收缩率不同，还容易形成裂纹或脱落。因此，具有一定强度并有一定承重能力的"干挂"施工方法，近年来在一些高级建筑外墙装饰面中被广泛采用，如北京工艺美术馆采用了干挂法外贴花岗石饰面，在阳光照射下熠熠生辉，而其东侧的中国工商银行大楼，采用湿贴法镶贴花岗石，外墙很快就反复出现了"析白"现象，尤其是花岗石为深暗色，白碱的污染程度更为明显，这是两种施工方法优缺点的鲜明对照。

近年来，通过对室外采用天然石材饰面板的数十余幢纪念性构筑物进行调查和研究，结果发现采用水泥砂浆镶贴安装的某些品种的大理石和花岗石不同程度地出现了空鼓、错位、离层现象，某些部位导致脱落、大理石泛色等严重的功能质量问题。

经过大量工程实践的调查和分析，基本确认产生这些质量问题的主要原因有四个方面：

（一）施工工艺不完善

没有按照在主体结构施工时埋置锚固构件（预埋件）、核对板材、基层处理、弹线、绑扎钢筋、预铺、钻孔剔凿槽、挂铜线安装、灌浆、擦缝及打蜡等一系列操作程序施工。特别是在灌浆的操作过程中，常见操作者用较干的水泥砂浆作黏结材料连接墙面和板材，由于砂浆较干板材毛细孔难以吸附砂浆，在砂浆干燥后其收缩应力变化与连接墙面和板材产生剥离，花岗石板仅靠拉结铜线稳定。正确的灌浆工艺应该是分三次用纯水泥浆（1∶10＝水泥∶水）或水泥砂浆（水泥∶砂＝1∶2.0）一皮一皮上浆粘贴，以保证水泥浆与板材及墙面的互相渗透和紧密有效的连接。

（二）温度应力的破坏作用

冻融可使灌浆和擦缝不密实的板缝、孔隙吸入水分，冻结膨胀对孔隙壁甚至饰面板起破坏作用。夏天的高温热膨胀作用产生错动导致板材起壳、剥离。所以，灌浆的方式和擦缝的质量、石材的质地选择均是干挂花岗石幕墙安装施工的关键。

（三）物理破坏

天然石材的抗拉强度约在 $1.0 \sim 10.0 N/mm^2$；而纯水泥浆仅有 $0.30 N/mm^2$；水泥砂浆则有 $1.5 N/mm^2$。因此，从这些数据可以看出，水泥硬化砂浆是无法提供足够的应力而导致出现破坏现象。

（四）化学腐蚀

在水泥生产中无法避免有 $1\% \sim 2\%$ NaOH（氢氧化钠），NaOH 对水分吸附性很强，在潮湿的空气中，立刻形成腐蚀性的碳酸钠溶液，这种溶液属于强碱，化学反应强，立刻与空气中比较具有反应性的气体例如 CO_2、SO_2 与 NO_2 结合，形成盐类。这些盐类（Na 盐）对花岗石（酸性 SiO_2）具有一定的腐蚀性。

二氧化碳（CO_2）在空气中的含量约为 0.03%，它在自然界的化学反应如下：

$$2NaOH + CO_2 + H_2O \rightarrow Na_2CO_3 + 2H_2O$$

在化学方程式中 Na_2CO_3（苏打）具有一种特性，在潮湿的环境中，温度必须高于 35℃才会产生。因此，建筑物的结构体，其结晶水的含量常因温度变化而消减或增长，但永远不会消除。可溶性的盐类也会很快地游离到石材的其他部位，造成墙面色泽深浅、花斑和白色盐类结晶体的显露。以上化学原因和其他各种因素难以在粘贴施工工艺上加以克服，只能将粘贴和挂贴花岗石板工艺改为干挂花岗石板工艺才能从根本上解决问题。

在上述调查、研究、分析的基础上，我国从 1995 年已基本实施室外花岗石干挂安装工艺。从实际效果看，确实解决了粘贴法施工的各种缺陷，但相对成本有所提高，需要认真地对业主以科学的观点加以引导和说服，尽可能就干挂法的不利因素——费用问题通过科学研究加以解决，以利于降低成本。

从湿贴和湿挂花岗石板和干挂安装花岗石板的两种工艺比较，干挂法施工还有施工快捷、无污染、无后续处理工序等优点。因此，随着国内建筑装饰行业的发展，天然石材的镶贴采用新的工艺是必然趋势，而且一些采用新的配件以降低成本的方法已经显露，如台湾荣宝实业有限公司 ILT 铝合金成型扣件，正是适合降低干挂花岗石安装施工成本的良好配件。其 T 形镶片和弧型垫片的专利产品可在不增加石材的厚度和省去墙面钢承力架的情况下使用，将大幅度降低施工成本，为真正全面推进外墙干挂花岗石工艺开拓了有效途径。

二、干挂花岗岩幕墙设计原则

在石材幕墙结构设计中，不仅要对金属骨架体系的构件进行计算，对石材面板、金属挂件、锚固螺栓、连接焊缝等都应进行必要的计算，对所选用的锚固螺栓必须进行现场拉拔检验。特别注意，对改变原立面造型设计的装饰工程，必须经原设计单位进行主体结构强度验算合格后，方可实施。

由此可见，石材幕墙不是一种简单的装饰做法，它是要按照《金属与石材幕墙工程技术规范》JGJ 133—2001 的规定并经过全面的结构设计和其他专业功能设计。目前，国内对骨架结构体系和金属挂件的研究开发工作做得甚少，尤其是许多工程项目为降低造价，采用普通型钢作金属骨架，仅用刷防锈漆防腐蚀。当石材饰面板安装后实际上是无法进行日常维护，在南方潮湿和沿海盐雾腐蚀较严重的地区，对建筑物耐久性和安全的影响尤为严重。

三、石材幕墙构造特点及存在的问题

干挂法安装工艺主要用于高度不超过 30m 的饰面板安装工程中。干挂法和湿挂法的铺贴准备工作、主要工序及要求类同，主要区别在于连接构造不同。

（一）构造特点

1. 石材的规格

石材规格可以加大，可达 1.3m×2.0m（或 3.0~4.0m²）。由于干挂法对板材尺寸、规格要求较严格，故大都由工厂定型生产，或者按设计尺寸加工定做。板材的挂孔位置、形式是根据板材的安装位置划分不同型号并进行编号，现场安装时按编号就位，不得换位。在工厂生产时，应将板材的花纹图案、颜色调配得当。板材的平整度和公差，必须符合国家标准。平整度和尺寸公差是影响安装质量的重要指标。

2. 不锈钢锚固件

在外墙饰面的不同部位，有各种不同的锚固件，如转角锚固件、平面墙体锚固件等。品种复杂、类型繁多。不同厂家的锚固件也不相同，其型号必须和板材挂孔相匹配，锚固件的品种可按新产品样本选用。

3. 安装工艺

（1）安装时应先在基层上按板材尺寸弹线（基层要做找平层抹灰）：竖向板缝为 4~10mm，横向板缝为 10mm；隔一定距离竖向板缝要留温度缝，缝宽为 10mm，按规定一般每隔 4~5 块板设一条温度缝，板缝用硅酮密封胶填缝做防水处理。

（2）弹线要从外墙饰面的中心向两侧及上、下分格，误差要匀开。墙面上应标出每块板的钻孔位置，然后钻孔。用膨胀螺栓作锚固件，一端插入钻好的孔中，另一端与饰面板材连接好。

（3）饰面的平整度用锚固件来调节，待就位后将板材上的锚固件用特种胶填堵固定。

4. 密封胶填缝

先用泡沫塑料条填实板缝一半，另一半用打胶枪填满密封胶，要防止密封胶污染板面，发现后必须立即擦拭干净，否则硅酮密封胶很快凝固难以清除，影响板面装饰效果。

（二）注意事项

板材要严格验收和校对。锚固件必须触墙贴切，锚固支架不宜太平，密封胶必须填满、填实、不渗漏，板缝要均匀，安装后用草酸（或稀盐酸）水溶液擦洗板面，并用清水冲净溶液，其构造做法如图 4 - 1 - 1 ~ 4 - 1 - 4 所示。

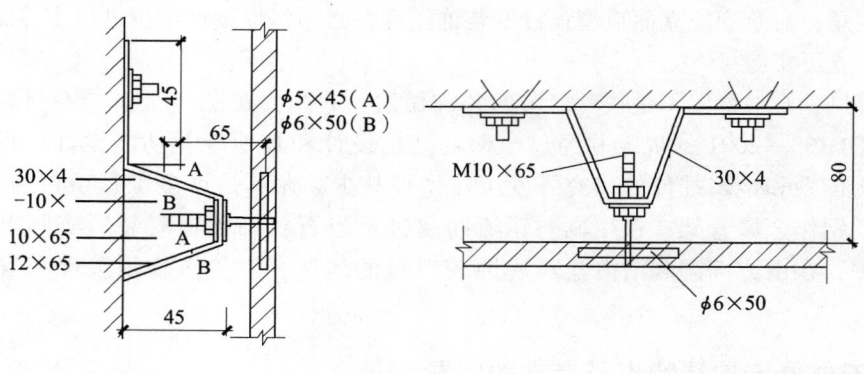

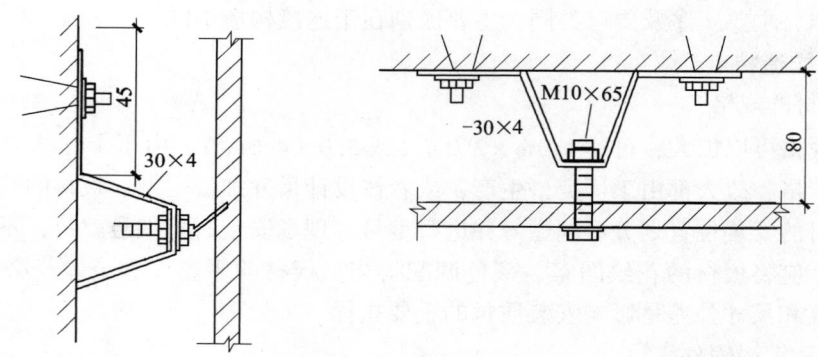

图 4 - 1 - 1　锚固件

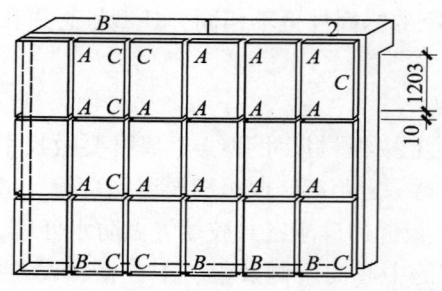

图 4 - 1 - 2　锚固件位置

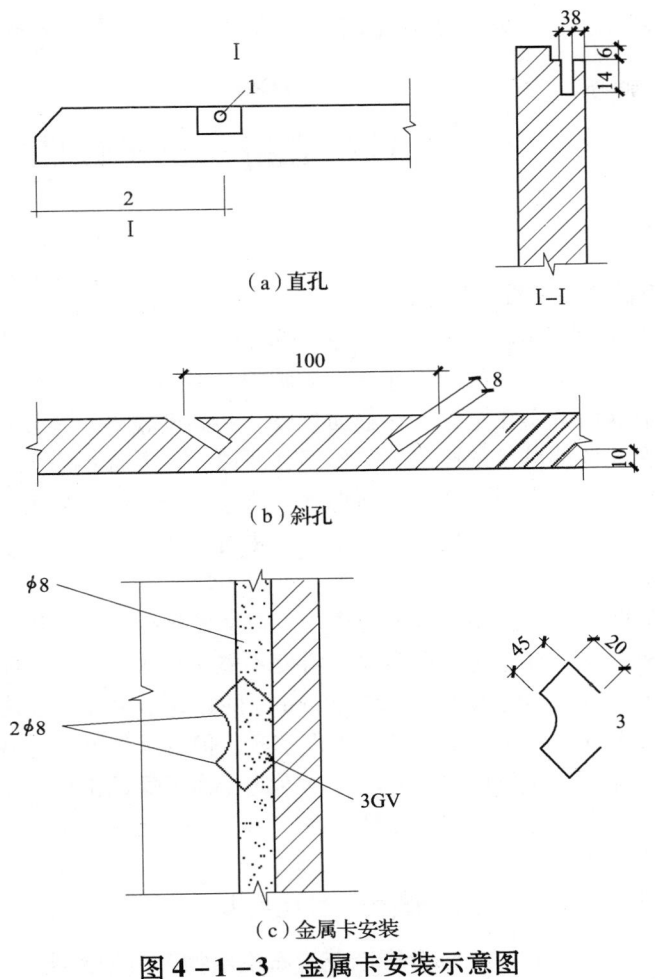

（a）直孔

I-I

（b）斜孔

（c）金属卡安装

图 4－1－3　金属卡安装示意图

1—ϕ5 孔；2—1/4 板宽；3—金属卡

（三）存在问题

（1）干挂法安装施工后石材板易产生边角磨损和破裂，且修补很困难，若存在原有掉落的碎块可以用快干胶粘补，但出现微小损伤则不容易修复，因此安装时应非常仔细，做到精心施工。

（2）天然石材、人造石材都存在日久褪色、开裂和风化的问题。人造石材可以在生产中加入色稳定剂克服褪色问题，对于天然石材板就难办到，只能视天然石材的质量而定。至于风化问题，天然石材比较突出，可以在开采选料和生产加工时改进，但不能彻底根除。

（3）干挂法安装施工铺贴的基体，必须具有较好的强度才能承受饰面板传递的力，所以黏土空心砖墙、加气混凝土

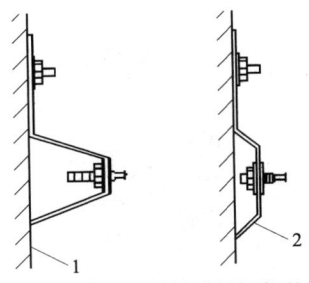

**图 4－1－4　锚固件安装
的错误方法**

1—端末接触墙面只有单端受力；
2—支撑体被打得水平

墙等基体不得做干挂法。另外，由于干挂法安装施工的连接件等暴露在空气中极易锈蚀，因此干挂法所用的连接件、膨胀螺栓等必须是高强、耐蚀，最好用不锈钢或做十分可靠的防锈处理。

第二节　原材料规格及技术性能

一、天然花岗石板

（一）花岗石板材规格及技术性能

石材饰面板采用天然花岗岩，常用板材厚度为 25～30mm。由于天然石材的物理力学性能较离散，还存在许多微细裂隙，即使在同一矿脉中开采的石材，其强度和颜色也可能有很大差异。因为石材板幕墙暴露在室外，一般面积较大和高度较高，是建筑物室外装饰的重要部分，它还要长期受到各种自然气候因素的作用，所以一定要选择质地密实、孔隙率小、含氧化铁矿成分少的品种。还应到矿产地实地考察，所选品种的矿体要大，以便板材质量和色泽具有可靠保障，当毛料加工成大板后，还要进一步对材质和斑纹颜色做严格挑选分类，才能最后加工成饰面板。

花岗石是一种脆性材料，但在一定外力作用下也会发生变形，所以加工后的大板和成品板不得平放、斜放和倒放，只能立放且堆放倾斜度不能小于 82°，要对称码放在型钢支架两侧，每一侧码放的板块数量不宜太多，一般 20mm 厚的板材最多 8～10 块，当然这也与石材的品种和板材尺寸大小有关。花岗石尽管结构很密实，但其晶体间仍存在着肉眼无法察觉的孔隙和裂隙，所以仍有吸收水分和油污的能力，因此，为了保证工程质量，对所有重要的工程项目，对饰面板有必要进行化学表面处理。

1. 物理力学性能

在我国，部分国产花岗石的主要物理力学性能见表 4－1－1。

表 4－1－1　部分国产花岗石主要物理力学性能

序号	花岗石品种名称	岩石名称	颜色	物理力学性能				
				表观密度（kg/cm³）	抗压强度（MPa）	抗折强度（MPa）	肖氏硬度	磨损量（cm³）
1	白虎涧151	黑云母花岗岩	浅粉色有黑白点	2580	137.3	9.2	86.5	2.62
2	花岗石304	花岗岩	浅灰色有条纹状花纹	2670	202.1	15.7	90.0	8.02
3	花岗石306	花岗岩	红灰色	2610	212.4	18.4	99.7	2.36
4	花岗石359	花岗岩	灰白色	2670	140.2	14.4	94.6	7.4l
5	花岗石431	花岗岩	粉红色	2580	119.2	8.9	89.5	6.38

续表 4 – 1 – 1

序号	花岗石品种名称	岩石名称	颜色	物理力学性能				
				表观密度（kg/cm³）	抗压强度（MPa）	抗折强度（MPa）	肖氏硬度	磨损量（cm³）
6	笔山石 601	花岗岩	浅灰色	2730	180.4	21.6	97.3	12.18
7	日中石 602	花岗岩	灰白色	2620	171.3	17.1	97.8	4.80
8	峰白石 603	黑云母花岗岩	灰色	2620	195.6	23.3	03.3	7.83
9	厦门白石 605	花岗岩	灰白色	2610	169.8	17.1	91.2	0.31
10	砻石 606	黑云母花岗岩	浅红色	2610	214.2	21.5	94.1	2.93
11	石山红 607	黑云母花岗岩	暗红色	2680	167.0	19.2	101.5	6.57
12	大黑白点 614	闪长花岗岩	灰白色	2620	103.6	16.2	87.4	7.53

2. 化学性能

花岗石的主要化学成分见表 4 – 1 – 2。

表 4 – 1 – 2 花岗石主要化学成分

序号	花岗石品种名称	主要化学成分					产地
		SiO_2	Al_2O_3	CaO	MgO	Fe_2O_3	
1	白虎涧 151	72.44	13.99	0.43	1.14	0.52	北京昌平
2	花岗石 304	70.54	14.34	1.53	1.14	0.88	山东日照
3	花岗石 306	71.88	13.46	0.58	0.87	1.57	山东崂山
4	花岗石 359	66.42	17.24	2.73	1.16	0.16	山东牟平
5	花岗石 431	75.62	12.92	0.50	0.53	0.30	广东汕头
6	笔山石 601	73.12	13.69	0.86	1.01	0.62	福建惠安

续表 4 – 1 – 2

序号	花岗石品种名称	主要化学成分					产地
		SiO$_2$	A1$_2$O$_3$	CaO	MgO	Fe$_2$O$_3$	
7	日中山 602	72.62	14.05	0.20	1.20	0.37	福建惠安
8	峰白石 603	70.25	15.01	1.63	1.63	0.89	福建惠安
9	厦门白石 605	74.60	12.75		1.49	0.34	福建厦门
10	砻石 606	76.60	12.43	0.10	0.90	0.06	福建南安
11	石山红 607	73.68	13.23	1.05	0.58	1.34	福建惠安
12	大黑白点 614	67.86	15.96	0.93	3.15	0.90	福建同安

3. 质量要求

《天然花岗石建筑板材》GB/T 18601—2001 规定了不同板材允许的尺寸见表 4 – 1 – 3，正面外观缺陷要求见表 4 – 1 – 4。

表 4 – 1 – 3 普通花岗石板材尺寸允许偏差

项目			亚光面和镜面板材			粗面板材		
			优等品	一等品	合格品	优等品	一等品	合格品
尺寸允许偏差	长度 宽度		0 −1.0	0 −1.5		0 −1.0		0 −1.5
	厚度	<12	±0.5	±1.0	+1.0 −1.5	—		—
		>12	+1.0	±1.5	+2.0 −2.0	+1.0 −2.0	+1.0 −2.0	±2.0 −3.0
平整度允许极限公差	平板长度	≤400	0.20	0.35	0.50	0.60	0.80	1.00
		400~800	0.50	0.65	0.80	1.20	1.50	1.80
		≥800	0.70	0.85	1.00	1.50	1.80	2.00
	角度允许极限公差	≤400	0.30	0.50	0.80	0.30	0.50	0.80
		>400	0.40	0.60	1.00	0.40	0.60	1.00

表 4 - 1 - 4　花岗石板材正面外观缺陷要求

类别	名称	内　　容	指标		
			优等品	一等品	合格品
物理性能	镜面光泽度	正面应具有镜面光泽，能清晰地反映出景物	光泽度值应不低于 75 光泽单位或按双方协议		
	表观密度（kg/m³）		2500		
	吸水率（%）		≤1.0		
	干燥抗压强度（MPa）		≥60.0		
	抗弯强度（MPa）		≥8.0		
正面外观缺陷	缺棱	长度不超过 10mm（宽度小于 5mm 不计），周边每米长（个）	不允许	1	2
	缺角	面积不超过 5mm×5mm（面积小于知 2mm×2mm 不计）每块板（个）			
	裂纹	长度不超过两端顺延至板边总长度的 1/10（长度小于 20mm 的不计），每块板（条）			
	色线	长度不超过两端顺延至板边总长度的 1/10（长度小于 40mm 的不计），每块板（条）			
	色斑	面积不超过 20mm×30mm（面积小于 15mm×15mm 不计），每块板（个）		2	3
	坑窝	粗面板材的正面出现坑窝		不明显	有，但不影响使用

（二）石材纹理图案及表面处理

1. 纹理图案

天然石材包括岩浆岩（花岗岩等）、沉积岩（砂岩、凝灰岩）及变质岩（大理石等）。其中大理石和花岗岩为常用，这两种石材颜色多样，纹理变化丰富，如图 4 - 1 - 5 和图 4 - 1 - 6 所示。除了作石材幕墙板外，另外，中国还有以大理石、花岗岩拼壁画艺术的传统做法。

2. 表面加工处理

根据石材幕墙建筑设计造型及环境艺术的要求，石材板除了可以做成规则形状和不规则形状外，其表面也可做成不同的光滑程度，如图 4 - 1 - 7 所示。目前，在大多数公共建筑中采用磨光和抛光镜面做法。

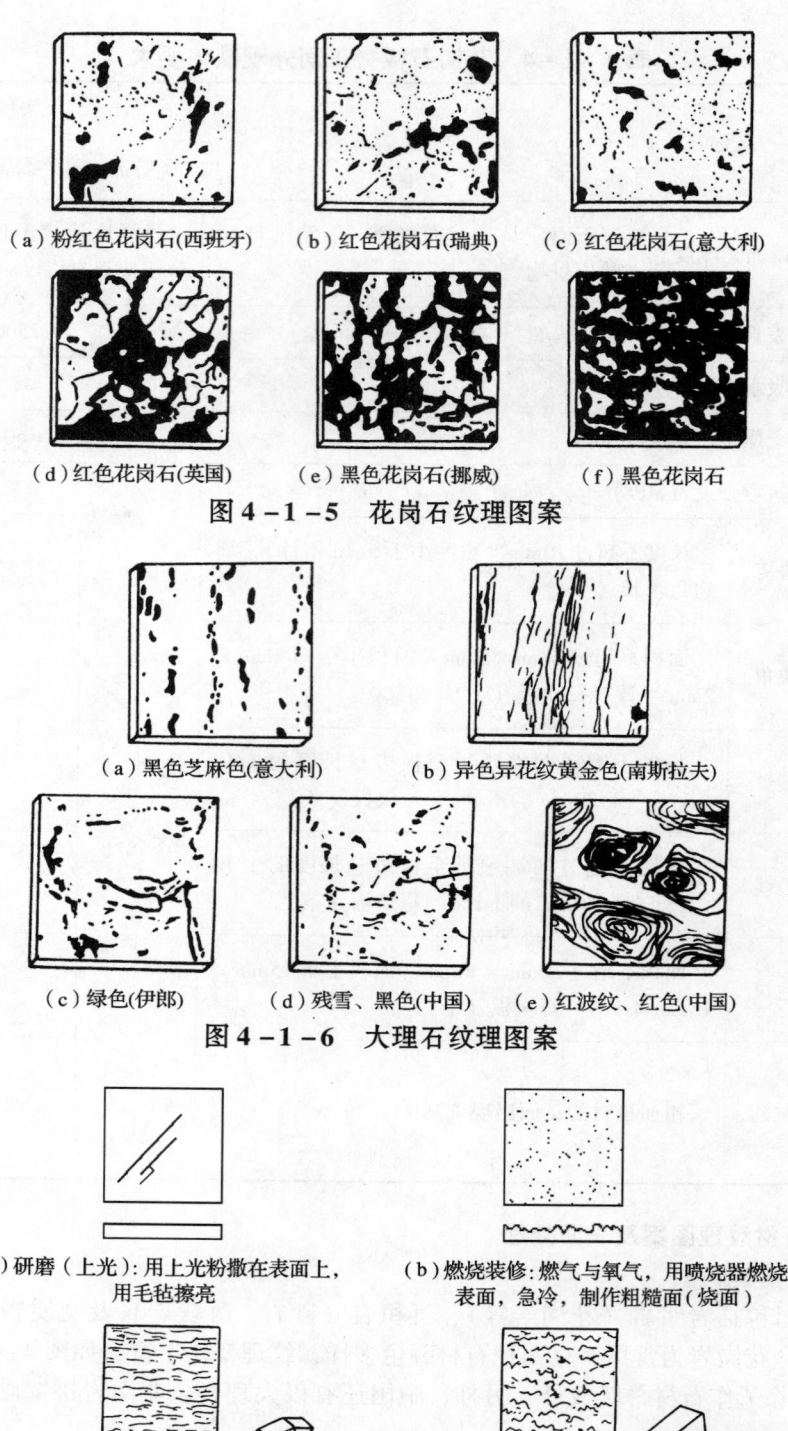

（a）粉红色花岗石(西班牙)　　（b）红色花岗石(瑞典)　　（c）红色花岗石(意大利)

（d）红色花岗石(英国)　　（e）黑色花岗石(挪威)　　（f）黑色花岗石

图 4-1-5　花岗石纹理图案

（a）黑色芝麻色(意大利)　　　　（b）异色异花纹黄金色(南斯拉夫)

（c）绿色(伊郎)　　　（d）残雪、黑色(中国)　　　（e）红波纹、红色(中国)

图 4-1-6　大理石纹理图案

（a）研磨（上光）：用上光粉撒在表面上，用毛毡擦亮　　（b）燃烧装修：燃气与氧气，用喷烧器燃烧表面，急冷，制作粗糙面（烧面）

（c）锤刻：用小锤在表面刻出许多平行线以装饰表面　　（d）凿锤：用小锤刻表面使表面有一种粗糙不规则的装饰

图 4-1-7　石材表面加工处理

（三）花岗石板材选择

1. 优点

花岗石是一种由地质内力作用产生的火成岩浆岩，具有清晰的结晶状颗粒结构，主要由正长石（40%~60%）、石英（20%~40%）和少量云母、角闪石和辉绿石彩色矿物组成（10%），莫氏硬度 6~7 级，按形成花岗石的矿物粒度分为细粒、中粒和粗粒结构。花岗石一般来说具有强度高、硬度大、抗风化、耐酸碱、光泽度高、物理化学性能稳定等优点，是一般人造石材所不能及的。

2. 主要技术性能

石材是天然产品，由于成岩的条件不同，生成年代、形成的深度不一，结构的致密程度差异大，一般花岗石表观密度 2600~3000kg/m^2，抗压强度为 150~250MPa，抗裂强度为 13~19MPa，吸水率为 0.2%~1.7%，可见物理力学性能差异很大。

3. 缺点

花岗石的抗火能力较差，具有耐热不耐火的技术特性，这是因为花岗石组织结构内部含有大量石英（SiO_2），在 573℃和 870℃的高温下均会发生晶态转变，产生体积膨胀，发生火灾时花岗石板材在高温下石英（SiO_2）体积易膨胀爆裂；花岗石的抗渗性能差异也较大，普通花岗石的渗透系数远达不到普通水泥砂浆的抗渗能力。

另外，有些花岗石含有微量放射性元素，在辐射过程中释放出放射性气体——氡，严重影响人体健康。所以，此类石材严格避免用于室内。

4. 选择

在选择花岗石外观装饰效果时，还应了解其主要物理力学性能，尤其是一些粗结晶的品种，如伟晶花岗岩，其云母片状粗大且含量高，一般不适合用于外装饰，因其抗风化、抗渗透能力较差，限制了使用范围，降低了使用效果。

在选材时，还应注意部分花岗石含有较多的硫化物（如黄铁矿）分散在岩石中，花岗石饰面板会因硫化物的氧化而变色，使鲜艳明快的饰面灰暗，板面出现锈斑、褐斑。在选择花岗石时应对色纹、色斑、石胆以及裂隙等缺陷引起注意，一般不应用于墙面、柱面的装饰，尤其是醒目部位的醒目面。

（四）花岗石板表面污染防治

根据多年的施工经验，花岗石板材从荒料加工到安装施工整个过程中，其表面随时都有被污染的可能性，因此，一定要注意采取有效的措施加以防治。

1. 加工过程中防污染

花岗石板材有一个开采、锯切（包括人工凿剔）、抛光打蜡的工序过程，稍加疏忽和不慎，每一道工序都会给材质外观带来影响，因此，要求在选材时即对加工过程有一个初步了解，以对供货方提出相应要求。

花岗石荒料锯切加工，除手工剔凿外尚有金刚石锯和砂锯之分，其中不少厂家用钢砂摆锯，钢砂的锈水在加工时会渗入花岗石结晶体中，造成石材污染。在研磨过程中偶尔也会因磨料含杂质渗入石材，引起污染。

花岗石饰面板材，尤其是光面板材在成品之前往往有一个抛光打蜡工序，打蜡前应对石板材充分干燥，减少自然含水率，打蜡时蜡液才能充分渗入板体，提高抗渗透能力，保护石板表面光泽度。如果在未干燥的饰面板上打蜡，蜡液不但不能充分渗入板体中，而且随着水分的挥发，部分渗入会在石材表面引起色差。

2. 以预处理提高成材的防污染能力

为了提高花岗石饰面板的耐久性和防止污染的能力，建议在石材板安装前普遍进行预处理。

花岗石饰面板材预处理形式也是多种多样的，主要是背涂和面涂，即使用不同的化学处理剂将石材致密，提高石材强度，加强石材抗污染能力，如水防护剂、油防护剂、致密剂、增强剂等。目前，在我国用得较多的是背涂，背涂是在饰面材的非装饰面涂上一层涂层，涂层在工厂涂饰，甚至有在石材毛板背面研磨前预涂上的，以增加石板的强度，提高出材率。其原理多半是用树脂与玻璃纤维网复合，形成一个抗拉防水层，但绝大多数背涂是在施工现场处理，背涂的材料一般要求与石材基底以及水泥砂浆有较强的黏结力，有较强的与石材共同作用的抗渗能力和一定的耐碱性。目前，常用的背涂材料有三种：

（1）环氧树脂胶涂层或环氧砂浆涂层，表面可粘有小米粒石以增强黏结力。

（2）目前常用的防水胶加水泥在石材背面形成一层界面防水层。

（3）用石材处理剂对石材的背面和侧面涂布处理。

北京市建筑工程研究院研制成石材背涂剂（乳白色胶体），并在澳大利亚驻华使馆、全国妇联等工程中使用，收到良好效果。几种背涂方式经过实践证明都是非常有效的，具体应根据石材安装使用的环境条件来确定。

为使花岗石饰面板有效地防止表面污染，不仅应做背涂处理，而且还应对装饰面进行保护，因为石材的表面也易受到各种不良介质的污染。国外石材的装饰以及石材返新，都是在其表面涂上多种功能的保护剂，这是因为石材在工厂抛光时已用了光蜡，石材板安装后又进行第二次打蜡上光，但光蜡的耐候性有一定的期限，尤其是外装饰石材，不可能经常用光蜡进行保护。建议逐步形成我国自己的一套表面系列涂料，提高耐久性，增强光泽透明度及防霉菌、真菌、耐污染等能力，如采用硅溶胶复合涂膜。在进行表面涂层时，一定要清洁表面，防止涂布过程中的污染。表面涂料一般安装前先上一遍，安装后清理干净，再涂一遍，力求涂层均匀一致，若石材板缝不是密封的，在石材板的侧面也应涂刷涂料，防止水从侧面侵入。石材表面是否上涂料，应该根据花岗石的品种以及使用的环境来确定。各种功能的表面涂料，均可改善板材的某些技术性能，如降低吸油性能，提高抗渗能力，增强表面硬度等。

美国"神鹰牌"石材永凝液（Top Seal）表面密封剂，是一种无毒、不燃、水基渗透性一次性涂抹的高级密封材料，具有密封、防水的功效。涂抹于石材板表面，TS 内的催化剂能渗透到石材表面内，在其内部形成永久性防水层，并在表面形成防水膜，可以使石材永久防水，同时使得表面更坚固。

3. 施工安装过程中的防污染

目前花岗石饰面板的安装方法主要有：湿作业镶贴和湿挂水泥砂浆或豆石混凝土灌缝；不锈钢或金属挂件干挂石材；与混凝土复合再挂焊到结构物上；胶粘剂胶粘石材等四种类型。其中采用较多的是湿镶贴作业水泥砂浆或豆石混凝土灌缝。装饰面积较大的单位工程，有时几种安装工艺在不同部位同时采用。无论采用哪一种安装工艺，如不对石材表面进行预处理，都有可能出现不同程度的表面污染问题。这里仅就花岗石板材安装过程中造成的污染问题，提出如下几点看法。

（1）首先是板缝处理。花岗石板板缝的处理好坏直接影响板材的防污及排、吸水能力。而且由于雨水的作用会使板面的四周或局部泛潮，最后花岗石板在檐口安装时就形成一定的滴水线或排水坡度，防止污水在墙面上直接流淌，造成板面局部污染。

（2）花岗石板材的露天安装一般不应在雨天，若必须在雨天必须搭设防雨罩，防止石材因吸水不一致而在表面形成色差。干挂石板材可不做嵌缝处理，应保持排水的畅通和石材的良好通风。

4. 对已污染石材的去污处理

对已污染石材的去污处理是比较复杂的，应根据污染的性质来决定处理方案。碱性色污可用稀草酸来清除，千万不能用浓酸来清除大面积污染。一般色污可用双氧水刷洗，严重的色污可用双氧水和漂白粉掺在一起拌成面糊状涂于斑痕处 2～3d 后铲除，色斑可逐步减弱。若是水斑应进行表面干燥并对石材板缝重新处理，表面刷保护剂。总之，处理已污染的石材比较复杂，还待进一步研究，包括材料和处理方法。

与此同时，对安装后的石材保养与维护也十分重要，因为石材板安装后不可能一劳永逸，每天都会遇到各种化学介质的污染，有条件时应及时清除污染物，定期对表面进行打蜡或刷涂保护剂处理。

（五）花岗石的粘补与拼接

花岗石饰面板的色纹、裂隙、暗缝及隐伤等不易被发现。挂贴后，在外力作用下易开裂。由于花纹、色泽、材料产地来源等众多原因，又不能调换，只能采取粘补与拼接修复，使之达到与原饰面材料接近相同或基本相同，再镶贴于该部。

1. 常用胶粘剂种类及配合比。

（1）胶粘剂种类。常用胶粘剂有环氧树脂胶（万能胶）和 502 胶。

（2）胶粘剂配合比。常用的有商品胶粘剂和自制胶粘剂。

①商品胶粘剂配合比。

环氧树脂胶的配合比：6101 环氧树脂:苯二甲酸二丁酯:乙二胺:同花岗石色颜料 = 100:10～20:（5～6）:适量。

502 胶：502 胶为快速胶粘剂，市场上有成品供应。

②自制胶粘剂的配合比。由白蜡、石膏粉、颜料、漆片按一定比例配制而成的胶粘剂。

2. 粘补与拼接工艺

粘补与拼接操作工艺流程：清洁缝面→烘干→涂刷胶粘剂→拼接→擦拭缝面→固定——（固化）→磨光。

（1）清洁缝面：清洁缝面是整个粘补与拼接能否成功的关键。缝面清洁应从面层到背面细致清除污染物，注意别破坏表面缝边，然后用清洁水擦去缝面灰尘，放在一旁晾干。

（2）烘干：由于缝面用水清洁时，含有水分，涂胶粘剂前，应将花岗石板缝面四周用 50℃ 左右的温度慢慢烘干，保持缝面干燥，保证胶粘剂粘牢。

（3）涂刷胶粘剂：用毛刷蘸胶粘剂细心地由面层方向向背面方向涂刷，切不可蘸胶粘剂太多，注意别污染饰面。待胶粘剂自然干燥 10～15min 后进行拼接。

（4）拼接：拼接时应在一块平坦的基面上进行，保证拼接缝平整。施拼时，用两手分别向缝隙间轻轻施加压力，使拼接缝小而紧密，同时注意拼缝与饰面板的几何尺寸是否准确。

（5）擦拭缝面：将饰面板表面的胶粘剂擦拭干净。

（6）固定：用木卡及木楔将粘补与拼接后的花岗石板固定。

（7）磨光：等待胶粘剂固化达到一定强度后，将修复的花岗石板用 0 号水砂纸包木枋将裂缝处磨平磨光，并用手工打蜡抛光。

粘补拼接后，缝隙应整齐，表面应平整，不显裂缝；抛光后的表面，应与原饰面板光洁度相同，颜色接近。

二、金属骨架

石材幕墙同玻璃一样处于建筑物的外表面，经常受到自然环境下各种不利因素的影响，如日晒、雨淋、风沙等的侵蚀，而且石材幕墙造价较高，一般用于重要和高级建筑的外墙装饰。所以同样要求石材幕墙的材料要有足够的耐候性和耐久性，具备防风雨、防日晒、防盗、防撞击、保温隔热等功能。所用金属材料应以铝合金为主，个别工程为避免电化腐蚀，局部骨架也有采用不锈钢骨架，但目前较多项目均采用碳素结构钢。采用碳素结构钢应进行热浸镀锌防腐处理，并在设计中避免现场焊接连接，以保证石材幕墙的耐久性。许多工程都采用简单刷防锈漆处理，严格地讲这是很不适宜的。

（一）铝合金型材

建议按照我国《金属与石材幕墙工程技术规范》JCJ 133—2001 执行，并应符合现行国家标准《铝合金建筑型材》GB/T 5237—2008 中规定的高精级和《铝及铝合金阳极氧化膜与有机聚合物膜》GB/T 8013—2007 中规定的 AA15 级。铝合金型材的化学成分应符合现行国家标准《变形铝及铝合金化学成分》GB/T 3190—2008 的规定。

（二）碳素钢型材

应按照我国现行规范《钢结构设计规范》GB 50017—2003 和《钢结构工程施工质量验收规范》GB 50205—2001 要求执行，其质量应符合现行标准《碳素结构钢》GB/T 700—2006 或《低合金高强度结构钢》GB/T 1591—2008 的规定。手工焊接采用的焊条，应符合现行标准《非合金钢及细晶粒钢焊条》GB/T 5117—2012 或《热强钢焊条》GB/T 5118—2012 的规定，选择的焊条型号应与主体金属强度相适应。普通螺栓可采用现行标准《碳素结构钢》GB/T 700—2006 中规定的 Q235 钢制成。应该强调的是，所有碳素钢构件应采用热镀锌或热浸锌防腐蚀处理，连接节点宜采用热镀锌钢螺栓或不锈钢螺栓，对现场不得不采用有少量手工焊接部位，应补刷防锈漆。

施工质量应符合《钢结构工程施工质量验收规范》GB 50205—2001 和《高层民用建筑钢结构技术规程》JGJ 99—2015 及《钢结构焊接规范》GB 50661—2011 中的要求。

（三）锚栓

幕墙立柱（竖框）与主体钢筋混凝土框架结构宜通过预埋件连接，预埋件应在主体结构混凝土施工时埋入。现在许多工程往往是总体设计深度不够，考虑不周，在土建时未埋入预埋件，此时如果采用锚栓连接，锚栓应通过现场拉拔检验决定其承载力。目前，我国国内锚栓产品规格种类齐全和质量保证可靠的品牌，主要有喜利得（HILI）和慧鱼（fisher）两家外企独资公司的产品，该两家公司的技术资料齐全，有完整的计算公式和数据，产品质量稳定，还可根据不同墙体、不同锚固厚度、螺栓的不同位置和间距、不同的安装方法等，提供近 1000 种类型和尺寸的各种锚栓，关键是他们积累了大量科学数据和资料，能根据不同情况提供比较准确的强度计算公式，并可以配合工程要求在现场进行拉拔检验，提供可靠的设计依据。德国慧鱼公司在干挂花岗岩幕墙方面，还拥有独创的吊挂体系和设计软件。

三、金属挂件

金属挂件按材料分主要有不锈钢类和铝合金类两种。不锈钢挂件主要用于无骨架体系和碳素钢架体系中。常用不锈钢牌号是 1Crl8Ni9 和 OCrl8Ni9，主要用机械冲压法加工。铝合金挂件主要用于石材幕墙和玻璃幕墙共同使用时，金属骨架也为铝合金型材，铝合金牌号为 LD30 和 LD31，多采用工厂热挤压生产。

应该指出的是不同类金属挂件不宜同时使用，以免发生电化腐蚀。如无法避免时，应采用非金属垫片隔离。

四、石材防护剂

四川新达粘胶科技有限公司研制生产的石神®油性防护剂技术性能见表 4 – 1 – 5。

表 4 – 1 – 5　国家建筑材料测试中心检验报告

序号	检验项目	检验值	参照标准
1	吸水率	涂防护剂前吸水率 0.097%	《天然石材饰面方法　第 6 部分：耐酸性试验方法》GB/T 9966.6—2001
		涂防护剂后吸水率 0.074%	
2	耐酸性	涂防护剂前吸水率 0.786%	《天然石材饰面方法　第 6 部分：耐酸性试验方法》GB/T 9966.6—2001，将石材浸入 3% 的 HCl 溶液中，测量浸酸前后的质量变化率
		涂防护剂后吸水率 0.440%	
3	耐碱性	涂防护剂前吸水率 0.094%	《天然石材饰面方法　第 6 部分：耐酸性试验方法》GB/T 9966.6—2001，将石材浸入 3% 的 KCl 溶液中，测量浸酸前后的质量变化率
		涂防护剂后吸水率 0.073%	
4	耐污染性	涂防护剂前石材表面的污染源用水或洗涤剂可以洗净	污染源分别为酱油、醋、墨水
		涂防护剂前石材表面的污染源用水或洗涤剂可以洗净	

注：未涂防护剂石材和涂防护剂石材浸入 3% 的 HCl 溶液时，发生反应产生大量气泡，石材本身质量有损失。

第三节 石材加工和质量保证措施

一、荒料开采流程及质量控制

（一）开采主要设备及工艺流程

1. 荒料主要开采设备

采用火焰切割成套设备。该机以柴油作燃料，空气压缩作助燃料，经过专用喷雾、加热、燃烧后由特耐高温枪嘴形成高温，喷出火舌，直喷到岩层吹走，逐层破碎，直至形成沟槽，将石材切割成型。此开采技术石材成材率高，不破坏石质，安全性高。

2. 荒料开采工艺流程

荒料开采工艺流程：火焰切割→凿岩机凿孔→黑火药爆裂→吊机吊装。

（二）开采顺序

1. 地面准备

包括排除开采范围内和地面设备附近的各种障碍物。

2. 矿山基建

包括铺设运输线路、掘进出入沟和开段沟、基建剥离、建设排土场废料场和水电设施等。

3. 剥离工作

揭露矿体进行采掘围岩和表土，包括矿体表面的风化层和裂隙带。

4. 开采工作

采用定高程三维标识顺序从矿体上采出符合质量标准的荒料。

5. 地表恢复

开采结束后，有计划地覆土造田或他用。其中基建、剥离和开采是最重要的三个步骤，开采前先进行开拓和剥离工程，按一定高度划分成若干台阶，自上而下依次施工。在同一开采台阶上再划分成若干次级台阶，形成多次开采梯段。

（三）管理措施

1. 制定开采管理制度

按照 ISO 9001 质量体系，制定荒料开采管理制度，定员定岗，由专职人员负责。

2. 按序编号

开采出的荒料按顺序编号，在每块荒料的两端面上，用不易冲洗掉的颜料注明标记。按顺序运输、装卸，以防出错，避免石材出现色差。并在运输、装卸过程中严防撞击。

3. 按类码放

荒料储存时，按类别、顺序码放平稳，防止污染。

4. 出矿检验

荒料出矿前应做出矿检验。

（四）荒料质量控制

分为两个步骤：矿山开采选料和生产前的选配料。

1．矿山开采选料

采用六面喷水的方法对所开采的每一块荒料都进行严格的质量验收。具体方法是用专用喷水器均匀喷洒在荒料的表面，然后用定压机吹干，在荒料石将干未干之际，可以清楚地检验出荒料的纹路是否正常、有无色差、杂质及其他缺陷，这样比传统的目测法更能保证荒料质量。加之开采过程中采用定高程三维标识法开采，更能从根本上保证原材的材质、颜色、花纹的协调一致性。

2．生产前的选配料

荒料进厂后，依工程图纸细致选配荒料，严格保证整幢大楼的同一立面选用同一矿口同一矿脉区域的荒料，再通过目测、水浇，打磨荒料样板对比等方法，选定用料。

二、加工工艺流程

（一）规格板加工工艺流程及质量控制

1．规格板加工工艺流程

规格板石材加工工艺流程：矿山选配荒料→工厂选配荒料→大板锯解→选配板材→切割规格板→排板、编号→磨边、开槽、倒角等（如需要）→烘干防护→包装、仓储→运输、发货。

2．规格板质量控制

通过荒料两次选配、板材一次选配、规格板排板编号4次严格选配来控制色差。

（1）矿山选取品质优、储量大、开采能力强的矿口，同一工程指定开采同一矿脉区域，以保证荒料来源品质稳定；

（2）荒料进厂后，依工程图纸细致选配荒料，通过目测、水浇，打磨荒料样板对比，确定用料方案；

（3）板材完成后通过选取每颗荒料的光板样板进行对比，细致调整用料方案；

（4）规格板切割好、完成防护后按拼接图在地面铺开排板，在特有的无直射光排板车间，进一步调整色差，使颜色、纹路过渡自然，协调一致。

（二）异形板加工工艺流程及质量控制

1．异形板加工工艺流程

异形板加工工艺流程：矿山选配荒料→工厂选配荒料→开料、分件→排板、编号→造型→磨抛→再排板→防护→包装、仓储、运输。

2．异形产品质量控制

（1）通过矿山及工厂两次荒料选配、开料、分件后（造型前）水浇分件毛坯排板调色编号，磨抛后再排板细调等四道调色控制色差，保证分件颜色、纹路协调一致。

（2）异形产品打磨抛光是采取单件严格对标准模板打磨，而不是传统工艺采用的拼接打磨，单件对模板打磨要求更高，打磨后的同类型工件可任意更换，是排板调色差的有力工艺保障。

（3）异形或板材产品全部是抛磨出材质的真实光度，决不像传统工艺真光打磨不出，采取擦抛光粉或打腊方式来掩盖，擦抛光粉或打蜡的效果在3~6个月失效，这是严格禁止的。

（4）异形产品手工打磨部分是采用沿长度方向反复擦磨块（花岗石）或砂纸（大理石）以使工件表面波浪小过传统工艺的回转打磨方式。

三、加工环节整体质量控制措施

针对工程质量要求，产品生产过程中质量保证的各个环节控制措施见表 4-1-6。

表 4-1-6 各加工环节质量控制措施

环节	质量服务保证措施
顾客需求确认	成立工程项目组，专人负责工程商务洽谈及整个工程运作，负责对内部组织、外部沟通、辅材供应、技术交流确认、生产推进、质量控制、售后服务、财务核算结算等工作的具体落实，从而确保顾客需求得到充分满足
技术服务	①责成技术部门专人负责工程技术交流及对工程要求进行确认，从而保证技术交流的准确、及时有效。同时配备技术工程师两人协助此工作。 ②提供现场放样服务和相关石材技术资料。 ③图纸经出图单位及加工单位共同确认、复合确保无误后下单。 ④加工单编制效果以局部空间为单位，兼顾整体效果
荒料组织	①采购部专人负责工程用料采购。 ②荒料矿山开采按定高程定相带三维标识顺序开采，保证材料品质的稳定性。 ③荒料组织量为工程用量的 1.5 倍，以便进厂后优中选优，保证产品材质的稳定性
荒料选配	①依据工程平面布置图，由项目经理、生产部、质检部共同确认总体用料方案。 ②依据具体区域加工单，由生产部、质检部共同确认细节用料方案 ③车间依据用料方案及加工单组织生产。 ④加工前召开各个部门协调会，保障生产顺利进行
荒料锯解	①采用台湾 WVHEXING 钻石拉锯锯解，确保加工精度为：平面度偏差小于 0.2mm，厚度偏差小于 0.2mm。 ②间隔板及锯条全部采用进口产品随机原装配置），保证切割质量
平板磨抛	①采用意大利 BRETON 自动连续磨抛机，确保产品平面度偏差小于 0.2mm。 ②采用意大利 TANX 模块，确保板材光度及平整度均优于同类产品
光板选配	①切规格板前对所配荒料加工成的光板（压光板）再次选配，每颗荒料吊一架大板一字排开目测，再次细调荒料的色差。 ②每架大板敲样，由生产部门确定切割工程板用料计划
切割规格	使用中国台湾或意大利进口红外线电子桥切机加工，确保长度和宽度偏差小于 0.5mm，角度偏差小于 0.3mm
排板编号	在无直射光条件下按拼接图将规格板在地面排开，进一步调整色差，调整后的结果由生产部、质检部确认
烘干防护	①针对工程用料及使用要求选用防护剂。 ②在自动恒温烘干线上烘干，以确保石材内部水分挥发，保证防护剂的充分渗入。 ③采用喷涂防护技术、防护效果一致稳定

四、色差控制措施

(一) 石材荒料的开采——从源头上控制色差

1. 开采部位的选定

石材质量主要表现在面材的色彩及纹路搭配。根据以往的经验，同一矿口的石材也会有一些自然的基色变化，只要自然过渡，仍可保证最终的效果，而控制色差的第一步，也是最重要的第一步，开采顺序必须与加工顺序及施工顺序统一安排。确保重点面、重点部位，兼顾荒料及板材利用率。这一顺序及计划的编制须由矿山、加工厂、设计单位及施工单位共同完成编制。考虑天然石材离散性的风险，应备充足的荒料以满足工程需要。

2. 筛选荒料

确定工程材料用量的总数量，对矿山纹理走向进行全面的综合评审，并由厂方对矿点储存量、质量稳定性进行评估，初步试采、试产，然后对矿点深入评审及鉴定。

在选定的矿点范围以内进行定点开采，把开采下来的荒料逐一筛选，按矿床走向将可用的荒料进行编号，并将同一批筛选出的荒料逐块检验，派质检人员驻矿进行 50% 的抽检，必须达到技术要求中相应的质量等级后，再进行下一步生产。编号时须采用不易褪色及吸附力强的颜料标注清楚。运输及码放时要防止撞击及污染。

3. 整体选料控制

石材荒料到厂后，在开料前，根据整个工程的整体情况，对整体用料有一个严格的控制。确定荒料中不存在处于正常环境中能引起损蚀、杂色的矿物。确保其无影响石料结构完整性的裂纹、纹理或裂缝，从而避免后续工序的崩边、掉角现象的发生。

具体措施：开料前，根据荒料到料情况，每块荒料均在同一方向取样，所取样板经打磨抛光后，再集中在一起对比同种石材各块荒料之间的颜色、花纹之间的差异，再根据各种石材的分布情况，精心搭配，确保每一部位的同种石材颜色基本一致，纹路过渡自然。

(二) 毛板的加工

1. 设备的选用

将荒料切割成毛板，切割设备是加工质量的关键所在：石材最好采用意大利拉锯锯解，确保加工尺寸精度。

2. 毛板编排

生产出来的毛板先由厂方操作人员自检、厂方质检部复检，对合格的毛板按标记分区域堆放，并做好原始记录。然后根据工程所需的板面做法进行分项加工。

(三) 毛板磨光 (或磨压光)

从锯机切下来的板材需要经过磨机的研磨和抛光等工序才能成为最后的产品。磨抛效果的好坏直接影响板材花纹的显露程度和表面光泽度。因此研磨和抛光在板材的加工中起着决定性作用，所用板材应选用连续式磨机进行加工，此类磨机的操作全部由电脑控制，自动化程度高，并采用意大利 BRETON 自动连续磨抛机，确保产品平面度偏差小于 ±0.2mm。采用意大利 TANX 磨块，确保板材光泽度高出同类产品 10 个光泽度。整个加工过程从上板、板材清洗、粗磨、细磨、精磨、抛光到卸板全部自动连续完成，质量可靠。

（四）大板切割

1. 大板切割前的光板选配

切规格板前对所配荒料加工成的光板再次选配，每颗荒料吊一架大板一字排开目测，再次细调荒料间的色差。每架大板敲样，由生产部确定切割工程板用料计划。

2. 精确度保证

大板切割必须采用中国台湾或意大利进口红外线电子桥切机加工，确保长度和宽度偏差小于 0.5mm，角度偏差小于 0.3mm。切割用的金刚石刀片采用国内最好的或进口刀片进行切割，每片刀片切割量定额为 200m²/片，不允许超过此定额，以减少因刀片不锋利或刀片疲劳而产生的加工误差。

（五）无直射光排板

规格板排板：规格板切割完成后，需按照施工图进行整体排板，保障石材达到大面积颜色自然过渡。

（1）石材排板工作完全是凭肉眼观察来完成。在自然界直射光下进行排板，由于石材很难完全平整一致地摆放在地上，将导致光线在每块板材上的入射角度不一致，反射到人眼后，由于光线明暗不同会造成的直接影响就是会导致人眼对颜色的判断错误。等石材安装以后，由于角度的不同，在光线折射的作用下，将影响到最终排板的真实效果。因此要使排板达到最佳效果，必须避免在直射光下进行排板。

（2）在切割规格板时，利用自身厂区面积大、车间大的特点，将排板由原来在室外进行改为在室内进行，利用从车间上方采光带下来的散光，在车间内对板材进行无直射一次性排板与调整，从而保证色差控制在最小范围，即使有小小色差区别，也保证过渡自然，达到肉眼完全能够接受的整体效果。

五、产品质量检验

（一）过程中的质量检验

质检部门在各道工序的质量控制点配备了专职检验人员，严格依照国家标准进行检验：荒料质检 2 人、砂锯质检 1 人、抛光质检 15 人、光板质检 2 人；工程板切割质检 4 人、二次加工质检 2 人、防护质检 1 人、成品质检 3 人；异形产品开料质检 2 人、造型质检 2 人、打磨质检 4 人、包装质检 1 人。

（二）购置先进而科学的检验器具并确保其精确性

产品检验环境优良，均在符合生产加工及检验要求的标准厂房内进行。检验设备方面。依据国家标准试验方法检验，并依据国家标准要求配备先进的检验工具设备，如卷尺、钢直尺、直角尺、游标卡尺、万能角度尺、塞尺、光泽度计等符合精度要求的检验工具设备。

（1）Wgg60—2A 光泽度计。用于测量石材表面加工的光泽度，便于现场使用，数字可连续显示，读数准确，性能稳定。

（2）万能材料试验机。用于测量石材的压缩及弯曲强度。

（3）电热干燥箱、天平及比重瓶。用于测量石材的体积密度。

（4）CxK 型吸水率真空装置。用于测量石材的吸水率。

（5）道瑞式耐磨实验机。用于测量石材的耐磨性能。

（6）Tzs－5000 数显抗折试验机。用于测量石材的抗折强度。

（7）钢卷尺（读数值为 1mm）。用于测量板材的长度和宽度。

（8）游标卡尺（读数值为 0.1mm）。用于测量板材的厚度。

（9）钢平尺（公差为 0.1mm）和塞尺。用于测量板材的平面度。

（10）钢角尺（公差为 0.13mm）和塞尺。用于测量板材的角度极限公差。

（三）产品质量终检措施

（1）操作人员和质检部所使用的检验工具必须定期校验，确保检验工具本身的精度。

（2）根据加工图纸要求，以及石材的色差情况对各部分板材进行整体颜色、纹路的调整。

（3）最后的调整效果必须经厂方、施工方驻厂代表共同确认才可打包装。

（4）施工方驻厂代表对产品生产过程中产品质量的监控不是最终验收，不免除厂方对于产品的最终质量和工期的全部责任。最终验收方为工地现场的验收。

第四节　干挂花岗岩幕墙的构造

花岗石板幕墙采用干挂法施工工艺，在国外起始于 20 世纪 60 年代后期，在 20 世纪 80 年代中、后期引入我国，经过近 20 余年的工程实践，在材料和连接构造方面都有了很大的变化和改进，各种不同的主体都有其先进的连接方式，最好能在建筑总体设计时就能全面统一考虑主体结构形式和围护墙结构的配合，不宜在施工时再修改外围护幕墙方案。不同的干挂工艺方案在经济分析、方便施工、经久耐用等方面都有很大的差别。

一、直接式构造

（一）定义

直接式是指被安装的石材板通过金属挂件直接牢固地挂在主体结构上的方法。

（二）特点

这种方法比较简单经济，但要求主体结构强度高，最好是钢筋混凝土墙，主体结构墙面的垂直度和平整度都要比一般结构墙体精度要求高。

（三）构造要点

直接式可分为一次连接法和二次连接法。早期做法如图 4 - 1 - 8（a）、（b）所示。

（1）图 4 - 1 - 8（a）中用 3 个调节螺栓来调节板面平整，这种方法很不方便，同时后填塞的快干水泥浆质量不易保证，锚栓的有效埋入深度变浅，抗拉力也会削弱。

（2）图 4 - 1 - 8（b）是曾经较流行的做法，但施工时钻销钉孔不方便，容易损坏石材。

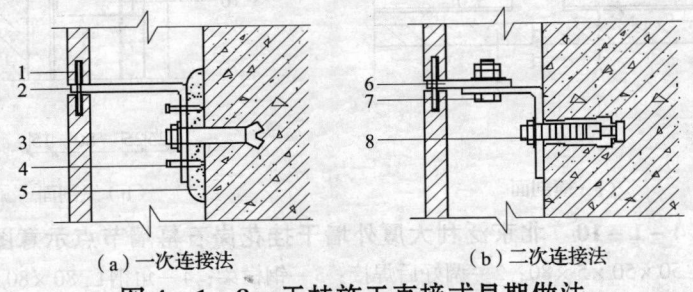

（a）一次连接法　　　　　　　　（b）二次连接法

图 4 - 1 - 8　干挂施工直接式早期做法

1—定位不锈钢销 $\phi 6 \times 50$；2—不锈钢挂件；3—膨胀螺栓；4—调节螺栓；
5—高强快干水泥；6—舌板；7—不锈钢螺栓；8—敲击式重荷锚栓

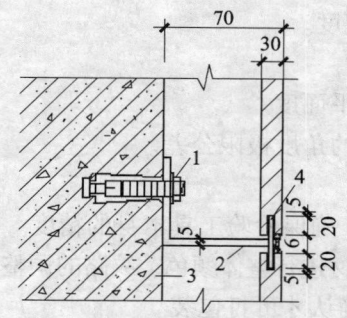

图 4 - 1 - 9 干挂施工直接式
当前的流行做法

1—喜利得敲击式重荷锚栓
HKD - SM12；2—不锈钢挂件；
3—钢筋混凝土墙外刷防水涂料；
4—2mm 厚不锈钢板，填焊固定

目前，较多采用的是图 4 - 1 - 9 所示的板销式。北京庄胜广场主要采用此种做法，用几种不同长度的金属挂件来适应主体结构墙面的变化，石材板上用切割机开槽口、电钻孔更方便。

二、骨架式构造

（一）定义

高层建筑及超高层建筑选用钢筋混凝土框架结构，而框架墙多采用轻质块体材料（如加气混凝土、充气混凝土、泡沫混凝土及黏土空心砖、煤渣混凝土空心砌块等）或板材（空心石膏板、GRC 空心隔墙板等）填充，故不能直接承受石材幕墙的荷载，而改由金属骨架来全部承受幕墙的自身质量荷载、风荷载、地震荷载和温度应力引起的荷载。

（二）特点

骨架式构造主要用于主体结构是钢筋混凝土框架结构时，因为轻质填充墙不能作为承重结构。金属骨架应通过结构强度计算和刚度验算，能够承受石材板幕墙的自身质量荷载、风荷载、地震荷载和温度应力的作用。由于在建成后不便于维护，骨架的防腐蚀是很重要的，国外、国内都对此重视不够，单纯为降低造价，不少工程仍采用钢结构。

（三）构造要点

图 4 - 1 - 10 （a）、（b） 所示是北京泛利大厦外墙干挂花岗石幕墙的横剖面和纵剖面节点详图。该工程由北京市建工集团一建装饰公司承建。骨架竖框和横梁均用型钢，表面热镀锌防腐，横梁和竖框采用螺栓连接，调平调直后焊接固定，花岗石板与骨架用不锈钢钢销式挂件固定。

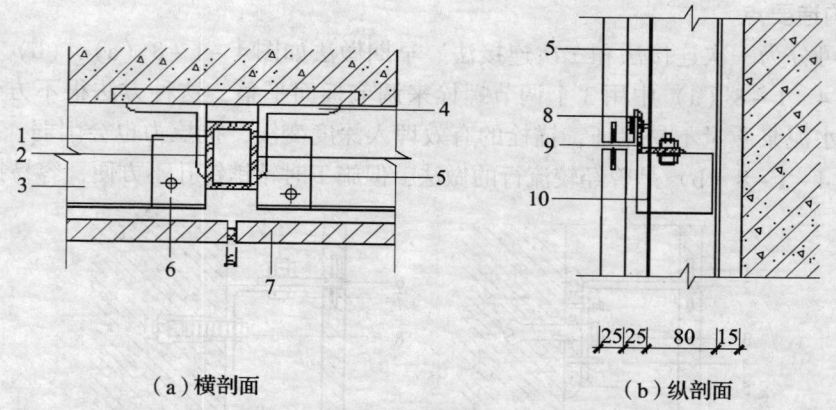

（a）横剖面　　　　　　　　（b）纵剖面

图 4 - 1 - 10　北京泛利大厦外墙干挂花岗石幕墙节点示意图

1—角钢∟ 50 × 50 × 5 × 80；2—调好后焊接；3—钢横梁；4—角钢∟ 80 × 80 × 5 × 90；
5—钢立柱 [8；6—M6 × 33 安装螺栓；7—30mm 厚花岗石板；
8—角钢横梁∟ 50 × 50 × 5；9—不锈钢销钉式挂件；10—角钢

图 4-1-11 是由中国建筑学研究院结构所为深圳蛇口时代广场外墙干挂花岗石幕墙设计的节点示意图。该工程骨架竖框和横梁采用铝合金型材，用铝角码连接固定，铝横梁带有下托片，所以在安装时只需准确调平好横梁的标高，石材的就位调平就很方便。由于采用了这种分离式的挂片，可以很方便地更换受损伤的花岗石板。

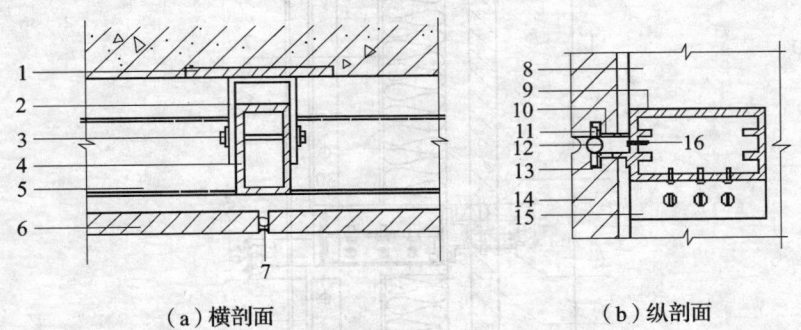

（a）横剖面　　　　　　　　　　（b）纵剖面

图 4-1-11　深圳蛇口时代广场外墙干挂花岗石幕墙设计节点示意图

1—预埋件；2—角钢；3—焊栓；4—竖框；5—横梁；6—30mm 厚花岗石板；
7—密封胶；8—铝合金竖框；9—铝合金横梁；10—垫块；11—注结构胶；
12—注密封胶；13—4mm 铝挂板；14—30mm 厚石板；15—角铝；16—$\phi 4$ 螺栓@ 300

图 4-1-12 和图 4-1-13 分别是北京华润大厦外墙干挂花岗石幕墙部分纵向和横向节点详图。该建筑地面上有 27 层，美国 HOK 公司承担总体建筑设计，外墙为玻璃幕墙和石材幕墙组合，幕墙部分由荷兰 KPff 公司设计，上海福艺工程有限公司施工。幕墙竖框和横梁均为铝合金型材，保温材料外用 1.5mm 厚镀锌薄钢板封闭，保温板和竖框的有橡胶密封条和硅酮密封胶封堵，不仅形成第二道防水，也避免"冷桥"形成。铝合金横向挂条也是固定保温板的压条，在铝型材上需钻螺孔的部位，都制有凹线，使螺孔定位准确，在每一层高处都设有一道金属装饰条，并利用金属装饰条和压板作为排除内壁可能有渗漏的排水槽。由上可见，这是一项设计比较成功的实例。

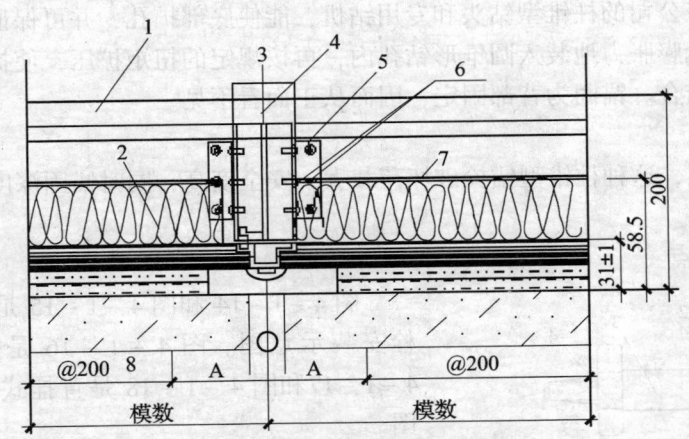

图 4-1-12　北京华润大厦外墙横向剖面

1—石膏板；2—螺钉；3—分格轴线；4—竖料；5—角铝；6—螺钉；
7—保温板；8—3±11mm 厚磨光花岗石；9—模数；10—模数

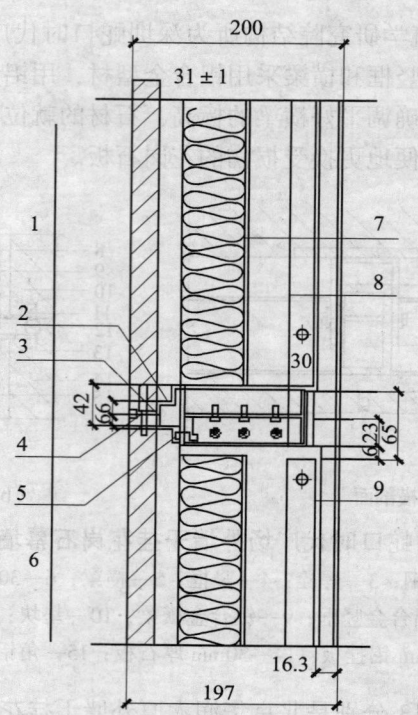

图 4 - 1 - 13　北京华润大厦外墙纵向剖面

1—模数；2—橡胶密封条；3—铝挂板竖料；4—垫块；5—橡胶封闭条外注嵌缝胶；
6—模数；7—保温板；8—铝横梁；9—角铝

三、背挂式构造

(一) 定义

这是采用德国慧鱼公司生产的幕墙用柱锥型锚栓的新型干挂技术。它是在石材的背面上钻孔，必须采用该公司的柱锥型钻头和专用钻机，能使底部扩孔，并可保证准确的钻孔深度和尺寸。锚栓被无膨胀力地装入圆锥形钻孔内，再按规定的扭矩扩压，使扩压环张开并填满孔底，形成凸型结合。锚固为背部固定，因而从正面看不见。

(二) 特点

大量检验证明，这种柱锥型锚栓破坏荷载大，安全度高，同时锚固深度小，利用背部锚栓可固定金属挂件。

(三) 构造要点

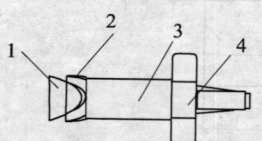

图 4 - 1 - 14　"慧鱼" 柱锥型锚栓

1—锥型螺杆；2—扩压环；3—间隔套管；
4—六角螺母（可用材质为钢质或铝质的）

图 4 - 1 - 14 和图 4 - 1 - 15 是柱锥型锚栓和锚栓安装示意图。图 4 - 1 - 16 是挂件安装图，图 4 - 1 - 17和图 4 - 1 - 18 是背挂式安装和节点示意图。

上海金茂大厦的干挂花岗石材幕墙就是采用此种安装方法，不同的只是将挂件竖向布置，挂件和横梁均采用不锈钢材料。

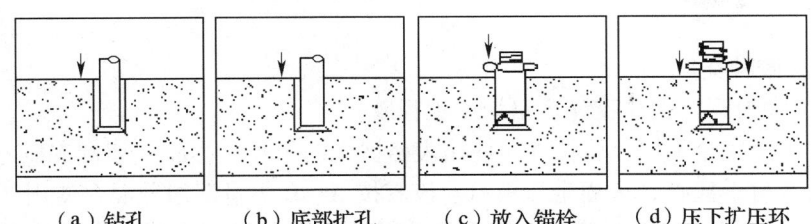

（a）钻孔　　（b）底部扩孔　　（c）放入锚栓　　（d）压下扩压环

图 4 – 1 – 15　柱锥型锚栓安装示意图

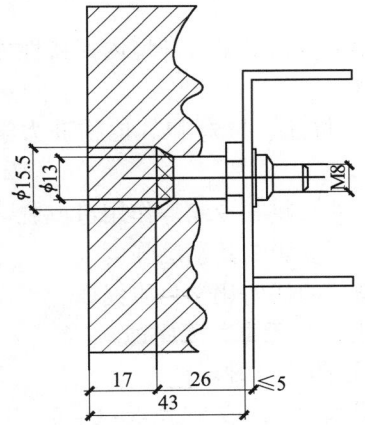

图 4 – 1 – 16　用柱锥型锚栓
固定挂件示意图

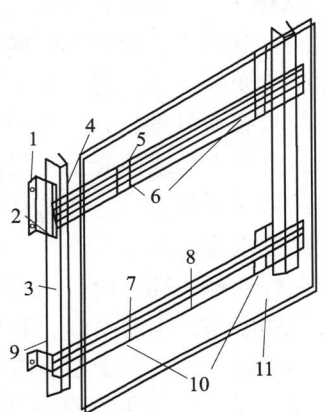

图 4 – 1 – 17　背挂式安装示意图

1—固定锚柱；2—固定码；3—竖框；4—固定夹板；

5—调节水平螺栓；6—挂片；7—幕墙用柱锥式；8—横梁；

9—次固定码；10—挂片；11—天然石材面板

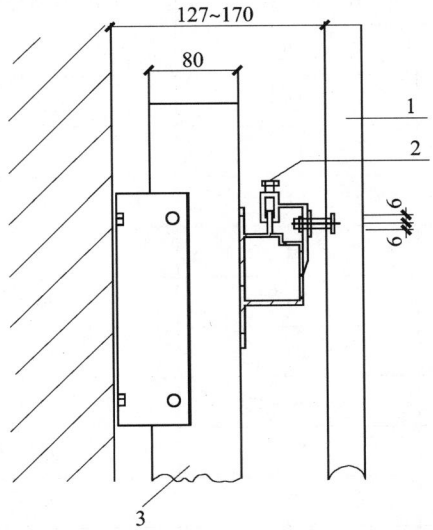

图 4 – 1 – 18　背挂式节点示意图

1—天然石板；2—可调节面板水平螺栓；3—〔形竖框 80/50/Z

四、粘贴式构造

（一）工程胶种类

1. 美之宝大力石材干挂胶（表格博士工程胶）

这是一种可以完全不用金属挂件，使用表格博士的干挂工程胶（澳洲 MEGQPOXY^R、又称美之宝大力石材干挂胶）来固定石板材。该胶按 A、B 等量双组分混合使用，是属于环氧树脂聚合物（万能胶）系列，其生产管理系统通过澳大利亚国家检测中心鉴定，产品符合国家标准 ISO 9002 和 ISO 9001。

（1）特点。这种干挂工程胶的特点是：

①黏结强度高，抗老化性能好，耐候性能稳定，在 −30 ~ +90℃温差环境内保持性能稳定不变，不变脆、不变软、不流淌，是高强耐久的胶粘材料。

②这种工程胶具有良好的抗震、抗冲击性能及其抗拉、抗压、抗弯和其他物理力学性能，其强度均超过石材本身或混凝土材料的强度。

③它有较强的韧性和伸缩性，能防止石材板黏结后因震动、热胀冷缩等作用造成脱落。

④在其固化后抗水浸、防潮性能好，在水中长期浸泡，不会影响其黏结强度。

⑤它还具有良好的耐久性，而且能有效地抵御自然污染中的任何化学物质侵蚀。

⑥自然状态下稠度高，不崩不漏，利用率高达 95% 以上，且无毒，无腐蚀。

（2）种类。该产品分 PM 慢干型、PF 快干型和 GEL69 透明型三种。

（3）技术性能。美之宝大力石材干挂胶主要技术性能见表 4 − 1 − 7 和表 4 − 1 − 8。

表 4 − 1 − 7　表格博士工程胶主要技术性能表

项　　目	PM 慢干型	PF 快干型	GEL69 透明型
稠度	黏性糊状，不崩落	黏性糊状，不崩落	雪油状，不崩落
混合成分	A、B 双组分	A、B 双组分	A、B 双组分
混合后外观	白色	白色	透明略带黄色
混合比例 A∶B（容量计）	1∶1	1∶1	1∶1
23℃施工有效期（min）	45	3	45
23℃凝固时间（初干）（h）	12	1	12
23℃完全凝固时间	4d	6h	4d
最高使用温度（℃）	70	70	70
最低使用温度（℃）	10	0	10
干后性能稳定（℃）	−30 ~ +90	−30 ~ +90	−30 ~ +90
抗拉强度（MPa）	25	25	25
抗压强度（MPa）	65	80	80
黏合抗拉强度（MPa）	10	10	10
抗剪强度（ME&）	15	15	15

续表 4 - 1 - 7

项　目	PM 慢干型	PF 快干型	GEL69 透明型
线膨胀系数（1/℃）	60×10^{-6}	40×10^{-6}	60×10^{-6}
吸水率 25℃ 浸水 10d（质量%）	0.5	0.5	0.5
主要用途	高强永久性建筑材料粘贴挂装，结构补强，植筋		
参考用量	50kg 石材黏结面积 104cm²，保险系数 25 倍，如此递增		
储存有效期	原封包装 24 个月，已开封使用 12 个月		

表 4 - 1 - 8　美之宝大力胶技术性能

技术性能	参 考 指 标			备　注
	慢干型（PM）	快干型（PF）	透明型（69DEL）	
23℃ 施工有效期（min）	45	3	45	过时即不能用
23℃ 初凝时间（h）	12	1	12	
23℃ 终凝时间（d）	4	6	4	
最高使用温度（℃）	70	70	70	
最低使用温度（℃）	10	0	10	
干后稳定性（℃）	$-30 \sim +90$	$-30 \sim +90$	$-30 \sim +90$	
抗拉强度（MPa）	25	25	25	
抗压强度（MPa）	47	47	46，7	广东省建筑工程质量检测中心检测
黏合抗拉强度（MPa）	6.0	4.8	5.4	
剪切强度（MPa）	16	14.7	15.9	
线膨胀系数（1/℃）	60×10^{-6}	60×10^{-6}	60×10^{-6}	
吸水率（25qc 浸水 10d）	0.5%×质量	0.5%×质量	0.5%×质量	

2. 黏之宝石材干挂胶

由香港天赋集团（转移环氧树脂生产商）监制的 BOSSWAY 黏之宝石材干挂胶，属于改性环氧树脂胶粘剂。

（1）特点。具有优异的抗老化能力，且韧性强、黏结强度高，固化后抗水防潮、抗震、抗压、抗拉、抗冲击和耐候性能显著。该产品稠度高，施工不垂流，适用于石材粘贴干挂、建筑工程植筋、螺栓锚固、桥梁工程混凝土修补加固以及石膏板、木板、陶瓷、玻璃钢等不同材料的相互黏结。用于石材幕墙工程时，生产商可以同时提供与黏之宝干挂胶相配套的不锈钢挂（扣）件和螺栓、各种颜色的石材专用填缝胶及法国立康牌石材保护水。

（2）种类。黏之宝干挂胶为双组分，使用时取等量 A、B 剂各一份，即以 1∶1 比例调匀即可。产品有快干型和慢干型，可以分别施用于板材中央和边部的粘贴。

（3）技术性能。黏之宝石材干挂胶其技术性能见表 4 - 1 - 9。

表 4 - 1 - 9　黏之宝石材干挂胶产品技术参数

型号	施工时间（min）	凝固时间（h）	抗压强度（MPa）	抗剪强度（MPa）	抗拉强度（MPa）
FAST 快干型	5	1	65	15	25
NORMAL 慢干型	15	12	80	15	25

（二）粘贴工艺

采用粘贴工艺首先要确定好粘贴点，一般每块石材板布置 5 个粘贴点，四角用慢干胶，中央用快干胶。用胶量应根据石板的质量和间隙的大小决定，石材板可以直接粘贴在主体承重结构墙上或固定在主体结构的金属骨架上。胶的厚度不宜过大，以免造成浪费，为增强胶与石材板和结构层的黏结强度，可以在石板、主体结构墙或金属骨架上粘贴位置处钻孔，孔径 $\phi10 \sim \phi12mm$。

（三）安装施工要点

1. 施工优点

采用粘贴法施工有以下优点：

（1）施工工艺简便，容易掌握。

（2）工程综合造价降低，施工速度快，工效高，无须做墙面基层找平处理。

（3）对特殊造型、装饰线条等各种异形石材板的固定不需设计特殊挂件。

（4）施工现场文明，环保效果好。施工现场无粉尘、无噪声、无污水排放，减少现场清理工作，做到文明施工。

2. 施工要点

（1）按设计图纸，认真核实基层实际尺寸及偏差情况，并弹放纵、横基准线。

（2）按石材板分格尺寸在墙体基层弹放石材分块位置线，并复核验证，确保精确。

（3）确定石材板粘贴位置，并做钻孔处理（孔径为 $\phi10 \sim \phi12mm$）。

（4）清除墙体基层表面、孔内及石板背面的尘土，灰浆、油渍、浮松物等不利于黏结的物质，特别是在石材板背面粘贴点上的粗糙浮石层及网格，必须用电动角磨机彻底清除。

（5）调整后，按图例要求将胶抹在预定的粘贴点上，抹胶厚度应大于石材板与墙体基层间的净空距离 5mm。

（6）石材板墙粘贴后，根据水平线用水平尺调平校正。

（7）石材板定位后，应对黏合情况进行检查，必要时要加胶补强。

3. 施工注意事项

粘贴施工时，应注意以下事项：

（1）施工前应参阅使用说明及注意施工有效时间。气温较高，施工有效时间和固化时间越短；反之则越长。

（2）A、B组分用量应按规定1：1对等配制并搅拌均匀，特别要注意翻底，翻拌至色泽一致方可进行黏结施工，否则胶体不凝固，达不到应有强度。每次配胶量要适当，以保证施工有效时间内全部用完，避免浪费；超过施工有效时间的混合胶不能再继续使用。

（3）超过施工有效时间的黏合不能再移动，如需移动则应重新粘贴；在达到初干时间之前，大力胶不能承受除板材外的过重荷载。

（4）粘贴表面应干爽（含水率要低于10%）、牢固，且无尘埃、油污。石材板背面和基体粘贴部位的松散层（胶膜、网线等）应用打磨机磨除；采用型钢骨架做法的粘贴部位，应用手磨机将其锈层和漆层磨净。如若粘贴表面过于光滑，宜略做打毛处理。

（5）如遇石材的材质较为疏松时，可考虑在其背面薄抹一层透明型大力胶，以保证黏结施工质量。

（6）在施工中有焊接安装时（如焊接型钢骨架等），焊接点应离开施胶粘贴处30mm以上。

（7）在采用过渡粘贴法所使用的过渡物中，如遇表面过于光滑的情况，应略做磨糙，做毛化处理。

（8）如温度低于有效施工温度而又必须施涂时，可在粘胶部位逐渐加热，加热温度不应高于65℃。

（9）外墙石板材饰面高度大于10m时，建议采用钢架粘贴法或不锈钢挂件锚固法，以增大幕墙的安全系数。

（10）美之宝大力胶不会对人体构成危害，但使用时需防止接触身体敏感部位，若粘到皮肤上应尽快清洗。待粘胶干固前，可用温热的肥皂水洗净，如果胶已干涸，则需采用刀具刮除，若有不适，应到医院检查治疗。

五、单元体法构造

单元体法是目前世界上流行的一种先进做法，它利用特殊强化的组合框架，将饰面板材、铝合金窗或塑钢窗、保温层等全部在工厂中组装在框架上，然后将整片墙面运至工地现场安装。由于是在工厂内工作平台上拼装组合，劳动条件和施工环境得到良好的改善，可以不受自然条件的影响，所以工作效率和构件精度都能有很大提高。对于此种新方法、新工艺，目前我国尚处在引进初期阶段。图4-1-19所示是北京东方广场单元体外墙节点示意图。预计在不久的将来，单元体法将成为重要建筑干挂花岗岩幕墙的主要做法。如由沈阳远大铝业集团设计施工的成都香格里拉五星级大酒店，即采用了这种成熟的先进方法。

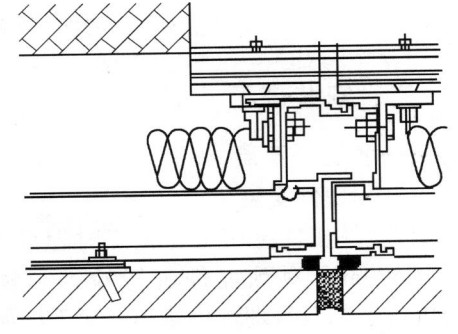

图4-1-19 北京东方广场单元体外挂幕墙节点示意图

第五节　干挂花岗岩幕墙安装施工

在我国，石材干挂技术应用起步较晚，建筑设计部门一般不承担装饰施工设计，又无专业的幕墙设计单位，所以目前的干挂花岗岩幕墙工程大都由专业施工单位按照《金属与石材幕墙工程技术规范》JGJ 133—2001 的要求进行设计和施工。

一、施工工艺流程

干挂花岗岩幕墙安装施工工艺流程如图 4 - 1 - 20 所示。

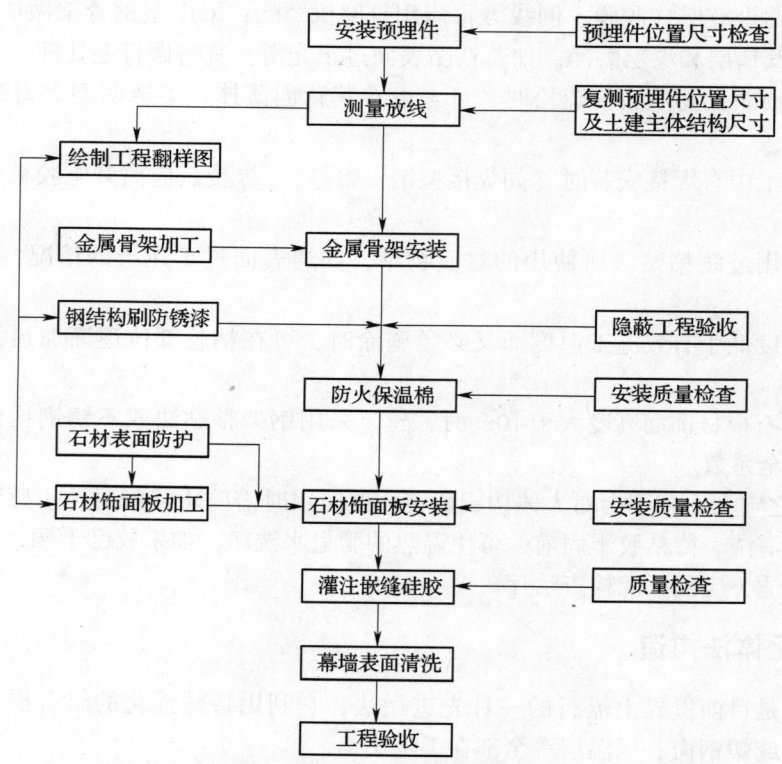

图 4 - 1 - 20　干挂花岗岩幕墙安装施工工艺流程

二、安装施工

（一）施工要点

1. 预埋件安装

预埋件安装应在土建施工时埋设，幕墙施工前要根据该工程基准线以及基准水平点（ + 0. 500m）对预埋件进行检查和校核，一般允许位置尺寸偏差 ± 20mm，标高偏差 ± 10mm。如有预埋件位置超差而无法使用或漏放时，应根据实际情况提出选用膨胀螺栓的补救方案，必须报设计单位审核批准，并在现场做拉拔检验，做好记录。

2. 测量放线

（1）由于土建施工允许误差较大，幕墙工程安装施工要求精度很高，所以不能依靠土建水平基准线，必须由基准轴线和水准点重新测量，并校正复核。

（2）按照设计图纸在底层确定幕墙定位线和分格线位。

（3）用经纬仪或激光垂直仪将幕墙的阳角和阴角引上，并用固定在钢支架上的钢丝线作标志控制线。

（4）使用水平仪和标准钢卷尺等引出各层标高线。

（5）确定好每个立面的中线。

（6）测量时应控制分配测量误差，不能使误差积累。

（7）测量放线应在风力不大于4级的情况下进行，并要采取避风措施。

（8）放线定位后要对控制线定时校核，以确保幕墙垂直度和金属竖框位置的正确。

（9）所有外立面装饰工程应统一放基准线，并应注意施工配合。

3．金属骨架安装

（1）根据施工放样图检查放线位置。

（2）安装固定竖框的铁件。

（3）先安装同立面两端的竖框，然后拉通线顺序安装中间竖框。

（4）将各施工水平控制线引至竖框上，并用水平尺校核。

（5）按照设计尺寸安装金属横梁，横梁一定要与竖框垂直。

（6）如要焊接时，应对下方和邻近的已完工装饰面进行成品保护。焊接时要采用对称焊，以减少焊接产生的应力、变形，检查焊缝质量合格后，所有的焊点、焊缝均需做去焊渣及防锈处理。如刷防锈漆等。

（7）待金属骨架安装完工后，应通过监理公司对隐蔽工程检查，方可进行下道工序。

4．防火、保温材料安装

（1）必须采用合格的材料，即要求有出厂合格证。

（2）在每层楼板与石材幕墙之间不能有空隙，应用1.5mm厚镀锌钢板和防火棉（矿棉、玻棉、岩棉、石棉等）包裹后形成防火带。防火带厚度不得小于100mm，并不得用铝板包裹。

（3）在北方寒冷地区，保温层最好应有防水、防潮保护层，在金属骨架内填塞固定，防止受潮或结冰后严重降低保温性能，从而影响保温效果。

（4）幕墙保温施工时，保温层最好应有防水、防潮保护层，以便在金属骨架内填塞固定后严密可靠。

5．石材饰面板安装

（1）将运至工地现场的石材饰面板按编号分类，检查尺寸是否准确和有无破损、缺楞、掉角，按施工要求分层次将石材饰面板运至施工面附近，并注意摆放可靠。

（2）先按幕墙面基准线仔细安装好底层第一层石材。

（3）注意安放每层金属挂件的标高，金属挂件应紧托上层饰面板，而与下层饰面板之间留有间隙。

（4）安装时，要在饰面板的销钉孔或切槽口内注入石材胶（环氧树脂胶粘剂），以保证饰面板与挂件的可靠连接。

（5）安装时，宜先完成窗洞口四周的石材镶边，以免安装发生困难。

（6）安装到每一楼层标高时，要注意调整垂直误差，做到误差不积累。

（7）在搬运石材时，要有安全防护措施，摆放时下面要垫木方。

6．嵌胶封缝

石材板间的胶缝是石材幕墙的第一道防水措施，同时也使石材幕墙形成一个整体。

（1）要按设计要求选用合格且未过期的硅酮耐候嵌缝胶。最好选用含硅油少的石材专用硅酮嵌缝胶，以免硅油渗透污染石材表面。

（2）用带有凸头的刮板填装泡沫塑料圆条，保证胶缝的最小深度和均匀性，选用的泡沫塑料圆条直径应稍大于缝宽。

（3）在胶缝两侧粘贴纸面胶带纸保护，以避免嵌缝胶污染石材表面质量。

（4）用专用清洁剂或稀草酸擦洗缝隙处石材板表面。

（5）派受过训练的工人注胶，注胶应均匀无流淌，边打胶边用专用工具勾缝，使嵌缝胶成型后呈微弧形凹面。

（6）施工中要注意不能有漏胶污染墙面，如墙面上沾有胶液应立即擦去，并用清洁剂及时擦洗余胶。

（7）在大风和下雨时不能注胶。最好在 5～35℃ 温度下打胶施工。

7．清洗和保护

施工完毕后，撕去石材板表面的胶带纸，用清水和清洁剂将石材表面擦洗干净，按要求进行打蜡或刷保护剂。

（二）安装施工注意事项

（1）严格控制石材质量，材质和加工尺寸都必须合格，并符合设计要求。

（2）要仔细检查每块石材板有没有裂纹，防止石材在运输和施工时发生断裂。

（3）测量放线要十分精确。各专业施工要组织统一放线、统一测量，避免各专业施工因测量和放线误差发生施工矛盾。

（4）预埋件的设计和放置要合理，位置要准确。

（5）根据现场放线数据绘制施工放样图，落实实际施工和加工尺寸。

（6）安装和调整石材板位置时，可用垫片适当调整缝宽，所用垫片必须与挂件是同质材料。

（7）固定金属挂件的螺栓要加弹簧垫圈，或调平、调直拧紧螺栓后，在螺栓上抹少许石材胶（环氧树脂胶粘剂）固定。

（三）安全施工技术措施

（1）进入现场必须佩戴安全帽，高空作业必须系好安全带、携带工具袋，严禁高空坠物，严禁穿拖鞋、凉鞋进入工地。

（2）禁止在外脚手架上攀爬，必须由通道上、下。

（3）幕墙施工下方禁止人员通行和施工。

（4）现场电焊时，在焊接下方应设接火斗，防止电火花溅落引起火灾或烧伤其他建筑成品。

（5）电源箱必须安装漏电保护装置，手持电工工具操作人员必须戴绝缘手套。

（6）在 6 级以上大风、大雾、雷雨、下雪天气时严禁高空作业。

（7）所有施工机具在施工前必须进行严格检查，如手持吸盘须检查吸附质量和持续吸附时间检验，电动工具需做绝缘电压检验。

（8）在高层石材幕墙安装与上部结构施工交叉作业时，结构施工层下方应架设防护网；在离地面 3m 高处，应搭设挑出 6m 的水平安全网。

（9）施工前，项目经理、技术负责人要对工长和安全员进行技术交底，工长和安全员要对全体施工人员进行技术交底和安全教育。每道工序都要做好施工记录和质量自检。

第六节　质量要求及通病防治

一、质量要求

目前，我国有关石材板幕墙按《金属与石材幕墙工程技术规范》JGJ 133—2001 的规定进行验收。

（一）检查数量

室外：以 4m 左右高为一检查层，每 20m 长抽查 1 处（每处 3m 长），但不少于 3 处；室内：按有代表性的自然间抽查 20%，过道按 10 延长米，礼堂、大堂等大间按两轴线为一间，但不少于 3 间。

（二）保证项目

（1）石材板的品种、规格、颜色、图案、花纹、加工几何尺寸偏差、表面缺陷及物理性能必须符合国家有关现行标准规定。

检查方法：观察，尺量和检查出厂合格证及检验报告。

（2）所用的型钢骨架、连接件（板）、销钉、胶粘剂、密封胶、防火保温材料等材质、品种、型号、规格及连接方式必须符合设计要求和国家有关标准的规定。

检查方法：观察，尺量和检查出厂合格证及检验报告。

（3）连接件与基层、骨架与基层、骨架与连接板的连接、石材板与连接板的连接安装必须牢固可靠无松动。预埋件尺寸、焊缝的长度和高度、焊条型号必须符合设计要求。

检查方法：观察，尺量和用手扳检查。

（4）如设计对型钢骨架的挠度、连接件的拉拔力等有测试要求，其测试数据必须满足设计要求。

检查方法：检查检验报告。

（5）主体结构及其预埋件的垂直度、平整度与预留孔洞均应符合规范或设计要求，其误差应在连接件可调范围内。

检查方法：观察，尺量检查。

（6）采用螺栓、胀管连接处必须加弹簧垫圈并拧紧。

检查方法：观察和用手扳检查。

（三）基本项目

1. 金属骨架

合格：表面洁净、无污染，连接牢固、安全可靠，横平竖直，无明显错台、错位，不得弯曲和扭曲变形。垂直偏差不大于 3mm，水平偏差不大于 2mm。

优良：表面洁净、无污染，连接牢固、安全可靠，横平竖直，无明显错台、错位，不得弯曲和扭曲。垂直偏差不大于2mm，水平偏差不大于1.5mm。

检查方法：观察、尺量和用手扳检查。

2．石材板安装后表面

合格：表面平整、洁净、无污染，颜色基本一致。

优良：表面平整、洁净、无污染，分格均匀，颜色协调一致，无明显色差。

检查方法：观察检查。

3．石材板缝隙

合格：石材板缝隙，分格线宽窄均匀，阴、阳角板压向正确，套割吻合，板边顺直，无缺棱掉角，无裂纹，凹凸线、花饰出墙厚度一致，上、下口平直。

优良：石材板缝隙、分格线宽窄一致，阴、阳角板压向正确，套割吻合，板边缘整齐，无缺棱掉角，无裂纹，凹凸线、花饰出墙厚度一致，上、下口平直。

检查方法：观察检查。

4．石材板缝嵌填

合格：填缝饱满、密实，无遗漏、颜色均匀一致。

优良：填缝饱满、密实，无遗漏、颜色及缝深浅一致；接头无明显痕迹。

检查方法：观察检查。

5．滴水线，流水坡度

合格：滴水线顺直，流水坡向正确。

优良：滴水线顺直、美观，流水坡向正确。

检查方法：拉线尺量和用水平尺检查。

6．压条及嵌缝胶

合格：压条扣板平直，对口严密，安装牢固。密封条安装嵌缝严密，使用嵌缝胶的部位必须干净，与石材黏结牢固。外表顺直，无明显错台、错位，光滑。胶缝以外无污渍。

优良：压条扣板平直，对口严密，安装牢固，整齐划一，嵌缝条安装嵌塞严密，使用嵌缝胶的部位必须干净，与石材黏结牢固，表面顺直，无明显错台、错位，光滑、严密、美观。胶缝以外无污渍。

检查方法：观察、尺量检查。

（四）允许偏差项目

石材幕墙墙面的允许偏差和检验方法见表4-1-10的规定。

表4-1-10　石材幕墙墙面的允许偏差和检验方法

序号	项　目		允许偏差（mm）				检查方法
			光面镜面	粗磨面	麻面条纹面	天然石	
1	立面垂直	室内	2	2	3	5	用2m托线板检查
		室外	2	4	5	—	
2	表面平整		1	2	3	—	用2m靠尺和楔形塞尺检查
3	阳角方正		2	3	4	—	用200mm方尺和楔形塞尺检查

续表 4-1-10

序号	项　目	允许偏差（mm）				检 查 方 法
		光面镜面	粗磨面	麻面条纹面	天然石	
4	接缝平直	2	3	4	5	拉 5m 线检查，不足 5m 拉通线
5	墙裙上口平直	—	—	—	—	和尺量检查
6	接缝高低	0.3	1	2	0.5	用方尺和楔形塞尺检查
7	接缝宽度	0.3	1	1	2	用楔形塞尺检查

二、质量通病防治

干挂花岗岩幕墙的质量通病、产生原因及防治措施如下：

（一）材料

（1）质量通病：幕墙表面不平整，有色差。

（2）产生原因：

①骨架材料型号、材质不符合设计要求，用料断面偏小，杆件有扭曲变形现象。

②所采用的锚栓无产品合格证，无物理力学性能测试报告。

③石材加工尺寸与现场实际尺寸不符，或与其他装饰工程发生矛盾。

④石材色差大，颜色不均匀。

（3）防治措施：

①骨架结构必须有相应资质等级证明的设计部门设计，按设计要求选购合格产品。

②设计要提出锚栓的物理力学性能要求，选择正规厂家牌号产品，施工单位要严格采购进货的检测和验货手续。

③加强现场的统一测量放线，提高测量放线的精度，加工前绘制放样加工图，并严格按放样图加工。

④要加强到产地选材的工作，不能单凭小块样板确定材种，加工后要进行试铺配色，不要选用含氧化铁和含硫成分较多的石板材种。

（二）安装

（1）质量通病：骨架竖框的垂直度、横梁的水平度偏差较大。

（2）产生原因：

①锚栓松动不牢，垫片太厚。

②石材缺棱掉角。

③石材安装完成但不平整。

④防火保温材料接缝不严。

（3）防治措施：

①提高测量放线的精度，所用的测量仪器要检验合格，安装时加强检测和自验工作。

②钻孔时，必须按锚栓产品说明书要求施工，钻孔的孔径、孔深适合所用锚栓的要求，不能扩孔，不能钻孔过深。

③挂件尺寸要能适应土建误差，垫片太厚会降低锚栓的承载拉力。

④不选用质地太脆的石材。

⑤要用小型机具和工具，解决施工安装时人工扛抬搬运容易造成破损棱角的问题。

⑥一定要控制将挂件调平和用螺栓锁紧后再安装石材。

⑦不能将测量和加工误差积累。

⑧施工难度并不大，要选用良好的锚钉和胶粘剂，铺放时要仔细。

（三）注胶与胶缝

（1）质量通病：板缝不饱满，有胶痕。

（2）产生原因：

①密封胶开裂、不严密。

②胶中硅油渗出污染板面。

③板（销）孔中未注胶（环氧树脂胶粘剂）。

（3）防治措施：

①必须选用柔软、弹性好、使用寿命长的耐候胶，一般宜用硅酮胶。

②施工时要用清洁剂将石材表面污物擦净。

③胶缝宽度和深度不能太小，施工时精心操作，不漏封。

④应选用石材专用嵌缝胶（耐候硅酮密封胶）。

⑤要严格按设计要求施工。

（四）墙面清洁完整

（1）质量通病：墙表面被油漆、胶污染，有划痕、凹坑。

（2）产生原因：

①注胶施工过程中硅油渗出板面。

②上部施工时未对下部墙面进行成品保护。

③石材板在搬运过程中未保护好。

④拆脚手架时损伤墙面。

（3）防治措施：

①上部施工时，必须注意对下部成品的保护。

②拆搭脚手架和搬运材料要注意防止损伤墙面。

第七节　工　程　验　收

一、一般规定

（1）幕墙工程验收时应检查下述文件和记录：

①幕墙工程的施工图、结构计算书、设计说明及其他设计文件。

②建筑设计单位对幕墙工程设计的确认文件。

③幕墙工程所用各种材料、五金配件、构件及组件的产品合格证书、性能检测报告、进场验收记录和复验报告。

④幕墙工程所用硅酮结构胶的认定证书和抽查合格证明；进口硅酮结构胶的商检证；国

家指定检测机构出具的硅酮结构胶相容性和剥离黏结性检验报告。

⑤后置埋件的现场拉拔强度检测报告。

⑥幕墙的抗风压性能、空气渗透性能、雨水渗漏性能及平面变形性能检测报告。

⑦打胶、养护环境的温度、湿度记录，双组分硅酮结构胶的混匀性检验记录及拉断检验记录。

⑧防雷装置测试记录。

⑨隐蔽工程验收记录。

⑩幕墙构件和组件的加工制作记录，幕墙安装施工记录。

（2）幕墙工程应对下述材料及其性能指标进行复验：

①石材的弯曲强度，寒冷地区石材的耐冻融性，室内用花岗石的放射性。

②石材用结构胶的黏结强度，石材用密封胶的污染性。

（3）幕墙工程应对下述隐蔽工程项目进行验收：①预埋件（或后置埋件）；②构件的连接节点；③变形缝及墙面转角处的构造节点；④幕墙防雷装置；⑤幕墙防火构造。

（4）各分项工程的检验批应按下述规定划分：

①相同设计、材料、工艺和施工条件的幕墙工程每 $500 \sim 1000 \mathrm{m^2}$ 应划分为一个检验批，不足 $500 \mathrm{m^2}$ 也应划分为一个检验批。

②同一单位工程的不连续的幕墙工程应单独划分检验批。

③对于异型或有特殊要求的幕墙，检验批的划分应根据幕墙的结构、工艺特点及幕墙工程规模，由监理单位（或建设单位）和施工单位协商确定。

（5）检查数量应符合下述规定：

①每个检验批每 $100 \mathrm{m^2}$ 应至少抽查一处，每处不得小于 $10 \mathrm{m^2}$。

②对于异型或有特殊要求的幕墙工程，应根据幕墙的结构和工艺特点，由监理单位（或建设单位）和施工单位协商确定。

（6）幕墙及其连接件应具有足够的承载力、刚度和相对于主体结构的位移能力。幕墙构架立柱的连接金属角码与其他连接件应采用螺栓连接，并应有防松动措施。

（7）隐框、半隐框幕墙所采用的结构黏结材料必须是中性硅酮结构密封胶。其性能必须符合《建筑用硅酮结构密封胶》GB 16776 的规定；硅酮结构密封胶必须在有效期内使用。

（8）立柱和横梁等主要受力构件，其截面受力部分的壁厚应经计算确定，且铝合金型材壁厚不应小于 3.0mm，钢型材壁厚不应小于 3.5mm。

（9）隐框、半隐框幕墙构件中板材与金属框的硅酮结构密封胶的黏结宽度，应分别计算风荷载标准值和板材自身质量荷载标准值作用下硅酮结构密封胶的黏结宽度，并取其较大值，且不得小于 7.0mm。

（10）硅酮结构密封胶应打注饱满，并应在温度 $15 \sim 35 ℃$、相对湿度50%以上、洁净的环境中进行。

（11）幕墙的防火除应符合现行国家标准《建筑设计防火规范》GB 50016—2014 的有关规定外，还应符合下述规定：

①应根据防火材料的耐火极限决定防火层的厚度和宽度，并应在楼板处形成防火带。

②防火层应采取隔离措施。防火层的衬板应采用经防腐处理且厚度不小于 1.5mm 的涂锌钢板，不得采用铝板。

③防火层的密封材料应采用防火密封胶。

（12）主体结构与幕墙连接的各种预埋件，其数量、规格、位置和防腐处理必须符合设计要求。

（13）幕墙的金属框架与主体结构预埋件的连接、立柱与横梁的连接及幕墙面板的安装必须符合设计要求，安装必须牢固。

（14）单元幕墙连接处和吊挂处的铝合金型材的壁厚应通过计算确定，并不得小于5.0mm。

（15）幕墙的金属框架与主体结构应通过预埋件连接，预埋件应在主体结构混凝土施工时埋入，预埋件的位置应准确。当没有条件采用预埋件连接时，应采用其他可靠的连接措施，并应通过检验确定其承载力。

（16）立柱应采用螺栓与角码连接，螺栓直径应经过计算，并不应小于10mm。不同金属材料接触时应采用绝缘垫片分隔。

（17）幕墙的抗震缝、伸缩缝、沉降缝等部位的处理应保证缝的使用功能和饰面的完整性。

（18）幕墙工程的设计应满足维护和清洁的要求。

二、质量控制

（一）主控项目

（1）石材幕墙工程所用材料的品种、规格、性能和等级，应符合设计要求及国家现行产品标准和工程技术规范的规定。石材的弯曲强度不应小于8.0MPa；吸水率应小于0.8%。石材幕墙的铝合金挂件厚度不应小于4.0mm，不锈钢挂件厚度不应小于3.0mm。

（2）石材幕墙的造型、立面分格、颜色、光泽、花纹和图案应符合设计要求。

（3）石材孔、槽的数量、深度、位置、尺寸应符合设计要求。

（4）石材幕墙主体结构上的预埋件和后置埋件的位置、数量及后置埋件的拉拔力必须符合设计要求。

（5）石材幕墙的金属框架立柱与主体结构预埋件的连接、立柱与横梁的连接、连接件与金属框架的连接、连接件与石材面板的连接必须符合设计要求，安装必须牢固。

（6）金属框架和连接件的防腐处理应符合设计要求。

（7）石材幕墙的防雷装置必须与主体结构防雷装置可靠连接。

（8）石材幕墙的防火、保温、防潮材料的设置应符合设计要求，填充应密实、均匀、厚度一致。

（9）各种结构变形缝、墙角的连接节点应符合设计要求和技术标准的规定。

（10）石材表面和板缝的处理应符合设计要求。

（11）石材幕墙的板缝注胶应饱满、密实、连续、均匀、无气泡，板缝宽度和厚度应符合设计要求和技术标准的规定。

（12）石材幕墙应无渗漏。

（二）一般项目

（1）石材幕墙表面应平整、洁净，无污染、缺损和裂痕。颜色和花纹应协调一致，无明显色差，无明显修痕。

（2）石材幕墙的压条应平直、洁净、接口严密、安装牢固。

（3）石材接缝应横平竖直、宽窄均匀；阴、阳角石板压向应正确，板边合缝应顺直；凸、凹线出墙厚度应一致，上、下口应平直；石材面板上洞口、槽边应套割吻合，边缘应整齐。

（4）石材幕墙的密封胶缝应横平竖直、深浅一致、宽窄均匀、光滑顺直。

（5）石材幕墙上的滴水线、流水坡向应正确、顺直。

三、质量验收

（一）质量要求。

$1m^2$ 石材的表面质量和检验方法应符合表 4–1–11 的规定。

表 4–1–11　$1m^2$ 石材的表面质量和检验方法

项次	项　目	质量要求	检验方法
1	明显划伤和长度>100mm	不允许	观察
2	长度≤100mm 的轻微划伤	≤8 条	用钢尺检查
3	擦伤总面积	≤500mm²	用钢尺检查

（二）验收标准

石材幕墙安装的允许偏差和检验方法应符合表 4–1–12 的规定。

表 4–1–12　石材幕墙安装的允许偏差和检验方法

项次	项　目		允许偏差（mm）	检验方法
1	幕墙垂直度	幕墙高度≤30m	10	用经纬仪检查
		30m<幕墙高度≤60m	15	
		60m<幕墙高度≤90m	20	
		幕墙高度>90m	25	
2	幕墙水平度	层高≤3m	3	用水平仪检查
		层高>3m	5	
3	幕墙表面平整度		2	用2m靠尺检查
4	板材立面垂直度		3	用垂直检测尺检查
5	板材上沿水平度		2	用1m水平尺和钢直尺检查
6	相邻板材角错位		1	用钢直尺检查
7	阳角方正		2	用直角检测尺检查
8	接缝直线度		3	拉5m线，不足5m拉通线，用钢直尺检查
9	接缝高低差		1	用钢直尺和楔形塞尺检查
10	接缝宽度		1	用钢直尺检查

第八节 石材幕墙施工要点分析及控制

随着经济的发展，城市建筑外墙装饰采用天然石材幕墙的不断增多。石材幕墙具有独特的艺术风格、高雅的外在造型，能使城市景观得到提升。石材幕墙的施工方法分为干挂法和湿挂法，针对某办公大楼干挂法石材幕墙安装的技术要点与质量控制进行探讨。

一、工程概况

本工程为一类高层办公建筑，总建筑面积约 10 万 m²，其中地上建筑面积约 8 万 m²，地下建筑面积 2 万 m²；地下室整体相连，地上两栋为对称双子塔楼，地上 26 层，地下 2 层，其中 1~5 层为裙楼，商业用途，6 层及以上塔楼作为办公用。外墙设计为干挂石材幕墙，采用颜色略深 654#石材，与蓝灰色玻璃相呼应，整体格调稳重高雅。外墙投资额约为 6293 万元人民币。该工程工期为 300 日历天，外墙装修内容多，各分项装修施工多面交叉，工艺复杂，要求高，需配合的施工队伍多，涉及的材料种类多。

二、工艺原理

（一）干挂幕墙工艺原理

干挂工艺的基本原理是在主体结构上设主要受力点，并直接在板材上开槽，通过固定在结构物上的预埋件和与其相连的金属挂件，悬挂饰面板材，使分散的板材之间相互连接为一体，成为结构体外的一层装饰面。

石材背面不需要灌注砂浆或细石混凝土，而是靠连接件、锚固预埋件基本的强度，承受饰面传递过来的外力，在石板材与墙体间形成 100mm 宽的空气层。

通常所使用的是钢筋混凝土结构，一般不会使用砖墙以及加气混凝土墙。

（二）干挂工艺的优势

干挂工艺所具有的优势：

（1）避免了传统湿贴工艺中所出现的板材空鼓或者是脱落的情况，使得建筑物安全性以及耐久性都有所提升；

（2）传统工艺中所出现的墙体变色影响装饰效果等现象得到缓解，使得墙面更加清洁；

（3）湿作业变为干作业（干挂），工人的劳动条件提高，劳动强度有所降低，使得工程的工期以及进度有所加快。

三、安装技术要点及质量控制

（一）材料与构件要求

1. 钢材

（1）施工所需的钢材必须符合国家相关标准，除不锈钢外所有钢材表面应进行表面处理加工，并进行热浸镀锌防腐处理。

（2）材料进场要严格按照材料附带的材质单或者检测报告进行验收。

（3）安装所有钢材需采用国产优质 Q235 钢，需焊接的钢转接件等采用 Q235g，钢材的表面必须进行热浸镀锌防腐措施。

2．石材

（1）石板应尽可能采用同一矿脉的石材进行加工，安装前要挑选并编号以保证石材纹理及方向正确，要求过渡自然、无色差。

（2）石板材应符合《金属与石材幕墙工程技术规范》JGJ 133—2001 的要求。放射性符合《建筑材料放射性核素限量》GB 6566—2010 标准中的 A 级。

（3）加工过程要求包括磨边、倒角、开槽、防水污染、抛光等工艺。

（二）化学锚固植筋方法

1．施工工艺流程

化学锚固植筋的施工工艺流程是：定位→钻孔→清孔→钢筋除锈→锚固胶配置→植筋→固化、保护→检验。

2．施工要点

（1）定位：按设计要求标示植筋钻孔位置、型号，但若基材上存在受力钢筋，钻孔位置可适当调整，但均宜植在箍筋内侧（对梁、柱）或分布筋内侧（对板、剪力墙）。

（2）钻孔：钻孔宜采用冲击电锤或风镐成孔，也可用水钻成孔，如遇不可切断钢筋应调整孔位避开；对于高效结构胶，钻孔直径 $d+$（4～8）mm，锚固长度 $15d$；均能保证所植钢筋达到屈服直至拔断。钻孔孔壁宜保持干燥，但孔壁轻微潮湿对锚固力基本没有影响。

（3）清孔：钻孔完毕，孔内粉尘用压缩空气将孔内粉屑吹出，然后用毛刷将孔壁刷净（宜反复进行 2 次），然后检查孔深、孔径，合格后将孔口临时封闭。

（4）钢筋除锈：钢筋锚固长度范围的铁锈应清理干净，并打磨出金属光泽。采用角磨机和钢丝轮片除锈速度较快。

（5）锚固剂配置：结构胶为 A、B 两组分，取洁净容器（塑料或金属盆，不得有油污、水、杂质）和称重衡器按说明书配合比混合，并用搅拌器搅拌约 5min 左右至色泽均匀（金属灰色）为止。搅拌时最好沿同一方向搅拌，尽量避免混入空气形成气泡。搅拌齿可采用电锤钻头端部焊接十字形 $\phi14$ 钢筋制成。

（6）植筋：施工人员戴好线手套或皮手套，将配置的锚固胶手撮成条或成团放入孔内，也可用细钢筋配合腻刀往孔内送胶。锚固胶填充量以插入钢筋后有少量料剂溢出为宜，钢筋可采用旋转或手锤击打方式入孔。该锚固胶不流淌，水平孔、倒垂孔也可轻松植筋。

（7）固化：结构胶在常温、低温下均可良好固化，若固化温度 25℃ 左右，48h 即可负载使用。若固化温度 5℃ 左右，72h 可负载使用。植筋后 12h 内不得扰动钢筋，若有较大扰动宜重新植筋。

（8）检验：结构胶力学性能极佳，正常操作即可达到钢筋拔断而锚固端无损。检验一般采用千斤顶、锚具、反力架系统做拉拔试验。一般分级加载至钢筋强度的标准值，检测结果较直观、可靠、简便。

（三）放线

1．墙面平整处理

外墙面水平线以设计轴线为基准。要求各面大墙的结构外墙面在剔除胀模墙体或修补凹进墙面后，使外墙面距设计轴线误差不大于10mm。

2．放线规则

放线的具体原则是：

（1）以设计各内墙轴线定窗口立线，以各层设计标高 +50cm 线定窗口上、下水平线，弹出窗口井字线并根据二次设计图纸弹出型钢龙骨位置线。

（2）每个大角下吊垂线，给出大角垂直控制线。

放线完成后，进行自检复线，复线无误再进行正式检查，合格后方可进行下步工序。

（四）连接件及龙骨安装

（1）连接件主要功能是保证连接部位的耐久性，将其放置在角钢或者是结构预埋铁周围，在角钢周围增加一条焊缝，这样就成了四面围焊。

（2）完成焊接之后，要将药皮去除，进行焊缝检测，再刷 3 次防锈漆。

（3）通过连接件弹线位置确定连接件连接固定位置，焊接的时候要先焊水平跟线以及中心对线，这样保证正常对接之后再实施焊接方式。

（4）假柱、挑檐等部位由于结构填充空心砌块围护墙或石材面距结构面的空隙过大，为满足建筑设计的外立面效果，需在结构外侧附加型钢龙骨。

（5）型钢龙骨通过角钢连接件与结构预埋件焊接，焊缝要求及检验、防腐做法同上。

（6）次龙骨与挂件的连接采用不锈钢螺栓，次龙骨根据螺栓位置开长孔，与舌板相互配合实现位置的调整。钢龙骨的安装位置必须符合挂板要求。

（五）挂件安装

连接件和次龙骨在完成焊接之后，不锈钢挂件要使用不锈钢螺栓进行连接，不锈钢销钉位置，挂件螺栓孔的自由度调整是 T 形不锈钢挂件位置最好的选择。对于板面确定之后，将螺栓拧紧，通过不锈钢弹簧完全压平确定螺栓拧紧度。

对于这方面检查之后，才能进行下面一个环节。

（六）石材板安装

1. 开槽

首先根据翻样图核对石材板材规格，核对无误后再进行板端开槽和板材安装。

为保证开槽的质量（垂直度、槽深、槽位），可采取如下措施：

（1）现场制作木制石材固定架，将石板固定后再开槽。槽位上、下对齐 T 形挂件，标出位置后再开槽。

（2）槽深用云石机及标尺杆预先调好位置，以标尺杆顶住石材，槽深度 16mm 为宜。

开槽完毕应进行自检，包括槽深、位置、垂直度、槽侧石材有无劈裂。

2. 安装

（1）石材上墙前，先清除槽内浮尘、石渣；

（2）试挂后，槽内注胶、安装石材，靠尺校核。

外饰面允许偏差应符合规范要求。

（七）嵌缝

1. 缝隙清理

先用特制的板刷对于石材板缝进行清理，将缝隙间的杂质以及粉末进行清理，在清洗干净之后使用酮水再次清洗，这样能够使得封胶的附着能力增加。

2. 嵌缝填缝

较宽的缝隙可以使用 $\phi20$ 的泡沫嵌缝条，填塞的深度要和外形保持一致性，不能出现重叠，挂件断开的情况下碰头缝要保证严密。

嵌缝胶是美国出品的 DC 硅酮密封胶，其嵌缝流程：第一步是先贴胶条，需要注意的是不能污染石材，在嵌胶之后的石材应当呈现的是弧形内凹截面，内凹面和石材表面的距离为1.5mm，使用胶枪进行嵌缝的时候，要注意速度，保证不出现气泡和不断胶，在初凝成型的时候嵌缝胶就要完成，这样才能保证与外形一致。

四、石材幕墙上避雷节点的布设

在进行这个操作过程中，需要注意的是主体避雷系统搭接所涉及的实际长度要大于 10m以上。

（1）屋角以及女儿墙、屋脊等地方是建筑最容易遭受雷击的部分，所以在这个地方要适当地增加避雷设备。

（2）要是建筑高度超过 45m 的钢筋混凝土结构，则防雷设备引出线可以用柱子钢筋代替。

（3）要是高于 45m 的钢结构，要将防雷设备与其很好地结合在一起，在安装避雷板之前，要将确定连接位置上的板材进行氧化膜操作，通过焊接的方式将避雷连接板以及钢筋之间进行连接，通过使用三角形满焊的方式将建筑和钢筋之间进行焊接，实际焊接的长度要大于 10m。

（4）要保证幕墙竖框（立柱）和避雷连接板之间的长度大于 10m，要是竖框（立柱）宽度比较大，则将避雷设备倾斜连接。

现阶段内高层建筑及超高层建筑比较多的是以使用干挂石材幕墙为主，但是这样的方式是一个比较复杂的过程，要想保证整个过程的质量以及整体的效果，对于各个环节都是需要加大管理以及控制力度。

在施工之前，技术人员需要进行技术交底，对于整个工程的环节以及整体的步骤以及质量控制都需要科学制定。现场材料要进行严格检验，有问题或者是不合格材料是不能使用的，材料需要有相关质量证明文件，要向监理及时报告检查结果，根据不同的需要进行复验。在出现问题的时候能够及时进行改正。

在整体安装过程中，要根据不同安装工艺对于各个环节进行严格控制，保证每一个环节以及工序都能质量过关，同时需要保证施工中或者是施工后的成品保护，这些都是石材幕墙质量的重要保证。

第九节　干挂花岗岩幕墙工程实例

一、深圳金利华广场工程干挂花岗岩幕墙

（一）工程概况

金利华广场位于深圳市宝安南路。该建筑是集商业、餐饮、健身娱乐、公寓、写字楼为一体的超高层豪华大厦。其平面呈 V 字形，地下 3 层，地上 43 层，总高 148m，总建筑面积为 78536m²。该工程外墙面为玻璃幕墙和干挂花岗石幕墙，其中干挂花岗石面积近 1.2万 m²。

（二）花岗石饰面设计与连接方法

花岗石选用国产石料，主要是光面芩溪红花岗石，勒脚为黑色光面花岗石。干挂花岗石

板厚 26mm。

　　花岗石分块根据框格和墙体立面尺寸而定。框格饰面花岗石对缝排列，墙面花岗石板错缝排列，缝宽均为 7mm。

　　钢针式花岗石挂件与墙体的连接常用单体连接和型钢龙骨连接，这两种方式均用胀锚螺栓使其与钢筋混凝土基层连接。

　　针对该工程干挂花岗石幕墙高度高、受风荷载大、架空尺寸大、干挂部位主体垂直度偏差大、干挂花岗石体的柱、梁为空心框格等特点，为保证外墙干挂花岗石板材系在结构上安全可靠，经济适用，该工程干挂花岗石幕墙在架空 174mm 部分采用纵、横型钢龙骨及钢筋混凝土主体基层可靠连接，并增强整个花岗石墙面的整体性。

（三）主要饰面部位干挂框架设计与施工

1. 钢筋混凝土墙面

　　在钢筋混凝土剪力墙上干挂花岗石板，花岗石板内表面与墙面形成的空胶净距设计为 174mm，连接方式采用钻孔直径 $\phi16$mm，入墙深度为 80mm 的 M12 镀锌膨胀螺栓与镀锌角钢 $\llcorner 125 \times 80 \times 8$、$L = 160$mm，用螺栓加弹簧垫圈及平板垫圈连接，该角钢再与竖向槽钢焊接，水平通长角钢 $\llcorner 63 \times 63 \times 6$ 再与竖向槽钢焊接，该通长角钢支承可调节距离的不锈钢扁钢连接板（80mm × 42mm × 4mm、90mm × 48mm × 4mm），角钢与不锈钢连接板的连接采用不锈钢螺栓 M10、$L = 40$mm 配不锈钢螺帽、垫板和弹簧垫圈，不锈钢连接板外伸端钻 $\phi5$mm 孔，花岗石板连接处钻 $\phi6$mm 孔，孔深 23mm。插入 $\phi4$mm 不锈钢钢针，与花岗石板上、下或左、右边缘相连接。当空胶为 74mm 时，其连接与框格梁外中缝的花岗石板干挂相同。

　　花岗石板分块尺寸定为 600mm × 600mm、600mm × 800mm、600mm × 400mm，花岗石面板根据不同的部位与结构基层之间留出 74mm 及 174mm 空胶，水平缝三个挂件连接，其挂件间距 200mm，距板端 100mm。竖向 600mm × 800mm 板用两个挂件连接，其余板高小于 800mm 的用一个挂件连接。

2. 竖向框格柱

　　其大部分架空空胶设计值为 74mm，干挂连接方式采用由 $\phi12$mm、长 120mm 及 150mm（用于垂直偏差大处）的镀锌钢螺栓，贯穿钢筋混凝土薄壁板，背面加镀锌垫板与镀锌通长角钢 $\llcorner 63 \times 63 \times 6$ 连接，螺栓位置的角板与柱面若有空隙则需加入钢垫板塞实焊牢，不锈钢连接板 80mm × 42mm × 4mm，用螺栓与通长角钢连接，花岗石板通过连接不锈钢针支承在不锈钢扁钢连接板上，当柱面基层垂直度偏差大于 20mm 时，在通长角钢下加设支撑角码，空胶为 174mm 的连接方式与钢筋混凝土墙面空胶为 174mm 的基本相同。

　　花岗石板分块尺寸为 600mm × 600mm，水平缝 3 个挂件，竖向缝 1 个挂件，挂件的距离排列与混凝土墙面相似。

3. 横向框格梁

　　横向框格梁立面的花岗石板与基层形成的空胶设计部分为 74mm，根据梁的水平中缝处，梁的上、下口处的不同位置其干挂方式各有不同，梁水平中缝处采用有通长角钢 $\llcorner 63 \times 63 \times 6$，该角钢焊接在支承短角钢上，该支承短角钢又焊接在连墙钢板（240mm × 220mm × 8mm）上，连墙钢板用 4 个 M12 的胀锚螺栓与混凝土梁相连，立面上、下花岗石板通过钢针、不锈钢连接板与通长角钢连接。梁的立面下口处板的干挂采用无钢针式工艺，即在花岗石板下边开水平扁槽，槽长45mm、宽6mm、深18mm，梁下口不锈钢连接板（80mm×42mm×4mm）插入槽内，灌硅酮结构胶，另一头与通长角钢连接，花岗石板分块尺寸为600mm×600mm，水平中缝与板之间采用钢针的3个挂件连接，与竖向格柱的连接方式相同，梁的立面上口处的连接方式与梁中缝处的连接相近似。

框格梁上口的花岗石板材采用角钢支架及水泥砂浆粘贴的方式，上阳角采取上口盖侧面的搭接方法，上口花岗石盖板与梁上口混凝土基层之间的空隙用1:2干硬性水泥砂浆铺填。

4. 顶层斜框格

干挂方法与连接方式和横向框格梁相同，但无竖缝与水平缝之分，所有缝均按梁的水平缝的连接方式设置，以确保安全。

（四）干挂花岗石幕墙施工要点

干挂花岗石幕墙安装施工工艺流程：清理结构基层表面→结构基层弹线→石材板钻孔→挂线→结构基层钻孔→安装与结构基层连接的钢板与角钢→安装型钢龙骨→安装不锈钢连接板→嵌结构胶和安装钢针→安装花岗石板→嵌缝。

1. 清理结构基层表面

根据基层垂直度、平整度的检查结果，对偏差大的部分进行剔凿和修补。

2. 结构基层弹线

在墙面基层上弹出中心线、轴线、水平线和分块线。

3. 石材板钻孔

根据设计尺寸进行钻孔，钻孔孔位准确，保证其垂直度、深度、孔径达到设计要求。应在型钢套孔模具及台座上钻孔，钻孔深度既不能深也不能浅，过深上板销接长度不够，过浅则钢针顶着石板。

4. 挂线

按大样图要求，用经纬仪测出大角、框格柱两个面的竖向控制线，在大角、框格柱上、下两端固定挂线的角钢，用钢丝挂竖向控制线，并在控制线的上、下做出标记。用同样的方法挂水平控制线。

5. 结构基层钻孔

钻孔位置若遇钢筋应避开，钻孔深度应用限位装置控制，既不能钻深也不能钻浅，钻孔孔径不得随意改动。

6. 安装与结构基层连接的钢板和角钢

应保证连接角钢或钢板与结构基层紧密结合，保证胀锚螺栓连接紧固，用测力扳手进行检测，胀锚螺栓与基层连接松动的应排除，重新安装或采取其他加固措施，胀锚螺栓安装完毕后应用1:2水泥砂浆把孔洞缝隙填抹平。

7. 安装型钢龙骨

挂垂线和水平通线核准立面型钢龙骨，在铅直面内横平竖直，且离墙、柱轴线距离正确。先点焊，校准后满焊。焊条、焊缝要满足设计要求，焊接应标准、规范。

8. 安装不锈钢连接板

不锈钢连接板与角钢连接紧密，接触面积大，不得任意在二者之间乱塞垫片，二者之间的不锈钢连接螺栓要用统一的扳手和力矩扳紧，用测力扳手检查。

9. 嵌结构胶和安装钢针

应保证结构胶灌注和钢针安装到位。应先安装钢针再嵌胶，保证板面平整的前提下待结构胶硬化。

10. 安装花岗石板

注意安装板的编号是否正确，安装时注意扶稳，对孔轻放，位置准确，采用木楔调校板面垂直度、平整度及接缝高低和宽度，安装完毕后用快干型结构胶（环氧树脂胶粘剂）在板缝处黏结两点作临时固定。

11. 嵌缝

采用硅酮耐候胶嵌缝，厚度不小于 5mm，要保证填缝饱满，雨水不渗，板材表面清洁无污染。封缝比板面凹 2mm，用勾缝腻子统一处理。

二、上海博物馆新馆干挂花岗岩幕墙

（一）工程概况

上海博物馆新馆工程建筑面积为 38110m²，地上 5 层，总高度 29.5m，主体建筑为 80m×80m 正方形，第四层为直径 80m 的圆形，即所谓"天圆地方"。除主体建筑外，东南和西南二角各有一 24m×24m 两层的东、西耳房。该工程为梁板式，板厚 600mm，梁高 1800mm，壁板厚 400~500mm。上部为现浇钢筋混凝土框架，8m×8m 柱网，第四层处有一 ϕ80m、高 7m 的实腹钢环梁，由 16 片悬臂梁外挑支承，环梁上外壁要铺贴花岗石板，这是本工程的主要难题。

上海博物馆新馆外墙面除局部采用玻璃幕墙外，全部为铺设花岗石板，总面积为 16443m²。底层为 80m×80m 正方形。第四层为直径 80m 圆形，2~3 层及 5 层为缩进多边形。

为了避免常规"湿贴法"施工引起花岗石墙面"泛碱"、"析白"、"花脸"等缺陷，上海博物馆新馆外墙花岗石板采用"干挂法"施工，其中在第四层 7.7m 高钢梁外侧采用的钢骨架上干挂，面积约为 3200m²。室内约有 3000m²，是在大砖墙上"干挂法"施工，其他均在混凝土墙面上施工。

（二）材料质量要求

为了确保花岗石墙面施工质量，使其达到设计要求，体现上海博物馆庄重、美观的效果，从原材料采购、花岗石墙面立面建筑造型设计到"干挂法"施工，均进行了认真的把关和实施。

1. 材料选择

以众多厂商提供的花岗石样品外墙效果图比较后，最终选用了西班牙粉红色石材，由于从荒料开始就进行选择色泽一致的原料，所以保证了制成的花岗石板材基本上无色差。花岗石的物理技术性能指标及加工的几何尺寸精度均符合有关标准的要求。

花岗石板材根据设计要求，用在外墙面上的厚度分为 23mm 和 35mm，同时又分成磨光和毛面二种，部分板材凿出象形图案。

2. 板面尺寸确定

根据石材强度与施工操作和搬运的要求，板材最大尺寸不超过 600mm×1200mm，其他根据建筑尺寸等分定板材尺寸，板缝为 6mm。

3．绘制板材排列翻样图

由于外形尺寸变化大，板材所需规格多，为便于加工及施工需要，所有要铺贴的花岗石板材均进行排板翻样图绘制，每块板材均编号，注明尺寸大小，并绘制了平、立面排列图及详图。

（三）连接件

连接件是"干挂法"安装施工花岗石板材的关键部件，直接影响施工质量和安全。为了确保使用安全、可操作性及安装质量，本工程全部采用从日本进口不锈钢连接件及不锈钢丝、硅酮结构胶、不锈钢膨胀螺栓等附件，干挂花岗石板和外墙基层的距离间距设计为80mm，连接件采用了可调节的两次件连接、销钉固定的方法，它能在允许范围内，有一定的上下、左右、内外调节范围，来保证干挂的整体效果。根据板材大小，设计了几种大小不等的连接件（较大连接件100mm×80mm×5mm），确保了安全。连接件形式如图4－1－21所示。

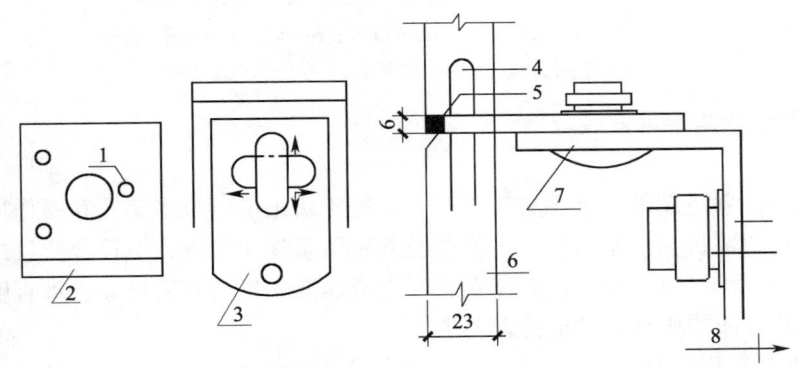

图4－1－21　连接件形式

1—螺栓孔；2——次挂件；3—二次挂件；4—φ5 销钉；
5—硅胶；6—花岗石板材；7—连接件；8—80mm 混凝土墙面

从图4－1－21中可看出，一次挂件同基层连接除可通过大圆孔来做上、下调整外，尚可通过3个螺丝孔来调整连接件的垂直度，确保花岗石板施工质量。一次挂件和二次挂件通过不同方向的长圆孔来达到前后、左右调节，大连接件可调节范围达20mm。

（四）板缝处理

板缝统一留6mm宽，施工时用6mm厚有机玻璃垫块来控制，板缝填泡沫嵌条，施工结束时板缝再填灰色防水硅酮胶。

（五）钢骨架设计与处理

在80mm直径环形钢梁上、下挂花岗石板是通过钢骨架来实施的，钢骨架分竖管和横管，竖管采用60mm×80mm×6mm方管，横管采用倒C形，尺寸为104mm×50mm×20mm×5mm，竖管和横管长度分别为7700mm和1200mm，竖管同横管连接是通过与钢梁上、下QT混凝土梁口预埋铁件电焊连接固定，垂直度通过角钢∟50×75×5进行调整。

竖管和横管由于未采用不锈钢材料，所以须先进行酸洗磷化处理，然后涂刷防锈涂料。竖管垂直度要求控制在±5mm内，横管标高偏差在±1.5mm内，钢梁同钢骨架如图4－1－22所示。

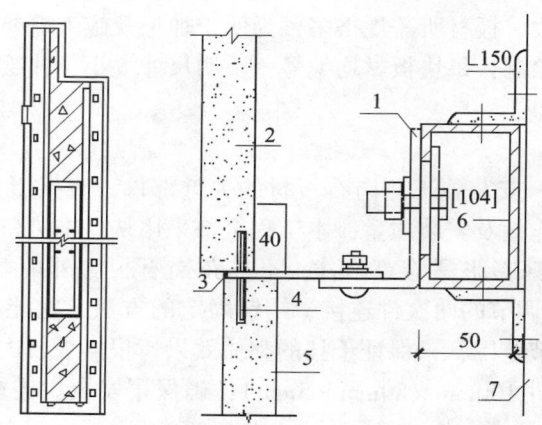

图 4 – 1 – 22　钢梁、钢骨架与连接件

1—不锈钢连接件；2—花岗石板；3—硅胶；4—销钉；
5—花岗石板；6—钢横杆；7—60×80 钢竖杆

（六）干挂花岗岩幕墙安装施工

1．施工准备

施工人员必须熟悉图纸，熟悉施工工艺，对施工班组进行技术交底和操作培训。

对花岗石板材需拆箱预检数量，对规格及外观质量逐块检查，不符合质量标准的须拣出重新加工。按图纸编号排列检查，对需贴花岗石墙体要先进行基层尺寸、垂直度预检，对个别凸出 10mm 的墙面的块点需凿至符合要求。

2．施工工艺流程

干挂花岗石幕墙的施工工艺流程：脚手架搭设→基层测量→放线→基层处理→连接安装→挂板→嵌缝→清洗板面→脚手架拆除。

钢骨架是在测量放线基础上进行安装，挂板方法与在混凝土基层上施工做法相同，钢骨架连接件如图 4 – 1 – 23 所示。

3．施工要点

（1）干挂花岗石板幕墙的基层施工质量好，其几何尺寸误差不宜超过 ±10mm，其强度要保证能在砖墙上干挂花岗石板，要按板材排列尺寸，在需打膨胀螺栓位置上要考虑设置混凝土柱或空挡填砌砖墙。

（2）基层上按排板图通长弹线，连接件和花岗石板材安装采用挂通线控制，板材销钉眼的钻孔要准确。

（3）花岗石板"干挂法"施工须由墙面自上而下，一层质量合格后，再进行上一层施工。板材上部用 ϕ10mm 专用膨胀螺栓和 ϕ4mm 不锈钢钢丝限位固定，孔内用在现场调制的快干硅酮结构胶填嵌，如图 4 – 1 – 23 所示。

（4）若脚手架附墙拉撑点影响花岗石板材施工时，须将拉撑置换为专用不锈钢片，并准确装在竖缝内，一端打入墙内与不锈钢膨胀螺栓尾部预留孔连接，另一端与脚手架连接，当完工后，拆除脚手架时，再将与脚手架连接螺栓取掉，将不锈钢片朝下转动 90°，隐入花岗石板缝即可。脚手架专用不锈钢拉撑片如图 4 – 1 – 24 所示。

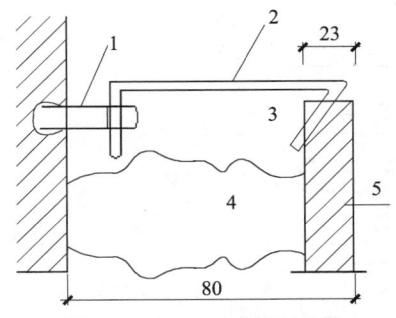

图 4 − 1 − 23　板材干挂

1—不锈钢膨胀螺栓；2—不锈钢丝；
3—黏嵌结构胶；4—泡沫塑料
浸快干水泥；5—花岗石板材

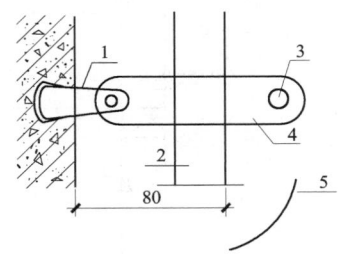

图 4 − 1 − 24　脚手架拉撑片

1—不锈钢膨胀螺栓；2—花岗石板；
3—与脚手架螺栓连接；4—专用不锈钢拉撑片；
5—脚手架拆除时 90°弯入板缝里

（5）花岗石板铺设完后，进行嵌缝，嵌缝前先将板缝两侧粘贴防护胶带，清除板缝中垃圾，随后再填入泡沫嵌条，最后用进口灰色防水硅胶嵌缝，拆除胶带，清洗板面。

三、上海永华大楼工程干挂花岗岩幕墙技术

（一）工程概况

在钢筋混凝土墙基体上镶贴花岗石饰面板材，目前常用的方法大致有干法，湿法和复合法三种工艺，近年来，随着建筑装饰工程技术的发展和提高，引进了一种新的石板空挂法施工工艺。所谓"空挂法"系指使用成套挂件将石板固定在墙上而又不紧靠墙面的施工方法，上海永华大楼干挂花岗石幕墙，即应用了该施工方法。

上海永华大楼为外商投资的一幢写字楼，主楼 27 层，檐口标高 +99.90m，现浇混凝土框架结构，裙楼 4 层，框架结构。主楼、裙楼外墙为 150mm 厚现浇混凝土墙板，25 层以下采用空挂花岗石饰面板，与玻璃幕墙相衬托。虚实对比，使立面丰富多彩。

花岗石饰面板分光板和烧板两种。1~4 层裙楼，多为光面石板；5 层以上，多为毛面烧成。门厅有直径 1400mm 和 1600mm 两种圆柱，高 5~8m，石材分段加工成弧形块体，再拼合装配成圆柱。此外，裙楼阳角，采用三角形断面的石条，竖向连接，左右对缝，是本工程石材饰面的独特风格之一。

（二）板块设计

本工程外墙花岗石挂板的板块设计，视层高及窗位情况有所区别。裙房部分层高 4.8m 在竖向用大、小块搭配，采用光面和毛面相互组件方式设计成 7 种板块，水平方向面板尺寸力求一致，尽量减少板宽变化，基本尺寸在 650~800mm 之间。阳光处采用 150mm×150mm 的三角形条板。

如图 4 − 1 − 25 和图 4 − 1 − 26 所示，主楼标准层高 3.5m。以竖向设计成三种板块，高度分别为 1300mm、1300mm 和 900mm，窗位居中部；水平方向取立面中轴线用对称设计，在小窗下部用印度红石板补足窗高上的差别，使主楼形成大小不等的 6 条垂直烧板石面。

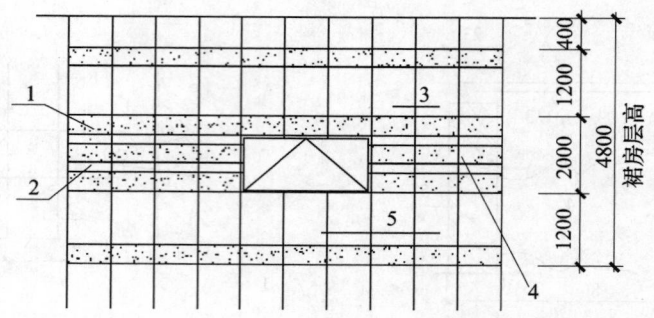

图 4 – 1 – 25　裙房石板分块示意

1—毛面烧板；2—镜面光板；3—50mm 宽；4—凹缝；5—三角石条

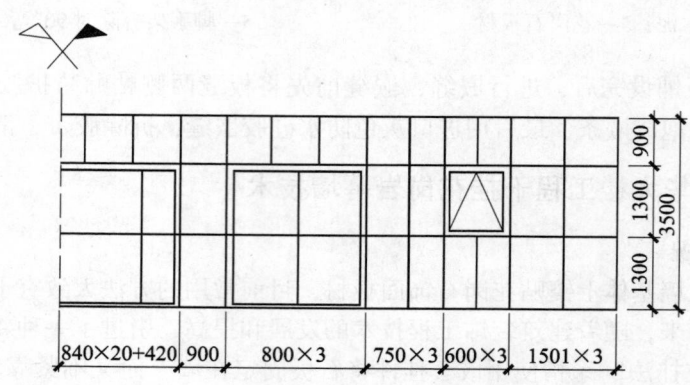

图 4 – 1 – 26　主楼标准层石板分块示意

饰面板的接缝宽度设计成两种：裙房部分大部分为镜面光板，采用 6mm 宽的接缝；五层以上，以毛面烧板为主，水平缝和垂直缝的缝宽均采用 8mm。

本工程所用饰面板材均为进口石板。绝大多数均按设计规格并依施工顺序供应成品，对少量不规则板型，则在现场按实际尺寸下料加工。

（三）挂件

1. 挂件组成

挂件是实现石材板空挂法的必备条件，挂件质量是本工艺成功的关键。

本工程选用台湾生产的不锈钢挂件，主要有膨胀螺栓、固定角钢、连接螺栓、连接板和

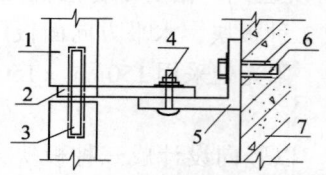

图 4 – 1 – 27　挂件组合示意图

1—石板；2—连接板；3—销钉；
4—连接螺栓；5—固定角钢；
6—膨胀螺栓；7—钢筋混凝土墙体

销钉等五种，这些挂件组成一件空挂连接单元。利用若干连接单元将石板可靠地固定在墙体上，因此，石板自身质量荷载不互相传递，而是通过连接单元各自传给墙体。

图 4 – 1 – 27 为一组挂件连接单元示意，其力学性能均需经过检验。例如：一个∠50×50×5（固定角钢）加 80mm×40mm×5mm（连接板）的组合试件，经 2480N 拉伸检验、840N 弯曲检验，其变形不大于 2mm。可满足空挂要求。

2．挂件形式及规格

图 4－1－28 所示为该工程所用基本挂件形式。其性能简介如下：

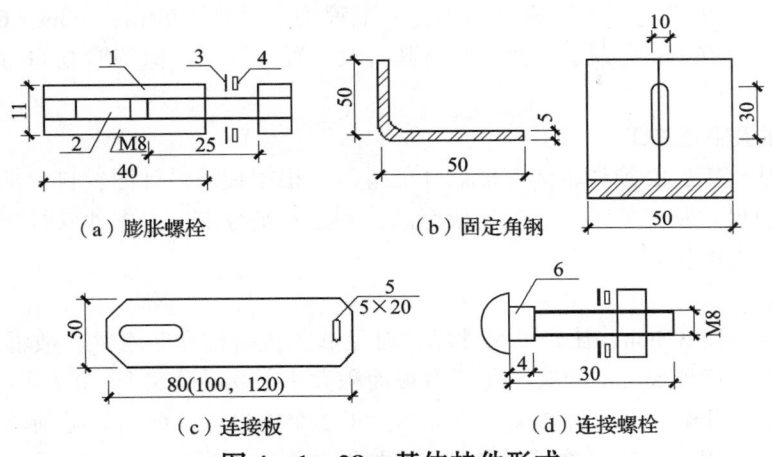

（a）膨胀螺栓　　　　　　（b）固定角钢

（c）连接板　　　　　　　（d）连接螺栓

图 4－1－28　基体挂件形式

1—膨胀管；2—顶芯；3—垫圈；4—弹簧垫圈；5—销钉孔；6—抗转动方座

（1）不锈钢膨胀螺栓：由 M8 螺栓、膨胀管、内顶芯和垫圈组成，如图 4－1－28（a）所示。在混凝土墙上开 $\phi 9$mm 孔，埋入此螺栓。

（2）固定角钢：用 5mm 厚不锈钢板弯折而成，规格∟50×50×5，$L=50$mm，开有长孔，方向互相垂直，便于位置调节，如图 4－1－28（b）所示。通过膨胀螺栓固定在墙面上。

（3）连接板：是固定角钢与石板之间连接的过渡件。开有 2 个长孔，一端穿入销钉与石板相连，长度有几种，适用于多种空挂间隙，如图 4－1－28（c）所示。主要规格有 50mm×80mm×5mm、50mm×100mm×5mm、50mm×120mm×5mm 三种，用不锈钢冲压成型。

（4）连接螺栓：规格 M8×30mm，带有圆顶方座锚头，配有平垫圈、弹簧垫圈和螺帽。如图 4－1－28（d）所示。

（5）销钉：$\phi 4$mm、$L=50$mm 的不锈钢圆杆。石板钻孔后，插入销钉，并穿过连接板的销钉孔，使石板与连接板成一整体。

除上述挂件外，还有三种辅助配件，即垫片、U 形销钉和临时固定件。

3．附属材料

为石材饰面板空挂必不可少的专用材料，本工程使用了黑色嵌缝软膏，发泡圆条，强固树脂和"压克力"四种。

（1）黑色嵌缝软膏：是填嵌在石板缝内的密封材料，具有良好的黏结力，在空气中结膜后不收缩，不干裂，富有弹性，有防雨、防晒、抗老化等性能。本工程所用的是台湾生产的嵌缝软膏，筒装，用特制挤压枪迫使软膏由瓶口挤入缝内，有效使用期限 20 年。

（2）发泡圆条：白色，为一 $\phi 9$mm 的泡沫塑料条，在填嵌软膏前塞进板缝 10mm 深，其作用是保证软膏施工时均匀的深度，起"底模"作用。

（3）强固树脂：一种石材专用树脂，有 A、B 两种组分，A 组分呈白色，B 组分呈黑色，两者按1:1比例调和，能快速硬化，用于连接单元的各个节点，使其不变形，不松动，类似"电焊"，使节点一次定性。

（4）压克力：为垫缝用的硬塑料小块，本工程用两种规格断面：6mm×6mm和8mm×8mm，长条形，每10mm有刻痕，使用时折其一段，置于缝内，保持缝宽均匀一致，在嵌缝软膏施工前取出。

（四）饰面板空挂施工

石材板空挂施工，必须待主体完成后才能进行。根据板块设计图，自顶部挂下通长垂直钢丝，量出外包尺寸及离墙距离，按楼层标高，测定水平缝准线，据此安排每块石板所占墙面，规划各固定点的位置。

1．平面墙

本工程石板厚度32mm，比常见尺寸厚，有足够的抗折性和防水性，故混凝土不需做防水处理，石板与墙面留80mm腔腹，每块石板面积大于1.0m²设8个，0.6～1.0m²设6个连接点，小于0.6m²设4个点，特殊尺寸石板不少于2个连接点，但两端必须辅以其他配件的连接。每个连接点用一套连接单元，连接方式如图4－1－29所示。石板安装顺利，先在墙上划定位置打洞放置膨胀螺栓，套上固定角钢使其固定于墙面，安装连接板，装上面板加销钉，调整石板的平整度及垂直度，拧紧螺栓，施加强固树脂于各挂件的节点处使其结成一体。

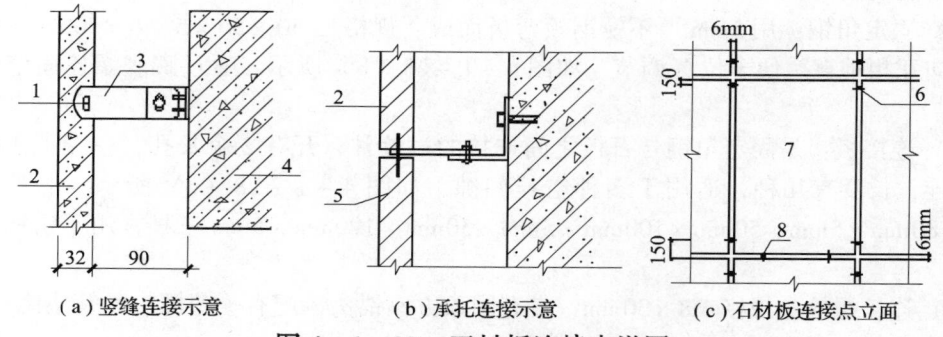

（a）竖缝连接示意　　（b）承托连接示意　　（c）石材板连接点立面

图4－1－29　石材板连接点详图

1—销钉；2—石板；3—挂件；4—钢筋混凝土墙；5—销钉；

6—竖缝连接件；7—饰面石板；8—承托连接件

2．凹形线条

该线条是用衬板法使板缝凹进，如图4－1－30所示。上、下两块石板拉开缝距50mm，缝内安装一块80mm宽的石板，底部由固定件加销钉托住，用U形销钉扣紧，顶端用强固树脂与上部石板胶合牢固，其外观则形成50mm宽的凹缝。

3．凸形线条

用不锈钢框架构成的凸形线条是在平面墙上形成的，如图4－1－31所示，不锈钢框架外围尺寸200mm×250mm，由∟40×40×4角钢焊接成带有底座的骨架，用膨胀螺栓固定在设计要求的墙面上，再由连接件将石板覆于骨架周围，在阳角内侧用强固树脂粘贴40mm×40mm×100mm的短石条加强，不锈钢框架间距740mm，即为一块石板的宽度，安装在板缝处。

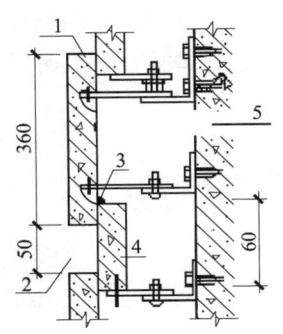

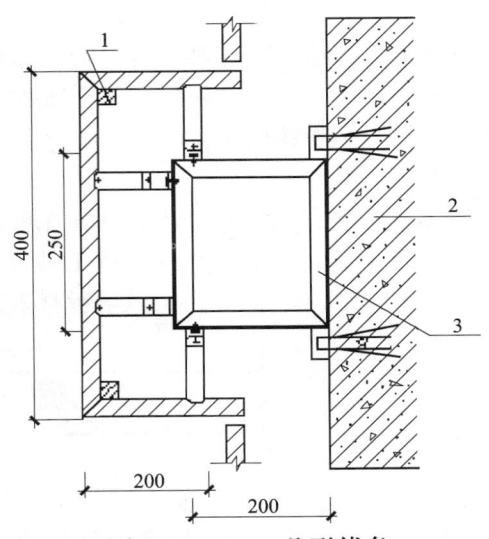

图 4 - 1 - 30　凹形线条

1—U 形销钉；2—凹线条；

3—强固树脂；4—衬板；

5—钢筋混凝土墙

图 4 - 1 - 31　凸形线条

1—加强石；2—钢筋混凝土墙；

3—∟ 40 × 40 × 4 不锈钢框架

4. 阳角石条

用于裙房阳角处，是一种 150mm × 150mm 三角形端面的石材，同两侧墙面板连接成一个完整的阳角，如图 4 - 1 - 32 所示。其长度，标准段为 1.0m。在施工时，需配合相邻石板的长度保持水平缝贯通。设有三角断面石条的阳角，石材加工困难，除两个面成镜面外，局部侧向小面同样做镜面处理，以适应凹槽线条露出的侧面仍为镜面。

5. 圆柱

本工程有两种直径（φ1400mm 和 φ1600mm）的圆柱，均由弧形石板空挂而成。将圆柱周长等分成 6 段，由连接件将石板固定于柱体外围，空挂距离比墙面略小，石板厚度与墙面石板相同为 32mm，断面形式如图 4 - 1 - 33 所示。

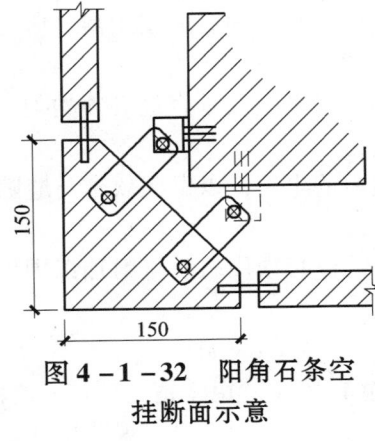

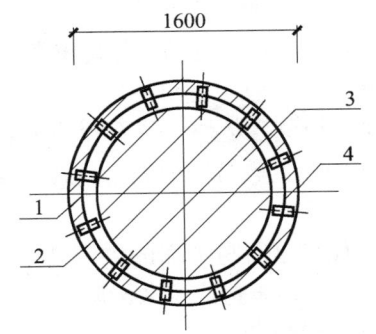

图 4 - 1 - 32　阳角石条空
挂断面示意

图 4 - 1 - 33　圆柱空挂断面示意

1—竖缝连接件；2—水平缝连接件；

3—钢筋混凝土圆柱；4—花岗岩石板

6. 板顶连接

用 U 形销钉，将相邻石板扣连在一起，加强饰面石板的整体性，用于拐角处和平面墙等缝隙部位，施工时，预先在板顶角部位钻 φ35mm 孔，深 25mm，待石板安装后用 U 形销钉扣入相邻石板孔内，再以强固树脂胶合。

7. 嵌缝

这是空挂工艺的最后一道程序，即先在板缝内塞入发泡圆条至 10mm 深处作底衬，再用筒装黑色软膏挤入缝内，表面用勾缝工具使之成凹弧形，如图 4-1-34 所示，在嵌缝之前，两侧应贴胶纸条，防止污染幕墙板材表面。

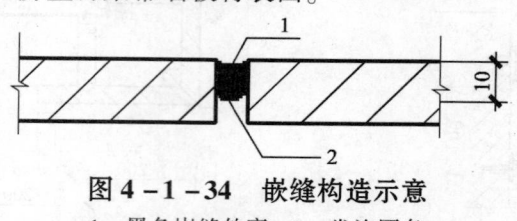

图 4-1-34　嵌缝构造示意
1—黑色嵌缝软膏；2—发泡圆条

（五）质量控制要点

本工程虽由境外设计，使用进口材料，质量标准仍按我国标准《建筑装饰装修工程质量验收规范》GB 50210—2001 和《金属与石材幕墙工程技术规范》JGJ 133—2001 执行。施工中特别注意以下几点：

（1）石板的分块图配板及加工必须在主体结构基本完成后才能进行，精确测量石材的饰面部位的尺寸，按建筑平、立面量出长度及标高、门窗洞口尺寸及上、下关系的位置，测量外墙垂直偏差，供石材加工单位计算各部分配板数量。分缝配板工作，通常由微机得出结果，逐块按规格及部位注明编号，画出施工图。到现场的板材，必须按板材清单认真验收清点归类。

（2）自建筑物顶部向下挂线，确定窗子的垂直位置，横向拉水平线，确定窗洞的水平位置，每块石板挂件孔位，必须与墙面膨胀螺栓的位置相对应，误差不大于 10mm。

（3）每个连接点的固定必须牢固结实，不得松动，所有螺帽及销钉固定完毕后，清理表面，用强固树脂胶粘，施胶要饱满均匀，不得遗漏并待其凝固后，才进行下一块板的安装。

（4）不锈钢连接板的端头不能超出石材板面，且使其与板面有一定距离，应与发泡圆条嵌入深度一致，以保证为防水嵌缝软胶留有足够的空间。

（5）石板安装的缝隙宽窄用"压克力"垫块控制，水平缝及垂直缝必须均匀。安放数量：板底 2 块，板侧各 2 块，待石板固定后必须取出。

（6）在使用黑色软膏嵌缝时，应用毛刷拂去板缝内的尘埃，以保证软膏与缝隙严密结合，加强防水效果。

（7）成品保护是石材饰面的关键之一，易被撞的部位必须用软质材料加以围护，一旦损伤，修补困难，甚至造成永久缺陷。

（六）实施效果

本工程空挂花岗石饰面，施工高度达 92m，面积逾 1 万 m²。由于精心施工，严格管理，在块材排放、缝路交接以及平整度和垂直度控制方面均达到预期效果，观感良好。通过实践，可以看出采用空挂施工工艺具有以下优点：

（1）干作业，利于文明施工，不受季节影响。

（2）空胶内不填塞水泥砂浆，可避免水泥的泛碱渗透污染。

（3）与湿作业相比，减少了水泥砂浆质量，故饰面自身质量轻。

（4）连接件调整方便，调整幅度大，饰面质量易于控制。

（5）可按建筑造型要求组成复杂的外形装饰。

（6）全部用螺栓、销钉连接，施工速度快。

（7）对基层要求不严，混凝土面无须二次处理。

（8）可倒挂，如梁底、拱底，也可结合钢架装饰平顶。

（9）本工程采用了较厚的石板，自防能力强，不需另加防水层，简化了施工过程。

与此同时发现，由于本工程所用石板较厚，所用挂件及零件种类多，专用性强，因而工效低，与一般湿法工艺相比，成本较高。另外，本工程空挂的基体为现浇混凝土墙面，整体性好，如用于填充墙空挂，则需有加强措施，另设框架固定。

四、北京和平宾馆干挂花岗岩幕墙

（一）工程概况

北京和平宾馆建筑面积约 33700mm²，高 64.8m。主体外饰面为竖向连续玻璃幕墙，非标准层即 12m 以下的东、南、西三面外装饰为通长无立框高大玻璃窗及磨光花岗石板幕墙，磨光花岗石板规格为 950mm×650mm×20mm，异形材现场切割，总铺贴面积 1600m²。

（二）使用工具

石材切割机、冲击电钻、无齿锯、水平仪、水平尺、小型磨光机等。

（三）施工工艺流程

干挂花岗岩幕墙的施工工艺流程：弹线定位→固定膨胀螺栓→安装饰面板材→调整横平、竖直及接缝→安装不锈钢角码及销钉→刷防锈涂料、抹砂浆→防水处理（放入橡胶圆条、嵌防水胶、边角磨光）。

（四）连接构造

（1）连接件：∟30×30×3 不锈钢角码和 φ4mm×38mm 销钉，φ8mm 膨胀螺栓，螺栓固定于结构上。

（2）在花岗石板材上、下端面（650mm 边长）距端部 1/4 边长处，居板厚中心用冲击电钻钻孔，上、下各两个，孔深 20mm，作为销钉插孔。

（3）在花岗石板竖边（950mm 边长）中部左、右各用无齿锯切一深 15mm 的槽，作插入角钢用。

（4）压顶、下托板及板与板之间的 5mm 拉缝均灌注 1∶3 彩色水泥砂浆（颜色应与饰面板颜色相近），以保证稳固性。

（5）最下边花岗石饰面板下支点的固定方法，是将角钢转 90°于板侧，使销钉通过角钢插入板侧的销钉孔内，固定如图 4-1-35 所示。

（6）花岗石饰面板缝用防水胶嵌填，使其密封，以防渗水。在饰面板竖缝的最下部适当留孔，以及时排除水分，如图 4-1-36 所示。

饰面板材与结构之间留有 20mm 的空隙。

干挂法质量标准（建议）见表 4-1-13。

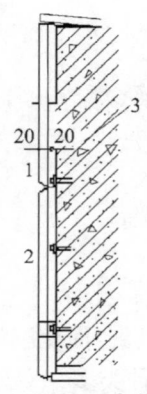

图 4 – 1 – 35 安装剖面　　　　　　　　**图 4 – 1 – 36 下托板仰视**

1—不锈钢穿钉橡胶圆条及防水胶；

2—∟形不锈钢角钢；

3—ϕ8 胀锚螺栓

表 4 –1 –13 花岗石板挂贴质量要求（干法）

项　　目	质量要求（mm）	检查方法
立面垂直	3	用 2m 直尺检查
表面平整	2	用 2m 直尺检查
接缝平直	2	5m 拉线检查
相邻板接口	高低差 1	
缝宽	1	

第二章　超薄型石材蜂巢板幕墙

第一节　概　　述

石材由采石场进荒料，运至石材加工厂或车间，按照用户要求加工成各种规格的板材或其他特殊形状的产品。大理石荒料一般堆放在室内或简易棚内，而花岗石则堆放在露天，加工荒料前应绘制割石设计图，再按图切锯加工。

在我国，天然石材饰面板的厚度一般为 25 ~ 30mm，而国外天然石材饰面板的标准厚度为 20mm。目前，厚度为 10 ~ 15mm 的薄形板材的用量亦日趋增多，最薄的为厚度 7 ~ 8mm 的板材。由此表明了加工技术的发展，同时加工花岗石的框架锯规格越来越大，出现了可以锯切超薄型花岗石大毛板的框架锯（排锯），花岗石薄板多锯片双向切割板已发展到可装直径达 1600mm 圆锯片（原来的只能装直径 1200mm 圆锯片），可直接从荒料上切得宽度达 1600mm、厚 7 ~ 8mm 的板材。由此表明，花岗石板产品规格会越来越大，越来越薄，使得装饰效果越来越好。

第二节　超薄型石材蜂巢板

一、定义

超薄型石材蜂巢板是近几年引进到我国的一种新型建筑材料，它是表层由 3 ~ 5mm 厚的天然花岗石或大理石板，内层为航空标准的铝蜂巢中间夹上高强纤维过渡层，用胶粘剂黏合成一体的建筑装饰板材，可用于建筑室内外装饰幕墙。

二、特点

超薄型石材蜂巢板与普通石材装饰板比较，具有以下特点：

1. 质量轻

超薄型石材蜂巢板的标准质量一般为 $16kg/m^2$，相当于 6mm 厚玻璃的质量，仅为普通石材板的 1/5，同时也能减小钢骨架的型号，用于室内外的装饰幕墙，能大大减轻建筑物的自身质量荷载，提高建筑物外装饰幕墙的安全性。

2. 节能环保

由于超薄型石材蜂巢板具有特殊的空腔结构，内层铝蜂巢内的空气层能大大降低室内、外热量的传导，从而节约能源；超薄型石材蜂巢板表面石材仅为 3 ~ 5mm，而普通干挂石材板的厚度一般都大于 25mm，这使石板材的利用率大大提高，节约了自然资源，同时也降低了产品的色差。

3. 抗冲击性好

由于石材板与铝蜂巢之间夹有高强纤维过渡层，与普通 30mm 厚花岗石板相比，抗冲击性提高近 10 倍。

4. 现场施工简便

超薄型石材蜂巢板由于其特殊性，可按图纸尺寸进行加工，并可加工成 1.2m×2.4m 的大规格板，可减少现场拼接量；铝蜂巢板的背面在工厂加工时已做好预埋连接件，施工现场不须开槽打孔；由于其质量轻，给施工时的运输、搬运都带来很大方便。

三、技术性能

超薄型石材蜂巢板的技术性能见表 4-2-1。

表 4-2-1　超薄型石材蜂巢板的技术性能

序号	检测项目	检测值	备 注
1	导热系数 [W/ (m·K)]	0.655	参考《绝热材料稳态热阻及有关特性的确定　防护热板法》GB/T 10294—2008
2	弯曲强度（MPa）	17.9	参考《天然饰面石材试验方法　第 6 部分：耐酸性试验方法》GB/T 9966.6—2001 三点弯曲，试样宽度 50mm，跨距 200mm，加载速度 5mm/min，背板为收拉面
3	压缩强度（MPa）	1.31	参考《天然饰面石材试验方法　第 1 部分：干燥、水饱和、冻融循环后压缩强度试验方法》GB/T 9966.1—2001 平面压缩，加载速度 2mm/min，试样尺寸 59mm×50mm
4	剪切强度（MPa）	0.67	拉伸剪切，加载速度 2mm/min，试样尺寸 50mm×150mm
5	黏结强度（MPa）	1.23	参考《中密度纤维板》GB/T 11718—2009 平面拉伸，加载速度 5mm/min，试样尺寸 50mm×50mm
6	握螺栓力（kN）	3.2	参考《中密度纤维板》GB/T 11718—2009，拔螺栓处卡具为 60mm×60mm 方孔
7	落锤冲击检验（1kg 钢球落差 1m）	冲击后试样无破坏	参考《建筑用安全玻璃　第 2 部分：钢化玻璃》GB 15763.2—2005，试样尺寸 400mm×400mm
8	耐冻融循环	试样无开胶、脱落、变形及其他异常现象	(-25±2)℃—2h ~ (50±2)℃—2h
9	隔声量（Db）	32	参照《建筑隔声测量规范》GBJ 75—1984，面密度为 16.2kg/m²

注：试样板面为 4mm 厚石板，背板为 0.6mm 厚铝板，芯层为铝蜂巢，试样总厚度为 20mm。

四、板材构造

超薄型石材蜂巢板的构造如图 4 - 2 - 1 所示。

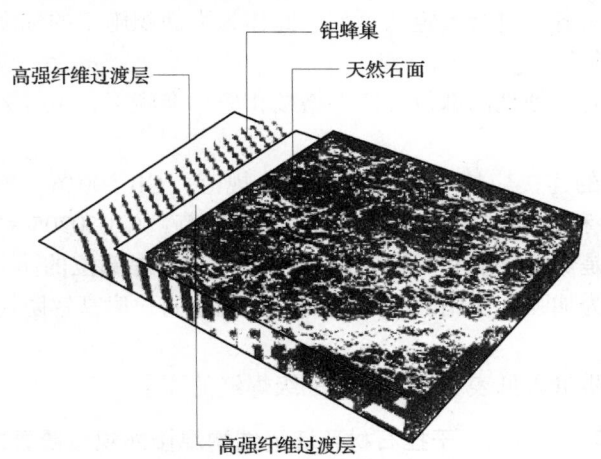

图 4 - 2 - 1　超薄型石材蜂巢板构造

第三节　超薄型石材蜂巢板幕墙安装施工

一、施工工艺流程

超薄型石材蜂巢板幕墙的安装施工工艺流程如下：基层检查、预埋件安装→制作样板→消防要求检查→骨架焊接→安装面板→嵌密封胶。

二、安装施工要点

（一）基层检查

1. 室外幕墙

（1）当采用钢骨架与主体埋件焊接方式进行固定时，施工前对结构埋件应先进行全面检查，检查埋件位置是否正确，如有偏移，应采取加焊钢板或其他方式调整，缺少埋件的可采取植筋、剔除主筋焊钢板埋件、采用不锈钢胀管与化学螺栓结合等方式进行补救，不管采用何种方式必须经设计人员认可并签字。

（2）如现浇钢筋混凝土墙上采用胀管固定不锈钢 L 形连接件方式时，施工前应检查其基层表面的密实度和是否存在蜂窝、麻面等质量缺陷，如果存在上述缺陷应进行结构处理。同时，原结构的垂直度、平整度偏差应在连接件的可调整范围内，一般控制在 ±10mm，超过要求的应先进行结构处理。

2. 室内幕墙

当为室内幕墙时，如在陶粒空心砖墙上进行施工，除按室外幕墙的做法外，可采取将陶粒砖挖空后用微膨胀混凝土固定预埋铁件的方法，同时应考虑按一定间距将其荷载传递给梁或楼板。

（二）　制作样板

在大面积施工开展前，选择应具有代表性（最好选择有门窗洞口及阴、阳角等）、有一定施工难度的部位制作样板，样板完工后，在自检合格的基础上，由建设（或管理）、监理、施工、质检等有关各方进行鉴定认可，以此作为大面积施工的标准。

（三）　消防要求检查

设计有要求进行防火处理的部位，应严格按相应标准施工，不得漏刷、漏做。

（四）　骨架焊接

（1）骨架与结构的连接应按《建筑设计防火规范》GB 50016—2014、《钢结构焊接规范》GB 50661—2011 和《钢结构工程施工质量验收规范》GB 50205—2001 中的有关规定进行施工，控制的重点是焊缝长度和焊缝宽度；同时，对施焊部位的防腐情况亦应严格检查，防止漏刷，室外幕墙为加强其使用的耐久年限，宜先涂刷一遍富锌防锈漆，然后涂刷普通防锈漆。

钢结构焊接外观质量参见表 4 - 2 - 2 的三级焊缝的要求。

表 4 - 2 - 2　干挂石材幕墙钢结构焊接外观质量要求

焊缝质量等级		一级	二级	三级
内部缺陷超声波探伤	评定等级	Ⅱ级	Ⅲ级	
	检验等级	B 级	B 级	
	探伤比例	100%	20%	
不允许外观缺陷	未焊满（指不足设计要求）	不允许	≤0.2 + 0.02t，且小于等于 1.0mm	≤0.2 + 0.02t，且小于等于 1.0mm
			每 100mm 焊缝内缺陷总长小于等于 25mm	
	根部收缩	不允许	≤0.2 + 0.02t，且小于等于 1.0mm	≤0.2 + 0.02t，且小于等于 1.0mm
			长度不限	
	咬边	不允许	≤0.05t，且小于等于 0.5；连续长度小于等于 100.0mm，且焊缝两侧咬边总长度小于等于 10% 焊缝全长	≤0.01t，且小于等于 1.0mm，长度不限
	裂纹	不允许		
	弧坑裂纹	不允许		允许存在个别长小于等于 5.0 的弧坑裂纹
	电弧擦伤	不允许		允许存在个别电弧擦伤
	飞溅	不允许		
	接头不良	不允许	缺口深度小于等于 0.05t，且小于等于 0.5mm	缺口深度小于等于 0.1t，且小于等于 1.0mm
			每 1m 焊缝不得超过 1 处	

续表 4 - 2 - 2

焊缝质量等级		一级	二级	三级
不允许 外观缺陷	焊瘤	不允许		
	表面夹渣	不允许		每 50.0mm 长度焊缝内允许直径小于等于 0.4t，且小于等于 3.0，气孔 2 个；孔距长度内缺陷总长小于等于 6 倍直径
	表面气孔	不允许		≤0.3 + 0.05t，且小于等于 2.0mm，每 100.0mm 焊缝小于等于 25.0mm
	角焊缝厚度不足（按设计焊缝厚度计）	—		差值≤2 + 0.2h
	角焊缝焊脚不对称	—		

（2）采用胀管固定连接方式时，应重点按胀管型号控制打孔的孔径、孔深及孔内清理干净程度，其孔径、深度设计无规定时，应按表 4 - 2 - 3 的要求。

表 4 - 2 - 3　胀管孔径、孔深选用表（mm）

项目	M6	M8	M10	M12	M16
孔径	10.6	12.5	14.6	19	23
孔深	40	50	60	75	100

采用植筋的方法亦应检查孔径、孔深及孔内清理的施工情况，在大面积施工前应按有关规定作植筋、胀管拉拔力检验，其试验数据应符合有关标准规定和设计要求。测试数据应作为重要的技术资料进入施工档案。

采用植筋或胀管的方法与结构连接时，每处不得少于 2 个。

（五）安装面板

超薄型石材蜂巢板一般有两种固定方法：一种是采用锁定装置，可采取由上至下或自下而上的方法进行安装；另一种是 Z 形扣件式。

质量控制重点是：安放平稳、板缝大小均匀，表面平整、垂直。控制的关键部位是收口板处、门窗洞口处，因这些位置施工难度大，容易留下质量和安全隐患。在窗台突出物、花饰、凸凹线位置，要控制流水坡向、突出物尺寸及上口平直、装饰线平直等。

图 4 - 2 - 2 为四种典型安装方式，图 4 - 2 - 3 为几个特殊部位的安装方式。

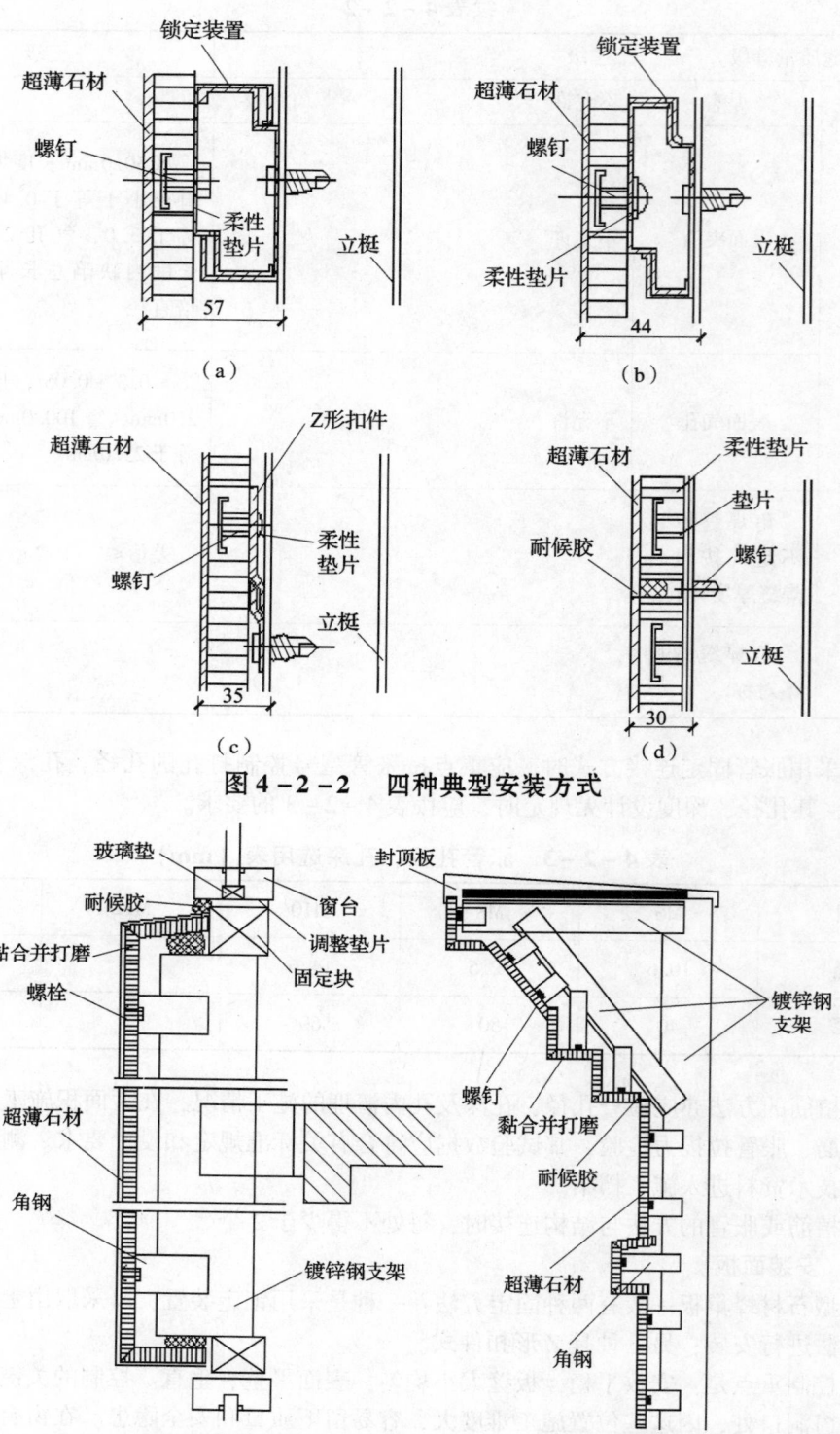

图 4 - 2 - 2　四种典型安装方式

（a）檐口部位的安装　　　　　　　　（b）窗台部位的安装

图 4 - 2 - 3　特殊部位的安装方式

（六）嵌密封胶

与干挂石材幕墙相同，控制的重点是嵌缝胶应注满、密实、表面平整、光滑、颜色深浅一致、石材表面无污染。

第四节　工程验收及质量通病防治

一、工程验收

超薄型石材蜂巢板幕墙的质量要求、质量控制和质量验收参考《建筑装饰装修工程质量验收规范》GB 50210—2001 和《金属与石材幕墙工程技术规范》JGJ 133—2001。

二、质量通病防治

超薄型石材蜂巢板幕墙安装施工的质量通病及防治措施见表4-2-4。

表4-2-4　超薄型石材蜂巢板幕墙工程质量通病及防治措施

项次	项目	质 量 通 病	防 治 措 施
1	材料	1. 骨架材料型号、材质不符合设计要求，用料断面偏小，杆件有扭曲变形； 2. 所采用的锚栓无产品合格证、无物理力学性能测试报告； 3. 石材加工尺寸与现场实际尺寸不符，或与其他装饰工程发生矛盾； 4. 石材色差大，颜色不均匀	1. 骨架结构必须经有资质证书的设计单位设计，按设计要求选购合格产品； 2. 设计要提出锚栓的物理力学性能要求，选择正规厂家牌号产品，施工单位严格采购进货的检测和验货手续； 3. 加强现场的统一测量放线，提高测量线的精度，加工前绘制放样加工图，并严格按放样图加工 4. 要加强到产地选材的工作，不能单凭小块样板确定材种，加工后要进行试铺配色，不要选用含氧化铁和硫成分较多的材种
2	安装	骨架竖料的垂直度、横料的水平度偏差较大	提高测量放线的精度，所用的测量仪器要检验合格，安装时加强检测和自验工作
		锚栓松动不牢，垫片太厚	1. 钻孔时必须按锚栓产品说明书要求施工，钻孔的孔径、孔深应符合所用锚栓的要求，不能扩孔，不能钻孔过深； 2. 挂件尺寸要能使用土建工程误差，垫片太厚会降低锚栓的承载拉力
		石材缺棱掉角	1. 不选用质地太脆的石材； 2. 采用小型机具和工具，解决施工安装时人工扛抬搬运容易造成破损棱角的问题

续表 4 – 2 – 4

项次	项目	质 量 通 病	防 治 措 施
2	安装	石材安装完成面不平整	1. 一定要按控制线将挂件调平和用螺栓锁紧后再安装石材； 2. 不能将测量和加工误差积累
		防火、保温材料接缝不严	施工难度并不大，要选用良好的锚钉和胶粘剂，铺放时要仔细
3	胶缝	密封胶开裂、不严密	1. 必须选用柔软、弹性好、使用寿命长的耐候胶，一般宜用硅酮胶； 2. 施工时要用清洁剂将石材表面的污物擦净； 3. 胶缝宽度和深度不能太小，施工时精心操作，不漏封
		胶中硅油渗出污染板面	应选用石材专用嵌缝胶
		板（销）孔中未注胶	要严格按设计要求施工
4	墙面清洁完整	墙表面被油漆、胶污染；有划痕、凹坑	1. 上部施工时，必须注意对下部成品的保护； 2. 拆搭脚手架和搬运材料时要注意防止损伤墙面

第三章　洞石幕墙

　　石材幕墙期望达到的效果是天然的纹理，自然的厚重感。洞石是陆相沉积岩，它是一种碳酸钙的沉积物，强度低，吸水率高，耐候性差，易污染，污染物难以清洗。洞石本不是幕墙面板的理想用材，但是它独有的质感、孔洞、颜色、纹理和风格，使得建筑设计师和业主又很喜欢将它用作石材幕墙。因此如何选用这些石材面板，最大限度地保证安全，是一个很重要的问题，必须谨慎对待。

第一节　概　　述

一、典雅的幕墙材料——洞石

（一）洞石定义

　　洞石，学名为石灰华，或者凝灰岩。英文名 Travertine。它是一种多孔的岩石，所以通常人们亦叫它洞石。其矿物组成为碳酸钙 $CaCO_3$ 沉积物，主要特点是碳酸盐矿物在沉积过程中有 CO_2 等气体存在，形成很多不规则微小孔洞而得名。其分类为大理石的一种，很容易被水溶解洞蚀，所以纹理美丽且多孔洞。

（二）天然洞石形成过程

　　洞石大多形成于富含碳酸钙的石灰石地势，通常存在于温泉或石灰岩洞，是由矿泉特别是温泉堆积而成的一种石灰岩，是由溶于水中的钙质碳酸盐及其他矿物沉积于河床、湖底等地形成，由于在重堆积的过程中有时会出现空隙，同时又由于其本身的白色成分又是碳酸钙，很容易被水溶化腐蚀，所以这些堆积物中，会出现许多天然的无规则的孔洞。最能代表罗马化的建筑——角斗场，即是洞石的杰作。天然洞石的形成是有 CO_2 的地下水带走溶液中的钙质碳酸盐，当地下水经过矿泉表面时，释放出 CO_2 并凝聚在钙质碳酸盐的沉积层中，形成很多孔洞和起泡，这样就形成洞石。

　　1. 洞石颜色

　　天然洞石的颜色主要有白色类、棕色类、米黄色类、红色类和黑色类等。其中米黄洞石较多，颜色有深有浅，深色称黄窿石，浅色称白窿石。各类均有罗马洞石、伊朗洞石和产于土耳其的洞石。

　　天然洞石的色调以米黄居多，又使人感到温和，质感丰富，条纹清晰，促使用其装饰的建筑物常常有强烈的文化气息和历史韵味，被世界上多处著名悠久的建筑所使用。除了黄色之外，还有绿色、紫色、粉色等也用得较多。

　　2. 洞石纹理

　　天然洞石吸引建筑设计师和使用者的地方除了其颜色和孔洞外，更多的是其纹理特征。洞石石材若在大面墙进行追纹排板，使其整体颜色调和，花纹过渡自然，并且安装时保证按排板编号顺序安装，则会有一种活动画的艺术装饰效果，会使人有种越看越爱看的感觉，这就是洞石的独特迷人之处。

（三）基本性能特征

天然洞石具有尊荣、典雅、顶级的产品特质，被其所包裹的建筑物常常透露出强烈的文化气息和历史韵味。

1. 优点

天然洞石的优点是显而易见的，其显著的优势在于：

（1）天然洞石质感丰富，条纹清晰，纹理独特，源自天然却超越天然。可深加工应用，是优异的建筑装饰材料。

（2）吸音性强，隔热性能良好；用在室内幕墙，调湿性能特别优良。

（3）质地细密，硬度小，加工适应性高，易于雕刻。

（4）洞石的岩性均一，质地软硬度小，非常易于开采加工；密度轻，方便运输，是一种用途很广的建筑石材。

（5）深加工出来的产品，疏密有致、凹凸和谐，仿佛刚刚从泥土中活过来，在纹路走势、纹理质感上，深藏着史前文明的痕迹；但它的总体造型、造势又可以用现代形容。

2. 缺点

总体来说，天然洞石的不足之处在于：

（1）体积密度偏低，吸水率升高，强度下降，物理性能技术指标低于正常的大理石标准；

（2）存在大量的纹理、泥质线、泥质带、裂纹等天然缺陷，洞纹疏密、大小不匀，均匀性较差；

（3）易发生断裂，常导致工程事故发生；

（4）天然洞石内存在无数毛细孔，故而易吸水，抗冻性能差；

（5）呈弱碳酸性，碱性较强，用在亚洲这类污染较重地区，酸雨侵蚀会很严重，更会加速石材的风化乃至破坏。

二、天然洞石的种类和产地

（一）种类

目前，市场上供应的洞石主要有木纹洞、黄洞、米白洞、超白洞、红洞、银灰洞、黄金洞和咖啡洞等。

在幕墙工程中常用的天然洞石主要有黄洞和白洞，即黄窿石和白窿石。在阳光效果下，洞石大都会呈现出古生物化石形成的自然图案。

（二）产地

世界各地已发现和产出的洞石原产地主要有意大利、伊朗、土耳其、安哥拉、墨西哥、秘鲁等国家。我国的河南中原地区亦有洞石发现和产出。

1. 罗马洞石系列

罗马洞石的特点是颜色较深，质感丰富，纹理明显，条纹清晰，孔洞均匀，材质较好等。

2. 土耳其洞石系列

土耳其洞石的特点是颜色较浅，质地疏松，孔洞大小不匀，强度较低等。

3. 伊朗洞石系列

伊朗洞石的特点是颜色较深多样（多呈红色、白色和黄色），纹理较明显，材质较好等。

4. 安哥拉洞石系列

安哥拉洞石的特点是色彩丰富，色泽亮而不艳，质朴自然，比一般石料硬度大，无辐射，易清洁等。

因此意大利罗马洞石系列是较好的品种。这类石材可以被抛光，具有明显的纹理特征，弯曲强度呈现各向异性，垂直于纹理方向（强向）的弯曲强度在6.0MPa左右，少数超过7.0MPa；平行于纹理方向（弱向）的弯曲强度为4.0MPa左右，材质和花纹不同时在5.0MPa左右，有时也有极低的不超过1.0MPa。乱纹方向介于其中，此时的纹理在厚度方向。

天然洞石的种类和产地见表4-3-1。

表4-3-1 天然洞石的种类和产地

名称	咖啡洞石	黄洞石	红洞石	米黄洞石	白洞石	罗马洞石
产地	土耳其	伊朗	伊朗	土耳其	伊朗	意大利

三、天然洞石的物理力学性能

（一）中国标准

不论哪种洞石，其物理性能指标均低于我国大理石国家标准的技术要求。原因是洞石实际上为一种变质不完全的石灰岩，其结晶程度不高，加上孔洞和纹理，使得其体积密度、吸水率、弯曲强度和压缩强度等物理性能指标远远比不上我国产大理石，而且在使用过程中还存在继续变质，有时甚至会出现颜色慢慢加深等现象。因此我国对此类石材的试验最初是依照《天然饰面石材试验方法》GB/T 9966—2001给出试验数据，供设计、施工、生产和甲方参考，一般不对数据进行评判。除非工程按以后设计值，并且按照委托方的要求可以依据工程设计值进行评判。2005年7月1日，我国实施了强制性的《干挂饰面石材及其金属挂件》JC 830—2005标准，在其中规定了干挂石灰石的物理性能技术指标，洞石一般是采用其中的石灰石指标进行判定的。表4-3-2列举了我国目前对干挂洞石板材适用的强制性技术指标要求。

表4-3-2 《干挂饰面石材及其金属挂件》JC 830—2005
对干挂石灰石的强制性技术指标要求

项 目		性能技术指标要求
体积密度（g/cm³）		≥2.16
吸水率（%）		≤3.00
干燥压缩强度（MPa）		≥28.0
干燥	弯曲强度（MPa）	≥3.4
水饱和		

续表 4 – 3 – 2

项　　目	性能技术指标要求
剪切强度（MPa）	≥1.7
抗冻系数（%）	≥80
挂件组合单元挂装强度（kN）	室内饰面不低于 0.65 室外饰面不低于 2.80
石材挂装系统结构强度（kPa）	室内饰面不低于 1.20 室外饰面不低于 5.00

（二）美国标准

实际工程中由于许多洞石是由国外设计师选择设计的，因此不少是按照美国 ASTM 标准进行试验和评判的。从试验的角度分析，我国标准试验方法与美国 ASTM 标准类似，仅仅差异在样品烘干温度上（我国为 105℃、24h，美国为 60℃、48h）。但是，与我国不同的是美国产品规范中将大理石分为四类：方解大理石、白云石大理石、蛇纹石大理石、凝灰石大理石，并且同时又有石灰石规范将石灰石分为低密度、中密度、高密度三种，每种石材都对应有物理性能技术要求。美国 2003 年又专门针对洞石类石材出台了一个标准：ASTM C1527—03 "standard specification for travertine dimension stone"（《凝灰石技术规范》）。洞石石材按美国标准可以采用凝灰石大理石、中密度石灰石、凝灰石三种技术规范指标，表 4 – 3 – 3 列举了这三个标准的技术指标差异。

表 4 – 3 – 3　美国标准中适用于洞石石材物理性能的技术要求

产品及标准项目	中密度石灰石 《石灰石技术规范》 ASTM C568	凝灰石大理石 《大理石技术规范》 ASTM C503	凝灰石（洞石） ASTM C1527
吸水率（%）	≥7.5	≥0.20	≥2.5
体积密度（g/cm³）	≤2.160	≤2.305	≤2.305
干燥压缩强度（MPa）	≥28	≥52	室外≥52 室内≥34.5
弯曲强度（MPa）	—	≥7.0	室外≥6.9 室内≥4.8
断裂模数（MPa）	≥3.4	≥7.0	室外≥6.9 室内≥4.8
耐磨系数（1/cm³）	≥10	≥10	≥10

四、天然洞石的养护方法

洞石是一种多孔的岩石，因为石材的表面有许多孔洞而得名，它是一种碳酸钙的沉积物。洞石主要应用在建筑装饰幕墙和室内地板、墙壁装饰等。但是由于洞石存在大量孔洞使得本身体积密度偏低，吸水率升高、强度下降，因此物理性能指标是低于正常的大理石标准的。所以在使用洞石作为装饰材料时，一定要做好全面的自身防护，这样才能较好地表现出洞石的装饰效果。

洞石美就美在这些天然形成的大大小小孔洞，而问题也恰恰出在这些孔洞上面，它们极其容易藏污纳垢，特别是用在外墙、地面时更易污染。

（一）室内洞石的防护

室内洞石的防护和室外洞石的防护侧重点不同。室内洞石的防护主要是防污染，最有效的方法就是修补，修补之后，孔洞透明的表面露出来，板面达到平整光滑，这样既能看到原来的空洞，又不容易受污染。

（二）室外洞石的防护

室外使用洞石一定要选择合适的胶粘剂材料进行补洞，同时选择适宜的防护剂做好全面防护，才能有效地缓解恶劣气候造成的影响。洞石本身所含的孔洞大的有10cm，小的只有不到1mm，石材生产企业在毛板补胶时会对大的孔洞用砾石和胶粘剂进行修补，对背面的小洞会通过粘接背网进行填充，一般会留下正面和侧面的小孔。

（三）幕墙洞石的防护

洞石幕墙在安装使用时要特别注意，在干挂槽和背栓孔附近不得有较大的孔洞或用胶粘剂填充的孔洞，应选在致密的天然材质上，如果避免不开则必须更换。这样才能相对提高安装洞石的固定性。

诸多原因使得洞石应用在墙面，尤其是干挂方法大面积用在外墙，具有极高的风险。因此这类工程需要从生产企业、施工企业、监理单位到工程甲方通力合作，严格把关，增加防范措施，以确保工程万无一失。

孔洞问题是洞石的天然特征，也是其安全性能的弱点。做好各个方面的防护才能使洞石的实用性和装饰性兼得。

五、天然洞石幕墙的应用与发展

洞石是一种新兴的进口建筑装饰石材，由于其特有的颜色特征、孔洞特征和纹理特征，备受人们青睐。在国外建筑装饰行业中应用比较多，我国近几年才逐渐流行起来。

（一）洞石的发展历史

最早使用洞石做外墙建筑装饰材料的是意大利人。在几千年前，人们在罗马附近的 TiVoli 镇发现洞石的蕴藏量非常巨大，而且这种石材易于加工成所需的建筑材料。公元前80年，人们将开采出来的洞石从 TiVoli 镇运往罗马用于建筑和发展城市，罗马人主要使用洞石修建庙宇、水道、纪念碑和斗兽场等，其中古罗马斗兽场是主要应用洞石的最大建筑。还有著名的法国巴黎圣心大教堂也大量地使用了洞石作为主要建筑材料。这说明洞石是一种有悠久历史并被人们认可的优质建材。在20世纪，使用洞石的著名建筑有洛杉矶的 Getty Center 和柏林的 Shell – Haus。这两座著名建筑所使用的天然洞石是从 Tivoli 镇和 Guidonia 进口的。

由美国贝聿铭建筑事务所设计的位于北京西单路口的中国银行大厦的内、外装修，选择了意大利罗马黄洞石。

（二）洞石在我国的应用现状

天然洞石是一种新兴的进口建筑装饰石材，由于其特有的颜色和花纹，备受人们的青睐和欢迎，在国外建筑装饰行业应用比较多，我国近几年才慢慢流行起来。以前大多数中国人的家庭装修不接受天然洞石，后来受到欧美家居装饰风格的影响，加之室内设计师的极力推荐和商业场所的实例示范，人们才发现天然洞石实际是一种漂亮的建筑装饰材料，最近几年无论是家庭还是商业场所均流行使用洞石，无论是室内，还是室外。它独特的表面、柔和的颜色和和谐的纹理，使洞石适用于各种各样的场合，如家庭室内装饰、酒店大堂、影剧院内外墙、博物馆、美术馆、大厦内墙和室外幕墙、游泳池岸边等。洞石的应用为建筑增添了古典和永恒的美丽。

天然洞石从北京中国银行大厦工程开始进入我国，越来越受到建筑设计师和业主的青睐。尤其是近几年外挂幕墙工程非常多。在没有相关规范和产品标准的前提下，依托试验数据和实际摸索经验，逐渐完善了洞石的饰面和干挂安装技术，国家建筑材料工业局石材质量监督检验测试中心在这方面做出了突出的成绩。从 1998 年按美国 ASTM 标准完成了中银大厦工程的全部洞石石材试验工作后，逐渐认识了洞石及其性能特征，随后承接了首都机场大田工程外挂洞石石材的质量监造和安装技术的控制。2003 年承接了东莞行政办事中心大厦工程 7 万 m^2 洞石石材的技术服务项目，在使用 30mm 厚的洞石板材全部用于幕墙干挂并且标高在 110m 的条件下，依托严格的块块质量把关、批量见证取样复查和科学周密的试验数据验证等手段，创造性地发明了角钢加固等防范措施，保质保量按时完成了该工程，受到东莞工程建设单位的好评。2004、2005 年承接了北京金融街大唐电力和新保利大厦工程等几个洞石幕墙安装工程的技术论证和试验验证，新保利大厦工程，按美国设计师的要求全部采用 ASTM 标准试验方法，并完成了我国石材行业首次按美国 ASTM C666 标准进行的石材杨氏弹性模量试验，对这类石材经过长期冻融条件下性能变化进行了有益的研究探索，更丰富了洞石石材的使用经验。

下面结合积累的一些实际经验，讲述洞石石材在工程使用中应注意的一些技术性问题，希望对越来越多的洞石幕墙安装工程能起到积极指导作用，避免出现安全隐患和质量问题。

1. 吸水率升高，强度降低

洞石石材本身的真密度是比较高的，但是由于存在大量孔洞使得体积密度偏低、吸水率升高、强度下降，因此物理性能指标是低于正常的大理石标准的。

2. 天然缺陷多，材质均匀性差

由于同时还存在大量的纹理、泥质线、泥质带、裂纹等天然缺陷，使得这种材料的性能均匀性很差。尤其是弯曲强度的分散性非常大，大的弯曲强度可以到十几兆帕，小的不到1MPa，有的在搬运的过程中就会发生断裂，造成人身伤亡事故。天然缺陷也是造成了这种材料的抗冻性能差的主要原因，许多样品在 25 个冻融循环性能试验还未结束时就已经冻裂成了一堆碎石。

3. 矿物组成或导致耐酸性能差

该类石材属于碳酸盐结构的石灰岩，耐酸性较差，用在亚洲这类污染较重的地区，酸雨侵蚀会很严重，更会加速石材的破坏。诸多原因使得这种材料使用在墙面，尤其是干挂方法大面积用在建筑幕墙，具有极高的风险。试想上万块重达几十公斤乃至上百公斤的存在各种缺陷的石块高高地悬挂在半空，难免会有个别未被发现而有问题的板材，在酸雨侵蚀、风吹日晒、寒暑交替等恶劣的环境条件下，随时都有坠落的可能，石材幕墙工程也就存在极大的安全隐患。

因此这类工程需要从生产企业、施工企业、监理单位到工程甲方通力合作，严格把关，增加防范措施，以确保工程万无一失。

第二节　洞石幕墙设计

天然洞石与生俱来的高贵是欧式风格与复古奢华风格的首选饰材。洞石代表的是一种文化、品位和贵族气息。

一、天然洞石板需要采取的加工措施

天然洞石板材里的细小洞和孔让洞石看起来有一种陈旧或磨损的感觉，但正是这些小洞、小孔让洞石不同于大理石和花岗岩。孔洞直径和分布密度与石材种类和产地有关。洞石板材表面的洞和孔有大有小，有些表面洞和孔很多，有的表面很少。按质量来分，孔洞的数量越少，洞的面积越小，颜色和纹理均匀的洞石板材最坚固、最优质，价格当然也最贵。虽然看起来洞石不那么坚固，但现在我国流行的是将洞石表面进行封孔，然后在洞石板材的背面用纤维网进行加固和加强，或者与其他板材复合加强，这样洞石板材就变得坚固多了，进而应用起来更加安全可靠。

（一）洞石板材表面处理

天然洞石用于建筑幕墙时，应对其板材表面进行技术处理，并以降低吸水率为主要目标。

1. 必要性

天然洞石吸水率较高，吸水能力强，强度低。常年用在外装饰幕墙时导致抗冻性能差，且易积灰，影响幕墙的视觉效果，因此为了降低洞石石材的吸水率，防止风化，防止污染，解决因冻融循环、干湿循环带来的白华、返水、返黑等问题，应采用防水封堵材料使其吸水率降至 1% 以下。

2. 防水材料种类

防水材料主要采用有机氟或有机硅涂料，一般情况下要求涂料应透气，不形成膜，涂料应与洞石材质相容，且也不应改变洞石板的表面光泽和颜色，即要兼备透明性。

3. 表面处理要求

（1）由于防水涂料寿命通常不超过 5 年，涂料要求能够多次涂刷。

（2）采用注硅酮密封胶板缝的洞石幕墙，石板可以只做外表面大面防水；如果采用开放式板缝洞石幕墙时，每块石板应进行六面防水。

（3）孔洞较大、孔洞数量多的洞石，宜进行封孔处理。

（4）防水处理要在全部槽、孔机械加工完毕、清洁和干燥后再进行。

（二）洞石板表面加工

天然洞石可以进行各种各样的表面处理，如磨光面、哑光面、仿古面、火烧面等。在我国最流行的是封孔磨光面，还有哑光面亦开始流行，有些博物馆、美术馆、图书馆、艺术馆外墙选用不封孔或封大孔留小孔，然后磨亚光面或者仿古面，这样给人们一种很自然、很天然的感觉。

（三）洞石板背面复合层

天然洞石是强度低、容易破碎、耐候性差的石材，为了增强防止万一破碎后坠落伤人，应在每块洞石板面粘贴玻璃纤维布或其他复合材料。

二、天然洞石用于幕墙的基本条件

（一）用于幕墙洞石板的基本条件

用于幕墙的洞石板，每批都应进行抗弯强度试验，其试验值应符合《金属与石材幕墙工程技术规范》JGJ 133—2001 中的规定，其抗弯曲强度不应小于 8.0MPa。洞石自身材性较差，总体而言不推荐用于建筑幕墙。但往往出于商业的需求和适应多元文化发展的需要，如建筑设计非用不可，则至少应考虑以下最低要求：

（1）用于幕墙的洞石板或复合洞石板，每批都应进行抗弯强度试验，其试验值应符合以下要求：

①当幕墙高度 $H \leqslant 80\text{m}$ 时，试验平均值 $f_m \geqslant 5.0\text{MPa}$，试验最小值 $f_{min} \geqslant 4.0\text{MPa}$；

②当幕墙高度 $H > 80\text{m}$ 时，试验平均值 $f_k \geqslant 6.0\text{MPa}$，试验最小值 $f_{min} \geqslant 4.5\text{MPa}$。

（2）洞石板不应夹杂软弱的条纹和软弱的矿脉，洞石中的孔洞不宜过密，且直径不宜大于 3mm，更不应有通透的孔洞。

（3）要求洞石吸水率不宜大于 6%，加涂饰防水面层后不宜大于 1%。

（4）冻融系数不宜小于 0.8，且不得小于 0.6。

（5）洞石板不应有裂缝，也不能折断，更不能将断裂的洞石板胶粘后上墙干挂。

单向受力的洞石板，在主要受力方向应满足以上要求；双向受力的洞石板，在两个受力的方向上都应符合以上要求。

（二）基本物理力学性能试验

不同产地的洞石材性差别很大，在确定所采用的洞石石材的矿坑前，应进行基本的材性试验。

1. 抗弯强度试验

确定矿点时，抗弯强度试验试件要能代表该矿场各个不同的开采点，试件数目一般不少于 20 个。以后从各开采点采出的洞石石材，每批都应有抗弯强度试验报告，一般不得少于 10 个试件。要求分别按规定进行干燥抗弯强度试验和吸水饱和抗弯强度试验。干燥抗弯强度是材性的基本指标，而吸水饱和抗弯强度有利于了解洞石对水的敏感性。

试验时，须采用干净的纯洞石试件，不宜附有增强层和复合层。

2. 吸水率

未经表面进行防水处理的洞石石材和防水处理的洞石石材都应进行试验。经防水处理后的洞石板，其吸水率不宜大于 1%。

3. 冻融系数

冻融系数指经过一定次数冻融循环后的抗弯强度与未经冻融循环的抗弯强度的比值。它决定了该种石材能否在寒冷地区应用。在有可能出现零下温度的地区，应进行这项试验。

(三) 对洞石板材的基本要求

只有通过基本材性试验，确认能符合用作幕墙面板的基本条件后，这种洞石才可以加工成为面板板材用于幕墙工程。加工完成的洞石面板，还应符合以下基本要求和颜色。

1. 洞石板材的厚度

板材的厚度应满足《金属与石材幕墙工程技术规范》JGJ 133—2001 中的规定，用于石材幕墙的石板，其厚度不应小于 25mm。抗弯试验表明：厚度大的洞石板，其抗弯强度低于厚度小的的洞石板。但是由于板的承载能力和厚度平方成正比，厚的洞石板承载能力终究还是比薄的洞石板要大一些。

洞石板材的最小厚度可由抗弯强度标准值 f_k 来决定：$f_k \geq 8.0$MPa 时，最小厚度为 35mm；4.0MPa $\leqslant f_k < 8.0$MPa 时，最小厚度为 40mm。

抗弯强度标准值 f_k 是其试验平均值减去 1.645 倍标准差 σ，当这个数值小于试验最小值时，按试验最小值采用，即 f_k 取下式中的较大者：

$$f_k = \begin{cases} f - 1.645\sigma \\ f_{min} \end{cases}$$

由于洞石存在孔洞，厚度最好不小于 40mm，洞石板材的厚度允许偏差为 $^{+12}_{\ 0}$mm，不允许出现负偏差。

2. 洞石板材的尺寸

（1）天然洞石强度低，因此洞石板材的尺寸不宜过大，其单板面积一般控制在 1.0m^2 以内。

（2）不宜采用细长的条状洞石板，因为这种板材在运输、安装过程中很容易折断。建议设计幕墙时，洞石板的边长比最好在 1:2 以内，不宜超过 1:3。

将天然洞石用于幕墙工程，安全问题是头等大事，决策之前要慎重考虑。首先，要进行技术论证和可行性分析；要充分了解所选用洞石石材的材性；进而要慎重进行设计，尽可能减小面板尺寸，尽可能避免采用长条板；避免运输、安装时撞击石板；精心进行面板安装。总之，要采取多种综合措施，防止安全隐患，以防事后付出高昂代价。

三、建筑设计需考虑的几个问题

(一) 建筑幕墙设计构思

1. 考虑洞石花纹、颜色衔接

在洞石幕墙工程中保证装饰效果最基本的一点就是整面排板，若幕墙面积过大则可采用分段排板，但必须保证各段之间也有很好的花纹、颜色衔接。同时，要求安装时必须按照排板图纸和编号对号入座，保证完全按照排板顺序安装在建筑物上。一个装饰面如果出现纹理混乱和颜色差异明显时，洞石幕墙的装饰效果会打折扣。

2. 考虑花纹对安全的影响

从装饰效果方面考虑洞石，应选择带有花纹的板材，但是从安全的角度应选择无纹或乱纹的材料。洞石石材最大的安全问题是一些泥质线和泥质带，是弯曲强度最薄弱的环节。漂亮的花纹后面往往是强度最低的地方，是最容易出现断裂的部位。对这类问题是通过抽样进行大量试验来保证的，一旦发现应坚决避免，情况严重的必须更换。但实际幕墙工程中由于生产企业过多地考虑成本和出材率等经济利益，并没有完全做到这一点，有的企业甚至隐瞒检验结果，用虚假的检验报告蒙混甲方和监理单位，致使大量存在问题的板材用到了幕墙工程上。对待这类问题，甲方和监理应从工程安全的角度严格要求石材供货企业，必要时应求助于石材质检中心或有经验的石材专家进行指导。在验货的时候应注意块块检查，有纹理的板材其纹理应分布在板材的中央，绝对避免距板边 10mm 范围内分布有纹理和其他缺陷出现。原因是这个范围内为板材开槽干挂的受力点。尤其是有许多板材在这个范围内背网不完整或干脆没有背网，即使一些角钢加固等安全措施在这个范围内也是比较弱的。因此会有许多安全隐患，值得注意。

3. 考虑洞石裂纹的处理

除了有比较明显的纹理、泥质线和泥质带外，这类石材还含有大量的裂纹。石材生产企业在将荒料锯切成板材的时候，会用胶粘剂填补并在背面黏结玻璃纤维网布，用以增加强度，利于生产和运输。一部分明显的和大的裂纹会用胶粘剂进行黏结修补，粘接技术好并且使用好的胶粘剂后，一般不会有明显的外观质量和强度问题。但是一些细小的裂纹不仅没有被注入胶粘剂，而且胶粘剂掩盖了其表面特征，使得其更不容易察觉。对于这类问题，应该从每块板材的正面进行近距离的肉眼观察，配合水浇法找出存在的细小裂纹，予以更换，尤其在干挂槽、背栓孔及其附近部位应坚决避免出现任何裂纹。必要时将板材正面向下支空平放在地面，让人在上面进行走动来检查存在的隐裂。板材正常能承受几百公斤的压力，不到 100kg 的人员如果能将其踩断则说明断裂处存在隐裂或者泥质线等弯曲强度低的问题，应从开裂处使用环氧树脂型干挂胶进行黏结修补，并且不得影响外观质量。

4. 考虑孔洞对洞石幕墙性能的影响

孔洞问题是洞石的天然特征，也是其安全性能的弱点。大量孔洞的存在不仅造成吸水率上升、强度下降，更重要的是造成这种材料的耐候性能差。冻融试验中样品被冻裂的现象常有，按美国标准在 −20 ~ +70℃ 温度条件下经过 150 个循环后洞石石材的面目已全非。因此在室外使用时一定要选择合适的粘胶剂材料进行补洞，同时选择适宜的防护剂做好防护，才能有效地缓解恶劣气候造成的影响。洞石材料本身所含的孔洞大的超过 10cm，小的只有不到 1mm，石材生产企业在毛板补胶时会对大的空洞用石砾和胶粘剂进行修补，对背面的小洞会通过黏结背网进行填充，一般会留下正面和侧面的小孔。使用时要特别注意在干挂槽和背栓孔附近不得有较大的孔洞或用胶粘剂填充的孔洞，应选择致密的天然材质，如果避免不开则必须更换。

（二）洞石幕墙设计的取舍

总之，尽管目前我国相关的施工规范中不支持像洞石这类石材用在干挂外墙工程中，但是出于文化、艺术、商业的需求，并吸取了国外的成功经验，越来越多的建筑幕墙工程使用了洞石，适应了一种多元文化发展的需要。正确认识洞石石材，并经过专家的技术论证，建立在足够的安全考虑和设计的基础上，通过严格质量把关降低安全风险，洞石可以很好地用在建筑物的装饰上，使这一古老的建筑材料大放现代文明异彩。

四、特殊情况处理

不合要求的石材不能使用，这是常理。但是目前个别工程，由于多方因素和不得已的原因，未经技术论证和可行性分析就已将洞石采购、加工完毕。有些工程洞石板已运到现场，甚至安装上墙，事后才发现所选石材不符合基本条件，因而面临上下两难的境地。这些不符合条件的洞石板材，无论上墙还是不上墙，都要面临很大的风险。

按常理，不符合基本要求的洞石板材是不能上墙的，更换板材无疑是最稳妥的决策，也是最佳的选择。但是事实既成，换板会面对各方面的巨大压力，业主和相关人员都难以承受。在这种不得已的情况下，只能退而求其次，进行严格的技术论证和超限论证及专项方案审查，采取特殊的安全措施。即使为此要增加工程费用也要在所不惜，因为安全是无价的。

某洞石幕墙高 40m，面积 7000m²，未经充分技术论证就决定购进一种意大利罗马黄洞石，而且已大量加工，不少还是长条板。在运输过程中许多板材断裂、破碎，但仍将一些断裂板材用环氧胶黏结后勉强安装上墙。安装后的板材有些还继续开裂。这种情况不得不补做材性试验，最低抗弯强度仅 2N/mm²；浇水时吸水如同红砖。这种石材不符合幕墙使用要求，但由于多方原因已无退路，只能采取一些补救措施来提高使用的安全性：①全部拆除已经上墙的数千平方米石板；②重新严格挑选石板，开裂、崩边、掉渣、松散石板全部剔除；③已断裂又用环氧胶黏结的石板全部清除场外；④所有上墙石板用优质防水涂料进行六面防水；⑤石板背面黏结 1mm 厚的玻璃纤维布树脂复合层；⑥所有石板材附加铝型材框，框由各边边框和背面加强肋构成整体，用螺钉与洞石板材固定；⑦所有长条板改为沿长边支承，相应增加铝支柱。今后，还要随时检查、观察，如果有较多石板开裂、损坏时，则将幕墙拆除重建。这些措施无疑大大增加了幕墙造价和以后的维护、重建费用，但事已至此，只能这样办，宁愿付出高昂代价而留下一个经验教训。

第三节　干挂洞石复合幕墙安装施工

一、工程概况

四川省美术馆位于四川省成都市中心天府广场附近，总建筑面积 19000m²，幕墙面积 1460m²，地下室 2 层，地上 4 层，局部 5 层，建筑总高度 38m。主体结构采用框架结构。

美术馆建筑设计外立面主要为干挂洞石复合幕墙，其中洞石为装饰面，选择意大利罗马白色系列洞石，洞石具有尊荣、典雅、顶级的产品特制，被所包裹的建筑幕墙透露出强烈的文化和历史韵味。整个建筑造型复杂，装饰效果大气，外立面呈现天然纹理、自然的差异化及强烈的厚重感。

二、洞石复合幕墙技术设计

(一) 板材设计要求

幕墙分格设计考虑许多因素，首先要考虑满足美术馆立面造型，其次要考虑工程造价及洞石的利用成本，结构安全。立面还要考虑横向胶缝对齐，竖向错缝设计。

1. 洞石复合板材厚度

《金属与石材幕墙工程技术规范》JGJ 133—2001 规定，用于石材幕墙的洞石板材，厚度不应小于 25mm。此规范只是定义开槽的规定，但是背栓和石材厚度不应小于规范规定。

由于意大利罗马白色系列洞石是沉积多年的多孔石灰岩和多孔凝灰岩，石材内含有许多孔洞，幕墙高度不超过80m时，每批洞石板材的抗弯强度试验平均值不低于5.0N/mm²，试验最小值不低于4.0N/mm²。

四川省美术馆幕墙高度38m，所选用洞石板材平均标准抗弯强度$f_k = 4.76$N/mm²，当4.0N/mm² $\leqslant f_k < 8.0$N/mm²时，所选洞石或洞石复合板的最小厚度为40mm左右，这样才能满足规范要求。

2. 洞石复合板材规格尺寸

（1）天然洞石强度低，因此板材尺寸不宜过大，一般控制在1.0m²以内；如果洞石复合板，一般控制在1.0~1.5m²以内。

（2）不宜采用细长的洞石板板材，这种洞石板材在运输、安装过程中很容易折断。洞石板材的边长比最好控制在1:2以内，洞石复合板材的边长比控制在1:3以内为宜，且不得超过1:3。

（二）保温材料燃烧性能设计

在发生了一系列重大火灾事故后，公安部发布《关于进一步明确民用建筑外保温材料消防监管管理有关要求的通知》（公消〔2011〕65号），明确规定在新标准发布前，民用建筑外保温材料采用燃烧性能为A级的材料。

综上所述，本工程洞石复合板尺寸要求为1200mm×500mm，方便下料、运输及安装；石材厚度根据以上内容以及体现建筑物厚重感要求，建议不小于40mm；保温材料的防火等级一定要达到A级。

（三）天然洞石板材表面防护处理

（1）洞石吸水性很强，吸水率上升，强度下降。应采用防水涂料使其防水率降至1%以下。

（2）采用注胶板缝的石材幕墙，洞石板材可以只做外表面大面防水；采用开敞式板缝时，洞石板材应进行六面防水。

石材六面防护处理方法：

①石材必须在完全清洁、干燥后方可防护处理。

②采用刷子、滚筒涂饰施作，每平方米面积均需涂100cc以上足够的石材防护剂剂量，以确定达到饱和的防护效果。

③有缝隙的区域，将防护剂用注射针头注入缝隙中，以确定达到饱和的防护效果。

④表面施工时，应涂抹两层，施作时均匀涂抹。第一层涂抹后，静置约10min，使其渗透浸渍完全后，再涂抹第二层，其剂量可视具体情况略为增减，涂刷后30min，再将表面擦拭干净至光洁度。

⑤背面施作时，应厚涂一层，并均匀涂抹，做到无遗漏之处，涂抹后静置约10min，使其初步挥发干燥，并检测表面是否仍存在黏性，再以压条或塑料片隔离，涂刷后30min，方可进行石材安装工程。

（3）孔洞较大、孔洞数量太多的洞石宜进行封孔处理。

（4）防护处理要在全部槽、孔机械加工完毕、清洁和干燥后再进行。

（四）洞石复合幕墙系统设计

1. 设计要求

对于美术馆设计，首先是功能齐全，多功能、多元化设计，然后要求显现美的艺术效果。蕴含新颖的设计理念和科学的人文指导思想，充分体现美术馆的建筑风格，结构合理；

要求功能完善，安全可靠，具有长远的可靠性。

2. 系统组成

（1）采用 40mm 厚复合洞石板材：其中以 25mm 硬泡体聚氨酯为芯材，底层复合厚度为 0.2mm 铁皮，周边以铝合金框封边，表层复合厚度为 15mm 洞石装饰层制作而成，其中硬泡体聚氨酯所占质量为 0.64%。

（2）幕墙立柱采用材质为 Q235 的 100mm×50mm×5mm 热浸镀锌钢矩管，横梁采用 50mm×50mm×5mm 热浸镀锌等边角钢。而挂件采用背栓式挂件系统，转角位置采用背衬加强筋。

（五）洞石幕墙工程设计实例

为了保证和提高洞石幕墙工程质量，吸取和总结许多优秀洞石幕墙工程实例的经验，施工中要掌握以下三大重要环节：

1. 品牌商决定洞石石材质量

在江苏省美术馆、河北省博物馆、深圳幸福里、杭州华润、东莞行政中心等大型项目中，开发商均选意大利洞石。

意大利罗马洞石的特点：洞石品质比较高，其密度、色泽、纹理、吸水率、表面孔洞大小分布、成材尺寸、厚度等都相当优秀，在最初品质上即达到很高起点。

2. 严谨的施工和检测控制

天津美术馆内、外洞石幕墙工程中，严谨的施工工艺和技术检测控制，让洞石幕墙的品质再度提升。

（1）天津美术馆内、外洞石幕墙工程所用单片最大规格为 2520mm×600mm，并采用背栓挂接。

（2）在洞洞石板材安装施工过程中，进行精心计算和周密安排，并将洞石天然石材的安装损撞率尽量控制到最低。

（3）同时，施工中增加表面补洞、打磨处理工序，可以有效控制外露孔洞带来的吸水率大、表面易风化等问题。

3. 后期保养和养护

（1）出自贝聿铭先生之手的北京中银大厦是中国最早大面积使用洞石的建筑，选用意大利罗马洞石，约 20000m²，最早掀开了洞石在中国流行的序幕。

（2）20 世纪末竣工至今，其外洞石幕墙依然完整，天然洞石幕墙的品质仍然同当年一样，充满了艺术和历史气息。

（3）其完美的养护，在于后期的打磨、结晶、护理保养，这个工序属于洞石幕墙的后期保养工艺。

三、干挂洞石复合幕墙安装施工

（一）施工工艺流程

干挂洞石复合幕墙安装施工工艺流程如图 4-3-1 所示：熟悉了解建筑结构与幕墙设计图→对整个工程分区、分面→确定基准点→确定基准测量层→确定基准测量轴线→确定关键点→放线→测量→记录原始数据→更换测量立面（或楼层）→重复上面程序→整理数据→分类→处理上报。

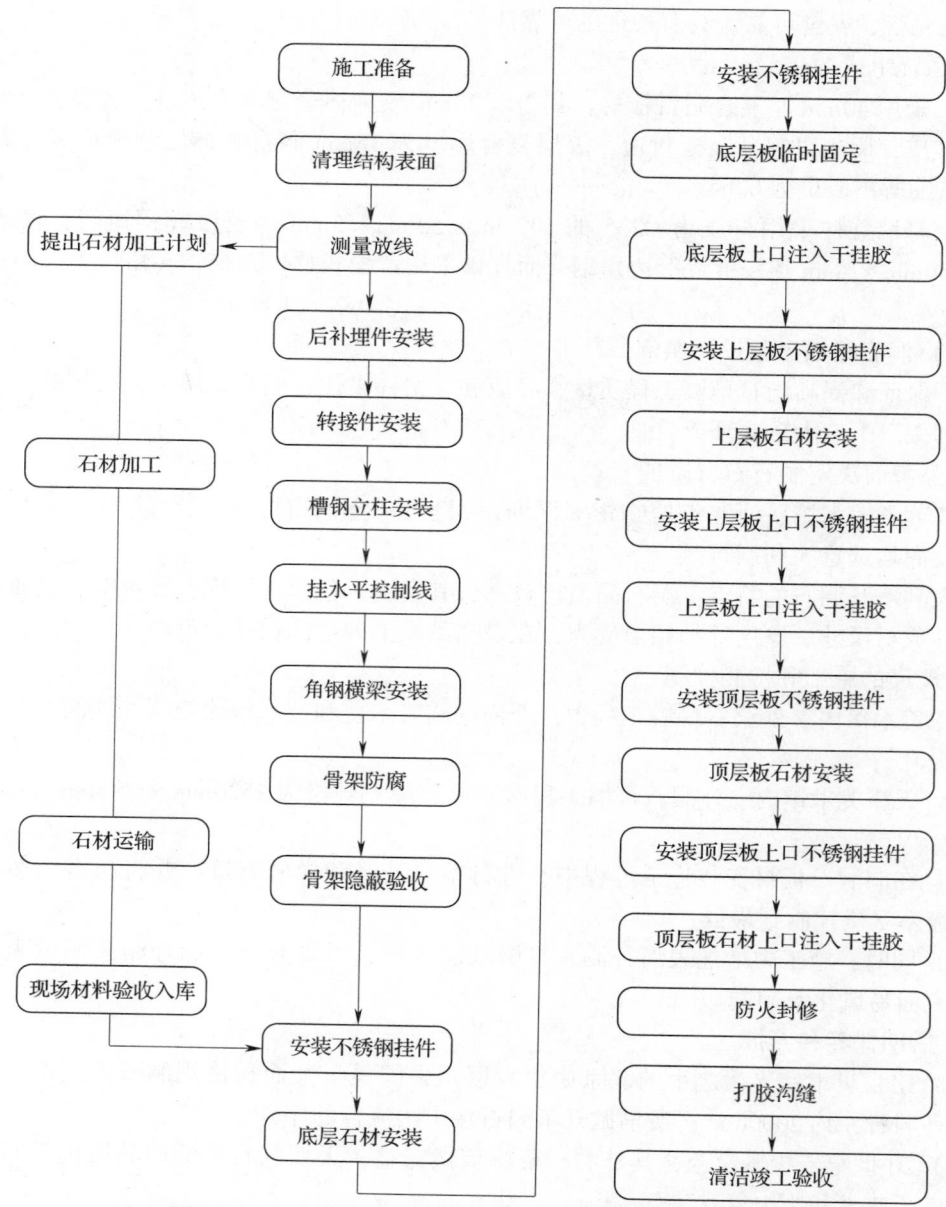

图 4 - 3 - 1　干挂洞石复合幕墙安装施工工艺流程

（二）安装施工要点

1. 测量、放线

复核土建基准线，按设计分格要求用经纬仪放主龙骨立柱安装线。放线时，先弹出竖向通线，安装施工时根据通线吊装，控制两个方向的垂直度，即进出方向和左右方向。次龙骨横梁间距按洞石复合板材高度为准，用水平仪测量，弹横向通线，通风口、窗洞口等按实际尺寸弹线，弹线后进行复查。

（1）由于土建施工允许偏差与装饰工程不同，幕墙工程施工要求精度很高，所以不能依靠土建水平基准线，必须由基准轴线和水准点重新测量，并校正。

（2）按照设计，在底层确定洞石复合幕墙定位基准线和分格线。

（3）用激光经纬仪将幕墙的阳角和阴角引出，并用固定在钢支架上的钢丝线作标志控制线。

（4）使用水平仪和钢卷尺等引出各层标高线。

（5）确定好每个立面的中线。

（6）测量时，应控制分配测量误差，在安装施工过程不断消灭，不得使误差积累。

（7）测量放线应在风力不大于4级的情况下进行，并要采取避风措施。

（8）放线定位后，要对控制线定时校核，以确保幕墙垂直度和槽钢立柱位置的正确。

（9）所有幕墙分包工程应统一放基准线，并密切注意施工配合。

2．金属骨架安装

（1）立柱连接件安装：根据测量放线结果安装立柱连接件，连接件预先点焊在预埋件上。

（2）立柱与连接件连接：依据所吊立柱垂直线安装立柱，用不锈钢螺栓穿过角码与立柱，拧紧螺帽，并把螺帽点焊。

（3）立柱与立柱接长连接：立柱间用钢制芯柱连接件，下端用螺栓连接。注意主龙骨立柱间留伸缩缝。

（4）检查立柱安装质量：用经纬仪复核，达到《金属与石材幕墙技术规范》JGJ 133—2001要求后，将连接件与预埋件焊牢。

（5）横梁与立柱连接：根据横梁安装位置挂水平线在立柱上划线，根据划线位置安装横梁连接用角码，横梁作为水平构件，分段在立柱中嵌入连接，横梁再与角码用螺栓连接，而另一端直接焊接固定在立柱上。连接件处应有弹性橡胶垫，橡胶垫应有10%～20%的压缩性，以适应和消除横梁温度变形的影响。

（6）金属骨架防锈：全部金属结构除采用不锈钢材料之外，包括立柱、横梁、角钢支撑、角码、螺栓（除设计要求选用的防腐产品外）等，安装施焊后，还应除去药皮、焊渣后按设计要求进行防腐处理。

3．防雷接地安装

按设计图纸要求施工，根据《建筑物防雷设计规范》GB 50057—2010，幕墙防雷系统最后要与土建主体防雷系统连接，一定要做到防雷导通。

4．隐蔽验收

金属骨架安装完毕后，经自检合格，再会同建设单位、设计单位、质检站、监理单位进行隐蔽验收。验收合格后，才能安装洞石复合板材。

5．防火封堵

（1）保证所使用的材料达到规范中规定的合格要求；

（2）每层楼板与石材幕墙之间不得有空隙，应用1.5mm厚镀锌钢板包裹防火岩棉形成防火隔断带，其厚度不得小于100mm。

6．注耐候密封胶嵌缝

（1）石材之间的胶缝形成石材幕墙的第一道防水措施，同时也使石材幕墙形成一个完整的防水体系。

（2）应按专用合同要求选用合格的、保质期内的专用耐候嵌缝胶和密封胶，且每一幕墙必须同一个品牌。

（3）选用直径稍大于胶缝的泡沫塑料圆条，用带有凸头的刮板将泡沫塑料条填充至洞石复合板材缝隙内，填好的泡沫应凹入石材板面5mm，保证胶缝的最小深度和均匀性。要求嵌缝必须嵌平，密实饱满，不得有渗水现象。

（4）在胶缝两侧粘贴纸面胶带保护洞石面板，用专用清洁剂或稀草酸擦洗缝隙处的石材表面。

（5）安排经培训过的熟练操作工人注胶。要求注胶均匀无流淌，边注胶边勾缝，使嵌缝密封胶成型后呈微弧形凹面。

（6）注意施工中不能有漏胶而污染墙面。如墙面有胶应立即擦去，并用清洁剂及时清净余胶。做好成品保护工作。既美观，又便于排雨水。

（7）大风和下雨天不能注胶，最好在温度15～35℃天气下涂饰施工。

7. 幕墙清洗、保护

（1）幕墙清洗一般要求：干挂洞石复合幕墙安装施工完成后，在交工前，除去石材表面的胶带纸，用清水和清洁剂将每块石材板表面清洗干净。

①幕墙清洗之前，对复合型石材幕墙制定保护措施。不得使其发生碰撞变形、变色、污染等现象。

②施工中石材幕墙及构件表面的黏附物应及时清除。

③幕墙清洗之前，应制订详细的清洗方案，并呈交业主、监理单位审核，通过后方可进行幕墙清洗。

（2）幕墙清洗：整体外装工程施工完毕后，拟安排一次室、内外全面的清洗工作，以保证工程验收达到"优良标准"或"一次验收合格"标准。

①幕墙清洗方案经过有关各方认可后方可进行清洗工作，并做好安全防护措施。

②一般幕墙工程自上而下清洗。面层石材面板完成后，及时清洗干净外饰面，并在吊篮或脚手架允许安全的前提下，申请责任方拆除该部位的吊篮或脚手架，完成受其影响部位的安装施工，同时向业主等相关方提交报验，申请验收。

（三）质量要求及检验方法

1. 预埋件

（1）预埋件必须按设计要求埋设。预埋件应牢固，位置准确，其标高差不大于10mm，位置差不大于20mm。若埋设错位，应根据实际情况提出技术核定，报设计认可后实施；若埋件漏埋，采用化学锚栓固定锚固钢板的施工方法，但必须对化学锚栓做拉拔试验，只有达到设计强度要求后，才能大面积施工。若后置埋件选用化学铆栓，焊接时锚板要注意高度防护。

（2）预埋铁件与主体、角码与预埋铁件、钢矩管与角钢、角钢与挂件等之间的连接必须达到规范和设计要求。流程见图4-3-2。

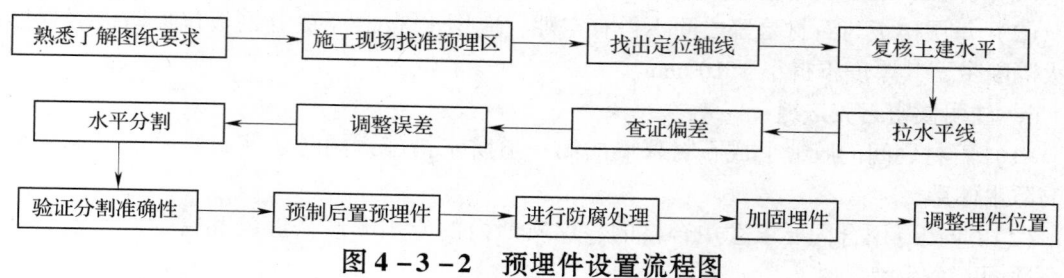

图4-3-2 预埋件设置流程图

2．金属骨架

（1）金属骨架所用的角码、型钢、挂件、支承连接件、焊条等与干挂工艺相关材料的规格、质量均应符合设计及相关规范要求。

（2）金属骨架安装，焊接必须符合《金属与石材幕墙工程技术规范》JGJ 133—2001、《钢结构设计规范》GB 50017—2003 和《钢结构工程施工质量验收规范》GB 50205—2001 的各项要求，保证焊接长度和厚度，不得出现灰渣、咬边、气孔、裂纹等缺陷。焊接后应清除焊渣，然后刷防锈漆。

（3）金属骨架须有足够的刚度、强度和稳定性，并做到横平竖直，所有螺栓的螺母必须拧紧，并点焊。

（4）立柱安装标高偏差不应大于3mm，轴线前后偏差不应大于2mm，左右偏差不应大于3mm。

（5）相邻两根立柱安装标高偏差不应大于3mm，同层立柱的最大标高偏差不应大于5mm，相邻两根立柱距离偏差不应大于2mm。

（6）相邻两根横梁水平标高偏差不应大于1mm，同层标高偏差，当一面墙宽度小于或等于35mm，不应大于5mm；当一面墙宽度大于35mm，不应大于7mm。

（7）金属骨架表面洁净、无污染、连接件牢固、安全可靠、横平竖直，无明显错位，不得弯曲和扭曲变形。

（8）金属骨架安装允许偏差见表4-3-4。

表4-3-4　幕墙金属骨架安装允许偏差

序号	项　目	尺寸范围（m）	允许偏差（mm）	检查方法
1	相邻两竖向构件间距尺寸	—	±2.0	钢卷尺
2	相邻两横向构件间距尺寸	尺寸<2.0	±1.5	
		尺寸>2.0	±2.0	
3	分格对角线差	对角长线<2.0	3.0	钢卷尺、伸缩尺
		对角长线>2.0	3.5	
4	竖向构件垂直度	高度<30	10	经纬仪
		高度<50	15	
		高度<90	20	
		高度>90	25	
5	横向构件水平度	构件长<2.0	2.0	水平仪和水平尺
		构件长>2.0	3.0	
6	竖向构件直线度		2.5	用2m靠尺
7	竖向构件外表面平整度	相邻三立柱	<2.0	激光仪
		宽度<20	<5.0	
		宽度<40	<7.0	
		宽度<60	<9.0	
		宽度>60	<10.0	

3．洞石复合板材

（1）洞石品种、规格、颜色、纹理、安装方法必须符合设计要求，颜色一致，无明显色差；无超出石材质量验收规范的翘曲、缺角、掉边、裂纹、污染、无光泽等现象，石材钻孔、开槽不当造成的裂纹、掉边石材，禁止使用。

（2）复合型石材安装必须牢固，无歪斜、缺棱、掉角和裂缝等缺陷。

4．配套材料

（1）结构胶和耐候结构胶的技术性能由于特性各异，不能代替使用。

（2）洞石、金属骨架、螺栓、挂件、结构胶产品的检查验收按相关标准、规范执行。

四、洞石复合幕墙常见质量通病及预防

（一）石材色差控制

洞石是一种陆相碳酸钙沉积物矿。同一种石材在同一座矿山开采的，其颜色差别也会很大，因为矿物质在形成过程中有一个矿脉方向问题。同一块荒料在加工过程中切割方向不同，石材颜色就会有差别；如果两块荒料在加工的过程中，切割方向不同，那颜色差别就会很大。所以为了控制色差，在荒料开采的过程中就应对其进行严格控制。具体做法如下：

（1）必须保证荒料开采的一致性和连续性。如四川省美术馆幕墙工程石材量大约为 $16000 m^2$，则大概需要 $640 m^3$ 的洞石荒料，所以必须保证这 $640 m^3$ 的洞石荒料是同一块石材且是同一个面切下来的，这样才能最大限度地保证石材颜色的一致性和石材开采的连续性，最大限度地控制了颜色，也即控制了色差。

（2）荒料开采后，在现场对其进行编号，根据其开采位置及分块位置严格进行，保证把荒料运到加工厂后不会乱套，也不会对不上号。

（3）洞石荒料运至加工厂后，先要对加工方向进行确定，根据事先业主对其三个颜色的确定，再确定切割方向，并在每一块荒料上用箭头做标记，并且在下锯的外侧在荒料中间部位用红油漆再做道标记，以便切割成板后依次编号，保证连续性。这样做以免下锯以后没有编号，不知哪两块板材相连，造成顺序上的混乱。

（4）石材切割成板后，根据编号依次撬开，把个别颜色差别较大的板挑出来，放在一边，这样就确保了石材加工或规格尺寸之前的颜色控制，否则如果先磨光或烧毛，再加水一冲，很长时间石材不能干燥，颜色就难以区别，上墙干燥之后容易形成色差。

（5）切割成规格毛板之后，把加工单位及每一个立面分格图交给车间，这样车间根据施工顺序去加工某一个面的石材面板，并在石材板侧面做上标记，从第几箱到第几箱，保持其颜色的连续性，这样就确保了石材在出厂前最大限度地控制了色差，使建筑物看上去浑然天成，令人叹为观止。

（二）石材防渗碱污染

天然洞石的选用是现代高档装饰的体现，业主或建筑设计师在确定装饰档次时，都会对石材的品种、花纹反复地进行对比筛选，使其达到最佳的装饰效果。尤其是在安装施工时，对于洞石石材的颜色、纹理、孔洞、光泽、平整度都提出了非常苛刻的要求，这些都是保证施工质量和装饰效果所必需的。

但是交工后的日常使用效果是不被石材供应商和施工方所重视的，使用效果的好坏将直

接影响业主的利益。如水渍、起碱、锈斑、霜冻、苔藓等，即是天然洞石石材上墙后的病症。要想预防、治理石材的这些病症，首先就要了解这些病症是怎样产生的。

1. 水渍不干

产生原因：由湿作业施工方法中的水泥砂浆所致。因为水泥成分中含有 1%～2% 少量的氢氧化钠（NaOH），该成分对水的吸水性很强，在潮湿的大气中，当环境温度高于 35℃ 时，立刻就会形成具有腐蚀性的碳酸钠（Na_2CO_3）溶液，结晶水常因湿度的变化而变化，但永远不会匮乏，这就会在石材表面形成湿痕不平的现象。

因此这就是对于档次要求较高、装饰品位及装饰效果要求经久不衰的酒店、宾馆、大剧院、美术馆等公共建筑多用干挂石材幕墙的主要原因之一。

2. 起碱

产生原因：湿作业施工的石材表面或石材接缝处，在日常使用中会产生一层白色碱和盐的混合物，主要为氢氧化钙 [$Ca(OH)_2$]、碳酸钠（Na_2CO_3）等。这些混合物是水泥砂浆中的水在被石材所吸收的过程中带入石材，并随着水的蒸发最终到达石材表面。它长期滞留在石材表面，轻者形成白色斑点，严重的会破坏石材表面的光泽，长期影响装饰效果。

3. 产生锈斑

产生原因：锈斑的形成有两个方面。

（1）自然化学反应生成。因为石材内部的物质成分中都含有赤铁矿和硫铁矿，这些铁质矿接触到空气被氧化成三氧化铁（Fe_2O_3），继而与空气的水汽又生成四氧化三铁（Fe_3O_4），即暗红黑色的铁锈。铁锈通过石材毛细孔渗出，在石材表面形成"锈斑"。

（2）石材在开采、加工、运输、安装和使用过程中，不可避免地接触到铁质物品，这些铁质物残留、粘敷的石材表面，在被空气中的氧气或水氧化后而形成铁锈污染。

4. 霜冻破坏

产生原因：霜冻是因为石材内部的毛细孔和裂痕吸收了水分遇冷结冰所致。因为液态水结冰后体积膨胀率约 9%，这样就对石材内部的毛细孔壁产生很大压力而胀裂石材。多孔的石材（如洞石、砂岩等）在季节恶劣、气候恶劣条件更易发生这类情况。

5. 苔藓植物的生长

产生原因：苔藓植物的生长主要发生在石材内部水分和有机物质含量高的部位，它会直接导致石材直接变色，降低石材的强度和使用寿命。

另外，石材在平时使用过程中不可避免地产生一些人为因素造成对石材的污染和破坏。如刮擦和印痕、化学腐蚀等，若得不到及时处理，亦会影响到石材的外观和使用。

预防措施：要从根本上解决这些问题，就要对石材板材（尤其是洞石）在安装、使用之前进行表面封闭处理，如涂刷石材专用防护剂、浸渍聚合物等做好防水、防污染处理，只有真正从根本上杜绝石材与水的接触，才能起到预防石材病症的效果，才能谈得上保护石材的美观及使用寿命。

（三）石材防护剂

1. 作用

石材防护剂的主要作用即是通过在板材表面涂刷或浸渍防护剂，使其渗入石材表面，固化后封闭孔隙和空隙，防止板材受到外界的污染，减少石材吸水以免造成上述质量弊端。

2. 种类

目前石材防护剂大致可分为:

(1) 遮盖型:施工后会在施工面形成不透明薄膜,使石材纹理、色泽受到影响,所以主要应用于石材背面。湿法施工时它不会影响施工面与水泥砂浆的黏结性能,其黏结力既能达到国家标准要求又可以封闭板材背面孔隙,做到使水、水泥中的碱[Ca(OH)$_2$]、某些盐不能浸入石材内部,起到防护作用。由于防护面与水泥直接接触,所以要求这类防护剂本身就必须具有良好的抗碱性能。市面上使用的材料有丙烯酸及不饱和树脂类。

(2) 渗透性:是一种能渗透到石材内部而又不改变石材视觉效果的防护剂。它通过石材内部的孔隙渗透 1~3mm,并弥补和占有这些微小的空间,使外部水及污物不能进入石材,达到清洁石材的目的。

渗透型防护剂按组成成分又可分为:

①溶剂型防护剂:由于含有大量的有机物质,臭感比较强烈,并且在运输、储存及施工时,不可近火。

②水溶型防护剂:亦称水性防护剂,是指具有水的表观特征,它一般无色、透明、无味、不燃等,因此施工起来比较安全。它一般是由有机硅及其他助剂组成,特别适用于天然洞石和砂岩多孔材料。

(3) 湿色型:它不仅能起到防护作用的目的,同时也能够增加色彩的饱和度。对于那些石材本身色度不高而又想提高其饱和度的石材会有非常好的效果。

(4) 光亮型:它不但可以起到防护作用,同时会在石材表面形成一层光亮的保护膜,使石材的光亮度大大提高。

3. 选择

在幕墙工程中常用的石材有花岗岩、大理石、砂岩、洞石和锈石等,加工后的石材又分为抛光板、火烧板和蘑菇石等。另外,石材使用部位不同,应选用不同的防护剂。使用防护剂时,应根据石材的种类和使用部位来选用。

(1) 花岗岩密度大,质地密实,吸水率小,一般对防护剂的要求不高。

(2) 大理石的吸水率因品种而异,一般对防护剂的要求也不高,颜色较浅的石材最好使用水溶型(水性防护剂)。砂岩、洞石、火烧板及蘑菇石因其吸水率较高,在选用防护剂时,应当慎重选用那些渗透型、封闭型较好的防护剂,使其达到较好的防护效果。

(3) 在有大量水分的地方,应当选用防水性能,防污性能较好的防护剂;在油浸较多的地方,应选用具有一定防油特性的防护剂。

4. 检验方法

总之,不论选用哪一种防护剂,在大面积施工时都应先做小样,以预先检验其防护性能。一般检验方法:做好小样,待防护剂发生作用后进行滴水、滴油、滴色剂试验,观察是否能达到防护的作用和目的。

5. 使用方法

在干燥的石材表面,将防护剂用毛刷或干净的抹布均匀地涂在石材表面,待其干燥

12～24h后即可施工。另外，还要关注其对环境的影响。

（1）施工前的防护：在施工前应选择相应的防护剂，并严格按照说明要求进行预处理，再涂刷防护剂。

（2）施工后防护：即在交工前，对已经施工的石材进行清洗，使用专用机具及清洗液洗去石材表面污物及施工中不慎造成的污染。

（3）使用中的防护：就是在日常使用中进行科学的护理。如在清洗时，应使用专用清洗液进行清洗，并应视具体情况聘请专业公司进行防护、保养。

五、洞石复合幕墙施工技术措施及注意事项

（一）施工技术措施

1. 防电化学腐蚀

（1）在幕墙工程中应避免不同金属直接接触，必须接触的，不同金属接触面加垫防腐垫片、柔性垫片或其他认可的方法加以分隔。

（2）在工程中避免金属材料与混凝土、砂浆、抹灰或类似的材料直接接触，或表面涂上被认可的保护涂料或胶膜加以分隔。

（3）不同金属材料直接接触，如果考虑到伸缩，则以涂胶或加密封垫分隔金属的接触面。既考虑到温度应力，又能减噪。

2. 焊接工艺

（1）钢材的焊接根据《Specification for arc welding of carkon and carbon manganese stells》BS 5135—1984标准及制造商提供的方法进行，除另有注明外，焊接指手动金属电弧焊。在施焊前清楚注明焊接的厚度并提供有关结构计算。

（2）焊接须请专业认可的检验单位对焊接接口的质量进行试验及分析，如发现接口比可接受的标准低，则须作符合规范的修补工作，再复查焊口质量。

（3）材料的焊接根据《MIG welding pant 1 – specification for MIG welding of aluminium and aluminium alloys》BS 3571—1—1985标准及有关制造商提供的程序进行，焊接试验的标准则根据《Plastics – Determination of ash》BSEN ISO 3451—2008。

（4）第一遍施焊后，以手锤锤去焊渣才可第二遍施焊。点焊只能在经设计单位同意的情况下临时使用。如焊接镀锌钢，其表面必须补加由设计单位批准的涂层处理。

（5）焊接工作由具有合格证书的熟练焊工进行，并提供所有焊工的证明文件。

（6）焊接的焊缝类型、大小及距离注明在装配图上。焊接方法确保不会对材料造成变形、变色或任何变化，令外形及表层有不利影响。外露焊点表面须处理，以配合邻边材料的外观。

3. 立柱与横梁

（1）立柱和横梁部件的设计将根据规范中规定的变位和风压，并且在支撑住玻璃、石材的任何情况下都有足够的刚度。

（2）所有加固件均完全封包住，如果是钢材加固件，则镀锌或用两层无机富锌油漆保护，焊接处应做同样处理。

（3）以准确的工艺方法进行框架部件的切割及组装，使框架连接坚挺，加工整洁、端正及防水，转角的框架应为完整没有接缝的部件。

4. 密封垫块及密封胶

（1）所有密封口的设计确保符合密封胶制造商的规范。

（2）在安装密封垫或注密封胶前，需检查及确定接口面及玻璃片槽沟清洁、干燥及没有对密封垫或密封胶粘合能力产生不利影响的物质。

（3）安装玻璃片、石材板时以遮盖贴条保护密封胶和封垫旁边的范围，以保持接口平直及防止污染其他物料。

（4）严格依照供应商的建议安装密封垫及注入密封胶，禁止使用已凝固或已过期的密封胶。在没有清楚注明底密封层是否需要的情况下，在密封未安装之前涂上合适的底密封层。此外，保证密封胶不在基层潮湿或气温低于4～5℃的情况下安装。四川新达粘胶科技有限公司石神997石材专用硅酮密封胶可自动配制各色胶，以满足用户需求。

（5）硅酮密封剂的颜色一般情况下为黑色。特殊部位的颜色由设计单位选择订制。

（6）密封胶连续饱满地堵塞所有接口，形成一整齐、均匀、凹陷或扁平的密封条。水平方向外露的密封胶稍微倾斜，以助排水。

（7）选择适当形状、尺寸的密封垫以承托玻璃片及防止雨水渗透。外用密封垫有工厂预制成型的角位。

（8）所有密封胶、密封条尽可能采取构造处理措施，以使其避免因阳光的直接辐射而老化。

（二）施工注意事项

1. 打胶施工

（1）打胶前应按规定填嵌填充物，接触面应用专用清洁液进行清洗，并用保护纸保护饰面，不受污染。

（2）打胶要均匀，表面平整，不起泡。

（3）打胶时要注意胶的型号、规格以及保质期，避免用乱、用错。

2. 开启部位安装

要确保按照安装工艺要求安装止水胶条，杜绝渗水现象。

3. 高空坠物

高空作业施工时，安装材料、工具等一定要保管好，杜绝坠物现象发生。

4. 材料搬运

铝型材、铝板、石材、玻璃等搬运过程中应注意保护，避免碰伤（坏）、划伤，分类堆放，要求堆放整齐。

5. 收口处理

（1）要确保自身各安装项目的收口工作，以及幕墙设备等影响暂时难以施工的部位，杜绝遗漏现象发生。

（2）应有赶工计划，及时收尾。

6. 钢结构及安装机具

（1）钢结构与钢支架等不利部位安装施工时，更应重视安全。

（2）安装机具上不得随意放置安装材料、工具，不得随意拆除拉接杆、防护网。拆除吊装机具应主动配合，暂停该位置的施工，并留人现场保护成品。

（3）所有安装人员均必须岗前再培训，考核合格后方可上岗。

六、工程验收

(一) 一般要求

(1) 严格按照审图批准的施工图和技术规范进行施工，符合设计对材料、表面处理、形状、大小、厚度及接口位置的要求；并对选用的同类型材料色泽、纹理及线条进行统一和谐，得到业主与设计单位的同意。

(2) 所有材料、元件及系统按有关制造商的特定标准及程序使用，所有成品均由熟练工人以行业内最高水平的施工手法达到同类工程的最高质量，并符合本工程的技术要求及相关国家规定。

(3) 在可能的情况下，所有幕墙外露材料的切割或镶嵌尽量在工厂内部进行，以保证产品质量。

(4) 保证没有任何永久工程的组合件、元件或装配造成一些在设计上没有预计承受的荷载或应力。不可用任何不当的材料、器材或施工手法对幕墙或其相关的结构配件在其功能、外观及持久上造成不利的影响。

(5) 洞石复合幕墙安装时，保证幕墙的每一部分不论在垂直、水平及面线上均以设计图纸的要求为准。在任何情况下，实物与图纸的误差均满足国家规范并不超出以下规定：

①在每3.5mm的长度内，垂直、水平或角度上的误差小于3.0mm，总长度内的误差小于12mm；②两连续部件连接时误差小于1.6mm；③玻璃框架在玻璃四个角位置的误差小于0.8mm。

(6) 所有部件在受热效应、结构效应、风压力或静垂压力下，能无声地自由滑动，玻璃不会因而产生应变，部件不会压曲，任何部件或组件不受过大的荷载压力。

(7) 在未定材料或现场施工前，先到现场实际复核建筑尺寸及定位，发现现场尺寸与实际图纸不一致时，立即通知甲方、总包、设计单位及监理及时解决问题。

(8) 积极与总包单位协商，在工地预留干燥、有通风及有遮挡的空间去存放成品或半成品，尽量减少成品和半成品的二次搬运。

(9) 配合主体土建施工单位，在工地预留足够空间进行幕墙现场安装。并做好自身的防护措施，避免成品在施工过程中受其他工程影响造成损坏或污染。

(10) 在安装施工过程中不对材料、构件做出有损其外观、结构或设计的切割翘曲，以及全过程的保护措施。

(二) 工程验收

各分部分项工程安装、工程收尾、吊篮等临时设施及幕墙清洗等施工完毕后，拟安排工程的竣工验收。工程验收由业主、监理部门组织，质量监督检测部门参加。工程验收分两个步骤进行，即施工公司内部验收和业主、监理组织并由质检站参加的验收。

1. 施工企业内部验收

(1) 验收准备工作：①由工程部制定一套完整的完工项目的初验计划；②资料准备，包括单位工程竣工报告、材质文件、原材料及产品的合格证、试验报告、安装过程中的质量记录、竣工图、设计图纸、技术交底资料、开工报告及开工施工许可证等；③成立初验验收小组，由工程部组织初验小组，成员有公司主管质量品质的副总经理、工程经理、ISO 9000

办、质量部经理、项目经理及相关设计人员等。

（2）检验依据：①国家相关规范及行业标准；②设计图纸、施工说明及技术文件；③本企业标准及业主、监理等相关方的质量要求文件。

（3）检验内容：

①保证项目：骨料、面板、配件、附件等安装情况的检测，安装牢固性能检测。

②基本项目：板面质量，色泽情况；骨件之间的连接；骨架与面层之间的连接；面层与面层之间的连接；板面损坏程度的检测；幕墙与开启扇的安装；幕墙与楼层混凝土墙间的防火、防雷处理；立柱与横梁的水平度；幕墙竖缝垂直度、横缝水平度及幕墙的平整度；胶缝的宽度及外观感；相邻面板之间接缝高低差；业主、监理等确定的内容和程序进行验收。

（4）初验步骤：①根据初步计划，逐条进行检验，并由工程部负责人作初步记录；②根据检验记录编写"工程初步报告书"，做出质量评价结论；③工程部经理签字。

（5）不合格项目的处理

验收过程中如果发现不合格项，做好详细记录，待初步完成后立即进行整改，直至复验通过。

2. 业主、监理组织的竣工验收

施工企业内部验收通过后，需整理验收资料，并将内部验收结果、验收资料等相关文件呈交业主、监理等相关组织及当地质监部门参加的幕墙最终验收。在验收前，施工企业将向业主、监理部门呈交下列资料：①设计图纸、设计文件、设计修改和材料代用文件；②材料出厂质量证书，型材试验报告，硅酮结构胶、硅酮密封胶与接触材料的相容性和黏结力试验报告及幕墙物理性能检验报告；③预制构件出厂质量证书；④隐蔽工程验收文件；⑤正常情况下物理耐用年限质量保证书。

3. 幕墙安装验收内容

进场材料一般应提交产地证书、合格证以及检测报告等相关资料供甲方及监理核认。每一工序安装完成后均经内部验收合格，再按相关要求报甲方和监理等验收。现场安装验收主要分以下几个步骤：

（1）隐蔽工程验收：①构件与主体结构的连接点的安装；②幕墙四周、幕墙内表面与主体结构之间间隙节点的安装；③幕墙伸缩缝、沉降缝、防震缝及墙面转角、阴阳角节点的安装；④幕墙防火保温安装及防雷系统的节点安装。

（2）幕墙骨架验收：主要包括调偏螺栓植入混凝土的深度、骨架安装垂直度、平整度、水平度及进深度等。

（3）面层安装验收：主要包括颜色是否相符、平整度、垂直度、胶缝、清洁等。

（4）完成面验收（阶段验收）：一个安装面完成后要及时报验。

（5）竣工验收：工程竣工后，整理资料，连同竣工报告提交业主，申请竣工验收。

4. 幕墙外观检验

幕墙工程观感按下列要求进行：①幕墙分格石材、玻璃、金属板材接缝横平竖直，缝宽应适宜、均匀；②隐蔽节点的遮封装修整齐、美观；③幕墙不得渗漏。

第四节　干挂洞石铝蜂窝板幕墙设计施工

一、工程概况

某地中银广场，总建筑面积 67000m²，广场分 A、B、C 三座办公楼，其中地下 4 层，地上 30 层（裙楼 4 层，塔楼 26 层），建筑总高度 141m。主体结构采用框架 – 核心筒结构。

中银广场 C 座建筑外立面主要为门窗与干挂洞石铝蜂窝复合板幕墙相结合，其中洞石为装饰面。整个建筑装修效果大气、线条简洁、纹理明显、引人注目，整个设计理念将外立面条形外观设计和凹凸的外观表现形式贯穿在一起。立面均匀布置石材线条，体现出中银广场在闹市区的重要性。

二、洞石铝蜂窝复合建筑幕墙设计

(一) 洞石铝蜂窝复合幕墙分格设计

幕墙的分格设计考虑了众多的因素，首先需满足建筑设计立面造型效果要求，再要考虑石材利用率、结构安全、各立面横向胶缝对齐，还应满足相临两房间封修，层间防火封堵构造要求等。

本工程裙楼及塔楼幕墙分格按照工序错缝设计，如图 4 – 3 – 3 所示。

图 4 – 3 – 3　标准大样分格

(二) 洞石铝蜂窝复合板幕墙系统设计

洞石幕墙系统设计理念：充分体现建筑风格，结构合理，要求功能完善，安全可靠；达到好的幕墙性价比。

1. 优点

本工程洞石铝蜂窝复合板幕墙采用可拆换的背栓式安装构造体系。该体系主要有如下优点：

(1) 洞石铝蜂窝复合板幕墙面板可自由拆换，板材在安装过程中难免会发现有色差问题和裂纹、破碎需更换的问题，可自由拆换。

(2) 钢铝组合式挂件之间通过胶条隔开，避免了构件之间因摩擦产生的噪声，弹性接触，减震好。

(3) 采用背栓式安装构造体系，可以有效地保证安装质量，特别是保证安装精度，同时安装速度快。

此种连接方式可实现幕墙系统 3 个自由度的调整：①通过上部挂件的调节螺栓，可保证缝隙的宽度及平直度达到设计要求；②横梁上的钢角码能前后调节，保证每块洞石铝蜂窝复合板均在同一平面内。

因此洞石铝蜂窝复合板的三维调节均方便可靠，且精度高。

(4) 可使洞石铝蜂窝复合板幕墙受力更均匀，板材独立安装，独立受力，自成体系，不会发生荷载传递。

(5) 洞石铝蜂窝复合板幕墙立柱采用方钢龙骨，横梁采用角钢龙骨。龙骨外表面采用热镀锌或热浸锌防腐处理。

（6）洞石铝蜂窝复合板全部工厂内加工，能充分保证加工精度，且质量好，强度高。所以相比普通干挂石材幕墙，洞石铝蜂窝复合板更能胜任各种特殊位置，如各种飞檐部分的吊顶板等。

（7）天然洞石板与铝蜂窝板复合后，其抗弯、抗折、抗剪强度明显得到提高，大大降低了运输、安装、使用过程中的破损率。

（8）因洞石铝蜂窝复合板所用天然洞石石材厚度很薄，因此一块洞石原板可切出更多的成板，这些成板的花纹、孔洞与颜色几乎是相同的，因而更易保证大面积使用时，其颜色与纹理的一致性，更好地控制色差。

（9）用洞石板材与铝蜂窝板复合而成的板材，因其用等六边形做成的中空铝缝芯具有隔音、防潮、隔热、防寒的性能，因而这些特点就远远超越了通体板所不具备的性能特点。

2．系统组成

（1）本工程采用 26mm 厚洞石铝蜂窝复合板面材，其中外饰面为 5mm 洞石面板。系统中裙楼立柱采用 150mm×50mm×5mm 热浸镀锌钢管，主楼立柱采用 100mm×50mm×4mm 热浸镀锌钢管，横梁均采用 ∟50×4mm 热浸镀锌角钢。挂件采用 M8 背栓式挂件系统，转角位置采用背衬加强筋，窗套收口位置为 3mm 厚氟碳喷涂铝单板造型。

（2）背栓式钢铝组合挂件系统，通过背栓将洞石铝蜂窝复合板与铝合金挂件牢固固定在一起。现场安装是直接将铝合金挂件悬挂在水平横向角钢上，铝合金挂件上部安装一个机制丝钉，可实现面板竖向位置的调节。如图 4-3-4 和图 4-3-5 所示。

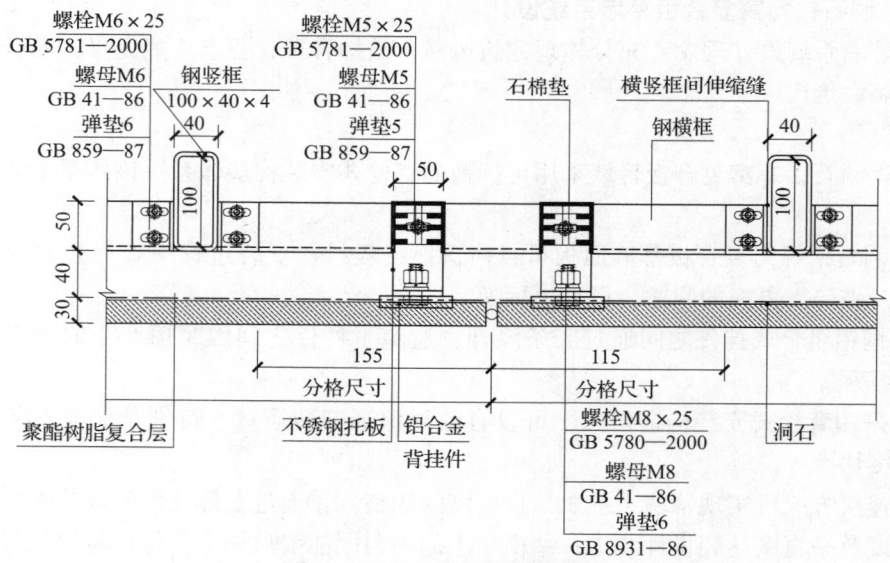

图 4-3-4　标准横剖节点

（3）洞石铝蜂窝复合板所用背栓与通体板所用不同，洞石铝蜂窝复合板采用预埋异形螺母，包括具有底座的圆柱体和止转环，底座与圆柱体的里端连接在一起，圆柱体上形成内螺纹环，止转环套在圆柱体上并走位在底座上，止转环上还形成翘角。此做法可有效地防止整个预埋螺母在洞石铝蜂窝板中旋转，这样再与紧固螺栓旋拧配合时，预埋螺母不会被带动一起转动，使洞石铝蜂窝板和挂件之间安装更换快速和更牢固。

3. 指导意见

（1）安装异形螺母固定后，其螺柱外露端表面不得凸出于洞石铝蜂窝复合板表面，其表面间距不得大于0.5mm。

（2）单个异形螺母的极限承载力不得小于3.2kN。

（3）背栓孔距板不宜小于3倍板厚，即不小于85mm，亦不得小于180mm。

（4）板块背栓数量原则上不小于4个，当板块较小时，可考虑一排，居中放2个或更多背栓。

（5）洞石外饰面为亚光面或镜面时，其厚度不宜大于5mm；洞石饰面为粗糙面时，其厚度不宜大于8mm。

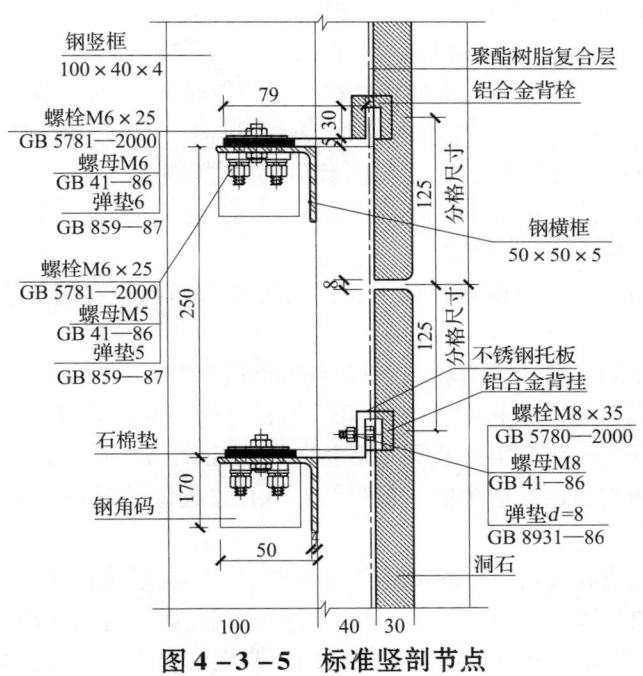

图4-3-5 标准竖剖节点

三、洞石铝蜂窝复合板幕墙材料要求

（一）天然洞石薄板

1. 洞石的优势

（1）洞石的岩性均一，质地软硬度小，非常易于开采加工；密度轻，易于运输。它是一种用途很广的高级进口材料。

（2）洞石具有良好的隔热性、隔音性和易加工性，可深加工应用，是优异的建筑装饰材料。由于多孔洞，用在室内尚有独特的调湿功能，这是其他装饰材料不可具备的特性。

（3）洞石的质地细密，加工适应性高，硬度小，容易雕刻，适合用于雕刻用材和异形板材。

（4）洞石的颜色丰富，纹理独特，更有特殊的孔洞结构，有着良好的装饰性能，同时由于洞石天然的孔洞特点和美丽的纹理，也是做盆景、假山等园林用石的好材料。

2．天然洞石材料的要求

（1）洞石的孔洞不得过密，直径不得大于 3mm，更不得有通透的孔洞。

（2）洞石的吸水率不得大于 6%，加涂防水面层后不大于 1%。

（3）洞石的冻融系数不宜小于 0.8，不得小于 0.6。

（4）洞石板材不得有裂缝，也不能折断，不得将已撕裂的洞石板材胶粘后再使用。

3．洞石的加工工艺

天然洞石因表面多孔洞，石材抗弯曲强度大，故表面应采用无色或调色树脂胶进行修补。孔洞修补工艺如下：

（1）清理洞石板材的表面灰尘，尤其是孔洞内的灰尘，必要时用清水冲洗孔洞，晾干石材后待用。

（2）系用改性环氧胶粘剂（A、B 胶）进行补洞。该胶粘剂为双组分配比：

其中 A 组分：由 20%～40% 环氧树脂 +5%～15% 稀释剂 +1%～5% 纳米粉体材料 +10% 聚氨酯预聚体 +40%～60% 无机粉状材料，经均匀混合、搅拌制成。

B 组分：由 20%～30% 改性胺固化剂 +1%～5% 促进剂 +1%～5% 有机硅偶联剂 +5%～10% 玻璃鳞片 +40%～60% 无机粉状材料，经均匀混合、搅拌制成。

配合时，A 组分：B 组分 =（2.5～3.5）：1（质量比），其主要技术指标达到超薄天然洞石型复合板国家建材行业标准。

（4）将调好的胶粘剂适量倒在板面上，用塑胶或木质刮板在洞石板材表面刮胶，要求薄而均匀。

（5）待胶尚未干透前，用铲刀将洞石板材表面的胶铲除。

（6）对于孔洞较大的洞石板材，必须用同类石材的石块、石碴、石粉填补，且用于填洞的石块、石碴、石粉必须干净、干燥、无尘，严禁用未清洁过的材料进行补洞处理。

（7）对于洞石板材板面孔洞少的，仅只针对有孔之处做局部的无洞处理。

（二）铝蜂窝板

本工程蜂窝板采用嵌入式洞石蜂窝复合板干挂结构，其系统包括蜂窝板芯材、固定于该芯材的一个表面上的金属板，固定于该芯材上与固定该金属板的表面相对的另一个表面上的没有沉孔的金属板、固定并嵌入于两金属板内的台阶螺母、固定于没有沉孔的金属板上的石材。由于在金属板上设置了沉孔结构，将台阶螺母穿过沉孔结构而预埋在蜂窝板内，通过与外部专用挂件的安装结合，从而克服了现有技术中存在的蜂窝板自身粘结强度和剥离强度不够的缺点，大大地提高了洞石铝蜂窝复合板干挂的可靠性，降低了其受自然环境影响意外剥落的风险。

1．铝板材料要求

铝板采用 3003 系列的铝合金板材，其力学性能要求符合《一般工业用铝及铝合金板、带材　第 2 部分：力学性能》GB/T 3880.2—2012 要求，室外板的铝蜂窝板面板厚度为 1.0mm，铝合金板厚度尺寸偏差应符合《一般工业用铝及铝合金板、带材　第 3 部分：尺寸偏差》GB/T 3880.3—2012 的 A 类高精级产品要求。

2．铝蜂窝芯材料要求

（1）铝蜂窝芯符合 HB5443 要求，铝箔宜选用 3003 牌号的铝合金材料，铝蜂窝芯壁留有透气微孔。

（2）铝蜂窝芯厚度不小于14mm，芯格边长不大于6mm，壁厚不小于0.07mm。

3．胶粘剂材料要求

本工程胶粘剂采用改性环氧树脂类或改性聚氨酯类。其主要技术性能指标符合表4－3－5要求：

表4－3－5　胶粘剂主要技术性能指标

技 术 指 标	要　求	试验方法和标准
以铝合金为基材的拉伸剪切强度	≥10MPa	GB/T 7124—2008
以铝合金为基材的浮辊剥离强度	≥50N/mm	GB/T 7122—2006
经湿热老化检验后，以铝合金为基材的拉伸剪切强度降低率	≤15%	JG/T 328—2011
胶粘剂不挥发物含量（固体含量）	≥96%	—
使用环境工作温度	40～80℃	—

（1）胶粘剂有害物质限量符合《室内装饰装修材料　胶粘剂中有害物质限量》的规定，胶粘剂对所黏结材料未产生腐蚀，即相容性好。

（2）胶粘剂产烟毒性危害分级不低于《材料产烟毒性危险分级》GB/T 20285—2006规定的准安全级（ZA2）。

4．安装连接件的材料要求

（1）预埋连接件采用材质为Q235B的冷镦工艺成型的异形螺母，其表面镀锌钝化处理。

（2）异形螺母纹内直径不小于8mm，螺柱外直径不小于12mm，底座直径不小于22mm，高度为35mm。

目前，国内很多高层建筑及超高层建筑的幕墙欲选用天然石材，但建筑幕墙设计为干挂石材势必要额外增加那么重的建筑荷载而存在安全隐患。洞石铝蜂窝复合板构造简单、结构轻盈，其成品具有耐压、保温、隔热、防水、防震等性能好、施工效率高等显著优点，且自身质量是普通石材的1/5，又保持天然洞石的装饰效果，充分解决了天然石材在超高层建筑和大跨度建筑应用中的安全隐患问题，具有较大的应用推广价值。

第五节　洞石幕墙工程实例点评

随着建筑技术的发展，建筑师设计理念的提升，越来越多的新材料应用到建筑外幕墙工程中。其中在石材幕墙领域，除传统范围的花岗岩外，洞石、砂岩也逐渐大面积地应用到幕墙上。由于洞石独有的质感、颜色和风格，能够更加充分地表达建筑效果，更好地体现建筑师的设计理念，使得越来越多的建筑师对其情有独钟。随着这些新材料的应用，也大大提升了建筑的品质，使建筑效果更富有内涵。而且随着建筑技术的发展，这些材料在外装饰工程上的应用前景也应该越来越广，将逐渐地发展成为幕墙行业的主流装饰面材，并成为建筑装饰领域重要的组成部分。

一、洞石幕墙工程应用

1. 中国银行（北京西单中银大厦）

工程地址：北京市西城区复兴门内大街 1 号。洞石类型：意大利罗马黄洞石。洞石面积：洞石总面积 20000m²。洞石连接方式：采用钢销式体系。外观效果：建筑风格气势宏伟壮观，洞石幕墙整体效果表现完美。洞石的孔洞较小且均匀，洞石材料选择非常好。洞石表面做过封洞处理，封洞效果良好；石材无明显破损与污染，无发霉、密封胶开裂等现象。

2. 首发大厦

工程地址：北京市丰台区六里桥南路。洞石类型：意大利罗马进口黄洞石。洞石面积：约 22000m²。外观效果：建筑风格气势宏伟壮观，洞石幕墙整体效果表现完美。洞石的孔洞较小且均匀，洞石材料选择非常好。洞石表面做过封洞处理，封洞效果良好；石材无明显破损与污染，无发霉、密封胶开裂等现象。整体效果：洞石幕墙整体效果表现丰富，非常完美，幕墙采用黄洞石。局部效果：洞石表面做过封洞处理，且封洞效果很好；洞石的孔洞均匀较小，洞石材料选择非常好，很得体。

3. 中国大唐集团公司

工程地址：北京市西城区广宁伯街 1 号。工程高度及层数：地下 5 层，地上 16 层，局部 18 层，建筑总高度为 70.80m。工程概况：本工程由中国建筑设计研究院设计，北京鸿厦基建工程监理有限公司监理，北京市工程质量监督总站监督，北京六建集团公司总承包施工。整体效果：洞石幕墙整体效果表现非常完美，幕墙采用进口洞石。局部效果：洞石表面做过封洞处理，且封洞效果很好；洞石的孔洞均匀、较小，幕墙表面阴暗面有轻微污染。维护情况：工程建设完工后未做特殊维护，整个工程表现较好。其他：外檐转角部位均采用 L 形整块石材，增强了石材幕墙的整体性。室内洞石石材墙、地面严格选材，精心排板，自然纹路延续。

4. 威斯汀大酒店

工程地址：北京市西城区金融大街乙 9 号。幕墙施工单位：北京江河创建集团有限公司。整体效果：洞石幕墙整体效果表现较完美，幕墙采用进口意大利罗马黄洞石。局部效果：洞石表面做过封洞处理，且整个洞石表面有一层浅黄色涂层做过处理，掩盖了洞石本身的固有纹理。细部效果不够自然，显得呆板。维护情况：工程建设完工后未做特殊维护，整个工程效果表现较好。

5. 新保利大厦

工程概况：本工程采用美国 SOM 建筑事务所设计的概念方案，并由北京特种工程设计研究院完成施工图设计。工程地址：北京市东城区朝阳门北大街 1 号。建筑高度和层数：地上 24 层，建筑总高 105.1m。石材总类：浅黄色罗马白洞石。耐候密封胶：为了防止污染石材，本工程选用不含塑化剂的高性能美国进口道康宁 991 密封胶。此高性能耐候密封胶不含塑化剂，并具有抗污染、抗流挂性能。整体效果：洞石幕墙整体效果表现较完美。局部效果：洞石表面做过封洞处理，深胶缝实现得很完美，幕墙表面有一定霉变污染。维护情况：工程建设完工后未做特殊维护，部分靠近地面的石材板块有损坏。

6. 云天酒店

工程地址：北京市西城区白广路二条甲 3 号。整体效果：洞石幕墙整体效果表现一般，幕墙采用国产陕西秦岭黑洞石。局部效果：洞石表面未做封洞处理；孔洞大小不匀，个别大孔影响外饰效果。施工情况：洞石厚度 25mm，安装形式为 T 形托板，未做加强措施，未做特殊防水措施。施工过程中板块已经有损坏。

7. 中国华电

工程地址：北京市西城区宣武门内大街 2 号。整体效果：洞石幕墙整体效果表现较完美，幕墙采用伊朗黄洞石。局部效果：二楼及以上洞石表面做过封洞处理；且整个洞石表面有一层浅黄色涂层做过处理，掩盖了洞石本身的固有纹理。细部效果不够自然。一楼洞石表面做过封洞处理且封洞效果很好；洞石的孔洞均匀、较小，洞石材料选择非常好。

8. 成都金沙博物馆

工程地址：成都市青羊区域西金沙遗址路 2 号。整体效果：洞石幕墙整体效果表现较好，幕墙采用伊朗黄洞石。主要连接方式：采用背槽式连接，如图 4－3－6 和图 4－3－7 所示。局部效果：整体效果较好，但细部有一些小问题。

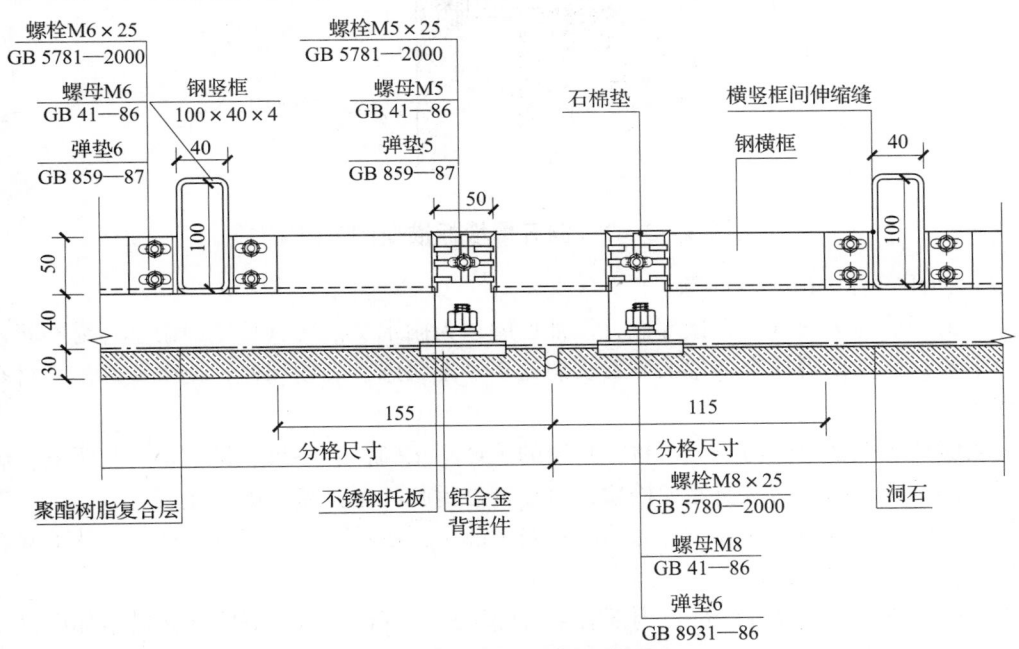

图 4－3－6 洞石幕墙标准横剖节点

（1）安装过程中出现的问题：

①石材面板与铝合金背槽脱落，导致石材板块脱落。洞石密度相对于花岗岩密度要小得多，在洞石加工以及安装过程中，连接件与石材是否连接牢固须在安装前进行确认。

②不锈钢连接件与横梁连接所用螺栓未固定牢固，导致石材脱落。这个部位位于该工程比较隐蔽的角落，施工时容易忽略，所以该部位的螺栓没有牢固固定，导致该石材板块脱落。加之该部位接近地面，且容易积水，所以石材脱落后使得该位置钢框严重生锈。

③石材边缘被密封胶撕裂。密封胶固化时在收缩过程中就会对石材产生一定的作用力，洞石本身就是一种相对强度很低的石材，如果这个作用力过大，就会导致石材被拉裂。

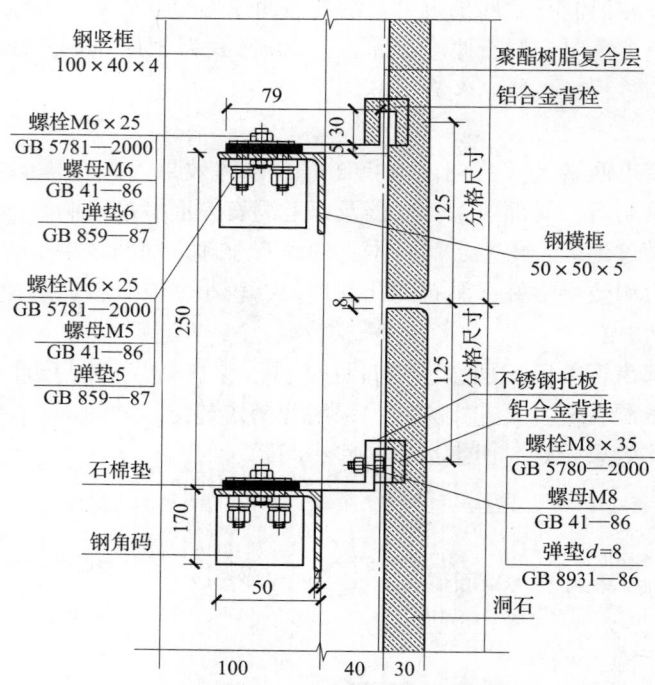

图4-3-7 洞石幕墙标准横剖节点

（2）使用过程中出现的问题：

①石材幕墙与玻璃幕墙交接部位，该部位屋顶为雨水交汇区，且屋面雨水容易顺着该墙角转角下流，这样使得这个部位的洞石长期处于潮湿状态，长期如此，使得该部位石材有发霉的现象。

②胶缝周边被密封胶污染，石材密封胶的选择不正确，会导致石材被密封胶污染，洞石相对于大理石、花岗岩的材质更加松软，对石材密封胶的选择需要更加谨慎。

③雨水污染，本洞石幕墙工程为开敞式安装部位，石材幕墙上部背面进水，从下部石材缝隙流出，留下雨水痕迹。

④油质污染：屋顶女儿墙部位内部有个排油管道，管道出口正好同女儿墙顶部搭接，这样导致油污顺着女儿墙往外流，使得洞石幕墙受到污染。

9. 四川省美术馆

工程地址：四川省成都市天府广场北侧。建筑面积：总建筑面积19000m²，其中洞石幕墙1460m²。

建筑高度和层数：美术馆最高处高度38m，地上4层，局部5层，地下1层。

洞石类型：意大利进口天然罗马洞石，复合型，装饰面呈浅黄白色系列。

石材防护剂：本工程选用石神®硅氧水性防护剂，吸水率由0.34%降至0.11%，降低68%。

总体立面效果：建筑风格气势宏伟，整体效果完美壮观。具有天然纹理、自然的差异化和厚重感。局部效果：细部效果不够自然，孔洞均匀性较差，幕墙阴暗面有局部污染、霉变，下部板裂现象明显。

二、结论

通过一系列对工程的实际考察，洞石在建筑幕墙上的使用体现出了很特别的建筑效果，绝大多数工程的整体效果是让人赏心悦目的，但同时也暴露出许多不成熟不规范的设计问题，通过对一系列工程的考察、了解，我们对建筑幕墙使用洞石作为装饰面材可以得出以下几点经验：

（1）洞石与大理石、花岗岩相比，物理强度较低，且有不太均匀的纹路、较大面积空洞等情况，要使用在幕墙上不能完全照搬花岗岩的使用方法，应采取一系列的加强措施和表面处理手段，在通过选择相应强度的种类和相应加强措施后，洞石是完全可以用作幕墙饰面材料的。

（2）由于洞石本身多孔的特性，洞石要用于幕墙面材，必须进行孔洞封堵处理和表面防水处理，并且要特别注意洞石封孔和防水处理的质量，这将直接影响洞石幕墙的装饰效果和使用寿命。

（3）在潮湿阴暗的环境下，洞石幕墙易被污染，应慎用。由于洞石表面有孔洞的特性，在阴暗潮湿环境易吸附灰尘和发生霉变。在干燥雨水少的环境下，洞石会表现出非常完美的装饰效果。

（4）洞石的连接构造依据选定的洞石的材料特性来设计，无论采用托板、背槽、背栓等各种连接方式，都应在确定了洞石的产地、品种后，根据选定洞石的材料特性来选择合适的连接构造，这样可以有效避免连接构造与洞石的材料特性不匹配造成的现场施工破损与后期维护困难。

（5）由于洞石这种材料在建筑幕墙上应用还不是太广泛，故对幕墙设计、施工单位的设施、施工水平要求比较高。各设计、施工人员应对洞石材料进行深入了解，提高技术水平，以便实际工程中设计、施工更能展现建筑师对建筑效果的要求。

（6）洞石在建筑幕墙上的应用还未形成完整、有效地设计与施工规范，各设计、施工单位对洞石材料的了解、应用水平参差不一，应尽快形成一个可供行业参考学习的设计、施工标准，以供参考。

第四章 砂岩幕墙

第一节 概　述

一、砂岩的形成

砂岩是一种沉积岩，又称金年华天然石材。砂岩（Sandstone）是指粒径 0.1～2.0mm 的砂粒经胶结变硬的碎屑，是由千百万年前的岩石经风化、剥蚀作用，流水冲蚀解体为砂屑，沉积于石床上，后经地壳运动、山体抬升、受到挤压胶结以及一系列的地质物理作用，加温、加压下最终形成现在的砂岩。

砂岩（金年华天然石材）产地主要在巴基斯坦，我国四川、广东、陕西、广西等地区也有发现和产出。

（一）化学成分

金年华天然石材（砂岩）的化学成分见表 4-4-1。

表 4-4-1　金年华天然石材（砂岩）的化学成分

化学成分	氧化钙 （CaO）	二氧化硅 （SiO_2）	三氧化二铝 （Al_2O_3）	氧化镁 （MgO）
含量（%）	50.54	23.8	20.40	1.88

（二）微观结构

金年华天然石材（砂岩）为生物碎屑石灰质岩，显微镜下观察：

1. 结构构造

砂岩系生物碎屑结构，块状构造。

2. 矿物组成

砂岩为胶结变硬的碎屑，其中生物碎屑 60%，胶结物 40%，由次多量点状碳酸盐灰质和少量氧化铁组成。

岩石为生物碎屑灰质岩，呈黄白—浅黄褐色，由大量的生物碎屑和次多量的灰质及少量氧化铁质胶结而成。

岩石中的生物碎屑含量和种类极为丰富，以有孔虫为主，其次为腕足类，腹足类、藤科类和棘皮生物海胆类及介形虫等。生物碎屑碎片占岩石中绝大部分，因而砂岩又定名为生物碎屑灰质岩。生物碎屑中的灰质粒度极为细小，仅在 0.001mm 左右，属原始未经重结晶海洋碳酸盐沉淀物，经后期压实作用而成的岩石。而分布于碎屑壳壁上的灰质则是纤维状或超显微鳞片状集合体产出。个别灰质局部略有重结晶而呈微粒状现象。由于岩石中的碳酸盐基本未有重结晶，呈原始尘点状或泥状沉淀，说明砂岩岩石属沉积世代较新的而迭系——第三系平静浅海相沉积的生物碎屑灰质岩。

胶结物由次多量尘点状或超显微鳞片状碳酸盐灰质和少量氧化铁质组成，灰质呈不均匀因粒状散布于生碎屑间，粒度平均 0.001mm 受氧化铁质渲染，局部呈不均匀浅黄—浅黄褐色。

二、砂岩的特点

1．优点

（1）砂岩独有的质感、颜色和风格，使得一些建筑设计师很喜欢将它用于建筑外立面。于是近年来砂岩越来越多地运用于建筑幕墙。

（2）颜色主要取决于胶结构，有灰黄、褐色、白色等，其中白色在工程中用得较多。

2．缺点

（1）砂岩为凝灰岩，多孔结构，故吸水率高。

（2）质地松软，故硬度小、强度低，约为 $4.0N/mm^2$。设计时，建议安全系数 K 宜取为 3.5，即材料性能分项系数 K_2 取 2.5。

（3）吸水率高，抗冻性差。不宜用在我国北方寒冷地区。

三、砂岩的应用

目前，国内已经建有不少砂岩幕墙工程，如深圳市文化中心。但由于对材料的认识和技术完善程度等方面的原因，大部分工程或多或少有一些缺陷。

砂岩的品种较多，品种不同的砂岩其物理性能也不一样。在选择砂岩作为外幕墙饰面材料时，必须有针对性地选择。在一些装饰要求比较强、局部的工程中，往往用得比较多。

第二节　砂岩物理力学性能

一、砂岩幕墙与建筑效果

（一）影响幕墙装饰效果的现象

虽然砂岩具有独特的质感、颜色和风格，但在应用于建筑幕墙时还是要有选择性。砂岩对建筑效果的影响主要表现在如下几个方面：

（1）材质疏松，有粉化、泥化现象；

（2）潮湿环境中易发生霉变；

（3）强度过低，安装和使用过程中破损率高；

（4）有些砂岩吸水后有软化现象，有些砂岩长期处于潮湿环境中，甚至变成泥土状。

砂岩的吸水率相差很大。有些砂岩较为致密，吸水率可以低于 2.5%，而有些砂岩吸水率超过 6%，因此不同的砂岩，其饱和抗弯强度和冻融系数有较大的差别。

有些砂岩，如四川、广东的红砂岩，吸水后还会有软化现象，有些红砂岩长期潮湿后甚至变为泥土状，这样的红砂岩用于幕墙就不大合适的。

（二）幕墙对砂岩的选择

1．选择条件

（1）如果在阴暗潮湿环境下采用砂岩作为幕墙饰面材料，建议采用吸水率较低、相对致密且孔洞相对少的砂岩。这样能减少砂岩表面的灰尘污染和霉变。

（2）即使在同一个工程，在阴暗面与向阳面砂岩表现出来的装饰效果也不一样。

（3）在人流量较大且人能触及的位置也要做一些特殊考虑。因为这些位置的幕墙容易被人为损坏，特别是强度较差的砂岩。

2．选择措施

建议在人流量较大且人能触及的位置的砂岩，通过相应措施增加砂岩板块强度，或采用其他措施让人不能轻易接触幕墙。

（1）砂岩要用到幕墙上必须选择物理性能相对适合的材料。

（2）砂岩幕墙的使用应根据建筑物所处地理环境有选择地使用。

（3）在容易受损位置的幕墙，应采用相应的保护措施。

只有这些因素在建筑幕墙设计上都能被完善地考虑到，砂岩幕墙才能表现出较好的装饰效果和实现结构及使用安全性能。因此需要建筑设计师和幕墙设计师在实际工程上全面综合考虑。

二、砂岩幕墙与结构及使用安全

（一）幕墙结构增强的必要性

砂岩的力学性能因产地不同有着很大的差别，有些澳大利亚黄砂岩和意大利黄砂岩，抗弯强度可能小于3MPa，而四川隆昌的绿砂岩则比较坚硬，抗弯强度可达到10MPa以上，接近于花岗岩。

但整体来讲砂岩的强度还是普遍小于花岗岩，于是对强度较差的砂岩板材自身强度的加强是很有必要的。

（二）幕墙结构被动增强措施

（1）板块的加强可以通过增加板的厚度和一些辅助加强措施来实现。增加板块厚度的方法主要就是根据所选用的砂岩的强度和荷载情况，通过计算来确定板块厚度。

（2）目前常规的石材板块加强是采用板块后粘贴玻璃纤维网的方式来实现。毋庸置疑，此种做法对石材板块的强度是有一定好处的，但是此种加强措施主要作用还是表现在当石材破碎以后，由于背衬的玻璃纤维网将石材粘结在一起，破碎的石材板块就不易脱落，达到一种安全的目的。此作用主要表现在石材破碎以后属于一种"被动措施"，用于幕墙的砂岩板块采用此措施是有必要的，而且在砂岩幕墙上应全部采用此措施。

（三）幕墙结构主动增强措施

另外，也要寻找一些"主动措施"，让砂岩板块在荷载作用下表现出较好的力学性能。

1．在砂岩板块后增加辅助受力金属副框

对于一些强度较差和大块板的砂岩，在板块后采用能辅助受力的金属副框以增加板块强度。

金属副框与石材板块通过通长槽或背栓的方式连接在一起，然后再通过副框与幕墙龙骨连接。

采用金属副框加强的方式，可根据砂岩板块的大小灵活增加副框数量，以满足石材板块的受力要求。

2．采用砂岩板块与其他材料复合

目前，已经有许多复合面材在幕墙上使用，如石材和铝蜂窝板复合、石材和石材复合、石材与其他保温材料复合。砂岩饰面板材也可以考虑此方式复合，以得到饰面效果有保障、力学性能更佳的幕墙板材。

（1）砂岩与铝蜂窝板复合，将饰面砂岩通过黏结的方式与蜂窝板块复合在一起。砂岩只作为饰面材料，板块的力学性能完全由蜂窝板提供。

此种复合板材力学性能比较容易控制，板块自身质量较轻。板块与龙骨的连接方式比较容易实现，且连接较可靠。石材与铝蜂窝板黏结的可靠性是此复合板材的关键。

（2）砂岩与花岗岩复合，将饰面砂岩通过黏结的方式与花岗岩复合在一起。砂岩只作为饰面材料，板块的力学性能完全由花岗岩提供。

此种复合板材的力学性能和连接方式与干挂花岗岩幕墙基本相同。同样，板材之间黏结的可靠性是此复合板材的关键。

（3）砂岩与其他保温材料复合，将砂岩通过黏结的方式与保温板材复合在一起，并在保温板材后黏结一层防火板材，以确保板块的防火性能。

第三节　砂岩幕墙技术设计

砂岩系沉积岩，强度低，质地疏松、吸水率高、抗冻融性能和耐候性均较差，本不是石材幕墙面板的理想用材，但是砂岩独有的质感、颜色和风格，使得建筑设计师、业主又很喜欢将它用作石材幕墙。因此如何选用砂岩面板，最大限度地保证安全，就是一个很重要的过程，必须慎重对待。

一、砂岩的技术性能现状

（一）抗剪强度

砂岩是由细颗粒的碎屑胶结而成，自然表面是粗糙的细颗粒状。砂岩的物理力学性能因产地不同有很大的区别，有些澳大利亚黄砂岩和意大利黄砂岩，其抗弯强度可能小于3.0MPa，而四川隆昌的绿砂岩便如磨刀石，抗弯强度可达10.0MPa以上，甚至接近花岗岩的抗弯强度。

（二）吸水率和抗冻性

经调查，有些砂岩较为致密，吸水率可以低于2.5%，而有些砂岩吸水率超过6%。因此不同的砂岩，其水饱和抗弯强度和冻融系数有较大的差别。如四川、广东的红砂岩，吸水后还有软化现象，有些红砂岩长期处于潮湿环境后，甚至呈泥土状。这样的红砂岩用于幕墙工程很显然是不明智的，也是不合适的。如果出于商业或装饰效果的需要，一定要采用有效的加强措施。

因此砂岩的技术性能比大理石、花岗岩差得多，用作干挂幕墙的面板材料容易产生安全方面的问题。有些强度较低的砂岩，加工好的石板甚至在运输过程就断裂、破碎。如果业主和建筑设计师选择砂岩作为幕墙面板时，一定要慎重考虑并参考有关材性试验数据做出决断。

二、砂岩的基本条件和材性试验

（一）砂岩用于幕墙基本条件

砂岩自身技术性能较差，总体而言，目前我国相关的施工规范中，不支持像砂岩这类石材用在干挂外墙工程中,但是出于文化、艺术、商业的需求,并吸取和借鉴国外的成功经验,越来越多的建筑工程使用了砂岩,适应了多元文化发展的需要。

(1)用于砂岩幕墙的砂岩石板,按规定每批都应进行抗弯强度试验,其试验值应符合表 4-4-2 的要求。

表 4-4-2 砂岩板材抗弯强度试验值要求

幕墙高度 H(m)	试验平均值(N/mm²)	试验最小值(N/mm²)
$H \leqslant 80$	≥5.0	≥4.0
$H > 80$	≥6.0	≥4.5

单向受力的砂岩板,在主要受力方向应满足以上要求;双向受力的砂岩板,在两个受力的方向上都应符合以上要求。

(2)砂岩板不应夹杂软弱的矿脉,且吸水率不宜大于 6%,加涂防水层后不宜大于 1%。

(3)冻融系数不宜小于 0.8,且不得小于 0.6。

(4)砂岩板不应有裂缝,亦不能折断;不得将断裂的砂岩板胶粘后再上墙干挂。

(二)砂岩基本材性试验

不同产地的砂岩其材性差别很大,在确定采用砂岩的矿坑前,应进行基本材性试验。

1. 抗弯强度试验

选择矿点时,砂岩抗弯强度试件要能代表矿场各个不同的开采点,试件数目一般不少于 20 个。以后从各开采点采出的砂岩,每批均有抗弯强度试验报告,一般不得少于 10 个试件,分别进行干燥抗弯强度试验和吸水饱和抗弯强度试验。干燥抗弯强度试验是材性的基本指标,而吸水饱和抗弯强度有利于了解砂岩对水的敏感性。

试验时采用净砂岩试件,不宜附有增强层和复合层。

2. 吸水率

未经表面防水处理的砂岩和经过防水处理的砂岩都应同时进行吸水率试验。经防水处理以后的砂岩板材,其吸水率不宜大于 1%。

3. 冻融系数

冻融系数指经过一定次数冻融循环后的抗弯强度与未经冻融循环的抗弯强度的比值。它决定了该种砂岩石材能否在寒冷地区应用。在有可能出现负温度的地区,必须进行这项试验。

(三)对砂岩板材的基本要求

只有通过基本材性试验,确认能符合用作幕墙的基本条件后,这种砂岩才可以加工为幕墙面板板材。加工完成的砂岩面板还应符合以下基本要求:

1. 砂岩板材的厚度

抗弯强度试验表明:厚度大的砂岩板材,其抗弯强度低于厚度小的,但是由于板的承载能力和厚度的平方成正比,厚的砂岩板材的承载能力还是比薄板要大一些。

砂岩板材的最小厚度可由抗弯强度标准值 f_k 来决定,见表 4-4-3。

表 4 - 4 - 3　用于幕墙砂岩板材的厚度

抗弯强度标准值 f_k	砂岩板材最小厚度（mm）
$f_k \geq 8.0$	35
$4.0 \leq f_k \leq 8.0$	40

其中，抗弯强度标准值 f_k，是其试验平均值减去 1.645 倍标准差，当这个数值小于试验最小值时，按试验最小值采用。即 f_k 取下式中的较大者：

$$f_k = \begin{cases} f - 1.645\sigma \\ f_{min} \end{cases}$$

板材厚度的允许偏差为 $^{\,0}_{+2}$mm，即不允许负偏差。

2. 砂岩板材尺寸

（1）砂岩强度较低，因此砂岩板材尺寸不宜过大，一般宜控制在 $1.0m^2$ 以内。

（2）不宜采用细长的条状砂岩石板，这种石板在运输安装过程中很容易折断。建议砂岩石板的边长比最好在 1:2 以内，不宜超过 1:3。

第四节　砂岩幕墙安装施工

一、施工准备

将砂岩用于幕墙工程，安全问题是头等大事。决策之前要慎重考虑。首先要进行技术论证和可靠性分析；要充分了解所选用石材的材性；进而要慎重进行设计，尽可能减小面板尺寸，尽可能避免采用长条板；最后实施时要采用机械进行板材孔、槽加工；避免运输安装时撞击石板；精心进行面板安装施工。

总之，要采取多种综合措施，防止安全隐患，以防事后付出高昂的代价。

二、安装施工技术

（一）连接方式确定

此种复合板材的力学性能主要还是由砂岩提供，其复合的保温材料和防火材料对砂岩的受力情况起到一定的辅助作用。此板块与幕墙龙骨的连接还是由砂岩板块直接通过连接件（建议通长槽托板或背栓）与龙骨相连。

砂岩作为一种材质比较疏松的石材在使用和选择连接方式上也一定要慎重。目前比较常用于石材幕墙的连接形式有短槽托板式、通长槽托板式和背栓式。

如果砂岩板块自身的强度足够而无须辅助加强，建议采用通长槽托板或背栓连接方式。如果砂岩板块后有辅助加强的金属副框，则建议通过副框将砂岩与幕墙龙骨连接。

（二）砂岩板材选择

由此可见，将砂岩作为幕墙面板用于建筑外装饰工程在一定条件下是可以的，要使砂岩幕墙表现出良好的装饰效果和安全性能需要进行技术论证、可行性分析和采取相应措施。主要控制要素有：在适合的环境下使用；选用适当种类的砂岩；确定采用合适的加强措施和连接方式。

第五节　干挂砂岩幕墙工程质量控制

幕墙技术具有艺术效果好、易造型、安装速度快、更新维修方便等特点。在工程中按饰面材料的不同将幕墙分为玻璃幕墙、金属幕墙、石材幕墙、混凝土幕墙和塑料幕墙工程。干挂砂岩幕墙为石材幕墙或复合幕墙工程之一。

一、工程概况

某工程为商住楼，总建筑面积为 57200m²，地下 1 层，地上 30 层，总高 99.8m。裙楼 2 层为店面，高度 11.8m，外墙面积为 2000m²，其中下部的商场采用背栓干挂砂岩幕墙，幕墙高 22.9m，总面积约 3600m²，砂岩规格为 1200mm×600mm×13mm。

二、准备阶段与业主协调

现在的建筑市场特别是在外墙装修工程的施工中，业主往往将幕墙的施工和设计交由一家装饰单位完成。这种操作有时造成设计（施工）单位不对幕墙结构进行计算而按一般的施工经验出图，为此，给工程带来某些质量隐患。而在施工过程中又往往以某些理由随意变更施工图，给业主带来不必要的经济负担。在这种情况下，监理工程师不能按一般土建施工监理那样仅对施工过程进行监理控制，而应在业主开始选定设计（施工）单位就介入工作。

（1）首先，要对企业的资质和业绩进行审查，以确定该施工（设计）单位是否有足够的能力承包该项工程。

（2）其次，在幕墙设计完成后，须提醒和督促业主将设计图纸和相关结构计算书交给该工程主体设计院进行校核，通过后才能交由施工单位施工。

（3）在施工过程中对施工单位提出的变更，须由监理工程师核定后才能发出变更认可文书。

（4）涉及立面效果大改变的，要由业主、设计院报城市规划设计审批通过。

三、干挂砂岩幕墙的监理工作

干挂幕墙是由面板、横梁和立柱组成的，其中横梁与立柱组成石材干挂的受力结构并承受面板材料的自身质量、风荷载、地震应力、温度应力和其他荷载。横梁固定在立柱上，而立柱则通过连接件和预埋件或化学螺栓与建筑结构主体相联系，将各种荷载通过建筑物主体传到基础。干挂砂岩幕墙施工阶段监理工作按下述三个阶段进行：

1. 施工前的质量控制（事前控制）

（1）对施工单位的资质进行审查，由于目前国内对幕墙施工单位的施工资质要求不是十分明确，因此在对资质进行核对时最好到该施工单位以前施工过的工程进行考察，以确定该施工单位是否有能力参与施工。如果施工单位同时又是设计单位，在资质审查时应注意将施工单位的专项设计资质和施工资质分开检查，以防止施工单位越级承包。

（2）施工前监理要对施工单位上报的施工方案和施工组织设计进行审阅，对施工组织设计中不明确的内容要求施工单位明确。当幕墙高度超过 50m，要通过专家评审。

（3）施工单位所报验的进场材料必须有相关的合格证件，如材料是国外的产品应有商检证明，由监理会同业主对材料进行验收，在幕墙工程中主要的工程材料有以下几种：面板、钢材、高强度化学螺栓、连接件和密封材料，其中面板用量最大并且直接影响外立面的装饰效果。由于面板材料为工厂生产的产品，不同批次的材料存在着色差变化，往往会影响幕墙的观感。因此还应要求施工单位对同一品种的面板材料一次用量进足，如用量过大也须尽量减少批次，同时将同一批次的面板用在同一立面上，确保幕墙立面的色调均匀和纹理相称。在幕墙工程中，主要的荷载是由金属骨架和连接件来承受和传递的，因此钢材连接件的质量直接影响整个幕墙的安全和寿命。除应严格对钢材和连接件的检测报告进行审查外，还必须到现场对钢材和连接件进行抽查，以确保钢材的断面尺寸和厚度符合规范和设计要求；同时由于普通钢材在空气中会发生氧化反应而锈蚀，因此必须对钢材进行防锈处理；不锈钢的连接件则必须有化学分析报告。在幕墙施工中面板之间的板缝主要依靠耐候胶来进行封堵，以达到隔断外部水汽对钢材腐蚀的目的。由于耐候胶砂岩相接触，因此在使用前必须做相容性试验，以确保砂岩不与耐候胶发生化学反应而影响砂岩板的质量。只有经过上述检验后的材料方能进场使用。

（4）认真审阅施工组织管理人员和特种工种的人员名单和资质证书，以确保施工单位的相关人员持证上岗。

（5）检查施工单位的测量计量仪器是否已经被校正并在有效使用期内，相关的施工机具能否安全有效地使用。

2. 施工过程的质量控制（事中控制）

（1）幕墙开始施工时，监理应监督施工单位对外墙的所有外立面统一放基准线，用经纬仪或激光仪、垂直仪将幕墙的阳角和阴角引上，并用固定在钢支架上的钢丝线作标志控制线，以明确各层层高标高线。同时，监理应提醒施工单位对测量所产生的误差进行调整，不能造成误差积累效应。

（2）预埋件的安装。幕墙预埋件的留置有两种方法，一种是在土建施工的过程留置预埋铁件，该方法由于受土建施工影响，预埋件往往偏差较大，造成预埋件浪费和大量返工，故这种幕墙施工技术已较少采用；现在较多采用后置埋件，即化学锚栓、机械螺栓和穿墙螺栓固定，在该方案的施工过程中，监理主要注意以下五点：

①由于化学锚栓方案是土建主体施工完成后在混凝土构件上打孔，成孔的质量直接影响到幕墙的质量，因此在螺栓打孔过程中监理必须严格按设计要求确保孔深，对完成的孔应进行抽查，未达到要求的坚决补足深度；同时在成孔过程中会有大量的废渣出现，因此在成孔后、放入螺栓前必须将孔内沉渣清除干净，以确保螺栓的抗拔力达到要求。

②由于化学锚栓是在结构面上打孔，往往会出现预定孔洞的位置上已有钢筋使孔洞无法到位，一旦出现这种情况，监理应立即与设计单位协调，采用补救措施，不允许施工单位擅自减少连接件。

③在所有的预埋件安装完成后，由施工单位通知监理依照图纸对预埋件的数量、大小以及定位轴线位置进行检查，以确定所有预埋件均按图纸要求留置。

④在确认螺栓数量、位置无误的情况下，由监理见证委托有资质的检测单位按规范要求选取足够数量的化学锚栓进行拉拔实验。以验证螺栓的抗拔力达到设计要求，并对试验备案做好记录备案。

⑤若在转墙位置，要求用穿墙螺栓固定内、外墙双面的预埋件，以保证预埋件牢固。

（3）金属骨架的安装。在确认预埋件安装合格后，开始安装立柱和横梁。

①立柱安装。每层楼应留置20mm的温度伸缩缝，单向锚固，另一端自由伸缩，使立柱处于吊挂式受力状态。立柱安装时要从上到下放通长线保证立柱垂直，立柱标高、左右偏差不应大于质量验收规范要求。

②横梁的安装。横梁在安装前要拉水平通长线控制横梁的水平并保证与立柱垂直，相邻横梁标高偏差不应大于质量验收规范要求。当幕墙水平宽度大于或等于35m时，钢横梁要断开20mm，保证温度变化时横梁有伸缩间隙；在主体结构的变形缝位置，横梁要断开，保证主体结构变形时幕墙不破坏。

③金属骨架的防雷。严格按设计图纸和规范要求用40mm宽的镀锌扁钢将幕墙的金属骨架连接成一体，形成静压环，并每隔三层设一道，与主体结构防雷系统可靠连接。搭接焊缝长度和防雷接地电阻要符合设计要求。

④施工过程的焊接必须用对称焊，以减少焊缝的变形，在焊接完成后，必须对所有的焊缝进行检查，检查焊缝的饱满度，保证无虚焊、假焊和漏焊。在确认焊接合格后对全部焊缝进行防锈处理。所有的工作完成后还应对骨架质量进行复核，以签署隐蔽记录。

（4）饰面的安装。砂岩饰面的安装是整个幕墙工程中最重要的一个环节，饰面安装之前，监理必须和施工单位一起对砂岩进行验收，以确保砂岩的外形尺寸与设计要求一致，砂岩开槽钻孔的位置、大小、深度是否符合施工要求，以防石材破损、缺楞、掉角，这一切确认无误后，监理与施工单位一起对重要和复杂部位的挂装做试拼装，以保证色泽基本一致，拼缝严密整齐。在砂岩开始干挂时监理和施工单位一起利用拉线反复校核金属挂件伸长长度，以确保在安装后其表面平整度偏差在规范允许范围之内。同时在砂岩安装到每一层标高时，应调整垂直误差，避免板缝不均匀、不平直。

（5）嵌胶封缝。砂岩间的胶缝是幕墙的第一道防水措施，同时也使幕墙成为一个整体，因此嵌缝胶必须按设计要求选用，在打胶前监理必须对将打胶的板缝进行检查，确保板缝已填塞了直径稍大于缝宽的泡沫塑料圆条，在保证胶缝的最小深度和均匀性的同时，应注意观察板缝两侧是否洁净并已按要求粘贴纸面保护胶带。在开始打胶前，应注意检查操作工人是否做到了持证上岗。在打胶过程中应防止嵌缝胶污染板面。

（6）防火隔断的设置。按设计图纸和验收规范要求每一楼层用1.5mm厚的镀锌钢板包裹100mm厚的防火材料固定在主体结构与幕墙中，隔断楼层之间的串火、串烟通道。

3. 施工完成后的质量控制（事后控制）

在幕墙施工完成后，应及时除去砂岩表面的胶带纸，并将表面清理干净，在嵌缝胶未完全凝固之前应避免对其扰动，以确保嵌缝胶的整体性。并对那些有疏漏的部分进行修补。在拆除架子工程中应尽量避免架子损伤幕墙面层，做好成品保护。

随着现代社会审美观念不断提高，人们对建筑立面装饰已越来越重视，而干挂砂岩幕墙以其独特的艺术效果，整个装饰给人以庄重、厚实的感觉，更新维修方便而广受欢迎。但是也有其不足之处：相关规范不齐全，材料质量不稳定，建设单位和设计单位一味追求立面效果而忽视饰面安全，施工单位的良莠不齐等都给幕墙带来了一定的质量隐患，因此在整个幕墙施工过程中要求监理及早介入，对整个幕墙的施工全过程进行有效监督，使工程隐患消灭于萌芽中，使幕墙工程真正做到既美观又安全。

第五章　微晶石幕墙

伴随着人类社会的进步，科学技术的发达，高层建筑及超高层建筑的飞跃发展，越来越多的石材应用在建筑幕墙工程中，除了大量的天然花岗岩、大理石、砂岩、板岩、洞石、锈石等外，其中也包括高性能人造石材——微晶石，微晶石被广泛应用于建筑装饰工程中，有室内装饰，亦有室外装饰幕墙。

第一节　概　　述

微晶石又名微晶玻璃、微晶玉石、玻璃陶瓷等，是一种新开发的高性能装饰材料，其学名亦称水晶玻璃。它是在加热过程中通过控制晶化而制得的一类含有大量晶相及玻璃相的多晶固体材料。晶体尺寸一般小于 $0.1\mu m$，含量可达50%～90%（体积比）。其中，结晶相占主导者称为微晶石。

微晶石与常见的玻璃和陶瓷大不相同，它具有玻璃和陶瓷的双重特性。微晶石既不同于陶瓷，又不同于玻璃，更不同于天然石材，如花岗岩、大理石、洞石、砂岩等。微晶石与陶瓷的不同之处是：微晶石晶化工程中的晶相是从单一均匀晶相或已产生相分离的区域，通过成核和晶生长而产生的致密材料；而陶瓷材料中的晶相，除了通过固相反应出现的硅结晶或新晶相以外，大部分是在制备陶瓷时通过组分直接引入的。微晶石与玻璃的不同之处在于微晶石是微晶体（ $0.1\sim0.5\mu m$ ）和残余玻璃体组成的复相材料，而普通玻璃是非晶态或无定形体。另外，微晶石表面可呈现各种天然石材条纹和颜色的非透明体，而玻璃则是各种颜色透光率各异的透明体。

天然石材花岗石，其化学成分主要为氧化硅（ SiO_2 ），矿物组成系硅酸盐，呈酸性；而大理石的主要化学成分为氧化钙（ CaO ），矿物组成为碳酸盐，呈碱性。花岗石的强度和硬度远大于大理石，故耐磨、耐酸性腐蚀，但它们在形成的过程中都难免存有一定的裂隙，密实度、强度、光泽度远不及微晶石人造石材。微晶石的化学成分与天然花岗石相同，均属硅酸盐质。

微晶石与天然石材比较：

将墨汁分别倒在大理石和微晶石板上，稍等片刻，微晶石板上的墨汁可以轻易擦掉，而天然大理石板上的墨汁痕迹却留了下来。如前所述，大理石、花岗石板等天然石材表面粗糙，可以藏污纳垢，而微晶石板表面就没有这种质量问题。大家都知道，大理石的主要矿物组成是碳酸钙（ $CaCO_3$ ），化学成分是氧化钙（ CaO ），用它作建筑幕墙面板，很容易与空气中的水（ H_2O ）和二氧化碳（ CO_2 ）发生化学反应。这也就是大理石板用在外墙日久变色的原因。而微晶石几乎不与空气发生任何反应，所以可以历久常新。

第二节　高性能人造石——微晶石

一、微晶石的定义

微晶石（micro lite）又称微晶玻璃、陶瓷玻璃、晶化石、水晶石、玉晶石等。它是采用石英石（SiO_2）等天然无机矿物、氧化铝（Al_2O_3）化工原料及适当组分的玻璃颗粒，应用受控晶化高新技术，经烧结与晶化工艺制成的由结晶相和玻璃相组成的质地坚硬、密实均匀的多晶体复相材料。

二、微晶石的生产加工

微晶石是硅酸盐玻璃（基础玻璃）的深加工产品。建筑装饰装修工程用的微晶石产品均采用烧结法生产，而且不用加入晶核剂。

（一）微晶石装饰板材生产工艺流程

微晶石装饰板材生产工艺流程：原材料选择→按比例组分配合→炉料制备→熔融→淬火冷却→基础玻璃（非晶态）→最佳成核温度下恒温结晶→质检→产品（合格）。

（二）生产工艺要点

微晶石装饰板材的生产过程分为烧结、晶化、加工三个阶段：

1. 熔制粒料

先将无机矿物和化工原料按比例配合，然后装入玻璃融窑中熔化成流体，再经淬火冷却而制得粒径为 2~9mm 的粒料。

2. 晶化烧结

将粒料铺平成不同规格置于晶化窑炉中，加热到 1200~1650℃，使之析出晶体，并烧结成整块板材。

此阶段煅烧很重要，使其原子相排列规则化，是从普通玻璃到微晶石的关键过程。

3. 磨抛切割

对微晶石毛板进行磨平、抛光和切割加工，最终形成高光泽度和要求规格尺寸的板材。

（三）微晶石面板加工规格

微晶石的面板规格分毛板规格和切割规格，厚度一般为 18~20mm。

1. 毛板规格

微晶石毛板规格通常有 2100mm×1200mm、2100mm×900mm、1800mm×1200mm 和 1800mm×900mm 等。

2. 切割规格

微晶石面板的切割规格通常有 900mm×900mm、900mm×600mm、600mm×600mm 和 450mm×450mm 等。

三、微晶石的结构及性能

（一）微晶石结构组成

任何物质的结构都决定其性质，而性质又决定其用途。作为微晶石具备那么多的优良性能，又有着广泛的用途，必然对应着独特的结构组成。

微晶石与天然花岗岩和大理石性质比较见表4-5-1。

表4-5-1　微晶石与天然花岗岩和大理石性质比较

技术性能	材料名称	人造微晶石	天然花岗岩	天然大理石
物理力学性能	抗弯强度（MPa）	40~60	10~20	8~15
	抗压强度（MPa）	300~549	100~300	60~150
	抗冲击强度（Pa）	2452	1961	2059
	弹性模量（$\times 10^4$MPa）	5	4.2~6.0	2.7~8.2
	莫氏硬度	65	5~5.5	3~5
	维氏硬度（100g）	600	130~570	130
	体积比密度（g/cm³）	2.7	2.7	2.7
化学性能	耐酸性（1% H_2SO_4）	0.08	1.0	10.3
	耐碱性（1% NaOH）	0.05	0.10	0.30
	耐海水性（mg/cm²）	0.08	0.17	0.19
	吸水率（%）	0~0.1	0.35	0.30
	抗冻性（%）	0.028	0.25	0.23
热导特性	热膨胀系数（10^{-7}/℃）	62	50~150	80~260
	热导率（w/m·k）	16	2.1~2.4	2.2~2.3
	比热（Cal/q·℃）	0.19	0.18	0.18
光学特性	白色度（L度）	89	66	59
	扩散反射率（%）	89	64	42
	正反射率（%）	4	4	4

微晶石的微晶相是由结晶相和玻璃相组成，两者的分布状况随其所占比例而变化：

（1）玻璃相占的比例较大时，玻璃相为连续的基体，结晶相孤立地、均匀地分布在其中，此时若成型即为微晶玻璃。

（2）玻璃相较少时，玻璃相分散在晶体网架之间，呈连续网状；若玻璃相数量很少，则玻璃相以薄膜状态分布在晶体之间。此时即为成熟的微晶石。

（二）微晶石的性能特点

1. 技术性能

任何物质的结构都决定其性质。微晶石是由结晶相和残余玻璃相组成的质地致密、无孔、匀质的融结体。因此作为建筑幕墙面板板材，微晶石具有比普通玻璃、天然石材、陶板瓷板更优良的技术性能。主要表现为：

（1）更高的机械强度和力学性能，硬度、耐磨性能异常突出。

（2）稳定的化学性能，抗酸、抗碱、抗化学腐蚀性能特佳。

（3）优良的电学特性，介电损耗率最低，绝缘性能优良。

（4）良好的热学特性，热膨胀系数低，热振稳定性能好，高温软化温度点高。

（5）微晶石是综合玻璃、石材、陶瓷技术发展起来的一种新型装饰材料，因其可用矿石、工业尾矿、冶金矿渣、粉煤灰、煤矸石等作为主要原料，且生产过程无污染，产品本身无放射性成分，故又称为环保产品或绿色材料。

另外，微晶石的技术性能是由微晶相的种类、粒径大小、残余玻璃相的组成及它们的相对数量来决定的。通过调整基础玻璃的成分和生产工艺参数，可以生产出各种预定性能要求的微晶石。

2. 优势特点

从表4-5-1中可以明显看出，微晶石作为装饰材料具有许多优势特点：

（1）由于热膨胀系数小等的影响，微晶石板材的尺寸稳定性好；耐酸、耐碱、耐腐蚀性好；板材的光泽度、抗冻性持久；再加上硬度、密实度高，其抗弯强度、抗冲击强度及耐磨性均优于天然大理石及花岗岩。另外，微晶石与玻璃、天然花岗岩的矿物组成均属硅酸盐，具有相同的成分和属性，与硅酮结构胶和耐候硅酮密封胶相容性较好。

（2）微晶石是由透明、半透明和不透明等多相组成均匀分布的复相材料，投射向微晶石板的光线不仅从表面反射，而且有部分光线从材料内部辐射出来，光线显得很柔和，而且具有深度，产生类似钻石般晶莹剔透、璀璨发亮的光学效果。

（3）微晶石空隙率几乎为零，不存在吸水、防冻、防铁锈、防硅油渗入，不容易附着灰尘，纵然附着尘埃也容易清洗，有其自洁性。

（4）微晶石强度高，而且强度稳定，组织均匀，各向强度同性；天然花岗岩、大理石分散性大，层理性明显，各向强度几近异性。

（5）微晶石板的弧面或曲面，可将其加热到760～800℃左右加工，因此与天然石材比较，具有孤独均匀、工艺简单、成本较低等优点。

（6）生产白色或色彩鲜艳的微晶石时，一般均使用矿物颜料或化工原料，可以没有色差，也可以仿真成天然石材的各种色彩。这些色彩是用不变色的金属氧化物经高温加热形成，耐候性好，不会变色和褪色。

微晶石因其优良的性能，已被广泛应用于宾馆、地铁、商店、机场、车站、影剧院的外装饰幕墙及高档室内装饰装修和其他地标建筑。

四、微晶石的应用

微晶石集中了玻璃、陶瓷及天然石材的三重优点，因而其各项技术性能均优于三者。微晶石比陶瓷的亮度高，比玻璃的韧性强，比天然石材的耐污性能好，且不存在色差缺陷。所以微晶石可用于建筑幕墙，室内高档装饰装修，还可做机械工程的结构材料，电子、电力工程的绝缘材料，化学工程的防腐材料，冶金工业的炉壁耐热内衬材料，矿山机械工程的耐磨材料等，是具有发展前途的21世纪可持续发展的新型环保材料。

另外，微晶石优良的机械强度、绝缘性能、耐高温稳定性能，已被广泛用于航空、航天（太空技术）、航海及其他高科技领域，大大地提高了我国国防实力和国家威严。

第三节　微晶石幕墙设计

一、微晶石面板

（一）面板的选择

1. 设计选择原则

微晶石幕墙的面板，不仅要求具有观感、高级感，而且在耐候性、耐磨性、清洁维护方面均比玻璃、金属、天然石材显得优越。

2. 微晶石面板特性选择

微晶石面板必须具有以下优势特点供设计师所选择：

（1）自然柔和的质感。光线不论由任何角度射入，经由结晶微妙的漫反射方式，均可形成自然柔和的质感，毫无光污染。

（2）丰富多变的颜色。微晶石是集积法制造而成，无天然形成石材之纹理（易由此处断裂）。集积法是一种可以制造丰富色调的方法，以白色为基本色搭配出丰富的色彩系统，又以白、米、灰三个色等最为常用。

（3）优良的耐候性和耐久性。微晶石的耐酸性和耐碱性都比花岗岩、大理石好，而本身又系无机材料，即使暴露于风雨及污染空气中，也不会产生变质、褪色、风化、强度降低等现象。

（4）零吸水、不污染。微晶石的吸水率几近为零，所以水不易渗入，不必担心冻融破坏以及铁锈、混凝土泥浆、灰色污染物渗透到内部，所以没有石材吐质的现象，同时附着于表面污物也容易擦洗干净。

（5）强度大，可轻量化，减轻自重。微晶石比天然石材更坚硬，不易受损，板材厚度可配合施工方法，符合现代建筑物轻巧、坚固的主流。

（6）弯曲成型容易，经济省时。市面上见到的曲面石材是由较厚石材切削而成，耗时、耗材且不经济，而微晶石可用热加工方式，制造出质量轻、强度大、价格便宜的微晶石曲面板。

（二）微晶石面板制造方法

1. 第一种方法（发明专利）

本方法包括如下步骤：

（1）选备适当大小和厚度的耐热不锈钢板，并在不锈钢板适当部位加工合适尺寸和数量的孔；

（2）在不锈钢板表面上涂上中间过渡层（隔离层）；

（3）在不锈钢板孔中及两侧一定范围内压上适当厚度的烧结块；

（4）将不锈钢板置入熔融微晶石中；

（5）除去烧结块及不锈钢板，耐热不锈钢板可以当作模具再用。

按照这种方法制作的微晶石面板不必钻孔即可挂装于墙面，避免了因钻孔而造成板材的破坏浪费，还可适当减薄微晶石板的厚度，降低成本，减轻幕墙的自身质量。

2. 第二种方法（发明专利）

本方法包括如下步骤：

（1）根据所需微晶石板的大小、尺寸和厚度，选备适当尺寸、大小和较厚的耐热不锈钢板，并在不锈钢板适当部位加工合适尺寸和数量的孔；

（2）在不锈钢板表面上涂上中间过渡层（隔离层）；

（3）在不锈钢板的孔中及两侧一定范围内压上适当厚度的烧结块；

（4）将不锈钢板置入熔融微晶石中，与其烧结为一个整体；

（5）除去烧结块。

按照这种方法制作的微晶石面板厚度较大，可以通过各种方式连接，挂装于墙面，组成微晶石幕墙。其特点在于可以采取各种方式进行连接，安装施工方便，牢固可靠。

二、微晶石幕墙设计要点

（一）微晶石面板基本要求

1．急冷急热性能试验

微晶石板材作为幕墙面板，要求耐急冷急热。其试验方法为：取板材规格为 100mm × 80mm × 板材厚度，每组 5 块试样。将试样放置在比室温水冷的水中冷却，然后用铁锤轻轻敲击试样各部位，如果声音变哑，表明有裂隙、掉边、掉角等情况，被视为不合格。

2．安全措施

对于涉及公共安全和公众利益的公共建筑的幕墙工程，为了防止幕墙微晶石面板万一破裂时碎片危及路人，加工时在微晶石面板的背面贴上一层玻璃纤维网格布（FRP）加强，以求安全。

3．普通型微晶石面板的综合要求

（1）微晶石面板弯曲强度标准值不应小于 40MPa。

（2）抗急冷、急热、无裂隙。

（3）微晶石板表面平整时，按公称厚度（总厚度）采用；背面粗糙时，应减去背面粗糙层厚度。长度公差在 ±0.5mm 范围内，平面度 1%，厚度不小于 12mm，公差在 ±1.0mm 范围内。

（4）无缺棱、掉角、气孔，表面无目视可观察到的杂质。

（5）镜面微晶石板材的光泽度不大于 85 光泽单位。

（二）微晶石幕墙基本要求

1．幕墙高度

大面积使用时，微晶石幕墙的设计高度不宜超过 70m，微晶石面板的单块面积不得大于 1.5m^2。

2．连接构造方式

（1）作为幕墙面板，微晶石属于脆性材料，开孔口部位施工后容易碎裂，所以不能完全照搬天然石材幕墙的构造节点。天然石材幕墙的短槽式和通槽式的结构构造不宜采用。

短槽式加工槽尖易产生应力集中；通槽式加工时，槽壁易出现微小裂纹；背栓跨中距缩短（铝合金框架支撑），不易产生应力集中，但加工时易出现微细裂纹。

（2）按规范要求，微晶石幕墙必须 100% 进行四项技术性能（耐风压、水密、气密、平面内变形）试验。试验合格后方能组织施工。

三、微晶石幕墙结构构造设计

(一) 结构构造特点

微晶石幕墙采用小单元装配式幕墙结构构造。该结构具有以下功能特点：

(1) 幕墙外观效果美观，接缝洁净，除正常清洁维护外，靠自然雨水冲刷完成自洁功能，易维护保养。

(2) 结构连接合理、可靠。可采用多道胶条密封，水密、气密性能好。

(3) 安装施工效率高。该产品各单体板块自成体系，不受安装施工顺序影响，采用摩擦片、锁钩装置定位锁紧，操作简单，现场施工效率高。

(4) 不同金属材料之间（主要指钢、铝之间）采用隔离垫片隔离，防止产生电化学腐蚀。

(二) 结构构造设计

1. 结构构造

微晶石幕墙结构构造如图 4-5-1 所示。

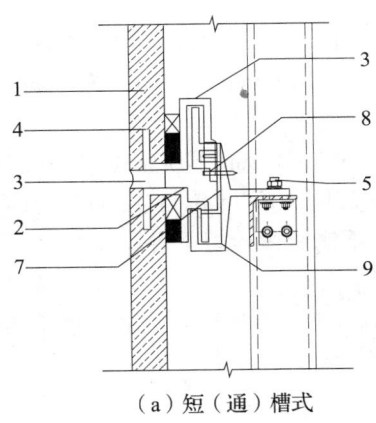 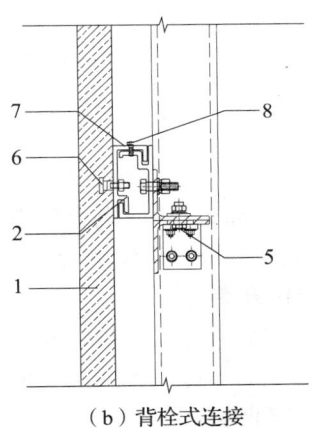

（a）短（通）槽式　　　　　　　（b）背栓式连接

图 4-5-1　微晶石幕墙连接构造图

1—微晶石板；2—铝合金挂件；3—密封胶；4—胶粘剂；5—螺栓；
6—紧固背栓；7—限位块；8—调节螺栓

2. 一般规定

微晶石板的厚度应由计算确定。采用明框或隐框构造时，厚度不应小于 12mm；选择短槽、通槽和背栓连接时，厚度不应小于 20mm。并同时符合以下规定：

(1) 微晶石幕墙用不锈钢挂件的厚度不应小于 3mm，铝合金挂件的厚度不应小于 4mm；短槽挂件的长度不应小于 60mm，铝型材表面应阳极氧化处理，每个挂件宜不少于两个固定螺栓。

(2) 短槽挂件外侧边与面板边缘的距离不小于板厚的 3 倍，且不小于 100mm。

(3) 微晶石幕墙的槽口中心线宜位于面板计算厚度的中心。短槽长度为挂件长度加40mm。槽宽为挂件厚度加 3mm，槽口两侧板厚度均不小于 8mm。

(4) 微晶石幕墙挂件插入槽口的深度不小于 15mm，不大于 20mm。

（5）挂件与面板间的空隙应填充胶粘剂，胶粘剂应具有高机械性抵抗能力。

（6）微晶石幕墙采用背栓连接时，应采用专用钻头和打孔工艺。孔底至板面的剩余厚度不应小于6mm。

（7）背栓支承的铝合金型材连接件，截面厚度不应小于2.5mm，并满足强度和刚度要求。背栓孔与面板边缘净距不小于板厚的5倍，且不大于支承边长的20%，并有防脱落、防滑移措施。

第四节　微晶石幕墙安装施工

微晶石作为一种新型的幕墙装饰材料，由于其本身具有的优异性能，现在已被广泛应用在各种幕墙工程和大型装饰装修工程中。

一、安装施工准备

（一）材料准备

1. 微晶石装饰面板

按照设计要求，干挂微晶石幕墙单块面板的面积不宜太大，亦不宜太小。单元板块以2.0~2.5m² 较为合适，单块面板尺寸选择 2000mm×1000mm×（12~20）mm 为宜。

2. 紧固件及其他

铝合金挂件（仅适用钢架基面）、防腐垫片、M8×35mm 不锈钢螺栓、∟70×8mm 镀锌等边角钢、M8×25mm 不锈钢调节螺栓、ST6.3×22 不锈钢限位自攻螺钉、φ30mm 尼龙绳4根、5mm 宽包装袋8 条、钢丝绳若干、M8×100 不锈钢螺栓若干等。

（二）主要机具准备

电动吊篮、滑轮4 只，手枪钻8 把，橡胶锤8 把，把手若干，水准仪1 台，靠尺4 把，水平尺4 把，螺丝刀8 把，钢卷尺4 把等。

（三）技术作业条件准备

1. 技术条件

（1）幕墙深化设计已完成，已审图且通过，并经过建筑设计单位审批；

（2）如果设计超限，必须经过省级建设行政主管部门组织（相关专家进行）超限论证，并出具验证报告；

（3）如果建筑幕墙高度超过50m，或使用了新材料、新工艺、新技术，依据住建部《危险性较大的分部分项工程安全管理办法》（建质〔2009〕87 号），须组织5 位相关专业专家评审，并出具评审报告；

（4）图纸会审完毕，技术交底完成；

（5）幕墙四性试验已做，并要求检测合格；

（6）施工组织设计已获工程监理部门审批通过。

2. 作业条件

（1）熟悉图纸要求，施工方案、安装部位及安装方式明确；

（2）各种有关材料全部配备齐全；

（3）经过幕墙样板安装实践，并经建设、设计、监理审批同意；

（4）制定避雷导通设施的安装方案，并报监理审核通过；

（5）制定层间防火封堵安装方案，并经消防审查合格；

（6）节能、环保措施制定合理、可行，符合设计要求。

二、微晶石幕墙安装施工

（一）施工工艺流程

微晶石幕墙安装施工工艺流程：测量放线与安装龙骨→设置控制线→安装钢角码→安装铝合金挂件→安装微晶石板→调整校正。

（二）安装施工要点

1. 测量放线与安装龙骨

在校核预埋件或后置埋件（膨胀螺栓或化学锚栓）定位准确后，按照图纸要求在建筑主体墙面、框架、柱、梁上弹分格线，先安装和调整好龙骨，并经过验收合格。

2. 设置控制线

根据幕墙分格线、面板尺寸与轴线的相对位置，定好面板安装的控制钢丝线。

3. 安装钢角码

在已经调整好的横梁上，根据已加工好的螺栓孔位置，用 M8×100mm 不锈钢螺栓将∟70×8 镀锌钢角码安装在横梁上。安装时，螺栓不宜拧得紧，以便于后续微晶石板的调节。

4. 安装铝合金挂件

将铝合金挂件安装在镀锌钢角码上。安装时，应注意防腐垫片及 M8×35 不锈钢螺栓的安装方向及铝合金挂件的正反。

5. 安装微晶石板

将滑轮固定于所安装位置的上一层钢龙骨上，穿入尼龙绳，安装微晶石板时先用包装袋将微晶石板绑扎好，然后将尼龙绳一端穿入包装袋，将微晶石板抬过矮墙，两组安装工分别拽紧尼龙绳的两端，配合吊篮中的安装工缓缓往下放，当微晶石板放至安装位置时，将微晶石板后的挂件对准钢角码上的挂件孔槽插入、安装好。

微晶石幕墙可采用注胶式、嵌条式或开敞式，若采用开敞式，应有防腐、防渗漏及导排水构造措施。

6. 调节校正

（1）将已初步安装好的微晶石板根据控制钢丝线调整上下、左右位置，架上靠尺，装上 M8×25 不锈钢调节螺栓，微松钢角码，M8×35 不锈钢螺栓，进行微晶石板的进出位及平整度调节。考虑到微晶石板较重，估计到横梁侧斜翻较严重情况可考虑在横梁角码上打上一颗自攻螺钉。

（2）调节完毕后，在铝合金挂件上端打上 ST6.3×22 不锈钢限位自攻螺钉固定。

（3）采用四点固定方式定位，应有三点起到固定微晶石板面的作用，其余固定一定要留有间隙配合。严禁用力扳撬微晶石板，应调节不锈钢挂件的前后方向，以调整总体平面。

（三）安装质量要求

1. 微晶石板安装

微晶石幕墙竖向和横向板安装允许偏差见表 4-5-2。

表 4 -5 -2　微晶石幕墙竖向和横向板安装允许偏差

项　　目	尺寸范围（mm）	允许偏差（mm）	检查方法
相邻两竖向板间距尺寸（固定端头）	—	±2.0	钢卷尺
两块相邻微晶石板	—	±1.5	靠尺
相邻两横向板间距尺寸	间距小于或等于 2000 时	±1.5	钢卷尺
	间距大于 2000 时	±2.0	
分格对角线	对角线长小于或等于 2000 时	≤3.0	钢卷尺或伸缩尺
相邻两横向板材水平标高差	—	≤2.0	钢板尺或水平仪
横向板材水平度	构件长度小于或等于 2000 时	≤2.0	水平仪或水平尺
	构件长度大于 2000 时	≤3.0	
竖向板材直线度	—	2.5	2m 靠尺、钢板尺

2. 微晶石幕墙安装

微晶石幕墙安装允许偏差见表 4 -5 -3。

表 4 -5 -3　微晶石幕墙安装允许偏差

项　　目		允许偏差（mm）	检查方法
竖缝及墙面垂直度	$H \leqslant 30$	≤10	激光经纬仪或普通经纬仪
	$30 < H \leqslant 60$	≤15	
幕墙高度 H（m）	$60 < H \leqslant 90$	≤20	
	$90 < H$	≤25	
幕墙平面度		≤2.5	2m 靠尺或钢板尺
竖缝直线度		≤2.5	2m 靠尺或钢板尺
横缝直线度		≤2.5	2m 靠尺或钢板尺
缝宽度（与设计值比较）		±2.0	卡尺
两相邻面板之间接缝高、低差		≤1.0	深度尺

（四）安全措施及注意事项

1. 施工安全措施

（1）安装施工前，应对施工机具和吊篮进行严格安全检查，符合规定后方可使用。

（2）施工人员作业时必须戴安全帽，系安全带，并带好工具袋。

（3）幕墙工程上、下部交叉作业时，应采取可靠的安全防护措施。

（4）高空作业人员均需先进行身体健康检查，凡有高血压、心脏病等均不得从事高空作业井。高空作业人员不得穿塑料底鞋，以免发生滑移事件；同时，高空作业人员施工时，严禁吸烟、嬉闹等。

（5）所有作业人员不准在工作期间喝酒，严格遵守施工作业和安全规程、安全技术措施。

（6）严禁在雨天、雪天、大风天进行幕墙安装施工，并对已施工完成的幕墙采取必要的成品保护措施。

（7）现场搬放整齐，工完场清。

2．施工注意事项

（1）预埋件部分：有的工程主体未设置预埋件，只好采用膨胀螺栓或化学锚栓补救；有的虽设有预埋件，但预埋件的规格、锚板、锚筋的焊接及锚固长度等不满足规范要求，或主体工程现浇时错位。

（2）立柱、横梁部分：立柱的力学计算模型不符合工程实际；立柱和横梁的型材截面特性、参数计算有误或套用错误，甚至有些型材的截面形状不符合受力要求；立柱被设计成受压杆件（按理论应设计成受拉杆件）；校核验算了杆件强度，但未核校其刚度；未按最不利分格及最大跨度进行复核验算。

（3）幕墙与主体连接部分：支座与锚板间的焊缝强度不够；连接处只用一个螺栓；角码所受弯矩过大，但未加固加强。

总之，微晶石是采用天然无机材料、运用高新技术制成的新型高档建筑装饰材料，其柔和华丽的质感，，高雅超群的色泽，超越天然石材的优异物理、化学和力学性能，充分体现了当代"绿色、环保"的新概念，深受国内外建筑设计师的青睐。给现代建筑装饰领域提供了更广阔的创意空间，是国际公认的 21 世纪"绿色、环保"建筑装饰材料中的首选材料，在今后的幕墙领域发展前景非常广阔。希望建筑设计师在材料选用过程中能将它的优异特点发挥得淋漓尽致。

第五节　干挂微晶石幕墙工程实例

一、概述

在当今时代都市建筑外墙面装饰中、花岗岩、大理石、人造石均为比较流行的高档饰面材料。其中有一种人造板材——微晶石，以其不逊于花岗岩的硬度、极高的强度、无与伦比的光亮度、绚丽的色彩逐渐被人们青睐。

二、干挂微晶石幕墙结构组合

干挂微晶石幕墙的结构组合由内向外分别是：主体与埋件→槽钢或角钢连接件→竖向龙骨（立柱）→横向龙骨（横梁）→不锈钢托件→微晶石面板。干挂微晶石幕墙的系统组成如图 4 - 5 - 2 所示。

三、安装施工工艺

（一）施工工艺流程

干挂微晶石幕墙的安装施工工艺流程：确定测量控制定位线→预埋件安装→竖向立柱龙

骨安装→水平横梁龙骨安装→微晶石面板安装→板缝密封。

（二）安装施工要点

1. 确定测量控制定位线

根据建筑物的外墙中心轴线外返1m，在每面墙的两端转角处由上至下挂出钢丝控制线。该线用经纬仪校正垂直。另外，使用水准仪在环绕建筑物外墙面弹出50cm线。竖、横龙骨及微晶石面板的安装均以此为依据，控制位置及垂直标高。

2. 预埋件安装

在主体施工时，可按竖向立柱龙骨间距在每层最外侧框架梁侧面安好预埋钢板，或在主体完工后在外侧框架梁侧面安装后置埋铁（膨胀螺栓或化学锚栓）。根据设计要求膨胀螺栓锚固固定，为增加胀栓的锚固力，每枚胀栓锚入框架梁深度不小于100mm，使用电锤打眼，为增加螺栓的锚固力，在膨胀螺栓外表面涂满环氧树脂胶。全部安装完毕后，做拉拔试验，要求单个螺栓承载力均在2t以上。

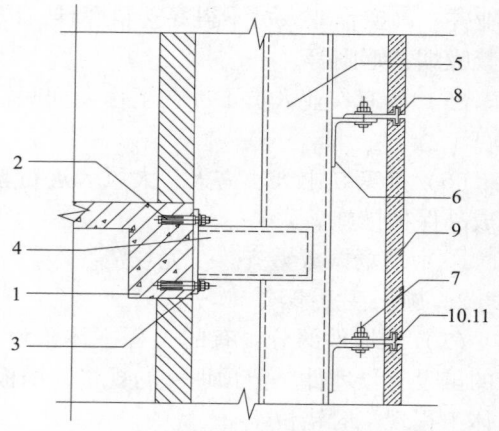

图4-5-2　干挂微晶石幕墙结构图

1—框架梁；2—M16 膨胀螺栓；

3—16mm ×20mm ×300mm 镀锌钢板；

4—[16 镀锌槽钢方管连接件；

5—[12 镀锌槽钢竖向龙骨；

6—∟ 50 ×5 镀锌角钢横龙骨；

7—M8 ×40 不锈钢螺栓；

8—不锈钢托件；9—微晶石面板；

10、11—φ10 专用泡沫棒、耐候硅酮密封脚嵌缝

该过程重点要注意的是预埋铁件上下、左右的顺线，操作时可以梁侧面及墙面弹出水平及竖直墨线。

3. 竖向立柱龙骨安装

预埋铁件安装完毕后，开始安装竖向立柱龙骨。竖向立柱龙骨为[12 镀锌槽钢，长度6m 定尺，根据所需长度在现场将槽钢焊接连接，对接焊缝必须在两侧满焊。竖向龙骨与预埋钢板的连接使用一个[16 拼焊成方管，长度根据预埋钢板与立柱龙骨的距离进行下料，在现场预先制作加工。加工完成后将焊缝用灰色防锈涂料刷两道，表面再涂刷银粉。

在焊接[16 方管连接时，水平标高依据50cm 线上返，竖向通顺使用铅垂线控制，方管与预埋钢板焊接时，两侧立缝满焊以避免变形。每面墙的连接方管焊完后，在墙面两端挂出上、下两道通长水平线，水平线与所挂竖向控制钢丝线距离一致，形成一个垂直控制平面，每道竖向立柱龙骨[12 即以此为依据逐次安装，为避免槽钢在支座处受热变形，仅使用点焊方法将[12 与[16 方管连接，安装时使用靠尺检查竖向龙骨的垂直度及直线度，依此类推，将每面墙竖向立柱龙骨安装完毕。

4. 水平横梁龙骨安装

根据每面墙微晶石板块分格设计图，在竖向立柱龙骨正面弹出每道横梁龙骨的位置线。水平度及高低误差不得大于1mm。横向龙骨所用材料是∟ 50 ×5 镀锌等边角钢，6m 定尺，将∟ 50 ×5 角钢点焊在竖向立柱龙骨面弹出的位置线上，用水准仪及2m 靠尺检查其水平度及同墙面上、下龙骨的水平度，达到合格后，将角钢与竖向立柱龙骨连接处满焊，每一面墙焊接完成后，再逐次将主龙骨[12 与[16 连接方管处的接缝完成满焊。由于横向龙骨的拉

结固定，可有效避免竖向龙骨的受热变形。

横梁龙骨安装完毕之后，将所有焊缝仔细检查一遍，然后使用防锈漆涂刷两道，表面再涂刷银粉。

5. 微晶石面板安装

（1）使用材料为微晶石板材、不锈钢挂件、石材胶料、不锈钢螺栓、8mm 厚硬橡胶垫、0.5mm 厚铝片。

（2）操作工具为 2m 及 1m 铝合金靠尺、水平尺、橡胶锤、活动扳手、手把切割锯、尼龙线。

（3）操作过程：先选好一面墙作为样板墙开始操作，挂板方向由下至上逐排安装，每排板由窗口边或阳角处开始安装，首层板下边位置确定为 ±0.00m。在两端先临时安装一块，用水准仪检查位置标高，由控制钢线向内返尺检查侧面位置，正确无误后，以此板为依据，在其上边缘及下边缘挂好两道水平通线，其余板按线逐块安装。其工艺为先将每块板下边的 2 枚不锈钢挂件用螺栓固定于横梁龙骨上，有轻微可移动量。再将上部两枚挂件固定于横龙骨上，同样保持松动，沿竖向下插入挂槽内，按照所挂控制线及 2m 靠尺检查安装质量，使用移动挂件及添加垫片的方法将板调至正确状态，同时要保证每条板缝 8mm 厚垫皮垫块，这时可将挂件螺栓完全拧紧，依此类推，将该板全部安装完毕后再复查一遍，无问题后方可安排专人在每块板的上、下挂槽内抹入石材胶，该胶为混合型固定胶，有极强的黏结力及硬度，抹胶完毕后，应迅速将槽外的余胶擦净，以防止污染板面。根据下层板的位置在每块板间的缝边挂出两道铅垂线，用来控制竖向板缝。按照以上工艺将上面各层板安装完毕。

样板墙完成后可组织一次验收，经各方检查认可后即可开始大面积施工。

6. 板缝密封

按照设计要求，板缝必须密封。在所有墙面施工完成后，由上至下开始进行，基本方法是：先在板缝内塞入 $\phi10$ 专用泡沫棒，深度距板面 4mm。注意要深度一致，不能有断节。

横、竖板缝塞完后，为保证胶缝的平直及防止污染板面，在板缝两侧粘贴通长美纹纸，留出缝宽 8mm，用胶枪将耐候硅酮密封胶均匀、连续地挤入缝内，用胶刀刮平，厚度 4mm，注意横、竖缝交叉点表面光滑平整，在密封胶完全凝固后，将两侧胶带纸撕下清净，在所有胶缝施工完毕后，将所有板面逐一擦净，再将外侧脚手架拆除。

整个施胶过程应在 15～35℃ 的温度条件下完成。

目前，对于干挂微晶石幕墙国家还没有统一的规范标准，只有在施工实践中认真细致地做好每一道工序，总结积累成功经验才能使其达到豪华、美观、大方、耐久的装饰效果。

第六章　建筑陶板幕墙

环境保护已经成为当今社会刻不容缓的议题。建筑陶板光彩夺目的独特设计，令人叹服的精密技艺，以及恒久不变的高品质特性，加工完美的中国制造，这一切使其赢得建筑界的普遍赞誉，将顺应时下最风靡、最独特的建筑新潮流。

第一节　概　　述

在建筑装饰幕墙工程中，继续传承中国博大精深的陶文化，不断创新，大力推广建筑陶板，促进减排事业的发展，逐步降低建筑能耗，提高人民的环境生活水平。

一、建筑陶板的发展

（一）建筑陶板

建筑陶板是一种由黏土和其他无机料、金属原料制作的用于覆盖墙面的薄板制品。在常温下通过挤压、干压或其他方法成型、干燥后，在满足技术性能要求的温度下烧制而成。

建筑陶板是有釉（GL）或无釉（VGL）的，而且是不可燃、不怕光的。有釉陶板的吸水率低于无釉陶板。

（二）建筑空心陶板

建筑空心陶板是指由黏土和其他无机非金属材料经混炼、挤出成型和烧结等工序而制成的，用作建筑装饰幕墙的空心板状制品。

（三）干挂建筑陶板幕墙

干挂建筑陶板幕墙是采用专用金属配件将建筑陶板或空心建筑陶板牢固悬挂在建筑结构主体上形成饰面的一种装饰形式。

与玻璃幕墙的现代、明快质感装饰效果相比，建筑陶板幕墙具有古老、沧桑久远的建筑表现形式。与干挂石材幕墙相比，建筑陶板幕墙自身重力轻，因此支撑结构要比干挂石材幕墙更为简易、轻巧，降低了幕墙的配套成本。

二、建筑陶板的工程应用

自20世纪90年代，我国在建筑外墙装饰首次引进使用德国 AGROB BUCHTAL 陶板以来，陶土板即开始在国内使用，而且使用建筑陶板的工程越来越多。

（一）应用范围

建筑陶板的装饰效果体现稳重大气，或自然朴素，或时尚摩登，或怀旧复古，将建筑设计师的理念表现得淋漓尽致，能明显体现建筑的文化品位而提高装饰档次。另外，建筑陶板是一种新型的有效节能环保建材，为现代的节能环保建筑以及环境保护做出了卓越贡献。

建筑陶板应用范围广泛，可作为大型购物中心、酒店、机场、学校、写字楼、医院及高层墙住宅楼的外用幕墙面板；还可在较大空间的室内使用，如办公楼大厅、地铁、火车站或汽车站候车大厅、剧院、影院、各类娱乐大厅、市政工程、旅游景点等，工程实例如中铁办公楼、西安高科尚都，四川德阳火车站等。

陶板可以应用于通风、遮阳，要求做成百叶状，即立方陶。立方陶可作为遮阳系统单独使用，也可以与陶板及其他幕墙材料搭配在已装饰工程中使用。陶板有多种规格、颜色、面状可以供客户选择，并可以按客户要求设计生产各类异形产品，以资供应。可以提供与陶板相同的所用颜色，平板为平面质感。立方陶从截面形状可分为正方形、长方形和梭形等，呈现三维质感，安装后具有一定的立体效果。

（二）工程实例

建筑陶板幕墙工程实例见表 4 - 6 - 1。

表 4 - 6 - 1 干挂建筑陶板幕墙工程实例

区域	项目名称	业主或开发商
北京市	北京计算机三厂	中国航空巷建设总公司
	北京市检察院办公楼	北京市检察院
	清华大学新学堂	清华大学
	原子能北京办事处	北京市建筑装饰设计装饰工程有限公司
	北京旗舰消防有限公司办公楼	北京昱华泰幕墙装饰有限公司
	北京市第八中学	北京市教育局
	北京东城区教育考试中心	北京东城区人事局
	北京新华社综合楼	北京市委宣传部
	北京饭店二期	北京市政府机关事务管理局
	中亚数据中心	北京市政府
上海市	上海银信金融信息服务产业园	上海市政府财政厅
	上海火车站北广场	上海市政府
	中电集团第 55 所办公楼	中国电子科技集团
	上海市世界门球中心	粤源工程装饰有限公司
	上海期化交易中心（二期）	上海期货中心
	上海土地有形市场办公室	上海市政府
	上海天地软件园	上海市政府开发区管委会
	上海静安工商所	上海市静安区政府
	上海虹桥机场 VIP 候机楼	上海航空局
	上海黄浦中心小学	上海市黄浦区教育局
	共青团上海市委旧房改造	上海市政府机关事务管理局
	上海银信金融信息服务产业园	上海银信企业管理发展有限公司
	锦绣华城北公园	大华集团
	上海黄浦区第一中心小学	上海市黄浦区教育局

续表 4 – 6 – 1

区域	项目名称	业主或开发商
天津市	天津广播电视电影集团	天津市广电局
	天津重庆滨海新区厂房和综合楼	天津市滨海新区
	天津大学 1895 大厦	天津大学
	天津开发区生物制药联合研究院	天津开发区管委会
	天津正元中小企业孵化中心	天津开发区管委会
	天津塘沽煤气站	天津塘沽区政府
	天津数字大厦	天津市政府
	天津市津商地税局	天津市地税局
	天津塘沽海洋科技商务园	天津塘沽开发区管委会
	天津泰达金融街服务区	天津泰达集团
重庆市	重庆市合川区艺术中心	重庆教育建设（集团）有限公司
	重庆新天地	新睦丰建材贸易（上海）有限公司
	重庆中冶赛迪研发中心	沈阳远大铝业西南公司
	合川展览馆	重庆通坤装饰设计工程有限公司
	重庆南岸区新行政	重庆南岸区政府机关事务管理局
西安市	西安高科尚都	西安高新区管委会
	西安瑞麟君府	西安莲湖区
	西咸新区咸阳首座	西咸新区开发有限公司
	中国西安航天 504 所	航天科工委
	陕西天然气调度中心	陕西省政府机关事务管理局
	高科 8 号府邸	西咸新区管委会
	西安浐灞商务中心	西安浐灞新区管委会
	西安泾渭体育运动中心	西安市广电文体局
	陕西中盛大厦	陕西省政府机关事务管理局
	西安法士特科研楼	西安高新区曲江管委会
	西安文化中心	西安市广电文体局
	西安环普产业园	西安西咸新区管委会
	西安三星城	韩国三星特新
	西安大方置业紫郡华宸	西安大方置业有限公司
	易和蓝钻大厦	西安西咸新区管委会

续表 4 – 6 – 1

区域	项目名称	业主或开发商
西安市	陕西新安实业帝都大公公馆	陕西新安实业有限责任公司
	西安协同创新港	西安高新区管委会
	泰尔车城一家	西安市灞桥区经济开发区
	西安融城东海	西安东智房地产有限责任公司
	西安工业大学高陵校区	西安市教育局
	陕西省技资源统筹中心	陕西省政府科技厅
	陕西省科技厅大楼	陕西省政府科技厅
	陕西省高建集团办公楼	陕西省交通厅
成都市	国家中医临床研究（糖尿病）基地大楼	国家卫生计生委
	剑南春酒厂 3 号新厂房	四川剑南春酒业（集团）公司
	四川德阳火车站	德阳市政府
	川大科技园	四川大学（南区）开发有限公司
	成都树德外国语学校学楼中心	成都锦江区教育局
	新华社四川分社	中共中央新发社
	四川省经干院	四川省工信委财政厅
	四川兴信合大楼	四川省信用合作社
武汉市	华中科大附属中学	湖北省教育厅
	复地东湖	武汉时兴建筑装饰工程有限公司
	红岭村项目	湖北中阳建设集团有限公司
	武汉火车站	武汉市政府
	宜昌火车站	武汉市政府
	中国铁建国际城商业中心	中国铁路（集团）公司
	武汉君融天湖	武汉开发区管委会
	武汉新荣区汽车总站	武汉市交通局
沈阳市	沈阳金地·国际花园	金地集团
	辽宁省公安司法管理学院	辽宁省公安厅
	辽宁省政府机关事务管理局附属办公楼	辽宁省政府
	沈阳远大集团张士厂区	沈阳远大集团
	东北电网电力调度交易中心	东北国电集团

续表 4 - 6 - 1

区域	项目名称	业主或开发商
沈阳市	沈阳铁西区国资委办公楼	沈阳市政府机关事务管理局
	沈阳中汇广场	沈阳开发区管委会
	沈阳城市建设学校	沈阳市教育局
	沈阳中兴商业大厦三期	辽宁中兴开发有限公司
	沈阳怒江北街副省级住宅楼	辽宁省政府机关事务管理局
南京市	南京丝路瓷典总部	南京工业开发区管委会
	南京金地·名都	江苏金地开发有限公司
	南京老年公寓	南京市政府机关事务管理局
	南京凤凰国际大厦	南京凤凰置业有限公司
	南京华能集团南方公司办公楼	南京华能集团
	南京六合科技创业中心	南京六合区政府
	南京凤凰和鸣苑	江苏凤凰置业有限公司
	南京仙林派出所	南京市政府公安局
	南京徐庄软件园	江苏高科技软件园
杭州市	杭州阿里巴巴办公楼	阿里巴巴集团
	中电集团第 38 所办公楼	中国电子科技集团
	杭州新客站商业城	杭州市政府
	杭州"朗都"	浙江朗都置业有限公司
	杭州客运中心	杭州市政府
	网易杭州软件生产基地	网易（杭州）网络有限公司
	杭州万科金色城品	万科集团
	杭州青枫墅园	杭州青枫房地产开发有限公司
	杭州西溪湿地综合保护二期工程配套酒店	杭州西溪湿地保护开发公司
深圳市	深圳火车站	随州市建中建筑有限公司
	深圳幸福里雅居公寓	华润（深圳）有限公司
	深圳港安大楼	深圳市政府
	深圳航天晴山月名园	中国航天集团（深圳）公司
	深圳园景园	深圳南山工业区管委会

陶板幕墙的人文艺术气息，天然的色彩、环保的材料及节能减噪优势也逐渐表现出来，不断获得建筑设计师的青睐。如今，建筑陶板幕墙在全国各地普遍使用。

第二节　新型幕墙材料——陶板

一、烧结型人造石材——陶板

（一）陶板生产

陶板是以天然陶土为主要原料，添加少量石英、浮石、长石及矿物颜料等其他成分，经过高压挤出成型、低温干燥及 $1150 \sim 1200℃$ 或以上的高温烧制而成，具有绿色环保、无辐射、色泽温和、不会带来光污染等特点。经过烧制的陶板，因热胀冷缩会产生尺寸上的差异，经高精度机械切割后，再经检验合格后方可供应市场。

（二）陶板原料

陶板制品主要使用的原料有陶土和加工助剂两种。

1. 陶土原料

陶土是呈多孔结构或片状结构的水合氧化铝或硅酸镁，含有氧化铁、氧化锰等化学成分，陶土与水混合后具有可塑性，干燥后保持外形，烧制可使其变得更加坚固。我国主要的陶土种类有高岭石 $Al_2SiO_5(OH)_4$，伊利石（云母） $KAl_3Si_3O_3(OH)_4$，蒙托石 $Al_2Si_4O_{10}(OH)_2$ 等种类，其可用性极大地取决于地质分布。不同的陶土具有不同的化学成分、矿物组成、颗粒大小以及可塑性，这些差别会直接影响烘干和烧窑的条件。这也是为什么来自不同生产商的类似产品质量会具有极大差异的原因。

2. 加工助剂

在原材料的制备中需要添加多种反应助剂，价格可能非常昂贵。但是小小的用量（一般占总量的 $0.5\% \sim 2\%$ ）却会带来成品性质的极大改变。例如，氯化盐可改善可塑性和干燥强度，碳酸钡可减少表面花白，二氧化锰改变颜色的稳定性等。

陶土原料制备不理想直接会导致出现石灰斑、锈渍、开花、风化等，表面外观受影响，出现膨胀气泡，内有杂质，干燥与烧成后出现裂纹及破损、色差、停工等一系列后果。

（三）陶板颜色

陶板的颜色可以是陶土经高温烧制后的天然颜色，通常有红色、黄色、灰色三个色系。颜色非常丰富，能够满足建筑设计师和业主对建筑幕墙颜色的选择要求，色泽莹润温婉，有亲和力，耐久性好。陶板的自然质感及其永恒的陶土颜色极大地激起了业主和建筑幕墙设计师的兴趣。

（四）陶板种类

按照结构，陶板产品可分为单层陶板与双层中空式陶板以及陶板百叶；按照表面效果分为自然面、喷砂面、凹槽面、印花面、波纹面及釉面；双层陶板的中空设计不仅减轻了陶板的自身重力，还提高了陶板的透气、保温和隔音性能。

以产品形态来区分，建筑陶板可分为陶板（平板）、异形陶板、陶土百叶（也称陶棍）三大类。

1．陶板（平板）

泛指厚度不超过 30mm 的所有平板式产品。按厚度一般分为 15mm、18mm、30mm 三种，是目前在市场中应用最广泛的形式。由于其中一种是中空产品，太薄会降低板材的抗冲击强度，太厚则会增大自身的平均质量。为幕墙分格的便利，陶板的宽度一般为 250mm、300mm、450mm、500mm，按照设计标准化要求长度一般为 3 的模数，通常为 600mm、900mm、1200mm。

2．异形陶板

泛指所有需要定制加工的特殊款型产品，用于不同角位处理及特殊墙面处理而定制加工的非常规产品。异型陶板一般由幕墙设计师根据设计要求，遵循模具挤出的原理，设计出不同形状的产品外观，由生产厂家为其专门开模生产。

3．陶土百叶

陶土百叶泛指用于建筑遮阳的陶土产品，包括方形百叶（立方陶），矩形百叶以及梭形百叶。陶土百叶（也称陶棍），亦可定制加工，可设计不同的挤出形状，从而得到不同形式的陶棍，一般长度限定值不超过 1.5m，可任意切割。

（五）陶板技术参数

建筑陶板的技术参数见表 4 - 6 - 2。

表 4 - 6 - 2　建筑陶板技术参数

序号	技术名称	技 术 参 数
1	接缝宽度	垂直竖缝 4~8mm；横缝 6~10mm
2	边直度	-0.08~+0.06%；翘曲度 0.03%~0.11%
3	透气缝隙	透气缝隙 2mm
4	吸水率	吸水率 3%~10%
5	干燥质量	厚度 18mm，≤32kg/m²；厚度 30mm，≤46kg/m²
6	系统质量	厚度 18mm，≤47kg/m²；厚度 30mm，≤66kg/m²
7	抗冻性	经 100 次循环冻融后无裂纹
8	破坏强度	厚度 18mm，4.01KN；厚度 30mm，6.64KN
9	防火性能	防火等级为 A1
10	耐酸、碱性	耐酸、碱性为 UA 级
11	收缩性	几乎无收缩
12	抗紫外线	抗紫外线为优等
13	抗震性	超过 10 度抗震设防

续表 4-6-2

序号	技术名称	技 术 参 数
14	风压试验	达到9kPa无破坏
15	断裂模数	厚度18mm，平均16.5MPa，最小14.4MPa； 厚度30mm，平均18.5MPa，最小18.0MPa
16	声学功能	减少噪声9dB（分贝）以上

（六）建筑陶板物理力学性能

融合高科技与生态学和谐之美的建筑陶板，自20世纪80年代于欧洲诞生以来，便以其独特的人文艺术气息，自然鲜亮的色彩，淳朴耐看的质感，以及天然、环保、节能、减噪的特点，从而迅速获得建筑师、开发商、幕墙设计师、幕墙承包商等各方人士的兴趣和青睐，并逐渐风靡全国乃至全球。

陶板的性能应符合《陶瓷砖》GB/T 4100—2015和《干挂空心陶瓷板》GB/T 27972—2011的规定，陶板物理力学性能指标满足表4-6-3的要求。

表 4-6-3　陶板物理力学性能指标

项　　目	技 术 指 标		
	A Ⅰ 类	A Ⅱ 类	A Ⅲ 类
吸水率 E（%）	$E \leqslant 3$	$3 < E \leqslant 6$	$6 < E \leqslant 10$
弯曲强度平均值（N/mm²）	$\geqslant 23$	$\geqslant 13$	$\geqslant 9$
弹性模量（kN/mm²）	$\geqslant 20$		
泊松比	$\geqslant 0.13$		
抗冻性	无破坏		
抗热震性	无破坏		
耐污染性	配制灰：不次于5级，水泥、石灰：不次于3级		
抗釉裂性	无龟裂		
湿膨胀系数（mm/m）	$\leqslant 0.6$		
热膨胀系数（K⁻¹）	$\leqslant 6 \times 10^{-6}$		
耐磨性（mm³）	$\leqslant 275$	$\leqslant 541$	$\leqslant 1062$

（七）陶板的优势特点

与传统的石材、玻璃、铝板、瓷板等幕墙面板材料相比，建筑陶板具有其独特的优势：

（1）绿色环保。建筑陶板之原料取自高品质100%的天然纯净陶土烧制而成，无辐射、无污染，是环保材料的首选。同时也可以直接回收，做到可持续发展。

（2）板面平整。采用独特的动态烧制工艺，结合精确的曲线温控电子技术、微波干燥技术，使得生产的建筑陶板具有优异的平整度及高度的稳定性。

（3）规格精准。由于生产加工采用先进的工艺设备，确定了产品规格尺寸及品质的稳定性；精准的切割工艺，严格校量，使每块建筑陶板具有统一的尺寸和最小误差。

（4）色彩雅致。建筑陶板通体为天然陶土本色，色泽柔和自然，色彩丰富饱满；能有效地抵抗紫外线照射，历久常新。

陶板色彩源于不同色调陶土的对比，大大增加了建筑幕墙的内涵和外延，使得幕墙由原来的单一墙体演变为结构造型新颖、饰面亮丽的墙体，满足了建筑外观、建筑节能的要求，给人以强烈的视觉冲击，掀起一场建筑行业墙体装饰的革命。

（5）质感淳朴。具有陶土的天然质地，淳厚质朴，无光污染，可与玻璃、金属、石材和木材搭配使用。

（6）防火耐腐。建筑陶板具有良好的安全防火特性，耐酸、碱腐蚀性强，即便面对超常高温或低温霜冻，也会保持极佳的稳定性。

（7）节能减噪。空心建筑陶板内部为中空结构设计，大大降低了陶板的自身重力，减轻了幕墙结构系统负荷，其保温节能特性，可以有效地阻隔热传导，隔离外界噪声，提高建筑的使用经济性及舒适性。

（8）安全可靠。陶板在 $1150 \sim 1200$℃高温下烧制而成，理化性能稳定；安装结构严谨，抗震性能优良，抗风荷载能力强。真空高压挤出的成型方式赋予了建筑陶板更大的密度和更高的强度。

（9）安装方便。干挂建筑陶板幕墙结构可靠，安全系统成熟，构造简洁合理，安装技术简易方便。后期亦可单板更换，随意切割。

（10）自洁性强。相对于其他幕墙材料（玻璃、金属、石材、塑料等），有的建筑陶板表层喷有纳米自洁涂层，且陶土原料金属成分含量低，表面不易产生静电磁吸，对尘埃吸附能力低，污物不易沉积，遇雨水冲刷即可自洁，容易保持洁净。

另外，在制作陶板时，还有的在板面高温烧结一种由二氧化钛（TiO_2）组成的光催化剂，这种催化剂在光、氧气和空气湿度的共同作用下发生化学变化，生成一层活性氧，它亲水且表面具有以下几个优点：①抗菌性：能够分解诸如真菌、海藻、苔藓、细菌等微生物。②超凡清洗能力：在陶板表层形成一种水膜，冲走污垢，尘埃。③消除异味：能更加有效地清除室外或室内一切有害气体及大气污染物。这些特殊的功效在光的作用下循环发生，从而更加持久有效。与此同时，二氧化钛（TiO_2）为无毒、无刺激性物质，甚至可以将其掺加在食品中。

二、建筑陶板幕墙

（一）建筑陶板幕墙的发展

建筑陶板幕墙最初起源于德国。工程师 Thomas Herzog 教授于 20 世纪 80 年代设想将屋面陶瓦应用到墙面，最终根据陶瓦的挂接方式，发明了用于外墙的干挂体系和陶板幕墙，并由此成立了一个专门生产陶板的工厂。1985 年第一个陶板项目在德国慕尼黑落成。在随后的几年中，陶板逐渐完善挂接方式，由最初的木结构最终完善到现在的两大幕墙结构系统，即有横龙骨系统和无横龙骨系统。

中国的陶板市场供应有很长一段时间完全依赖从海外进口，代价是运输成本高，供货周期长，且安装技术服务难以及时到位，制约了建筑陶板在中国的推广使用。

从 2006 年开始，中国人开始自行研发、生产建筑陶板。国内原先在陶板生产领域几乎是一片空白，现在中国的陶板生产商已经能够向市场供应成熟产品。如福建"TOB"陶板、江苏"新嘉理"、浙江"瑞高"等均是国内比较大的陶板生产企业。截止到 2015 年年底，据不完全统计，国内已经有 36 条生产线，幕墙陶板年产量达到 6000 万 ~ 8000 万 m²，从生产能力和研发投入方面越来越受到重视。

（二）建筑陶板幕墙构造特点

陶板幕墙进入中国以后，由于我国不同于欧洲的台风气候及地震条件，国内的幕墙技术和陶板技术专家对幕墙体系进行了技术革新和创新，推出了更为适合中国环境的陶板幕墙体系。综合来看，陶板幕墙具有以下构造特征：

1. 开敞式和密闭式防水系统

（1）开敞式：开敞式安装根据等压雨幕墙原理进行拼接设计，具有很好的防水功能。在接缝处不用打密封胶，可以避免陶板受污染而影响外观效果。

（2）密闭式：密闭式安装采用陶板专用硅酮密封胶嵌缝密封，系统的防水功能得到更好的保障。陶板背后形成密闭的空气层，具有更好的保温和节能功效。

2. 增加安装垫片

陶板和挂接件、挂接件与横梁之间以柔性绝缘垫片隔开，提高了系统的抗震性能，避免了解决不同金属材质之间的电解腐蚀，并可消除噪声和变形。

3. 保护外墙主体结构

陶板继承了陶土的稳定特性，作为建筑幕墙材料，保护着建筑主体结构墙体免受恶劣天气和空气污染的侵蚀，减少了建筑维护成本，延长了建筑结构的使用寿命。

4. 保温和隔音

空心双层陶板具有空腔的结构，安装时陶板背部有一定的空间，腔内空气相对处于静止状态，减少对流，可有效降低传热系数。整个体系可以起到保温和隔音功效，降低了建筑能耗，节约了能源。

5. 幕墙板背后通风

建筑物的湿气可以在透过建筑墙体后被腔内流动的空气带走，避免产生冷凝水，使建筑外墙保持干燥。

6. 抗风压及抗震

经过改进的陶板系统，提高了陶板幕墙抗震性，可达 10 度抗震设防以上，特别适合有抗风压及抗震要求的建筑。

7. 安装竖缝胶条

密闭式安装竖缝选用 EPDM 胶条，具有防水、防侧移、防撞三重功能，即防止大量的水进入陶板内侧，防止陶板侧向移位，防止相邻陶板之间碰撞。

8. 排水系统

开敞式系统在每个窗口的上方、左右两侧均安装导水板，大面积的陶板幕墙每三个楼层设置一道导水板，该导水板可将陶板内侧的冷凝水和从安装缝中渗入的微量水导流到幕墙外侧。

（三）建筑陶板幕墙安装特点

1. 安装方式

（1）陶板主要用于建筑幕墙干挂，形式多样，款式多变，中空质轻，是同比石材质量的1/2，厚度一般在15～30mm，吸水率3%～10%，质地温润，韧性好，易切割，色彩通体一致，亦可作不同的釉面颜色，每一款产品均配套相应的幕墙挂接方法（一般采用开敞式挂接体系），并且有预制挂接槽口，配套挂接件，产品一般有楔接设计，能很好地防止雨水渗入。

（2）陶板幕墙是继玻璃、金属、石材幕墙之后，流行于建筑界的幕墙新品种。陶板幕墙集石材幕墙与金属幕墙的优势，同时改良了因材料产生的辐射性、耐腐蚀性、抗污性以及幕墙本身的承重荷载、风压荷载、抗震性能等，是目前国际上颇为走俏的节能型幕墙外围护结构材料。

（3）随着陶板幕墙在国内外的大量应用，陶板幕墙作为新的幕墙体系备受关注，目前国家相关部门正在起草建筑用陶板幕墙施工技术规范。在新规范尚未颁布的这段时期，陶板的生产标准参照《陶瓷砖》GB/T 4100—2015 和《干挂空心陶瓷板》GB/T 27972—2011，陶板幕墙的施工规范参照《金属与石材幕墙工程技术规范》JGJ 133—2001。

建筑陶板幕墙与玻璃、金属、石材、瓷板幕墙的技术性能对比见表4-6-4。

表4-6-4 建筑陶板幕墙与其他幕墙技术性能对比

性能指标	陶板（幕墙）	石材（幕墙）	铝板（幕墙）	瓷板（幕墙）	玻璃（幕墙）
质量	$32～46kg/m^2$，自身重力较轻	$75～85kg/m^2$，自身重力大	$75/m^2$ 左右，较轻	$70～76kg/m^2$，自身重力大	$68～78kg/m^2$，自身重力大
颜色	天然色彩，冷、暖色调分明，品种丰富，色差小	颜色受自然成因限制，色调较单一，有明显色差	表面喷漆、颜色较丰富，基本无色差	表面施釉，颜色较丰富，基本无色差	表面镀膜彩色丰富，基本无色差
质感	天然材料，富有内涵及艺术气息	天然材料，质感淳朴	金属质感，缺乏艺术气息	外观质感较单一，只有光面与仿古效果两种	质感丰富多彩，有多种效果
抗震性	高，超过10度抗震设防	较高	高	不高	差
耐久性	永久不变，不会褪色	板面随时间久远易褪色、变色	时间长易褪色、变形	一般	一般
辐射	陶土原料没有辐射	辐射较严重，主要是氡元素	无辐射	无辐射	无辐射
节能特性	空腔结构，保温隔热性能好，高效节能	实心结构，隔热性差、不利于节能	导热性强，不利于节能	实心结构不利于节能	高

续表 4 - 6 - 4

性能指标	陶板（幕墙）	石材（幕墙）	铝板（幕墙）	瓷板（幕墙）	玻璃（幕墙）
降噪特性	较好，降低噪声达 9dB 以上	一般	较差	较差	中等
环保特性	100% 可回收，生产低能耗，无环境污染	不可回收，生产高能耗，无环境污染	可回收、生产高能耗，环境污染严重	不可回收、生产高能耗，环境污染严重	差
自洁特性	有	无	无	一般	一般
耐酸碱性	Ua 级，不易腐蚀	B 级以下，表面易受酸、碱腐蚀，光泽度及平滑度降低	C 级以下，金属材料易受腐蚀	UI 级	U 级不腐蚀
断裂模数	16.2MPa，强度较高	10Mpa，易碎裂	125Mpa，强度高	小于 1300N	低
干挂系统	槽式挂接，挂接口是板自带的槽口，安全可靠	主要为 T 码式和背栓式连接，需钻孔或开槽，钻孔或开槽处应力集中作用易引起破坏	工厂加工成型、现场安装方便	背栓式开槽，脆性材料，面材破损率高，钻孔开槽应力作用易引起破坏	卡拉胶
吸水率	低	低	不吸	低	不吸
防火特性	强	中高	中高	强	弱

2. 应用特点

（1）轻钢龙骨体系，配套挂接型材以及预留挂接槽口，无须现场开槽，施工简单。

（2）陶板挂接方法的可调节空间较大，要求施工精度偏高，允许误差偏低。

（3）陶板的湿法挤出生产工艺可塑性较强，有利于幕墙设计师实现建筑外观的细化、深化、优化处理。

（4）陶板产品的款式、颜色、肌理的变化空间大，搭配方法多样，因此陶板的应用空间广泛，可用于公共建筑、民用建筑、商业建筑等多类别建筑项目，如体育馆、博物馆、火车站、飞机场、商务楼、金融街区、别墅会所、高档社区、学校、医院、教堂等，也可以用于大型室内场馆、会议厅装饰。

（四）陶板幕墙节能环保特点

进入 21 世纪以后，在全球倡导低碳环保理念的大前提下，建筑陶板幕墙从陶板生产技术、产品形式、挂接体系、产品应用的 4 个方向具备了引领新型节能装饰材料新潮流的特点，是陶板备受青睐的原因所在。

1. 生产方面

建筑陶板的特点体现了在不改变黏土烧制属性的前提下，较为优化的节能减耗配置。

（1）陶板的生产尽可能在保留现代化生产特点的情况下，减少能耗以及污染，原料处理环节摒弃球磨工艺和大型喷雾干燥塔，采用小吨位破碎和露天晒场，充分利用太阳能、风能作为原料干燥处理方法，最大限度减少粉尘污染、废气排放和能源消耗。

（2）陶板的原料可采用陶瓷废料经粉碎作为熟料配方达 40%～50%，减少了建筑陶瓷生产的固态垃圾排放。

（3）采用湿法混炼挤出工艺，泥料可循环利用，循环窑炉尾气和五层干燥法，最大限度减少了污水、废气排放和污染，集中降耗。

2. 产品形式

除了每一款产品均配套合理的挂接体系外，可根据要求定制生产，零库存管理，减少资源浪费。

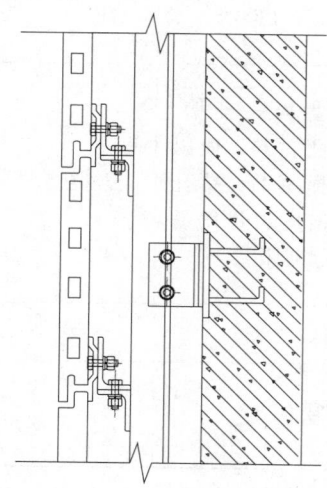

图 4 - 6 - 1　陶板连接节点示意图

3. 挂接体系

建筑陶板的产品除了固有的不褪色、不老化、不变质、无辐射、隔音、降噪、保温、隔热的性能之外，配套的挂接体系充分提高施工效率，减少现场加工，并结合材料力学性能和结构力学特点，中空的结构能增强产生本身抗冲击强度和充分减少幕墙荷载，并提高抗风压、抗震性能，材料经高温氧化还原后的化学稳定性结合咬合设计形成完美的等压雨幕原理，可令建筑幕墙实现雨水自洁，并在变化不定的气候特点情况下，平衡建筑周围的空气湿度比，堪称可呼吸幕墙。陶板连接节点示意图见图 4 - 6 - 1。

4. 资源持续利用

陶板产品在无损坏情况下可用于再次装饰设计应用，破损的陶板可回收作为再生产陶板的辅料，充分实现循环的资源利用。

第三节　建筑陶板幕墙设计

一、陶板幕墙设计技术参数

对于陶板幕墙的应用，特别是在超高层建筑上的应用，究竟如何进行陶板材料的结构计算及设计，根据在幕墙行业及陶板材料行业的经验给出以下数据及引用标准以供参考。

（一） 弯曲强度和抗剪强度设计值

陶板材料的弯曲强度设计值和抗剪强度设计值的确定，应根据陶板的吸水率及陶板的断裂模数来确定。

面板的弯曲强度设计值等于强度标准值或最小值除以材料性能分项系数，抗剪强度设计值取弯曲强度设计值的 50% ~ 60% 。依据《陶瓷砖》GB/T 4100—2015 分类，可用于幕墙干挂陶板可分为 A1 类、AIIa 类、AIIb 类。

AI 类为吸水率 $E \leqslant 3\%$ 、断裂模数 $\geqslant 23\mathrm{MPa}$ （单值 $\geqslant 18\mathrm{MPa}$） 的陶板材料。

AIIa – 1 类为吸水率 $3 < E \leqslant 6\%$ 、断裂模数 $\geqslant 20\mathrm{MPa}$ （单值 $\geqslant 18\mathrm{MPa}$） 的陶板材料；

AIIa – 2 类为吸水率 $3 < E \leqslant 6\%$ 、断裂模数 $\geqslant 13\mathrm{MPa}$ （单值 $\geqslant 11\mathrm{MPa}$） 的陶板材料；

AIIb – 1 为吸水率 $6 < E \leqslant 10\%$ 、断裂模数 $\geqslant 17.5\mathrm{MPa}$ （单值 $\geqslant 15\mathrm{MPa}$） 的陶板材料；

AIIb – 2 为吸水率 $6 < E \leqslant 10\%$ 、断裂模数 $\geqslant 9\mathrm{MPa}$ （单值 $\geqslant 8\mathrm{Mpa}$） 的陶板材料；

考虑陶板的特点和工程经验，陶板材料的总安全系数和材料性能分项系数分别取 $K = 2.5$ 和 $K_2 = 1.8$ ，材料性能分项系数等于总安全系数除以风荷载分项系数（1.4）。

根据以上数据可得出陶板的弯曲强度设计值和抗剪强度设计值，见表 4 – 6 – 5 。

表 4 – 6 – 5　建筑陶板弯曲强度和抗剪强度设计值

陶板弯曲强度设计值（f_c^u）			陶板抗剪强度设计值（f_c^v）		
AI 类	AIIa 类	AIIb 类	AI 类	AIIa 类	AIIb 类
10.0	6.2	4.5	5.0	3.1	2.2

（二） 弹性模量和泊松比

陶板的泊松比和弹性模量：根据国家建材院依据《精细陶瓷弹性模量及泊松比试验方法（共振法）》ISO 17561—2002 标准多次对陶板材料的性能检测，获得陶板材料的弹性模量和泊松比分别是 $E = 30.5\mathrm{GPa}$ （$0.305 \times 10^5 \mathrm{N/mm^2}$） 和 $\nu = 0.33$ 。

（三） 线胀系数和密度

陶板的线性膨胀系数为 $5.6 \times 10^{-6} \mathrm{C}^{-1}$ ，陶板的材料密度取 $2.25\mathrm{g/cm^3}$ （重力密度为 $0.0225\mathrm{N/cm^3}$） 。

二、陶板幕墙技术设计

（一） 一般规定

如图 4 – 6 – 2 所示，陶板幕墙的连接构造可选择短槽、通槽和背栓连接，并符合以下规定：

（1） 安装陶板应使用配套的专用挂件，挂件的强度和刚度应经计算确定。挂件长度不应小于 50mm，不锈钢挂件的厚度不应小于 2.0mm，铝合金型材挂件的厚度不应小于 2.5mm，铝合金型材表面应阳极氧化处理，挂件连接处宜设置弹性垫片。

（2） 挂件与面板的连接不应使面板局部产生附加挤压应力。

（3） 陶板长度不宜大于 1.5m。采用侧面连接时，陶板长度不宜大于 0.9m。

（4） 挂件插入陶板槽口的深度不应小于 6mm，挂件中心线与面板边缘的距离宜为板长的 1/5，且不应小于 50mm，挂件与陶板的前后、上下间隙应根据连接方式设置弹性垫片或填

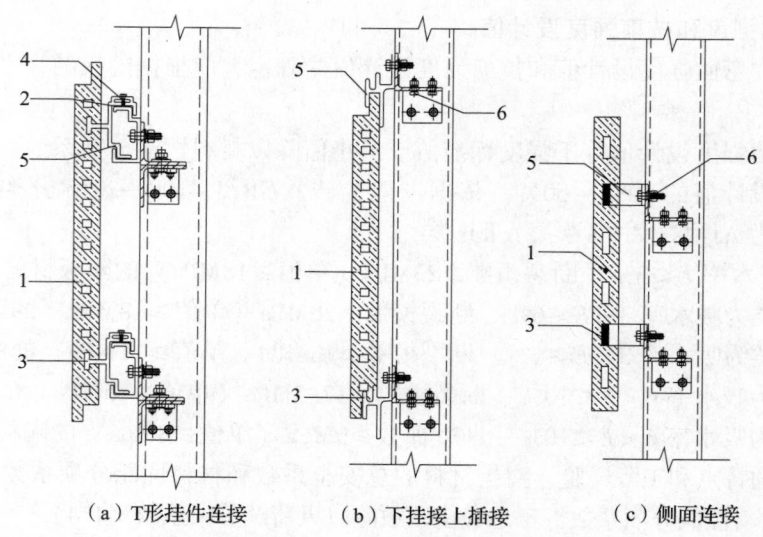

（a）T形挂件连接　　（b）下挂接上插接　　（c）侧面连接

图4-6-2　陶板连接结构示意图

1—陶板；2—限位块；3胶粘剂；4—调节螺栓；
5—铝合金挂件；6—紧固螺栓

充胶粘剂，胶粘剂应具有高机械性能抵抗能力。

（5）陶板的横向接缝处宜留有6~10mm的安装缝隙，上下陶板不能直接相碰；竖向接缝处宜留有4~8mm的安装缝隙，内置胶条防止侧移。

（6）挂件与支承构件的连接经计算确定。每块陶板的连接点不应少于4处，螺栓直径不小于5mm。除侧面连接外，连接点间距不宜大于600mm。

（7）应考虑幕墙清洗设施对陶板的撞击。如无有效防撞措施，陶板及其他陶土部件宜有防碎裂、坠落的措施。

（8）采用背栓支承时，陶板实际厚度不应小于15mm。

（9）陶板幕墙的板缝形式宜采用开敞式，也可以采用注胶封闭式或嵌条式。

（10）陶板的厚度宜≥15mm，陶板幕墙的高度宜≤80m。

（二）陶板幕墙建筑设计

陶板幕墙是否适用于造型比较复杂的建筑结构上，也是很多设计师所担心和考虑的问题，很多建筑设计师担心在完成立面设计后，陶板无法实现其效果而放弃在设计方案中使用。

陶板为湿式挤压成型，只要其设计能够满足挤压成型的线条基本都可以实现；而且还可以通过切割拼接等方式完成各类造型。陶板因高温烧制后，其良好的强度和耐磨性能够满足各种方式的切割。

在2011年4月23日，清华大学被誉为"新百年标志性建筑"的"新清华学堂、校史馆、音乐厅"的亮相得到国内外很多专家学者的青睐，"新清华学堂、校史馆、音乐厅"建筑群由李道增院士主持设计，坐落于东西主干道和南北主干道交汇点的东北角，用地面积26100m²，建筑面积43250m²，由三个区组成，分别为新清华学堂、校史馆、音乐厅，广场、车库等其他附属设施，是学校迎接百年校庆的重点建设项目之一。该建筑群的新学堂部分即采用了"莲花状钻石体"结构设计,复杂程度可想而知。其外墙即使用陶板幕墙完成。

由于建筑幕墙系"莲花状钻石体"造型,其主体结构的复杂性、特殊性决定了幕墙深化设计和施工放线均需采用三维方式完成;而外墙材料的切割更是可想而知,几乎所有的板块都是异形板块,均须通过三维切割来完成,否则安装后会出现缝隙不一致的现象。

同样,TOB 陶板在 2010 年完成的另一项目——天津大学 1895 大厦项目,也为陶板幕墙异形结构设计提供了良好的依据。天津大学 1895 大厦项目参照了德国柏林波茨坦广场项目的设计方案。天津大学 1895 大厦建筑外观采用了 11 种异形陶板或百叶构成的外立面装饰,是在国内没有任何可借鉴的条件下自我研发并进行结构设计组装完成的项目。

(三) 陶板幕墙构造设计

陶板幕墙在采用开敞式或密闭式问题上一直具有争议,很多施工单位为了省事儿,害怕出现横、竖缝不一致现象,采用密封胶处理。但是从陶板的挂装体系上看,还是推荐采用开敞式体系;开敞式能够有效带走幕墙背部空间的潮气,延长建筑结构自身的寿命;密闭式自身需要做胶缝处理;从陶板的挂装结构看,陶板幕墙每块都是一个可活动的单元体,其自身的可移动性容易造成幕墙的开裂,无法满足封闭效果,而且陶板自身的材料性质也决定了密封胶会对陶板造成污染。

开敞式陶板幕墙的竖缝一般采用有弹性的金属线条或橡胶条同时起到防止陶板侧向滑移的作用,以防止陶板的侧移出现撞击。

陶板幕墙的分割也一直是设计的难点,国内大多数设计师喜欢追求大板块的陶板。特别是由于成本因素或个人喜好,很多设计师或业主一味追求大板块设计,甚至要求做到与石材板块大小一致。陶板的强度和陶板的抗撞击能力并不适合大板块陶板,而且在国外也基本没有多少设计师设计大板块陶板。根据陶板的强度和抗撞击能力,推荐陶板设计分格控制在 500mm×200mm 以内的规格,采用接近于 1:2~1:3 比例的板块设计,相对安全性能会更好,也更能体现陶板幕墙的优势。

陶板的生产工艺决定了材料先天的特性,没有一样材料是分古老或现代,也没有通用的材料,择其特性,展现建筑的特制是建筑设计师的责任。陶板材料以其自然古朴、色泽丰富、经久耐用的特点,会带给建筑设计师更多的想象空间,为实现建筑师的理想和业主的目的创造更多的空间。陶板材料以其传承人类文明、以人为尊、自然共生三位一体的融合,彰显着建筑艺术的延伸和思考。

(四) 陶板幕墙结构设计

1. 挂装结构体系

陶板幕墙的挂装结构体系在国外基本都是全龙骨框架体系,在国内因为成本因素,很多企业除了采用通长横梁挂件系统外,又开发出非连续性横梁挂件体系,即所谓的短悬臂挂接体系或点挂体系。

目前国内还没有陶板幕墙的统一工法标准,无法对陶板幕墙特别是超高层建筑陶板幕墙使用给予明确界定;但是通过陶板幕墙的抗风压及平面内变形性能和抗震性能检测来看,只要使用标准的陶板幕墙干挂体系(通长横龙骨挂接体系),在结构计算能够通过的情况下,陶板在超高层建筑的应用是没有问题的。

至于陶板幕墙采用哪种挂装结构体系,或是超高层建筑应用,根据我国建筑幕墙业发展积累的大量工程实践和丰富的设计施工经验,对于各类幕墙结构体系及超高层建筑幕墙,通过召开专家论证会（含专家超限审查和专项评审）确认其设计与施工方案的可行性，并采取相应的技术措施和确保使用安全的措施，应该不存在技术上的难题。

针对陶板幕墙，在结构设计上无外乎以下几点：①陶板幕墙的结构设计体系特别是非连续横梁体系是否合理？②陶板幕墙的挂接方式和受力体系是否合理？③陶板挂件的要求和力学计算问题。

成都中医药大学附属医院国家中医临床研究（糖尿病）基地外墙陶板干挂项目，高度103m，幕墙施工单位为××装饰公司，该项目转角部位相对较多。幕墙公司设计时设计抗风压性能为Ⅰ级，采用间断式横梁挂接体系，板材采用300mm×900mm×18mm规格，主龙骨采用40mm×60mm×13mm热浸锌方钢，主龙骨与主体连接采用双跨铰接梁连接结构。

对于超高层建筑，采用非连续性横梁挂接体系是担心的一个主要问题。通过专家论证，一致认为通过增加立柱之间的横梁连接，使幕墙龙骨体系形成一个整体结构体系，避免单独立柱产生轴向偏心拉力，改变水平地震作用力的方向。

故此，对于使用非连续性横梁挂装体系的陶板幕墙，应在立柱之间分布增加横梁连系龙骨，该横向龙骨仅起到结构体系连接功能，不承受主作用力，使幕墙龙骨形成完整的结构体系，以增加体系的刚度。

2. 短挂件插接式或卡接式

在国内，大多数陶板幕墙均采用短挂件插接或短挂件卡接形式实现陶板的挂接。幕墙面板承受的荷载和作用效应通过挂接件传递到支承结构上。挂接的长度和截面厚度与挂件的承载能力直接有关，是保证幕墙安全的基础条件之一。故此，建议陶板用挂件的长度不应小于35mm，铝合金挂件的截面厚度不应小于2.5mm，表面应进行阳极氧化处理；不锈钢挂件的截面厚度不应小于2.0mm；定位弹簧片的截面厚度不宜小于1.2mm。

（1）短挂件与陶板连接设计：短挂件与陶板面板的连接设计应符合下列规定：

①挂件与面板的连接，不应使面板产生附加局部挤压应力和重力传递现象。

②挂件与短挂件且全部采用插入挂装方式安装时，其重力应力由陶板上部挂件的挂钩承受。

③上部采用卡口式挂件，陶板自身重力由下部挂件承受时，应考虑防陶板断裂下坠措施；承重处挂件与陶板挂钩是上、下方向的接触部位，不应留有间隙。

④挂件插入陶板槽口的深度不宜小于6mm，搭接宽度不应小于35mm。挂件中心线与面板边缘的距离宜为板长的1/5，且不宜小于50mm。

⑤挂件与陶板面板在前后之间的空隙应填充聚氨酯类密封胶或设置弹性垫片，采用橡胶垫片时，其厚度不宜小于2mm。

⑥陶板的两端宜设置定位弹性垫片。

挂件是传递面板承受的荷载和作用效应的关键构件，挂件的连接设计必须考虑面板的自身重力、风荷载、地震作用、温度应力以及主体结构变形等产生的影响。同时挂件的入槽深度和搭接宽度以及挂件位于陶板的挂装位置，也关系到面板的承载能力。

（2）短挂件连接陶板安装方式

陶板幕墙工程中，短挂件连接的陶板常用的安装方式可分为挂钩挂件［见图4-6-3（a）］、插接下挂钩挂装［见图4-6-3（b）］。

①陶板挂钩为L形的挂钩挂装，其固定挂装点在陶板上的上部挂钩处，使陶板安装固

定后处于悬挂的工作状态。在板块意外断裂时，上部板块不会产生下坠的危险。

②上插接下挂钩挂装的陶板，由于上部陶板在上、下方向并没有限位的装置，当陶板意外断裂时，容易产生陶板下坠的危险，所以在设计时，要控制面板的宽度，同时要采用防断裂下坠的措施。

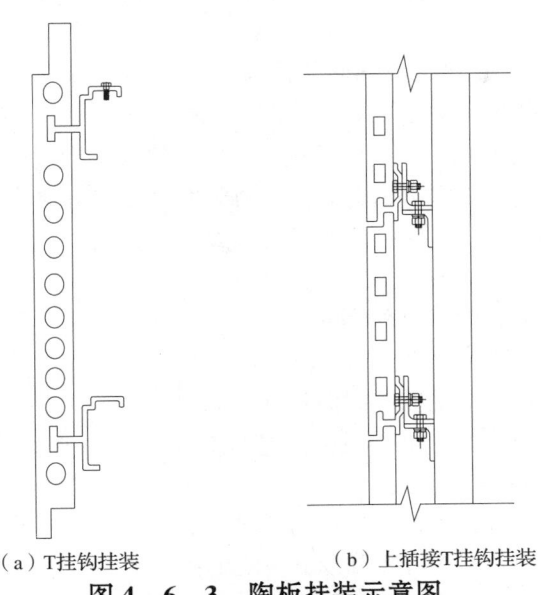

（a）T挂钩挂装　　　　　　　（b）上插接T挂钩挂装

图 4 - 6 - 3　陶板挂装示意图

3．短挂件承载力计算

短挂件的承载力计算应考虑以下因素：

（1）在风荷载或垂直于板面方向地震作用下，挂件的抗剪设计应符合下列规定：

①挂件承受的剪应力标准值可按下式计算：

$$\tau_{pk} = \frac{q_k ab\beta}{nA_p} \qquad (4-6-1)$$

式中　τ_{pk}——挂件剪应力标准值（N/mm²）；

　　　q_k——分别为风荷载或垂直于面板板面方向的地震作用标准值（N/mm²），即 q_k 代表 W_k 或 q_{Ek}；

　a、b——矩形面板的两个边长（mm）；

　　　A_p——挂件挂钩受剪截面面积（mm²）；

　　　n——挂件数量；

　　　β——应力调整系数，可按表 4 - 6 - 6 采用。

表 4 - 6 - 6　应力调整系数 β

每块板块挂件个数	4	6	8
β	1.25	1.30	1.35

②由各种荷载和作用产生的剪应力标准值应参照现行行业标准《玻璃幕墙工程技术规范》JGJ 102—2003 和《金属与石材幕墙工程技术规范》JGJ 133—2001，现行国家标准《建筑结构荷载规范》GB 50009 中的规定，根据使用过程中在结构上可能同时出现的荷载，按

承载力极限状态和正常使用极限状态分别进行荷载（效应）组合，并应取各自的最不利的效应组合进行组合。

③在风荷载或垂直于面板板面方向地震作用下，挂件所承受的剪应力设计值应符合下列要求：

$$\tau_{\mathrm{p}} \leqslant f_{\mathrm{st}}^{\mathrm{v}} \qquad (4-6-2)$$

式中　τ_{p}——挂件剪应力设计值（N/mm²）；

$\quad\quad$ $f_{\mathrm{st}}^{\mathrm{v}}$——挂件抗剪强度设计值（N/mm²）。

（2）在面板自身重力作用下，挂件的抗剪设计应符合下列规定：

①挂件在面板自身重力作用下承受的剪应力标准值可按下列计算：

$$\tau_{\mathrm{pk}} = \frac{G_{\mathrm{k}}\beta}{n_1 A_{\mathrm{p}}} \qquad (4-6-3)$$

式中　τ_{pk}——挂件剪应力标准值（N/mm²）；

$\quad\quad$ G_{k}——板面的自身重力标准值（N）；

$\quad\quad$ A_{p}——单个挂件挂钩的受剪截面面积（mm²）；

$\quad\quad$ n_1——实际承受面板自身重力负荷的挂件数量；上、下边对称均匀布置时，可取挂件总数的 1/2；

$\quad\quad$ β——应力调整系数，可根据挂件的数量 n_1，按表 4-6-6 采用。

②挂件所承受的剪应力设计值应符合下列规定：

$$T_{\mathrm{p}} = 1.35 T_{\mathrm{pk}} \leqslant f_{\mathrm{st}}^{\mathrm{v}} \qquad (4-6-4)$$

陶板挂件除了直接承受并传递面板所承受的风荷载或地震作用之外，还要长期承受面板的自身重力作用，应对挂件承受面板自身重力的抗剪能力进行验算。工程中，面板的自身重力荷载仅由部分挂件承受，所以在式（4-6-3）中，规定 n_1 为承重面板自身重力挂件的实际数量。

陶板应根据截面形状计算面板的体积，再根据陶板的重力密度（Y_{gk}）确定自身重力标准值。考虑到受力不均匀性等不利因素，增加了应力调整系数，并按照永久荷载效应起控制作用进行组合，故荷载分项系数选用为 1.35，确保幕墙的持久性和安全性。

4. 短挂件抗剪强度设计

短挂件连接的面板抗剪设计应符合下列规定：

（1）在风荷载或垂直于板面方向地震作用下，挂板在面板槽口处产生的剪应力标准值可按下式计算：

$$\tau_{\mathrm{k}} = \frac{q_{\mathrm{k}} ab\beta}{n t_{\mathrm{V}} s} \qquad (4-6-5)$$

式中　τ_{k}——短挂件在面板槽口处产生的剪应力标准值（N/mm²）；

$\quad\quad$ q_{k}——分别为风荷载或垂直于面板板面方向的地震作用标准值（N/mm²）；即 q_{k} 分别代表 w_{k} 或 q_{EK}；

a、b——矩形面板的两个边长（mm）；

$\quad\quad$ t_{V}——面板槽口受剪面厚度；

$\quad\quad$ s——槽口剪切面总长度（mm）；矩形槽或通槽，取挂钩的宽度加上 2 倍槽深，陶板槽口剪切面的总长度应根据实际构造确定；

　　　　n——挂件数量；

　　　　β——应力调整系数，可根据挂件的数量，按表 4-6-6 采用。

　　（2）由各种荷载和作用产生的剪应力标准值，应按规定进行组合；

　　（3）剪应力设计值应符合下列规定：

$$\tau \leqslant f_{c}^{v} \tag{4-6-6}$$

式中　τ——挂板在面板槽口处产生的剪应力设计值（N/mm^2）；

　　　　f_{c}^{v}——面板抗剪强度设计值（N/mm^2），按本文第一部分采用。

　　面板挂件在承受并传递面板所承受的风荷载或地震作用的同时，还会对面板施加一个大小相等、方向相反的作用力。因此面板与挂件连接处的承载能力与面板和挂件都有直接关系。设计时，在对挂件挂钩承载能力进行验算的同时，也必须对面板连接处的承载能力进行验算。

　　5．陶板的抗弯强度设计值计算

　　采用短挂件连接的实心陶板，其受力状态类似四点支承板。进行面板抗弯强度设计时，应优先采用有限元方法分析计算，保证材料合理利用，避免浪费。采用有限元方法分析计算时，应根据抗震设计和非抗震设计确定面板承受的荷载。

　　实际使用中，幕墙面板的挠度远小于板厚，也可直接采用四角支承板的弹性力学计算公式和系数表计算幕墙面板所承受的弯曲能力。

　　（1）在风荷载或垂直于板面方向地震作用下，陶板的最大弯曲应力标准值宜采用有限元方法分析计算，也可按下列公式计算：

$$\sigma_{wk} = \frac{6mw_k b_0^2}{t_e^2} \tag{4-6-7}$$

$$\sigma_{Ek} = \frac{6mq_{EK} b_0^2}{t_e^2} \tag{4-6-8}$$

式中　σ_{wk}、σ_{Ek}——分别为风荷载或垂直于面板板面方向地震作用在板中产生的最大弯曲应力标准值（N/mm^2）；

　　　　w_k、q_{Ek}——分别为风荷载或垂直于面板板面方向地震作用标准值（N/mm^2）；

　　　　a_0、b_0——四点支承面板支承点（挂件中心线）之间的距离（mm），$a_0 \leqslant b_0$；

　　　　t_e——面板的计算厚度（mm），陶板的计算厚度：表面平整时，用公称厚度（总厚度）减去挂槽和挂钩宽度之和；表面有波纹或装饰凹凸面时，还应减去表面凸起高度或凹下深度；

　　　　m——四点支承面板在均布荷载作用下的最大弯矩系数，可按照支承点间短距离与较大距离之比 a_0/b_0 按表 4-6-7 查取。

表 4-6-7　四点支承矩形板弯矩系数（m）

a_0/b_0	0.00	0.10	0.20	0.30	0.40	0.50	0.55	0.60
m	0.1250	0.1251	0.1254	0.1261	0.1277	0.1303	0.1320	0.1338
a_0/b_0	0.65	0.70	0.75	0.80	0.85	0.90	0.95	1.00
m	0.1359	0.1382	0.1407	0.1434	0.1462	0.1492	0.1524	0.1557

　　注：a_0 为支承点间的短边边长。

（2）陶板中由各种荷载和作用产生的最大弯曲应力标准值应按相关规定进行组合，所得的最大弯曲应力设计值不应超过面板材料的抗弯强度设计值f'_c。

（3）空心陶板的截面形状相当复杂，其本身自为一个结构体，如果采用式（4-6-7）和式（4-6-8）进行计算，计算得到的最大弯曲应力远远大于面板实际的弯曲应力，有条件时，宜采用有限元方法分析计算空心陶板在风荷载或垂直于板面方向地震作用下，板面的最大弯曲应力标准值。也可参照现行国家标准《天然饰面石材试验方法　第8部分：用均匀静态压差检测石材挂装系统结构强度试验方法》GB/T 9966.8—2008 的规定进行抗弯试验，确定陶板的抗弯承载力。

空心陶板采用均匀静态压力进行抗弯试验，确定陶板的抗弯承载力，需符合下式要求：

$$q \cdot a \cdot b \leqslant P/1.8 \qquad (4-6-9)$$

式中　P——陶板抗弯试验的最小破坏荷载（N）；

　　　q——垂直于陶板板面方向的荷载效应组合设计值（N/mm²）；

　a、b——矩形陶板的长边和短边边长（mm）；

　1.8——陶板材料强度性能分项系数。

6. 非连续性横梁（短悬臂）的强度计算

非连续性横梁的受力结构相当于悬挑臂结构，故此建议对非连续性横梁统称为短悬臂挂接体系，计算时其强度需要参照悬挑臂结构计算。目前，短悬臂主要分为两类，一类是 L 形安装于立柱两侧的悬臂件，一类是 H 形直接固定于立柱外表面的悬臂件。

（1）荷载计算。

①垂直于幕墙平面方向荷载计算：

悬臂件悬挑臂垂直于幕墙平面方向所承受的集中荷载设计值：

$$F_y = G_G \cdot B \cdot H/4 \qquad (4-6-10)$$

式中　F_y——垂直于幕墙平面方向的荷载设计值；

　　　G_G——陶板幕墙自身重力标准值；

　　　B——陶板幕墙的分格宽度；

　　　H——陶板幕墙的分格高度。

悬臂件悬挑臂承受的自身重力产生的弯矩：

$$M_y = F_y \cdot D \qquad (4-6-11)$$

式中　M_y——垂直于幕墙方向的弯矩设计值；

　　　D——重心距最危险的截面距离。一般取悬挑臂的1/3，使用 H 形悬臂件时，应考虑增加与立柱接触面部分的1/2。

悬挑件悬挑臂承受的自身重力产生的应力：

$$V_y = F_y \qquad (4-6-12)$$

式中　V_y——悬臂件垂直于幕墙平面方向的剪力设计值。

②幕墙平面方向的荷载计算：

悬挑件悬挑臂承受的竖向集中荷载设计值：

$$F_x = q \cdot B \cdot H/4 \qquad (4-6-13)$$

式中　F_x——幕墙平面内集中荷载设计值；

　　　q——风荷载和水平地震作用组合设计值；

B——陶板幕墙的分格宽度；

H——陶板幕墙的分格高度。

悬臂件悬挑臂承受的自身重力产生的弯矩：

$$M_x = F_x \cdot D \qquad (4-6-14)$$

式中　M_x——幕墙平面内方向的弯矩设计值；

D——重心距最危险的截面距离。一般取悬挑臂的 1/3，使用 H 形悬臂件时，应考虑增加与立柱接触面的部分的 1/2。

悬挑件悬挑臂承受的自身重力产生的应力：

$$V_x = F_x \qquad (4-6-15)$$

式中　V_x——悬臂件平面内垂直方向的剪力设计值。

（2）抗弯强度校核。

悬臂件强度校核参照下式：

$$\frac{M_y}{\gamma W_y} + \frac{M_x}{\gamma W_x} \leqslant fa \qquad (4-6-16)$$

式中　γ——截面塑性发展系数；

M_x——横梁绕 x 轴（幕墙平面内方向）的弯矩设计值；

M_y——横梁绕 y 轴（幕墙平面内方向）的弯矩设计值；

W_x——横梁绕 x 轴（幕墙平面内方向）的净截面弹性抵抗矩；

W_y——横梁绕 y 轴（幕墙平面内方向）的净截面弹性抵抗矩；

f_a——材料抗弯强度设计值，参照相关幕墙规范。

（3）悬臂件抗剪强度校核可以参照下式：

$$\frac{1.2 \times \sqrt{V_x^2 + V_y^2}}{A} = \frac{1.2 \times \sqrt{770^2 + 95^2}}{258} \leqslant f_V \qquad (4-6-17)$$

式中　A——悬臂件截面面积；

V_x——悬臂件平面内垂直方向的剪力设计值；

V_y——悬臂件垂直于幕墙平面方向的剪力设计值；

f_V——材料抗剪强度设计值。

（4）悬臂件挠度校核：

在重力荷载标准值作用下，横梁竖向弯曲变形挠度不超过构件支承点跨度的 1/500，挠度绝对值不超过 5mm。

在风荷载标准值作用下，横梁的挠度限值 $d_{f,lim}$ 宜按下列规定采用：

铝合金型材：　　　　　$d_{f,lim} = 2l/180$ $\qquad (4-6-18)$

钢型材：　　　　　　　$d_{f,lim} = 2l/250$ $\qquad (4-6-19)$

在采用悬臂构件时，还应针对安装悬臂件的螺栓进行验算，对其所受拉力、剪力、强度等进行校核，以保证幕墙挂装体系的安全。

以上内容依据已颁布的各类幕墙规范和技术规程，参照近几年陶板幕墙的设计施工经验编写，供幕墙设计师及建筑设计师予以参考。陶板幕墙的其他构件的结构计算及设计，在新的关于陶板幕墙技术规范没有出来之前，可以依据《建筑幕墙》GB/T 21086—2007，并参照《金属与石材幕墙工程技术规范》JGJ 133—2001、《玻璃幕墙工程技术规范》JGJ 102—

2003 进行设计和计算。

第四节　干挂建筑陶板幕墙安装施工

建筑陶板是当今最新型的幕墙材料。它具有环保、节能、防潮、隔音、透气、色泽丰富、持久如新、应用范围广等优点，采用干挂法安装施工，方便更换，给设计运用提供了更灵活的外立面造型设计方案，有利于建筑多样化及城市的美化。

一、安装施工准备

建筑干挂陶板幕墙安装施工应在主体工程验收或初步验收后进行。

（一）技术准备

1. 构件和附件

陶土板幕墙安装的构件和附件材料品种、规格、色泽和技术性能应符合设计要求。

2. 施工组织设计

陶土板幕墙安装施工应编制施工组织设计，其中应包括如下内容：

（1）工程进度计划，网络图或横道图施工进度表，并文字说明按招标文件要求的计划工期进行施工的关键线路上的各个关键工序和关键日期。

（2）明确各种构件的搬运和起重的施工方法。

（3）测量放线方法，这是幕墙工程关键工序之一。

（4）安装方法和安装顺序，安装施工工艺流程及保证工程质量、工期及成本的措施。

（5）检查验收的标准和规范。

（6）整个施工过程中的安全文明施工措施。

3. 图纸会审

施工前，由建设单位组织建筑设计、幕墙设计、工程总包、幕墙施工和监理及质监站、安监站单位共同审查图纸，包括施工图和节点大样图。

（二）安装施工准备

1. 基本要求

建筑陶板幕墙干挂施工的主体建筑物墙体应符合下列要求：

（1）主体结构施工质量应符合有关施工及验收规范的要求；

（2）穿过墙体的所有管道、线路等施工已全部完成；

（3）开敞式陶板幕墙需要做外保温系统的，外保温工程应通过预先验收。

2. 技术要求

（1）搬运、吊装物件和陶板时不得碰撞、碰坏和污染构件及陶板。

（2）构件和陶板储存时，应按照顺序排列放置，放置架应有足够的承载力和刚度。在室外储存时，应采取有效的保护措施。

（3）构件和陶板安装前应检查制造合格证，不合格者不得安装。

（4）幕墙与主体结构连接的预埋件，应在主体结构施工时按设计要求埋设。预埋件应牢固，位置准确，其误差应按设计要求进行检查。当设计无明确要求时，预埋件的标高偏差不应大于10mm，水平位置偏差不应大于20mm。

当设计未考虑或旧房改造时需要增设幕墙时，应按照图纸要求增加后置埋件（膨胀螺栓或化学锚栓），并须做拉拔试验。

二、干挂陶板幕墙安装施工

（一）施工工艺流程

干挂陶板幕墙施工工艺流程：预埋件埋设→测量防线→转接件安装→竖龙骨（立柱）安装→保温棉安置→横龙骨（横梁）安装→导水板安装→单元陶板安装→陶板与分缝胶条安装→密封胶嵌缝→清洁。

（二）安装施工要点

1. 预埋件埋设

（1）在主体结构施工阶段，施工单位应根据幕墙设计单位（深化设计）提供的预埋件平面布置图、埋件大样图进行加工制作及预埋。埋件应牢固，位置须准确。

（2）安装幕墙竖向龙骨（立柱）之前，预先将不合格埋件划出，弹线后，如标高和位置超出允许偏差值时，应及时与幕墙设计单位洽商进行处理。

2. 测量放线

（1）幕墙的施工测量应与主体工程施工测量轴线相配合，使幕墙坐标轴线与建筑物的相关坐标、轴线相吻合（或相对应）。测量误差应及时调整，不得积累，使其符合幕墙的构造要求。

（2）按每个单元每个单位幕墙设置垂直、水平放线的控制线，并做好标识。

（3）测量时应掌握天气情况，在风力不大于 4 级时进行，确保测量数据准确。

（4）严格控制测量误差，垂直方向偏差不大于 1.0mm，水平方向偏差不大于 0.5mm，中心位移不大于 1mm。测量放线必须经过反复检验、核实，确保准确无误，并做好标识。此过程中必须确保标高、轴线的统一及唯一性。

3. 转接件安置

主体结构施工时，埋件预埋形式及紧固件与埋件连接方法，均要按设计图纸要求进行操作。一般有以下两种方式：

（1）在主体结构的每层现浇混凝土楼板或梁内埋设预埋件，角钢连接件与预埋件焊接，然后用不锈钢螺栓再与竖向龙骨（主柱）连接。转接件安装时，也是先对正纵、横中心线后，再进行电焊焊接，焊缝长度、高度及焊条的质量均按结构焊缝有关要求。

（2）主体结构的每层现浇混凝土或梁内预埋"T"形槽埋件，角钢连接件与"T"形槽通过镀锌螺栓连接，即把螺栓预先穿入"T"形槽内，再与角钢连接件连接。

安装时，将连接件在纵横两方向中心线对正，初拧螺栓，校正紧固件位置后，再拧紧螺栓。

4. 竖向龙骨（立柱）安装

竖向龙骨立柱一般由下往上安置，每楼层通过转接件与楼板或结构梁连接。

（1）先将竖龙骨竖起，上、下两端的连接件对准转接件的螺栓孔，初步安装螺栓，不拧紧以便于主龙骨（立柱）调整。为防止松脱，螺栓组件应配有弹簧垫圈。

（2）竖向龙骨（立柱）可通过转接件和连接件的长螺栓孔，上、下、左、右进行调整，左、右水平方向应与弹在楼板上的位置线相吻合，上、下方向对准楼层标高，前、后（即 Z

轴方向）不得超出控制线，确保上、下垂直，间距符合设计要求。

（3）竖龙骨通过内套管竖向接长，为防止钢材受温度影响而变形，接头处应留适当宽度的伸缩空隙，具体尺寸根据设计要求（一般为20mm），接头处上、下龙骨中心线要对上。

（4）安装到最顶层之后，再用经纬仪或全站仪进行垂直度校正，检查无误后，把所有竖向龙骨与结构连接的螺栓、螺母、垫圈拧紧。

5. 保温棉安装

用保温棉钉将保温棉固定在墙体上。

6. 横龙骨（横梁）安装

（1）安装好竖向龙骨后，进行垂直度、水平度、间距等项检查，符合要求后，方可进行水平龙骨（横梁）的安装。

（2）调整横龙骨（横梁）的水平度及上、下垂直度，用钻尾自钻丝将横龙骨（通长铝合金型横梁或短悬臂）固定于竖龙骨上。

（3）调整横龙骨水平度时，应优先考虑挂接受力处横龙骨的水平度。

7. 导水板安装

开敞式系统中的大面积幕墙每隔2~3层楼宜安装一层导水板，所有窗洞口、门洞口的上方均应安装导水板，确保连续完整。

8. 单元陶板安装

（1）将挂接件自两侧插入陶板卡槽内，挂接件设置有EPDM胶条，防震弹簧片，挂接受力处挂接件宜设置调节螺栓。

（2）单片陶板挂接于横龙骨后，通过调节螺栓调整陶板幕墙的缝隙及水平度。

9. 陶板与分缝胶条安装

（1）自下而上安装陶板，同时安装分缝胶条。

（2）应根据设计要求严格控制竖向拼缝宽度，以保证防水效果。

10. 密封胶嵌缝

密闭式陶板幕墙应采用硅酮耐候密封胶密封收口，嵌胶时要在15~30℃时进行涂饰。

11. 清洁

干挂陶板幕墙安装施工完毕后，清洗陶板幕墙面层灰尘和污渍。

第五节 开敞式干挂建筑陶板幕墙安装施工

一、简述

（一）工程概况

本工程系一改扩建开敞式干挂陶板幕墙工程，幕墙总面积为68850m²。通过与传统幕墙安装技术措施比较，施工过程中改进了陶板幕墙的挂装系统，通过钢框与铝合金框结合龙骨方式并应用了U形钢挂钩、抗剪钉，增设了三维可调节设计，简化了安装方式，改进了侧滑限位减震设计，改限位螺栓为抗剪钉设计，使幕墙安装施工中质量得到有限控制，降低了施工难度，并且安装操作简化，提高了人工工效，降低了人工消耗，加快了施工进度，为建筑陶板在幕墙工程的应用提供了借鉴。

（二）陶板幕墙挂装改进措施

（1）幕墙采用空腔陶板干挂，有效地减小了装饰体系自身重力，幕墙支撑结构成本显著节约，对陶板平板与肋头部位均采用 U 形钢挂钩装置，拼装缝隙插入 EPDM 胶条，使开敞式陶板可独立拆卸，维护方便。

（2）对安装节点进行优化设计，通过钢框、铝合金框结合方式增设三维可调节设计，可满足施工调整和温差变形要求。

（3）采用铝合金挂装系统，引入抗剪钉技术，进一步增强了幕墙系统抗剪强度，降低了施工难度，从而使陶板快速安装成为可能，提高了工作效率。

（4）改进减震胶条设计，通过陶板侧滑限位减震技术，有效降低和阻止结构沉降、地震对陶板的破坏，既保持了陶板幕墙造型的艺术特点，也兼顾了美观和阻水作用。

二、施工技术要点

1．结构预埋连接件定位调整

（1）通过连接件安装和调整，解决土建施工偏差问题，包括埋板的偏位处理、防雷连接等。

（2）连接件通过埋板专用螺栓与埋板连接，埋板须先进行偏差处理，偏差大的须增补后置埋件，以确保安全经济又满足相关规范要求。

（3）至少安装相邻 3 根竖料后，调平连接件并注意相邻竖料的平整（骨架调平还可利用连接件调节孔进行调整）。

2．竖龙骨（立柱）安装

（1）依据幕墙分格进行立柱安装放线，安装立柱施工从底层开始逐层向上推移。

（2）为确保整个立面横平竖直，使幕墙外立面处在同一垂直平面上，先布置角位垂直钢丝，安装人员依据钢丝作为定位基准，进行角位立柱安装。

（3）放线组的施工人员，先在预埋件上依据施工图标高尺寸弹出各层间的竖向墨线，作为定位基准线。

（4）安装立柱前，如图 4 - 6 - 4 所示，检查立柱直线度，检查采用拉线法，若不符合要求，应经矫正后再上墙安装，将误差控制在允许范围内。

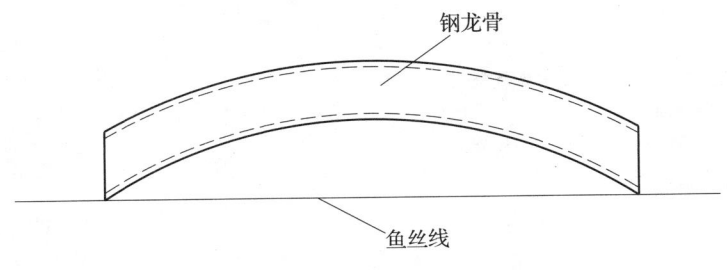

钢龙骨

鱼丝线

图 4 - 6 - 4　立柱直线度检查示意图

（5）对照施工图检查横梁加工孔位是否正确，用螺栓连接立柱与连接件，调整立柱垂直度与水平度，然后上紧螺母。立柱的前后位置和上下位置均可利用连接件上的长孔进行调节。

（6）立柱就位后，依据测量组布置的钢丝线、综合施工图进行安装检查，确认各尺寸符合要求后，对立柱进行直线检查，确保立柱的轴线偏差在允许范围内。立柱与预埋件安装如图4-6-5所示。

（7）墙面立柱的安装尺寸偏差要在分块控制尺寸范围内调整，偏差不得累积，各立柱安装以靠近轴线的钢线为准进行分格检查。

（8）钢龙骨安装时，竖向须留伸缩缝，每个楼层间一处，竖向伸缩缝留20mm间隙，采用钢插芯连接。钢立柱钢插芯连接如图4-6-6所示。

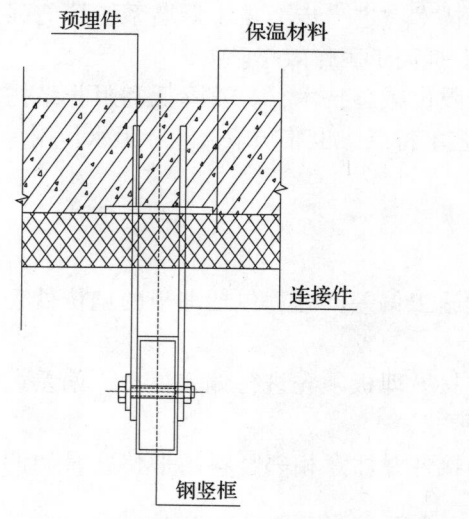

图4-6-5　钢立柱与预埋件
安装示意图

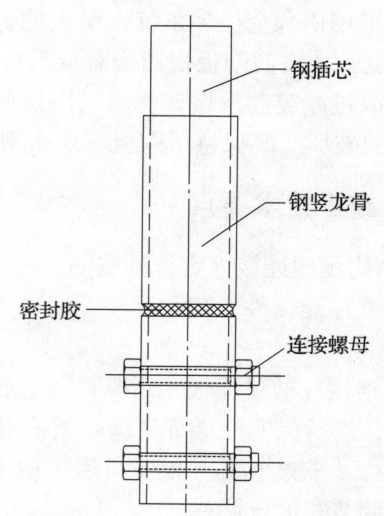

图4-6-6　钢立柱钢插芯
连接示意图

3. 横梁龙骨安装

（1）如图4-6-7所示，立柱与横梁间通过钢角码和螺栓连接。先根据分格把一组横梁套在相邻两根立柱对应的钢角码位置上，横梁与立柱接触面垫1.5mm厚胶皮垫，应避免硬接触，以保证温度发生变化时，横梁与立柱能自由伸缩。

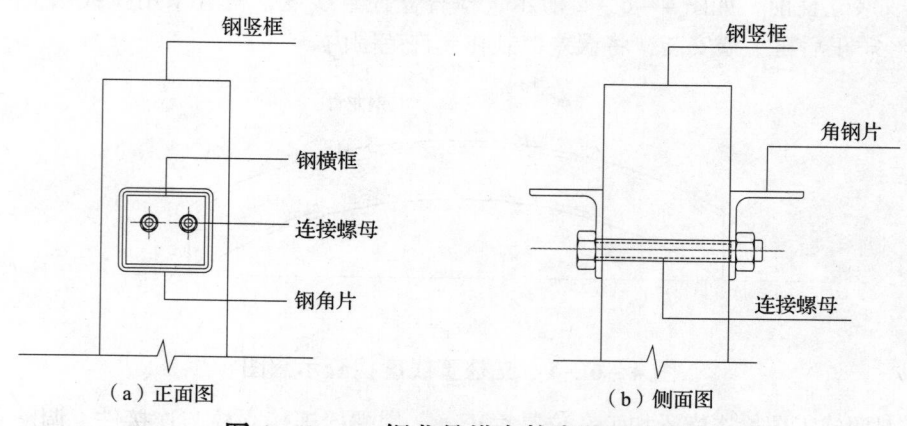

（a）正面图　　　　　　　　　　　（b）侧面图

图4-6-7　钢龙骨横立柱安装示意图

（2）调整横梁的进出位置，使横梁外表面与立柱基准面外表面保持在一个垂直平面上；调整横梁上下位置，并用水平仪检测横梁的水平度，确保横梁位置符合设计图纸分格尺寸要求，最后用螺栓将钢角码、横梁与立柱连接在一起。

4．不锈钢连接件安装

按测量结果在水平龙骨上弹线，画出不锈钢连接件的安装位置，将不锈钢连接件置于水平龙骨上，用螺栓连接，不锈钢转接件上有长条孔，可用来调整进出尺寸，如图 4 - 6 - 8 所示。先进行初步预紧，检查合格后方可最终固定。

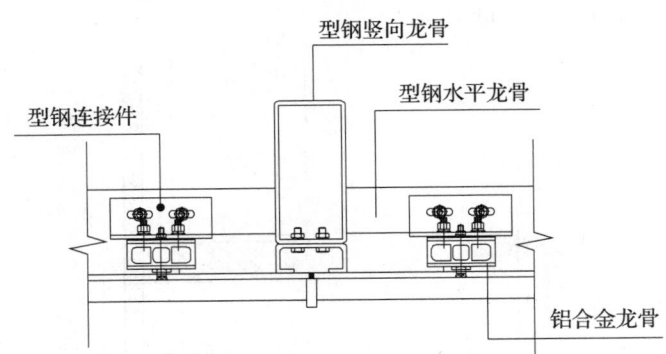

图 4 - 6 - 8　不锈钢连接件与幕墙龙骨连接示意图

5．铝合金龙骨安装

（1）铝合金龙骨为通槽形式，在槽内穿入螺栓，连接螺栓与不锈钢连接件，如图 4 - 6 - 9 所示。

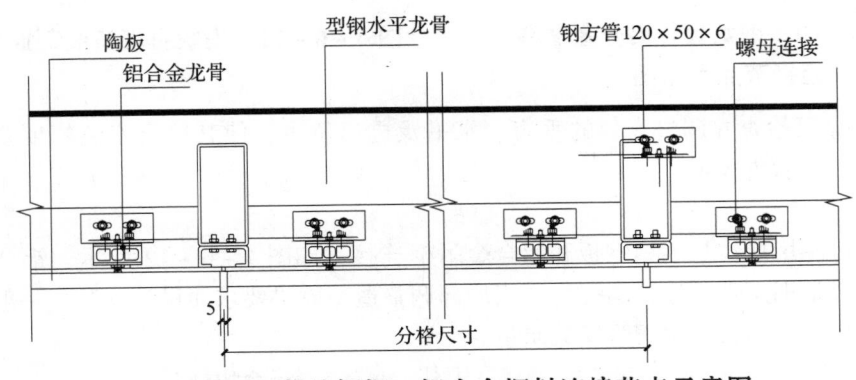

图 4 - 6 - 9　幕墙钢框、铝合金框料连接节点示意图

（2）通长槽可用来调整铝合金龙骨的位置，通过调整符合要求后，补打抗剪钉固定牢固后方可最终固定，如图 4 - 6 - 10 所示。

6．陶板安装

（1）陶板安装前先对陶板外观尺寸进行测量控制，不合格陶板严禁进入施工场所，确保陶板尺寸合格，以免影响陶板安装的水平、垂直。

（2）将陶板配套运至施工区域，分类摆放规整、有序。先进行定位划线，确定陶板块在外平面的水平、垂直位置，并在框架平面外设控制点，拉控制线控制安装的平面度和各组件的位置。对首层打底陶板进行周圈复核，使整个陶板体系均在同一水平面上，陶板间缝隙为 10mm。为保证陶板安装的整体尺寸误差最小，在每层均设立安装控制点，安装到该层后及时与层间控制点校核，发现偏差及时查找原因，以免误差累计。施工过程中每 6 块陶板体系均要统一拉设通尺控制累计误差。

（3）将 U 形不锈钢陶板挂件一正一反挂接到铝合金龙骨的挂钩槽口内，陶板挂件尺寸定位准确后，将下侧不锈钢陶板挂件用 2 个销钉固定牢固。陶板块通过槽口与挂件连接为整体，现场只需平稳将陶板板块抬起即可。对于肋头陶板，在完成首层安装后将与陶板同色 EPDM 胶条平稳放置在肋头陶板上，安装一块肋头陶板，通过胶条槽口及自身摩擦力固定在两块肋头陶板之间，如图 4 - 6 - 11 所示。

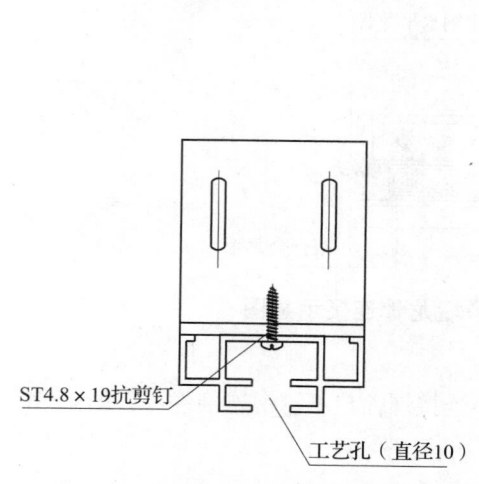

图 4 - 6 - 10　钢龙骨与铝合金框料
连接节点示意图

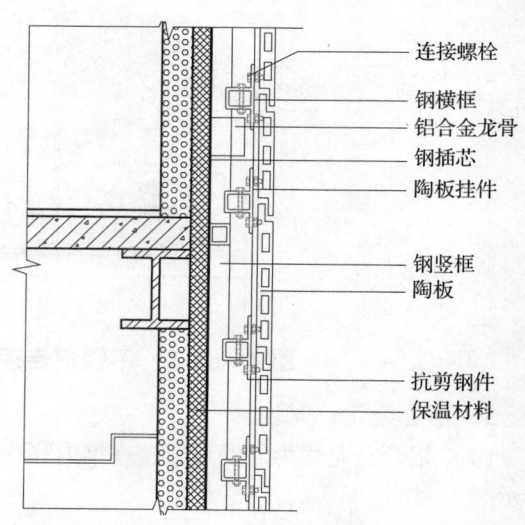

图 4 - 6 - 11　陶板幕墙安装剖面示意图

（4）用靠尺检查并调整陶板的垂直、水平及进出位置，使其符合安装精度要求，调整上部托板的位置后再固定。

7. 陶管安装

陶管通过专用挂件与不锈钢板和铝合金附框连接，如图 4 - 6 - 12 所示，铝合金附框与铝合金龙骨或是钢龙骨相连，陶管为幕墙局部调整造型效果要求而设计安装，一般陶管安装长度不宜过长，否则会影响陶管安装质量。

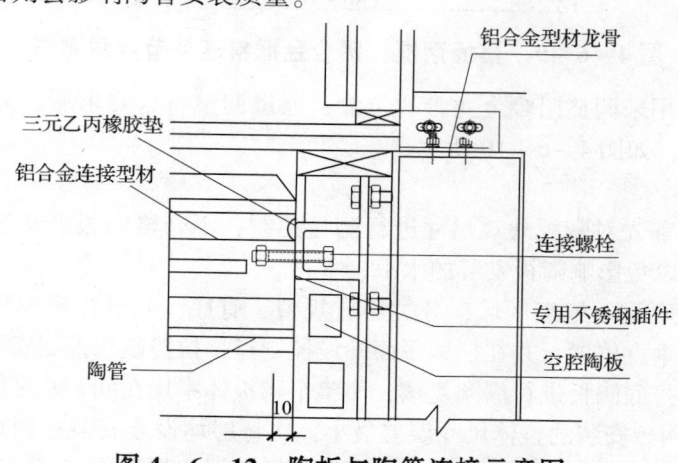

图 4 - 6 - 12　陶板与陶管连接示意图

8. 转角部位及收边收口部位的施工操作要点

（1）转角部位竖向构件垂直度宜每框复核，转角部位竖向构件分左、右相邻两根竖向构件的间距，平面度宜全数复核，偏差应在控制范围内。

（2）转角部位的左、右两个板块的尺寸及其背面龙骨的位置均应进行复核，超过允许偏差的板块不得上墙。

（3）转角部位的板块安装首先要确定转角两端的板块安装顺序，对于最后安装的板块要留有一定余量，以保证立面效果。转角部位先安装一侧板块，待隐蔽验收合格后，方可安装另一侧板块。

（4）收口部位只要为顶、底、边封修等部位，如设计、施工不能满足要求会造成幕墙渗漏等现象。收口部位处理须按设计节点大样图认真施工，收口板的颜色应与幕墙饰面的颜色相同或接近。

（5）由于上封口位于建筑物的高处，承受较大的风荷载，因此应对面板与龙骨、龙骨与主体结构的连接牢固程度严加控制。

（6）收口板与主体结构的接缝处应打注耐候胶，防止雨水渗透，打胶须严格按打胶程序进行。

（7）各种面材间的交接处应确保整齐、无杂物，为后续施工提供条件。

三、质量控制要点

（一）幕墙隐蔽关键点控制

1. 预埋件安装

（1）预埋件安装应在主体结构施工时按设计要求预埋，预埋件应牢固、位置准确，预埋件外表面应与混凝土墙面齐平。

（2）预埋件位置尺寸偏差控制在 20mm 内，与理论墙面不平度控制在 10mm 内。

（3）预埋件清理后，表面及槽口内不允许有混凝土块等杂物存在，无防腐层需补加防腐层。

2. 补设预埋件安装

（1）补设预埋件位置尺寸偏差控制在 20mm 内，与墙面不平度控制在 10mm 内。

（2）补设预埋件与墙体应贴合严密，二者间隙不大于 5mm。

3. 连接件安装

（1）连接件与预埋件采用螺栓连接时，不得少于 2 个螺栓。方垫片要方向一致、整齐划一，螺母要拧紧，不许松动，螺栓头要与螺母点焊，不少于 2 点。

（2）连接件与预埋件采用焊接方法连接时，不得少于 2 条焊缝，并且每个连接件有效焊缝总长度要依据设计计算确定，熔透深度不小于 0.7δ（δ 为被焊材料厚度）。焊缝要求美观、整齐，不允许有漏焊、虚焊、焊瘤、弧坑、裂纹等缺陷。

（3）连接件与预埋件焊接时，相接部位及相关部位不允许存在其他金属材料焊接。

（4）预埋件、连接件及其他的防腐表面、非焊接区不允许用焊弧破坏其防腐表面。

（二）防锈、防腐处理

（1）预埋件、转接件、钢结构安装、焊接后应清理，除锈除渣。构件除锈后应露出金属光泽，金属表面不得有灰尘、油渍、鳞皮、锈斑、焊渣、毛刺等附着物。

（2）现场进行的焊接部位，由于电焊破坏了原有的镀锌层或其他防腐层，故须进行二次防腐处理。二次防腐处理时不能单独考虑焊缝的位置，而要考虑整个结构，检查每个铁件的位置，进行全面防腐处理。

（3）处理时要先刷 2 道防锈漆，再刷 1 道银粉，要求全部均匀覆盖。

（三）框架安装

1．立柱竖框的安装要求

（1）立柱竖框安装轴线偏差不应大于 3mm。

（2）相邻两根立柱竖框安装标高偏差不大于 1mm，同层立柱竖框的最大标高偏差不大于 3mm。

（3）立柱竖框安装就位，调整后应及时紧固。

2．横梁的安装要求

（1）横梁应安装牢固，横梁与立柱竖框间留有间隙时，间隙宽度应符合设计要求。

（2）同一根横梁两端或相邻两根横梁的水平标高偏差不应大于 1mm。

（3）同层标高偏差：当一幅幕墙宽度不大于 35m 时，不应大于 5mm；当一幅幕墙宽度大于 35mm 时，不应大于 7mm。

四、技术优势分析

（1）更换简单。陶板安装过程中不使用石材胶，对饰面无污染，更换简单方便。

（2）节约能源。陶板为中空结构，可有效阻隔热传导，降低建筑空调能耗，节约能源。陶板特有的横缝搭接所形成的开敞安装方式，使得面材跟墙体之间的空气层能"自由呼吸"，比密闭式能更大程度地降低能耗。

（3）降低清洗和维护费用。陶板幕墙表面防静电，不易吸附灰尘；若陶板表面有灰尘，经雨水冲刷后易保持干净，所以陶板具有一定的自洁功能。自洁功能可降低陶板幕墙的清洗和维护费用。

（4）不产生固体垃圾。陶板采用纯天然陶土材料，生产过程中对环境污染小。破损陶板可采用研磨、重新挤压成型再利用。

开敞式陶板幕墙施工技术为陶板在幕墙领域的应用提供了经验，为这种集现代感与典雅于一体的新型材料大规模应用于幕墙领域提供了可能，丰富了建筑师的艺术设计理念，采用本技术可提高幕墙施工工效，缩短工期。

第六节　外挂陶棍幕墙设计与施工

一、工程概况

（一）结构设计参数

1．主体建筑设计参数

阅海主题馆工程，主题馆地上一层，局部二层，局部有一层地下室，采用框架结构（一层加人字形钢支撑），平面大致呈"椭圆形"，长轴 90m，短轴 48m，占地面积 8000m²。圆弧形轴网之间角度为 15°，将圆周均分为 24 等份。屋面为单坡屋面，屋顶标高 9.190 ～

20.497m。

2. 建筑幕墙设计参数

地面粗糙度：B 类；基本风压 0.65kN/m²；基本雪压 0.2kN/m²；抗震设防烈度：8 度，0.2g 加速度；年设计最大温差：$\Delta = \pm 80℃$。

（二）外观及功能

主题馆外观远处观察仿佛交叉相握的双手，寓意民族团结、社会和谐。主题馆的设计精心发掘和吸纳城市人文历史与生态地理中所特具的"唯一性"元素，融入塞上明珠和回乡风情元素，利用灯光、造影等新技术增加其外观的视觉效果。该馆建成后，将作为绿色科技与体育运动休闲综合展览馆，其中大展厅和各中、小展厅可用于商品促销、文艺演出、举办时装发布会及承办各类体育赛事等大型活动。

（三）项目设计内容

阅海主题馆项目外装主要由框架式玻璃幕墙、陶棍幕墙、穿孔板吊顶、埃特板幕墙、竹木装饰、玻璃栏板及屋面铝板压顶组成。其中玻璃幕墙 3000m²，穿孔板吊顶 1000m²，压顶铝板 650m²，埃特板幕墙 1500m²。

二、技术难点分析

（一）技术难点

阅海主题馆工程从整体外观效果上看，主要是由玻璃幕墙及外挂陶棍幕墙组成。而工程的设计重点及难点主要集中在陶棍幕墙，综合分析有以下几个方面：

（1）弧面结构中陶棍倾斜角度、端头切角度数及长度的确定；

（2）钢龙骨玻璃幕墙外挂陶棍的连接系统设计；

（3）工期紧，陶棍如何安装更加快捷方便；

（4）弧面结构中，如何对陶棍进行三维调节；

（5）安装及使用过程中陶棍受损断裂后如何防止坠落。

（二）解决方案

针对以上难点，经过深入探讨，决定采取以下解决方案：

（1）对整个外挂陶棍进行三维建模，参考三维模型，对陶棍幕墙进行外轮廓线展开、平面排板；

（2）以玻璃幕墙钢龙骨为支座，陶棍龙骨及转接系统均采用栓接方式；

（3）为了保证工期和现场安装精度，引进了单元体的概念，采用竖向五根或者六根陶棍为一组装单元，拼装为单元体整体上墙；

（4）采用挂式连接、螺栓微调的结构形式；

（5）陶棍采取三腔结构形式，上、下两个腔体穿于陶棍等长的铝合金角码，防止破损坠落。

三、陶棍幕墙设计

（一）效果图

陶板幕墙的现场效果图如图 4 – 6 – 13 所示。

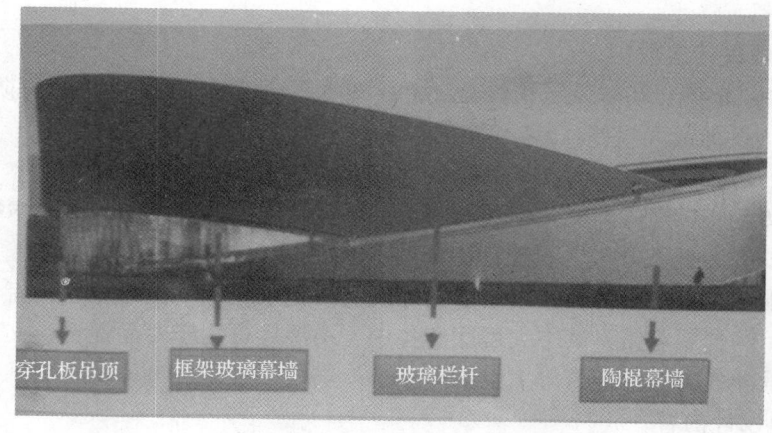

（a）

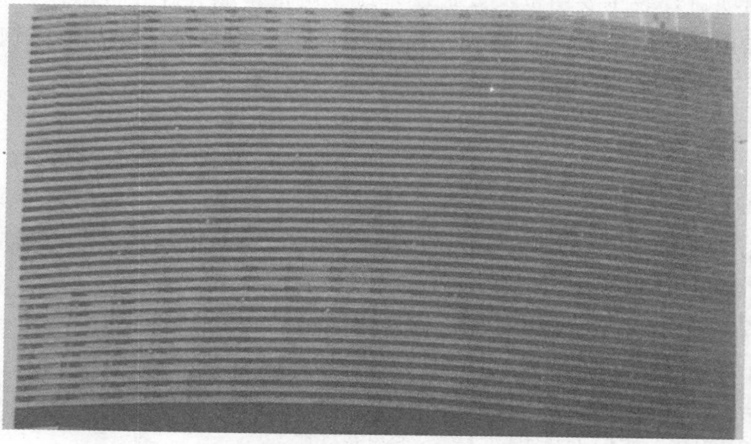

（b）

图 4 – 6 – 13　陶棍幕墙现场效果图

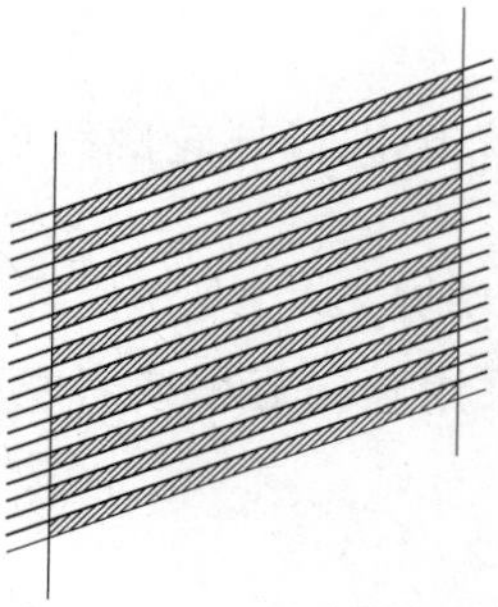

（二）竖向缝

陶棍幕墙的现场竖向缝如图 4 – 6 – 14 所示。

（三）节点构造

陶板幕墙的节点构造如图 4 – 6 – 15 所示。

四、难点分析总结

（一）难点分析

针对以上技术难点，逐一进行深入探讨如下：

（1）阅海主题馆工程整体外形酷似交叉相握的双手，呈双曲面形式，陶棍作为其外围护结构：

①要求陶棍在排列时亦呈现双弧形式，这必然要求确定每根陶棍在弧面上的长度及倾斜角度。

②此外，由于要求陶棍的竖向缝在一条直线上，则要求陶棍两端头需要切角。

**图 4 – 6 – 14　陶棍幕墙
竖向缝示意图**

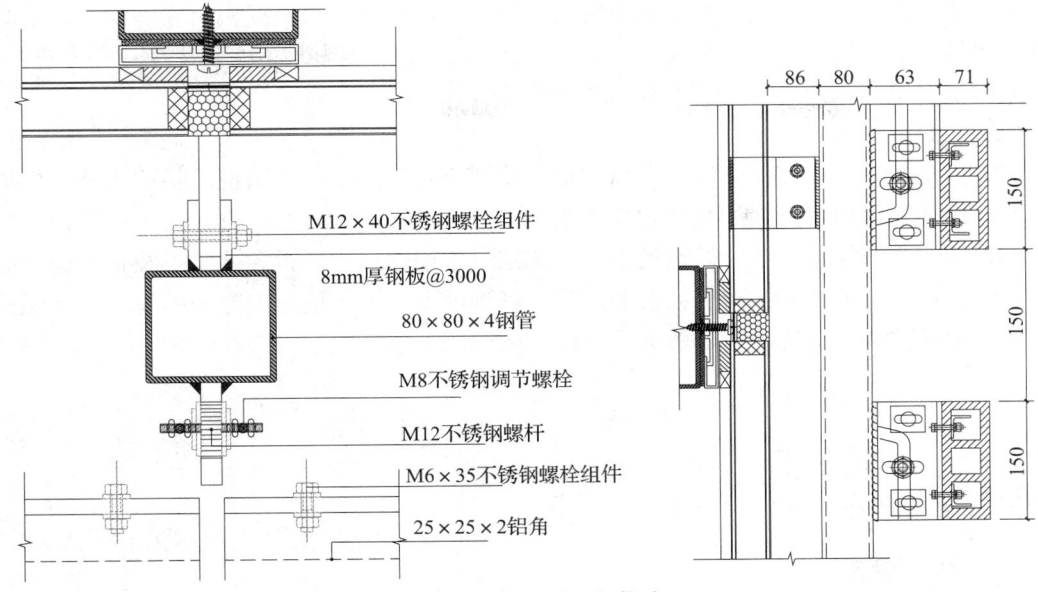

图 4-6-15　标准节点

M12×40不锈钢螺栓组件

8mm厚钢板@3000

80×80×4钢管

M8不锈钢调节螺栓

M12不锈钢螺杆

M6×35不锈钢螺栓组件

25×25×2铝角

综上，首先需要对本工程进行整体建模，然后根据平、立、剖对陶棍外轮廓线进行放样，绘制立面展开图，再回到模型图中去校核。

其次是排板，当陶棍顶部弧形展开线即结构的弧形展开线确定后，确定陶棍幕墙的排板高度，由此确定陶棍的排板区域，然后在区域内进行陶棍排板。

（2）大部分陶棍是外挂在玻璃幕墙外，距玻璃面300mm，由于玻璃幕墙层间跨度大，采用的是钢立柱，因此在设计时要注意在安装完成玻璃后安装陶棍时不能进行焊接，以免焊渣崩落到玻璃上导致玻璃破碎。所以在设计陶棍的连接系统时采用了栓接形式。安装步骤如下：

①确定80mm钢管顶端定位高度，按照80mm钢管顶端定位高度，返尺测量第一支座位置高度，8mm厚钢板支座每隔3m（不大于3m）焊接在玻璃幕墙钢龙骨上。

②根据支座标高及个数（夹板高度及点数与支座等同），逐个焊接钢夹板于钢龙骨上。

③根据钢管顶端定位高度，返尺测量挂棍高度，挂点个数间距相同，逐个焊接。

④陶棍支架系统整体上墙。此种做法要求很高的施工精度及焊接技术，由于陶棍幕墙上、下两个弧线等圆心，必须做好一排样件后校正无误才可批量组装生产。

（3）阅海主题馆工程陶棍数量较大，且工程周期短，如何在有限的时间内完成陶棍的安装是一个问题，为此，采用单元棍块挂接的方法，每5根或6根用铝合金龙骨组成一个单元，完成后再整体上挂。

（4）陶棍单元上架后，必须对其进行位置校正。首先通过挂棍位置的长条孔调节前后进出位置，待调整好通过螺杆上的螺栓校正左右偏差，再用螺栓锁紧固定，调整完毕后，通过陶棍挂件的微调螺母进行高度微调。

（5）陶棍在安装及后期使用过程中，不免因人为或者外部因素损坏或者断裂，在此种情况下，简易的更换及安全防范措施是必需的。在设计时，采用挂式结构，螺栓连接陶棍的方法，当有部分陶棍断裂损坏后，可以拆卸下此陶棍所在单元进行平面安装。待安装好以后重新挂在原位置。另外，为防止陶棍断裂后高空落下造成人身财产损失，在陶棍上、下两个腔体内通长布置一根铝角码，与陶棍一起用螺栓固定，当陶棍断裂后，因为铝角码的原因，断裂的陶棍会串在铝角码上，而不会坠落造成危害。

（二）结论

作为博览会的主场馆，阅海主题馆陶棍幕墙圆弧形的外墙配上陶棍流畅的线条，再加上灯光的点缀，更增强了外观的视觉效果，受到了广大市民的认可及赞赏。在设计过程中，根据本工程的一些特殊性作了针对性的设计，施工过程中也遇到了很多的难点及新问题，通过分析研究，都顺利地解决。随着社会的进步，经济的发展及人民审美意识的提高，陶棍及陶板作为一种新的幕墙装饰材料必然会受到广大人民的认可及欢迎。

第七节　工　程　验　收

一、质量要求

（一）龙骨骨架

干挂陶板幕墙的龙骨安装应符合下列要求：

（1）安装施工测量应与主体结构的测量配合，其误差应及时调整。

（2）龙骨与预埋件的连接及材料的防锈处理应符合设计要求。

（3）龙骨架制作：

①龙骨架制作的允许偏差应符合表4－6－8的规定。

表4－6－8　龙骨架制作允许偏差

项　　目		允许偏差	检查方法
构件长度		±3	用钢尺检查
焊接材料截面高度	接合部位	±1	
	其他部位	±1.5	
焊接材料截面宽度		±3	
挂接铝合金挂件用的横梁截面高度		±1	
同组螺栓	相邻两孔距	±1	
	任意两孔距	±1.5	
构件挠曲矢高		$L/1000$，且不大于10	

②立柱。立柱须经过结构计算，满足强度要求，且材料最小厚度不小于3mm，立柱安装标高偏差不应大于3mm，轴线前、后偏差不应大于2mm，左、右偏差不应大于3mm，相邻两根立柱安装标高偏差不应大于3mm，同层立柱的最大标高偏差不应大于5mm，相邻两根立柱的距离偏差不应大于2mm。

③横梁。横梁须经过强度计算，满足强度要求；且主要受力点壁厚不小于3mm。安装应将横梁或两支点连接件安装在立柱的预定位置，并应安装牢固，其接缝应严密。相邻两根横梁的水平标高偏差不应大于1mm。

同层标高差：当一幅幕墙宽度小于或等于 30m 时，不应大于 5mm；当一幅幕墙宽度大于 30mm 时，不应大于 7mm。不同材料之间应加防腐胶垫隔开。

④连接件。立柱与主体结构连接件需经过结构计算，满足强度要求，并且厚度不小于 5mm。表面须经过防腐处理。

（二）预留挂槽陶板幕墙安装施工

1. 安装顺序

陶板的安装顺序宜由下往上进行，应避开交叉作业。

2. 陶板编号

（1）陶板编号应满足安装时流水作业的要求。

（2）挂件安装前应逐块检查陶板厚度、裂缝等质量指标，不合格者不得使用。

3. 化学锚栓、穿墙螺栓安装

化学锚栓、穿墙螺栓安装应符合下列规定：

（1）在建筑物墙体钻螺栓安装孔的位置，应满足安装时镀锌钢板的调节要求。

（2）钻孔用的钻头应与螺栓直径相匹配，钻孔应垂直，钻孔深度应能保证化学锚栓进入主体结构不小于 100mm，或使穿墙螺栓穿过墙体。

（3）钻孔内的粉尘应清理干净，方可塞入化学锚栓。

（4）螺栓紧固力矩应取 23~50N·m，并应保持紧固可靠。

4. 挂件安装

挂件安装应符合下列规定：

（1）挂件安装数量应符合设计要求，安装位置应按设计规定；特殊部位挂件及数量应符合设计要求。

（2）当挂件安装造成陶板开裂时，该陶板不得再使用。

（3）挂件连接应牢固可靠，并保证与陶板的柔性连接。

（4）铝合金挂件与钢材接触面必须加设橡胶或塑胶隔离层。

（5）铝合金挂件安装位置距板边不应小于 60mm，最大不应超过 180mm。

5. 开敞式陶板幕墙安装施工

开敞式陶板幕墙安装应符合下列规定：

（1）当设计对建筑物外墙有防水及保温要求时，安装前应修补施工过程中损坏的外墙防水层和保温层。

（2）除设计有特殊要求时，同幅墙的陶板色彩应一致。

（3）板的竖向拼缝宽度应符合设计要求及其有关规定，板材密拼时，接缝不应超过 1mm，留缝安装接缝不应超过 8mm。

（4）陶板挂槽内及挂件表面的灰尘及建筑土渣应清理干净。

（5）检查挂件安装质量，自下而上挂装陶板，要求挂件与横梁挂接牢固，并保证柔性连接。

（6）幕墙横缝需考虑上、下陶板的搭接量，搭接量不应小于 1.5mm，横缝最大不应超过 10mm。

6. 干挂陶板幕墙密封胶嵌缝施工

干挂陶板幕墙饰面的密封胶施工前应完成下列准备工作：

（1）检查复核陶板安装质量。

（2）清理拼缝，使其洁净无灰尘。

7. 密闭式陶板幕墙密封胶嵌缝施工

密闭式陶板幕墙密封胶嵌缝应符合下列规定：

（1）密封胶颜色应符合设计要求，当设计未作规定时，密封胶颜色应与陶板色彩相配；

（2）嵌缝深度应符合设计要求，当设计未作规定时，嵌缝深度宜与陶板板面齐平；

（3）嵌缝应光滑、饱满平直、宽窄一致；

（4）嵌缝时不能污损陶板表面，一旦发生应及时清理；

（5）当陶板板缝潮湿时，不得进行密封胶嵌缝施工；

（6）当底层板的拼缝有排水孔设置要求时，应保证排水通道顺畅；

（7）幕墙饰面与门、窗框及其他饰面材料接口处的处理应符合设计要求，当设计未作规定时，应用密封胶嵌缝。

（三）预留卡槽陶板幕墙安装施工

1. 陶板编号

预留卡槽卡接式陶板幕墙陶板编号应符合下列规定：

（1）陶板编号应满足安装施工流水作业的要求；

（2）安装时应逐块检查陶板厚度、裂缝等质量指标，不合格者不得使用。

（3）当陶板卡槽位置有开裂时，该块陶板不得再使用。

2. 安装顺序

同幅墙的陶板安装宜由下而上进行。

（四）安装施工要求

1. 一般规定

陶板安装应符合下列规定：

（1）应对横、竖连接件进行检查、测量、调整；

（2）陶板安装时，左右、上下的偏差不应大于 1.5mm；

（3）开敞式幕墙陶板安装时必须要有防水措施，并应留有符合设计要求的排水出口。

2. 幕墙竖向和横向陶板安装允许偏差

幕墙竖向和横向陶板安装允许偏差应符合表 4 – 6 – 9 的规定。

表 4 – 6 – 9　陶板幕墙竖向和横向陶板安装允许偏差

项　　目	尺寸范围（m）	允许偏差（mm）	检查方法
相邻两竖向陶板间距尺寸（固定端头）	—	±1.5	钢卷尺
两块相邻的陶板	—	±1.5	靠尺
相邻两横向陶板间距尺寸	间距小于或等于 0.9 时	±1.0	钢卷尺
	间距大于 0.9 时	±1.5	
分格对角线差	对角线长度小于或等于 1.2 时	≤2.0	钢卷尺或伸缩尺
	对角线长度大于 1.2 时	≤2.5	

续表 4 - 6 - 9

项　　目	尺寸范围（m）	允许偏差（mm）	检查方法
相邻两横向陶板水平标高差	—	≤1.5	钢卷尺或水平尺
横向陶板水平度	构件长度小于或等于 0.9 时	≤1.5	水平仪或水平尺
	构件长度大于 0.9 时	≤2.0	
竖向陶板水平度	—	2.5	2m 靠尺，钢板尺

3. 幕墙安装允许偏差

陶板幕墙安装允许偏差应符合表 4 - 6 - 10 的规定。

表 4 - 6 - 10　陶板幕墙安装允许偏差

项　　目	幕墙高度 H（m）	允许偏差（mm）	检查方法
竖缝及墙面垂直度	$H \leqslant 30$	≤10	激光经纬仪或经纬仪
	$30 < H \leqslant 60$	≤15	
	$60 < H \leqslant 90$	≤20	
	$H > 90$	≤25	
幕墙平整度	—	≤2.5	2m 靠尺，钢板尺
竖缝直线度	—	≤2.5	
横缝直线度	—	≤1.5	
缝宽度（与设计值比较）	—	±2.0	卡尺
两相邻面板之间接缝高低差	—	±1.0	深度尺

4. 单元式陶板幕墙安装允许偏差

单元式陶板幕墙安装允许偏差除了符合表 4 - 6 - 10 的规定外，还应符合表 4 - 6 - 11 的规定。

表 4 - 6 - 11　单元式陶板幕墙安装允许偏差

项　　目	允许偏差（mm）	检查方法
同层单元组件标高宽度小于或等于 35m	≤3.0	激光经纬仪或经纬仪
相邻两组件面板表面高低差	≤1.0	深度尺
两组件对插件接缝搭接长度（与设计值比）	±1.0	卡尺
两组件对插距槽底距离（与设计值比）	±1.0	卡尺

5. 雨水渗漏试验

陶板幕墙安装过程中宜进行接缝部位的雨水渗漏检验。

二、工程验收

干挂建筑陶板幕墙工程验收前应将其表面擦拭干净。

（一）一般规定

1. 验收资料

陶板幕墙工程验收时应检查下述文件和记录资料：

（1）幕墙工程施工图（含节点大样图），结构计算书，设计说明及其他设计文件。

（2）主体建筑设计单位对幕墙工程深化设计的确认文件，同时幕墙设计图纸应经过有关资质审图单位审查，并出具审图确认文件。

（3）幕墙工程所用各种材料，五金配件、构件及组件的产品合格证书，性能检测报告，进场验收记录和复验报告。

（4）幕墙工程所用硅酮结构胶的认定证书和抽查合格证明，进口硅酮结构胶的商检证，国家指定的检测机构出具的硅酮结构胶相容性和剥离黏结性试验报告。

（5）后置埋件（膨胀螺栓或化学锚栓）的现场拉拔强度检测报告。

（6）打胶、保养环境的温度、湿度记录，双组分硅酮结构胶的混匀性试验记录及拉断试验记录。

（7）幕墙构件和组件的加工制作记录，幕墙安装施工记录。

（8）防雷装置测试记录。

（9）幕墙淋水试验记录。

（10）隐蔽工程验收记录。

2. 隐蔽工程验收

干挂陶板幕墙应对下述隐蔽工程项目进行验收：

（1）预埋件或后置埋件；

（2）构件的连接节点；

（3）变形缝及墙面转角处的构造节点；

（4）幕墙的防雷装置，要求防雷导通；

（5）幕墙的防火装置，要求层间防火封堵。

3. 施工质量控制

（1）幕墙及其连接件应具有足够的承载力、刚度和相对于主体结构的位移能力。幕墙构架立柱的连接金属角码与其他连接件应采用螺栓连接，并应有防松动措施。

（2）立柱与横梁等主要受力构件其截面受力部分的壁厚应经计算确定，且铝合金型材壁厚不应小于3.0mm，钢型材壁厚不应小于3.0mm。

（3）主体结构与幕墙连接的各种预埋件，其数量、规格、位置和防腐处理必须符合设计要求。

（4）幕墙的金属框架与主体结构预埋件的连接、立柱与横梁的连接及幕墙面板的安装必须符合设计要求，安装必须牢固。

（5）幕墙的金属框架与主体结构应通过预埋件连接，预埋件应在主体结构混凝土施工时埋入，预埋件的位置应准确。当没有条件采用预埋件连接时，应采用其他可靠的连接措施，并应通过现场拉拔试验确定其承载力。

（6）立柱应采用螺栓与角码连接，螺栓直径应通过计算，并不应小于10mm。不同金属材料接触时，应采用绝缘垫片分割。

（7）幕墙的抗震缝、伸缩缝、沉降缝等部位的处理，应保证缝的使用功能和饰面的完整性。

（8）幕墙工程的设计应满足维护和清洁的要求。

（二）主控项目

（1）陶板幕墙工程所用材料的品种、规格、性能和等级，应符合设计要求及国家现行产品规范的规定。建筑陶板的断裂强度不应小于15MPa，吸水率应小于10%。

陶板幕墙的铝合金挂件厚度不应小于3.5mm，不锈钢挂件厚度不应小于3.0mm。

检查方法：观察，尺寸检查，产品合格证书，性能检测报告，材料进场验收记录和复验报告。

（2）陶板幕墙的造型、立面分格、颜色、光泽、花纹和图案应符合设计要求。

检查方法：观察。

（3）陶板挂件的数量、安装位置、尺寸应符合设计要求。

检查方法：检查进场验收记录或施工记录。

（4）陶板幕墙主体结构的预埋件和后置埋件的位置、数量及后置埋件的拉拔力必须符合设计要求。

检查方法：检查拉拔力检测报告和隐蔽工程验收记录。

（5）陶板幕墙的金属框架立柱与主体结构预埋件的连接、立柱与横梁的连接、连接件与金属框架的连接、挂件与陶板的连接必须符合设计要求，安装必须牢固。

检查方法：手扳检查，检查隐蔽工程验收记录。

（6）金属框架和连接件的防腐处理应符合设计要求。

检查方法：检查隐蔽工程验收记录。

（7）陶板幕墙的防雷装置必须与主体结构防雷装置连接。

检查方法：观察，检查隐蔽工程验收记录和施工记录。

（8）陶板幕墙的防火、保温、防潮材料的设置应符合设计要求，填充应密实、均匀、厚度一致。

检查方法：检查隐蔽工程验收记录。

（9）陶板幕墙各种结构变形缝、墙角的连接节点应符合设计要求和技术标准的规定。

检查方法：检查隐蔽工程验收记录和施工记录。

（10）陶板幕墙的陶板表面和板缝的处理应符合设计要求。

检查方法：观察。

（11）密闭式陶板幕墙的板缝注胶应饱满、连续、均匀、无气泡，板缝宽度和深度应符合设计要求和技术标准的规定。

检查方法：观察，尺量检查，检查施工记录。

（12）陶板幕墙应无渗漏。

检查方法：在易渗漏部位进行淋水检查。

（三）一般项目

（1）陶板幕墙表面应平整、洁净、无污染、缺损和裂痕。颜色和花纹应协调一致，无明显修痕。

检查方法：观察。

（2）陶板幕墙的分缝线条应平直、洁净、接口严密、安装牢固。

检查方法：观察，手板检查。

（3）陶板幕墙接缝应横平竖直、宽窄均匀、阴、阳角陶板压向应正确，板边合缝应顺直；凹凸线出墙厚度应一致，上下口应平直。

检查方法：观察，尺量检查。

（4）密闭式陶板幕墙的密封胶应横平竖直，深浅一致，宽窄均匀、光滑顺直。

检查方法：观察。

（5）陶板幕墙上的滴水线、流水坡向应正确、顺直。

检查方法：观察，用水平尺检查。

（6）陶板幕墙安装的允许偏差和检查方法应符合表 4-6-12 的规定。

表 4-6-12　陶板幕墙安装的允许偏差和检查方法

序号	项　　目		允许偏差		检 查 方 法
			光面	麻面	
1	幕墙垂直度（m）	幕墙高度 $H \leqslant 30$	10		用经纬仪检查
		$30 <$ 幕墙高度 $H \leqslant 60$	15		
		$60 <$ 幕墙高度 $H \leqslant 90$	20		
		$90 <$ 幕墙高度 H	25		
2	幕墙水平度		3		用水平仪检查
3	板材立面垂直度		3		
4	板材上沿水平度		2		用 1.0m 水平尺和钢直尺检查
5	相邻板材角错位		1		用钢直尺检查
6	幕墙表面平整度		2	3	用垂直检测尺检查
7	阳角方正		2	4	
8	接缝直线度		3	4	拉 5.0m 线检查，不足 5.0m 拉通线检查；用钢直尺检查
9	接线高低差		1	—	用钢直尺检查和塞尺检查
10	接线宽度		1	2	用钢直尺检查

三、保养与维修

（1）建筑陶板幕墙工程竣工之后，应制定幕墙的保养、维修计划与制度，定期进行幕墙的保养与维修。

（2）建筑陶板幕墙的保养应根据幕墙墙面积灰污染程度，确定清洗幕墙的次数与周期，每 2 年至少清洗一次。

（3）幕墙在正常使用时，使用单位应每隔 5 年进行一次全面检查。应对板材、密封条、密封胶等进行详细检查。

（4）幕墙的检查与维修应按下列规定进行：

①当发现螺栓松动时，应及时拧紧；当发现连接件锈蚀，应除锈补漆或更换；

②发现板材松动、破损时，应及时修补与更换；

③发现密封胶脱落或损坏时，应及时修补与更换；

④发现幕墙构件和连接件损坏，或连接件与主体结构的锚固松动或脱落时，应及时采取措施加固修复或更换；

⑤应定期检查幕墙的排水系统，当发现堵塞时，应及时疏通；

⑥当五金件有脱落、损坏或功能障碍时，应进行修复或更换；

⑦当遇到台风、地震、火灾等自然灾害时，灾后应对幕墙进行全面检查，并视损坏程度进行维修加固。

（5）对建筑陶板幕墙进行保养与维修中，应符合系列安全规定：

①不得在 4 级以上风力或大雨天气进行幕墙外侧检查，保养与维修作业；

②检查、清洗、保养维修幕墙时，所采用的机具设备必须操作方便、安全可靠；

③在幕墙的保养与维修作业中，凡属高处作业者必须遵守现行业标准《建筑施工高处作业安全技术规范》JGJ 80—91 的有关规定。

第七章　建筑瓷板幕墙

第一节　概　　述

花岗石、大理石板材用于建筑装饰幕墙，为建筑物增色添光不少。随着陶瓷技术的日益发展以及建筑装饰设计师对建筑色彩的要求，一种在光泽、色彩、质地等方面可以与天然花岗石、大理石相媲美而某些力学性能指标、色差、图案变化又优于天然花岗石、大理石的材料——瓷板应运而生。

一、烧结型人造石材——瓷板

（一）微观结构

瓷板是多晶材料，是一种烧结性人造石材。它主要由无数微米级（μm）的石英晶粒和莫来石晶粒构成网架结构，这些微小晶粒与陶瓷玻璃体结合为致密的整体，晶体和玻璃体结构本身都具有很高的强度和硬度，晶粒和玻璃体之间又具有相当高的结合强度。

（二）技术特点

瓷板内部的这些微观结构使得瓷板具有吸水率低、抗弯强度高、密度大、硬度高、耐腐蚀性强、急热急冷性能佳、抗冻性好等特点。由于瓷板系烧结型人造石材，其耐候性和耐久性更不会成为问题。

瓷板的这些特点，使得瓷板的性价比在其他幕墙材料中显得更高，易于被人们所接受。另外，由于采用现代工艺制作和烧结，其色彩、图案、光泽、质地等可以人为地控制，从而可以准确无误地表达建筑装设计师的创作意念和设计理念，为进一步提高装饰幕墙的水平提供了条件。

正由于瓷板的上述优点，使得瓷板在建筑装饰工程中应用越来越广泛。

二、干挂瓷板幕墙

干挂法是通过挂件将装饰瓷板固定的方法。干挂瓷板幕墙是利用高强螺栓和耐腐蚀、强度高的柔性连接件及挂件，将饰面瓷板吊挂于建筑物的外表面。瓷板与主体结构之间留有 8 ~ 70mm 的空隙。好像在建筑物的外表面施加了一层美丽多彩的帷幕一样，煞是好看。挂贴瓷质饰面在建筑装饰工程中应用已相当普遍，而干挂瓷板幕墙亦在逐步得到推广应用。

干挂瓷板幕墙的设计高度不宜大于 100m，分格尺寸应与瓷板规格尺寸相匹配，构图、色调和虚实对比组成应与建筑整体及环境相协调，并要满足建筑物的使用功能和美观要求。

在我国，干挂瓷板幕墙的工程实例见表 4 – 7 – 1。

近年来，由于城市景观和建筑艺术的要求，建筑物的平面形状和竖向体形日趋复杂，墙面线条、凹凸、开洞亦采用教多，风力在这种复杂多变墙面上的分布，往往与一般墙面有较大差别。在风荷载取值时具体用体形系数反映。何种体形或局部变化的体形系数大于 1.5 而酌情要提高的，各地都积累了一些经验。必要时，可做风洞实验确定。干挂瓷板幕墙结构计算时以风荷载为主要荷载（设计值取 $w = 2.0\text{kN/m}^2$），因此，只需验算风荷载作用下的干挂瓷板幕墙承载力即可。

表 4 - 7 - 1　干挂瓷板幕墙工程实例

序号	工程名称	板材规格（mm）	干挂方式	高度及面积
1	广东佛山市某公司办公楼	1000×1000	插销式	6 层，2200m²
2	广东深圳市蛇口某局办公室	650×900	插销式	高 10m，800m²
3	河南焦作市某饭店	1000×1000	扣槽式	1400m²
4	广东龙川某国土大厦	650×900	插销式	2000m²
5	广东佛山市某购物中心	650×900	插销式	3 层，3000m²
6	广东佛山市某国土大厦	650×900	插销式	17 层，7800m²
7	湖北鄂州市某购物商城	650×900	插销式	高 38m，2300m²
8	河北秦皇岛市某局办公楼	650×900	插销式	高 10m，1400m²
9	山东淄博市某集团办公楼	650×900	插销式	高 20m，1000m²

干挂法瓷板幕墙承载力的计算，是在构件试验及工程经验的基础上给出的。根据四川省建筑科学研究院对构件的试验表明：瓷板承载力与瓷板及挂件的力学性能指标、挂件和瓷板的连接方式等有密切的关系。当这些因素发生改变时，干挂瓷板幕墙的承载力亦随之改变。当幕墙瓷板与基面的距离不满足要求时，挂件的尺寸也须另行设计。

干挂瓷板幕墙免除了过去常用的传统砂浆湿贴法，以薄而结实的瓷板代替厚重的天然石材板，减轻了建筑物自身的质量荷载，不受粘贴水泥砂浆"返碱析白"造成幕墙表面污染的影响，特别是可以吸收部分风力和地震力，提高结构的抗震性能，提高装饰质量和观感效应，减轻劳动强度及提高了施工效率。

干挂瓷板幕墙安全可靠，实用美观，经济合理，虽然以烧结型的人造石板代替厚重的天然石材，然而其他技术性能和使用功能更优越，所以是一种可持续发展的轻型、新型建筑装饰幕墙。

第二节　新型幕墙材料——瓷板

瓷板，是指吸水率不大于 0.5% 的瓷质板，包括抛光板和磨边板两种，其单块面积不大于 1.2m²，且不小于 0.5m²。抛光板指做边缘处理且对板面进行抛光处理的瓷质板；磨边板指仅做边缘处理而未对板面进行抛光处理的瓷质板。

瓷板系烧结型人造石材饰面板，具有无可比拟的优良性能。随着幕墙技术的飞速发展，它是一种应运而生的新型幕墙装饰材料。瓷板按原材料和烧结工艺的不同，主要分为仿大理石瓷板和仿花岗石瓷板。

一、仿大理石瓷板

（一）生产工艺

烧结型人造大理石瓷板是将斜长石、石英、辉绿石、石粉和赤铁矿及高岭土等原料按一定比例混合，用注浆法制成坯料，用半干压法成型，再经 1000℃ 左右的高温熔烧而成。

（二）基本规格

仿大理石瓷板的常用规格可按表 4 – 7 – 2 采用。按照陶瓷产品规格的标注习惯，板面的公称尺寸与规格尺寸有一个差值。表 4 – 7 – 2 中的板面公称尺寸与规格尺寸的差值，是以板的拼缝宽度为 4 ~ 6mm 来考虑的。当幕墙工程中需要特殊缝宽的瓷板时，可在向厂家订货时提出。

表 4 –7 –2　仿大理石瓷板常用规格（mm）

公称尺寸	规 格 尺 寸		
	宽度	长度	厚度
650 × 900	644	894	13
800 × 800	794	794	13
1000 × 1000	994	994	13
800 × 1200	794	1194	13

（三）质量要求

（1）仿大理石瓷板应平面平整，边缘整齐；棱角不得损坏；应具有产品合格证。

（2）仿大理石瓷板的表面不得有隐伤等缺陷，并不宜采用褪色的材料包装。

（3）仿大理石瓷板的表面质量应符合表 4 – 7 – 3 的规定。

（4）仿大理石瓷板的尺寸允许偏差应符合表 4 – 7 – 4 的规定。

（5）仿大理石瓷板的理化性能应符合表 4 – 7 – 5 的规定。

表 4 –7 –3　仿大理石瓷板表面质量

缺 陷 名 称		表面质量要求
磨边板	分层、开裂	不允许
	裂纹	不允许
	斑点、起泡、溶洞、落脏、磕碰、坯粉、麻面、疵点	距离板面 2m 处目测，缺陷不明显
	色差	距离板 3m 处目测，色差不明显
抛光板	漏磨	不允许
	漏抛	不允许
	磨痕、磨滑	不明显

注：1. 当色差作为装饰目的时，不属缺陷。

　　2. 瓷板的背面和侧面，不允许有使用的附着物和缺陷。

表 4 – 7 – 4　仿大理石瓷板的尺寸允许偏差

瓷板规格尺寸		允许偏差值（mm）	
等级		一等品	二等品
长度或宽度	<600mm	0.5	1.0
	≥600mm	1.0	1.5
厚度		±0.5	±0.8

表 4 – 7 – 5　仿大理石瓷板的理化性能

序号	项目	技术性能指标	检 验 方 法
1	吸水率	≤0.20%	按《陶瓷砖试验方法　第3部分：吸水率、显气孔率、表观相对密度和容量的测定》GB/T 3810.3—2006检查
2	弯曲强度标准值	≥18.0MPa	按《陶瓷砖试验方法　第4部分：断裂模数和破坏强度的测定》GB/T 3810.4—2006检查
3	耐急冷急热性	无裂纹	按《陶瓷砖试验方法　第9部分：抗热震性的测定》GB/T 3810.9—2006检查

二、仿花岗石瓷板

（一）特点

仿花岗石瓷板是烧结型多晶材料，是由无数微米级（μm）的石英晶粒和莫来石晶粒构成的网架结构，具有吸水率低、抗弯强度高等优点。它的某些力学性能、色泽、图案变化优于天然花岗石、大理石，是一种新型人造花岗石瓷板幕墙材料。

（二）规格

仿花岗石瓷板常用的公称规格有：650mm×900mm×13mm，800mm×800mm×13mm 和 800mm×1200mm×13mm 等。

（三）质量要求

（1）仿花岗石瓷板表面应平整，边缘整齐；棱角不得损坏；应具有产品合格证书。

（2）仿花岗石瓷板表面不得有隐伤等缺陷，并不宜采用易褪色的材料包装。

（3）仿花岗石瓷板的表面质量应参考表 4 – 7 – 3。

（4）仿花岗石瓷板的尺寸允许误差应符合表 4 – 7 – 6 的规定。

（5）仿花岗石瓷板的理化性能应符合表 4 – 7 – 7 的规定。

表 4 – 7 – 6　仿花岗石瓷板尺寸的允许偏差

项　　目	允许偏差值	检 查 方 法
长度、宽度	– 1.5mm	用钢尺
厚度	– 0.5mm，+1.0mm	用最小读数为0.02mm游标卡尺
边直度	±1.0mm	按《陶瓷砖试验方法　第2部分：尺寸和表面质量的检验》GB/T 3810.2—2006检查

续表 4－7－6

项　目	允许偏差值	检　查　方　法
直角度	±0.2%	按《陶瓷砖试验方法　第2部分：尺寸和表面质量的检验》GB/T 3810.2—2006检查
中心弯曲度	±2.0mm	按《陶瓷砖试验方法　第2部分：尺寸和表面质量的检验》GB/T 3810.2—2006检查
翘曲度	±2.0mm	按《陶瓷砖试验方法　第2部分：尺寸和表面质量的检验》GB/T 3810.2—2006检查

注：考虑了允许偏差后的板厚不得小于12.5mm，多边形、弧形等异形瓷板考虑了允许偏差后的外形尺寸应符合设计要求。

表 4－7－7　仿花岗石瓷板的理化性能的允许偏差

序号	项　目		技术指标	检　验　方　法
1	吸水率	平均值	≤0.5%	按《陶瓷砖试验方法　第3部分：吸水率、显气孔率、表观相对密度和容重的测定》GB/T 3810.3—2006检查
		单个值	≤0.6%	
2	弯曲强度标准值		≥35.0MPa	按《陶瓷砖试验方法　第4部分：断裂模数和破坏强度的测定》GB/T 3810.4—2006检查
3	表面莫氏硬度		≥6	按《陶瓷砖》GB/T 4100—2015检查
4	急冷急热循环出现炸裂或裂纹		不允许	按《陶瓷砖试验方法　第9部分：抗热震性的测定》GB/T 3810.9—2006检查
5	冻融循环出现破坏或裂纹		不允许	按《陶瓷砖试验方法　第12部分：抗冻性的测定》GB/T 3810.12—2016检查
6	耐腐蚀性	耐酸性	A级	按《陶瓷砖》GB/T 4100—2015检查
		耐碱性	A级	
7	耐深度磨损体积		≤250cm³	按《陶瓷砖试验方法　第6部分：无釉砖耐磨深度的测定》检查
8	抛光板的光泽度		≥55	按《建筑饰面材料镜向光泽度测定方法》GB/T 13891—2008检查

注：严寒地区干挂瓷板幕墙用瓷板，按《陶瓷砖试验方法　第12部分：抗冻性的测定》GB/T 3810.12—2016检测抗冻性能时，其工作温度宜适当降低。

第三节　干挂瓷板幕墙设计

干挂瓷板幕墙是利用高强螺栓和耐腐蚀、强度高的柔性连接件和挂件，将饰面瓷板吊挂于建筑物的外表面，瓷板与主体结构之间留有 8～70mm 的空隙。常用的安装施工方法包括扣槽式干挂法和插销式干挂法两种。扣槽式干挂法是指干挂施工时采用扣槽式挂件将瓷板固定；插销式干挂法是指干挂施工时采用插销式挂件将瓷板固定。因此挂件在瓷板幕墙中具有十分重要的作用，要求确保挂件在建筑物使用年限内不因锈蚀而影响其承载力和刚度。

一、建筑设计

（一）造型和功能设计有关规定

由于城市景观和建筑艺术的要求，建筑物的平面形状和竖向体形日趋复杂，墙面线条、凹凸、开洞亦采用较多。因此，干挂瓷板幕墙的建筑设计应符合下列规定：

（1）满足建筑物的使用功能和美观要求。

（2）构图、色调和虚实对比组成应与建筑整体及环境协调。

（3）分格尺寸应与瓷板尺寸相匹配。一般情况下，幕墙分格尺寸＝瓷板规格尺寸＋拼缝宽度。

（二）幕墙高度设计有关规定

干挂瓷板幕墙的高度不宜大于100m。因为干挂瓷板幕墙未考虑抗震设计，所以幕墙高度不宜过大。

二、结构构造设计

（一）结构设计有关规定

在风荷载设计值作用下，干挂瓷板幕墙应保持完好，不允许出现破坏现象。因此，干挂瓷板幕墙的结构设计应符合下列规定：

（1）干挂瓷板幕墙的结构计算应满足建筑物围护结构设计要求。

（2）在风荷载设计值作用下（一般取 $w=2.0\text{kN/m}^2$，不考虑地震，比通常提高 $5\sim6$ 倍），干挂瓷板幕墙不得破坏。

（3）在设防烈度地震作用下，经修理后的干挂瓷板幕墙仍可使用；在罕遇地震作用下，钢架不得脱落。

（二）板缝设计有关规定

干挂瓷板幕墙工程瓷板拼缝最小宽度是根据构件试验结果取定，并考虑了下列因素：

水平缝宽＝挂件厚度＋预留温度变形宽度＋挂件下垂变形

侧缝宽度＝预留层间变形影响的宽度

干挂瓷板幕墙的瓷板拼缝最小宽度应符合表4-7-8的有关规定。

表4-7-8　干挂瓷板幕墙瓷板拼装缝最小宽度

设防类别		拼缝最小宽度（mm）
非抗震设防		4
抗震设防烈度	6度、7度	6
	8度	8

对于铝合金挂件，瓷板拼缝宽度尚应考虑铝合金上齿板与下齿条连接要求的间隙。

（三）钢架和挂件设计有关规定

安装基面是确保干挂瓷板幕墙瓷板可靠连接的重要构件。在幕墙工程中优先选用钢架，同时也允许采用非钢架的做法。其中，对混凝土墙体，要提出墙体要求；而对砌体则要求在符合某些条件下进行加固处理。在通常情况下，干挂瓷板幕墙宜采用钢架或直接选用不锈钢挂件、铝合金挂件作为安装基面。

1. 钢架结构

干挂瓷板幕墙宜优先采用钢架作安装基面，用作安装基面的钢架设计时应符合下列规定：

（1）满足挂件连接要求。

（2）钢架应做防锈镀膜处理，防锈镀膜处理应符合国家现行有关标准的规定。

（3）钢架及钢架与建筑物主体结构连接的设计应符合现行国家标准《钢结构设计规范》GB 50017—2003 的有关规定。

2. 不锈钢挂件

在干挂瓷板幕墙工程设计中，当选用不锈钢挂件时，亦可采用符合下列规定之一的建筑物墙体作安装基面。

（1）强度等级不低于 C20 的混凝土墙体，且混凝土的灌注质量应符合国家现行标准《混凝土结构工程施工质量验收规范》GB 50204—2002 的有关规定。

（2）当用作安装基面的砌体尚未施工时，可在瓷板挂件的锚固位置加设钢筋混凝土梁、柱。加设的钢筋混凝土梁、柱应符合下列规定：

①梁、柱截面尺寸、配筋及与主体结构的连接，应按支承瓷板传递的荷载设计确定。

②梁、柱截面尺寸沿墙面方向不宜小于 200mm，墙厚方向不宜小于 140mm。

③混凝土强度等级不得低于 C20。

④纵向钢筋不宜小于 4ϕ12，箍筋直径不得小于 ϕ6，间距不得大于 200mm。

（3）当用作安装基面的砌体已施工且砌块强度等级不小于 MU7.5、砌块空心率不大于 15%、砂浆强度等级不小于 M5.0 时，可在砌块内、外侧加设钢丝网水泥砂浆加强层。加高的加强层应符合下列规定：

①钢丝网可采用规格为 ϕ1.5、孔目 15mm×15mm 的钢丝网。

②钢丝网片搭接或搭入相邻墙体面不宜小于 200mm，并作可靠连接。

③水泥砂浆的强度等级不应低于 M7.5，厚度不应小于 25mm。

④当固定挂件的穿墙螺栓间距大于 600mm 时，应加设螺栓连接墙体两侧的钢丝网。

（四）挂件与基面连接有关规定

安装基面优先使用钢架，是干挂瓷板幕墙可靠连接的重要构件。钢架与挂件的连接，与挂件的形式有关。一般情况下，对于不锈钢挂件，预留连接螺栓孔；对于铝合金挂件，连接边型材为 L 型钢且型钢壁厚能满足挂件连接的要求。

干挂瓷板幕墙通常采用不锈钢挂件或铝合金挂件与主体结构上的基面进行连接。

1. 不锈钢挂件

在干挂瓷板幕墙工程设计中，当采用不锈钢挂件时，既可用于钢架基面，又可用于混凝土或砌体结构基面。不锈钢挂件与安装基面的连接应符合下列规定：

（1）如图 4-7-1 所示，扣槽式的扣齿板与基面连接不得少于 2 个锚固点，且锚固点间距不得大于 700mm，距相邻板角不宜大于 200mm；当风荷载设计值大于 4kN/m² 时，锚固点的间距不得大于 500mm。如图 4-7-2 所示，插销式的瓷板连接点均应与基面连接。

（2）当基面为钢架时，可采用 M8 不锈钢螺栓连接。

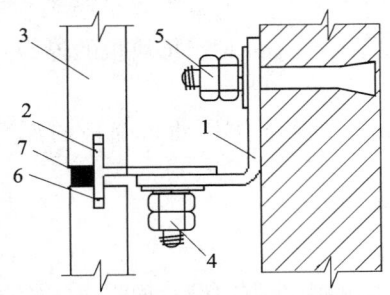

图 4 - 7 - 1　不锈钢扣槽式挂件装配示意图

1—角码板；2—扣齿板；3—瓷板；

4—螺栓；5—胀锚螺栓；

6—环氧树脂；7—密封胶

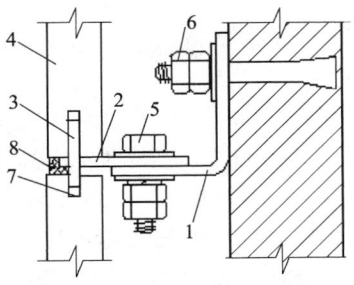

图 4 - 7 - 2　不锈钢插销式挂件示意图

1—角码板；2—销板；3—销钉；

4—瓷板；5—螺栓；6—胀锚螺栓；

7—环氧树脂；8—密封胶

（3）当基面为混凝土墙体或钢筋混凝土梁、柱时，可采用 M18 × 100mm 不锈钢胀锚螺栓连接，胀锚螺栓锚入混凝土结构层深度不得小于 60mm。

（4）当基面为钢丝网水泥砂浆加固的砌体时，连接可采用 M8 不锈钢螺栓穿墙锚固，螺栓所用的垫圈改用垫板。

2. 铝合金挂件

在干挂瓷板幕墙工程设计中，铝合金挂件仅适用于钢架基面。铝合金挂件与钢架基面连接应符合下列规定：

（1）挂件的水平力作用方向宜通过或接近连接型材截面的形心。

（2）当采用如图 4 - 7 - 3 所示的铝合金挂件时，挂件应与连接的 L 型钢挂件并辅以 M4 不锈钢螺栓（或 M4 不锈钢抽芯铆钉）锚固。

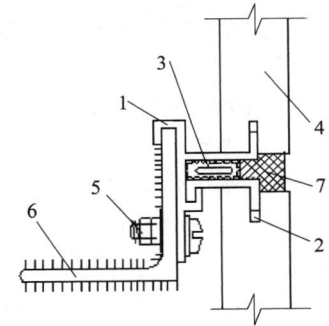

图 4 - 7 - 3　铝合金扣槽式
挂件装配示意图

1—上齿板；2—下齿条；

3—弹性胶条；4—瓷板；

5—螺栓；6—钢架型材；

7—密封胶

（五）挂件与瓷板连接有关规定

1. 连接方式

在干挂瓷板幕墙工程设计中，挂件与瓷板的连接方式应符合下列规定：

（1）当抗震设防烈度不超过 7 度时，可采用扣槽式或插销式干挂法；当抗震设防烈度为 8 度时，应只采用扣槽式干挂法。

（2）根据建筑物所在地的基本风压及干挂瓷板幕墙的高度选择连接方式，并应满足幕墙瓷板承载力的要求。

2. 基本规定

在干挂瓷板幕墙工程中，挂件与瓷板的连接应符合下列规定：

（1）当为不锈钢挂件时，瓷板与钢架面或墙面的间距可采用 30 ~ 70mm；当为铝合金挂件时，瓷板与钢架面的间距应与挂件尺寸相适应。

（2）采用扣槽式干挂法时，支承边应对称布置；不锈钢扣齿板宜取与瓷板支承边等长，铝合金扣齿板宜取比瓷板支承边短 20~50mm。

（3）采用插销式干挂法时，连接点数应为偶数且对称布置。当单块瓷板面积小于 1m² 时，每块板的连接点数不得少于 4 点；当单块瓷板面积不小于 1m² 时，每块板的连接点数不得少于 6 点。

（4）扣齿式不锈钢扣齿插入瓷板的深度宜取 8mm，铝合金扣齿插入瓷板的深度宜取 5mm，插销式销钉插入瓷板的深度宜取 15mm。

（5）不锈钢挂件与瓷板结合部位均应填涂环氧树脂。

（六）其他有关加强措施规定

（1）离地面 2m 高以下的干挂瓷板幕墙，在每块瓷板的中部宜加设一加强点。加强点的连接件应与基面连接，连接件与瓷板结合部位的面积不宜小于 20cm²，并应满涂胶粘剂。

（2）特殊规格或幕墙边缘的瓷板，在保证可靠连接承载力的条件下，可采用多种连接方式。

三、挂件构造设计

干挂瓷板幕墙使用的挂件有不锈钢挂件和铝合金挂件两类。挂件必须具有满足设计使用年限的耐气候性能，其承载能力和刚度应符合设计要求。

（一）适用范围

1. 安装基面

不锈钢挂件分扣槽式挂件和插销式挂件两种，适用于钢架、混凝土墙体、加固砌体的安装基面。如图 4-7-1 和 4-7-2 所示。

铝合金挂件为扣槽式挂件，仅适用于钢架安装基面。如图 4-7-3 所示。

2. 安装距离

不锈钢挂件适用于瓷板与钢架面或墙面距离为 30~70mm；铝合金挂件适用于瓷板与钢架面距离为 8~10mm。

当瓷板与基面距离不符合上述要求时，挂件的规格尺寸应另行设计。

（二）挂件组成

1. 不锈钢挂件

不锈钢扣槽式挂件由角码板、口齿板等构件组成，装配如图 4-7-1 所示。不锈钢插销式挂件由角码板、销板、销钉等构件构成，装配如图 4-7-2 所示。

（1）不锈钢角码板应符合下列规定：

①板的厚度不得小于 4mm。

②调节槽长度不宜小于 20mm。

③调节槽边至板边的距离不得小于 10mm。

不锈钢角码板的常用规格及尺寸如图 4-7-4 所示。

（2）不锈钢扣齿板、托板应符合下列规定：

①板的厚度宜取 1.5~2.0mm。

②调节槽长度不宜小于 30mm。

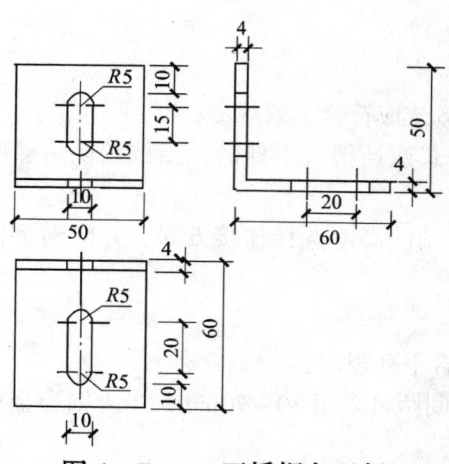

图 4-7-4　不锈钢角码板

③扣齿板和托板的扣齿高度及长度应符合设计要求。扣齿板的上扣齿和托板的扣齿高度宜取 8mm，扣齿板的下扣齿高度宜取 13~15mm，扣齿宽度宜取 15~20mm。

④扣齿高度的允许偏差为 ±0.5mm，不直度不得大于 0.5mm。

不锈钢扣齿板、托板的常用规格及尺寸如图 4-7-5 和图 4-7-6 所示。

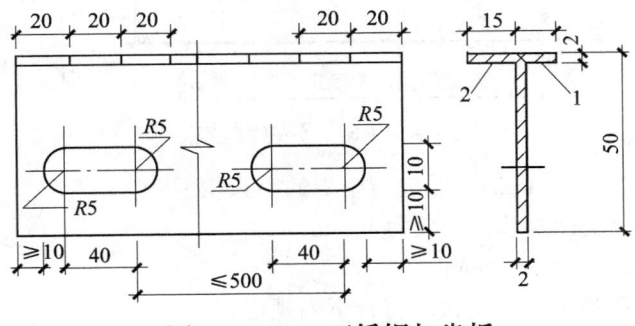

图 4-7-5 不锈钢扣齿板

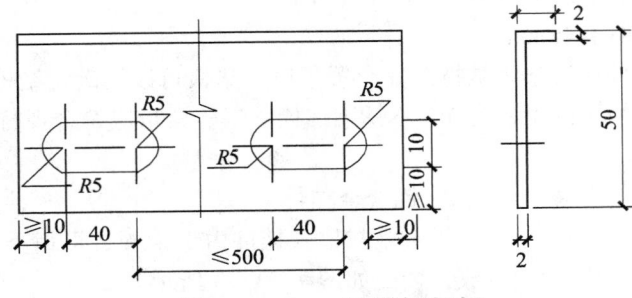

图 4-7-6 不锈钢托板

（3）不锈钢插销、托板应符合下列规定：

①板的厚度不得小于 3mm。

②销板的销孔直径宜取 3.2~3.5mm。

③销板调节槽的长度不宜小于 20mm，拉板调节槽长度宜取 40~100mm。

④销孔边至板边的距离宜取 3~4mm，调节槽边至板边的距离不得小于 10mm。

不锈钢销板、拉板的常用规格及尺寸如图 4-7-7 和图 4-7-8 所示。

（4）不锈钢销钉应符合下列规定：

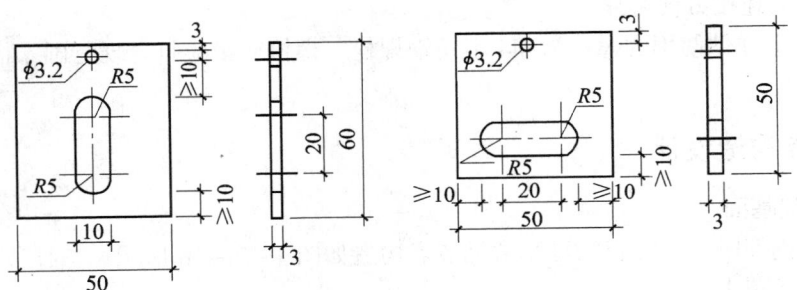

图 4-7-7 不锈钢销板

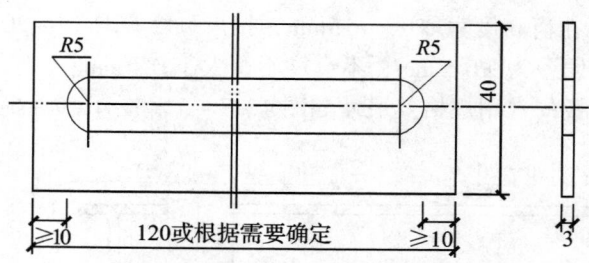

图4-7-8 不锈钢拉板

①销钉直径应取2.8～3.0mm，并应与销板的销孔相配。

②销钉长度应符合设计要求，一般为40mm。

③销钉长度允许偏差为±1.0mm。

（5）穿墙螺栓使用的不锈钢垫板应符合下列规定：

①垫板厚度不得小于3mm。

②垫板长度不宜小于钢丝网钢丝间距的1.4倍。

③垫板宽度不宜小于40mm。

（6）当有可靠条件保证垫板被抹灰完全覆盖时，垫板可以用碳素结构钢加工制造。

（7）不锈钢挂件使用的螺栓为M8不锈钢螺栓，螺栓质量应符合现行国家标准的有关规定。

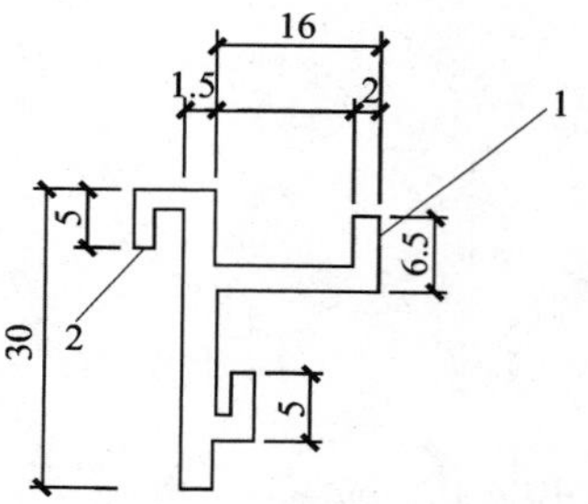

图4-7-9 铝合金上齿板

1—上扣齿；2—挂齿

2. 铝合金挂件

铝合金扣槽式挂件由上齿板、下齿条、弹性胶条等构件组成，装配如图4-3-3所示。

（1）铝合金上齿板应符合下列规定：

①齿板厚度不得小于1.5mm。

②上扣齿高度宜取5mm，齿厚不得小于1.5mm。

③挂齿高度不得小于3.5mm。

铝合金上齿板的常用规格及尺寸如图4-7-9所示。

（2）铝合金下齿条应符合下列规定：

①齿条厚度不得小于1.5mm。

②下扣齿高度宜取6mm，齿厚不得小于1.5mm。

③与上齿板连接方便可靠。

（3）铝合金挂件使用的螺栓为M4不锈钢螺栓，螺栓质量应符合现行国家标准的有关规定。

四、节点构造设计

（一）钢架基面

当基面为钢架时，干挂瓷板幕墙常见节点构造如图4-7-10所示。选择节点构造图时，仍需验算瓷板承载力。

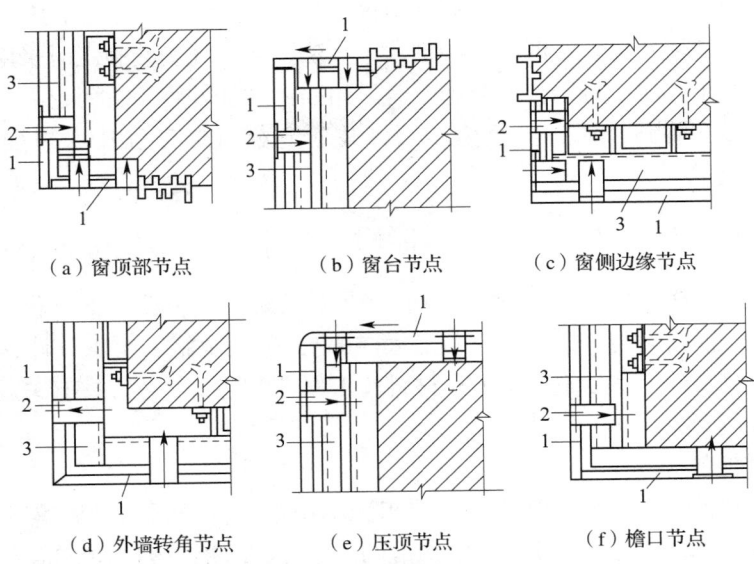

（a）窗顶部节点　　　（b）窗台节点　　　（c）窗侧边缘节点

（d）外墙转角节点　　（e）压顶节点　　　（f）檐口节点

图 4 - 7 - 10　安装基面为钢架的瓷板幕墙节点构造示意图
1—瓷板；2—挂件；3—钢架

（二）墙体基面

当基面为墙体时，干挂瓷板幕墙常见节点构造如图 4 - 7 - 11 所示。选择节点构造图时，仍需验算瓷板承载力。

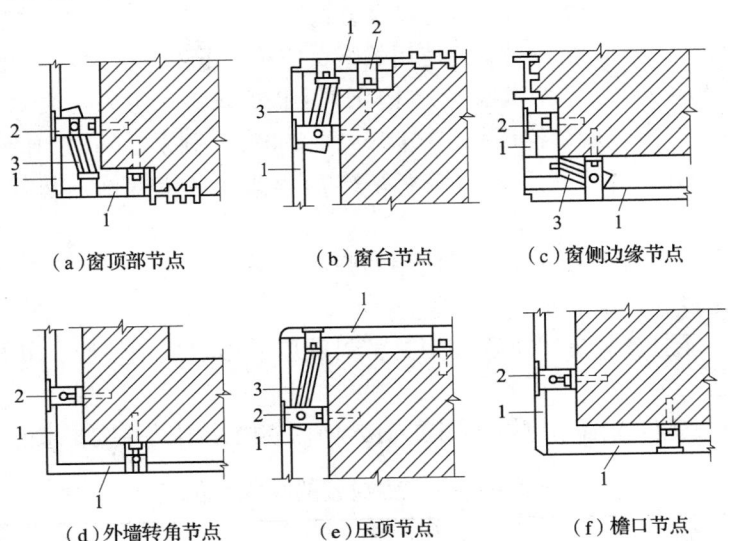

（a）窗顶部节点　　　（b）窗台节点　　　（c）窗侧边缘节点

（d）外墙转角节点　　（e）压顶节点　　　（f）檐口节点

图 4 - 7 - 11　安装基面为墙体的瓷板幕墙节点构造示意图
1—瓷板；2—挂件；3—拉板

第四节　干挂瓷板幕墙安装施工

干挂瓷板幕墙是利用高强螺栓和耐腐蚀、强度高的柔性连接件及挂件，将饰面瓷板吊挂于建筑物的外表面，瓷板与主体结构之间留有 8～70mm 的空隙。常用干挂安装施工方法包括扣槽式干挂法和插销式干挂法两种。扣槽式干挂法，指干挂安装施工时采用扣槽式挂件将瓷板固定；插销式干挂法，指干挂安装施工时采用插销式挂件将瓷板固定。

干挂瓷板幕墙安装施工时，应严格参照《建筑瓷板装饰工程技术规程》CECS 101—1998 中的有关规定执行。

一、施工准备

由于干挂瓷板幕墙的特殊性，所以施工准备阶段应完成许多必要的准备工作。干挂瓷板幕墙安装施工前，首先应会审图纸（含节点大样图），并编制施工组织设计，施工所用的动力、脚手架等临时设施应满足施工要求；材料按工程进度进场，并应按有关规定送检合格。

（一）材料准备

1. 常用配套材料

（1）不锈钢挂件。干挂瓷板幕墙工程使用的不锈钢挂件应采用经固溶处理的奥氏体不锈钢制作，钢材质量应符合下列现行国家标准的规定：《不锈钢棒》GB/T 1220—2007；《不锈钢冷加工钢棒》GB/T 4226—2009；《不锈钢冷轧钢板和钢带》GB/T 3280—2015；《不锈钢热轧钢板和钢带》GB/T 4237—2015；《冷顶锻用不锈钢丝》GB/T 4232—2009。

（2）铝合金挂件。干挂瓷板幕墙工程使用的铝合金挂件应采用 LD30 合金制造的淬火人工时效状态的型材，制作允许偏差应符合现行国家标准《铝合金建筑型材》GB/T 5237—2008 中的高精级的规定；铝合金应进行表面阳极氧化处理，氧化膜厚度不得低于现行国家标准《铝及铝合金阳极　阳极氧化膜与有机聚合物膜》GB/T 8013—2007 规定的 AA15 级。

（3）常用钢材。干挂瓷板幕墙工程使用的钢材应符合下列现行国家标准的规定：《碳素结构钢》GB/T 700—2006；《优质碳素结构钢》GB/T 699—2015；《合金结构钢》GB/T 3077—2015；《低合金高强度结构钢》GB/T 1591—2008；《碳素结构钢和低合金结构钢　热轧薄钢板和钢带》GB/T 912—2008；《碳素结构钢和低合金结构钢　热轧厚钢板和钢带》GB/T 3274—2007。

（4）弹性胶条。干挂瓷板幕墙工程使用的弹性胶条应采用三元乙丙橡胶等具有低温弹性的耐候、耐老化材料制作，并挤出成型。

（5）密封胶。干挂瓷板幕墙工程使用的密封胶应采用耐候中性胶，其技术性能应符合表 4 - 7 - 9 的规定。

使用密封胶时，应在产品说明书规定的有效使用期内使用，并按要求的温度施工。

表 4 - 7 - 9　密封胶的技术性能

序　号	技术指标	指　标
1	表干时间	1.0～1.5h
2	初步固化时间（25℃）	3d
3	完全固化时间	7～14d
4	流淌性	无流淌
5	污染性	无污染

续表 4 - 7 - 9

序　号	技　术　指　标	指　标
6	邵氏硬度	20 ~ 30
7	抗拉强度	0.11 ~ 0.14MPa
8	撕裂强度	≥3.8N/mm
9	固化后的变位承载能力	25% ≤δ≤50%
10	施工温度	5 ~ 48℃

（6）胶粘剂。干挂瓷板幕墙工程使用的胶粘剂是需要采取加强措施时用于瓷板背面与加强点连接件之间的黏结，使用时应采用耐候中性胶，其技术性能应符合表4-7-10的规定。

使用胶粘剂时，应在产品说明书中规定的有效使用期内使用，并按要求的温度施工。

表 4 - 7 - 10　胶粘剂的技术性能

序　号	技　术　指　标	指　标
1	初步固化时间（25℃）	3 ~ 7d
2	完全固化时间	14 ~ 21d
3	流淌性	不明显
4	与瓷板黏结抗拉强度	≥3.0MPa
5	固化后的变位承载能力	12.5% ≤δ≤50%

（7）环氧树脂胶液。干挂瓷板幕墙工程使用的环氧树脂胶液的配合比应经试配后确定，其技术性能应符合表4-7-11的规定。通常以选用牌号E-44环氧树脂为好，其浆液具有良好的弹性和适当的固化时间。

表 4 - 7 - 11　环氧树脂胶液的技术性能

序　号	技　术　指　标	指　标
1	分子量	350 ~ 400
2	环氧值	0.41 ~ 0.47 当量/100g
3	软化点（℃）	12 ~ 20
4	初步固化时间（h）	4 ~ 8
5	完全固化时间（d）	3 ~ 7
6	流淌性	不明显
7	抗拉强度（MPa）	3.0 ~ 4.0

使用环氧树脂胶液时，应在产品说明书中规定的有效使用期内使用，并按要求的温度方式。

（8）填充材料。干挂瓷板幕墙工程使用的填充材料可采用表观密度不大于 $37kg/m^3$ 的聚乙烯发泡材料。

2. 材料要求

（1）材料应按工程进度进场，并按有关规定送检合格。

（2）进施工现场的材料应符合设计要求，其质量要求应符合有关规定。

（3）瓷板堆放、吊运应符合下列规定：

①按板材的不同品种、规格分类堆放。

②板材宜堆放在室内，当需要在室外堆放时，应采取有效措施防雨、防潮。

③当瓷板有减震外包装时，平放堆高不宜超过 2m，竖放堆高不宜超过 2 层，且倾斜角不宜超过 15°；当瓷板无包装时，应将板的光泽面相向，平放堆高不宜超过 10 块，竖放宜单层堆放，且倾斜角不宜超过 15°。

④瓷板吊运时，宜采用专用运输架。

（4）吊装及施工过程中，严禁随意碰撞瓷板，不得划花、污损板材光泽面。

（5）密封胶等化工类产品应注意防火防潮，并分类堆放在阴凉处。

（6）使用密封胶、胶粘剂、环氧树脂胶液时，应在产品说明书规定的有效使用期内使用，并按要求的温度施工。

（7）安装干挂瓷板幕墙使用的螺栓时，均应套装与螺栓相配的弹簧垫圈。

（二）基层准备

主体结构质量直接影响瓷板幕墙的施工质量，因此，安装干挂瓷板幕墙主体结构施工质量应符合有关施工及验收规范的要求，且穿过墙体的所有管道、线路等施工已全部完毕。

1. 钢架结构基面

干挂瓷板幕墙工程采用钢架作安装基面时，其钢架安装应符合下列规定：

（1）钢架与主体结构的预埋件应牢固、位置准确，预埋件的标高偏差不得大于 ±10mm，预埋件位置与设计位置的偏差不得大于 ±20mm。

（2）钢架与预埋件的连接及钢架防锈处理应符合设计要求。

（3）钢架制作及焊接质量应符合现行国家标准《钢结构工程施工及验收规范》GB 50205—2001 及《钢结构焊接规范》GB 50661—2011 的有关规定。

（4）钢架制作允许偏差应符合表 4 - 7 - 12 的规定。

表 4 - 7 - 12　钢架制作允许偏差

序号	检验项目		允许偏差（mm）	检验方法
1	构件长度		±3	用钢尺检查
2	焊接 H 型钢截面高度	结合部位	±2	用钢尺检查
		其他部位	±3	
3	挂接铝合金挂件用的 L 型钢截面高度		±1	用钢尺检查
4	焊接 H 型钢截面宽度		±3	用钢尺检查

续表 4 – 7 – 12

序号	检 验 项 目		允许偏差（mm）	检 验 方 法
5	构件两端最外侧安装孔距		±3	用钢尺检查
6	构件两组安装孔距		±3	用钢尺检查
7	同组螺栓	相邻两孔距	±1.0	用钢尺检查
		任意两孔距	±1.5	
	构件挠曲矢高		$l/1000$，且不大于 10	用拉线及钢尺检查

注：l 为构件长度。

2. 混凝土、砌体结构基面

干挂瓷板幕墙工程选用不锈钢挂件或铝合金挂件时，亦可选用混凝土墙体或其他砌体作安装基面，其墙体基面应符合下列规定：

（1）干挂瓷板幕墙工程的墙体为混凝土结构时，应对墙体表面进行清理修补，使墙面平整坚实。

（2）干挂瓷板幕墙工程的墙体为砖砌体或砌块砌体时，砌体应具备足够的强度和刚度，同时构造上应符合下列规定：

①当用作安装基面的砌体尚未施工时，可在瓷板挂件的锚固位置加设钢筋混凝土梁、柱。

②当用作安装的基面的砌体已经施工且砌块强度等级不小于 MU7.5、砌块空心率不大于 15%、砂浆强度等级不小于 M5 时，可在砌体内、外侧加设钢丝网水泥砂浆加强层。

二、安装施工技术

（一）施工工艺流程

干挂瓷板幕墙的安装顺序由下往上进行，避免交叉作业，其安装施工工艺流程：瓷板编号、开槽或钻孔→安装连接件→挂件安装→安装瓷板→嵌填密封胶。

（二）安装施工要点

1. 瓷板编号、开槽或钻孔

瓷板开槽、钻孔质量直接影响瓷板的受力性能，是一个十分关键的工序，应予以高度重视。装饰瓷板的编号、开槽或钻孔应符合下列规定：

（1）瓷板的编号应满足安装时流水作业的要求。

（2）开槽或钻孔前应逐块检查瓷板的厚度、裂缝等质量指标，不合格者不得使用。

（3）开槽长度或钻孔数量应符合设计要求：

①开槽或钻孔位置应在规格板厚中心线上。

②开槽或钻孔的尺寸要求及允许偏差应符合表 4 – 7 – 13 和表 4 – 7 – 14 的规定。

③根据设计要求在瓷板上、下侧边钻孔。瓷板钻孔相对较困难，一定要先将孔点定位好，将板固定牢固再行钻孔。钻孔的速度均匀合理，掌握好深度。

④钻孔的边孔至板角的距离宜取（0.15～0.20）b（b 为瓷板支承边边长），其余孔应在两边孔范围内等分设置。

⑤当开槽或钻孔造成瓷板板面开裂时，该块瓷板不得再使用。

表 4 - 7 - 13　瓷板开槽钻孔的尺寸要求

项　　目		尺寸要求（mm）
开槽	宽度	2.5（2.0）
	深度	10（6.0）
钻孔	直径	3.2
	深度	20

注：括号内数值为铝合金扣齿板。

表 4 - 7 - 14　瓷板开槽钻孔的允许偏差

项　　目		允许偏差
开槽宽度		+0.5mm（±0.5mm）
钻孔直径		+0.3mm
位置	开槽	±0.3mm
	钻孔	±0.5mm
深度	开槽	±1.0mm
	钻孔	±2.0mm
槽、孔垂直度		10

注：括号内数值为铝合金扣齿板。

2. 安装连接件

幕墙与建筑物墙体采用胀锚螺栓或穿墙螺栓进行连接。胀锚螺栓、穿墙螺栓安装应符合下列规定：

（1）在建筑物墙体钻螺栓安装孔的位置应满足瓷板安装时角码板调节要求。

（2）钻孔用的钻头应与螺栓直径相匹配，钻孔应垂直，钻孔深度应能保证胀锚螺栓进入混凝土结构层不小于60mm或使穿墙螺栓穿过墙体。

（3）钻孔边缘应整齐，孔内的灰粉应清理干净后方可塞进胀锚螺栓。

（4）穿墙砌体螺栓的垫板应保证与钢丝网可靠连接，钢丝网搭接应符合设计要求。

（5）螺栓紧固力矩应取40~45N·m，并应保证紧固可靠。

3. 挂件安装

干挂瓷板幕墙工程的挂件有不锈钢挂件和铝合金挂件两种。挂件的安装应符合下列规定：

（1）挂件连接应牢固可靠，不得松动。

（2）挂件位置调节适当，并应能保证瓷板连接固定位置准确。

（3）不锈钢挂件的螺栓紧固力矩应取40~45N·m，并应保证紧固可靠。

（4）铝合金挂件挂接钢架 L 型钢的深度不得小于 3mm，M4 螺栓（或 M4 抽芯铆钉）紧固可靠且间距不宜大于 300mm。

（5）铝合金挂件与钢材接触面宜加设尼龙、橡胶或塑料隔离层。

4. 安装瓷板

在墙面上吊垂线及拉水平线，以控制幕墙墙面的垂直、平整。支底层瓷板托架，将底层瓷板就位并做临时固定。

（1）一般规定。干挂瓷板幕墙的瓷板安装应符合下列规定：

①当设计对建筑物外墙有防水要求时，安装瓷板前应修补施工过程中损坏的外墙防水层。

②除设计有特殊要求外，同幅墙的瓷板色彩应一致，不得出现偏色或色差明显。

③瓷板的拼缝宽度应符合设计要求，安装质量也应符合表 4 - 7 - 15 的要求。

表 4 - 7 - 15　瓷质饰面工程质量允许偏差（mm）

项　目		允许偏差值	检 查 方 法
立面垂直	室内	2	用 3m 托线板检查
	室外	3	
表面平整		2	用 2m 靠尺和楔形塞尺检查
阳角方正		2	用方尺检查
饰线平直		2	拉 5m 线检查，不足 5m 拉通线检查
接缝平直		2	
接缝高低	干挂法	1	用直尺和楔形塞尺检查
	挂贴法	0.3	
接缝宽度	干挂法	1	用直尺检查
	挂贴法	0.8	

④瓷板的槽内、孔内及挂件表面的灰粉应清理干净。

⑤扣齿板的长度应符合设计要求；当设计未作规定时，不锈钢扣齿板与瓷板支承边等长，铝合金扣齿板比瓷板支承边短 20 ~ 50mm。

⑥扣齿或销钉插入瓷板深度应符合设计要求，扣齿插入深度允许偏差为 ±1.0mm，销钉插入深度允许偏差为 ±2.0mm。

⑦当为不锈钢挂件时，应将环氧树脂胶液抹入槽内、孔内，满涂挂件与瓷板的结合部位，然后插入扣齿或销钉。不锈钢挂件与瓷板结合部位填涂环氧树脂胶液，有利于提高幕墙的抗震性能，同时亦是提高瓷板承载力的有效措施。

工程实践证明，环氧树脂用于填涂不锈钢挂件与瓷板的结合部位会直接影响其连接承载力及抗震性能；同时，还直接影响瓷板安装质量。因而，干挂瓷板幕墙应采用环氧树脂中性能较好的牌号 E - 44，其浆液要求有较好的弹性和适当的固化时间。

（2）加强措施。干挂瓷板幕墙瓷板中部加强点的施工应符合下列规定：

①连接件与基面连接应牢固可靠。

②连接件与瓷板结合位置及面积应符合设计要求。当设计未作规定时，应符合下列要求：

a. 距离地面2m高以下的干挂瓷板幕墙或包柱，在每块瓷板的中部宜加设一加强点；

b. 加强点的连接点应与基面连接，而且要求牢固可靠；

c. 连接件与瓷板结合部位的面积不宜小于20cm²；

d. 在连接件与瓷板结合部位，应满涂胶粘剂，然后插入扣齿或销钉。

③连接件与瓷板结合部应预留0.5~1.0mm间隙，并应清除干净后满涂胶粘剂。

④干挂瓷板幕墙使用的胶粘剂应采用中性胶，其技术性能应符合表4-7-10中的规定。当设计未作规定时，胶粘剂可采用表4-7-11中的环氧树脂胶液所代替。

5. 嵌填密封胶

（1）准备工作。瓷板安装固定后，瓷板缝须用密封胶嵌缝，以保证瓷板幕墙表面美观要求，提高瓷板的保温、隔热与隔声性能，同时减少外界不利因素对挂件的侵蚀，所以密封胶应具有良好的耐候性。使用中性胶是为了避免给装饰板和挂件带来不良影响。

干挂瓷板幕墙的密封施工前应完成下列准备工作：

①检查并复核每一块瓷板的安装质量。

②清理所有拼缝；拼缝须干燥，潮湿时会影响密封胶的施工质量。

③当瓷板拼缝宽时，可塞填充材料；填充材料的表观密度不大于37kg/m³（如聚乙烯发泡材料等），并预留不小于6mm的缝隙作为密封胶的灌缝。

④当为铝合金挂件时，应采用具有低温弹性的耐候、耐老化材料制作并应挤出成形的弹性胶条（如三元乙丙橡胶等）。将挂件上、下扣齿间隙塞填压紧，填塞前的胶条宽度不宜小于上、下扣齿间隙的1.2倍。

（2）嵌缝施工。密封胶嵌缝应符合下列规定：

①密封胶的颜色应符合设计规定；当设计未作规定时，密封胶颜色应与瓷板颜色相匹配。

②嵌缝深度应符合设计规定；当设计未作规定时，嵌缝深度宜与瓷板板面齐平，或呈微弯月面。

③嵌缝应饱满平直，宽窄一致。

④嵌缝施工时，不能污损瓷板板面，一旦不慎发生，应立即清理干净。

⑤瓷板安装完毕后板缝潮湿时，不得进行密封胶嵌缝施工。

（三）细部处理

（1）干挂瓷板幕墙底层板（1.0m以下）有排水孔设置要求时，应保证排水通道顺畅。

（2）干挂瓷板幕墙与门窗框结合处等的边缘处理应符合设计要求；当设计未作规定时，应用密封胶嵌缝或灌缝。

（四）安全施工措施

（1）干挂瓷板幕墙安装施工应符合《建筑施工高处作业安全技术规范》JGJ 80—91的规定，还应遵守施工组织设计确定的各项要求。

（2）安装幕墙的施工机具和吊篮在使用前应进行严格检查，符合规定后方可使用。

（3）施工人员应佩戴安全帽，系安全带、系工具袋等。

（4）幕墙工程上、下部交叉作业时，结构施工层下方应采取可靠的安全防护措施。

（5）现场焊接时，在焊件下方应设接火斗。

（6）脚手架上的废弃物应及时清理，不得在窗台、栏杆上放置施工机具。

第五节　质量标准及验收方法

一、质量检查

干挂瓷板幕墙工程质量检查项目包括材料质量检查、表面质量检查、连接件质量检查等。

（一）材料质量检查

干挂瓷板幕墙工程材料质量检查应符合下列规定：

（1）幕墙工程材料均应有出厂合格证。

（2）瓷板规格、尺寸、理化性能指标、表面质量应符合设计要求，并应符合表4-7-2、表4-7-3、表4-7-5、表4-7-7的规定，尺寸允许偏差应符合表4-7-4、表4-7-6的规定。

（3）挂件材质、尺寸应符合设计要求，并应符合下述规定：

①不锈钢挂件应采用经固溶处理的奥氏体不锈钢制作，钢材质量应符合有关国家标准。

②铝合金挂件应采用LP30合金制造的淬火人工时效状态的型材制作，制作允许偏差应符合现行国家标准高精级的规定；铝合金应进行表面阳极氧化处理，氧化膜厚度不得低于现行国家标准规定的AA15级。

（4）密封材料与胶粘剂等的品种、颜色应符合设计要求，质量应符合表4-7-9、表4-7-10、表4-7-11的规定，不得使用过期产品。

（5）干挂瓷板幕墙瓷板的力学性能指标、挂件的化学成分及力学性能指标，应按同一品种规格产品的0.1%且不少于3件抽样送检。抽样试件的瓷板厚度不得小于12.5mm，花岗石瓷板弯曲强度不得小于35.0MPa，大理石瓷板弯曲强度不得小于18.0MPa；挂件的化学成分及力学性能指标也应符合有关标准的规定。

当一个试件的一项指标不合格时，应加倍抽样；检验结果仍有一个试件的一项指标不合格时，该批材料不合格。

（6）当对材料的其他质量指标有怀疑时，应抽样检查，合格后方可使用。

（二）表面质量检查

干挂瓷板幕墙的表面质量应符合下列规定：

（1）瓷板的品种、规格、色彩、图案应符合设计要求。

（2）瓷板安装必须牢固，无歪斜、缺棱掉角等缺陷，瓷板拼缝应横平竖直，缝宽均匀，并应符合设计要求。

（3）表面应平整、洁净，色泽协调，无变色、污染，无显著划痕、光泽受损处。

（4）幕墙面凹凸位置的瓷板，边缘整齐，厚度一致。

（5）干挂瓷板幕墙的密封胶应嵌缝饱满、平直、宽窄均匀，颜色一致。

（三）连接质量检查

干挂瓷板幕墙工程连接质量检查应符合下列规定：

（1）连接质量检查应进行钢架制作安装、挂件与基面连接、挂件与瓷板连接的检查，并应作隐蔽工程验收。

（2）钢架制作、钢架与预埋件连接、防锈处理应符合设计要求，预埋件埋设、钢架制作允许偏差及焊接质量应符合表4－7－12的规定要求。

（3）胀锚螺栓、穿墙螺栓的安装质量应符合前述有关要求。

（4）瓷板开槽或钻孔的尺寸要求及允许偏差应符合表4－7－13和表4－7－14中的要求。

（5）挂件连接应符合设计要求，并应符合前述要求。

（6）扣齿或销钉插入瓷板深度应符合设计要求，扣齿插入深度允许偏差为±1.0mm，销钉插入深度允许偏差为±2.0mm。不锈钢挂件与瓷板结合部位的环氧树脂胶液或其他胶粘剂填涂饱满。

（7）对施工过程中造成外墙面防水层的损坏部位，应做修复处理。

二、工程验收

干挂瓷板幕墙工程验收前，应先将其表面擦洗干净。

（一）验收资料

干挂瓷板幕墙工程验收时，应提交下列资料：

（1）设计图纸、文件、设计修改通知。

（2）材料出厂质量保证书及送检试验报告。

（3）隐蔽工程验收文件。

（4）施工单位自检记录。

（二）观感和抽样检验

干挂瓷板幕墙工程验收应进行观感检验和抽样检验，并应符合下列规定：

（1）干挂瓷板幕墙工程观感检验以每幅墙为检查单元，检验质量应符合前述表面质量检验标准。

（2）干挂瓷板幕墙工程抽样检验质量应符合表4－7－16的规定，抽样数量可按下列办法确定。

①室外，以10m高左右为一检验层，每30m长抽查一处，每处长、高方向各3块，且不少于3处。

②室内，每楼层随机抽样幕墙面积的10%。

表4－7－16　干挂瓷板幕墙工程质量允许偏差

项次	检验项目		允许偏差（mm）	检 验 方 法
1	立面垂直	室内	2	用3m托线板检查
		室外	3	
2	表面平整		2	用2m靠尺和楔形塞尺检查

续表 4 - 7 - 16

项次	检验项目	允许偏差（mm）	检 验 方 法
3	阳角方正	2	用方尺检查
4	饰线平直	2	拉 5m 线检查，不足 5m 拉通线检查
5	接缝平直	2	
6	接缝高低	1	用直尺和楔形塞尺检查
7	接缝宽度	1	用直尺检查

三、质量标准及验收方法

（一）主控项目

（1）瓷板的品种、规格、颜色和性能应符合设计要求。

检验方法：观察；检查产品合格证书、进场验收记录和性能检测报告。

（2）瓷板孔、槽的数量、位置和尺寸应符合设计要求。

检验方法：检查进场验收记录和施工记录。

（3）干挂瓷板幕墙安装工程的预埋件（或后置埋件）、连接件的数量、规格、位置、连接方法和防腐处理必须符合设计要求。瓷板安装必须牢固。

检验方法：手扳检查，检查进场验收记录、现场拉拔检测报告、隐蔽工程验收记录和施工记录。

（二）一般项目

（1）瓷板表面应平整、洁净、色泽一致，无裂痕和缺损。

检验方法：观察。

（2）瓷板嵌缝应密实、平直，宽度和深度应符合设计要求，嵌填材料色泽应一致。

检验方法：观察，尺量检查。

（3）瓷板上的孔洞应套割吻合，边缘应整齐。

检验方法：观察。

（4）瓷板安装的允许偏差和检验方法应符合表 4 - 7 - 17 的规定。

表 4 - 7 - 17 瓷板安装的允许偏差和检验方法

项次	检验项目	允许偏差（mm）	检 验 方 法
1	立面垂直度	2	用 2m 垂直检测尺检查
2	表面平整度	1.5	用 2m 靠尺和楔形塞尺检查
3	阴、阳角方正	2	用直角检测尺检查
4	接缝直线度	0.5	拉 5m 线，不足 5m 拉通线，用钢直尺检查
5	接缝高低差	1	用钢直尺和楔形塞尺检查
6	接缝宽度	—	用钢直尺检查

第六节　背栓式瓷板幕墙技术

随着建筑科学技术的发展，越来越多的传统建筑材料在其原有优越性能的基础上，采用新的生产技术使其在新领域中得到较为广泛的应用。我国的陶瓷板研制、生产、加工一直在世界上处于领先地位。背栓式瓷板技术正是利用了陶瓷产品上的优势，结合国外先进背栓锚固系统，使其在南京朗诗国际、苏州金墅国际等十多个工程项目上得到广泛的应用。

一、背栓式瓷板幕墙

（一）建筑瓷板

建筑瓷板是指由黏土或其他无机非金属原料，经成型、烧结等工艺处理，用于装饰与保护建筑物、构筑物墙面及地面的块状或块状瓷制品，其吸水率不大于0.5%。瓷板的技术性能应符合《建筑幕墙用瓷板》JG/T 217—2007 的规范，并满足表4－7－18的要求。

表4－7－18　瓷板物理性能指标

项　　目	技 术 性 能
吸水率（%）	平均值≤0.5，单个值≤0.6
抗热震性	经抗热震性试验后不出现炸裂或裂纹（循环次数：10次）
抗釉裂性（有釉表面）	经抗釉裂性试验后，有釉表面应无裂纹或剥落（循环次数：1次）
抗冻性	经抗冻性试验后应无裂纹或剥落（循环次数：100次）
光泽度（抛光板）	光泽度不低于55
耐磨性	非施釉表面耐深度磨损体积不大于175mm³
	施釉表面耐深度不低于3级
色差	同一品种、同一批号瓷板颜色花纹基本一致

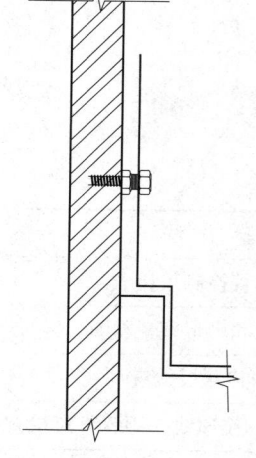

图4－7－12　背栓式原理示意图

（二）背栓式原理

通过专业的钻孔设备，在瓷板的背面精确加工成一个直径7mm、扩孔直径9mm的锥形圆孔，把背栓植入锥形孔中，拧入螺杆，使背栓底部彻底展开，与锥形孔相吻合，形成一个无应力的凸型结合，并通过小型的挂钩件将瓷板固定在安装基面上。如图4－7－12所示。

（三）分类

1. 按结构形式分类

根据结构形式一般分为背栓式瓷板幕墙和背栓式瓷板饰面工程两种。前者一般应用于抗震裂度大于8度的地区，后者一般应用于抗震裂度小于7度的地区。

2. 按工程功能分类

根据工程功能要求，板材之间拼缝可分为开敞式或嵌缝式两种。

（1）背栓式瓷板幕墙：背栓式瓷板幕墙的构造特点为由背栓

通过铝合金挂件将瓷板与幕墙龙骨连接，水平荷载和竖向荷载通过瓷板由背栓转化为集中荷载，由铝合金挂件通过幕墙龙骨传递给主体结构。如图 4 - 7 - 12 所示。

（2）背栓式瓷板饰面工程：背栓式瓷板饰面工程的构造特点为由背栓通过插杆与混凝土主体结构连接，水平荷载和竖向荷载通过瓷板由背栓转化为集中荷载。由插杆传递给主体结构，如图 4 - 7 - 13 所示。

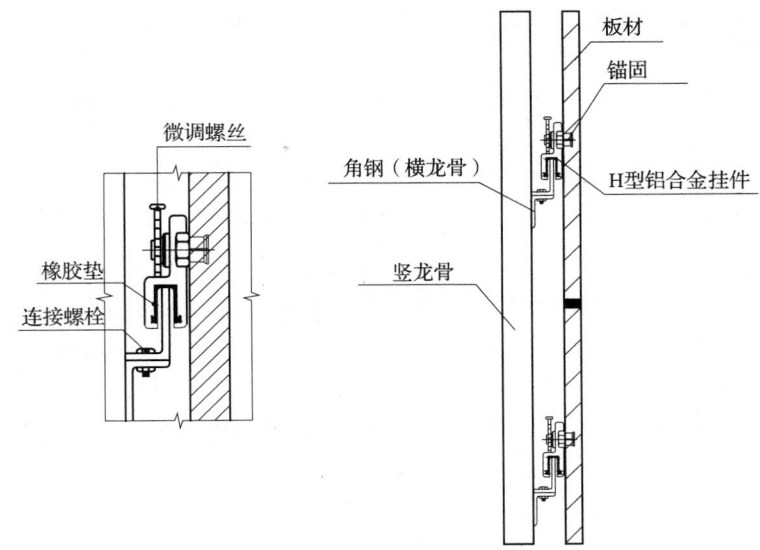

图 4 - 7 - 13　背栓式瓷板饰面工程构造示意图

（四）连接构造规定

1. 背栓式连接

瓷板幕墙选择背栓式连接时（如图 4 - 7 - 14 所示），应符合以下规定：

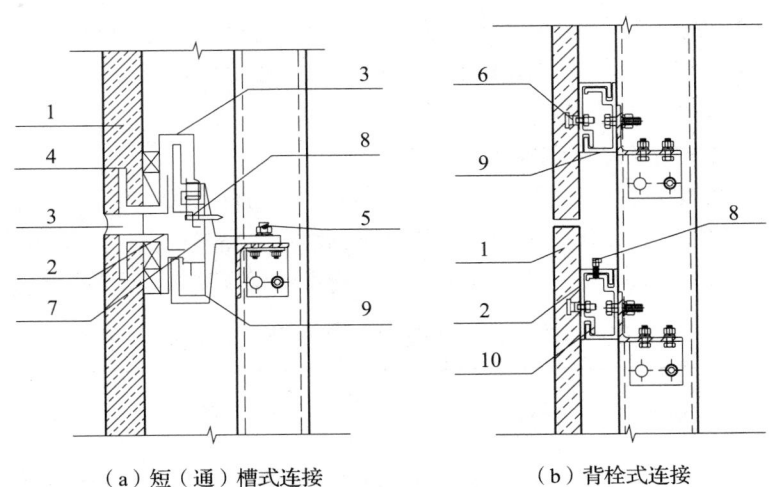

（a）短（通）槽式连接　　　　（b）背栓式连接

图 4 - 7 - 14　瓷板连接构造示意图

1—瓷板；2—铝合金挂件；3—密封胶；4—胶粘剂；5—紧固螺栓；
6—背栓；7—限位块；8—调节螺栓；9—铝合金托板；10—柔性垫片

（1）瓷板表面平整时，按公称厚度（总厚度）并考虑板上孔洞的影响；表面有波纹或凹凸时，应考虑表面凸起高度或者凹陷深度。背栓连接时，瓷板厚度≥12mm，单块面积一般≤1.5m²。

（2）背栓支承铝合金型材连接件的截面厚度不应小于2.5mm。

（3）背栓支承应有防脱落措施。连接处瓷板有效厚度不应小于15mm，背栓孔底与板面的净距离不小于5mm；背栓孔与面板边缘净距不应小于50mm，且不大于支撑边长的20%。

2. 槽式连接

瓷板可选择短槽、通槽连接（如图4－7－14（a）所示），瓷板厚度≥13mm，并符合以下规定：

（1）安装瓷板应使用专用挂件。采用槽式连接时，不锈钢挂件厚度不应小于3mm，铝合金挂件厚度不应小于4mm，铝型材表面应阳极氧化处理。短槽挂件的长度不应小于50mm，每个挂件宜有2个螺栓固定。

（2）短槽挂件外侧边与面板边缘的距离不小于板厚的3倍，且不小于50mm。

（3）通槽挂件外侧面与面板边缘的距离不小于板厚，且不大于20mm。

（4）建筑瓷板的槽口中心线宜位于面板计算厚度的中心，槽口两侧板厚均不小于5mm。

（5）建筑瓷板挂件插入槽口的深度不小于10mm，不大于15mm。槽宽应大于挂件厚度2～3mm。

（6）挂件与面板间的空隙应填充胶粘剂，胶粘剂应具有高机械性抵抗能力。

建筑瓷板幕墙的连接构造可以采用注胶式、嵌条式或开敞式。若采用开敞式，应有防腐蚀、防渗漏及导排水构造措施。

二、瓷板材料的特性

瓷板具有无放射性、良好的耐久性能、不褪色，表面色泽鲜艳，且可根据设计要求进行调色烧制，因此在色彩方面给建筑设计师提供了很大的选择余地和创造空间。瓷板表面可分为毛面和釉面两种，釉面瓷板还具有良好的自洁功能。在背栓式瓷板幕墙及背栓式干挂瓷板工程中使用的瓷板厚度不宜小于12mm。

（一）瓷板常用规格及允许偏差

原则上来讲，在满足瓷板烧制要求下可以根据立面进行任意的分格，但考虑到瓷板生产厂家的常规加工尺寸和性价比及施工方便快捷等因素，为了提高其经济性，一般采用瓷板的常用规格。对于边部收口的瓷板在工厂进行切割处理。瓷板的常用规格及允许偏差见表4－7－19。

表4－7－19 瓷板常用规格及允许偏差

公称尺寸（mm）	标准尺寸（mm）			质量（kg/m²）	项目	允许偏差（mm）
	宽度	长度	厚度			
600×600	600	600	12	26.3	长度和宽度	±0.5% 且不宜超过 ±1.5
800×800	800	800	12	26.3	厚度	±0.1
1000×1000	1000	1000	13	28.5	对角线	小于2.0
600×1200	600	1200	13	28.5	中心弯曲度	±0.5% 且不宜超过 ±2.0%

（二）瓷板表面质量

瓷板表面质量除满足工程使用需要外，还应符合表 4 - 7 - 20 的规定。

表 4 - 7 - 20 瓷板表面质量要求

缺 陷 名 称	表面质量要求
分层、开裂、裂纹	不允许
斑点、针孔、溶洞、落脏、磕碰、坯粉、麻面	距 2m 处直视，目测表面无缺陷；且距离板面 2m 处，目测缺陷不明显
色差	距离瓷板面 3.0m 处直视，目测色差不明显
漏磨、漏抛（抛光砖）	不允许
磨痕、磨划、（抛光砖）	不明显

注：1. 当色差作为装饰目的时，不属缺陷；
2. 瓷板的背面和侧面不允许有影响使用的附着物和缺陷。

（三）瓷板物理化学性能

瓷板物理及化学性能指标应符合表 4 - 7 - 21 的规定。

表 4 - 7 - 21 瓷板物理化性能

项目	技术指标	检查方法	项目	技术指标	检查方法
吸水率	平均值 ≤0.1%	按《陶瓷砖试验方法 第 3 部分：吸水率、显气孔率、表观相对密度和容重的测定》GB/T 3810.3—2006 检查	耐腐蚀性	耐酸性 A 级	按《陶瓷砖》GB/T 4100—2015 检查
	单个值 ≤0.2%	按《陶瓷砖试验方法 第 4 部分：断裂模数和破坏强度的测定》GB/T 3810.4—2006 检查		耐碱性 A 级	
弯曲强度标准值	≥35MPa	按《陶瓷砖》GB/T 4100—2015 检查	耐污染性	无变化	《陶瓷砖试验方法 第 13 部分：耐化学腐蚀性的测定》GB/T 3810.13—2006
表面莫氏硬度	≥6	按《陶瓷砖试验方法 第 9 部分：抗热震性的测定》GB/T 3810.9—2006 检查	耐深度磨损体积	≤205m^3	按《陶瓷砖试验方法 第 6 部分：无釉砖耐磨深度的测定》GB/T 3810.6—2006 检查

续表 4 − 7 − 21

项目	技术指标	检查方法	项目	技术指标	检查方法
急冷急热循环出现炸裂或裂纹	不允许	按《陶瓷砖试验方法　第 12 部分：抗冻性的测定》GB/T 3810.12—2016 检查	抛光板的光泽度	≥55	按《建筑饰面材料镜向光泽度测定方法》GB/T 13891—2008 检查
冻融循环出现破坏或裂纹	不允许	按《陶瓷砖》GB/T 4100—2015 检查	—	—	—

（四）瓷板设计强度取值

背栓式瓷板幕墙及背栓式干挂饰面工程用瓷板的弯曲强度设计值 f_P，应按同一种规格的 0.1% 且不小于 3 件进行抽样检测，试件的平均弯曲强度值 f_m 不得小于 30MPa，单块试件的弯曲强度值 f_m 不得小于 27MPa。试件的平均弯曲强度值 f_{gm} 除以 3 即为瓷板的弯曲强度设计值 f_P。

三、瓷板强度计算

计算荷载取值与普通玻璃幕墙和金属与石材幕墙相同，按《建筑结构荷载规范》GB 50009—2001 进行取值，荷载组合及计算参数和模型的选定按照《玻璃幕墙工程技术规范》JGJ 102—2001 及《金属与石材幕墙工程技术规范》JGJ 133—2003 进行选定。虽然陶瓷技术在我国应用历史比较长，但其作为外装饰材料时间尚短，其弹性模量和泊松比尚需通过实验及时间来进一步积累。

（一）四点支撑瓷板的计算

最大应力标准值可按有限元方法计算，也可按下列公式计算。如图 4 − 7 − 15 所示。

$$\sigma_{Wk} = 6mW_k I_x I_y / t^2$$

$$\sigma_{Ek} = 6mq_{Ek} I_x I_y / t^2$$

式中　σ_{Wk}——风荷载作用下瓷板截面最大应力标准值（N/mm^2）；

　　　σ_{Ek}——地震作用下瓷板截面最大应力标准值（N/mm^2）；

　　　W_k——风荷载标准值；

　　　q_{Ek}——地震荷载标准值；

　　　m——弯矩系数，可由玻璃长边与短边及锚固点距板边缘之比确定（按表 4 − 7 − 22 采用）；

　　　I_x——瓷板水平边长（mm）；

　　　I_y——瓷板竖向边长（mm）；

　　　t——瓷板的厚度（mm）。

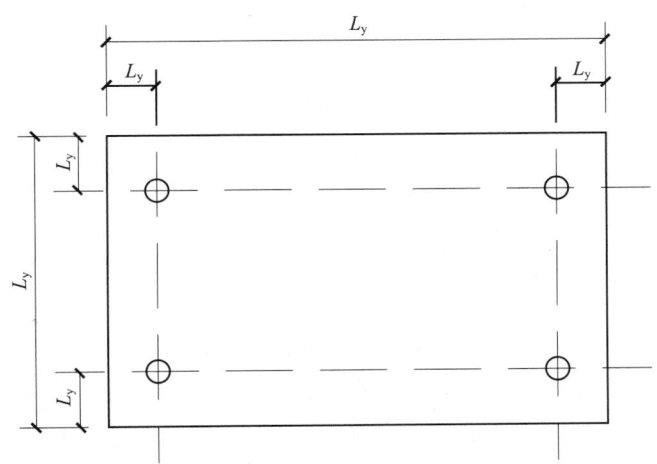

图 4 - 7 - 15　四点支承瓷板计算简图

表 4 - 7 - 22　四点支承瓷板弯矩系数

L_x/L_y	$A_x/L_x = 0.1$								
A_y/L_y	0.2	0.25	0.33	0.5	1.0	2.0	3.0	4.0	5.0
0.1	0.3718	0.3059	0.2333	0.1655	0.0941	0.1442	0.2222	0.3038	0.3829
0.2	0.1598	0.1383	0.1124	0.0894	0.0813	0.1573	0.2314	0.3099	0.3828
0.3	0.2766	0.2315	0.1878	0.1399	0.0938	0.1694	0.2387	0.3136	0.3827
L_x/L_y	$A_x/L_x = 0.2$								
A_y/L_y	0.2	0.25	0.33	0.5	1.0	2.0	3.0	4.0	5.0
0.1	0.3657	0.3029	0.2289	0.1627	0.0943	0.0916	0.1147	0.1213	0.1477
0.2	0.1324	0.1193	0.1031	0.0846	0.0666	0.0845	0.1021	0.1259	0.1377
0.3	0.2414	0.2074	0.1735	0.1352	0.1013	0.0977	0.1079	0.1322	0.1381
L_x/L_y	$A_x/L_x = 0.3$								
A_y/L_y	0.2	0.25	0.33	0.5	1.0	2.0	3.0	4.0	5.0
0.1	0.3805	0.3054	0.2258	0.1510	0.0873	0.1372	0.1856	0.2336	0.2759
0.2	0.2562	0.2176	0.1741	0.1327	0.0938	0.1341	0.1816	0.2292	0.2711
0.3	0.1299	0.1095	0.0826	0.0623	0.0751	0.1219	0.1702	0.2163	0.2593

（二）瓷板幕墙饰面工程插杆计算

背栓式瓷板饰面工程用插杆的拉压计算除应在工地现场进行拉拔试验外，还应根据《金属与石材幕墙工程技术规范》JGJ 133—2003 对插杆的拉压进行计算。

1. 拉压验算

拉压按下式验算：

$$N_{wk} = 1.25 W_k I_x I_y / n$$
$$N_{Ek} = 1.25 q_{Ek} I_x I_y / n$$
$$N_k = 1.4 N_{wk} + 0.6 \times 1.3 N_{Ek}$$

式中　N_k——插杆中产生的应力（N/mm²）；

　　　n——背栓个数。

2. 剪切验算

剪切按下式验算：

$$V = 1.7G_K/n$$

式中 V——背栓中产生的剪应力（N/mm^2）；

G_K——瓷板自重设计值（N/mm^2）。

（三）背栓在瓷板中产生的剪应力计算

在风荷载或垂直于板面方向地震作用下，瓷板剪应力标准值可按下式计算：

$$\tau_{W_k} = W_k L_x L_y \beta / 2n\pi d_1 \ (t - h)$$

$$\tau_{Ek} = q_E L_x L_y \beta / 2n\pi d_1 \ (t - h)$$

式中 τ_{W_k}——在风荷载作用下，由于背栓在瓷板中产生的剪应力标准值（N/mm^2）；

τ_{Ek}——在垂直于板面方向地震载作用下，由于背栓在瓷板中产生的剪应力标准值（N/mm^2）；

β——应力调整系数，可按表4-7-23采用；

n——连接边上背栓个数；

d_1——背栓在瓷板中前端钻孔直径（mm）；

h——背栓在瓷板中前端钻孔深度（mm）。

表4-7-23 应力调整系数

每块瓷板背栓个数	3	4
β	1.25	1.30

四、瓷板加工制作

为配合背栓使用，瓷板钻孔应配备专用钻孔设备采用偏心钻头在工厂内或工地内进行（见图4-7-16）。钻孔直径为7mm，允许偏差0~0.2mm，钻孔深度依据瓷板厚度而定，允许偏差0~0.3mm，底部扩孔直径为9mm，允许偏差0~0.2mm，钻孔完毕后，在安装背栓前应对100%的孔洞进行检查，检查内容包括圆形钻孔的直径、扩孔部位的直径及钻孔深度等，孔洞的检查应采用专门的仪器设备。如图4-7-17所示。

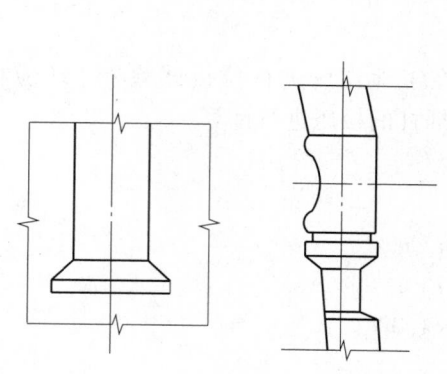

图4-7-16 钻孔尺寸及机具示意图

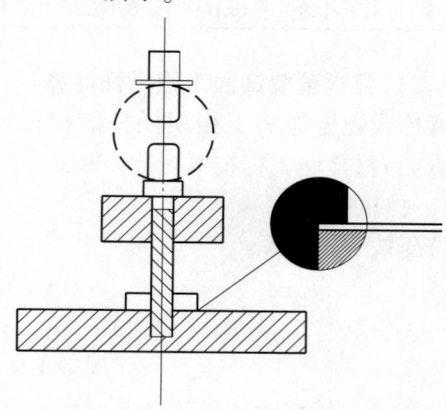

图4-7-17 孔位检测设备示意图

五、背栓式瓷板幕墙安装施工

背栓式瓷板幕墙的设计高度一般≤80m。

背栓式瓷板幕墙及背栓式干挂瓷板工程在施工安装时宜避免交叉作业。

（一）瓷板编号及钻孔

1. 编号

瓷板的编号应满足安装时流水作业的要求。

2. 钻孔

（1）瓷板钻孔前应逐块检查板的厚度、裂缝等质量指标，不合格者不得使用；

（2）瓷板钻孔数量和位置应符合设计要求，孔位中心距板边尺寸不得小于2倍的板厚。

（二）插杆安装要求

（1）在建筑墙体上钻插杆安装孔，孔的位置及深度应满足瓷板安装时调节要求。

（2）钻孔用的钻头应与背栓直径相匹配，钻孔应垂直，钻孔深度应能保证插杆进入混凝土结构层的深度，且不小于60mm或穿墙螺杆穿透墙体。

（3）钻孔内的灰粉采用毛刷及吹风机清理干净，方可塞进胶管；用电钻旋入螺杆进行旋转搅拌，匀速推进孔底（转速750r/min），时间10s，不得直接敲入。

（4）空心砌块墙体应采用空心钻头，不得使用冲击钻并采用网式胶管注射式填入。

（三）瓷板安装要求

（1）当建筑外墙面有防水要求时，瓷板安装前应修补施工过程中损坏的外墙防水层。

（2）除设计有特殊要求外，同幅墙面瓷板的色泽应一致。

（四）瓷板幕墙密封胶施工要求

（1）检查复核瓷板安装质量；

（2）清理拼缝；

（3）当瓷板拼缝较宽时，可塞填充材料，并预留不小于6mm的缝深作为密封胶的灌缝；

（4）胶缝应饱满平直，宽窄一致，密封胶的颜色及胶缝深度和宽度应符合设计要求；

（5）打胶时不应污染瓷板面，一旦发生应及时清理；

（6）当瓷板潮湿时，不得进行密封胶打胶施工；

（7）瓷板幕墙面板与其他形式幕墙及窗的结合处，当设计未作规定时，应采用密封胶灌缝；

（8）背栓式瓷板幕墙及背栓式干挂瓷板工程使用的密封胶、锚固剂、胶粘剂，同一品牌产品应在产品有效期内使用，并按要求的温度施工。

六、应用前景展望

作为一种新型幕墙及背栓式干挂瓷板技术，虽然背栓式锚固系统在国内比较成熟，但以瓷板作为幕墙装饰材料在国内应用的时间并不长，还处在初级起步阶段，许多研究工作和科研试验还要进行，设计理论尚需进一步完善。如严寒和寒冷地区的冻融循环试验研究，瓷板板块承载力计算、校核理论等。

（1）我国陶瓷的技术并不落后，一旦瓷板生产厂家认识到瓷板幕墙的市场潜力，必将投入巨大的力量促进它的应用和发展。

（2）价格方面颇具竞争力。由于瓷板原材料便宜，并且极易取得，与天然石材相比具备较大的价格优势。

（3）瓷板材料具有很好的耐久性，抗腐蚀能力强，颜色鲜艳，不褪色，并且很容易烧制出各种颜色和图案，为现代派建筑设计师提供更多的选择空间。

（4）背栓式瓷板幕墙已经通过有关建筑科学研究院的震动台试验，9度抗震设防时幕墙样品没有出现破坏现象。并且经过有关建筑工程质量监督检验中心的抗风压试验证实，达到3kPa时幕墙样品没有出现任何功能性障碍。

总之，背栓式瓷板幕墙及背栓式干挂瓷板工程是一种发展前景较好的幕墙新技术。目前已经具备大量应用的条件，相信不久的将来，背栓式瓷板幕墙在我国会有较快发展。

第七节　干挂建筑瓷板幕墙工程实例

在建筑幕墙工程中，花岗岩、大理石一直是干挂建筑饰面的良好材料，但它们也存在着色差、颜色不够丰富及材质不均匀等缺点。随着陶瓷技术的日益发展，以及建筑设计师对建筑设计的色彩要求，一种新的干挂饰面材料——陶瓷板越来越受到建筑设计师们的喜爱。同传统的花岗岩、大理石相比，它具有强度高、色泽均匀、色彩丰富、自身质量轻、耐候性和耐久性好等特点，一出现就显示出较强的生命力，为建筑师们提供了一个新的设计空间，无疑将会促进建筑幕墙的发展和延伸。

一、工程概况

某经贸大厦改造工程，楼高12层，外饰面干挂瓷板幕墙面积约5000m²，是目前瓷板幕墙应用中较最高的建筑。

二、材料选择

（一）骨架

瓷板幕墙采用热镀锌钢结构骨架，立柱为16#槽钢，横向间距为1200mm，横梁为∟50×5角钢，竖向间距900mm，立柱通过∟90mm×120mm×190mm固定角码同主建筑结构固定。

（二）瓷板

瓷板饰面板采用650mm×900mm×13mm的瓷板，按3.6m楼层高，每楼层分四块，板间缝隙为6mm。瓷板固定采用插销式，通过3mm厚不锈钢片同骨架进行连接。瓷板与天然花岗岩、大理石板材的主要技术性能对比见表4-7-24。

表4-7-24　瓷板与天然花岗岩、大理石板材的主要性能对比

序号	瓷　质　板	天然花岗岩、大理石板材
1	抗折强度高，为38~55MPa	抗折强度低，为9~15MPa
2	硬度高，为莫氏硬度6~7	硬度低，为莫氏硬度3~6
3	耐酸性高：A级	耐酸性差：B至D级
4	耐碱性高：A级	耐碱性低：B级

续表 4 - 7 -24

序号	瓷 质 板	天然花岗岩、大理石板材
5	色泽均匀，同批产品基本无色差	色泽不均匀，同批产品难统一色泽
6	色彩：纹样可按要求设计	色彩：纹样无法改变
7	自重小：通常厚度 13 ~ 15mm，0.31 ~ 0.34kN/m²	自重大：通常厚度 25 ~ 30mm，0.60 ~ 0.72kN/m²
8	造价低：相当于高档石材的 20% 左右	造价高：为瓷质板的 3 ~ 5 倍

（三）密封材料

密封材料采用四川石神®硅酮中性密封胶，注胶厚度为 3mm。

三、施工准备

（一）施工脚手架

脚手架等操作平台就位，外立面全围安全网。

（二）基准线复核

对原有建筑的控制线和基准线进行复核。

经现场对旧建筑的层高测量发现，相邻两层之间有 30mm 的高差。因此必须对板缝进行处理，以消除累计误差。

（三）预埋件

本改造工程有预埋件，设计上采用化学锚固螺栓进行固定，现场按 3% 进行抽样拉拔试验，其结果全部达到合格要求。

（四）瓷板加工

瓷板为厂家生产成品产品，但需进行钻孔加工。瓷板强度高，材质均匀，但仅为 13mm 厚，非常薄，给钻孔带来很大困难。因此如何把好钻孔质量关是重要环节。通过质量小组的攻关，解决了钻孔深浅不一，崩边质量问题。

四、安装施工工艺

（一）施工工艺流程

瓷板幕墙安装施工工艺流程：基准线复核→后置预埋件→钢骨架安装→瓷板挂板安装→注密封胶→清洁→竣工。

（二）安装施工方法

1. 钢骨架的安装

（1）根据控制线确定骨架位置，严格控制骨架位置偏差。

（2）施工顺序从下往上逐层安装。

（3）每三层设一个伸缩缝，接头设于楼层位置。

（4）竖骨架（立柱）的拼缝采用等强度的钢板进行连接。拼接位置设在弯矩较小的、离楼层约 1000mm 范围处。

（5）骨架安装必须牢固可靠，挂板前必须全面检查骨架的位置是否准确，焊接是否牢固，焊缝是否达到质量要求。

（6）预埋件及各类型钢焊接破坏镀锌层，必须进行满涂 2 遍防锈漆进行防锈处理。

2. 瓷板干挂安装

（1）板在安装前，先在立面图对其进行编号。

（2）根据结构轴线核定主体结构外表面与干挂瓷板外露面之间的尺寸后，在建筑物四大角处做出上、下生根的金属丝垂线，并以此为依据。根据建筑物宽度设置足以满足要求的垂线、水平线，确保槽钢骨架安装后处于同一平面上。

（3）瓷板安装自下而上进行。

3. 密封

（1）完成一部分挂板后，可进行注胶密封。打密封胶前，先在瓷板缝两侧粘好保护胶带，塞入泡沫条，后用清洗液进行清洗即可打胶。

（2）注胶应均匀、密实、饱满。

4. 清洁

整个立面的挂板安装完毕，必须将挂板清理干净，并经监理检验合格后，方可拆除脚手架。

瓷板安装节点示意图见图 4－7－18 和图 4－7－19。

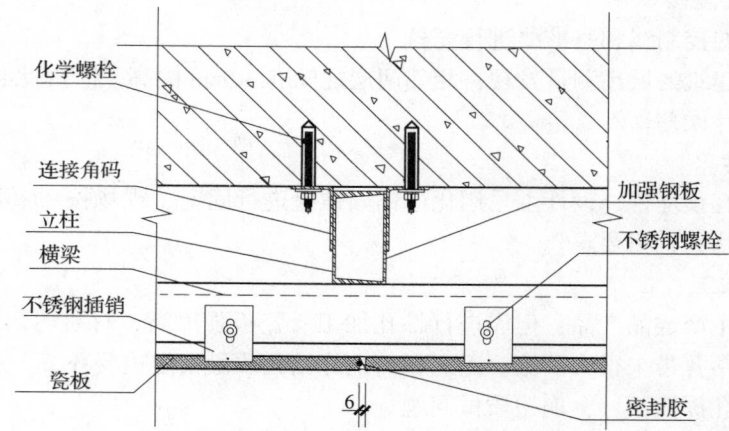

图 4－7－18　瓷板安装节点示意图（一）

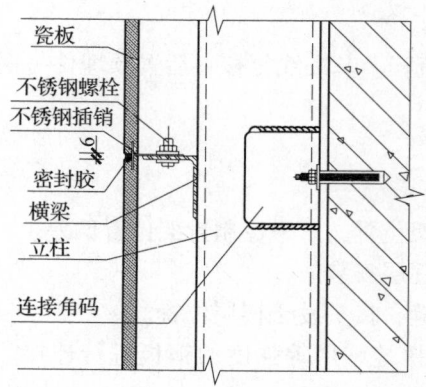

图 4－7－19　瓷板安装节点示意图（二）

五、质量控制及注意事项

（一）施工质量控制

（1）安装施工测量应与主体结构测量配合，其误差应及时调整。

（2）立柱安装标高偏差不应大于3mm，轴线前后偏差不应大于2mm，左右偏差不应大于3mm。

（3）相邻两根横梁水平标高偏差不应大于1mm，同层标高偏差不应大于5mm。

（二）施工注意事项

（1）应对横竖连接件进行检查、测量、调整。

（2）幕墙钢构件施焊后，应及时进行防锈处理。

（3）瓷板安装前应将表面尘土和污物擦拭干净。

（4）瓷板安装后，左右上下的偏差不应大于1.5mm。

（5）幕墙的安装允许偏差见表4-7-25。

表4-7-25 幕墙安装允许偏差表

项　　　目	允许偏差（mm）	检查方法
竖缝及墙面垂直度（60m内）	≤15	经纬仪
幕墙平面度	≤2.5	2m靠尺，钢板尺
竖缝直线度	≤2.5	2m靠尺，钢板尺
横缝直线度	≤2.5	2m靠尺，钢板尺
缝宽度（与设计值比较）	±2	卡尺
两相邻面板之间接缝高低差	≤1.0	深度尺

（6）幕墙安装过程中应进行接缝部位的雨水渗漏检验。

（7）幕墙安装过程中应进行隐蔽验收。主要包括骨架同主体结构的连接、防雷、伸缩缝等部位的节点安装。

该工程外立面造型设计简洁、明快、大方，具有很强的现代感，利用瓷板干挂同铝单板幕墙完美结合，很好地满足了建筑师的设计思想，同时也解决了干挂石材的自身重力、有色差及单方造价高的缺点，是建筑外立面一个很成功的范例。该项目2002年竣工，使用至今一切正常完好，并获得了优质工程奖。

第八章　干贴超薄石材幕墙

第一节　概　述

一、定义

干贴超薄石材幕墙是采用专用的建筑结构胶将 5~8mm 厚的超薄石材进行镶贴，其基层为常规抹灰面层、石材表面涂刷有机硅防水涂料。具有防水防渗、操作简单、施工速度快、无泛碱现象、无安全隐患等特点。超薄石材镶贴可以节约石材、钢材。

二、特点

利用专用建筑结构胶镶贴整体石材，石材边长一般大于 1000mm，厚度 5~8mm。石材镶贴后，建筑物表现平整，立面布置灵活，整体效果壮观，局部效果自然。

与干挂幕墙有所不同，干贴超薄石材幕墙技术，节约石材、钢材、降低工程成本。同时操作简单，施工速度快，防水防渗，表面无泛碱现象、无安全隐患，是一种绿色环保的新型装饰技术。

三、技术经济效益

这种新型干贴技术适用于各种类型的建筑物石材幕墙项目，可根据各种需要进行调整分格，结构质量轻，安全可靠。

与传统干挂石材幕墙相比，干贴超薄石材幕墙造价可降低 35% 以上，其独有的装饰效果和独特的施工工艺，将在高低层建筑装饰领域得到广泛应用。

第二节　幕墙材料与机具选择

一、原材料要求

（一）抹面砂浆

1. 水泥

32.5 级普通硅酸盐水泥，采用同一厂家、同一批号生产的水泥，并具有现场取样复验报告。

2. 砂子

中砂，过筛且含泥量不大于 3%。

（二）超薄饰面石材

1. 规格尺寸

饰面石材厚 5~8mm，长 1200~1500mm，宽 800~1000mm。

2. 质量要求

（1）石材表面应光洁、方正、平整，质地坚固，其品种、规格、色泽、图案应均匀一致，必须符合设计要求。

（2）不得有缺棱、掉角、暗痕和裂纹等缺陷。其性能指标均应符合现行国家标准的规定。

（三）石材专用胶粘剂

四川新达粘胶科技有限公司生产的"石神"997石材专用硅酮密封胶和"石神"石材AB干挂胶。

（1）"石神"997石材专用硅酮密封胶的技术性能见表4-8-1。

表4-8-1　　"石神"977石材专用硅酮密封胶技术性能

序号	项　　目		标准规定	检验结果
1	外观		细腻，均匀膏状物，无结块凝胶、结皮及不易迅速分散的析出物	细腻，均匀透明膏状物，无结块凝胶及无结皮
2	下垂度	垂直放置（mm）	≤3	0
		水平放置	不变形	不变形
3	挤出性（s）		≤10	4
4	表干时间（h）		≤3	0.7
5	弹性恢复率（%）		≥80	98
6	热失重率（%）		≤5	2
7	冷拉-热压后粘接性		无破坏	无破坏
8	浸水后定伸粘接性		无破坏	无破坏
9	拉伸模量（MPa）	23℃	>0.4	0.9
		-20℃	>0.6	0.9
10	定伸粘接性		无破坏	无破坏
11	污染性（mm）	污染深度	≤2.0	0
		污染宽度	≤2.0	0

（2）"石神"石材AB干挂胶其技术性能见表4-8-2。

表4-8-2　　"石神"石材AB干挂胶技术性能

序号	项　　目	标准规定	检验结果
1	外观	应为细腻，均匀黏稠液体或膏状物，不应有离析、颗粒和凝胶	A组分：白色细腻、均匀黏稠液体无离析、颗粒和凝胶。B组分：黄色细腻、均匀黏稠液体，无离析、颗粒和凝胶
2	适用期（min）	5~30	25
3	弯曲弹性模量（MPa）	≥2000	2510
4	冲击强度（kJ/m²）	≥3.0	3.1

续表 4 – 8 – 2

序号	项 目			标准规定	检验结果
5	拉剪强度（MPa）不锈钢 – 不锈钢			≥8.0	13.8
6	压剪强度（MPa）	石材 – 石材	标准条件 48h	≥10.0	16.0
			浸水 168h	≥7.0	11.6
			热处理 80℃，168h	≥7.0	17.4
			冻融循环 50 次	≥7.0	9.1
		石材 – 不锈钢	标准条件 48h	≥10.0	10.8
7	拉伸黏结性	标准条件	拉伸黏结强度（MPa）	≥0.60	0.80
			黏结破坏面积（%）	≤5	0
			23℃时最大拉伸强度时伸长率（%）	≥100	172
		90℃	拉伸黏结强度（MPa）	≥0.45	0.7
			黏结破坏面积（%）	≤5	0
		– 30℃	拉伸黏结强度（MPa）	≥0.45	1.35
			黏结破坏面积（%）	≤5	0
		浸水后	拉伸黏结强度（MPa）	≥0.45	0.8
			黏结破坏面积（%）	≤5	0
		水、紫外线光照后	拉伸黏结强度（MPa）	≥0.45	0.9
			黏结破坏面积（%）	≤5	0

二、机具设备

1. 常用机械设备

砂浆搅拌机、石材切割机、手电钻、冲击电钻等。

2. 操作工具

木抹子、托灰板、木刮尺、方尺、锤子、錾子、垫板、开刀、棉纱布等。

第三节　超薄石材幕墙安装施工

一、干贴施工工艺流程

（一）干贴施工工艺流程

超薄石材幕墙干贴施工工艺流程：吊线找正→墙面灰饼、冲筋→抹底层灰→钉钢丝网→抹面层灰→划线定点、石材排板→石材下料→粘贴石材。

（二）干贴施工要点

超薄石材幕墙干贴构造如图 4 – 8 – 1 所示。各工序严格按构造层进行设置。其施工要点：

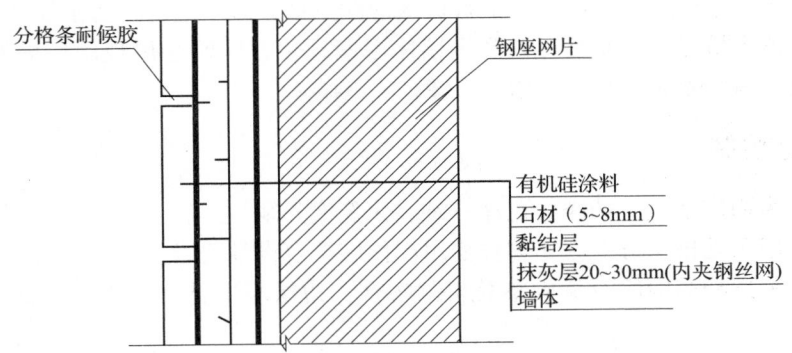

图 4 - 8 - 1　超薄石材镶贴构造示意

1. 墙体抹灰

（1）墙面润湿：做灰，吊直墙面，混凝土构件与砌体交接位置铺钉钢丝网。

（2）打底灰：采用 1:3 水泥砂浆对墙面进行初步打底找平，表面扫毛。

（3）铺钉钢丝网：待底层灰达到 7 成干后，墙面满铺钢丝网，用钢钉固定，钢钉间距为 300mm。

（4）抹面层灰：用 1:2.5 水泥砂浆抹面，抹灰时应用力将灰浆压入钢丝网格内，保证抹灰层的密实度，以保证钢丝网的稳定性和密封性。

（5）抹灰面层处理：先用木抹板压实搓平，然后用铁压板压实找平，表面平整度和垂直度满足中级抹灰要求。待抹灰表面收水后，用硬质毛刷横向刷毛。刷痕应明显，刷痕深度在 0.5mm 以上。

2. 粘贴石材

（1）根据现场门窗洞口的尺寸，石材阴、阳角碰角尺寸和石材规格综合考虑墙面弹线。待砂浆面层达到强度后（一般 20d 以上）进行石材干贴施工。

（2）超薄石材运抵现场后，应进行材料试验，试验合格后方可下料施工。

（3）用专用石材切割机切割石材，并立放在待施工区。

（4）用石材专用胶粘剂进行粘贴，粘贴时先将胶粘剂均匀涂刷在待粘贴部位，胶粘剂应刮匀，厚度约 3mm。

（5）石材背面刮一薄层胶粘剂，厚度约 3mm。

（6）将特制孔形模板平铺在石材上，然后在孔形模板上平刮胶粘剂，使胶粘剂填满圆孔，填平后，将隔板拿掉。

（7）将石材放到待粘贴部位，轻轻粘贴石材，用橡胶锤轻轻敲击石材，用以调平。每块石材安装完成后，及时将石材缝隙中的胶粘剂刮平。

（8）完成一面墙体后，对门窗洞口进行细部处理，保证洞口质量，防止渗水。

3. 分格缝处理

完成一面墙的施工后，应对石材分格缝进行密封处理，采用石材胶粘剂进行勾缝，待胶粘剂干燥后，再用耐候胶勾缝。

4. 石材表面处理

石材贴完后，对表面进行清理，清除表面的污迹及石粉，清理完成后，用透明有机硅防水涂料进行喷涂，进行防水处理。由于石材致密性不足，如果不进行防水处理，表面经过雨水的侵蚀后，很容易变色，而且容易产生墙体渗漏现象，同时会出现雨后墙面"花脸"现象，很不美观。因此表面防水处理相当关键。

二、质量控制

（1）石材表面应平整、洁净、色泽一致、无裂痕和缺损。

（2）阴、阳角处搭接方式，非整材使用部位应符合设计要求。

（3）墙面突出物周围的石材应整套切割吻合，边缘应平整。墙裙、贴脸突出墙面的厚度应一致。

（4）接缝应平直、光滑，镶嵌应连续、密实；宽度和深度应符合设计要求。

（5）有排水要求的部位应做滴水线（槽）。滴水线（槽）应顺直，流水坡向应正确，坡度应符合设计要求。

超薄石材幕墙粘贴的允许偏差和检验方法应符合表4-8-3的规定。

表4-8-3　超薄石材幕墙粘贴的允许偏差和检验方法

项　　目	允许偏差（mm）	检　验　方　法
立面垂直度	3	2m垂直检测尺检查
表面平整度	4	2m靠尺和塞尺检查
阴阳角方正	3	直角检测尺检查
接缝直线度	3	拉5m线，不足5m拉通线用钢直尺检查
接缝高低差	1	钢直尺和塞尺检查
接缝宽度	1	钢直尺检查

第四节　质量通病及防治措施

一、表面色差大，不美观

1. 质量通病

幕墙石材不合格，外饰面石材色泽不一致，不美观。

2. 措施

应严格按石材标准对进场石材进行检查验收、挑选和试拼。

二、板面污染严重

1. 质量通病

石材有污染及墙面脏、斜视有胶痕。

2. 预防措施

石材要预先进行防污染处理，选择合理的操作工艺，操作人员应随干随擦，并加强成品的保护，竣工前自上而下进行全面彻底的清洁。

三、板缝宽窄不均匀，有斜缝

1. 质量通病

板材接缝不合格。

2. 防止措施

施工前认真按照图纸尺寸，核对结构施工的实际尺寸，分段分块弹线，按规定及时进行拉线和吊线校正检查。

四、板缝注胶不饱满、不均匀

1. 质量通病

接缝打胶不合格

2. 预防措施

（1）注胶前，查验胶的牌号及产地是否符合设计要求，是否在施工有效期内，剔除不合格产品。

（2）注胶工要进行岗前培训，熟练操作。

（3）用硅酮结构密封胶黏结固定构件时，注胶应在 $15 \sim 30℃$、相对湿度大于 50% 的条件下进行，注胶的宽度、厚度应符合设计要求。

（4）当石材幕墙使用硅酮结构密封胶和硅酮耐候密封胶时，应待石材清洗干净并完全干燥后方可施工。

（5）为避免耐候胶污染石材，应在缝两侧贴保护胶纸，保护胶纸粘接要平直、密实。

（6）注胶时要按顺序依次进行，以排除缝隙内的空气，避免出现气泡。

（7）注胶后应将胶缝表面抹平，去掉多余的胶。注胶完毕后，将保护胶纸撕掉，必要时可用溶剂擦拭。

（8）注意胶后养护，胶在未完全硬化前，不要沾染灰尘和划伤。胶嵌缝深度（厚度）应小于宽度，因为当板材发生相应位移时，胶被拉伸，胶缝越厚，边缘的拉伸变形越大，越容易开裂。

（9）耐候硅酮密封胶在接缝内要形成两面黏结，如果三面黏结，胶在受拉时容易被撕裂，将失去密封和防渗漏作用。

（10）为防止形成三面黏结，在耐候硅酮密封胶施工前，应填充泡沫垫杆，当胶缝较浅时，可用无黏结胶带施于缝隙的底部，将缝底与胶分开。

五、墙面有渗漏

1. 质量通病

幕墙周边封闭不合格、渗漏。

2. 预防措施

（1）对幕墙面周边、沉降缝、伸缩缝和压顶认真进行细部的构造处理。

（2）并在安装过程中做好接缝部位的雨水渗透检查，发现渗漏应及时整改。

第九章　粘贴式石材板幕墙

第一节　概　述

石材幕墙的面板包括天然石材和人造石材。天然石材如大理石（内）、花岗石（外）、青石板（内）等，而人造石材如微晶石、人造大理石（内）、人造花岗石（内）、烧结型人造花岗石和大理石瓷板（外）、预制水磨石板（外）等。

一、粘贴式施工方法

粘贴式石材板幕墙，这是一种可以完全不使用金属挂件而借助于大力胶来固定石材板的新型施工工艺。根据饰面石材板的规格大小、施工基层条件、施工设计高度、施工部位等的不同，粘贴式施工方法可以分为直接粘贴法、加厚粘贴法、粘贴锚固法和钢架粘贴法四种。

二、粘贴式施工的优点及要点

（一）施工优点

粘贴式石材板幕墙采用直接粘贴法施工，有如下优点：

（1）施工工艺简便，施工方法简单（但精度要求高），容易掌握。

（2）它是当代石材幕墙装饰简洁、经济可靠的一种幕墙安装新型施工工艺，工程综合造价降低，施工速度加快，工效高，无须精细地做墙面基层找平处理。

（3）它摆脱了传统粘贴施工方法中受板块面积和安装高度限制的缺点，除具有干挂法施工工艺的优点外，对于一些复杂的、其他工艺难以施工的墙面、柱面等，粘贴法均可施工，更具适应性。

（4）对特殊造型、装饰线条及腰线等各种异形石材的固定，另外不需再设计特殊挂件。

（5）施工现场文明，环保效果好。施工现场无粉尘，无噪声，无污水排放，减少现场清理工作。

（二）施工要点

（1）按设计图纸，认真核实基层实际尺寸及偏差情况，并弹放纵、横基准挂线。

（2）按石材分格尺寸在墙体基层弹放石材分块位置线，并复核验证，确保精确。

（3）确定石材板粘贴点位置，并作钻孔处理（孔径为 $\phi 10mm \sim \phi 12mm$）。

（4）清除墙体基层表面、孔内及石材板背面的尘土、灰浆、油渍、浮松物等不利于黏结的物质，特别是在石材板背面黏结点上的粗糙浮石层及网格，必须用电动角磨机清除彻底。

（5）调校后，按施工图要求将胶粘剂抹在预定的粘贴点上，抹胶厚度应大于石材板与墙体基层间的净空距离5mm。

（6）石材幕墙粘贴后，根据水平线用水平尺调平校正。

（7）石材板定位后，应对黏合情况进行检查，必要时要加胶补强。

第二节　新型黏结材料——大力胶

一、大力胶简介

大力胶，在国外亦称表格博士干挂工程胶 MEGQPOXY® ，最早发明研制于澳大利亚。

大力胶作为新型装饰胶料，打破传统石材幕墙施工工艺的种种限制，其施工速度、施工方法和施工成本等都优于传统的"干挂法"。但大力胶的生产厂家及品牌非常重要，现市场上有进口品牌及国产品牌，其中以进口品牌较为常用。在澳大利亚、新加坡、意大利等国家及我国的台湾省和香港特区，大力胶使用已逾30年，而在我国也已使用多年，特别是沿海发达地区近年来亦经常使用。

二、大力胶具备的技术特点

（一）技术特点

安全性、耐久性、坚固性、抗老化性、抗风雨及抗侵蚀等性能均能同时达到的大力胶，国内品牌较少见。用大力胶粘贴石材幕墙，大力胶须具备以下技术特点：

（1）拉力保险系数25倍以上。

（2）伸缩性、韧性强。

（3）黏结性能稳定，黏合强度较高。

（4）抗震、抗冲击性能优越。

（5）耐老化性能优良，不变脆，同时耐腐蚀性强。

（6）施工温度范围宽，通常可在0~70℃环境下施工。

（二）技术性能

大力胶的技术性能参见表4-9-1。

表4-9-1　大力胶技术性能表

项　　　目	PM 慢干型	PF 快干型	GEL69 透明型
稠度	黏糊状，不崩落	黏糊状，不崩落	雪油状，不崩落
混合成分	A、B 双组分	A、B 双组分	A、B 双组分
混合后外观	白色	白色	透明略带黄色
混合比例 A∶B（容量计）	1∶1	1∶1	1∶1
23℃施工有效期（min）	45	3	45
23℃凝固时间（初干）（h）	12	1	12
23℃完全凝固时间	4d	6h	4d
最高使用温度（℃）	70	70	70
最低使用温度（℃）	10	0	10
干后性能稳定（℃）	-30 ~ +90	-30 ~ +90	-30 ~ +90
抗拉强度（MPa）	25	25	25

续表 4 - 9 - 1

项　目	PM 慢干型	PF 快干型	GEL69 透明型
抗压强度（MPa）	65	80	80
黏合抗拉强度（MPa）	10	10	10
抗剪强度（MPa）	15	15	15
线膨胀系数（1/℃）	60×10^{-6}	40×10^{-6}	60×10^{-6}
吸水率 25℃ 浸水 10d（质量%）	0.5	0.5	0.5
主要用途	高强永久性建筑材料粘贴挂装，结构补强，植筋		
参考用量	50kg 石材黏结面积 104cm^2，保险系数 25 倍。如此递增		
储存有效期	原封包装 24 个月，已开封使用 12 个月		

第三节　粘贴式石材板幕墙安装施工

一、粘贴安装方法

根据施工高度、施工基层条件不同，大力胶粘贴法的施工工艺可分为四种，其适用范围见表 4 - 9 - 2。

表 4 - 9 - 2　大力胶粘贴法施工种类及适用范围

序号	粘贴法种类	适　用　范　围
1	直接粘贴法	建筑物墙面高度≤9m 石材板与墙面净空距离≤5mm
2	加厚粘贴法	建筑物墙面高度≤9m 5mm≤石材板与墙面净空距离≤20mm
3	粘贴锚固法	建筑物墙面高度＞9m
4	钢架粘贴法	适用于石材板直接粘贴于钢架之上的幕墙（柱）体

二、粘贴安装施工

（一）直接粘贴法

粘贴式石材板幕墙工程直接粘贴法适用于建筑物墙面高度≤9m，石材板与墙面净空距离≤5mm，墙面垂直高度及平整度差距＜10mm 的幕墙墙面。

1. 基本构造

大力胶直接粘贴法基本构造如图 4 - 9 - 1 所示。

石材板板背点涂胶布置如图 4 - 9 - 2 所示。

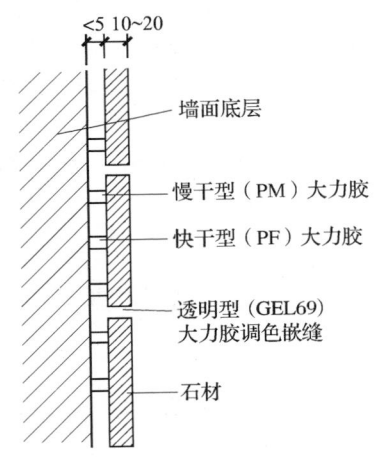

图 4-9-1　大力胶直接粘贴
法基本构造示意图

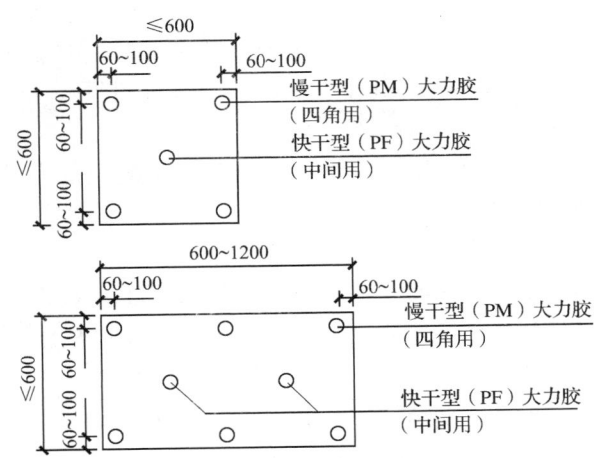

图 4-9-2　板背点涂胶位置示意图

2. 工艺流程

粘贴式石材板幕墙工程直接粘贴法安装施工工艺流程：基层处理→弹线、找规矩→选板与预拼→打磨干净、磨糙→调胶涂胶→铺贴石材板→石材板检查、校正→清理、嵌缝→打蜡上光。

3. 施工要点

（1）基层处理。墙面要求处理平整、干净、干燥，并清理墙面基层的浮尘、污垢、油污等。

（2）弹线、找规矩。在基层面弹出垂直线及水平线，弹线前检查墙身的垂直度及平整度，垂直度及平整度<10mm者可不予处理，但在该处要做好标记，以便在该处增加大力胶的厚度和粘贴用量。当墙面基层的垂直度和平整度差距>10mm者，要做适当处理，如用大力胶石膏腻子作补平。

根据设计图纸，用墨线在墙面上弹出每块石材板的具体位置。

（3）选板与预拼。将花岗石（室外）、大理石（室内）饰面板、烧结大理石和花岗石瓷板（室外）或预制彩色水磨石饰面板（室外）选取其品种、规格、颜色、纹理及外观质量一致者，按幕墙墙面装饰方案大样图排列、编号，并在施工现场翻样试拼，校正尺寸，四角套方。

（4）打磨干净、磨糙。在墙面及石材板背面上胶处及与胶接触处，预先用砂纸均匀打磨干净，处理粗糙并保持洁净，以保证黏结效果和提高黏结强度。

（5）调胶涂胶。严格按照产品有关规定及比例调胶，按要求在石材板背点式涂胶，点涂直径不应小于40mm。每块石材板点涂面积总和不少于120cm^2/50kg石材板；即50kg板点涂面积总和不少于120cm^2。

（6）铺贴石材板。按幕墙墙面装饰方案及石材板编号将饰面板顺序上墙就位，然后依自下而上、自左而右的顺序准备逐块进行粘贴。

（7）石材板检查、校正。饰面石材板粘贴完毕后，应对各粘贴点进行仔细检查，必要时应对个别点用快干型胶补强加固，并应在胶未硬化前进行反复检查、校正。

（8）清理、嵌缝。全部石材饰面板粘贴完毕后，将每块石材板表面清理干净，然后再进行嵌缝，板缝根据具体设计预留，缝宽不得小于2mm，用透明型大力胶（GEL69）调入与石材板颜色相近的颜料将幕墙面的板缝嵌实、嵌平。

（9）打蜡上光。幕墙面清理干净、嵌缝全部完成后，石材板表面打蜡上光或涂增水剂，以资保护。

（二）加厚粘贴法

粘贴式石材幕墙工程加厚粘贴法适用于建筑物墙面高度≤9m，石材板与墙面净空距离为5~20mm，墙面垂直度与平整度符合设计要求的幕墙墙面。

1．基本构造

大力胶加厚粘贴法基本构造如图4-9-3所示。大力胶加厚粘贴处理如图4-9-4所示。

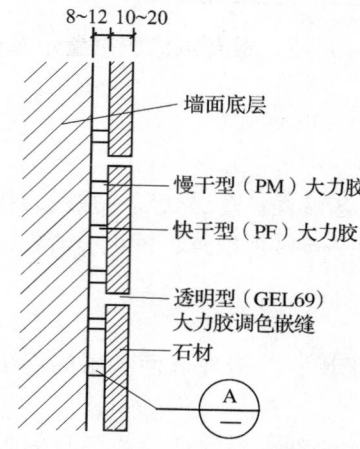

图4-9-3　大力胶加厚粘贴法
基本构造示意图

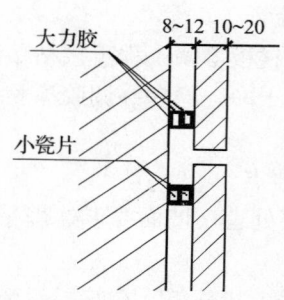

图4-9-4　大力胶加厚
粘贴处理示意图

2．工艺流程

与直接粘贴法施工工艺基本相同。

3．施工要点

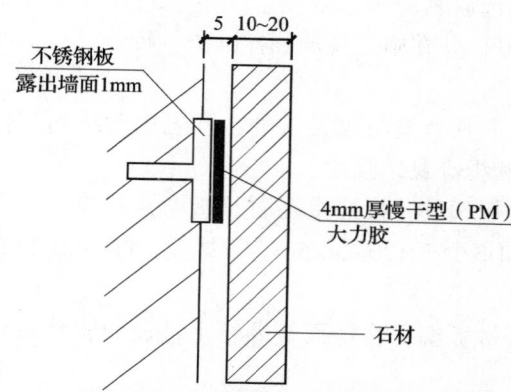

图4-9-5　大力胶粘贴锚固法基本构造图

（1）其他施工要点与直接粘贴法基本相同。

（2）涂胶工艺及石材板粘贴两道工序稍有差别。

（三）粘贴锚固法

粘贴式石材板幕墙工程粘贴锚固法适用于建筑物墙面高度＞9m，墙面垂直度与平整度符合设计要求的幕墙墙面。

1．基本构造

大力胶粘贴锚固法基本构造如图4-9-5所示。大力胶粘贴锚固法处理石材板背面点涂大力胶位置布置如图4-9-6所示。

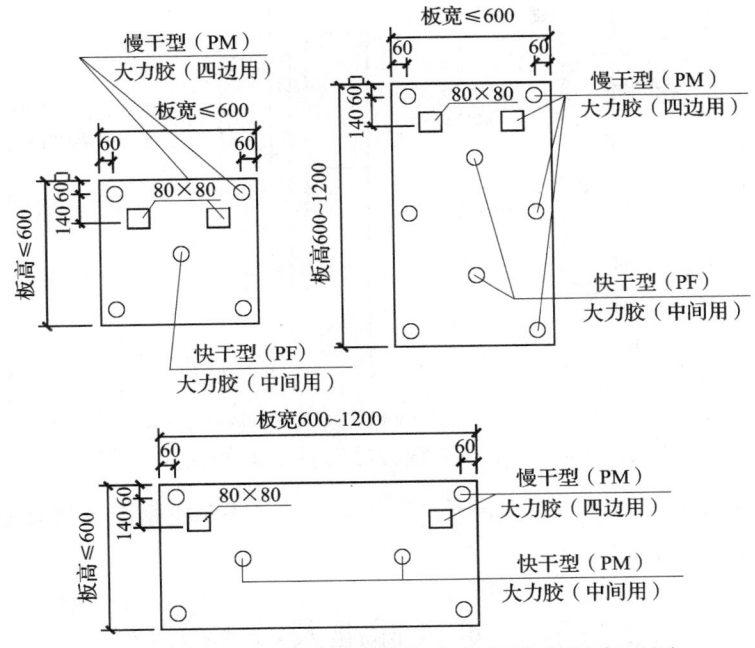

图 4 - 9 - 6　石材板背面点涂大力胶位置布置图

2．工艺流程

与直接粘贴法施工工艺基本相同。

3．施工要点

（1）其他施工要点与直接粘贴法基本相同。

（2）不同的是粘贴锚固法在粘贴前要对墙面进行钻孔、剔槽，再安装不锈钢锚固件，如图 4 - 9 - 7 所示。

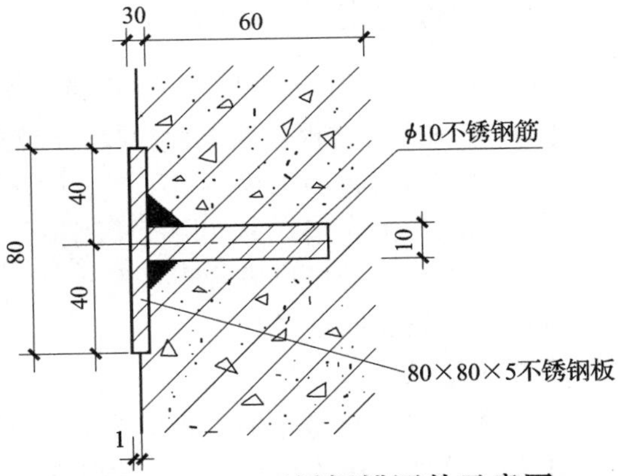

（四）钢架粘贴法

粘贴式石材板幕墙工程钢架粘贴法适用于石材板直接粘贴于钢架之上的幕墙、柱体。

1．基本构造

大力胶钢架粘贴法基本构造如图 4 - 9 - 8 所示。

2．工艺流程

与粘贴锚固法施工工艺基本相同。

图 4 - 9 - 7　不锈钢锚固件示意图

3．施工要点

（1）与粘贴锚固法施工工艺基本相同。

（2）不同的是，将钻孔、剔槽、不锈钢锚件安装等工艺变为钢架安装焊接工艺。

（3）当钢架高度大于 9m 或悬空挂装时，为了增加黏结面积需沿钢架粘贴一加强石块，并用大力胶与钢架粘牢。

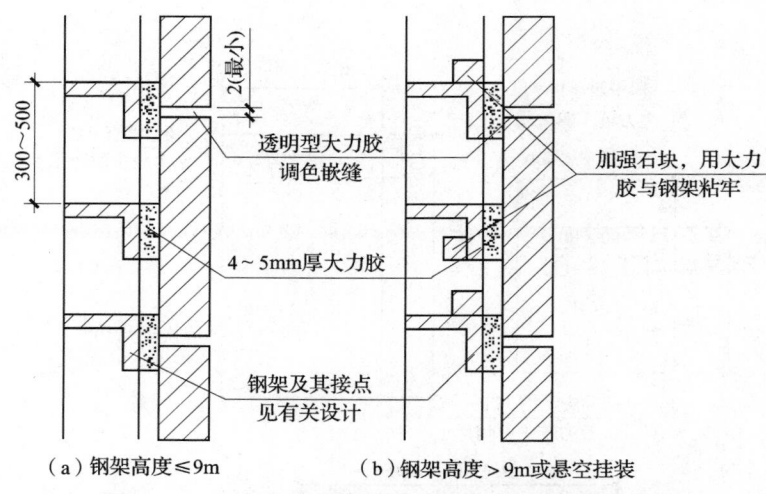

（a）钢架高度≤9m　　　　　（b）钢架高度＞9m或悬空挂装

图4－9－8　大力胶钢架粘贴法基本构造示意图

近年来，在装饰市场有专门用于石材粘贴挂装工艺的不锈钢钢架及钢架配件，安装比传统的焊接工艺更方便、快捷。

第四节　质量标准及检验方法

一、一般规定

（1）本规定适用于粘贴式石材幕墙工程，石材饰面安装等各项工程及质量验收。

（2）粘贴式石材板幕墙工程验收时应检查下列文件和记录：

①粘贴式石材幕墙工程的施工图、设计说明及其他设计文件。

②材料的产品合格证书、性能检测报告、进场验收记录和复验报告。

③后置埋件的现场拉拔检测报告。

④隐蔽工程验收记录。

⑤施工记录。

（3）粘贴式石材板幕墙工程应对下列材料及其性能指标进行复验：

①室内幕墙、柱体用花岗石的放射性。

②快干型（PF）、慢干型（PM）和透明型（GEL69）大力胶的有关技术性能指标试验。

（4）粘贴式石材幕墙工程应对下列隐蔽工程项目进行验收：

①预埋件（或后置埋件）。

②连接节点。

③防水层。

（5）各分项工程检验批应按下列规定划分：

①相同材料、工艺和施工条件的室内石材板工程每50间（大面积房间和走廊按施工面积30m²为一间）应划分为一个检验批，不足50间也应划分为一个检验批。

②相同材料、工艺和施工条件的室外石材饰面板工程每500～1000m²应划分为一个检验批，不足500m²也应划分为一个检验批。

（6）检验数量应按下列规定：

①室内每个检验批应至少抽查10%，并不得少于3间；不足3间时应全数检查。

②室外每个检验批每100m²应至少检查一处，每处不得少于10m²。

（7）粘贴式石材板幕墙的抗震缝、伸缩缝、沉降缝等部位的处理，应保证缝的使用功能和饰面的完整性。

二、质量标准及检验方法

（一）主控项目

（1）石材饰面板的品种、规格、颜色和技术性能应符合设计要求。

检验方法：观察，检查产品合格证书、进场验收记录和技术性能检测报告。

（2）粘贴式石材板幕墙工程石材饰面板孔、槽的数量、位置和尺寸应符合设计要求。

检验方法：检查进场验收记录和施工记录。

（3）粘贴式石材板幕墙工程的预埋件（或后置埋件）、连接件数量、规格、位置、连接方法和防腐处理必须符合设计要求。后置埋件的现场拉拔强度必须符合设计要求。石材饰面板安装必须牢固。

检验方法：手扳检查，检查进场验收记录、现场拉拔检测报告、隐蔽工程验收记录和施工记录。

（二）一般项目

（1）粘贴式石材板幕墙工程饰面表面应平整、洁净、色泽一致、无裂痕和缺损。石材板表面应无泛碱等污染。

检验方法：观察。

（2）粘贴式石材板幕墙工程石材饰面板嵌缝应密实、平直，宽度和深度应符合设计要求，嵌缝材料色泽应一致。

检验方法：观察，尺量检查。

（3）石材饰面板上的孔洞应套割吻合，边缘应整齐。

检验方法：观察。

（4）粘贴式石材板幕墙石材饰面板安装的允许偏差和检验方法应符合表4-9-3的规定。

表4-9-3　粘贴式石材板幕墙石材饰面板安装的允许偏差和检验方法

项次	检验项目	允许偏差（mm）			检验方法
		光面	斩假石	蘑菇石	
1	立面垂直度	2	3	3	用2m垂直检测尺检查
2	表面平整度	2	3	—	用2m靠尺和楔形塞尺检查
3	阴、阳角方正	2	4	4	用直尺检测尺检查
4	接缝直线度	2	4	4	拉5m线，不足5m拉通线，用钢直尺检查
5	墙裙、勒脚上口直线度	2	3	3	拉5m线，不足5m拉通线，用钢直尺检查
6	接缝高低差	0.5	3	—	用钢直尺和楔形塞尺检查
7	接缝宽度	1	2	2	用钢直尺检查

第十章 其他形式石材板幕墙

第一节 大跨度门头钢结构石材幕墙

门头作为建筑的正面形象和商业建筑主要出入口，建筑设计对效果的要求越来越高，因此对门头幕墙设计的要求也越来越高。门头的高度在增高，空间跨度在增大，形式越来越新颖多样。某工程的大跨度门头幕墙的两种不同结构设计体系，即平面框架体系和空间桁架体系，建立 ANSYS 模型进行有限元计算，并进行比较和分析，得到一些结论，供幕墙设计、监理、施工人员参考。

一、工程概况

（一）幕墙设计技术参数

该工程功能为办公楼，主体结构形式是钢筋混凝土框架结构，幕墙类型主要是石材幕墙和玻璃幕墙，该地区抗震设防烈度取为 7 度，设计地震分组为第三组，设计基本地震加速度值为 0.10g，基本风压取 0.30kN/m² （按重现期为 50 年考虑），地面粗糙度类别"B"类。

（二）钢结构幕墙工程概况

该工程门头为双面石材幕墙，根据规范《金属与石材幕墙工程技术规范》JGJ 133—2001 第 5.2.1 条的规定，花岗石自身重力取 28.0kN/m²，厚度 30mm，双面石材幕墙完成面厚度 700mm，考虑 100mm 幕墙安装空间，钢结构控制尺寸为 500mm。主体结构层间距 10.6m，在 10.600m 标高位置有结构梁，立面 4.200m 标高位置有一个跨度 19.5m 的门洞，图 4 - 10 - 1 中粗线为钢结构布置方式，圆圈表示铰接，实心三角形表示刚接。

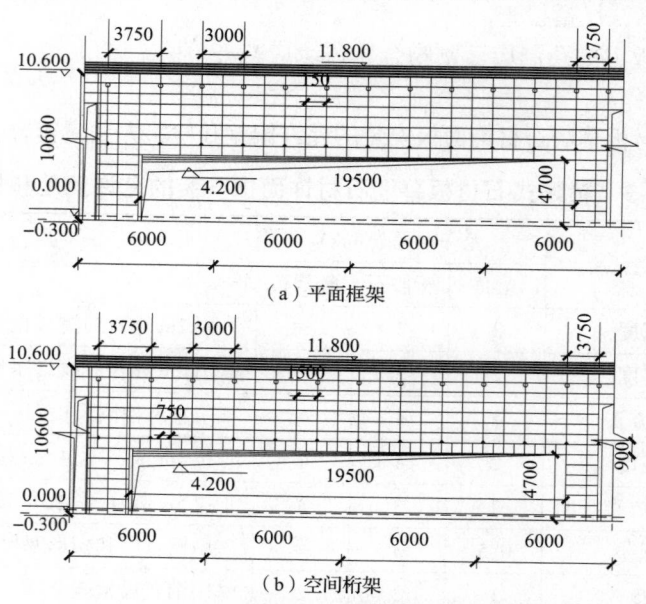

（a）平面框架

（b）空间桁架

图 4 - 10 - 1 幕墙立面及幕墙框结构布置图

二、钢结构布置及有限元分析

根据规范《钢结构设计规范》GB 50017—2003 中表 3.4.1-1，Q235B 钢材的强度设计值为 215N/mm² （厚度≤16mm） 和 205N/mm² （厚度＞16mm）；根据《建筑幕墙》GB/T 21086—2007 中第 5.1.1.2 条表 11 的要求，钢型材的石材幕墙相对挠度取 L/250 （L 为跨度），本工程门头跨度 L=19.5m，则挠度限值为 78mm；以上两个条件作为应力和位移的限制条件。

本次计算采用 AUTOCAD 建立几何模型，而后导入有限元软件 ANSYS 进行应力、位移、支反力的计算分析。在 ANSYS 计算中，采用钢结构梁单元 BEAM189 进行模拟，自身重力荷载以惯性加速度形式施加，水平荷载组合设计值以面荷载形式施加，钢材为 Q235B，弹性模量 $E=2.06\times10^5$N/mm²，泊松比 $v=0.3$，分析过程均为弹性阶段计算。除自身重力荷载外，每个模拟施加的其他荷载条件均相同。

从±0.000 标高到 10.600 标高的构件为立柱或主桁架立柱，连接立柱或主桁架立柱的构件为主梁或主桁架横梁，其余构件为次梁或次桁架。钢型材规格选用见表 4-10-1 和表 4-10-2。

表 4-10-1　平面框架体系型材规格表 （mm）

型材类型	构件	构件规格
焊接 H 型钢	立柱	500×350×11×18
	主梁	500×350×11×18
	次梁	400×150×8×12
箱形梁	立柱	500×300×10
	主梁	500×300×10
	次梁	400×200×8

表 4-10-2　空间桁架体系型材规格表 （mm）

型材类型	构件	构件尺寸	构件规格
方钢管	主桁架立柱	1200×400	弦杆 80×80×4 腹杆 40×40×4
	主桁架横梁	400×900	
	次桁架	400	
圆钢管	主桁架立柱	1200×400	弦杆 φ100×4 腹杆 φ50×4
	主桁架横梁	400×900	
	次桁架	400	

通过计算分析比较，平面框架是在相近的位移情况下，H 型钢的应力大于箱形梁，用钢量小于 H 型钢，具体数据详见表 4-10-3。另外，在选用 H 型钢的时候，要考虑整体稳定，会限制型号的选择；焊接 H 型钢的最大应力在立柱与横梁连接处，箱形梁的最大应力位于横梁的跨中，由于不同截面形式，开口截面的弱轴抗弯性能较弱；位移量大位置均是横

梁的跨中，跨中位置是水平荷载和竖向荷载叠加后产生的位移。平面框架的应力和位移图详见表 4 – 10 – 4。

表 4 – 10 – 3　平面框架对比表

构造类型	最大应力（MPa）	最大位移（mm）	用钢量（t）
H 型钢	95.9	73.4	6.77
箱形梁	73.4	74.3	6.90

表 4 – 10 – 4　空间桁架对比表

构造类型	最大应力（MPa）	最大位移（mm）	用钢量（t）
方钢管	176	24.6	3.14
圆钢管	180	24.4	3.12

通过计算分析比较，空间桁架在相近应力的情况下，位移也接近，但方钢管的用钢量略大于圆钢管，总体来说，这两种截面的空间桁架体系的位移、应力、用钢量差距不大；两种空间桁架应力最大的位置均在次桁架与主体结构连接的端部，次桁架下端与主横梁连接，分担主桁架横梁的弯矩，而且次桁架是二维桁架，比主桁架弱，弯矩分配之后，此处是受力最大的位置，在设计时可以考虑端部加强；位移最大的位置均在主桁架横梁的跨中。

平面框架体系中，H 型钢的支座反力大于箱形梁，空间框架体系中，方钢管的支座反力略大于圆钢管，具体数据详见表 4 – 10 – 5。需要特别注意的是，空间桁架支座位置的桁架的两根弦杆的力是正、反力成对出现，对主体结构的作用是合力，但是对于连接件和螺栓是外力，需以单独的力来进行验算。对主体结构的作用力，空间桁架的支座反力叠加后的作用力小于平面框架，但会形成附加扭矩。

表 4 – 10 – 5　最大支反力对比表　（kN）

构造类型	F_X	F_Y	F_Z
H 型钢平面框架	2.4	46.1	29.7
箱形梁平面框架	2.3	43.4	18.2
方钢管空间桁架	0.1	159.8	11.6
	– 0.1	– 121.9	9.1
圆钢管空间桁架	0.2	159.4	11.5
	– 0.1	– 121.9	9.1

工程中，幕墙门头是双面石材，考虑到幕墙构造的情况下，采用方钢管空间桁架的方式。空间桁架的用钢量小、位移小，外包石材可以采用轻巧的转接件加角钢横梁的构造，而平面框架外包石材转接件悬挑长度较长、立柱型号较大，对于空间桁架，由于方管表面平整，焊接难度低，所以最后选择方钢管空间桁架。幕墙构造如图 4 – 10 – 2 和图 4 – 10 – 3 所示。

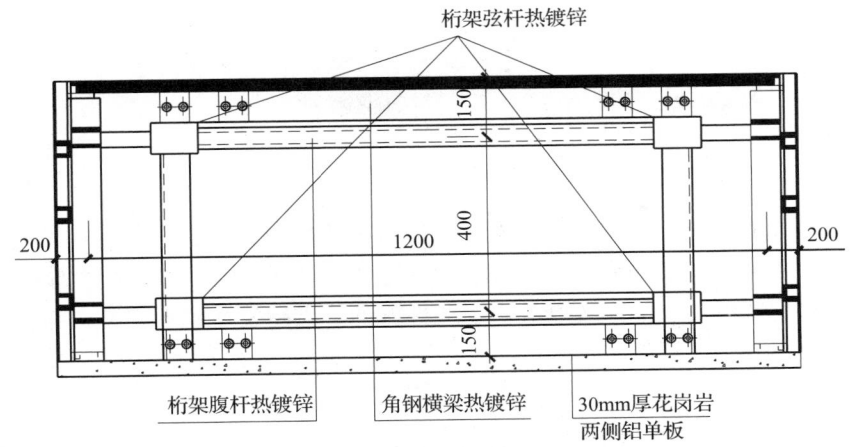

图 4 - 10 - 2　方管桁架幕墙构造图

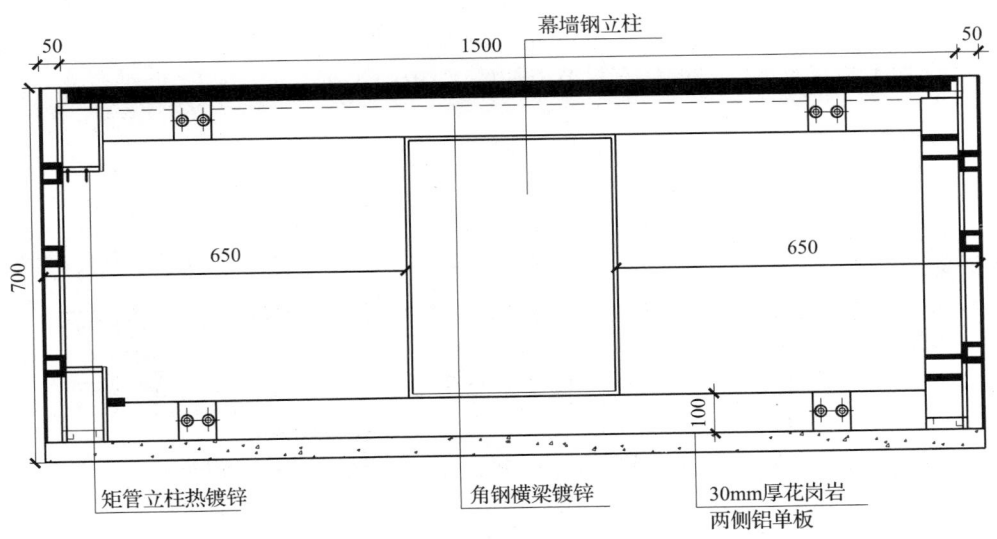

图 4 - 10 - 3　箱形梁幕墙构造图

三、结论

以一个幕墙工程为例，建立两种体系不同型钢截面共 4 个力学模型，通过 ANSYS 有限元软件计算分析，并对比分析结果，得到以下结论：

（1）一般在初始条件相同的情况下，幕墙门头的结构体系中，平面框架由位移控制，空间桁架由应力控制，所以平面框架的内力比空间桁架小，位移比空间框架大。

（2）最大应力的位置，平面框架是在横梁或立柱的跨中，空间桁架是在次桁架的支座；最大位移的位置，平面框架是在主梁的跨中，空间桁架是在主桁架横梁的跨中。

（3）对主体结构的作用力，空间桁架的支座反力叠加后的作用力小于平面桁架。

总体来说，幕墙门头的设计需要根据建筑设计的要求，选择合理的幕墙结构体系和幕墙结构方式，完成幕墙设计，达到建筑设计要求的效果。

第二节 商业建筑石材幕墙柱

一、概述

（一）引言

石材幕墙在大型商业、写字楼外立面装饰造型中的应用非常普遍。

近年来，随着国民经济的发展和技术的进步，用幕墙作为建筑物外立面装饰的越来越多，其中，石材幕墙所具有的大气厚重、耐久性好的优点越发受到人们的青睐，在大型商业及高档写字楼上得到了广泛的应用。

（二）工程概况

某项目商业中心工程为三栋高层住宅底商，建筑面积 25880m²，共计三层，建筑高度为 18.3m；外立面采用干挂花岗石幕墙柱及局部铝塑板吊顶，干挂花岗石幕墙柱面积约 11500m²；石材设计厚度为 30mm，石材装饰线条设计厚度 50mm；板材规格为（800～1000）mm × 600mm。整个幕墙立面采用 ArtDeco 建筑风格，造型柱、檐口、雨篷、门口处石材造型复杂，有墙有柱增加了施工难度。造型柱石材节点如图 4-10-4 所示。

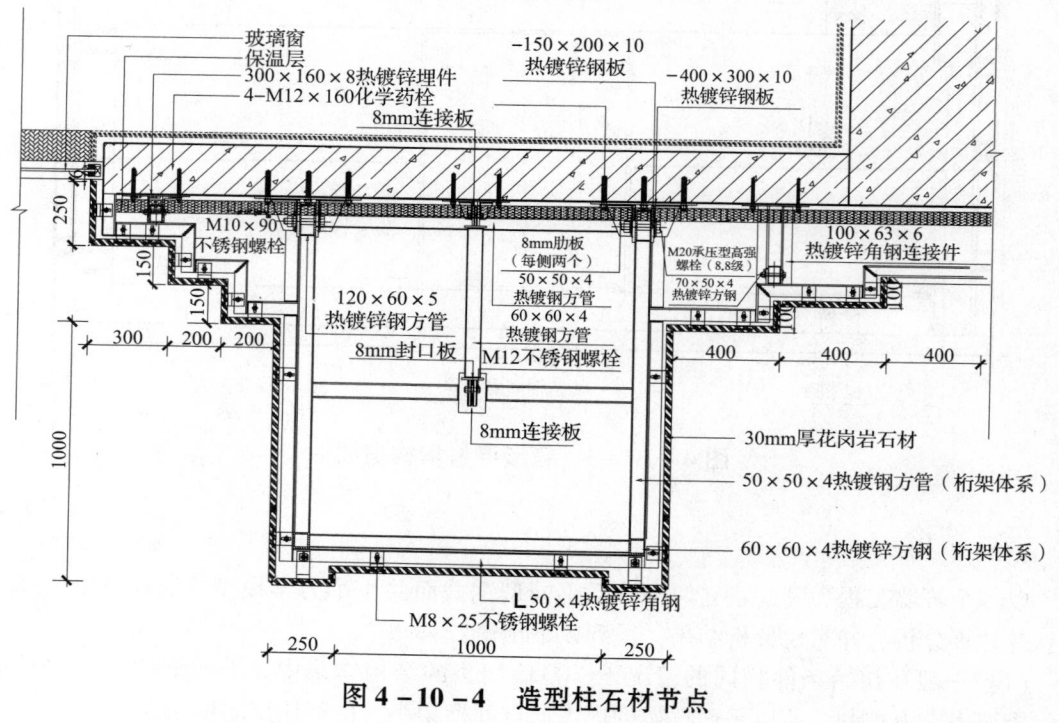

图 4-10-4 造型柱石材节点

二、干挂石材幕墙柱施工

（一）工艺流程

商业建筑干挂石材幕墙柱施工工艺流程：结构尺寸复核、基层检查和处理→墙柱面分格放线→结构后置埋件施工核查→钢架制作→钢架校正及固定→检验分格平整度和牢固性、隐蔽工程检查验收→挑色石材编号排板→石材干挂→填嵌密封胶条、打密封胶→墙柱面清理→验收。

（二）施工工艺要点

1. 结构尺寸进行复核、基层检查和处理

首先应对建筑主体结构的轴线尺寸、标高以及墙柱面的垂直度和平整度进行认真复核，对主体结构的表面偏差情况进行检查，同时办理相应的工序交接手续。

2. 墙柱面分格放线

墙柱面分格放线是将骨架的位置弹线到主体结构上，放线工作根据轴线及标高点进行，先弹出竖向杆件（立柱）的位置，确定竖向杆件的锚固点，待竖向杆件通长布置完毕，再按照石材水平分隔将横向杆件（横梁）弹在竖向杆件上。

3. 结构后置埋件施工核查

根据墙面分格情况进行后置埋件的施工。本工程后置埋件采用 M12×160 化学锚栓与结构连接，化学锚栓施工时定位要准确，钻孔、清孔、化学药剂填充、螺栓放置过程必须符合规范要求，并要经现场监理验收。直接与后置埋件连接的主体混凝土构件的强度等级不能低于 C30，若后置埋件不在混凝土构件上，应采取增加混凝土圈梁等措施以保证后置埋件连接在主体混凝土构件上。锚栓施工完毕后要进行现场拉拔试验，保证承载力满足设计要求。

采用化学锚栓固定的后置埋件，其化学锚栓（化学剂）化学反应时间与温度有关，两者之关系见表 4-10-6。

表 4-10-6　化学锚栓（化学剂）化学反应时间与温度之关系

温度（℃）	凝胶时间（min）	硬化时间（min）	员载时间（h）
-5~0	60	300	—
0~10	30	60	72
10~20	20	30	60
20~40	8	20	48

4. 钢架制作及安装

工程骨架根据计算选用 70mm×50mm×4mm 热镀锌方钢管作为竖向主龙骨（立柱），主龙骨采用螺栓与镀锌角码连接，再通过镀锌角码与墙体后置埋件焊接，焊缝清除焊渣后做防锈处理；∟50×50×4 热镀锌角钢作为横梁传力于立柱，横梁与立柱焊接，焊缝涂刷防锈漆两道。施工立柱前应在首、尾位置吊通长垂直线，并用经纬仪进行校核，以确保骨架的垂直度。同时拉通长水平线，检验立柱是否在同一平面上。

钢架焊接时应确保焊缝的质量，保证焊缝满足设计长度，并要求焊缝饱满，不准有砂眼、咬肉现象。焊接完成后应清除焊渣，对焊缝进行防锈处理。安装完毕后提请监理单位进行隐蔽工程的检查验收。

5. 石材的干挂施工

石材干挂工艺常用的有四种形式，即钢销式、短槽式、满槽式、有边框式石材幕墙。本工程根据设计要求采用短槽式石材幕墙，并配以不锈钢挂件。对批量生产的同一种石材，经认真挑选剔除缺棱掉角及有裂纹的石材后，结合色差情况按部位顺序进行编号并排板，定出第一块石材高度后，用不锈钢挂件插住石材底边，同时固定石材上口，在对石材位置、垂直度校正后，保证石材安装后不偏位、不松动。

完成第 1 排石材安装后，再用相同的办法对第 2 排石材进行安装。对于板缝的控制，安装前预先制作与板缝同厚的塑料垫块放置在两排石材之间，以确保石材的缝宽一致。

6. 填嵌密封条、打密封胶及成品保护

石材安装完毕后，将板缝清理干净，用聚乙烯泡沫胶条填入石材板缝中，在石材边缘贴美纹纸，用硅酮耐候胶将板缝密封。打胶缝应平直、饱满，待填缝密封后应清洗墙面，除去墙面上污渍、残浆等，并做好成品保护工作。

三、质量控制

（一）材料质量控制

材料是保证幕墙柱质量和安全的物质基础，幕墙所使用的材料概括起来，基本上有四大类型材料，即骨架材料，板材、密封填缝材料、结构黏结材料。要求幕墙所使用的材料必须符合国家或行业标准规定的质量指标，材料出厂时必须有出厂合格证，不合格的材料严禁使用。钢材选用热镀锌钢构件，镀锌厚度必须符合规范要求，不锈钢挂件厚度不小于 3mm；花岗岩板材的弯曲强度应经法定检测机构检测确定，其弯曲强度 ≥ 8.0MPa，且表面做六面防水处理；硅酮结构密封胶应采用中性固化胶，应有证明无污染的试验报告，并确保密封胶在有效期内使用，还要严格遵守材料厂家关于产品使用及接缝尺寸限制的书面说明。

（二）色差控制

干挂花岗岩的色差对建筑物外立面装饰效果影响很大，要最大限度地减少石材色差，必须认真做好荒料采集、板材加工、包装运输等环节的区分编号工作，同时要确定色差标准，由建设、设计和监理共同确定样板。根据色差深浅把每块板材分类编号、统一排板，将色差对立面效果的影响减少到最低程度。

（三）后置埋件

工程采用化学锚栓固定的后置埋件，化学锚栓应满足下列要求：

（1）采用质量可靠的品牌产品，有检验证书、出厂合格证和质量保证书；

（2）采用埋板与主体结构连接的化学锚栓，每处不少于 2 个，直径 ≥ 10mm，长度 ≥ 110mm；

（3）必须进行现场拉拔试验，并出具相应的试验合格报告书；

（4）螺栓承载力不得超过厂家规定的承载力，并按厂家规定的方法进行计算。

（5）与化学锚栓接触的连接件上进行焊接操作时应注意不要连续长时间操作，防止温度过高对化学锚栓产生影响。

（6）后置埋件与连接件焊缝有效高度不小于 6mm，其他焊缝有效高度不小于 5mm；焊接完毕后，清除焊渣，刷防锈漆 2 道。

（7）埋件的标高偏差不应大于 10mm，埋件位置偏差不应大于 20mm。

（8）采用化学锚栓时，不宜在锚板上进行连续受力焊缝连接，并应采取高温防护措施。

（9）焊接时宜用强行规范进行，即焊接速度要快，冷却时间要短，必要时要采取强制性外冷，尽量减少高温停用时间，减少热影响区的面积。

（四）立柱与横梁安装

（1）立柱安装轴线前后偏差不应大于2mm，左右偏差不应大于3mm；相邻两根立柱的距离偏差不应大于2mm。

（2）相邻两根横梁的水平标高偏差不应大于1mm。同层标高偏差：当一幅幕墙宽度小于或等于35m时，不应大于5mm；当一幅幕墙宽度大于35m时，不应大于7mm。

（五）石板开槽

每块石板上、下边应各开2个短平槽，短平槽长度不应小于100mm，在有效长度内槽深度不宜小于15mm，开槽宽度宜为6mm或7mm，两短槽边距离石材两端部的距离不应小于石板厚度的3倍，且不应小于85mm，也不大于180mm。石板开槽后不得有损坏或崩裂现象，槽口应打磨成45°倒角，槽内应光滑、洁净。

需要注意的是，短槽易产生应力集中，槽尖小面积支撑，槽侧边加工时易产生微细裂纹。

（六）防火、防雷构造

在楼层间用1.5mm厚热镀锌钢板包裹100mm厚岩棉板设置层间防火封堵，镀锌钢板与龙骨焊接处理，焊缝涂刷防锈漆两道；石材幕墙钢骨架的防雷装置必须与主体结构防雷装置可靠连接。

四、质量检查及检验板材的允许偏差

（一）板材组装的允许偏差

板材组装的允许偏差见表4-10-7。

表4-10-7 板材组装的允许偏差

项 目	尺寸范围（mm）	允许偏差（mm）	检查方法
相邻两竖向板材间距尺寸	—	±2.0	钢卷尺
相邻两横向板材间距尺寸	≤2000	±1.5	钢卷尺
	>2000	±2.0	
分格对角线尺寸	≤2000	≤3.0	钢卷尺 伸缩尺
	>2000	≤3.5	
相邻两横向板材的水平标高差	—	≤2.0	钢板尺 伸缩尺
横向板材水平度	≤2000	≤2.0	水平仪 水准仪
	>2000	≤3.0	
竖向板材直线度	—	2.5	2m靠尺 钢板尺

（二）构件检验

石材幕墙构件应按同一类构件的5%进行抽样检查，且每种构件大于5件，当有一个构件抽检不符合规定时，应加倍复检。

第三节　营销中心拉槽板幕墙

一、概述

（一）工程概况

某房地产有限公司开发的"融汇江山"楼盘营销中心，是其对外销售的形象窗口，因此对幕墙的观感质量要求非常高，并以上海某实例工程作为验收标准。

"融汇江山"楼盘外墙设计为干挂拉槽板花岗岩幕墙，此营销中心外墙造型复杂，特别是数十条由拉槽板块组成的柱子造型，均位于正立面最显眼处，其观感质量的好坏将直接影响到该工程的最终效果。

（二）工程要求

"融汇江山"营销中心石材幕墙工程根据建筑使用功能需要，要求坚持技术创新，精心组织施工，采取相应的施工措施来保证拉槽板幕墙的观感质量。

二、幕墙拉槽板加工

（一）拉槽板加工难点分析

拉槽板石材幕墙不同于普通干挂石材幕墙，是由数块拉槽板自上而下拼接而成，在每个板块上都有数个凹、凸不平的凹槽。板块规格如图 4 - 10 - 5 所示。由于没有相对应的加工机械，每个凹槽都只能由工人手工切割而成。

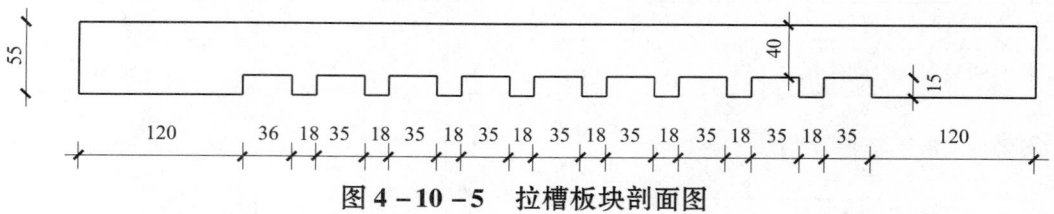

图 4 - 10 - 5　拉槽板块剖面图

（二）制定有效加工措施

1. 改进石材开料方法

在以往类似工程中，拉槽板还是采用与普通石材幕墙相同的开料方法，所开料单仅为数字表格，外加备注拉槽的尺寸及位置，不够直观。石材加工厂按照上述料单加工拉槽时，还需先进行计算，对加工水平要求太高，导致出错概率很高。因此本工程采用了新的开料方法：

（1）首先，在幕墙的钢骨架施工完成后，施工人员复核了现场尺寸，绘制出现场准确的尺寸图，然后利用 CAD 软件模拟分割石材。

（2）再根据模拟效果绘制出每块拉槽板块的平面图及剖面图，将每块石材开槽的位置、尺寸、深浅均详细地标注在图中，作为料单的附图交于石材厂家加工。

（3）实施之后，本工程的所有拉槽板下料单均精确到以"mm"为单位，每块拉槽板都附有平面图和剖面图，如图 4 - 10 - 6 所示，精确度达到了 100%，既直观准确，也使工人加工时不需要二次计算，为确保拉槽加工的准确性提供了保证。

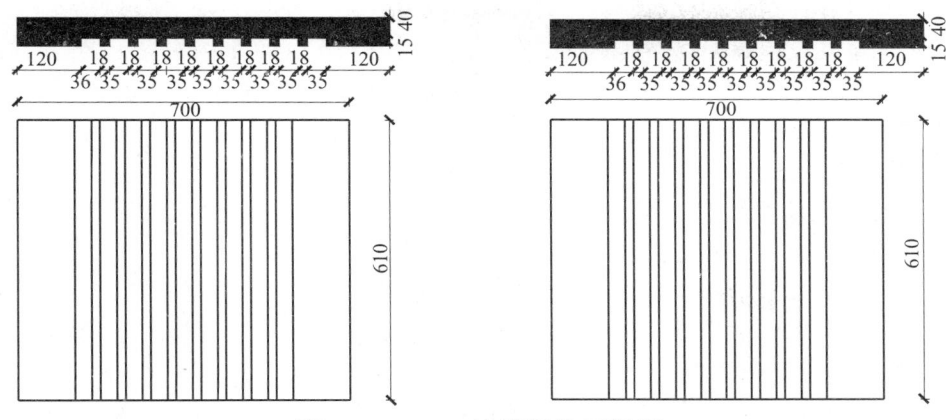

图4－10－6　拉槽板块下料图

2．确保拉槽加工准确

（1）利用经纬仪拉通线加工。为了确保每个板块安装后，相邻板块的拉槽位置偏差度小，本工程摒弃了普通干挂石材幕墙单片加工的方法，将每条柱子的石材拉槽位置拉通线放样加工。具体措施为：

①在拉槽板块加工前，先将每条柱子的石材整齐排列在地面上并按顺序编号，然后利用激光经纬仪拉通线，测放出每条拉槽的位置，再根据放样结果进行拉槽加工。

②石材安装时要按照加工时的编号依次安装上墙，这样可以使相邻板块的拉槽偏差达到最小。

（2）派专人监督加工。加工拉槽的过程是影响拉槽板合格率最重要的一个环节，因此石材在加工厂加工时，项目部派一名材料员常驻石材加工厂，监督及指导拉槽加工过程。

（3）加强检查确保精度：

①驻石材加工厂材料员对每天加工完成的拉槽板进行抽查，若不合格率超过3%则需全数检查，并监督工人修补不合格拉槽，经材料员检查合格的拉槽板块才可装车运往工地。

②在石材安装前，项目部组织按编号将石材在现场进行预排，用经纬仪及钢直尺仔细检查拉槽位置的偏差，并要求厂家派专业加工人员修补所有偏差大于2mm的拉槽，修补后经小组人员复核合格后，方可按编号依次安装。通过这两道检查程序，杜绝不合格板块在施工现场使用。

三、干挂拉槽板幕墙安装施工

（一）拉槽板幕墙施工难点分析

拉槽板幕墙不同于普通干挂花岗岩石材幕墙，是由数块拉槽板自上而下拼接而成，在每个板块上都有数个凹凸不平的凹槽。因此施工时控制相临板块间凹槽拼缝顺直度的偏差，拉槽板拼缝处的打胶，是确保"融汇江山"营销中心干挂花岗岩槽板幕墙观感质量的关键，也是安装施工的难点。

（二）制定有效的施工技术措施

1．注胶工艺流程

耐候结构密封胶施注是大部分石材幕墙施工的最后一道工序，也是影响其观感质量的最重要一环。特别在拉槽板石材幕墙上，其特殊的拉槽造型，为耐候结构密封胶的施注增加了难度。为了保证注胶饱满美观，其涂胶工艺流程为：用干毛巾将灰尘擦净→粘贴美纹纸→持续均匀打胶→用铲刀从左至右刮平→检查有无气泡、断缝→检查有无质量问题→修补→0.5h后撕除美纹纸→成品保护。

2．注胶施工质量措施

（1）加强工人培训考核。项目部组织了多名注胶人员进行上述工艺的培训，培训结束后，在模拟的拉槽板块上对他们进行了实际操作考核，实行末位淘汰制。

（2）制定实施奖罚措施。施工完成后，由施工员和质检员共同对施工成品进行现场考核，对优良率达到90%的罚款，最后所有不合格的胶缝均责令施工者整改至符合要求。

（三）制定施工管理措施

（1）编制切实可行的专项施工方案，严格执行技术交底，对施工人员的岗前培训到位及时。

（2）选择优秀的劳务分包商，明确质量奖罚。

（3）定期召开内、外生产例会，对班组每道工序签施工任务单。

（4）加强施工过程控制，实行动态管理，保证各工序一次通过验收合格。

本工程针对拉槽板石材幕墙制定了专项的施工措施，通过对施工工序的层层把关，成功保证了拉槽板石材幕墙的观感质量。经验收检测，施工优良率达到了规范质量标准，满足了建设单位的质量要求。

第五篇　混凝土幕墙

第一章　装饰混凝土挂板幕墙

建筑工程需要批量的功能混凝土，建筑设计也需要有创意的装饰混凝土。

装饰混凝土挂板幕墙系预制件饰面，是指混凝土墙板在预制过程中，即对板材进行"正打"和"反打"工艺外墙饰面加工，包括彩色磨石、美术磨石，现场组装后不需另外再做饰面处理的做法。装饰混凝土是指经建筑艺术加工的混凝土饰面技术，它可以同时是一种结构构件，也可以预制成仅具有装饰功能的外墙挂板。这两种混凝土饰面悬挂在钢筋混凝土墙或框架梁、柱结构层上，挂板与结构层一般相距 100mm，其中嵌贴 60mm 保温层，并保留 40mm 空气层，或具有其他艺术色彩的墙面，挂板用不锈钢或镀锌型材挂件与钢筋混凝土结构层连接，形成彩色混凝土挂板幕墙。

在德国，彩色混凝土挂板幕墙被大量用于城市公共建筑外墙，而俄罗斯则大量用于工业厂房的外墙挂板装饰。彩色混凝土挂板幕墙在我国东北地区应用较多，而西藏拉萨火车站由于特殊的环境气候条件，选择彩色混凝土挂板幕墙进行外墙装饰，造型美观大方、别具一格。

第一节　概　　述

一、装饰混凝土挂板幕墙的定义

装饰混凝土挂板幕墙是一种装配式轻板干挂体系。这种体系是利用混凝土的可塑性，利用较复杂的钢模，浇筑出彩色的、有凹凸甚至带有窗框的混凝土墙板，为了加强墙面的质感和色泽，也可以在钢模底部衬上刻有各种花纹的橡胶膜，用"反打"工艺制出彩色的、具有花纹的墙板，然后用不锈钢吊件悬挂在钢筋混凝土墙或梁、柱结构层上，形成一种新的彩色混凝土板围护墙。

二、装饰混凝土挂板幕墙的特点

装饰混凝土挂板幕墙装饰效果好、质量轻，是外墙轻型化、装配化比较理想的形式，这种体系的挂板运至现场进行安装并做接缝处理，以减少施工现场湿作业，节约用工并缩短工期。因此在现代大型和高层建筑上得到广泛地采用。究其原因，它具有以下特点：

（1）装饰混凝土挂板幕墙是目前国内逐步推广采用的一种新的饰面板安装方法。它与传统的湿作业安装相比，操作简便，速度快，不受季节性影响，不存在空鼓、分层、离析现象，不受黏结砂浆均匀程度、板面污染而出现颜色明暗不均的影响。

（2）干挂法装配化程度高，安装用挂件、膨胀螺栓均为不锈钢，成本高，有待于研究代用材料，以适应幕墙发展的需要。

（3）干挂法不适用于砖墙、加气混凝土墙，安装用挂件调整幅度小，要求精度高，相应地对挂板生产、混凝土结构质量提出更为严格的要求。

（4）装饰混凝土饰面挂板的大面积采用在国内才仅仅开始，从总体效果来说是好的，色彩差别、几何尺寸、气泡等技术标准都满足要求，甚至超过德国、俄罗斯等国家已建工程的水平，获得了肯定，为建筑外墙装饰开辟了一条新路子。

三、装饰混凝土挂板幕墙的种类

装饰混凝土挂板幕墙根据吊挂方式不同，分为无骨架彩色混凝土挂板幕墙和构架式彩色混凝土挂板幕墙两种。

（一）无骨架彩色混凝土挂板幕墙

无骨架装饰混凝土板块面积较大，高度较高，一般有一层或两层楼高，宽度通常为一个开间或一个柱距。安装施工时，一般先连接板的下部，然后再固定上墙，这种板的特点是自身刚度较大，属重型幕墙。这种挂板幕墙有点类似于 20 世纪 70—80 年代我国当时流行的"大板建筑体系"。

（二）构架式装饰混凝土挂板幕墙

构架式装饰混凝土挂板幕墙一般采用薄型轻质混凝土条板，板宽 1.0m。安装施工时，用螺栓勾住板后面的槽钢，再将板连接在型钢骨架上。这种板的特点是搬运、堆放、安装施工方便。

第二节　装饰混凝土挂板幕墙设计

一、幕墙设计方案

设计选择装饰混凝土挂板幕墙时，当混凝土的强度及挂板的刚度满足时，彩色混凝土、装饰混凝土的耐久性和防腐蚀性是挂板幕墙设计首先考虑的重点，当然，混凝土的强度越高，其耐久性和防腐蚀性越好，这两者是一致的。

欲加强装饰混凝土挂板的耐久性和防腐蚀性能，设计时应充分考虑相应的措施，对钢筋网片进行镀锌处理；混凝土表面刷憎水剂和其他保护剂涂料，以此来抵抗空气中的二氧化碳和其他侵蚀介质对混凝土的长期侵蚀（碳化），当然，预制挂板时也应考虑采取措施，减少空隙率，以提高挂板混凝土的密实性。

在德国，技术规范中对装饰混凝土挂板生产的质量标准没有明确的要求，只是强调颜色均匀一致，在一定范围内变化，表面气泡分散均匀，直径不超过 4mm，集料暴露均匀。

二、幕墙的结构构造

装饰混凝土挂板幕墙的结构层为 R. C 墙或框架梁、柱，外侧贴 60mm 厚的玻璃棉保温板，挂板与保温层之间有一个 40mm 厚的空气层，挂板用不锈钢挂件与 R. C 结构连接。

装饰混凝土挂板幕墙有两种体系：一种是无骨架板幕墙，另一种是构架板式幕墙。

（一）无骨架板幕墙

无骨架板幕墙如图 5 - 1 - 1 所示，一般块面较大，高度有一层楼或两层楼高，宽度通常为一开间或一个柱距。这种挂板在装配时，先要将板下部的预埋铁件与楼板外口的预埋铁件用角钢焊接连接，如图 5 - 1 - 2 所示，然后再固定上端，这种挂板的表观密度与自身的刚度都比较大，属于一种较重型幕墙。

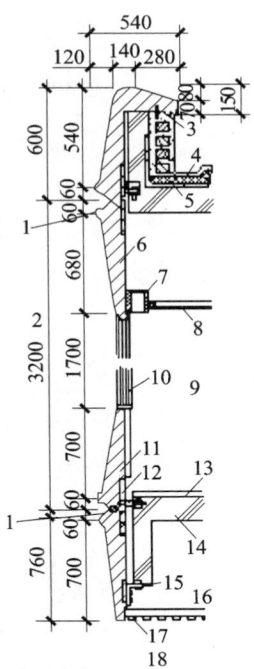

图 5 - 1 - 1 无骨架墙板幕墙

1—接合部（填缝剂）；2—外部；3—L 75×75×6 固定锚栓；4—屋顶装修；5—油毡防水层；6—PC 挂板；
7—窗帘盒；8—天花板装修；9—内部；10—铝框架（PC 挂板制作时同时嵌入）；11—挂板装置部位；
12—踢脚板；13—地板装修；14—地板；15—吊栓；16—天花板底层；
17—天花板、铝面板；18—主要部位纵断面详细

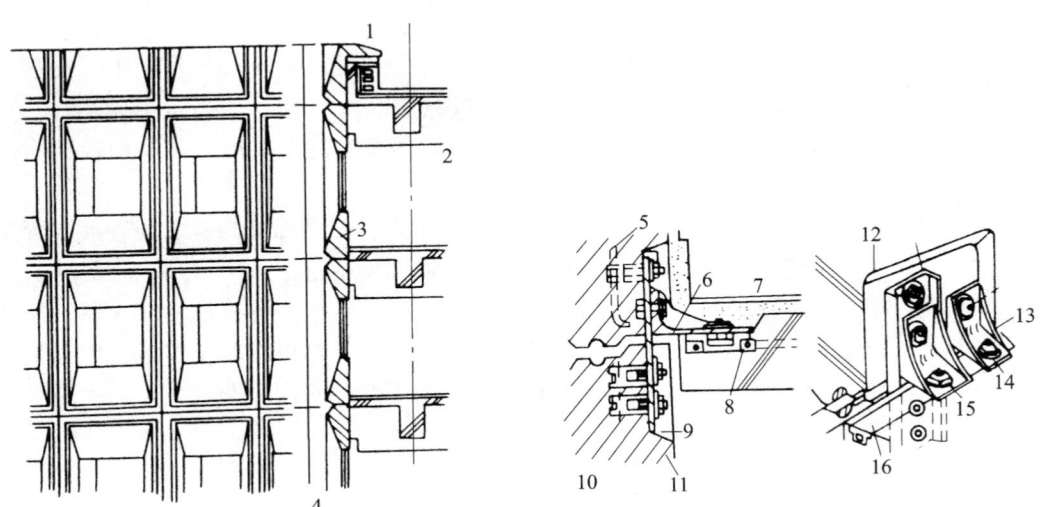

图 5 - 1 - 2 混凝土挂板幕墙的装置详细图

1—女儿墙；2—梁中心；3—预制混凝土挂板；4—正立面图；5—PC 嵌铁片；6—装置角钢；7—地板装修；
8—焊接地板筋上；9—上、下装置铁片；10—PC 嵌铁板；11—PC 挂板；12—上、下装置铁；
13—螺帽；14—角钢；15—固定螺帽；16—地板用嵌铁片

无骨架板幕墙一般都在工厂预制，自身防水一般较好，关键在于板缝的处理。墙板装好以后，除了板缝之间要注入防水密封胶之外，板边还应进行折口和空腔处理，利用空气的压力差来阻断渗透雨水的侵入，如图 5 - 1 - 2 所示。

（二）构架式板幕墙

构架式板幕墙一般采用薄型的轻混凝土板，日本积水房屋公司的装配式住宅构造，挂板厚 57mm，表观密度 1070kg/m^2，板内布置 φ4mm（50mm×50mm）的钢筋网片，板后预埋两根薄壁槽钢。安装时，用螺栓勾住板后的槽钢，再将板连接到钢骨架上，由于板宽为 1.0m，搬运和施工均很方便，板的下方与楼板的连接与无骨架挂板幕墙完全一样。板缝之间同样用防水密封胶填充。

三、幕墙的设计特点

装饰混凝土挂板幕墙是从德国引进的新工艺，建筑标准高，施工质量要求严，又无现成的技术资料和经验可供借鉴，设计时对挂板的颜色均匀、气泡大小、几何尺寸、安装板缝宽度、牢固稳定都有严格的要求。其特点是：

（1）饰面挂板采用干挂法，由不锈钢挂件和不锈钢膨胀螺栓相连接，为承受挂板自身质量荷载，每块挂板各自独立形成一个承重体系，挂板之间不得相互重叠，以免产生荷载传递。

（2）挂板为错缝排列，安装必须从下至上分层依次进行，顺序不得颠倒。

（3）挂板之间的水平缝、垂直缝内均不填塞任何防水嵌缝腻子进行封闭。

（4）挂板材料选择极为严格，远远超过国内高级装饰外墙材料质量标准，如板面涂料、颜色、预埋件、不锈钢挂件及膨胀螺栓等，挂板内钢筋网片要求镀锌。

第三节　饰面混凝土挂板预制加工

混凝土挂板是采用水泥及普通砂、石配制的混凝土浇筑成型的 R．C 预制板，混凝土强度等级 C25，标准板厚 60mm，板内放置 φ5mm 冷拔镀锌钢丝、间距 100mm 电焊网片，板的几何尺寸 1340～1570mm，大小不等，板的上、下端及背面均有安装预留孔及锚栓凹槽，分平板（标准板）、柱板（异形板）两大类。

饰面混凝土挂板生产工艺复杂，工序多，技术难度大，质量标准高，它与普通混凝土的施工工艺和施工标准截然不同。预制饰面板也有两种加工工艺，即"正打"成型工艺和"反打"成型工艺，以后者居多，多加工成干粘石、磨石、刷石、假石等装饰效果。预制饰面也可以利用不同的面层材料，但以薄板块和石碴为多，预制彩色混凝土挂板，因施工中水泥砂浆颜色的变化，较不易取得理想的装饰效果，限制了推广使用。按成型工艺不同，预制饰面通常有多种饰面做法。

一、"正打"成型工艺

（一）预制干粘石饰面

1. 料具准备

（1）材料。材料同干粘石装饰抹灰工程中的干粘石。可参考表 5 - 1 - 1 选用。

（2）工具。除模板外还有木抹子、铁抹子、胶管、刮板、筛子、刷子。

2．施工工艺流程

预制干粘石饰面的施工工艺流程：清模→刷隔离剂→放入钢筋网片→浇混凝土→振捣→养护→浇水湿润基层→抹黏结砂浆→均布石碴→滚压拍实→表面清理→脱模。

3．注意事项

（1）模板应符合设计尺寸，并且表面平整，不宜过于光洁或粗糙，过于光洁会影响内表面装饰（黏结效果），过于粗糙既影响板面平整度，也不利于脱模。

（2）铺设钢筋网片时，要保证有一定厚度的保护层，以免钢筋或绑丝外露造成锈蚀而影响板的强度和抹灰。

（3）预制幕墙挂板应振捣密实。

（4）浇灌混凝土后，即可适量干撒 1∶3 水泥砂浆的拌和物。并用木抹子压实搓平，做好黏结基层的基层。

（5）一定要在墙板养护达到一定强度（设计强度等级的 70%）才能做饰面层，黏结砂浆可用 1∶1 或 1∶0.5 水泥砂浆加 10% 的 801 胶，厚度为 3~5mm。为保证厚度均匀，宜先将黏结水泥砂浆在挂板面上铺摊开，用刮板刮平。

（6）黏结砂浆铺好后即可用双层筛底的筛子均匀筛撒石碴，并滚压拍实。

（7）饰面有一定强度后，扫除清理回收浮动石碴。

4．质量要求

（1）石碴粒径均匀，单块壁板石碴色彩统一。

（2）壁板板面平整，无大面积脱粒、缺角现象。

（3）拍压适度，黏结砂浆不得渗出石子表面。

（二）抹灰饰面

1．料具选择

（1）材料：可选择水泥、白石英砂、各色矿物耐碱颜料。

（2）工具：木抹子、钢皮抹子、刮板等。

2．施工工艺流程

抹灰饰面的施工工艺流程如下：清模→刷隔离剂→铺设钢筋网→浇灌混凝土→振捣→抹灰→养护→出池。

3．注意事项

（1）振捣前程序同干粘石饰面做法。

（2）混凝土挂板表面收水后（初凝后），即可抹 50mm 厚 1∶2.5 水泥石英砂砂浆，也可用 1∶3 水泥砂浆加各色颜料抹灰，或用喷涂、滚涂方法抹灰。其做法基本同现场施工做法，所不同的是改立做（立模）为平做（平模）。

（3）水泥石英砂砂浆抹面应打毛，使之呈银灰色，有干粘石表面效果，板面装饰毛糙，可避免表面裂缝，又可避免表面不平整对视角的影响。

（4）养护、出池及运输安装时，应注意不要损坏装饰表面，如图 5-1-3 所示。

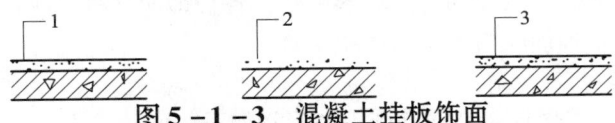

图 5-1-3　混凝土挂板饰面

1，2—1∶（1.0~2.0）水泥砂浆掺 10% 801 胶；3—5mm 厚 1∶25 水泥石英砂砂浆

（5）抹灰类表面因材质较软，在运输过程中易损坏表面，现场维修费高，且不易与原表面取得相同效果，故应慎重选用。

4．质量要求

（1）抹灰表面颜色应均匀一致。

（2）表面平整，无龟裂脱皮、起砂现象，无缺棱掉角。

（三）陶瓷锦砖、玻璃锦砖、面砖饰面

在"正打"成型工艺生产的挂板上，预制陶瓷锦砖、玻璃锦砖的操作方法和使用工具与地面贴锦砖基本一致。面砖与墙面现场粘贴不同点是将立做改为平做，施工中不会出现面砖下坠影响装饰质量问题，并可缩短工期，提高质量，为使装饰后的贴面材料不致因磕碰脱落，挂板四周宜留出适当宽度的镜边。

二、"反打"成型工艺

由于正向生产脱模时易损坏45°角边及棱角，而且板面人工抹灰难以达到平整度要求。经反复研究，采用装配式钢模进行"反打"生产，能够获得装饰效果较好的彩色混凝土挂板。

（一）假大理石、抛丸假石、青石板饰面

1．料具准备

假大理石、抛丸假石、青石板饰面板均无特殊使用工具。

2．施工工艺流程

假大理石（花岗石）、抛丸假石、青石板饰面的施工工艺流程如下：饰面板反铺在底模上→放钢筋网片→浇混凝土→振捣→养护→出池→表面清理。

3．注意事项

（1）采用装配式钢模，侧模用型钢与底模钢板拼接。为防止模板变形，使用螺栓与底模固定。模板应具有足够强度和刚度，为避免底模变形，最好使用冷轧钢板，板面尽量不设拼缝。

（2）铺饰面板前应清理模板，使模板底面清洁。铺装时按顺序对齐接缝，使缝隙大小均匀，横平竖直。

（3）网片点焊成型后，经镀锌处理，加强筋及构造筋镀锌后再进行绑扎，绑扎用镀锌钢丝。

（4）浇灌混凝土时，应注意不使板面错动、叠合。

（5）平板式振动器或振捣棒振动时，也应按顺序进行，振捣前混凝土最好基本铺平。

（6）其表面清理包括清扫浮灰，清除污物等。

（二）面砖、陶瓷锦砖、玻璃锦砖饰面

1．料具准备

（1）材料：选择面砖、陶瓷锦砖、玻璃锦砖，各种饰面材料均应符合有关标准要求。

（2）工具：上述各种饰面均无特殊使用工具。

2．施工工艺流程

面砖、陶瓷锦砖、玻璃锦砖饰面的施工工艺流程如下：面砖、锦砖反铺在底模上→放钢筋网片→预埋件及预留孔洞→浇混凝土→振捣→养护→出池→表面清理。

3. 注意事项

（1）铺面砖、锦砖前应清理模板，使模板底面清洁，铺装时纸面在下（面砖正面在下），按顺序对齐接缝，使缝隙大小均匀，横平竖直。

（2）预埋件要求不能直接固定在模板上，只能随混凝土于浇筑过程中放置，保证位置准确，固定牢固，这给施工生产带来很大困难。根据各种不同情况采取以下三种安装方法：

①L形不锈钢埋件及防震锚件按图纸要求均绑扎在钢筋骨架上。

②预埋塑料管套在侧模的销子上，拆模时把销子退出。

③预留安装孔及预留孔洞，按预留位置采取不同固定方法。

（3）浇灌混凝土时，应注意保护，不得使面砖、锦砖错动、叠合。因锦砖较轻，片与片的缝隙大，极易错动。

（4）采用平板式振动器振捣较好，应按顺序进行，振捣前混凝土基本铺平。

（5）清理表面污物、浮灰，刷水揭去牛皮纸，揭纸时用力方向与板面平行。

第四节 彩色水磨石挂板预制加工

预制彩色水磨石挂板是以水泥（含普通硅酸盐水泥、铝酸盐水泥、白色水泥和彩色水泥）和石屑（含白色和彩色石碴）按一定比例混合，加入水拌和，经预制成型、养护、研磨、酸洗、抛光、打蜡、再经养护等工艺生产而成表面光滑的一种幕墙装饰板材。要求板面色泽鲜明，颜色一致。

一、材料规格及特点

（一）材料规格

1. 水泥

（1）彩色水泥。为保证掺颜料后水泥的色泽一致，深色的水磨石宜采用强度等级不低于42.5级的硅酸盐水泥、普通硅酸盐水泥和矿渣硅酸盐水泥，也有选用铝酸盐水泥的，其表面质地光泽更好；白色或浅色的面层宜选用强度等级不低于42.5级的白色水泥。

至于彩色水磨石，从水泥方面考虑，当然要选用彩色硅酸盐水泥或白水泥与碱性矿物颜料配制的混合水泥体系。

（2）铝酸盐水泥。除了选用硅酸盐水泥外，也有用铝酸盐水泥或硫铝酸盐水泥作胶凝材料生产的。这种水磨石光泽度高，花纹耐久，抗风化，耐久性、抗潮性均很好，这是因为铝酸盐水泥的主要化学成分氧化钙（CaO）和氧化铝（Al_2O_3）水化后产生氢氧化铝$[Al_2(OH)_3]$凝胶体的缘由。在凝结过程中，它与光滑的模板表面相接触，形成氢氧化铝凝胶层。与此同时，氢氧化铝凝胶体在硬化过程中不断填塞碎石的毛细孔隙，形成致密结构，因此表面光滑、光亮，呈半透明状。以硅酸盐（包括白水泥、彩色水泥）水泥为胶结材料，由于不能形成氢氧化铝凝胶层，所以形成不了光滑的表面。

各种水泥应分厂、按批、按品种分别堆放，且水泥中必须有出厂证明或检验资料，同一颜色的幕墙挂板，应使用同一批水泥。

2. 石碴

石碴亦称石粒、石米等，是由天然大理石、白云石、方解石、花岗石破碎、筛分加工而成。具有白色及多种色泽。

（1）要求石碴颗粒坚韧、有棱角、洁净，不得含风化的石粒、杂草、泥块、砂粒等杂质。

（2）若选用天然彩色石碴，其颜色耐久性要好，否则会很快褪色，影响装饰效果。一般说来，颜色越鲜艳的石碴越容易褪色，如嫩黄色、葱绿色等。

（3）应分批，按不同品种、颜色、规格（大、中、小八厘三种）分别存放在竹席上保管，使用前用水冲洗干净，晾干。

（4）普通彩色水磨石幕墙挂板宜采用 4~12mm 石碴，而大粒径石碴彩色水磨石幕墙挂板宜选用 3~7mm、10~15mm、20~40mm 三种规格的石碴按比例组合。参见表 5-1-1。

表 5-1-1　石碴品种、规格及质量要求

编号	规格与粒径的关系		常用品种	质量要求
	规格	粒径（mm）		
1	大二分	约 20	东北红、东北绿、丹东绿、盖平红、中华红、荥经红、秦岭红、华山青、米易绿、玉泉灰、旺青、晚霞、白云石、云彩绿、红王花、奶油白、竹根霞、苏州黑、黄花王、南京红、雪浪、松香石、墨玉、汉白玉、曲阳红、湖北黄等	1. 颗粒坚韧、有棱角，洁净，不得含有风化石粒； 2. 使用时应冲洗干净
2	一分半	约 15		
3	大八厘	约 8		
4	中八厘	约 6		
5	小八厘	约 4		
6	米厘石	0.3~1.2		

3. 颜料

选用耐碱、耐光的矿物颜料，其掺入量不得大于水泥量的 12%，并以不降低水泥强度等级为宜。不论哪种色粉，进场后都要经过检验试配，同一种彩色混凝土挂板，应使用同一个厂的颜料，且一定要待质量确认可靠后，方能使用。

如发现颜料受潮结块，须过筛后才能使用，以避免饰面层出现颜色不均。

4. 分格镶边

分格条亦称嵌条，对于面积较大的挂板，有时要进行艺术分格，因此要求镶嵌分格条，分格镶条视建筑物等级不同，通常选用黄铜条、铝条和玻璃条三种，另外也有用不锈钢、硬质聚氯乙烯制品，主要用于预制彩色水磨石幕墙挂板划分块分界线。其规格见表 5-1-2 和表 5-1-3。

表 5-1-2　常用彩色水磨石挂板分格嵌条规格

规　格	铜　条	铝　条	玻璃条
长(mm)×宽(mm)×高(mm)	1200×10×(1.2~1.3)	1200×10×(1.0~2.0)	1200×10×3.0

表 5 - 1 - 3　分格嵌条产品规格、价格及生产单位

品名	产品规格（mm）	参考价格（元/m）	生产单位
铜嵌条	1000×12×1.5	9.20	西安市装饰材料厂
	1000×14×1.5	9.50	宁波建筑装潢五金厂
	1000×12×2.0	9.30	
	1000×12×2.5	9.80	

5. 草酸

草酸即乙二酸，通常呈无水物，为无色透明晶体，乳白色块状或粉状，有毒，相对密度 1.653g/cm³，熔点 101～102℃。无水物相对密度 1.90g/cm³，熔点 189.5℃（分解），在约 157℃时升华，溶于水、乙醇、乙醚。使用前用热水溶化，浓度宜为 10%～25%，冷却后使用。

6. 氧化铝（Al_2O_3）

氧化铝系白色粉末，相对密度 3.9～4.0g/cm³，熔点 2050℃，沸点 2980℃，不溶于水，与草酸混合，可用于彩色水磨石挂板面层抛光，并增加耐磨性能。

7. 墙板蜡

墙板蜡系天然蜡或石蜡熔化配制而成（0.5kg 配 2.5kg 煤油加热后使用）。有液体型、糊型和水乳型等多种。

（二）技术性能特点

现制彩色水磨石挂板具有表面平整、强度高、坚固耐用、美观大方、光滑清洁、上蜡磨光、明亮如镜、施工方便等特点，这种幕墙挂板易积尘垢，但清扫方便。

预制彩色水磨石挂板是人造石材装饰，质地坚硬，耐磨性好，经常打蜡，更是经久耐用，特别是公用场所，人来人往，彩色水磨石幕墙挂板的使用寿命比其他幕墙挂板长久得多。

预制彩色水磨石挂板的石粒密实，显露均匀，具有天然石料的质感，装饰效果好。黑、白石碴水磨石，素雅朴实；彩色石碴水磨石，色泽鲜艳，如果配以美术图案，装饰效果更佳。

综上所述，预制水磨石主要适用于宾馆、图书馆、餐厅、教学楼、科研楼、展览馆、会堂、影院、剧院、医院和办公楼等民用建筑的外墙幕墙工程以及防尘要求较高车间、实验室的幕墙工程。

二、彩色水磨石挂板预制加工

预制彩色水磨石挂板是按设计要求的规格尺寸，选用钢模板并经"正打"工艺成型生产的。

（一）彩色水磨石挂板的构造

彩色水磨石挂板是在钢筋混凝土（R.C）预制板的面层作彩色水磨石装饰层，其厚度按设计要求，但不宜过厚，防止增加挂板自身的质量。预制板混凝土强度等级为 C25，标准板厚 60mm，板内放置间距为 100mm 的冷拔低碳钢丝点焊网片。

彩色水磨石幕墙挂板的几何尺寸按设计要求，大小不等。板的下端背面均有安装预留孔及锚栓凹槽，分标准（平板）及异形（柱板）两大类。

（二）彩色水磨石挂板预制加工要点

1. 弹线嵌条

R.C 预制板加工如果面积较大，彩色水磨石面层需要进行艺术加工，则按设计要求在

板面上弹线分格。分格间距以 1.0m 左右为宜。

（1）按设计要求选用分格嵌条，见表 5 - 1 - 2 和表 5 - 1 - 3。

（2）如嵌铜、铝条时，应先调直，并每隔 1.0 ~ 1.2m 打四个眼，供穿 22 号铁丝用。如彩色水磨石幕墙挂板采用玻璃分格条，应在嵌条处先抹一条 50mm 宽的白水泥浆，再弹线嵌条。

（3）镶嵌分格条，应用靠尺按分格线靠直，与分格对齐，将分格条紧靠靠尺板，用水泥浆粘贴分格条，另一边用素水泥浆或硬练砂浆在分格嵌条根部抹成小八字形灰埂固定，灰埂高度应比嵌条顶面低 3mm（俗称"粘七露三"），起尺后再在嵌条另一边抹上水泥浆，如图 5 - 1 - 4 所示。嵌条纵横交叉处应留出 40 ~ 50mm 的空隙，以便铺面层水泥石碴浆，铜条、铝条所穿铁丝应用水泥石碴浆埋牢，如用铜条，其根部只抹 30°立坡灰埂。

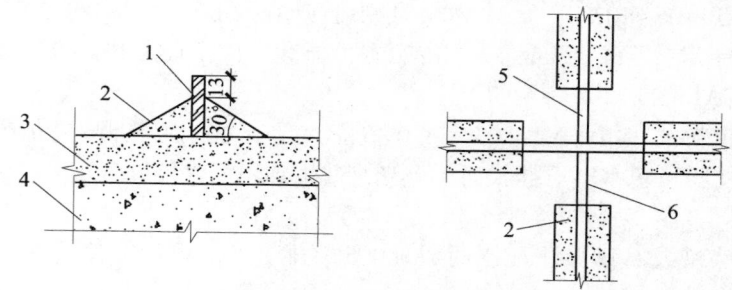

图 5 - 1 - 4　镶嵌分格条示意

1—分格条；2—素水泥浆；3—水泥砂浆；4—混凝土垫层；5—40 ~ 50mm 内不抹素水泥浆；6—分格条

（4）镶嵌分格条时，随手用刷子蘸水刷一下镶嵌条及灰埂，使灰埂带麻面，以便与面层结合，镶嵌条顶面要平直，镶嵌要牢固，平接部分接头要严密，其侧面不弯曲。镶嵌 12h 后，已凝结硬化的灰埂一般应浇水养护 3 ~ 5d，严加保护，防止破坏。

（5）镶嵌分格条的设置间隔按图纸尺寸定，彩色水磨石幕墙挂板等接触间隔若超过 100cm，由于收缩会常常产生裂缝，故取 90cm 左右为宜，为防止彩色水磨石幕墙挂板面层产生不规则开裂，在中轴线处可镶嵌双分格条。

2. 罩面

浇水湿润，并抹水泥浆结合层，再罩面层水泥石碴浆。

（1）水泥石碴浆铺设前，应将嵌条分格内的积水和浮砂清扫干净，并在基层表面上刷一遍与面层颜色相同的水灰比为 0.4 ~ 0.5 的水泥浆做结合层，随刷随铺。

（2）水泥、石碴计量必须准确，必要时先将颜料与水泥干拌过筛，再掺入石碴搅拌均匀，然后加水拌和，一般情况下，水泥石碴的稠度为 60mm 左右，施工配合比为 1 : （1.5 ~ 2.0），拌和前需预留 20% 的石碴作为撒面用，配合比可根据石碴大小适当调整。

现制彩色水磨石幕墙挂板常用配合比可参考表 5 - 1 - 4。

表 5 - 1 - 4　现制彩色水磨石幕墙挂板参考配合比

彩色水磨石名称	主要材料（kg）			颜料（水泥质量%）	
	紫红石子	黑石子	白水泥	红色	黑色
赭色水磨石	160	40	100	2	4

续表 5 – 1 – 4

彩色水磨石名称	主要材料（kg）			颜料（水泥质量%）	
绿色水磨石	绿石子	黑石子	白水泥	绿色	
	160	40	100	0.5	
浅粉红色水磨石	红石子	白石子	白水泥	红色	黄色
	160	60	100	适量	适量
浅黄绿色水磨石	绿石子	黄石子	白水泥	黄色	绿色
	100	100	100	4	1.5
浅橘黄色水磨石	黄石子	白石子	白水泥	黄色	红色
	140	160	100	2	适量
本色水磨石	白石子	黄石子	402 号水泥	—	
	60	140	100	—	
白色水磨石	白石子	黑石子	黄石子	白水泥	—
	140	40	20	100	—

注：1. 白水泥为 42.5 级水泥。

2. 颜料：绿色为氧化铬绿，黄色为氧化铁黄，红色为氧化铁红。

（3）水泥石碴浆浇筑厚度为 10～12mm，视石碴粒径大小而定，同一操作面的色粉和水泥应使用同一批材料，一次拌和，并留取部分干灰作为修补之用，干灰应注意防潮。

（4）水泥石碴浆应拌和均匀，平整地铺在结合层上，并高出镶嵌分格条 1～2mm，罩面完毕后，应在面层均匀撒一层石碴，随即用钢抹子由嵌条向中间将石碴拍入水泥石碴浆中，并拍实压平，再用辊筒纵横碾压平实，边压边补石碴，压至表面出浆后，再用钢抹子抹平。

（5）罩面 24h 后开始养护，在 2～7d 内，要注意浇水保湿，如温度在 15℃ 以上时，每天至少保证浇水两次。

（6）若在同一面层上采用几种颜色图案，操作时应先做深色，后做浅色，先做大面，后做小面，以防止混色。

3. 磨光

开磨前，应先试磨，以石碴不松动为准，预制彩色水磨石幕墙墙板，一般应磨三遍。称为"三磨两浆"。

（1）开磨时间视所用水泥、色粉品种及气候条件而定。水泥浆强度太高，磨面时耗费工时，强度太低，磨石转动时，底面产生的负压力易把水泥浆拉成槽或把石碴粒打掉。一般开磨时间与温度的关系见表 5 – 1 – 5。

表 5 – 1 – 5　水磨石开磨时间与温度的关系

平均温度（℃）	开磨时间（d）	
	机械磨石	人工磨石
5～10	4～5	2～3
10～20	3～4	1.5～2.5
20～30	2～3	1～2

（2）彩色水磨石面层应使用磨石机分次磨，开机前先试磨，以表面石碴不松动，水泥浆面与石粒面基本平齐方可开磨，具体操作时应边磨边洒水（故称水磨石），确保磨盘下有水，并随时清扫磨石浆，根据施工经验，当开磨时间过晚、面层过硬、强度太高时，可在磨盘下撒少量通过窗纱筛的砂子助磨。

（3）面层表面所呈现出的细小孔洞和凹隙，应用同色水泥浆涂补，适当养护后（3～5d）再磨，直至磨光、平整、无孔隙为度。

（4）磨光应分三遍进行：

①磨头遍选用60～80号金刚石，要求石碴磨透磨平，镶嵌条全部露出，磨完后用清水冲洗干净，稍干后薄薄刷同色水泥浆养护约5d。

②第二遍用100～150号金刚石，主要磨去凹痕，洒水后开磨至表面平滑；磨光后，再补一次浆，用洒水养护3～5d左右。

③第三遍选用180～240号金刚石或油石，洒水细磨至表面光亮，要求打磨平滑，无砂眼，石粒颗颗显露。

表5－1－6为各遍研磨的技术要求。

表5－1－6　彩色水磨石幕墙挂板面层研磨技术要求

遍数	选用磨石	技术要求及说明
第一遍	60～80号	1. 磨匀磨平，使全部分格条外露； 2. 磨石时要将泥浆冲洗干净，稍干后即涂抹一遍同色水泥浆填补砂眼，个别掉落的石碴要补好； 3. 不同颜色的磨面，应先涂深色浆，后涂浅色浆； 4. 涂擦色浆后养护4～7d
第二遍	100～150号	1. 磨至石碴显露，表面平整； 2. 其他同第一遍2、3、4条
第三遍	180～240号	1. 磨至表面平整，无砂眼细孔； 2. 用水冲洗后用草酸溶液（热水：草酸＝1：0.35）； 3. 研磨至出白浆、表面光滑为止，用水冲洗干净、晾干

（5）大面积施工用机械磨石机研磨，对于小面积、边角处，可使用小型湿式磨光机研磨，只有工程量不太大而无法使用机械的地方，才能用手工研磨。研磨时，磨盘下经常有水，用以冲刷磨下的石浆并及时将其扫除。

4. 抛光

抛光是彩色水磨石幕墙挂板面层施工的最后一道工序，通过抛光，对细磨面进行最后的加工，使彩色水磨石幕墙挂板达到验收标准。

抛光主要是化学作用和物理作用的混合，即腐蚀作用和填补作用。抛光用的稀草酸和氧化铝加水后的混合溶液与水磨石表面在摩擦力作用下，立即腐蚀了细磨表面的突出部分，水泥石中 $Ca(OH)_2$ 又将生成物挤出凹陷部位，经表面物理作用和化学反应，使水磨石表面形成一层光泽膜。然后，经打蜡保护，使彩色水磨石幕墙挂板呈现光泽和色泽。

（1）酸洗：将磨石面用清水冲洗干净并拭干，经3～4d晾干，将草酸每1kg用3kg沸水化开，待溶化冷却后再加 1% ~2% 的氧化铝，用布蘸草酸溶液擦拭或把布卷固定在磨石机上进行研磨，再用 400 号抛磨砂轮或 280 号油石在上面研磨酸洗，清除磨面上的所有污垢，至石子显露表面光滑止，然后用水冲洗拭干，显露出水泥和石碴本色。

（2）打蜡：水磨石挂板经酸洗晾干表面发白后，用干布擦拭干净，然后打蜡保护。

①彩色水磨石幕墙挂板表面打蜡，应在其他工序全部完成后进行。在干燥发白的水磨石面层上打墙板蜡或工业蜡。

②川蜡配制。用 1kg 蜡和 5kg 煤油，同时放在大桶内经 130℃加热熬制，以冒白烟为宜，随即加 0.035kg 松香水、0.06kg 鱼油调制而成。

③将蜡包在薄布内或用布蘸稀糊状的蜡，在面层上薄而均匀地涂上一层，待干后再用钉有细帆布或麻布的木块代替油石，装在磨盘上研磨第一遍，再上蜡磨第二遍，直至光滑洁亮为止。

④上蜡后须铺锯末进行养护。

（三）施工措施及注意事项

1．安全施工措施

（1）临时用的照明灯，必须用安全电压。

（2）使用磨石机时应采取以下措施：

①使用磨石机前，详细检查各部件是否完好，将电动机进行试运转，传动部分应设防护罩，正常后方可工作。

②使用磨石机的工人，应穿胶鞋，并戴绝缘手套。

③使用磨石机，应安装"漏电保护器"，电源的电压与磨石机上的电压相等。

④磨石机上所用的电线，必须选用完好的胶皮绝缘线，如胶皮线破裂，应及时通知电工更换。

⑤在搬移磨石机时，应先断电后搬移。

⑥电源开关应钉木盒，开闸时必须将手擦干，电线不得挂在铁件上，并接地线。

⑦操作时，如发现电动机发热、零件脱落或声音不正常，应立即停机检查、修理，不得凑合使用。

2．施工注意事项

（1）彩色水磨石幕墙挂板操作时，应注意成品保护。

①彩色水磨石幕墙挂板打蜡后，应注意铺锯末养护。

②磨石浆应及时排出。所以，施工现场应做好完善的排水设施。

③磨石机应有罩壳，防止浆水四溅。

（2）彩色水磨石幕墙挂板分格块内往往有四角空鼓的缺陷，主要是由于清扫不干净，排浆不匀所致。所以，施工时应清扫干净，四角和嵌条边上先上浆，扫匀拍实，发现空鼓应在开磨前修补好。

（3）磨光施工中应注意磨纹、砂眼，严格按照工艺规程操作，磨石施工总结为"三磨二浆"，最后一遍磨完后用 400 号细砂轮或抛光砂轮磨光出亮。擦拭两次浆，不得减少次数，打两边蜡，做到表面平整、光滑。

（4）镶嵌分格条要位置准确，全部露出，主要措施是按设计要求弹线，铜条事先调直，用"粘七露三"八字角的方法粘贴分格条，石碴浆罩面高出分格条 1 ~2mm，磨匀磨透，直到发光发亮为止。

第五节　美术水磨石挂板预制加工

美术水磨石幕墙挂板，是选用白水泥或彩色水泥、色石碴、矿物颜料按一定比例混合，再加水拌和成彩色水泥石碴浆，采用"正打"工艺罩抹在模具内的混凝土预制板表面，用玻璃条或者铜条及铝合金条分格，用磨石机或人工边磨边洒水，最后经过酸洗、打蜡再养护而成的表面光滑的人造美术水磨石幕墙挂板。

这种幕墙挂板如再进行艺术加工、艺术分格或配以美术图案，其装饰效果更佳。

一、材料规格及技术性能

（一）材料规格

1. 水泥

美术水磨石幕墙挂板面层所用的白水泥和彩色水泥应一次备够，装饰工程用材料，最重要的就是品种、颜色、标号或等级一致。垫层和结合层部分应选用不低于 42.5 级的硅酸盐水泥或普通硅酸盐水泥，在保证质量的前提下，也可用同强度等级的矿渣硅酸盐水泥。

2. 色石碴

美术水磨石幕墙挂板主要选用色石碴，来源于天然大理石、花岗石加工成板材后的边角余料，经破碎、筛分加工后获得。

（1）当前供应的色石碴，一种是天然大理石、花岗石碎渣，一种是色石子，进场后，要筛分出大、中、小三种规格，太小的不能用，筛分后的石碴，要分规格堆放，不可混淆。

（2）分规格水洗。有杂色的石碴和杂质要清理干净，洗到完全是清水为止，然后分别堆放，上盖苫布等物，防止再进入杂质。

（3）水泥石碴浆应加入大、中号的石碴搅拌，比例根据实际规格确定，同时，留出一定数量的中、小号石碴；在碾压第一、第二、第三遍时，逐遍找孔洞填入中号石碴；碾压第四、第五遍时，找孔洞填入小号石碴，直到无法再填为止。这样才能达到最理想的密实度。

3. 颜料

原则上要使用矿物耐碱、耐光颜料，如铬黄、铬绿、氧化铁红、氧化铁黄、炭黑和黑铅粉等。

（1）不论哪种颜料，进场后要先经过检验和试配，确认质量可靠后才能使用。

（2）要根据选定的样板配合比为准，注意颜料的品种和数量，购买颜料时要一次进够数量，否则无法保证色调一致。

4. 配色灰

美术水磨石的色调能否达到颜色均匀一致、鲜艳美观，主要在于色灰配得准不准、细不细，具体进行时按下述要求配制。

（1）按照选定的样板配合比配色灰，参考表 5-1-7，要做到十分精确，并应由施工质量检查人员亲自过目，以防弄错。

（2）配色灰的数量，要满足一定数量挂板的安装施工，防止中途多次补配，以免造成色泽不一致。

表 5-1-7　美术水磨石幕墙挂板样板设计配合比

序号	水磨石颜色	主要材料（%）							颜　色			
		晚霞	丹东绿	东北红	十三陵黄	白水泥	白石子	黑石子	红	绿	黄	黑
1	赭色	100	—	—	—	100	—	40	2	—	—	4
2	绿色	—	160	—	—	100	—	40	—	0.5	—	—
3	浅粉红色	—	—	140	—	100	60	—	适量	—	适量	—
4	浅黄绿色	—	—	—	—	100	—	—	—	1.5	4	—
5	浅橘黄色	—	—	—	100	100	60	—	适量	—	2	—
6	白黑色相杂	—	—	—	140	100	180	20	—	—	—	—

（3）配色浆要使用大灰槽，将称量好的水泥加色粉投入后，用人工或机械拌和均可。拌匀后，再过一遍箩，然后装入水泥袋，逐包过称，注明色粉品种，封好入库。试拌美术水磨石浆料时，按比例投料较为方便，防止现用现兑色灰，避免忙中出错。

5. 分格镶条

主要用于预制美术水磨石幕墙挂板，其中常见的有玻璃条和铜合金条和铝合金条，而玻璃条按规格加工容易，铜合金条加工有一定困难，因其属于不变质金属材料，一般厚 3～5mm，宽 10～15mm，切割后即变成曲线形，不利于施工。因此，加工时应特别注意。

（1）铜条切割的长度要适宜，不宜过长，以减少曲线的拱度。

（2）对已产生的拱度，可用台钳固定两端进行机械冷拉，铜条拉长，可以减少拱度，但要适当控制，如拉伸过大，则减少铜条的断面。

（二）技术性能特点

美术水磨石幕墙挂板在高级装饰工程中使用较多，其饰面中配出多种颜色的几何图案、线形，色调和谐，美观大方。

美术水磨石幕墙挂板适用于剧院、博物馆、展览馆等公共建筑首层大厅的幕墙墙面挂板，其装饰效果与普通水磨石幕墙挂板迥然不同，有更多更大的设计和装饰空间。

二、水泥石碴色浆的配合

美术水磨石预制挂板面层水泥石碴色浆的配合比，首先要体现设计的装饰意图，然后根据给定的组合石碴进行配合比设计计算。

（一）花色设计

花色设计是施工中贯彻美术水磨石幕墙挂板设计意图重要的一环，水磨石的基本花色确定后，方可进行石碴与石碴之间、石碴与色粉之间的调配。

1. 同色配合

同色配合即是按浓、淡程度不同相互配合，如石碴为桃红色，色浆为粉红色，石碴为深绿色，色浆为浅绿色，这些均为同色配合。同色配合有调和一致的感觉，但浓、淡程度不宜接近，否则区别就不明显。

2. 相近色配合

橙色由红色与黄色配合而成，橙色中含有红色和黄色的成分，因此橙色与红色或黄色的配合就是相近色配合。同理，绿色与黄色或蓝色，紫色与蓝色或红色，都是相近色配合。石碴与石碴之间，石碴与色粉之间，按照相近色配合，给人优美和谐的感觉。

3. 对比色配合

对比色配合，例如红与绿，紫与黄，橙与蓝，都是互补色，补色配合时颜色的对比非常强烈，看上去醒目突出，但适用不当易产生粗俗感，因此，在美术水磨石中使用对比色或淡黄色，而不能用深绿色去配合，否则便有呆滞、粗俗之感。

4. 极色配合

黑色、白色称为极色，金色、银色称为亮色。当石碴与石碴间或石碴与色粉的颜色不够协调时，加入一些具有珍珠光泽的螺壳、贝壳，不仅能使颜色协调，还会产生富丽堂皇的美术效果，用具有光泽的金属条或彩色塑料条镶边、分格，对调和色调也有一定的作用。

（二）配合比组成

1. 彩色水泥浆粉的比例

颜色是由光波的吸收和反射形成，一切颜色均由红、黄、蓝配合而成，这三种色称为原色，三原色各自同另一色相加，可得出橙、绿、紫称为间色，如红+黄=橙，黄+蓝=绿、蓝+红=紫，间色与间色相混合调出来的颜色称为复色，又称为第三次色，如紫+绿=橄榄色、橙+紫=赤褐色、绿+橙=柠檬色。复色和间色相配，可以变成无数色，千变万化的色影还要靠色相、明度、纯度等要素进行区别和衡量。

图 5-1-5 十二色轮示意

（1）色相。色相是指色彩的相貌，也称色泽。色相总数约在两万以上，若将色轮上的十二颜色加上不同分量的白色或黑色，可产生很多颜色，如图5-1-5所示。这种颜色的区别就是色相。

（2）明度。即透明度，是指颜色的明暗程度。如绿色可分为弱绿、正绿和暗绿。

（3）纯度。是指颜色的饱和程度，或称彩度、饱和度、艳度，色相图中的颜色纯度最高，最鲜明，是标准色。

配制时，可运用上述原理，把白水泥或青水泥（普通硅酸盐水泥）本色的颜色作为主色（基础色），加少量着色力强的原色氧化铁黄、氧化铁红、氧化铁绿及氧化铁黑等作为副色，以不同的组分进行配合，经混合、搅拌均匀，制成各种颜色的彩色水泥粉的色标，以供设计花色和确定颜料配合比时查用，其方法是在水泥中掺入不同数量的颜料，做有规律的变化对比，并做好记录，供设计者选定后作为样板色，配制时须备有天平（感量0.11kg，称量500g）一架，玻璃研体（直径10mm）一个，小毛笔一支，无色胶水一瓶，不锈钢羹匙两个，绘图纸（200~300g/m²）数张。

配制步骤：

①将绘图纸裁为32开，并在其上面画好记录格作为着色框备用。

②称取水泥100g放入研钵中，加入适量的颜料，充分研磨混合均匀成色粉。

③用不锈钢羹匙取出少量色粉（如混有较粗的水泥颗粒，可进行碾压致细，但不可用铝匙，以免在碾压过程中污染色粉），然后滴入适量的胶水，用毛笔涂匀后涂于纸上，厚度约0.2mm。

④将不同组分的色浆编号，并将其水泥及颜料用量、配制日期进行记录。

2. 石碴间的比例

如美术水磨石面层中使用两种或两种以上的石碴，一般应以一种色调的石碴为主，其他色调的石碴为辅。另外，还要注意石碴粒径大小的搭配，即要求较好的颗粒级配，使其紧密度一般不低于60%。这样，才能具有较好的装饰效果。

3. 彩色水泥粉与石碴间的比例

彩色水泥粉与石碴间的比例关系，主要取决于石碴级配的好坏。见表5-1-8。

表5-1-8 彩色水泥粉与石碴间的比例

石碴颗粒的空隙率（%）	40	40~45	46~50	>50
色粉:石粒（质量比）	1:2.5~3.0	1:2.0~2.5	1:1.5~2.0	1:1.0~1.5

彩色水泥粉与石碴间的比例是否恰当，可通过搅拌后用肉眼观察，要求坍落度为20~30mm，彩色水泥浆太少，未能填满石碴的空隙，易把石碴擦掉，影响工程质量；彩色水泥浆太多，石碴不易挤紧，则会增加研磨时的困难，恰当的水泥用量是彩色水泥浆正好把石碴间空隙填满，或低于石碴表面0.5~1mm。

4. 水灰比

美术水磨石幕墙挂板面层彩色石碴浆用水量过多，会降低水磨石的强度和耐磨性，且多余的水分蒸发后，在表面会留下许多微小气孔，由于面层不密实，虽然精磨也很难磨出亮光。恰当的用水量是使石碴浆的坍落度达到60mm为宜，即水的数量约占干料（水泥、颜料、石碴）总量的10%~12%，或占粉料量的38%~42%。

（三）按质量比配合方法

美术水磨石的配制，应按质量比计算，这有利于计划用料，避免浪费，大面积施工时，可保证颜色均匀一致，色相、明度及纯度均符合样板要求，但在施工面积不大、缺乏称量工具的情况下，由有经验的操作人员采用体积比配料也可，但应按质量比换算成体积比，其计算方法及步骤举例见表5-1-9。

表5-1-9 计算方法举例

材 料	水	水泥	颜料1	颜料2	石粒1	石粒2	石粒3
质量比	0.44	1	0.01	0.02	1.68	0.64	0.26
每立方米拌和料用量（kg）	271	617	6.17	12.34	1037	395	160
假定材料堆积密度（kg/m³）	1000	1100	800	1000	1550	1500	1450
体积比	0.48	1	0.014	0.022	1.19	0.47	0.20

从表5-1-9中可以看出，质量比与体积比之间的差别较大，切不可把质量比当作体积比使用，也不可把体积比视为质量比使用。

（四）样板制作

美术水磨石各组分比例是否恰当，还应制作样板进行观察，是否与设计单位提供的标准样板一致，如不一致，可修改配合比，直至与标准样板基本一致为止。制成的样板可以长期保存，供以后施工参考。样板的尺寸，可根据石粒的最大粒径，以20cm×15cm×（2~3）cm

或 20cm×15cm×（1.0~1.5）cm 为宜，内配 $\phi6~8mm$ 钢筋或用 $\phi3mm$ 冷拔钢丝，经浇捣平整密实，自然养护 24h，浸水 1~2d，再经粗磨、细磨至表面平整光滑，然后在样板表面有水的情况下进行观察，对其配合比是否正确做出判断，然后，对样板进行擦浆修补、养护、细磨、擦草酸、上蜡抛光后加以保护。

三、美术水磨石挂板预制生产

美术水磨石挂板的预制品种繁多，图案、色彩复杂。为了符合设计要求，必须先做样板，对每一种颜色都要设计几种不同的配合比，分类别编号记录，待全部样板完成后，组织设计单位、监理、业主及其他有关部门共同参考选定。对已选定的样板，汇总后作记录，以此作为施工依据。美术水磨石挂板设计配合比见表 4－5－7。

（一）生产工序

美术水磨石挂板一般采用工厂化生产，现场安装。美术水磨石幕墙挂板的预制生产工序：基层处理→嵌分格条→石碴浆铺筑→滚压→养护。

（二）生产要点

1. 基层处理

（1）基层应处理干净，必须时用钢丝刷刷净，露出骨粒，再用水冲洗干净才能作垫层。做垫层当天，应先刷水泥浆。

（2）较大的挂板应先放线，然后嵌分格镶条（嵌条），其位置与面层分格条相对应。

（3）垫层砂浆的配合比一般为 1:3（体积比），稠度不大于 35mm，呈干硬性水泥砂浆。

2. 嵌分格条

（1）面层嵌分格条，应按图纸分格放线，抹水泥浆时，其标高以拉线为准，分格条镶嵌后必须达到横平竖直。铺筑石碴浆前要检查拉线及尺寸，再参考嵌缝分格条水泥浆的养护时间是否达到要求的时间。

（2）嵌分格条后，要对垫层清理并冲洗干净，然后刷原色水泥浆，应用毛刷刷匀，再铺筑石碴浆。

3. 石碴浆铺筑

（1）搅拌石碴浆时，要严格检查配合比是否正确，搅拌好的石碴浆必须均匀适用。

（2）铺筑石碴浆时，应先铺一种颜色的，不能两种颜色一齐上，下一种颜色的石碴浆必须在前一种终凝之后，边上边压滚辊。铺筑石碴浆时，应先沿分格条两边一齐铺。使其对称并将分格条挤住，最后再铺筑每格的中央部分。

4. 滚压

（1）滚辊先齐着分格条开压，等压紧后再顺次滚压。

（2）压磨石的滚辊分为两种：用于滚压第一、第二遍的滚辊。滚辊长不应短于 600mm，滚辊质量不小于 80kg；用于第三、第四、第五遍的滚辊，滚辊长不短于 400mm，滚辊质量不小于 50kg。

（3）边压边撒石碴，压第一、第二和第三遍时，均撒中号石碴，到了第四、第五遍时，应找孔眼填小号石碴粒。直到填不进去时为准，配合滚压撒石碴粒是一项很重要的工作，应由有丰富经验的技术工人承担，这样，一边检查滚压程度，一边认真填石碴粒。美术水磨石面层密实度的优劣，关键就在这一道工序。

5. 养护

预制成型后的面层，应高于分格条 1～2mm，上边刷原色水泥浆一遍，然后继续养护，待磨。

（三）磨石要点

预制美术水磨石挂板磨石技术要点如下：

1. 磨石种类选择

选用磨石种类时，磨头遍可使用 40～60 号粗砂轮；磨第二遍可使用 80～100 号细砂轮，磨第三遍可使用 150～180 号油石，最后用 220～280 号油石磨光，直到全部磨出光滑面为止。对高级预制美术水磨石光滑挂板的处理，可使用 1200 号油石。

2. 磨石顺序选择

（1）确定磨石开始时间应根据环境温度和磨石方式来确定，最可靠的办法是试磨，以不掉渣粒为原则，可参考表 4-5-5 来选定。

（2）磨石时，应从挂板的一端到另一端按第一、二、三遍顺序磨石，上稀草酸加 Al_2O_3、打蜡顺序流水作业施工。

3. 磨石方法选择

选择磨石方法时，当磨石时间、磨石顺序确定下来之后，选择好磨石种类，即可磨光、磨亮美术水磨石幕墙挂板板面。

（1）磨石机要直线前进，必须搭好边缘，不能出现空白漏磨之处。

（2）磨到铜条嵌缝处，要多磨、细磨，使色石全露出来，表面平整光滑后再继续前进。这是因为铜条硬于水磨石，如果按常速前进，则铜条处偏高。

（3）每一遍磨好以后，要用清水洗净，特别对掉石碴和砂眼处，要挂上原配合比的水泥色浆，等到终凝以后再磨一遍。如果掉石碴和砂眼处未处理好，可增加擦浆遍数，直至完整无缺为止，每遍间隔时间 5～6d，磨光机及磨石机要经常检查修理。

（4）用磨石机时，只做前后一遍处理，必须磨出光滑度和光洁度为止。

（四）酸洗打蜡

1. 酸洗处理

酸洗是为了清理磨石面，使其平整、光滑。在酸洗的同时，在稀草酸溶液中加入少许 Al_2O_3 使磨后的水磨石抛光、产生光泽。

2. 打蜡处理

打蜡可使其更加洁净、光亮，并保护光泽。经过磨光处理后的美术水磨石，用水冲洗清洁、晾干，再上稀草酸后清理干净，擦亮，再上软蜡。草酸配制是 1kg 固体草酸加 2～3L 沸水溶化，再稀释后使用，蜡可使用成品蜡（简装地板蜡）。

第六节　装饰混凝土挂板预制加工

充分利用混凝土的可塑性成型及材料构成的特点，在幕墙挂板成型时采取措施使其表面具有装饰性的线型、不同的纹理感，并尽可能地改善其色彩效果，在某种程度上满足立面装饰的要求，这就是装饰混凝土的基本概念。

一、装饰混凝土

装饰混凝土是经艺术加工的混凝土饰面技术。它可以同时是一种结构，也可以制成仅是装饰功能的幕墙挂板。通常，装饰混凝土幕墙挂板的施工做法有两种，即现制饰面与预制饰面。现制饰面可用于各种混凝土墙体，而预制饰面仅用于装配式建筑——幕墙挂板。

（一）特点

装饰混凝土是混凝土预制饰面的一种。它的最大特点是基本依靠混凝土材料本身形成装饰效果，而不是靠附加其他材料，它把周围的结构材料与装饰材料统一，由它作外墙围护结构的建筑，具有独特的装饰艺术风格和环境艺术效果。

（二）种类

装饰混凝土包括清水混凝土挂板、彩色混凝土挂板、露集料混凝土挂板、仿蘑菇石混凝土挂板。清水混凝土挂板又分为模纹饰面板、出翼肋板；露集料混凝土挂板也有表面高压喷砂、酸腐蚀、水洗等处理方法。装饰混凝土饰面工艺也分为"正打"施工工艺和"反打"施工工艺。

二、施工工艺要求

装饰混凝土依靠混凝土自身装饰立面造型。确定其施工成型工艺时，除考虑一般节点连接、结构、热工构造要求及强度、表观密度、配筋等质量要求外，还必须充分考虑有关装饰质量方面的要求，如外形规格、表面质感、颜色匀实、形成设计规定的线型等。

（一）料具要求

1. 模板

目前，用作装饰混凝土的模板除了钢模外，还有形成质感和图案的衬模和压印模具。即：

（1）钢模板。钢模板的主要作用是决定挂板的轮廓尺寸和主要条纹，因此，要求具有一定的功能。

①能保证彩色混凝土幕墙挂板外形尺寸准确，大面平整。

②要求模板整体刚性好，表面平整，但光洁度不要过高。

③模板拆装简便、灵活、接缝严密。

（2）衬模。在反打工艺中，钢模板形成的线条质感、纹理上存在着很多问题，需要衬模弥补它的不足。目前，现用的衬模有木纹、木板、花纹钢模、塑料衬板、玻璃衬板、软胶衬板等，应视不同要求选用。

①衬模与混凝土之间黏附力小，不致在脱模时造成粘模、边角条纹现象。

②本身具有良好的质量和弹性，几何尺寸稳定，变形小，易于加工成各种条纹图案。

③耐磨损、腐蚀，易维修，造价经济合理。

（3）压印模具。在"正打"工艺生产幕墙挂板时，欲使挂板外表面形成凹凸形图案，可用压印法制作，即压花、挠刮工艺。凸形图案用漏空软模具，如橡胶和软塑料模具，要求这种模具与挂板接触一面为小磨面，以防揭模板时粘坏板面。凹形图案可用钢板焊接成纹样的模具在板面抹灰上压出，压印模具厚 5~10mm。

这两种模具有制作简单、经济、易更换图形的优点。

2. 脱模剂

（1）基本要求。脱模剂要保证表面装饰质量，脱模后不得留下模纹、污痕。对脱模剂必须有一定的技术要求：

①脱模各种技术性能好。

②不粘混凝土表面，易挥发，少残留。

③不影响混凝土强度，不引起面层软化、酥松，不污染表面和改变制品颜色，不腐蚀钢模板。

④脱模剂使用方便，价格经济合理。

（2）常用脱模剂。目前常用的脱模剂为皂化混合油，其成分见表5－1－10。使用时，用95%的水兑5%的此种皂化混合油混拌而成乳化脱模剂。

表5－1－10　皂化混合油乳化脱模剂的成分

脱模剂成分	皂	10号机油	松香	酒精	石油磺酸	火碱	水
数量（kg）	160	640	100	45	50	19.5	20
含量（%）	15.5	619	9.7	4.3	4.8	1.9	1.0

3. 缓凝剂

在露集料装饰混凝土"反打"工艺中，要使用缓凝剂，以利于幕墙挂板制品在出模后能对表面做进一步处理。

（1）基本要求。要保证表面装饰质量，对缓凝剂要有一定的要求。即：

①推迟混凝土硬化。制品养护后，与缓凝剂接触的表面仍能用水冲去浆膜、露料。

②不污染表面和改变其表面的颜色，不腐蚀钢模板。

③便于涂刷，并能迅速干燥形成厚薄均匀的涂层，涂层能经受浇灌混凝土时的水分、摩擦作用。

④缓凝剂应价格低廉、货源充足，易配制。

（2）常用缓凝剂。常用缓凝剂有亚硫酸纸浆废液缓凝剂和硼酸缓凝剂两种（也有用水胶溶液），其配合比见表5－1－11。

表5－1－11　缓凝剂的原料配比及技术特点

缓凝剂名称	亚硫酸浆废液缓凝剂	硼酸缓凝剂
原材料质量配合比	纸浆废液:石灰膏＝2:1	硼酸:羧甲基纤维素溶液＝（5~7）:100
施工及装饰特点	在常温或蒸压条件下均可取得中等露骨料效果。不足之处是纸浆废液呈深褐色，特别是在蒸压条件下会在制品表面留下浅黄色残迹。但残迹经雨水冲刷能逐渐消失	纤维素的作用是形成黏稠涂料，便于涂刷和形成一定厚度的涂层，缺点是干燥比较慢。故也可将缓凝剂预先刷在纸上，使用时背面湿水筋在模底面上，在常温养护或蒸养条件下能得到中等露骨料效果

（二）施工要点

彩色混凝土幕墙挂板及其他装饰混凝土幕墙挂板的施工要点如下：

1. 混凝土搅拌

关键是要掌握好材料称量准确，严格执行投料顺序及搅拌时间，保持坍落度基本稳定。要保证混凝土混合料搅拌均匀，其投料顺序为：

$$\text{砂、石子} + \text{颜料} \xrightarrow[1\min]{\text{干拌}} \text{水泥} \xrightarrow[1\min]{\text{干拌}} \text{水、外加剂} \xrightarrow[1\min]{\text{搅拌}} \text{出料}$$

2. 混凝土浇筑

混凝土浇筑分两层进行：第一层浇筑 1/2 板厚的混凝土（30mm），振捣后放置镀锌钢筋网片、预埋件、预留孔铁盒，再浇余下的 1/2 板厚的混凝土。

3. 振动成型

如设计用流水工艺线生产彩色装饰混凝土挂板时，常采用振动成型，其目的是使混凝土密实无气泡，清水混凝土板面极少麻面和孔洞。用插入式振捣设备振捣时，应注意不使棒头触及模底，以避免破坏缓凝剂涂层和混凝土浆层。

参照振动平台的方法，将附着式振动器挂在底模支架侧面，并按浇筑程序分两次进行振捣。

4. 抹平压光

板面用木抹子搓平压实，并用铁抹子进行压光。当混凝土接近初凝时，再用铁抹子进行第二次压光，同时取出预留孔销子和铁盒，压光时要转动销子，以免退出销子时板面产生裂纹。

5. 养护与磨光

磨光对混凝土强度有一定要求。强度过高时磨光困难，强度低则产生石子裸露太多或浆皮剥落等现象。根据工期要求，采用常规蒸气养护方法较好，经过摸索，混凝土强度达 40% 以上方能拆模出池，待混凝土强度达到 60% 左右，可进入磨光工序。

使用摇臂磨光机磨光，45°斜边及异形挂板辅以手工磨光。

6. 板面修补

板面修补主要是磨光出现掉棱、缺角后，以及混凝土受坍落度、振动时间、振动力大小等因素影响板表面产生的一些气泡后进行。经反复检验，找到一种修补气泡的方法，即利用彩色混凝土筛出的砂浆掺入一定比例的白水泥进行修补，使外观质量远远超出样板的水平，获得各方面的满意。

吊装孔背面开裂或拆模时安装孔损坏、缺棱掉角等，用混凝土原浆加 801 胶修补，吊装及安装孔等结构受力部位背面损坏，用环氧树脂砂浆修补。

预埋件或板背面留孔位置差错，应重新钻孔嵌入埋件、铁盒。

7. 表面处理

表面处理即在板面刷憎水剂和混凝土保护剂。磨光后涂刷前要求：

（1）颜色、强度和几何尺寸应经过初验合格。

（2）板面用高压水冲洗干净，含水率≤6%。

（3）涂刷的环境温度要求控制在 5～30℃，通风良好，防火。

（4）憎水剂与保护剂相隔时间不少于 24h。

（5）涂刷次数及用量以厚度为准，待第一遍干燥后方可刷第二遍。

（6）涂刷要求：憎水剂用毛刷涂刷 2～3 遍，保护剂用羊毛辊滚涂 2 遍，各表面总厚度不少于 70μm，要求涂料厚度均匀一致。

（三）技术问题处理

1. 板面气泡

（1）确定最佳振捣时间：经过 15 次检验结果对振动时间与气泡大小分布状态进行分析，找出振捣的最佳时间为 2min 20s，第二次为 1min 20s。

（2）找出气温变化与坍落度损失的关系，为保证入模坍落度 10～30mm 的规定，在 6d 时间内，通过 33 组不同气温晴、阴天检验，根据坍落度的变化确定晴天为 20～40mm，阴天为 10～30mm 比较合适。

（3）严格执行操作规程，60mm 厚挂板由一次成型改为两次振动成型。

（4）制订一种比较理想的修补方法，利用彩色混凝土筛出的砂浆掺入一定比例的白水泥进行修补。

2. 板面颜色

原材料质量不稳定，直接影响挂板板面的颜色，为使整个生产过程中色泽保持均匀一致，采取以下措施是必要的。即：

（1）严格控制材料质量，颜料一次性进料，砂、石子、白水泥指定厂家，定点供货。按单位工程用料一次备齐，力求材质无大的差异。不符合生产的材料，一律不进场。

（2）认真按试配的混凝土配合比进行材料计算，提高计量精确度。特别是红、黄颜料的计量，采用感量为 2kg 电子天秤，用透明塑料袋按混凝土一罐需用量分袋装好，防止错用；水的计量采取时间间断电器控制，生产前，计量器具进行校验检测，生产期间定期进行复测。

（3）正确掌握混凝土搅拌投料顺序和搅拌时间，检验生产过程中，全面收集分析各项数据、资料。为使颜色均匀分散，先投入砂、石、颜料和水泥干拌，然后再加水和外加剂进行搅拌，搅拌时间共 4min。

三、加工成型工艺

（一）清水压印挂板

"正打"成型工艺：

1. 料具准备

常用材料和工具应满足施工要求。

（1）材料。有隔离剂、混凝土和配制 1:（2～3）水泥砂浆。

（2）工具。有钢模板、软模具或钢模具、钢抹子、木抹子。

2. 施工工艺流程

清水压印挂板的施工工艺流程：清模→涂隔离剂→安装钢筋网片→浇灌、振捣混凝土→铺软模具→填水泥砂浆→取出软模具→抹灰→压印→养护→出池。

3. 注意事项

施工时必须注意下述问题：

（1）根据幕墙挂板表面要求的纹样图案，合理选择衬模。

（2）因"反打"工艺中，与衬模接触面即为外饰面，现场施工时，除进行彩色喷涂外，不做其他处理。因此要注意振捣密实，做到表面无孔洞、麻面，以免现场修补。

（3）隔离剂应涂刷均匀，边角部位不要漏涂。

4. 质量标准

装饰工程中对装饰外墙挂板表面的质量有一定规定：

（1）颜色均匀、一致，表面不得有其他污物。

（2）花纹、线条清晰整齐，深浅一致，不显接槎。

（3）表面平整度的允许偏差不得大于 4mm。

（二）露明集料挂板

露明集料挂板，即是将混凝土骨料的质感和色彩用喷砂、抛丸、酸蚀、水洗等方法剥去浆皮显露集料，达到装饰立面的效果，骨料既可以是混凝土中的砂、石子，也可是各色水泥石碴浆，其制作方法分为硬化前制作和硬化后制作，现在多使用反打工艺，利用缓凝剂来延缓表面水泥石碴浆的硬化时间，出模后再进行表面处理。

1. 料具准备

（1）材料。石碴水泥砂浆、混凝土、缓凝剂、稀草酸溶液等。

（2）工具。钢皮抹子、木抹子、钢模、衬模、振动设备、冲洗用胶管等。

2. 施工工艺流程

露明集料挂板的施工工艺流程：清模→铺刷缓凝剂→铺石碴浆饰面层→钢筋网片入模→浇灌混凝土并振捣→养护→拆模→制品出池→表面清洗。

3. 施工注意事项

（1）底模上涂刷缓凝剂应使其充分干燥，如平模流水线生产，自然干燥无保证时，可用烘干的方法或将缓凝剂刷于纸上再湿水贴在钢模上。

（2）浇灌混凝土、安装网片、铺石碴及振捣时，注意不要蹭破缓凝剂涂层，破后应及时修补，以免板面局部出现冲洗不掉的硬皮，影响板的表面质量。

（3）石碴应充分拍实，以保证冲洗表面后石碴颗粒密实、均匀，石碴厚度 30mm 左右。过薄会使混凝土渗至表面。

（4）达到起吊强度后，即可将板吊于冲洗区，先用有一定压力的清水将板面浆皮冲掉，露出石碴，石碴显露程度应一致，再用稀草酸溶液洗一遍，最后用清水冲净表面。

4. 质量标准

（1）表面不得有油漆、铁锈等污物，且颜色均匀一致。

（2）接槎整齐严密，不得显露，线条应清晰，深浅一致。

（3）表面应平整，允许偏差不得大于 4mm。

（三）仿蘑菇石挂板

仿蘑菇石有两种做法：一种是露骨料挂板做法，另一种是清水挂板出池后再做弹涂工艺施工。这两种做法的共同特点是使用天然蘑菇石形状的底模，底模是用混凝土板凿成；挂板出池后都要进行表面处理。它们的不同点是：前者要用近似天然花岗石颜色的石碴浆，采用缓凝、水洗而制成，后者则在清水挂板基础上，再弹涂花岗石颜色的涂料色浆仿制成蘑菇石。

1. 料具选用

（1）材料。石碴水泥浆、混凝土、缓凝剂、稀草酸溶液。

（2）工具。钢皮抹子、木抹子、钢模、衬模、振动设备、冲洗用胶管、手（电）动弹涂器。

2．施工工艺流程

（1）第一种做法：清模→刷缓凝剂→铺石碴浆→钢筋网片入模→浇灌混凝土并振捣→养护→拆模→制品出池→表面清洗。

（2）第二种做法：清水混凝土挂板出池→基层处理→刷底浆→弹涂面层→罩聚乙烯醇缩丁醛面层。

3．注意事项

（1）注意模板制作效果。开凿深浅一致，分格尺寸相等，格肋平直，缺角应修补。

（2）隔离剂和缓凝剂一定要涂刷均匀，使壁板不致与底模粘接，造成出池困难。

（3）其他同露明骨料墙板。

第七节　装饰混凝土挂板幕墙安装施工

一、施工准备

（一）认真审查设计图纸

在审查图纸过程中发现设计上的问题，用书面形式提出，并要求解决问题。为了保证彩色混凝土挂板幕墙图与结构图相吻合，挂板图的相互交圈，把问题解决在施工之前，重点是校核挂板的型号、数量、挂件规格和预埋件位置、尺寸等，使施工得以顺利进行。

（二）加强材料计划管理

挂件、膨胀螺栓和涂料等供货周期长，临时发生短缺空运费用昂贵，必须提出分期分批挂件等品种规格需用计划；进场挂件等要在分类堆放、保管、施工中实行限额领料，切实做好工厂生产与现场施工的协调计划。

（三）编制挂板生产与安装施工组织设计

幕墙挂板生产、安装是一项新工艺，必须认真研究制订生产工艺方案，安排好吊装顺序和方法，制订挂板与装饰施工综合进度计划，处理好玻璃幕墙、金属幕墙、石材幕墙与彩色混凝土挂板幕墙安装交叉施工关系等主要矛盾。

（四）做好挂板样板定型及全面生产准备

确定彩色混凝土的配合比、颜料来源、钢筋是否镀锌，吊件、预埋件加工，脱模剂等的选型及生产工艺，检查确定挂板控制颜色变化范围的样板，与此同时，对生产场地、机具设施、挂板设计加工做全面规划，安排落实。

（五）吸取和借鉴国外经验

彩色混凝土挂板幕墙在德国、俄罗斯等国应用较多，但单块面积比较小，质量水平并不高，在制订生产工艺方案时，根据施工技术水平和设备能力，立足于实际，如研究挂板的脱模起吊翻身方法时，未采用德国推荐的施工方法，而是专门设计制作了卡式夹具，解决了这一关键技术难题。

二、安装施工

（一）挂板吊装程序

通过工程施工实践，经过摸索、改进和总结，最后选定的工艺流程为：搭设外脚手架→基层修补、放线和钻孔→改装外脚手架用于挂板吊装→贴保温板、安装不锈钢挂件→外挂板安装→安装后外挂板表面处理。

（二）脚手架支搭方案

根据彩色混凝土幕墙挂板吊装工艺特点，经过反复研究对比，采用双排扣件式钢管脚手架。架子分两次搭设。由于建筑物每个立面的测量放线需上下、左右拉通线一次完成，而挂板的安装是由上至下逐层进行，架子的高度将随挂板高度的增高而逐层搭设，因此，脚手架不得不分两次搭设，脚手架的构造经设计计算确定，当架子高度超过 30m，下部采用双立杆。

连墙杆件是保证架子稳定的关键。本工程内、外装饰同时进行，连墙杆件不允许通过窗洞口进行拉结，只能固定在墙的外表面。而安装挂板后，板与板之间仅有 10mm 缝隙，按常规施工很难解决，为解决这一矛盾，参照德国 KORO 连接件进行加工制造，满足室内外同时施工的要求。

（三）干挂法安装

干挂法是挂板通过不锈钢连接件连接，用不锈钢膨胀螺栓锚固于混凝土梁、柱、墙上，以承受板自身质量荷载，挂件与膨胀螺栓的规格是根据它所承受的荷载来选定的。

1. 基层修补、放线、钻孔

放线前，在建筑物的立面弹出了控制线，水平方向以每层窗洞口的下口标高为基准线，垂直方向则以轴线为基准线，形成方格网，将测得的误差平均分配到控制方格网所包含的每条缝中。根据调整过的控制点、线，逐层进行孔眼的弹线，一般钻孔用进口 BOSCH 钻孔机，遇到钢筋用 HILTI 钻孔机，由于钻孔量大，采用多台钻孔机同时进行作业。

对于凹凸超过 15mm 混凝土的表面，均需进行修补或剔凿。凹进部分，采用专门的不锈钢垫片（厚度有 9mm、11mm 两种）进行补垫。必要时还要采取加长、加大的膨胀螺栓，凸出部分剔凿后，用高强度等级水泥砂浆抹平压实，新、旧混凝土结合处涂一层 AH - 04 的界面处理剂。

2. 贴保温板及挂件安装

为了满足挂板幕墙节能要求，在挂板与主体结构墙之间有一层 60mm 厚的玻璃棉保温板，板的外表面涂有黑色的防水涂料，每块保温板用 5 ~ 6 个塑料 DH - 60 销钉固定在墙上。

挂件系德国进口的 LuTI 系统不锈钢挂件，为防止用错型号，当放线时，应根据设计图纸，在每个钻孔旁边标明该点的所用挂件和螺栓的型号。安放螺栓前，应先将锚孔清理干净。

3. 吊装机具选择

根据幕墙挂板吊装工艺和质量荷载，设计、制造了专用小吊车，设计荷载为 1.0t，小吊车沿在屋面上铺好的槽钢轨道行走，较重的挂板，选用塔吊进行安装，以保证施工安全。

4. 吊装方法

彩色混凝土幕墙挂板安装前，按预先钻好的膨胀螺栓位置，结合规定放置不锈钢挂件，当膨胀螺栓孔与结构钢筋相碰时，应钻断钢筋，而不允许改变螺栓的位置，这一点非常重要。当然，实际工程中应尽量避免与钢筋相碰。

（1）挂板安装是以一个立面为一个施工段，采用由下至上逐层安装的方法，用小吊车做垂直和水平运输，轻轻输送到安装部位，将挂板下端预留的安装孔对准不锈钢挂件的销子，摘去吊钩，再安装上端挂件，将挂板临时固定，待砂浆有一定强度，再进行上面一层板的安装。一般是一天一层，为加快安装进度，采取将板运送到脚手架上的方法，用手动葫芦协助安装就位。安装孔改用堵漏灵封堵，加速凝固，提高早期强度，达到 1d 可以安装两层挂板的目的。

（2）挂板表面刷三遍涂料，前两遍是在联合加工厂预制时涂刷全部面积，第三遍涂料在现场进行，仅涂刷可见表面。外挂安装完成后，用清洗剂将板面上的灰尘、赃物清洗干净以后，再由专门经过培训的工人涂刷挂板的面层涂料，涂料系由 500 号加 499 号稀释剂 5% 配合而成，涂刷量控制在 100mL/m^2，经现场监理人员验收合格，即可进行外架的拆除。

三、安装施工中几个技术问题的处理

（一）墙面不平、几何尺寸的调整

吊装前应全面测量，从长度、高度的误差中找出调整方案。其具体做法：

（1）利用 40mm 厚的空气层进行调整，选择少剔凿、少抹灰的最佳方案。

（2）剔凿不露钢筋，抹灰层不超过 20mm。

（3）误差的调整应在每个柱间消化完毕，在板缝中增减调整，不得误差积累。

（4）抹灰层超过 2mm 时，一般采用加长膨胀螺栓，或加大一级直径的膨胀螺栓。

（二）挂件下垂

设计要求每块板各自受力，不允许荷载传递，挂板受力后下垂，使下面板受力，处理时可把挂件调高 2~3mm，或施工时预先把挂件上调。

（三）其他

挂件安装孔偏位或极少数遗漏，采取现场补贴方法。

挂件必须固定在 R. C 结构上，空心砖墙上应增加圈梁，设计漏掉的混凝土梁，采用柱包角钢方法，作固定挂件的连接点。

第八节　质量要求及通病防治

一、质量要求

（一）彩色混凝土挂板幕墙

1. 表面质量

（1）颜色应均匀一致，不得有油漆、龟裂、脱皮、铁锈和起砂等。

（2）花纹、线条应清晰、整齐、深浅一致，不显接槎。

（3）表面平整度的允许偏差不得大于 4mm，用 2m 直尺和楔形塞尺检查。

2. 工程质量

（1）"正打"印花、压花幕墙挂板，面层涂抹必须平整，边棱整齐，表面不显接槎。

（2）"反打"幕墙挂板的花纹、线条应与挂板一同浇筑成型，其质感清晰，表面不得有酥皮、麻面和缺棱掉角等。

（3）外墙挂板外立面突出的檐口、窗套和腰线，应留有流水坡度和滴水槽，槽的深浅、宽度应一致。

（4）正贴、反打带饰面砖的幕墙挂板，饰面砖与板体必须黏结牢固，不得有空鼓，饰面砖不得有开裂及缺棱掉角现象，板面平整竖直，接缝尺寸符合设计要求，接缝横平竖直，

板面洁净。

（5）正贴，"反打"带饰面砖的幕墙挂板，饰面砖与板体必须黏结牢固，不得有脱层和皱折现象，缝格平直，不显接槎，表面应清洗干净，不得有胶痕、污物，颜色均匀一致。

3. 验收标准

"反打"工艺装饰幕墙挂板的尺寸允许偏差见表5－1－12。

表5－1－12　"反打"工艺装饰幕墙挂板的尺寸允许偏差参考值

合格品检验类型	允许偏差（mm）					
	宽、高	板厚	串角	口位移	口宽度	表面平整
"反打"工艺	+3 −5	+3 −2	<4	<4	+3 −5	<3
现行工艺	±5	±3	<5	<5	<5	<5

（二）彩色及美术水磨石挂板幕墙

1. 表面质量

（1）"正打"水磨石挂板表面、周边顺直，板块无裂纹、掉角和缺棱等现象。

（2）彩色水磨石挂板色泽鲜明，颜色一致，无明显色差，无析白现象。

（3）正打美术水磨石挂板表面平整、光滑，图案清晰，不得有砂眼、磨纹、细毛流和漏磨等缺陷。

（4）水磨石挂板预制生产时，各层之间和各层与结构之间必须黏结牢固，不得有空鼓和裂缝等缺陷。

（5）分格条横平竖直，圆弧均匀，角度准确，全部露出，无断裂、弯曲和局部不露等缺陷。

（6）水磨石挂板打蜡均匀，无露底，条缝刮平，厚薄均匀，表面明亮清洁。

2. 验收标准

（1）幕墙挂板相邻两块板间的高差，普通水磨石板面层不应超过1.0mm；高级水磨石板面层不应超过0.5mm。

（2）挂板本身各层厚度对设计厚度的偏差，仅允许个别地方存在，但不得超过该层厚度的100%。

（3）板块行列（缝隙）对直线的偏差，在10m长度内允许值为3mm。

二、质量通病防治

（一）彩色混凝土挂板幕墙

彩色混凝土、装饰混凝土挂板幕墙常见质量通病、产生原因及防治措施如下：

1. 表面出现气泡和发丝裂纹（龟裂）

（1）原因分析：

①水泥用量过大，水灰比过高，慢性吸水的轻集料还可增加这种倾向，这是内因。

②其外因主要是温度变化与干、湿交替的循环作用。

③碳化作用引起的收缩也有一定影响，这种龟裂表明龟裂在开始阶段只是表面现象。但

在大气中尘埃积聚因颜色黑而显现，影响美观。

④振动不密实或振动方式不合理，常使表面产生气泡。

（2）防治措施：

①避免气泡的关键在于振捣工艺，平板式振捣器不能消除制品底面（反打工艺）上的气泡，插入式振捣器、捣动台可以做到基本没有或很少有气泡。流水工艺生产时采用振动台振动成型效果最好，因为振源在下方，振波由下而上传播冲击有利于排除气泡。

②采用低流动性混凝土的配合比，严格控制水泥用量和用水量，如采用轻集料，搅拌前应吸水充足。

③混凝土成型完毕后应加强养护，严禁在冬季低温条件下施工，雨天施工应采取必要防雨措施，以防止改变水灰比，使制品表面酥松。

④表面应抹平压实，防止碳化。

⑤表面水泥浆膜被剥离的露集料装饰混凝土，可使龟裂机会减少。

2. 表面存在锈痕、油污

（1）原因分析：

①钢模板和布置在凹入处的钢筋，特别是绑扎时甩下的铁丝头等，由于防锈保护层可能不够厚，铁锈体积膨胀会使该处混凝土爆裂，锈水挂裂会污染立面，铁锈对混凝土的附着力强，不易清除。

②脱模剂多数带油性，油渍会吸附更多的赃物，妨碍涂料正常涂附，甚至渗透至后加的涂层表面上。

（2）防治措施：

①钢筋网片设置应能保证最凹处保护层的必要厚度，绑扎钢筋时，铁丝头要处理好，并保证有足够的保护层厚度。有锈蚀的钢模板，施工前应彻底除锈。并涂上油脂以防生锈。

②涂刷脱模剂适度，不得太多太厚，以防止积聚处在混凝土表面造成污迹，且影响涂料黏结。

③用吸水性低、耐污染性能好的涂料。

④采用彻底的露集料做法。

3. 表面颜色不均匀

（1）原因分析：

①水泥的白霜特性（水化反应时析出白色氢氧化钙），特别是表面平滑的混凝土制品，尤其明显。

②原材料质量，特别是水泥，白水泥日久有变黄倾向，颜料会褪色，某些集料在大气作用下会失去原有色泽。

③大气污染，特别是大气中的含硫物质和雨水中的酸性成分。

（2）防治措施：

①水泥必须选同厂、同等级，砂、石必须取自同一产地、同一规格，保证材料的均一性和配料，特别是加水量的准确性。

②为防止氢氧化钙析出产生白霜，可掺一定量氧化钙、三乙醇胺、碳酸铵、丙烯酸钙等。

③施工时振捣密实，拍平压光，以提高表面密实度。

④进行表面处理。刷涂料进行封闭或采用露集料做法。

（二）彩色及美术水磨石挂板幕墙

彩色水磨石、美术水磨石挂板幕墙常见质量通病、原因分析及防治措施如下：

1. 水磨石表面色泽不一致

（1）原因分析：

①罩面用的水泥石碴浆所用原材料没有使用同一规格、同一批号和同一配合比，调色灰时没有统一集中配料。

②石子清洗不干净，保管不好。

③色浆颜色与基层颜色不一致，砂眼多。

④耐碱矿物颜料本身吸湿结块，用时未过筛或未干拌均匀。

（2）防治措施：

①同一部位、同一类型的饰面所需材料一定要统一，所需数量一次备足。

②按选定的配合比配色灰时，称量要准确，按加料顺序，拌和要均匀，过筛后装袋备用，严禁随配随拌，最好设专人掌握配合比。

③石子按选定规格，筛去粉屑，清洗后按规格堆放，用帆布覆盖，防止混入杂质。

④在同一面层上采用几种图案，操作时应先做深色，后做浅色；先做大面，后做镶边。待前一种水泥石碴浆初凝后，再抹后一种水泥石碴浆，不要几种不同颜色的水泥石碴浆同时铺设，造成在分格条处深色污染浅色。

⑤如发现矿物颜料结块，用前应过筛，并干拌均匀。

2. 水磨石表面不平整

（1）原因分析：

①没有统一引水平线，板面误差较大。

②板面四周水泥石碴颗粒较大，机械磨不到的地方，人工不易磨平。

（2）防治措施：

①板面石碴采用中、小八厘（粒径4~6mm），机器磨不到的地方，人工也可以磨到。

②水磨石挂板面统一引水平线，铺设面层石碴浆时，板中间可稍高1~2mm，使机磨部位与人工磨平的接槎处平整一致。

③挂板面机磨时，铜分格条处应多磨细磨，使铜条全露出后再前进。

3. 质量通病：水磨石表面石碴疏密分布不均匀，镶条显露不清

（1）原因分析：

①镶条粘贴方法不正确，而两边砂浆粘贴高度太高，十字交叉处不留空隙。

②水泥石碴浆拌和不匀，稠度过大，石碴比例太多，铺设厚度过高，超过镶条过多。

③所用磨石型号数过大，磨光时用水过多，分格条不易磨出或镶条上口面低于水磨石板面层水平标高等所致。

④未掌握好初磨时间，开磨时，面层强度过高。

（2）防治措施：

①粘贴镶条时，应注意素水泥浆的粘贴高度，应保证有"粘七露三"，分格十字交叉应留出20~30mm的空隙。同时，要进行第二次校正，铜条应事先校直，保持安装后的平直度。

②面层水泥石碴浆以半干硬性为好，稠度约为 60mm。铺设水泥石碴浆后，在板面层表面再均匀撒上一层干石碴，压实压平，然后用滚筒滚压，可使表面更加均匀、密实、美观。

③控制面层水泥石碴浆的铺设厚度，滚筒压实后以高出分格条 1.0mm 左右为宜。

④面层铺设速度应与磨光速度相协调，第一遍磨光应采用 60~100 号粗金刚砂磨石，浇水量不宜过大，使面层保持一定浓度的磨浆水。

⑤磨石机应由熟练技术工人掌握打磨，边磨边测定水平。

第九节　预应力混凝土挂板幕墙

一、概述

预应力混凝土挂板以其特有的高强稳定性在欧美建筑中广泛应用，并且以其特有的古朴、稳重、自然的特性，慢慢受到建筑设计师的青睐，并把它作为一种"纯粹"的建筑语言，应用在建筑室内外装饰中，并因此成就了一批国际建筑设计大师。

传统做法：一是采用模板技术，与主体结构统一施工，模板成本及施工工艺要求很高，而且施工效率很低，需要精工细作，不适合广泛应用；二是采用传统预制构件，但受制于普通混凝土耐久性的影响，为达到必要的耐久性，厚度较大，造成二次装饰荷载不能得以控制，使用也受到限制。

预应力混凝土挂板以其特有的高强稳定特性以及色泽的多样性在欧美建筑中得到了广泛应用。但目前预应力混凝土挂板在我国建筑幕墙上使用还刚刚起步，然而随着它的应用已越来越受到建筑设计师和用户的青睐，预应力混凝土挂板作为新材料必将凭借其独特的优势在我国建筑中得到广泛应用。

二、预应力混凝土的特性

随着世界混凝土技术的发展，高性能混凝土（High performance concrete，简称 HPC）是在高强混凝土（High strength concrete，简称 HSC）的基础上发展起来的，代表着目前世界混凝土发展的方向。不仅已广泛应用在特种结构中，而且在装饰幕墙工程中，利用其高精细化、高耐久的特性，得以实现 25~30mm 厚度的稳定构件，制做出与一般外幕墙材料同样厚度的薄板，在保证安全的前提下，方便地把混凝土作为装饰的元素和要素用于建筑幕墙中。

高性能混凝土是在大幅度提高常规普通混凝土性能的基础上采用现代混凝土技术，选用优质原材料，除水泥、水、集料外，必须掺加足够数量的活性细掺料和高效外加剂的一种新型高技术混凝土。高强度、高工作性、高耐久性这三项指标，构成了"高性能混凝土"。普通混凝土以抗压强度作为最基本的特征，即强度是普通混凝土配合比设计和生产需要的唯一指标；而高性能混凝土则以耐久性作为主要指标，同时还有强度、工作性和体积稳定性等。高性能混凝土通过大量增加化学外加剂和矿物掺合料，使其性能得到质的变化，改变混凝土微观孔结构，提高混凝土的抗渗透、抗冻融和抗碳化的性能；防止温度裂缝产生和混凝土本身的收缩；抑制碱－集料反应，提高混凝土抗化学侵蚀的能力。外加剂已不是单一的品种，而是向着复掺、复合型的方向发展。

混凝土是一种具有不同孔隙的多孔体，毛细孔和凝胶体数量是决定混凝土强度和耐久性的重要因素。毛细孔越少，混凝土越密实，耐久性越好，反之越差；而凝胶体越多，混凝土的强度越高，反之越低。相比普通混凝土，外加剂、矿物掺合料等辅助配料使用混凝土的水灰比突破理论水胶比的愿望成为现实。采用低水灰比 HPC，硬化后毛细孔数量显著减少，提高了混凝土水化反应前后的体积稳定性，而超细掺合料改善了粉体集料的级配，也大幅度减少了毛细孔数量，使 HPC 形成高度致密的微观结构。此外，超细掺合料的活性大，火山灰反应强烈，消耗掉大量的 Ca（OH）$_2$，产生较多的凝胶体量，使得强度得到提高的同时，Ca（OH）$_2$的减少也提高了 HPC 的抗腐蚀性能。

高性能混凝土（HPC）采用品质优良的硅灰或经过再加工的工业副产品为掺合料。因细度小，活性极高，其主要作用有：可以代替一定比例的水泥，改善混凝土的体积稳定性；改善混凝土的级配，增加密实度；能与水泥水化产物中的薄弱结晶 Ca（OH）$_2$发生火山灰反应，形成对强度和耐久性有益的水化硅酸钙凝胶，有抑制有害化学反应的作用。相比普通混凝土，HPC 具有高强度、高耐久性及高工作性等宏观性能。HPC 的高耐久性比高强度更有优势，因毛细孔的减少和粉料的合理级配使其微观结构达到相当致密的状态，外界有害介质很难侵入。有研究表明，即使对遭受海水腐蚀的海上钻井平台和跨海大桥也能达到很高的耐久性，高性能混凝土在海洋环境中能达到 100 年以上的耐久性，其耐久性之高是普通混凝土难以达到的。

三、预应力混凝土的可选择性

双向预应力混凝土创意板，利用其特有的高性能混凝土技术，添加工艺及硅胶模板工艺，不仅可以制作厚度 25 ~ 30mm 的薄板，而且使混凝土表面的表现力大大提高。作为一种高度工业化的产品，在工艺、尺寸高度标准化的基础上，色彩选择及表面机理又给建筑设计师留出较大的二次创造空间。该产品具有工业标准化及个性化完美结合的特性。

板材的色彩采用耐碱无机矿物颜料通体着色，解决了色素紫外线照射下的稳定性问题，而且在室内应用中，不存在有机颜料的挥发污染的问题。表面效果通过特制的硅胶模板，实现精细化的表现，并可通过表面艺术化擦色，创做出更多富有艺术效果的作品。以下为欧泽塔提供的产品样板图片及标准尺寸：

标准尺寸为 3000mm × 2200mm ×（25 ~ 30）mm，室内可采用最薄 25mm，室外采用 30mm。内置双向直径 3mm、间距 100mm 的刻痕预应力冷拔钢丝。此部分钢丝不应作为受力钢筋，而是提高板材整体性的构造筋，降低并改善裂隙的发生及发展，特别是在板材运输及施工中，以防止裂隙的发生和扩大。

板材可以二次裁切，并可以像石材一样进行不同的精细加工，如磨边、倒角等，以适应不同项目的个性要求。板材裁切要考虑损耗对成本的影响。

预应力混凝土幕墙轻型挂板的尺寸允许偏差见表 5 – 1 – 13。

表 5 – 1 – 13　预应力混凝土幕墙轻型挂板的尺寸允许偏差

项　目		允许偏差（mm）
长度（mm）	$L \leqslant 1000$	±2
	$1000 < L < 3000$	±5
	$L \geqslant 3000$	±7
宽度（mm）	$W \leqslant 1000$	±2
	$W > 1000$	±5

续表 5 - 1 - 13

项　目	允许偏差（mm）
厚度（mm）	±2
板面平整度（mm/m）≤	1.5
边缘平直度（mm/m）≤	2
边缘垂直度（mm/m）≤	2

四、预应力混凝土挂板的性能

（一）物理力学性能测试

预应力混凝土挂板的物理力学性能根据 ETA 及 DAU 认证测试结果见表 5 - 1 - 14。

表 5 - 1 - 14　预应力混凝土挂板的技术性能

性　质		技术性能指标值
长度（mm）	标准	3000
	实际	2996 ± 3
宽度（mm）	标准	2200
	实际	2196 ± 3
厚度（mm）	标准	30
	实际	30 ± 5
背栓位置误差（mm）		± 1
干燥混凝土密度（kg/m³）（不含钢筋及预置背栓）		2050 ± 3%
干燥板材密度（kg/m³）（含钢筋及预置背栓）		2085 ± 3%
标准规格板材 3.0 × 2.20 的质量（kg）		485.5 ± 10%
全部浸入后吸水量（g/cm³）		< 0.32
全部浸入后吸水率（%）		< 4%
板材抗弯强度（N/mm²）		> 7.5
板材的弹性模量（N/mm²）		(0.7 ~ 1.2) × 10⁴
混凝土的抗压强度（N/mm²）		> 30
板材的线性热膨胀系数	20 ~ 40℃ [μm/（m·℃）]	< 16
	0 ~ 60℃ [μm/（m·℃）]	< 19
潮湿造成的尺寸变化	收缩（mm/m）	< 1.50
	膨胀（mm/m）	< 0.25
防火分级		A1 级
热传导系数 λ [W/（m·K）]		2.5
单个预置背栓拉拔平均强度（kN）		18.7

（二）抗弯强度测试

预应力混凝土板材的抗弯强度按照《水泥纤维板》EN 12467 标准试验方法确定，测试数据见表 5 – 1 – 15。

表 5 – 1 – 15　预应力混凝土挂板抗弯强度测试值

测试样板	第一道裂缝发生时的弯曲强度值（MPa）		破坏时的弯曲强度值（MPa）	
	$f_{m,1}$	$R_{c,1}$	$R_{m,u}$	$f_{c,u}$
纵向	5.9	5.1	10.0	7.4
横向	5.8	5.3	9.9	6.5

注：f_m 为平均值，f_c = 75% 的执行度标准值，如采用 95% 置信度，标准值会提高。

表 5 – 1 – 15 中 7.4MPa 的抗弯强度是在考虑耐久性能后的标准强度。

（三）抗风压测试

板材的抗风压测试，参照《Cladding kits》ETAG 034part15.4.1 的测试方法，对其临界状态进行测试，其中 Z 形横龙骨间距 1500mm，测试 Ω 挂件挂点中间最大弯曲状况，结果见表 5 – 1 – 16。

表 5 – 1 – 16　预应力混凝土挂板抗风压测试值

测试结果①			根据机械性能计算的结果（Pa）	
测试	最大荷载 Q（Pa）	最大荷载作用下的变形（mm）变形后 1min 恢复	Z 形龙骨最大变形下的计算荷载	根据板材抗弯强度计算的荷载
负风压	3600	7，8	2000	2100
		0.7mm		
正风压	3600	6，2		
		0.7mm		

注：①测试样品：四块板块，540mm × 1996mm × 30mm，使用四个背栓及连接的 Ω 挂件，两道横龙骨，间距 1500mm。挂件最大间距 800mm。
1. 最大荷载作用下无破坏。
2. 变形测量位置在板块中央位置。
3. 测试样板的计算荷载，是在考虑 Z 形龙骨发生不可恢复的 1mm 变形状态下的，按单跨梁计算的最小水平荷载特征值。
4. 测试样板的计算荷载，是按照上表中板块最小抗弯强度 4MPa 计算的结果。

1. 抗弯及挠度计算

对板材在水平荷载作用下的抗弯及挠度设计计算，建议优先采用有限元计算，或近似按照多跨连续梁杆件计算，但需要进行双向符合，取最大值予以设计控制。

板材如作为外幕墙应用，板材背面在生产线上，统一预置有 48 个 M10 的大头螺栓，通过此螺栓，可以方便地衔接各种吊挂件，与横龙骨（横梁）或结构实现连接。预置锚栓的最小锚固深度保证不小于 15mm，以保证其一定的承载性能。背栓计算不仅要考虑正常使用状态的受力，如在安装过程中作为吊装点，也要进行施工阶段的受力计算或通过测试确定。

2. 单个背栓计算

单个背栓的抗力可通过下式进行计算，并通过测试予以验证。

$$F = \frac{17 \times \partial^{0.6} \times h_{v1.7}}{\gamma}$$

式中　F——单个锚栓的抗拉设计值（N）；

　　　∂——板块的抗弯强度标准值（N/mm^2）；

　　　h_v——锚栓的锚固深度（mm）；

　　　γ——分项系数，一般≥2.15。

3. 螺栓计算

锚栓测试最少测试 10 组，按 75% 置信度，5% 的失效概率得到标准值。

实际工程中，还要考虑实际参加工作的背栓的位置进行设计计算，通过下述测试可以看出背栓所处板面位置，对其承载有一定影响。此测试按照 ETAG 034 PART 15.4.2.2.1 规定标准测试方法，对位于板中、板边、板角部位三个位置，在不同支撑半径下的测试结果见表 5 – 1 – 17。

表 5 – 1 – 17　螺栓测试结果

背栓位置及不同支撑直径		破坏荷载（KN）		破坏状态
		$f_{m,u}$	$f_{c,u}$	
板中	ϕ1000mm	6.9	5.0	板材破坏，背栓拔出
	ϕ600mm	10.9	7.6	
	ϕ300mm	11.7	10.9	
板边	ϕ1000mm	5.4	5.0	
	ϕ600mm	6.8	5.0	
	ϕ300mm	8.4	5.1	
脚部	ϕ1000mm	4.5	3.7	
	ϕ600mm	6.3	4.1	
	ϕ300mm	8.2	5.8	

注：f_m 为平均值；f_c 为在 75% 置信度下的标准值，如采用 95% 置信度，标准值会提高。

（四）剪力测试

剪力测试按照 ETAG 034 PART 1，5.4.2.2.2.2 规定的标准测试方法，结果见表 5 – 1 – 18。

表 5 – 1 – 18　剪力测试结果

剪　力	发生 1mm 位移下的荷载		破坏荷载		破坏状态
	$f_{m,1}$	$f_{c,1}$	$f_{m,u}$	$f_{c,u}$	
螺杆长度 50mm	1.9	1.1	2.8	2.4	螺杆发生弯曲变形
螺杆长度 40mm	1.9	1.7	3.5	3.3	

注：f_m 为平均值；f_c 为在 75% 置信度下的标准值，如采用 95% 置信度，标准值会提高。

（五）拉剪组合测试

拉剪组合测试按照 ETAG 034 PART 1，5.4.2.2.3，在 30°及 60°两种组合角度的测试结果见表 5 – 1 – 19。

表 5 – 1 – 19　抗剪组合测试结果

背栓位置及支撑直径			破坏荷载（KN）		破坏状态
			$f_{m,u}$	$f_{c,u}$	
30°	板中	$\phi1000mm$	9.9	9.2	板材破坏，背栓脱出
		$\phi600mm$	11.2	9.4	
		$\phi300mm$	13.0	11.8	
60°	板中	$\phi1000mm$	12.6	11.0	
		$\phi600mm$	12.2	10.8	
		$\phi300mm$	14.3	12.6	

注：f_m为平均值；f_c为在 75% 置信度下的标准值，如采用 95% 置信度，标准值会提高。

预应力混凝土挂板的预留背栓底座及连接如图 5 – 1 – 6 所示。

预应力混凝土挂板的安装与传统的石材背挂系统类似，典型细部节点如图 5 – 1 – 7 所示。

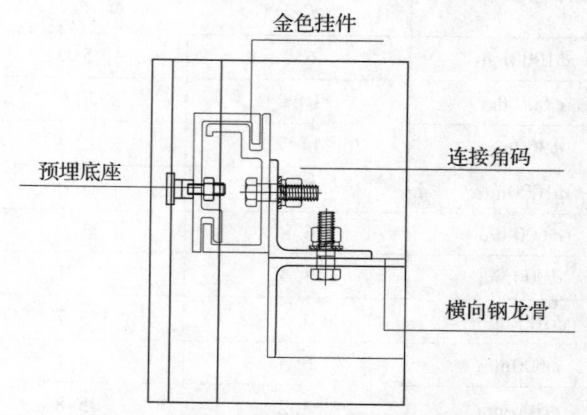

图 5 – 1 – 6　预应力背栓底座及连接

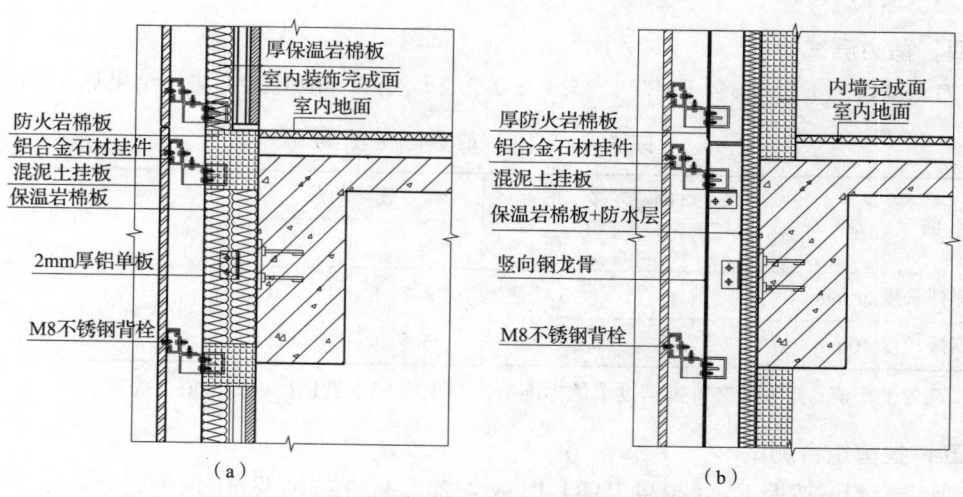

（a）　　　　　　　　　　　　　　　　　（b）

图 5 – 1 – 7　混凝土挂板背栓系统细部节点

第二章　GRC 幕墙

GRC 作为一种新型的水泥基纤维增强复合材料，造价低廉，较好地克服了水泥的脆性，即易开裂、易变形的缺点。相对于混凝土具有更轻的质量、更好的模塑性和更丰富的装饰效果，因此在建筑幕墙领域有着广阔的应用前景，特别是当前流行的异性化造型、个性化建筑的不断涌现，为 GRC 幕墙提供了空前的发展机遇。

第一节　概　　述

一、GRC 再生石

（一）GRC 定义

玻璃纤维增强水泥是以硫铝酸盐水泥或其他低碱水泥、耐碱玻璃纤维、水、石英砂为主要原材料组成的一种具有优良物理力学性能的新型复合材料。其英文名称为：Glassfiber Reinforced Cement，按照英文名称的词头缩写为 GRC。将玻璃纤维加入到水泥砂浆中即可大大提高其制品的抗弯强度、抗拉强度和抗冲击强度。另外，由于玻璃纤维的柔韧性和多种使用方法赋予了玻璃纤维增强水泥复合材料良好的工艺性能，使得其更加适宜制作各种形状复杂的薄壁制品。同时，可以根据需要添加各种增强性能的助剂和填料。常用的 GRC 复合材料的制作方法有喷射法、预辊法和布网法。

GRC 必须具备：采用低碱性硫铝酸盐水泥，采用高氧化含量的耐碱玻璃纤维。

GRC 是一种人造石或再生石，它具有不是石材胜似石材的装饰效果，宛若天成。与其他幕墙材料不同，GRC 具有表现力、个性化的装饰效果。

（二）技术特点

利用耐碱玻璃纤维和低碱度硫铝酸盐水泥或其他低碱水泥制造的 GRC 制品，是世界近80 年来新开发的一种新型复合材料，是人类社会运用高新技术对材料进行复合利用取得的又一重要成果。GRC 具有轻质、高强、隔热保温、防水、防火、可加工性良好、价格适中等诸多的优点，获得了各国材料界的公认，在建筑工程、市政工程、农业工程、水利工程和园林工程及装饰工程和幕墙工程等许多领域的应用中取得了明显的技术经济效果，显示了广阔的发展前景。

20 世纪 80 年代末期，GRC 开始引进到我国，并得到了较好的发展，其独特的优点使得其得到了广泛的应用。GRC 主要优点如下：

1. 自身质量轻

GRC 的表观密度为（1.8~2.0）×10^3kg/m³，比钢筋混凝土小约20%。同时，由于其可制成薄壁空腔构件，因此可以大幅度降低构件的自身质量。

2. 强度高

水泥砂浆加入耐碱玻璃纤维后，其抗弯强度可提高 3 倍以上，同时 GRC 可制作空腔构件，抗弯强度可以明显提高。

3. 抗冲击好

大量耐碱玻璃纤维以三维状态分布在 GRC 构件中，使得构件韧性极好，能够有效地吸收受到冲击作用的能量，提高构件的抗冲击韧性。

4. 抗渗、抗裂性能好

大量耐碱玻璃纤维细密而均匀地分布在构件的各个部位，形成了网状增强体系，可延缓任何裂纹的出现和发展，减轻应力集中现象，提高其抗渗抗裂性能。

5. 耐水、耐火、耐冻融

由于 GRC 系不燃材料（A 级），故耐火特性极好；加之优良的抗渗、抗裂性能，大大提高了其抗冻融性能，并且具有良好的可加工性和模塑性。

6. 体积微膨胀性

GRC 与其他装饰板材复合，具有独特的自装饰效果和精准的形状与几何尺寸。

7. 不透水、透气性

在 −10℃时经 15 次冻融循环试验，无层与裂等现象发生，不仅有较高的不透水性，在潮湿状态下还具有较佳的不透气性。

8. 耐久性好

大量试验研究证明，采用 GRC 产品的抗压、弯曲、剪切、抗冲击强度等技术指标均大大优于采用普通硅酸盐水泥的 GRC 制品，体现了轻质高强的产品特点。另外，根据预测用硫铝酸盐水泥制成的玻璃纤维混凝土在自然环境中的使用寿命至少为 50 年。

（三）常用规格

玻璃纤维增强水泥 GRC 板的常用规格见表 5 − 2 − 1。

表 5 − 2 − 1　玻璃纤维水泥（GRC）板常用规格

品　种	规格尺寸（mm）		
	长度	宽度	厚度
玻璃纤维增强水泥板（GRC）	1200	1200	10、12、15、20
	2400	900	
	2700	600	

（四）物理性能

玻璃纤维增强水泥（GRC）板物理力学性能见表 5 − 2 − 2。

表 5 − 2 − 2　玻璃纤维增强水泥（GRC）板物理力学性能

项目	表观密度（kg/m³）	抗折强度（MPa）	抗冲击强度（K·J/m²）	干湿变形（%）	含水率（%）	吸水率（%）	燃烧性能	耐水性（泡水1年）	导热系数（W/m·K）
指标	≤2000	7~10	5~10	≤0.15	≤10	≤35	不燃（A级）	强度不降	0.14

二、GRC 发展现状

（一）国外发展现状

GRC 制品在我国的生产与应用始于 20 世纪 70 年代初期。首先由英国的建筑研究机构（BRE）与皮尔金顿（Pilkington）玻璃公司进行耐碱玻璃纤维增强波特兰水泥制品的联合开发。其后又逐渐扩展到日本、美国、德国、荷兰、西班牙、意大利、中国、新加坡、罗马尼亚等 40 多个国家，目前，计有 500 多家公司取得制造 GRC 制品的许可证。据不完全统计，全世界 GRC 年产量达 8 万 t 以上。

GRC 生产技术经近 50 年来的不断发展，已达到较高的水平。GRC 板规模化生产技术装备已在众多的国家得到了广泛应用。已有高速喷吸成型法、流浆法、挤出法等多种成熟的生产工艺技术，生产线一般年生产能力为 300 万 ~ 500 万 m^2，最大的生产线年生产能力可达 600 万 m^2。

日本是世界上 GRC 发展较快的国家，也是设计 GRC 幕墙较多的发达国家，目前正以 15% 的速度在递增。日本的 GRC 生产技术和装备水平近几年发展较快，其中最大的制造厂为旭硝子公司。该公司 20 世纪 80 年代初发明的连续喷射抽吸快速一体成型工艺线，机械化水平高，年生产 GRC 外墙板能力可达 450 万 m^2，可生产一种轻质、高强、耐火、外表十分美观的新型外墙板（叫洪滨板 Honban）。目前这种板作为民用建筑的外墙使用，颇受欢迎。

美国也在大力发展 GRC 制品，1989 年的市场规模为 0.9 亿美元，美国在建筑上应用的非承重外墙模板，永久性模板，累计已达 300 万 m^2。

德国是欧洲 GRC 发展较快的国家，其产量占全欧洲的 50% 以上，年产量约为 6 万 t。海德堡水泥公司与奥地利托尼工业公司在 20 世纪 80 年代初联合开发 Wellcrete（韦尔克莱脱）成型法，已于 1987 年在德国建成生产线投入生产。此生产线是采用流浆法工艺，生产线年设计生产能力为 300 万 m^2，生产速度为 10m/min。

英国是 GRC 制品发展的鼻祖。目前英国发展的 GRC 成型方法有喷吸法、预拌法和抄取法。英国皮尔金顿公司年产耐碱玻璃纤维约 3000t。

荷兰也在积极发展推广应用 GRC，荷兰 Torton 公司建有多条 GRC 半自动化成型工艺生产线，一条生产线每年可生产各种 GRC 制品 10.3 万 t，生产各种规格的平板和异形板，构件最大规格可达长 8m，宽 2m，用于工程的外挂墙板及干挂幕墙板。

西班牙、阿尔及利亚也积极发展 GRC 制品。西班牙至今已在建筑工程中使用了 120 万 m^2 的制品，主要用作挂板、复合板、墙面修理及永久模板等。

新加坡惠康公司于 1983 年引进英国制造 GRC 的生产技术；近年来，已在一些高级建筑物中大量使用 GRC 幕墙板。

总之，GRC 制品在国外已获得了较快的发展，GRC 制品在建材工业中的地位已得到确立，目前 GRC 在国外正朝着进一步提高装备的现代化，改进成型工艺，降低产品成本，提高制品技术性能和扩大应用领域等方面努力。

（二）国内发展现状

我国 GRC 工业的形成稍滞后于美、欧、日等国。在 20 世纪 70 年代初期相继研制成功耐碱玻璃纤维和低碱度水泥，并经"六五"、"七五"科技攻关，先后完成了 GRC 用耐碱玻璃纤维的生产线建设，GRC 材性、耐久性的研究，喷射成型工艺和成型机组的研制，GRC 幕墙板中试线建设以及 GRC 幕墙板在多层和高层建筑的应用等重要课题的研究。特别是我国科学工作者在 GRC 的研制、生产和应用中，始终坚持"双保险"（耐碱玻璃纤维与低碱水泥相复合）的技术路线，因此使我国 GRC 技术获得了稳定、健康的发展。据不完全统计，全国从事 GRC 研制和生产单位已达 300 多家，已开发的品种很多。下面仅介绍其中有代表性的几个品种：

1. GRC 轻质空心隔墙板

GRC 轻质空心隔墙板是以低碱度水泥为胶凝材料，膨胀珍珠岩为集料，耐碱玻璃纤维织造的网格布为增强材料，采用台座法和机组流水法等工艺成型方法制成。具有质量轻、强度高、防火性好、防水、防潮性好、抗震性好、干缩变形小、制作简便、安装快捷等特点。在建筑工程中适用于非承重的墙体部位。主要用于多层居住建筑的分室、分户墙、厨房、卫生间隔墙及阳台分户墙，公共建筑的内隔墙、工业厂房的内隔墙，工业建筑的围护外墙等。

全国不少地区都建有这种新型墙体材料生产线，据统计，全国 1999 年年产量 1500 万 m^2 左右，2012 年年产量 8860 万 m^3 左右，仅北京的年产量就在 50 万 m^2 以上。这种隔墙板目前生产方式还比较落后，自动化、机械化水平尚低，其制作技术与装备正处于改进与发展阶段。

2. GRC 复合外墙板

GRC 复合外墙板是由带肋的 GRC 板为内外面层，中间填充保温隔热材料，经成型、养护而成。具有墙体薄、质量轻、强度高、韧性好以及保温、防火、耐久、抗裂、加工简易、造型丰富、施工方便等特点。目前，我国开发的 GRC 复合外墙板品种较多，按墙体大小分，有单开间墙板和双开间墙板；按保温层材料分有水泥珍珠岩芯层和岩棉芯层，也可用其他保温材料制成的各种墙材。这种复合外墙板适用于多层和高层建筑的非承重建筑外墙。

青岛的客来宾馆，建筑面积 2 万 m^2，高 82m，26 层，原设计采用进口 GRC 板，后改用北京新型建材总厂的 GRC 外墙板，共 2390m^2，为国家节约外汇 110 万美元。

亚运会羽排馆，建筑面积 1 万 m^2，高度 30m，其外墙由四锥面体的 504 块（单板尺寸为 3100mm×2240mm）异形 GRC 壳板组成。在建造中，由于充分发挥了 GRC 的轻质高强、立面造型新颖、丰富、运输吊装方便等优点，受到用户的好评。

3. GRC 网架面板

GRC 网架面板系用 GRC 为面板与预应力混凝土肋复合而成。该板具有自身质量轻、强度高，耐高冲击、防水、防火、施工安装方便等优点。采用这种屋面板有明显节约钢材、缩短吊装周期的效果。如与同规格的钢筋混凝土网架屋面板相比，可节约钢筋 2～2.5/m^2，可缩短吊装周期，节省工时 1/3。如北新建材（集团）公司生产的 GRC 大跨度屋面板（长 5.5m，宽 12m）应用于海南三亚凤凰国际机场楼，获得了良好的技术经济效果。

4. S－GRC 轻质平板

北新建材（集团）有限公司研制生产的一种新型 GRC 产品，即轻质玻璃纤维增强水泥板（简称 S－CRC 板）。这种板材的物理性能与日本的轻质 GRC 板（Honban 板）相当。它与普通 GRC 板材相比，除保持了强度较高、耐水、不燃等特点外，还兼有密度低，易加工，可锯、可刨、可钉，便于施工等特点。这种板材特别适用于作建筑的内隔墙和吊顶，也适用于电梯井、通道、管道等部位。该产品已获得国家发明专利，产品在北京各大宾馆、饭店累计使用已达 100 万 m^2 以上。其中天坛饭店卫生间就使用了 1.2 万 m^2。

目前，我国开发的 GRC 产品尚有 GRC 保温屋面板、GRC 永久性模板、GRC 隔声屏障、波瓦等。如广深准高速铁路石龙特大桥隔声屏采用 GRC 隔声板作隔声屏障，共采用 GRC 板 12850m^2，河北石家庄电厂采用 GRC 作永久性模板等获得良好的效果。

我国 GRC 制品经过 30 年来的努力，获得了较快的发展，但我国 GRC 行业的水平，从整体来说与国外先进国家相比还有较大差距，主要表现在：

(1) 耐碱玻璃纤维产品品种尚不多，产量较小；

(2) GRC 生产工艺和装备较落后，规模化、机械化水平较低；

(3) GRC 制品在建筑上和其他工程上的应用，应用面尚不广，应用量较小；

(4) 科学研究经费投入不足，研究尚欠深入，特别是应用研究，生产工艺装备的研究滞后，产品标准、施工规范、图案等跟不上发展需要。

三、GRC 石材的发展趋势

(一) GRC 制品的历史变迁

建筑产品多是传承过来的，当代人受益于前人的智慧成果。

提到建筑幕墙自然就想到钢筋混凝土，像是战争时穿铠甲一样。面对建筑装饰，没有承重的要求，一定都要用钢筋混凝土的方法吗？有没有可能给一些建筑物"穿丝绸"？针对当下的建筑幕墙墙板如果选用"穿丝绸"的思路，用耐碱玻璃纤维增强，制品表层加木质纤维阻裂，然后与钢龙骨架成为一体，制品不承重，其厚度可以 20mm 或者更薄，靠纤维增强，有一定弹性，柔中带硬。因为薄而变轻，不但减少了对资源的占用，而且有了风吹草动，可以适当适应抖动和变形，整个幕墙体系不出问题，因而是安全的。

从装饰混凝土和 GRC 的特性入手，一方面强调暴露集料模仿石材效果，另一方面强调耐碱玻璃纤维增加强度和改善抗裂性。装饰混凝土为非承重制品，抗压强度能达到 40MPa，抗折强度 16MPa，加上坚固丰富的安装方式，刚一问世即引起关注。

用纤维增强水泥（GRC）的方法把墙板做薄、做轻、做大、做经济、做安全，这是近几年不断努力摸索的方向。以 1m^2 面积墙板为例，清水混凝土一般需要 50~90mm 厚，质量为 130~260kg/m^3。装饰混凝土轻型墙板一般为 15~40mm 厚，质量为 40~80kg/m^3。抗压强度两者基本接近，抗弯强度 GRC 墙板优于清水混凝土墙板。"轻质高强"是 GRC 的一个显著特点。

(二) GRC 材料的发展

造型即是变形，变自然形为艺术型。

建筑幕墙的最大功能即是优化建筑物的造型。GRC 对完成建筑实体和建筑艺术起着不可估量的作用，为建筑造型创造出千古不朽的功绩，是创造建筑艺术的必备条件。

GRC 是以天然石的精华为主体，再辅以纤维增强材料浇注而成某种形体，如仿真石浮雕壁画、圆雕、装饰线条、线板及罗马柱等艺术品。因外观质地接近天然石，故称"人造石"或"仿真石"，它捕捉了天然石每一点细微的痕迹，造就了它逼真的自然外观和质感，肌理变化丰富，起伏效果强烈。

20 世纪初期，GRC 最早在英国伦敦普遍使用，美国大约是 1920 年。从 20 世纪 20 年代末期开始，GRC 作为许多砖、石材料和天然石的超级替代品，广为建筑行业所接受。

20 世纪 70 年代初期，GRC 被引进到我国。20 世纪 90 年代已显端倪，到 21 世纪初期升级发展到建筑幕墙行业领域，如西安大唐西市博物馆、西安大明宫旧址丹凤门、四川 5·12 北川抗震纪念馆——北川静思园、北京谷泉会议中心、天津大学建筑馆、秦皇岛鸟类博物馆、陕西师范大学博物馆、鄂尔多斯大剧院、厦门国际物流中心等工程案例均是 GRC 的经典之作。

四、GRC 材料的应用

（一）工程应用

GRC 制成的各种线条、线板、窗套、门窗、罗马柱、花瓶栏杆、喷泉、雕塑、建筑小品、GRC 包管柱、园林花盆等产品适用于各类住宅、商务楼、办公楼、娱乐场所等建筑外墙装饰及室内装饰和环境的点缀。GRC 产品丰富多彩，已在上海、江苏、浙江、江西等建筑工程上得到应用，倍受人们青睐，并且走出国门，出口日本及东南亚和美国。

深圳 33 层的锦绣大厦和高 55 层的罗湖商业中心大厦的内隔墙，都选用以膨胀珍珠岩混合料为芯层的 GRC 夹芯板，都取得了良好的效果。成都天府广场附近商业中心的西御大厦 A、B 楼的内隔墙，选用相同材料 GRC 空心板，取得了良好的节能效果。

（二）GRC 幕墙板的应用优势

1. 轻型化

GRC 的轻型化是一个相对概念，首先 GRC 的基体为水泥砂浆，其密度约为 2000kg/m^3，其次当用作非承重板材构件时，设计强度采用抗弯强度，非常薄的 GRC 材料即可达到较高的抗弯强度，这些因素为 GRC 外墙板的轻型化提供了先决条件。GRC 幕墙板相对较低的自重可减少运输费用，提高施工安装速度，甚至在空间较小的现场使用简易起重机械即可完成安装。GRC 墙板的低自重可降低其对建筑结构和建筑基础的叠加荷载，在多层结构和不良支撑土壤地区可提供更多的安全储备。

2. 装饰性

GRC 的材料特性和工艺特性给予 GRC 幕墙板设计以最大的自由度，这种自由度涉及墙板的形状、表面纹理和颜色。

从形状来说，GRC 幕墙板通常在反像模具中成型，幕墙板的观看面即为模具的表面。GRC 幕墙板特殊的制造方法可为建筑设计者提供更具创造性的想象空间，设计者可以选择从深浮雕到复杂条纹和各种曲线形状。由于 GRC 材料在复杂模具中成型，无论什么样的形状，都能容易地制造。

从表面纹理来说，通过在模型中制造可赋予幕墙板的表面图案，得到平滑表面和有质感的表面。传统混凝土工艺的露集料和喷砂装饰技术也能用于 GRC 幕墙板。

从颜色来说，有三种方法可用于为 GRC 幕墙板着色：涂料装饰、基材着色和矿物本色饰面。使用涂料可得到任何希望的色彩，能够在任何时候按照需要重新涂装；基材着色有一定的局限性并可能产生色差；矿物本色饰面所用矿物的色彩是关键。

通过使用露集料表层配料、整体着色、纹理和特征化装饰，可以获得多种表面装饰效果，在同一块板内即可获得多种颜色和装饰效果。

3. 再现性

在旧建筑修复和翻新工程中，用 GRC 材料可仿制原有建筑的外立面形状、色彩和质感，并且对施加到现有结构上的荷载最小。

（三）几点建议

1. 深入对"双保险"的技术路线的研究，提高其理论和实践水平

国外在 GRC 材料的研究和生产中，大多数走的是采用耐碱玻璃纤维增强与普通硅酸盐水泥的路线。众所周知，普通硅酸盐水泥在水化过程中产生大量的 $Ca(OH)_2$，硬化体乳溶液的碱度较高，对耐碱玻璃纤维的侵蚀带来危害，严重影响着制品的耐久性。

而我国在 GRC 的研制和开发中，走的是"双保险"的技术路子。即使用耐碱玻璃纤维，以提高其在水泥水化硬化的高碱性环境中的耐蚀性，又采用 pH 值不大于 11.5 的低碱度水泥（硫铝酸 I 型低碱度水泥等）减少水泥水化时氢氧化钙 $[Ca(OH)_2]$ 的生成量，降低了耐碱玻纤使用环境的碱度，减少了对耐碱玻纤的侵蚀性。根据有关专家介绍，这种双保险的技术路线制成的 GRC 制品，在北京室外大气环境中使用，其强度半衰期可达 100 年。建议进一步深入对"双保险"技术路线结构、机理的研究，跟踪耐久性试验，以理论和实践相结合及翔实的数据对"双保险"路线的耐久性进行科学的评价，以促进 GRC 健康向前发展。

2. 适当引进国外先进技术，尽快提高我国 GRC 生产工艺装备水平

目前，我国 GRC 制品的生产能力已初具规模，但生产工艺和装备还较落后，目前我国 GRC 生产线生产规模只有 446 万 m^2，因此存在着生产规模小，成本高、经济效益较差等缺点。而国外，如德国开发 GRC 板生产线的规模产量已达 300 万 m^2，日本开发的 Honban 板快速一体成型工艺线的年生产量可达 600 万 m^2。因此为了尽快缩短与国外的差距，建议有选择地引进国外全自动、连续生产 GRC 板工艺线的关键设备，并重视在消化吸收国外先进技术和装备的基础上，进行创新制备有中国特色的 GRC 生产线，并逐渐淘汰目前我国 GRC 生产中，广泛采用规模小的落后的工艺装备。

3. 进一步提高 GRC 所用主要原材料的产量和质量水平

GRC 采用的主要原材料硫铝酸盐低碱度水泥和耐碱玻璃纤维，从产品的生产工艺、生产规模、产品品种和质量等方面都存在着较大差距，如北京建材研究院（400t）、郑州华宇新材公司（180t）、襄樊玻纤厂（140t）、丹阳玻璃纤维厂（40t）等几个玻璃纤维生产厂家生产的耐碱玻纤，在硬挺性、分散性、切割性等方面与国外先进国家相比尚有一定差距。北京引进的一条生产 5000t 的生产线，已建成投产，可望提高我国现有的耐碱玻璃纤维品种和质量水平。

4. 确保 GRC 产品质量，抵制劣质产品流入市场

所有 GRC 生产厂家都应始终如一地贯彻"双保险"的技术路线，严格按产品标准组织生产，以确保产品的耐久性在 100 年以上。对于一些在经济利益驱动下，采用普通玻璃纤维和普通水泥制造的 GRC 制品都是违法行为，必须予以抑止，防止这些不合格产品流入市场，并限制其在建筑工程上使用。

5. 要重视科技研究，并搞好配套工作

要增加 GRC 科技的投入，对 GRC 生产配方、生产工艺过程、重大关键设备、应用技术等都应列题进行深入研究，集中优势兵力进行攻关，开发出国际上一流的 GRC 产品、一流的生产工艺和装备，培养出世界上一流的科技、研究、设计、生产专家和企业专家。要继续加强科研、生产、设计、施工等部门的紧密配合，不但要做好产品标准、施工图集、验收规

范等的配套工作，还要注意做好板缝密封材料、表面装饰材料、复合板用的保温材料等相关配套材料的选用和应用技术工作。

6. 进一步开拓 GRC 制品的应用领域

GRC 制品在建筑、交通、农业等行业的应用取得了可喜的成绩。但其应用范围尚不广，还必须充分发挥 GRC 制品的固有特色，积极开拓新的应用领域，如建筑幕墙、建筑壁画、建筑屋面材料。

第二节 再生石 GRC 幕墙

一、再生石 GRC 幕墙面板

再生石 GRC 幕墙是由特种装饰层、高性能 GRC 层、GRC 肋或钢框架等材料复合制成。这种构造不仅克服了传统 GRC 制品易开裂、变形的缺点，尤其还具有独特的自装饰效果和精准的形状与几何尺寸，是一种可与石材幕墙、玻璃幕墙等媲美的新型高档幕墙。

玻璃纤维增强水泥（GRC）板的性能应符合《玻璃纤维增强水泥外墙板》JC/T 1057—2007 的规定，可采用单层板、有肋单层板、框架板、夹芯板等构造方式，并满足下列要求：

（1）玻璃纤维增强水泥（GRC）板表面平整时，按公称厚度（总厚度）采用；表面有波纹或装饰性凹凸时，按公称厚度减去表面凸起高度或凹陷深度；背面粗糙时，减去表面粗糙层厚度。

（2）玻璃纤维增强水泥（GRC）板的厚度≥10mm，GRC 幕墙的安装高度≤60m。

（3）玻璃纤维增强水泥板外观应边缘整齐，无缺棱损角。侧边防水缝部位不应有孔洞，其他部位孔洞长度不应大于 5mm，深度不大于 3mm，每 1.0m² 板上孔洞不应多于 3 处。

（4）玻璃纤维增强水泥板应按《玻璃纤维增强水泥性能试验方法》GB/T 15231—2008 检测板的结构层，其结构层物理力学性能应符合表 5 - 2 - 3 的规定。

表 5 - 2 - 3 玻璃纤维水泥 （GRC） 板结构层物理力学性能指标

技术性能		技术性能指标要求
抗弯比例极限强度	平均值（N/mm²）	≥7.0
	单块最小值（N/mm²）	≥6.0
抗弯限制强度	平均值（N/mm²）	≥18.0
	单块最小值（N/mm²）	≥15.0
抗冲击强度（kJ/m²）		≥8.0
体积密度（干燥状态）（g/cm³）		≥1.8
吸水率（%）		≤14.0
抗冻性		经 25 次冻融循环，无起层、剥落等破坏现象

二、再生石 GRC 幕墙板分类

再生石幕墙板可分别按结构构造、几何形状、自装饰效果及用途等进行分类。

（一）按构造分类

再生石 GRC 幕墙板按构造形式不同可分为单层板、带肋板和框架板 3 种。

1. 单层板

单层板由特殊装饰和 GRC 结构层构成，板厚 20 ~ 30mm。单层板的幅面较小，一般小于 $3m^2$。其中，平板可按规定规格工业化生产，价格低廉。同时该产品采用石材背栓连接方式，易于推广使用。其结构构造如图 5 - 2 - 1 所示。

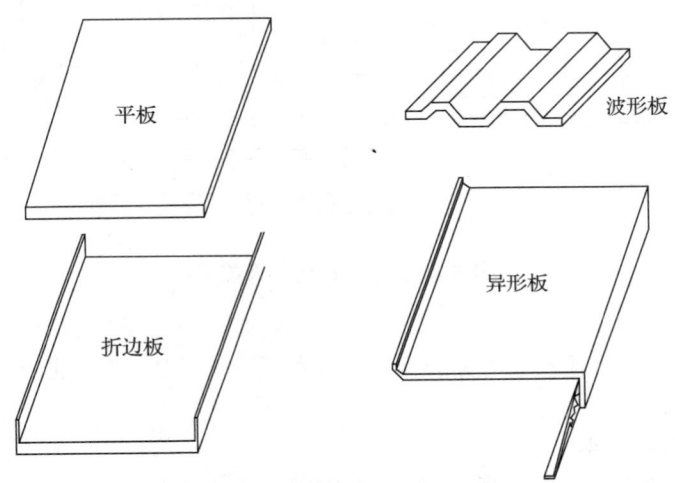

图 5 - 2 - 1　GRC 单层板构造图

2. 带肋板

带肋板是一种沿板四周边缘和设计的受力部位布置有加强肋的单层板。其特点是板面和加强肋采用同一材料一次复合而成，产品的整体性好，结构紧凑，安装占用空间较小且造价较低。带肋板的幅面尺寸在 $6m^2$ 以内。其结构构造如图 5 - 2 - 2 所示。

3. 框架板

框架板由板面、钢框架和分布于板背面的"L"形钢筋等三部分组成。其中钢框架起承载作用，"L"形钢筋起板面和钢框架间的连接作用。由于"L"形钢筋的脚部（指"L"形的水平部分）预埋在 GRC 板内，而腿部（指"L"形的垂直部分）的上端焊接在钢框架上，这使得 GRC 板与钢框架之间的连接十分牢固，其安全度明显优于石材幕墙的安装连接。同时，这种连接形式还是一种理想的柔性连接形式，它可通过"L"形钢筋的摆动有效地消除 GRC 板面因温、湿度变化产生的应力。其结构构造如图 5 - 2 - 3 所示。

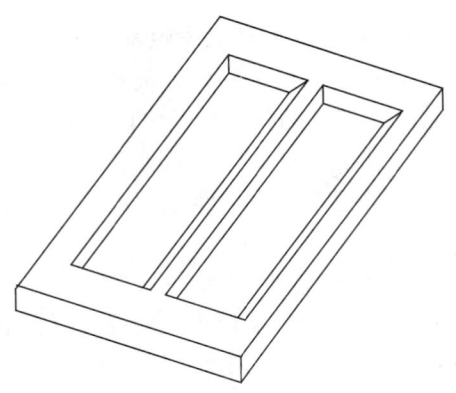

图 5 - 2 - 2　GRC 带肋板构造图

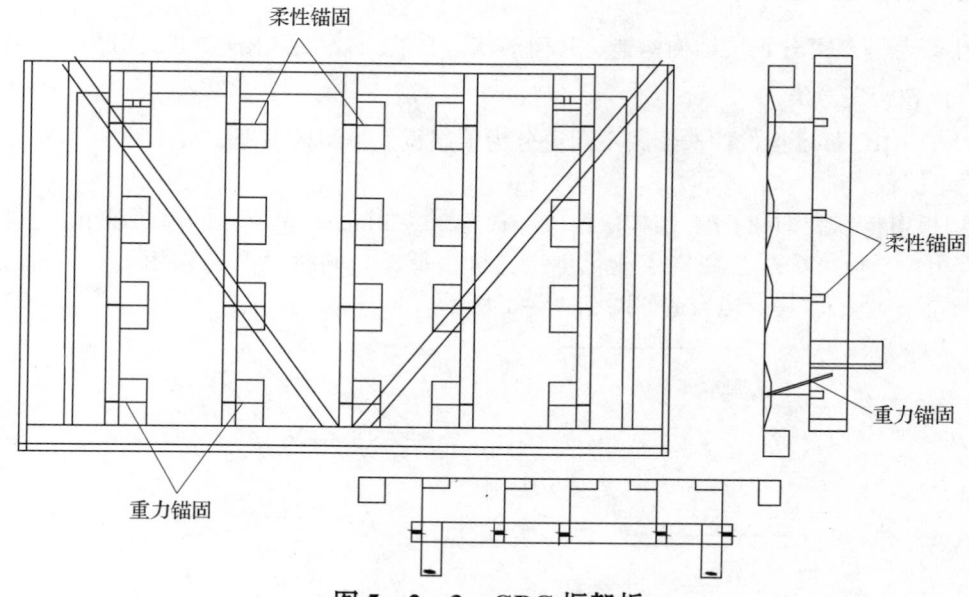

图 5 - 2 - 3　GRC 框架板

（二）按形状分类

GRC 性能幕墙板按形状不同可分为平板、L 形、U 形、多面形、曲面形及其他异形等多种异形板。

（三）按饰面效果分类

高性能 GRC 幕墙板按饰面效果不同可分为清水板，如灰色、白色、黑色及彩色清水等；仿石板，如洞石、岗石、片石、锈石、砂岩及毛石等；及其他装饰板，如仿木纹、仿铜、条纹及各种图案花纹等多种产品。

（四）按用途分类

GRC 幕墙板按用途不同可分为室外幕墙板、室内幕墙板、网架屋面板及吊顶板。

三、GRC 幕墙板的物理力学性能

（一）综合物理力学性能

GRC 幕墙板是一种以玻璃纤维增强水泥基的复合材料。其强度不仅取决于水泥基材，还取决于玻纤的含量和长度以及玻纤的分布状态和方向。在通常情况下，纤维呈二维乱向分布，且分布方向多与板平面平行。因此其强度沿板的不同方向是不同的。如图 5 - 2 - 4 为 GRC 板的强度与板平面之间的关系。表 5 - 2 - 3 为 GRC 幕墙板的综合物理力学性能指标范围。

（二）抗弯曲性能

由于 GRC 幕墙板主要承受水平荷载，因此在上述各项指标中，抗弯曲性能指标就像混凝土的立方体抗压强度一样是最基本、最重要的性能指标。

（三）GRC 幕墙板的长期力学性能

GRC 幕墙板的长期力学性能是设计计算的重要依据。GRC 幕墙板在大气条件下，因基

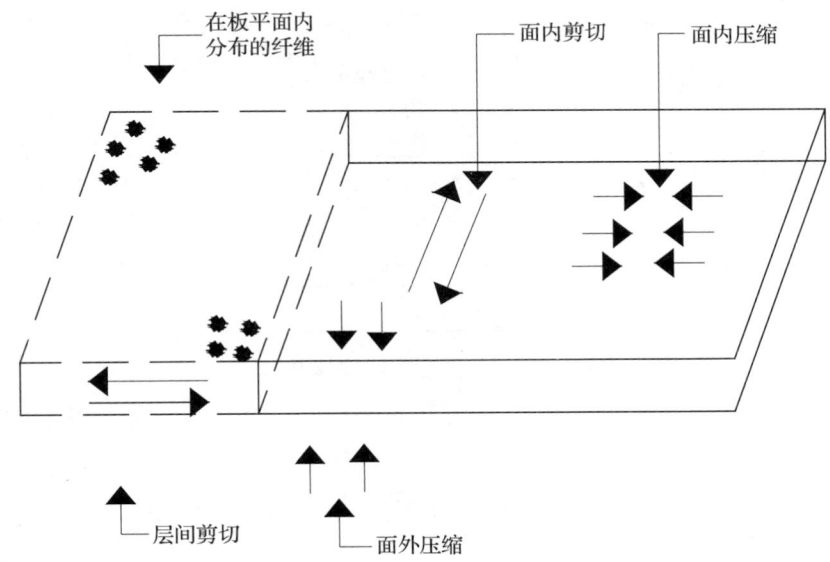

在板平面内分布的纤维　面内剪切　面内压缩

层间剪切　面外压缩

图 5 - 2 - 4 　抗压强度和抗剪切强度

材中的碱对玻纤产生化学侵蚀导致其抗弯强度随时间变化逐渐下降直至接近比例极限强度，但其比例极限强度则因基材随时间变化而水泥缓慢水化使其强度十分稳定甚至有所增长。于是可以得出如下假定：GRC老化后的抗弯强度值不小于28d时的比例极限强度值。

上述假定十分重要，现已成为进行GRC板极限状态设计时必须遵循的基本原则。

四、GRC幕墙结构构造

（一）一般规定

玻璃纤维增强水泥板（GRC）面板构造一般如下：

（1）根据受力要求设计锚固构造。锚固件应为圆钢或扁钢，制作时预埋，与板后钢架焊接，锚固件和板后钢架应做防腐蚀处理。

（2）板后钢架可制成井格式，井格间距宜为600~800mm。

（3）面板的大小、形状根据立面分格设计确定。

（4）面板与主体结构采用螺栓连接或挂板，连接应满足构造和强度设计要求。

（5）面板间接缝宽度不宜小于8mm。

（6）面板的强度设计应考虑运输过程的受力状况，运输过程中应采取措施保护板块。

（7）玻璃纤维增强水泥板（GRC）有效厚度不应小于10mm。

（8）人造面板的板缝形式可为注胶式、嵌条式或开敞式。

（9）玻璃纤维增强水泥板（GRC）幕墙设计高度一般≤60m。

（二）GRC幕墙的基本构造

GRC幕墙的基本构造如图5-2-5所示。

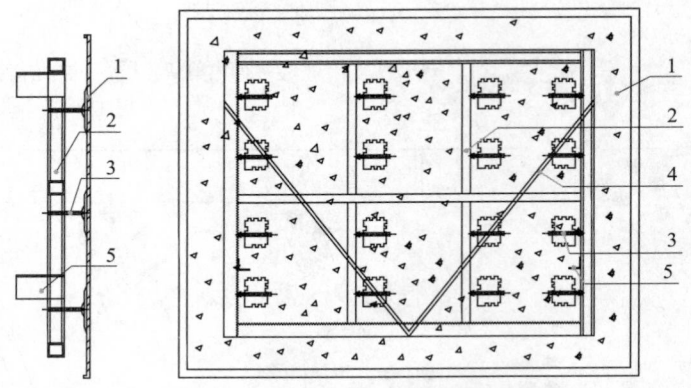

图 5 - 2 - 5　GRC 幕墙结构构造

1—GRC 板；2—钢骨架；3—锚固件；4—重力支撑件；5—连接件

第三节　GRC 幕墙的设计与施工

一、GRC 幕墙板的结构设计

（一）设计原则

高性能 GRC 幕墙板的结构设计必须按承载能力极限状态和正常使用极限状态分别计算和验算。

（二）荷载和作用设计值

GRC 幕墙作为建筑物的外围护结构，主要承受重力荷载、风荷载、地震作用效应以及温、湿度作用效应等。由于 GRC 幕墙与石材幕墙的使用环境相同，因此对应 GRC 幕墙的极限状态设计，其荷载效应基本组合和标准组合设计值可参照国家标准《金属与石材幕墙工程技术规范》JGJ 133—2001 相关规定设计。这里要特别强调的是，由于 GRC 是一种比石材的空隙率更高的亲水性多孔体系，它受外界温、湿度变化产生的应力往往高于石材、金属、玻璃等。因此温、湿度应力是不容忽视的。关于 GRC 幕墙温、湿度应力的计算，我国尚无相应的规范可查，建议参考国际 GRC 协会（GRCA）技术委员会编制的《GRC 实用设计指南》选用。

（三）抗弯承载力极限状态设计

根据 GRC 老化后的抗弯强度值不小于比例极限强度值的基本假定和我国的相关规范，以及参考国际 GRC 协会编制的《GRC 实用设计指南》。

二、GRC 幕墙的锚固与连接设计

（一）锚固

GRC 幕墙板与锚固件的锚固必须安全可靠。因此承载能力极限状态的锚固力（或应力）设计值必须小于锚固承载力或锚固强度设计值。据此，可以得到各种锚固情形下的承载力极限状态计算方法。

锚固抗拉承载力极限状态设计，对于单层板与背栓的锚固、带肋板与预埋螺栓的锚固，框架板 L 形钢筋与 GRC 板的锚固应按锚固抗拉极限状态设计。

（二）连接

连接件及连接件与结构的连接锚固必须安全可靠，其设计计算按国家相关技术规范进行。

为了确保 GRC 幕墙不会因地震作用使结构产生的层间位移或板自身因温、湿度应力产生的变形而破坏或开裂，GRC 幕墙与结构的连接必须采用柔性连接方式。

三、GRC 幕墙板的构造与连接

GRC 幕墙板因构造形式不同，其构造与连接也不相同，现分述如下。

（一）GRC 单层板

GRC 单层板结构简单（见图 5 - 2 - 1），厚度一般为 20 ~ 30mm。GRC 单层板一般采用石材幕墙背栓连接方式。

（二）GRC 带肋板

GRC 带肋板的加强肋应沿板的四周布置，当板的幅面较大时，还应在板中部布置加强肋（见图 5 - 2 - 2）。加强肋为梯形空心截面，一般壁厚为 10 ~ 15mm。为便于成型，梯形斜面与模板面的交角为 450°。为减小应力集中，在纵、横肋相交处应采用圆弧过渡。

GRC 带肋板与结构的连接固定应采用下托方式固定（因下托固定时，GRC 板受压，而上托固定时，GRC 板受拉），典型的连接固定方式是采用如图 5 - 2 - 4、图 5 - 2 - 5 所示的暗榫下托连接固定方式。

（三）GRC 框架板

GRC 框架板（见图 5 - 2 - 3）组成如下：

1. GRC 面板

GRC 面板厚度一般为 15mm，最低厚度不小于 12mm，面板四周边缘应通过加厚边缘和弯起边缘来加强。其中，加厚边缘最小厚度为 30mm，弯起边缘最小高度为 50mm。

2. 钢框架

钢框架采用壁厚不小于 3mm 的矩形方管焊接制成，并与连接件完成全部焊接后进行整体热镀锌处理。

3. L 形钢筋连接

连接 GRC 面板与钢框架采用均布的"L"形钢筋连接，这是一种典型的柔性连接方式。

（1）其中"L"形钢筋的直径为 $\phi8mm$，其有效作用长度满足设计要求，埋设长度为 100mm。用于埋设 L 形钢筋腿部的黏结盘尺寸为 100mm ×200mm，厚度与板厚相等。

（2）为了支撑 GRC 面板的重力，通常应在板下部的全部或部分柔性连接点处增加斜向布置的"L"形重力锚固筋。重力锚固筋连接方式与"L"形柔性连接钢筋的连接方式相同。

（3）当对幕墙有抗震要求时，则应在对 GRC 面板没有过度变形约束的前提下增设抗震锚固件。抗震锚固件由一对脚部相邻，腿部沿斜向对称布置的"L"形钢筋组成，其连接方式同 L 形钢筋的连接方式。抗震锚固筋的埋设位置通常应位于 GRC 面板位置的水平面上。对于幅面较大或自身较大的幕墙，其抗震锚固件可改用钢筋锚固件。

（4）框架板与结构的连接是通过 GRC 板背面的钢框架与结构采用暗榫下托的连接方式。

21 世纪初期，随着材料科学技术的创新和发展，高性能 GRC 建筑幕墙不断涌现，如中央财经大学一期 6#、7# 楼工程，北京俏江南（上海餐厅）内幕墙工程等。

第四节　新型干挂红砖 GRC 复合板幕墙

一、概述

（一）工程概括

某国际物流中心工程项目占地面积 42200m²，总建筑面积约 160000m²，建筑高度 48m。主要建筑由 1 幢 5 层联购楼，2 幢 7 层和 2 幢 11 层办公楼组成，地下 2 层为停车场及设备用房。

（二）功能要求

本工程吸纳当代最先进建筑的设计元素，同时力求表现独特地域个性，有机结合海关、办公和行政三项功能，为建筑使用方提供更好的功能服务。

工程表现了独具特色的南方水乡文化，富含多层民风、民俗寓意。

二、红砖 GRC 复合板

（一）主要材料

1. 红砖

红砖是一种采用陶土作为主要原料，在温室下通过挤压成型，经干燥后，在一定的温度下烧制而成的表面无釉的薄板制成。由于当地黏土中富含铁元素，所以制品呈红色。其具有耐候性好，耐水、耐化学腐蚀等特点，同时维护方便，造价适宜。

2. GRC

严格意义上讲，GRC 学名称纤维增强水泥，由膨胀硫铝酸盐低碱水泥与耐碱玻璃纤维按照一定工艺流程生产而成。膨胀硫铝酸盐水泥是一种特种水泥，由硫酸盐和铝酸盐两部分组成，前者主要负责体积膨胀，而后者负责凝结硬化速度。所以生产 GRC 板周期短，而且产品体积呈微膨胀，几何尺寸精准，板材表面平整，线条丰富，图案饱满。

本工程 GRC 为结构层，其母料为普通硅酸盐水泥砂浆加耐碱玻璃纤维，要求具有一定强度和黏结性能即可。这样成本较低，强度高，但本身质量较重。

（二）红砖 GRC 复合板

红砖 GRC 复合板，又称装饰混凝土轻型墙板。

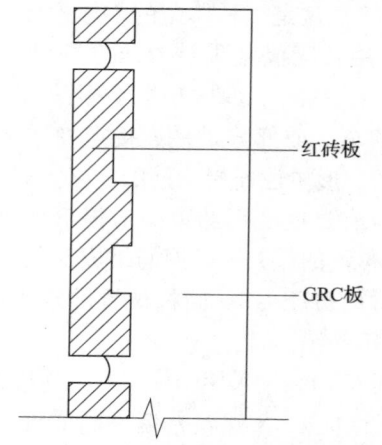

图 5 - 2 - 6　红砖 GRC 复合板结构

红砖 GRC 复合板由红砖和 GRC 结构层复合而成，红砖作为装饰面板实现建筑装饰效果，GRC 结构层作为支承结构形成造型和结构，既能满足建筑外观要求，又能保证结构安全。

作为 GRC 母料的普通硅酸盐水泥或砂浆具有良好的黏结性能，利用稳定的（反打）工艺将红砖直接黏结在 GRC 结构层上即可制成红砖 GRC 复合板。红砖按照设计的分格和位置黏结在 GRC 结构层外表面可以实现建筑设计的效果，埋设在 GRC 结构层中的锚固件可以实现板块与支承结构的连接。

红砖 GRC 复合板结构如图 5 - 2 - 6 所示。

三、红砖 GRC 复合板幕墙设计

本工程处于我国东南部，建筑设计师充分吸取东南传统建筑的精华，优雅的弧线屋脊，古朴精巧的窗花，红砖、白石争放异彩，演绎着东南建筑的独特风格，在布局巧妙的青草绿树陪衬下，整座建筑俨然一幅巨大而美丽的画卷，设计师在给人们奉献这桌绚丽的视觉盛宴的同时，也出了一道道难题，尤其是红砖 GRC 复合干挂幕墙的施工。

（一）建筑设计

红砖外墙的设计理念源于我国东南地区的红砖建筑，采用这一具有地方特色建筑手法设计的建筑，具有更丰富的立面效果，也更能显示出浓厚的人文气息。建筑设计师需要实现红砖外墙的效果，对于现代化的高楼大厦，如果采用烧结普通红砖进行砌筑是不可能实现的，而采用薄板红砖进行湿贴的方式虽然可以达到理想的建筑构思和装饰效果，但高空作业的工作量非常大，施工质量也难以得到有效的控制和保证。

通过在工厂内将薄板红砖黏结在 GRC（玻璃纤维增强水泥）板上，再将预制好的复合板块通过连接件干挂至支承结构上，可以很好地实现红砖外墙的建筑效果。此方案克服了现场砌筑或湿贴施工工艺的缺点，同时红砖 GRC 复合板可根据设计要求进行制作，完全可以满足各种不同建筑造型的需要。

（二）构造设计

红砖 GRC 复合板可根据设计要求，按长边边长不超过 2.5m 来进行板块的分格，再根据板块的大小和承受的荷载计算确定 GRC 结构层的厚度，根据造型和受力状况的不同可选用无肋单层板、有肋单层板和框架板等构造方式。

红砖 GRC 复合板幕墙采用干挂方式进行固定，一般情况下每一个板块设置 4 个固定点，条状板块也可只设置 2 个固定点。板块通过钢制固定件固定到骨架上，骨架再通过连接件连接至主体结构，骨架可以采用钢型材或铝合金型材，宜根据板块分格按横、竖方向布置。板块的接缝密封应采用能与基材相容，并具有良好耐候性能的密封材料，宜选用硅酮耐候密封胶。具体固定方式可参照现行行业标准《玻璃纤维增强水泥外墙板》JC/T 1057—2007 附录 A 的规定，并根据工程实际情况来进行设计。

（三）结构设计

红砖 GRC 复合板幕墙需对面板、支承结构和连接件进行结构计算，以确定结构的安全。

面板由红砖和 GRC 两种材料复合而成，是一种新型的复合材料，目前尚没有相应的国家标准，也没有规定统一的物理力学性能指标。红砖在复合板中起到装饰作用，因此在进行面板计算时，可只考虑 GRC 结构层的承载能力，GRC 结构层的物理力学性能可参照现行行业标准《玻璃纤维增强水泥外墙板》JC/T 1057—2007 的规定进行取值。面板荷载与作用的计算和组合以及强度的验算可参照现行行业标准《金属与石材幕墙工程技术规范》JGJ 133—2001 的规定进行，面板的挠度很微小，可不进行验算。

支承结构与连接的构造和框支承幕墙相同，可参照现行行业标准《玻璃幕墙工程技术规范》JGJ 102—2003 和《金属与石材幕墙工程技术规范》JGJ 133—2001 的规定进行结构设计。

四、红砖 GRC 复合板幕墙制作和安装

红砖装饰面外观形状凹凸有致，并具有我国东南建筑特色——窗花造型，为了实现建筑设计师的设计意图，采用了饰面红砖与 GRC 同时复合成体的制作工艺，红砖 GRC 板块尺寸大多为 2100mm×2400mm×360mm，单体质量大，达 700kg，造型特异，且不耐碰撞，工程量大（红砖板块总面积约 9000m²），由于施工现场条件的限制，板块运输无法使用大型机械设备，板块安装操作空间工作面狭小（板块安装位置距离墙面聚氨酯保温层约 65mm，无室内操作空间），无论是运输还是吊装都是一个难点。

为保障红砖 GRC 复合板幕墙的生产和安装质量，必须制定可行并且可靠的生产制作工艺和安装施工方案。

（一）生产制作工艺

1. 生产工艺

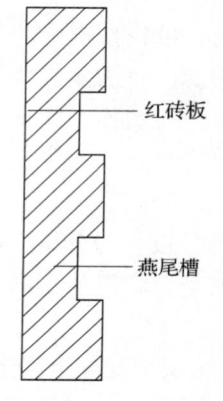

红砖一般均需经过高温烧制而成，因此必须单独先行生产，通常在红砖背面设置燕尾槽，如图 5-2-7 所示，用来增强红砖与 GRC 的咬合作用，提高红砖与 GRC 结构层的黏结强度。

红砖生产完成后，还需要再完成 GRC 的生产以及红砖与 GRC 母料的玻璃纤维增强水泥或水泥砂浆对红砖具有良好的黏结性能，不需要额外使用黏结剂即可实现红砖与 GRC 的复合。通过参考相关资料并经过样板试制和型式检验，目前已经成功开发出一套将 GRC 生产和红砖与 GRC 结构层黏结两道工序合二为一的新工艺，详细的"反打"成型工艺流程如下：GRC 生产厂家按设计图纸制作红砖 GRC 复合板造型模具，将红砖按设计要求放入模具内，在模具内摆放好的红砖背面安装预埋固定件并喷射 GRC，待 GRC 固化后进行脱模，即完成红砖 GRC 复合板的生产。

图 5-2-7 红砖断面示意图

2. 制作工艺

支承结构和连接件的制作与构件式幕墙相同，可参照现行行业标准《玻璃幕墙工程技术规范》JGJ 102—2003 和《金属与石材幕墙工程技术规范》JGJ 133—2001 的规定进行。

（二）安装施工方案

采用转运架或木质包装箱将红砖 GRC 复合板运送至安装现场，利用预埋在红砖 GRC 复合板内的固定件与支承结构进行连接，并在板块接缝位置采用密封材料密封即完成安装。

具体的安装方案为：在主体钢筋混凝土结构内与主体结构施工同步埋设预埋件，待主体结构施工完毕后支承结构安装前对预埋件进行放线测量，发现预埋件偏位或错漏时可通过化学锚栓或机械锚栓锚固连接钢板的方式作为后锚固连接方案，之后在预（后）埋板上安装红砖 GRC 复合板的支承结构，再在墙面整体施工保温层，将预制好带有固定件的红砖 GRC 复合板按设计图纸安装至支承结构上，在板块接缝位置采用密封材料密封，即完成红砖 GRC 复合板幕墙的安装。

整个安装施工方案的关键是由水平和垂直运输吊装两大部分组成。

1. 水平运输

经建设单位和总包方同意拆除现有外脚手架，施工人员安装时使用吊篮脚手架上墙。在建筑物两侧地面修筑临时轨道，制作四轮钢架板车，汽车吊配合将红砖 GRC 板块吊运至板车上，由人力推拉板车在轨道上滑行至安装位置下部，此方案降低了施工人员的劳动强度，同时提高了劳动效率。

2. 垂直吊装

在垂直建筑物屋面设置 1.5t 卷扬机用于吊装，同时配以绑带和动、定滑轮一组，降低卷扬机负荷和防止板块吊运过快发生碰撞，同时提高施工安全系数；由卷扬机吊运板块至安装位置后，使用手动葫芦配合红砖 GRC 板块就位，调整好板块安装位置后填塞大力胶和拧紧固定螺栓。

五、红砖 GRC 复合板试验与检验

红砖 GRC 复合板幕墙目前没有相应的国家标准规范，对这一新产品必须进行科学可靠的试验和检验，来确保结构的安全性和可靠性。

（一）试验和检验参考标准

幕墙系统的试验和检验可参照现行行业标准《建筑幕墙》GB 21086—2007 的规定进行。

红砖 GRC 复合板属于一种新型复合材料，需对复合后的面板进行试验和检验。复合板中红砖主要起到装饰作用，GRC 结构层为承载结构，因此可参考 GRC 相关标准制定红砖 GRC 复合板测试的试验方案。我国现行的 GRC 相关国家和行业标准主要有《玻璃纤维增强水泥（GRC）装饰制品》JC/T 940—2004 和《玻璃纤维增强水泥外墙板》JC/T 1057—2007。

（二）试验和检验内容

参照《玻璃纤维增强水泥（GRC）装饰制品》JC/T 940—2004 和《玻璃纤维增强水泥外墙板》JC/T 1057—2007 标准，红砖 GRC 复合板需进行的试验项目主要有体积密度、含水率、抗压强度、抗拉强度、抗冲击强度和抗冻性。此外，由于面板由红砖和 GRC 两种不同的材料黏结而成，因此还需增加检测红砖与 GRC 的黏结强度，黏结强度可参照现行行业标准《建筑工程饰面砖黏结强度检验标准》JGJ 110—2008 的规定进行试验。主要试验项目和指标见表 5 – 2 – 4。

表 5 – 2 – 4 主要试验项目和指标表

序号	试 验 项 目		指标要求
1	抗弯比例极限强度（MPa）	平均值	≥7.0
		单块最小值	≥6.0
2	抗弯极限强度（MPa）	平均值	≥18.0
		单块最小值	≥15.0
3	红砖黏结强度（MPa）	平均值	≥0.6
		单块最小值	每组允许有一个试样 ≥0.4

续表 5 - 2 - 4

序号	试 验 项 目		指标要求
4	抗冲击强度（kJ/m²）	≥8.0	
5	体积密度 （干燥状态）（g/cm³）	≥1.8	
6	吸水率（%）	≤14.0	
7	抗冻性	经 25 次冻融循环、无起层、剥落等破坏现象	

（三）检验允许偏差

此外，生产厂家还应加强原材料检验，每种原材料均应满足相关材料标准要求，同时在生产过程中注意好各种材料的配合比，注意生产环境的控制，并严格按设计图纸生产制造，出厂前对红砖 GRC 面板外观质量和尺寸偏差检测，检测的比例和数量可参照现行行业标准《玻璃纤维增强水泥外墙板》JC/T 1057—2007 的规定执行。红砖 GRC 复合板尺寸允许偏差宜符合表 5 - 2 - 5 的规定。

表 5 - 2 - 5 尺寸允许偏差表

序号	项 目	允 许 偏 差
1	长度	长度 ≤2m 时，允许偏差 ±3mm/m；长度 >2m 时，总允许偏差 ≤ ±6mm
2	宽度	长度 ≤2m 时，允许偏差 ±3mm/m；长度 >2m 时，总允许偏差 ≤ ±6mm
3	厚度	0 ~ +3mm
4	板面平整度	≤5mm；有特殊装饰效果时除外
5	对角线差 （仅适用于矩形板）	板面积 <2m² 时，对角线差 ≤5mm；板面积 ≥2m² 时，对角线差 ≤10mm

综上所述，红砖 GRC 复合板幕墙目前已开发成功并在工程中得到了应用，实践证明其是一种结构安全、技术先进、安装方便、经济合理的新型复合建筑幕墙。

根据工程需要可以采用其他饰面材料代替红砖（如超薄石材、瓷板、金铜板、彩色不锈钢等）与 GRC 进行复合，制作成其他饰面材料的复合板，为建筑设计提供更广阔的创意空间。

第五节 高性能 GRC 幕墙

GRC 作为一种新型的水泥基纤维增强复合材料，造价低廉，较好地克服了水泥及水泥混凝土的脆性，相对混凝土具有更轻的质量、更好的模塑性和更丰富的装饰效果，因此在建筑幕墙领域有着广阔的应用前景，特别是当前个性化建筑以及造型复杂的异形建筑幕墙的不断涌现，为 GRC 幕墙的发展提供了空前的机遇。

一、高性能 GRC 幕墙板的特点

（一）组成
高性能 GRC 幕墙板，由特种装饰层、高性能 GRC 层，GRC 肋或钢框架等复合制成。

该幕墙板材不仅克服了传统 GRC 制品易开裂、变形的缺点，尤其还具有独特的自装饰效果和精准的形状与几何尺寸，是一种可与石材、玻璃、金属等幕墙媲美的新型高档幕墙。

（二）特点
高性能 GRC 幕墙板具有如下特点：

（1）造型。高性能 GRC 幕墙板采用先进的制造技术、具有极好的易模性，可塑造出造型风格迥异和文化特色突出的建筑产品，为当前个性化建筑的发展提供了一种理想的幕墙材料。

（2）幅面。高性能 GRC 幕墙板采用独特的制造技术和科学合理的结构构造及连接设计，使之可满足较大规格尺寸的设计要求，单板板幅可达 20m² 以上。

如果面积较大，更适合设计单元式幕墙，其装饰效果更好。

（3）饰面。高性能 GRC 幕墙板通过独特的制造技术，可制成具有传统清水、彩色清水和仿石、仿木纹等多种自装饰效果的产品。其中，传统清水型幕墙可呈现出斑点状、冰花状和云雾状等多种清水效果，特别是彩色清水幕墙板与传统清水幕墙相比，具有更丰富的色彩，可大大拓展清水混凝土的应用范围。

（4）材性。高性能 GRC 幕墙板大量采用当今水泥与混凝土领域的新材料与新技术，使之彻底解决了当前传统的 GRC 制品长期存在的开裂、变形等老大难问题，而且还大幅度提高了材料的强度、幕墙的刚度和耐久性。

（5）构造。采用精确埋制预埋件，或在制作大尺寸高性能 GRC 建筑装饰幕墙时用结构钢框骨架，既能适应板内温热变形或干湿变形，消除局部应力集中，又能承受风荷载、自身重力以及地震荷载，并把荷载传送到建筑体系，具有钢筋混凝土结构安全的特点。

（6）安装。由于工厂化预制，各种结构构造件、安装连接件都能准确定位和充分调整，以适应结构误差、安装误差与预期的变形，安装十分快捷方便。

二、高性能 GRC 与传统 GRC 的比较

传统的 GRC 在国内已大量使用，有的已经用于普通民用建筑，普遍存在的主要问题是产品易变形、开裂，采用涂料装饰装修档次低。高性能 GRC 幕墙板已在国外大量使用，产品性能稳定，装饰效果好。

下面从几个方面介绍它们之间的主要差别：

（一）主要物理力学性能不同
高性能 GRC 与传统 GRC 的物理力学比较见表 5-2-6：

表 5-2-6 主要物理力学性能对比

主要性能	高性能 GRC	传统 GRC
抗弯极限强度（MPa）	≥22	14
抗冲击强度（kJ/m²）	≥14	6.0
体积密度（g/cm³）	≥2.0	1.8
吸水率（%）	≤8.0	16

（二）外观尺寸要求及使用效果不同

从表 5-2-7 中可以看出高性能 GRC 制品几何尺寸精度高，具有高档自装饰效果，有效地克服了产品变形、开裂的问题；而传统 GRC 制品的几何尺寸误差大，且需现场刮腻子上涂料，装饰效果差，尤其是普遍存在严重的变形、开裂问题。

表 5-2-7 外观尺寸要求与使用效果对比

序号	项目	高性能 GRC	传统 GRC
1	长度误差（mm）	-2.0 ~ +1.0	≤ ±4.0
2	宽度误差（mm）	-2.0 ~ 0	≤ ±3.0
3	对角线误差（mm）	≤3.0	≤10
4	板面平整度（mm）	≤2.0	—
5	装饰效果	具有高档自装饰效果	需现场刮腻子上涂料，装饰效果差
6	质量缺陷	有效地克服了产品变形、开裂问题	普遍存在严重变形、开裂问题

（三）生产模具要求不同

高性能 GRC 制品采用高精度模具，特别是模具的平整度要求高（平整度≤1.0mm），才能保证制品的尺寸精度，确保良好的装饰效果。而传统 GRC 模具要求较低，尺寸精度差。

（四）主要原材料要求不同

高性能 GRC 制品的生产原材料，如玻纤、颜料、外加剂等采用进口或合资厂生产；砂浆用精制级配石英砂，此外还采用聚合物改性，颜料采用进口耐碱矿物颜料配色，以进一步提高产品的抗裂性及密实度，同时保持色彩经久鲜艳，不褪色，不变色。而传统 GRC 的原材料大多采用国产材料，砂采用普通河砂，自然级配，含泥量较高，尤其是对产品性能影响显著的外加剂少用或不用，因此传统 GRC 制品存在水灰比（W/C）过大，强度低，易出现变形、开裂等问题。

（五）生产工艺及配合比不同

高性能 GRC 与传统 GRC 的生产工艺及配合比比较见表 5-2-8。

表 5 – 2 – 8　生产工艺及配合比不同比较

项目	高性能 GRC 制品	传统 GRC 制品
成型工艺	短切喷射，真空脱水	短切喷射，或手工铺网
成型水灰比	0.32	≥0.4
砂灰比	2:1	1:1
工艺过程	装饰层成型→GRC 结构层成型→钢框架复合→插接件焊接→养护→后加工→干燥→表面处理	GRC 层成型→预埋件复合→养护

（六）产品结构设计不同

高性能 GRC 板的结构设计按欧洲等国际标准或规程设计，充分考虑了产品温、湿变形产生的应力影响，并考虑了 GRC 制品的塑性变形性能，结构设计安全可靠；而传统 GRC 设计没有考虑产品温、湿变形产生的影响，甚至有的产品根本就没进行结构设计，仅凭经验制造。

（七）安装方式不同

高性能 GRC 制品采用暗藏式柔性连接方法，能吸收板变形应力，结构安全，板安装后无连接件外露。而传统 GRC 采用刚性连接方法，不能吸收板变形应力，易开裂；结构安全性差，板安装后有连接件外露，需抹灰处理。

三、高性能 GRC 幕墙的设计与施工

（一）GRC 幕墙设计

从高性能 GRC 幕墙板的构造形式入手，深入研究了不同构造形式的力学特征。根据对材料在极限受力条件下的计算和验算，提出了 GRC 幕墙板抗弯承载力、抗剪承载力极限状态的应力计算公式，同时还提出了幕墙施工中锚固与连接设计的应力计算公式以及不同构造形式幕墙板的建议连接方式。

1．结构设计

（1）高性能 GRC 板的结构设计按欧洲等国际标准或规程设计，充分考虑了产品温、湿变形产生的应力影响，并考虑了 GRC 制品的塑性变形性能，结构设计安全可靠。

（2）传统 GRC 设计没有考虑产品温、湿变形产生应力的影响，甚至有的产品根本就没进行结构设计，仅凭经验制造。

2．构造设计

采用精确埋制预埋连接件，或在制作大尺寸高性能 GRC 装饰幕墙时用结构钢框骨架，既能适应板内外热变形或干、湿变形，消除局部应力集中，又能承受风荷载、自身质量以及地震荷载，并把荷载传递到建筑主体，具有钢筋混凝土结构的安全特点。

（二）GRC 幕墙安装施工

1．安装误差

由于工厂化预制，各种结构构造件、安装连接件都能准确定位和充分调整，以适应结构

误差、安装误差与预期的变形，安装十分快捷方便。

2. 安装方式

（1）高性能 GRC 制品采用暗藏式柔性连接方法，能吸收 GRC 板变形应力，结构安全，板安装后无连接件外露。

（2）传统 GRC 采用刚性连接方法，不能吸收 GRC 板变形应力、易开裂；结构安全性差；板安装完毕后有连接件外露，需抹灰遮盖处理。

四、仿铜质 GRC 板幕墙

（一）简介

铜材质表面的 GRC 板由 DC + GRC 复合而成，其中玻璃纤维网格布 DC 层表面非金属镀铜处理，厚度 2mm，GRC 板厚根据计算为 15mm。墙板表面的起伏造型对其本身质量影响较大，齿条、凿毛等饰面效果的墙板本身质量一般在 $60 \sim 80kg/m^2$，若表面为大起伏的齿条或凿毛造型、深浮雕墙板的本身质量通常在 $80 \sim 120kg/m^2$，甚至更高。

所以通常建筑设计师在考虑表面造型效果的同时也需要考虑建筑主体结构对墙板自身质量的要求。

（二）主要结构构造

1. 结构形式

GRC 墙板比较常用的结构形式有肋结构和钢架结构两种。

（1）肋结构：肋结构分块较小（长边尺寸一般不超过 1500mm），造价相对低，安装形式完全仿照天然石材干挂。

（2）钢架结构：钢架结构的分块较大，安装方便，立面整体效果好。钢架结构板由面板和背面钢架组成，钢架与面板通过预埋件形成钢架体系共同承担荷载，钢架上预留安装孔通过安装件与安装龙骨安装。

（二）安装方式

通常采用四点挂装，上端两个吊装点，下端两个销点，上端的吊点承担墙板的重力，下端的两个销点只约束墙板的前后位移。若板块的安装高度（上端的安装吊点至下端安装销点的高度）超过板块安装宽度的 2 倍，则板块的下端中部增加一个约束水平位移的销点。

一些特定的城市标志性或文化建筑，需要辨识度较高的建筑表皮语言将其理念或思想进行表达，建筑表皮是其中承担着文化历史传承的重要作用。这往往会要求出现较新颖的幕墙形式和新型表皮材料的运用，对于幕墙行业来说是一种促进。通过具有一定代表性的异形三角形玻璃幕墙系统的技术解决方案和镀铜材料介绍，愿为行业的技术进步提供新的思路。

五、高性能 GRC 幕墙板应用案例

具有各种装饰效果和文化造型的高性能 GRC 板，其中清水混凝土高性能 GRC 板应用于奥体工程、北京金隅集团技术中心、清华工美办公楼和中央财经大学学院楼等工程；装饰混凝土高性能 GRC 板应用于鄂尔多斯民族剧院、中央财经大学学院楼等工程；高性能 GRC 双曲面异形吊顶板应用于北京天桥剧场、大连大剧院及北京万柳购物中心等工程；高性能 GRC

异形仿铜板应用于北京悄江南（上海）餐厅等工程；高性能 GRC 异形装饰板应用于中南海会议楼、北京励骏酒店等工程。下面介绍几个典型工程：

（一）中央财经大学高性能 GRC 板的应用

中央财经大学沙河新校区一期 6#、7# 学院楼工程位于北京市昌平区沙河镇高教园区东北角中央财经大学新校园东侧。本工程建设单位为中央财经大学，分别安装了高性能 GRC 清水混凝土和高性能 GRC 装饰混凝土。其主要特点：

1. 6# 楼学院楼高性能 GRC 清水混凝土板

（1）高性能 GRC 清水混凝土板按楼层高度设计，板高 4.5m，直接在梁上采用柔性连接方式将板与结构连接。安装节点如图 5 - 2 - 8 所示。

（2）清水 GRC 幕墙板在门窗洞口为 U 形或 L 形结构的异形板，板形复杂，尺寸精度和装饰效果要求较高。

（3）清水板为槽形结构的带肋板，板形尺寸为 4500mm × 2000mm，板厚 15mm，肋厚 200mm。

2. 7# 学院楼高性能 GRC 装饰混凝土板

（1）在 7# 学院楼的外墙，外走廊的柱、吊顶及檐口安装装饰混凝土 GRC 条纹板，板型复杂，尺寸精度和装饰效果要求较高。

（2）装饰混凝土 GRC 幕墙板按楼层高度设计，直接在梁上采用柔性连接方式将板与结构连接。安装节点如图 5 - 2 - 9 所示。

（3）装饰混凝土 GRC 条纹装饰板为槽形结构的带肋板，板形尺寸为 3500mm × 1500mm，板厚 15mm，肋厚 130mm，条纹齿间距 1mm，齿高 1mm。

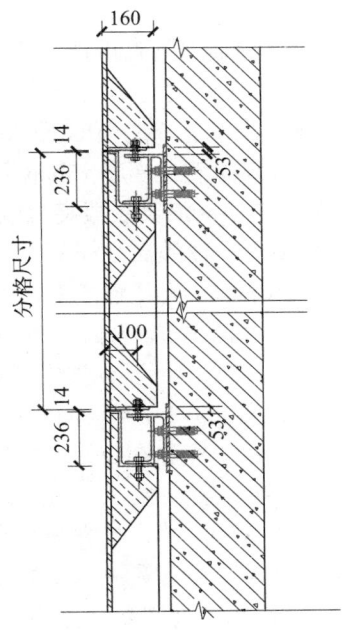

图 5 - 2 - 8　安装节点图

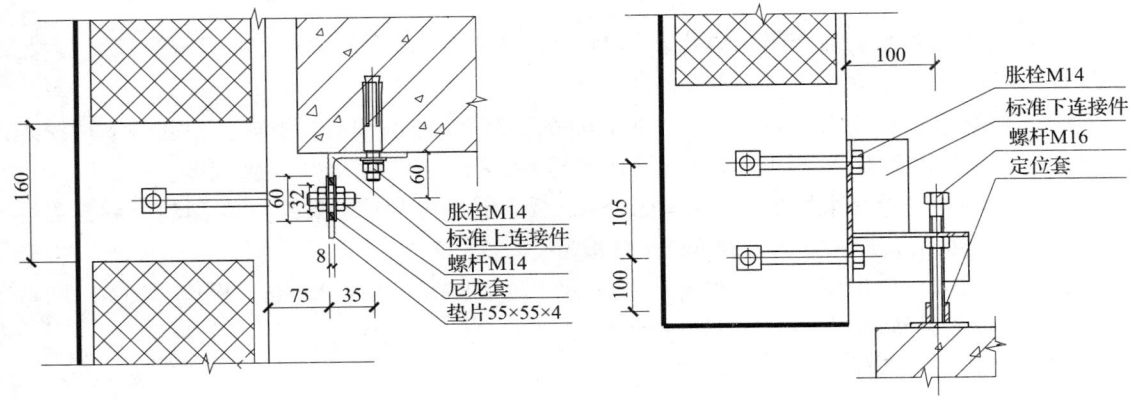

图 5 - 2 - 9　安装节点图

（二）北京万柳购物中心双曲面异形吊顶板

北京万柳购物中心建设工程位于北京市海淀区，建设单位为北京万贸置业有限责任公司。北京万柳购物中心双曲面 GRC 吊顶装饰工程，是在地下一层地铁通道上安装高性能双曲面 GRC 吊顶板。该通道呈圆弧布置，圆弧半径为 225m，通道约 200m 长，15m 宽，吊顶断面为圆弧拱顶，GRC 吊顶板面形状为双曲面。其主要特点如下：

（1）整个吊顶工程由 60 多组呈扇形布置的 GRC 双曲面板组成，板组之间留有伸缩缝，接缝平直，曲面准确，连接平滑。

（2）每组板规格为扇形宽 2.8 ~ 3.2m，母线长 15m，每组扇形组合板面积约为 45m²，由 8 块 GRC 板拼装而成，拼接平整，经两年多的使用，不仅 GRC 板不变形开裂，而且拼缝也不开裂。

（3）该通道圆弧拱顶上装有水管、空调管，在双曲面 GRC 吊顶面上预留有通风孔和灯槽，孔洞定位准确、尺寸精度高，装饰效果较好。

（4）高性能双曲面 GRC 吊顶板为带钢框架的框架板，板形尺寸为 3000mm × 2000mm，板面形状双曲面，板厚 15mm，加钢框架厚 150mm。

（三）中南海会议楼高性能 GRC 异形板

中南海会议楼高性能 GRC 异形板装饰工程为中南海会议楼外走廊安装中式 GRC 异形装饰柱。其工程主要特点如下：

（1）GRC 异形装饰柱，柱角采用中式花瓣花形，截面花形复杂。

（2）GRC 异形装饰柱安装要求很高，采用特制的水泥地模，并在地模上做出中式花瓣花形，确保在 3.7m 高柱面平整度误差控制在 ±1.0mm。

（3）由于在 200mm 钢方柱外包 300mm 的 GRC 柱，而且柱子上下都没安装位置，只能将安装位置设置在两 U 形柱板的接缝处，安装空间很小。

（4）安装连接设计方面，由于柱子较高，充分考虑了产品温、湿变形产生的应力影响，在安装节点设计上采用下节点固定，上节点可上下滑动的柔性连接方式。

（四）北京俏江南（上海餐厅）高性能 GRC 异形仿铜板

在北京俏江南（上海百联世茂餐厅）工程中用高性能 GRC 异形型仿铜板、仿钢折皱板及仿钢脸谱板装饰餐厅，其主要特点如下：

（1）由于是内墙装饰，门窗洞孔多，大部分 GRC 仿铜板为规格尺寸不等的异形板材，板形复杂，尺寸精度和装饰效果要求较高。

（2）仿铜皱褶板装饰的墙面最宽为 6000mm，由四块仿铜皱褶板组成，板间的皱褶纹理连续相通，制作时先制成整面墙宽的皱褶纹理模具，再在模具上分块整体成型。

（3）仿铜脸谱板是采用雕花的方式在 GRC 板上雕刻出脸谱的轮廓、镀铜制旧后再彩绘出脸谱色彩。脸谱花形尺寸为 2000mm × 1300mm。

（4）仿铜板为槽形结构的带肋板，板形尺寸为 2850mm × 1750mm，板厚 15mm，肋厚 100mm，板面整体镀铜后进行制旧处理。

（5）安装节点，如图 5 - 2 - 10 所示。

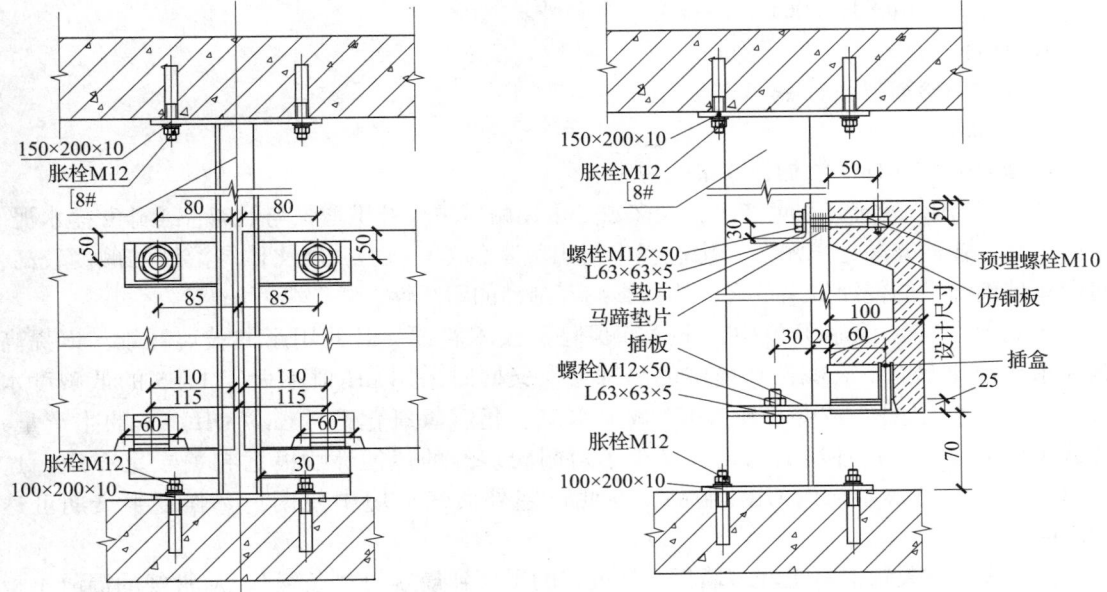

图 5 – 2 – 10 GRC 仿铜板安装节点

第六节 GRC 装饰混凝土幕墙

中国现在能用的建筑材料相对还是比较少的，国外一些进口材料倒还是不错，但价格较贵，成本较高，不是每个工程项目都能选得上的。如成都博物馆的金铜板（网）幕墙，金铜板（网）德国生产，其单价超过 3000 元/m²。所以建筑师设计时，没有太多的选择余地，基本上就是玻璃、涂料、面砖、干挂石材和铝板，真正同时具有表现力、个性化、可塑性的材料是找不到的。而由 GRC 衍生而成的节能再生石——装饰混凝土墙板幕墙应运而生。它既显得现代时尚，又不失历史的厚重感，诸如西安大唐西市博物馆、山东曲阜孔子研究院、北川静思圆、鄂尔多斯东胜体育场、拉萨火车站等。

一、GRC 装饰混凝土板

GRC 是玻璃纤维增强水泥的简称，是将二氧化锆（ZrO_2）加入玻璃原料中，玻璃纤维产品成为抗酸、耐碱侵蚀的超强纤维，并以水泥或砂浆为胶凝材料及集料，通过机械喷射、预混、铺网抹浆、混合等工法成型的一种高强度抗老化的复合材料。

（一）GRC 主材料组成

1. 水泥

符合 JC/659 标准生产强度等级 52.5 的低碱硫铝酸盐水泥。

2. 玻璃纤维

符合 JC/T 572 标准生产的耐碱玻璃纤维无捻粗纱，其中二氧化锆（ZrO_2）含量为 14.5% ~16.5%。

3．砂

符合 GB/T 14684—2001 标准规范的石英砂。

4．挂件

挂件为不锈钢板片。

5．外加剂

依据 GB 8076 标准添加，掺量按规定。

国外在 GRC 的研究和生产中，大多数是采用耐碱玻璃纤维增强与低碱普通硅酸盐水泥。众所周知，普通硅酸盐水泥在水化过程中析出大量的 $Ca(OH)_2$ 硬化体乳溶液的碱度较高，对耐碱玻璃纤维的侵蚀带来危害，严重影响着制品的耐久性。

而我国在 GRC 研制开发中，走"双保险"技术路线。既使用耐碱玻璃纤维，以提高其在水化硬化水泥的高碱性环境中的耐蚀性，又同时采用 pH 值不大于 11.5 的低碱度水泥（如硫铝酸 Ⅰ 型低碱度水泥等），减少水泥水化时氢氧化钙 $[Ca(OH)_2]$ 的生产量，降低了耐碱玻纤使用环境的碱度，减少了对耐碱玻纤的侵蚀性。根据有关专家介绍，这种双保险技术路线制成的 GRC 制品，在北京室外大气环境中使用，其强度半衰期可达 100 年。

拉萨火车站装饰混凝土轻型墙板，从最初的平面到最后的"条绒"，从常规的混凝土板"钢牛腿"连接变为 GRC 装饰混凝土轻型墙板钢架连接，从单一的"条绒"发展为西藏特色"八宝"图案。研制过程中发现 GRC 装饰混凝土轻型墙板的规律和潜力，在色彩机理、条绒宽窄深浅、开缝密缝、节点方式等方面逐渐成熟，不拘于新产品最初的形态和细节，更关注它的特殊性和可能性。

（二）框架轻板体系

西安大唐西市博物馆 GRC 装饰混凝土挂板幕墙构造节点如图 5 - 2 - 11 所示。

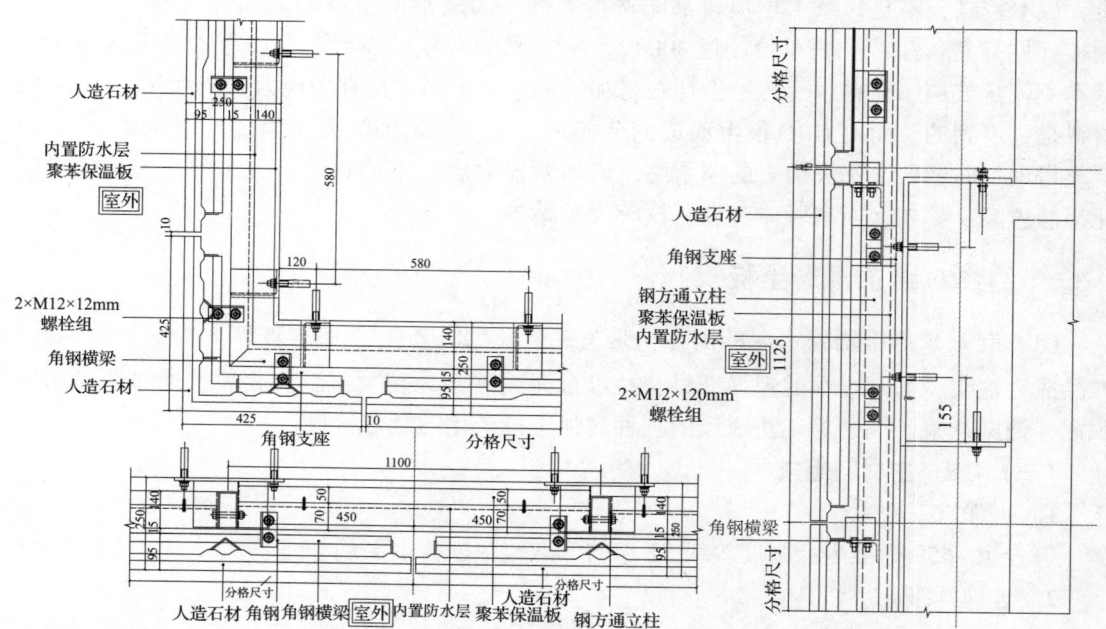

图 5 - 2 - 11　装饰混凝土轻型墙板节点图

（三）产品的优势

GRC 装饰混凝土产品的抗压、弯曲、剪切、抗冲击等强度指标均大大优于普通水泥的 GRC 制品，体现了高强、轻质的产品特点，能减少建筑物质量，施工容易，外形豪华美观。

GRC 产品是按混凝土的抗冻性试验法，在 -10℃ 时进行 15 次反复冻融循环试验，无层与裂等现象发生，不仅有较高的不透水性，在潮湿状态下还有较高的不透气性。另外，根据预测，用硫铝酸盐水泥制成的玻璃纤维混凝土在自然环境中的使用寿命至少为 50 年。

二、GRC 装饰混凝土幕墙设计

（一）钢架轻板体系

用钢架作为轻型墙板的结构体系，可以使板更薄、更轻，并且实现柔性，有利于安全，有利于运输和安装。钢架焊好后整体热镀锌，以保证耐久性。

1. 技术要求

（1）挂板可视面颜色：①红色（如样板）；②质感：混凝土；③表面造型：粗、细条纹嵌子弹壳（凿毛）（如样板）。

（2）图中未标注公差的尺寸按 $\pm1.5L$‰或 $\pm1mm$（放大）执行。

（3）挂板采用喷射成型的工艺，其中 GRC 结构层玻纤含量不小于 3%，装饰混凝土抗压强度不小于 20MPa，结构层混凝土抗压强度不小于 40MPa。

（4）子弹壳密度：200 个/m^2。

（5）水泥强度等级：Q - SAC32.5 或 42.5 级，且符合《快硬硫铝酸盐水泥》JC 933—2003 标准；玻璃纤维符合《耐酸玻璃纤维无捻粗纱》JC/T 572—2012 和《耐酸玻璃纤维网布》JC/T 841—2007 的要求；钢材用不锈钢或镀锌角钢（包括预埋件）。

（6）自然养护结束后或安装结束后，将表面清理干净，并刷混凝土保护剂 2 ~ 3 遍。

2. 钢架选用

标准钢架构造如图 5 - 2 - 12 所示。

三、GRC 装饰混凝土幕墙安装施工

1. 安装施工要点

（1）装饰混凝土幕墙板表面造型独特，能满足不同建筑风格，表面造型各异，安装时必须正确选用定位基准。

（2）装饰混凝土幕墙板安装时必须选用机械方法调整。

（3）单块装饰混凝土幕墙板挂件必须自成体系，相邻板块不可共用。

（4）单块装饰混凝土幕墙板挂件必须具备三维调节功能。

2. 安装定位原则

（1）装饰混凝土幕墙板安装水平方向采用两边定位。

（2）装饰混凝土幕墙板安装垂直方向采用纹理基面定位。

（3）装饰混凝土幕墙板安装进深方向采用纹理基底面定位。

3. 安装调整原则

（1）装饰混凝土幕墙板分格大，自身有一定质量，安装时无法单独采用人工调整。

（2）必须具备机械调整功能。

（3）在装饰混凝土幕墙板安装挂件设计时，必须考虑采用螺栓或滑杆进行三维调整。

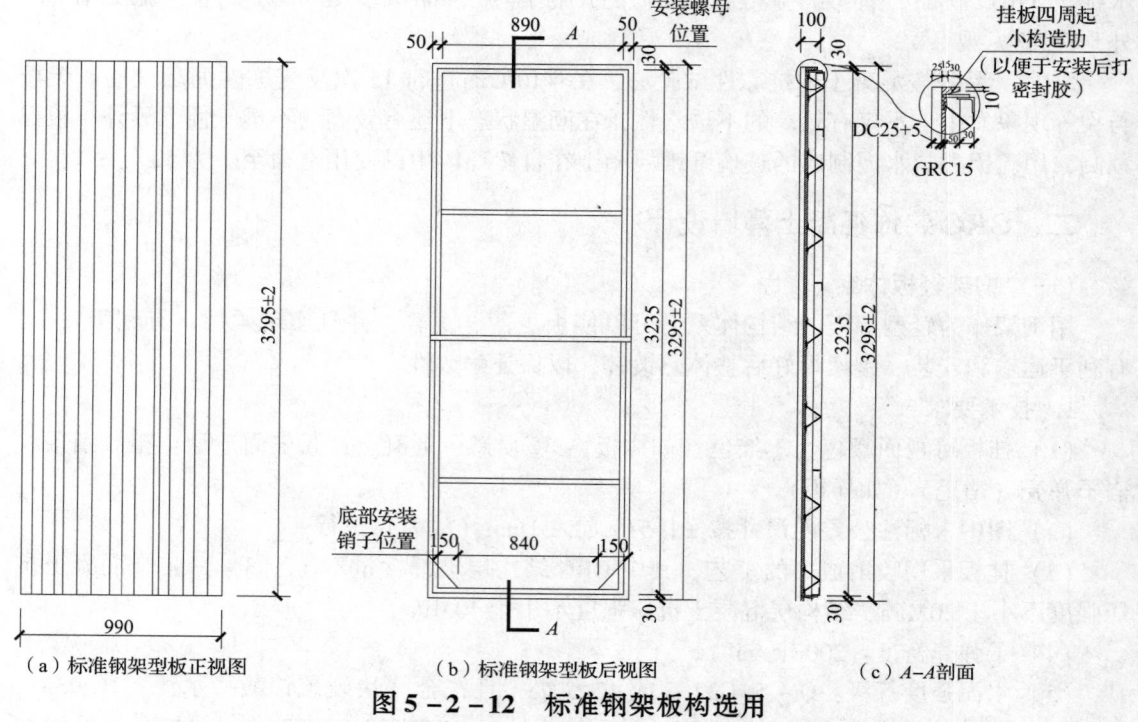

（a）标准钢架型板正视图　　　（b）标准钢架型板后视图　　　（c）A—A剖面

图 5 - 2 - 12　标准钢架板构选用

第三章 埃特板幕墙

埃特板幕墙是指在建筑外立面采用钢结构造型骨架、外饰埃特板、进行整体喷涂金属氟碳漆。其施工难点一是钢结构可塑性较差，难以保证相对应面的造型对称，影响外观装饰效果。二是大面金属氟碳漆喷涂要保证色泽均匀，涂层厚度一致，无流坠，无明显色差，从而保证观感质量。

第一节 概　　述

一、人造板材——"埃特板牌"

（一）定义

埃特板（注册商标 ETERPAN）是一种纤维增强硅酸盐平板（纤维水泥板）。其主要原材料是硅酸盐水泥、植物纤维和某些矿物质，经流浆法高温蒸压而成，主要用作建筑材料，目前已被用作室内外幕墙材料。

（二）技术性能特点

埃特板是一种强度高、耐久性好等优越性能的纤维硅酸盐板材，具有多种需要的厚度及密度，100% 不含石棉及其他有害物质。为不燃 A1 级产品。具有防火、防潮、防水、隔音环保、安装快捷、使用寿命长等优点。

（三）用途

常用作建筑幕墙板材、外墙板材、卫生间隔墙、室外屋面屋顶、外墙保温板、室内装饰、顶棚等，也可以替代纸面石膏板在装修工程上用做基材。

（四）规格尺寸

埃特板的标准规格尺寸为 2440mm × 1220mm，厚度分为 5mm、6mm、7mm、9mm、12mm、15mm 等。

二、埃特板的发展趋势

埃特板的生产工艺流程是世界目前最先进的生产工艺，在生产过程中产品质量严格受控，保证产品的稳定性。按《环境产品技术要求》HBC 19—2005 检测，埃特板 100% 不含石棉，在生产、使用、废弃的过程中无有害物质释放。"埃特板"是由比利时埃泰集团在中国的子公司——广州埃特尼建筑系统有限公司进行研发生产，是中国第一家生产水泥纤维制品的厂家，生产的埃特板质量优异，被大量使用于人民大会堂、中央军委大楼等中国重要的建筑上，具有极高的知名度，"埃特板"已成为行业的标志品牌。据有关材料显示，比利时埃泰集团是水泥纤维技术的发明者，并是最早生产纤维水泥板的厂家，其生产的"ETERPAN"牌纤维水泥板系列产品在行业内知名度高，影响大，已成为行业的标志性产品。

第二节 埃特板幕墙系统材料及施工机具

一、埃特板幕墙系统组成

（一）系统连接材料

埃特板幕墙系统连接材料见表 5-3-1。

表 5-3-1 埃特板幕墙系统连接材料

序号	材料名称	规格型号（mm）	示意图
1	镀锌螺栓	M6×20	常规
2	镀锌螺栓	M6×80	常规
3	不锈钢螺栓	φ3.5×2.5	常规
4	钢立柱	方管：60×60×4	常规
5	连接角码	50×50×4	常规
6	横梁杆件	50×50×4 角钢	常规
7	焊条 Q235	φ4.2	常规

（二）埃特板幕墙面板材料

1. 技术性能

埃特板的材料物理力学性能见表 5-3-2。

表 5-3-2 埃特板材料的物理力学性能

序号	技术性能	指 标
1	体积密度（g/cm³）	≥1.2
2	湿胀率（%）	≤0.2
3	不燃性能	按《建筑材料及制品燃烧性能分级》GB 8624—2012 判定，燃烧性能达到 A1 级
4	横向抗折强度（MPa）	≥12.0
5	纵向抗折强度（MPa）	≥9.0

2. 加工允许偏差

连接螺栓孔四周间距为 250mm，金属氟碳漆面层颜色由业主及幕墙设计师确认。其埃特板加工允许偏差见表 5-3-3。

表 5 – 3 – 3　埃特板加工允许偏差

项　　目		允许偏差
边长	≤1.6	±1.0
	≥1.6	±2.0
对边尺寸	≤1.6	≤2
	≥1.6	≤2.5
对角线尺寸	≤1.6	2
	≥1.6	2.5

（三）其他材料

耐候硅酮胶、泡沫条、结构密封胶、美纹纸等材料选用符合国家、行业标准规范，要求必须是优质合格产品。

二、主要施工机具

平台切割机、电焊机、砂轮切割机、手电钻、螺丝刀、扳手、钳子、墨线斗、水平仪、水平尺等。

第三节　埃特板幕墙安装施工

一、埃特板幕墙施工工艺

（一）安装施工工法特点

埃特板幕墙安装施工工法特点如下：

（1）根据各立面分格尺寸，套裁规格埃特板，安装时只需要按统一编号进行任意安装，降低材料损耗，加快施工进度。

（2）幕墙的标准横梁杆件（∟50×5角钢）可工厂化制作，下料、冲孔镀锌等工序一体完成，降低劳动强度，避免现场切割后降低型材的防锈性能。

（3）埃特板板块基层在现场加工房预先进行刮底面腻子与喷底处理，保证各埃特板平整，腻子及漆面厚度一致。

（4）安装埃特板后只需用腻子填补螺栓孔，局部补底漆后则可进行大面喷漆，从而保证涂层厚度一致，提高观感质量。

（二）幕墙节点构造图

埃特板幕墙节点构造如图 5 – 3 – 1 所示。

（三）施工工艺流程

埃特板幕墙安装施工工艺流程：弹线、基层龙骨放线→安装主、次龙骨→埃特板板块安装→埃特板基层处理（刮腻子及喷底漆）→埃特板金属氟碳漆饰面→分格板块施耐候胶→清洁卫生。

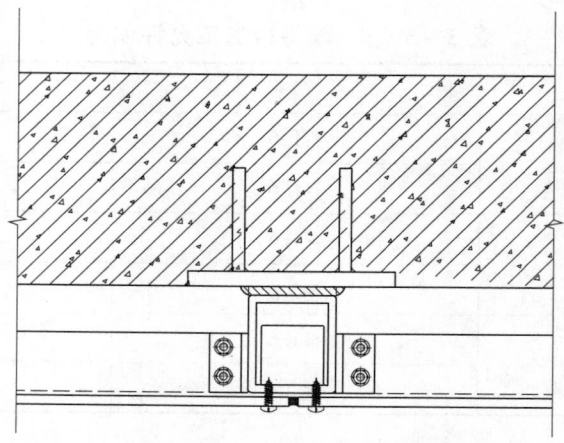

图 5 – 3 – 1　埃特板幕墙结构节点构造图

（四）施工安装操作要点

1. 弹线、基层龙骨放线

根据设计施工图确定埃特板施工标高，埃特板分格板块轴线及标高线。

2. 安装主、次龙骨

安装主、次龙骨钢件，焊接电焊采用 E4300，焊缝高度见相关节点大样图，焊缝质量等级为三级，焊缝宜对称分布。钢件焊接后须除净焊渣，然后进行防腐处理，焊缝涂锌铬酸盐和银漆各两遍。

3. 埃特板

（1）安装埃特板，其螺栓间距周边不大于250mm，螺栓头必须沉入饰面板0.3~0.5mm以内，且必须紧固。安装埃特板时从下往上安装。见图 5 – 3 – 2。

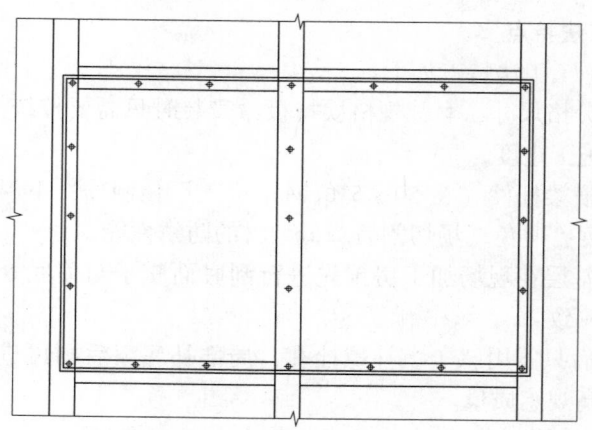

图 5 – 3 – 2　埃特板 9mm 安装图

（2）埃特板安装后大面进行调平，其垂直度、平整度在2m范围内应控制在1mm以内，每完成 10m² 埃特板必须用靠尺进行检查，其垂直度、平整度发现有较大偏差时，应及时纠正，最后交付验收。

4. 埃特板基层处理

埃特板基层处理流程：埃特板基层处理→刮底面粗腻子→打磨→刮底面细腻子→用水保

养→刮光面腻子→打磨、喷底漆→喷金属氟碳漆面漆。

（五）施工要点、难点

（1）钢结构主、次龙骨安装控制线要求精准。重点是焊接和防锈工序。

（2）经常检查安装质量，避免因直线度、高低差不合格而返工。

（3）埃特板金属氟碳漆涂层厚度一致，薄而均匀，无留坠、无明显色差。

二、质量通病及预防措施

埃特板幕墙容易产生的质量通病及预防措施：

1. 拼板处不平整

预防措施：产生的原因主要是立柱主龙骨未调平整，要在安装主龙骨时注意边安装边调平。只要横梁次龙骨标高一致，板面的平整度就可以得到改善。

2. 接缝处产生裂缝

预防措施：严格按照埃特板安装要求操作施工，接缝处使用专用工具和配套材料；在板缝处理完成后严禁再对龙骨或板材进行振动。

3. 板面产生挠度

预防措施：横梁、次龙骨间距过大也容易产生明显挠度，龙骨与墙面之间的距离应小于10cm，板上螺钉间距应按要求均匀布置。

第四节 埃特板幕墙施工组织及质量控制

一、劳动力组织

（一）基层安装

每组8人分配，以260m²/工日的施工进度，每组劳动力配备见表5-3-4。

表5-3-4 每组（8人）劳动力配备表

序号	主要劳动力	人数（人）
1	技术人员（技术负责人、安全员）	各1
2	班长	1
3	安装工	8

（二）埃特板安装

每组6人分配，以200m²/工日的施工进度，每组劳动力配备见表5-3-5。

表5-3-5 每组（6人）劳动力配备表

序号	主要劳动力	人数（人）
1	技术人员（技术负责人、安全员）	各1
2	班长	1
3	安装工	6

二、质量控制

（一）质量标准

执行国家有关规范《建筑装饰装修工程质量验收规范》GB 50210—2001 的相关规定兼参考《金属与石材幕墙工程技术规范》JGJ 133—2001。

（二）质量控制

（1）埃特板幕墙工程必须符合基层龙骨工程的有关规定。

（2）埃特板幕墙的材质、品种、规格、颜色及幕墙的造型尺寸，必须符合设计要求和国家现行有关标准规定。

（3）埃特板与龙骨连接必须牢固可靠，不得松动变形。

（4）有关设备的位置应布局合理，按条、块分格对称，美观。套割尺寸准确、边缘整齐，不露缝。并且排列顺直、方正。

检查方法：观察、手扳、直尺检查。

（三）基本项目

（1）埃特板幕墙的安装质量应符合以下规定：

合格：板面起拱度准确；表面平整；接缝、接口严密；板缝顺直，无明显错台错位，宽窄均匀；阴、阳角收边方正；装饰线肩角、割向正确。

埃特板饰面喷涂金属氟碳漆要求色泽均匀、无明显色差。

优良：板面起拱度准确；表面平整；接缝、接口严密；条形板接口位置排列错开有序，板缝顺直，无错台错位，宽窄均匀；阴、阳角收边方正；装饰线肩角、割向正确，拼缝严密，异形板排放位置合理、美观。

（2）埃特板表面应符合以下规定：

合格：表面整洁，无翘曲、碰伤，镀膜完好无划痕，无明显色差。

优良：表面整洁，无翘曲、碰伤，镀膜完好无划痕，颜色协调一致、美观。

检查方法：观察、拉线、直尺检查。

三、安全措施

（1）工人操作应戴安全帽，高空作业应系安全带。

（2）骨架、埃特板块安装方案的确立必须以安全、简便、高效为前提，埃特板属易碎饰面板，搬运前必须做好成品保护，防止破损，确保工程质量。

（3）门字架施工时，将脚手架摆放平稳，地坪有高低必须使用调节脚，调节好脚手架平台平稳时，才能使用。安装完毕，应由有关技术人员或安全人员检查合格后方可进行高空作业。脚手架移动时严禁工作、上人，移动的速度应小于 0.75m/s，切勿强行推拉支架。移动到位后，应将轮子的刹车踩下，将轮子锁定或想办法固定。应避免两人同时由一边上、下梯子，以防止脚手架翻倒。

（4）安装立柱主体、横梁钢骨架及埃特板时，施工人员应戴防护手套，以防线条割伤皮肤。

第四章　氟维特板幕墙

第一节　氟维特板

最近几年，国内出现了一种可与国际品质相媲美的新型装饰板材——氟维特板。它是一种无机预涂装饰板，具备多项优异的技术性能，是一种功能性装饰板材，是新一代幕墙材料，将在未来彻底改变和优化建筑物的立面造型。

一、氟维特板的定义

氟维特（FUVIT）板材是一种新型装饰板，是一种高科技绿色环保型建筑装饰材料。它的基质是多种无机材料经高温高压加工而成，面层采用特殊工艺涂覆高性能氟碳涂料或无机陶瓷涂层。色彩丰富，线条明快，给人耳目一新的感觉。

二、氟维特板的特点及种类

（一）氟维特板的特点

氟维特板与其他板材有诸多不同之处：

（1）按《建筑材料及制品燃烧性能分级》GB 8624—2014 判定，氟维特板是防火 A1 级产品，为建筑不燃材料，特别适合防火等级特别高的场所，如地铁、隧道、地下商场等地下空间、公共娱乐场所、图书馆等。

（2）板材表面已做表面涂装，无须在工程现场再做涂装。

与其他未做表面涂装的板材相比，涂装板材在现场不做涂装，施工上大大加快进度，不会产生涂装污染，在装饰效果的平整度、无色差性、统一性上都是现场涂装无可比拟的。

（3）表面层致密，防酸、碱、抗腐蚀、耐擦洗、不起尘。

氟维特板的表层因为采用的都是性能优异的涂层材料，所以其表面性能优异，抗酸、抗碱、抗腐蚀性。对于此类材料将其浸泡于强酸、强碱溶液中24h以上可毫无影响。氟维特板的表面耐擦洗性试验都是 2 万次以上无影响。

（4）表面光整，无色差。标准化的大规模生产保证了产品的整齐统一，色彩色泽稳定无差异。

（5）耐候性好，户外使用寿命可达 20 年以上。超强的耐候性源于表面卓越的涂层。氟碳涂层与无机陶瓷涂层都是历经风雨与时间考验的材料，工程实践的使用已证明了两类涂层的长久耐候性。

（6）表面硬度较高，达4h以上。同时，氟维特板具有抗紫外线、抗风化、耐摸、耐刻划、防静电等卓越特性。

（7）吸水性小，耐潮湿环境。

（8）板材强度好，抗冲击性强，能作为墙体材料。氟维特板的板基都选择了高密度、强度好、抗冲击性强的材质，所以板材本身的强度完全能达到使用要求。

（二） 氟维特板的分类

氟维特板是对无机预涂装饰板的总称。氟维特板可根据产品涂层种类、外观质感以及基材种类的不同，可细分为不同品种。氟维特板分类见表 5 - 4 - 1。

表 5 - 4 - 1 氟维特板分类种类

涂层种类	氟碳涂层（F）	陶瓷涂层（N）	高级树脂涂层（B）
基材密度	中密度（R）	高密度（H）	
基材厚度	4 ~ 12mm		
外观质感	平涂（01）	质感（02 - 10）	各种图案（11 - 99）

几种典型产品如下：

1. 氟碳平涂板

特点：正面涂覆 3 层氟碳涂层，背面涂覆 2 层防水涂层，表面光洁平整。

2. 质感表面板

特点：板材表面经质感处理，形成细小的凹、凸纹面，造就高档的外表装饰效果和更高的抗划伤性。

3. 艺术彩印板

特点：采用特殊工艺将各种艺术图案、石纹图案印入涂层中，即形成了各种艺术效果，又为图案提供了超强的耐候性保护，能用于户外装饰。

4. 仿清水混凝土板

特点：仿混凝土表面，寻求古朴、粗犷的风格，为现代、古典装饰首选。

5. 烤瓷无机板

特点：烤瓷无机板的表面采用特殊涂层处理，内含光触媒、亲水性物质，使这种板具有更高的表面硬度，具有自我清洁功能，并且同时具有墙体呼吸功能。烤瓷无机板在各方面性能都已领先于国外各国，达到国际先进技术水平，也代表了世界无机预涂板的发展方向。

三、氟维特板的应用

（一） 氟维特板优异性能应用

（1）防火 A1 级的性能大大提升了建筑物的防火等级，增大了安全系数。

（2）板与保温材料搭配使用可直接作为建筑幕墙、建筑物墙体，大大减轻了建筑物自身质量。

（3）氟维特板的原材料主要为工业废气物或可再生资源，相比现有建筑材料可以很大程度节省土地和矿产等不可再生资源，属绿色建材。

（4）氟维特板表面已做涂装，避免了现场涂装的环境污染，是环保材料。

（5）氟维特板的安装主要是装配式，现场施工大大加快了施工时间，也节约了工程成本。

（6）由于氟维特板的耐候性达到 20 年，从建筑物的整个使用成本来讲要低于其他非预涂材料，而且随着国内氟维特板的发展，成本也已比国外产品大大降低。

（二）氟维特板典型应用

氟维特板的应用领域范围极广，几乎建筑物的所有装饰部位均可使用，在不同场所的使用又可突出氟维特板的不同性能：

1．外墙、屋面

（1）技术功能：发挥氟维特板的装饰性、保温隔热性与耐候性。

（2）工程应用：现已成功应用于同济大学建筑城规学院、肯德基、必胜客系列门店、上海航友宾馆等建筑。

2．内墙、隔墙

（1）技术功能：发挥氟维特板的大幅面装饰效果（2400mm 以上），轻质性与装饰性、防火性与阻燃性。

（2）工程应用：现已成功应用于杭州同方财富大厦、上海静安区税务局、F1 国际赛车场等工程。

3．地下建筑地铁与通道

（1）技术功能：发挥氟维特板的防火性、耐酸性、耐碱性、耐擦洗性、防潮性。

作为地下工程有其特殊性，对于材料有几点特别要求：一是必须是 A1 级防火；二是不能现场涂装，因为地下工程不通风，现场涂装产生的污染与易燃性气体不能散发，会发生火灾或导致施工人员被污染，而且污染还会为建筑物吸收，工程完工使用时污染物会再次向空中散发，形成再污染；三是防潮性、耐碱性。

（2）工程应用：目前氟维特板已成功应用于上海地铁一号线南站，上海地铁四号线。

4．洁净房

（1）技术功能：发挥氟维特板的不起尘性、耐擦洗性、耐腐蚀性。

（2）工程应用：现已成功应用于广州医院系统洁净房、上海中山医院等工程。

5．实验室、工业厂房

发挥氟维特板的耐酸、耐碱、耐腐蚀性。

6．厨房、卫生间

发挥氟维特板的防潮性。

7．广告牌、招牌

发挥氟维特板的装饰性。

氟维特板应该说是继玻璃建材、涂层卷材（涂层钢板、涂层铝板）、天然石材、涂料之后的又一种墙体材料和饰面材料。从国外的发展经验来看，氟维特板这一类光面预涂装饰板随着经济的发展将逐步取代现有部分建材，成为建筑物的主要装饰表层，并充分发挥它的功能性，在越来越多的领域得到广泛应用。

第二节　干挂氟维特板幕墙设计及施工

一、氟维特板幕墙结构形式

氟维特板幕墙是一种非透明板保温幕墙，其结构形式如图 5 - 4 - 1 所示，采用背栓连接可调节干挂系统。

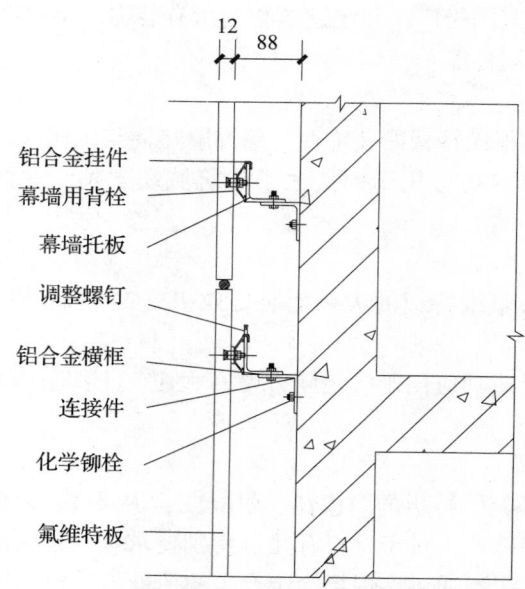

图 5 - 4 - 1　氟维特（FUVIT）板干挂幕墙结构示意图

铝合金挂件
幕墙用背栓
幕墙托板
调整螺钉
铝合金横框
连接件
化学铆栓
氟维特板

二、幕墙结构设计及功能特点

（一）结构设计特点

（1）整个幕墙结构体系传力简捷明确，结构科学合理；在正常使用状态下充分利用板材抗弯强度，通过静力计算精确得到其承载能力，控制破坏状态。

（2）采用干挂安装方式：板块独立安装，方便、快速，并可满足破损等情况出现后快速更换要求。

（3）板材之间独立受力，不会产生因相互连接而造成的不可确定性应力积累，应力集中会导致板材变形或破坏的危险，因此该种结构可以提高长期荷载作用下的使用寿命。

（4）采用独立挂式结构，在主体结构产生较大位移的情况下，或温差较大时，合理的独立板块结构不会在幕墙板材内部产生附加应力，故而特别适用于具有抗震要求的结构上，充分体现了柔性结构的设计意图，有较强的抗变形能力及抗地震能力。

（5）氟维特板膨胀率微小，可以做到细胶缝效果，表面整体感好，表面不易污染，易清洗，可长期保持幕墙表面的清洁度，可有效避免金属板及石材板幕墙表面易吸尘或污染而影响装饰效果的特点，装饰效果独特，构造性更强，立体感更加鲜明，是目前性价比较理想的幕墙新材料。

（6）节点做法灵活，易于实现复杂造型和拼贴，可充分展现建筑物细部构造，造型能力较强。

（7）采用专用设备在工厂内定位加工，加工精度高，质量易于保证，可保证板块的加工误差；从而充分保证结构的安装精度和装饰要求。

（8）工厂化加工程度高，板材上墙后调整工作量少，从而大大提高了施工安全性及成品保护率，现场施工率比不锈钢托板槽式结构和销钉结构体系可提高 30% ~ 40% ，施工强度降低 50% 以上。

通过对比性试验和计算证明，背栓体系与传统销钉、销板体系相比，在同等受力状态、板材规格尺寸相同的条件下，因为受力模型合理，背栓体系承载能力高于后者 3 ~ 4 倍，相应位移量仅为后者的 1/2 。故而具有更高的安全性能及强度储备。

（二）幕墙设计功能特点

该结构（详见节点图）具有以下功能特点：

（1）幕墙外观效果美观，接缝小而洁净，除正常清洁维护外，靠自然雨水冲刷完成自洁功能，易维护保养。

（2）结构连接合理、可靠，竖框加工精度高，横框通过模压胶条搭接于竖框的槽口上，前端通过插销连接，受力结构合理，横框截面较小，并实现横框后安装；当横框强度不够时，可加大横框，在其后腔体内安装伸缩插销，亦实现以上功能。

（3）采用干法施工，氟维特（FUVIT）板干挂幕墙立面效果统一，无色差，总体观感效果好。

三、干挂氟维特板幕墙施工特点

（1）采用多道胶条密封，水密、气密性良好：

①外层胶条安装在小单元板块上，自成封闭体系，板块安装后形成整体封闭体系。

②横、竖框前端胶条互相对接平整，自成环行封闭体系，使得密封可靠。

③室内附框同横、竖框之间采用后镶入式胶条密封并可靠。

（2）幕墙安装效率高，该产品各单体板自成体系，室内安装，不受施工安装顺序影响。采用摩擦片、锁钩装置定位锁紧，操作简单，现场施工效率高。

（3）该结构内视效果：线条清晰，错落有致，有立体空间感，其型材外露适中，视觉感极好；其室内侧胶条密封效果美观，洁净平整。尤其在开启部位，开启扇框与幕墙横框在同一装饰面上，内视效果统一。

（4）该产品全部在工厂加工、组装，有利于控制和保证产品质量，对车间工艺手段要求较高。安装采用定位块定位，锁钩及摩擦片机构锁紧安装，幕墙平整度较好。

（5）室内侧胶条采用后装压入式，有利于板块安装操作。

（6）不同材料之间（主要为钢、铝之间）采用隔离垫片隔离，防止产生电化学腐蚀。

第三节　纤维水泥板幕墙

一、概述

能源问题是我国在 21 世纪面临的一个重大挑战。能否有效利用资源、降低能源消耗关系到中国经济的前途，也关系全球的经济发展。我国目前建筑能耗占总能耗的 28% 。现在的住房面积约有 460 亿 m^2 ，而能达到节能标准的只有百分之零点几，新建的也只有 15% 达到节能标准，单位建筑面积采暖能耗为发达国家新建建筑的 3 倍以上。近几年来，国家在加强建筑节能方面作了大量工作，尤其是外围护结构方面的建筑节能，无论是对新建建筑还是原有建筑均提出了不同的节能指标。

纤维水泥板的新生不但给建筑设计师提供更多的建筑外立面选材机会，同时也满足了建筑外墙外保温及外墙装饰需要。

纤维水泥板幕墙在国内的应用刚刚起步，产品尚属市场开拓阶段，随着纤维水泥板产品设计多样化，市场不断扩大，其优越的性能会逐渐得到充分应用，作为新型节能幕墙材料的纤维水泥板将会为改善人们的室内居住环境、建立节约型和谐社会增添一道亮丽的风景线。

二、纤维水泥板

（一）定义

纤维水泥板是一种集功能性、装饰性于一体的新型幕墙材料，以不含对人体有害物质的水泥、植物纤维等为原料，添加微量其他成分，生产采用单螺杆高压真空挤出成型，再经切割、压花、高压高温养护、涂装等工艺加工而成。各项技术指标均达到国内外相关标准。

（二）产品规格

纤维水泥板根据成型工艺不同，分有纤维水泥空心板（K 系列）和纤维水泥实心板（S 系列）两种。其中 S 系列产品可根据用户需要，表面装饰可以通过压花处理加工出不同的花色品种。

纤维水泥板幕墙常用产品规格见表 5 - 4 - 2。

表 5 - 4 - 2　纤维水泥板幕墙常用产品规格（mm）

产品代号	宽度（mm）	有效宽度（mm）	长度（mm）	厚度（mm）
K15 - 0LA	315	300		15
K18 - 0LB	465	450		18
K18 - 0LSB	465	450		18
K20 - 0LB	315	300		20
K26 - 0LC	615	600	3000 2810	26
K18 - 9LC	315	300		18
K22 - 2LA	315	300		22
S14	470	460		14
S16	470	460		16

（三）产品特点

（1）图案多样、色彩丰富。纤维水泥板生产工艺采用先进的高压真空挤出成型生产工艺，因此表面图案可以通过模具的设计开发来与表面的涂装工艺结合，达到多种花色图案与表面涂装颜色任意组合、色彩丰富的效果；为建筑设计师提供更多创意空间，凸显建筑外立面的装饰效果，打造出时尚、个性化建筑，将都市建筑装扮得绚丽多彩。

（2）是绿色环保建材产品。纤维水泥板采用先进的无石棉配方，产品中不含有害物质。生产过程中不产生废水、废渣、废气，不污染环境，是一种绿色环保建材产品。

（3）力学性能及耐候性能佳。采用先进的高压真空挤出成型生产工艺，经过高温蒸压养护，密实度高，力学性能好，耐候性能非常优越，尺寸稳定，变形系数极小，可作为外墙围护非承重墙体及建筑幕墙材料独立使用。

（4）密封性能好。幕墙板材接口部位涂有弹性防水密封胶，采用企口连接、卡件固定的方法，使得板材与板材在搭接部位实现了很好的密封效果；在板材接缝处使用专用的板缝连接件，填充弹性密封材料，提高了板材的气密性和水密性能。如图 5 - 4 - 2所示。

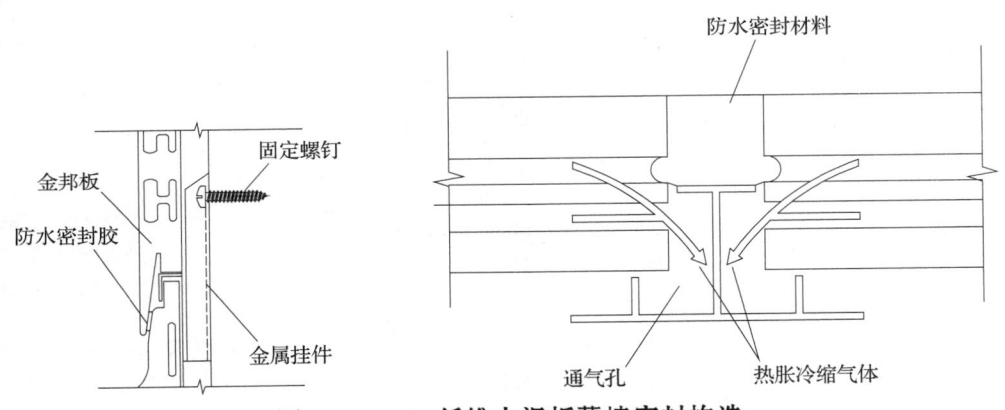

图 5 - 4 - 2　纤维水泥板幕墙密封构造

（5）防火性能。纤维水泥板主要生产原料为无机材料，具有优良的防火性能。产品通过国家建筑材料测试中心检测，结论认定为不燃材料（A1 级）。因此纤维水泥板无论是作为幕墙还是外墙外保温面层，均具有较好的防火性能。

（6）抗震性能。纤维水泥板安装采用企口连接、卡件固定的安装方式，使板材与主体结构之间处于非刚性固定状态，幕墙板会在外力作用下随着建筑主体产生的变形发生位移，板材本身不会发生变形、龟裂。

（7）保温、隔热、隔音性能。纤维水泥板本身具有多孔结构，具有一定的保温、隔声性能。单板导热系数为 0.1767W/（m·K），可见保温性能良好。

（8）经济性能。复合纤维水泥板幕墙厚度比钢筋混凝土外墙薄 40～60mm，因而在相同建筑面积的情况下，将增大 3%～5% 的使用面积；同时，复合纤维水泥板幕墙自身质量轻，减轻了建筑结构荷载，有效地降低了工程造价。

（9）安装施工方便。纤维水泥板采用企口连接、卡件固定的安装方法，使板材安装方便、快捷，干法作业，劳动强度低，可以冬季施工。

（四）技术性能

纤维水泥板产品一般技术性能见表 5 - 4 - 3。

表 5 – 4 – 3　纤维水泥板产品一般技术性能

序号	检验项目	检验依据	标准指标	检验值	
				K 系列	S 系列
1	弯曲破坏荷载	《Fiber reinforced cement sidings》JISA 5422—2008	K 系列≥1100N S 系列≥785N	1500N	1250N
2	耐冲击性	《Fiber reinforced cement sidings》JISA 5422—2008	无贯通龟裂	无	
3	耐透水性	《Fiber reinforced cement sidings》JISA 5422—2008	水面降低＜10mm	1mm	2mm
4	燃烧性能	《建筑材料及制品燃烧性能分级》GB 8624—2012	A2 级以上	A1 级	A2 级
5	含水率	《Fiber reinforced cement sidings》JISA 5422—2008	＜20%	8%	7%
6	吸水率	《Fiber reinforced cement sidings》JISA 5422—2008	＜20%	9.3%	14%
7	耐冻融性	《Fiber reinforced cement sidings》JISA 5422—2008	剥离面积＜2%，无层间剥落，变化率＜10%	200 次无剥离，无层间剥落，厚度变化率0.45%	
8	长度方向吸水膨胀率	《纤维水泥制品试验方法》GB/T 7019—2014	—	0.13%（素板）	0.15%（素板）
9	无石棉分析	《环境标志产品认证技术要求 轻质墙体板材》HBC – 19 – 2005		不含石棉	
10	导热系数	《绝热材料稳态热阻及有关特性的测定　防护热板法》GB/10294—1988	—	0.1767	0.468
11	放射性	《建筑材料放射性核素限值》GB 6566—2010	内照射系数≤1.0 外照射系数≤1.0	0.01 0.01	

三、纤维水泥板幕墙

（一）幕墙多功能优势

纤维水泥板幕墙是一种集功能性、装饰性于一体的新型幕墙。其多功能优势如下：

（1）兼容性好。弥补了现有保温技术体系中的因保温层和饰面装饰层之间的兼容性太差而导致的饰面层脱落、开裂等质量缺陷。

（2）质量稳定。通过加工厂加工，能保障产品质量的稳定，消除因现场施工导致的质量波动，能最大限度地保障体系的质量。

（3）施工简单。构造简单、结构合理，避免了因构造和结构复杂所带来的质量隐患。

（4）节省工期。工期短、现场安装时保温装饰一次完成，简化了常规外保温系统的工序，缩短了施工周期，工期节省40%以上。

（5）造价低廉。综合造价低廉，可节省现有保温技术体系中装饰面层的人工费用，以及工期节省所带来的租赁费、管理费等费用大幅降低，综合造价降低20%左右。

（6）耐久耐候。在保证保温和装饰功能的同时，该产品具有隔音以及优异的防火性能。能与建筑同寿命，减少了维修、维护和更换保温材料的费用，避免了二次改造带来的巨大浪费。

（7）适应性广。产品由无害水泥与植物纤维等硅酸盐保温芯板与铝合金面板复合而成，具有防火、保温、隔热、耐久、装饰效果佳，施工简便等特点，适合在各种类型的外墙和幕墙外保温工程中使用，能达到各种高档瓷砖、氟碳金属漆、石材等装饰效果。除满足新建筑的墙体保温装饰需求外，还因对墙体基层材质要求较低，非常适合现有建筑的改造。

（8）耐热性好（A级防火）。纤维水泥板由全光面产品组成，防火性能达到《建筑材料及制品燃烧性能分级》GB 8624—2012中的A级标准，能够完全满足《外保温材料消防监管要求》（公消〔2011〕65号）对外墙保温系统材料的要求，解决了现有外墙外保温系统无法满足此文件要求的难题。

（9）装饰效果佳。色彩和质感丰富，可按客户的要求生产出具备幻色、木纹、金属、各类石材质感的装饰效果。

（10）安全系数高。纤维水泥板幕墙结构合理，通过粘锚结合的安装方式，能最大限度地保障幕墙面的安全性。由保温板与装饰面板直接复合而成，不再使用抗裂抹面层和柔性腻子层，其中单位面积质量显著降低，具有优异的结构安全性和抗震能力。

（二）结构构造

1. 纤维水泥板断面结构

纤维水泥板产品断面结构如图5-4-3所示。

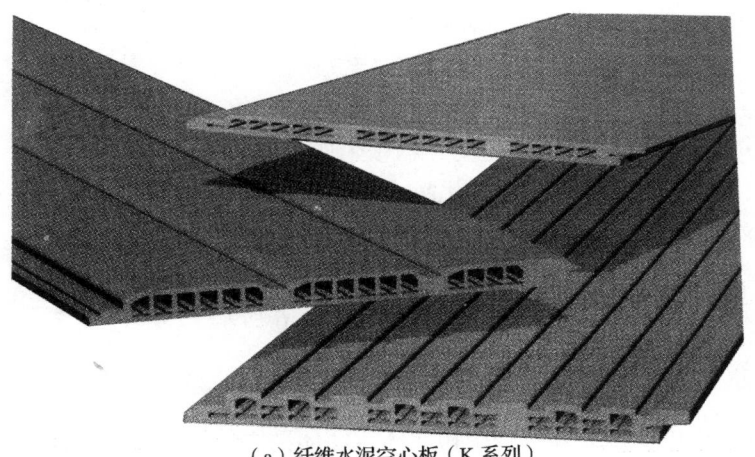

（a）纤维水泥空心板（K系列）

（b）纤维水泥实心板（S系列）

图5-4-3　纤维水泥板断面结构

2. 纤维水泥板幕墙构造（装饰性）

如图5-4-4所示，纤维水泥板幕墙本身具有很好的外墙装饰效果，使外墙不需另做装饰处理。

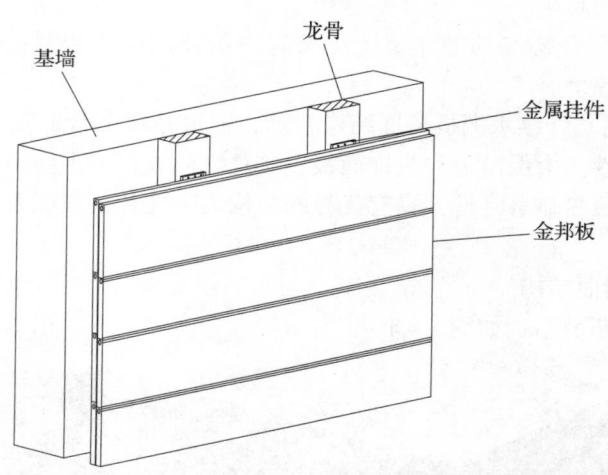

图5-4-4　纤维水泥板幕墙构造

3. 复合纤维水泥板墙体保温体系构造

复合纤维水泥板墙体保温体系结构构造如图5-4-5所示。

4. 复合纤维水泥板幕墙外保温体系构造

纤维水泥板复合幕墙外保温体系构造如图5-4-6所示。

四、纤维水泥板在建筑节能中的应用

纤维水泥板不仅可以作为外围护结构非承重墙体独立使用，还可与保温材料配合构成复合幕墙墙体、复合外墙保温系统，使外围护结构具有保温隔热效果。

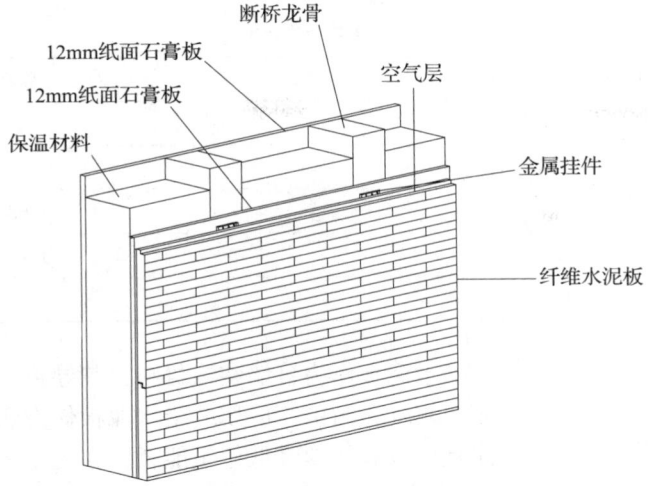

图 5 – 4 – 5　复合墙体保温体系结构

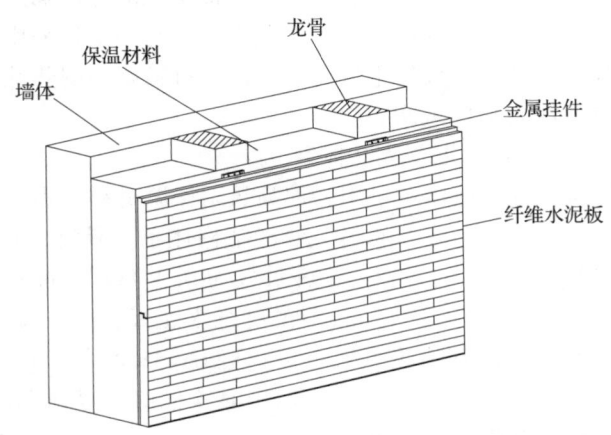

图 5 – 4 – 6　幕墙外保温体系构造

（一）纤维水泥板外墙装饰墙体

纤维水泥板是一种集功能性、装饰性于一体的新型墙体材料，其本身具有很好的外墙装饰效果，使外墙饰面不需另做装饰处理；同时，板材本身具有多孔结构和不燃性能，作为外墙装饰材料使用，具有一定的保温、隔热、防火、施工简单、速度快、施工成本较低的优势，适用于公共建筑外墙及大型钢结构建筑幕墙与玻璃幕墙结合，有效地解决了建筑能耗问题，凸显了建筑外立面的装饰效果。

纤维水泥板由于其材质本身及断面结构的特点，K 系列纤维水泥板经过检测导热系数为 0.1767W/（m·K），与其他材料相比，具有良好的隔热性能。见表 5 – 4 – 4。

表 5 – 4 – 4　纤维水泥板与其他板材导热系数对比

材 料 名 称	导热系数［W/（m·K）］
K 系列 15mm 厚纤维水泥板	0.17
镀锌钢板	38

续表 5 - 4 - 4

材 料 名 称	导热系数［W/（m·K）］
水泥砂浆墙体	1.3
石棉水泥板	1.2
板式玻璃	0.68
石膏板	0.18
杉木	0.11

表 5 - 4 - 4 中数据显示，由纤维水泥板作为幕墙装饰材料，其导热系数只是板式玻璃的 25%。现代建筑提倡建筑外墙节能和减少光污染，应用纤维水泥板作为建筑幕墙材料不仅可以满足建筑设计师的设计要求，而且可以有效地降低建筑能耗，在夏季还可以有效地阻止室外热量传到室内，降低室内空调能耗，节约电能；而冬季可以有效地阻止室内热量传递到室外，真正做到夏季隔热，冬季保温。所以它是一种非常理想的保温隔热材料。

纤维水泥板作为非承重围护结构应用在工业厂房上，与外围护采用彩钢板厂房相比具有非常明显的优势。另外，纤维水泥板属于水泥材质，具有较好的耐热性能、耐水性，用在沿海地区具有较强的耐腐蚀性能和抗风性能。

（二）纤维水泥板复合外墙保温、隔热体系

纤维水泥板复合外墙保温隔热体系采用岩棉高热阻保温材料、隔热膜、断桥龙骨、石膏板、防潮层等材料构成复合外墙保温、隔热、通气结构体系，具有优良的保温、隔热性能。以厚度为 100mm、表观密度为 100kg/m³、导热系数为 0.044W/（m·K）的岩棉板、隔热膜、断桥龙骨、12mm 厚的石膏板以及 15mm 厚的纤维水泥板、6mm 厚的空气层构成的复合墙体，通过热工计算及实际测试其传热系数可以达到 0.45W/（m²·K），满足北京地区建筑节能 65% 的要求，此种墙体结构同时可以应用于寒冷地区、夏热冬冷地区等有建筑节能要求的外围护结构墙体和建筑幕墙。

根据我国不同地区的气候特点，可以设计具有满足不同要求的保温、隔热体系的复合外墙通气结构解决方案。该体系具有如下特点：

1. 优越的隔热、保温性能

隔热层采用具有高反射率（反射率大于 90%）、高强度和高防水性能的辐射隔热膜，根据《建设部建筑节能设计标准》JGJ 75—2003 的规定，铝箔隔热膜空气层的热阻必须大于 0.5，纤维水泥板复合墙体外墙空气间层采用的辐射隔热膜在 3mm 空气层的热阻达到 1.27。可以有效地反射 80% 以上的紫外线照射，降低室内温度；根据建筑节能的要求，与不同厚度规格的保温材料结合构成复合外墙保温体系，可以实现其传热系数 $K = 0.45W/（m²·K）$ 以下，满足国家 65% 的节能标准设计要求。

2. 良好的安全防火性能

纤维水泥板本身具有不燃性能，与岩棉等高保温绝热材料结合，满足现行建筑防火要求，高于《木结构设计规范》GB 50005—2003 的防火等级，满足国家标准《建筑设计防火规范》GB 50016—2014 中的住宅四级耐火要求，经过测试符合墙体的耐火极限达到 1.85h。

3. 优良的隔音降噪性能

满足或超过国家《民用建筑隔声设计规范》GB 50118—2010 中对于高档住宅的规定：外墙、层间隔声量大于 45dB（符合国家二级标准）。

4. 较好的抗震性能

由于与传统施工工艺不同，幕墙板与结构连接采用的是非刚性连接，能很好地吸收因环境变化产生的自身结构位移变形，具有很好的抗震性能。

纤维水泥板与保温层结合构成的复合墙体适用于别墅外墙、钢、木结构或其他框架结构的非承重墙体，可以满足夏热冬冷地区的建筑节能要求。

（三）纤维水泥板外墙外保温体系

随着国家对建筑节能的推广力度不断加大，无论是旧有建筑物还是新建建筑物对外围护墙体进行保温处理已势在必行。相对于幕墙内保温，纤维水泥板外墙外保温体系具有明显的经济综合优势：首先外墙外保温减少了保温材料的使用厚度，在进入装修阶段，内、外墙可同时进行，工期短、施工速度快、节约人工费、保温效果好，可减少暖气散热器面积、减少锅炉房建筑面积，减少总投资预算；延长建筑物的使用寿命，减少后期维修费用，同时可享受墙改节能的优惠政策。同时采用纤维水泥板外保温方式对旧房进行节能改造，无须临时搬迁，无须铲除建筑物外墙面的材料，采用直接固定断桥龙骨的方式，龙骨中间铺保温材料，在龙骨外侧干挂纤维水泥板，达到外墙外保温节能改造的效果，基本不影响用户的室内活动和正常生活，更方便对旧建筑进行节能改造。

纤维水泥板外墙外保温体系可根据节能设计要求采用不同规格的断桥龙骨、不同厚度的保温材料，按照此种结构设计安装后的外墙，通过计算和测试其传热系数小于 $0.45W/（m^2 \cdot K）$，满足严寒及寒冷地区的建筑节能要求。

应用纤维水泥外墙幕墙板外保温体系，相对于目前广泛采用的聚苯砂浆薄抹面和胶粉颗粒砂浆保温。具有如下优点：干法施工作业，施工速度快，工期短，改造成本低；不会对施工现场周围造成环境污染，不受季节、气候限制；通过采用不同规格的断桥龙骨、不同厚度的保温材料可以满足不同地区、不同建筑节能设计要求的幕墙外保温；纤维水泥板外墙外保温体系，采用龙骨与主体结构直接固定，提高了墙体的安全性和稳定性；纤维水泥板属于高压挤出成型、工厂化生产产品，质量比较高，安装完成后直接在其表面涂刷弹性涂料即可达到装饰效果，同时纤维水泥板优良的力学和耐候性能完全杜绝和克服其他外保温体系建筑外立面的龟裂问题；具有优良的防火性能，纤维水泥板外墙外保温体系可以与岩棉等高保温耐火材料结合，可以防止现场施工安全隐患的发生。在中国建筑材料研究总院的一栋办公楼改造中采用了纤维水泥板外墙外保温形式。

根据不同地区节能的要求，纤维水泥板外墙外保温体系通过不同的设计方案可以达到单一的隔热要求，如在夏热冬暖地区，可以在原有建筑外墙上铺设隔热膜、固定断桥龙骨，在龙骨外侧固定金属挂件后再安装纤维水泥板，由此形成了在纤维水泥板内侧与原有墙体之间具有良好的隔热性能的通气结构，达到夏季墙体隔热的效果。

五、纤维水泥板的应用领域

随着我国对建筑节能的要求逐步提高，对于按照气候划分的五类地区（严寒地区、寒冷地区、夏热冬冷地区、夏热冬暖地区和温和地区）的保温性能已经制定了相应的建筑节能设计标准，《夏热冬冷地区居住建筑节能设计标准》JGJ 134—2010 对夏热冬冷地区（泛指长江中下游地区）住宅围护结构的传热系数 K 和热惰性指标 D 提出了相应的要求。由纤维水泥板与保温材料结合构成的复合墙体具有很好的保温、隔热性能，可以根据不同地区的保温隔热性能要求，在复合墙体中填充相应的保温隔热材料，以达到建筑节能的要求。

纤维水泥板复合墙体外墙外保温墙体及外墙装饰体系构造可广泛用于各类民用与公共建筑等；其产品的工厂化生产、自动化控制系统、先进的生产工艺保证了板材的质量，克服了其他建筑外墙保温体系出现的外饰面龟裂问题，延长了建筑物的使用寿命，降低了能源的消耗。纤维水泥板产品密实度较高，具有耐湿、防潮的性能，除用于一般建筑外，还可用于湿度较大的游泳场馆、地下建筑等。

第六篇　塑料幕墙（有机）

第一章　千思板幕墙

近些年，城市建设发展迅速，高层建筑及超高层建筑如雨后春笋般拔地而起，高楼林立的都市风景不断映入人们的眼帘。在这些造型各异的建筑中无不体现出建筑幕墙的辉煌和卓越，特别是一些新材料、新工艺、新技术的应用，使建筑幕墙显得更加琳琅满目，色彩纷呈。

千思板（Meteon）是一种绿色、环保、有机的新型建筑材料，已经在建筑幕墙工程中逐步得到应用。在国家行政学院港澳公务员培训中心，千思板建筑幕墙得到了肯定，获得了一定的技术、经济和社会效益。

第一节　新型幕墙材料——千思板

一、"千思板"牌千思板

"千思板"牌板材是一种建筑幕墙用高压热固化木纤维板，是由普通型或阻燃型高压热固化木纤维（HPL）芯板与一个或两个装饰面层在高温高压条件下固化黏结形成的复合人造板材。"千思板"是这种板材的一个国际知名品牌。千思板牌板材是一种漂亮的、多功能的室外、室内用建材，具有众多优异特点的千思板牌板材品质高、无公害、清洁、安全、舒适，为人类环境创造了温和静谧的生活空间。

二、千思板应用特点

千思板是一种把酚醛树脂浸渗于牛皮纸或者木纤维里，在高温高压中进行硬化的热固性酚醛树脂板，由于其结构均匀、致密，故板上任何点都很坚固。表面若实施特殊树脂精加工，其性能可进一步得到强化。千思板内芯为黑色、白色、棕色等。表面的色调、式样、纹路的表现力相当丰富，故可用于具有相应强度要求和外观要求的室外、室内建筑装饰材料。

千思板具有优异的耐冲击性、耐水、耐湿性、耐药性、耐热性、耐磨性等，而且其耐气候性也很优异。太阳光照射也不会引起变色、褪色。此外，产品难于沾上污垢，易清洗，维修保养方便。产品的美丽可持续长久，千思板的冲击吸收力以及特殊制造工艺使其具有一定威力的抗震特性。

外装修建筑幕墙用千思板特性在于：

（1）杰出的幕墙材料。千思板具有极强的耐候性，无论日照、雨淋（甚至酸雨），还是潮气都对表面和基材没有任何影响。

（2）抗紫外线。千思板对阳光中的紫外线有着极好的防护能力，在佛罗里达海岸和重工业污染区的户外测试及按 ISO4892 完成的 3000 小时氙气灯照射实验都证明千思板有着良好色彩的稳定性，按 ISO4892 标准国际灰度分级，其定级在 4～5。在最恶劣的气候条件下，超过 10 年时间千思板色彩仍不会有实际的改变。

（3）温度适应性。采用热固性树脂材料的千思板能耐剧烈温差变化，即使气温从 −20℃

骤变到80℃，也不会影响板材的外观和性能稳定性。

（4）防潮性。千思板不会受潮湿影响，也不会因受气候的影响而霉变和腐烂。千思板尺寸稳定性与硬木相当。

（5）易清洁性。致密无孔的板材表面在极端的环境下，如在空气严重污染的地方也不会吸附灰尘。如果被污染，可以用有机溶剂轻轻清洗，对颜色无任何影响。

（6）抗冲击性。千思板的抗冲击性源于其较高的弹性模量、抗拉强度和抗弯强度。均质和高密度的芯材给予千思板很高的锚固件拔出强度。这种性能对采用螺栓或插件不可见安装方式的板材特别重要。

（7）实验与验证。千思板满足按照英国标准《Specification for impact performance requirements for the flat safety glass and safety plastics for use in buildings》BS 6206：1981 进行的沙袋冲击实验和小球撞击实验。用于阳台板系列的板材必须满足该实验的要求，证明其具有良好的抗冲击性能，千思板完全能满足此要求。

（8）防火性能。千思板在火中可长时间保持稳定，并不会熔化、滴落和爆炸。

（9）耐化学腐蚀。千思板的耐化学腐蚀性，使其不受家用清洁剂和高强有机溶剂的影响。同样，如酸雨等的化学污染也不能侵蚀千思板的表面。

（10）环境保护。千思板含有30%的热固性树脂和70%的木纤维。板材不会释放任何有害、有毒气体和液态物质。千思板的边角余料可储存或向其他建材一样循环使用或自然分解。

第二节　千思板幕墙设计

一、千思板幕墙建筑设计

千思板的规格在建筑幕墙立面造型优化分格设计中很重要。

（一）标准板规格

千思板标准板共有 3 个规格：3650mm × 1860mm，3050mm × 1530mm，2550mm × 1860mm。

（二）标准厚度及板面质量

标准板的厚度及每平方米板的质量：厚度6mm，其质量为8.4kg/m²；厚度8mm，其质量为11.2kg/m²；厚度10mm，其质量为14.0kg/m²；厚度13mm，其质量为18.2kg/m²；

二、千思板幕墙设计理念

千思板赋予设计师们一种面向未来的灵感。它为前瞻式建筑幕墙平台提供了一种新理念、新技术、新色彩的源泉。诸如特制、韵律和深度等主题给予建筑幕墙设计以新的推动力。

千思板板材可以用各种不同的方式复合、成型和固定。能在不改变产品基本特点和性能的基础上，创造出美观而迥然不同的幕墙。板材表面的变化，增添了建筑物的情趣、深度和动感，通过变幻莫测的光影组合更好地强化了这种效果。千思板弧形板件可为幕墙创造出额外的深度。灯光的利用则增添了新的维度；使用最新的发光二极管技术，照亮幕墙和接缝，直线变成了曲线，色彩则经受着一种真正意义上的变换。

由于千思板的上述功能性，它为建筑幕墙提供了无限变幻空间的可能。

三、千思板幕墙技术要求

（一）技术参数

千思板背后空气层厚度不应小于20mm；幕墙顶部女儿墙金属盖板，一般为3mm厚铝单板与墙面应保留10mm的间隙；幕墙底部收口安装防虫网，并保持空气流通通畅；板块横、竖向缝隙宽度应小于10mm。

（二）构造设计

千思板在自然环境的影响下会产生膨胀、伸缩，因此固定点的设计应允许板块的正常伸缩变形。如挂件与横龙骨间留有一定空隙或铆钉不可过紧的压住板面，使用千思板生产厂家提供的辅助工具，可使铆钉与板面之间保留约0.3mm的间隙。

千思板幕墙构造设计：

1. 一般规定

千思板可选择穿透式连接或后切螺栓连接，并符合以下规定：

（1）穿透式连接的千思板厚度不应小于6mm，背栓连接的千思板厚度不小于10mm。

（2）穿透式连接的千思板应采用不锈钢螺栓、螺钉固定，螺栓、螺钉的直径不小于5mm。

（3）连接点到板边缘的距离不小于30mm，不大于80mm或板厚的10倍。

（4）后切螺栓连接时，螺栓应采用不锈钢，直径不小于5mm。孔深度宜比板厚小3.5～4.0mm。

（5）千思板的安装缝隙应满足板材变形要求。

2. 连接构造

千思板幕墙连接构造如图6－1－1所示。

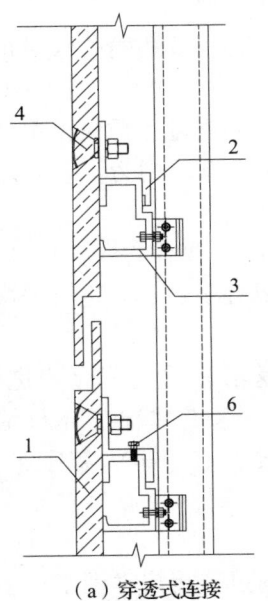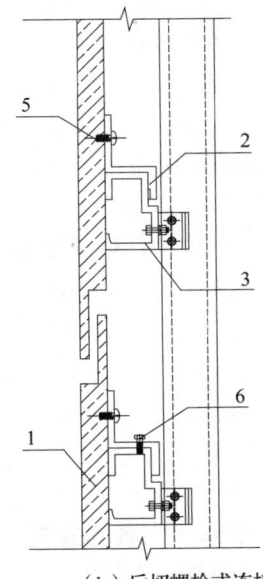

（a）穿透式连接　　　　　　　　（b）后切螺栓式连接

图6－1－1　千思板幕墙连接构造示意图

1—千思板；2—铝合金挂件；3—铝合金托板；4—穿透螺栓；5—切口螺丝；6—调节螺栓

第三节 千思板幕墙安装施工

一、安装施工工艺流程

千思板建筑幕墙安装施工工艺流程：测量放线→转接件安装→保温棉、防水透气膜安装→安装立拄→安装挂接附件→安装千思板板块。

二、安装施工要点

千思板建筑幕墙安装施工要点：

（一）测量放线

土建主体结构施工结束后，施工队伍进场。首先进行测量定位，测量出土建主体结构偏差，为幕墙安装施工做好准备。

测量后需确定安装基准线，包括龙骨排布基准及各部分幕墙的水平标高线，为各个不同部位的幕墙确定了三维方向的基准。

（二）转接件安装

角钢转接件是幕墙安装施工中的一个重要环节，该部分工作还应包含预埋件锚板的偏位处理，防雷导通的连接等。连接件与预埋件宜采用焊接连接。

（1）对照钢立柱垂直线。立柱的中心线也是连接件的中心线，故在安装时要注意控制连接件的位置，其偏差小于 2mm。

（2）拉水平线控制水平高低及进深尺寸。虽然在预埋件施工时已控制水平高度，但由于施工误差影响，安装连接时仍要拉水平线控制其水平及进深的位置，以保证连接件的安装准确无误。其方法参照前几道工序操作要求。

（3）临时固定。在连接件三维空间定位确定准确后，要进行连接件的临时固定，即点焊，临时固定要保证连接件不会脱落。

（4）验收检查。对初步固定的连接件按层次逐个检查施工质量，主要检查三维空间误差，一定要将误差控制在误差范围内。三维空间施工控制范围为：垂直误差小于 2mm，水平误差小于 2mm，进深误差小于 3mm。

（5）正式固定。对验收合格的连接件进行最终固定，即满焊。

（6）防腐。预埋铁件在模板拆除后，凿出钢筋混凝土面层后进行一次防腐处理，连接件在车间加工时也应进行过防腐处理（镀锌防腐）。

（7）做好记录。对每道工序的检查、验收、返工、质量情况要进行详细记录。记录包括施工人员、时间、工作面位置、质量情况、返工情况、补救情况、验收人员、各项指标、验收结果等。记录要详细明白，同时要所有当事人签字，再装订成册保存好。

（三）保温棉、防水透气膜的安装

（1）幕墙横、竖钢龙骨安装完毕后，将保温棉通过连接附件固定在土建端面上，保温棉安装应连续设置，拼缝密实，不留间隙，并不应有鼓包等现象。

（2）保温棉安装完成后，在保温棉的外侧安装覆盖防水透气膜，防水透气膜安装时，采

用对接方式，透气膜之间的接缝处以及与龙骨间的接缝处采用柔性泛水进行黏结，保证不漏水。

（四）幕墙钢框架安装

（1）立柱的安装：依据放线的位置进行安装。安装立柱施工一般从低层开始，然后逐层向上推移进行。

（2）为确保整个立面横平竖直，使幕墙外立面处在同一垂直平面上。首先将角位垂直钢线布置好。安装施工人员依据钢线作为定位基准，进行角位立柱的安装。

（3）放线组的施工人员首先在埋件上依据施工图标高尺寸弹出各层间的横向墨线，作为定位基准线。

（4）立柱在安装之前，首先对立柱进行直线度的检查，检查的方法采用拉线法，若不符合要求，经矫正后再上墙进行安装，将误差控制在允许的范围内。

（5）先对照施工图检查主梁的加工孔位是否正确，然后用螺栓将立柱与连接件连接，调整立柱的垂直度与水平度，然后上紧螺母。立柱的前后位置利用连接件上的长孔来调节，上下利用方通上的长孔来调节。

（6）立柱就位后，依据测量组布置的钢丝线，综合施工组进行安装检查，各尺寸符合要求后，对钢龙骨进行直线检查，确保钢龙骨的轴线偏差。

（7）待检查完毕、合格后，填写隐蔽工程验收，报监理验收（并附自检表）。

（8）整个墙面立柱的安装尺寸误差要在控制尺寸范围内消化，误差数不得向外伸延，出现累计误差时，各立柱安装以靠近轴线的钢丝线为准进行分格检查。

（9）钢龙骨安装，竖向必须留伸缩缝，每个楼层间一处，竖向伸缩缝留 20mm 间隙，采用钢插芯连接。

（五）挂接附件安装

（1）在挂接附件连接螺栓的位置，先将隔离垫片穿在螺栓上。

（2）再将挂接附件安装在幕墙竖龙骨上，并进行预紧。

（3）根据控制线对挂件进行复核，调整挂件的立面直线度，达到要求后再固接并做防松处理。

（六）千思板板块的安装

（1）千思板板块安装时，应按从下向上的顺序进行安装。

（2）将千思板板块挂接到铝合金挂接附件上，通过调整螺栓高度调整千思板高度。

（3）千思板相邻板块竖向采用插片式连接，横向采用企口式连接。

（4）用靠尺检查并调整千思板的垂直、水平及进出位置。如果不符合安装精度要求，可调整铝制挂件，位置正确后，进行固定。如图 6 – 1 – 2 所示。

千思板调整合格后，将限位角片通过自攻螺钉安装在铝合金挂件的两侧。

三、安装施工质量保证措施

（1）施工时严格按照施工程序进行，通过测量放线的准确和利用幕墙结构的可调性能，使幕墙的安装符合设计要求。

（2）千思板幕墙的保温材料由保温棉、防水透气膜和隔气膜组成，保温棉安装在结构边缘，外侧覆盖防水透气膜，室内侧安装隔气膜。

（3）千思板幕墙竖向接缝采用插片式连接，横向采用企口式连接。

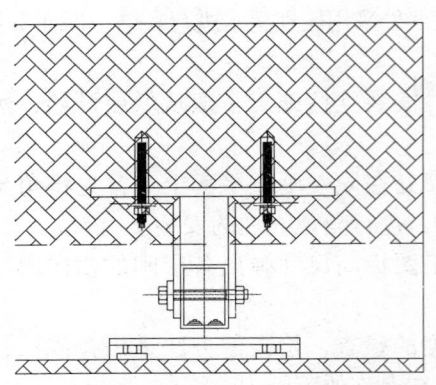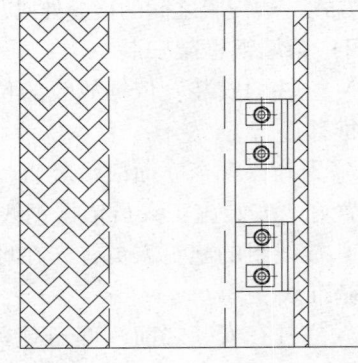

图 6 - 1 - 2　千思板板块安装

（4）施工时必须严格按照节点大样图认真施工，保温层一定要连续，交接及收口部位的精确施工可同时保证幕墙的水密、气密及保温性能。

（5）通过以上措施的综合，实践证明，可有效保证幕墙的安装精度，水密、气密及保温性能。

实践证明，国家行政学院港澳公务员培训中心外幕墙工程安装施工过程中，千思板幕墙经检查安全性良好，符合设计要求。千思板的外饰效果清新、明朗，因此表明其产品性能、施工工艺及相应的安装方法是合理的，并且千思板的应用完全符合外幕墙的使用功能要求。目前，全国正在加快城市建设，积极推广环保节能新材料是城市和谐发展的保证，本章为以后建筑幕墙装饰工程中千思板幕墙的施工提供了翔实的参考依据。

第二章　通风式雨屏千思板幕墙

第一节　概　述

一、千思板

千思板是荷兰 Trespa Intrenationl BV 公司生产的高科技绿色环保型建筑装饰幕墙材料。因其优良的性能与环保特性，广泛用于欧洲各国，是欧洲各国政府指定优先采用的建筑装饰幕墙材料之一。千思板是由木纤维与热固性树脂经高温高压聚合而成。表面经 Trespa Intrenationl BV 公司 EBC 专业技术（电子束固化）处理，具有很强的抗紫外线能力、抗冲击及一定耐酸碱的能力，易清洁，耐风压。千思板幕墙系统多采用通风式雨屏幕墙技术。

二、技术特性

（一）物理性能

千思板耐候性极强。无论是空气（空气中之氧气）、阳光（阳光中之紫外线）、温度、雨水，包括酸雨和潮气，对板材的表面或芯材都没有任何影响。根据国际灰度级 4~5 级（ISO 105 A 02 标准），其抗紫外线的性能和颜色稳定性都达到最高分。从 −20℃到 +80℃进行很大的或快速的温度变化，对板材的特性、稳定性或外观均不会产生影响。

千思板光滑的板材表面有一种致密无空隙的结构，确保几乎无污垢积累。板材表面或锯边都不需油漆或提供防护涂层。千思板完全不受家用清洁剂或者强有机溶剂的影响。由于这种特性，千思板易于清洁，有助于创造较低的维护成本。

（二）力学性能

弹性模量很高的抗拉和抗弯强度确保千思板具有很高的抗冲击性。芯材的同质性和密度为板材提供了一种高度的紧固件拔出强度。当板材用螺钉进行不可见式固定时，这种特性尤为突出。

（三）尺寸稳定性和可加工性

千思板的尺寸稳定性和可加工性可与硬木相媲美。然而千思板不受潮气的不良影响，不易受大气侵蚀、霉菌或腐烂的影响，性能又高于硬木。这种强度的组合将确保千思板在未来多年的使用中始终保持着漂亮的外观。

三、千思板应用趋势

由于这种板材具有整体性的表面装饰效果，在欧洲广泛应用于建筑幕墙工程中，国内的幕墙工程逐渐在采用。如国家行政学院港澳公务员培训中心大楼。

第二节 通风式雨屏幕墙设计

一、幕墙建筑设计构思

（一）设计美学考虑

仅讨论通风式雨屏幕墙系统的技术是不够的。板材的颜色，面层质感，分格，对接缝形式的不同处理与板材固定的不同方式，都能产生吸引人的效果。

（二）"可呼吸"系统原理

千思板适用于通风式幕墙系统。这个"可呼吸"的系统为要求高隔热值、完美的建筑物提供了可能性，有助于创建一个健康的室内环境。在炎热的条件下，过多的太阳热能可通过板材和隔热材料之间的通风系统排放出去。这为渴望在可持续发展的建筑环境中生活的人们提供了更加舒适健康的环境。

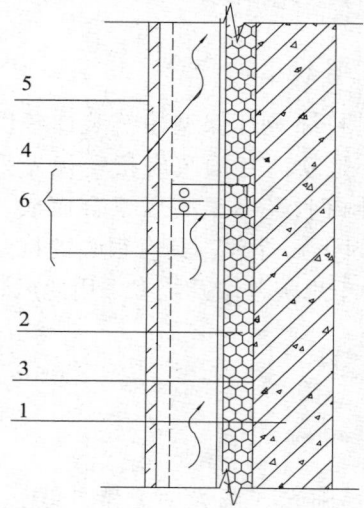

图 6－2－1 通风式雨屏系统组成
1—承重墙；2—保温层；3—防水层；
4—后支持（龙骨）系统及通风空间；
5—千思板材；6—锚栓，紧固件

二、幕墙构造设计

通风式雨屏幕墙系统组成见图 6－2－1。

几个世纪以来，在北欧地区为了对付恶劣的气候条件，一种建筑外墙的概念在不断地发展。由于这种概念能满足建筑设计师各种想象要求，并提供巨大的设计自由空间，因此它已经延伸到目前全球广泛使用的雨屏幕墙理论当中。

第三节 幕墙系统组成与功能

一、通风式雨屏幕墙系统组成

通风式雨屏幕墙系统的组件在寒冷与炎热地区都是一样的。但其中部分组件在整个幕墙系统中的位置根据气候要求会有所变化。

基本上，幕墙系统包含以下组成部分：

1. 千思板

如同绝大多数外墙材料，必须具有色彩稳定性、耐候性及足够的机械强度来抵抗正、负风压与冲击。

2. 龙骨系统

将幕墙系统承受的机械荷载转移到建筑主体结构上。同时在外墙板材与主体结构之间形成一个自由空间。

3. 通风空间

调控湿气与热量。

4. 主体结构

可以是轻型构造，如钢结构；或重型构造，如砖石结构或混凝土墙。

5. 保温层

厚度根据地方环境及建筑规范而定。总体来说，保温层是放在承载结构的冷侧。

6. 防水层

它的位置与功能与室内外气候差异有关。

7. 紧固件

连接板材与龙骨，龙骨与龙骨，龙骨与承载结构。

二、背通风雨屏系统的功能

背通风雨屏系统保护内部构造不受潮湿与日照的影响。通风空间的功能是多重的。由于气压差与建筑高度产生的温差使空气变轻，在空腔内由下而上移动。在冷气候中可带走板材背面的冷凝水。在热气候中可冷却构造内层，从而降低制冷能耗。

总之，背通风雨屏式幕墙系统的功能在于：①解决内部冷凝引水起的建筑结构潮湿问题；②解决渗水引起的潮湿问题；③降低主体结构的机械应力；④减少冷桥；⑤形成舒适的周围环境。

第三章　开敞式千思板幕墙

第一节　概　述

千思板色彩丰富稳定，耐候性能好，耐腐蚀性好，耐刻划，耐撞击。自身所具有的自洁性，使建筑物的外立面历久弥新，同时大大降低维护成本；优异的抗氧化能力，使建筑物外立面永远光鲜亮丽，自然纹理使建筑物于外界环境浑然一体。

随着建筑物装饰行业的快速发展以及材料加工工艺的改善，市场对高品质、高性能建筑装饰材料的需求必将长期处于持续增长状态。从社会效益，技术效益、经济效益、环境效益出发，千思板无疑将是建筑幕墙行业装饰材料的新宠。

第二节　千思板技术特性

一、千思板产品特性

（1）抗冲击性。固体均匀核心加上特殊树脂的坚硬表面结构，使千思板面板具有极强的抗冲击性，此特点是根据 EN438 - 2/1991 运动球体的凹陷度测试结果，并经日常实际使用证实。

（2）耐刻刮性。特殊的表面结构，使千思板具有耐刻刮性，即使受各种硬物作用也能长期保持外形不受损伤。

（3）耐磨性。经 EN438 - 2 测试，证实千思板有很强的耐磨性，适用于有重物放置处或需频繁清洗处。

（4）易清洗性。紧密的无渗漏表面，使灰尘不易黏附于其上，因此该产品可以用相关的溶剂很方便地清洗，而不会对颜色产生任何影响。

（5）防潮性。千思板的核心使用特殊的热固性树脂，因此不会受天气变化和潮气的影响，也不会腐坏或产生霉菌，千思板的稳定性及耐用性可与硬木相媲美。

（6）抗紫外线。千思板的防紫外线性能和面板颜色的稳定性能都达到了国际标准 ISO 105 - A02，因此，千思板不受天气变化的影响，不管是日晒雨淋，还是气温急剧变化，千思板的核心和外观都不会改变。

（7）防火性。据 EN438 测试表明，千思板表面对燃烧的香烟有极强的防护能力。该材料阻燃，面板不会融化，能长期保持特性。

（8）防静电性。根据 DIN 51919 及 DIN 53483—2，千思板被证明为防静电材料，这使得该面板非常适用于无尘区域，光学工业和计算机工业。

（9）耐化学腐蚀性。千思板有很强的耐化学腐蚀的特性，如防酸、防氧化甲苯及类似物质。千思板也同样能防止消毒剂，化学清洗剂及含食物果汁、燃料的侵蚀。它们既不会影响千思板的特性，也不会影响表面。

二、千思板技术特性指标

1. 技术性能指标

高压热固化木纤维板（千思板）的技术性能应符合《建筑幕墙用高压热固化木纤维板》JG/T 260—2009 的规定。

千思板的技术性能指标见表 6 – 3 – 1。

表 6 – 3 – 1 千思板的技术性能指标

特 性	特性或属性	标 准	单位	技术性能指标
密度		ISO 1183 – 1 – 2012	kg/m^3	≥1350
尺寸稳定性	最大尺寸变化	BS – EN – 438 – 2 – 2005	mm/m	≤2.5
在 65℃水中浸入 48 小时后耐浸渍性	质量增加外观	BS – EN – 438 – 2 – 2005	% 等级	≤3 ≥4
抗大直径球冲击性	抗冲击强度	BS – EN – 438 – 2 – 2005	Mm	≤6
1800mm 坠落钢球质量：370g				
抗划伤性	负荷	BS – EN – 438 – 2 – 2005	等级	≥3
抗紫外线性能	对比 外观	ISO 105 – A02：1993 BS – EN – 438 – 2 – 2005	灰度级 等级	4 ~ 5 ≥4
在氙弧灯光下抗色变形	对比 外观	ISO 105 – A02：1993 BS – EN – 438 – 2 – 2005	灰度级 等级	4 ~ 5 ≥4
抗二氧化硫（SO$_2$）性能 50 次循环；约 0.0067%	对比 外观	DIN 50018 – 1997	灰度级 等级	4 ~ 5 ≥4
弹性模量	应力	BS EN ISO 178：2010	N/mm^2	≥9000
弯曲强度	应力	BS EN ISO 178：2010	N/mm^2	≥120
拉伸强度	应力	BS EN ISO 527 – 2 – 2012	N/mm^2	≥70

注：标准全称分别是《Plastics – Methods for determining the density of non – cellular plastics – Part 1：Immersion method liquid pyknometer method and titration method》ISO 1183 – 2 – 2012、《High – pressure decorative laminates（HPL） – Sheets based on thermosetting resins（Usually called Laminates） – Part 2：Determination of properties》BS – EN – 438 – 2 – 2005、《材料光学性能检测》ISO 105 – A02：1993、《Testing in a saturated atmosphere in the presence of sulfur dioxide》DIN 50018 – 1997、《Plastics – Determination of flexural properties》BS ENISO 178：2010、《Plastice – Determination of tensile properties – Part 2：Test conditions for moulding and extrusion plastics》BS EN ISO 527 – 2 – 2012。

2. 物理性能指标

（1）物理特性：千思板的物理特性见表 6 – 3 – 2。

表 6 – 3 – 2 千思板的物理特性

特性	特性或属性	标 准	单位	尺寸允许偏差
物理特性	厚度 t	《High – pressure decorative laminates（HPL）– Sheets based on thermosetting resins（Usually called Laminates）– Part 2：Determination of properties》BS – EN – 438 – 2 – 2005	mm	2. 0mm≤t<3. 0mm：+0. 20mm 3. 0mm≤t<5. 0mm：+0. 30mm 5. 0mm≤t<8. 0mm：+0. 40mm 8. 0mm≤t<12. 0mm：+0. 50mm 12. 0mm≤t<16. 0mm：+0. 60mm 16. 0mm≤t<20. 0mm：+0. 70mm 20. 0mm≤t<25. 0mm：+0. 80mm 25. 0mm≤t：与客户磋商
物理特性	尺寸	《High – pressure decorative laminates（HPL）– Sheets based on thermosetting resins（Usually called Laminates）– Part 2：Determination of properties》BS – EN – 438 – 2 – 2005	mm	长度和宽度容许偏差：– 0/ +5
	垂直度	千思板内部标准	mm	对角线长度： 2550×1860：3156 +13 3650×1860：3412 +14 3650×1860：4097 +17
	边缘直度	千思板内部标准	mm/m	≤1
	平面度	千思板内部标准	mm/m	≤2

（2）表面特性：千思板的表面特性见表 6 – 3 – 3。

表 6 – 3 – 3 千思板的表面特性

项 目	检 验 条 件
观察距离	75cm 和 150cm 之间
光线条件	亮度 >800 勒克斯
表面	
颜色	与允许的标准色没有看得见的可检出偏差
光泽	没有令人讨厌的"火焰"效应；没有可检出斑纹
折痕或皱痕	不允许
压在表面内的松散表面微粒	不允许
看得见的可检出表面损坏	不允许

续表 6 - 3 - 3

项　目	检　验　条　件
凸起点或凹痕	允许下列出现率： ≥1 个凸起点或凹痕 <4mm²/m² ≥总表面 <4mm²/m²
不洁微粒、纤维等	允许下列出现率： 印刷图案 ≥1 个微粒 <2.5mm²/每块板 ≥1 个微粒 <2mm²/m²
不洁微粒、纤维等	素色 ≥1 个微粒 ≤2mm²/每块板 ≥1 个微粒 <1.5mm²/m²
芯材	
外表	无看得见的分层
颜色	芯材颜色必须均匀同色

（3）防火特性：千思板的防火特性见表 6 - 3 - 4。

表 6 - 3 - 4 千思板的防火特性

防火特性	标　准	千思板防火等级	
英国	BS 476 - 7：1997	等级	1
英国	BS 476 - 7：1997		0
荷兰	NEN 6065	等级	1
德国	DIN 4102 - 1	等级	B1
法国	NF P 92 - 501	等级	M1
西班牙	UNE 23. 727 - 90	分级	M1
比利时	NBN S21 - 203	等级	A1
欧洲	EN 13501 - 1：2007	欧洲等级	B - s2，d0

注：标准全称分别是：《Fire tests on building materials and structures – Pare 7 method of test to determine the classification of the surface spread of flame of products》BS476 - 7：1997、《火焰蔓延等级测试》NEN6065、《Fire behavior of building materials and elements Part 1：Classification of building materials Requirements and testing》DIN4102 - 1、《Safety against fine：Building materials – Reaction to fire tests. used for rigid material or flexible materials thicker than 5mm》NF P 92 - 501、《Buildings – construction and furnishing materials – classification acording to reaction to fire》UNE 23727 - 90、《比利时防火阻燃测试标准》NBN S21 - 203、《Fire classification of construction products and building elements – Part1：Classification using data from reaction to fire tests》EN13501 - 1：2007。

第三节　干挂开敞式千思板幕墙安装施工

一、干挂施工工艺

（一）构造工艺原理

千思板是以木纤维为主要基材的板材，板材将随着环境相对湿度的变化而发生尺寸变化，沿着板长度方向的最大伸缩率为2.5mm/m。利用千思板这一特点，板中心采用拉铆钉紧固定位，周边采用滑动孔保证板材有适量的滑动位移。

这也是千思板幕墙设计成开敞式的主要考虑。

开敞式千思板幕墙的结构构造如图6-3-1和图6-3-2所示。

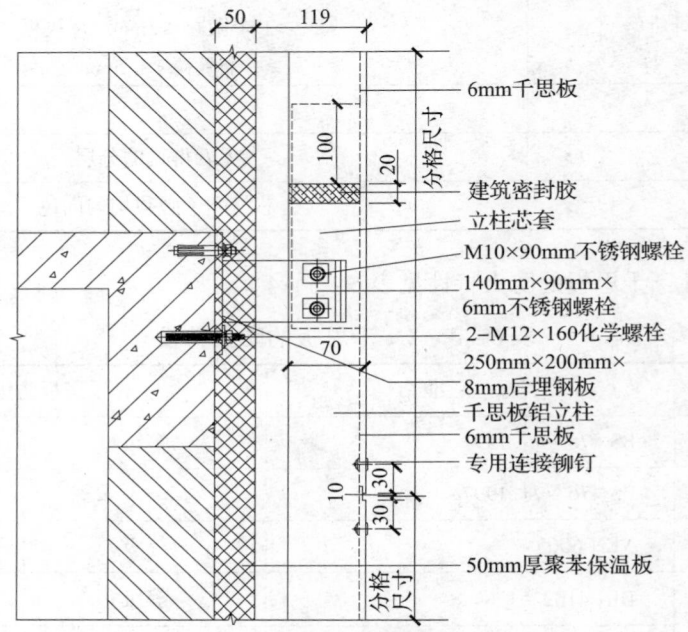

图6-3-1　千思板纵剖节点

（二）施工工艺流程

开放式千思板幕墙安装施工工艺流程：测量放线→安装后置件→铝合金龙骨安装→防雷系统安装→龙骨检验及隐蔽验收→千思板工厂化加工→千思板安装。

二、干挂施工工艺要点

（一）干挂工艺施工要点

（1）基层龙骨采用特制的方形带翼铝合金龙骨，通过镀锌钢角码和后置埋件连接，竖向布置，间距450~500mm（视具体板块分格而定）。

（2）龙骨安装调平后，墙面进行防水施工，防水施工完毕后安装面板。

（3）首先用角铝横向固定在龙骨底部，作为面板安装的水平基准线，将面板搁置在角铝上定位，用特制的限位器放入千思板的孔中，然后用手电钻在铝龙骨上冲孔，最后用千思

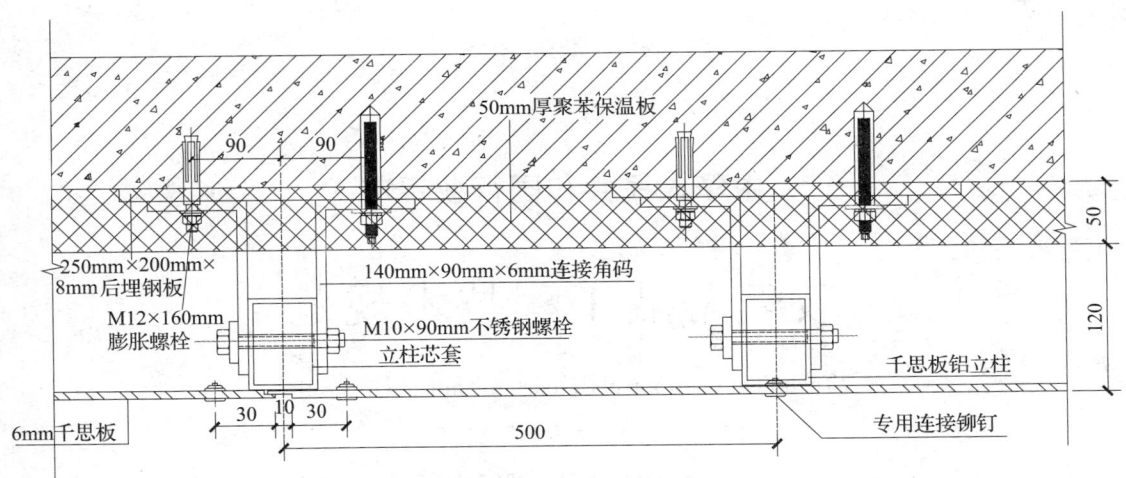

图 6－3－2 千思板横剖节点

板配套铆钉固定千思板。

（4）下层千思板安装完毕后，上部的千思板搭接在下部千思板边上，露出约8mm黑色千思板内芯，作为装饰缝。

（5）依次搭接安装，整个安装工序操作完毕。

（二）施工工艺特点

（1）有效克服板块变形，平整度高

①千思板常规厚度为6mm，板块主要规格为1860mm×3650mm、1530mm×3050mm，板块面积大，克服板块变形是质量的关键。

②施工过程中竖龙骨间距为450～500mm，铆钉间距500mm，板块固定点形成450～500mm×500mm矩阵。

③板块受力均匀，能有效克服板块变形，保证板块平整度。

（2）标准块工厂化加工，加工精度高，速度快。

①千思板硬度较大，在加工厂采用常规的硬木加工机械即可加工，按照规定尺寸，通过数控和程控设备加工。

②加工精度高，加工速度快。

（3）企口搭接，拆卸方便。开口式板块独创的企口四边搭接，易于拆卸更换，无须打胶密封，平整度高。

（4）安装简便，安装速度快。

①千思板标准板块每块面积可以达到4～6m²，安装所需工具为手电钻、专用铆钉枪、钻孔模具等。

②安装速度快。

（5）抗震性能良好。

千思板幕墙自成体系，挂在结构的外表面，幕墙整体质量轻，具有很好的抗震性。另外，每层竖龙骨（立柱）之间预留20mm伸缩缝，抗结构变形能力强。

中华人民共和国行业标准

玻璃幕墙工程技术规范

Technical code for glass curtain wall engineering

JGJ 102－2003

J 280－2003

批准部门：中华人民共和国建设部
施行日期：２００４年１月１日

中华人民共和国建设部
公　告

第 193 号

建设部关于发布行业标准
《玻璃幕墙工程技术规范》的公告

　　现批准《玻璃幕墙工程技术规范》为行业标准，编号为 JGJ 102—2003，自 2004 年 1 月 1 日起实施。其中，第 3.1.4、3.1.5、3.6.2、4.4.4、5.1.6、5.5.1、5.6.2、6.2.1、6.3.1、7.1.6、7.3.1、7.4.1、8.1.2、8.1.3、9.1.4、10.7.4 条为强制性条文，必须严格执行。原行业标准《玻璃幕墙工程技术规范》JGJ 102—96 同时废止。

　　本规范由建设部标准定额研究所组织中国建筑工业出版社出版发行。

中华人民共和国建设部
2003 年 11 月 14 日

前　言

根据建设部建标〔2000〕284 号文的要求，规范编制组在广泛调查研究，认真总结工程实践经验，参考有关国外先进标准，并广泛征求意见的基础上，对《玻璃幕墙工程技术规范》JGJ 102—96 进行了修订。

本规范主要技术内容是：1. 总则；2. 术语、符号；3. 材料；4. 建筑设计；5. 结构设计的基本规定；6. 框支承玻璃幕墙结构设计；7. 全玻幕墙结构设计；8. 点支承玻璃幕墙结构设计；9. 加工制作；10. 安装施工；11. 工程验收；12. 保养和维修；13. 附录 A ~ 附录 C。

修订的主要内容是：1. 取消了本规范玻璃幕墙最大适用高度的限制，同时增加了玻璃幕墙高度大于 200m 或体型、风荷载环境复杂时，宜进行风洞试验确定风荷载的要求；2. 修订了玻璃幕墙风荷载计算、地震作用计算、作用效应组合等内容；3. 取消了有关温度作用效应计算的内容；4. 玻璃面板应力和挠度计算中，考虑了几何非线性的影响；5. 增加了中空玻璃和夹层玻璃面板的计算方法和有关规定；6. 增加了单元式幕墙设计、加工制作、安装施工的规定；7. 增加了点支承玻璃幕墙设计、制作、安装的规定；8. 修改、调整了正常使用极限状态下，玻璃幕墙构件的挠度验算和挠度控制条件；9. 修改了玻璃幕墙设计、安装、使用等环节的有关安全规定；10. 修改、调整了玻璃幕墙的有关构造设计规定。

本规范由建设部负责管理和对强制性条文的解释，由主编单位负责具体技术内容的解释。

本规范主编单位：中国建筑科学研究院（邮政编码：100013，地址：北京北三环东路 30 号）

本规范参加单位：中山市盛兴幕墙有限公司
沈阳远大铝业工程有限公司
深圳方大装饰工程有限公司
武汉凌云建筑装饰工程有限公司
深圳三鑫特种玻璃技术股份有限公司
深圳北方国际实业股份有限公司
东南大学
上海建筑设计研究院有限公司

广州白云粘胶厂
广东金刚玻璃科技股份有限公司
中国建筑材料科学研究院

本规范主要起草人：黄小坤　赵西安　姜清海
谈恒玉　龚万森　谢海状
彭海龙　胡忠明　冯　健
孙宝莲　王洪敏　黄庆文
李　涛　黄拥军　杨建军

1　总　　则

1.0.1　为使玻璃幕墙工程做到安全适用、技术先进、经济合理，制定本规范。

1.0.2　本规范适用于非抗震设计和抗震设防烈度为 6、7、8 度抗震设计的民用建筑玻璃幕墙工程的设计、制作、安装施工、工程验收，以及保养和维修。

1.0.3　在正常使用状态下，玻璃幕墙应具有良好的工作性能。抗震设计的幕墙，在多遇地震作用下应能正常使用；在设防烈度地震作用下经修理后应仍可使用；在罕遇地震作用下幕墙骨架不得脱落。

1.0.4　玻璃幕墙工程设计、制作和安装施工应实行全过程的质量控制。

1.0.5　玻璃幕墙工程的材料、设计、制作、安装施工及验收，除应符合本规范的规定外，尚应符合国家现行有关强制性标准的规定。

2　术语、符号

2.1　术　　语

2.1.1　建筑幕墙　building curtain wall
由支承结构体系与面板组成的、可相对主体结构有一定位移能力、不分担主体结构所受作用的建筑外围护结构或装饰性结构。

2.1.2　组合幕墙　composite curtain wall
由不同材料的面板（如玻璃、金属、石材等）组成的建筑幕墙。

2.1.3　玻璃幕墙　glass curtain wall
面板材料为玻璃的建筑幕墙。

2.1.4　斜玻璃幕墙　inclined building curtain wall
与水平面夹角大于 75°且小于 90°的玻璃幕墙。

2.1.5 框支承玻璃幕墙 frame supported glass curtain wall

玻璃面板周边由金属框架支承的玻璃幕墙。主要包括下列类型：

1 按幕墙形式，可分为：

1）明框玻璃幕墙 exposed frame supported glass curtain wall

金属框架的构件显露于面板外表面的框支承玻璃幕墙。

2）隐框玻璃幕墙 hidden frame supported glass curtain wall

金属框架的构件完全不显露于面板外表面的框支承玻璃幕墙。

3）半隐框玻璃幕墙 semi-hidden frame supported glass curtain wall

金属框架的竖向或横向构件显露于面板外表面的框支承玻璃幕墙。

2 按幕墙安装施工方法，可分为：

1）单元式玻璃幕墙 frame supported glass curtain wall assembled in prefabricated units

将面板和金属框架（横梁、立柱）在工厂组装为幕墙单元，以幕墙单元形式在现场完成安装施工的框支承玻璃幕墙。

2）构件式玻璃幕墙 frame supported glass curtain wall assembled in elements

在现场依次安装立柱、横梁和玻璃面板的框支承玻璃幕墙。

2.1.6 全玻幕墙 full glass curtain wall

由玻璃肋和玻璃面板构成的玻璃幕墙。

2.1.7 点支承玻璃幕墙 point-supported glass curtain wall

由玻璃面板、点支承装置和支承结构构成的玻璃幕墙。

2.1.8 支承装置 supporting device

玻璃面板与支承结构之间的连接装置。

2.1.9 支承结构 supporting structure

点支承玻璃幕墙中，通过支承装置支承玻璃面板的结构体系。

2.1.10 钢绞线 strand

由若干根钢丝绞捻而成的螺旋状钢丝束。

2.1.11 硅酮结构密封胶 structural silicone sealant

幕墙中用于板材与金属构架、板材与板材、板材与玻璃肋之间的结构用硅酮粘接材料，简称硅酮结构胶。

2.1.12 硅酮建筑密封胶 weather proofing silicone sealant

幕墙嵌缝用的硅酮密封材料，又称耐候胶。

2.1.13 双面胶带 double-faced adhesive tape

幕墙中用于控制结构胶位置和截面尺寸的双面涂胶的聚氨基甲酸乙酯或聚乙烯低泡材料。

2.1.14 双金属腐蚀 bimetallic corrosion

由不同的金属或其他电子导体作为电极而形成的电偶腐蚀。

2.1.15 相容性 compatibility

粘接密封材料之间或粘接密封材料与其他材料相互接触时，相互不产生有害物理、化学反应的性能。

2.2 符 号

2.2.1 材料力学性能

C20——表示立方体强度标准值为 $20N/mm^2$ 的混凝土强度等级；

E——材料弹性模量；

f——材料强度设计值；

f_a——铝合金强度设计值；

f_c——混凝土轴心抗压强度设计值；

f_g——玻璃强度设计值；

f_s——钢材强度设计值；

f_t——混凝土轴心抗拉强度设计值；

f_y——钢筋受拉强度设计值。

2.2.2 作用和作用效应

d_f——作用标准值引起的幕墙构件挠度值；

G_k——重力荷载标准值；

M——弯矩设计值；

M_x——绕 x 轴的弯矩设计值；

M_y——绕 y 轴的弯矩设计值；

N——轴力设计值；

P_{Ek}——平行于幕墙平面的集中地震作用标准值；

q_{Ek}——垂直于幕墙平面的水平地震作用标准值；

q_E——垂直于幕墙平面的水平地震作用设计值；

q_G——幕墙玻璃单位面积重力荷载设计值；

R——构件截面承载力设计值；

S——作用效应组合的设计值；

S_{Ek}——地震作用效应标准值；

S_{Gk}——永久荷载效应标准值；

S_{wk}——风荷载效应标准值；

V——剪力设计值；

w——风荷载设计值；

w_0——基本风压；

w_k——风荷载标准值；

σ_{wk}——风荷载作用下幕墙玻璃最大应力标准值；

σ_{Ek}——地震作用下幕墙玻璃最大应力标准值。

2.2.3　几何参数

a——矩形玻璃板材短边边长；

A——构件截面面积或毛截面面积；玻璃幕墙平面面积；

A_n——立柱净截面面积；

A_s——锚固钢筋总截面面积；

b——矩形玻璃板材长边边长；

c_s——硅酮结构密封胶的粘结宽度；

d——锚固钢筋直径；

l——跨度；

t——玻璃面板厚度；型材截面厚度；

t_s——硅酮结构密封胶粘结厚度；

W——毛截面抵抗矩；

W_n——净截面抵抗矩；

W_{nx}——绕 x 轴的净截面抵抗矩；

W_{ny}——绕 y 轴的净截面抵抗矩；

z——外层锚固钢筋中心线之间的距离。

2.2.4　系数

α——材料线膨胀系数；

α_{max}——水平地震影响系数最大值；

β_E——地震作用动力放大系数；

β_{gz}——阵风系数；

δ——硅酮结构密封胶的变位承受能力；

φ——稳定系数；

γ——塑性发展系数；

γ_0——结构构件重要性系数；

γ_g——材料自重标准值；

γ_E——地震作用分项系数；

γ_G——永久荷载分项系数；

γ_{RE}——结构构件承载力抗震调整系数；

γ_w——风荷载分项系数；

η——折减系数；

μ_s——风荷载体型系数；

μ_z——风压高度变化系数；

ν——材料泊松比；

ψ_E——地震作用效应的组合值系数；

ψ_W——风荷载作用效应的组合值系数。

2.2.5　其他

$d_{f,lim}$——构件挠度限值；

λ——长细比。

3　材　料

3.1　一般规定

3.1.1　玻璃幕墙用材料应符合国家现行标准的有关规定及设计要求。尚无相应标准的材料应符合设计要求，并应有出厂合格证。

3.1.2　玻璃幕墙应选用耐气候性的材料。金属材料和金属零配件除不锈钢及耐候钢外，钢材应进行表面热浸镀锌处理、无机富锌涂料处理或采取其他有效的防腐措施，铝合金材料应进行表面阳极氧化、电泳涂漆、粉末喷涂或氟碳漆喷涂处理。

3.1.3　玻璃幕墙材料宜采用不燃性材料或难燃性材料；防火密封构造应采用防火密封材料。

3.1.4　隐框和半隐框玻璃幕墙，其玻璃与铝型材的粘结必须采用中性硅酮结构密封胶；全玻幕墙和点支承幕墙采用镀膜玻璃时，不应采用酸性硅酮结构密封胶粘结。

3.1.5　硅酮结构密封胶和硅酮建筑密封胶必须在有效期内使用。

3.2　铝合金材料

3.2.1　玻璃幕墙采用铝合金材料的牌号所对应的化学成分应符合现行国家标准《变形铝及铝合金化学成分》GB/T 3190 的有关规定，铝合金型材质量应符合现行国家标准《铝合金建筑型材》GB/T 5237 的规定，型材尺寸允许偏差应达到高精级或超高精级。

3.2.2　铝合金型材采用阳极氧化、电泳涂漆、粉末喷涂、氟碳漆喷涂进行表面处理时，应符合现行国家标准《铝合金建筑型材》GB/T 5237 规定的质量要求，表面处理层的厚度应满足表 3.2.2 的要求。

表 3.2.2　铝合金型材表面处理层的厚度

表面处理方法		膜厚级别（涂层种类）	厚度 t（μm）	
			平均膜厚	局部膜厚
阳极氧化		不低于 AAl5	$t \geq 15$	$t \geq 12$
电泳涂漆	阳极氧化膜	B	$t \geq 10$	$t \geq 8$
	漆膜	B	—	$t \geq 7$
	复合膜	B	—	$t \geq 16$
粉末喷涂				$40 \leq t \leq 120$
氟碳喷涂			$t \geq 40$	$t \geq 34$

3.2.3 用穿条工艺生产的隔热铝型材，其隔热材料应使用 PA66GF25（聚酰胺 66＋25 玻璃纤维）材料，不得采用 PVC 材料。用浇注工艺生产的隔热铝型材，其隔热材料应使用 PUR（聚氨基甲酸乙酯）材料。连接部位的抗剪强度必须满足设计要求。

3.2.4 与玻璃幕墙配套用铝合金门窗应符合现行国家标准《铝合金门》GB/T 8478 和《铝合金窗》GB/T 8479 的规定。

3.2.5 与玻璃幕墙配套用附件及紧固件应符合下列现行国家标准的规定：

《地弹簧》GB/T 9296

《平开铝合金窗执手》GB/T 9298

《铝合金窗不锈钢滑撑》GB/T 9300

《铝合金门插销》GB/T 9297

《铝合金窗撑挡》GB/T 9299

《铝合金门窗拉手》GB/T 9301

《铝合金窗锁》GB/T 9302

《铝合金门锁》GB/T 9303

《闭门器》GB/T 9305

《推拉铝合金门窗用滑轮》GB/T 9304

《紧固件　螺栓和螺钉》GB/T 5277

《十字槽盘头螺钉》GB/T 818

《紧固件机械性能　螺栓　螺钉和螺柱》GB/T 3098.1

《紧固件机械性能　螺母　粗牙螺纹》GB/T 3098.2

《紧固件机械性能　螺母　细牙螺纹》GB/T 3098.4

《紧固件机械性能　螺栓　自攻螺钉》GB/T 3098.5

《紧固件机械性能　不锈钢螺栓　螺钉和螺柱》GB/T 3098.6

《紧固件机械性能　不锈钢螺母》GB/T 3098.15

3.3 钢　　材

3.3.1 玻璃幕墙用碳素结构钢和低合金结构钢的钢种、牌号和质量等级应符合下列现行国家标准和行业标准的规定：

《碳素结构钢》GB/T 700

《优质碳素结构钢》GB/T 699

《合金结构钢》GB/T 3077

《低合金高强度结构钢》GB/T 1591

《碳素结构钢和低合金结构钢热轧薄钢板及钢带》GB/T 912

《碳素结构钢和低合金结构钢热轧厚钢板及钢带》GB/T 3274

《结构用无缝钢管》JBJ 102

3.3.2 玻璃幕墙用不锈钢材宜采用奥氏体不锈钢，且含镍量不应小于 8%。不锈钢材应符合下列现行国家标准、行业标准的规定：

《不锈钢棒》GB/T 1220

《不锈钢冷加工棒》GB/T 4226

《不锈钢冷轧钢板》GB/T 3280

《不锈钢热轧钢带》YB/T 5090

《不锈钢热轧钢板》GB/T 4237

《不锈钢和耐热钢冷轧钢带》GB/T 4239

3.3.3 玻璃幕墙用耐候钢应符合现行国家标准《高耐候结构钢》GB/T 4171 及《焊接结构用耐候钢》GB/T 4172 的规定。

3.3.4 玻璃幕墙用碳素结构钢和低合金高强度结构钢应采取有效的防腐处理，当采用热浸镀锌防腐蚀处理时，锌膜厚度应符合现行国家标准《金属覆盖层钢铁制品热镀锌层技术要求》GB/T 13912 的规定。

3.3.5 支承结构用碳素钢和低合金高强度结构钢采用氟碳漆喷涂或聚氨酯漆喷涂时，涂膜的厚度不宜小于 $35\mu m$；在空气污染严重及海滨地区，涂膜厚度不宜小于 $45\mu m$。

3.3.6 点支承玻璃幕墙用的不锈钢绞线应符合现行国家标准《冷顶锻用不锈钢丝》GB/T 4232、《不锈钢丝》GB/T 4240、《不锈钢丝绳》GB/T 9944 的规定。

3.3.7 点支承玻璃幕墙采用的锚具，其技术要求可按国家现行标准《预应力筋用锚具、夹具和连接器》GB/T 14370 及《预应力筋用锚具、夹具和连接器应用技术规程》JGJ 85 的规定执行。

3.3.8 点支承玻璃幕墙的支承装置应符合现行行业标准《点支式玻璃幕墙支承装置》JG 138 的规定；全玻幕墙用的支承装置应符合现行行业标准《点支式玻璃幕墙支承装置》JG 138 和《吊挂式玻璃幕墙支承装置》JG 139 的规定。

3.3.9 钢材之间进行焊接时，应符合现行国家标准《建筑钢结构焊接规程》GB/T 8162、《碳钢焊条》GB/T 5117、《低合金钢焊条》GB/T 5118 以及现行行业标准《建筑钢结构焊接技术规程》JGJ 81 的规定。

3.4 玻　　璃

3.4.1 幕墙玻璃的外观质量和性能应符合下列现行国家标准、行业标准的规定：

《钢化玻璃》GB/T 9963

《幕墙用钢化玻璃与半钢化玻璃》GB/T 17841

《夹层玻璃》GB 9962

《中空玻璃》GB/T 11944

《浮法玻璃》GB 11614

《建筑用安全玻璃　防火玻璃》GB 15763.1

《着色玻璃》GB/T 18701

《镀膜玻璃 第一部分 阳光控制镀膜玻璃》GB/T 18915.1

《镀膜玻璃 第二部分 低辐射镀膜玻璃》GB/T 18915.2

3.4.2 玻璃幕墙采用阳光控制镀膜玻璃时，离线法生产的镀膜玻璃应采用真空磁控溅射法生产工艺；在线法生产的镀膜玻璃应采用热喷涂法生产工艺。

3.4.3 玻璃幕墙采用中空玻璃时，除应符合现行国家标准《中空玻璃》GB/T 11944 的有关规定外，尚应符合下列规定：

1 中空玻璃气体层厚度不应小于 9mm；

2 中空玻璃应采用双道密封。一道密封应采用丁基热熔密封胶。隐框、半隐框及点支承玻璃幕墙用中空玻璃的二道密封应采用硅酮结构密封胶；明框玻璃幕墙用中空玻璃的二道密封宜采用聚硫类中空玻璃密封胶，也可采用硅酮密封胶。二道密封应采用专用打胶机进行混合、打胶；

3 中空玻璃的间隔铝框可采用连续折弯型或插角型，不得使用热熔型间隔胶条。间隔铝框中的干燥剂宜采用专用设备装填；

4 中空玻璃加工过程应采取措施，消除玻璃表面可能产生的凹、凸现象。

3.4.4 幕墙玻璃应进行机械磨边处理，磨轮的目数应在 180 目以上。点支承幕墙玻璃的孔、板边缘均应进行磨边和倒棱，磨边宜细磨，倒棱宽度不宜小于 1mm

3.4.5 钢化玻璃宜经过二次热处理。

3.4.6 玻璃幕墙采用夹层玻璃时，应采用干法加工合成，其夹片宜采用聚乙烯醇缩丁醛（PVB）胶片；夹层玻璃合片时，应严格控制温、湿度。

3.4.7 玻璃幕墙采用单片低辐射镀膜玻璃时，应使用在线热喷涂低辐射镀膜玻璃；离线镀膜的低辐射镀膜玻璃宜加工成中空玻璃使用，且镀膜面应朝向中空气体层。

3.4.8 有防火要求的幕墙玻璃，应根据防火等级要求，采用单片防火玻璃或其制品。

3.4.9 玻璃幕墙的采光用彩釉玻璃，釉料宜采用丝网印刷。

3.5 建筑密封材料

3.5.1 玻璃幕墙的橡胶制品，宜采用三元乙丙橡胶、氯丁橡胶及硅橡胶。

3.5.2 密封胶条应符合国家现行标准《建筑橡胶密封垫预成型实心硫化的结构密封垫用材料规范》HB/T 3099 及《工业用橡胶板》GB/T 5574 的规定。

3.5.3 中空玻璃第一道密封用丁基热熔密封胶，应符合现行行业标准《中空玻璃用丁基热熔密封胶》JC/T 914 的规定。不承受荷载的第二道密封胶应符合现行行业标准《中空玻璃用弹性密封胶》JC/T 486 的规定；隐框或半隐框玻璃幕墙用中空玻璃的第二道密封胶除应符合《中空玻璃用弹性密封胶》JC/T 486 的规定外，尚应符合本规范第 3.6 节的有关规定。

3.5.4 玻璃幕墙的耐候密封应采用硅酮建筑密封胶；点支承幕墙和全玻璃幕墙使用非镀膜玻璃时，其耐候密封可采用酸性硅酮建筑密封胶，其性能应符合国家现行标准《幕墙玻璃接缝用密封胶》JC/T 882 的规定。夹层玻璃板缝间的密封，宜采用中性硅酮建筑密封胶。

3.6 硅酮结构密封胶

3.6.1 幕墙用中性硅酮结构密封胶及酸性硅酮结构密封胶的性能，应符合现行国家标准《建筑用硅酮结构密封胶》GB 16776 的规定。

3.6.2 硅酮结构密封胶使用前，应经国家认可的检测机构进行与其相接触材料的相容性和剥离粘结性试验，并应对邵氏硬度、标准状态拉伸粘结性能进行复验。检验不合格的产品不得使用。进口硅酮结构密封胶应具有商检报告。

3.6.3 硅酮结构密封胶生产商应提供其结构胶的变位承受能力数据和质量保证书。

3.7 其他材料

3.7.1 与单组分硅酮结构密封胶配合使用的低发泡间隔双面胶带，应具有透气性。

3.7.2 玻璃幕墙宜采用聚乙烯泡沫棒作填充材料，其密度不应大于 37kg/m³。

3.7.3 玻璃幕墙的隔热保温材料，宜采用岩棉、矿棉、玻璃棉、防火板等不燃或难燃材料。

4 建 筑 设 计

4.1 一 般 规 定

4.1.1 玻璃幕墙应根据建筑物的使用功能、立面设计，经综合技术经济分析，选择其型式、构造和材料。

4.1.2 玻璃幕墙应与建筑物整体及周围环境相协调。

4.1.3 玻璃幕墙立面的分格宜与室内空间组合相适应，不宜妨碍室内功能和视觉。在确定玻璃板块尺寸时，应有效提高玻璃原片的利用率，同时应适应钢化、镀膜、夹层等生产设备的加工能力。

4.1.4 幕墙中的玻璃板块应便于更换。

4.1.5 幕墙开启窗的设置，应满足使用功能和立面效果要求，并应启闭方便，避免设置在梁、柱、隔墙等位置。开启扇的开启角度不宜大于 30°，开启距离不宜大于 300mm。

4.1.6 玻璃幕墙应便于维护和清洁。高度超过 40m 的幕墙工程宜设置清洗设备。

4.2 性能和检测要求

4.2.1 玻璃幕墙的性能设计应根据建筑物的类别、高度、体型以及建筑物所在地的地理、气候、环境等条件进行。

4.2.2 玻璃幕墙的抗风压、气密、水密、保温、隔声等性能分级，应符合现行国家标准《建筑幕墙物理性能分级》GB/T 15225 的规定。

4.2.3 幕墙抗风压性能应满足在风荷载标准值作用下，其变形不超过规定值，并且不发生任何损坏。

4.2.4 有采暖、通风、空气调节要求时，玻璃幕墙的气密性能不应低于 3 级。

4.2.5 玻璃幕墙的水密性能可按下列方法设计：

1 受热带风暴和台风袭击的地区，水密性设计取值可按下式计算，且固定部分取值不宜小于 1000Pa；

$$P = 1000\mu_z\mu_s w_0 \qquad (4.2.5)$$

式中 P——水密性设计取值（Pa）；

w_0——基本风压（kN/m²）；

μ_z——风压高度变化系数；

μ_s——体型系数，可取 1.2。

2 其他地区，水密性可按第 1 款计算值的 75% 进行设计，且固定部分取值不宜低于 700Pa；

3 可开启部分水密性等级宜与固定部分相同。

4.2.6 玻璃幕墙平面内变形性能，非抗震设计时，应按主体结构弹性层间位移角限值进行设计；抗震设计时，应按主体结构弹性层间位移角限值的 3 倍进行设计。玻璃与铝框的配合尺寸尚应符合本规范第 9.5.2 条和 9.5.3 条的要求。

4.2.7 有保温要求的玻璃幕墙应采用中空玻璃，必要时采用隔热铝合金型材；有隔热要求的玻璃幕墙宜设计适宜的遮阳装置或采用遮阳型玻璃。

4.2.8 玻璃幕墙的隔声性能设计应根据建筑物的使用功能和环境条件进行。

4.2.9 玻璃幕墙应采用反射比不大于 0.30 的幕墙玻璃，对有采光功能要求的玻璃幕墙，其采光折减系数不宜低于 0.20。

4.2.10 玻璃幕墙性能检测项目，应包括抗风压性能、气密性能和水密性能，必要时可增加平面内变形性能及其他性能检测。

4.2.11 玻璃幕墙的性能检测，应由国家认可的检测机构实施。检测试件的材质、构造、安装施工方法应与实际工程相同。

4.2.12 幕墙性能检测中，由于安装缺陷使某项性能未达到规定要求时，允许在改进安装工艺、修补缺陷后重新检测。检测报告中应叙述改进的内容，幕墙工程施工时应按改进后的安装工艺实施；由于设计或材料缺陷导致幕墙性能检测未达到规定值域时，应停止检测，修改设计或更换材料后，重新制作试件，另行检测。

4.3 构造设计

4.3.1 玻璃幕墙的构造设计，应满足安全、实用、美观的原则，并应便于制作、安装、维修保养和局部更换。

4.3.2 明框玻璃幕墙的接缝部位、单元式玻璃幕墙的组件对插部位以及幕墙开启部位，宜按雨幕原理进行构造设计。对可能渗入雨水和形成冷凝水的部位，应采取导排构造措施。

4.3.3 玻璃幕墙的非承重胶缝应采用硅酮建筑密封胶。开启扇的周边缝隙宜采用氯丁橡胶、三元乙丙橡胶或硅橡胶密封条制品密封。

4.3.4 有雨篷、压顶及其他突出玻璃幕墙墙面的建筑构造时，应完善其结合部位的防、排水构造设计。

4.3.5 玻璃幕墙应选用具有防潮性能的保温材料或采取隔汽、防潮构造措施。

4.3.6 单元式玻璃幕墙，单元间采用对插式组合构件时，纵横缝相交处应采取防渗漏封口构造措施。

4.3.7 幕墙的连接部位，应采取措施防止产生摩擦噪声。构件式幕墙的立柱与横梁连接处应避免刚性接触，可设置柔性垫片或预留 1~2mm 的间隙，间隙内填胶；隐框幕墙采用挂钩式连接固定玻璃组件时，挂钩接触面宜设置柔性垫片。

4.3.8 除不锈钢外，玻璃幕墙中不同金属材料接触处，应合理设置绝缘垫片或采取其他防腐蚀措施。

4.3.9 幕墙玻璃之间的拼接胶缝宽度应能满足玻璃和胶的变形要求，并不宜小于 10mm。

4.3.10 幕墙玻璃表面周边与建筑内、外装饰物之间的缝隙不宜小于 5mm，可采用柔性材料嵌缝。全玻幕墙玻璃尚应符合本规范第 7.1.6 条的规定。

4.3.11 明框幕墙玻璃下边缘与下边框槽底之间应

采用硬橡胶垫块衬托，垫块数量应为 2 个，厚度不应小于 5mm，每块长度不应小于 100mm。

4.3.12 明框幕墙的玻璃边缘至边框槽底的间隙应符合下式要求：

$$2c_1\left(1 + \frac{l_1}{l_2} \times \frac{c_2}{c_1}\right) \geq u_{lim} \qquad (4.3.12)$$

式中 u_{lim}——由主体结构层间位移引起的分格框的变形限值（mm）；

l_1——矩形玻璃板块竖向边长（mm）；

l_2——矩形玻璃板块横向边长（mm）；

c_1——玻璃与左、右边框的平均间隙（mm），取值时应考虑 1.5mm 的施工偏差；

c_2——玻璃与上、下边框的平均间隙（mm），取值时应考虑 1.5mm 的施工偏差。

注：非抗震设计时，u_{lim} 应根据主体结构弹性层间位移角限值确定；抗震设计时，u_{lim} 应根据主体结构弹性层间位移角限值的 3 倍确定。

4.3.13 玻璃幕墙的单元板块不应跨越主体建筑的变形缝，其与主体建筑变形缝相对应的构造缝的设计，应能够适应主体建筑变形的要求。

4.4 安 全 规 定

4.4.1 框支承玻璃幕墙，宜采用安全玻璃。

4.4.2 点支承玻璃幕墙的面板玻璃应采用钢化玻璃。

4.4.3 采用玻璃肋支承的点支承玻璃幕墙，其玻璃肋应采用钢化夹层玻璃。

4.4.4 人员流动密度大、青少年或幼儿活动的公共场所以及使用中容易受到撞击的部位，其玻璃幕墙应采用安全玻璃；对使用中容易受到撞击的部位，尚应设置明显的警示标志。

4.4.5 当与玻璃幕墙相邻的楼面外缘无实体墙时，应设置防撞设施。

4.4.6 玻璃幕墙的防火设计应符合现行国家标准《建筑设计防火规范》GB 50016 的有关规定；高层建筑玻璃幕墙的防火设计尚应符合现行国家标准《高层民用建筑设计防火规范》GB 50045 的有关规定。

4.4.7 玻璃幕墙与其周边防火分隔构件间的缝隙、与楼板或隔墙外沿间的缝隙、与实体墙面洞口边缘间的缝隙等，应进行防火封堵设计。

4.4.8 玻璃幕墙的防火封堵构造系统，在正常使用条件下，应具有伸缩变形能力、密封性和耐久性；在遇火状态下，应在规定的耐火极限内，不发生开裂或脱落，保持相对稳定性。

4.4.9 玻璃幕墙防火封堵构造系统的填充料及其保护性面层材料，应采用耐火极限符合设计要求的不燃烧材料或难燃烧材料。

4.4.10 无窗槛墙的玻璃幕墙，应在每层楼板外沿设置耐火极限不低于 1.0h、高度不低于 0.8m 的不燃烧实体裙墙或防火玻璃裙墙。

4.4.11 玻璃幕墙与各层楼板、隔墙外沿间的缝隙，当采用岩棉或矿棉封堵时，其厚度不应小于 100mm，并应填充密实；楼层间水平防烟带的岩棉或矿棉宜采用厚度不小于 1.5mm 的镀锌钢板承托；承托板与主体结构、幕墙结构及承托板之间的缝隙宜填充防火密封材料。当建筑要求防火分区间设置通透隔断时，可采用防火玻璃，其耐火极限应符合设计要求。

4.4.12 同一幕墙玻璃单元，不宜跨越建筑物的两个防火分区。

4.4.13 玻璃幕墙的防雷设计应符合国家现行标准《建筑防雷设计规范》GB 50057 和《民用建筑电气设计规范》JGJ/T 16 的有关规定。幕墙的金属框架应与主体结构的防雷体系可靠连接，连接部位应清除非导电保护层。

5 结构设计的基本规定

5.1 一 般 规 定

5.1.1 玻璃幕墙应按围护结构设计。

5.1.2 玻璃幕墙应具有足够的承载能力、刚度、稳定性和相对于主体结构的位移能力。采用螺栓连接的幕墙构件，应有可靠的防松、防滑措施；采用挂接或插接的幕墙构件，应有可靠的防脱、防滑措施。

5.1.3 玻璃幕墙结构设计应计算下列作用效应：

　　1 非抗震设计时，应计算重力荷载和风荷载效应；

　　2 抗震设计时，应计算重力荷载、风荷载和地震作用效应。

5.1.4 玻璃幕墙结构，可按弹性方法分别计算施工阶段和正常使用阶段的作用效应，并应按本规范第 5.4 节的规定进行作用效应的组合。

5.1.5 玻璃幕墙构件应按各效应组合中的最不利组合进行设计。

5.1.6 幕墙结构构件应按下列规定验算承载力和挠度：

　　1 无地震作用效应组合时，承载力应符合下式

要求：

$$\gamma_0 S \leqslant R \qquad (5.1.6-1)$$

2 有地震作用效应组合时，承载力应符合下式要求：

$$S_E \leqslant R/\gamma_{RE} \qquad (5.1.6-2)$$

式中 S——荷载效应按基本组合的设计值；

　　S_E——地震作用效应和其他荷载效应按基本组合的设计值；

　　R——构件抗力设计值；

　　γ_0——结构构件重要性系数，应取不小于 1.0；

　　γ_{RE}——结构构件承载力抗震调整系数，应取 1.0。

3 挠度应符合下式要求：

$$d_f \leqslant d_{f,lim} \qquad (5.1.6-3)$$

式中 d_f——构件在风荷载标准值或永久荷载标准值作用下产生的挠度值；

　　$d_{f,lim}$——构件挠度限值。

4 双向受弯的杆件，两个方向的挠度应分别符合本条第 3 款的规定。

5.1.7 框支承玻璃幕墙中，当面板相对于横梁有偏心时，框架设计时应考虑重力荷载偏心产生的不利影响。

5.2 材料力学性能

5.2.1 玻璃的强度设计值应按表 5.2.1 的规定采用。

表 5.2.1 玻璃的强度设计值 f_g（N/mm²）

种类	厚度（mm）	大面	侧面
普通玻璃	5	28.0	19.5
浮法玻璃	5～12	28.0	19.5
	15～19	24.0	17.0
	≥20	20.0	14.0
钢化玻璃	5～12	84.0	58.8
	15～19	72.0	50.4
	≥20	59.0	41.3

注：1 夹层玻璃和中空玻璃的强度设计值可按所采用的玻璃类型确定；

　　2 当钢化玻璃的强度标准值达不到浮法玻璃强度标准值的 3 倍时，表中数值应根据实测结果予以调整；

　　3 半钢化玻璃强度设计值可取浮法玻璃强度设计值的 2 倍。当半钢化玻璃的强度标准值达不到浮法玻璃强度标准值的 2 倍时，其设计值应根据实测结果予以调整；

　　4 侧面指玻璃切割后的断面，其宽度为玻璃厚度。

5.2.2 铝合金型材的强度设计值应按表 5.2.2 的规定采用。

表 5.2.2 铝合金型材的强度设计值 f_a（N/mm²）

铝合金牌号	状态	壁厚（mm）	强度设计值 f_a		
			抗拉、抗压	抗剪	局部承压
6061	T4	不区分	85.5	49.6	133.0
	T6	不区分	190.5	110.5	199.0
6063	T5	不区分	85.5	49.6	120.0
	T6	不区分	140.0	81.2	161.0
6063A	T5	≤10	124.4	72.2	150.0
		>10	116.6	67.6	141.5
	T6	≤10	147.7	85.7	172.0
		>10	140.0	81.2	163.0

5.2.3 钢材的强度设计值应按现行国家标准《钢结构设计规范》GB 50017 的规定采用，也可按表 5.2.3 采用。

表 5.2.3 钢材的强度设计值 f_s（N/mm²）

钢材牌号	厚度或直径 d(mm)	抗拉、抗压、抗弯	抗剪	端面承压
Q235	$d \leqslant 16$	215	125	325
	$16 < d \leqslant 40$	205	120	
	$40 < d \leqslant 60$	200	115	
Q345	$d \leqslant 16$	310	180	400
	$16 < d \leqslant 35$	295	170	
	$35 < d \leqslant 50$	265	155	

注：表中厚度是指计算点的钢材厚度；对轴心受力构件是指截面中较厚板件的厚度。

5.2.4 不锈钢材料的抗拉、抗压强度设计值 f_s 应按其屈服强度标准值 $\sigma_{0.2}$ 除以系数 1.15 采用，其抗剪强度设计值可按其抗拉强度设计值的 0.58 倍采用。

5.2.5 点支承玻璃幕墙中，张拉杆、索的强度设计值应按下列规定采用：

1 不锈钢拉杆的抗拉强度设计值应按其屈服强度标准值 $\sigma_{0.2}$ 除以系数 1.4 采用；

2 高强钢绞线或不锈钢绞线的抗拉强度设计值应按其极限抗拉承载力标准值除以系数 1.8，并按其等效截面面积换算后采用。当已知钢绞线的极限抗拉承载力标准值时，其抗拉承载力设计值应取该值除以系数 1.8 采用；

3 拉杆和拉索的不锈钢锚固件、连接件的抗拉和抗压强度设计值可按本规范第 5.2.4 条的规定采用。

5.2.6 耐候钢强度设计值应按本规范附录 A 采用。

5.2.7 钢结构连接强度设计值应按本规范附录 B 采用。

5.2.8 玻璃幕墙材料的弹性模量可按表 5.2.8 的规定采用。

表 5.2.8 材料的弹性模量 E（N/mm²）

材料	E	材料	E
玻璃	0.72×10^5	不锈钢绞线	$1.20 \times 10^5 \sim 1.50 \times 10^5$
铝合金	0.70×10^5	高强钢绞线	1.95×10^5
钢、不锈钢	2.06×10^5	钢丝绳	$0.80 \times 10^5 \sim 1.00 \times 10^5$
消除应力的高强钢丝	2.05×10^5	注：钢绞线弹性模量可按实测值采用。	

5.2.9 玻璃幕墙材料的泊松比可按表 5.2.9 的规定采用。

表 5.2.9 材料的泊松比 ν

材料	ν	材料	ν
玻璃	0.20	钢、不锈钢	0.30
铝合金	0.33	高强钢丝、钢绞线	0.30

5.2.10 玻璃幕墙材料的线膨胀系数可按表 5.2.10 的规定采用。

表 5.2.10 材料的线膨胀系数 α（1/°C）

材料	α	材料	α
玻璃	$0.80 \times 10^{-5} \sim 1.00 \times 10^{-5}$	不锈钢板	1.80×10^{-5}
铝合金	2.35×10^{-5}	混凝土	1.00×10^{-5}
钢材	1.20×10^{-5}	砖砌体	0.50×10^{-5}

5.3 荷载和地震作用

5.3.1 玻璃幕墙材料的重力密度标准值可按表 5.3.1 的规定采用。

表 5.3.1 材料的重力密度 γ_g（kN/m³）

材料	γ_g	材料	γ_g
普通玻璃、夹层玻璃、钢化玻璃、半钢化玻璃	25.6	矿棉	$1.2 \sim 1.5$
		玻璃棉	$0.5 \sim 1.0$
钢材	78.5	岩棉	$0.5 \sim 2.5$
铝合金	28.0		

5.3.2 玻璃幕墙的风荷载标准值应按下式计算，并且不应小于 1.0kN/m²。

$$w_k = \beta_{gz} \mu_s \mu_z w_0 \qquad (5.3.2)$$

式中 w_k——风荷载标准值（kN/m²）；

β_{gz}——阵风系数，应按现行国家标准《建筑结构荷载规范》GB 50009 的规定采用；

μ_s——风荷载体型系数，应按现行国家标准《建筑结构荷载规范》GB 50009 的规定采用；

μ_z——风压高度变化系数，应按现行国家标准《建筑结构荷载规范》GB 50009 的规定采用；

w_0——基本风压（kN/m²），应按现行国家标准《建筑结构荷载规范》GB 50009 的规定采用。

5.3.3 玻璃幕墙的风荷载标准值可按风洞试验结果确定；玻璃幕墙高度大于 200m 或体型、风荷载环境复杂时，宜进行风洞试验确定风荷载。

5.3.4 垂直于玻璃幕墙平面的分布水平地震作用标准值可按下式计算：

$$q_{Ek} = \beta_E \alpha_{max} G_k / A \qquad (5.3.4)$$

式中 q_{Ek}——垂直于玻璃幕墙平面的分布水平地震作用标准值（kN/m²）；

β_E——动力放大系数，可取 5.0；

α_{max}——水平地震影响系数最大值，应按表 5.3.4 采用；

G_k——玻璃幕墙构件（包括玻璃面板和铝框）的重力荷载标准值（kN）；

A——玻璃幕墙平面面积（m²）。

表 5.3.4 水平地震影响系数最大值 α_{max}

抗震设防烈度	6 度	7 度	8 度
α_{max}	0.04	0.08（0.12）	0.16（0.24）

注：7、8 度时括号内数值分别用于设计基本地震加速度为 0.15g 和 0.30g 的地区。

5.3.5 平行于玻璃幕墙平面的集中水平地震作用标准值可按下式计算：

$$P_{Ek} = \beta_E \alpha_{max} G_k \qquad (5.3.5)$$

式中 P_{Ek}——平行于玻璃幕墙平面的集中水平地震作用标准值（kN）。

5.3.6 幕墙的支承结构以及连接件、锚固件所承受的地震作用标准值，应包括玻璃幕墙构件传来的地震作用标准值和其自身重力荷载标准值产生的地震作用标准值。

5.4　作用效应组合

5.4.1　幕墙构件承载力极限状态设计时，其作用效应的组合应符合下列规定：

　　1　无地震作用效应组合时，应按下式进行：

$$S = \gamma_G S_{Gk} + \psi_w \gamma_w S_{wk} \quad (5.4.1-1)$$

　　2　有地震作用效应组合时，应按下式进行：

$$S = \gamma_G S_{Gk} + \psi_w \gamma_w S_{wk} + \psi_E \gamma_E S_{Ek} \quad (5.4.1-2)$$

式中　S——作用效应组合的设计值；

　　　　S_{Gk}——永久荷载效应标准值；

　　　　S_{wk}——风荷载效应标准值；

　　　　S_{Ek}——地震作用效应标准值；

　　　　γ_G——永久荷载分项系数；

　　　　γ_w——风荷载分项系数；

　　　　γ_E——地震作用分项系数；

　　　　ψ_w——风荷载的组合值系数；

　　　　ψ_E——地震作用的组合值系数。

5.4.2　进行幕墙构件的承载力设计时，作用分项系数应按下列规定取值：

　　1　一般情况下，永久荷载、风荷载和地震作用的分项系数 γ_G、γ_w、γ_E 应分别取 1.2、1.4 和 1.3；

　　2　当永久荷载的效应起控制作用时，其分项系数 γ_G 应取 1.35；此时，参与组合的可变荷载效应仅限于竖向荷载效应；

　　3　当永久荷载的效应对构件有利时，其分项系数 γ_G 的取值不应大于 1.0。

5.4.3　可变作用的组合值系数应按下列规定采用：

　　1　一般情况下，风荷载的组合值系数 ψ_w 应取 1.0，地震作用的组合值系数 ψ_E 应取 0.5；

　　2　对水平倒挂玻璃及其框架，可不考虑地震作用效应的组合，风荷载的组合值系数 ψ_w 应取 1.0（永久荷载的效应不起控制作用时）或 0.6（永久荷载的效应起控制作用时）。

5.4.4　幕墙构件的挠度验算时，风荷载分项系数 γ_w 和永久荷载分项系数 γ_G 均应取 1.0，且可不考虑作用效应的组合。

5.5　连　接　设　计

5.5.1　主体结构或结构构件，应能够承受幕墙传递的荷载和作用。连接件与主体结构的锚固承载力设计值应大于连接件本身的承载力设计值。

5.5.2　玻璃幕墙构件连接处的连接件、焊缝、螺栓、铆钉设计，应符合国家现行标准《钢结构设计规范》GB 50017 和《高层民用建筑钢结构技术规程》JGJ 99 的有关规定。连接处的受力螺栓、铆钉不

应少于 2 个。

5.5.3　框支承玻璃幕墙的立柱宜悬挂在主体结构上。

5.5.4　玻璃幕墙立柱与主体混凝土结构应通过预埋件连接，预埋件应在主体结构混凝土施工时埋入，预埋件的位置应准确；当没有条件采用预埋件连接时，应采用其他可靠的连接措施，并通过试验确定其承载力。

5.5.5　由锚板和对称配置的锚固钢筋所组成的受力预埋件，可按本规范附录 C 的规定进行设计。

5.5.6　槽式预埋件的预埋钢板及其他连接措施，应按照现行国家标准《钢结构设计规范》GB 50017 的有关规定进行设计，并宜通过试验确认其承载力。

5.5.7　玻璃幕墙构架与主体结构采用后加锚栓连接时，应符合下列规定：

　　1　产品应有出厂合格证；

　　2　碳素钢锚栓应经过防腐处理；

　　3　应进行承载力现场试验，必要时应进行极限拉拔试验；

　　4　每个连接节点不应少于 2 个锚栓；

　　5　锚栓直径应通过承载力计算确定，并不应小于 10mm；

　　6　不宜在与化学锚栓接触的连接件上进行焊接操作；

　　7　锚栓承载力设计值不应大于其极限承载力的50%。

5.5.8　幕墙与砌体结构连接时，宜在连接部位的主体结构上增设钢筋混凝土或钢结构梁、柱。轻质填充墙不应作为幕墙的支承结构。

5.6　硅酮结构密封胶设计

5.6.1　硅酮结构密封胶的粘接宽度应符合本规范第5.6.3 或 5.6.4 条的规定，且不应小于 7mm；其粘接厚度应符合本规范第 5.6.5 条的规定，且不应小于 6mm。硅酮结构密封胶的粘接宽度宜大于厚度，但不宜大于厚度的 2 倍。隐框玻璃幕墙的硅酮结构密封胶的粘接厚度不应大于 12mm。

5.6.2　硅酮结构密封胶应根据不同的受力情况进行承载力极限状态验算。在风荷载、水平地震作用下，硅酮结构密封胶的拉应力或剪应力设计值不应大于其强度设计值 f_1，f_1 应取 0.2N/mm²；在永久荷载作用下，硅酮结构密封胶的拉应力或剪应力设计值不应大于其强度设计值 f_2，f_2 应取 0.01N/mm²。

5.6.3　竖向隐框、半隐框玻璃幕墙中玻璃和铝框之间硅酮结构密封胶的粘接宽度 c_s，应按根据受力情

况分别按下列规定计算。非抗震设计时，可取第1、3款计算的较大值；抗震设计时，可取第2、3款计算的较大值。

1 在风荷载作用下，粘接宽度 c_s 应按下式计算：

$$c_s = \frac{wa}{2000f_1} \qquad (5.6.3-1)$$

式中 c_s——硅酮结构密封胶的粘接宽度（mm）；

w——作用在计算单元上的风荷载设计值（kN/m^2）；

a——矩形玻璃板的短边长度（mm）；

f_1——硅酮结构密封胶在风荷载或地震作用下的强度设计值，取 $0.2N/mm^2$。

2 在风荷载和水平地震作用下，粘接宽度 c_s 应按下式计算：

$$c_s = \frac{(w+0.5q_E)a}{2000f_1} \qquad (5.6.3-2)$$

式中 q_E——作用在计算单元上的地震作用设计值（kN/m^2）。

3 在玻璃永久荷载作用下，粘接宽度 c_s 应按下式计算：

$$c_s = \frac{q_G ab}{2000(a+b)f_2} \qquad (5.6.3-3)$$

式中 q_G——幕墙玻璃单位面积重力荷载设计值（kN/m^2）；

a、b——分别为矩形玻璃板的短边和长边长度（mm）；

f_2——硅酮结构密封胶在永久荷载作用下的强度设计值，取 $0.01N/mm^2$。

5.6.4 水平倒挂的隐框、半隐框玻璃和铝框之间硅酮结构密封胶的粘接宽度 c_s 应按下式计算：

$$c_s = \frac{wa}{2000f_1} + \frac{q_G a}{2000f_2} \qquad (5.6.4)$$

5.6.5 硅酮结构密封胶的粘接厚度 t_s（图5.6.5）应符合公式（5.6.5-1）的要求。

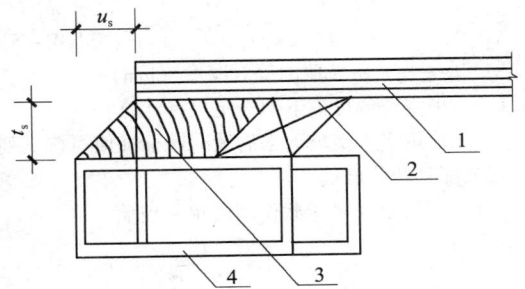

图 5.6.5 硅酮结构密封胶粘接厚度示意
1—玻璃；2—垫条；3—硅酮结构密封胶；4—铝合金框

$$t_s \geqslant \frac{u_s}{\sqrt{\delta(2+\delta)}} \qquad (5.6.5-1)$$

$$u_s = \theta h_g \qquad (5.6.5-2)$$

式中 t_s——硅酮结构密封胶的粘接厚度（mm）；

u_s——幕墙玻璃的相对于铝合金框的位移（mm），由主体结构侧移产生的相对位移可按（5.6.5-2）式计算，必要时还应考虑温度变化产生的相对位移；

θ——风荷载标准值作用下主体结构的楼层弹性层间位移角限值（rad）；

h_g——玻璃面板高度（mm），取其边长 a 或 b；

δ——硅酮结构密封胶的变位承受能力，取对应于其受拉应力为 $0.14N/mm^2$ 时的伸长率。

5.6.6 隐框或横向半隐框玻璃幕墙，每块玻璃的下端宜设置两个铝合金或不锈钢托条，托条应能承受该分格玻璃的重力荷载作用，且其长度不应小于100mm、厚度不应小于2mm、高度不应超出玻璃外表面。托条上应设置衬垫。

6 框支承玻璃幕墙结构设计

6.1 玻 璃

6.1.1 框支承玻璃幕墙单片玻璃的厚度不应小于6mm，夹层玻璃的单片厚度不宜小于5mm。夹层玻璃和中空玻璃的单片玻璃厚度相差不宜大于3mm。

6.1.2 单片玻璃在垂直于玻璃幕墙平面的风荷载和地震力作用下，玻璃截面最大应力应符合下列规定：

1 最大应力标准值可按考虑几何非线性的有限元方法计算，也可按下列公式计算：

$$\sigma_{wk} = \frac{6mw_k a^2}{t^2}\eta \qquad (6.1.2-1)$$

$$\sigma_{Ek} = \frac{6mq_{Ek}a^2}{t^2}\eta \qquad (6.1.2-2)$$

$$\theta = \frac{w_k a^4}{Et^4} \text{ 或 } \theta = \frac{(w_k+0.5q_{Ek})a^4}{Et^4}$$

$$(6.1.2-3)$$

式中 θ——参数；

σ_{wk}、σ_{Ek}——分别为风荷载、地震作用下玻璃截面的最大应力标准值（N/mm^2）；

w_k、q_{Ek}——分别为垂直于玻璃幕墙平面的风荷载、地震作用标准值（N/mm^2）；

a——矩形玻璃板材短边边长（mm）；

t——玻璃的厚度（mm）;

E——玻璃的弹性模量（N/mm^2）;

m——弯矩系数，可由玻璃板短边与长边边长之比 a/b 按表6.1.2－1采用;

η——折减系数，可由参数 θ 按表6.1.2－2采用。

表6.1.2－1　四边支承玻璃板的弯矩系数 m

a/b	0.00	0.25	0.33	0.40	0.50	0.55	0.60	0.65
m	0.1250	0.1230	0.1180	0.1115	0.1000	0.0934	0.0868	0.0804
a/b	0.70	0.75	0.80	0.85	0.90	0.95	1.0	
m	0.0742	0.0683	0.0628	0.0576	0.0528	0.0483	0.0442	

表6.1.2－2　折减系数 η

θ	≤5.0	10.0	20.0	40.0	60.0	80.0	100.0
η	1.00	0.96	0.92	0.84	0.78	0.73	0.68
θ	120.0	150.0	200.0	250.0	300.0	350.0	≥400.0
η	0.65	0.61	0.57	0.54	0.52	0.51	0.50

2 最大应力设计值应按本规范第5.4.1条的规定进行组合;

3 最大应力设计值不应超过玻璃大面强度设计值 f_g。

6.1.3 单片玻璃在风荷载作用下的跨中挠度，应符合下列规定:

1 单片玻璃的刚度 D 可按下式计算:

$$D = \frac{Et^3}{12(1-\nu^2)} \qquad (6.1.3-1)$$

式中　D——玻璃的刚度（Nmm）;

t——玻璃的厚度（mm）;

ν——泊松比，可按本规范第5.2.9条采用。

2 玻璃跨中挠度可按考虑几何非线性的有限元方法计算，也可按下式计算:

$$d_f = \frac{\mu w_k a^4}{D}\eta \qquad (6.1.3-2)$$

式中　d_f——在风荷载标准值作用下挠度最大值（mm）;

w_k——垂直于玻璃幕墙平面的风荷载标准值（N/mm^2）;

μ——挠度系数，可由玻璃板短边与长边边长之比 a/b 按表6.1.3采用;

η——折减系数，可按本规范表6.1.2－2采用。

3 在风荷载标准值作用下，四边支承玻璃的挠度限值 $d_{f,lim}$ 宜按其短边边长的1/60采用。

表6.1.3　四边支承板的挠度系数 μ

a/b	0.00	0.20	0.25	0.33	0.50
μ	0.01302	0.01297	0.01282	0.01223	0.01013
a/b	0.55	0.60	0.65	0.70	0.75
μ	0.00940	0.00867	0.00796	0.00727	0.00663
a/b	0.80	0.85	0.90	0.95	1.00
μ	0.00603	0.00547	0.00496	0.00449	0.00406

6.1.4 夹层玻璃可按下列规定进行计算:

1 作用于夹层玻璃上的风荷载和地震作用可按下列公式分配到两片玻璃上:

$$w_{k1} = w_k \frac{t_1^3}{t_1^3 + t_2^3} \qquad (6.1.4-1)$$

$$w_{k2} = w_k \frac{t_2^3}{t_1^3 + t_2^3} \qquad (6.1.4-2)$$

$$q_{Ek1} = q_{Ek} \frac{t_1^3}{t_1^3 + t_2^3} \qquad (6.1.4-3)$$

$$q_{Ek2} = q_{Ek} \frac{t_2^3}{t_1^3 + t_2^3} \qquad (6.1.4-4)$$

式中　w_k——作用于夹层玻璃上的风荷载标准值（N/mm^2）;

w_{k1}、w_{k2}——分别为分配到各单片玻璃的风荷载标准值（N/mm^2）;

q_{Ek}——作用于夹层玻璃上的地震作用标准值（N/mm^2）;

q_{Ek1}、q_{Ek2}——分别为分配到各单片玻璃的地震作用标准值（N/mm^2）;

t_1、t_2——分别为各单片玻璃的厚度（mm）。

2 两片玻璃可分别按本规范第6.1.2条的规定进行应力计算;

3 夹层玻璃的挠度可按本规范第6.1.3条的规定进行计算，但在计算玻璃刚度 D 时，应采用等效厚度 t_e，t_e 可按下式计算:

$$t_e = \sqrt[3]{t_1^3 + t_2^3} \qquad (6.1.4-5)$$

式中　t_e——夹层玻璃的等效厚度（mm）。

6.1.5 中空玻璃可按下列规定进行计算:

1 作用于中空玻璃上的风荷载标准值可按下列公式分配到两片玻璃上:

1）直接承受风荷载作用的单片玻璃:

$$w_{k1} = 1.1w_k \frac{t_1^3}{t_1^3 + t_2^3} \qquad (6.1.5-1)$$

2）不直接承受风荷载作用的单片玻璃:

$$w_{k2} = w_k \frac{t_2^3}{t_1^3 + t_2^3} \qquad (6.1.5-2)$$

2 作用于中空玻璃上的地震作用标准值 q_{Ek1}、q_{Ek2}，可根据各单片玻璃的自重，按照本规范第5.3.4条的规定计算；

3 两片玻璃可分别按本规范第6.1.2条的规定进行应力计算；

4 中空玻璃的挠度可按本规范第6.1.3条的规定进行计算，但计算玻璃刚度 D 时，应采用等效厚度 t_e，t_e 可按下式计算：

$$t_e = 0.95 \sqrt[3]{t_1^3 + t_2^3} \qquad (6.1.5-3)$$

式中　t_e——中空玻璃的等效厚度（mm）。

6.1.6 斜玻璃幕墙计算承载力时，应计入永久荷载、雪荷载、雨水荷载等重力荷载及施工荷载在垂直于玻璃平面方向作用所产生的弯曲应力。

施工荷载应根据施工情况决定，但不应小于2.0kN的集中荷载作用，施工荷载作用点应按最不利位置考虑。

6.2 横　梁

6.2.1 横梁截面主要受力部位的厚度，应符合下列要求：

1 截面自由挑出部位（图6.2.1a）和双侧加劲部位（图6.2.1b）的宽厚比 b_0/t 应符合表6.2.1的要求；

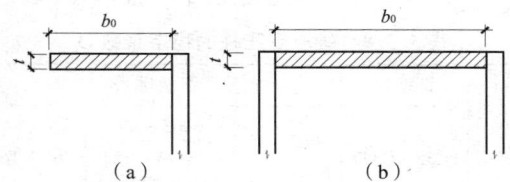

（a）　　　　　　　　（b）

图 6.2.1　横梁的截面部位示意

表 6.2.1　横梁截面宽厚比 b_0/t 限值

截面部位	铝 型 材				钢型材	
	6063-T5 6061-T4	6063A-T5	6063-T6 6063A-T6	6061-T6	Q235	Q345
自由挑出	17	15	13	12	15	12
双侧加劲	50	45	40	35	40	33

2 当横梁跨度不大于1.2m时，铝合金型材截面主要受力部位的厚度不应小于2.0mm；当横梁跨度大于1.2m时，其截面主要受力部位的厚度不应小于2.5mm。型材孔壁与螺钉之间直接采用螺纹受力连接时，其局部截面厚度不应小于螺钉的公称直径；

3 钢型材截面主要受力部位的厚度不应小于2.5mm。

6.2.2 横梁可采用铝合金型材或钢型材，铝合金型材的表面处理应符合本规范第3.2.2条的要求。钢型材宜采用高耐候钢，碳素钢型材应热浸锌或采取其他有效防腐措施，焊缝应涂防锈涂料；处于严重腐蚀条件下的钢型材，应预留腐蚀厚度。

6.2.3 应根据板材在横梁上的支承状况决定横梁的荷载，并计算横梁承受的弯矩和剪力。当采用大跨度开口截面横梁时，宜考虑约束扭转产生的双力矩。单元式幕墙采用组合横梁时，横梁上、下两部分应按各自承担的荷载和作用分别进行计算。

6.2.4 横梁截面受弯承载力应符合下式要求：

$$\frac{M_x}{\gamma W_{nx}} + \frac{M_y}{\gamma W_{ny}} \leq f \qquad (6.2.4)$$

式中　M_x——横梁绕截面 x 轴（平行于幕墙平面方向）的弯矩设计值（Nmm）；

M_y——横梁绕截面 y 轴（垂直于幕墙平面方向）的弯矩设计值（Nmm）；

W_{nx}——横梁截面绕截面 x 轴（幕墙平面内方向）的净截面抵抗矩（mm³）；

W_{ny}——横梁截面绕截面 y 轴（垂直于幕墙平面方向）的净截面抵抗矩（mm³）；

γ——塑性发展系数，可取1.05；

f——型材抗弯强度设计值 f_a 或 f_s（N/mm²）。

6.2.5 横梁截面受剪承载力应符合下式要求：

$$\frac{V_y S_x}{I_x t_x} \leq f \qquad (6.2.5-1)$$

$$\frac{V_x S_y}{I_y t_y} \leq f \qquad (6.2.5-2)$$

式中　V_x——横梁水平方向（x 轴）的剪力设计值（N）；

V_y——横梁竖直方向（y 轴）的剪力设计值（N）；

S_x——横梁截面绕 x 轴的毛截面面积矩（mm³）；

S_y——横梁截面绕 y 轴的毛截面面积矩（mm³）；

I_x——横梁截面绕 x 轴的毛截面惯性矩（mm⁴）；

I_y——横梁截面绕 y 轴的毛截面惯性矩（mm⁴）；

t_x——横梁截面垂直于 x 轴腹板的截面总宽度（mm）；

t_y——横梁截面垂直于 y 轴腹板的截面总宽度（mm）；

f——型材抗剪强度设计值 f_a 或 f_s（N/mm²）。

6.2.6 玻璃在横梁上偏置使横梁产生较大的扭矩

时，应进行横梁抗扭承载力计算。

6.2.7 在风荷载或重力荷载标准值作用下，横梁的挠度限值 $d_{f,lim}$ 宜按下列规定采用：

铝合金型材： $d_{f,lim} = l/180$ （6.2.7-1）

钢型材： $d_{f,lim} = l/250$ （6.2.7-2）

式中 l——横梁的跨度（mm），悬臂构件可取挑出长度的 2 倍。

6.3 立　　柱

6.3.1 立柱截面主要受力部位的厚度，应符合下列要求：

1 铝型材截面开口部位的厚度不应小于 **3.0mm**，闭口部位的厚度不应小于 **2.5mm**；型材孔壁与螺钉之间直接采用螺纹受力连接时，其局部厚度尚不应小于螺钉的公称直径；

2 钢型材截面主要受力部位的厚度不应小于 **3.0mm**；

3 对偏心受压立柱，其截面宽厚比应符合本规范第 **6.2.1** 条的相应规定。

6.3.2 立柱可采用铝合金型材或钢型材。铝合金型材的表面处理应符合本规范第 3.2.2 条的要求；钢型材宜采用高耐候钢，碳素钢型材应采用热浸锌或采取其他有效防腐措施。处于腐蚀严重环境下的钢型材，应预留腐蚀厚度。

6.3.3 上、下立柱之间应留有不小于 15mm 的缝隙，闭口型材可采用长度不小于 250mm 的芯柱连接，芯柱与立柱应紧密配合。芯柱与上柱或下柱之间应采用机械连接方法加以固定。开口型材上柱与下柱之间可采用等强型材机械连接。

6.3.4 多层或高层建筑中跨层通长布置立柱时，立柱与主体结构的连接支承点每层不宜少于一个；在混凝土实体墙面上，连接支承点宜加密。

每层设两个支承点时，上支承点宜采用圆孔，下支承点宜采用长圆孔。

6.3.5 在楼层内单独布置立柱时，其上、下端均宜与主体结构铰接，宜采用上端悬挂方式；当柱支承点可能产生较大位移时，应采用与位移相适应的支承装置。

6.3.6 应根据立柱的实际支承条件，分别按单跨梁、双跨梁或多跨铰接梁计算由风荷载或地震作用产生的弯矩，并按其支承条件计算轴向力。

6.3.7 承受轴压力和弯矩作用的立柱，其承载力应符合下式要求：

$$\frac{N}{A_n} + \frac{M}{\gamma W_n} \leq f \qquad (6.3.7)$$

式中 N——立柱的轴力设计值（N）；

M——立柱的弯矩设计值（Nmm）；

A_n——立柱的净截面面积（mm²）；

W_n——立柱在弯矩作用方向的净截面抵抗矩（mm³）；

γ——截面塑性发展系数，可取 1.05；

f——型材的抗弯强度设计值 f_a 或 f_s（N/mm²）。

6.3.8 承受轴压力和弯矩作用的立柱，其在弯矩作用方向的稳定性应符合下式要求：

$$\frac{N}{\varphi A} + \frac{M}{\gamma W(1 - 0.8N/N_E)} \leq f$$

$$(6.3.8-1)$$

$$N_E = \frac{\pi^2 EA}{1.1\lambda^2} \qquad (6.3.8-2)$$

式中 N——立柱的轴压力设计值（N）；

N_E——临界轴压力（N）；

M——立柱的最大弯矩设计值（Nmm）

φ——弯矩作用平面内的轴心受压的稳定系数，可按表 6.3.8 采用；

A——立柱的毛截面面积（mm²）；

W——在弯矩作用方向上较大受压边的毛截面抵抗矩（mm³）；

λ——长细比；

γ——截面塑性发展系数，可取 1.05；

f——型材的抗弯强度设计值 f_a 或 f_s（N/mm²）。

表 6.3.8　轴心受压柱的稳定系数 φ

长细比 λ	钢型材		铝型材		
	Q235	Q345	6063-T5 6061-T4	6063-T6 6063A-T5 6063A-T6	6061-T6
20	0.97	0.96	0.98	0.96	0.92
40	0.90	0.88	0.88	0.84	0.80
60	0.81	0.73	0.81	0.75	0.71
80	0.69	0.58	0.70	0.58	0.48
90	0.62	0.50	0.63	0.48	0.40
100	0.56	0.43	0.56	0.40	0.32
110	0.49	0.37	0.49	0.34	0.26
120	0.44	0.32	0.41	0.30	0.22
130	0.39	0.28	0.33	0.26	0.19
140	0.35	0.25	0.29	0.22	0.16
150	0.31	0.21	0.24	0.19	0.14

6.3.9 承受轴压力和弯矩作用的立柱，其长细比 λ 不宜大于 150。

6.3.10 在风荷载标准值作用下，立柱的挠度限值 $d_{f,lim}$ 宜按下列规定采用：

铝合金型材：$d_{f,lim} = l/180$　　(6.3.10-1)

钢型材：$d_{f,lim} = l/250$　　(6.3.10-2)

式中　l——支点间的距离（mm），悬臂构件可取挑出长度的2倍。

6.3.11 横梁可通过角码、螺钉或螺栓与立柱连接。角码应能承受横梁的剪力，其厚度不应小于3mm；角码与立柱之间的连接螺钉或螺栓应满足抗剪和抗扭承载力要求。

6.3.12 立柱与主体结构之间每个受力连接部位的连接螺栓不应少于2个，且连接螺栓直径不宜小于10mm。

6.3.13 角码和立柱采用不同金属材料时，应采用绝缘垫片分隔或采取其他有效措施防止双金属腐蚀。

7 全玻幕墙结构设计

7.1 一 般 规 定

7.1.1 玻璃高度大于表7.1.1限值的全玻幕墙应悬挂在主体结构上。

表 7.1.1　下端支承全玻幕墙的最大高度

玻璃厚度（mm）	10, 12	15	19
最大高度（m）	4	5	6

7.1.2 全玻幕墙的周边收口槽壁与玻璃面板或玻璃肋的空隙均不宜小于8mm，吊挂玻璃下端与下槽底的空隙尚应满足玻璃伸长变形的要求；玻璃与下槽底应采用弹性垫块支承或填塞，垫块长度不宜小于100mm，厚度不宜小于10mm；槽壁与玻璃间应采用硅酮建筑密封胶密封。

7.1.3 吊挂全玻幕墙的主体结构或结构构件应有足够的刚度，采用钢桁架或钢梁作为受力构件时，其挠度限值 $d_{f,lim}$ 宜取其跨度的1/250。

7.1.4 吊挂式全玻幕墙的吊夹与主体结构间应设置刚性水平传力结构。

7.1.5 玻璃自重不宜由结构胶缝单独承受。

7.1.6 全玻幕墙的板面不得与其他刚性材料直接接触。板面与装修面或结构面之间的空隙不应小于8mm，且应采用密封胶密封。

7.1.7 吊夹应符合现行行业标准《吊挂式玻璃幕墙支承装置》JG 139 的有关规定。

7.1.8 点支承全玻幕墙的玻璃应符合本规范第4.4.2条和4.4.3条的要求。

7.2 面 板

7.2.1 面板玻璃的厚度不宜小于10mm；夹层玻璃单片厚度不应小于8mm。

7.2.2 面板玻璃通过胶缝与玻璃肋相连结时，面板可作为支承于玻璃肋的单向简支板设计。其应力与挠度可分别按本规范第6.1.2条和第6.1.3条的规定计算，公式中的 a 值应取为玻璃面板的跨度，系数 m 和 μ 可分别取为0.125和0.013；面板为夹层玻璃或中空玻璃时，可按本规范第6.1.4条或6.1.5条的规定计算；面板为点支承玻璃时，可按本规范第8.1.5条的规定计算，必要时可进行试验验证。

7.2.3 通过胶缝与玻璃肋连接的面板，在风荷载标准值作用下，其挠度限值 $d_{f,lim}$ 宜取其跨度的1/60；点支承面板的挠度限值 $d_{f,lim}$ 宜取其支承点间较大边长的1/60。

7.3 玻 璃 肋

7.3.1 全玻幕墙玻璃肋的截面厚度不应小于**12mm，截面高度不应小于100mm**。

7.3.2 全玻幕墙玻璃肋的截面高度 h_r（图7.3.2）可按下列公式计算：

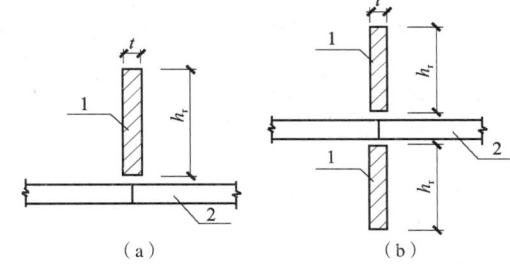

图 7.3.2　全玻幕墙玻璃肋截面尺寸示意
（a）单肋；（b）双肋
1—玻璃肋；2—玻璃面板

$$h_r = \sqrt{\frac{3wlh^2}{8f_g t}}（双肋）　　(7.3.2-1)$$

$$h_r = \sqrt{\frac{3wlh^2}{4f_g t}}（单肋）　　(7.3.2-2)$$

式中　h_r——玻璃肋截面高度（mm）；

w——风荷载设计值（N/mm²）；

l——两肋之间的玻璃面板跨度（mm）；

f_g——玻璃侧面强度设计值（N/mm²）；

t——玻璃肋截面厚度（mm）；

h——玻璃肋上、下支点的距离，即计算跨度（mm）。

7.3.3 全玻幕墙玻璃肋在风荷载标准值作用下的挠度 d_f 可按下式计算：

$$d_f = \frac{5}{32} \times \frac{w_k l h^4}{E t h_r^3} （单肋）\quad (7.3.3-1)$$

$$d_f = \frac{5}{64} \times \frac{w_k l h^4}{E t h_r^3} （双肋）\quad (7.3.3-2)$$

式中　w_k——风荷载标准值（N/mm²）；

　　　E——玻璃弹性模量（N/mm²）。

7.3.4 在风荷载标准值作用下，玻璃肋的挠度限值 $d_{f,lim}$ 宜取其计算跨度的 1/200。

7.3.5 采用金属件连接的玻璃肋，其连接金属件的厚度不应小于 6mm。连接螺栓宜采用不锈钢螺栓，其直径不应小于 8mm。

连接接头应能承受截面的弯矩设计值和剪力设计值。接头应进行螺栓受剪和玻璃孔壁承压计算，玻璃验算应取侧面强度设计值。

7.3.6 夹层玻璃肋的等效截面厚度可取两片玻璃厚度之和。

7.3.7 高度大于 8m 的玻璃肋宜考虑平面外的稳定验算；高度大于 12m 的玻璃肋，应进行平面外稳定验算，必要时应采取防止侧向失稳的构造措施。

7.4　胶　　缝

7.4.1 采用胶缝传力的全玻幕墙，其胶缝必须采用硅酮结构密封胶。

7.4.2 全玻幕墙胶缝承载力应符合下列要求：

　1　与玻璃面板平齐或突出的玻璃肋：

$$\frac{ql}{2t_1} \leqslant f_1 \quad (7.4.2-1)$$

　2　后置或骑缝的玻璃肋：

$$\frac{ql}{t_2} \leqslant f_1 \quad (7.4.2-2)$$

式中　q——垂直于玻璃面板的分布荷载设计值（N/mm²），抗震设计时应包含地震作用计算的分布荷载设计值；

　　　l——两肋之间的玻璃面板跨度（mm）；

　　　t_1——胶缝宽度，取玻璃面板截面厚度（mm）；

　　　t_2——胶缝宽度，取玻璃肋截面厚度（mm）；

　　　f_1——硅酮结构密封胶在风荷载作用下的强度设计值，取 0.2N/mm²。

　3　胶缝厚度应符合本规范第 5.6.5 条的要求，并不应小于 6mm。

7.4.3 当胶缝宽度不满足本规范第 7.4.2 条第 1、

2 款的要求时，可采取附加玻璃板条或不锈钢条等措施，加大胶缝宽度。

8　点支承玻璃幕墙结构设计

8.1　玻　璃　面　板

8.1.1 四边形玻璃面板可采用四点支承，有依据时也可采用六点支承；三角形玻璃面板可采用三点支承。玻璃面板支承孔边与板边的距离不宜小于 70mm。

8.1.2 采用浮头式连接件的幕墙玻璃厚度不应小于 6mm；采用沉头式连接件的幕墙玻璃厚度不应小于 8mm。

安装连接件的夹层玻璃和中空玻璃，其单片厚度也应符合上述要求。

8.1.3 玻璃之间的空隙宽度不应小于 10mm，且应采用硅酮建筑密封胶嵌缝。

8.1.4 点支承玻璃支承孔周边应进行可靠的密封。当点支承玻璃为中空玻璃时，其支承孔周边应采取多道密封措施。

8.1.5 在垂直于幕墙平面的风荷载和地震作用下，四点支承玻璃面板的应力和挠度应符合下列规定：

　1　最大应力标准值和最大挠度可按考虑几何非线性的有限元方法计算，也可按下列公式计算：

$$\sigma_{wk} = \frac{6mw_k b^2}{t^2}\eta \quad (8.1.5-1)$$

$$\sigma_{Ek} = \frac{6mq_{Ek} b^2}{t^2}\eta \quad (8.1.5-2)$$

$$d_f = \frac{\mu w_k b^4}{D}\eta \quad (8.1.5-3)$$

$$\theta = \frac{w_k b^4}{E t^4} 或 \theta = \frac{(w_k + 0.5q_{Ek}) b^4}{E t^4}$$

$$(8.1.5-4)$$

式中　θ——参数；

　　σ_{wk}、σ_{Ek}——分别为风荷载、地震作用下玻璃截面的最大应力标准值（N/mm²）；

　　　d_f——在风荷载标准值作用下挠度最大值（mm）；

　　w_k、q_{Ek}——分别为垂直于玻璃幕墙平面的风荷载、地震作用标准值（N/mm²）；

　　　b——支承点间玻璃面板长边边长（mm）；

　　　t——玻璃的厚度（mm）；

　　　m——弯矩系数，可由支承点间玻璃板短边与长边边长之比 a/b 按表 8.1.5-1 采用；

　　　μ——挠度系数，可由支承点间玻璃板短边

与长边边长之比 a/b 按表 8.1.5 – 2 采用;

η——折减系数,可由参数 θ 按本规范表 6.1.2 – 2 采用;

D——玻璃面板的刚度,可按本规范公式 (6.1.3 – 1) 计算(Nmm);

2 玻璃面板最大应力设计值应按本规范第 5.4.1 条的规定计算,并不应超过玻璃大面强度设计值 f_g;

3 在风荷载标准值作用下,点支承玻璃面板的挠度限值 $d_{f,lim}$ 宜按其支承点间长边边长的 1/60 采用。

表 8.1.5 – 1 四点支承玻璃板的弯矩系数 m

a/b	0.00	0.20	0.30	0.40	0.50	0.55	0.60	0.65
m	0.125	0.126	0.127	0.129	0.130	0.132	0.134	0.136
a/b	0.70	0.75	0.80	0.85	0.90	0.95	1.00	—
m	0.138	0.140	0.142	0.145	0.148	0.151	0.154	—

注:a 为支承点之间的短边边长。

表 8.1.5 – 2 四点支承玻璃板的挠度系数 μ

a/b	0.00	0.20	0.30	0.40	0.50	0.55	0.60
μ	0.013002	0.01317	0.01335	0.01367	0.01417	0.01451	0.01496
a/b	0.65	0.70	0.75	0.80	0.85	0.90	0.95
μ	0.01555	0.01630	0.01725	0.01842	0.01984	0.02157	0.02363
a/b	1.00	—	—	—	—	—	—
μ	0.02603	—	—	—	—	—	—

注:a 为支承点之间的短边边长。

8.2 支承装置

8.2.1 支承装置应符合现行行业标准《点支式玻璃幕墙支承装置》JG 138 的规定。

8.2.2 支承头应能适应玻璃面板在支承点处的转动变形。

8.2.3 支承头的钢材与玻璃之间宜设置弹性材料的衬垫或衬套,衬垫和衬套的厚度不宜小于 1mm。

8.2.4 除承受玻璃面板所传递的荷载或作用外,支承装置不应兼做其他用途。

8.3 支承结构

8.3.1 点支承玻璃幕墙的支承结构宜单独进行计算,玻璃面板不宜兼做支承结构的一部分。

复杂的支承结构宜采用有限元方法进行计算分析。

8.3.2 玻璃肋可按本规范第 7.3 节的规定进行设计。

8.3.3 支承钢结构的设计应符合现行国家标准《钢结构设计规范》GB 50017 的有关规定。

8.3.4 单根型钢或钢管作为支承结构时,应符合下列规定:

1 端部与主体结构的连接构造应能适应主体结构的位移;

2 竖向构件宜按偏心受压构件或偏心受拉构件设计;水平构件宜按双向受弯构件设计,有扭矩作用时,应考虑扭矩的不利影响;

3 受压杆件的长细比 λ 不应大于 150;

4 在风荷载标准值作用下,挠度限值 $d_{f,lim}$ 宜取其跨度的 1/250。计算时,悬臂结构的跨度可取其悬挑长度的 2 倍。

8.3.5 桁架或空腹桁架设计应符合下列规定:

1 可采用型钢或钢管作为杆件。采用钢管时宜在节点处直接焊接,主管不宜开孔,支管不应穿入主管内;

2 钢管外直径不宜大于壁厚的 50 倍,支管外直径不宜小于主管外直径的 0.3 倍。钢管壁厚不宜小于 4mm,主管壁厚不应小于支管壁厚;

3 桁架杆件不宜偏心连接。弦杆与腹件、腹杆与腹杆之间的夹角不宜小于 30°;

4 焊接钢管桁架宜按刚接体系计算,焊接钢管空腹桁架应按刚接体系计算;

5 轴心受压或偏心受压的桁架杆件,长细比不应大于 150;轴心受拉或偏心受拉的桁架杆件,长细比不应大于 350;

6 当桁架或空腹桁架平面外的不动支承点相距较远时,应设置正交方向上的稳定支撑结构;

7 在风荷载标准值作用下,其挠度限值 $d_{f,lim}$ 宜取其跨度的 1/250。计算时,悬臂桁架的跨度可取其悬挑长度的 2 倍。

8.3.6 张拉杆索体系设计应符合下列规定:

1 应在正、反两个方向上形成承受风荷载或地震作用的稳定结构体系。在主要受力方向的正交方向,必要时应设置稳定性拉杆、拉索或桁架;

2 连接件、受压杆和拉杆宜采用不锈钢材料,拉杆直径不宜小于 10mm;自平衡体系的受压杆件可采用碳素结构钢。拉索宜采用不锈钢绞线、高强钢绞线,可采用铝包钢绞线。钢绞线的钢丝直径不宜小于 1.2mm,钢绞线直径不宜小于 8mm。采用高强钢绞线时，其表面应作防腐涂层；

　　3　结构力学分析时宜考虑几何非线性的影响；

　　4　与主体结构的连接部位应能适应主体结构的位移，主体结构应能承受拉杆体系或拉索体系的预拉力和荷载作用；

　　5　自平衡体系、杆索体系的受压杆件的长细比 λ 不应大于150；

　　6　拉杆不宜采用焊接；拉索可采用冷挤压锚具连接，拉索不应采用焊接；

　　7　在风荷载标准值作用下，其挠度限值 $d_{f,lim}$ 宜取其支承点距离的 1/200。

8.3.7　张拉杆索体系的预拉力最小值，应使拉杆或拉索在荷载设计值作用下保持一定的预拉力储备。

9　加　工　制　作

9.1　一　般　规　定

9.1.1　玻璃幕墙在加工制作前应与土建设计施工图进行核对，对已建主体结构进行复测，并应按实测结果对幕墙设计进行必要调整。

9.1.2　加工幕墙构件所采用的设备、机具应满足幕墙构件加工精度要求，其量具应定期进行计量认证。

9.1.3　采用硅酮结构密封胶粘结固定隐框玻璃幕墙构件时，应在洁净、通风的室内进行注胶，且环境温度、湿度条件应符合结构胶产品的规定；注胶宽度和厚度应符合设计要求。

9.1.4　除全玻幕墙外，不应在现场打注硅酮结构密封胶。

9.1.5　单元式幕墙的单元组件、隐框幕墙的装配组件均应在工厂加工组装。

9.1.6　低辐射镀膜玻璃应根据其镀膜材料的粘结性能和其他技术要求，确定加工制作工艺；镀膜与硅酮结构密封胶不相容时，应除去镀膜层。

9.1.7　硅酮结构密封胶不宜作为硅酮建筑密封胶使用。

9.2　铝　型　材

9.2.1　玻璃幕墙的铝合金构件的加工应符合下列要求：

　　1　铝合金型材截料之前应进行校直调整；

　　2　横梁长度允许偏差为 ±0.5mm，立柱长度允许偏差为 ±1.0mm，端头斜度的允许偏差为 −15′（图9.2.1−1、9.2.1−2）；

　　3　截料端头不应有加工变形，并应去除毛刺；

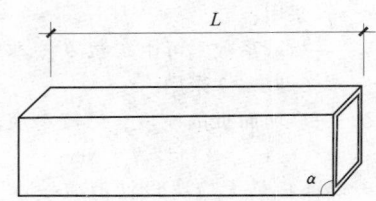

图 9.2.1−1　直角截料

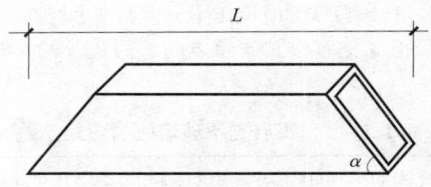

图 9.2.1−2　斜角截料

　　4　孔位的允许偏差为 ±0.5mm，孔距的允许偏差为 ±0.5mm，累计偏差为 ±1.0mm；

　　5　铆钉的通孔尺寸偏差应符合现行国家标准《铆钉用通孔》GB 152.1 的规定；

　　6　沉头螺钉的沉孔尺寸偏差应符合现行国家标准《沉头螺钉用沉孔》GB 152.2 的规定；

　　7　圆柱头、螺栓的沉孔尺寸应符合现行国家标准《圆柱头、螺栓用沉孔》GB 152.3 的规定；

　　8　螺丝孔的加工应符合设计要求。

9.2.2　玻璃幕墙铝合金构件中槽、豁、榫的加工应符合下列要求：

　　1　铝合金构件槽口尺寸（图9.2.2−1）允许偏差应符合表9.2.2−1的要求；

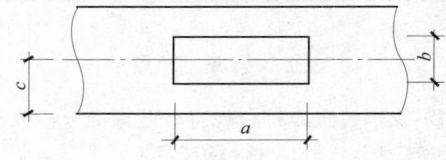

图 9.2.2−1　槽口示意图

表 9.2.2−1　槽口尺寸允许偏差（mm）

项　　目	a	b	c
允许偏差	+0.5 0.0	+0.5 0.0	±0.5

　　2　铝合金构件豁口尺寸（图9.2.2−2）允许偏差应符合表9.2.2−2的要求；

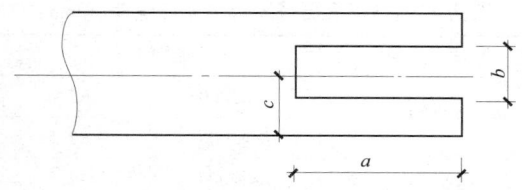

图 9.2.2 - 2　豁口示意图

表 9.2.2 - 2　豁口尺寸允许偏差（mm）

项　　目	a	b	c
允许偏差	+0.5 0.0	+0.5 0.0	±0.5

3　铝合金构件榫头尺寸（图 9.2.2 - 3）允许偏差应符合表 9.2.2 - 3 的要求。

表 9.2.2 - 3　榫头尺寸允许偏差（mm）

项　　目	a	b	c
允许偏差	0.0 - 0.5	0.0 - 0.5	±0.5

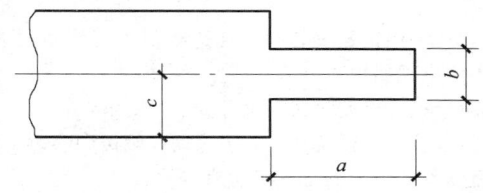

图 9.2.2 - 3　榫头示意图

9.2.3　玻璃幕墙铝合金构件弯加工应符合下列要求：

1　铝合金构件宜采用拉弯设备进行弯加工；

2　弯加工后的构件表面应光滑，不得有皱折、凹凸、裂纹。

9.3　钢　构　件

9.3.1　平板型预埋件加工精度应符合下列要求：

1　锚板边长允许偏差为 ±5mm；

2　一般锚筋长度的允许偏差为 +10mm，两面为整块锚板的穿透式预埋件的锚筋长度的允许偏差为 +5mm，均不允许负偏差；

3　圆锚筋的中心线允许偏差为 ±5mm；

4　锚筋与锚板面的垂直度允许偏差为 $l_s/30$（l_s 为锚固钢筋长度，单位为 mm）。

9.3.2　槽型预埋件表面及槽内应进行防腐处理，其加工精度应符合下列要求：

1　预埋件长度、宽度和厚度允许偏差分别为 +10mm、+5mm 和 +3mm，不允许负偏差；

2　槽口的允许偏差为 +1.5mm，不允许负偏差；

3　锚筋长度允许偏差为 +5mm，不允许负偏差；

4　锚筋中心线允许偏差为 ±1.5mm；

5　锚筋与槽板的垂直度允许偏差为 $l_s/30$（l_s 为锚固钢筋长度，单位为 mm）。

9.3.3　玻璃幕墙的连接件、支承件的加工精度应符合下列要求：

1　连接件、支承件外观应平整，不得有裂纹、毛刺、凹凸、翘曲、变形等缺陷；

2　连接件、支承件加工尺寸（图 9.3.3）允许偏差应符合表 9.3.3 的要求。

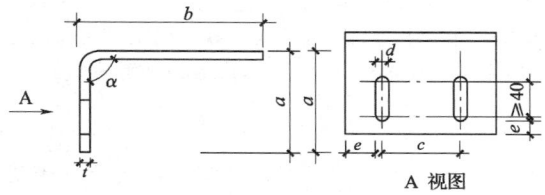

图 9.3.3　连接件、支承件尺寸示意图

表 9.3.3　连接件、支承件尺寸允许偏差（mm）

项　　目	允许偏差
连接件高 a	+5　-2
连接件长 b	+5　-2
孔距 c	±1.0
孔宽 d	+1.0, 0
边距 e	+1.0, 0
壁厚 t	+0.5, -0.2
弯曲角度 α	±2°

9.3.4　钢型材立柱及横梁的加工应符合现行国家标准《钢结构工程施工质量验收规范》GB 50205 的有关规定。

9.3.5　点支承玻璃幕墙的支承钢结构加工应符合下列要求：

1　应合理划分拼装单元；

2　管桁架应按计算的相贯线，采用数控机床切割加工；

3　钢构件拼装单元的节点位置允许偏差为 ±2.0mm；

4　构件长度、拼装单元长度的允许正、负偏差均可取长度的 1/2000；

5　管件连接焊缝应沿全长连续、均匀、饱满、平滑、无气泡和夹渣；支管壁厚小于 6mm 时可不切坡口；角焊缝的焊脚高度不宜大于支管壁厚的 2 倍；

6　钢结构的表面处理应符合本规范第 3.3 节的有关规定；

7　分单元组装的钢结构，宜进行预拼装。

9.3.6 杆索体系的加工尚应符合下列要求：

　　1 拉杆、拉索应进行拉断试验；

　　2 拉索下料前应进行调直预张拉，张拉力可取破断拉力的 50%，持续时间可取 2h；

　　3 截断后的钢索应采用挤压机进行套筒固定；

　　4 拉杆与端杆不宜采用焊接连接；

　　5 杆索结构应在工作台座上进行拼装，并应防止表面损伤。

9.3.7 钢构件焊接、螺栓连接应符合现行国家标准《钢结构设计规范》GB 50017 及行业标准《建筑钢结构焊接技术规程》JGJ 81 的有关规定。

9.3.8 钢构件表面涂装应符合现行国家标准《钢结构工程施工质量验收规范》GB 50205 的有关规定。

9.4　玻　璃

9.4.1 玻璃幕墙的单片玻璃、夹层玻璃、中空玻璃的加工精度应符合下列要求：

　　1 单片钢化玻璃，其尺寸的允许偏差应符合表 9.4.1－1 的要求；

表 9.4.1－1　钢化玻璃尺寸允许偏差（mm）

项目	玻璃厚度（mm）	玻璃边长 $L \leqslant 2000$	玻璃边长 $L > 2000$
边长	6, 8, 10, 12	±1.5	±2.0
	15, 19	±2.0	±3.0
对角线差	6, 8, 10, 12	≤2.0	≤3.0
	15, 19	≤3.0	≤3.5

　　2 采用中空玻璃时，其尺寸的允许偏差应符合表 9.4.1－2 的要求；

表 9.4.1－2　中空玻璃尺寸允许偏差（mm）

项　目		允　许　偏　差
边长	$L < 1000$	±2.0
	$1000 \leqslant L < 2000$	+2.0，−3.0
	$L \geqslant 2000$	±3.0
对角线差	$L \leqslant 2000$	≤2.5
	$L > 2000$	≤3.5
厚度	$t < 17$	±1.0
	$17 \leqslant t < 22$	±1.5
	$t \geqslant 22$	±2.0
叠差	$L < 1000$	±2.0
	$1000 \leqslant L < 2000$	±3.0
	$2000 \leqslant L < 4000$	±4.0
	$L \geqslant 4000$	±6.0

　　3 采用夹层玻璃时，其尺寸允许偏差应符合表 9.4.1－3 的要求。

表 9.4.1－3　夹层玻璃尺寸允许偏差（mm）

项　目		允许偏差
边长	$L \leqslant 2000$	±2.0
	$L > 2000$	±2.5
对角线差	$L \leqslant 2000$	≤2.5
	$L > 2000$	≤3.5
叠差	$L < 1000$	±2.0
	$1000 \leqslant L < 2000$	±3.0
	$2000 \leqslant L < 4000$	±4.0
	$L \geqslant 4000$	±6.0

9.4.2 玻璃弯加工后，其每米弦长内拱高的允许偏差为 ±3.0mm，且玻璃的曲边应顺滑一致；玻璃直边的弯曲度，拱形时不应超过 0.5%，波形时不应超过 0.3%。

9.4.3 全玻幕墙的玻璃加工应符合下列要求：

　　1 玻璃边缘应倒棱并细磨；外露玻璃的边缘应精磨；

　　2 采用钻孔安装时，孔边缘应进行倒角处理，并不应出现崩边。

9.4.4 点支承玻璃加工应符合下列要求：

　　1 玻璃面板及其孔洞边缘均应倒棱和磨边，倒棱宽度不宜小于 1mm，磨边宜细磨；

　　2 玻璃切角、钻孔、磨边应在钢化前进行；

　　3 玻璃加工的允许偏差应符合表 9.4.4 的规定；

表 9.4.4　点支承玻璃加工允许偏差

项目	边长尺寸	对角线差	钻孔位置	孔距	孔轴与玻璃平面垂直度
允许偏差	±1.0mm	≤2.0mm	±0.8mm	±1.0mm	±12′

　　4 中空玻璃开孔后，开孔处应采取多道密封措施；

　　5 夹层玻璃、中空玻璃的钻孔可采用大、小孔相对的方式。

9.4.5 中空玻璃合片加工时，应考虑制作处和安装处不同气压的影响，采取防止玻璃大面变形的措施。

9.5　明框幕墙组件

9.5.1 明框幕墙组件加工尺寸允许偏差应符合下列要求：

　　1 组件装配尺寸允许偏差应符合表 9.5.1－1 的要求；

表 9.5.1-1　组件装配尺寸允许偏差（mm）

项　目	构件长度	允许偏差
型材槽口尺寸	≤2000	±2.0
	>2000	±2.5
组件对边尺寸差	≤2000	≤2.0
	>2000	≤3.0
组件对角线尺寸差	≤2000	≤3.0
	>2000	≤3.5

2　相邻构件装配间隙及同一平面度的允许偏差应符合表 9.5.1-2 的要求。

表 9.5.1-2　相邻构件装配间隙及同一平面度的允许偏差（mm）

项目	允许偏差	项目	允许偏差
装配间隙	≤0.5	同一平面度差	≤0.5

9.5.2　单层玻璃与槽口的配合尺寸（图 9.5.2）应符合表 9.5.2 的要求。

表 9.5.2　单层玻璃与槽口的配合尺寸（mm）

玻璃厚度	a	b	c
5～6	≥3.5	≥15	≥5
8～10	≥4.5	≥16	≥5
不小于12	≥5.5	≥18	≥5

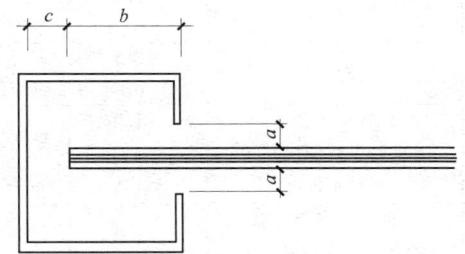

图 9.5.2　单层玻璃与槽口的配合示意

9.5.3　中空玻璃与槽口的配合尺寸（图 9.5.3）应符合表 9.5.3 的要求。

表 9.5.3　中空玻璃与槽口的配合尺寸（mm）

中空玻璃厚度	a	b	c		
			下边	上边	侧边
$6+d_a+6$	≥5	≥17	≥7	≥5	≥5
$8+d_a+8$ 及以上	≥6	≥18	≥7	≥5	≥5

注：d_a 为空气层厚度，不应小于9mm。

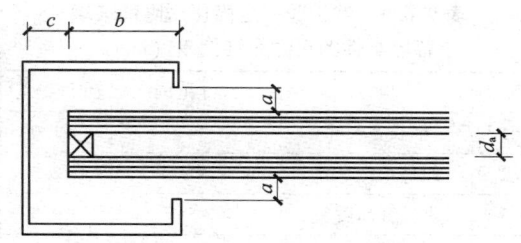

图 9.5.3　中空玻璃与槽口的配合示意

9.5.4　明框幕墙组件的导气孔及排水孔设置应符合设计要求，组装时应保证导气孔及排水孔通畅。

9.5.5　明框幕墙组件应拼装严密。设计要求密封时，应采用硅酮建筑密封胶进行密封。

9.5.6　明框幕墙组装时，应采取措施控制玻璃与铝合金框料之间的间隙。玻璃的下边缘应采用两块压模成型的氯丁橡胶垫块支承，垫块的尺寸应符合本规范第 4.3.11 条的要求。

9.6　隐框幕墙组件

9.6.1　半隐框、隐框幕墙中，对玻璃面板及铝框的清洁应符合下列要求：

1　玻璃和铝框粘结表面的尘埃、油渍和其他污物，应分别使用带溶剂的擦布和干擦布清除干净；

2　应在清洁后一小时内进行注胶；注胶前再度污染时，应重新清洁；

3　每清洁一个构件或一块玻璃，应更换清洁的干擦布。

9.6.2　使用溶剂清洁时，应符合下列要求：

1　不应将擦布浸泡在溶剂里，应将溶剂倾倒在擦布上；

2　使用和贮存溶剂，应采用干净的容器；

3　使用溶剂的场所严禁烟火；

4　应遵守所用溶剂标签或包装上标明的注意事项。

9.6.3　硅酮结构密封胶注胶前必须取得合格的相容性检验报告，必要时应加涂底漆；双组份硅酮结构密封胶尚应进行混匀性蝴蝶试验和拉断试验。

9.6.4　采用硅酮结构密封胶粘结板块时，不应使结构胶长期处于单独受力状态。硅酮结构密封胶组件在固化并达到足够承载力前不应搬动。

9.6.5　隐框玻璃幕墙装配组件的注胶必须饱满，不得出现气泡，胶缝表面应平整光滑；收胶缝的余胶不得重复使用。

9.6.6　硅酮结构密封胶完全固化后，隐框玻璃幕墙装配组件的尺寸偏差应符合表 9.6.6 的规定。

表 9.6.6 结构胶完全固化后隐框玻璃幕墙组件的尺寸允许偏差（mm）

序号	项目	尺寸范围	允许偏差
1	框长宽尺寸		±1.0
2	组件长宽尺寸		±2.5
3	框接缝高度差		≤0.5
4	框内侧对角线差及组件对角线差	当长边≤2000时	≤2.5
		当长边＞2000时	≤3.5
5	框组装间隙		≤0.5
6	胶缝宽度		+2.0 0
7	胶缝厚度		+0.5 0
8	组件周边玻璃与铝框位置差		±1.0
9	结构组件平面度		≤3.0
10	组件厚度		±1.5

9.6.7 当隐框玻璃幕墙采用悬挑玻璃时，玻璃的悬挑尺寸应符合计算要求，且不宜超过150mm。

9.7 单元式玻璃幕墙

9.7.1 单元式玻璃幕墙在加工前应对各板块编号，并应注明加工、运输、安装方向和顺序。

9.7.2 单元板块的构件连接应牢固，构件连接处的缝隙应采用硅酮建筑密封胶密封，胶缝的施工应符合本规范第10.3.7条的要求。

9.7.3 单元板块的吊挂件、支撑件应具备可调整范围，并应采用不锈钢螺栓将吊挂件与立柱固定牢固，固定螺栓不得少于2个。

9.7.4 单元板块的硅酮结构密封胶不宜外露。

9.7.5 明框单元板块在搬动、运输、吊装过程中，应采取措施防止玻璃滑动或变形。

9.7.6 单元板块组装完成后，工艺孔宜封堵，通气孔及排水孔应畅通。

9.7.7 当采用自攻螺钉连接单元组件框时，每处螺钉不应少于3个，螺钉直径不应小于4mm。螺钉孔最大内径、最小内径和拧入扭矩应符合表9.7.7的要求。

9.7.8 单元组件框加工制作允许偏差应符合表9.7.8的规定。

9.7.9 单元组件组装允许偏差应符合表9.7.9的规定。

表 9.7.7 螺钉孔内径和扭矩要求

螺钉公称直径（mm）	孔径（mm）		扭矩（Nm）	
	最小	最大		
4.2	3.430	3.480	4.4	
4.6	4.015	4.065	6.3	
5.5	4.735	4.785	10.0	
6.3	5.475	5.525	13.6	

表 9.7.8 单元组件框加工制作允许尺寸偏差

序号	项目		允许偏差	检查方法
1	框长（宽）度（mm）	≤2000	±1.5mm	钢尺或板尺
		＞2000	±2.0mm	
2	分格长（宽）度（mm）	≤2000	±1.5mm	钢尺或板尺
		＞2000	±2.0mm	
3	对角线长度差（mm）	≤2000	≤2.5mm	钢尺或板尺
		＞2000	≤3.5mm	
4	接缝高低差		≤0.5mm	游标深度尺
5	接缝间隙		≤0.5mm	塞片
6	框面划伤		≤3处且总长≤100mm	
7	框料擦伤		≤3处且总面积≤200mm²	

表 9.7.9 单元组件组装允许偏差

序号	项目		允许偏差（mm）	检查方法
1	组件长度、宽度（mm）	≤2000	±1.5	钢尺
		＞2000	±2.0	
2	组件对角线长度差（mm）	≤2000	≤2.5	钢尺
		＞2000	≤3.5	
3	胶缝宽度		+1.0 0	卡尺或钢板尺
4	胶缝厚度		+0.5 0	卡尺或钢板尺
5	各搭接量（与设计值比）		+1.0 0	钢板尺
6	组件平面度		≤1.5	1m靠尺
7	组件内镶板间接缝宽度（与设计值比）		±1.0	塞尺
8	连接构件竖向中轴线距组件外表面（与设计值比）		±1.0	钢尺
9	连接构件水平轴线距组件水平对插中心线		±1.0(可上、下调节时±2.0)	钢尺
10	连接构件竖向轴线距组件竖向对插中心线		±1.0	钢尺
11	两连接构件中心线水平距离		±1.0	钢尺
12	两连接构件上、下端水平距离差		±0.5	钢尺
13	两连接构件上、下端对角线差		±1.0	钢尺

9.8　玻璃幕墙构件检验

9.8.1　玻璃幕墙构件应按构件的5%进行随机抽样检查，且每种构件不得少于5件。当有一个构件不符合要求时，应加倍抽查，复检合格后方可出厂。

9.8.2　产品出厂时，应附有构件合格证书。

10　安装施工

10.1　一般规定

10.1.1　安装玻璃幕墙的主体结构，应符合有关结构施工质量验收规范的要求。

10.1.2　进场安装的玻璃幕墙构件及附件的材料品种、规格、色泽和性能，应符合设计要求。

10.1.3　玻璃幕墙的安装施工应单独编制施工组织设计，并应包括下列内容：

　　1　工程进度计划；

　　2　与主体结构施工、设备安装、装饰装修的协调配合方案；

　　3　搬运、吊装方法；

　　4　测量方法；

　　5　安装方法；

　　6　安装顺序；

　　7　构件、组件和成品的现场保护方法；

　　8　检查验收；

　　9　安全措施。

10.1.4　单元式玻璃幕墙的安装施工组织设计尚应包括以下内容：

　　1　吊具的类型和吊具的移动方法，单元组件起吊地点、垂直运输与楼层上水平运输方法和机具；

　　2　收口单元位置、收口闭合工艺及操作方法；

　　3　单元组件吊装顺序以及吊装、调整、定位固定等方法和措施；

　　4　幕墙施工组织设计应与主体工程施工组织设计的衔接，单元幕墙收口部位应与总施工平面图中施工机具的布置协调，如果采用吊车直接吊装单元组件时，应使吊车臂覆盖全部安装位置。

10.1.5　点支承玻璃幕墙的安装施工组织设计尚应包括以下内容：

　　1　支承钢结构的运输、现场拼装和吊装方案；

　　2　拉杆、拉索体系预拉力的施加、测量、调整方案以及索杆的定位、固定方法；

　　3　玻璃的运输、就位、调整和固定方法；

　　4　胶缝的充填及质量保证措施。

10.1.6　采用脚手架施工时，玻璃幕墙安装施工厂商应与土建施工单位协商幕墙施工所用脚手架方案。悬挂式脚手架宜为3层层高；落地式脚手架应为双排布置。

10.1.7　玻璃幕墙的施工测量应符合下列要求：

　　1　玻璃幕墙分格轴线的测量应与主体结构测量相配合，其偏差应及时调整，不得积累；

　　2　应定期对玻璃幕墙的安装定位基准进行校核；

　　3　对高层建筑的测量应在风力不大于4级时进行。

10.1.8　幕墙安装过程中，构件存放、搬运、吊装时不应碰撞和损坏；半成品应及时保护；对型材保护膜应采取保护措施。

10.1.9　安装镀膜玻璃时，镀膜面的朝向应符合设计要求。

10.1.10　焊接作业时，应采取保护措施防止烧伤型材或玻璃镀膜。

10.2　安装施工准备

10.2.1　安装施工之前，幕墙安装厂商应会同土建承包商检查现场清洁情况、脚手架和起重运输设备，确认是否具备幕墙施工条件。

10.2.2　构件储存时应依照安装顺序排列，储存架应有足够的承载能力和刚度。在室外储存时应采取保护措施。

10.2.3　玻璃幕墙与主体结构连接的预埋件，应在主体结构施工时按设计要求埋设；预埋件位置偏差不应大于20mm。

10.2.4　预埋件位置偏差过大或未设预埋件时，应制订补救措施或可靠连接方案，经与业主、土建设计单位洽商同意后，方可实施。

10.2.5　由于主体结构施工偏差而妨碍幕墙施工安装时，应会同业主和土建承建商采取相应措施，并在幕墙安装前实施。

10.2.6　采用新材料、新结构的幕墙，宜在现场制作订样板，经业主、监理、土建设计单位共同认可后方可进行安装施工。

10.2.7　构件安装前均应进行检验与校正。不合格的构件不得安装使用。

10.3　构件式玻璃幕墙

10.3.1　玻璃幕墙立柱的安装应符合下列要求：

　　1　立柱安装轴线偏差不应大于2mm；

　　2　相邻两根立柱安装标高偏差不应大于3mm，

同层立柱的最大标高偏差不应大于 5mm；相邻两根立柱固定点的距离偏差不应大于 2mm；

　　3　立柱安装就位、调整后应及时紧固。

10.3.2　玻璃幕墙横梁安装应符合下列要求：

　　1　横梁应安装牢固，设计中横梁和立柱间留有空隙时，空隙宽度应符合设计要求；

　　2　同一根横梁两端或相邻两根横梁的水平标高偏差不应大于 1mm。同层标高偏差：当一幅幕墙宽度不大于 35m 时，不应大于 5mm；当一幅幕墙宽度大于 35m 时，不应大于 7mm；

　　3　当安装完成一层高度时，应及时进行检查、校正和固定。

10.3.3　玻璃幕墙其他主要附件安装应符合下列要求：

　　1　防火、保温材料应铺设平整且可靠固定，拼接处不应留缝隙；

　　2　冷凝水排出管及其附件应与水平构件预留孔连接严密，与内衬板出水孔连接处应密封；

　　3　其他通气槽孔及雨水排出口等应按设计要求施工，不得遗漏；

　　4　封口应按设计要求进行封闭处理；

　　5　玻璃幕墙安装用的临时螺栓等，应在构件紧固后及时拆除；

　　6　采用现场焊接或高强螺栓紧固的构件，应在紧固后及时进行防锈处理。

10.3.4　幕墙玻璃安装应按下列要求进行：

　　1　玻璃安装前应进行表面清洁。除设计另有要求外，应将单片阳光控制镀膜玻璃的镀膜面朝向室内，非镀膜面朝向室外；

　　2　应按规定型号选用玻璃四周的橡胶条，其长度宜比边框内槽口长 1.5%～2%；橡胶条斜面断开后应拼成预定的设计角度，并应采用黏结剂黏结牢固；镶嵌应平整。

10.3.5　铝合金装饰压板的安装，应表面平整、色彩一致，接缝应均匀严密。

10.3.6　硅酮建筑密封胶不宜在夜晚、雨天打胶，打胶温度应符合设计要求和产品要求，打胶前应使打胶面清洁、干燥。

10.3.7　构件式玻璃幕墙中硅酮建筑密封胶的施工应符合下列要求：

　　1　硅酮建筑密封胶的施工厚度应大于 3.5mm，施工宽度不宜小于施工厚度的 2 倍；较深的密封槽口底部应采用聚乙烯发泡材料填塞；

　　2　硅酮建筑密封胶在接缝内应两对面黏结，不应三面黏结。

10.4　单元式玻璃幕墙

10.4.1　单元吊装机具准备应符合下列要求：

　　1　应根据单元板块选择适当的吊装机具，并与主体结构安装牢固；

　　2　吊装机具使用前，应进行全面质量、安全检验；

　　3　吊具设计应使其在吊装中与单元板块之间不产生水平方向分力；

　　4　吊具运行速度应可控制，并有安全保护措施；

　　5　吊装机具应采取防止单元板块摆动的措施。

10.4.2　单元构件运输应符合下列要求：

　　1　运输前单元板块应顺序编号，并做好成品保护；

　　2　装卸及运输过程中，应采用有足够承载力和刚度的周转架，衬垫弹性垫，保证板块相互隔开并相对固定，不得相互挤压和串动；

　　3　超过运输允许尺寸的单元板块，应采取特殊措施；

　　4　单元板块应按顺序摆放平衡，不应造成板块或型材变形；

　　5　运输过程中，应采取措施减小颠簸。

10.4.3　在场内堆放单元板块时，应符合下列要求：

　　1　宜设置专用堆放场地，并应有安全保护措施；

　　2　宜存放在周转架上；

　　3　应依照安装顺序先出后进的原则按编号排列放置；

　　4　不应直接叠层堆放；

　　5　不宜频繁装卸。

10.4.4　起吊和就位应符合下列要求：

　　1　吊点和挂点应符合设计要求，吊点不应少于 2 个。必要时可增设吊点加固措施并试吊；

　　2　起吊单元板块时，应使各吊点均匀受力，起吊过程应保持单元板块平稳；

　　3　吊装升降和平移应使单元板块不摆动、不撞击其他物体；

　　4　吊装过程应采取措施保证装饰面不受磨损和挤压；

　　5　单元板块就位时，应先将其挂到主体结构的挂点上，板块未固定前，吊具不得拆除。

10.4.5　连接件安装允许偏差应符合表 10.4.5 的规定。

表 10.4.5 连接件安装允许偏差

序号	项　目	允许偏差（mm）	检查方法
1	标高	±1.0（可上下调节时±2.0）	水准仪
2	连接件两端点平行度	≤1.0	钢尺
3	距安装轴线水平距离	≤1.0	钢尺
4	垂直偏差（上、下两端点与垂线偏差）	±1.0	钢尺
5	两连接件连接点中心水平距离	±1.0	钢尺
6	两连接件上、下端对角线差	±1.0	钢尺
7	相邻三连接件（上下、左右）偏差	±1.0	钢尺

10.4.6 校正及固定应按下列规定进行：

1 单元板块就位后，应及时校正；

2 单元板块校正后，应及时与连接部位固定，并应进行隐蔽工程验收；

3 单元式幕墙安装固定后的偏差应符合表 10.4.6 的要求；

表 10.4.6 单元式幕墙安装允许偏差

序号	项　目		允许偏差（mm）	检查方法
1	竖缝及墙面垂直度	幕墙高度 H（m）		激光经纬仪或经纬仪
		H≤30	≤10	
		30<H≤60	≤15	
		60<H≤90	≤20	
		H>90	≤25	
2	幕墙平面度		≤2.5	2m靠尺、钢板尺
3	竖缝直线度		≤2.5	2m靠尺、钢板尺
4	横缝直线度		≤2.5	2m靠尺、钢板尺
5	缝宽度（与设计值比）		±2	卡尺
6	耐候胶缝直线度	L≤20m	1	钢尺
		20m<L≤60m	3	
		60m<L≤100m	6	
		L>100m	10	
7	两相邻面板之间接缝高低差		≤1.0	深度尺
8	同层单元组件标高	宽度不大于35m	≤3.0	激光经纬仪或经纬仪
		宽度大于35m	≤5.0	
9	相邻两组件面板表面高低差		≤1.0	深度尺
10	两组件对插件接缝搭接长度（与设计值比）		±1.0	卡尺
11	两组件对插件距槽底距离（与设计值比）		±1.0	卡尺

4 单元板块固定后，方可拆除吊具，并应及时清洁单元板块的型材槽口。

10.4.7 施工中如果暂停安装，应将对插槽口等部位进行保护；安装完毕的单元板块应及时进行成品保护。

10.5 全 玻 幕 墙

10.5.1 全玻幕墙安装前，应清洁镶嵌槽；中途暂停施工时，应对槽口采取保护措施。

10.5.2 全玻幕墙安装过程中，应随时检测和调整面板、玻璃肋的水平度和垂直度，使墙面安装平整。

10.5.3 每块玻璃的吊夹应位于同一平面，吊夹的受力应均匀。

10.5.4 全玻幕墙玻璃两边嵌入槽口深度及预留空隙应符合设计要求，左右空隙尺寸宜相同。

10.5.5 全玻幕墙的玻璃宜采用机械吸盘安装，并应采取必要的安全措施。

10.5.6 全玻幕墙施工质量应符合表 10.5.6 的要求。

表 10.5.6 全玻幕墙施工质量要求

序号	项　目		允许偏差	测量方法
1	幕墙平面的垂直度	幕墙高度 H（m）		激光仪或经纬仪
		H≤30	10mm	
		30<H≤60	15mm	
		60<H≤90	20mm	
		H>90	25mm	
2	幕墙的平面度		2.5mm	2m靠尺，钢板尺
3	竖缝的直线度		2.5mm	2m靠尺，钢板尺
4	横缝的直线度		2.5mm	2m靠尺，钢板尺
5	线缝宽度（与设计值比较）		±2mm	卡尺
6	两相邻面板之间的高低差		1.0mm	深度尺
7	玻璃面板与肋板夹角与设计值偏差		≤1°	量角器

10.6 点支承玻璃幕墙

10.6.1 点支承玻璃幕墙支承结构的安装应符合下列要求：

1 钢结构安装过程中，制孔、组装、焊接和涂装等工序均应符合现行国家标准《钢结构工程施工质量验收规范》GB 50205 的有关规定；

2 大型钢结构构件应进行吊装设计，并应试吊；

　　3　钢结构安装就位、调整后应及时紧固，并应进行隐蔽工程验收；

　　4　钢构件在运输、存放和安装过程中损坏的涂层以及未涂装的安装连接部位，应按现行国家标准《钢结构工程施工质量验收规范》GB 50205 的有关规定补涂。

10.6.2　张拉杆、索体系中，拉杆和拉索预拉力的施加应符合下列要求：

　　1　钢拉杆和钢拉索安装时，必须按设计要求施加预拉力，并宜设置预拉力调节装置；预拉力宜采用测力计测定。采用扭力扳手施加预拉力时，应事先进行标定；

　　2　施加预拉力应以张拉力为控制量；拉杆、拉索的预拉力应分次、分批对称张拉；在张拉过程中，应对拉杆、拉索的预拉力随时调整；

　　3　张拉前必须对构件、锚具等进行全面检查，并应签发张拉通知单。张拉通知单应包括张拉日期、张拉分批次数、每次张拉控制力、张拉用机具、测力仪器及使用安全措施和注意事项；

　　4　应建立张拉记录；

　　5　拉杆、拉索实际施加的预拉力值应考虑施工温度的影响。

10.6.3　支承结构构件的安装偏差应符合表 10.6.3 的要求。

表 10.6.3　支承结构安装技术要求

名　称	允许偏差（mm）
相邻两竖向构件间距	±2.5
竖向构件垂直度	$l/1000$ 或 ≤5，l 为跨度
相邻三竖向构件外表面平面度	5
相邻两爪座水平间距和竖向距离	±1.5
相邻两爪座水平高低差	1.5
爪座水平度	2
同层高度内爪座高低差： 　间距不大于 35m 　间距大于 35m	 5 7
相邻两爪座垂直间距	±2.0
单个分格爪座对角线差	4
爪座端面平面度	6.0

10.6.4　点支承玻璃幕墙爪件安装前，应精确定出其安装位置。爪座安装的允许偏差应符合本规范表 10.6.3 的规定。

10.6.5　点支承玻璃幕墙面板安装质量应符合本规范表 10.5.6 的相应规定。

10.7　安　全　规　定

10.7.1　玻璃幕墙安装施工应符合现行行业标准《建筑施工高处作业安全技术规范》JGJ 80、《建筑机械使用安全技术规程》JGJ 33、《施工现场临时用电安全技术规范》JGJ 46 的有关规定。

10.7.2　安装施工机具在使用前，应进行严格检查。电动工具应进行绝缘电压试验；手持玻璃吸盘及玻璃吸盘机应进行吸附重量和吸附持续时间试验。

10.7.3　采用外脚手架施工时，脚手架应经过设计，并应与主体结构可靠连接。采用落地式钢管脚手架时，应双排布置。

10.7.4　当高层建筑的玻璃幕墙安装与主体结构施工交叉作业时，在主体结构的施工层下方应设置防护网；在距离地面约 3m 高度处，应设置挑出宽度不小于 6m 的水平防护网。

10.7.5　采用吊篮施工时，应符合下列要求：

　　1　吊篮应进行设计，使用前应进行安全检查；

　　2　吊篮不应作为竖向运输工具，并不得超载；

　　3　不应在空中进行吊篮检修；

　　4　吊篮上的施工人员必须配系安全带。

10.7.6　现场焊接作业时，应采取防火措施。

11　工　程　验　收

11.1　一　般　规　定

11.1.1　玻璃幕墙工程验收前应将其表面清洗干净。

11.1.2　玻璃幕墙验收时应提交下列资料：

　　1　幕墙工程的竣工图或施工图、结构计算书、设计变更文件及其他设计文件；

　　2　幕墙工程所用各种材料、附件及紧固件、构件及组件的产品合格证书、性能检测报告、进场验收记录和复验报告；

　　3　进口硅酮结构胶的商检证；国家指定检测机构出具的硅酮结构胶相容性和剥离粘结性试验报告；

　　4　后置埋件的现场拉拔检测报告；

　　5　幕墙的风压变形性能、气密性能、水密性能检测报告及其他设计要求的性能检测报告；

　　6　打胶、养护环境的温度、湿度记录；双组分硅酮结构胶的混匀性试验记录及拉断试验记录；

　　7　防雷装置测试记录；

　　8　隐蔽工程验收文件；

　　9　幕墙构件和组件的加工制作记录；幕墙安装施工记录；

10 张拉杆索体系预拉力张拉记录;

11 淋水试验记录;

12 其他质量保证资料。

11.1.3 玻璃幕墙工程验收前,应在安装施工中完成下列隐蔽项目的现场验收:

1 预埋件或后置螺栓连接件;

2 构件与主体结构的连接节点;

3 幕墙四周、幕墙内表面与主体结构之间的封堵;

4 幕墙伸缩缝、沉降缝、防震缝及墙面转角节点;

5 隐框玻璃板块的固定;

6 幕墙防雷连接节点;

7 幕墙防火、隔烟节点;

8 单元式幕墙的封口节点。

11.1.4 玻璃幕墙工程质量检验应进行观感检验和抽样检验,并应按下列规定划分检验批,每幅玻璃幕墙均应检验。

1 相同设计、材料、工艺和施工条件的玻璃幕墙工程每 500～1000m² 为一个检验批,不足 500m² 应划分为一个检验批。每个检验批每 100m² 应至少抽查一处,每处不得少于 10m²;

2 同一单位工程的不连续的幕墙工程应单独划分检验批;

3 对于异形或有特殊要求的幕墙,检验批的划分应根据幕墙的结构、工艺特点及幕墙工程的规模,宜由监理单位、建设单位和施工单位协商确定。

11.2 框支承玻璃幕墙

11.2.1 玻璃幕墙观感检验应符合下列要求:

1 明框幕墙框料应横平竖直;单元式幕墙的单元接缝或隐框幕墙分格玻璃接缝应横平竖直,缝宽应均匀,并符合设计要求;

2 铝合金材料不应有脱膜现象;玻璃的品种、规格与色彩应与设计相符,整幅幕墙玻璃的色泽应均匀;并不应有析碱、发霉和镀膜脱落等现象;

3 装饰压板表面应平整,不应有肉眼可察觉的变形、波纹或局部压砸等缺陷;

4 幕墙的上下边及侧边封口、沉降缝、伸缩缝、防震缝的处理及防雷体系应符合设计要求;

5 幕墙隐蔽节点的遮封装修应整齐美观;

6 淋水试验时,幕墙不应渗漏。

11.2.2 框支承玻璃幕墙工程抽样检验应符合下列要求:

1 铝合金料及玻璃表面不应有铝屑、毛刺、明显的电焊伤痕、油斑和其他污垢;

2 幕墙玻璃安装应牢固,橡胶条应镶嵌密实、

密封胶应填充平整;

3 每平方米玻璃的表面质量应符合表 11.2.2 - 1 的规定;

表 11.2.2 - 1 每平方米玻璃表面质量要求

项　目	质量要求
0.1～0.3mm 宽划伤痕	长度小于 100mm;不超过 8 条
擦伤	不大于 500mm²

4 一个分格铝合金框料表面质量应符合表 11.2.2 - 2 的规定;

表 11.2.2 - 2 一个分格铝合金框料表面质量要求

项　目	质量要求
擦伤、划伤深度	不大于氧化膜厚度的 2 倍
擦伤总面积（mm²）	不大于 500
划伤总长度（mm）	不大于 150
擦伤和划伤处数	不大于 4
注:一个分格铝合金框料指该分格的四周框架构件。	

5 铝合金框架构件安装质量应符合表 11.2.2 - 3 的规定,测量检查应在风力小于 4 级时进行。

表 11.2.2 - 3 铝合金框架构件安装质量要求

项　目		允许偏差（mm）	检查方法
1	幕墙垂直度	幕墙高度不大于 30m	10	激光仪或经纬仪
		幕墙高度大于 30m、不大于 60m	15	
		幕墙高度大于 60m、不大于 90m	20	
		幕墙高度大于 90m、不大于 150m	25	
		幕墙高度大于 150m	30	
2	竖向构件直线度		2.5	2m 靠尺,塞尺
3	横向构件水平度	长度不大于 2000mm	2	水平仪
		长度大于 2000mm	3	
4	同高度相邻两根横向构件高度差		1	钢板尺、塞尺
5	幕墙横向构件水平度	幅宽不大于 35m	5	水平仪
		幅宽大于 35m	7	
6	分格框对角线差	对角线长不大于 2000mm	3	对角线尺或钢卷尺
		对角线长大于 2000mm	3.5	
注:1 表中 1～5 项按抽样根数检查,第 6 项按抽样分格数检查。			
2 垂直于地面的幕墙,竖向构件垂直度包括幕墙平面内及平面外的检查;			
3 竖向直线度包括幕墙平面内及平面外的检查。			

11.2.3 隐框玻璃幕墙的安装质量应符合表11.2.3的规定。

表 11.2.3 隐框玻璃幕墙安装质量要求

	项　目	允许偏差（mm）	检查方法
1	竖缝及墙面垂直度	幕墙高度不大于30m	10	激光仪或经纬仪
		幕墙高度大于30m，不大于60m	15	
		幕墙高度大于60m，不大于90m	20	
		幕墙高度大于90m，不大于150m	25	
		幕墙高度大于150m	30	
2	幕墙平面度	2.5	2m靠尺，钢板尺
3	竖缝直线度	2.5	2m靠尺，钢板尺
4	横缝直线度	2.5	2m靠尺，钢板尺
5	拼缝宽度（与设计值比）	2	卡尺

11.2.4 玻璃幕墙工程抽样检验数量，每幅幕墙的竖向构件或竖向接缝和横向构件或横向接缝应各抽查5%，并均不得少于3根；每幅幕墙分格应各抽查5%，并不得少于10个。抽检质量应符合本规范第11.2.2条或第11.2.3条的规定。

注：1 抽样的样品，1根竖向构件或竖向接缝指该幕墙全高的1根构件或接缝；1根横向构件或横向接缝指该幕墙全宽的1根构件或接缝；

2 凡幕墙上的开启部分，其抽样检验的工程验收应符合现行国家标准《建筑装饰装修工程质量验收规范》GB 50210的有关规定。

11.3 全 玻 幕 墙

11.3.1 墙面外观应平整，胶缝应平整光滑、宽度均匀。胶缝宽度与设计值的偏差不应大于2mm。

11.3.2 玻璃面板与玻璃肋之间的垂直度偏差不应大于2mm；相邻玻璃面板的平面高低偏差不应大于1mm。

11.3.3 玻璃与镶嵌槽的间隙应符合设计要求，密封胶应灌注均匀、密实、连续。

11.3.4 玻璃与周边结构或装修的空隙不应小于8mm，密封胶填缝应均匀、密实、连续。

11.4 点支承玻璃幕墙

11.4.1 玻璃幕墙大面应平整，胶缝应横平竖直、缝宽均匀、表面平滑。钢结构焊缝应平滑，防腐涂层应均匀、无破损。不锈钢件的光泽度应与设计相符，且无锈斑。

11.4.2 钢结构验收应符合现行国家标准《钢结构工程施工质量验收规范》GB 50205的要求。

11.4.3 拉杆和拉索的预拉力应符合设计要求。

11.4.4 点支承幕墙安装允许偏差应符合表11.4.4的规定。

表 11.4.4 点支承幕墙安装允许偏差

	项　目	允许偏差（mm）	检查方法
竖缝及墙面垂直度	高度不大于30m	10.0	激光仪或经纬仪
	高度大于30m但不大于50m	15.0	
平面度		2.5	2m靠尺、钢板尺
胶缝直线度		2.5	2m靠尺、钢板尺
拼缝宽度		2	卡尺
相邻玻璃平面高低差		1.0	塞尺

11.4.5 钢爪安装偏差应符合下列要求：

1 相邻钢爪水平距离和竖向距离为±1.5mm；

2 同层钢爪高度允许偏差应符合表11.4.5的规定。

表 11.4.5 同层钢爪高度允许偏差

水平距离 L（m）	允许偏差（×1000mm）
$L \leq 35$	$L/700$
$35 < L \leq 50$	$L/600$
$50 < L \leq 100$	$L/500$

12 保养和维修

12.1 一 般 规 定

12.1.1 幕墙工程竣工验收时，承包商应向业主提供《幕墙使用维护说明书》。《幕墙使用维护说明书》应包括下列内容：

1 幕墙的设计依据、主要性能参数及幕墙结构的设计使用年限；

2 使用注意事项；

3 环境条件变化对幕墙工程的影响；

4 日常与定期的维护、保养要求；

5 幕墙的主要结构特点及易损零部件更换方法；

6 备品、备件清单及主要易损件的名称、规格；

7 承包商的保修责任。

12.1.2 幕墙工程承包商在幕墙交付使用前应为业主培训幕墙维修、维护人员。

12.1.3 幕墙交付使用后，业主应根据《幕墙使用维护说明书》的相关要求及时制定幕墙的维修、保养计划与制度。

12.1.4 雨天或 4 级以上风力的天气情况下不宜使用开启窗；6 级以上风力时，应全部关闭开启窗。

12.1.5 幕墙外表面的检查、清洗、保养与维修工作不得在 4 级以上风力和大雨（雪）天气下进行。

12.1.6 幕墙外表面的检查、清洗、保养与维修使用的作业机具设备（举升机、擦窗机、吊篮等）应保养良好、功能正常、操作方便、安全可靠；每次使用前都应进行安全装置的检查，确保设备与人员安全。

12.1.7 幕墙外表面的检查、清洗、保养与维修的作业中，凡属高空作业者，应符合现行行业标准《建筑施工高处作业安全技术规范》JGJ 80 的有关规定。

12.2　检查与维修

12.2.1 日常维护和保养应符合下列规定：

1 应保持幕墙表面整洁，避免锐器及腐蚀性气体和液体与幕墙表面接触；

2 应保持幕墙排水系统的畅通，发现堵塞应及时疏通；

3 在使用过程中如发现门、窗启闭不灵或附件损坏等现象时，应及时修理或更换；

4 当发现密封胶或密封胶条脱落或损坏时，应及时进行修补与更换；

5 当发现幕墙构件或附件的螺栓、螺钉松动或锈蚀时，应及时拧紧或更换；

6 当发现幕墙构件锈蚀时，应及时除锈补漆或采取其他防锈措施。

12.2.2 定期检查和维护应符合下列规定：

1 在幕墙工程竣工验收后一年时，应对幕墙工程进行一次全面的检查，此后每五年应检查一次。检查项目应包括：

1）幕墙整体有无变形、错位、松动，如有，则应对该部位对应的隐蔽结构进行进一步检查；幕墙的主要承力构件、连接构件和连接螺栓等是否损坏、连接是否可靠、有无锈蚀等；

2）玻璃面板有无松动和损坏；

3）密封胶有无脱胶、开裂、起泡，密封胶条有无脱落、老化等损坏现象；

4）开启部分是否启闭灵活，五金附件是否有功能障碍或损坏，安装螺栓或螺钉是否松动和失效；

5）幕墙排水系统是否通畅。

2 应对第 1 款检查项目中不符合要求者进行维修或更换；

3 施加预拉力的拉杆或拉索结构的幕墙工程在工程竣工验收后六个月时，必须对该工程进行一次

全面的预拉力检查和调整，此后每三年应检查一次；

4 幕墙工程使用十年后应对该工程不同部位的结构硅酮密封胶进行粘接性能的抽样检查；此后每三年宜检查一次。

12.2.3 灾后检查和修复应符合下列规定：

1 当幕墙遭遇强风袭击后，应及时对幕墙进行全面的检查，修复或更换损坏的构件。对施加预拉力的拉杆或拉索结构的幕墙工程，应进行一次全面的预拉力检查和调整；

2 当幕墙遭遇地震、火灾等灾害后，应由专业技术人员对幕墙进行全面的检查，并根据损坏程度制定处理方案，及时处理。

12.3　清　洗

12.3.1 业主应根据幕墙表面的积灰污染程度，确定其清洗次数，但不应少于每年一次。

12.3.2 清洗幕墙应按《幕墙使用维护说明书》要求选用清洗液。

12.3.3 清洗幕墙过程中不得撞击和损伤幕墙。

附录 A　耐候钢强度设计值

A.0.1 耐候钢强度设计值可按表 A.0.1 采用。

表 A.0.1　耐候钢强度设计值（N/mm²）

钢号	厚度 t（mm）	屈服强度 σ_s	抗拉强度 f_s	抗剪强度 f_v	承压强度 f_{ce}
Q235NH	$t \leq 16$	235	216	125	295
	$16 < t \leq 40$	225	207	120	295
	$40 < t \leq 60$	215	198	115	295
	> 60	215	198	115	295
Q295NH	≤ 16	295	271	157	344
	$16 < t \leq 40$	285	262	152	344
	$40 < t \leq 60$	275	253	147	344
	$60 < t \leq 100$	255	235	136	344
Q355NH	≤ 16	355	327	189	402
	$16 < t \leq 40$	345	317	184	402
	$40 < t \leq 60$	335	308	179	402
	$60 < t \leq 100$	325	299	173	402
Q460NH	≤ 16	460	414	240	451
	$16 < t \leq 40$	450	405	235	451
	$40 < t \leq 60$	440	396	230	451
	$60 < t \leq 100$	430	387	224	451
Q295GNH（热轧）	$t \leq 6$	295	271	157	320
	$t > 6$	295	271	157	320
Q295GNHL（热轧）	$t \leq 6$	295	271	157	353
	$t > 6$	295	271	157	353
Q345GNH（热轧）	$t \leq 6$	345	317	184	361
	$t > 6$	345	317	184	361

续表 A.0.1

钢号	厚度 t（mm）	屈服强度 σ_s	抗拉强度 f_s	抗剪强度 f_v	承压强度 f_{ce}
Q345GNHL（热轧）	$t \leqslant 6$	345	317	184	394
	$t > 6$	345	317	184	394
Q390GNH（热轧）	$t \leqslant 6$	390	359	208	420
	$t > 6$	390	359	208	420
Q295GNH（冷轧）	$t \leqslant 2.5$	260	239	139	320
Q295GNHL（冷轧）	$t \leqslant 2.5$	260	239	139	320
Q345GNHL（冷轧）	$t \leqslant 2.5$	320	294	171	369

附录 B　钢结构连接强度设计值

B.0.1 钢结构连接的强度设计值应分别按表 B.0.1-1、B.0.1-2、B.0.1-3 采用。

B.0.2 计算下列情况的构件或连接件时，本规范第 B.0.1 条规定的强度设计值应乘以相应的折减系数；当下列几种情况同时存在时，其折减系数应连乘。

表 B.0.1-1　螺栓连接的强度设计值（N/mm²）

螺栓的性能等级、锚栓和构件钢材的牌号		普通螺栓						锚栓	承压型连接高强度螺栓		
		C 级螺栓			A 级、B 级螺栓						
		抗拉 f_t^b	抗剪 f_v^b	承压 f_c^b	抗拉 f_t^b	抗剪 f_v^b	承压 f_c^b	抗拉 f_t^a	抗拉 f_t^b	抗剪 f_v^b	承压 f_c^b
普通螺栓	4.6 级 4.8 级	170	140	—	—	—	—	—	—	—	—
	5.6 级	—	—	—	210	190	—	—	—	—	—
	8.8 级	—	—	—	400	320	—	—	—	—	—
锚栓	Q235 钢	—	—	—	—	—	—	140	—	—	—
	Q345 钢	—	—	—	—	—	—	180	—	—	—
承压型连接高强度螺栓	8.8 级	—	—	—	—	—	—	—	400	250	—
	10.9 级	—	—	—	—	—	—	—	500	310	—
构件	Q235 钢	—	—	305	—	—	405	—	—	—	470
	Q345 钢	—	—	385	—	—	510	—	—	—	590
	Q390 钢	—	—	400	—	—	530	—	—	—	615

注：1　A 级螺栓用于公称直径 d 不大于 24mm、螺杆公称长度不大于 10d 且不大于 150mm 的螺栓；

2　B 级螺栓用于公称直径 d 大于 24mm、螺杆公称长度大于 10d 或大于 150mm 的螺栓；

3　A、B 级螺栓孔的精度和孔壁表面粗糙度，C 级螺栓孔允许偏差和孔壁表面的表面粗糙度，均应符合现行国家标准《钢结构工程施工质量验收规范》GB 50205 的要求。

表 B.0.1-2　铆钉连接的强度设计值（N/mm²）

铆钉钢号或构件钢材牌号		抗拉（铆头拉脱）f_t^r	抗剪 f_v^r		承压 f_c^r	
			Ⅰ类孔	Ⅱ类孔	Ⅰ类孔	Ⅱ类孔
铆钉	BL2、BL3	120	185	155	—	
构件	Q235 钢	—	—	—	450	365
	Q345 钢	—	—	—	565	460
	Q390 钢	—	—	—	590	480

注：1　属于下列情况者为Ⅰ类孔；

1）在装配好的构件上按设计孔径钻成的孔；

2）在单个零件和构件上按设计孔径分别用钻模钻成的孔；

3）在单个零件上先钻成或冲成较小的孔径，然后在装配好的构件上再扩钻至设计孔径的孔。

2　在单个零件上一次冲成或不用钻模钻成设计孔径的孔属于Ⅱ类孔。

表 B.0.1-3 焊缝的强度设计值（N/mm²）

焊接方法和焊条型号	构件钢材			对接焊缝				角焊缝
	牌号	厚度或直径 d（mm）	抗压 f_c^w	抗拉和抗弯受拉 f_t^w		抗剪 f_v^w		抗拉、抗压和抗剪 f_f^w
				一级、二级	三级			
自动焊、半自动焊和 E43 型焊条的手工焊	Q235 钢	$d \leqslant 16$	215	215	185	125		160
		$16 < d \leqslant 40$	205	205	175	120		160
		$40 < d \leqslant 60$	200	200	170	115		160
自动焊、半自动焊和 E50 型焊条的手工焊	Q345 钢	$d \leqslant 16$	310	310	265	180		200
		$16 < d \leqslant 35$	295	295	250	170		200
		$35 < d \leqslant 50$	265	265	225	155		200
自动焊、半自动焊和 E55 型焊条的手工焊	Q390 钢	$d \leqslant 16$	350	350	300	205		220
		$16 < d \leqslant 35$	335	335	285	190		220
		$35 < d \leqslant 50$	315	315	270	180		220
自动焊、半自动焊和 E55 型焊条的手工焊	Q420 钢	$d \leqslant 16$	380	380	320	220		220
		$16 < d \leqslant 35$	360	360	305	210		220
		$35 < d \leqslant 50$	340	340	290	195		220

注：1 表中的一级、二级、三级是指焊缝质量等级，应符合现行国家标准《钢结构工程施工质量验收规范》GB 50205的规定。厚度小于8mm钢材的对接焊缝，不应采用超声探伤确定焊缝质量等级；

2 自动焊和半自动焊所采用的焊丝和焊剂，应保证其熔敷金属力学性能不低于现行国家标准《碳素钢埋弧焊用焊剂》GB/T 5293 和《低合金钢埋弧焊用焊剂》GB/T 12470 的相关规定；

3 表中厚度是指计算点的钢材厚度，对轴心受力构件是指截面中较厚板件的厚度。

1 单面连接的单角钢按轴心受力计算强度和连接时，折减系数取 0.85；

2 施工条件较差的高空安装焊缝和铆钉连接时，折减系数取 0.90；

3 沉头或半沉头铆钉连接时，折减系数取 0.80。

B.0.3 不锈钢螺栓强度设计值应按表 B.0.3 采用。

表 B.0.3 不锈钢螺栓连接的强度设计值（N/mm²）

类别	组别	性能等级	σ_b	抗拉 f_s	抗剪 f_v
A（奥氏体）	A1、A2	50	500	230	175
	A3、A4	70	700	320	245
	A5	80	800	370	280
C（马氏体）	C1	50	500	230	175
		70	700	320	245
		100	1000	460	350
	C3	80	800	370	280
	C4	50	500	230	175
		70	700	320	245
F（铁素体）	F1	45	450	210	160
		60	600	275	210

附录 C 预埋件设计

C.0.1 由锚板和对称配置的直锚筋所组成的受力预埋件（图 C），其锚筋的总截面面积 A_s 应符合下列规定：

1 当有剪力、法向拉力和弯矩共同作用时，应分别按公式（C.0.1-1）和（C.0.1-2）计算，并取二者的较大值：

$$A_s \geqslant \frac{V}{a_r a_v f_v} + \frac{N}{0.8 a_b f_y} + \frac{M}{1.3 a_r a_b f_y z} \tag{C.0.1-1}$$

$$A_s \geqslant \frac{N}{0.8 a_b f_y} + \frac{M}{0.4 a_r a_b f_y z} \tag{C.0.1-2}$$

2 当有剪力、法向压力和弯矩共同作用时，应分别按公式（C.0.1-3）和（C.0.1-4）计算，并取二者的较大值：

$$A_s \geqslant \frac{V - 0.3N}{a_r a_v f_y} + \frac{M - 0.4Nz}{1.3 a_r a_b f_y z} \tag{C.0.1-3}$$

$$A_s \geqslant \frac{M - 0.4Nz}{0.4 a_r b_r f_y z} \tag{C.0.1-4}$$

$$a_v = (4.0 - 0.08d) \sqrt{\frac{f_c}{f_y}} \tag{C.0.1-5}$$

$$a_b = 0.6 + 0.25 \frac{t}{d} \tag{C.0.1-6}$$

式中 V——剪力设计值（N）；

N——法向拉力或法向压力设计值（N），法向压力设计值不应大于 $0.5 f_c A$，此处 A 为锚板的面积（mm²）；

M——弯矩设计值（Nmm）。当 M 小于 $0.4Nz$ 时，取 M 等于 $0.4Nz$；

a_r——钢筋层数影响系数，当锚筋等间距配置时，二层取 1.0，三层取 0.9，四层取 0.85；

a_v——锚筋受剪承载力系数。当 a_v 大于 0.7 时，取 a_v 等于 0.7；

d——钢筋直径（mm）；

t——锚板厚度（mm）；

a_b——锚板弯曲变形折减系数。当采取防止锚板弯曲变形的措施时，可取 a_b 等于 1.0；

z——沿剪力作用方向最外层锚筋中心线之间的距离（mm）；

f_c——混凝土轴心抗压强度设计值（N/mm²），应按现行国家标准《混凝土结构设计规范》GB 50010 的规定采用；

f_y——钢筋抗拉强度设计值（N/mm²），应按现行国家标准《混凝土结构设计规范》GB 50010 的规定采用，但不应大于 300N/mm²；

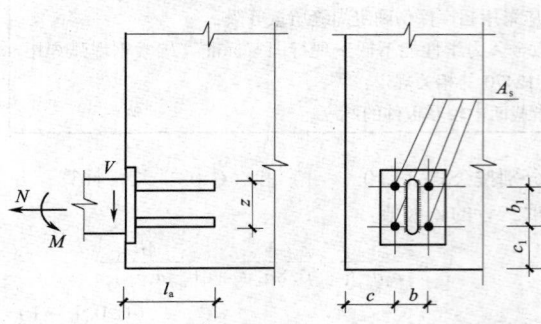

图 C 锚板和直锚筋组成的预埋件

C.0.2 预埋件的锚板宜采用 Q235 级钢。锚筋应采用 HPB235、HRB335 或 HRB400 级热轧钢筋，严禁采用冷加工钢筋。

C.0.3 预埋件的受力直锚筋不宜少于 4 根，且不宜多于 4 层；其直径不宜小于 8mm，且不宜大于 25mm。受剪预埋件的直锚筋可采用 2 根。预埋件的锚筋应放置在构件的外排主筋的内侧。

C.0.4 直锚筋与锚板应采用 T 型焊。当锚筋直径不大于 20mm 时，宜采用压力埋弧焊；当锚筋直径大于 20mm 时，宜采用穿孔塞焊。当采用手工焊时，焊缝高度不宜小于 6mm 及 0.5d（HPB235 级钢筋）或 0.6d（HRB335 或 HRB400 级钢筋），d 为锚筋直径。

C.0.5 受拉直锚筋和弯折锚筋的锚固长度应符合下列要求：

1 当计算中充分利用锚筋的抗拉强度时，其锚固长度应按下式计算：

$$l_a = \alpha \frac{f_y}{f_t} d \qquad (C.0.5)$$

式中 l_a——受拉钢筋锚固长度（mm）；

f_t——混凝土轴心抗拉强度设计值，应按现行国家标准《混凝土结构设计规范》GB 50010 的规定取用；当混凝土强度等级高于 C40 时，按 C40 取值；

d——锚筋公称直径（mm）；

α——锚筋的外形系数，光圆钢筋取 0.16，带肋钢筋取 0.14。

2 抗震设计的幕墙，钢筋锚固长度应按本规范公式（C.0.5）计算值的 1.1 倍采用；

3 当锚筋的拉应力设计值小于钢筋抗拉强度设计值 f_y 时，其锚固长度可适当减小，但不应小于 15 倍锚固钢筋直径。

C.0.6 受剪和受压直锚筋的锚固长度不应小于 15 倍锚固钢筋直径。除受压直锚筋外，当采用 HPB235 级钢筋时，钢筋末端应作 180° 弯钩，弯钩平直段长度不应小于 3 倍的锚筋直径。

C.0.7 锚板厚度应根据其受力情况按计算确定，且宜大于锚筋直径的 0.6 倍。锚筋中心至锚板边缘的距离 c 不应小于锚筋直径的 2 倍和 20mm 的较大值（图 C）。

对受拉和受弯预埋件，其钢筋的间距 b、b_1 和锚筋至构件边缘的距离 c、c_1 均不应小于锚筋直径的 3 倍和 45mm 的较大值（图 C）。

对受剪预埋件，其锚筋的间距 b、b_1 均不应大于 300mm，且 b_1 不应小于锚筋直径的 6 倍及 70mm 的较大值；锚筋至构件边缘的距离 c_1 不应小于锚筋直径的 6 倍及 70mm 的较大值，锚筋的间距 b、锚筋至构件边缘的距离 c 均不应小于锚筋直径的 3 倍和 45mm 的较大值（图 C）。

本规范用词说明

1 为便于在执行本规范条文时区别对待，对要求严格程度不同的用词说明如下：

1）表示很严格，非这样做不可的：

正面词采用"必须"，反面词采用"严禁"；

2）表示严格，在正常情况下均应这样做的：

正面词采用"应"，反面词采用"不应"或"不得"；

3）表示允许稍有选择，在条件许可时首先应这样做的：

正面词采用"宜"，反面词采用"不宜"。

表示有选择，在一定条件下可以这样做的，采用"可"。

2 条文中指明应按其他有关标准、规范的规定执行时，写法为"应符合……的规定"或"应按……执行"。

中华人民共和国行业标准

金属与石材幕墙工程技术规范

Technical code for metal and stone curtain walls engineering

JGJ 133 – 2001

J 133 – 2001

主编单位：中国建筑科学研究院
批准部门：中华人民共和国建设部
施行日期：2001 年 6 月 1 日

关于发布行业标准《金属与石材幕墙工程技术规范》的通知

建标〔2001〕108 号

根据建设部《关于印发 1997 年工程建设城建、建工行业标准制订、修订计划的通知》（建标〔1997〕71 号）的要求，由中国建筑科学研究院主编的《金属与石材幕墙工程技术规范》，经审查，批准为行业标准，其中 3.2.2，3.5.2，3.5.3，4.2.3，4.2.4，5.2.3，5.5.2，5.6.6，5.7.2，5.7.11，6.1.3，6.3.2，6.5.1，7.2.4，7.3.4，7.3.10 为强制性条文。该标准编号为 JGJ 133—2001，自 2001 年 6 月 1 日起施行。

本标准由建设部建筑工程标准技术归口单位中国建筑科学研究院负责管理，中国建筑科学研究院负责具体解释，建设部标准定额研究所组织中国建筑工业出版社出版。

中华人民共和国建设部
2001 年 5 月 29 日

前　言

根据建设部建标〔1997〕71号文件的要求，规范编制组在广泛调查研究、认真总结实践经验，并广泛征求意见的基础上，制订了本规范。

本规范主要技术内容是：1．总则；2．术语、符号；3．材料；4．性能与构造；5．结构设计；6．加工制作；7．安装施工；8．工程验收；9．保养与维修。

本规范由建设部建筑工程标准技术归口单位中国建筑科学研究院归口管理，授权由主编单位负责具体解释。

本规范主编单位是：中国建筑科学研究院
（地址：北京市北三环东路

30号 邮政编码：100013）

本规范参加单位是：广东省中山市盛兴幕墙有限公司

上海市东江建筑幕墙有限公司

武汉凌云建筑装饰工程总公司

中国地质科学院地质研究所

本规范主要起草人：侯茂盛　陈建东　赵西安
张汝成　龙文志　严克明
梁明华　姜清海

1　总　则

1.0.1　为了使金属与石材幕墙工程做到安全可靠、实用美观和经济合理，制定本规范。

1.0.2　本规范适用于下列民用建筑金属与天然石材幕墙（以下简称石材幕墙）工程的设计、制作、安装施工及验收：

　　1　建筑高度不大于150m的民用建筑金属幕墙工程；

　　2　建筑高度不大于100m、设防烈度不大于8度的民用建筑石材幕墙工程。

1.0.3　金属与石材幕墙的设计、制作和安装施工的全过程应实行质量控制，金属与石材幕墙工程制作与安装施工企业，应制订内部质量控制标准。

1.0.4　金属与石材幕墙的材料、设计、制作、安装施工及验收，除应符合本规范外，尚应符合国家现行有关强制性标准的规定。

2　术语、符号

2.1　术　语

2.1.1　建筑幕墙 building curtain wall
由金属构架与板材组成的、不承担主体结构荷载与作用的建筑外围护结构。

2.1.2　金属幕墙 metal curtain wall
板材为金属板材的建筑幕墙。

2.1.3　石材幕墙 stone curtain wall
板材为建筑石板的建筑幕墙。

2.1.4　组合幕墙 composite curtain wall
板材为玻璃、金属、石材等不同板材组成的建筑幕墙。

2.1.5　斜建筑幕墙 inclined building curtain wall
与水平面成大于75°小于90°角的建筑幕墙。

2.1.6　单元建筑幕墙 unit building curtain wall
由金属构架、各种板材组装成一层楼高单元板块的建筑幕墙。

2.1.7　小单元建筑幕墙 small unit building curtain wall
由金属副框、各种单块板材，采用金属挂钩与立柱、横梁连接的可拆装的建筑幕墙。

2.1.8　结构胶 structural glazing sealant
幕墙中黏结各种板材与金属构架、板材与板材的受力用的黏结材料。

2.1.9　硅酮耐候胶 weather proofing silicone sealant
幕墙嵌缝用的低模数中性硅酮密封材料。

2.1.10　接触腐蚀 contact corrosion
两种不同的金属接触时发生的电化学腐蚀。

2.1.11　相容性 compatibility
黏结密封材料与其他材料接触时，不发生影响黏结密封材料黏结性的物理、化学变化的性能。

2.2　符　号

2.2.1　A——截面面积。

2.2.2　a——板材短边边长。

2.2.3 *b*——板材长边边长。

2.2.4 *E*——材料弹性模量。

2.2.5 *f*——材料强度设计值。

2.2.6 *f*$_a$——铝合金强度设计值。

2.2.7 *f*$_c$——混凝土轴心抗压强度设计值。

2.2.8 *f*$_s$——钢材强度设计值。

2.2.9 *h*——高度；钢销入孔长度。

2.2.10 *I*——截面惯性矩。

2.2.11 *i*——截面回转半径。

2.2.12 *l*——跨度。

2.2.13 *m*——弯矩系数。

2.2.14 *M*——弯矩设计值。

2.2.15 *M*$_x$——绕 *x* 轴的弯矩设计值。

2.2.16 *M*$_y$——绕 *y* 轴的弯矩设计值。

2.2.17 *N*——轴（压）力设计值。

2.2.18 *p*$_{Ek}$——集中水平地震作用标准值。

2.2.19 *q*$_{Ek}$——分布水平地震作用标准值。

2.2.20 *R*——截面承载力设计值。

2.2.21 *S*——截面内力设计值。

2.2.22 *t*——材料厚度。

2.2.23 Δ*T*——年温度变化值。

2.2.24 *u*——荷载或作用标准值产生的位移或挠度。

2.2.25 ［*u*］——位移或挠度允许值。

2.2.26 *V*——剪力设计值。

2.2.27 *W*——净截面弹性抵抗矩。

2.2.28 *W*$_x$——绕 *x* 轴的净截面弹性抵抗矩。

2.2.29 *W*$_y$——绕 *y* 轴的净截面弹性抵抗矩。

2.2.30 *w*$_k$——风荷载标准值。

2.2.31 *w*——风荷载设计值。

2.2.32 *w*$_o$——基本风压。

2.2.33 *Z*——外层锚筋中心线之间距离。

2.2.34 *α*——材料线膨胀系数。

2.2.35 *α*$_{max}$——地震影响系数最大值。

2.2.36 *β*——应力调整系数。

2.2.37 *β*$_E$——动力放大系数。

2.2.38 *β*$_{gz}$——阵风系数。

2.2.39 *υ*——材料泊松比。

2.2.40 *η*——应力折减系数。

2.2.41 *λ*——长细比。

2.2.42 *μ*$_S$——风荷载体型系数。

2.2.43 *μ*$_Z$——风压高度变化系数。

2.2.44 *σ*——截面最大应力设计值。

2.2.45 *σ*$_{Gk}$、*S*$_{Gk}$——重力荷载产生的应力、内力标准值。

2.2.46 *σ*$_{wk}$、*S*$_{wk}$——风荷载产生的应力、内力标准值。

2.2.47 *σ*$_{Ek}$、*S*$_{Ek}$——地震作用产生的应力、内力标准值。

2.2.48 *σ*$_{Tk}$、*S*$_{Tk}$——温度作用产生的应力、内力标准值。

2.2.49 *υ*——截面塑性发展系数。

2.2.50 *φ*$_1$——稳定系数。

3 材　料

3.1 一般规定

3.1.1 金属与石材幕墙所选用的材料应符合国家现行产品标准的规定，同时应有出厂合格证。

3.1.2 金属与石材幕墙所选用材料的物理力学及耐候性能应符合设计要求。

3.1.3 硅酮结构密封胶、硅酮耐候密封胶必须有与所接触材料的相容性试验报告。橡胶条应有成分化验报告和保质年限证书。

3.1.4 当石材含放射物质时，应符合现行行业标准《天然石材产品放射性防护分类控制标准》（JC 518）的规定。

3.1.5 金属与石材幕墙所使用的低发泡间隔双面胶带，应符合现行行业标准《玻璃幕墙工程技术规范》（JGJ 102）的有关规定。

3.2 石　材

3.2.1 幕墙石材宜选用火成岩，石材吸水率应小于 0.8%。

3.2.2 花岗石板材的弯曲强度应经法定检测机构检测确定，其弯曲强度不应小于 8.0MPa。

3.2.3 石板的表面处理方法应根据环境和用途决定。

3.2.4 为满足等强度计算的要求，火烧石板的厚度应比抛光石板厚 3mm。

3.2.5 幕墙石材的技术要求和性能试验方法应符合国家现行标准的规定：

　　1 石材的技术要求应符合下列现行行业标准的规定：

　　1)《天然花岗石荒料》（JC 204）；

　　2)《天然花岗石建筑板材》（JC 205）。

　　2 石材的主要性能试验方法应符合下列现行国家标准的规定：

1)《天然饰面石材试验方法 干燥、水饱和、冻融循环后压缩强度试验方法》（GB 9966.1）；

2)《天然饰面石材试验方法 弯曲强度试验方法》（GB 9966.2）；

3)《天然饰面石材试验方法 体积密度、真密度、真气孔率、吸水率试验方法》（GB 9966.3）；

4)《天然饰面石材试验方法 耐磨性试验方法》（GB 9966.5）；

5)《天然饰面石材试验方法 耐酸性试验方法》（GB 9966.6）。

3.2.6 石材表面应采用机械进行加工，加工后的表面应用高压水冲洗或用水和刷子清理，严禁用溶剂型的化学清洁剂清洗石材。

3.3 金属材料

3.3.1 幕墙采用的不锈钢宜采用奥氏体不锈钢材，其技术要求和性能试验方法应符合国家现行标准的规定：

1 不锈钢材的技术要求应符合下列现行国家标准的规定：

1)《不锈钢冷轧钢板》（GB/T 3280）；

2)《不锈钢棒》（GB/T 1220）；

3)《不锈钢冷加工钢棒》（GB/T 4226）；

4)《不锈钢和耐热钢冷轧带钢》（GB 4239）；

5)《不锈钢热轧钢板》（GB/T 4237）；

6)《冷顶锻用不锈钢丝》（GB/T 4232）；

7)《形状和位置公差 未注公差值》（GB/T 1184）。

2 不锈钢材主要性能试验方法应符合下列现行国家标准的规定：

1)《金属弯曲试验方法》（GB/T 232）；

2)《金属拉伸试验方法》（GB/T 228）。

3.3.2 幕墙采用的非标准五金件应符合设计要求，并应有出厂合格证。同时应符合现行国家标准《紧固件机械性能 不锈钢螺栓、螺钉和螺柱》（GB/T 3098.6）和《紧固件机械性能 不锈钢螺母》（GB/T 3098.15）的规定。

3.3.3 幕墙采用的钢材的技术要求和性能试验方法应符合现行国家标准的规定：

1 钢材的技术要求应符合下列现行国家标准的规定：

1)《碳素结构钢》（GB/T 700）；

2)《优质碳素结构钢》（GB/T 699）；

3)《合金结构钢》（GB/T 3077）；

4)《低合金高强度结构钢》（GB/T 1591）；

5)《碳素结构和低合金结构钢热轧薄钢板及钢带》（GB/T 912）；

6)《碳素结构和低合金结构钢热轧厚钢板及钢带》（GB/T 3274）；

7)《结构用冷弯空心型钢尺寸、外型、重量及允许偏差》（GB/T 6728）；

8)《冷拔无缝异型钢管》（GB/T 3094）；

9)《高耐候结构钢》（GB/T 4171）；

10)《焊接结构用耐候钢》（GB/T 4172）。

2 钢材主要性能试验方法应符合本规范第3.3.1条第2款的规定。

3.3.4 钢结构幕墙高度超过40m时，钢构件宜采用高耐候结构钢，并应在其表面涂刷防腐涂料。

3.3.5 钢构件采用冷弯薄壁型钢时，除应符合现行国家标准《冷弯薄壁型钢结构技术规范》（GBJ 18）的有关规定外，其壁厚不得小于3.5mm，强度应按实际工程验算，表面处理应符合本规范第6.2.4条的规定。

3.3.6 幕墙采用的铝合金型材应符合现行国家标准《铝合金建筑型材》（GB/T 5237.1）中有关高精级的规定；铝合金的表面处理层厚度和材质应符合现行国家标准《铝合金建筑型材》（GB/T 5237.2 ~ 5237.5）的有关规定。

3.3.7 幕墙采用的铝合金板材的表面处理层厚度及材质应符合现行行业标准《建筑幕墙》（JG 3035）的有关规定。

3.3.8 铝合金幕墙应根据幕墙面积、使用年限及性能要求，分别选用铝合金单板（简称单层铝板）、铝塑复合板、铝合金蜂窝板（简称蜂窝铝板）；铝合金板材应达到国家相关标准及设计的要求，并应有出厂合格证。

3.3.9 根据防腐、装饰及建筑物的耐久年限的要求，对铝合金板材（单层铝板、铝塑复合板、蜂窝铝板）表面进行氟碳树脂处理时，应符合下列规定：

1 氟碳树脂含量不应低于75%；海边及严重酸雨地区，可采用三道或四道氟碳树脂涂层，其厚度应大于40μm；其他地区，可采用两道氟碳树脂涂层，其厚度应大于25μm；

2 氟碳树脂涂层应无起泡、裂纹、剥落等现象。

3.3.10 单层铝板应符合下列现行国家标准的规定，幕墙用单层铝板厚度不应小于2.5mm：

1)《铝及铝合金轧制板材》（GB/T 3880）；

2)《变形铝及铝合金牌号表示方法》

（GB/T 16474）；

  3）《变形铝及铝合金状态代号》（GB/T 16475）。

3.3.11 铝塑复合板应符合下列规定：

  1 铝塑复合板的上下两层铝合金板的厚度均应为 0.5mm，其性能应符合现行国家标准《铝塑复合板》（GB/T 17748）规定的外墙板的技术要求；铝合金板与夹心层的剥离强度标准值应大于 7N/mm；

  2 幕墙选用普通型聚乙烯铝塑复合板时，必须符合现行国家标准《建筑设计防火规范》（GBJ 16）和《高层民用建筑设计防火规范》（GB 50045）的规定。

3.3.12 蜂窝铝板应符合下列规定：

  1 应根据幕墙的使用功能和耐久年限的要求，分别选用厚度为 10mm、12mm、15mm、20mm 和 25mm 的蜂窝铝板；

  2 厚度为 10mm 的蜂窝铝板应由 1mm 厚的正面铝合金板、0.5～0.8mm 厚的背面铝合金板及铝蜂窝黏结而成；厚度在 10mm 以上的蜂窝铝板，其正背面铝合金板厚度均应为 1mm。

3.4 建筑密封材料

3.4.1 幕墙采用的橡胶制品宜采用三元乙丙橡胶、氯丁橡胶；密封胶条应为挤出成型，橡胶块应为压模成型。

3.4.2 密封胶条的技术要求和性能试验方法应符合国家现行标准的规定：

  1 密封胶条的技术要求应符合下列现行国家标准的规定：

   1）《橡胶与乳胶命名》（GB 5576）；

   2）《建筑橡胶密封垫预成型实心硫化的结构密封垫用材料规范》（GB 10711）；

   3）《工业用橡胶板》（GB/T 5574）；

   4）《中空玻璃用弹性密封剂》（JC 486）；

   5）《建筑窗用弹性密封剂》（JC 485）。

  2 密封胶条主要性能试验方法应符合下列现行国家标准的规定：

   1）《硫化橡胶或热塑橡胶撕裂强度的测定》（GB/T 529）；

   2）《硫化橡胶邵尔 A 硬度试验方法》（GB/T 531）；

   3）《硫化橡胶密度的测定》（GB/T 533）。

3.4.3 幕墙应采用中性硅酮耐候密封胶，其性能应符合表 3.4.3 的规定。

表 3.4.3　幕墙硅酮耐候密封胶的性能

项　目	性　能	
	金属幕墙用	石材幕墙用
表干时间	1～1.5h	
流淌性	无流淌	≤1.0mm
初期固化时间（≥25℃）	3d	4d
完全固化时间（相对湿度≥50%，温度 25±2℃）	7～14d	
邵氏硬度	20～30	15～25
极限拉伸强度	0.11～0.14MPa	≥1.79MPa
断裂延伸率	—	≥300%
撕裂强度	3.8N/mm	—
施工温度	5～48℃	
污染性	无污染	
固化后的变位承受能力	25%≤δ≤50%	δ≥50%
有效期	9～12 个月	

3.5 硅酮结构密封胶

3.5.1 幕墙应采用中性硅酮结构密封胶；硅酮结构密封胶分单组分和双组分，其性能应符合现行国家标准《建筑用硅酮结构密封胶》（GB 16776）的规定。

3.5.2 同一幕墙工程应采用同一品牌的单组分或双组分的硅酮结构密封胶，并应有保质年限的质量证书。用于石材幕墙的硅酮结构密封胶还应有证明无污染的试验报告。

3.5.3 同一幕墙工程应采用同一品牌的硅酮结构密封胶和硅酮耐候密封胶配套使用。

3.5.4 硅酮结构密封胶和硅酮耐候密封胶应在有效期内使用。

4　性能与构造

4.1　一般规定

4.1.1 金属与石材幕墙的设计应根据建筑物的使用功能、建筑设计立面要求和技术经济能力，选择金属或石材幕墙的立面构成、结构型式和材料品质。

4.1.2 金属与石材幕墙的色调、构图和线型等立面构成，应与建筑物立面其他部位协调。

4.1.3 石材幕墙中的单块石材板面面积不宜大于 1.5m²。

4.1.4 金属与石材幕墙设计应保障幕墙维护和清洗的方便与安全。

4.2 幕 墙 性 能

4.2.1 幕墙的性能应包括下列项目：

1 风压变形性能；

2 雨水渗漏性能；

3 空气渗透性能；

4 平面内变形性能；

5 保温性能；

6 隔声性能；

7 耐撞击性能。

4.2.2 幕墙的性能等级应根据建筑物所在地的地理位置、气候条件、建筑物的高度、体型及周围环境进行确定。

4.2.3 幕墙构架的立柱与横梁在风荷载标准值作用下，钢型材的相对挠度不应大于 $l/300$（l 为立柱或横梁两支点间的跨度），绝对挠度不应大于 15mm；铝合金型材的相对挠度不应大于 $l/180$，绝对挠度不应大于 20mm。

4.2.4 幕墙在风荷载标准值除以阵风系数后的风荷载值作用下，不应发生雨水渗漏。其雨水渗漏性能应符合设计要求。

4.2.5 有热工性能要求时，幕墙的空气渗透性能应符合设计要求。

4.2.6 幕墙的平面内变形性能应符合下列规定：

1 平面内变形性能可用建筑物的层间相对位移值表示；在设计允许的相对位移范围内，幕墙不应损坏；

2 平面内变形性能应按主体结构弹性层间位移值的 3 倍进行设计。

4.3 幕 墙 构 造

4.3.1 幕墙的防雨水渗漏设计应符合下列规定：

1 幕墙构架的立柱与横梁的截面形式宜按等压原理设计。

2 单元幕墙或明框幕墙应有泄水孔。有霜冻的地区，应采用室内排水装置；无霜冻地区，排水装置可设在室外，但应有防风装置。石材幕墙的外表面不宜有排水管。

3 采用无硅酮耐候密封胶设计时，必须有可靠的防风雨措施。

4.3.2 幕墙中不同的金属材料接触处，除不锈钢外均应设置耐热的环氧树脂玻璃纤维布或尼龙 12 垫片。

4.3.3 幕墙的钢框架结构应设温度变形缝。

4.3.4 幕墙的保温材料可与金属板、石板结合在一起，但应与主体结构外表面有 50mm 以上的空气层。

4.3.5 上下用钢销支撑的石材幕墙，应在石板的两个侧面或在石板背面的中心区另采取安全措施，并应考虑维修方便。

4.3.6 上下通槽式或上下短槽式的石材幕墙，均宜有安全措施，并应考虑维修方便。

4.3.7 小单元幕墙的每一块金属板构件、石板构件都应是独立的，且应安装和拆卸方便，同时不应影响上下、左右的构件。

4.3.8 单元幕墙的连接处、吊挂处，其铝合金型材的厚度均应通过计算确定并不得小于 5mm。

4.3.9 主体结构的抗震缝、伸缩缝、沉降缝等部位的幕墙设计应保证外墙面的功能性和完整性。

4.4 幕墙防火与防雷设计

4.4.1 金属与石材幕墙的防火除应符合现行国家标准《建筑设计防火规范》（GBJ 16）和《高层民用建筑设计防火规范》（GB 50045）的有关规定外，还应符合下列规定：

1 防火层应采取隔离措施，并应根据防火材料的耐火极限，决定防火层的厚度和宽度，且应在楼板处形成防火带；

2 幕墙的防火层必须采用经防腐处理且厚度不小于 1.5mm 的耐热钢板，不得采用铝板；

3 防火层的密封材料应采用防火密封胶；防火密封胶应有法定检测机构的防火检验报告。

4.4.2 金属与石材幕墙的防雷设计除应符合现行国家标准《建筑物防雷设计规范》（GB 50057）的有关规定外，还应符合下列规定：

1 在幕墙结构中应自上而下地安装防雷装置，并应与主体结构的防雷装置可靠连接；

2 导线应在材料表面的保护膜除掉部位进行连接；

3 幕墙的防雷装置设计及安装应经建筑设计单位认可。

5 结 构 设 计

5.1 一 般 规 定

5.1.1 金属与石材幕墙应按围护结构进行设计。

幕墙的主要构件应悬挂在主体结构上，幕墙在进行结构设计计算时，不应考虑分担主体结构所承受的荷载和作用，只应考虑承受直接施加于其上的荷载与作用。

5.1.2 幕墙及其连接件应具有足够的承载力、刚度和相对于主体结构的位移能力。幕墙构架立柱的连接金属角码与其他连接件应采用螺栓连接，螺栓垫板应有防滑措施。

5.1.3 抗震设计要求的幕墙，在设防烈度地震作用下经修理后幕墙应仍可使用；在罕遇地震作用下，幕墙骨架不得脱落。

5.1.4 幕墙构件的设计，在重力荷载、设计风荷载、设防烈度地震作用、温度作用和主体结构变形影响下，应具有安全性。

5.1.5 幕墙构件应采用弹性方法计算内力与位移，并应符合下列规定：

1 应力或承载力

$$\sigma \leq f$$

或

$$S \leq R \qquad (5.1.5-1)$$

2 位移或挠度

$$u \leq [u] \qquad (5.1.5-2)$$

式中　σ——荷载或作用产生的截面最大应力设计值；

f——材料强度设计值；

S——荷载或作用产生的截面内力设计值；

R——构件截面承载力设计值；

u——由荷载或作用标准值产生的位移或挠度；

$[u]$——位移或挠度允许值。

5.1.6 荷载或作用的分项系数应按下列规定采用：

1 进行幕墙构件、连接件和预埋件承载力计算时：

重力荷载分项系数 γ_G：1.2
风荷载分项系数 γ_w：1.4
地震作用分项系数 γ_E：1.3
温度作用分项系数 γ_T：1.2

2 进行位移和挠度计算时：

重力荷载分项系数 γ_G：1.0
风荷载分项系数 γ_w：1.0
地震作用分项系数 γ_E：1.0
温度作用分项系数 γ_T：1.0

5.1.7 当两个及以上的可变荷载或作用（风荷载、地震作用和温度作用）效应参加组合时，第一个可变荷载或作用效应的组合系数应按1.0采用；第二个可变荷载或作用效应的组合系数可按0.6采用；

第三个可变荷载或作用效应的组合系数可按0.2采用。

5.1.8 结构设计时，应根据构件受力特点、荷载或作用的情况和产生的应力（内力）作用的方向，选用最不利的组合。荷载和作用效应组合设计值，应按下式采用：

$$\gamma_G S_G + \gamma_w \psi_w S_w + \gamma_E \psi_E S_E + \gamma_T \psi_T S_T$$
$$(5.1.8)$$

式中　S_G——重力荷载作为永久荷载产生的效应；

S_w、S_E、S_T——分别为风荷载、地震作用和温度作用作为可变荷载和作用产生的效应。按不同的组合情况，三者可分别作为第一、第二和第三个可变荷载和作用产生的效应；

γ_G、γ_w、γ_E、γ_T——各效应的分项系数，应按本规范第5.1.6条的规定采用；

ψ_w、ψ_E、ψ_T——分别为风荷载、地震作用和温度作用效应的组合系数。应按本规范第5.1.7条的规定取值。

5.1.9 进行位移、变形和挠度计算时，均应采用荷载或作用的标准值并按下列方式进行组合：

$$u = u_{Gk} \qquad (5.1.9-1)$$
$$u = u_{Gk} + u_{wk} \text{ 或 } u = u_{wk} \qquad (5.1.9-2)$$
$$u = u_{Gk} + u_{wk} + 0.6u_{Ek} \text{ 或 } u = u_{wk} + 0.6u_{Ek}$$
$$(5.1.9-3)$$

式中　u——组合后的构件位移或变形；

u_{Gk}、u_{wk}、u_{Ek}——分别为重力荷载、风荷载和地震作用标准值产生的位移或变形。

5.1.10 当构件在两个方向均产生挠度时，应分别计算各方向的挠度 u_x、u_y，u_x 和 u_y 均不应超过挠度允许值 $[u]$：

$$u_x \leq [u] \qquad (5.1.10-1)$$
$$u_y \leq [u] \qquad (5.1.10-2)$$

5.1.11 组合幕墙采用硅酮结构密封胶时，其黏结宽度和厚度计算应按现行行业标准《玻璃幕墙工程技术规范》（JGJ 102）的有关规定进行。

5.2 荷载和作用

5.2.1 幕墙材料的自重标准值应按下列数值采用：

矿棉、玻璃棉、岩棉　　0.5~1.0kN/m³
钢材　　　　　　　　　78.5kN/m³

花岗石　　　　　　28.0kN/m³

铝合金　　　　　　28.0kN/m³

5.2.2 幕墙用板材单位面积重力标准值应按表 5.2.2 采用。

表 5.2.2　板材单位面积重力标准值（N/m²）

板　材	厚度（mm）	q_k（N/m²）	板　材	厚度（mm）	q_k（N/m²）
单层铝板	2.5	67.5	不锈钢板	1.5	117.8
	3.0	81.0		2.0	157.0
	4.0	112.0		2.5	196.3
铝塑复合板	4.0	55.0		3.0	235.5
	6.0	73.6			
蜂窝铝板（铝箔芯）	10.0	53.0	花岗石板	20.0	500~560
	15.0	70.0		25.0	625~700
	20.0	74.0		30.0	750~840

5.2.3 作用于幕墙上的风荷载标准值应按下式计算，且不应小于 1.0kN/m²：

$$w_k = \beta_{gz}\mu_z\mu_S w_o \qquad (5.2.3)$$

式中　w_k——作用于幕墙上的风荷载标准值（kN/m²）；

β_{gz}——阵风系数，可取 2.25；

μ_S——风荷载体型系数。竖直幕墙外表面可按 ±1.5 采用，斜幕墙风荷载体型系数可根据实际情况，按现行国家标准《建筑结构荷载规范》（GBJ 9）的规定采用。当建筑物进行了风洞试验时，幕墙的风荷载体型系数可根据风洞试验结果确定；

μ_z——风压高度变化系数，应按现行国家标准《建筑结构荷载规范》（GBJ 9）的规定采用；

w_o——基本风压（kN/m²），应根据按现行国家标准《建筑结构荷载规范》（GBJ 9）的规定采用。

5.2.4 幕墙进行温度作用效应计算时，所采用的幕墙年温度变化值 ΔT 可取 80℃。

5.2.5 垂直于幕墙平面的分布水平地震作用标准值应按下式计算：

$$q_{Ek} = \frac{\beta_E\alpha_{max}G}{A} \qquad (5.2.5)$$

式中　q_{Ek}——垂直于幕墙平面的分布水平地震作用

标准值（kN/m²）；

G——幕墙构件（包括板材和框架）的重量（kN）；

A——幕墙构件的面积（m²）；

α_{max}——水平地震影响系数最大值，6 度抗震设计时可取 0.04；7 度抗震设计时可取 0.08；8 度抗震设计时可取 0.16；

β_E——动力放大系数，可取 5.0。

5.2.6 平行于幕墙平面的集中水平地震作用标准值应按下式计算：

$$P_{Ek} = \beta_E\alpha_{max}G \qquad (5.2.6)$$

式中　P_{Ek}——平行于幕墙平面的集中水平地震作用标准值（kN）；

G——幕墙构件（包括板材和框架）的重量（kN）；

α_{max}——地震影响系数最大值，可按本规范第 5.2.5 条的规定采用；

β_E——动力放大系数，可取 5.0。

5.2.7 幕墙的主要受力构件（横梁和立柱）及连接件、锚固件所承受的地震作用，应包括由幕墙面板传来的地震作用和由于横梁、立柱自重产生的地震作用。

计算横梁和立柱自重所产生的地震作用时，地震影响系数最大值 α_{max} 可按本规范第 5.2.5 条的规定采用。

5.3　幕墙材料力学性能

5.3.1 铝合金型材的强度设计值应按表 5.3.1 采用。

表 5.3.1　铝合金型材的强度设计值（MPa）

合金状态	合金	壁厚（mm）	抗拉、抗压强度 f_a^t	抗剪强度 f_a^v
6063	T5	所有	85.5	49.6
	T6	所有	140.0	81.2
6063A	T5	≤10	124.4	72.2
		>10	116.6	67.6
	T6	≤10	147.7	85.7
		>10	140.0	81.2
6061	T4	所有	85.5	49.6
	T6	所有	190.5	110.5

5.3.2 单层铝合金板的强度设计值应按表 5.3.2 采用。

表 5.3.2　单层铝合金板强度设计值（MPa）

牌号	试样状态	厚度（mm）	抗拉强度 f_{al}^t	抗剪强度 f_{al}^v
2A11	T42	0.5~2.9	129.5	75.1
		>2.9~10.0	136.5	79.2
2A12	T42	0.5~2.9	171.5	99.5
		>2.9~10.0	185.5	107.6
7A04	T62	0.5~2.9	273.0	158.4
		>2.9~10.0	287.0	166.5
7A09	T62	0.5~2.9	273.0	158.4
		>2.9~10.0	287.0	166.5

5.3.3 铝塑复合板的强度设计值应按表 5.3.3 采用。

表 5.3.3　铝塑复合板强度设计值（MPa）

板厚 t（mm）	抗拉强度 f_{a2}^t	抗剪强度 f_{a2}^v
4	70	20

5.3.4 蜂窝铝板的强度设计值应按表 5.3.4 采用。

表 5.3.4　蜂窝铝板强度设计值（MPa）

板厚 t（mm）	抗拉强度 f_{a3}^t	抗剪强度 f_{a3}^v
20	10.5	1.4

5.3.5 不锈钢板的强度设计值应按表 5.3.5 采用。

表 5.3.5　不锈钢板的强度设计值（MPa）

序号	屈服强度标准值 $\sigma_{0.2}$	抗弯、抗拉强度 f_{s1}^t	抗剪强度 f_{s1}^v
1	170	154	120
2	200	180	140
3	220	200	155
4	250	226	176

5.3.6 钢材的强度设计值应按表 5.3.6 采用。

表 5.3.6　钢材的强度设计值（MPa）

钢材	抗拉、抗压抗弯强度 f_s^t	抗剪强度 f_s^v	端面承压强度 f_s^c
Q235 钢，棒材直径小于 40mm，$t \le 20$mm 板、型材厚度小于 15mm	215	125	320
Q345 钢，直径或厚度小于 16mm	315	185	445

5.3.7 花岗石板的抗弯强度设计值，应依据其弯曲强度试验的弯曲强度平均值 f_{gm} 决定，抗弯强度设计值、抗剪强度设计值应按下列公式计算：

$$f_{g1} = f_{gm}/2.15 \qquad (5.3.7-1)$$
$$f_{g2} = f_{gm}/4.30 \qquad (5.3.7-2)$$

式中　f_{g1}——花岗石板抗弯强度设计值（MPa）；
　　　f_{g2}——花岗石板抗剪强度设计值（MPa）；
　　　f_{gm}——花岗石板弯曲强度平均值（MPa）。

弯曲强度试验中任一试件的弯曲强度试验值低于 8MPa 时，该批花岗石板不得用于幕墙。

5.3.8 钢结构连接强度设计值应按本规范附录 A 的规定采用。

5.3.9 幕墙材料的弹性模量可按表 5.3.9 采用。

表 5.3.9　材料的弹性模量（MPa）

材料		E
铝合金型材		0.7×10^5
钢，不锈钢		2.1×10^5
单层铝板		0.7×10^5
铝塑复合板	4mm	0.2×10^5
	6mm	0.3×10^5
蜂窝铝板	10mm	0.35×10^5
	15mm	0.27×10^5
	20mm	0.21×10^5
花岗石板		0.8×10^5

5.3.10 幕墙材料的泊松比应按表 5.3.10 采用。

表 5.3.10　材料的泊松比

材料	ν
钢、不锈钢	0.30
铝 合 金	0.33
铝塑复合板	0.25
蜂窝铝板	0.25
花 岗 岩	0.125

5.3.11　幕墙材料的线膨胀系数应按表 5.3.11 采用。

表 5.3.11　材料的线膨胀系数（1/℃）

材料	α
混 凝 土	1.0×10^{-5}
钢　　材	1.2×10^{-5}
铝 合 金	2.35×10^{-5}
单 层 铝 板	2.35×10^{-5}
铝塑复合板	$\leqslant 4.0 \times 10^{-5}$
不 锈 钢 板	1.8×10^{-5}
蜂 窝 铝 板	2.4×10^{-5}
花 岗 石 板	0.8×10^{-5}

5.4　金属板设计

5.4.1　单层铝板、蜂窝铝板、铝塑复合板和不锈钢板在制作构件时，应四周折边。铝塑复合板和蜂窝铝板折边时应采用机械刻槽，并应严格控制槽的深度，槽底不得触及面板。

5.4.2　金属板应按需要设置边肋和中肋等加劲肋，铝塑复合板折边处应设边肋。加劲肋可采用金属方管、槽形或角形型材。加劲肋应与金属板可靠连结，并应有防腐措施。

5.4.3　金属板的计算应符合下列规定：

　　1　金属板在风荷载或地震作用下的最大弯曲应力标准值应分别按下式计算。当板的挠度大于板厚时，应按本条第 4 款的规定考虑大挠度的影响。

$$\sigma_{\mathrm{wk}} = \frac{6mw_{\mathrm{k}}l^2}{t^2} \qquad (5.4.3-1)$$

$$\sigma_{\mathrm{Ek}} = \frac{6mq_{\mathrm{Ek}}l^2}{t^2} \qquad (5.4.3-2)$$

式中　σ_{wk}、σ_{Ek} ——分别为风荷载或垂直于板面方向的地震作用产生的板中最大弯曲应力标准值（MPa）；

　　　　w_{k} ——风荷载标准值（MPa）；

　　　　q_{Ek} ——垂直于板面方向的地震作用标准值（MPa）；

　　　　l ——金属板区格的边长（mm）；

　　　　m ——板的弯矩系数，应按其边界条件由本规范附录 B 表 B.0.1 确定。各区格板边界条件，应按本规范第 5.4.4 条的规定采用；

　　　　t ——金属板的厚度（mm）。

　　2　金属板中由各种荷载或作用产生的最大应力标准值，应按本规范第 5.1.8 条的规定进行组合，所得的最大应力设计值不应超过金属板强度设计值。单层铝板的强度设计值按本规范第 5.3.2 条的规定采用；不锈钢板的强度设计值按本规范第 5.3.5 条的规定采用。

　　3　铝塑复合板和蜂窝铝板计算时，厚度应取板的总厚度，其强度按表 5.3.3 和表 5.3.4 采用，其弹性模量按表 5.3.9 采用。

　　4　考虑金属板在外荷载和作用下大挠度变形的影响时，可将式 5.4.3-1 和式 5.4.3-2 计算的应力值乘以折减系数，折减系数可按表 5.4.3 采用。

表 5.4.3　折减系数

θ	5	10	20	40	60	80	100	120
η	1.00	0.95	0.90	0.81	0.74	0.69	0.64	0.61
θ	150	200	250	300	350	400		
η	0.54	0.50	0.46	0.43	0.41	0.40		

表中 θ 可按式 5.4.3-3 计算：

$$\theta = \frac{w_{\mathrm{k}}a^4}{Et^4} \ \text{或} \ \theta = \frac{(w_{\mathrm{k}} + 0.6q_{\mathrm{Ek}})a^4}{Et^4}$$

$$(5.4.3-3)$$

式中　w_{k} ——风荷载标准值（MPa）；

　　　　q_{Ek} ——垂直于板面方向地震作用标准值（MPa）；

　　　　a ——金属板区格短边边长（mm）；

　　　　t ——金属板厚度（mm）；

　　　　E ——金属板的弹性模量（MPa）。

　　5　当进行板的挠度计算时，也应考虑大挠度的影响，按小挠度公式计算的挠度值也应乘以折减系数。

5.4.4　由肋所形成的板区格，其四边支承型式应符合下列规定：

　　1　沿板材四周边缘：简支边；

　　2　中肋支承线：固定边。

5.4.5 金属板材应沿周边用螺栓固定于横梁或立柱上，螺栓直径不应小于 4mm，螺栓的数量应根据板材所承受的风荷载和地震作用经计算后确定。

5.4.6 金属板材的边肋截面尺寸应按构造要求设计。单跨中肋应按简支梁设计，中肋应有足够的刚度，其挠度不应大于中肋跨度的 1/300。

5.4.7 金属板面作用的荷载应按三角形或梯形分布传递到肋上，进行肋的计算时应按等弯矩原则化为等效均布荷载。

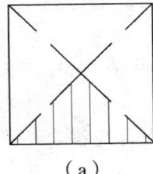 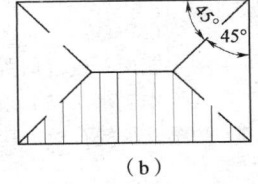

（a）　　　　　　（b）

图 5.4.7　板面荷载向肋的传递

（a）方板；（b）矩形板

5.5　石 板 设 计

5.5.1 用于石材幕墙的石板，厚度不应小于 25mm。

5.5.2 钢销式石材幕墙可在非抗震设计或 6 度、7 度抗震设计幕墙中应用，幕墙高度不宜大于 20m，石板面积不宜大于 $1.0m^2$。钢销和连接板应采用不锈钢。连接板截面尺寸不宜小于 40mm × 4mm。钢销与孔的要求应符合本规范第 6.3.2 条的规定。

5.5.3 每边两个钢销支承的石板，应按计算边长为 a_0、b_0 的四点支承板计算其应力。计算边长 a_0、b_0：

　　1 当为两侧连接时（图 5.5.3a），支承边的计算边长可取为钢销的距离，非支承边的计算长度取为边长。

　　2 当四侧连接时（图 5.5.3b），计算长度可取为边长减去钢销至板边的距离。

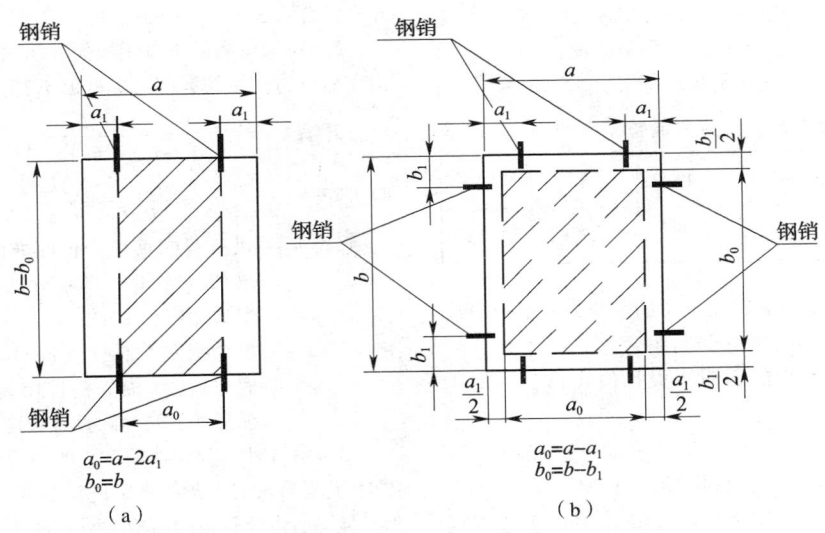

图 5.5.3　钢销连接石板的计算边长 a_0、b_0

（a）两侧连接；（b）四侧连接

5.5.4 石板的抗弯设计应符合下列规定：

　　1 边长为 a_0、b_0 的四点支承板的最大弯曲应力标准值应分别按下列公式计算：

$$\sigma_{wk} = \frac{6mw_k b_0^2}{t^2} \qquad (5.5.4-1)$$

$$\sigma_{Ek} = \frac{6mq_{Ek} b_0^2}{t^2} \qquad (5.5.4-2)$$

式中　σ_{wk}、σ_{Ek}——分别为风荷载或垂直于板面方向地震作用在板中产生的最大弯曲应力标准值（MPa）；

　　w_k、q_{Ek}——分别为风荷载或垂直于板面方向地震作用标准值（MPa）；

　　b_0——四点支承板的计算长边边长（mm）；

　　t——板厚度（mm）；

　　m——四点支承板在均布荷载作用下

的最大弯矩系数，可按本规范附录 B 表 B.0.2 采用。

2 石板中由各种荷载和作用产生的最大弯曲应力标准值应按本规范第 5.1.8 条的规定进行组合，所得的最大弯曲应力设计值不应超过石板的抗弯强度设计值。

5.5.5 钢销的设计应符合下列规定：

1 在风荷载或垂直于板面方向地震作用下，钢销承受的剪应力标准值按下式计算：

两侧连接

$$\tau_{pk} = \frac{q_k ab}{2nA_P}\beta \qquad (5.5.5-1)$$

四侧接连

$$\tau_{pk} = \frac{q_k(2b-a)a}{4nA_P}\beta \qquad (5.5.5-2)$$

式中 τ_{pk}——钢销剪应力标准值（MPa）；

q_k——风荷载或垂直于板面方向地震作用标准值（MPa），即 q_k 分别代表 w_k 或 q_{Ek}；

b、a——石板的长边或短边边长（mm）；

A_p——钢销截面面积（mm^2）；

n——一个连接边上的钢销数量；四侧连接时一个长边上的钢销数量；

β——应力调整系数，可按表 5.5.5 采用。

表 5.5.5 应力调整系数

每块板材钢销个数	4	8	12
β	1.25	1.30	1.32

2 由各种荷载和作用产生的剪应力标准值应按本规范第 5.1.8 条的规定进行组合。

3 钢销所承受的剪应力设计值应符合下列条件：

$$\tau_p \leq f_s \qquad (5.5.5-3)$$

式中 τ_p——钢销剪应力设计值（MPa）；

f_s——钢销抗剪强度设计值（MPa），按本规范表 5.3.5 采用。

5.5.6 由钢销在石板中产生的剪应力应按下列规定进行校核：

1 在风荷载或垂直于板面方向地震作用下，石板剪应力标准值可按下式计算：

两侧连接

$$\tau_k = \frac{q_k ab\beta}{2n(t-d)h} \qquad (5.5.6-1)$$

四侧接连

$$\tau_k = \frac{q_k(2b-a)a\beta}{4n(t-d)h} \qquad (5.5.6-2)$$

式中 τ_k——由于钢销在石板中产生的剪应力标准值（MPa）；

q_k——风荷载或垂直于板面方向地震作用标准值（MPa），即 q_k 分别代表 w_k 或 q_{Ek}；

t——石板厚度（mm）；

d——钢销孔直径（mm）；

h——钢销入孔长度（mm）。

2 由各种荷载和作用产生的剪应力标准值，应按本规范第 5.1.8 条的规定进行组合。

3 剪应力设计值应符合下列规定：

$$\tau \leq f \qquad (5.5.6-3)$$

式中 τ——由于钢销在石板中产生的剪应力设计值（MPa）；

f——花岗石板抗剪强度设计值（MPa），按本规范 5.3.7 条采用。

5.5.7 短槽支承的石板，其抗剪设计应符合下列规定：

1 短槽支承石板的不锈钢挂钩的厚度不应小于 3.0mm，铝合金挂钩的厚度不应小于 4.0mm，其承受的剪应力可按式 5.5.5-1、式 5.5.5-2 计算，并应符合式 5.5.5-3 的条件。

2 在风荷载或垂直于板面方向地震作用下，挂钩在槽口边产生的剪应力标准值 τ_k 按下式计算：

对边开槽

$$\tau_k = \frac{q_k ab\beta}{n(t-c)s} \qquad (5.5.7-1)$$

四边开槽

$$\tau_k = \frac{q_k(2b-c)a\beta}{2n(t-c)s} \qquad (5.5.7-2)$$

式中 q_k——风荷载或垂直于板面方向地震作用标准值（MPa），即 q_k 分别代表 w_k 或 q_{Ek}；

c——槽口宽度（mm）；

s——单个槽底总长度（mm）。矩形槽的槽底总长度 s 取为槽长加上槽深的 2 倍，弧形槽 s 取为圆弧总长度。

3 由各种荷载和作用产生的剪应力标准值，应按本规范第 5.1.8 条的规定进行组合。

4 槽口处石板的剪应力设计值 τ 应符合下式规定：

$$\tau \leq f \qquad (5.5.7-3)$$

式中 τ——由于不锈钢挂钩在石板中产生的剪应力设计值（MPa）；

f——花岗石板抗剪强度设计值（MPa），按本规范第 5.3.7 条采用。

5.5.8 短槽支承石板的最大弯曲应力应按本规范第 5.5.3 条、第 5.5.4 条的规定进行设计。

5.5.9 通槽支承的石板抗弯设计应符合下列规定：

1 通槽支承石板的最大弯曲应力标准值 σ_k 应按下列公式计算：

$$\sigma_{wk} = 0.75 \frac{w_k l^2}{t^2} \quad (5.5.9-1)$$

$$\sigma_{Ek} = 0.75 \frac{q_{Ek} l^2}{t^2} \quad (5.5.9-2)$$

式中 σ_{wk}、σ_{Ek}——分别为风荷载或垂直于板面方向地震作用在板中产生的最大弯曲应力标准值（MPa）；

w_k、q_{Ek}——分别为风荷载或地震作用的标准值（MPa）；

l——石板的跨度，即支承边的距离（mm）；

t——石板厚度（mm）。

2 由各种荷载和作用在石板中产生的最大弯曲应力标准值应按本规范第5.1.8条的规定进行组合，所得的最大弯曲应力设计值不应超过石材抗弯强度设计值。

5.5.10 通槽支承石板的挂钩，其设计应符合下列规定：

1 通槽支承石板，铝合金挂钩的厚度不应小于4.0mm，不锈钢挂钩的厚度不应小于3.0mm。

2 在风荷载或垂直于板面方向地震作用下，挂钩承受的剪应力标准值应按下式计算：

$$\tau_k = \frac{q_k l}{2 t_p} \quad (5.5.10)$$

式中 τ_k——挂板中剪应力标准值（MPa）；

l——石板的跨度，即支承边间的距离（mm）；

q_k——风荷载或垂直于板面方向地震作用标准值（MPa），即 q_k 分别代表 w_k 或 q_{Ek}；

t_p——挂钩厚度（mm）。

3 由各种荷载和作用产生的剪应力标准值，应按本规范第5.1.8条的规定进行组合。

5.5.11 通槽支承的石板槽口处抗剪设计应符合下列规定：

1 由风荷载或垂直于板面方向地震作用在槽口处产生的剪应力标准值应按下式计算：

$$\tau_k = \frac{q_k l}{t - c} \quad (5.5.11-1)$$

式中 q_k——风荷载或垂直于板面方向地震作用标准值（MPa），即 q_k 分别代表 w_k 或 q_{Ek}；

t——石板厚度（mm）；

l——支承边间距离（mm）；

c——槽口宽度（mm）。

2 由各种荷载和作用产生的剪应力标准值，应按本规范第5.1.8条的规定进行组合。

3 通槽支承的石板槽口处剪应力设计值 τ 应符合下式要求：

$$\tau \leqslant f \quad (5.5.11-2)$$

式中 τ——槽口处石板中的剪应力设计值（MPa）；

f——花岗石板抗剪强度设计值（MPa），按本规范第5.3.7条采用。

5.5.12 通槽支承的石板槽口处抗弯设计值应符合下列规定：

1 由风荷载或垂直于板面方向地震作用在槽口处产生的最大弯曲应力标准值 σ_k 应按下式计算。

$$\sigma_k = \frac{8 q_k l h}{(t - c)^2} \quad (5.5.12-1)$$

式中 t——石板厚度（mm）；

c——槽口宽度（mm）；

h——槽口受力一侧深度（mm）；

l——石板的跨度，即支承边间的距离（mm）；

q_k——风荷载或垂直于板面方向地震作用标准值（MPa），即 q_k 分别代表 w_k 或 q_{Ek}。

2 由各种荷载和作用产生剪应力标准值，应按本规范第5.1.8条的规定进行组合。

3 通槽支承的石板槽口处最大弯曲应力设计值 σ 应符合下式的要求：

$$\sigma \leqslant 0.7f \quad (5.5.12-2)$$

式中 σ——槽口处石板中的最大弯曲应力设计值（MPa）；

f——石板抗弯强度设计值（MPa），按本规范第5.3.7条的规定采用。

5.5.13 石板中由各种荷载和作用产生的最大弯曲应力标准值应按本规范第5.1.8条的规定进行组合，所得的最大弯曲应力设计值不应超过石板抗弯强度设计值。有四边金属框的隐框式石板构件，应根据下列公式按四边简支板计算板中最大弯曲应力标准值：

$$\sigma_{wk} = \frac{6 m w_k a^2}{t^2} \quad (5.5.13-1)$$

$$\sigma_{Ek} = \frac{6 m q_{Ek} a^2}{t^2} \quad (5.5.13-2)$$

式中 σ_{wk}、σ_{Ek}——分别为风荷载或垂直于板面方向地震作用在板中产生的最大弯曲应力标准值（MPa）；

w_k、q_{Ek}——分别为风荷载或垂直板面方向地震作用的标准值（MPa）；

a——板的短边边长（mm）；

t——石板厚度（mm）；

m——板的跨中弯矩系数，应按表
5.5.13 查取。

表5.5.13　四边简支石板的跨中弯矩系数（$\nu = 0.125$）

a/b	0.50	0.55	0.60	0.65	0.70	0.75
m	0.0987	0.0918	0.0850	0.0784	0.0720	0.0660
a/b	0.80	0.85	0.90	0.95	1.00	
m	0.0603	0.0550	0.0501	0.0456	0.0414	

5.5.14　隐框式石板构件的金属框，其上、下边框
应带有挂钩，挂钩厚度应符合本规范第5.5.10条的
规定。

5.6　横　梁　设　计

5.6.1　横梁截面主要受力部分的厚度，应符合下列
规定：

1　翼缘的宽厚比应符合下列规定（图5.6.1）：
截面自由挑出部分（图5.6.1a）：
$$b/t \leqslant 15$$
截面封闭部分（图5.6.1b）：
$$b/t \leqslant 30$$

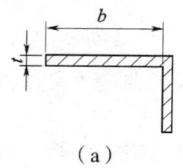
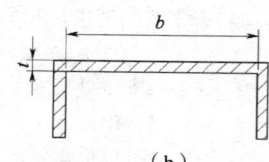

（a）　　　　　　　　　（b）

图5.6.1　截面的厚度

2　当跨度不大于1.2m时，铝合金型材横梁截
面主要受力部分的厚度不应小于2.5mm；当横梁跨
度大于1.2m时，其截面主要受力部分的厚度不应
小于3mm，有螺钉连接的部分截面厚度不应小于螺
钉公称直径。钢型材截面主要受力部分的厚度不应
小于3.5mm。

5.6.2　横梁的荷载应根据板材在横梁上的支承状况
确定，并应计算横梁承受的弯矩和剪力。

5.6.3　幕墙的横梁截面抗弯承载力应符合下式要
求：
$$\frac{M_x}{\nu W_x} + \frac{M_y}{\nu W_y} \leqslant f \qquad (5.6.3)$$

式中　M_x——横梁绕x轴（幕墙平面内方向）的弯
矩设计值（N·mm）；
M_y——横梁绕y轴（垂直于幕墙平面方向）
的弯矩设计值（N·mm）；

W_x——横梁截面绕x轴（幕墙平面内方向）
的净截面弹性抵抗矩（mm^3）；
W_y——横梁截面绕y轴（垂直于幕墙平面方
向）的净截面弹性抵抗矩（mm^3）；
ν——截面塑性发展系数，可取1.05；
f——型材抗弯强度设计值（MPa），应按本
规范第5.3.1条或第5.3.6条规定采
用。

5.6.4　横梁截面抗剪承载力，应符合下式要求：
$$\frac{1.5V_h}{A_{wh}} \leqslant f \qquad (5.6.4 - 1)$$
$$\frac{1.5V_y}{A_{wy}} \leqslant f \qquad (5.6.4 - 2)$$

式中　V_h——横梁水平方向的剪力设计值（N）；
V_y——横梁竖直方向的剪力设计值（N）；
A_{wh}——横梁截面水平方向腹板截面面积
（mm^2）；
A_{wy}——横梁截面竖直方向腹板截面面积
（mm^2）；
f——型材抗剪强度设计值，按本规范第
5.3.1条或第5.3.6条规定采用。

5.6.5　横梁的挠度值，应符合下式要求：
1　当跨度不大于7.5m的横梁：
1）铝型材：　　$u \leqslant l/180$　　（5.6.5 - 1）
$$u \leqslant 20mm$$
2）钢型材：　　$u \leqslant l/300$　　（5.6.5 - 2）
$$u \leqslant 15mm$$
2　当跨度大于7.5m的钢横梁：
$$u \leqslant l/500 \qquad (5.6.5 - 3)$$
式中　u——横梁的挠度（mm）；
l——横梁的跨度（mm）。

5.6.6　横梁应通过角码、螺钉或螺栓与立柱连接，
角码应能承受横梁的剪力。螺钉直径不得小于
4mm，每处连接螺钉数量不应少于3个，螺栓不应
少于2个。横梁与立柱之间应有一定的相对位移能
力。

5.7　立　柱　设　计

5.7.1　立柱截面的主要受力部分的厚度，应符合下
列规定：

1　铝合金型材截面主要受力部分的厚度不应小
于3mm，采用螺纹受力连接时螺纹连接部位截面的
厚度不应小于螺钉的公称直径；

2　钢型材截面主要受力部分的厚度不应小于
3.5mm；

3 偏心受压的立柱，截面宽厚比应符合本规范第5.6.1条的规定。

5.7.2 上下立柱之间应有不小于**15mm**的缝隙，并应采用芯柱连结。芯柱总长度不应小于**400mm**。芯柱与立柱应紧密接触。芯柱与下柱之间应采用不锈钢螺栓固定。

5.7.3 立柱与主体结构的连接可每层设一个支承点，也可设两个支承点；在实体墙面上，支承点可加密。

5.7.4 每层设一个支承点时，立柱应按简支单跨梁或铰接多跨梁计算；每层设两个支承点时，立柱应按双跨梁或双支点铰接多跨梁计算。

5.7.5 立柱上端应悬挂在主体结构上，宜设计成偏心受拉构件，其轴力应考虑幕墙板材、横梁以及立柱的重力荷载值。

5.7.6 偏心受拉的幕墙立柱截面承载力应符合下式要求：

$$\frac{N}{A_0} + \frac{M}{\nu W} \leq f \qquad (5.7.6)$$

式中 N——立柱轴力设计值（N）；

M——立柱弯矩设计值（N·mm）；

A_0——立柱的净截面面积（mm²）；

W——在弯矩作用方向的净截面弹性抵抗矩（mm³）；

ν——截面塑性发展系数，可取1.05；

f——型材的抗弯强度设计值（MPa），应按本规范第5.3.1或第5.3.6条规定采用。

5.7.7 偏心受压的幕墙立柱截面承载力应符合下式要求：

$$\frac{N}{\varphi_1 A_0} + \frac{M}{\gamma W} \leq f \qquad (5.7.7)$$

式中 N——立柱的压力设计值（N）；

M——立柱的弯矩设计值（N·mm）；

A_0——立柱的净截面面积（mm²）；

W——在弯矩作用方向的净截面弹性抵抗矩（mm³）；

γ——截面塑性发展系数，可取为1.05；

f——型材抗弯强度设计值（MPa），应按本规范第5.3.1条或第5.3.6条的规定采用；

φ_1——轴心受压柱的稳定系数，应按本规范表5.7.8查取。

5.7.8 轴心受压柱的稳定系数应按表5.7.8采用。

表5.7.8 轴心受压柱的稳定系数（φ_1）

λ	钢型材		铝合金型材		
	Q235钢	Q345钢	6063-T5 6061-T4	6063-T6 6063A-T5 6063A-T6	6061-T6
20	0.97	0.96	0.98	0.96	0.92
40	0.90	0.88	0.88	0.84	0.80
60	0.81	0.73	0.81	0.75	0.71
80	0.69	0.58	0.70	0.58	0.48
90	0.62	0.50	0.63	0.48	0.40
100	0.56	0.43	0.56	0.38	0.32
110	0.49	0.37	0.49	0.34	0.26
120	0.44	0.32	0.41	0.30	0.22
140	0.35	0.25	0.29	0.22	0.16

5.7.9 偏心受压的幕墙立柱，其长细比可按下式计算：

$$\lambda = \frac{L}{i} \qquad (5.7.9)$$

式中 λ——立柱长细比；

L——构件侧向支承点之间的距离（mm）；

i——截面回转半径（mm）。

立柱长细比不应大于150。

5.7.10 立柱由风荷载标准值和地震作用标准值产生的挠度 u 应按本规范第5.7.4条的规定计算，并应符合下列要求：

1 当跨度不大于7.5m的立柱：

1）铝合金型材：$u \leq l/180$ (5.7.10-1)

$$u \leq 20mm$$

2）钢型材：$u \leq l/300$ (5.7.10-2)

$$u \leq 15mm$$

2 当跨度大于7.5m的钢立柱：

$$u \leq l/500 \qquad (5.7.10-3)$$

式中 u——挠度；

l——支承点间的距离（mm）。

5.7.11 立柱应采用螺栓与角码连接，并再通过角码与预埋件或钢构件连接。螺栓直径不应小于**10mm**，连接螺栓应按现行国家标准《**钢结构设计规范**》（**GBJ 17**）进行承力力计算。立柱与角码采用不同金属材料时应采用绝缘垫片分隔。

5.8 幕墙与主体结构连接

5.8.1 连接件应进行承载力计算。受力的铆钉或螺栓，每处不得少于 2 个。

5.8.2 连接件与主体结构的锚固强度应大于连接件本身承载力设计值。

5.8.3 与连接件直接相连的主体结构件，其承载力应大于连接件承载力；与幕墙立柱相连的主体混凝土构件的混凝土强度等级不宜低于 C30。

5.8.4 连接件的螺栓、焊缝强度和局部承压计算，应符合现行国家标准《钢结构设计规范》(GBJ 17) 的有关规定。

5.8.5 当立柱与主体结构间留有较大间距时，可在幕墙与主体结构之间设置过渡钢桁架或钢伸臂，钢桁架或钢伸臂与主体结构应可靠连接，幕墙与钢桁架或钢伸臂也应可靠连接。

铝合金立柱与钢桁架连接，应计入温度变化时两者变形差异产生的影响。

5.8.6 幕墙构件与钢结构的连接，应按现行国家标准《钢结构设计规范》(GBJ 17) 的规定进行设计。

5.8.7 幕墙立柱与混凝土结构宜通过预埋件连接，预埋件应在主体结构混凝土施工时埋入，预埋件的位置应准确。

当没有条件采用预埋件连接时，应采用其他可靠的连接措施，并应通过试验确定其承载力。

5.8.8 预埋件设计应按本规范附录 C 的规定进行。

6 加 工 制 作

6.1 一 般 规 定

6.1.1 幕墙在制作前，应对建筑物的设计施工图进行核对，并应对已建的建筑物进行复测，按实测结果调整幕墙图纸中的偏差，经设计单位同意后方可加工组装。

6.1.2 加工幕墙构件所采用的设备、机具应保证幕墙构件加工精度的要求，量具应定期进行计量检定。

6.1.3 用硅酮结构密封胶黏结固定构件时，注胶应在温度 15℃以上 30℃以下、相对湿度 50% 以上、且洁净、通风的室内进行，胶的宽度、厚度应符合设计要求。

6.1.4 用硅酮结构密封胶黏结石材时，结构胶不应长期处于受力状态。

6.1.5 当石材幕墙使用硅酮结构密封胶和硅酮耐候密封胶时，应待石材清洗干净并完全干燥后方可施工。

6.2 幕墙构件加工制作

6.2.1 幕墙的金属构件加工制作应符合下列规定：

　　1 幕墙结构杆件截料前应进行校直调整；

　　2 幕墙横梁长度的允许偏差应为 ±0.5mm，立柱长度的允许偏差应为 ±1.0mm，端头斜度的允许偏差应为 −15′；

　　3 截料端头不得因加工而变形，并不应有毛刺；

　　4 孔位的允许偏差应为 ±0.5mm，孔距的允许偏差应为 ±0.5mm，累计偏差不得大于 ±1.0mm；

　　5 铆钉的通孔尺寸偏差应符合现行国家标准《铆钉用通孔》(GB 152.1) 的规定；

　　6 沉头螺钉的沉孔尺寸偏差应符合现行国家标准《沉头螺钉用沉孔》(GB 152.2) 的规定；

　　7 圆柱头、螺栓的沉孔尺寸应符合现行国家标准《圆柱头、螺栓用沉孔》(GB 152.3) 的规定；螺丝孔的加工应符合设计要求。

6.2.2 幕墙构件中，槽、豁、榫的加工应符合下列规定：

　　1 构件铣槽尺寸允许偏差应符合表 6.2.2−1 的规定。

表 6.2.2−1　铣槽尺寸允许偏差（mm）

项　目	a	b	c
允许偏差	+0.5 0.0	+0.5 0.0	±0.5

　　2 构件铣豁尺寸允许偏差应符合表 6.2.2−2 的规定。

表 6.2.2−2　铣豁尺寸允许偏差（mm）

项　目	a	b	c
允许偏差	+0.5 0.0	+0.5 0.0	±0.5

　　3 构件铣榫尺寸允许偏差应符合表 6.2.2−3 的规定。

表 6.2.2−3　铣榫尺寸允许偏差（mm）

项　目	a	b	c
偏　差	0.0 −0.5	0.0 −0.5	±0.5

6.2.3 幕墙构件装配尺寸允许偏差应符合表6.2.3的规定。

表 6.2.3　构件装配尺寸允许偏差（mm）

项　目	构件长度	允许偏差
槽口尺寸	≤2000	±2.0
	>2000	±2.5
构件对边尺寸差	≤2000	≤2.0
	>2000	≤3.0
构件对角尺寸差	≤2000	≤3.0
	>2000	≤3.5

6.2.4 钢构件应符合现行国家标准《钢结构工程质量检验标准》（GB 50221）的有关规定。钢构件表面防锈处理应符合现行国家标准《钢结构工程施工及验收规范》（GB 50205）的有关规定。

6.2.5 钢构件焊接、螺栓连接应符合国家现行标准《钢结构设计规范》（GBJ 17）及《钢结构焊接技术规程》（JGJ 81）的有关规定。

6.3　石板加工制作

6.3.1 加工石板应符合下列规定：

　　1 石板连接部位应无崩坏、暗裂等缺陷；其他部位崩边不大于5mm×20mm，或缺角不大于20mm时可修补后使用，但每层修补的石板块数不应大于2%，且宜用于立面不明显部位；

　　2 石板的长度、宽度、厚度、直角、异型角、半圆弧形状、异型材及花纹图案造型、石板的外形尺寸均应符合设计要求；

　　3 石板外表面的色泽应符合设计要求，花纹图案应按样板检查。石板四周围不得有明显的色差；

　　4 火烧石应按样板检查火烧后的均匀程度，火烧石不得有暗裂、崩裂情况；

　　5 石板的编号应同设计一致，不得因加工造成混乱；

　　6 石板应结合其组合形式，并应确定工程中使用的基本形式后进行加工；

　　7 石板加工尺寸允许偏差应符合现行行业标准《天然花岗石建筑板材》（JC 205）的有关规定中一等品要求。

6.3.2 钢销式安装的石板加工应符合下列规定：

　　1 钢销的孔位应根据石板的大小而定。孔位距离边端不得小于石板厚度的3倍，也不得大于180mm；钢销间距不宜大于600mm；边长不大于1.0m时每边应设两个钢销，边长大于1.0m时应采用复合连接；

　　2 石板的钢销孔的深度宜为22～33mm，孔的直径宜为7mm或8mm，钢销直径宜为5mm或6mm，钢销长度宜为20～30mm；

　　3 石板的钢销孔处不得有损坏或崩裂现象，孔径内应光滑、洁净。

6.3.3 通槽式安装的石板加工应符合下列规定：

　　1 石板的通槽宽度宜为6mm或7mm，不锈钢支撑板厚度不宜小于3.0mm，铝合金支撑板厚度不宜小于4.0mm；

　　2 石板开槽后不得有损坏或崩裂现象，槽口应打磨成45°倒角；槽内应光滑、洁净。

6.3.4 短槽式安装的石板加工应符合下列规定：

　　1 每块石板上下边应各开两个短平槽，短平槽长度不应小于100mm，在有效长度内槽深度不宜小于15mm；开槽宽度宜为6mm或7mm；不锈钢支撑板厚度不宜小于3.0mm，铝合金支撑板厚度不宜小于4.0mm。弧形槽的有效长度不应小于80mm。

　　2 两短槽边距离石板两端部的距离不应小于石板厚度的3倍且不应小于85mm，也不应大于180mm；

　　3 石板开槽后不得有损坏或崩裂现象，槽口应打磨成45°倒角，槽内应光滑、洁净。

6.3.5 石板的转角宜采用不锈钢支撑件或铝合金型材专用件组装，并应符合下列规定：

　　1 当采用不锈钢支撑件组装时，不锈钢支撑件的厚度不应小于3mm；

　　2 当采用铝合金型材专用件组装时，铝合金型材壁厚不应小于4.5mm，连接部位的壁厚不应小于5mm。

6.3.6 单元石板幕墙的加工组装应符合下列规定：

　　1 有防火要求的全石板幕墙单元，应将石板、防火板、防火材料按设计要求组装在铝合金框架上；

　　2 有可视部分的混合幕墙单元，应将玻璃板、石板、防火板及防火材料按设计要求组装在铝合金框架上；

　　3 幕墙单元内石板之间可采用铝合金T形连接件连接；T形连接件的厚度应根据石板的尺寸及重量经计算后确定，且其最小厚度不应小于4.0mm；

　　4 幕墙单元内，边部石板与金属框架的连接，可采用铝合金 L 形连接件，其厚度应根据石板尺寸及重量经计算后确定，且其最小厚度不应小于 4.0mm。

6.3.7 石板经切割或开槽等工序后均应将石屑用水冲干净，石板与不锈钢挂件间应采用环氧树脂型石材专用结构胶黏结。

6.3.8 已加工好的石板应立存放于通风良好的仓库内，其角度不应小于 85°。

6.4 金属板加工制作

6.4.1 金属板材的品种、规格及色泽应符合设计要求；铝合金板材表面氟碳树脂涂层厚度应符合设计要求。

6.4.2 金属板材加工允许偏差应符合表 6.4.2 的规定。

表 6.4.2 金属板材加工允许偏差（mm）

项　　目		允许偏差
边长	≤2000	±2.0
	>2000	±2.5
对边尺寸	≤2000	≤2.5
	>2000	≤3.0
对角线长度	≤2000	2.5
	>2000	3.0
折弯高度		≤1.0
平面度		≤2/1000
孔的中心距		±1.5

6.4.3 单层铝板的加工应符合下列规定：

1 单层铝板折弯加工时，折弯外圆弧半径不应小于板厚的 1.5 倍；

2 单层铝板加劲肋的固定可采用电栓钉，但应确保铝板外表面不应变形、褪色，固定应牢固；

3 单层铝板的固定耳子应符合设计要求。固定耳子可采用焊接、铆接或在铝板上直接冲压而成，并应位置准确，调整方便，固定牢固；

4 单层铝板构件四周边应采用铆接、螺栓或胶黏与机械连接相结合的形式固定，并应做到构件刚性好，固定牢固。

6.4.4 铝塑复合板的加工应符合下列规定：

1 在切割铝塑复合板内层铝板和聚乙烯塑料时，应保留不小于 0.3mm 厚的聚乙烯塑料，并不得划伤外层铝板的内表面；

2 打孔、切口等外露的聚乙烯塑料及角缝，应

采用中性硅酮耐候密封胶密封；

3 在加工过程中铝塑复合板严禁与水接触。

6.4.5 蜂窝铝板的加工应符合下列规定：

1 应根据组装要求决定切口的尺寸和形状，在切除铝芯时不得划伤蜂窝铝板外层铝板的内表面；各部位外层铝板上，应保留 0.3～0.5mm 的铝芯；

2 直角构件的加工，折角应弯成圆弧状，角缝应采用硅酮耐候密封胶密封；

3 大圆弧角构件的加工，圆弧部位应填充防火材料；

4 边缘的加工，应将外层铝板折合 180°，并将铝芯包封。

6.4.6 金属幕墙的女儿墙部分，应用单层铝板或不锈钢板加工成向内倾斜的盖顶。

6.4.7 金属幕墙的吊挂件、安装件应符合下列规定：

1 单元金属幕墙使用的吊挂件、支撑件，宜采用铝合金件或不锈钢件，并应具备可调整范围；

2 单元幕墙的吊挂件与预埋件的连接应采用穿透螺栓；

3 铝合金立柱的连接部位的局部壁厚不得小于 5mm。

6.5 幕墙构件检验

6.5.1 金属与石材幕墙构件应按同一种类构件的 5% 进行抽样检查，且每种构件不得少于 5 件。当有一个构件抽检不符合上述规定时，应加倍抽样复验，全部合格后方可出厂。

6.5.2 构件出厂时，应附有构件合格证书。

7 安装施工

7.1 一般规定

7.1.1 安装金属与石材幕墙应在主体工程验收后进行。

7.1.2 金属与石材幕墙的构件和附件的材料品种、规格、色泽和性能应符合设计要求。

7.1.3 金属与石材幕墙的安装施工应编制施工组织设计，其中应包括以下内容：

1 工程进度计划；

2 搬运、起重方法；

3 测量方法；

4 安装方法；

5 安装顺序；

6 检查验收；

7 安全措施。

7.2 安装施工准备

7.2.1 搬运、吊装构件时不得碰撞、损坏和污染构件。

7.2.2 构件储存时应依照安装顺序排列放置，放置架应有足够的承载力和刚度。在室外储存时应采取保护措施。

7.2.3 构件安装前应检查制造合格证，不合格的构件不得安装。

7.2.4 金属、石材幕墙与主体结构连接的预埋件，应在主体结构施工时按设计要求埋设。预埋件应牢固，位置准确，预埋件的位置误差应按设计要求进行复查。当设计无明确要求时，预埋件的标高偏差不应大于 **10mm**，预埋件位置差不应大于 **20mm**。

7.3 幕墙安装施工

7.3.1 安装施工测量应与主体结构的测量配合，其误差应及时调整。

7.3.2 金属与石材幕墙立柱的安装应符合下列规定：

1 立柱安装标高偏差不应大于 3mm，轴线前后偏差不应大于 2mm，左右偏差不应大于 3mm；

2 相邻两根立柱安装标高偏差不应大于 3mm，同层立柱的最大标高偏差不应大于 5mm，相邻两根立柱的距离偏差不应大于 2mm。

7.3.3 金属与石材幕墙横梁安装应符合下列规定：

1 应将横梁两端的连接件及垫片安装在立柱的预定位置，并应安装牢固，其接缝应严密；

2 相邻两根横梁的水平标高偏差不应大于 1mm。同层标高偏差：当一幅幕墙宽度小于或等于 35m 时，不应大于 5mm；当一幅幕墙宽度大于 35m 时，不应大于 7mm。

7.3.4 金属板与石板安装应符合下列规定：

1 应对横竖连接件进行检查、测量、调整；

2 金属板、石板安装时，左右、上下的偏差不应大于 1.5mm；

3 金属板、石板空缝安装时，必须有防水措施，并应有符合设计要求的排水出口；

4 填充硅酮耐候密封胶时，金属板、石板缝的宽度、厚度应根据硅酮耐候密封胶的技术参数，经

计算后确定。

7.3.5 幕墙钢构件施焊后，其表面应采取有效的防腐措施。

7.3.6 幕墙的竖向和横向板材的组装允许偏差应符合表 7.3.6 的规定。

表 7.3.6 幕墙竖向和横向板材的组装允许偏差（mm）

项 目	尺寸范围	允许偏差	检查方法
相邻两竖向板材间距尺寸（固定端头）	—	±2.0	钢卷尺
两块相邻的石板、金属板	—	±1.5	靠尺
相邻两横向板材的间距尺寸	间距小于或等于 2000 时	±1.5	钢卷尺
	间距大于 2000 时	±2.0	
分格对角线差	对角线长小于或等于 2000 时	≤3.0	钢卷尺或伸缩尺
	对角线长大于 2000 时	≤3.5	
相邻两横向板材的水平标高差	—	≤2	钢板尺或水平仪
横向板材水平度	构件长小于或等于 2000 时	≤2	水平仪或水平尺
	构件长大于 2000 时	≤3	
竖向板材直线度		2.5	2.0m 靠尺、钢板尺
石板下连接托板水平夹角允许向上倾斜，不准向下倾斜		+2.0 度 0	塞规
石板上连接托板水平夹角允许向下倾斜		0 -2.0 度	—

7.3.7 幕墙安装允许偏差应符合表 7.3.7 规定。

表 7.3.7　幕墙安装允许偏差

项　目		允许偏差（mm）	检查方法
竖缝及墙面垂直度	幕墙高度(H)(m)	≤10	激光经纬仪或经纬仪
	H≤30		
	60≤H＞30	≤15	
	90≤H＞60	≤20	
	H＞90	≤25	
幕墙平面度		≤2.5	2m靠尺、钢板尺
竖缝直线度		≤2.5	2m靠尺、钢板尺
横缝直线度		≤2.5	2m靠尺、钢板尺
缝宽度（与设计值比较）		±2	卡尺
两相邻面板之间接缝高低差		≤1.0	深度尺

7.3.8 单元幕墙安装允许偏差除应符合本规范表 7.3.7 的规定外，尚应符合表 7.3.8 规定。

表 7.3.8　单元幕墙安装允许偏差（mm）

项　目		允许偏差	检查方法
同层单元组件标高	宽度小于或等于35m	≤3.0	激光经纬仪或经纬仪
相邻两组件面板表面高低差		≤1.0	深度尺
两组件对插件接缝搭接长度（与设计值比）		±1.0	卡尺
两组件对插件距槽底距离（与设计值比）		±1.0	卡尺

7.3.9 幕墙安装过程中宜进行接缝部位的雨水渗漏检验。

7.3.10 幕墙安装施工应对下列项目进行验收：

　　1 主体结构与立柱、立柱与横梁连接节点安装及防腐处理；

　　2 幕墙的防火、保温安装；

　　3 幕墙的伸缩缝、沉降缝、防震缝及阴阳角的安装；

　　4 幕墙的防雷节点的安装；

　　5 幕墙的封口安装。

7.4　幕墙保护和清洗

7.4.1 对幕墙的构件、面板等。应采取保护措施，不得发生变形、变色、污染等现象。

7.4.2 幕墙施工中其表面的粘附物应及时清除。

7.4.3 幕墙工程安装完成后，应制定清洁方案，清扫时应避免损伤表面。

7.4.4 清洗幕墙时，清洁剂应符合要求，不得产生腐蚀和污染。

7.5　幕墙安装施工安全

7.5.1 幕墙安装施工的安全措施除应符合现行行业标准《建筑施工高处作业安全技术规范》（JGJ 80）的规定外，还应遵守施工组织设计确定的各项要求。

7.5.2 安装幕墙用的施工机具和吊篮在使用前应进行严格检查，符合规定后方可使用。

7.5.3 施工人员作业时必须戴安全帽，系安全带，并配备工具袋。

7.5.4 工程的上下部交叉作业时，结构施工层下方应采取可靠的安全防护措施。

7.5.5 现场焊接时，在焊接下方应设防火斗。

7.5.6 脚手板上的废弃杂物应及时清理，不得在窗台、栏杆上放置施工工具。

8　工　程　验　收

8.0.1 金属与石材幕墙工程验收前应将其表面擦拭干净。

8.0.2 金属与石材幕墙工程验收时应提交下列资料：

　　1 设计图纸、计算书、文件、设计更改的文件等；

　　2 材料、零部件、构件出厂质量合格证书，硅酮结构胶相容性试验报告及幕墙的物理性能检验报告；

　　3 石材的冻融性试验报告；

　　4 金属板材表面氟碳树脂涂层的物理性能试验报告；

　　5 隐蔽工程验收文件；

　　6 施工安装自检记录；

　　7 预制构件出厂质量合格证书；

　　8 其他质量保证资料。

8.0.3 幕墙工程观感检验应符合下列规定：

　　1 幕墙外露框应横平竖直，造型应符合设计要求；

　　2 幕墙的胶缝应横平竖直，表面应光滑无污染；

　　3 铝合金板应无脱膜现象，颜色应均匀，其色差可同色板相差一级；

　　4 石材颜色应均匀，色泽应同样板相符，花纹图案应符合设计要求；

5 沉降缝、伸缩缝、防震缝的处理，应保持外观效果的一致性，并应符合设计要求；

6 金属板材表面应平整，站在距幕墙表面 3m 处肉眼观察时不应有可觉察的变形、波纹或局部压砸等缺陷；

7 石材表面不得有凹坑、缺角、裂缝、斑痕。

8.0.4 幕墙抽样检查应符合下列规定：

1 渗漏检验应按每 $100m^2$ 幕墙面积抽查一处，并应在易发生漏雨的部位如阴阳角等处进行淋水检查；

2 每平方米金属板的表面质量应符合表 8.0.4-1 的规定；

表 8.0.4-1 金属板的表面质量

项 目	质 量 要 求
0.1~0.3mm 宽划伤痕	长度小于 100mm 不多于 8 条
擦伤	不大于 $500mm^2$

注：1. 露出金属基体的为划伤。
　　2. 没有露出金属基体的为擦伤。

3 一个分格铝合金型材表面质量应符合表 8.0.4-2 的规定；

表 8.0.4-2 一个分格铝合金型材表面质量

项 目	质 量 要 求
0.1~0.3mm 宽划伤痕	长度小于 100mm 不多于 2 条
擦伤总面积	不大于 $500mm^2$
划伤在同一个分格内	不多于 4 处
擦伤在同一个分格内	不多于 4 处

注：1. 一个分格铝合金型材指该分格的四周框架构件。
　　2. 露出铝基体的为划伤。
　　3. 没有露出铝基体的为擦伤。

4 每平方米石材的表面质量应符合表 8.0.4-3 的规定；

表 8.0.4-3 石材的表面质量

项 目	质 量 要 求
0.1~0.3mm 划伤	长度小于 100mm 不多于 2 条
擦伤	不大于 $500mm^2$

注：1. 石材花纹出现损坏的为划伤。
　　2. 石材花纹出现模糊现象的为擦伤。

5 金属幕墙立柱、横梁的安装质量应符合表 8.0.4-4 的规定；

表 8.0.4-4 金属幕墙立柱、横梁的安装质量

项 目		允许偏差（mm）	检查方法
金属幕墙立柱、横梁安装偏差	宽度高度不大于 30m	≤10	激光经纬仪或经纬仪
	宽度高度大于 30m，不大于 60m	≤15	
	宽度高度大于 60m，不大于 90m	≤20	
	宽度高度大于 90m	≤25	

6 石板的安装质量应符合 8.0.4-5 的规定；

表 8.0.4-5 石板的安装质量

项 目		允许偏差（mm）	检查方法
竖缝及墙面垂直缝	幕墙层高不大于 3m	≤2	激光经纬仪或经纬仪
	幕墙层高大于 3m	≤3	
幕墙水平度（层高）		≤2	2m 靠尺、钢板尺
竖缝直线度（层高）		≤2	2m 靠尺、钢板尺
横缝直线度（层高）		≤2	2m 靠尺、钢板尺
拼缝宽度（与设计值比）		≤1	卡尺

7 金属与石材幕墙的安装质量应符合表 8.0.4-6 的规定；

表 8.0.4-6 金属、石材幕墙安装质量

项 目		允许偏差（mm）	检查方法
幕墙垂直度	幕墙高度不大于 30m	≤10	激光经纬仪或经纬仪
	幕墙高度大于 30m，不大于 60m	≤15	
	幕墙高度大于 60m，不大于 90m	≤20	
	幕墙高度大于 90m	≤25	
竖向板材直线度		≤3	2m 靠尺、塞尺
横向板材水平度不大于 2000mm		≤2	水平仪
同高度相邻两根横向构件高度差		≤1	钢板尺、塞尺
幕墙横向水平度	不大于 3m 的层高	≤3	水平仪
	大于 3m 的层高	≤5	
分格框对角线差	对角线长不大于 2000mm	≤3	3m 钢卷尺
	对角线长大于 2000mm	≤3.5	

8.0.5 幕墙工程抽样检验数量应按现行行业标准《玻璃幕墙工程技术规范》(JGJ 102)的有关规定执行。

9 保养与维修

9.0.1 金属与石材幕墙工程竣工验收后，应制定幕墙的保养、维修计划与制度，定期进行幕墙的保养与维修。

9.0.2 幕墙的保养应根据幕墙墙面积灰污染程度，确定清洗幕墙的次数与周期，每年至少应清洗一次。

9.0.3 幕墙在正常使用时，使用单位应每隔5年进行一次全面检查。应对板材、密封条、密封胶、硅酮结构密封胶等进行检查。

9.0.4 幕墙的检查与维修应按下列规定进行：

　1 当发现螺栓松动，应及时拧紧，当发现连接件锈蚀应除锈补漆或更换；

　2 发现板材松动、破损时，应及时修补与更换；

　3 发现密封胶或密封条脱落或损坏时，应及时修补与更换；

　4 发现幕墙构件和连接件损坏，或连接件与主体结构的锚固松动或脱落时，应及时更换或采取措施加固修复；

　5 应定期检查幕墙排水系统，当发现堵塞时，应及时疏通；

　6 当五金件有脱落、损坏或功能障碍时，应进行更换和修复；

　7 当遇到台风、地震、火灾等自然灾害时，灾后应对幕墙进行全面检查，并视损坏程度进行维修加固。

9.0.5 对幕墙进行保养与维修中应符合下列安全规定：

　1 不得在4级以上风力或大雨天气进行幕墙外侧检查、保养与维修作业；

　2 检查、清洗、保养维修幕墙时，所采用的机具设备必须操作方便、安全可靠；

　3 在幕墙的保养与维修作业中，凡属高处作业者必须遵守现行行业标准《建筑施工高处作业安全技术规范》(JGJ 80)的有关规定。

附录 A 钢结构连接强度设计值

A.0.1 钢结构连接强度设计值可按表 A.0.1-1、表 A.0.1-2、表 A.0.1-3 采用。

表 A.0.1-1 螺栓连接的强度设计值（MPa）

| 螺栓的钢号（或性能等级）和构件的钢号 | | 构件钢材 | | 普通螺栓 | | | | | | 锚栓 | 承压型高强度螺栓 | |
| | | | | C 级螺栓 | | | A 级、B 级螺栓 | | | | | |
		组别	厚度（mm）	抗拉强度 f_t^b	抗剪强度 f_v^b	承压强度 f_c^b	抗拉强度 f_t^b	抗剪强度（I类孔）f_v^c	承压强度（I类孔）f_c^b	抗拉强度 f_t^a	抗剪强度 f_v^b	承压强度 f_c^b
普通螺栓	Q235 钢		—	170	130	—	170	170	—	—		
锚栓	Q235 钢		—							140		
	Q345 钢		—							180		
承压型高强度螺栓	8.8 级		—								250	
	10.9 级		—								310	
构件	Q235 钢	第 1~3 组	—			305			400			465
	Q345 钢	—	≤16			420			550			640
		—	17~25			400			530			615
		—	26~36			385			510			590
	Q390 钢	—	≤16			435			570			665
		—	17~25			420			550			640
		—	26~36			400			530			615

　　注：孔壁质量属于下列情况者为 I 类孔：

　　1. 在装配好的构件上按设计孔径钻成的孔；

　　2. 在单个零件和构件上按设计孔径用钻模钻成的孔；

　　3. 在单个零件上先钻成或冲成较小的孔径，然后在装配好的构件上再扩钻至设计孔径的孔。

表 A.0.1-2　焊接的强度设计值 （MPa）

焊接方法和焊条型号	构件钢材			对接焊缝				角焊缝
	钢号	组别	厚度或直径（mm）	抗压强度 f_c^w	焊缝质量为下列级别时，抗拉和抗弯强度 f_t^w		抗剪强度 f_v^w	抗拉、抗压和抗剪强度 f_f^w
					一级 二级	三级		
自动焊、半自动焊和 E43×× 型焊条的手工焊	Q235 钢	第 1 组	—	215	215	185	125	160
		第 2 组	—	200	200	170	115	160
		第 3 组	—	190	190	160	110	160
自动焊、半自动焊和 E50×× 型焊条的手工焊	Q345 钢	—	≤16	315	315	270	185	200
		—	17~25	300	300	255	175	200
		—	26~36	290	290	245	170	200
自动焊、半自动焊和 E55×× 型焊条的手工焊	Q390 钢	—	≤16	350	350	300	205	220
		—	17~25	335	335	285	195	220
		—	26~36	320	320	270	185	220

注：自动焊和半自动焊所采用的焊丝和焊剂，应保证其熔敷金属抗拉强度不低于相应手工焊焊条的数值。

表 A.0.1-3　铆钉连接的强度设计值 （MPa）

铆钉和构件的钢号		构件钢材		抗拉强度（铆钉头拉脱）f_t^r	抗剪强度 f_v^r		承压强度 f_c^r	
		组别	厚度（mm）		Ⅰ类孔	Ⅱ类孔	Ⅰ类孔	Ⅱ类孔
铆钉	ML 2 或 ML 3	—		120	185	155	—	
构件	Q235 钢	第 1~3 组	—	—	—		445	360
	Q345 钢	—	16	—	—		610	500
		—	17~25	—	—		590	480
		—	26~36	—	—		565	460

注：1. 孔壁质量属于下列情况者为Ⅰ类孔：
1）在装配好构件上按设计孔径钻成的孔；
2）在单个零件和构件上按设计孔径用钻模钻成的孔；
3）在单个零件上先钻成或冲成较小的孔径，然后在装配好的构件上再扩钻至设计孔径的孔。
2. 在单个零件上一次冲成或不用钻模钻成设计孔径的孔属于Ⅱ类孔。

A.0.2　计算下列情况的构件或连接件时，本规范 A.0.1 条和第 5.3.6 条规定的强度设计值应乘以相应的折减系数，当几种情况同时存在时，其折减系数应连乘。

1. 单面连接的单角钢按轴心受力计算强度和连接　　　　　　　　　　　　　　　　　0.85；

2. 施工条件较差的高空安装焊缝和铆钉连接 0.90；

3. 沉头或半沉头铆钉连接　　　　　　0.80。

附录 B　板弯矩系数

B.0.1　金属板的最大弯矩系数可按表 B.0.1 采用。

B.0.2　四点支承矩形石板弯矩系数可按表 B.0.2 采用。

表 B.0.1　板的最大弯矩系数（m）$M = mql^2$

l_x/l_y	四边简支	三边简支 l_y 固定	l_x 对边简支 l_y 对边固定
0.50	0.1022	−0.1212	−0.0843
0.55	0.0961	−0.1187	−0.0840
0.60	0.0900	−0.1158	−0.0834
0.65	0.0839	−0.1124	−0.0826
0.70	0.0781	−0.1087	−0.0814
0.75	0.0725	−0.1048	−0.0799
0.80	0.0671	−0.1007	−0.0782
0.85	0.0621	−0.0965	−0.0763
0.90	0.0574	−0.0922	−0.0743
0.95	0.0530	−0.0880	−0.0721
1.00	0.0489	−0.0839	−0.0698

l_y/l_x	三边简支 l_y 固定	l_x 对边简支 l_y 对边固定
0.50	−0.1215	−0.1191
0.55	−0.1193	−0.1156
0.60	−0.1166	−0.1114
0.65	−0.1133	−0.1066
0.70	−0.1096	−0.1013
0.75	−0.1056	−0.0959
0.80	−0.1014	−0.0904
0.85	−0.0970	−0.0850
0.90	−0.0926	−0.0797
0.95	−0.0882	−0.0746
1.00	−0.0839	−0.0698

注：1. 系数前的负号，表示最大弯矩在固定边。
　　2. 计算时 l 值取 l_x 和 l_y 值的较小值。
　　3. 此表适用于泊松比为 0.25 ~ 0.33。

表 B.0.2　四点支承矩形石板弯矩系数（$\mu = 0.125$）

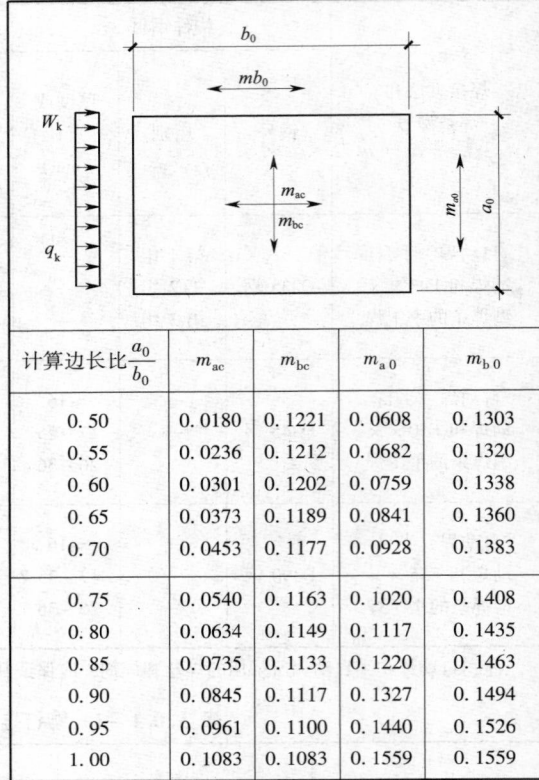

计算边长比 $\dfrac{a_0}{b_0}$	m_{ac}	m_{bc}	m_{a0}	m_{b0}
0.50	0.0180	0.1221	0.0608	0.1303
0.55	0.0236	0.1212	0.0682	0.1320
0.60	0.0301	0.1202	0.0759	0.1338
0.65	0.0373	0.1189	0.0841	0.1360
0.70	0.0453	0.1177	0.0928	0.1383
0.75	0.0540	0.1163	0.1020	0.1408
0.80	0.0634	0.1149	0.1117	0.1435
0.85	0.0735	0.1133	0.1220	0.1463
0.90	0.0845	0.1117	0.1327	0.1494
0.95	0.0961	0.1100	0.1440	0.1526
1.00	0.1083	0.1083	0.1559	0.1559

附录 C　预埋件设计

C.0.1　由锚板和对称配置的直锚筋所组成的受力预埋件，其锚筋的总截面面积应按下列公式计算：

　1　当有剪力、法向拉力和弯矩共同作用时，应按下列两个公式计算，并取其中的较大值：

$$A_s \geqslant \frac{V}{\alpha_\gamma \alpha_v f_s} + \frac{N}{0.8\alpha_b f_s} + \frac{M}{1.3\alpha_\gamma \alpha_b f_s Z} \tag{C.0.1-1}$$

$$A_s \geqslant \frac{N}{0.8\alpha_b f_s} + \frac{M}{0.4\alpha_\gamma \alpha_b f_s Z} \tag{C.0.1-2}$$

　2　当有剪力、法向压力和弯矩共同作用时，应按下列两个公式计算，并取其中的较大值：

$$A_s \geqslant \frac{V - 0.3N}{\alpha_\gamma \alpha_v f_s} + \frac{M - 0.4NZ}{1.3\alpha_\gamma \alpha_b f_s Z} \tag{C.0.1-3}$$

$$A_s \geqslant \frac{M - 0.4NZ}{0.4\alpha_\gamma \alpha_b f_s Z} \tag{C.0.1-4}$$

当 $M < 0.4NZ$ 时，取 $M - 0.4NZ = 0$

　3　上述公式中的系数，应按下列公式计算：

$$\alpha_v = (4.0 - 0.08d)\sqrt{\frac{f_c}{f_s}} \tag{C.0.1-5}$$

$$\alpha_b = 0.6 + 0.25 \frac{t}{d} \quad (C.0.1-6)$$

上述各式中：

A_s——锚筋的截面面积（mm²）；

V——剪力设计值（N）；

N——法向拉力或法向压力设计值（N）。法向压力设计值不应大于 $0.5f_cA$，此处 A 为锚板的面积（mm²）；

M——弯矩设计值（N·mm）；

α_γ——钢筋层数影响系数，当等间距配置时，二层取 1.0，三层取 0.9；

α_v——锚筋受剪承载力系数，按公式（C.0.1-5）计算，当 α_v 大于 0.7 时，取 $\alpha_v = 0.7$；

d——锚筋直径（mm）；

t——锚板厚度（mm）；

α_b——锚板弯曲变形折减系数，按公式（C.0.1-6）计算，当采取措施防止锚板弯曲变形时，可取 $\alpha_b = 1.0$；

Z——外层锚筋中心线之间的距离（mm）；

f_c——混凝土轴心受压强度设计值，可按现行国家标准《混凝土结构设计规范》（GBJ 10）采用。

f_s——钢筋抗拉强度设计值（MPa），Ⅰ级钢筋取 210MPa；Ⅱ级钢筋取 310MPa。

C.0.2 受力预埋件的锚板宜采用 Q235 等级 B 的钢材。锚筋应采用Ⅰ级或Ⅱ级钢筋，并不得采用冷加工钢筋。

C.0.3 预埋件受力直锚筋不宜少于 4 根，直径不宜小于 8mm。受剪预埋件的直锚筋可用 2 根。预埋件的锚筋应放在构件的外排主筋的内侧。

C.0.4 直锚筋与锚板应采用 T 型焊，锚筋直径不大于 20mm 时宜采用压力埋弧焊。手工焊缝高度不宜小于 6mm 及 0.5d（Ⅰ级钢筋）或 0.6d（Ⅱ级钢筋）。

C.0.5 充分利用锚筋的受拉强度时，锚固长度应符合现行国家标准《混凝土结构设计规范》（GBJ 10）的规定，锚筋最小锚固长度在任何情况下不应小于 250mm。当锚筋配置较多，锚筋总截面面积超过按本规范 C.0.1 条计算的截面面积的 1.4 倍时，锚固长度可适当减少，但不应小于 180mm。光圆钢筋端部应作弯钩。

C.0.6 锚板的厚度应大于锚筋直径的 0.6 倍；受拉和受弯预埋件的锚板的厚度尚应大于 $b/12$（b 为锚筋的间距），且锚板厚度不应小于 8mm。锚筋中心至锚板边缘的距离不应小于 2d 及 20mm。

对于受拉和受弯预埋件，其钢筋的间距和锚筋至构件边缘的距离均不应小于 3d 及 45mm。

对受剪预埋件，其锚筋的间距不应大于 300mm，锚筋至构件边缘的距离不应小于 6d 及 70mm。

本规范用词说明

1 为便于在执行本规范条文时区别对待，对要求严格程度不同的用词说明如下：

　1）表示很严格，非这样做不可的：

　　正面词采用"必须"；

　　反面词采用"严禁"。

　2）表示严格，在正常情况下均应这样做的：

　　正面词采用"应"；

　　反面词采用"不应"或"不得"。

　3）表示允许稍有选择，在条件许可时首先应这样做的：

　　正面词采用"宜"；

　　反面词采用"不宜"。

　表示有选择，在一定条件下可以这样做的，采用"可"。

2 条文中指明应按其他标准执行的写法为"应按……执行"或"应符合……的规定（或要求）"。

中国工程建设标准化协会标准

点支式玻璃幕墙工程技术规程

Technical specification for point supported glass curtain wall

CECS 127：2001

主编单位：同济大学
　　　　　汕头经济特区金刚玻璃幕墙有限公司
批准单位：中国工程建设标准化协会
施行日期：2001 年 11 月 1 日

前　　言

根据中国工程建设标准化协会（2000）建标协字第 15 号《关于印发中国工程建设标准化协会 2000 年第一批推荐性标准制、修订计划的通知》的要求，制订本规程。

点支式玻璃幕墙由于视觉通透、结构新颖、传力可靠、安全耐用，近年来，在各类公共建筑中得到越来越多的应用。本规程在总结国内外多年来设计、施工、管理经验和科研成果的基础上，对点支式玻璃幕墙的材料、建筑设计、结构体系、分析计算、节点构造、制作和安装等作了规定。

根据国家计委计标〔1986〕1649 号文《关于请中国工程建设标准化委员会负责组织推荐性工程建设标准试点工作的通知》，现批准协会标准《点支式玻璃幕墙工程技术规程》，编号为 CECS 127：2001，推荐给建设工程的设计、施工、使用单位采用。

本规程中，第 3.2.1、3.3.4、4.4.1、4.4.3、5.2.1、5.2.2、5.3.2、5.3.6、5.4.1、5.4.3、5.5.1、5.7.1、5.7.3 条和第 6.5.3 条第 2 款已建议列入《工程建设标准强制性条文》，其余为推荐性条文。

本规程由中国工程建设标准化协会归口管理，由同济大学（上海同济大学土木工程学院建筑工程系，邮编：200092）负责解释。在使用中如发现需要修改或补充之处，请将意见和资料径寄解释单位。

主 编 单 位：同济大学
　　　　　　　汕头经济特区金刚玻璃幕墙有限公司
参 编 单 位：汕头大学
主要起草人：沈祖炎、庄大建、张其林、黄庆文、熊光晶、谢子孟、沈小锋、张明罡、夏卫文、高叙鹏、颜宏亮

中国工程建设标准化协会
2001 年 8 月 31 日

1 总 则

1.0.1 为点支式玻璃幕墙工程的设计和施工做到技术先进、安全可靠、经济合理、美观适用，制订本规程。

1.0.2 本规程适用于非抗震设防和抗震设防烈度为 6～8 度、建筑高度不大于 150m 的民用建筑中点支式玻璃幕墙工程的设计、制作、安装及验收。

1.0.3 对点支式玻璃幕墙的设计、制作和安装应有严格的质量管理。点支式玻璃幕墙工程的制作与安装企业应有合格的质量保证体系。

1.0.4 点支式玻璃幕墙的材料、设计、制作、安装及验收，除应符合本规程的规定外，尚应符合国家现行有关标准的规定。

2 术语、符号

2.1 术 语

2.1.1 点支式玻璃幕墙 Point supported glass curtain wall

玻璃面板通过点支承装置与其支承结构组成的幕墙。

2.1.2 玻璃面板 Glass panel

点支式玻璃幕墙中直接承受外部作用并将其传递给支承装置的玻璃单元体。单元体形成前称为玻璃板块。

2.1.3 支承装置 Support device

玻璃面板与支承结构或主体结构之间的连接装置。它由连接件和爪件组成。

2.1.4 支承结构 Support structure

连接支承装置与主体结构的结构体系。

2.1.5 点支式斜玻璃幕墙 Inclined point supported glass curtainwall

与水平面成大于 75°、小于 90°角度的点支式玻璃幕墙。

2.1.6 密封胶 Glazing sealant

点支式玻璃幕墙中用于密封的硅酮密封材料。

2.1.7 相容性 Compatibility

密封材料与其他材料接触时，不产生不良物理化学影响的性能。

2.2 符 号

2.2.1 a——玻璃面板的短边边长；

2.2.2 b——玻璃面板的长边边长；

2.2.3 f_g——玻璃的弯曲强度设计值；

2.2.4 l——跨度；

2.2.5 l_b——四点支承玻璃面板的长边跨长；

2.2.6 q——均布荷载设计值；

2.2.7 q_k——均布荷载标准值；

2.2.8 q_{Ek}——垂直于幕墙玻璃平面的分布水平地震作用标准值；

2.2.9 t——厚度；

2.2.10 u——挠度；

2.2.11 w_k——风荷载标准值；

2.2.12 w_0——基本风压；

2.2.13 A——截面面积，幕墙面积；

2.2.14 E——材料的弹性模量；

2.2.15 F——作用于单个连接点上的作用设计值；

2.2.16 G_k——永久荷载标准值；

2.2.17 N_t——钢索抗拉力设计值；

2.2.18 N_{tk}——标准规定的钢索最小整索破断拉力值；

2.2.19 P_{Ek}——平行于幕墙玻璃平面的集中水平地震作用标准值；

2.2.20 R_g——玻璃面板点连接处节点承载力设计值；

2.2.21 S——荷载和作用效应组合值；

2.2.22 S_{Ek}——地震作用标准值产生的效应；

2.2.23 S_{Gk}——重力荷载标准值产生的效应；

2.2.24 S_{Tk}——温度作用标准值产生的效应；

2.2.25 S_{Wk}——风荷载标准值产生的效应；

2.2.26 ΔT——年温度变化设计值；

2.2.27 α——材料的线膨胀系数；

2.2.28 α_{max}——水平地震影响系数最大值；

2.2.29 α_1——应力系数；

2.2.30 β_1——挠度系数；

2.2.31 β_E——动力放大系数；

2.2.32 β_{gz}——阵风系数；

2.2.33 β_z——风振系数；

2.2.34 γ_E——地震作用分项系数；

2.2.35 γ_G——重力荷载分项系数；

2.2.36 γ_R——抗力分项系数；

2.2.37 γ_T——温度作用分项系数；

2.2.38 γ_W——风荷载分项系数；

2.2.39 μ_S——风荷载体型系数；

2.2.40 μ_z——风压高度变化系数；

2.2.41 σ——截面最大应力设计值；

2.2.42 σ_t——温度应力设计值；

2.2.43 Ψ_E——地震作用的组合值系数;

2.2.44 Ψ_T——温度作用的组合值系数;

2.2.45 Ψ_W——风荷载的组合值系数。

3 材　料

3.1 钢　材

3.1.1 点支式玻璃幕墙采用不锈钢材料时,宜采用奥氏体不锈钢材,并应符合下列现行国家标准的规定:

《不锈钢焊条》GB/T 983

《不锈钢棒》GB/T 1220

《不锈耐酸钢铸件技术条件》GB/T 2100

《不锈钢冷轧钢板》GB/T 3280

《不锈钢冷加工钢棒》GB/T 4226

《不锈钢热轧等边角钢》GB/T 4227

《冷顶锻用不锈钢丝》GB/T 4232

《不锈钢热轧钢板》GB/T 4237

《不锈钢丝》GB/T 4240

《不锈钢丝绳》GB/T 9944

《结构用不锈钢无缝钢管》GB/T 14975

3.1.2 点支式玻璃幕墙采用的碳钢和其他钢材应符合下列现行国家标准的规定:

《优质碳素结构钢技术条件》GB/T 699

《碳素结构钢》GB/T 700

《标准件用碳素钢热轧圆钢》GB/T 715

《低合金高强度结构钢》GB/T 1591

《合金结构钢技术条件》GB/T 3077

《优质结构钢冷拉钢材》GB/T 3078

《高耐候性结构钢》GB/T 4171

《焊接结构用耐候钢》GB/T 4172

《碳钢焊条》GB/T 5117

《低合金钢焊条》GB/T 5118

《钢丝绳》GB/T 8918

《制绳用钢丝》GB/T 8919

《桥梁缆索用热镀锌钢丝》GB/T 17101

3.1.3 点支式玻璃幕墙采用的碳钢和其它钢材表面应进行防腐蚀处理。表面除锈不得低于 Sa2 $\frac{1}{2}$ 级,并进行涂装等可靠的表面处理。

3.1.4 点支式玻璃幕墙采用的标准紧固件应符合下列现行国家标准的规定:

《紧固件机械性能　螺栓、螺钉和螺柱》GB/T 3098.1

《紧固件机械性能　螺母》GB/T 3098.2

《紧固件机械性能　不锈钢螺栓、螺钉、螺柱和螺母》GB/T 3098.6

3.1.5 点支式玻璃幕墙采用非标准紧固件时应满足设计要求,并应有出厂合格证。

3.2 玻　璃

3.2.1 点支式玻璃幕墙采用的玻璃,必须经过钢化处理。

3.2.2 点支式玻璃幕墙采用的玻璃的技术要求,应符合下列现行国家标准的规定:

《夹层玻璃》GB/T 9962

《钢化玻璃》GB/T 9963

《中空玻璃》GB/T 11944

《建筑用安全玻璃　防火玻璃》GB 15763.1

《幕墙用钢化玻璃与半钢化玻璃》GB/T 17841

3.2.3 点支式玻璃幕墙采用的钢化玻璃应经过均热处理。

3.2.4 点支式玻璃幕墙采用夹层玻璃时,应采用聚乙烯醇缩丁醛（PVB）胶片干法加工合成技术,且胶片厚度不得小于 0.76mm。

3.2.5 中空玻璃应采用硅酮结构胶粘结和丁基密封腻子密封。干燥剂应采用专门设备装填。

3.2.6 点支式玻璃幕墙有非隔热性的防火要求时,宜采用单片防火玻璃。

3.3 密封材料

3.3.1 点支式玻璃幕墙的密封材料宜采用耐候硅酮密封胶。

3.3.2 点支式玻璃幕墙中的结构密封胶应采用高模数中性单组分或双组分硅酮结构密封胶,其性能应符合现行国家标准《建筑用硅酮结构密封胶》GB/T 16776 的规定。

3.3.3 不同品牌的密封材料不宜混用。

3.3.4 在任何情况下,不得使用过期的硅酮密封胶。

3.4 其他材料

3.4.1 玻璃幕墙可采用聚乙烯发泡材料作填充材料,其密度应不大于 0.037g/cm³。

3.4.2 聚乙烯发泡填充材料的性能应符合现行行业标准《玻璃幕墙工程技术规范》JGJ 102 的规定

3.4.3 支承装置与玻璃之间的衬垫材料应有适宜的韧性和弹性,且不得产生明显蠕变。

3.4.4 点支式玻璃幕墙宜采用岩棉、矿棉、玻璃棉、防火板等不燃或难燃烧材料作隔热保温材料,同时应采用铝箔等复合材料包装。

4 建 筑 设 计

4.1 一 般 规 定

4.1.1 点支式玻璃幕墙应综合建筑物的使用功能、建筑立面设计、节能要求和工程投资等技术经济条件确定幕墙的构造类别和结构形式，并与建筑整体和建筑环境相协调。

4.1.2 点支式玻璃幕墙的立面及分格设计应与室内空间组合、楼地面标高位置相适应，并应不妨碍室内的视觉效果。

4.1.3 点支式玻璃幕墙除符合一般幕墙的技术规定外，在确定玻璃面板的规格尺寸时，应有效提高玻璃原片的成材率，且适应钢化和夹胶技术的加工设备尺寸。

4.1.4 点支式玻璃幕墙设计应适应建成后的日常维护和清洗。点支式玻璃幕墙高度超过40m时，应设置清洗设施。

4.2 性 能 要 求

4.2.1 点支式玻璃幕墙的风压变形、雨水渗漏、空气渗透、光学、平面内变形、保温、隔声和耐撞击等性能等级应根据建筑物的类别、高度、体型及建筑物所在地的地理、气候环境等因素，按国家现行有关标准确定。

4.2.2 点支式玻璃幕墙的风压变形、雨水渗漏、空气渗透、光学、平面内变形性能的测试，应按现行国家标准《建筑幕墙风压变形检测方法》GB/T 15227、《建筑幕墙雨水渗漏性能检测方法》GB/T 15228、《建筑幕墙空气渗透性能检测方法》GB/T 15226、《玻璃幕墙光学性能》GB/T 18091 以及《建筑幕墙平面内变形性能检测方法》GB/T 18250 执行。

4.2.3 点支式玻璃幕墙在取阵风系数 β_{gz} 为 1 并按式（5.3.6-1）计算所得的风荷载标准值作用下，不应发生雨水渗漏。

4.2.4 对有空调和采暖要求的建筑物，当点支式玻璃幕墙的内外压力差值为10Pa时，空气渗透量不应大于 $0.10\mathrm{m^3/m \cdot h}$。

4.2.5 对有保温、隔热要求的建筑物，幕墙玻璃宜采用中空玻璃。

4.2.6 当点支式玻璃幕墙平面内变形达到主体结构按弹性计算的层间相对位移控制值的3倍时，点支式玻璃幕墙不应损坏。

4.3 建 筑 构 造

4.3.1 点支式玻璃幕墙的玻璃面板可采用单层钢化玻璃、钢化夹层玻璃和钢化中空玻璃等。夹层和中空玻璃的内外片玻璃厚度差值宜不大于2mm。

4.3.2 钢化钻孔玻璃的孔径、孔位、孔距宜符合下列规定：

1 孔径不小于5mm，且不小于玻璃厚度 t；

2 孔径不大于玻璃面板短边长度的1/3；

3 孔边缘至玻璃面板边缘的距离不小于 $2t$；且不小于孔径；

4 位于玻璃面板角部的钻孔，孔边缘至玻璃面板角部顶点的距离不小于 $4t$；

5 玻璃面板短边长度不小于 $8t$。

4.3.3 点支式玻璃幕墙玻璃面板的孔周边应采取可靠的密封处理，保证幕墙的雨水渗漏、空气渗透性能符合现行国家标准的规定。

4.3.4 点支式玻璃幕墙玻璃面板间的拼接缝宽度，应满足平面内发生最大控制位移值时面板间不挤压碰撞。

4.3.5 玻璃面板间的拼接缝隙应嵌填耐候硅酮密封胶；玻璃幕墙周边与主体结构或其他墙面之间的缝隙宜嵌填硅酮结构密封胶或耐候硅酮密封胶。

4.3.6 支承装置除符合幕墙受力与建筑美观要求外，还应具有吸收平面变形的能力，在玻璃和支承装置之间应设置衬垫材料。

4.3.7 点支式玻璃幕墙采用钢构件作为支承结构构件时，钢构件表面应进行可靠的防腐处理，如热浸锌或用富锌底漆、封闭漆严格涂刷，确保支承构件的耐久性；

点支式玻璃幕墙采用拉杆作为支承结构构件时，宜选用不锈钢杆件；

点支式玻璃幕墙采用拉索结构作为支承结构构件时，宜选用不锈钢索或经过涂塑处理的热浸锌碳素钢索。

4.3.8 点支式玻璃幕墙的构造设计中，应考虑由自重、风荷载、地震作用、温度作用、支座位移、加工精度与安装偏差及其组合的影响。

4.3.9 埋件的材质与规格应符合设计规定，埋设应可靠、准确；后置埋件必须按技术规定作现场拉拔强度实测。

4.3.10 金属构件的焊缝应满足外观质量要求。

4.4 安 全 规 定

4.4.1 点支式玻璃幕墙的防火设计应按《建筑设

计防火规范》GBJ 16、《高层民用建筑设计防火规范》GB 50045 的有关规定执行。

4.4.2 点支式玻璃幕墙与每层楼板、隔墙交接处的缝隙应采用不燃烧材料填充，并用防火板材托住。防火板与玻璃间灌注防火密封胶，并作建筑技术处理；也可采用防火玻璃作层间隔断。

4.4.3 点支式玻璃幕墙应形成墙身防雷系统，并与主体结构防雷体系可靠接通。幕墙的防雷设计应符合《建筑物防雷设计规范》GB 50057 的规定。

4.4.4 任何一块幕墙的玻璃面板均应能单独更换。玻璃面板损坏或更换所引起负荷变化，不应导致支承结构的破坏。

5 结 构 设 计

5.1 结 构 体 系

5.1.1 点支式玻璃幕墙由玻璃面板、支承结构、连接玻璃面板与支承结构的支承装置等组成。

5.1.2 点支式玻璃幕墙的支承结构可分为杆件体系和索杆体系两种。杆件体系是由刚性构件组成的结构体系。索杆体系是由拉索、拉杆和刚性构件等组成的预拉力结构体系（图 5.1.2）。

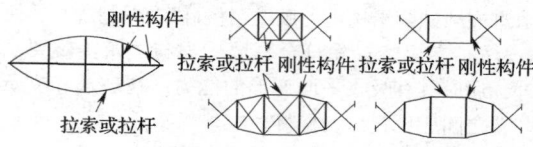

图 5.1.2 索杆体系

5.1.3 点支式玻璃幕墙的支承结构布置可分为单向受力体系和双向受力体系两种（图 5.1.3）。

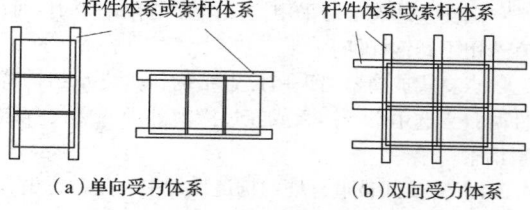

（a）单向受力体系　　（b）双向受力体系
图 5.1.3 支承结构布置

5.1.4 玻璃面板承受外荷载作用，并通过支承装置将荷载传递给支承结构。支承结构承受支承装置传来的外荷载，并将外荷载与其他荷载传递给主体结构。

5.2 一 般 规 定

5.2.1 幕墙支承结构及其与主体结构的连接应具有符合要求的承载力和刚度。

5.2.2 无抗震设防要求的点支式玻璃幕墙结构体系，应保证在风荷载作用下玻璃面板不破损。有抗震设防要求的点支式玻璃幕墙结构体系，应保证在设防烈度地震作用下幕墙经修理后仍可使用。在罕遇地震作用下幕墙的支承结构体系不得塌落。

5.2.3 点支式玻璃幕墙结构体系中的构件，在重力、风荷载、地震作用、温度作用、主体结构位移及其组合的影响下，应满足规定的安全要求。

5.2.4 幕墙支承结构的内力可采用弹性方法计算。对于杆件体系，可采用线性结构力学方法计算结构的内力和位移；对于索杆体系，拉索和拉杆应只受拉，宜采用几何非线性方法计算结构的内力和位移。

5.2.5 玻璃面板的内力应采用弹性方法计算。对于具有规则形状的面板，可按照第 5.5.2 条和 5.5.6 条计算内力和变形；对于具有不规则形状的面板，应采用有限单元法计算内力和变形。

5.2.6 计算幕墙支承结构的内力和位移时，宜不考虑玻璃面板的共同工作。

5.2.7 点支式玻璃幕墙在风荷载等组合作用下，其支承结构的相对挠度不应大于 $l/300$（l 为支承结构的跨度）。同一块玻璃面板各支点的位移差值和玻璃面板的挠度值不应大于 $b/100$（b 为玻璃面板的长边长度）。

5.3 荷载和作用

5.3.1 点支式玻璃幕墙结构设计时，荷载和作用效应应按下式进行组合：

$$S = \gamma_G S_{Gk} + \psi_W \gamma_W S_{Wk} + \psi_E \gamma_E S_{Ek} + \psi_T \gamma_T S_{Tk}$$

$$(5.3.1)$$

式中　　　　　　S——荷载和作用效应组合值；

S_{Gk}——重力荷载标准值作为永久荷载标准值产生的效应（应力、内力、变形）；

S_{Wk}，S_{Ek}，S_{Tk}——分别为风荷载、地震作用和温度作用标准值作为可变荷载和作用标准值产生的效应（按不同的组合情况，三者分别作为第一个、第二个和第三个可变荷载和作用效应）；

γ_G，γ_W，γ_E，γ_T——各荷载和作用的分项系数，按第 5.3.3 条的规定取值；

ψ_W，ψ_E，ψ_T——分别为风荷载、地震作用和温度作用效应的组合值系数，按第 5.3.4 条的规定取值。

5.3.2 点支式玻璃幕墙应按各荷载和作用效应的最不利组合进行设计。

5.3.3 荷载和作用的分项系数应按下列规定采用：

1 幕墙支承结构的构件、连接件和预埋件的承载力计算时：

重力 γ_G 当其效应对结构不利时，取 1.2；

当其效应对结构有利时，取 1.0；

风荷载 γ_w　1.4

地震作用　γ_E1.3

温度作用　γ_T1.2

2 幕墙支承结构的位移和挠度计算时，均取 1.0。

5.3.4 组合值系数应按下列规定采用：当有两个及两个以上可变荷载或作用（风荷载、地震作用和温度作用）效应参与组合时，第一个可变荷载或作用效应的组合值系数可取 1.0；第二个可变荷载或作用效应的组合值系数可取 0.6；第三个可变荷载或作用效应的组合值系数可取 0.2。

5.3.5 幕墙结构材料的重力密度可按下列规定采用：

钢化玻璃、防火玻璃 25.6kN/m³

玻璃棉　　　　　　0.5～1.0kN/m³

铝合金　　　　　　27.0kN/m³

钢材　　　　　　　78.5kN/m³

5.3.6 作用在点支式玻璃幕墙中玻璃面板和支承装置上的风荷载标准值应按下式计算，且取值不应小于 1.0kN/m²：

$$w_k = \beta_{gz}\mu_z\mu_s w_0 \qquad (5.3.6-1)$$

作用在点支式玻璃幕墙中支承结构上的风荷载标准值应按下式计算：

$$w_k = 1.1\beta_z\mu_z\mu_s w_0 \qquad (5.3.6-2)$$

式中　w_k——作用在幕墙上的风荷载标准值（kN/m²）；

β_{gz}——阵风系数，按现行国家标准《建筑结构荷载规范》GB 50009 采用；

β_z——风振系数，按现行国家标准《建筑结构荷载规范》GB 50009 采用；

μ_s——风荷载体型系数，按现行国家标准《建筑结构荷载规范》GB 50009 采用或根据风洞试验结果确定；

μ_z——风压高度变化系数，按现行国家标准《建筑结构荷载规范》GB 50009 采用；

w_0——基本风压（kN/m²），根据现行国家标准《建筑结构荷载规范》GB 50009 采用。

5.3.7 点支式玻璃幕墙的温度应力计算中，年温度变化值 ΔT 应按实际情况采用。当无可靠资料时，可取 80℃。

5.3.8 对于竖向的玻璃幕墙，垂直于玻璃平面的分布水平地震作用标准值可按下式计算：

$$q_{Ek} = \frac{\beta_E\alpha_{max}G_k}{A} \qquad (5.3.8)$$

式中　q_{Ek}——垂直于幕墙玻璃平面的分布水平地震作用标准值（kN/m²）；

G_k——玻璃幕墙的永久荷载标准值（kN）；

A——幕墙的面积（m²）；

α_{max}——水平地震影响系数最大值，按 6 度抗震设计时取 0.04；按 7 度时取 0.08；按 8 度时取 0.16；

β_E——动力放大系数，按现行行业标准《玻璃幕墙工程技术规范》JGJ 102 采用。

5.3.9 对于竖向的玻璃幕墙，平行于玻璃平面的集中水平地震作用标准值可按下式计算：

$$P_{Ek} = \beta_E\alpha_{max}G_k \qquad (5.3.9)$$

式中　P_{Ek}——平行于幕墙玻璃平面的集中水平地震作用标准值（kN）。

5.4　材料物理力学性能

5.4.1 玻璃的强度设计值可按表 5.4.1 采用。

表 5.4.1　玻璃的弯曲强度设计值 f_g（N/mm²）

类型	厚度（mm）	强度设计值 f_g	
		大面强度	边缘强度
钢化玻璃	5～12	84.0	58.8
	15～19	59.0	41.3
单片防火玻璃	6～19	126	88.2

注：1　夹层玻璃和中空玻璃的强度设计值可按所采用的玻璃类别取用。

2　表中，单片防火玻璃应为经过化学和物理同时处理的防火玻璃。

5.4.2 玻璃的泊松比可采用 0.21。

5.4.3 牌号为 1Crl8Ni9Ti 和 0Crl8Ni9 和 1Cr18Ni9 的不锈钢，其强度设计值应采用 180N/mm²。适用于支承结构的其他牌号的不锈钢，其强度设计值可取第 3.1.1 条中现行国家标准规定的屈服强度 $f_{0.2}$ 除以 1.15。

5.4.4 幕墙材料的弹性模量可按表 5.4.4 采用。

表 5.4.4　材料的弹性模量 E（N/mm²）

材　料	E
玻璃	0.72×10^5
铝合金	0.70×10^5
钢、不锈钢	2.06×10^5

5.4.5 幕墙材料的线膨胀系数 α 可按表5.4.5采用。

表5.4.5 材料的线膨胀系数 α

材 料	α
玻璃	1.0×10^{-5}
铝合金	2.35×10^{-5}
钢	1.2×10^{-5}
不锈钢	1.75×10^{-5}

5.5 玻璃面板设计

5.5.1 玻璃面板在荷载组合作用下的最大应力应满足下列条件:

$$\sigma \leqslant f_g \tag{5.5.1}$$

式中 f_g——玻璃的弯曲强度设计值,按表5.4.1取用。当按式(5.5.2)计算玻璃面板的最大应力 σ 时, f_g 取大面强度;当按式(5.5.4)计算玻璃边缘的挤压应力 σ_t 时, f_g 取边缘强度。

5.5.2 点支式玻璃幕墙的玻璃面板,在垂直于玻璃平面的荷载作用下,其最大应力 σ 可采用有限单元法计算得出。对于四点支承的玻璃面板(图5.5.2),其最大应力也可采用下式计算:

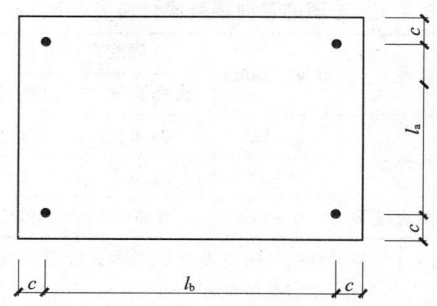

图5.5.2 四点支承玻璃面板 ($l_a \leqslant l_b$)

$$\sigma = \frac{\alpha_1 q l_b^2}{t^2} \tag{5.5.2}$$

式中 σ——四点支承玻璃面板跨中边缘最大弯曲应力设计值;

α_1——应力系数,由表5.5.6查得;

q——均布荷载设计值,按现行行业标准《玻璃幕墙工程技术规范》JGJ 102 取用;

l_b——四点支承玻璃面板长边跨长;

t——玻璃厚度。对于中空玻璃和夹层玻璃,按现行行业标准《玻璃幕墙工程技术规范》JGJ 102 的规定取值。

5.5.3 斜玻璃幕墙计算承载力时,应计入恒荷载、雪荷载、雨水荷载等重力以及施工荷载在垂直于玻

璃平面方向所产生的弯曲应力。施工荷载应根据施工情况确定,但不应小于每块玻璃面板上 2.0kN 的集中荷载,其作用点按最不利位置考虑。

5.5.4 在年温度变化影响下,玻璃边缘与边框接触时在玻璃面板中产生的挤压应力 σ_t 可按下式计算:

$$\sigma_t = E\left(\alpha\Delta T - \frac{e - d_c}{b}\right) \tag{5.5.4}$$

式中 σ_t——玻璃面板的挤压应力设计值,取大于 0(N/mm²);

e——玻璃边缘与边框间的空隙(mm);

d_c——施工误差,可取3mm;

b(或a)——垂直于边框的玻璃面板边长(mm);

ΔT——年温度变化设计值(℃),可采用80℃;

α——玻璃的线膨胀系数,按第5.4.5条的规定采用;

E——玻璃的弹性模量(N/mm²),按第5.4.4条的规定采用。

5.5.5 玻璃面板在荷载组合作用下的最大挠度应满足下列条件:

$$u \leqslant [u] \tag{5.5.5}$$

式中 [u]——挠度容许值,按第5.2.7条的规定取用。

5.5.6 点支式玻璃幕墙的玻璃面板,在垂直于玻璃平面的荷载作用下,其最大挠度 u 可采用有限单元法计算得出。对于四点支承的玻璃面板,其最大挠度也可采用下式计算:

$$u = \frac{\beta_1 q_k l_b^4}{Et^3} \tag{5.5.6}$$

式中 u——四点支承玻璃面板跨内的最大挠度值;

β_1——挠度系数,由表5.5.6查得;

q_k——均布荷载标准值,按现行行业标准《玻璃幕墙工程技术规范》JGJ 102 取用;

l_b——四点支承玻璃面板长边跨长;

t——玻璃厚度,按第5.5.2条的规定取用。

表5.5.6 四点支承玻璃面板的应力系数和挠度系数

$\dfrac{l_a}{l_b}$	β_1		
	$\dfrac{l_b}{c} = 10$	$\dfrac{l_b}{c} = 15$	$\dfrac{l_b}{c} = 20$
1.00	0.2547	0.2668	0.2730
0.95	0.2302	0.2414	0.2472
0.90	0.2102	0.2206	0.2259
0.85	0.1934	0.2030	0.2079
0.80	0.1801	0.1890	0.1935
0.75	0.1693	0.1776	0.1816

续表 5.5.6

$\dfrac{l_a}{l_b}$	β_1		
	$\dfrac{l_b}{c}=10$	$\dfrac{l_b}{c}=15$	$\dfrac{l_b}{c}=20$
0.70	0.1611	0.1688	0.1724
0.65	0.1549	0.1619	0.1653
0.60	0.1504	0.1570	0.1601
0.55	0.1513	0.1567	0.1593
0.50	0.1521	0.1565	0.1588
$\dfrac{l_a}{l_b}$	α_1		
	$\dfrac{l_b}{c}=10$	$\dfrac{l_b}{c}=15$	$\dfrac{l_b}{c}=20$
1.00	0.8194	0.8719	0.8719
0.95	0.8087	0.8430	0.8580
0.90	0.7984	0.8307	0.8447
0.85	0.7886	0.8190	0.8320
0.80	0.7792	0.8079	0.8199
0.75	0.7703	0.7974	0.8085
0.70	0.7620	0.7876	0.7979
0.65	0.7543	0.7786	0.7881
0.60	0.7473	0.7703	0.7792
0.55	0.7410	0.7629	0.7712
0.50	0.7355	0.7564	0.7641

注：1　c 玻璃面板支承点中心至面板边缘的距离。
　　2　本表中的数值允许线性内插或外推。

5.5.7　玻璃面板在垂直于玻璃平面的荷载作用下，其连接节点的承载力在必要时应按下式校核：

$$F \leqslant R_g \qquad (5.5.7-1)$$

对于四点支承玻璃面板，

$$F = 0.3qab \qquad (5.5.7-2)$$

式中　F——单个连接节点上荷载和作用的设计值（kN）；

　　　q——均布荷载和作用的设计值（kN/m²）；

　　　a，b——单块玻璃面板的短边和长边边长（m）；

　　　R_g——玻璃面板连接节点承载力的设计值（kN），$R_g = R_s/\gamma_R$，其中，R_s 为玻璃面板连接节点承载力的测试值；γ_R 取 2.5。

承载力测试值 R_s 应采用与实际工程相同的连接节点进行拉伸试验取得。试验时玻璃面板尺寸应采用 300mm × 300mm，试件数应不少于 3 件，以试验平均值作为测试值。

5.6　支承装置选用

5.6.1　支承装置应符合现行行业标准《点支式玻璃幕墙支承装置》JG/T 138 的规定。

5.6.2　钻孔点支式幕墙玻璃面板的点连接处宜采用活动铰连接。

5.7　钢支承结构设计

5.7.1　杆件体系支承结构中的结构构件，应根据现行国家标准《钢结构设计规范》GB 50017、《冷弯薄壁型钢结构技术规范》GB 50018 进行设计，分别进行强度计算、整体稳定和局部稳定计算，并验算刚度。受压构件的容许长细比宜取 150，受拉构件的容许长细比宜取 250。

5.7.2　索杆体系支承结构的整体刚度由预拉力提供的刚度和截面刚度构成。索杆体系设计包括初始状态设计和工作状态设计两部分。初始状态是指索杆在预拉力作用下的自平衡状态；工作状态是指索杆在组合外荷载作用下的平衡状态。

　　1　索杆体系的初始状态设计应满足下列条件：

　　　1）　初始状态是平衡的；

　　　2）　初始状态是稳定的。

　　2　索杆体系的工作状态设计应满足下列条件：

　　　1）　工作状态下索杆体系的整体稳定应满足要求；

　　　2）　工作状态下索杆体系的节点位移值应满足要求；

　　　3）　工作状态下索杆体系中的拉索、拉杆不宜因受压而退出工作；必须防止因拉索、拉杆退出工作而使体系成为几何可变机构。体系中的刚性构件必须符合第 5.7.1 条的要求；拉索、拉杆必须符合第 5.7.3 条的要求。

5.7.3　拉索、拉杆设计应符合下列规定：

　　1　点支式玻璃幕墙应采用低松弛不锈钢丝绳拉索和奥氏体不锈钢拉杆。

　　2　钢丝绳拉索严禁焊接。

　　3　点支式玻璃幕墙钢拉索的抗拉力设计值应按现行国家标准规定的最小整索破断拉力值除以 2.5 取用，即：

$$N_t = N_{tk}/2.5 \qquad (5.7.3)$$

式中　N_{tk}——现行国家标准规定的最小整索破断拉力值（kN）；

　　　N_t——钢拉索的抗拉力设计值（kN）。

　　4　带螺纹的钢拉杆进行强度设计时，应根据螺纹根部的净截面计算应力。

5.7.4 钢支承结构的连接可采用焊接连接、普通螺栓连接、高强度螺栓连接和销钉连接。对每一种连接都应按现行国家标准《钢结构设计规范》GB 50017进行有关的强度计算。销钉连接可采用图5.7.4所示形式，并应参照有关标准进行专门设计。

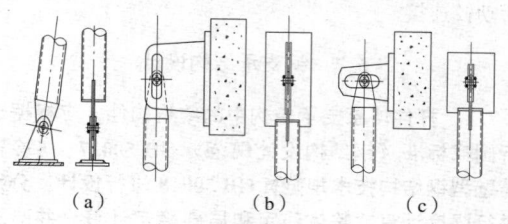

（a）　　　　（b）　　　　（c）

图 5.7.4　销钉连接

5.7.5 拉杆、拉索连接节点的构造可采用图5.7.5所示形式，并应参照有关标准进行专门设计。

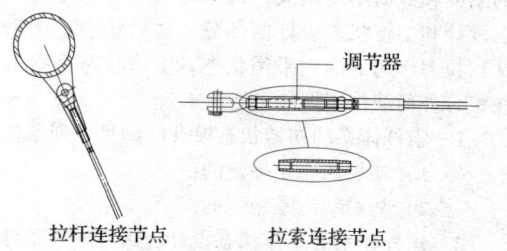

调节器

拉杆连接节点　　　　拉索连接节点

图 5.7.5　拉杆、拉索连接节点

6 制 作

6.1 一般规定

6.1.1 玻璃幕墙在制作前应对建筑设计施工图进行放样核对，并应对已建主体结构进行复测，按实测结果调整幕墙设计，经设计单位同意后方可加工组装。

6.1.2 点支式玻璃幕墙所采用的材料、零附件应符合第3章的规定，并应有出厂质量合格证书。

6.1.3 加工幕墙所采用的设备、机具和量具应适合加工精度的要求。

6.2 玻璃板块加工

6.2.1 玻璃板块在钢化处理前，应完成玻璃的切裁、磨边、钻孔等加工工序。

6.2.2 玻璃板块的周边必须按设计要求进行机械磨边、倒棱、倒角等精加工处理。

6.2.3 玻璃板块边缘不应出现爆边、缺角等缺陷。

6.2.4 磨边后玻璃板块的尺寸偏差应符合表6.2.4的要求。

表 6.2.4　玻璃板块尺寸允许偏差（mm）

项目	$a \leqslant 2500$	$2500 < a \leqslant 5000$
边长偏差	±2.0	±3.0
对角线偏差	±3.0	±4.0

注：a 指玻璃板块的边长。

6.2.5 玻璃板块的弯曲度应符合表6.2.5的要求。

表 6.2.5　玻璃板块允许弯曲度

玻璃种类	允许弯曲度	
钢化玻璃	单片用	0.3%
	夹层玻璃用	0.15%
	中空玻璃用	0.2%

6.2.6 玻璃板块直孔孔径 ϕa 不应超过允许偏差 $0 \sim +0.5$mm，锥孔口径 ϕb 不应超过允许偏差 $+0.2 \sim +0.5$mm，锥孔斜度为45°，锪孔深度 c 应不大于单层玻璃公称厚度的2/5，允许偏差 ±0.2 mm；孔轴线垂直度不应超过0.5mm，孔同轴度不应超过0.5mm（图6.2.6）。

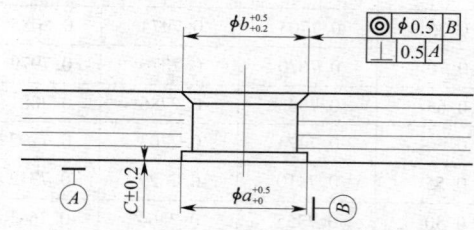

图 6.2.6　玻璃板块开孔的允许偏差

6.2.7 玻璃板块钻孔后必须进行倒角处理，倒角尺寸不应少于1.0mm。与沉头连接件配合的孔，孔周围不得出现崩边；与浮头连接件配合的孔，当孔出现崩边时必须经修磨处理，修磨区域的宽度不得大于6mm，深度不得超过玻璃公称厚度的1/12，长度不得超过孔周长的1/4。

6.2.8 当玻璃板块的钻孔采用锥坡孔时，玻璃公称厚度应不小于8mm。

6.2.9 当玻璃板块由单层玻璃钻孔而成时，钻孔的位置偏差不应大于1.0mm。当玻璃板块为由两片单层玻璃组合而成的夹层或中空玻璃时，两片单层玻璃应采用不同孔径的加工方法，此时，单层玻璃钻孔的位置偏差应不大于大小孔径之差的一半。

6.3 连接件构造

6.3.1 连接件按构造可分为活动式、固定式，按外形可分为沉头式和浮头式（图6.3.1－1）；用于中空玻璃的连接件，可采用图6.3.1－2所示形式。

结构形式	浮头式（F）	沉头式（C）
活动式（H）	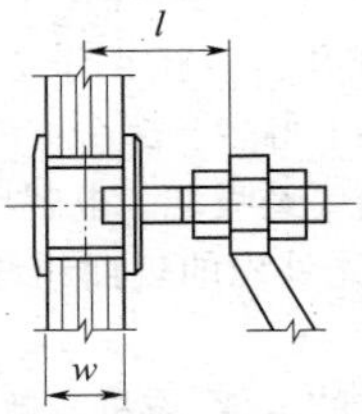	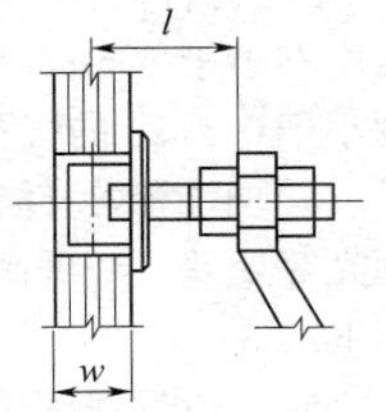
固定式（G）	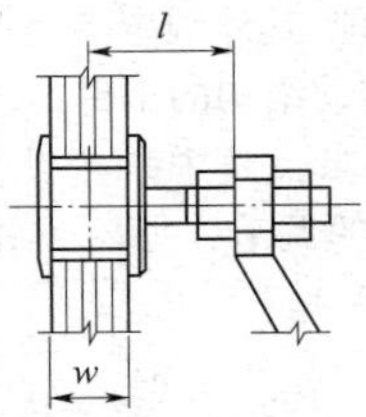	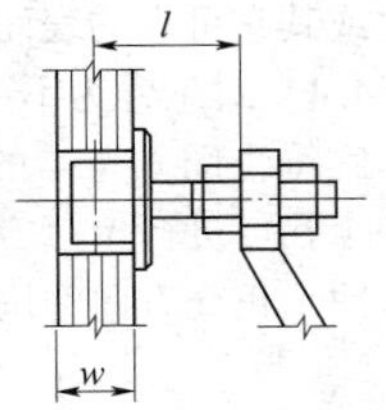

注：*l* 为螺杆的长度 *w* 为玻璃的总厚度。

图 6.3.1-1　连接件的形式

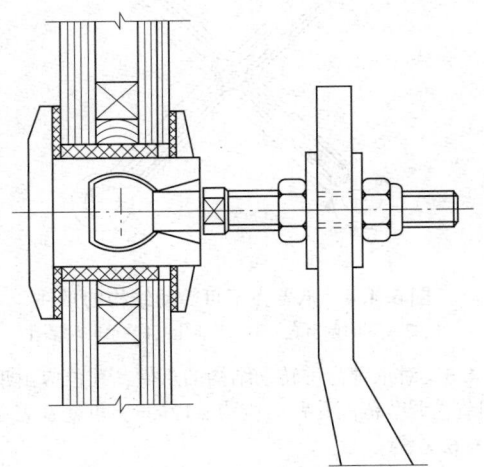

图 6.3.1-2　中空玻璃连接件的形式

6.3.2　连接件中各零件（图6.3.2）的加工制作宜满足现行行业标准《点支式玻璃幕墙支承装置》和其他有关产品标准的要求。

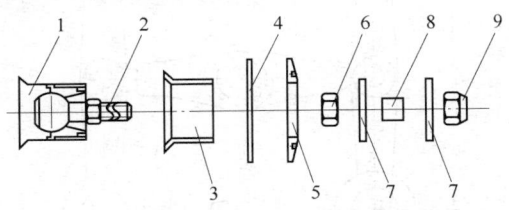

图 6.3.2　连接件的零件

1—连接件主体；2—球铰螺栓；3—隔离衬套；
4—隔离垫圈；5—主体配合螺母；6—调节螺母；
7—调节垫圈；8—金属衬套；9—锁紧螺母

6.4　爪件构造

6.4.1　支承爪件按固定点数和外形可分为下列五类（图6.4.1）：

1　四点爪——X 型和 H 型；
2　三点爪——Y 型；
3　二点爪——U 型、V 型、I 型、K 型；
4　单点爪——I/2 型和 V/2 型；
5　多点爪。

种类	型式	
四点	X 型	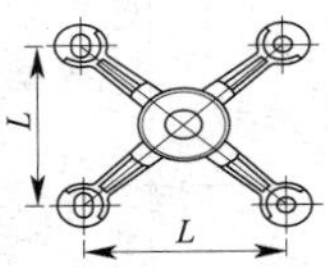
	H 型	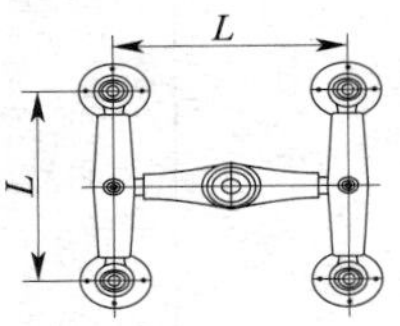
三点	Y 型	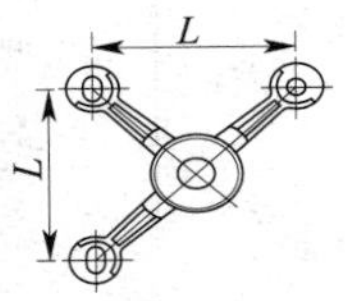
二点	V 型	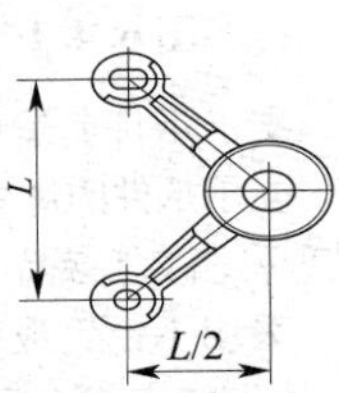
	U 型	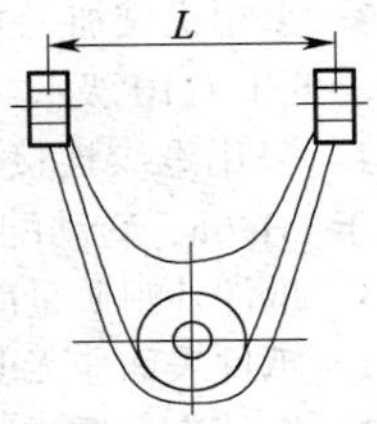

续图 6.4.1

种类	型式	
二点	I 型	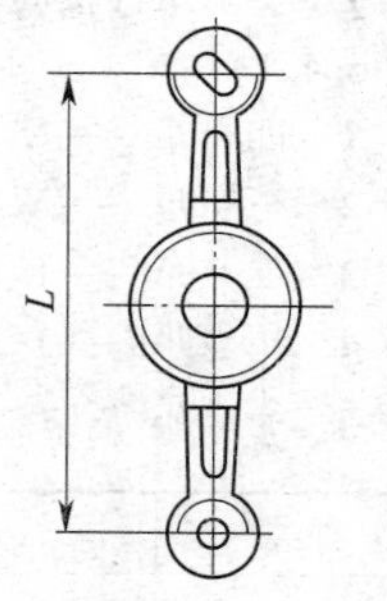 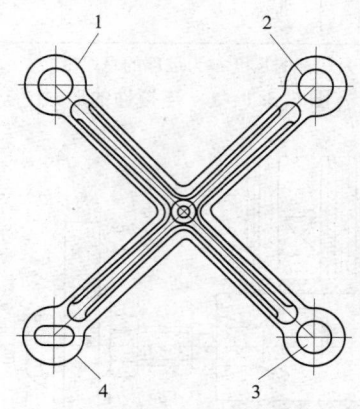
	K 型	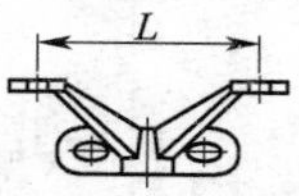
单点	V/2 型	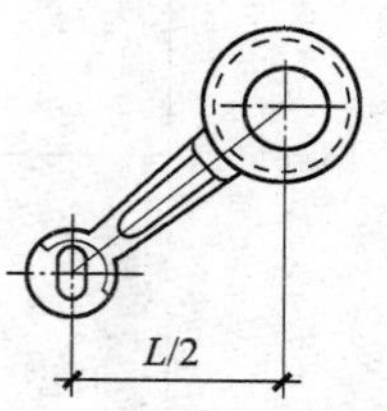
	I/2 型	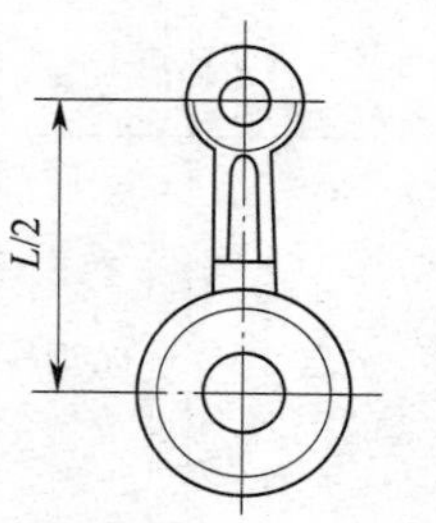

注：L 为爪件的孔距。

图 6.4.1　支承爪件的分类

6.4.2　支承爪件制造应符合下列要求：

　　1　支承爪件的尺寸偏差应满足现行行业标准《点支式玻璃幕墙支承装置》和其他有关产品标准的要求；

　　2　采用不锈钢或碳素钢精密铸造工艺加工的爪件，其加工精度应满足现行国家标准《铸件尺寸公差》GB/T 6414 的要求；

　　3　采用机械加工并装配而成的爪件，其加工精度应不低于 IT10 级；

　　4　采用螺纹连接的 H 型爪件，其配合精度不得低于 7H/6h，转动配合精度不得低于 E8/h7。

6.4.3　爪件外观质量应符合下列要求：

　　1　爪件表面应无明显机械伤痕和锈斑、裂纹；

　　2　铸件表面要求光滑，整洁，无毛刺、砂眼、渣眼、缩孔，不应有冷隔、缩松等严重缺陷；

　　3　铸件内侧表面不得存在直径不小于 2.5mm、深度不小于 0.5mm 的气孔；直径小于 2.5mm 且深度小于 0.5mm 的气孔数不得多于 2 个；

　　4　不锈钢铸件表面要经喷丸、电解抛光、机械抛光等处理，经机械抛光处理的表面粗糙度不得大于 Ra0.8；

　　5　由非不锈钢制造的爪件，应进行镀铬、镀锌钝化或其它可靠的表面处理，其外观应满足设计要求。

6.4.4　对爪臂为不可转动结构的爪件，爪件上的孔形宜符合图 6.4.4 的要求，其中一个孔为基准孔，一个孔可进行单一方向的调节，另两个孔可同时进行两个正交方向的调节。

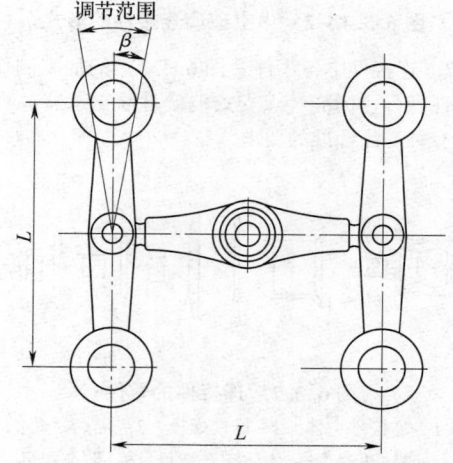

图 6.4.4　爪臂为不可转动结构的爪件

1、2—双向调节孔；3—基准孔；4—单向调节孔

6.4.5　对爪臂为可转动结构的爪件，孔位应由爪臂调节，调节范围孔距 L 应为 ±12mm，角度 β 为 ±5°（图 6.4.5）。

图 6.4.5　爪臂为可转动结构的爪件

6.5 支承结构构件加工

6.5.1 支承结构构件可采用钢拉杆、钢拉索、钢结构等。

6.5.2 钢拉杆的制作应符合表 6.5.2 的规定。

表 6.5.2 钢拉杆制作要求

项目	内　　容	
长度偏差	不低于 IT12 精度等级	
螺纹精度	不低于 6g 级精度	
外观	表面应无锈斑、裂缝及明显机械损伤	
	不锈钢	抛光处理	Ra3.2
		喷丸处理	表面均匀，整洁
	碳钢	经除锈后，涂装、镀铬、镀锌钝化处理	涂层牢靠、光滑、整洁、无明显色差

6.5.3 钢拉索的制作应符合下列要求：

　　1 钢拉索必须使用可靠的机械方式固定；

　　2 钢丝绳性能应符合现行国家标准《钢丝绳》GB/T 8918 的规定。钢丝绳从索具中的拔出力不得小于钢丝绳 90% 的破断力，应由生产厂提交测试合格报告及质量保证书；

　　3 钢拉索所采用的钢丝绳应进行预张拉处理；

　　4 钢拉索的制作应符合表 6.5.3 的要求。

表 6.5.3 钢拉索制作要求

项目	长　　度		
	$L \leq 10$m	10m$ < L \leq 20$m	$L > 20$m
长度公差	5mm	8mm	12mm
螺纹偏差	不低于 6g 级精度		
外观	表面光亮，无锈斑，钢丝不允许有断裂及其他明显的机械损伤，钢拉索的接头粗糙度不大于 Ra3.2		

6.5.4 点支式玻璃幕墙钢结构构件的制作与检验应符合《钢结构工程施工及验收规范》GB 50205 的规定。

7 安　装

7.1 一般规定

7.1.1 点支式玻璃幕墙安装前，应对建筑主体结构工程的尺寸是否符合有关结构施工及验收规范的规定进行复核。

7.1.2 凡对点支式玻璃幕墙可能造成严重污染的分项工程，应安排在幕墙施工前完成，否则应采取有效的保护措施。

7.1.3 点支式玻璃幕墙工程安装前应编制专项的施工组织设计。

7.1.4 点支式玻璃幕墙的材料、零附件和结构构件等应符合设计要求，进场时应提交产品质量证书。

7.2 施工准备

7.2.1 进场的结构构件、材料、零附件应分类存放，玻璃板块应稍倾斜直立摆放于 A 字架上。室外堆放时应采取保护措施。

7.2.2 材料、零附件和结构构件在搬运和吊装时不得碰撞。

7.2.3 结构构件现场拼装和安装中对连接附件等进行辅助加工时，其位置、尺寸应符合设计要求。

7.2.4 结构构件安装前应进行检查。结构构件应平直、规方，不得有变形或刮痕，不合格的构件不得安装。

7.2.5 点支式玻璃幕墙与主体结构连接的预埋件应符合现行行业标准《玻璃幕墙工程技术规范》JGJ 102 的有关规定。预埋件遗漏或位置偏差过大时，应根据幕墙设计要求重新补设埋件，并进行后置埋件的抗拔力试验。

7.3 安　装

7.3.1 点支式玻璃幕墙的施工测量应符合现行行业标准《玻璃幕墙工程技术规范》JGJ 102 和现行国家标准《工程测量规范》GB 50026 的有关规定。

7.3.2 点支式玻璃幕墙支承结构构件的安装应符合下列要求：

　　1 钢结构安装过程中，制孔、组装、焊接和涂装等工序均应符合《钢结构工程施工及验收规范》GB 50205 的有关规定；

　　2 大型钢结构构件应作吊点设计，并应试吊；

　　3 钢结构安装就位、调整后应及时紧固，并申报隐蔽工程验收；

4 钢构件在运输、存放和安装过程中损坏的涂层以及未涂装的安装连接部位，应按现行国家标准《钢结构工程施工及验收规范》GB 50205 的有关规定补涂；

5 钢拉杆和钢拉索安装时必须施加预拉力。预拉力采用测力计测定，应符合设计要求。应设置预拉力调节装置。

7.3.3 支承结构构件的安装应符合表 7.3.3 的要求。

表 7.3.3　支承结构安装技术要求

名　　称	允许偏差（mm）
相邻两竖向构件间距	±2.5
竖向构件垂直度	$l/1000$ 或 ≤5，l—跨度
相邻三竖向构件外表面平面度	5
相邻两爪座水平间距	−3 ~ +1
相邻两爪座水平高低差	1.5
爪座水平度	2
同层高度内爪座高低差幕墙面宽≤35m　幕墙面宽>35m	5　7
相邻两爪座垂直间距	±2
单个分格爪座对角线差	4
爪座端面平面度	6

7.3.4 点支式玻璃幕墙爪件的安装应符合下列要求：

1 爪件安装前，应精确定出其安装位置。爪座的偏差应符合表 7.3.3 的规定；

2 爪件装入爪座后应能进行三维调整；

3 爪件安装完成后，应对爪件的位置进行检验，检验结果必须符合表 7.3.3 的规定。

7.3.5 点支式玻璃幕墙附件的安装应符合现行行业标准《玻璃幕墙工程技术规范》JGJ 102 的有关规定。

7.3.6 点支式玻璃幕墙的玻璃面板安装除应符合现行行业标准《玻璃幕墙工程技术规范》JGJ 102 的有关规定外，尚应在玻璃面板安装就位后初步固定，在位置调整后再正式固定。

7.3.7 耐候硅酮密封胶的施工除应符合现行行业标准《玻璃幕墙工程技术规范》JGJ 102 的有关规定外，尚应符合下列要求：

1 在耐候硅酮密封胶施工前，应充分清洁玻璃面板的缝隙，并保证玻璃面干燥；

2 缝隙两侧玻璃应贴保护胶带纸；

3 耐候硅酮密封胶施工完毕后应进行养护和保护。

7.3.8 点支式玻璃幕墙安装过程中，除应按现行行业标准《玻璃幕墙工程技术规范》JGJ 102 的有关规定申报隐蔽工程验收外，对于有保温和防火要求的，尚应对保温材料和防火材料安装等申报隐蔽工程验收。

7.4　保护和清洗

7.4.1 点支式玻璃幕墙的保护和清洗应符合现行行业标准《玻璃幕墙工程技术规范》JGJ 102 的有关规定。

7.4.2 点支式玻璃幕墙施工完毕后，应除去玻璃面板表面的胶带纸，用清水和清洁剂把玻璃清洁干净。

7.5　安装的安全措施

7.5.1 点支式玻璃幕墙安装的安全措施应符合现行行业标准《玻璃幕墙工程技术规范》JGJ 102 的有关规定。

7.5.2 点支式玻璃幕墙安装前应对作业人员进行安全技术交底。

7.5.3 点支式玻璃幕墙工程吊装与玻璃安装期间应设置警戒范围，先进行试吊装，可行后正式吊装。

8　工程验收及维修

8.1　工　程　验　收

8.1.1 点支式玻璃幕墙工程验收时应提交下列资料：

1 竣工图，设计修改、材料代用文件；

2 材料和构件的出厂质量合格证书；

3 设计要求的钢结构试验报告和焊接质量检测报告；

4 高强度螺栓抗滑移系数试验报告和检查记录；

5 安装后涂料检测资料；

6 钢拉杆和钢拉索预拉力的记录和检验报告；

7 隐蔽工程验收文件；

8 施工安装自检记录。

8.1.2 点支式玻璃幕墙工程的观感检验应符合现行行业标准《玻璃幕墙工程技术规范》JGJ 102 的有关规定。爪件的排列应整齐有序。

8.1.3 点支式玻璃幕墙工程的抽样检验应符合现行行业标准《玻璃幕墙工程技术规范》JGJ 102 的有

关规定。

8.1.4 点支式玻璃幕墙的安装质量应符合表 8.1.4 的规定。

表 8.1.4　安装质量要求

项　　目		允许偏差	检查方法
幕墙垂直度	幕墙高度不大于30m	10mm	激光仪或经纬仪
	幕墙高度大于30m且不大于50m	15mm	
幕墙平面度		3mm	3m靠尺、钢板尺
竖缝直线度		3mm	3m靠尺、钢板尺
横缝直线度		3mm	3m靠尺、钢板尺
拼缝宽度（与设计值比）		2mm	卡尺

8.2　保养与维修

8.2.1 点支式玻璃幕墙的保养与维修应符合现行行业标准《玻璃幕墙工程技术规范》JGJ 102 的有关规定。

8.2.2 点支式玻璃幕墙应定期检查承重钢结构，如有锈蚀应除锈补漆。

8.2.3 当发现点支式玻璃幕墙的玻璃面板出现裂纹时，应及时采取临时加固和防护措施，并尽快更换。

本规程用词说明

一、为便于在执行本规程条文时区别对待，对要求严格程度不同的用词说明如下：

　　1　表示很严格，非这样做不可的：

　　正面词采用"必须"，反面词采用"严禁"。

　　2　表示严格，在正常情况下均应这样做的：

　　正面词采用"应"，反面词采用"不应"或"不得"。

　　3　表示允许稍有选择，在条件许可时首先应这样做的：

　　正面词采用"宜"或"可"，反面词采用"不宜"。

二、条文中指定应按其他有关标准执行时，写法为"应按……执行"或"应符合……的要求（或规定）"。非必须按照所指定的标准执行时，写法为"可参照……执行"。

中国工程建设标准化协会标准

建筑瓷板装饰工程技术规程

CECS 101：98

主编单位：广东建标工程技术有限公司
批准单位：中国工程建设标准化协会
批准日期：１９９８年７月１日

前　言

现批准《建筑瓷板装饰工程技术规程》，编号为 CECS 101：98，供各工程建设设计、施工单位使用。在使用过程中，请将意见和建议径寄广州市黄埔大道 311 号 501 室，广东建标工程技术有限公司（邮编：510630），以便修订时参考。

中国工程建设标准化协会
1998 年 7 月 1 日

本规程主编单位：广东建标工程技术有限公司
参　编　单　位：佛山石湾鹰牌陶瓷有限公司
　　　　　　　　　广东省建筑设计研究院
　　　　　　　　　华南理工大学建筑设计研究院
　　　　　　　　　华南理工大学

高明市季华铝建有限公司
佛山石湾华鹏陶瓷厂

主 要 起 草 人：陈止戈　霍锐强　李少云
　　　　　　　　　陈伟生　万全应　张正先
　　　　　　　　　韩广建　黎海立

1 总 则

1.0.1 为使建筑瓷板装饰工程做到安全可靠、实用美观和经济合理，制订本规程。

1.0.2 本规程适用于工业与民用建筑的瓷板装饰工程设计、施工及验收。

当干挂瓷质饰面承载力采用本规程给出的方法确定时,所用的瓷板及施工工艺必须同时符合本规程有关规定。

1.0.3 瓷板装饰工程,除应符合本规程规定外,尚应符合国家现行有关标准的规定。

2 术语和符号

2.1 术 语

2.1.1 瓷板 porcelain plate

本规程所称的瓷板是指吸水率不大于 0.5% 的瓷质板,包括抛光板和磨边板两种,其面积不大于 1.2m² 且不宜小于 0.5m²。抛光板指作边缘处理且对板面进行抛光处理的瓷质板;磨边板指仅作边缘处理而未对板面进行抛光处理的瓷质板。

2.1.2 瓷板装饰工程 porcelain plate decorative engineering

本规程所称的瓷板装饰工程是指采用瓷板作装饰材料的建筑装饰工程,包括瓷质饰面工程和瓷质地面工程。

2.1.3 瓷质饰面 porcelain veneer of wall

将瓷板固定于建筑物墙面的装饰面。

2.1.4 瓷质地面 porcelain floor

采用瓷板作面层的建筑地(楼)面。

2.1.5 干挂法 dry-joint process

通过挂件将瓷板固定的施工方法,简称干挂,包括扣槽式干挂法和插销式干挂法两种。扣槽式干挂法指干挂施工时采用扣槽式挂件将瓷板固定,插销式干挂法指干挂施工时采用插销式挂件将瓷板固定。

2.1.6 挂贴法 tie-stick process

通过金属丝拉结瓷板并对板的背面灌浆填缝的施工方法,简称挂贴。

2.2 符 号

a——瓷板非支承边边长;

b——瓷板支承边边长;

n——插销个数;

R——单块瓷板的承载力设计值;

w——作用在瓷质饰面的风荷载设计值;

w_0——基本风压;

β_z——瞬时风压的阵风系数;

μ_s——风荷载体型系数;

μ_z——风压高度变化系数。

3 瓷板装饰工程材料

3.1 一般规定

3.1.1 瓷板装饰工程材料应符合现行国家标准的有关规定,并应有出厂合格证。

3.1.2 瓷板装饰工程材料应采用不燃烧性或难燃烧性,且具有耐气候性的材料。

3.2 瓷 板

3.2.1 瓷板常用规格可按表 3.2.1 采用。

表 3.2.1 瓷板常用规格 (mm)

公称尺寸	规 格 尺 寸		
	宽度	长度	厚度
650×900	644	894	13
800×800	794	794	13
1000×1000	994	994	13
800×1200	794	1194	13

3.2.2 瓷板相对于规格尺寸的允许偏差应符合表 3.2.2 的规定:

表 3.2.2 瓷板尺寸的允许偏差

项 目	允许偏差值		检查方法
	瓷质饰面用瓷板	瓷质地面用瓷板	
长度、宽度	mm −1.5mm	mm −1.5mm	用钢尺
厚度	+1mm −0.5mm	+1mm −3mm	用最小读数为 0.02mm 游标卡尺
边直度	±1mm	±1mm	按 GB 11948 检查
直角度	±0.2%	±0.2%	按 GB 11948 检查
中心弯曲度	±2mm	±2mm	按 GB 11948 检查
翘曲度	±2mm	±2mm	按 GB 11948 检查

注:1 瓷质饰面用瓷板考虑了允许偏差后的板厚不得小于 12.5mm,多边形、弧形等异形瓷板考虑了允许偏差后的外形尺寸应符合设计要求;

2 挂贴瓷质饰面及瓷质地面用的瓷板,其凸背纹的高度和凹背纹深度尚不应小于 0.5mm。

3.2.3 瓷板的表面质量应符合表 3.2.3 的规定：

表 3.2.3　瓷板的表面质量

缺陷名称		表面质量要求	
		瓷质饰面用瓷板	瓷质地面用瓷板
分层、开裂		不允许	不允许
裂纹		不允许	不超过对应边长的 6%
斑点、起泡、熔洞、落脏、磕碰、坯粉、麻面、疵火		距离板面 2m 处目测，缺陷不明显	距离板面 3m 处目测，缺陷不明显
色　差		距离板面 3m 处目测，色差不明显	距离板面 3m 处目测，色差不明显
抛光板	漏磨	不允许	不明显
	漏抛	不允许	板边漏抛允许长度≯1/3 边长，宽限 3mm
	磨痕、磨划	不明显	稍有

注：1　当色差作为装饰目的时，不属缺陷；
　　2　瓷板的背面和侧面，不允许有影响使用的附着物和缺陷。

3.2.4 瓷板理化性能应符合表 3.2.4 的规定：

表 3.2.4　瓷板的理化性能

项　目		技术指标	检查方法
吸水率	平均值	≤0.5%	按 GB 2579 检查
	单个值	≤0.6%	
弯曲强度标准值		≥35MPa	按 GB 8917 检查
表面莫氏硬度		≥6	按 JC/T 665 检查
急冷急热循环出现炸裂或裂纹		不允许	按 GB/T 2581 检查
冻融循环出现破坏或裂纹		不允许	按 GB 6955 检查
耐腐蚀性	耐酸性	A 级	按 JC/T 665 检查
	耐碱性	A 级	

续表 3.2.4

项　目	技术指标	检查方法
耐深度磨损体积	≤205mm³	按 GB/T 13479 检查
抛光板的光泽度	≥55	按 GB/T 13891 检查

注：1　挂贴瓷质饰面及瓷质地面用的瓷板，其弯曲强度可适当降低，但平均值不得小于 30MPa，且单个值不得小于 28MPa；
　　2　瓷质饰面用的瓷板，其耐深度磨损体积可不作要求；
　　3　严寒地区干挂瓷质饰面用的瓷板，按 GB 6955 检测抗冻性能时，其工作温度宜适当降低。

3.3　其他材料

3.3.1 瓷质饰面使用的不锈钢挂件应采用经固溶处理的奥氏体型不锈钢制作，钢材质量应符合下列现行国家标准的规定：

《不锈钢棒》　　　　　　　　GB 1220
《不锈钢冷加工棒》　　　　　GB 4226
《不锈钢冷轧钢板》　　　　　GB 3280
《不锈钢热轧钢板》　　　　　GB 4237
《冷顶锻不锈钢丝》　　　　　GB 4332

常用的不锈钢挂件可按附录 A 采用。

3.3.2 瓷质饰面使用的铝合金挂件应采用 LD 30 合金制造的淬火人工时效状态的型材制作，制作允许偏差应符合现行国家标准《铝合金建筑型材》GB/T 5237 中高精级的规定；铝合金应进行表面阳极氧化处理，氧化膜厚度不得低于现行国家标准《铝及铝合金阳极氧化　阳极氧化膜的总规范》GB 8013 规定的 AA15 级。

常用的铝合金挂件可按附录 A 采用。

3.3.3 瓷质饰面使用的钢材应符合下列现行国家标准的规定：

《碳素结构钢》　　　　　　　GB 700
《优质碳素结构钢技术条件》　GB 699
《合金结构钢技术条件》　　　GB 3077
《低合金高强度结构钢》　　　GB 1597
《碳素结构钢和低合金结构钢热轧薄钢板及钢带》　GB 912
《碳素结构钢和低合金结构钢热轧厚钢板及钢带》　GB 3274

3.3.4 瓷质饰面使用的弹性胶条应采用三元乙丙橡胶等具有低温弹性的耐候、耐老化材料制作，并应挤出成形。

3.3.5 瓷质饰面使用的密封胶应采用耐候中性胶，其性能应符合表 3.3.5 的规定。

表 3.3.5　密封胶的性能

项　目	技术指标
表干时间	1～1.5h
初步固化时间（25℃）	3d
完全固化时间	7～14d
流淌性	无流淌
污染性	无污染
邵氏硬度	20～30度
抗拉强度	0.11～0.14MPa
撕裂强度	≥3.8N/mm
固化后的变位承受能力	25%≤δ≤50%
施工温度	5～48℃

3.3.6 瓷质饰面使用的粘结胶应采用耐候中性胶，其性能应符合表 3.3.6 的规定。

表 3.3.6　粘结胶的性能

项　目	技术指标
初步固化时间（25℃）	3～7d
完全固化时间	14～21d
流淌性	不明显
与瓷板粘结抗拉强度	≥3.0MPa
固化后的变位承受能力	12.5%≤δ≤50%

3.3.7 瓷质饰面使用的环氧树脂浆液的配合比应经试配后确定，其性能应符合表 3.3.7 的规定。

表 3.3.7　环氧树脂的性能

项　目	技术指标
分子量	350～400
环氧值	0.41～0.47 当量/100g
软化点	12～20℃
初步固化时间	4～8h
完全固化时间	3～7d
流淌性	不明显
抗拉强度	3.0～4.0MPa

3.3.8 瓷质饰面使用的填充材料可采用密度不大于 0.037g/cm³ 的聚乙烯发泡材料。

3.3.9 瓷质饰面和瓷质地面使用的水泥应采用硅酸盐水泥、普通硅酸盐水泥或矿渣硅酸盐水泥，其标号不宜低于 425 号；砂的质量应符合现行行业标准《普通混凝土用砂质量标准及检验方法》JGJ 52 的有关规定。

4　瓷板装饰工程设计

4.1　一　般　规　定

4.1.1 瓷板装饰的建筑设计应符合下列规定：

　　1 满足建筑物的使用功能和美观要求；

　　2 构图、色调和虚实组成应与建筑整体及环境协调；

　　3 分格尺寸应与瓷板规格尺寸相匹配。

4.1.2 干挂瓷质饰面高度不宜大于 100m，挂贴瓷质饰面高度不宜大于 5m。

4.2　干挂瓷质饰面设计

4.2.1 干挂瓷质饰面的结构设计应符合下列规定：

　　1 干挂瓷质饰面结构计算应满足建筑物围护结构设计要求；

　　2 在风荷载设计值作用下，干挂瓷质饰面不得破坏；

　　3 在设防烈度地震作用下，经修理后的干挂瓷质饰面仍可使用；在罕遇地震作用下，钢架不得脱落。

4.2.2 干挂瓷质饰面的瓷板拼缝最小宽度应符合表 4.2.2 规定。

表 4.2.2　干挂瓷质饰面的瓷板拼缝最小宽度　　（mm）

设　防　类　别		拼缝的最小宽度
非抗震设防		4
抗震设防烈度	6度、7度	6
	8度	8

4.2.3 干挂瓷质饰面宜采用钢架作安装基面，钢架应符合本规程第 4.2.4 条规定。当选用不锈钢挂件时，也可采用符合下列规定之一的建筑物墙体作安装基面：

　　1 强度等级不低于 C20 的混凝土墙体，且混凝土灌注质量符合现行国家标准《混凝土结构施工及验收规范》GB 50204 的有关规定；

　　2 按本规程第 4.2.5 条要求加设钢筋混凝土梁柱的砌体；

　　3 按本规程第 4.2.6 条要求进行加固的砌体。

4.2.4 用作安装基面的钢架应符合下列规定：

　　1 满足挂件连接要求；

　　2 钢架应作防锈镀膜处理，防锈镀膜处理应符合国家现行有关标准的规定；

3 钢架及钢架与建筑物主体结构连接的设计，应符合现行国家标准《钢结构设计规范》GBJ 17 的有关规定。

4.2.5 当用作安装基面的砌体尚未施工时，可在瓷板挂件的锚固位置加设钢筋混凝土梁、柱。加设的钢筋混凝土梁、柱应符合下列规定：

1 梁（柱）截面尺寸、配筋及与主体结构的连接，应按支承瓷板传递的荷载计算确定；

2 梁（柱）截面尺寸沿墙面方向不宜小于 200mm，沿墙厚方向不宜小于 140mm；

3 混凝土强度等级不得低于 C20；

4 纵向钢筋不宜小于 4ϕ12，箍筋直径不得小于 6mm、间距不得大于 200mm。

4.2.6 当用作安装基面的砌体已施工且砌块强度等级不小于 MU7.5、砌块空心率不大于 15%、砂浆强度等级不小于 M5 时，可在砌体内外侧加设钢丝网水泥砂浆加强层。加设的加强层应符合下列规定：

1 钢丝网可采用规格为 ϕ1.5、孔目 15mm×15mm 的钢丝网；

2 钢丝网片搭接或搭入相邻墙体面不宜小于 200mm，并作可靠连接；

3 水泥砂浆的强度等级不应低于 M7.5、厚度不应小于 25mm；

4 当固定挂件的穿墙螺栓间距大于 600mm 时，应加设螺栓连接墙体两侧的钢丝网。

4.2.7 不锈钢挂件与安装基面的连接应符合下列规定：

1 扣槽式的扣齿板与基面连接不得少于 2 个锚固点，且锚固点间距不得大于 700mm，距相邻板角不宜大于 200mm；当风荷载设计值大于 4kN/m² 时，锚固点的间距不得大于 500mm。插销式的瓷板连接点均应与基面连接；

2 当基面为钢架时，可采用 M8 不锈钢螺栓连接；

3 当基面为混凝土墙体或钢筋混凝土梁柱时，可采用 M8×100 不锈钢胀锚螺栓连接，胀锚螺栓锚入混凝土结构层深度不得小于 60mm；

4 当基面为钢丝网水泥砂浆加固的砌体时，连接可采用 M8 不锈钢螺栓穿墙锚固，螺栓所用的垫圈改用垫板。

4.2.8 铝合金挂件与钢架基面连接应符合下列规定：

1 挂件的水平力作用方向宜通过或接近连接型材截面的形心；

2 当采用本规程附录 A 给出的铝合金挂件时，

挂件应与连接的 L 型钢挂接并辅以 M4 不锈钢螺栓（或 M4 不锈钢抽芯铆钉）锚固。

4.2.9 挂件与瓷板连接的方式应符合下列规定：

1 当抗震设防烈度不超过 7 度时，可采用扣槽式或插销式干挂法；当抗震设防烈度为 8 度时，应采用扣槽式干挂法；

2 根据建筑物所在地的基本风压及瓷质饰面的高度选择连接方式，并应符合本规程第 4.2.11～4.2.13 条的规定。

4.2.10 挂件与瓷板的连接应符合下列规定：

1 当为不锈钢挂件时，瓷板与钢架面或墙面的间距可采用 30～70mm；当为铝合金挂件时，瓷板与钢架面的间距应与挂件尺寸相适应；

2 采用扣槽式干挂法时，支承边应对称布置；不锈钢扣齿板宜取与瓷板支承边等长，铝合金扣齿板宜取比瓷板支承边短 20～50mm；

3 采用插销式干挂法时，连接点数应为偶数且对称布置。当单块瓷板面积小于 1m² 时，每块板的连接点数不得少于 4 点；当单块瓷板面积不小于 1m² 时，每块板的连接点数不得少于 6 点；

4 扣槽式不锈钢扣齿插入瓷板的深度宜取 8mm、铝合金扣齿插入瓷板的深度宜取 5mm，插销式销钉插入瓷板的深度宜取 15mm；

5 不锈钢挂件与瓷板接合部位均应填涂环氧树脂。

4.2.11 作用在干挂瓷质饰面的风荷载设计值可按下式计算：

$$w = 1.4\beta_z\mu_z\mu_s w_0 \qquad (4.2.11)$$

式中 w——作用在瓷质饰面的风荷载设计值（kN/m²）；

β_z——瞬时风压的阵风系数，可取 2.25；

μ_s——风荷载体型系数，竖直饰面外表面可按 ±1.5 取用。当建筑物体型复杂或局部凹凸变化较大时，相应部分的风荷载体型系数宜根据风洞试验结果或设计经验调整；

μ_z——风压高度变化系数，按现行国家标准《建筑结构荷载规范》GBJ 9 采用；

w_0——基本风压（kN/m²），按现行国家标准《建筑结构荷载规范》GBJ 9 采用；对于高层建筑，w_0 宜乘以系数 1.1。

4.2.12 瓷板承载力应满足下式要求：

$$wA \leq R \qquad (4.2.12)$$

式中 w——单块瓷板所在位置的风荷载设计值，按本规程第 4.2.11 条计算，当 $w <$

2.0kN/m² 时，取 $w = 2.0$ kN/m²；

R——单块瓷板的承载力设计值（kN）；

A——单块瓷板面积（m²）。

4.2.13 当挂件与瓷板连接符合本规程第 4.2.10 条规定时，单块瓷板承载力设计值可按下列公式计算：

1 扣槽式

$$R = 6.0(b/a) \qquad (4.2.13-1)$$

当为铝合金挂件时，尚应满足下式

$$R = 3.0b \qquad (4.2.13-2)$$

2 插销式

$$R = 0.45n \qquad (4.2.13-3)$$

式中 R——单块瓷板的承载力设计值（kN）；

b——瓷板支承边边长（m）；当为不锈钢挂件且扣齿板短于瓷板支承边时，b 取扣齿板长；当为铝合金挂件且扣齿板短于瓷板支承边的 0.9 倍时，b 取扣齿板长；

a——瓷板非支承边边长（m）。当 $a < 1$m 时，取 $a = 1$m 计算；

n——插销个数。

4.2.14 离地面 2m 高以下的干挂瓷质饰面，在每块瓷板的中部宜加设一加强点。加强点的连接件应与基面连接，连接件与瓷板接合部位的面积不宜小于 20cm²，并应满涂粘结剂。

4.2.15 特殊规格或饰面边缘的瓷板，在保证可靠的连接承载力的条件下，可采用多种连接方式。

干挂瓷质饰面常见节点构造示意图见附录 B。

4.3 挂贴瓷质饰面设计

4.3.1 挂贴瓷质饰面可直接采用建筑物墙体作挂贴基面，瓷板与墙面间距可采用 30~50mm。

4.3.2 瓷板拉结点应符合下列规定：

1 拉结点应为偶数且对称布置，间距不宜大于 700mm；

2 当单块瓷板面积小于 1m² 时，每块板的拉结点数不得少于 4 点；当单块瓷板面积不小于 1m² 时，每块板的拉结点数不得少于 6 点。

4.3.3 拉结钢筋网设置应符合下列规定：

1 钢筋直径不得小于 6mm；

2 钢筋间距与瓷板拉结点相适应。

4.3.4 拉结钢筋网应焊接在建筑物墙面的锚固点上，锚固点设置应符合下列规定：

1 锚固点位置在瓷板拉结点附近，锚固点数不宜少于瓷板拉结点数；

2 墙体为混凝土墙体时，宜采用预埋铁件，也

可采用 M8×100 胀锚螺栓；胀锚螺栓锚入混凝土结构层深度不得小于 60mm。墙体为砌体时，可采用 M8 穿墙螺栓锚固。

4.4 瓷质地面设计

4.4.1 瓷质地面应设置瓷质面层、结合层、找平层；并根据需要设置隔离层、填充层等构造层。

4.4.2 瓷质地面坡度应符合下列规定：

1 室内地面，当无排水要求时，可采用水平地面；当有排水要求时，地面坡度不宜小于 0.5%；

2 室外地面坡度不宜小于 1%。

5 瓷板装饰工程施工

5.1 一般规定

5.1.1 瓷板装饰工程施工准备包括下列工作：

1 会审图纸（含节点大样图），并编制施工组织设计；

2 施工所用的动力、脚手架等临时设施应满足施工要求；

3 材料按工程进度进场，并按有关规定送检合格。

5.1.2 进施工现场的材料应符合设计要求，其产品质量应符合本规程第 3 章规定。

5.1.3 瓷板堆放、吊运应符合下列规定：

1 按板材的不同品种、规格分类堆放；

2 板材宜堆放在室内，当需要在室外堆放时，应采取有效措施防雨防潮；

3 当板材有减震外包装时，平放堆高不宜超过 2m，竖放堆高不宜超过 2 层，且倾斜角不宜超过 15°；当板材无包装时，应将板的光泽面相向，平放堆高不宜超过 10 块，竖放宜单层堆放且倾斜角不宜超过 15°；

4 吊运时宜采用专用运输架。

5.1.4 吊运及施工过程中，严禁随意碰撞板材，不得划花、污损板材光泽面。

5.1.5 密封胶等化工类产品应注意防火防潮，分类堆放在阴凉处。

5.1.6 安装瓷质饰面的建筑物墙体应符合下列规定：

1 主体结构施工质量应符合有关施工及验收规范的要求；

2 穿过墙体的所有管道、线路等施工已全部完成。

5.1.7 干挂瓷质饰面的钢架安装应符合下列规定：

1 钢架与主体结构连接的预埋件应牢固、位置准确，预埋件的标高偏差不得大于10mm，预埋件位置与设计位置的偏差不得大于20mm；

2 钢架与预埋件的连接及钢架防锈处理应符合设计要求；

3 钢架制作及焊接质量应符合现行国家标准《钢结构工程施工及验收规范》GBJ 205及现行行业标准《建筑钢结构焊接与验收规程》JGJ 81的有关规定；

4 钢架制作允许偏差应符合表5.1.7规定。

表5.1.7 钢架制作的允许偏差（mm）

项　目		允许偏差值	检查方法
构件长度		±3	用钢尺检查
焊接H型钢截面高度	接合部位	±2	
	其他部位	±3	
焊接H型钢截面宽度		±3	
挂接铝合金挂件用的L型钢截面高度		±1	
构件两端最外侧安装孔距		±3	
构件两组安装孔距		±3	用钢尺检查
同组螺栓	相邻两孔距	±1	
	任意两孔距	±1.5	
构件挠曲矢高		l/1000且不大于10	用拉线及钢尺

注：l为构件长度。

5.1.8 干挂瓷质饰面的墙体为混凝土结构时，应对墙体表面进行清理修补，使墙面平整坚实。对挂贴瓷质饰面的墙体，应将其表面的浮灰、油污等清除干净；对表面较光滑的墙体，应凿毛处理。

5.1.9 使用密封胶、粘结胶、环氧树脂浆液时，应在产品说明书规定的有效使用期内使用，并按要求的温度施工。

5.1.10 安装瓷质饰面使用的螺栓时，均应套装与螺栓相配的弹簧垫圈。

5.1.11 瓷质地面的基土、垫层、填充层、隔离层、找平层等构造层的施工应符合设计要求，并应符合现行国家标准《建筑地面工程施工及验收规范》GB 50209的有关规定。

5.1.12 冬期施工时，砂浆的使用温度不得低于5℃。砂浆硬化前，应采取防冻措施。

5.2 干挂瓷质饰面施工

5.2.1 瓷板的安装顺序宜由下往上进行，避免交叉作业。

5.2.2 瓷板编号、开槽或钻孔应符合下列规定：

1 板的编号应满足安装时流水作业的要求；

2 开槽或钻孔前应逐块检查瓷板厚度、裂缝等质量指标，不合格者不得使用；

3 开槽长度或钻孔数量应符合设计要求，开槽钻孔位置应在规格板厚中心线上；开槽、钻孔的尺寸要求及允许偏差应符合表5.2.2-1和表5.2.2-2规定；钻孔的边孔至板角的距离宜取$0.15b \sim 0.2b$，其余孔应在两边孔范围内等分设置；

注：b为瓷板支承边边长。

4 当开槽或钻孔造成瓷板开裂时，该块瓷板不得使用。

表5.2.2-1 瓷板开槽钻孔的尺寸要求（mm）

项　目		尺寸要求
开槽	宽度	2.5（2.0）
	深度	10（6）
钻孔	直径	3.2
	深度	20

注：括号内数值为铝合金扣齿板用。

表5.2.2-2 瓷板开槽钻孔的允许偏差

项　目		允许偏差值
开槽宽度		+0.5mm（±0.5mm）0mm
钻孔直径		+0.3mm 0mm
位置	开槽	±0.3mm
	钻孔	±0.5mm
深度	开槽	±1mm
	钻孔	±2mm
槽、孔垂直度		1°

注：括号内数值为铝合金扣齿板用。

5.2.3 胀锚螺栓、穿墙螺栓安装应符合下列规定：

1 在建筑物墙体钻螺栓安装孔的位置应满足瓷板安装时角码板调节要求；

2 钻孔用的钻头应与螺栓直径相匹配，钻孔应垂直，钻孔深度应能保证胀锚螺栓进入混凝土结构层不小于60mm或使穿墙螺栓穿过墙体；

3 钻孔内的灰粉应清理干净，方可塞进胀锚螺栓；

4 穿墙螺栓的垫板应保证与钢丝网可靠连接，钢丝网搭接应符合设计要求；

5 螺栓紧固力矩应取40~45N·m，并应保证紧固可靠。

5.2.4 挂件安装应符合下列规定：

1 挂件连接应牢固可靠，不得松动；

2 挂件位置调节适当，并应能保证瓷板连接固定位置准确；

3 不锈钢挂件的螺栓紧固力矩应取40~45N·m，并应保证紧固可靠；

4 铝合金挂件挂接钢架L型钢的深度不得小于3mm，M4螺栓（或M4抽芯铆钉）紧固可靠且间距不宜大于300mm；

5 铝合金挂件与钢材接触面，宜加设橡胶或塑胶隔离层。瓷板安装应符合下列规定：

1 当设计对建筑物外墙有防水要求时，安装前应修补施工过程中损坏的外墙防水层；

2 除设计特殊要求外，同幅墙的瓷板色彩应一致；

3 板的拼缝宽度应符合设计要求，安装质量应符合本规程表6.2.3规定；

4 瓷板的槽（孔）内及挂件表面的灰粉应清理干净；

5 扣齿板的长度应符合设计要求；当设计未作规定时，不锈钢扣齿板与瓷板支承边等长，铝合金扣齿板比瓷板支承边短20~50mm；

6 扣齿或销钉插入瓷板深度应符合设计要求，扣齿插入深度允许偏差为±1mm，销钉插入深度允许偏差为±2mm；

7 当为不锈钢挂件时，应将环氧树脂浆液抹入槽（孔）内，满涂挂件与瓷板的接合部位，然后插入扣齿或销钉。

5.2.6 瓷板中部加强点的施工应符合下列规定：

1 连接件与基面连接应可靠；

2 连接件与瓷板接合位置及面积应符合设计要求。当设计未作规定时，应符合本规程第4.2.14条规定；

3 连接件与瓷板接合部位应预留0.5~1mm间隙，并应清除干净后满涂粘结剂；

4 黏结剂的质量应符合本规程第3.3.6条规定；当设计未作规定时，黏结剂可采用符合本规程第3.3.7条规定的环氧树脂浆液代替。

5.2.7 干挂瓷质饰面的密封胶施工前应完成下列准备工作：

1 检查复核瓷板安装质量；

2 清理拼缝；

3 当瓷板拼缝较宽时，可塞填充材料；填充材料质量应符合本规程第3.3.8条规定，并预留不小于6mm的缝深作为密封胶的灌缝；

4 当为铝合金挂件时，应采用符合本规程第3.3.4条规定的弹性胶条将挂件上下扣齿间隙塞填压紧，塞填前的胶条宽度不宜小于上下扣齿间隙的1.2倍。

5.2.8 密封胶灌缝应符合下列规定：

1 密封胶颜色应符合设计规定；当设计未作规定时，密封胶颜色应与瓷板色彩相配；

2 灌缝高度应符合设计规定；当设计未作规定时，灌缝高度宜与瓷板的板面齐平；

3 灌缝应饱满平直，宽窄一致；

4 灌缝时不能污损瓷板面，一旦发生应及时清理；

5 当瓷板缝潮湿时，不得进行密封胶灌缝施工。

5.2.9 当底层板的拼缝有排水孔设置要求时，应保证排水通道顺畅。

5.2.10 瓷质饰面与门窗框接合处等的边缘处理应符合设计要求；当设计未作规定时，应用密封胶灌缝。

5.3 挂贴瓷质饰面施工

5.3.1 瓷板编号、钻孔应符合下列规定：

1 板的编号应满足挂贴的流水作业要求；

2 瓷板拉结点的竖孔应钻在板厚中心线上，孔径为3.2~3.5mm，深度为20~30mm；板背横孔应与竖孔连通；并用防锈金属丝穿入孔内固定，作拉结之用；

3 当拉结金属丝直径大于瓷板拼缝宽度时，应凿槽埋置。

5.3.2 挂贴瓷质饰面施工顺序应符合下列规定：

1 同幅墙的瓷板挂贴宜由下而上进行；

2 突出墙面勒脚的瓷板，应待上层的饰面工程完工后进行；

3 楼梯栏杆、栏板及墙裙的瓷板，应在楼梯踏步、地面面层完工后进行。

5.3.3 拉结钢筋网的安装应符合下列规定:

1 钢筋网应与锚固点焊接牢固;

2 锚固点为螺栓时,螺栓紧固力矩应取 40 ~ 45N·m。

5.3.4 挂装瓷板应符合下列规定:

1 除设计特殊要求外,同幅墙的瓷板色彩应一致;

2 挂装瓷板时,应找正吊直后采取临时固定措施,并将瓷板拉结金属丝绑牢在拉结钢筋网上;

3 挂装时可垫木楔调整,瓷板的拼缝宽度应符合设计要求;当设计未作规定时,拼缝宽度不宜大于 1mm。

5.3.5 灌注填缝砂浆前应完成下列准备工作:

1 检查复核瓷板挂装质量;

2 浇水将瓷板背面和墙体表面润湿;

3 用石膏灰临时封闭瓷板竖缝,以防漏浆。

5.3.6 灌注填缝砂浆应符合下列规定:

1 填缝砂浆使用的水泥和砂应符合本规程第 3.3.9 条规定,砂浆体积比(水泥:砂)宜取 1:2.5 ~ 1:3,稠度宜取 100 ~ 150mm;

2 灌注砂浆应分层进行。每层灌注高度为 150 ~ 200mm,插捣密实,待其初凝后,应检查板面位置,如移动错位应拆除重装;若无移动,方可灌注上层砂浆,施工缝应留在瓷板水平接缝以下 50 ~ 100mm 处;

3 填缝砂浆初凝后,方可拆除石膏及临时固定物。

5.3.7 瓷板拼缝处理应符合设计要求;当设计未作规定时,宜用与瓷板颜色相配的水泥浆抹勾严密。

5.3.8 挂贴瓷质饰面的冬期施工宜采用暖棚法。无条件搭设暖棚时,可采用冷作法,但应根据室外气温,采取在填缝砂浆内掺入无氯盐抗冻剂、裹挂保温层等有效措施,严禁砂浆在硬化前受冻。

5.4 瓷质地面施工

5.4.1 铺设瓷板面层前应完成下列准备工作:

1 按设计要求,根据瓷板颜色、花纹等试拼编号;

2 剔除有裂缝、掉角、翘曲和表面有缺陷的瓷板;

3 用水浸湿瓷板,并擦干或晾干表面待铺。

5.4.2 结合层施工应符合下列规定:

1 采用水泥砂结合层时,水泥砂的体积比 1:4 ~ 1:6,并应洒水干拌均匀,结合层厚度宜取 20 ~ 30mm;

2 采用水泥砂浆结合层时,水泥砂浆的体积比宜取 1:2,强度等级不得低于 M15,稠度宜取 25 ~ 35mm,结合层厚度宜取 10 ~ 15mm。

5.4.3 结合层与瓷板应分段同时铺砌,铺砌时宜采用水泥浆或干稠水泥洒水作粘结。

5.4.4 铺砌的瓷板应平整,线路顺直,镶嵌正确;瓷板间、瓷板与结合层以及在墙角、镶边和靠墙处均应紧密砌合,不得有空隙。

5.4.5 瓷板面层的表面应洁净、平整、坚实;瓷板间拼缝宽度应符合设计要求,当设计未作规定时,拼缝宽度不宜大于 1mm。

5.4.6 瓷板面层铺设后,其表面应加以保护,待结合层的水泥砂浆强度达到要求后,方可打蜡达到光滑洁亮。

5.5 安全措施

5.5.1 瓷板装饰工程施工应遵守现行行业标准《建筑机械使用安全技术规程》JGJ 33 及《施工现场临时用电安全技术规范》JGJ 46 等标准的有关规定。

5.5.2 瓷板开槽、钻孔、切割的操作人员应佩戴防护眼镜。

5.5.3 瓷质饰面施工用的脚手架搭设必须牢固,经验收后方可使用。脚手架上堆放材料不宜过多和过于集中,严禁超过脚手架的设计荷载,并应注意防止物品碰撞下跌。

5.5.4 使用挥发性材料时,应戴防毒口罩,操作人员连续操作不得超过 2h。

5.5.5 遇 6 级以上风或雨天应停止一切高空作业。

6 瓷板装饰工程质量检查与验收

6.1 质量检查

6.1.1 瓷板装饰工程质量检查项目包括材料质量检查、表面质量检查,干挂瓷质饰面工程尚应包括连接质量检查。

6.1.2 瓷板装饰工程材料质量检查应符合下列规定:

1 瓷板装饰工程所用材料均应有出厂合格证;

2 瓷板规格、尺寸、理化性能指标、表面质量应符合设计要求,并应符合本规程第 3.2.3 ~ 3.2.4 条规定。尺寸偏差应符合本规程第 3.2.2 条规定;

3 挂件材质、尺寸应符合设计要求,并应符合本规程第 3.3.1 ~ 3.3.2 条规定；

4 密封材料及粘结材料等的品种、颜色应符合设计要求，质量应符合本规程第 3.3.4 ~ 3.3.9 条规定，不得使用过期产品；

5 干挂瓷质饰面用的瓷板的力学指标、挂件的化学成分及力学指标，应按同一品种规格产品的 0.1% 且不少于 3 件抽样送检。抽样试件的瓷板厚不得小于 12.5mm，弯曲强度不得小于 35MPa；挂件的化学成分和抗拉强度指标应符合本规程第 3.3.1 ~ 3.3.2 条规定。

当一个试件的一项指标不合格时，应加倍抽样；检验结果仍有一个试件的一项指标不合格时，该批材料不合格；

6 材料的其他质量指标，除本条第 5 款规定外，当对其质量有怀疑时，应抽样检查，合格后方可使用。

6.1.3 瓷质饰面的表面质量应符合下列规定：

1 瓷板品种、规格、色彩、图案，应符合设计要求；

2 瓷板安装必须牢固，无歪斜、缺棱掉角等缺陷，瓷板拼缝应竖直横平，缝宽均匀并应符合设计要求；

3 表面应平整、洁净、色泽协调，无变色、污痕，无显著划痕、光泽受损处；

4 墙面凹凸位置的瓷板，边缘整齐、厚度一致；

5 干挂瓷质饰面的密封胶和挂贴瓷质饰面的填缝应灌缝饱满、平直、宽窄均匀，颜色一致。

6.1.4 干挂瓷质饰面工程的连接质量检查应符合下列规定：

1 连接质量检查应进行钢架制作安装、挂件与基面连接、挂件与瓷板连接的检查，并应作隐蔽工程验收；

2 钢架制作、钢架与预埋件连接、防锈处理应符合设计要求，预埋件埋设、钢架制作允许偏差及焊接质量应符合本规程第 5.1.7 条规定；

3 胀锚螺栓、穿墙螺栓的安装质量应符合本规程第 5.2.3 条规定；

4 瓷板开槽或钻孔的尺寸要求及允许偏差应符合本规程第 5.2.2 条规定；

5 挂件连接应符合设计要求，并应符合本规程第 5.2.4 条规定；

6 扣齿或销钉插入瓷板深度应符合本规程第 5.2.5 条第 6 款规定，不锈钢挂件与瓷板接合部位的环氧树脂及粘结胶应填涂饱满；

7 对施工过程中造成外墙面防水层损坏的部位应作修复处理。

6.1.5 瓷质地面表面质量应符合下列规定：

1 瓷质品种、规格、色彩、图案，应符合设计要求；

2 表面应洁净、平整、坚实，相邻两块瓷板的高度差不得大于 0.5mm，用 2m 直尺检查时其表面平整度的允许偏差为 2mm；

3 地面坡度应符合设计要求，允许偏差为房间相应尺寸的 0.2% 但不得大于 30mm。

有坡度的面层应作泼水检验，并以能排水为合格，不得有倒泛水和积水现象；

4 瓷板拼缝宽度应符合设计要求，缝宽均匀顺直。在 5m 长度内，其接缝直线度的允许偏差为 2mm。

6.1.6 瓷质地面工程的找平层、垫层等构造层的施工质量检查，应符合现行国家标准《建筑地面工程施工及验收规范》GB 50209 的有关规定。

6.2 工 程 验 收

6.2.1 瓷板装饰工程验收前应将其表面擦洗干净。

6.2.2 瓷板装饰工程验收时应提交下列资料：

1 设计图纸、文件、设计修改通知；

2 材料出厂质量证书及送检试验报告；

3 隐蔽工程验收文件；

4 施工单位自检记录。

6.2.3 瓷质饰面工程验收应进行观感检验和抽样检验，并应符合下列规定：

1 瓷质饰面工程观感检验以每幅墙为检验单元，检验质量应符合本规程第 6.1.3 条规定；

2 瓷质饰面工程抽样检验质量应符合表 6.2.3 规定，抽样数量可按下列办法确定：

1）室外，以 10m 高左右为一检验层，每 30m 长抽查一处，每处长、高方向各 3 块，且不少于 3 处；

2）室内，各楼层随机抽查饰面面积的 10%。

表 6.2.3 瓷质饰面工程质量允许偏差（mm）

项　　目		允许偏差值	检查方法
立面垂直	室内	2	用 3m 托线板检查
	室外	3	
表面平整		2	用 2m 靠尺和楔形塞尺检查

续表 6.2.3

项 目		允许偏差值	检查方法
阳角方正		2	用方尺检查
饰线平直		2	拉 5m 线检查，不足 5m 拉通线检查
接缝平直		2	
接缝高低	干挂法	1	用直尺和楔形塞尺检查
	挂贴法	0.3	
接缝宽度	干挂法	1	用直尺检查
	挂贴法	0.8	

6.2.4 瓷质地面工程验收应检查下列项目：

1 建筑地面各层的强度和密度以及上下层结合的牢固性；

2 建筑地面各层的坡度、厚度、标高、平整度；

3 变形缝的位置和宽度，板材间缝隙的大小，以及填缝的质量；

4 不同类型面层的连接，面层与墙和其他构筑物（地沟、管道等）的结合以及图案等；

5 面层按各楼层随机抽查地面面积的 10%，抽样检验质量应符合本规程第 6.1.5 条规定。

附录 A 瓷质饰面常用挂件

A.0.1 瓷质饰面使用的挂件，必须具有满足设计使用年限的耐气候性能，其承载能力和刚度应符合设计要求，其调节范围应满足施工要求。

A.0.2 本附录给出的挂件有不锈钢挂件和铝合金挂件两类。不锈钢挂件分扣槽式挂件和插销式挂件两种，适用于钢架、混凝土墙体、加固砌体的安装基面；铝合金挂件为扣槽式挂件，适用于钢架安装基面。

A.0.3 本附录给出不锈钢挂件适用于瓷板与钢架面或墙面距离为 30~70mm，铝合金挂件适用于瓷板与钢架面距离为 8~10mm。当瓷板与基面距离不符合上述要求时，挂件的规格及尺寸应另行设计。

A.0.4 不锈钢扣槽式挂件由角码板、扣齿板等构件组成，装配示意图见图 A.0.4-1；不锈钢插销式挂件由角码板、销板、销钉等构件组成，装配示意图见图 A.0.4-2；铝合金扣槽式挂件由上齿板、下齿条、弹性胶条等构件组成，装配示意图见图 A.0.4-3。

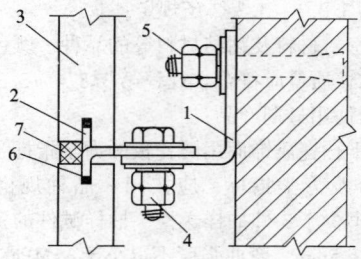

图 A.0.4-1 不锈钢扣槽式挂件装配示意图

1—角码板；2—扣齿板；3—瓷板；4—螺栓；
5—胀锚螺栓；6—环氧树脂；7—密封胶

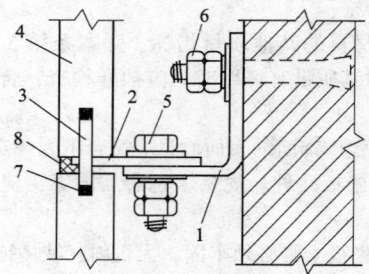

图 A.0.4-2 不锈钢插销式挂件装配示意图

1—角码板；2—销板；3—销钉；
4—瓷板；5—螺栓；6—胀锚螺栓；
7—环氧树脂；8—密封胶

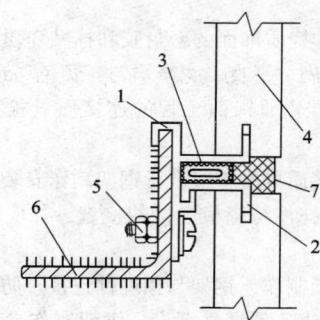

图 A.0.4-3 铝合金扣槽式挂件装配示意图

1—上齿板；2—下齿条；
3—弹性胶条；4—瓷板；5—螺栓；
6—钢架型材；7—密封胶

A.0.5 不锈钢角码板应符合下列规定：

1 板的厚度不得小于 4mm；

2 调节槽长度不宜小于 20mm；

3 调节槽边至板边的距离不得小于 10mm。

不锈钢角码板的常用规格及尺寸见图 A.0.5。

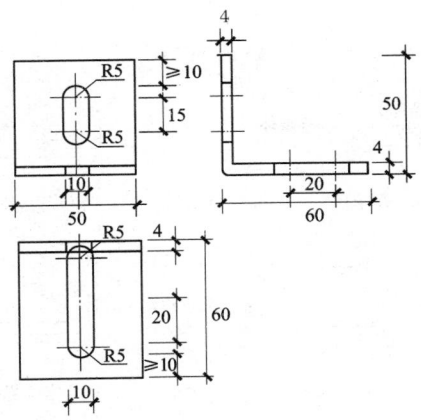

图 A.0.5 不锈钢角码板

A.0.6 不锈钢扣齿板、托板应符合下列规定：

1 板的厚度宜取 1.5~2.0mm；

2 调节槽长度不宜小于 30mm；

3 扣齿板和托板的扣齿高度及长度应符合设计要求。扣齿板的上扣齿及托板的扣齿高宜取 8mm，扣齿板的下扣齿高宜取 13~15mm；扣齿宽宜取 15~20mm；

4 扣齿高度的允许偏差为 ±0.5mm，不直度不得大于 0.5mm。

不锈钢扣齿板、托板的常用规格及尺寸见图 A.0.6-1~A.0.6-2。

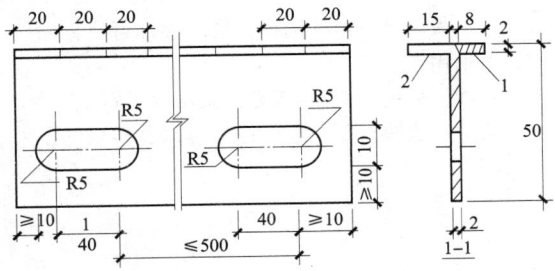

图 A.0.6-1 不锈钢扣齿板
1—上扣齿；2—下扣齿

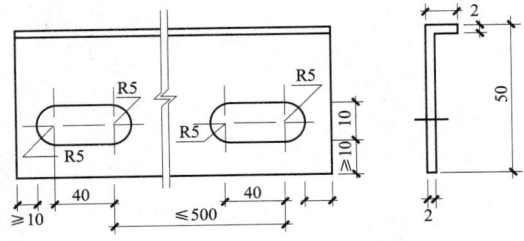

图 A.0.6-2 不锈钢托板

A.0.7 不锈钢销板、拉板应符合下列规定：

1 板的厚度不得小于 3mm；

2 销板的销孔直径宜取 3.2~3.5mm；

3 销板调节槽的长度不宜小于 20mm，拉板调节槽长度宜取 40~100mm；

4 销孔边到板边的距离宜取 3~4mm，调节槽边至板边的距离不得小于 10mm。

不锈钢销板、拉板的常用规格及尺寸见图 A.0.7。

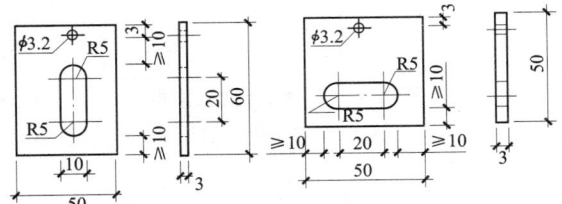

（a）直调式不锈钢销板　　（b）横调式不锈钢销板

图 A.0.7-1 不锈钢销板

A.0.8 不锈钢销钉应符合下列规定：

1 销钉直径宜取 2.8~3.0mm，并应与销板的销孔相配；

2 销钉长度应符合设计要求，一般为 40mm；

3 销钉长度允许偏差为 ±1mm。

A.0.9 穿墙螺栓使用的不锈钢垫板应符合下列规定：

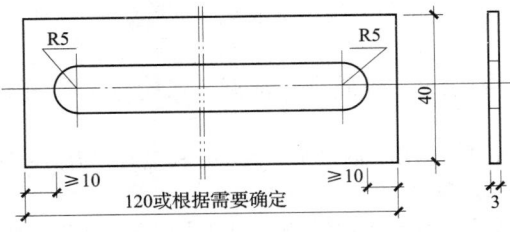

图 A.0.7-2 不锈钢拉板

1 垫板厚度不得小于 3mm；

2 垫板长度不宜小于钢丝网钢丝间距的 1.4 倍；

3 垫板宽度不宜小于 40mm。

A.0.10 当有可靠条件保证垫板被抹灰完全覆盖时，垫板可改用碳素结构钢制造。

A.0.11 铝合金上齿板应符合下列规定：

1 齿板厚度不得小于 1.5mm；

2 上扣齿高宜取 5mm，齿厚不得小于 1.5mm；

3 挂齿高不得小于 3.5mm。

铝合金上齿板的常用规格及尺寸见图 A.0.11。

A.0.12 铝合金下齿条应符合下列规定：

1 齿条厚度不得小于 1.5mm；

2 下扣齿高宜取 6mm，齿厚不得小于 1.5mm；

3 与上齿板连接方便可靠。

铝合金下齿条的常用规格及尺寸见图 A.0.12。

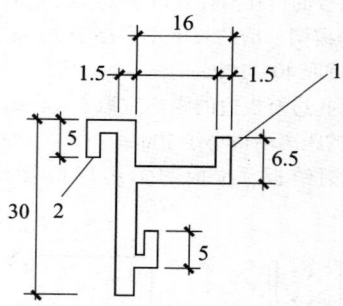

图 A.0.11 铝合金上齿板
1—上扣齿；2—挂齿

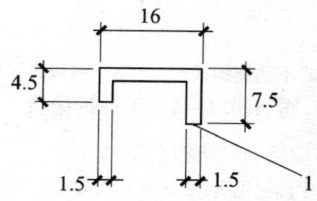

图 A.0.12 铝合金下齿条
1—下扣齿

A.0.13 不锈钢挂件使用的螺栓为 M8 不锈钢螺栓，铝合金挂件使用的螺栓为 M4 不锈钢螺栓，螺栓质量应符合现行国家标准的有关规定。

附录 B 瓷质饰面常见节点构造示意图

B.0.1 采用本附录给出的节点构造时，仍需验算瓷板承载力。

B.0.2 常见节点构造见图 B.0.2-1～图 B.0.2-2。

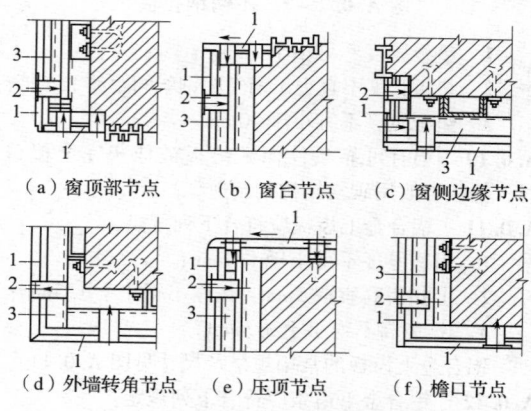

（a）窗顶部节点　（b）窗台节点　（c）窗侧边缘节点

（d）外墙转角节点　（e）压顶节点　（f）檐口节点

**图 B.0.2-1 安装基面为钢架的瓷
质饰面节点构造示意图**
1—瓷板；2—挂件；3—钢架

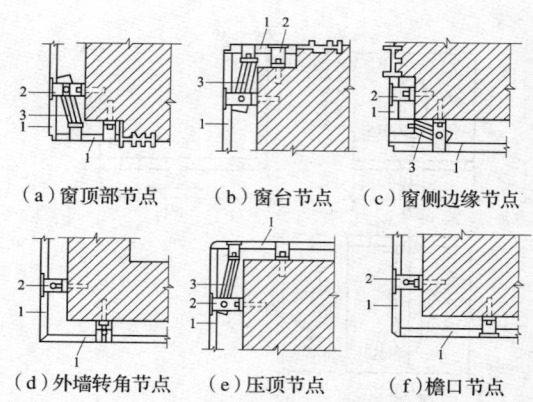

（a）窗顶部节点　（b）窗台节点　（c）窗侧边缘节点

（d）外墙转角节点　（e）压顶节点　（f）檐口节点

**图 B.0.2-2 安装基面为墙体的瓷质
饰面节点构造示意图**
1—瓷板；2—挂件；3—拉板

附录 C 本规程用词说明

　　为便于在执行本规程条文时区别对待，对要求严格程度不同的用词说明如下：

　　一、表示很严格，非这样做不可的用词

　　正面词采用"必须"，反面词采用"严禁"；

　　二、表示严格，在正常情况均应这样做的用词

　　正面词采用"应"，反面词采用"不应"或"不得"；

　　三、表示允许稍有选择，在条件许可时首先应这样做的用词

　　正面词采用"宜"，反面词采用"不宜"。

　　表示有选择，在一定条件下可以这样做的，采用"可"。

主要参考文献

[1] 雍本. 装饰工程施工手册 [M]. 2 版. 北京：中国建筑工业出版社，1996.

[2] 雍本. 特种混凝土设计与施工 [M]. 2 版. 北京：中国建筑工业出版社，2005.

[3] 雍本. 特种混凝土施工手册 [M]. 北京：中国建材工业出版社，2005.

[4] 郭德民，王子丹，雍本. 装饰工程质量控制手册 [M]. 成都：四川科学技术出版社，1999.

[5] 雍本. 建筑装饰幕墙 [M]. 成都：四川科学技术出版社，2000.

[6] 中国建筑装饰协会工程委员会. 实用建筑装饰施工手册 [M]. 2 版. 北京：中国建筑工业出版社，1999.

[7] 本书编写组. 建筑工程设计施工详图集——装饰工程 (3) [M]. 北京：中国建筑工业出版社，2001.

[8] 中华人民共和国建设部. 建筑装饰装修工程质量验收规范：GB 50210—2001 [S]. 北京：中国建筑工业出版社，2001.

[9] 中华人民共和国建设部. 玻璃幕墙工程技术规范：JGJ 102—2003 [S]. 北京：中国建筑工业出版社，2003.

[10] 中华人民共和国建设部. 金属与石材幕墙工程技术规范：JGJ 133—2001 [S]. 北京：中国建筑工业出版社，2001.

[11] 中华人民共和国建设部. 钢结构工程施工质量验收规范：GB 50205—2001 [S]. 北京：中国建筑工业出版社，2001.

[12] 中华人民共和国住房和呈现建设部. 建筑设计防火规范：GB 50016—2014 [S]. 北京：中国计划出版社，2014.

[13] 中华人民共和国住房和城乡建设部. 建筑物防雷设计规范：GB 50057—2010 [S]. 北京：中国建筑工业出版社，2010.

[14] 中国工程建设标准化协会. 点支式玻璃幕墙工程技术规程：CECS127：2001 [S]. 北京：中国建筑工业出版社，2001.

[15] 中国工程建设标准化协会. 建筑瓷板装饰工程技术规程：CECS101—1998 [S]. 北京：中国建筑工业出版社，1998.

[16] 中华人民共和国住房和城乡建设部. 钢结构焊接规范：GB 50661-2011 [S]. 北京：中国建筑工业出版社，2012.